비상은
믿습니다

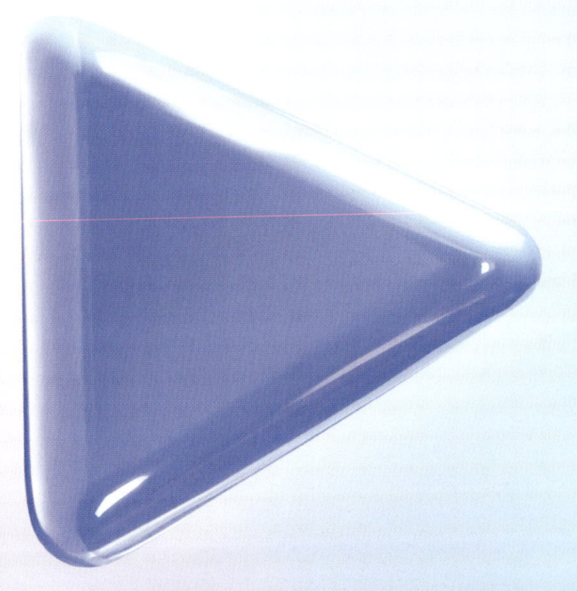

당연한 것을 낯설게 바라보는 시선이
교육을 움직이게 한다는 것을.

현장에서 출발한 고민이
다음 교육의 해답이 될 수 있다는 것을.

배움의 즐거움이
교육의 가장 강력한 연료라는 것을.

다름을 존중하는 태도가
교육의 가치를 더 깊게 만든다는 것을.

그리고,
우리가 선택한 이 가치들이
곧, 우리 교육의 방향이 된다고 믿습니다.

이 믿음 하나하나가 모여,
새로운 콘텐츠와 플랫폼이 되어
교육의 새로운 전형을 만들어갑니다.

상상 그 이상 –

visang

완자

통합과학 1

Structure <u>구성과 특징</u>

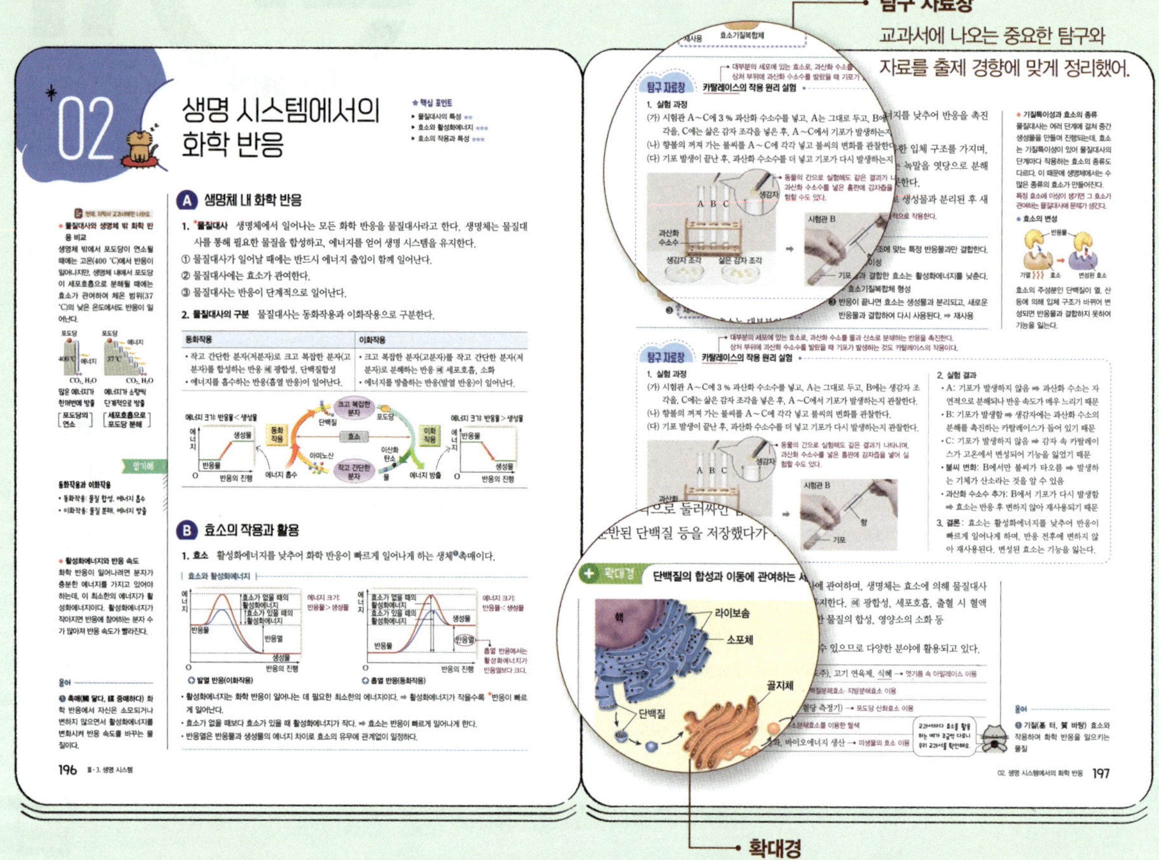

• 탐구 자료창

교과서에 나오는 중요한 탐구와
자료를 출제 경향에 맞게 정리했어.

• 확대경

심화된 내용이나 알아두면 좋은 개념을 더 제시하여
개념 학습에 도움이 될 거야!

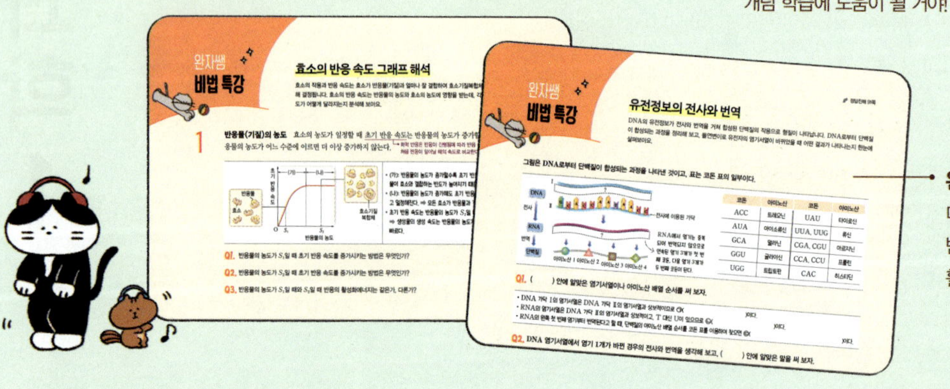

• 완자쌤 비법 특강

더 자세한 설명이 필요하거나
반복 학습이 필요한 경우에
활용할 수 있어.

02 내신 문제 적용하기

시험에 자주 출제되는 유형의 문제를 풀어 보면서 실전에 대비하고,
문제를 통해 개념을 다시 한번 다진다. 실력 UP 문제의 난이도 있는 문제에도
도전해 보자.

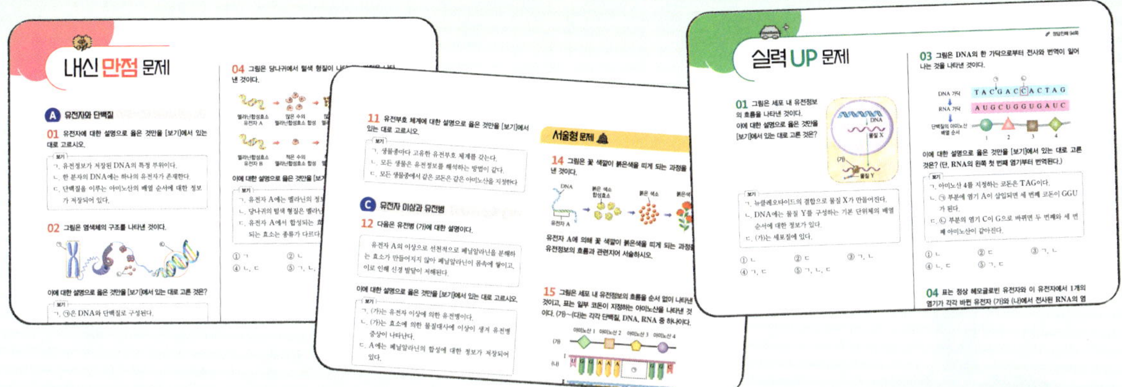

03 반복 학습으로 실력 다지기

중단원 핵심 내용을 다시 한번 복습한 다음, 중단원 마무리 문제를 통해
자신의 실력을 확인한다. 중단원 고난도 문제를 통해 어려운 문제에도
대비한다.

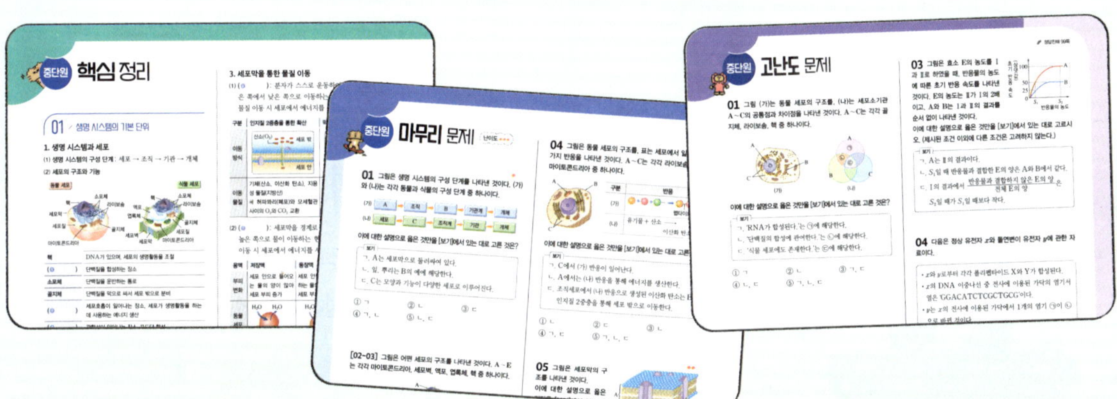

학생용 부록 / 수능 미리보기

수능에 자주 출제되는 유형을 자료로
미리 알아보고, 수능 예상문제를 통해
미리 수능에 도전한다.

Contents 차례

Ⅰ 과학의 기초

1 과학의 기초

01 과학의 기본량 ·· 10
02 측정 표준과 정보 ·· 18

Ⅱ 물질과 규칙성

1 자연의 구성 원소

01 우주 초기 원소의 생성 ································· 32
02 지구와 생명체를 구성하는 원소의 생성 ········· 44

2 물질의 규칙성과 성질

01 원소의 주기성 ··· 64
02 화학 결합과 물질의 성질 ······························· 76
03 지각과 생명체 구성 물질의 규칙성(1) ··········· 88
04 지각과 생명체 구성 물질의 규칙성(2) ··········· 94
05 물질의 전기적 성질 ·· 104

Ⅲ 시스템과 상호작용

1 지구시스템

01 지구시스템의 구성과 상호작용 ······ 124
02 지권의 변화와 영향 ······ 138

2 역학 시스템

01 중력을 받는 물체의 운동 ······ 160
02 운동과 충돌 ······ 170

3 생명 시스템

01 생명 시스템의 기본 단위 ······ 186
02 생명 시스템에서의 화학 반응 ······ 196
03 생명 시스템에서 정보의 흐름 ······ 204

통합과학2 미리보기

Ⅰ 변화와 다양성

1 지구 환경 변화와 생물다양성

01. 지질 시대의 환경과 생물
02. 변이와 자연선택에 의한 생물의 진화
03. 생물다양성

2 화학 변화

01. 산화와 환원
02. 산, 염기와 중화 반응
03. 물질 변화에서 에너지의 출입

Ⅱ 환경과 에너지

1 생태계와 환경 변화

01. 생물과 환경
02. 생태계평형
03. 지구 환경 변화와 인간 생활

2 에너지 전환과 활용

01. 태양 에너지의 생성과 전환
02. 발전과 에너지원
03. 에너지 효율과 신재생 에너지

Ⅲ 과학과 미래 사회

1 과학과 미래 사회

01. 과학 기술의 활용
02. 과학 기술의 발전과 쟁점

완자와 내 교과서 비교하기

통합과학1

			완자	비상교육	동아 출판	미래엔	지학사	천재교과서
I.과학의 기초	1. 과학의 기초	01. 과학의 기본량	10~17	16~23	14~21	14~21	16~25	14~22
		02. 측정 표준과 정보	18~25	26~33	22~29	28~35	26~35	23~29
II.물질과 규칙성	1. 자연의 구성 원소	01. 우주 초기 원소의 생성	32~43	42~47	40~45	48~53	48~53	40~45
		02. 지구와 생명체를 구성하는 원소의 생성	44~55	48~53	46~51	54~59	54~59	46~51
	2. 물질의 규칙성과 성질	01. 원소의 주기성	64~75	58~65	58~63	60~65	66~73	58~63
		02. 화학 결합과 물질의 성질	76~87	66~71	64~69	66~73	74~79	64~71
		03. 지각과 생명체 구성 물질의 규칙성 (1)	88~93	72~75	70~71	80~81	80~83	78~80
		04. 지각과 생명체 구성 물질의 규칙성 (2)	94~103	76~79	72~75	82~87	84~87	81~85
		05. 물질의 전기적 성질	104~111	80~85	76~79	88~91	88~91	86~89
III.시스템과 상호작용	1. 지구 시스템	01. 지구시스템의 구성과 상호작용	124~137	96~101	92~101	104~111	104~111	100~107
		02. 지권의 변화와 영향	138~151	102~107	102~107	112~118	112~117	108~115
	2. 역학 시스템	01. 중력을 받는 물체의 운동	160~169	112~117	114~119	124~131	124~129	122~127
		02. 운동과 충돌	170~177	118~123	120~127	132~137	130~135	128~133
	3. 생명 시스템	01. 생명 시스템의 기본 단위	186~195	128~131	134~139	150~153	142~147	140~145
		02 생명 시스템에서의 화학 반응	196~203	132~135	140~145	144~149	148~151	146~151
		03 생명 시스템에서 정보의 흐름	204~213	136~141	146~151	154~158	152~155	152~155

통합과학2

			완자	비상교육	동아 출판	미래엔	지학사	천재교과서
I. 변화와 다양성	1. 지구 환경 변화와 생물 다양성	01. 지질 시대의 환경과 생물	10~21	16~21	14~19	14~19	16~23	14~21
		02. 변이와 자연선택에 의한 생물의 진화	22~31	22~25	20~23	20~25	24~28	22~27
		03. 생물다양성	32~41	26~28	24~27	26~32	28~33	28~31
	2. 화학 변화	01. 산화와 환원	52~63	32~37	34~41	38~45	38~45	38~47
		02. 산, 염기와 중화 반응	64~77	38~45	42~49	46~53	46~53	48~59
		03. 물질 변화에서 에너지의 출입	78~87	46~51	50~53	54~59	54~59	60~63
II. 환경과 에너지	1. 생태계와 환경 변화	01. 생물과 환경	100~109	62~65	66~69	72~75	72~77	74~79
		02. 생태계평형	110~119	66~71	70~77	76~81	78~83	80~85
		03. 지구 환경 변화와 인간 생활	120~129	72~79	84~93	82~91	84~93	86~95
	2. 에너지 전환과 활용	01. 태양 에너지의 생성과 전환	140~145	84~87	100~103	98~101	100~103	102~103
		02. 발전과 에너지원	146~155	88~95	104~109	102~109	104~111	104~111
		03. 에너지 효율과 신재생 에너지	156~165	96~103	110~117	110~117	112~117	112~121
III. 과학과 미래 사회	1. 과학과 미래 사회	01. 과학 기술의 활용	178~185	114~123	130~137	130~137	130~141	132~143
		02. 과학 기술의 발전과 쟁점	186~193	126~135	138~145	144~153	142~151	144~151

과학의 기초

1 과학의 기초

01 과학의 기본량 ·· 10
02 측정 표준과 정보 ·································· 18

▶ 통합과학에서 배울 내용

시간과 공간
기본량과 단위
측정과 어림
측정 표준

신호와 정보
디지털 정보와 현대 문명

자연을 시간과 공간에서 설명할 수
있음을 알고, 과학 탐구에서 기본량과 단위,
측정과 어림, 측정 표준의 유용성을 배울 거야.
또 신호와 정보의 의미와 디지털 정보의
활용이 현대 문명에 끼친 영향도
알아볼 거야.

01 과학의 기본량

A 시간과 공간

1. 시간과 공간 우리 주변의 자연 현상은 시간과 공간으로 설명할 수 있다.

① **규모(scale)**: 어떤 자연 현상의 크기 범위 ➡ 자연에서 일어나는 현상들은 시간 규모와 공간 규모가 매우 다양하다.

② **미시 세계와 거시 세계**: 자연 세계는 크게 미시 세계와 거시 세계로 구분할 수 있다.

미시 세계 → 인간의 감각으로 관찰할 수 없는 세계	**거시 세계 →** 인간의 감각으로 관찰할 수 있는 세계
원자 수준의 아주 작은 규모의 세계 예 원자, 분자, 이온 등	미시 세계보다 훨씬 큰 규모의 세계 예 나무, 암석, 태양계, 은하, 우주 등

| 미시 세계와 거시 세계에서 시간과 공간의 규모 | 비상 교과서에만 나와요.

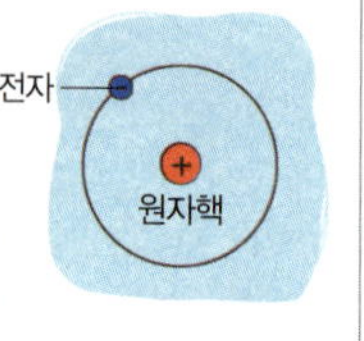

예 수소 원자
- 수소 원자의 지름: 약 0.1 nm(나노미터)
- 전자가 원자핵 주위를 도는 데 걸리는 시간: 약 150 as(아토초)

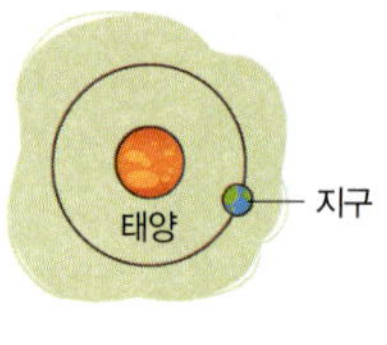

예 태양과 지구
- 지구와 태양 사이의 거리: 1 AU(천문단위)
- 지구가 공전하는 데 걸리는 시간: 365일

- 미시 세계는 시간 규모로 나노초 이하 단위를 사용하고, 공간 규모로 나노미터 이하 단위를 사용한다.
- 거시 세계는 시간 규모로 초, 분 등의 단위를 사용하고, 공간 규모로 미터, 천문단위 등의 단위를 사용한다.

③ **자연 현상의 탐구**: 자연 현상의 규모에 따라 적절한 방법으로 시간과 공간을 측정해야 한다.

2. 시간과 공간의 측정

① **과거의 측정 방법**: 주로 거시 세계의 시간과 길이 측정만 가능했다.

- 시간 측정: 옛날에는 태양의 위치나 달의 모양 변화 등 천문학적 현상을 이용하여 시간을 나타냈고, 그 후 ◆앙부일구, ◆진자 시계 등과 같은 도구를 이용하여 시간을 측정했다.
- 길이 측정: 옛날에는 <u>신체 일부의 길이나 일정한 길이의 막대</u> 등을 이용하여 길이를 측정했고, 그 후 눈금이 표시된 자를 이용하여 측정했다. → 손가락 마디의 길이, 발걸음 폭 등

② **현대적 측정 방법**: 원자나 우주와 같은 규모에서 일어나는 현상을 측정할 수 있다.

- 시간 측정: 원자에서 나오는 빛의 진동수를 이용하는 ◆세슘 원자시계로 시간을 정밀하게 측정한다. → 중력이나 온도 등 외부 영향을 받지 않아 정확도가 매우 높다.
- 길이 측정: 빛의 속력이 일정함을 이용하여 빛이 왕복한 시간을 재거나, 물체에서 반사되어 돌아오는 두 빛을 비교하여 길이를 정밀하게 측정한다. → 정밀한 길이 측정을 위해서는 정밀한 시간 측정 기술이 필요하다.

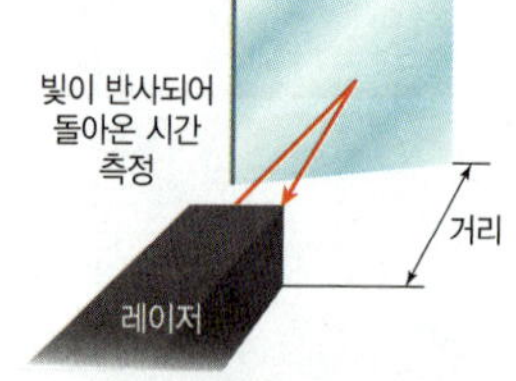
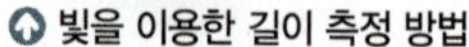
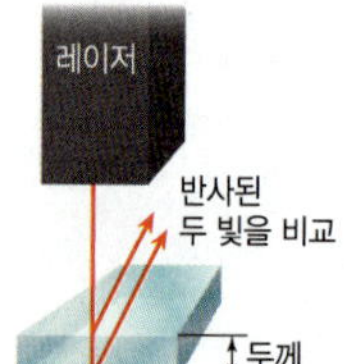

↑ 빛을 이용한 길이 측정 방법

◆ 앙부일구
조선 시대에 우리의 선조들이 사용했던 것으로, 태양의 위치 변화에 따른 그림자의 길이로 시간을 측정했다.

◆ 진자 시계
지구의 자전이나 공전 주기를 시간의 기준으로 정한 후, 진자 등을 이용하여 이 시간을 일정한 간격으로 나눈 시계이다.

◆ 세슘 원자시계
1초는 세슘 원자에서 나오는 빛이 9,192,631,770번 진동하는 데 걸리는 시간이다.

3. 현대의 측정 기술   시간과 공간 측정 기술이 발전되어 다양한 규모의 측정이 이루어지고, 시간과 공간에 대한 <u>인간의 경험 범위가 확장되었다.</u>

└▸ 눈에 보이지 않는 바이러스를 발견하고, 직접 가보지 않은 외부 은하에 대해 알게 되었다.

◆위성 위치 확인 시스템(GPS)	넓은 영역에서 위치를 확인하고 미세한 이동 거리도 측정할 수 있다.
전자 현미경	광학 현미경보다 높은 확대율로 나노 단위로 물체를 관찰할 수 있다.
초고속 투과 전자 현미경	원자나 분자 내부의 움직임을 나노초 이하 단위까지 측정할 수 있다.
원자 힘 현미경	시료 표면의 원자를 촬영하여 원자의 크기를 측정할 수 있다.
우주 망원경	허블 망원경이나 제임스 웹 우주 망원경을 이용하여 멀리 있는 천체의 나이와 거리를 더 정확하게 측정할 수 있다.

◆ 위성 위치 확인 시스템(GPS, Global Positioning System)
항법 위성(인공위성)에서 보낸 전파 신호를 스마트폰, 내비게이션 등에 있는 GPS 수신기가 분석하여 정확한 위치를 알 수 있는 기술로, 여러 개의 항법 위성에서 오는 신호의 시간 차이를 계산하여 수신기의 위치를 파악한다. 항법 위성에는 원자시계가 이용된다.

개념 확인 문제

✐ 정답친해 2쪽

핵심 체크 ●

▶ 자연 세계는 시간과 (❶   )으로 설명할 수 있다.

▶ (❷   ): 어떤 자연 현상의 크기 범위로, 자연에서 일어나는 현상들은 시간 규모와 공간 규모가 매우 다양하다.

▶ 자연 세계는 크게 미시 세계와 (❸   ) 세계로 구분할 수 있다.

▶ **시간과 길이 측정의 현대적 방법**
  ┌ (❹   )로 시간을 정밀하게 측정한다.
  └ 빛이 왕복한 시간을 재거나, 물체에서 반사되어 돌아오는 두 빛을 비교하여 길이를 정밀하게 측정한다.

---

1 자연 세계에 대한 설명으로 옳은 것은 ○, 옳지 <u>않은</u> 것은 ×로 표시하시오.

(1) 자연 현상은 다양한 크기의 시간과 공간에서 일어난다.
.... (   )

(2) 어떤 자연 현상의 크기 범위를 규모라고 한다.
.... (   )

(3) 자연 현상의 시간과 길이를 측정할 때는 탐구 대상의 규모와 관계없이 같은 방법을 사용해야 한다. (   )

2 다음 (   ) 안에 알맞은 말을 쓰시오.

> 우리가 일상에서 경험하는 세계처럼 인간의 감각으로 관찰할 수 있는 세계를 ㉠(   ) 세계라 하고, 원자 수준의 아주 작은 세계와 같이 인간의 감각으로 관찰할 수 없는 세계를 ㉡(   ) 세계라고 한다.

3 시간과 길이 측정의 현대적 방법을 [보기]에서 있는 대로 고르시오.

> 보기
> ㄱ. 태양의 위치를 기준으로 시간을 측정한다.
> ㄴ. 세슘 원자시계를 이용하여 시간을 측정한다.
> ㄷ. 빛을 쏘아 빛이 왕복한 시간을 재서 길이를 측정한다.

4 현대의 측정 기술에 대한 설명으로 옳은 것은 ○, 옳지 <u>않은</u> 것은 ×로 표시하시오.

(1) 위성 위치 확인 시스템(GPS)으로 넓은 영역에서 위치를 파악한다. .... (   )

(2) 광학 현미경을 이용하여 나노 단위로 물체를 관찰한다.
.... (   )

(3) 제임스 웹 우주 망원경을 이용하여 멀리 있는 천체를 더 정확하게 측정한다. .... (   )

B 기본량과 단위

1. 기본량 자연 현상을 설명하기 위해 사용하는 물리량 중에서 가장 기본이 되는 양
→ 시간, 길이, 질량 등과 같이 측정하여 대상을 숫자로 나타낼 수 있는 양

① 시간, 길이, 질량, 전류, 온도, 광도, 물질량으로, 총 7개의 기본량이 있다.

② 기본량은 다른 물리량을 활용하여 표현할 수 없다.

2. 기본량의 단위

① 국제단위계(SI)는 기본량의 단위로 7개의 기본 단위를 정의하며, 현재 대부분의 국가에서 사용하고 있다.
→ 과학, 기술, 산업, 무역 등 다양한 분야에서 통용되는 표준 단위 체계이다.

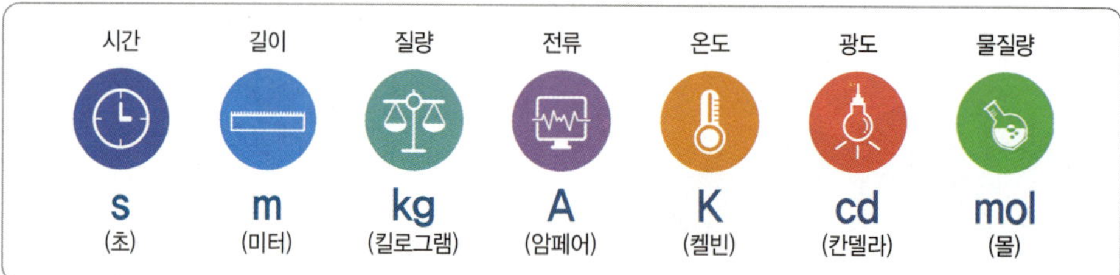

↥ 국제단위계의 기본량과 기본 단위

② 국제단위계는 시간이 지나도 변하지 않는 기본 상수를 구하는 실험 방법을 사용하여 기본량의 단위를 정의한다.
→ 기본 상수를 구하는 새로운 방법이 발명되면 기본량의 단위에 대한 정의가 변경될 수 있다.

◆ 기본 상수
자연에서 항상 일정한 양을 가지는 물리량이다. 빛의 속력, 기본 전하, 플랑크 상수, 아보가드로 상수 등이 해당된다.

◆ 기본 상수로 기본량의 단위를 정의하는 예
빛의 속력은 299,792,458 m/s이므로 1 m는 빛이 진공에서 $\frac{1}{299,792,458}$ 초 동안 진행한 거리로 정의한다.

| 기본량의 확립 과정 |

비상, 동아 교과서에만 나와요.

미터법 제정	국제미터협약 체결	국제단위계 확립
1790년경 프랑스에서 미터법이 제정되어 길이는 m(미터), 질량은 kg(킬로그램)을 기본 단위로 한 단위법이 생겨났다.	1875년에 17개국이 참여한 미터협약을 통해 미터법은 국제적인 단위 체계로 발전하게 되었고, 미터협약 이후 시간, 전류, 온도, 광도, 물질량이 추가되어 7개의 기본량으로 확립되었다.	1960년 국제도량형총회에서 단위 체계를 정비하여 국제단위계로 통일하였다.

3. 유도량과 단위

① **유도량**: 기본량으로부터 유도된 물리량

② **유도량의 단위**: 기본량의 단위를 조합하여 나타낸다.
→ 과학에서 사용하는 유도량의 단위는 7개의 기본량의 단위를 곱하거나 나누어서 나타낼 수 있다.

✳ 단위가 없는 물리량
질량 퍼센트 농도는 용액의 질량에 대한 용질의 질량비로, 같은 물리량의 비로 정의하므로 단위를 표시하지 않는다. 질량 퍼센트 농도를 표시할 때는 농도에 100을 곱해 %(퍼센트)로 나타내며, 기호 %는 $\frac{1}{100}$ 을 뜻한다.

| 기본량의 조합으로 만든 유도량과 단위의 예 |

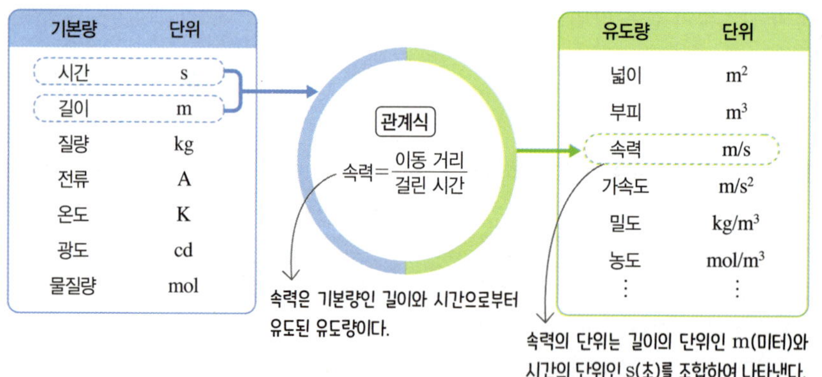

③ 여러 가지 유도량과 단위

	가로, 세로의 길이의 곱	가로, 세로, 높이의 길이의 곱	단위 시간당 이동한 거리	단위 시간당 속도 변화량
유도량	넓이	부피	속력	가속도
단위	m^2	m^3	m/s	m/s^2
유도량	힘	밀도	압력	농도
단위	$kg·m/s^2$	kg/m^3	$kg/m·s^2$	mol/m^3

- 힘: F(힘)$=m$(질량)$×a$(가속도)
- 밀도: 단위 부피당 질량
- 압력: 단위 면적에 수직으로 작용하는 힘
- 농도: 단위 부피당 물질량

④ **단위의 접두어 기호**: 측정하는 물리량의 크기가 아주 크거나 작은 경우 간단하게 나타내기 위해 단위 앞에 접두어 기호를 함께 사용한다. 🔋 동아 교과서에만 나와요.

접두어	n(나노)	μ(마이크로)	m(밀리)	c(센티)	h(헥토)	k(킬로)	M(메가)	G(기가)
의미	10^{-9}	10^{-6}	10^{-3}	10^{-2}	10^2	10^3	10^6	10^9

- m(밀리)는 0.001을 뜻하므로 1 mg은 0.001 g이다.
- k(킬로)는 1000을 뜻하므로 1 km는 1000 m이다.

* **표준화된 단위의 중요성**
- 자연 현상을 설명하는 데 유용하고, 정확한 정보를 전달할 수 있다.
- 과학 탐구에서 일관된 단위로 측정하고 결과를 정리하면 단위 환산 없이 계산할 수 있다.
- 다른 장소에 있는 과학자들이 동일한 현상을 측정할 때 같은 결과를 얻고, 상호 교류와 이해를 쉽게 할 수 있다.

개념 확인 문제

🖋 정답친해 2쪽

● 핵심 체크 ●

▶ (❶) ┌ 시간, (❷), 질량, 전류, 온도, 광도, 물질량으로, 총 7개가 있다.
└ 기본량의 단위는 (❸)를 사용한다.

기본량	시간	길이	질량	전류	온도	광도	물질량
단위	s(초)	m(미터)	kg(킬로그램)	A(암페어)	K(켈빈)	cd(칸델라)	mol(몰)

▶ (❹): 기본량으로부터 유도된 물리량이며, 단위는 (❺)의 단위를 조합하여 나타낸다.

1 기본량에 대한 설명으로 옳은 것은 ○, 옳지 <u>않은</u> 것은 ×로 표시하시오.

(1) 자연 현상을 설명하기 위해 사용하는 물리량 중에서 가장 기본이 되는 양이다. ⋯⋯⋯⋯⋯⋯⋯⋯ ( )
(2) 시간, 길이, 질량, 온도 등이 있다. ⋯⋯⋯⋯⋯ ( )
(3) 다른 물리량을 활용하여 표현할 수 있다. ⋯⋯⋯ ( )
(4) 단위는 국제단위계를 사용한다. ⋯⋯⋯⋯⋯⋯ ( )

2 다음은 기본량과 단위를 나타낸 것이다. ( ) 안에 알맞은 기본량과 단위를 쓰시오.

기본량	시간	길이	질량	전류	㉠( )
단위	s(초)	m(미터)	㉡( )	A(암페어)	K(켈빈)

3 각 유도량의 단위를 나타낼 때 필요한 기본량의 단위를 [보기]에서 있는 대로 고르시오.

> **보기**
> ㄱ. m(미터)　　　ㄴ. kg(킬로그램)　　　ㄷ. s(초)

(1) 속력　　　　(2) 부피　　　　(3) 밀도

4 다음 단위를 접두어 기호를 함께 사용하는 단위로 바꾸어 쓰시오.

(1) 1000 m＝1 ( )
(2) 0.001 g＝1 ( )

A 시간과 공간

중요 01 자연 세계의 시간과 공간에 대한 설명으로 옳은 것만을 [보기]에서 있는 대로 고르시오.

보기
ㄱ. 자연 현상은 시간과 공간으로 설명할 수 있다.
ㄴ. 자연에서 일어나는 현상들은 시간 규모와 공간 규모가 매우 다양하다.
ㄷ. 자연 세계는 크게 미시 세계와 거시 세계로 구분할 수 있다.

02 표는 자연 세계를 크게 두 가지로 구분한 것이다.

㉠( ) 세계	수소 원자, 물 분자, 나트륨 이온 등
㉡( ) 세계	나무, 동물, 천체 등

이에 대한 설명으로 옳은 것만을 [보기]에서 있는 대로 고른 것은?

보기
ㄱ. ㉠ 세계의 시간 규모와 공간 규모는 과거에도 측정할 수 있었다.
ㄴ. ㉡ 세계는 인간의 감각으로 관찰할 수 있는 세계이다.
ㄷ. ㉠은 '미시'이고 ㉡은 '거시'이다.

① ㄱ 　② ㄷ 　③ ㄱ, ㄴ
④ ㄴ, ㄷ 　⑤ ㄱ, ㄴ, ㄷ

03 시간과 공간의 측정에 대한 설명으로 옳은 것만을 [보기]에서 있는 대로 고른 것은?

보기
ㄱ. 시간과 공간을 정밀하게 측정하는 것은 과학의 기초가 된다.
ㄴ. 시간과 공간을 측정할 때는 측정 대상의 규모에 따라 측정 방법을 다르게 해야 한다.
ㄷ. 빛을 이용하여 길이를 정밀하게 측정하려면 정밀한 시간 측정 기술이 필요하다.

① ㄱ 　② ㄴ 　③ ㄷ
④ ㄴ, ㄷ 　⑤ ㄱ, ㄴ, ㄷ

04 그림은 자연 세계의 다양한 공간 규모를 나타낸 것이다.

(가) 세슘	(나) 적혈구	(다) 고양이	(라) 은하
원자 반지름	지름	평균 몸길이	지름

이에 대한 설명으로 옳은 것만을 [보기]에서 있는 대로 고른 것은?

보기
ㄱ. (가)와 같은 규모에서는 보통의 자로 길이를 측정할 수 있다.
ㄴ. (다)는 거시 세계에 해당한다.
ㄷ. 공간 규모에서 (라)는 (나)보다 크다.

① ㄱ 　② ㄷ 　③ ㄱ, ㄴ
④ ㄴ, ㄷ 　⑤ ㄱ, ㄴ, ㄷ

중요 05 다음은 시간과 길이 측정의 현대적 방법에 대한 설명이다.

오늘날에는 (가)와 같은 레이저 길이 측정기를 이용하여 빛으로 길이를 정밀하게 측정한다. 또 (나)와 같은 세슘 원자시계를 이용하여 시간을 정밀하게 측정한다.

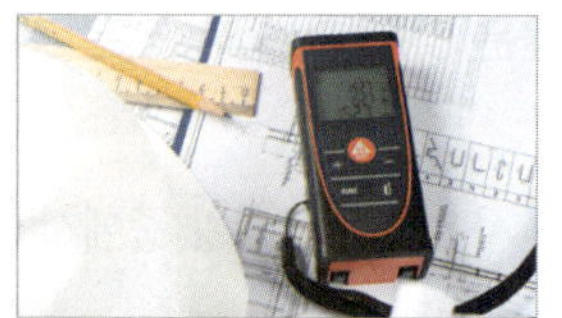
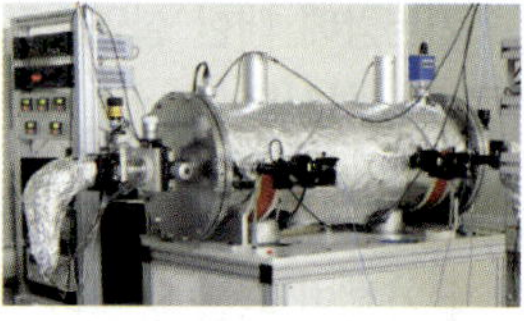

(가) 레이저 길이 측정기　　　(나) 세슘 원자시계

이에 대한 설명으로 옳은 것만을 [보기]에서 있는 대로 고른 것은?

보기
ㄱ. (가)는 빛의 속력이 일정함을 이용한다.
ㄴ. (가)를 이용할 때 시간을 정밀하게 측정하는 것이 매우 중요하다.
ㄷ. (나)는 원자에서 나오는 빛의 진동수를 이용한다.

① ㄱ 　② ㄴ 　③ ㄱ, ㄷ
④ ㄴ, ㄷ 　⑤ ㄱ, ㄴ, ㄷ

06 그림은 전자 현미경을 이용하여 물체를 관찰하는 모습을 나타낸 것이다.

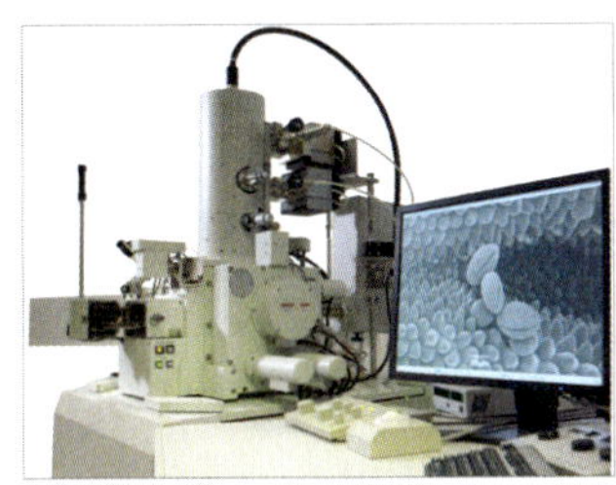

이에 대한 설명으로 옳은 것만을 [보기]에서 있는 대로 고른 것은?

보기
ㄱ. 확대율은 광학 현미경보다 높다.
ㄴ. 나노미터 단위의 공간 규모로 물체를 관찰할 수 있다.
ㄷ. 우주 규모의 현상을 관찰할 때도 이용할 수 있다.

① ㄱ   ② ㄷ   ③ ㄱ, ㄴ
④ ㄴ, ㄷ   ⑤ ㄱ, ㄴ, ㄷ

중요 07 다양한 규모의 시간과 공간을 정확하게 측정하려는 과학자들의 노력으로 인간의 경험 범위가 확장된 사례와 가장 거리가 먼 것은?

① 원의 성질을 이용하여 지구의 크기를 측정할 수 있다.
② 전자 현미경을 이용하여 눈에 보이지 않는 바이러스를 관찰할 수 있다.
③ 위성 위치 확인 시스템을 이용하여 넓은 영역에서 위치를 확인할 수 있다.
④ 레이저를 이용하여 지구와 달 사이의 거리를 측정할 수 있다.
⑤ 우주 망원경을 이용하여 멀리 있는 천체의 나이와 거리를 더 정확하게 측정할 수 있다.

B   기본량과 단위

08 기본량에 해당하지 않는 물리량은?

① 전류   ② 온도   ③ 광도
④ 시간   ⑤ 농도

중요 09 기본량에 대한 설명으로 옳은 것만을 [보기]에서 있는 대로 고른 것은?

보기
ㄱ. 자연 현상을 설명하기 위해 사용하는 물리량 중에서 가장 기본이 되는 양이다.
ㄴ. 시간, 길이, 질량 등 총 5개의 물리량이 있다.
ㄷ. 다른 물리량을 활용하여 표현할 수 없다.

① ㄴ   ② ㄷ   ③ ㄱ, ㄴ
④ ㄱ, ㄷ   ⑤ ㄴ, ㄷ

10 다음에서 공통으로 설명하는 과학의 기본량은?

• 적혈구의 반지름
• 에베레스트산의 높이
• 지구에서 달까지의 거리

① 시간   ② 길이   ③ 질량
④ 전류   ⑤ 온도

11 그림은 고대 이집트에서 사용했던 길이 단위인 큐빗을 나타낸 것이다. 1큐빗은 팔을 구부렸을 때 팔꿈치에서부터 가운뎃손가락 끝까지의 길이를 말한다.

이 단위에 대한 설명으로 옳은 것만을 [보기]에서 있는 대로 고른 것은?

보기
ㄱ. 1큐빗의 길이는 사람마다 다르다.
ㄴ. 측정한 길이를 수치와 단위로 나타낼 수 없다.
ㄷ. 같은 길이를 측정할 때의 측정값은 항상 같다.

① ㄱ   ② ㄴ   ③ ㄱ, ㄷ
④ ㄴ, ㄷ   ⑤ ㄱ, ㄴ, ㄷ

 12 국제단위계의 기본량과 기본 단위를 잘못 짝 지은 것은?

	기본량	단위
①	질량	kg
②	전류	A
③	온도	℃
④	길이	m
⑤	시간	s

13 유도량에 대한 설명으로 옳은 것만을 [보기]에서 있는 대로 고른 것은?

보기
ㄱ. 기본량으로부터 유도된 물리량이다.
ㄴ. 유도량의 단위는 각 유도량을 정의하는 데 사용한 기본량의 단위를 조합하여 나타낼 수 있다.
ㄷ. 유도량 중에는 기본량으로 유도할 수 없는 것도 있다.

① ㄱ   ② ㄷ   ③ ㄱ, ㄴ
④ ㄴ, ㄷ   ⑤ ㄱ, ㄴ, ㄷ

 14 다음은 기본량과 유도량의 단위에 대한 학생 A~C의 대화이다.

- 학생 A: 길이의 단위만으로 부피의 단위를 나타낼 수 있어.
- 학생 B: 속력의 단위는 길이와 시간의 단위를 이용하여 나타낼 수 있어.
- 학생 C: 온도의 단위를 이용하여 농도의 단위를 나타낼 수 있어.

제시한 의견이 옳은 학생만을 있는 대로 고른 것은?

① A   ② C   ③ A, B
④ B, C   ⑤ A, B, C

15 기본량의 단위를 이용하여 유도량의 단위를 옳게 나타낸 것은?

	유도량	단위
①	부피	m^2
②	속력	m/s^2
③	가속도	m/s
④	밀도	kg/m^3
⑤	농도	mol/m^2

서술형 문제

16 빛의 속력이 일정함을 이용하여 두 지점 사이의 거리를 정밀하게 측정하는 방법을 서술하시오.

17 그림은 자전거의 속력계를 나타낸 것이다.

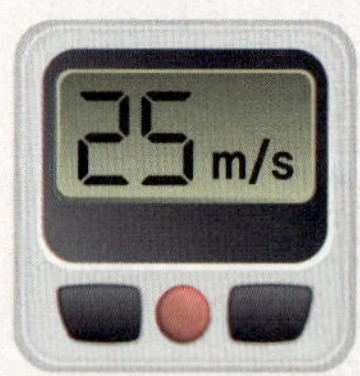

속력이 어떤 기본량으로부터 유도되었는지 속력의 단위를 이용하여 서술하시오.

실력 UP 문제

01 다음은 위성 위치 확인 시스템(GPS)의 원리를 간략하게 나타낸 것이다.

> (가) 여러 개의 항법 위성에서 위치와 시간 정보가 담긴 전파 신호를 보낸다. → (나) GPS 수신기에서 전파를 수신하여 항법 위성과 수신기 사이의 거리를 계산한다. → (다) 지도에서 수신기의 정확한 위치를 알아낸다.

이에 대한 설명으로 옳은 것만을 [보기]에서 있는 대로 고른 것은?

보기
ㄱ. 항법 위성에는 정밀한 원자시계가 이용된다.
ㄴ. (나)에서 거리는 전파의 속력과 전파의 도달 시간의 곱으로 계산한다.
ㄷ. (다)는 1개의 항법 위성에서 보낸 신호의 분석만으로 가능하다.

① ㄱ　　　　② ㄷ　　　　③ ㄱ, ㄴ
④ ㄴ, ㄷ　　　⑤ ㄱ, ㄴ, ㄷ

02 그림 (가)와 (나)는 각각 제임스 웹 우주 망원경과 원자 힘 현미경을 나타낸 것이다.

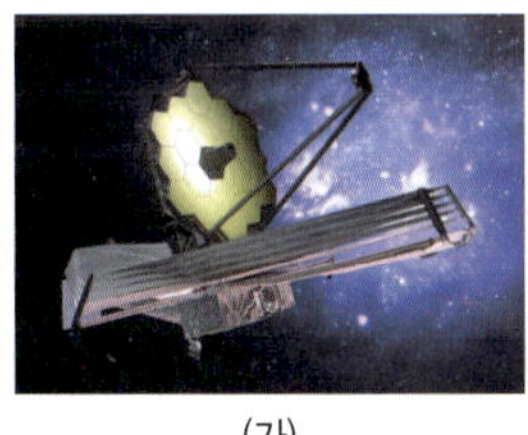
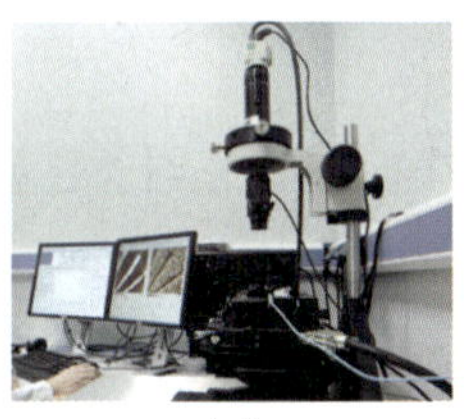

(가)　　　　　　(나)

이에 대한 설명으로 옳은 것만을 [보기]에서 있는 대로 고른 것은?

보기
ㄱ. (가)는 원자 규모의 현상을 관찰하는 데 이용 가능하다.
ㄴ. (가)를 이용하여 멀리 있는 천체의 나이와 거리를 더 정확하게 측정할 수 있다.
ㄷ. (나)를 이용하여 시료를 구성하는 원자의 크기를 측정할 수 있다.

① ㄱ　　　　② ㄷ　　　　③ ㄱ, ㄴ
④ ㄴ, ㄷ　　　⑤ ㄱ, ㄴ, ㄷ

03 국제단위계에 대한 설명으로 옳은 것만을 [보기]에서 있는 대로 고른 것은?

보기
ㄱ. 국제단위계는 현재 대부분의 국가에서 사용하고 있는 표준 단위 체계이다.
ㄴ. 기본량의 단위는 기본 상수를 구하는 실험 방법을 사용하여 정의하고 있다.
ㄷ. 기본량의 단위에 대한 정의는 시간이 지나도 변하지 않는다.

① ㄱ　　　　② ㄴ　　　　③ ㄷ
④ ㄱ, ㄴ　　　⑤ ㄴ, ㄷ

04 표준화된 단위의 중요성에 대한 설명으로 옳은 것만을 [보기]에서 있는 대로 고른 것은?

보기
ㄱ. 자연 현상을 설명하거나 비교하는 데 유용하다.
ㄴ. 정확하지 않은 정보를 전달할 수 있다.
ㄷ. 일관된 단위로 측정하고 결과를 정리하면 별도의 단위 환산 없이 계산할 수 있다.

① ㄱ　　　　② ㄴ　　　　③ ㄱ, ㄷ
④ ㄴ, ㄷ　　　⑤ ㄱ, ㄴ, ㄷ

05 물리량의 크기에 따라 단위 앞에 접두어 기호를 사용한 것으로 옳지 <u>않은</u> 것은?

① 10^{-9} m＝1 nm(나노미터)
② 10^{-6} g＝1 μg(마이크로그램)
③ 10^{-3} s＝1 ms(밀리초)
④ 10^{2} Pa＝1 cPa(센티파스칼)
⑤ 10^{6} J＝1 MJ(메가줄)

02 측정 표준과 정보

A 측정과 측정 표준

1. 과학 탐구에서의 측정과 어림

① **측정**: 물체의 질량, 길이, 부피 등의 양을 재는 활동 → 측정 결과는 수치와 측정 단위로 나타낸다.

- 적절한 측정 단위와 ◆측정 도구를 사용해야 한다.
- 측정은 현상을 명확하게 설명하고 정확한 의사소통을 가능하게 한다.

② ◆**어림**: 측정 도구 없이 어떠한 양을 추정하는 활동

- 과학적인 사고 과정, 자료, 측정 경험 등을 바탕으로 수행한다.
  └ 적절한 단위와 도구를 사용한 측정 경험이 많을수록 더 정확하게 어림할 수 있다.
- 어림은 측정할 때 필요한 측정 도구를 결정하는 데 도움이 된다.
  예 액체의 부피를 측정할 때 부피를 어림한 뒤 적절한 용량의 측정 도구를 선택한다.

2. 측정 표준
정확하고 일관성 있는 측정을 위해 만든 과학적 기준으로, 표준화된 측정 단위, 측정 방법, 측정 도구, 표준 물질 등이 있다.
└ 물질량을 측정할 때 기준이 되는 것

│ 길이의 측정 표준 변화 │　　　　　　　　　미래엔, 천재 교과서에만 나와요.

① 18세기 말 지구의 북극에서 적도까지 길이의 천만 분의 1을 1 m라고 정의하고, 이를 활용하여 미터원기를 만들어 측정 표준으로 활용했다.
→ 1 m에 해당하는 길이를 금속으로 만든 기구

② 시간이 지남에 따라 미터원기가 손상되어 변하지 않는 다른 기준이 필요해졌다.

③ 1983년 빛이 진공에서 $\dfrac{1}{299,792,458}$ 초 동안 진행한 거리를 1 m라고 새롭게 정의했다. 이처럼 과학 기술의 발전으로 측정 표준은 점점 정밀해졌다.

3. ◆측정 표준의 활용
일상생활, 과학 기술, 산업 등 다양한 분야에서 유용하게 활용된다.

① **단위에 대한 측정 표준이 활용되는 예**

기온을 ℃ 단위로 측정하여 기온과 폭염주의보 발령 지역을 안내한다.

제한 속도를 km/h 단위로 안내하고 과속 차량을 단속한다.

미세 먼지 농도를 μg/m³ 단위로 측정하여 행동 요령을 안내한다.

식품에 들어 있는 영양 성분을 표시 기준 단위(g, mg, mL 등)에 따라 표시한다.

소리의 세기를 dB 단위로 측정하여 공사장의 소음 등을 규제한다.

혈당량을 mg/dL 단위로 측정하여 혈당을 관리한다.

└ 사람의 귀에 들리는 가장 작은 소리를 0 dB(데시벨)로 정하고, 소리의 세기가 기준보다 10배 커지면 10 dB, 100배 커지면 20 dB로 표시한다.

◆ **측정 도구의 눈금 읽기**
측정하려는 양이 측정 도구의 눈금과 일치하지 않는 경우 눈금 사이를 10 등분하여 읽는다.

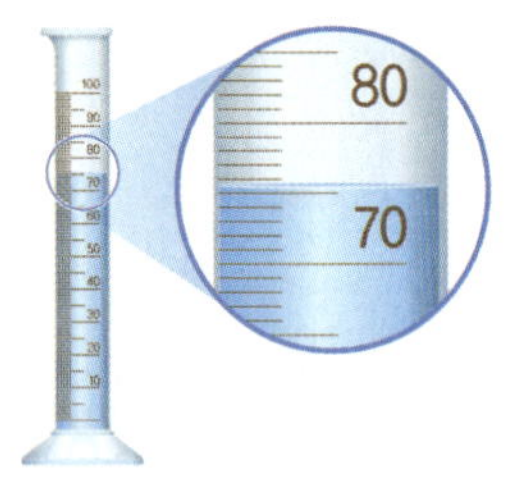

➡ 75와 76 사이를 10 등분하여 75.5 mL로 읽는다.

◆ **과학 탐구에서 어림의 역할**
- 효율적인 측정 계획과 수행을 돕는다.
- 측정 결과와 비교하여 측정값의 의미를 파악한다.
- 공룡의 몸무게, 멀리 있는 천체의 크기처럼 측정하기 어려운 값을 알아낸다.

◆ **질량의 측정 표준 변화**
과거에는 킬로그램 원기를 이용하여 1 kg을 정의했으나, 현재는 빛의 에너지와 관련된 플랑크 상수를 이용한 값으로 정의한다.

◆ **다양한 분야에서 측정 표준의 활용**
- 자동차 분야: 많은 부품을 정확한 크기와 성능으로 만들어 하나의 자동차로 조립하기 위해 측정 표준을 활용한다.
- 스포츠 분야: 경기 기록을 재거나 약물 검사 등에 측정 표준을 활용한다.
- 과학 분야: 원자의 크기 측정, 우주의 나이 측정, 발사체 연구 등에 측정 표준을 활용한다.

실내 공기 질 측정 항목

측정하는 화학 물질의 종류와 허용 농도 등을 측정 표준으로 정한다.

층간 소음 차단 성능 검사 방법

소음을 발생시키는 방법, 측정 기기의 종류, 소리를 측정하는 위치 등 자세한 측정 방법을 측정 표준으로 정한다.

미세 먼지 ◆인증 표준 물질

미세 먼지 속 유해 성분을 측정할 때 특정 성분의 함량이 표기된 인증 표준 물질을 활용하여 측정 기기가 정확한지 확인한다.

◆ **인증 표준 물질**
정확한 측정값이 표기된 물질로, 이를 이용하여 측정 기기가 정확한지 주기적으로 확인하고 측정 기기를 교정한다.

② **측정 표준의 유용성과 필요성**

- 측정 표준을 이용하여 제공되는 정보는 신뢰할 수 있고, 일상생활을 편리하게 한다.
- 원활한 의사소통과 공정한 거래를 할 수 있다.
- 서로 다른 단위를 사용하거나 측정 방법이 달라 생기는 혼란이나 사고를 방지할 수 있다.
- 연구 결과의 신뢰도를 높이고 연구 결과의 공유와 연구자 사이의 소통을 원활하게 한다.

개념확인 문제

🔖 정답친해 4쪽

핵심 체크 ●

- ▶ (❶　　　　): 물체의 질량, 길이, 부피 등의 양을 재는 활동
- ▶ (❷　　　　): 측정 도구 없이 어떠한 양을 추정하는 활동
- ▶ (❸　　　　) ┬ 정확하고 일관성 있는 측정을 위해 만든 과학적 기준
　　　　　　　　├ 측정 표준에는 표준화된 측정 단위, 측정 방법, 측정 도구, 표준 물질 등이 있다.
　　　　　　　　└ 측정 표준은 일상생활, 과학 기술, 산업 등 다양한 분야에서 유용하게 활용된다.

1 과학 탐구에서의 측정에 대한 설명으로 옳은 것은 ○, 옳지 <u>않은</u> 것은 ×로 표시하시오.

(1) 물체의 질량, 길이, 부피 등의 양을 재는 활동이다. .... (　　)

(2) 측정 도구 없이 수행하는 활동이다. .... (　　)

(3) 측정한 결과를 수치와 측정 단위로 나타낸다. .... (　　)

(4) 현상을 명확하게 설명할 수 있게 한다. .... (　　)

2 다음은 과학 탐구 과정에서 어떤 활동에 대한 설명인지 쓰시오.

> 측정 도구 없이 어떠한 양을 추정하는 활동으로, 과학적인 사고 과정, 측정 경험 등을 바탕으로 수행한다.

3 측정 표준에 대한 설명으로 옳은 것은 ○, 옳지 <u>않은</u> 것은 ×로 표시하시오.

(1) 정확하고 일관성 있는 측정을 위해 만든 과학적 기준이다. .... (　　)

(2) 측정 표준에 단위는 포함되지 않는다. .... (　　)

(3) 측정 표준을 이용하면 서로 다른 단위를 사용해서 생기는 혼란을 방지할 수 있다. .... (　　)

4 측정 표준이 활용되는 사례로 옳은 것만을 [보기]에서 있는 대로 고르시오.

> [보기]
> ㄱ. 혈당량을 mg/dL 단위로 측정하여 혈당을 관리한다.
> ㄴ. 이마에 손을 대어 체온을 확인한다.
> ㄷ. 자동차 부품을 정확한 크기로 만든다.

B 신호와 정보

1. 자연의 신호와 정보

① **신호** : 자연에서 일어나는 다양한 변화가 전달되는 것으로, 빛, 소리, 지진파와 같은 파동부터 힘, 온도, 압력 등 여러 가지 형태가 있다.

② **정보** : 자연의 신호를 측정하고 분석하여 유용한 형태로 만든 것

신호	정보
지진파	지진파를 측정하고 분석하여 지진이 발생한 위치, 지구 내부 구조와 변화 등을 알 수 있다.
체온	체온을 측정하고 분석하여 건강 상태를 확인할 수 있다.
우주의 빛	우주에서 온 빛을 측정하고 분석하여 우주의 생성 과정을 알 수 있다.

2. ◆센서 → 사람은 눈이나 코와 같은 감각 기관으로 자연의 신호를 감지하여 정보를 얻으므로 센서는 감각 기관과 같은 역할을 한다.

① **센서** : 다양한 신호를 감지하여 전기 신호로 변환하는 장치

② **센서의 종류** : 빛을 감지하는 광센서, 온도 변화를 감지하는 온도 센서, 연기를 감지하는 화학 센서, 누르는 힘을 감지하는 압력 센서, 물체의 운동 변화를 감지하는 가속도 센서 등
- 비접촉형 체온계에는 적외선을 감지하는 광센서가 있다.
- 가스 누설 경보기에는 미세한 가스를 감지하는 화학 센서가 있다.
- 스마트폰에는 가속도 센서가 들어 있어 방향에 맞추어 화면이 가로나 세로로 회전된다.

3. 아날로그 신호와 디지털 신호

① **아날로그 신호** : 연속적으로 변하는 신호로, 빛, 소리, 지진파, 온도 등 자연에서 발생하는 대부분의 신호이다. → 실제 현상을 더 정확하게 표현할 수 있지만, 저장이나 전송할 때 손상되기 쉽다.

② **디지털 신호** : 불연속적인 값으로 나타나는 신호이다. 0과 1의 ◆이진수로 표시되는 신호로, 컴퓨터, 스마트폰 등 디지털 기기에서 처리하는 신호이다.

③ 자연의 신호를 디지털 기기로 처리하려면 센서에서 변환된 아날로그 전기 신호를 디지털 신호로 변환하는 과정을 거쳐야 한다.

| 자연의 신호를 디지털 신호로 변환하는 과정 | 동아 교과서에만 나와요.

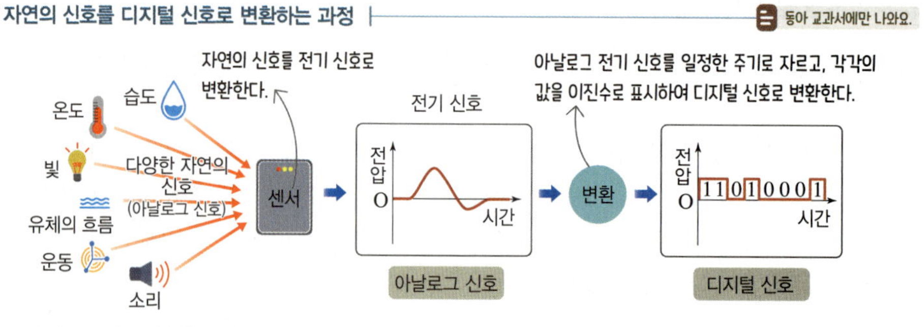

④ **디지털 신호의 특징** : 신호를 저장하거나 재생, 전송하는 데 편리하다.
- 아날로그 신호를 디지털 신호로 변환하면 원래 가지고 있던 정보가 왜곡되거나 일부를 잃을 수도 있다.
- 아날로그 신호에 비해 저장에 필요한 용량이 적고, 복사와 편집이 자유롭다.
- 잡음이 거의 없는 선명한 신호를 만들어 전송할 수 있다.

◆ 일상생활에서 센서의 활용
- 바코드 스캐너: 광센서를 이용하여 물체의 정보를 인식한다.
- 초음파 진단기: 소리 센서를 이용하여 보이지 않는 곳의 정보를 인식한다.
- 터치스크린: 정전 센서를 이용하여 화면에 손이 닿았을 때 변화되는 전기 신호를 감지하여 명령을 실행한다.
- 스마트폰: 기기가 기울어지는 방향을 감지하는 센서가 있어서 게임 속 자동차의 방향을 바꿀 수 있다.
- 자동차 범퍼: 초음파를 발생시킨 후 반사되어 오는 신호를 감지하는 센서가 있다.
  └ 장애물까지의 거리를 측정한다.

◆ 이진수
이진법으로 나타낸 수이다. 이진법은 0과 1만 사용하여 둘씩 묶어서 윗자리로 올려 가는 표기법이다. 십진법의 0, 1, 2, 3, 4는 이진법에서 0, 1, 10, 11, 100이 된다.

 천재 교과서에만 나와요.

주의해

센서의 정의
센서의 기능은 아날로그 신호를 감지하여 아날로그 전기 신호로 변환한 후, 정보를 처리하는 장치에 신호를 입력하는 것이다. 그런데 센서를 통해 얻는 전기 신호가 결국 디지털 정보가 되는 것에 초점을 맞추어 센서의 정의를 아날로그 신호를 디지털 신호로 변환하는 장치라고 설명하기도 한다.

4. 디지털 정보와 현대 문명

① 정보를 디지털로 변환하는 기술을 활용하여 디지털 정보를 얻을 수 있다.

② 디지털 정보는 저장과 분석이 쉬워 컴퓨터와 같은 다양한 디지털 기기에서 이용되며, 전송하기 쉽기 때문에 정보 통신에 활용된다.
→ 컴퓨터와 같은 다양한 통신 수단을 이용하여 정보를 주고받는 것

③ 디지털 정보는 일상생활, 산업, 과학 등 다양한 분야에서 유용하게 활용된다.
  - 사회 관계망 서비스를 통해 사진과 영상 등을 공유한다.
  - 인터넷을 이용하여 상품을 구매하고 디지털 금융 서비스를 이용한다.
  - 전자책, 교육 앱 등으로 시간과 장소에 상관없이 원격 교육을 받는다.
  - 무인 드론, 자율 주행 기술 등으로 운전자 없이 상품을 운송한다.
  - 환자의 신체 조직을 검사할 때 디지털 기술을 이용하면 정확도가 높아진다.

◆ **디지털 정보 활용의 다른 예**
- 원격 진료로 환자에게 실시간으로 맞춤형 처방을 한다.
- 디지털 정보는 쉽게 편집할 수 있어서 콘텐츠를 직접 만들고 공유할 수 있다.
- 사물에 대한 정보를 디지털로 저장한 뒤 3D 프린터를 이용하여 필요한 물품을 출력한다.
- 재생 에너지 기술, 스마트 그리드 기술로 기후 변화 및 에너지 고갈 문제에 대처한다.
- 빅데이터, 사물 인터넷(IoT), 인공지능(AI) 등의 기술이 다양한 분야에서 활용된다.

개념확인 문제

정답친해 5쪽

핵심 체크

- ▶ (❶): 자연에서 일어나는 다양한 변화가 전달되는 것
- ▶ (❷): 자연의 신호를 측정하고 분석하여 유용한 형태로 만든 것
- ▶ (❸): 다양한 신호를 감지하여 전기 신호로 변환하는 장치
- ▶ (❹) 신호: 연속적으로 변하는 신호로, 자연에서 발생하는 대부분의 신호이다.
- ▶ (❺) 신호: 불연속적인 값으로 나타나는 신호로, 디지털 기기에서 처리하는 신호이다.

---

1 신호와 정보에 대한 설명으로 옳은 것은 ○, 옳지 <u>않은</u> 것은 ×로 표시하시오.

(1) 신호는 자연에서 일어나는 다양한 변화가 전달되는 것이다. ·············· (   )

(2) 자연의 신호는 빛, 소리, 지진파 등과 같이 모두 파동의 형태로만 전달된다. ·············· (   )

(3) 정보는 자연의 신호를 측정하고 분석하여 유용한 형태로 만든 것이다. ·············· (   )

2 그림은 어떤 장치 (가)의 기능이다. (가)의 이름을 쓰시오.

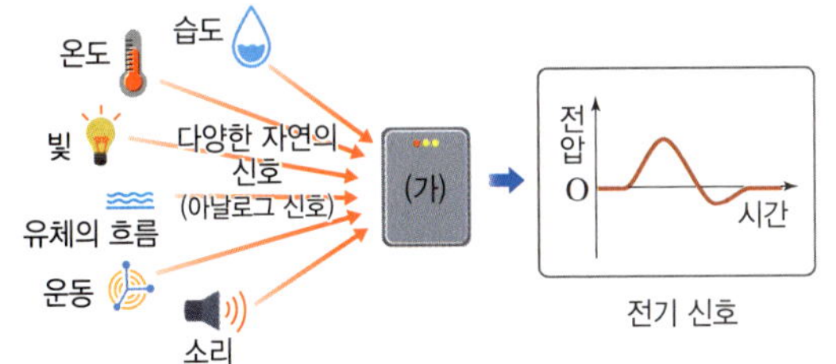

3 아날로그 신호에 대한 설명에는 '아', 디지털 신호에 대한 설명에는 '디'라고 쓰시오.

(1) 시간에 따라 연속적으로 변하는 신호이다. ······ (   )

(2) 0과 1의 이진수로 표시되는 신호이다. ············· (   )

(3) 컴퓨터와 같은 디지털 기기에서 이용된다. ······ (   )

(4) 자연에서 발생하는 대부분의 신호이다. ········· (   )

(5) 신호를 저장, 재생, 전송하는 데 편리하다. ······ (   )

4 다음 (   ) 안에 알맞은 말을 쓰시오.

> 다양한 신호를 분석하여 얻은 정보를 (   )로 변환하는 기술은 정보 통신에 활용되어 은행 및 금융, 교육, 운송 및 교통, 의료, 에너지 산업 등 사회 여러 분야에 영향을 미쳐 현대 문명을 변화시키고 있다.

내신 만점 문제

A 측정과 측정 표준

01 과학 탐구에서 측정에 대한 설명으로 옳은 것만을 [보기]에서 있는 대로 고른 것은?

보기
ㄱ. 논리적인 추론으로 근삿값을 얻는 활동이다.
ㄴ. 적절한 측정 단위와 측정 도구를 사용해야 한다.
ㄷ. 현상을 명확하게 설명하고 정확한 의사소통을 가능하게 한다.

① ㄱ　　　　② ㄷ　　　　③ ㄱ, ㄴ
④ ㄱ, ㄷ　　　⑤ ㄴ, ㄷ

02 다음은 눈금실린더를 이용하여 어떤 용액의 부피를 측정하는 활동에 대한 학생 A~C의 대화를 나타낸 것이다.

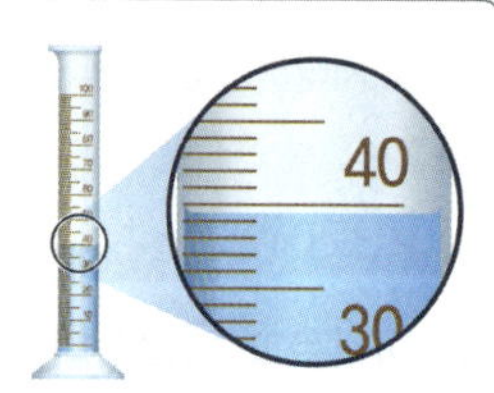

• 학생 A: 용액의 양이 눈금실린더의 눈금과 정확하게 일치하지 않으니까 가장 가까운 눈금을 읽자.
• 학생 B: 눈금 사이를 10 등분해서 읽어야 해.
• 학생 C: 용액의 부피는 39.5 mL야.

제시한 의견이 옳은 학생만을 있는 대로 고른 것은?
① B　　　　② C　　　　③ A, B
④ B, C　　　⑤ A, B, C

03 어림에 대한 설명으로 옳은 것은?
① 과학 탐구에서만 활용된다.
② 근거 없이 막연하게 수행하는 활동이다.
③ 과학적인 사고 과정이나 자료를 바탕으로 수행한다.
④ 방법이나 사람에 따라서 차이가 거의 없다.
⑤ 측정 경험이 적을수록 더 정확하게 수행할 수 있다.

04 그림은 건물의 높이를 알아내기 위해 A와 B가 수행한 활동을 나타낸 것이다.

이에 대한 설명으로 옳은 것만을 [보기]에서 있는 대로 고른 것은?

보기
ㄱ. A는 단위가 표시된 도구를 사용하여 건물의 높이를 나타냈다.
ㄴ. B는 알고 있는 정보를 이용하여 건물의 높이를 가늠했다.
ㄷ. B의 활동은 '측정'에 해당한다.

① ㄱ　　　　② ㄷ　　　　③ ㄱ, ㄴ
④ ㄴ, ㄷ　　　⑤ ㄱ, ㄴ, ㄷ

05 측정 표준에 대한 설명으로 옳은 것만을 [보기]에서 있는 대로 고른 것은?

보기
ㄱ. 정확하고 일관성 있는 측정을 위해 만든 과학적 기준이다.
ㄴ. 측정 표준에는 표준화된 측정 단위, 측정 방법, 측정 도구, 표준 물질 등이 있다.
ㄷ. 측정 표준은 과학 기술 분야에서만 활용된다.

① ㄱ　　　　② ㄷ　　　　③ ㄱ, ㄴ
④ ㄴ, ㄷ　　　⑤ ㄱ, ㄴ, ㄷ

중요 **06** 그림은 미세 먼지 농도 안내판을 나타낸 것이다.

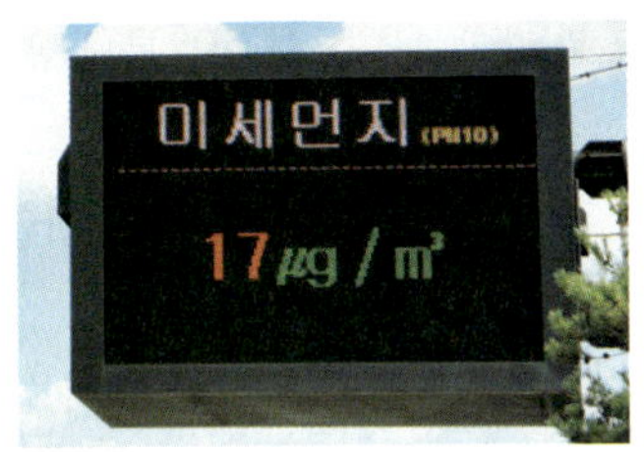

이에 대한 설명으로 옳은 것만을 [보기]에서 있는 대로 고른 것은?

보기
ㄱ. 미세 먼지 농도를 표시하는 단위는 $\mu g/m^3$이다.
ㄴ. 사람들이 서로 다른 기준으로 미세 먼지 농도를 인식하게 된다.
ㄷ. 야외 활동이나 마스크 착용 여부를 결정하는 데 유용한 정보로 활용된다.

① ㄴ　　　　② ㄷ　　　　③ ㄱ, ㄴ
④ ㄱ, ㄷ　　　⑤ ㄴ, ㄷ

중요 **07** 측정 표준을 이용할 때의 유용성에 대한 설명으로 옳은 것만을 [보기]에서 있는 대로 고른 것은?

보기
ㄱ. 서로 다른 단위를 사용하거나 측정 방법이 달라 생기는 혼란이나 사고를 방지할 수 있다.
ㄴ. 측정 표준을 활용하면 원활한 의사소통과 공정한 거래가 가능하다.
ㄷ. 측정 표준을 이용하여 제공되는 정보나 연구 결과는 신뢰할 수 있다.

① ㄱ　　　　② ㄴ　　　　③ ㄱ, ㄷ
④ ㄴ, ㄷ　　　⑤ ㄱ, ㄴ, ㄷ

B 신호와 정보

중요 **08** 자연에서 발생하여 전달되는 신호에 대한 설명으로 옳은 것만을 [보기]에서 있는 대로 고른 것은?

보기
ㄱ. 자연에서 다양한 변화가 생길 때 발생한다.
ㄴ. 빛, 소리와 같은 파동부터 힘, 온도, 압력 등 여러 가지 형태가 있다.
ㄷ. 신호를 측정하고 분석하여 유용한 정보를 얻을 수 있다.

① ㄱ　　　　② ㄷ　　　　③ ㄱ, ㄴ
④ ㄴ, ㄷ　　　⑤ ㄱ, ㄴ, ㄷ

09 다음은 사람과 전자 기기가 신호를 감지하는 과정에 대한 설명이다.

　사람은 눈이나 코와 같은 ㉠(　　　)을(를) 이용하여 자연의 신호를 감지하지만, 스마트폰과 같은 디지털 기기는 ㉡(　　　)을(를) 통해 자연의 신호를 감지한다.

이에 대한 설명으로 옳은 것만을 [보기]에서 있는 대로 고른 것은?

보기
ㄱ. '감각 기관'이 ㉠에 해당한다.
ㄴ. '센서'가 ㉡에 해당한다.
ㄷ. ㉡은 전기 신호를 다양한 아날로그 신호로 변환한다.

① ㄱ　　　　② ㄷ　　　　③ ㄱ, ㄴ
④ ㄴ, ㄷ　　　⑤ ㄱ, ㄴ, ㄷ

10 신호의 종류와 이를 감지하는 센서를 옳게 짝 지은 것은?

① 연기 – 광센서
② 빛 – 온도 센서
③ 온도 변화 – 압력 센서
④ 누르는 힘 – 화학 센서
⑤ 물체의 운동 변화 – 가속도 센서

 11 다음은 우주 망원경을 이용한 연구에 대한 설명이다.

> ㉠우주 망원경을 이용하여 우주에서 온 ㉡빛을 분석하면 ㉢대폭발에 의한 팽창 등 우주의 생성 과정을 알 수 있다.

이에 대한 설명으로 옳은 것만을 [보기]에서 있는 대로 고른 것은?

> **보기**
> ㄱ. ㉠에는 센서가 있다.
> ㄴ. ㉡은 불연속적으로 변하는 신호이다.
> ㄷ. ㉢은 신호를 분석하여 얻은 정보에 해당한다.

① ㄱ   ② ㄴ   ③ ㄱ, ㄷ
④ ㄴ, ㄷ   ⑤ ㄱ, ㄴ, ㄷ

12 다음은 현대 문명의 특징에 대한 설명이다.

> (가) 스마트 기기로 촬영한 ㉠사진과 영상을 인터넷으로 사람들과 공유한다.
> (나) 원격 진료로 ㉡영상과 소리 등의 정보가 실시간으로 전송되어 환자들에게 맞춤형 처방을 할 수 있다.

이에 대한 설명으로 옳은 것만을 [보기]에서 있는 대로 고른 것은?

> **보기**
> ㄱ. ㉠과 ㉡은 센서를 통해 얻은 정보로 만들어졌다.
> ㄴ. ㉠과 ㉡은 디지털 정보로 이루어져 있다.
> ㄷ. (가)와 (나)에 모두 정보 통신 기술이 이용된다.

① ㄱ   ② ㄷ   ③ ㄱ, ㄴ
④ ㄴ, ㄷ   ⑤ ㄱ, ㄴ, ㄷ

 13 디지털 정보를 활용하는 사례와 가장 거리가 먼 것은?

① 스마트폰으로 인터넷을 통해 정보를 공유한다.
② 시장에 가서 물건 값을 흥정하고 현금으로 구매한다.
③ 음악, 영화 등 다양한 콘텐츠를 제작하여 온라인으로 전송한다.
④ 인터넷 뱅킹, 전자 화폐 등으로 금융 및 상품 구매 서비스를 활용한다.
⑤ 전자책, 교육 앱 등으로 시간과 장소에 관계없이 원격 교육을 받는다.

서술형 문제

 14 다음은 일상생활에서 측정 표준이 활용되는 사례이다.

> 식품의 영양 성분의 양, 식품 첨가물의 양을 정확하게 표시하거나 잔류 농약이 얼마나 포함되어 있는지 측정하는 데 측정 표준이 활용된다.

그 밖에 측정 표준이 활용되는 사례를 한 가지 서술하시오.

15 다음의 용어를 모두 포함하여 신호와 정보의 의미를 서술하시오.

> 자연의 변화, 분석, 유용한

실력 UP 문제

01 다음은 자동차 부품 생산에서의 측정 표준에 대한 설명이다.

> 자동차 산업은 여러 기업에서 생산하는 수많은 부품을 정밀하게 조립하여 완제품으로 만들어 내므로 ㉠부품 생산 기업의 협업이 중요하다. 부품 생산 기업에서는 측정 표준을 활용하여 부품을 정교하게 만들고, 정밀도를 높이기 위해 ㉡정확한 측정 기기를 사용한다.

이에 대한 설명으로 옳은 것만을 [보기]에서 있는 대로 고른 것은?

> **보기**
> ㄱ. ㉠을 위해 측정 장비와 측정 방법을 표준화한다.
> ㄴ. 인증 표준 물질을 이용한 검사 장비의 주기적인 교정은 ㉡을 위한 방법에 해당한다.
> ㄷ. 부품 생산과 관련된 측정 단위는 각 기업의 실정에 맞게 선택하여 사용한다.

① ㄱ   ② ㄷ   ③ ㄱ, ㄴ
④ ㄴ, ㄷ   ⑤ ㄱ, ㄴ, ㄷ

02 그림 (가)와 (나)는 일상생활에서 측정 표준이 활용되는 예를 나타낸 것이다.

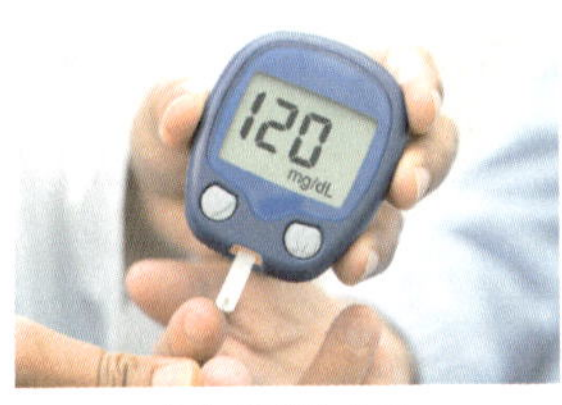

(가) 혈당량 측정

(나) 과속 단속 카메라

이에 대한 설명으로 옳은 것만을 [보기]에서 있는 대로 고른 것은?

> **보기**
> ㄱ. (가)에서는 혈당량을 mg/dL 단위로 측정하여 혈당을 관리한다.
> ㄴ. (나)에서는 자동차의 속도를 km/s 단위로 측정한다.
> ㄷ. (나)는 해당 도로에서 운행할 수 있는 최고 속도의 제한 값을 안내한다.

① ㄱ   ② ㄴ   ③ ㄱ, ㄷ
④ ㄴ, ㄷ   ⑤ ㄱ, ㄴ, ㄷ

03 그림 (가)는 스마트 기기로 새소리를 녹음할 때 소리를 전기 신호로 변환한 것이고, (나)는 (가)의 신호를 이진수 형태로 변환한 것이다.

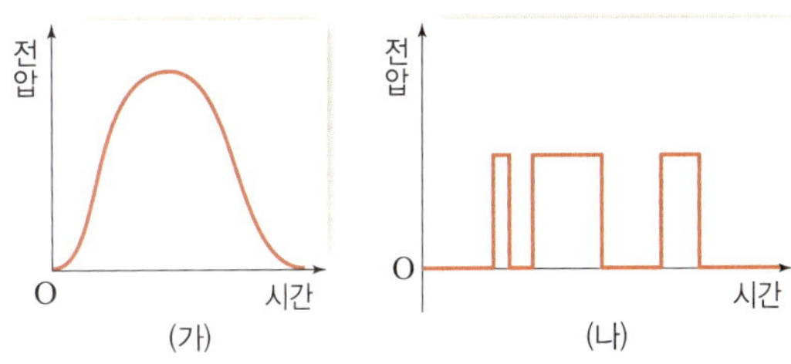

이에 대한 설명으로 옳은 것만을 [보기]에서 있는 대로 고른 것은?

> **보기**
> ㄱ. (가)는 컴퓨터로 정보를 처리할 때 이용되는 신호의 형태이다.
> ㄴ. (나)는 원래의 소리 정보를 손실 없이 기록할 수 있다.
> ㄷ. (나)는 저장에 필요한 용량이 적고, 복사와 편집이 자유롭다.

① ㄱ   ② ㄷ   ③ ㄱ, ㄴ
④ ㄴ, ㄷ   ⑤ ㄱ, ㄴ, ㄷ

04 그림은 스마트폰을 이용하여 촬영한 사진을 사회 관계망 서비스를 통해 공유하는 과정을 나타낸 것이다.

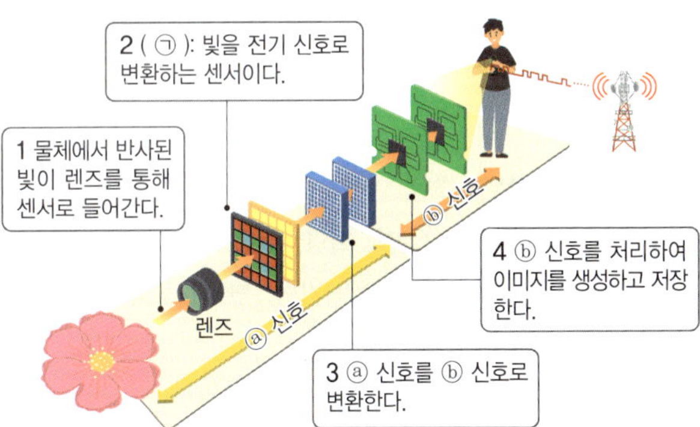

이에 대한 설명으로 옳은 것만을 [보기]에서 있는 대로 고른 것은?

> **보기**
> ㄱ. '광센서'가 ㉠에 해당한다.
> ㄴ. ⓐ 신호는 불연속적인 값으로 나타나는 신호이다.
> ㄷ. ⓑ 신호를 처리하여 생성한 이미지는 디지털 정보이다.

① ㄱ   ② ㄴ   ③ ㄱ, ㄷ
④ ㄴ, ㄷ   ⑤ ㄱ, ㄴ, ㄷ

중단원 핵심 정리

01 / 과학의 기본량

1. 시간과 공간

(1) (❶　　　　)(scale) : 어떤 자연 현상의 크기 범위 ➡ 자연에서 일어나는 현상들은 시간 규모와 공간 규모가 매우 다양하다.

(2) **미시 세계와 거시 세계**

(❷　　) 세계	원자 수준의 아주 작은 규모의 세계 예 원자, 분자, 이온 등
(❸　　) 세계	미시 세계보다 훨씬 큰 규모의 세계 예 나무, 암석, 태양계, 은하, 우주 등

(3) **자연 현상의 탐구** : 자연 현상의 규모에 따라 적절한 방법으로 시간과 공간을 측정해야 한다.

2. 시간과 공간의 측정

(1) **현대적 측정 방법**

시간	세슘 원자시계를 이용
길이	빛의 속력이 일정함을 이용하여 빛이 왕복한 시간을 재서 측정

(2) **현대의 측정 기술** : 시간과 공간 측정 기술이 발전되어 시간과 공간에 대한 인간의 경험 범위가 확장되었다.
예 위성 위치 확인 시스템(GPS), 전자 현미경, 우주 망원경 등

3. 기본량과 단위

(1) (❹　　　) : 시간, 길이, 질량, 전류, 온도, 광도, 물질량으로, 총 7개의 기본량이 있다. ➡ 다른 물리량을 활용하여 표현할 수 (❺　　　).

(2) **기본량의 단위** : 국제단위계(SI)를 사용한다.

기본량	시간	길이	질량	전류	온도	광도	물질량
단위	s (초)	m (미터)	kg (킬로그램)	A (암페어)	K (켈빈)	cd (칸델라)	mol (몰)

(3) (❻　　　) : 기본량으로부터 유도된 물리량이며, 단위는 기본량의 단위를 조합하여 나타낸다.

유도량	부피	속력	가속도	힘	밀도
단위	m^3	m/s	m/s^2	$kg \cdot m/s^2$	kg/m^3

02 / 측정 표준과 정보

1. 과학 탐구에서의 측정과 어림

(❼　　)	• 물체의 질량, 길이, 부피 등의 양을 재는 활동 • 적절한 측정 단위와 측정 도구를 사용해야 한다. • 현상을 명확하게 설명하고 정확한 의사소통을 가능하게 한다.
(❽　　)	• 측정 도구 없이 어떠한 양을 추정하는 활동 • 과학적인 사고 과정, 자료, 측정 경험 등을 바탕으로 수행한다. • 측정 도구를 결정하는 데 도움이 된다.

2. 측정 표준

(1) (❾　　　) : 정확하고 일관성 있는 측정을 위해 만든 과학적 기준으로, 표준화된 측정 단위, 측정 방법, 측정 도구, 표준 물질 등이 있다.

(2) **측정 표준의 유용성과 필요성**
• 측정 표준을 이용하여 제공되는 정보는 신뢰할 수 있다.
• 서로 다른 단위를 사용할 때의 혼란을 방지할 수 있다.
• 연구 결과의 공유와 연구자 사이의 소통을 원활하게 한다.

3. 신호와 정보

(1) **자연의 신호와 정보**

(❿　　)	자연에서 일어나는 다양한 변화가 전달되는 것 예 빛, 소리, 지진파, 힘, 온도, 압력 등
(⓫　　)	자연의 신호를 측정하고 분석하여 유용한 형태로 만든 것

(2) (⓬　　　) : 다양한 신호를 감지하여 전기 신호로 변환하는 장치

(3) **아날로그 신호와 디지털 신호**

(⓭　　) 신호	• 연속적으로 변하는 신호 • 자연에서 발생하는 대부분의 신호이다.
(⓮　　) 신호	• 불연속적인 값으로 나타나는 신호 • 0과 1의 이진수로 표시된다. • 컴퓨터 등 디지털 기기에서 처리하는 신호이다.

(4) **디지털 신호의 특징** : 신호를 저장하거나 재생, 전송하는 데 편리하다.

4. 디지털 정보와 현대 문명

(1) 디지털 정보는 저장과 분석이 쉬워 다양한 디지털 기기에서 이용되며, 전송하기 쉽기 때문에 정보 통신에 활용된다.

(2) 디지털 정보는 일상생활, 산업, 과학 등 다양한 분야에서 유용하게 활용된다.

중단원 **마무리** 문제 난이도 ●●●

01 자연 세계의 시간과 공간에 대한 설명으로 옳은 것만을 [보기]에서 있는 대로 고른 것은?

보기
ㄱ. 자연 현상이 일어나는 시간과 공간의 규모는 매우 다양하다.
ㄴ. 거시 세계는 원자 수준의 아주 작은 규모이다.
ㄷ. 자연 현상을 탐구할 때는 측정 대상의 규모에 따라 적절한 방법으로 측정해야 한다.

① ㄱ　　　　② ㄴ　　　　③ ㄱ, ㄷ
④ ㄴ, ㄷ　　　⑤ ㄱ, ㄴ, ㄷ

02 그림 (가)는 수소 원자, (나)는 태양 주위를 공전하는 지구의 공간 규모와 시간 규모를 각각 나타낸 것이다.

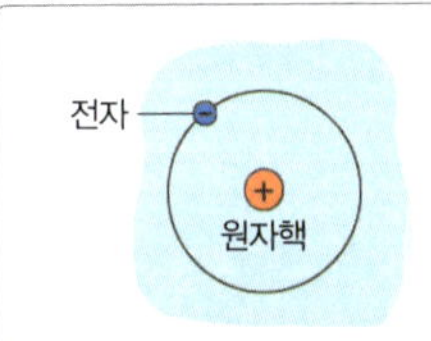

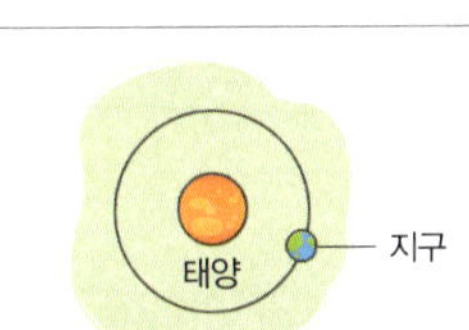

• 수소 원자의 지름: 약 0.1 nm(나노미터)
• 전자가 원자핵 주위를 도는 데 걸리는 시간: 약 150 as(아토초)

• 지구와 태양 사이의 거리: 1 AU(천문단위)
• 지구가 공전하는 데 걸리는 시간: 365일

(가)　　　　　　　　　(나)

이에 대한 설명으로 옳은 것만을 [보기]에서 있는 대로 고른 것은?

보기
ㄱ. (가)는 미시 세계이다.
ㄴ. 시간 규모에서 (가)는 (나)보다 크다.
ㄷ. (나)에서는 공간 규모로 나노미터 이하의 단위를 사용한다.

① ㄱ　　　　② ㄴ　　　　③ ㄷ
④ ㄱ, ㄴ　　　⑤ ㄴ, ㄷ

03 시간과 길이 측정의 현대적 방법에 대한 설명으로 옳은 것만을 [보기]에서 있는 대로 고른 것은?

보기
ㄱ. 시간을 정밀하게 측정하기 위해 세슘 원자시계를 이용한다.
ㄴ. 길이를 정밀하게 측정하기 위해 자를 이용한다.
ㄷ. 빛을 이용하여 길이를 정밀하게 측정하려면 정밀한 시계도 필요하다.

① ㄱ　　　　② ㄴ　　　　③ ㄱ, ㄷ
④ ㄴ, ㄷ　　　⑤ ㄱ, ㄴ, ㄷ

04 항법 위성에서 보낸 전파 신호를 스마트폰 등으로 수신하여 위치를 파악하는 기술의 이름을 쓰시오.

[05~06] 표는 국제단위계에서 정한 기본량과 단위를 나타낸 것이다.

기본량	길이	질량	시간	㉠	온도	물질량	광도
단위	m (미터)	㉡	s (초)	A (암페어)	㉢	mol (몰)	cd (칸델라)

05 이에 대한 설명으로 옳은 것만을 [보기]에서 있는 대로 고른 것은?

보기
ㄱ. 국제단위계는 과학 분야에서만 통용되는 단위 체계이다.
ㄴ. 국제단위계에서는 같은 기본량을 서로 다른 단위로 나타낼 수 있다.
ㄷ. 기본량을 조합하여 부피, 속력, 밀도 등과 같은 과학 개념을 설명할 수 있다.

① ㄱ　　　　② ㄴ　　　　③ ㄷ
④ ㄱ, ㄴ　　　⑤ ㄴ, ㄷ

06 ㉠~㉢에 알맞은 기본량과 단위를 쓰시오.

07 기본량의 단위를 이용하여 유도량의 단위를 나타낸 것으로 옳지 <u>않은</u> 것은?

① 부피: m^3
② 속력: m/s^2
③ 밀도: kg/m^3
④ 농도: mol/m^3
⑤ 힘: $kg \cdot m/s^2$

08 과학 탐구에서 측정과 어림에 대한 설명으로 옳은 것만을 [보기]에서 있는 대로 고른 것은?

보기
ㄱ. 측정은 어떠한 양을 추정하는 활동이다.
ㄴ. 어림은 물체의 질량, 길이, 부피 등의 양을 재는 활동이다.
ㄷ. 어림은 측정 도구의 크기와 측정 단위를 선택하는 데 도움이 된다.

① ㄱ　　　　② ㄷ　　　　③ ㄱ, ㄴ
④ ㄴ, ㄷ　　　⑤ ㄱ, ㄴ, ㄷ

09 측정 표준에 대한 설명으로 옳은 것만을 [보기]에서 있는 대로 고른 것은?

보기
ㄱ. 측정할 때 공통으로 사용할 수 있는 단위에 대한 기준은 측정 표준에 해당한다.
ㄴ. 측정 표준은 연구 결과의 신뢰도를 높이고 연구자 사이의 소통을 원활하게 한다.
ㄷ. 측정 표준을 이용하여 제공되는 정보는 일상생활을 안정적이고 편리하게 한다.

① ㄱ　　　　② ㄷ　　　　③ ㄱ, ㄴ
④ ㄴ, ㄷ　　　⑤ ㄱ, ㄴ, ㄷ

10 측정 표준이 활용되는 사례와 가장 거리가 <u>먼</u> 것은?

① 식품의 잔류 농약을 측정한다.
② 스포츠에서 정확한 기록을 측정한다.
③ 포장지에 식품 첨가물의 종류와 양을 표시한다.
④ 과일을 살 때 맛을 보아 당도를 비교한다.
⑤ 환자의 체온, 혈압, 혈당, 혈중 산소 농도를 측정한다.

11 다음은 일상생활에서 유용하게 이용되는 정보가 만들어지는 과정에 대해 학생 A~C가 나눈 대화이다.

제시한 의견이 옳은 학생만을 있는 대로 고른 것은?

① A　　　　② B　　　　③ A, C
④ B, C　　　⑤ A, B, C

12 현대의 정보 통신과 디지털 정보에 대한 설명으로 옳은 것만을 [보기]에서 있는 대로 고른 것은?

보기
ㄱ. 디지털 신호는 아날로그 신호에 비해 저장과 전송이 어렵다.
ㄴ. 스마트 기기로 촬영한 사진은 아날로그 정보로 이루어져 있다.
ㄷ. 현대의 정보 통신에는 정보를 디지털로 변환하는 기술이 활용된다.

① ㄱ　　　　② ㄷ　　　　③ ㄱ, ㄴ
④ ㄴ, ㄷ　　　⑤ ㄱ, ㄴ, ㄷ

13 다음은 대기 환경 정보가 제공되어 일상생활에 이용되는 과정을 나타낸 것이다.

> (가) 대기 환경 정보 측정망에서 대기 오염 농도를 측정하고 분석한다.
> (나) 국가 관리 시스템을 활용하여 대기 환경 정보를 수집하고 관리한다.
> (다) 정보 통신을 활용하여 대기 환경 정보를 실시간으로 제공한다.
> (라) 외출 전 대기 환경 정보를 확인한다.

각 과정에 대한 설명으로 옳지 <u>않은</u> 것은?

① (가)에서 센서를 활용하여 대기 오염 농도를 측정한다.
② (나)에서 대기 환경 정보는 아날로그 형태로 수집된다.
③ (다)의 정보 통신 수단에는 스마트 기기, TV, 전광판 등이 있다.
④ (다)에서 대기 환경과 관련된 주의보가 발령되기도 한다.
⑤ (라)를 통해 사람들은 대기 오염 농도에 따른 적절한 대책을 취할 수 있다.

14 디지털 정보를 활용한 정보 통신의 발전이 현대 문명에 영향을 미친 사례로 옳은 것만을 [보기]에서 있는 대로 고른 것은?

> 보기
> ㄱ. 원격 진료로 환자에게 실시간 맞춤형 처방을 한다.
> ㄴ. 빅데이터, 사물 인터넷, 인공지능 등의 기술이 다양한 분야에서 활용된다.
> ㄷ. 학교에서 교과서를 활용한 대면 수업과 조별 토론 학습을 수행한다.

① ㄱ   ② ㄷ   ③ ㄱ, ㄴ
④ ㄴ, ㄷ   ⑤ ㄱ, ㄴ, ㄷ

정답친해 9쪽

01 다음은 일기 예보의 일부이다.

> 제6호 태풍의 중심 기압은 980 hPa이고, 중심 최대 풍속은 35 m/s, 강풍 반경은 310 km일 것으로 전망된다. 내일 아침 최저 기온은 23 ℃~27 ℃, 낮 최고 기온은 29 ℃~34 ℃로 예상된다.

이에 대한 설명으로 옳은 것만을 [보기]에서 있는 대로 고른 것은?

> 보기
> ㄱ. m/s, km, ℃는 모두 국제단위계에서 정한 기본량의 단위이다.
> ㄴ. hPa은 기압의 크기에 대한 측정 표준으로 사용되는 단위이다.
> ㄷ. 980 hPa=98000 Pa이다.

① ㄱ   ② ㄴ   ③ ㄱ, ㄷ
④ ㄴ, ㄷ   ⑤ ㄱ, ㄴ, ㄷ

02 그림 (가)는 아날로그 온도 정보를 기록한 것이고, (나)는 이 온도를 디지털 온도 정보로 바꾸는 과정의 일부를 나타낸 것이다.

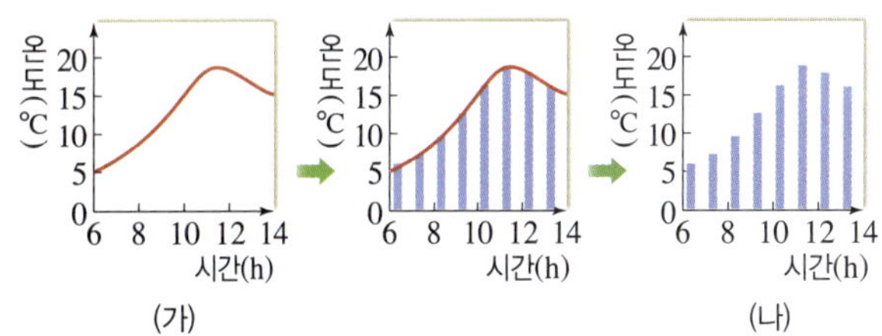

이에 대한 설명으로 옳은 것만을 [보기]에서 있는 대로 고르시오.

> 보기
> ㄱ. (가)를 (나)로 바꾸는 과정에서 원래의 정보와 더 비슷하게 기록하려면 신호를 추출하는 시간 간격을 더 길게 한다.
> ㄴ. (나)를 다시 아날로그 신호로 바꾸어 재생하면 원래의 신호와 정확하게 일치한다.
> ㄷ. (나)의 각각의 값들이 0과 1의 이진수로 변환되어 디지털 기기에서 처리된다.

Ⅱ

물질과 규칙성

1 자연의 구성 원소

01 우주 초기 원소의 생성 ⋯⋯ 32
02 지구와 생명체를 구성하는 원소의 생성 ⋯⋯ 44

2 물질의 규칙성과 성질

이 단원의 학습 연계

중학교에서 배운 내용

- 지구형 행성과 목성형 행성
- 성간 물질과 성운
- 우주 팽창
- 원소와 스펙트럼

지구형 행성과 목성형 행성

1 지구형 행성: 질량과 반지름이 작고 밀도가 큰 행성으로, 암석으로 이루어진 단단한 표면이 있다. ➡ 수성, 금성, 지구, 화성

2 목성형 행성: 질량과 반지름이 크고 밀도가 작은 행성으로, 주로 ❶ [ ]로 이루어져 있으며, 위성 수가 많다. ➡ 목성, 토성, 천왕성, 해왕성

성간 물질과 성운

1 성간 물질: 별과 별 사이에 퍼져 있는 가스와 티끌(먼지)

2 성운: ❷ [ ]이 모여 구름처럼 보이는 천체

우주 팽창

1 외부 은하의 관측 결과: 대부분의 외부 은하는 우리은하에서 멀어지고 있으며, 멀리 있는 은하일수록 멀어지는 속도가 빠르다. ➡ 우주는 ❸ [ ]한다.

2 ❹ [ ]: 매우 뜨겁고 밀도가 높은 한 점이 폭발한 후 계속 팽창하여 현재의 우주가 되었다는 이론

원소와 스펙트럼

1 ❺ [ ]: 더 이상 분해되지 않는, 물질을 이루는 기본 성분 예 수소, 산소

2 스펙트럼: 빛을 분광기로 관찰할 때 볼 수 있는 여러 가지 색의 띠

연속 스펙트럼	백열전구의 빛을 분광기로 관찰할 때 나타나는 연속적인 색의 띠
❻ [ ]	금속 원소의 불꽃을 분광기로 관찰할 때 스펙트럼에서 특정 부분에서만 밝은색 선이 나타난다. ➡ 원소의 종류에 따라 다르게 나타난다.

❶ 기체 ❷ 성간 물질 ❸ 팽창 ❹ 빅뱅(대폭발) 우주론 ❺ 원소 ❻ 선 스펙트럼

통합과학에서 배울 내용

- 스펙트럼의 종류
- 별빛의 스펙트럼 분석
- 우주의 원소 분포
- 빅뱅 우주론
- 빅뱅과 입자의 생성
- 별의 진화와 원소의 생성
- 태양계의 형성
- 지구의 형성과 생명체 탄생
- 지구와 생명체 구성 성분의 유래

★ 핵심 포인트
▶ 스펙트럼의 종류 ★★
▶ 별빛의 스펙트럼 분석 ★★★
▶ 우주의 원소 분포 ★★
▶ 빅뱅 우주론 ★★
▶ 빅뱅과 입자의 생성 ★★★

A 스펙트럼

◆ 분광기
프리즘과 같이 빛을 파장에 따라 분리하는 도구를 분광기라고 한다. 백색광이 분광기를 통과하면 가시광선이 파장에 따라 굴절되는 정도가 달라 여러 색의 띠로 분리되어 나타난다.

└ 가시광선은 눈에 보이는 빛으로, 파장이 약 380 nm~770 nm이다. 빨간색에서 보라색으로 갈수록 파장이 짧아지고, 굴절이 크게 일어난다.

1. 스펙트럼 빛이 ◆분광기를 통과할 때 파장에 따라 나누어져 나타나는 색의 띠

① **스펙트럼의 종류**: 스펙트럼에는 연속 스펙트럼, 흡수 스펙트럼, 방출 스펙트럼이 있다.
➡ 물질을 구성하는 원자가 외부로부터 에너지를 받거나 외부로 에너지를 잃을 때 특정한 파장의 빛이 흡수되거나 방출되어 고유한 스펙트럼이 나타난다.

| 스펙트럼의 종류 |

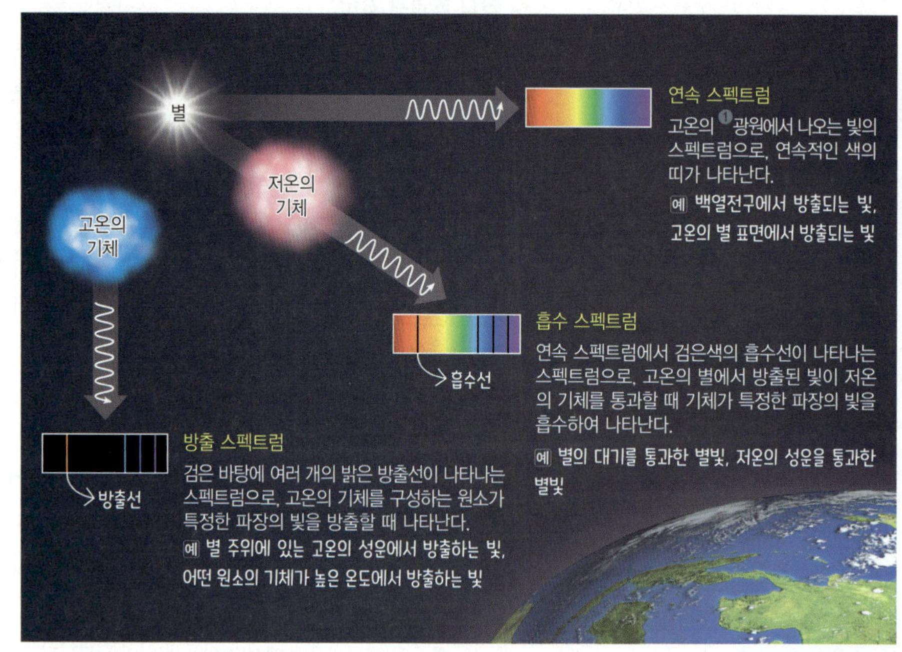

주의해

스펙트럼의 종류

비상, 미래엔 교과서	선 스펙트럼이라는 용어가 나오지 않는다.
동아, 지학사 교과서	선 스펙트럼의 종류로 흡수 스펙트럼과 방출 스펙트럼이 있다고 설명한다.
천재 교과서	방출 스펙트럼 대신 선 스펙트럼이라고 부른다.

② **방출 스펙트럼과 같은 원리의 예**: 나트륨 전등, 불꽃놀이, 오로라 등은 포함된 원소의 종류에 따라 다른 색으로 나타난다. 🔖 미래엔 교과서에만 나와요.
└ ◆불꽃 반응색이 비슷한 원소들은 방출 스펙트럼을 관찰하여 원소의 종류를 알아낼 수 있다.

2. 원소의 흡수 스펙트럼과 방출 스펙트럼 원소마다 스펙트럼에 나타나는 흡수선과 방출선의 위치(파장)가 다르다.

| 수소, 탄소의 흡수 스펙트럼과 방출 스펙트럼 비교 |

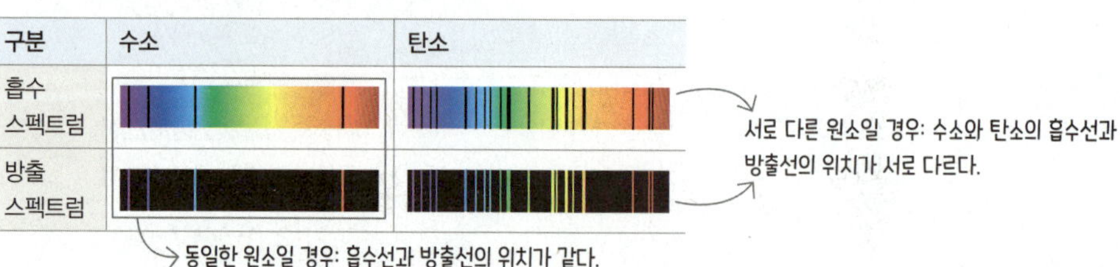

용어

❶ 광원(光 빛, 源 근원) 스스로 빛을 내는 물체 예 태양, 별, 백열전구 등

Ⓑ 우주의 원소 분포

1. **★별빛의 스펙트럼 분석**   구성 원소의 종류와 원소의 질량비를 알 수 있다.

① **원소의 종류** : 별빛의 스펙트럼을 원소의 스펙트럼과 비교하여 알아낸다. ➡ 원소의 종류에 따라 스펙트럼에 나타나는 선의 위치(파장), 개수, 굵기 등이 다르고, 동일한 원소의 스펙트럼에서 나타나는 흡수선과 방출선의 위치(파장)가 같기 때문
  └ 기체를 구성하는 원소들은 특정한 파장의 에너지만 흡수하거나 방출한다.

② **원소의 질량비** : 흡수선의 세기(선폭)를 비교하면 원소의 질량비를 알 수 있다. ➡ 원소의 밀도가 클수록 별빛 스펙트럼에서 흡수선의 세기가 강하게 나타나기 때문

2. **태양의 스펙트럼 분석**   과학자들은 태양의 스펙트럼에 나타나는 수백 개의 흡수선(프라운호퍼 선)을 분석하여 태양의 대기가 수소, 헬륨, 칼슘 등 다양한 원소로 구성되어 있음을 알아냈다.
  └ 햇빛을 간이 분광기로 보면 해상도가 낮고, 흡수선이 희미하게 나타나기 때문에 연속 스펙트럼처럼 보인다.

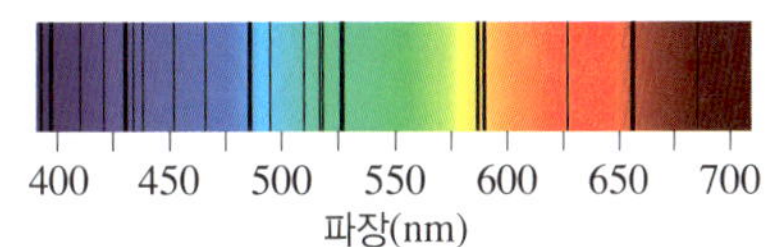

⬆ 태양의 흡수 스펙트럼

원소의 종류와 질량비, 별의 표면 온도 등을 알 수 있으며, 흡수선의 파장 변화(도플러 효과)를 이용하면 별이 접근하는지, 후퇴하는지도 알 수 있다.

궁금해

태양의 스펙트럼에 흡수선이 나타나는 까닭은?

태양은 스스로 빛을 내는 천체로, 표면 온도가 약 5800 K인 고온의 물체이므로 연속 스펙트럼이 나타나야 하지만 태양 표면의 빛이 대기를 통과하면서 대기에 있는 원소가 특정한 파장의 빛을 흡수하여 스펙트럼에 검은색의 흡수선이 나타난다.

탐구 자료창   스펙트럼 관찰·비교

그림은 백열전구, ◆기체 방전관(수소, 헬륨, 나트륨, 칼슘)을 분광기로 관측한 스펙트럼과 별 A, B의 스펙트럼을 나타낸 것이다.

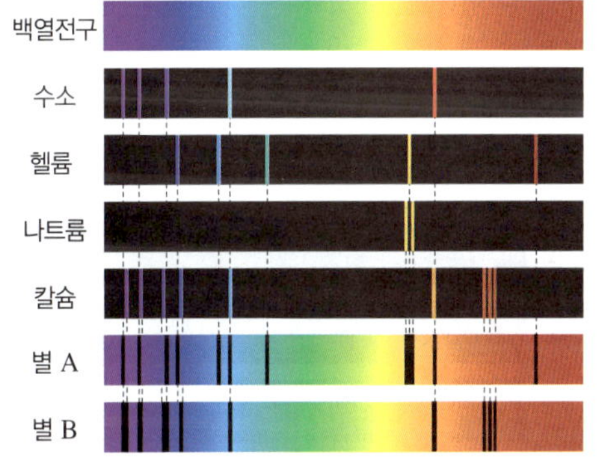

1. **백열전구 관측** : 연속적인 무지개색의 띠가 나타난다. ➡ 연속 스펙트럼

2. **기체 방전관 관측**
  • 검은 바탕에 밝은색 선(방출선)이 나타난다. ➡ 방출 스펙트럼
  • 원소마다 방출선의 위치, 개수, 굵기 등이 다르다. ➡ 원소의 종류를 알아낼 수 있다.

3. **별 A, B의 흡수 스펙트럼과 원소의 스펙트럼 비교**
  • **별 A** : 흡수선의 위치가 수소, 헬륨, 나트륨의 방출선 위치와 같다.
    ➡ 수소, 헬륨, 나트륨 등으로 이루어져 있다.
  • **별 B** : 흡수선의 위치가 수소, 칼슘의 방출선 위치와 같다.
    ➡ 수소, 칼슘 등으로 이루어져 있다.

4. **결론** : 다양한 별빛의 스펙트럼을 원소의 스펙트럼과 비교하여 분석하면 우주 전역에 존재하는 원소의 종류를 알 수 있다.

---

3. **우주의 원소 분포**   우주를 구성하는 원소의 대부분은 수소, 헬륨이다.
  └ 대부분 빅뱅 이후 우주 초기에 우주가 팽창하는 과정에서 생성되었으며, 별과 은하를 이루는 재료가 되었다. ➡ 별을 구성하는 원소의 대부분은 수소와 헬륨이다.

① **우주의 구성 원소 알아내는 방법** : 우주를 구성하고 있는 여러 천체들의 스펙트럼을 분석한다. ➡ 스펙트럼에 나타난 흡수선이 수소와 헬륨의 방출선 위치와 일치하는 것을 통해 우주를 구성하는 원소가 수소, 헬륨임을 알아냈다.

② **우주를 구성하는 수소와 헬륨의 질량비** : 수소와 헬륨의 질량비가 약 3 : 1이다. ➡ 흡수 스펙트럼에 나타난 흡수선의 세기(선폭)를 분석한 결과에 의하면, 우주는 수소가 약 74 %, 헬륨이 약 24 %로 이루어져 있다.
  └ 우주가 계속 팽창하고 있다고 주장하는 빅뱅 우주론에서 예측한 값과 실제로 관측한 값이 같으므로 빅뱅 우주론의 증거이다.

헬륨 24 %
수소 74 %
기타 2 %
⬆ 우주의 구성 원소 비율

◆ **기체 방전관**
내열성 유리관에 기체를 채우고 전극을 연결하여 고전압을 걸어주면 방전이 일어나 기체가 빛을 내는 장치이다.

암기해

우주를 구성하는 주요 원소
수소와 헬륨의 질량비 ➡ 약 3 : 1

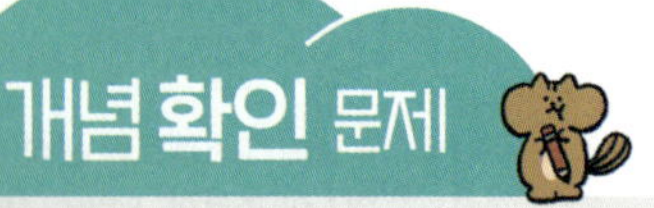

개념확인 문제

● 핵심 체크 ●

▶ (❶   ): 빛이 분광기를 통과할 때 파장에 따라 나누어져 나타나는 색의 띠
- (❷   ): 고온의 광원에서 방출하는 빛의 스펙트럼
- (❸   ): 빛이 저온의 기체를 통과할 때 기체가 특정한 파장의 빛을 흡수하여 나타나는 스펙트럼
- (❹   ): 고온으로 가열된 기체가 특정한 파장의 빛을 방출하여 나타나는 스펙트럼

▶ 별빛의 스펙트럼 분석 ─ 흡수선을 원소의 스펙트럼과 비교하면 구성 원소의 (❺   )를 알아낼 수 있다.
                  └ 흡수선의 세기(선폭)를 비교하면 원소의 (❻   )를 알아낼 수 있다.

▶ 우주의 원소 분포: 우주를 구성하는 원소의 대부분은 수소와 헬륨으로, 질량비가 약 (❼   )이다.

[1~2] 그림 (가)~(다)는 각각 다른 천체와 물체를 관측할 때 나타나는 스펙트럼의 모습이다.

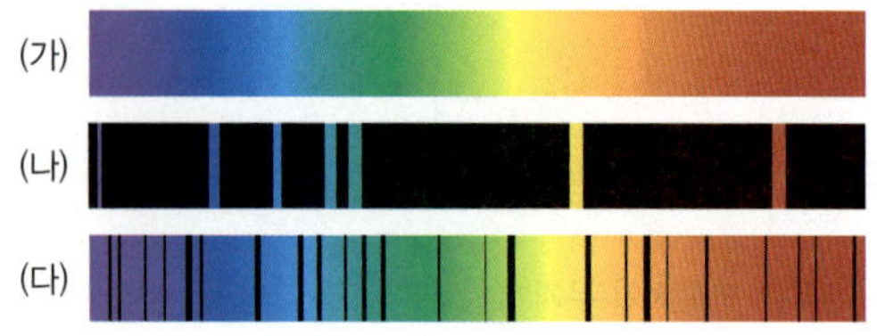

1 (가)~(다) 스펙트럼의 종류를 옳게 연결하시오.

(1) (가) •　　　　　　　　• ㉠ 연속 스펙트럼

(2) (나) •　　　　　　　　• ㉡ 흡수 스펙트럼

(3) (다) •　　　　　　　　• ㉢ 방출 스펙트럼

2 (가)~(다) 중 다음과 같은 천체와 물체를 관측할 때 각각 어떤 스펙트럼이 나타나는지 고르시오.

(1) 고온의 광원에서 방출되는 빛을 관측할 때 나타나는 스펙트럼

(2) 별 주위에 있는 고온의 성운에서 방출하는 빛을 관측할 때 나타나는 스펙트럼

(3) 별의 대기를 통과한 별빛을 관측할 때 나타나는 스펙트럼

3 별빛의 스펙트럼을 분석하여 알아낼 수 있는 별의 특성만을 [보기]에서 있는 대로 고르시오.

┌ **보기** ┐
ㄱ. 별의 질량　　　　ㄴ. 별의 구성 원소의 종류
ㄷ. 별의 크기　　　　ㄹ. 별의 구성 원소의 질량비

4 스펙트럼에 대한 설명으로 옳은 것은 ○, 옳지 <u>않은</u> 것은 ×로 표시하시오.

(1) 스펙트럼에서 헬륨 기체로 인해 나타나는 흡수선과 방출선의 위치는 서로 다르다. ────── (　　　)

(2) 원소의 종류에 따라 방출선이 나타나는 위치가 모두 다르다. ───────────────── (　　　)

(3) 천체의 스펙트럼을 분석하면 천체의 구성 원소들을 알아낼 수 있다. ────────────── (　　　)

5 그림은 가상의 세 원소의 스펙트럼을 나타낸 것이다.

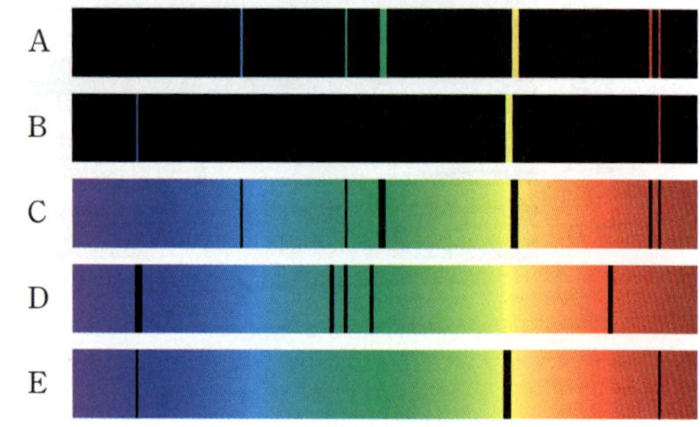

A~E 중 같은 원소의 스펙트럼끼리 옳게 짝 지으시오.

6 다음은 우주를 구성하는 원소를 알아내는 과정을 설명한 것이다. (　　　) 안에 들어갈 알맞은 말을 쓰시오.

> 우주를 구성하고 있는 여러 천체들의 ㉠(　　　)에 나타나는 ㉡(　　　)이 수소와 헬륨의 방출선 위치와 ㉢(　　　)하는 것을 통해 우주를 구성하는 원소가 대부분 수소와 헬륨이라는 것을 알아냈다.

C 빅뱅 우주론

1. **빅뱅(대폭발) 우주론** 약 138억 년 전 매우 뜨겁고 밀도가 높은 한 점에서 빅뱅(대폭발)이 일어나 우주가 시작된 후 계속 팽창하고 있다는 우주론 ➡ 1940년대 가모프가 주장
   └•빅뱅(Big Bang)은 대폭발을 의미하는 것으로, 과학자 호일이 가모프의 우주론을 비판하면서 '빅뱅'이라는 용어를 처음 사용하였다.
   ① **우주의 온도와 밀도 변화**: 빅뱅 이후 우주가 팽창하면서 우주의 온도는 계속 낮아졌고, 밀도는 점차 감소하였다.
   ② **우주의 질량 변화**: 우주 전체의 질량은 일정하다.
   └•빅뱅 이후 우주 초기에 기본 입자들이 만들어진 이후에 새로운 기본 입자가 생성되지 않았기 때문

2. **빅뱅 우주론의 정립** 여러 증거들이 관측됨에 따라 빅뱅 우주론이 인정받고 있다.
   └•우주에 존재하는 수소와 헬륨의 질량비(약 3 : 1), 우주 배경 복사

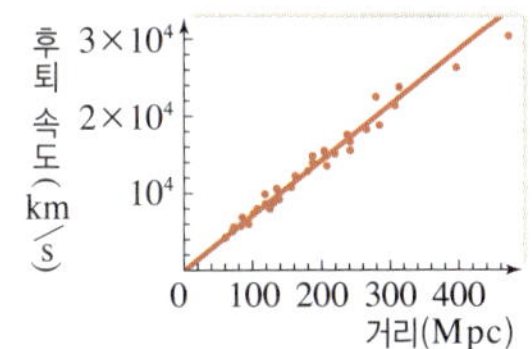

↑ 빅뱅 우주론 모형

D 우주 초기 원소의 생성

1. **물질을 구성하는 입자** 모든 물질은 원자로 이루어져 있고, 원자는 원자핵과 전자로, 원자핵은 양성자와 중성자로, 양성자와 중성자는 더 이상 분해되지 않는 ◆기본 입자 중 하나인 쿼크로 이루어져 있다. ─• 기본 입자들로부터 우주를 구성하는 모든 물질이 만들어졌다.

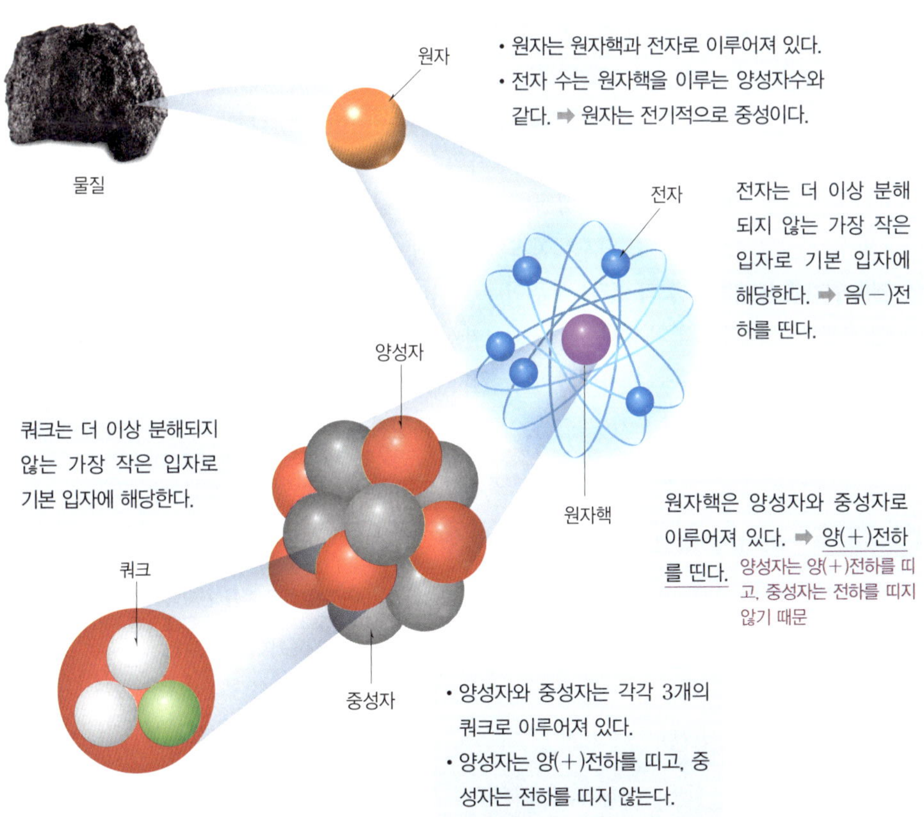

2. **빅뱅과 입자의 생성** 빅뱅 우주론에 따르면, 빅뱅 직후 우주가 급격히 팽창함에 따라 우주의 온도가 낮아졌고, 최초로 기본 입자가 생성된 후 점차 무거운 입자가 생성되어 수소 원자와 헬륨 원자가 생성되었다. ➡ **우주 초기에 생성된 원소**: 수소, 헬륨

⊟ 미래엔, 지학사 교과서에만 나와요.

✳ **허블의 관측**
1929년 허블은 외부 은하의 스펙트럼을 관측하여 우리은하로부터 멀리 있는 외부 은하일수록 더 빠른 속도로 멀어진다는 것을 발견하였다. ➡ 우주의 팽창 주장

◐ **허블−르메트르 법칙**
└• 은하의 후퇴 속도는 은하까지의 거리에 비례한다.

빅뱅 이후 우주의 변화
우주의 크기 증가, 온도 하강, 밀도 감소, 질량 일정

◆ **기본 입자의 종류**
쿼크와 경입자(렙톤)로 구분한다.
• 쿼크: 위(up), 아래(down), 맵시(charm), 야릇한(strange), 꼭대기(top), 바닥(bottom)
• 경입자: 전자, 전자 중성미자 등

빅뱅 직후 생성되는 기본 입자

비상, 동아, 미래엔 교과서	전자, 쿼크로 구분하여 사용한다. ➡ 기본 입자: 전자, 쿼크 등
지학사 교과서	쿼크라는 용어를 사용하지 않고, 특정 기본 입자라고 표현한다. ➡ 기본 입자: 전자, 특정 기본 입자 등
천재 교과서	전자, 쿼크로 구분하지 않고, 통틀어 기본 입자라는 용어를 사용한다.

| 빅뱅 이후 입자의 생성 순서와 우주의 변화 과정 ▶ 원자쌤 비법특강 / 39쪽

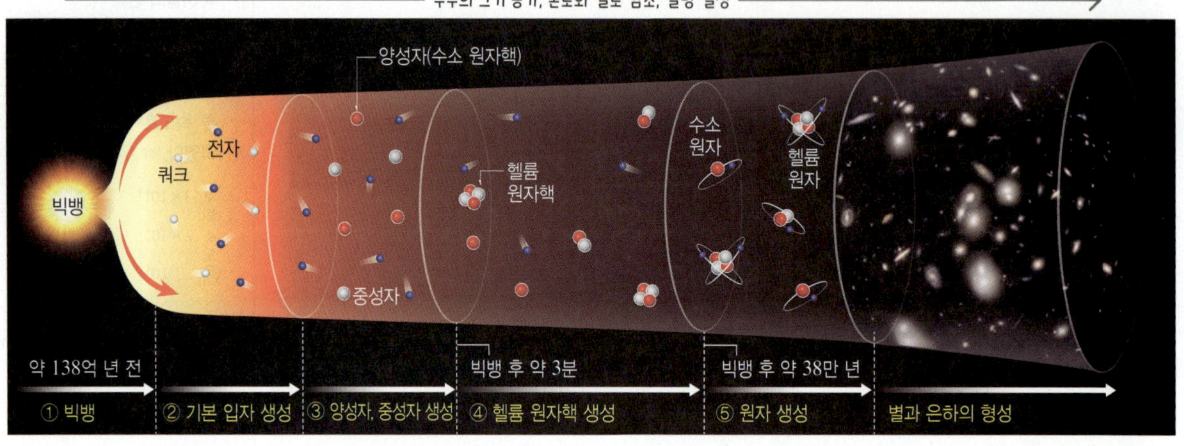

◆ **양성자와 중성자의 전하**

전자의 전하를 -1이라고 할 때 위 쿼크의 전하는 $+\dfrac{2}{3}$, 아래 쿼크의 전하는 $-\dfrac{1}{3}$이므로 양성자와 중성자의 전하는 다음과 같다.

• 양성자: 위 쿼크 2개, 아래 쿼크 1개로 구성
  $\Rightarrow (+\dfrac{2}{3})\times2+(-\dfrac{1}{3})$
  $=+1$(양전하를 띤다.)

• 중성자: 위 쿼크 1개, 아래 쿼크 2개로 구성
  $\Rightarrow (+\dfrac{2}{3})+(-\dfrac{1}{3})\times2=0$
  (전하를 띠지 않는다.)

중수소 원자핵

비상, 동아, 미래엔 교과서에서는 헬륨 원자핵이 생성되는 시기에 중수소 원자핵도 표현되어 있다.

용어

❶ **K(켈빈)** 절대 온도의 단위로, 절대 온도(T)와 섭씨온도(t)는 다음과 같은 관계가 있다.
  $T(\text{K})=t(\text{℃})+273.15$

① **빅뱅(약 138억 년 전)**: 매우 뜨겁고 밀도가 높은 한 점에서 빅뱅이 일어나 우주가 탄생하였다.

• 빅뱅 직후에는 우주의 온도가 매우 높았기 때문에 입자가 존재할 수 없었다.
  └ 물질과 에너지의 구분이 불분명하여 물질이 에너지로, 에너지가 물질로 변하는 과정이 반복되었다.

② **기본 입자 생성**: 우주가 급격히 팽창하면서 온도가 낮아졌고, 최초로 쿼크, 전자 등의 기본 입자가 무수히 많이 만들어졌다.

③ **양성자, 중성자 생성**: 우주의 온도가 더 낮아지면서 쿼크 3개가 결합하여 양성자와 중성자가 만들어졌다.

• 양성자와 중성자가 생성된 초기에는 양성자와 중성자의 개수가 비슷하였으나 점차 중성자에 비해 양성자의 개수가 많아졌다.

• 전자는 운동 에너지가 커서 자유롭게 움직일 수 있었다.

• 양성자는 그 자체로 수소 원자핵이 되었다. ─ 양성자와 중성자가 매우 빠르게 운동하여 수소 원자핵 외의 원자핵은 생성되지 못하였다.

④ **헬륨 원자핵 생성(빅뱅 후 약 3분)**: 우주의 온도가 10억 ❶K 이하로 낮아져 양성자와 중성자의 운동이 느려지면서 양성자 2개와 중성자 2개가 결합하여 헬륨 원자핵이 만들어졌다.

• 빅뱅 약 3분 이후 수소 원자핵과 헬륨 원자핵의 질량비는 약 $3 : 1$이었다.

• 우주는 팽창하면서 온도가 계속 낮아져 헬륨 원자핵보다 질량이 더 큰 원자핵이 거의 생성되지 못했다. ─ 더 무거운 원소의 핵합성이 일어나기 위해서는 고온 고밀도 환경이 지속되어야 한다.
  ➡ 극소량의 리튬 원자핵이 만들어지는 정도에서 우주 초기에 핵합성이 마무리되었다.

➕ **확대경** **헬륨 원자핵의 생성 과정**

양성자 1개와 중성자 1개가 결합하여 중수소 원자핵이 생성되었고, 여러 경로로 헬륨 원자핵이 생성되었다.
중수소와 삼중수소는 수소의 동위 원소로, 양성자수는 1개로 같지만 중성자가 더 많아서 수소보다 무겁다. 헬륨 ─3과 헬륨 ─4도 동위 원소 관계이며, 헬륨 ─4가 더 안정적이어서 일반적으로 헬륨이라고 하면 헬륨 ─4 원자를 의미한다.

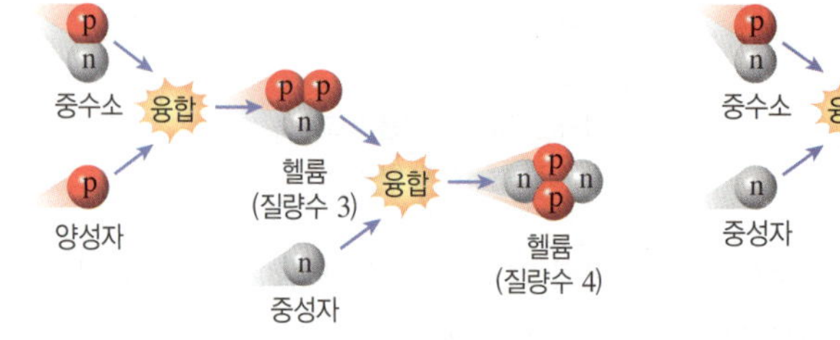

↑ 중수소 원자핵과 양성자의 결합 후 중성자 결합   ↑ 중수소 원자핵과 중성자의 결합 후 양성자 결합

⑤ **원자 생성(빅뱅 후 약 38만 년)**: 우주가 계속 팽창하면서 우주의 온도가 3000 K 정도로 낮아지자 전자가 원자핵과 결합하여 중성인 수소 원자와 헬륨 원자가 만들어졌다. ➡ 우주를 구성하는 수소와 헬륨의 질량비 = 약 3 : 1

└→ 우주가 계속 팽창하면서 우주의 온도가 낮아졌기 때문에 다른 원소가 생성될 수 없었다.

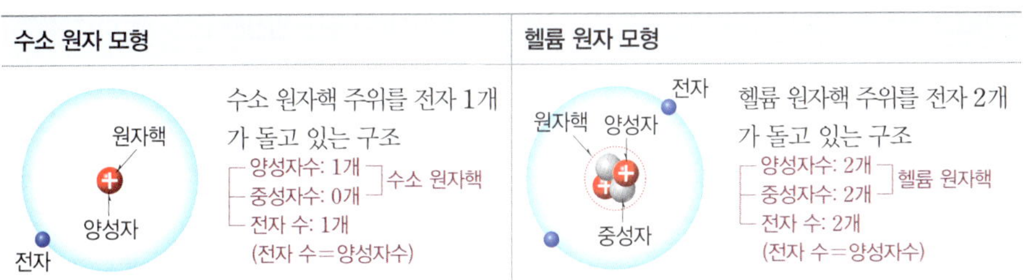

＋ 확대경 빅뱅 우주론에서 예측한 수소 원자와 헬륨 원자의 질량비　지학사 교과서에만 나와요.

1. **헬륨 원자핵 생성 직전**: 기본 입자가 생성된 후 우주의 온도가 낮아짐에 따라 양성자와 중성자의 개수비는 약 7 : 1이 되었다.

2. **헬륨 원자핵 생성 후**: 양성자는 그 자체로 수소 원자핵이 되었고, 양성자 2개와 중성자 2개가 결합하여 헬륨 원자핵이 생성되었다.

[개수비] 수소 원자핵 : 헬륨 원자핵 = 약 12 : 1
[질량비] 수소 원자핵 : 헬륨 원자핵 = 약 1×12개 : 4×1개=약 3 : 1
[질량비] 수소 원자 : 헬륨 원자 = 약 3 : 1

└→ 전자의 질량은 매우 작으므로 원자의 질량은 원자핵의 질량과 거의 같다.

└→ 양성자와 중성자의 질량은 거의 같다. ➡ 헬륨 원자핵 1개의 질량은 수소 원자핵 1개 질량의 약 4배이다.

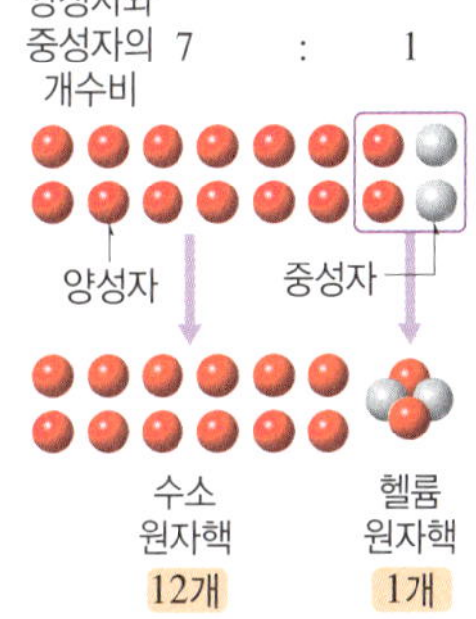

| 원자의 생성에 따른 우주의 변화 |　미래엔 교과서에만 나와요.

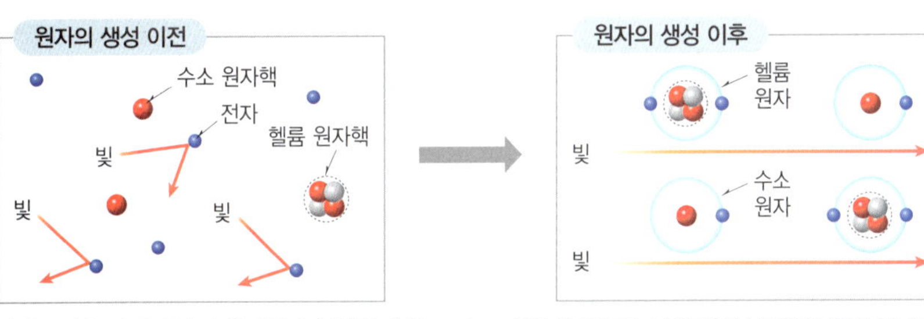

• 우주의 온도가 높아서 전자가 원자핵에 붙잡히지 않고 서로 분리되어 있었다.
• 전기를 띤 입자는 빛의 진로를 방해하여 빛이 산란되었다. ➡ 우주는 ◆불투명한 상태였다.

• 우주의 온도가 낮아지면서 전자의 운동 에너지가 감소하여 전자가 원자핵에 붙잡혀 원자가 생성되었다.
• 중성인 원자는 빛의 진로를 방해하지 않아 빛이 우주 공간으로 퍼져 나갔다. ➡ 우주가 투명해졌다.
└→ 우주 배경 복사

• ◆우주 배경 복사: 빅뱅 후 약 38만 년, 우주의 온도가 약 3000 K일 때 우주 공간으로 퍼져 나가 우주 전체를 채우고 있는 빛 →

└→ 우주 배경 복사는 우주의 모든 방향에서 거의 같은 세기로 관측되고, 우주의 팽창으로 온도가 낮아져 파장이 길어졌다.

3. 우주 초기에 원소의 생성 이후 우주 변화　수소와 헬륨은 빅뱅 이후 수억 년이 지나는 동안 중력에 의해 모여 별과 은하를 형성하였고, 이후 별의 진화 과정을 거쳐 지구와 생명체를 구성하는 물질을 이루는 다양한 원소들이 만들어졌다.

└→ 산소, 규소, 철, 탄소, 질소 등

원소 중 수소와 헬륨이 가장 먼저 생성된 까닭은?

우주에 존재하는 원소 중에서 원자의 구조가 가장 단순한 것은 수소이고, 그 다음이 헬륨이므로 우주에서 가장 먼저 생성될 수 있었다. 이보다 무거운 원소는 수억 년 후 별의 진화 과정에서 생성되었다.

시간에 따라 일어난 사건의 순서

❶ 빅뱅
❷ 쿼크, 전자 생성
❸ 양성자(수소 원자핵), 중성자 생성
❹ 헬륨 원자핵 생성(빅뱅 후 약 3분)
❺ 수소 원자, 헬륨 원자 생성, 우주가 투명해짐, 우주 배경 복사 생성 (빅뱅 후 약 38만 년, 우주 온도 약 3000 K)

◆ **불투명한 우주**
우주가 불투명하다는 것은 우주 내부가 보이지 않는다는 것을 의미한다. 마치 형광등을 켰을 때 안쪽에는 전기를 띤 입자로 가득해서 흰빛으로 가득할 뿐 안쪽의 구조가 보이지 않는 상태인 것과 유사하다.

미래엔 교과서에만 나와요.
◆ **우주 배경 복사**
현재 우주 배경 복사의 온도는 약 3 K이고, 우주 배경 복사는 빅뱅 우주론을 뒷받침하는 증거이다.
└→ 현재 우주의 온도

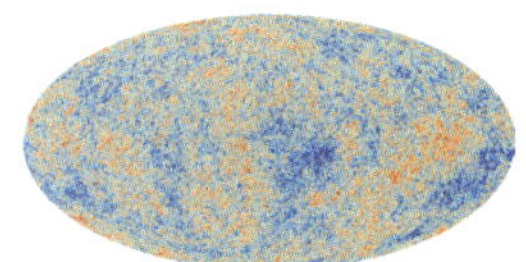

↻ **우주 배경 복사**
└→ 우주 배경 복사의 온도 분포가 대체로 균일하지만 미세하게 차이가 있다.

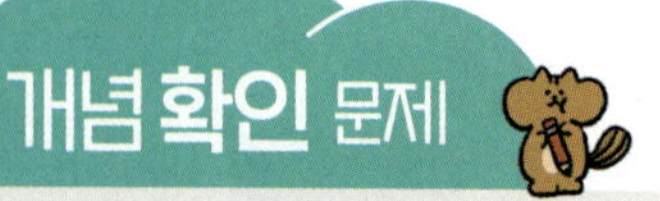

개념확인 문제

● 핵심 체크 ●

- ▶ (❶　　　　　): 약 138억 년 전 고온 고밀도의 한 점에서 대폭발이 일어나 우주가 탄생한 후 계속 팽창하고 있다는 우주론 ➡ 시간이 지날수록 우주의 크기는 증가하고, 우주의 온도와 밀도는 (❷　　　　　)하며, 우주 전체의 질량은 일정하다.
- ▶ 물질을 구성하는 입자: 물질은 원자로, 원자는 원자핵과 (❸　　　　　)로, 원자핵은 (❹　　　　　)와 중성자로, (❹　　　　　)와 중성자는 (❺　　　　　)로 이루어져 있다.
- ▶ 빅뱅 이후 입자의 생성 순서: 쿼크와 (❻　　　　　) → 양성자, 중성자 → (❼　　　　　) 원자핵 → 수소 원자, 헬륨 원자 ➡ 우주 초기에 생성된 원소: (❽　　　　　), 헬륨
  - ┌ 빅뱅 후 약 3분: 우주의 온도가 낮아지면서 양성자와 중성자가 결합하여 (❾　　　　　) 원자핵 생성
  - └ 빅뱅 후 약 (❿　　　　　): 우주의 온도가 약 3000 K으로 낮아지면서 수소 원자, 헬륨 원자 생성

---

1 빅뱅 우주론의 우주 모습에 대한 설명으로 옳은 것은 ○, 옳지 않은 것은 ×로 표시하시오.

(1) 우주는 고온 고밀도의 한 점에서 대폭발이 일어나면서 시작되었다. ………………………………………… (　　　)

(2) 우주가 팽창하는 동안 온도가 일정하였다. …… (　　　)

(3) 우주가 팽창하는 동안 밀도가 감소하였다. …… (　　　)

(4) 우주가 팽창하는 동안 새로운 기본 입자가 계속 생성되어 우주의 질량이 증가하였다. ……………… (　　　)

2 물질을 구성하는 입자에 대한 설명으로 옳은 것은 ○, 옳지 않은 것은 ×로 표시하시오.

(1) 전자가 결합하여 쿼크가 만들어진다. ………… (　　　)

(2) 양성자는 3개의 쿼크가 결합하여 만들어진다. (　　　)

(3) 헬륨 원자핵은 1개의 양성자와 2개의 중성자로 이루어져 있다. ………………………………………… (　　　)

(4) 원자는 원자핵과 전자로 이루어져 있다. ……… (　　　)

(5) 전자는 음전하를 띠고, 중성자는 전하를 띠지 않는다. ……………………………………………………… (　　　)

3 빅뱅 이후 우주에서 만들어진 순서대로 [보기]의 입자들을 옳게 나열하시오.

┌ 보기 ┐
ㄱ. 원자　　　　　　　　ㄴ. 쿼크와 전자
ㄷ. 헬륨 원자핵　　　　　ㄹ. 양성자와 중성자
└─────────────────┘

4 수소 원자핵을 구성하는 기본 입자는 무엇인지 쓰시오.

5 빅뱅 후 약 3분 뒤에 수소 원자핵과 헬륨 원자핵의 질량비는?

① 약 1 : 1　　② 약 1 : 3　　③ 약 2 : 1

④ 약 3 : 1　　⑤ 약 4 : 1

6 그림은 헬륨 원자의 모형을 나타낸 것이다.
A, B 입자의 이름을 각각 쓰시오.

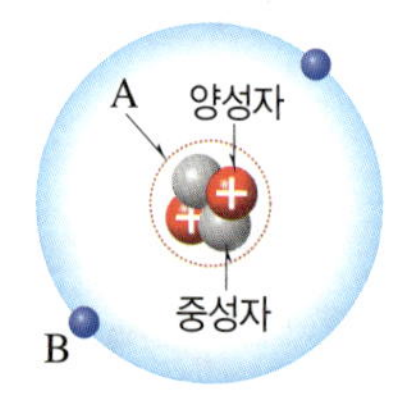

7 다음은 빅뱅 이후 원자가 생성되는 과정을 설명한 것이다. (　　　) 안에 들어갈 알맞은 말을 쓰시오.

> 빅뱅 이후 약 ㉠(　　　) 년이 지나 우주의 온도가 약 3000 K 정도로 낮아지자 원자핵과 전자가 결합하여 ㉡(　　　)가 생성되었다. 이에 따라 빛이 진로에 방해를 받지 않고 자유롭게 우주 공간으로 퍼져 나갈 수 있게 되었는데, 이때의 빛이 현재 ㉢(　　　)로 관측된다.

완자쌤 비법 특강

빅뱅 우주론

빅뱅 직후 우주는 급격하게 팽창하면서 온도가 낮아졌고, 최초로 기본 입자가 생성된 후 기본 입자들이 결합하면서 점차 무거운 입자가 생성되었어요. 시간에 따른 우주의 변화와 입자의 생성 과정을 한눈에 정리해 볼까요? 또 빅뱅 우주론에 따라 물질을 구성하는 입자들이 생성되었다는 것을 뒷받침해 주는 증거를 정리해 보아요.

1 시간에 따른 우주의 변화와 입자의 생성 과정

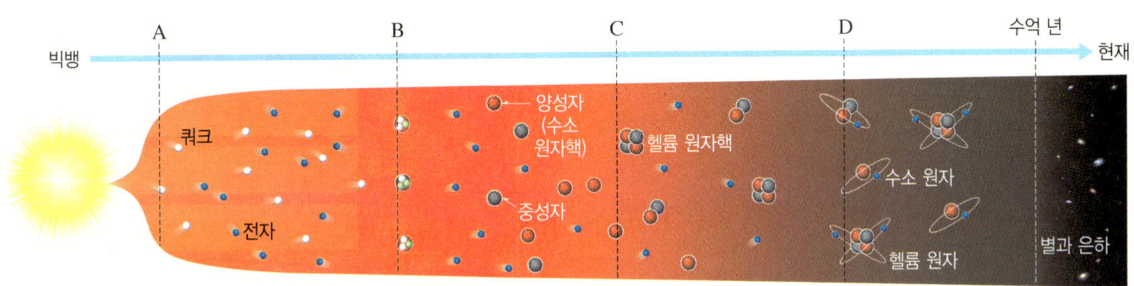

구분	우주의 나이	우주의 온도	생성된 입자	주요 특징
빅뱅	0(약 138억 년 전)	초고온	–	현재 우주를 이루는 모든 물질과 에너지가 한 점에 모인 고온 고밀도의 상태에서 빅뱅(대폭발)이 일어나 우주가 급격히 팽창하였다.→ 빛의 속도보다 더 빠른 속도로 팽창
A	10^{-35}초	약 10^{27} K	기본 입자	쿼크, 전자 등의 기본 입자가 생성되었으나 온도가 매우 높았기 때문에 물질과 에너지가 서로 변환되는 것이 자유롭게 일어났다.
B	10^{-6}초	약 10^{13} K	양성자와 중성자	쿼크 3개가 결합하여 양성자와 중성자가 생성되었다. 초기에는 생성된 양성자와 중성자가 자유롭게 변환되면서 개수비가 약 1 : 1이었으나, 온도가 낮아지면서 양성자와 중성자의 개수비가 약 7 : 1이 되었다.
C	약 3분	약 10^9 K	헬륨 원자핵	양성자는 그 자체로 수소 원자핵이고, 양성자 2개와 중성자 2개가 결합하여 헬륨 원자핵이 생성되기 시작하였다. 이때 수소 원자핵과 헬륨 원자핵의 질량비는 약 3 : 1이었다.
D	약 38만 년	약 3000 K	원자	원자핵과 전자가 결합하여 수소 원자와 헬륨 원자를 생성하였고, 빛은 직진하여 우주 공간으로 퍼져 나가 우주가 투명해지기 시작하였다.(우주 배경 복사) 이때 수소 원자와 헬륨 원자의 질량비는 약 3 : 1이었다.

Q1. 우주를 구성하는 원소들의 대부분을 차지하는 두 가지 원소의 이름을 쓰시오.

2 빅뱅 우주론의 증거

빅뱅 우주론에 따라 이론적으로 예측된 값이 실제로 관측되었으므로 빅뱅 우주론의 증거가 되었어요.

증거	빅뱅 우주론에 따라 이론적으로 예측	관측 결과
수소와 헬륨의 질량비 약 3 : 1	빅뱅 이후 우주의 온도가 낮아지면서 생성된 수소와 헬륨의 질량비는 약 3 : 1일 것으로 예측되었다.	우주의 여러 천체들의 스펙트럼 분석을 통해 우주를 구성하는 수소와 헬륨의 질량비가 약 3 : 1이라는 것을 알아냈다.
우주 배경 복사	우주가 빅뱅 이후 팽창하면서 우주의 온도가 낮아져 약 3000 K이 되었을 때 원자가 생성되면서 빛이 우주 공간으로 퍼져 나갔다. 우주의 팽창에 의해 파장이 점차 길어져 현재는 약 수 K의 우주 배경 복사로 관측될 것으로 예측하였다.	우주의 모든 방향에서 거의 같은 세기로 관측되는 전파(마이크로파) 신호를 발견하였는데, 이 신호는 온도가 약 3 K인 물체에서 방출되는 복사의 파장과 일치했다.

Q2. 우주를 구성하는 원소의 질량비를 알아낸 방법을 쓰시오.

내신 만점 문제

A 스펙트럼

01 스펙트럼에 대한 설명으로 옳지 <u>않은</u> 것은?

① 한 종류의 원소는 고유한 스펙트럼이 나타난다.

② 스펙트럼은 빛이 파장에 따라 나누어져 나타나는 것이다.

③ 스펙트럼에 나타나는 선의 위치는 원소의 종류에 관계 없이 같다.

④ 백열전구에서 나오는 빛을 분광기에 통과시키면 연속 스펙트럼이 나타난다.

⑤ 별빛의 스펙트럼을 분석하면 별의 구성 원소의 종류, 질량비를 알아낼 수 있다.

중요 02 그림 (가)와 (나)는 서로 다른 스펙트럼을 나타낸 것이다.

이에 대한 설명으로 옳은 것만을 [보기]에서 있는 대로 고르시오.

[보기]
ㄱ. (가)에는 흡수선이 나타난다.
ㄴ. (나)는 고온으로 가열된 기체가 방출하는 빛을 관측할 때 나타난다.
ㄷ. (가)와 (나)는 서로 다른 원소의 스펙트럼이다.

03 스펙트럼에 대한 설명으로 옳은 것만을 [보기]에서 있는 대로 고른 것은?

[보기]
ㄱ. 오로라와 불꽃놀이의 다양한 색은 방출 스펙트럼과 같은 원리로 나타나는 것이다.
ㄴ. 동일한 원소로 인해 스펙트럼에 나타나는 방출선과 흡수선의 파장이 같다.
ㄷ. 천체들의 스펙트럼을 관측하여 분석하면 우주를 구성하는 원소의 종류를 알아낼 수 있다.

① ㄱ   ② ㄴ   ③ ㄱ, ㄷ
④ ㄴ, ㄷ   ⑤ ㄱ, ㄴ, ㄷ

B 우주의 원소 분포

중요 04 그림은 별 A, B와 여러 원소의 스펙트럼을 나타낸 것이다.

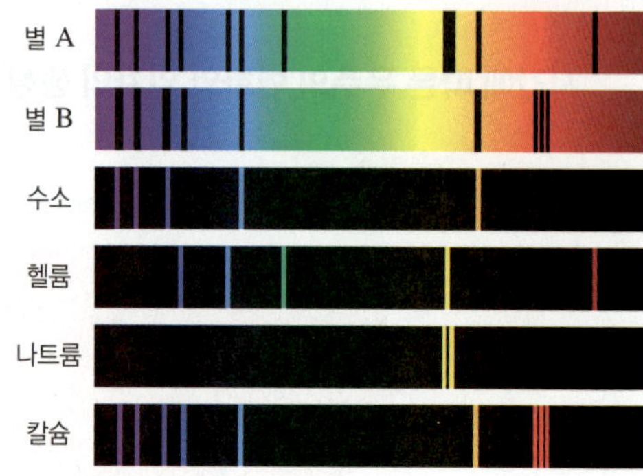

이에 대한 설명으로 옳은 것만을 [보기]에서 있는 대로 고른 것은?

[보기]
ㄱ. 별 A는 수소, 헬륨, 나트륨 등으로 이루어져 있다.
ㄴ. 별 B에는 칼슘이 존재하지 않는다.
ㄷ. 별 A, B는 흡수 스펙트럼으로 나타난다.
ㄹ. 나트륨의 스펙트럼은 저온의 원소에서 방출되는 빛에서 나타나는 스펙트럼이다.

① ㄱ, ㄴ   ② ㄱ, ㄷ   ③ ㄴ, ㄷ
④ ㄴ, ㄹ   ⑤ ㄷ, ㄹ

05 그림은 어떤 성운의 모습과 이를 관측한 스펙트럼을 나타낸 것이다.

이에 대한 설명으로 옳은 것만을 [보기]에서 있는 대로 고른 것은?

[보기]
ㄱ. 저온의 성운을 통과한 별빛의 스펙트럼과 같다.
ㄴ. 고온의 별 주변에서 가열된 성운이 방출한 빛을 관측한 것이다.
ㄷ. 원소의 스펙트럼과 비교하면 성운의 구성 원소를 알 수 있다.

① ㄱ   ② ㄴ   ③ ㄱ, ㄷ
④ ㄴ, ㄷ   ⑤ ㄱ, ㄴ, ㄷ

06 우주 전역에 분포하는 수소와 헬륨에 대한 설명으로 옳은 것만을 [보기]에서 있는 대로 고르시오.

> **보기**
> ㄱ. 수소와 헬륨의 질량비는 약 3 : 1이다.
> ㄴ. 빅뱅 이후 수소의 비율은 계속 증가하고 있다.
> ㄷ. 수소와 헬륨의 질량비는 빅뱅 우주론의 증거가 된다.

C 빅뱅 우주론

07 그림은 빅뱅 우주론이 설명하는 우주의 진화 모습을 나타낸 모형이다.

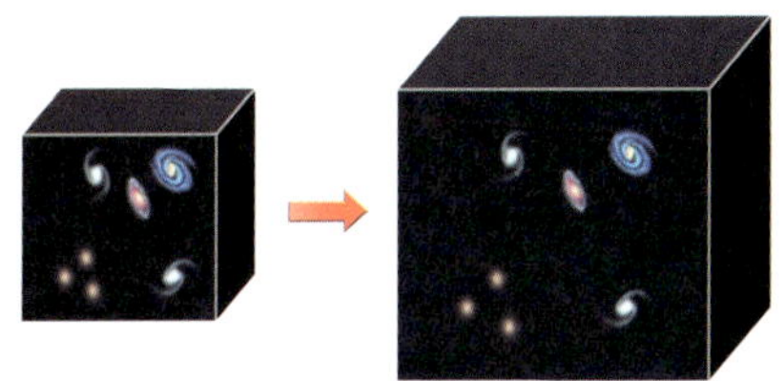

이에 대한 설명으로 옳은 것만을 [보기]에서 있는 대로 고르시오.

> **보기**
> ㄱ. 우주는 계속 팽창하고 있다.
> ㄴ. 시간이 지남에 따라 우주의 온도가 낮아진다.
> ㄷ. 우주를 구성하는 천체들 사이의 거리가 멀어진다.

D 우주 초기 원소의 생성

08 그림은 물질을 이루는 입자들을 나타낸 것이다.

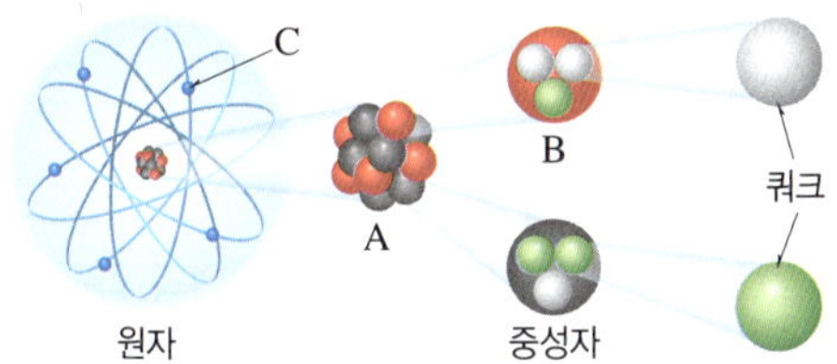

이에 대한 설명으로 옳은 것은?

① A는 전기적으로 중성이다.
② A가 쪼개지면 쿼크가 된다.
③ B는 양전하를 띠고, C는 음전하를 띤다.
④ C는 기본 입자에 해당하지 않는다.
⑤ 원자는 원자핵 주위를 쿼크가 도는 구조이다.

09 빅뱅 우주론에서 입자의 생성에 대한 설명으로 옳은 것은?

① 전자는 양성자보다 먼저 생성되었다.
② 중성자는 물질을 이루는 기본 입자이다.
③ 수소 원자핵은 중성자 1개만으로 이루어져 있다.
④ 헬륨 원자핵은 양성자 1개와 중성자 1개로 이루어져 있다.
⑤ 헬륨 원자핵이 생성되기 직전에는 중성자의 수가 양성자의 수보다 많았다.

10 그림은 빅뱅 이후 우주 초기에 쿼크 3개가 결합하여 생성된 두 입자를 나타낸 것이다.

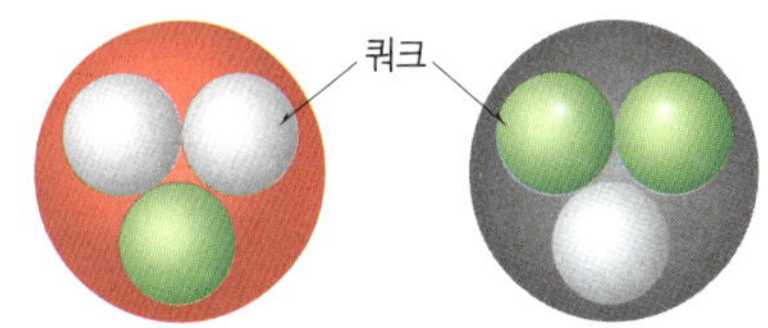

이에 대한 설명으로 옳은 것만을 [보기]에서 있는 대로 고른 것은

> **보기**
> ㄱ. 이 입자는 원자보다 나중에 생성되었다.
> ㄴ. 원자핵을 이루는 입자이다.
> ㄷ. 이 입자는 양전하를 띤다.

① ㄱ 　② ㄴ 　③ ㄷ
④ ㄱ, ㄴ 　⑤ ㄱ, ㄷ

11 다음은 빅뱅 이후 서로 다른 (가)~(다) 시기에 일어난 현상을 설명한 것이다.

> (가) 쿼크의 결합으로 양성자와 중성자가 생성되었다.
> (나) 전자와 원자핵이 서로 분리되어 있어 자유롭게 돌아다녔다.
> (다) 빛이 진로에 방해를 받지 않고 우주 공간으로 퍼져 나가기 시작했다.

이에 대한 설명으로 옳은 것은?

① 가장 먼저 일어난 현상은 (가)이다.
② 우주의 온도는 (나) 시기일 때 가장 높았다.
③ 전자는 (가)와 (나) 시기 사이에 생성되었다.
④ (다) 시기일 때 우주는 불투명하였다.
⑤ (다)는 빅뱅 후 약 3분 무렵에 일어났다.

12 그림 (가)와 (나)는 빅뱅 이후 어느 시기에 빛의 진행 모습을 순서 없이 나타낸 것이다.

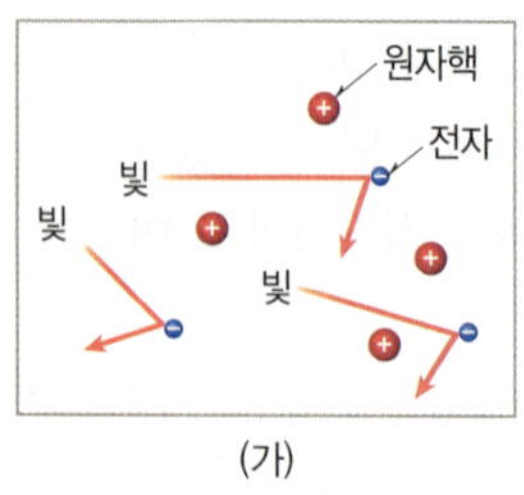

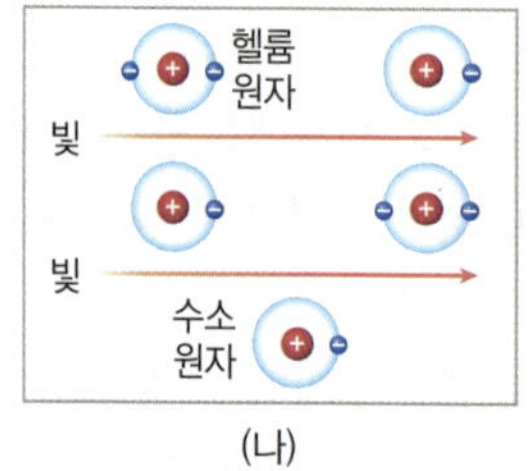

이에 대한 설명으로 옳은 것만을 [보기]에서 있는 대로 고른 것은?

> **보기**
> ㄱ. (가)는 빅뱅 후 약 38만 년이 지났을 때의 변화이다.
> ㄴ. (나)의 빛은 현재 존재하지 않는다.
> ㄷ. (가)는 (나)보다 우주의 온도가 높을 때이다.

① ㄱ   ② ㄴ   ③ ㄷ
④ ㄱ, ㄷ   ⑤ ㄴ, ㄷ

중요 13 그림은 빅뱅 이후 우주에서 일어난 변화를 시간에 따라 나타낸 것이다.

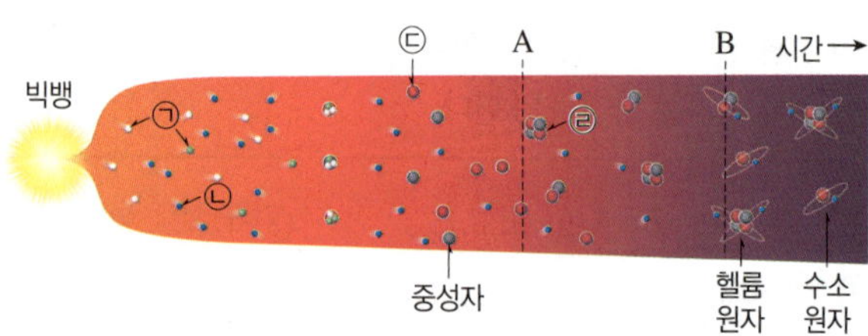

이에 대한 설명으로 옳지 <u>않은</u> 것은?

① 중성자는 ⓐ이 결합하여 생성된 것이다.
② ⓒ 1개는 수소 원자핵이 된다.
③ 우주의 밀도는 A 시기보다 B 시기에 컸다.
④ ⓑ 2개가 ⓓ과 결합하면 중성인 원자가 된다.
⑤ B 시기 직전 우주에 존재하는 ⓓ의 개수는 B 시기에 생성된 헬륨 원자의 개수와 같다.

14 우주 배경 복사에 대한 설명으로 옳은 것만을 [보기]에서 있는 대로 고르시오.

> **보기**
> ㄱ. 빅뱅 우주론을 지지하는 증거이다.
> ㄴ. 원자가 생성되면서 우주 공간으로 퍼져 나간 빛이다.
> ㄷ. 우주 배경 복사가 형성될 때 우주의 온도는 약 3 K 이다.

15 그림은 태양을 관측하여 나타낸 스펙트럼이다.

(1) 스펙트럼의 종류를 쓰고, 검은색의 선이 나타나는 까닭을 서술하시오.

(2) 스펙트럼을 분석하면 태양의 대기를 구성하는 원소를 알아낼 수 있는 까닭을 서술하시오.

16 그림은 빅뱅 이후 헬륨 원자가 생성되기까지의 과정을 나타낸 것이다.

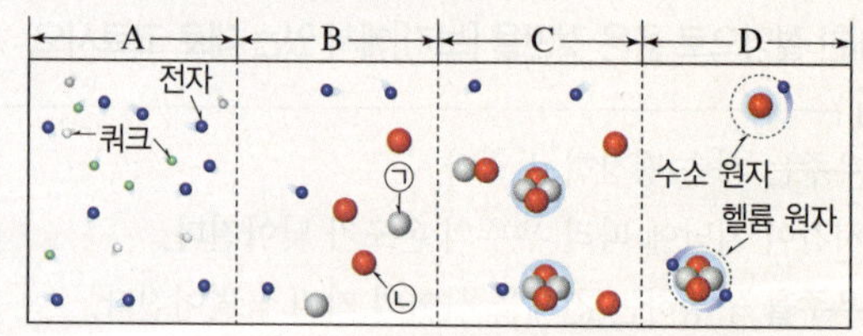

(1) A~D 중 우주의 온도가 가장 높은 시기를 쓰고, 그렇게 생각한 까닭을 서술하시오.

(2) B 시기에 생성된 입자 ⓐ, ⓑ의 이름을 각각 쓰시오.

17 그림은 헬륨 원자핵이 생성되기 직전의 입자 개수 분포를 나타낸 것이다.

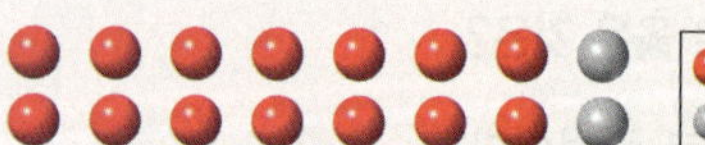

양성자, 중성자의 개수비로부터 현재 우주에 분포하고 있는 수소와 헬륨의 질량비가 약 3 : 1인 까닭을 추론하여 서술하시오.

실력 UP 문제

01 그림 (가)는 별 **A**를 관측한 스펙트럼을, (나)는 어떤 원소의 스펙트럼을 나타낸 것이다.

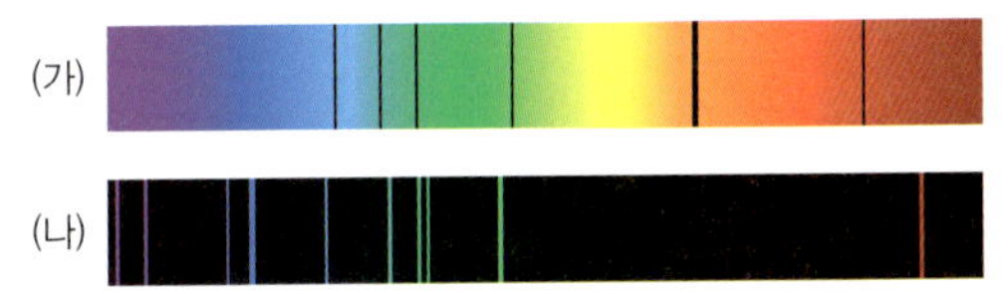

이에 대한 설명으로 옳은 것만을 [보기]에서 있는 대로 고른 것은?

> **보기**
> ㄱ. (가)는 대기를 통과한 별빛의 스펙트럼이다.
> ㄴ. 별 A에는 (나)의 원소가 포함되어 있다.
> ㄷ. 별 A를 구성하는 원소의 질량비가 달라지면, (가)의 스펙트럼에 나타나는 선의 위치가 달라진다.

① ㄱ ② ㄴ ③ ㄷ
④ ㄱ, ㄴ ⑤ ㄴ, ㄷ

02 그림 (가)~(다)는 빅뱅 이후 우주 초기에 생성된 입자를 나타낸 것이다.

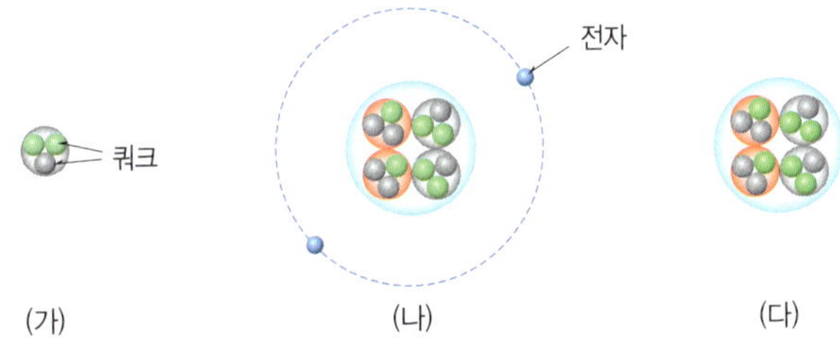

이에 대한 설명으로 옳은 것만을 [보기]에서 있는 대로 고른 것은?

> **보기**
> ㄱ. (가)는 음전하를 띤다.
> ㄴ. 입자의 생성 순서는 (가) → (나) → (다)이다.
> ㄷ. (나)가 생성되었을 때 우주가 투명해졌다.

① ㄱ ② ㄴ ③ ㄷ
④ ㄱ, ㄴ ⑤ ㄴ, ㄷ

03 그림 (가)~(다)는 빅뱅 이후 우주에서 입자들이 생성되는 시기를 순서 없이 나타낸 것이다.

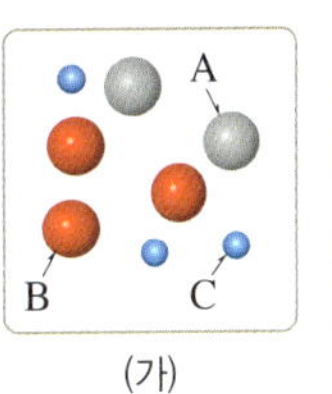

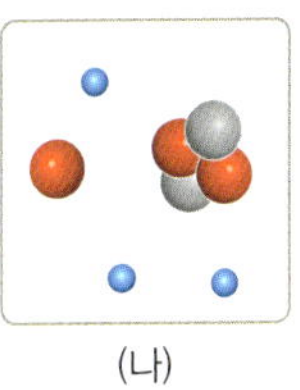

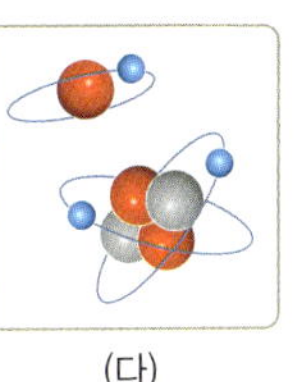

이에 대한 설명으로 옳은 것만을 [보기]에서 있는 대로 고른 것은?

> **보기**
> ㄱ. C 입자 3개가 결합하여 A가 만들어진다.
> ㄴ. 우주의 온도는 (가) 시기일 때가 (나)보다 높았다.
> ㄷ. (다)는 빅뱅 후 약 38만 년이 되었을 때이다.

① ㄱ ② ㄴ ③ ㄷ
④ ㄱ, ㄴ ⑤ ㄴ, ㄷ

04 그림은 빅뱅 이후 우주의 팽창과 입자가 생성된 시기를 나타낸 것이다.

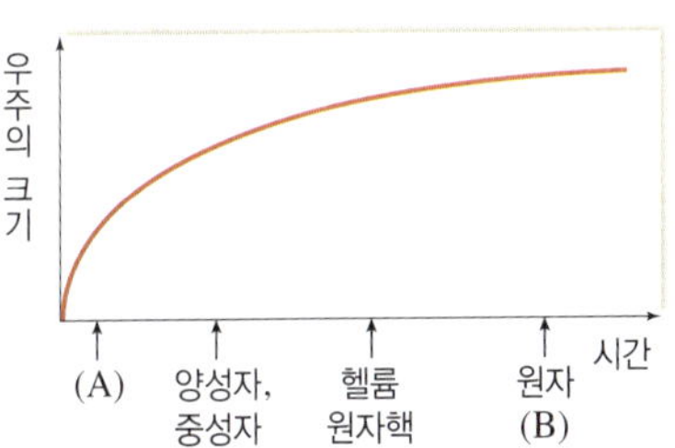

이에 대한 설명으로 옳은 것만을 [보기]에서 있는 대로 고른 것은?

> **보기**
> ㄱ. 우주의 팽창 속도는 일정하지 않다.
> ㄴ. A 시기에는 전자만 생성되었다.
> ㄷ. 시간이 지날수록 우주의 밀도는 작아졌다.
> ㄹ. B 시기에 생성된 수소와 헬륨의 질량비는 약 7 : 1이다.

① ㄱ, ㄷ ② ㄴ, ㄹ ③ ㄷ, ㄹ
④ ㄱ, ㄴ, ㄷ ⑤ ㄱ, ㄴ, ㄹ

★ **핵심 포인트**
▶ 별의 탄생 ★★
▶ 별의 진화와 원소의 생성 ★★★
▶ 태양계와 지구의 형성 ★★★
▶ 지구와 생명체 구성 성분의 유래 ★★

A 별의 진화와 원소의 생성

1. 별의 탄생 빅뱅 이후 수억 년이 지나 ❶성운 내부의 밀도가 높은 곳에서 별이 탄생하였다.

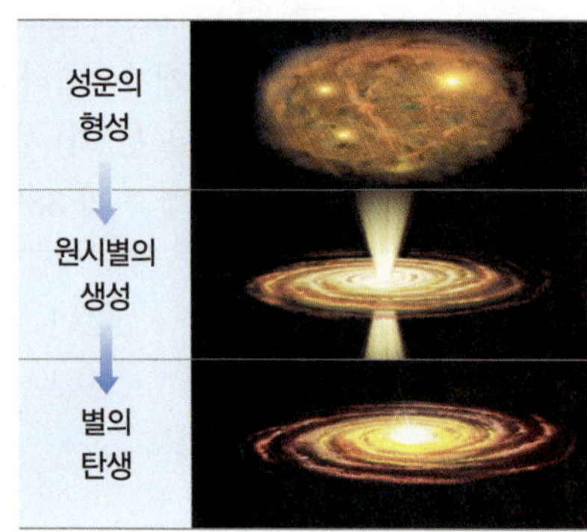

┌● 빅뱅 이후 우주 초기에 생성된 원소
수소, 헬륨 등으로 이루어진 성간 물질이 밀도가 높은 곳을
중심으로 중력이 커져 수축이 일어나 성운을 형성한다.
┌● 성운의 크기 감소, 밀도 증가, 온도 상승
성운은 계속 수축하여 온도와 밀도가 높은 기체 덩어리가 되
고, 성운 내부의 밀도가 높은 곳에서 ◆원시별이 만들어진다.
└● 보통 하나의 성운에서 여러 개의 원시별이 생성된다.

원시별은 중력 수축으로 중심부의 온도가 1000만 K 이상이
되면 수소 핵융합 반응이 일어나면서 빛(가시광선)을 방출하
는 별이 된다.
└● 주계열성

원시별과 별
• 원시별: 중력 수축으로 온도가 상승하여 빛을 내는 천체 ➡ 핵융합 반응이 일어나지 않는다.
• 별: 핵융합 반응으로 스스로 빛을 내는 천체

별의 질량과 수명
별의 질량이 클수록 핵융합 반응이 활발하게 일어나기 때문에 수명이 짧다.
예 질량이 태양 정도인 별은 중심부의 수소를 모두 사용할 때까지 약 100억 년 동안 수소 핵융합 반응을 하면서 안정된 상태를 유지한다.

2. 별의 특징

① 별은 중심부의 온도가 1000만 K 이상이 되면 4개의 수소(H) 원자핵이 융합하여 1개의 헬륨(He) 원자핵을 생성하면서 에너지를 방출하는 수소 핵융합 반응이 일어난다.

➡ ◆별은 일생의 대부분을 수소 핵융합 반응으로 에너지를 방출하면서 보낸다.
└● 별의 중심부에 있는 수소가 모두 헬륨으로 바뀌면 수소 핵융합 반응이 멈춘다.

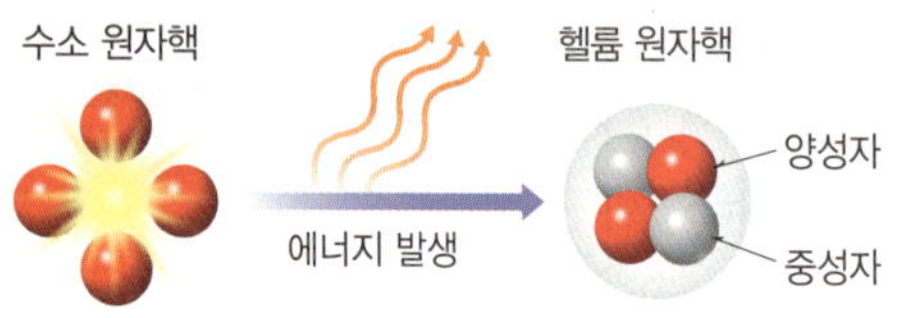

$4H \rightarrow He + E$(에너지)

• 수소 4개의 질량보다 헬륨 1개의 질량이 작다.
➡ 반응 후 감소한 질량이 ◆에너지로 방출된다.
• 수소 핵융합 반응으로 생성된 원소: 헬륨

핵융합 반응 시 에너지 방출
질량−에너지 등가 원리에 따르면, 질량과 에너지는 서로 전환될 수 있다. 핵융합 반응 시 생성되는 에너지(E)는 감소한 질량(Δm)에 빛의 속도(c) 제곱을 곱한 값이다.($E = \Delta mc^2$)

② 별은 내부 압력과 중력이 평형을 이루어 별의 크기가 일정하게 유지된다.

| 힘의 평형과 별의 크기 |

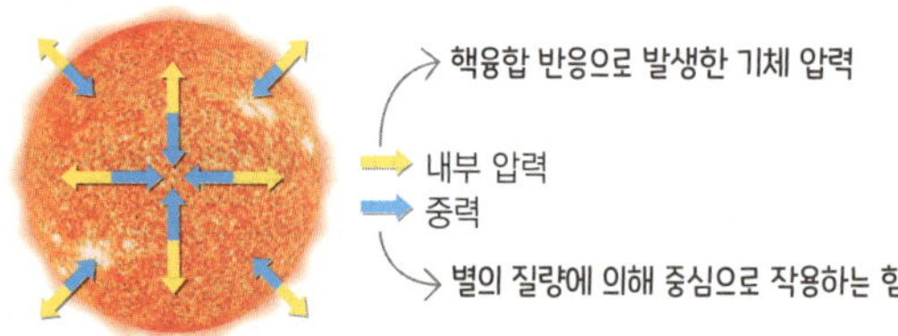

• 내부 압력＝중력 ➡ 별의 크기가 일정하다.
별의 중심부에서 수소 핵융합 반응이 일어날 경우
• 내부 압력＜중력 ➡ 별이 수축한다.
별의 중심부에서 핵융합 반응이 멈춘 경우
• 내부 압력＞중력 ➡ 별이 팽창한다.
온도가 높아져 기체의 운동 에너지가 커진 경우

힘의 평형에서 용어 다르게 사용

지학사, 천재 교과서	내부 압력
미래엔 교과서	내부 압력차로 발생한 힘

┌● 별의 진화 과정을 통해 우주 초기에 존재하지 않은 원소들이 생성되었다.
3. 별의 진화와 원소의 생성 별의 진화 과정은 별의 질량에 따라 다르게 나타나고, 중심부의 온도가 높아질수록 무거운 원소의 핵융합 반응이 일어날 수 있다. ●━ 원자쌤 비법특강 / 50쪽

① **철보다 가벼운 원소와 철의 생성**: 별이 진화하면서 별의 내부에서 핵융합 반응으로 생성된다.
• 질량이 태양 정도인 별: 별의 내부에서 핵융합 반응으로 탄소, 산소까지 생성된다.

용어
❶ 성운(星 별, 雲 구름) 우주 공간에서 기체, 먼지(티끌) 등으로 이루어진 성간 물질들이 모여 구름처럼 보이는 천체

수소 핵융합 반응	수소 원자핵 4개가 융합하여 <u>헬륨</u>이 생성된다. → 주계열성
중력 수축	별 중심부의 수소가 모두 헬륨으로 바뀌어 헬륨핵이 되면, 핵융합 반응이 멈추면서 내부 압력이 약해진다. → 중심부는 수축하여 온도가 상승하고, 중심부 바깥의 수소층을 가열하여 수소층에서 수소 핵융합 반응이 일어나며, 그로 인해 별은 팽창하여 크기가 커지고 표면 온도가 낮아진다. → 적색 거성
헬륨 핵융합 반응	계속되는 중력 수축으로 중심부의 온도가 1억 K 이상이 되면, 중심부에서 헬륨 핵융합 반응이 일어나 <u>탄소, 산소</u>가 생성된다.
핵융합 반응 중단	중심부의 헬륨이 탄소핵으로 바뀌면 중심부의 온도가 탄소 핵융합 반응이 일어날 수 있을 만큼 상승하지 못해 핵융합 반응이 멈춘다. → 핵융합 반응이 중단된 후 별의 바깥층은 팽창하다가 우주 공간으로 퍼져 나가 성운이 되고 탄소, 산소까지 생성된 중심부만 남는다.

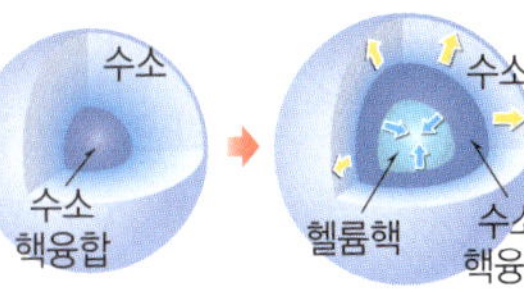

생명체를 구성하는 원소

3개의 헬륨 원자핵이 융합하여 1개의 탄소 원자핵을 만드는 핵융합 반응

행성상 성운, 백색 왜성

| **질량이 태양 정도인 별의 중심부에서 생성되는 원소**

→ 별의 내부에서는 수소 핵융합 반응, 헬륨 핵융합 반응이 일어난다. ➡ 헬륨, 탄소, 산소 생성

⬆ 별의 중심부에서 원소가 만들어지는 과정

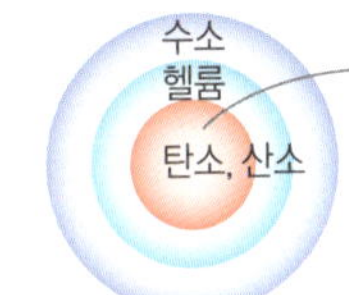

→ 중심부로 갈수록 무거운 원소가 분포한다. ➡ 중심부로 갈수록 온도가 높기 때문

⬆ 핵융합 반응이 중단된 후 별의 내부 구조

- **질량이 태양의 10배 이상인 별**: 별의 내부에서 핵융합 반응으로 철까지 생성된다.

수소 핵융합 반응	수소 원자핵 4개가 융합하여 <u>헬륨</u>이 생성된다. → 주계열성
중력 수축 → 헬륨 핵융합 반응 → 중력 수축 → 탄소 핵융합 반응 …	중심부에 있던 헬륨이 고갈되어 탄소핵이 생성된 후에도 중력 수축이 계속되어 중심부의 온도가 더 상승하기 때문에 핵융합 반응이 계속 일어나 산소, 네온, 마그네슘, 황, 규소 등이 차례로 만들어지고, 최종적으로 철까지 생성된다. ➡ 철까지만 생성되는 까닭: 철 원자핵이 매우 안정하기 때문 → 이 과정에서 별의 크기가 매우 커진다. ➡ 초거성
핵융합 반응 중단	별의 중심부에서 <u>철까지</u> 생성되면 더 이상 핵융합 반응이 일어나지 않는다.

| **질량이 태양의 10배 이상인 별의 중심부에서 생성되는 원소**

→ 별의 중심부는 탄소보다 무거운 원소를 생성할 수 있을 만큼 온도가 높아진다. ➡ 헬륨~철 생성

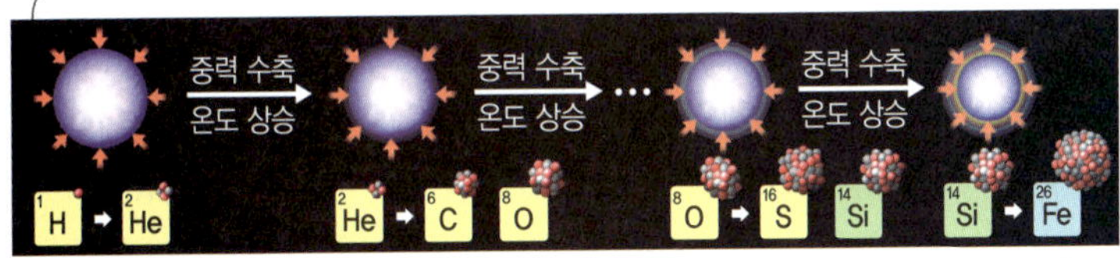

⬆ 별의 중심부에서 원소가 만들어지는 과정 → 별의 질량이 클수록 중심부의 온도가 높아진다.

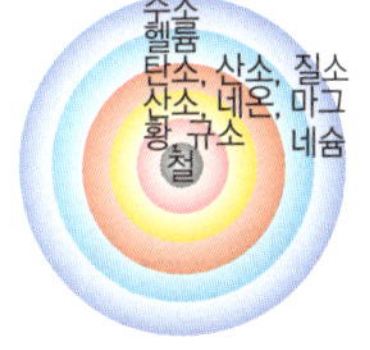

⬆ 핵융합 반응이 중단된 후 별의 내부 구조

---

② **철보다 무거운 원소의 생성**: 초신성 폭발 과정에서 생성된다. 예 금, 구리, 납, 우라늄 등
➡ 질량이 태양의 10배 이상인 별은 중심부에서 철까지 생성되면 중심부가 급격히 수축하다 폭발하면서 초신성이 된다. 초신성이 폭발하는 과정에서 엄청난 양의 에너지가 발생하기 때문에 철보다 무거운 원소가 생성된다. → 수초 동안 일시적으로 생성된다.

주의해

질량이 태양 정도인 별의 내부에서 헬륨 핵융합 반응으로 생성되는 원소

동아, 미래엔, 지학사, 천재 교과서	탄소
비상 교과서	탄소, 산소

- 헬륨 핵융합 반응의 생성 물질은 대부분 탄소이지만 핵융합 반응으로 온도가 더 올라가면 탄소 원자핵이 헬륨 원자핵과 융합하여 질소, 산소 원자핵을 생성할 수 있다.

✔ **이것까지 나와요!** 지구과학

질량이 태양 정도인 별의 진화

① 주계열성 → ② 적색 거성 → ③ 행성상 성운 → ④ 백색 왜성

❶ 주계열성 이후 팽창하면서 크기가 커지고, 표면 온도가 낮아져 붉게 보이는 별
❷ 적색 거성의 바깥층이 팽창하여 형성된 행성 모양의 성운
❸ 적색 거성의 중심부가 수축하여 밀도가 커진 천체

질량이 태양의 10배 이상인 별의 진화

주계열성 → ① 초거성 → ② 초신성 → ③ 중성자별 / ④ 블랙홀

❶ 주계열성 이후 팽창하여 크기가 매우 커진 별
❷ 별이 폭발하여 밝아진 단계
❸ 초신성 폭발 후 남은 중심부가 수축하여 형성된 중성자로 이루어진 천체
❹ 빛조차 탈출하지 못할 정도로 중력이 매우 큰 천체

- 별의 질량이 태양의 약 25배 이상인 경우는 초신성 폭발 후 남은 중심부가 수축하여 블랙홀이 된다.

◆ 핵융합 반응으로 생성되는 원소

핵융합 반응	생성 원소
수소 핵융합	헬륨
헬륨 핵융합	탄소, 산소
탄소 핵융합	산소, 네온, 마그네슘
산소 핵융합	황, 규소
규소 핵융합	철

③ **별에서 생성된 원소의 방출**: 질량이 태양 정도인 별은 바깥 층이 팽창하다가 우주 공간으로 퍼져 나가는 과정에서, 질량이 태양의 10배 이상인 별은 초신성 폭발 과정에서 원소가 우주 공간으로 방출되어 새로운 별, 행성, 생명체의 재료가 되었다. → 우주 전체에서 수소, 헬륨을 제외한 원소들이 차지하는 비율은 약 2 %로 매우 작다.

수소, 헬륨, 탄소, 산소 방출 ●

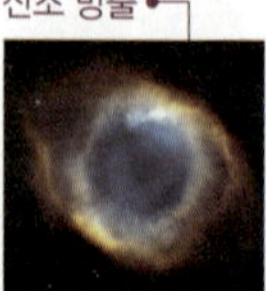

↑ 질량이 태양 정도인 별의 최후 모습 → 행성상 성운

수소, 헬륨, 탄소, 산소, 질소, 규소, 철, 금, 구리 등 방출 ●

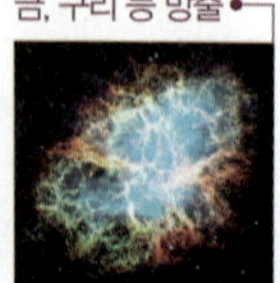

↑ 초신성 폭발 후 남은 초신성 잔해

개념 **확인** 문제

🐿 정답친해 15쪽

● 핵심 **체크** ●

▶ **별의 탄생**: 성운 내부의 밀도가 높은 곳에서 (❶   )이 생성되고, 중력 수축으로 원시별의 중심부 온도가 높아지면 수소 핵융합 반응이 일어나는 (❷   )이 된다. ➡ 별은 수소 핵융합 반응으로 에너지를 방출하고, 내부 압력과 (❸   )이 평형을 이루어 크기가 일정하게 유지된다.

▶ **철보다 가벼운 원소와 철의 생성**: 별의 내부에서 (❹   )으로 생성된다.
┌ 질량이 태양 정도인 별: 헬륨, (❺   ), 산소가 생성된다.
└ 질량이 태양의 10배 이상인 별: 헬륨부터 점점 무거운 원소가 생성되고, (❻   )까지 생성된다.

▶ **철보다 무거운 원소의 생성**: (❼   ) 과정에서 생성된다. 예 우라늄, 구리, 금 등

1 별에 대한 설명으로 옳은 것은 ○, 옳지 <u>않은</u> 것은 ✕로 표시하시오.

(1) 원시별의 중심부 온도가 100만 K이 되면 별이 된다.
──────────────────────────── (   )

(2) 원시별은 수소 핵융합 반응으로 인해 뜨거워진 기체 덩어리이다. ───────────────────── (   )

(3) 성운 내부의 밀도가 작은 곳에서 별이 탄생한다.
──────────────────────────── (   )

(4) 별의 중심부에서 수소 핵융합 반응이 일어나면 수소의 양이 감소한다. ───────────────── (   )

2 별의 진화와 원소의 생성에 대한 설명으로 옳은 것은 ○, 옳지 <u>않은</u> 것은 ✕로 표시하시오.

(1) 별의 질량이 클수록 중심부에서 최종적으로 더 무거운 원소가 생성될 수 있다. ───────────── (   )

(2) 별의 내부에서 핵융합 반응으로 생성될 수 있는 가장 무거운 원소는 탄소이다. ───────────── (   )

(3) 별의 내부에서 생성되는 원소의 종류는 별의 질량에 따라 다르다. ─────────────────── (   )

3 별의 내부에서 일어나는 핵융합 반응과 이로 인해 생성되는 원소를 옳게 연결하시오.

(1) 수소 핵융합 반응 •   • ㉠ 철

(2) 헬륨 핵융합 반응 •   • ㉡ 헬륨

(3) 규소 핵융합 반응 •   • ㉢ 탄소

4 다음 [보기]는 별의 진화 과정에서 만들어지는 원소이다.

┌─ 보기 ──────────────────────────┐
ㄱ. 탄소   ㄴ. 헬륨   ㄷ. 구리
ㄹ. 규소   ㅁ. 우라늄   ㅂ. 마그네슘
└──────────────────────────────┘

(1) 질량이 태양 정도인 별의 내부에서 만들어질 수 있는 원소를 [보기]에서 있는 대로 고르시오.

(2) 질량이 태양의 10배 이상인 별의 내부에서 만들어질 수 있는 원소를 [보기]에서 있는 대로 고르시오.

(3) 초신성 폭발 과정에서만 만들어지는 원소를 [보기]에서 있는 대로 고르시오.

1. 태양계의 형성

① **태양계의 형성**: 태양계는 약 50억 년 전 우리은하의 나선팔에서 초신성이 폭발하면서 우주 공간으로 퍼져 나간 원소들이 포함된 ◆태양계 성운이 수축하여 태양계가 형성되었다.

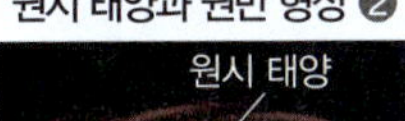

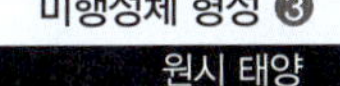

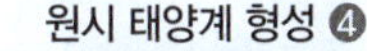

원시 태양계 형성 ❹

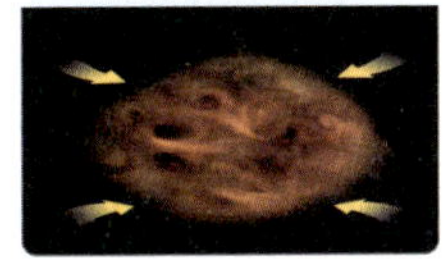

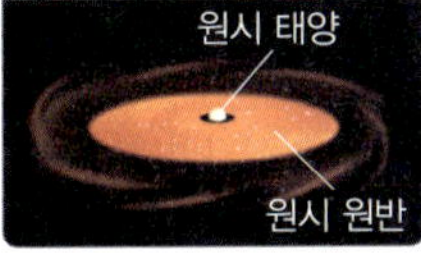

❶ 태양계 성운 형성	어느 초신성이 폭발하면서 생긴 충격으로 안정한 상태에 있던 거대한 성운의 밀도가 불균일해졌고, 이에 따라 성운에서 밀도가 큰 부분을 중심으로 수축하면서 회전하여 태양계 성운이 형성되었다.
❷ 원시 태양과 원반 형성	• 태양계 성운이 수축하면서 중심부에서는 온도와 밀도가 높아져 원시 태양이 형성되었다. └→ 이때, 물질은 주로 중심부와 회전축에 수직인 원반으로 모여들며 뭉치기 시작하였다. • 태양계 성운이 수축하면서 ◆회전 속도가 점차 빨라졌고, 원시 태양의 주변부에 있는 물질은 퍼져 나가 납작한 원시 원반을 형성하였다. └→ 원시 태양과 원시 원반의 회전 방향은 같다.
❸ 미행성체 형성	• 원시 태양은 중력 수축에 의해 온도가 더 높아졌다. • 원시 원반을 이루고 있던 입자들이 서로 결합하고 충돌하여 ◆미행성체를 형성하였다. └→ 원시 태양 주위를 공전하였다.
❹ 원시 태양계 형성	• 원시 태양은 중심부에서 수소 핵융합 반응이 일어나 태양이 되었다. • 미행성체들은 서로 충돌하고 합쳐져 원시 행성을 형성하였고, 미행성체와 원시 행성이 충돌하여 행성이 형성되었다. └→ 행성은 회전하는 성운의 주변부에서 만들어졌기 때문에 현재 비슷한 공전 궤도면에서 같은 방향으로 공전한다.

② **지구형 행성과 목성형 행성의 형성**: 태양과 가까운 곳에는 암석 성분의 지구형 행성이, 먼 곳에는 기체 성분의 목성형 행성이 형성되었다.

➡ **밀도**: 지구형 행성 > 목성형 행성
└→ 지구형 행성은 목성형 행성에 비해 무거운 성분으로 이루어져 있기 때문

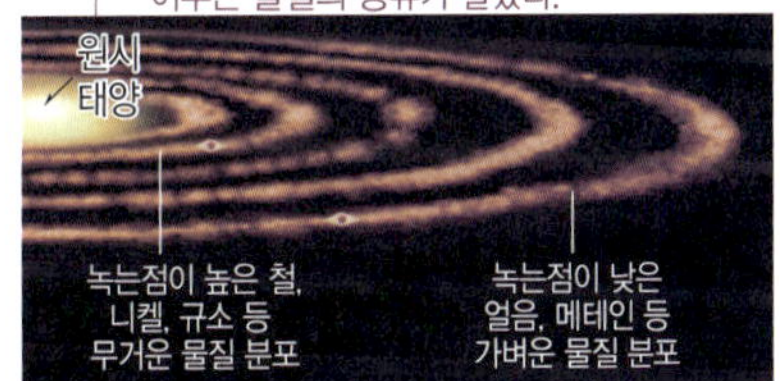

⬆ **원시 태양으로부터 거리에 따른 물질의 분포**

구분	지구형 행성 ➡ 수성, 금성, 지구, 화성	목성형 행성 ➡ 목성, 토성, 천왕성, 해왕성
형성 과정	태양과 가까운 곳은 온도가 높으므로 가벼운 성분은 대부분 날아갔고 녹는점이 높은 철, 니켈, 규소 등 무거운 물질들이 남아 미행성체를 형성하였다. ➡ 무거운 물질들이 뭉쳐 지구형 행성이 되었다.	태양에서 먼 곳은 온도가 낮으므로 녹는점이 낮은 얼음, 메테인 등 가벼운 물질들이 응축하여 미행성체를 형성하였다. ➡ 미행성체가 빠르게 성장한 후 주변의 수소와 헬륨 등의 기체를 끌어당겨 거대한 목성형 행성이 되었다.

✔ **이것까지 나와요!** 중등 과학 **지구형 행성과 목성형 행성의 특징 비교**

지구형 행성과 목성형 행성은 행성의 물리적 특징이 다르게 나타난다.

구분	반지름	질량	평균 밀도	표면 상태	고리	위성 수
지구형	작다.	작다.	크다.	단단한 암석	없다.	적거나 없다.
목성형	크다.	크다.	작다.	기체	있다.	많다.

└→ 단단한 표면이 없다.

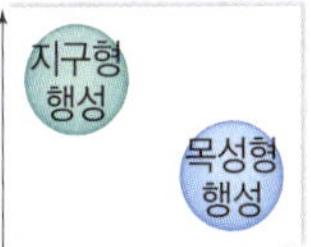

지구형 행성은 목성형 행성보다 반지름과 질량이 작고, 평균 밀도가 크다.

◆ **태양계 성운**
현재 태양계 전체 질량의 약 99.8 %는 태양이 차지하고 있다. 따라서 태양계 성운의 구성 성분은 현재 태양과 같이 수소와 헬륨이 약 98 %, 무거운 원소가 약 2 %로 이루어졌으며, 질량은 현재 태양보다 미세하게 컸을 것으로 추정된다.

궁금해

태양계 성운이 초신성 폭발로 형성되었다고 하는 까닭은?
태양계 성운으로부터 형성된 지구에는 구리, 납, 우라늄 등 철보다 무거운 원소들이 존재하는데, 철보다 무거운 원소들은 초신성 폭발 과정에서만 생성될 수 있기 때문이다.

◆ **성운의 회전 속도**
피겨 스케이팅 선수가 회전하다가 팔을 오므리면 회전 속도가 빨라지는 것과 같이 성운이 수축하면서 회전하면 회전 속도가 빨라진다.

◆ **미행성체**
원시 원반을 이루는 기체, 먼지 등이 서로 충돌하면서 성장하여 형성된 작은 천체로, 크기가 보통 수 km 정도이다.

◆ **대기 성분의 변화**
지구의 탄생 초기에는 대기 중에 이산화 탄소, 질소, 수증기가 많았다. 이후 수증기는 비로 내리고, 이산화 탄소는 바다에 녹아 감소하였다. 광합성 생물이 출현한 후 대기 중에 산소가 증가하여 현재는 질소(78 %), 산소(21 %)가 많은 비율을 차지한다.

암기해

지구의 형성 과정
미행성체 충돌 → 마그마의 바다 형성 → 맨틀과 핵 형성 → 원시 지각 형성 → 원시 바다 형성 → 생명체 탄생

궁금해

지구에서만 생명체가 존재하는 까닭은?
지구는 태양으로부터 적당한 거리에 위치하고 있기 때문에 바다와 같은 액체 상태의 물이 존재할 수 있어 생명체의 탄생이 가능하였다.

2. 지구의 형성과 생명체 탄생

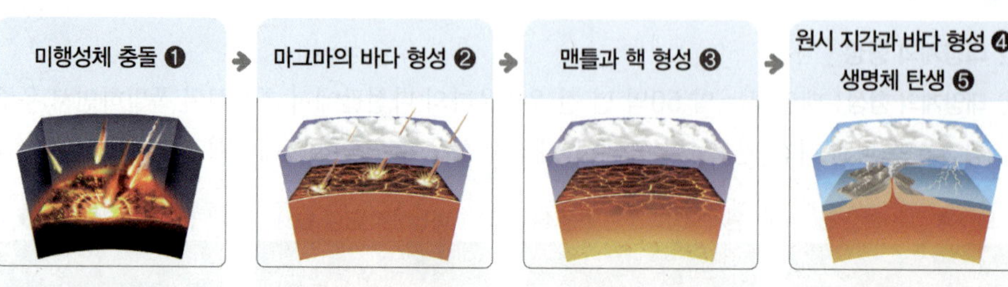

❶ 미행성체 충돌	미행성체들이 충돌하여 원시 지구가 형성되었다. →	원시 지구는 미행성체와의 충돌로 크기와 질량이 점차 증가하였다.
❷ 마그마의 바다 형성	미행성체의 충돌로 발생한 열에 의해 뜨거운 마그마의 바다가 형성되었다.	
❸ 맨틀과 핵 형성 └• 밀도 차이로 분리	• 규소와 산소 등 상대적으로 가벼운 물질은 위로 떠올라 맨틀을 형성하였고, 철과 니켈 등 상대적으로 무거운 물질은 지구 중심부로 가라앉아 핵을 형성하였다. └•금속 원소　　이전보다 지구 중심부의 밀도가 증가하였다.•┘ • 마그마와 화산 활동에서 분출된 가스와 수증기는 ◆지구의 대기를 형성하였다.	
❹ 원시 지각과 바다 형성	• 미행성체의 충돌이 감소하면서 지구 표면이 냉각되어 단단한 원시 지각이 형성되었다. • 기온이 하강하면서 대기 중의 수증기가 응결되어 비로 내리면서 원시 지각에 빗물이 모여 원시 바다가 형성되었다.	
❺ 생명체 탄생	지구가 형성되고 나서 수억 년이 지난 후에 바다에서 최초의 생명체가 탄생하였고, 진화하여 점차 다양한 생물들이 출현하였다. └•단세포생물 → 행성에 생명체가 존재할 수 있는 가장 중요한 조건은 액체 상태의 물이다.	

3. 지구와 생명체 구성 성분의 유래

① **지구, 생명체를 구성하는 주요 원소** : 지구와 생명체는 수소와 헬륨보다 무거운 원소들의 구성 비율이 높다.

- 수소, 헬륨보다 무거운 원소들은 별의 진화 과정에서 생성되었다.
- 다양한 원소들은 우주에 존재하는 수소와 헬륨의 양에 비하면 매우 적은 양이지만 지구와 생명체를 이루는 물질의 재료가 되었다.

탐구 자료창　**지구와 생명체 구성 성분의 유래 탐구** •--------

다음은 지구와 생명체를 구성하는 주요 성분의 질량비를 나타낸 것이다.

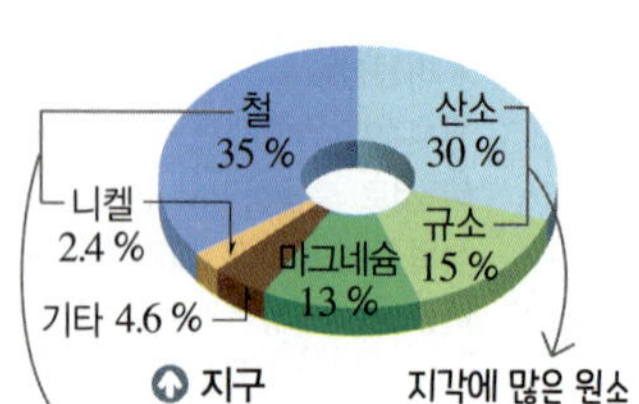

1. 지구와 생명체의 구성 원소
- 지구: 철＞산소＞규소＞ … ➡ 대부분의 철은 내핵과 외핵에 있고, 산소와 규소는 지각에 풍부하다.
- 생명체: 산소＞탄소＞수소＞질소＞ … ➡ 탄소를 중심으로 결합하여 여러 화합물을 이루며 생명체를 구성한다.

2. 지구와 생명체의 구성 원소의 유래
- 수소: 빅뱅 이후 우주 초기에 생성된 원소
- 산소, 탄소, 질소, 규소, 철, 마그네슘: 별의 내부에서 핵융합 반응으로 생성된 원소

② **지구와 생명체 구성 성분의 유래** : 빅뱅 이후 우주 초기에 생성된 원소들과 태양계가 형성되기 이전에 별의 진화 과정에서 생성되어 우주 공간으로 방출된 다양한 원소들 ➡ 대부분 태양계 성운 속에 포함되어 있던 원소들

└• 태양계가 형성된 이후 태양의 중심부에서 수소 핵융합 반응으로 헬륨이 생성된 것을 제외하면 태양계의 내부에서는 새로운 원소가 생성되지 않았기 때문

핵심 체크

- ▶ **태양계의 형성**: 태양계 성운이 수축하여 중심부에서는 (❶)이, 원시 원반에서는 원시 행성이 형성되었다.
- ▶ **지구형 행성과 목성형 행성의 형성**: 태양과 가까운 곳에서는 주로 (❷) 성분의 지구형 행성이 형성되었고, 먼 곳에서는 기체 성분의 목성형 행성이 형성되었다.
- ▶ **지구의 형성과 생명체 탄생**: 미행성체 충돌 → (❸)의 바다 형성 → 맨틀과 핵 형성 → 원시 지각과 (❹) 형성 → 생명체 탄생
- ▶ **지구와 생명체 구성 성분의 유래**: 빅뱅 이후 우주 초기에 생성된 원소들과 태양계가 형성되기 이전에 (❺)의 진화 과정에서 생성되어 우주 공간으로 방출된 다양한 원소들
  - (❻): 빅뱅 이후 우주 초기에 생성
  - 탄소, 산소, 질소, 규소, 철, 마그네슘: 별의 내부에서 (❼)으로 생성

---

1 태양계의 형성 과정을 순서대로 나열하시오.

> (가) 원시 태양의 형성　　(나) 미행성체의 형성
> (다) 원시 행성의 형성　　(라) 태양계 성운의 형성

2 태양계의 형성에 대한 설명으로 옳은 것은 ○, 옳지 <u>않은</u> 것은 ×로 표시하시오.

(1) 초신성 폭발 잔해의 일부가 태양계 성운을 형성하였다.
　　　　　　　　　　　　　　　　　　　　(　)
(2) 미행성체의 충돌로 원시 태양이 형성되었다. (　)
(3) 태양과 가까운 곳에서는 목성형 행성이 형성되었다.
　　　　　　　　　　　　　　　　　　　　(　)
(4) 태양의 자전 방향과 원시 행성의 공전 방향이 같다.
　　　　　　　　　　　　　　　　　　　　(　)

3 그림은 원시 태양과 원시 원반의 일부를 나타낸 것이다.

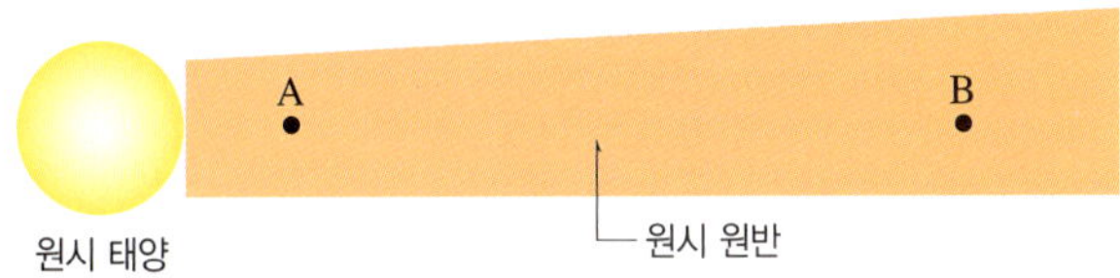

A보다 **B** 지점에서 물리량의 값이 더 작은 것만을 [보기]에서 있는 대로 고르시오.

> **보기**
> ㄱ. 온도　　　　　　　　ㄴ. 구성 물질의 녹는점
> ㄷ. 형성되는 행성의 평균 밀도

4 지구의 형성부터 생명체가 탄생하기까지의 과정을 순서대로 나열하시오.

> (가) 미행성체 충돌　　(나) 생명체의 탄생
> (다) 맨틀과 핵 형성　　(라) 원시 지각 형성
> (마) 마그마의 바다 형성

5 지구의 형성 과정에 대한 설명으로 옳은 것은 ○, 옳지 <u>않은</u> 것은 ×로 표시하시오.

(1) 마그마의 바다를 형성하면서 철, 니켈 등의 물질이 가라앉아 핵을 형성하였다. 　　　　　(　)
(2) 지구의 탄생 초기에는 대기의 주성분이 질소, 산소였다.
　　　　　　　　　　　　　　　　　　　　(　)
(3) 원시 바다가 형성된 이후 대기 중 이산화 탄소의 양이 감소하였다. 　　　　　　　　　(　)
(4) 최초의 생명체는 바다에서 출현하였다. 　(　)
(5) 원시 지구에서 지구로 진화하면서 질량은 거의 일정하였다. 　　　　　　　　　　　(　)

6 다음은 지구를 구성하는 원소에 대한 설명이다. ( ) 안에 들어갈 알맞은 말을 고르시오.

> 지구를 구성하는 원소 중 가장 많은 것은 ㉠(철, 산소, 탄소)이다. 이 원소는 질량이 ㉡(태양 정도인 별, 태양의 10배 이상인 별)의 내부에서 핵융합 반응으로 만들어질 수 있는 원소 중 가장 ㉢(가벼운, 무거운) 원소이다.

별의 진화 과정과 원소의 생성

별의 탄생부터 소멸까지의 과정을 별의 진화라고 하는데, 이러한 별의 진화 과정에서 다양한 원소들이 만들어졌어요. 별의 진화는 지구과학에서 배우는 내용이지만, 통합과학에서 심화 내용으로 주계열성, 적색 거성 등과 같이 별의 진화 단계 명칭을 사용해서 시험 문제가 출제되기도 합니다. 별의 진화 과정에 대해 한눈에 알아볼 수 있도록 정리해 보아요.

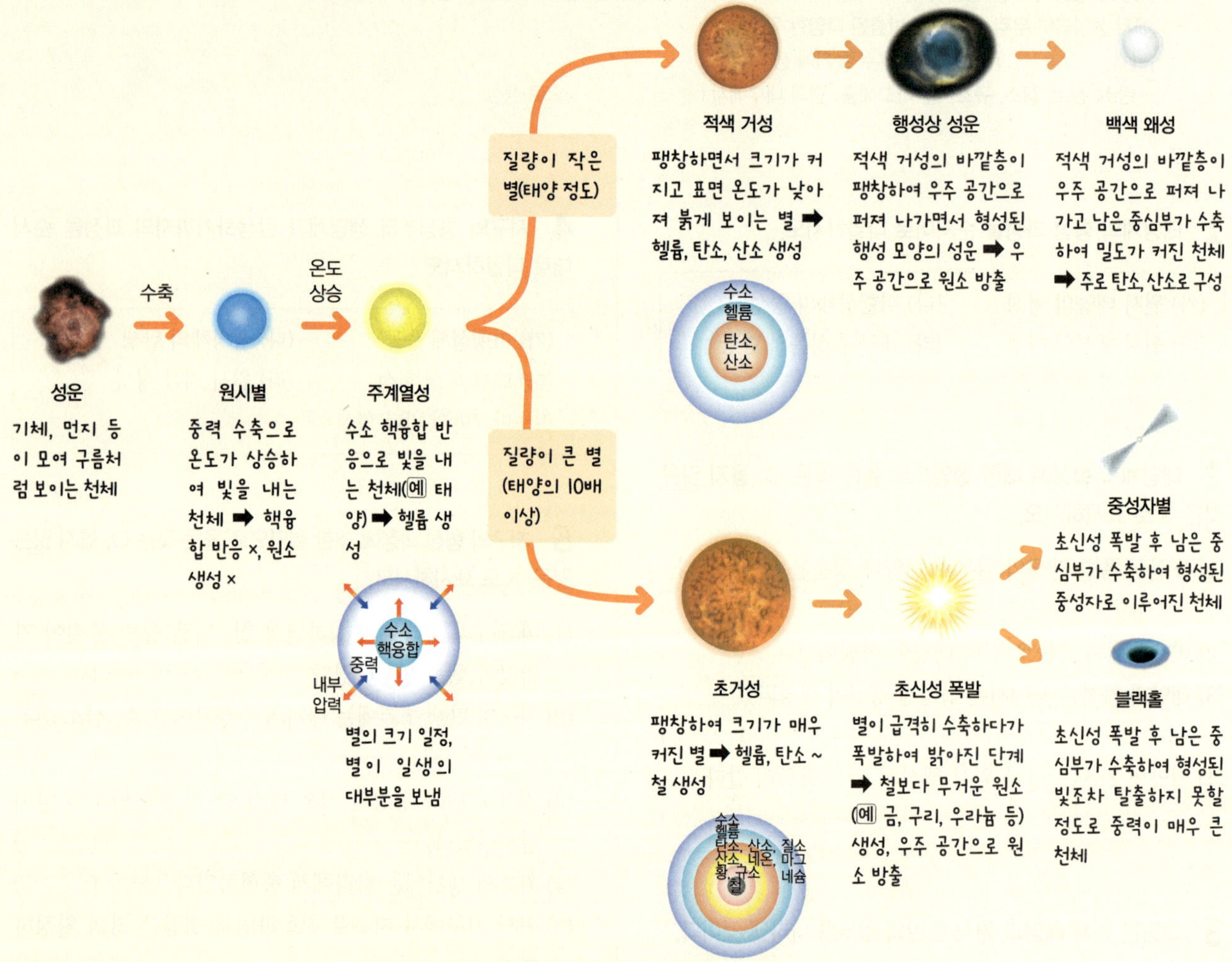

Q1. 별의 진화 과정 중 철보다 무거운 원소가 생성되는 시기는 언제인지 쓰시오.

Q2. 현재 태양의 중심부에서 핵융합 반응으로 생성되는 원소의 이름을 쓰시오.

내신 만점 문제

A 별의 진화와 원소의 생성

01 별의 탄생에 대한 설명으로 옳은 것은?

① 성운 내에서 밀도가 낮은 부분을 중심으로 주변의 물질을 더 많이 끌어당겨 원시별이 만들어진다.
② 원시별은 중력 수축하면서 점차 크기가 커진다.
③ 원시별은 내부 압력과 중력이 평형을 이룬다.
④ 원시별의 중심부 온도가 1000만 K 이상이면 핵융합 반응이 시작되어 별이 된다.
⑤ 별의 중심부에서 수소 핵융합 반응이 시작되면 별의 크기가 커진다.

02 그림은 별의 중심부에서 일어나는 핵융합 반응을 나타낸 것이다.

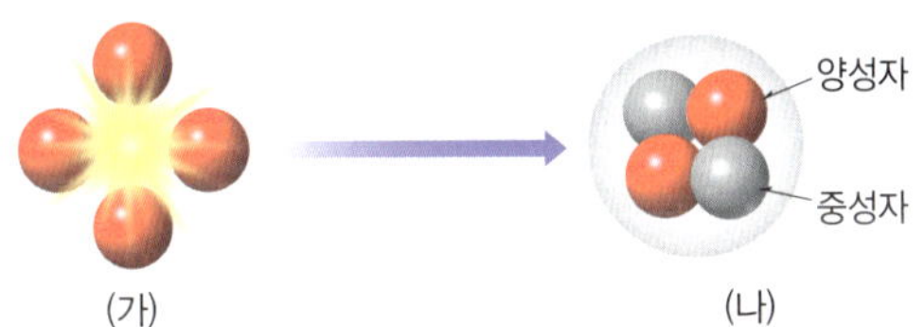

이에 대한 설명으로 옳은 것만을 [보기]에서 있는 대로 고르시오.

보기
ㄱ. (가)의 질량은 (나)보다 크다.
ㄴ. (가)에서 (나)가 되는 과정에서 에너지를 흡수한다.
ㄷ. 별의 중심부에서 이 핵융합 반응이 일어나는 기간은 별의 질량이 클수록 길다.

03 그림은 별의 내부에서 작용하는 힘을 나타낸 것이다.
이에 대한 설명으로 옳은 것은?

① A는 중력이다.
② B는 별을 팽창시키는 힘이다.
③ B는 핵융합 반응에 의해 발생한다.
④ 중심부에서 수소 핵융합 반응이 일어나는 별에서는 A와 B가 평형을 이룬다.
⑤ 별의 중심부에서 핵융합 반응이 멈추면 A가 B보다 커진다.

04 그림 (가)~(다)는 질량이 태양 정도인 별의 진화 과정에서 핵융합 반응이 일어나는 과정을 나타낸 것이다.

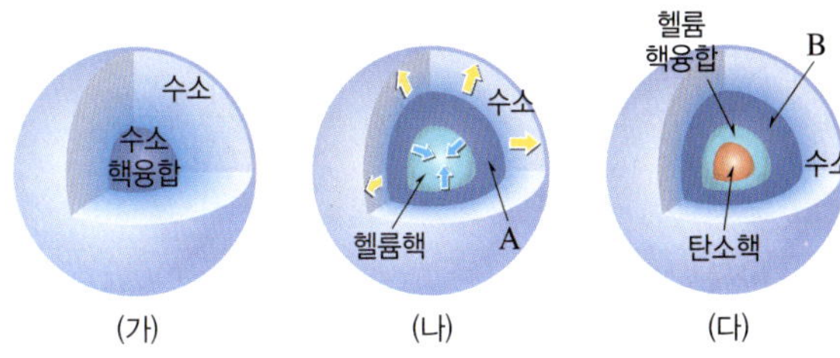

이에 대한 설명으로 옳은 것만을 [보기]에서 있는 대로 고른 것은?

보기
ㄱ. A, B에서는 수소 핵융합 반응이 일어난다.
ㄴ. (가)에서 (나)로 진화할 때 별의 크기가 커진다.
ㄷ. (다)의 중심부는 수축하여 탄소 핵융합 반응이 일어난다.

① ㄱ 　② ㄷ 　③ ㄱ, ㄴ
④ ㄴ, ㄷ 　⑤ ㄱ, ㄴ, ㄷ

05 원소의 생성에 대한 설명으로 옳은 것은?

① 수소 – 질량이 태양 정도인 별에서 생성된다.
② 헬륨 – 우주에 있는 헬륨의 대부분은 별의 내부에서 핵융합 반응으로 생성된 것이다.
③ 탄소 – 산소 핵융합 반응에 의해 생성된다.
④ 철 – 별의 내부에서 핵융합 반응으로 생성될 수 있는 가장 무거운 원소이다.
⑤ 구리 – 질량이 태양의 10배 이상인 별의 내부에서 핵융합 반응으로 생성된다.

06 그림은 초신성 폭발의 잔해를 나타낸 것이다.
이에 대한 설명으로 옳은 것만을 [보기]에서 있는 대로 고른 것은?

보기
ㄱ. 질량이 태양 정도인 별이 진화하면서 폭발한 것이다.
ㄴ. 철보다 무거운 원소만 포함되어 있다.
ㄷ. 초신성 폭발 전에 별의 중심부에서 최종적으로 생성된 원소는 철이다.

① ㄱ 　② ㄷ 　③ ㄱ, ㄴ
④ ㄴ, ㄷ 　⑤ ㄱ, ㄴ, ㄷ

중요 07 그림 (가)와 (나)는 질량이 서로 다른 두 별의 내부에서 핵융합 반응이 중단되었을 때의 내부 구조를 나타낸 것이다.

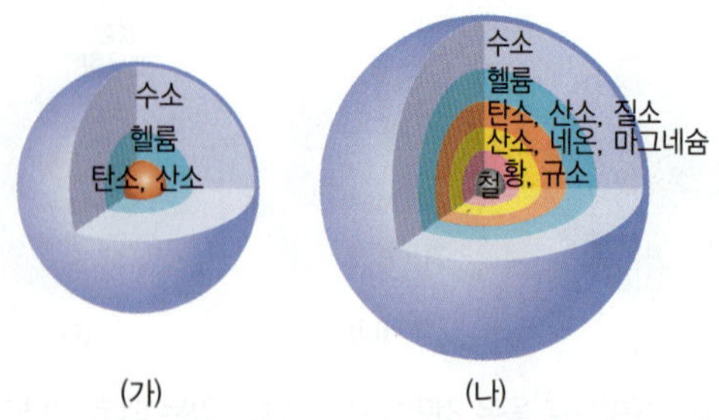

이에 대한 설명으로 옳은 것만을 [보기]에서 있는 대로 고른 것은?

보기
ㄱ. 별의 질량은 (가)보다 (나)가 크다.
ㄴ. 별 중심부의 최대 온도는 (가)보다 (나)가 낮다.
ㄷ. 태양이 진화하면 내부 구조가 (나)처럼 될 것이다.

① ㄱ   ② ㄷ   ③ ㄱ, ㄴ
④ ㄴ, ㄷ   ⑤ ㄱ, ㄴ, ㄷ

중요 08 그림은 진화 과정에 있는 어느 별의 내부 구조를 나타낸 것이다.

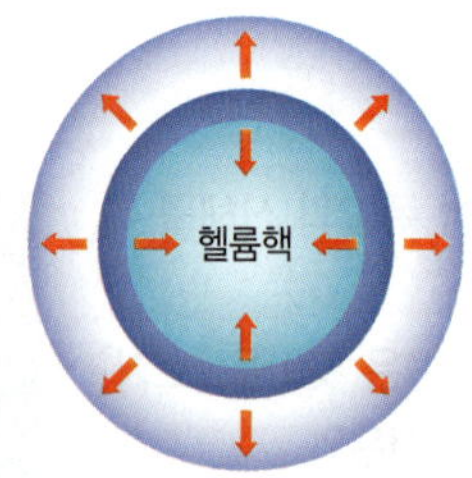

이에 대한 설명으로 옳은 것만을 [보기]에서 있는 대로 고른 것은?

보기
ㄱ. 별의 크기가 커지면서 표면 온도가 낮아진다.
ㄴ. 헬륨핵이 수축하여 별의 중심부 온도가 낮아진다.
ㄷ. 이 별은 중심부에서 수소 핵융합 반응이 멈춘 상태이다.

① ㄴ   ② ㄷ   ③ ㄱ, ㄴ
④ ㄱ, ㄷ   ⑤ ㄱ, ㄴ, ㄷ

09 우주에서 헬륨보다 무거운 원소의 생성에 대한 설명으로 옳은 것만을 [보기]에서 있는 대로 고른 것은?

보기
ㄱ. 태양과 질량이 비슷한 별의 내부에서는 헬륨보다 무거운 원소가 생성되지 않는다.
ㄴ. 철보다 무거운 원소는 초신성 폭발 과정에서만 만들어질 수 있다.
ㄷ. 철은 별의 내부에서 규소 핵융합 반응으로 생성된다.

① ㄱ   ② ㄷ   ③ ㄱ, ㄴ
④ ㄴ, ㄷ   ⑤ ㄱ, ㄴ, ㄷ

[10~11] 표는 질량이 서로 다른 별의 진화 과정의 일부를 나타낸 것이다.

구분	별의 진화 과정
(가) 과정	별 탄생 → … → 초신성 → …
(나) 과정	별(A) 탄생 → B → 별의 바깥층이 우주 공간으로 퍼져 나가면서 형성된 행성 모양의 성운 → …

10 이에 대한 설명으로 옳은 것만을 [보기]에서 있는 대로 고른 것은?

보기
ㄱ. 진화 과정이 (가)인 별은 (나)인 별보다 수명이 짧다.
ㄴ. 진화 과정이 (가)인 별은 질량이 태양과 비슷하다.
ㄷ. (나) 과정을 거쳐 별의 내부에서는 황, 규소가 생성된다.

① ㄱ   ② ㄷ   ③ ㄱ, ㄴ
④ ㄴ, ㄷ   ⑤ ㄱ, ㄴ, ㄷ

11 별 A, B에 대한 설명으로 옳지 <u>않은</u> 것은?

① 별의 크기는 A가 B보다 작다.
② 별 A의 크기는 일정하게 유지된다.
③ 별 A의 중심부에서는 핵융합 반응으로 헬륨이 생성된다.
④ 별 B의 내부에서는 탄소가 만들어질 수 있다.
⑤ 별 B의 내부에서는 탄소 핵융합 반응까지 일어난다.

12 다음은 태양계의 형성 과정을 나타낸 것이다.

(가)		(나)		(다)
태양계 성운 형성	→	원시 태양 형성	→	원시 행성 형성

이에 대한 설명으로 옳은 것만을 [보기]에서 있는 대로 고른 것은?

보기
ㄱ. (가)는 초신성이 폭발하는 것과 관련이 있다.
ㄴ. (가) → (나) 과정에서 성운의 중심부 온도는 높아졌다.
ㄷ. (나)에서 형성된 원시 태양의 자전 방향과 (다)에서 형성된 원시 행성의 공전 방향은 다르다.

① ㄱ   ② ㄷ   ③ ㄱ, ㄴ
④ ㄴ, ㄷ   ⑤ ㄱ, ㄴ, ㄷ

13 태양계의 형성 과정에 대한 설명으로 옳지 <u>않은</u> 것은?

① 성운에서는 밀도가 큰 부분을 중심으로 중력 수축이 일어난다.
② 성운이 수축하는 과정에서 회전 속도가 점차 빨라졌다.
③ 성운의 회전축과 나란한 면에 원시 원반이 형성되었다.
④ 미행성체가 서로 충돌하고 합쳐져 원시 행성이 형성되었다.
⑤ 회전하는 성운의 중심부에서 원시 태양이 형성되었다.

중요 14 그림은 원시 태양과 그 주변부에 형성된 회전하는 원시 원반을 나타낸 것이다.
이에 대한 설명으로 옳은 것만을 [보기]에서 있는 대로 고른 것은?

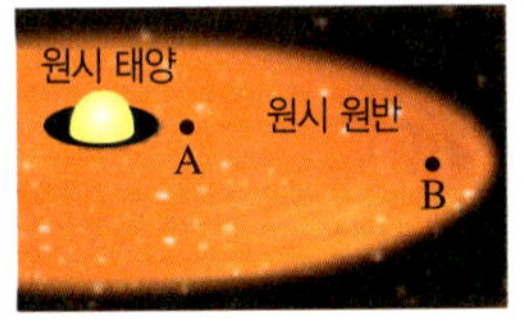

보기
ㄱ. 금속 원소들은 A보다 B에서 많다.
ㄴ. 원시 원반에서는 원시 행성이 형성되었다.
ㄷ. 원시 태양과 원시 원반의 회전 방향은 반대이다.

① ㄱ   ② ㄴ   ③ ㄷ
④ ㄱ, ㄴ   ⑤ ㄴ, ㄷ

15 그림은 태양계의 행성들을 (가), (나) 두 집단으로 구분하여 나타낸 것이다.

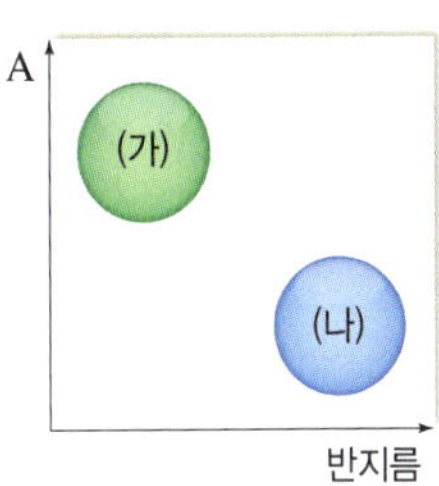

이에 대한 설명으로 옳은 것만을 [보기]에서 있는 대로 고른 것은?

보기
ㄱ. 화성은 (나)에 속한다.
ㄴ. A에 들어갈 수 있는 물리량은 질량이다.
ㄷ. (가)는 (나)보다 온도가 높은 환경에서 형성되었다.
ㄹ. 주로 가벼운 기체 성분으로 이루어진 행성은 (나)이다.

① ㄱ, ㄴ   ② ㄱ, ㄹ   ③ ㄷ, ㄹ
④ ㄱ, ㄴ, ㄷ   ⑤ ㄴ, ㄷ, ㄹ

중요 16 다음은 지구의 형성 과정을 나타낸 것이다.

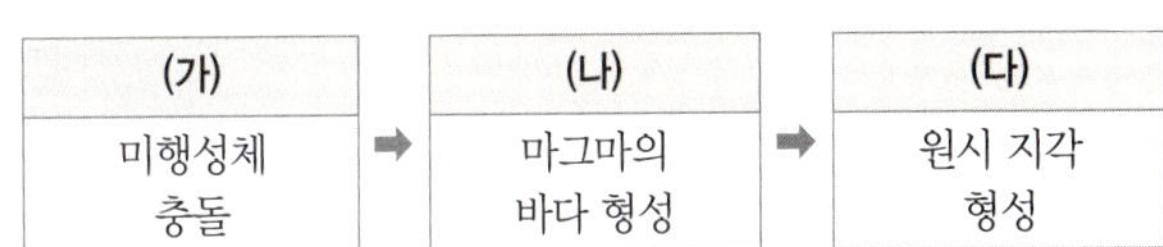

(가)		(나)		(다)
미행성체 충돌	→	마그마의 바다 형성	→	원시 지각 형성

이에 대한 설명으로 옳은 것만을 [보기]에서 있는 대로 고른 것은?

보기
ㄱ. (가) → (나) 과정에서는 지구의 질량이 커졌다.
ㄴ. (나) → (다) 과정에서는 미행성체의 충돌이 감소하였다.
ㄷ. (다) 시기에는 맨틀과 핵이 형성되었다.
ㄹ. 최초의 생명체는 (다) 시기에 출현하였다.

① ㄱ, ㄴ   ② ㄱ, ㄹ   ③ ㄷ, ㄹ
④ ㄱ, ㄴ, ㄷ   ⑤ ㄴ, ㄷ, ㄹ

 다음은 지구와 생명체의 진화 과정을 순서 없이 나타낸 것이다.

> (가) 원시 지각이 형성되었다.
> (나) 맨틀과 핵으로 분리되었다.
> (다) 바다에서 최초의 생명체가 출현하였다.
> (라) 광합성 생물이 등장한 후 대기 중 산소가 증가하였다.

(가)~(라)를 시간 순서대로 옳게 나열하시오.

[18~19] 그림 (가)~(다)는 우주, 지구, 생명체인 사람을 구성하는 원소의 질량비를 순서 없이 나타낸 것이다.

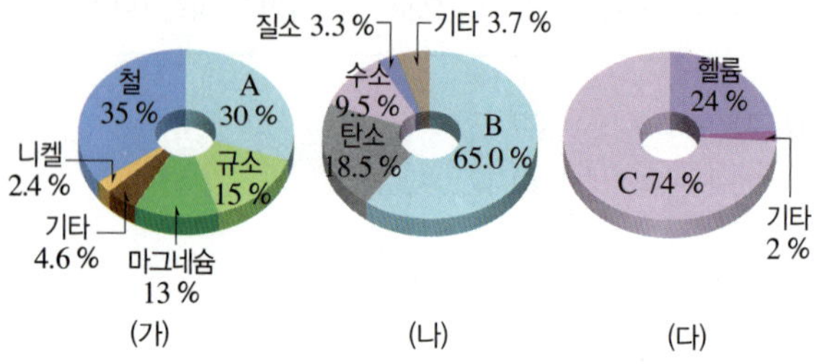

18 그림 (가)~(다)에 해당하는 것을 옳게 짝 지은 것은?

	(가)	(나)	(다)
①	우주	지구	사람
②	우주	사람	지구
③	지구	사람	우주
④	지구	우주	사람
⑤	사람	지구	우주

19 원소 A~C에 대한 설명으로 옳은 것만을 [보기]에서 있는 대로 고른 것은?

> 보기
> ㄱ. A는 빅뱅 이후 우주 초기에 생성된 원소이다.
> ㄴ. B는 원시 지구의 대기에 거의 존재하지 않았다.
> ㄷ. C는 질량이 태양의 10배 이상인 별의 내부에서 생성될 수 있다.

① ㄱ ② ㄴ ③ ㄷ
④ ㄱ, ㄴ ⑤ ㄴ, ㄷ

20 그림은 원시 지구의 형성 과정 중 지권의 층상 구조가 만들어졌을 때 지구의 단면을 나타낸 것이다. 이에 대한 설명으로 옳은 것만을 [보기]에서 있는 대로 고르시오.

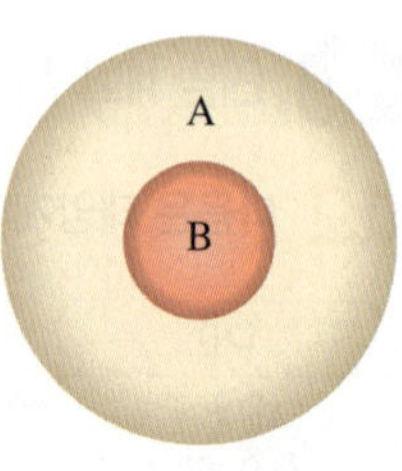

> 보기
> ㄱ. A는 B보다 밀도가 크다.
> ㄴ. B의 주성분은 철, 니켈 등의 금속 원소이다.
> ㄷ. 이 시기 이전보다 이후에 지표면의 온도가 더 낮아졌다.

서술형 문제

21 원시별이 중력 수축을 계속하다가 핵융합 반응으로 스스로 빛을 내는 별이 된 후 별의 크기가 일정하게 유지되는 까닭을 서술하시오.

22 별의 내부에서 헬륨 핵융합 반응이 일어나기 전까지 별의 중심부 온도와 크기 변화를 서술하시오.

23 그림은 태양계 형성 과정의 일부 모습을 나타낸 것이다. 태양계 성운이 초신성 폭발로 만들어졌다고 추론하는 까닭을 서술하시오.

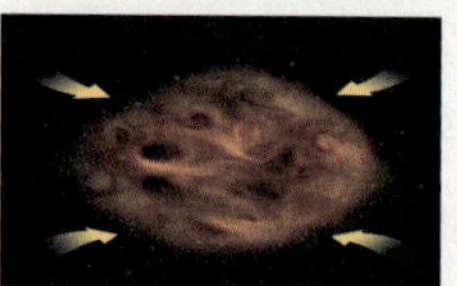

24 그림은 지구 형성 과정의 일부를 나타낸 것이다.

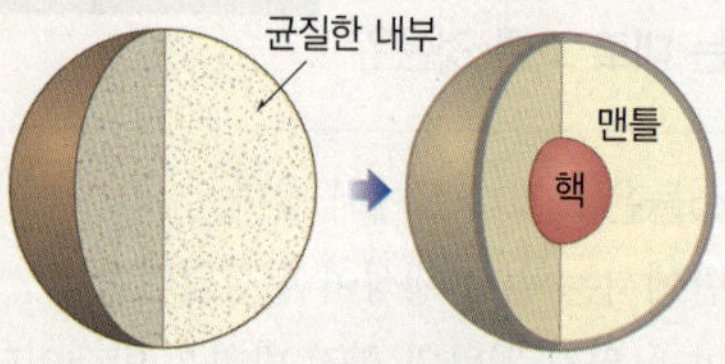

지구 내부 구조가 변한 까닭을 맨틀과 핵을 구성하는 물질의 밀도 차이를 포함하여 서술하시오.

실력 UP 문제

01 그림 (가)~(다)는 별이 탄생한 후 진화하는 과정을 순서대로 나타낸 것이다. (가) 단계에서 별이 탄생하였다.

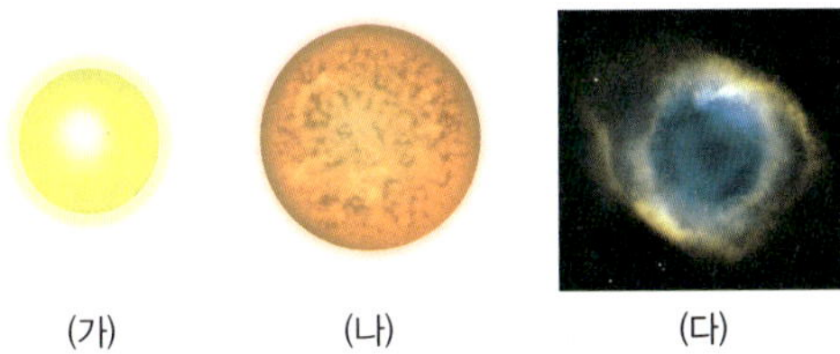

(가)   (나)   (다)

이에 대한 설명으로 옳은 것만을 [보기]에서 있는 대로 고른 것은?

보기
ㄱ. 성운의 밀도가 균일할수록 (가)가 형성되기 쉽다.
ㄴ. (가)의 중심부에서는 수소 핵융합 반응이 일어난다.
ㄷ. 별의 중심부 온도는 (가)가 (나)보다 낮다.
ㄹ. (다)에서 우주 공간으로 방출된 원소는 지구를 구성하는 주요 원소와 같다.

① ㄱ, ㄷ   ② ㄱ, ㄹ   ③ ㄴ, ㄷ
④ ㄱ, ㄴ, ㄹ   ⑤ ㄴ, ㄷ, ㄹ

02 그림 (가)~(라)는 지구가 형성되는 과정을 순서 없이 나타낸 것이다.

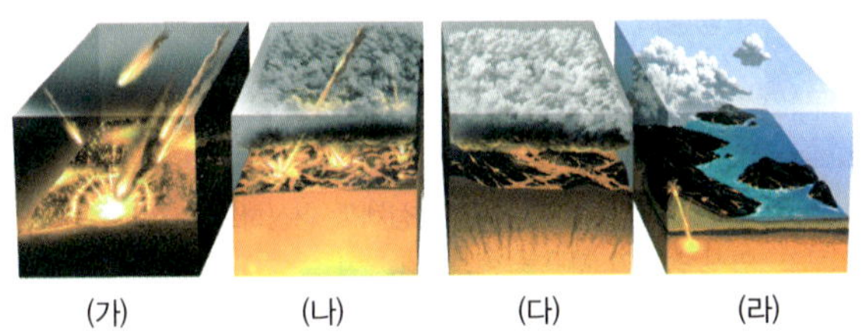

(가)   (나)   (다)   (라)

이에 대한 설명으로 옳은 것만을 [보기]에서 있는 대로 고른 것은?

보기
ㄱ. 지구의 크기는 (가)보다 (나) 시기에 더 크다.
ㄴ. (다) 시기에 지표면의 온도가 상승하였다.
ㄷ. (라) 시기에는 대기 중 수증기가 비로 내려 바다가 형성되었다.
ㄹ. (라) 시기에는 대기 중 이산화 탄소의 양이 증가하였다.

① ㄱ, ㄴ   ② ㄱ, ㄷ   ③ ㄴ, ㄹ
④ ㄱ, ㄷ, ㄹ   ⑤ ㄴ, ㄷ, ㄹ

03 그림 (가)~(다)는 서로 다른 별의 내부에서 일어나는 핵융합 반응과 내부 구조를, (라)는 핵융합 반응이 중단된 별의 내부 구조를 나타낸 것이다.

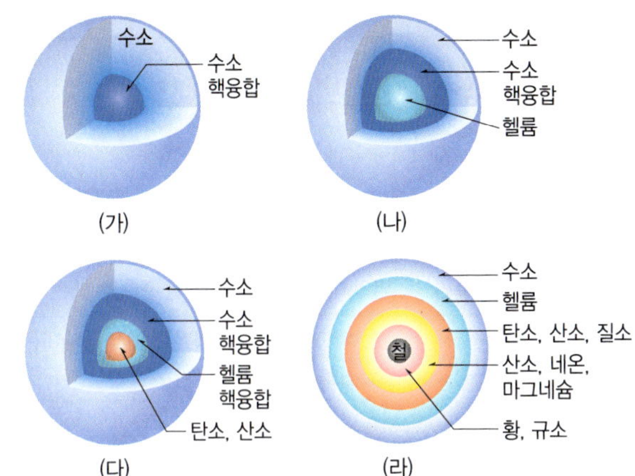

이에 대한 설명으로 옳은 것만을 [보기]에서 있는 대로 고른 것은?

보기
ㄱ. 우주를 구성하는 헬륨은 대부분 (가) 과정으로 생성된다.
ㄴ. 별의 크기는 (나)가 (가)보다 크다.
ㄷ. 별의 중심부 온도는 (다)가 (라)보다 낮다.

① ㄱ   ② ㄴ   ③ ㄷ
④ ㄱ, ㄴ   ⑤ ㄴ, ㄷ

04 그림 (가)와 (나)는 지구와 사람을 이루는 원소 중 질량비가 큰 세 가지 원소를 순서 없이 나타낸 것이다.

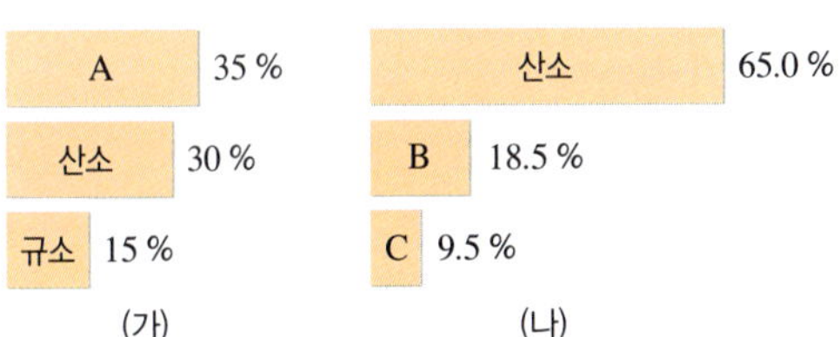

이에 대한 설명으로 옳은 것만을 [보기]에서 있는 대로 고른 것은?

보기
ㄱ. (가)는 지구, (나)는 사람이다.
ㄴ. A는 초신성 폭발 과정에서만 생성된다.
ㄷ. B와 C는 별의 내부에서 핵융합 반응으로 생성된다.
ㄹ. 빅뱅 이후 우주에서 원소가 생성된 순서는 C → B → A이다.

① ㄱ, ㄴ   ② ㄱ, ㄹ   ③ ㄷ, ㄹ
④ ㄱ, ㄴ, ㄷ   ⑤ ㄴ, ㄷ, ㄹ

중단원 핵심 정리

01 / 우주 초기 원소의 생성

1. 스펙트럼

연속 스펙트럼	고온의 물체에서 나오는 빛을 관찰할 때
(❶　　　) 스펙트럼	별의 대기를 통과한 별빛을 관측할 때
방출 스펙트럼	별 주위에 있는 고온의 성운에서 방출하는 빛을 관측할 때

2. 우주의 원소 분포

(1) **별빛의 스펙트럼 분석**: 구성 원소의 (❷　　　)와 질량비를 알아낼 수 있다.

(2) **우주의 구성 원소**: 수소와 헬륨이 대부분을 차지한다.
- 관측 방법: 우주를 구성하고 있는 여러 천체들의 (❸　　　)을 분석
- 우주를 구성하는 수소와 헬륨의 질량비: 약 (❹　　　)

3. 빅뱅 우주론 약 138억 년 전 고온 고밀도의 한 점에서 빅뱅(대폭발)이 일어나 우주가 시작된 후 계속 팽창하고 있다는 우주론

빅뱅 이후 우주의 변화	크기	온도	질량	밀도
	팽창	(❺　　　)	일정	감소

4. 우주 초기 원소의 생성

(1) **빅뱅과 입자의 생성**: 우주의 팽창으로 온도가 낮아지면서 점차 무거운 입자가 생성되었다. ➡ 기본 입자(쿼크, 전자) 생성 → (❻　　　)(수소 원자핵), 중성자 생성 → 헬륨 원자핵 생성 → 원자 생성

쿼크, 전자	더 이상 분해되지 않는 기본 입자 생성
양성자, 중성자	(❼　　　) 3개가 결합하여 양성자와 중성자 생성
헬륨 원자핵	양성자 2개와 중성자 2개가 결합하여 헬륨 원자핵 생성(빅뱅 후 약 3분)
원자	원자핵과 전자가 결합하여 원자 생성(빅뱅 후 약 (❽　　　)만 년, 우주의 온도 약 3000 K일 때)

(2) **우주 초기에 원소의 생성 이후 우주 변화**: 수소와 헬륨은 빅뱅 이후 수억 년이 지나는 동안 중력에 의해 모여 별과 은하를 형성하였다.

02 / 지구와 생명체를 구성하는 원소의 생성

1. 별의 진화와 원소의 생성

(1) **별의 탄생**: 수소, 헬륨 등으로 이루어진 성간 물질이 모여 성운 형성 → 성운의 밀도가 높은 곳에서 (❾　　　) 탄생 → 원시별이 중력 수축하여 중심부의 온도 상승 → 중심부에서 (❿　　　) 핵융합 반응을 하는 별 탄생

(2) **별의 진화와 원소의 생성**

철보다 가벼운 원소, 철	질량이 태양 정도인 별	별의 내부에서 핵융합 반응으로 헬륨, 탄소, 산소 생성
	질량이 태양의 10배 이상인 별	별의 내부에서 핵융합 반응으로 헬륨부터 무거운 원소들이 차례로 생성되고, 최종적으로 (⓫　　　)까지 생성
철보다 무거운 원소	질량이 태양의 10배 이상인 별	(⓬　　　) 과정에서 철보다 무거운 원소 생성

(3) **별에서 생성된 원소의 방출**: 질량이 태양 정도인 별은 바깥층이 우주 공간으로 퍼져 나가는 과정에서, 질량이 태양의 10배 이상인 별은 (⓭　　　) 과정에서 원소가 우주 공간으로 방출되어 새로운 별, 행성, 생명체를 이루는 물질의 재료가 되었다.

2. 태양계와 지구의 형성

(1) **태양계의 형성**: 태양계 성운 형성 → (⓮　　　)과 원반 형성 → 미행성체 형성 → 원시 태양계 형성

(2) **지구형 행성과 목성형 행성의 형성**

지구형 행성	목성형 행성
녹는점이 높은 철, 니켈, 규소 등 무거운 물질이 뭉쳐서 미행성체를 이루고, 암석 성분의 지구형 행성을 형성	녹는점이 낮은 가벼운 물질이 미행성체를 형성하고 수소, 헬륨 등의 기체를 끌어당겨 (⓯　　　) 성분의 목성형 행성을 형성

(3) **지구의 형성과 생명체 탄생**: 미행성체 충돌 → 마그마의 바다 형성 → 맨틀과 핵 형성 → (⓰　　　)과 바다 형성 → 바다에서 최초의 생명체 탄생

3. 지구와 생명체 구성 성분의 유래

지구의 구성 원소	생명체(사람)의 구성 원소	
철, 산소, 규소, 마그네슘 등	산소, 탄소, 질소 등	수소
별의 내부에서 (⓱　　　)으로 생성		빅뱅 이후 우주 초기에 생성

중단원 마무리 문제  난이도 ●●●

01 다음 (가)~(다)는 각각 다른 빛이다.

(가) 고온의 광원에서 방출된 빛
(나) 저온의 성운을 통과한 별빛
(다) 어떤 원소의 기체가 높은 온도에서 방출한 빛

(가)~(다) 중에서 관측되는 스펙트럼을 옳게 짝 지은 것은?

	(가)	(나)	(다)
①	연속 스펙트럼	방출 스펙트럼	흡수 스펙트럼
②	연속 스펙트럼	흡수 스펙트럼	방출 스펙트럼
③	방출 스펙트럼	연속 스펙트럼	흡수 스펙트럼
④	방출 스펙트럼	흡수 스펙트럼	연속 스펙트럼
⑤	흡수 스펙트럼	연속 스펙트럼	방출 스펙트럼

02 그림 (가)~(다)는 서로 다른 종류의 스펙트럼을 나타낸 것이다.

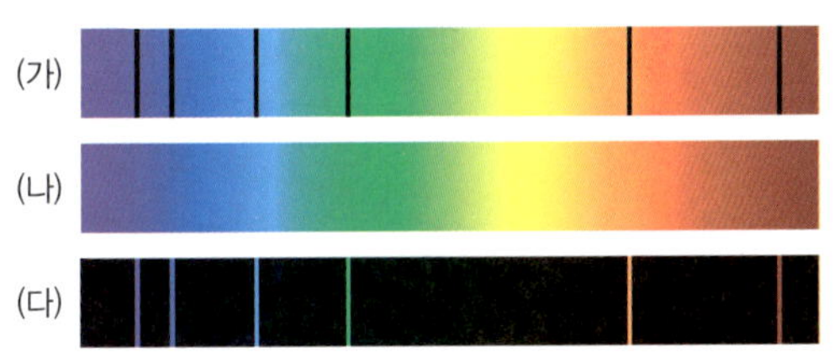

이에 대한 설명으로 옳은 것만을 [보기]에서 있는 대로 고른 것은?

보기
ㄱ. 태양을 관측하면 (가)와 같은 스펙트럼이 나타난다.
ㄴ. (가)~(다)는 모두 가시광선을 관측한 것이다.
ㄷ. (다) 스펙트럼에서는 원소마다 선의 위치, 개수, 굵기
등이 다르게 나타난다.

① ㄱ   ② ㄷ   ③ ㄱ, ㄴ
④ ㄴ, ㄷ   ⑤ ㄱ, ㄴ, ㄷ

03 그림 (가)와 (나)는 서로 다른 원소의 기체 방전관을 관찰한 스펙트럼을 나타낸 것이다.

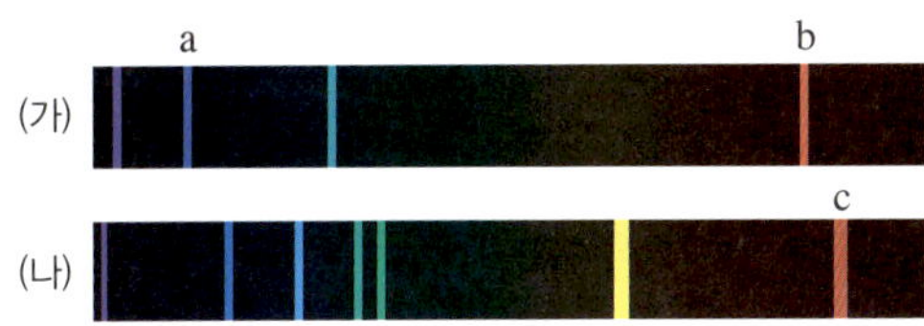

이에 대한 설명으로 옳은 것만을 [보기]에서 있는 대로 고른 것은?

보기
ㄱ. a는 b보다 파장이 길다.
ㄴ. b와 c는 선의 색이 비슷하므로 같은 파장이다.
ㄷ. (가), (나) 스펙트럼과 별빛의 스펙트럼을 비교하여
분석하면 별의 구성 원소의 종류를 알아낼 수 있다.

① ㄱ   ② ㄷ   ③ ㄱ, ㄴ
④ ㄴ, ㄷ   ⑤ ㄱ, ㄴ, ㄷ

서술형

04 그림은 별 A와 여러 가지 원소의 스펙트럼을 나타낸 것이다.

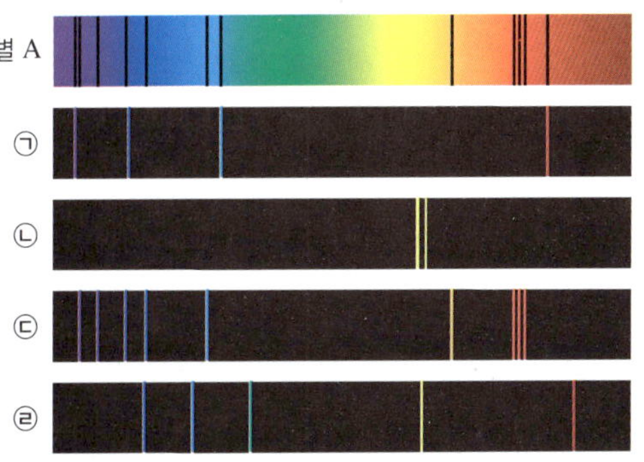

제시된 원소 중 별 A를 구성하는 원소를 모두 쓰고, 그렇게 생각한 까닭을 서술하시오.

05 우주 전역에 분포하는 수소와 헬륨에 대한 설명으로 옳은 것만을 [보기]에서 있는 대로 고른 것은?

> **보기**
> ㄱ. 우주는 수소가 약 74 %, 헬륨이 약 24 %로 이루어져 있다.
> ㄴ. 수소와 헬륨은 별의 중심부에서 생성된 후 우주 전체로 퍼져 나갔다.
> ㄷ. 수소와 헬륨의 질량비는 우주 배경 복사 관측으로 알아냈다.

① ㄱ　　　　　② ㄴ　　　　　③ ㄱ, ㄷ
④ ㄴ, ㄷ　　　　⑤ ㄱ, ㄴ, ㄷ

06 다음은 빅뱅 이후 헬륨 원자가 생성되기까지의 과정을 나타낸 것이다.

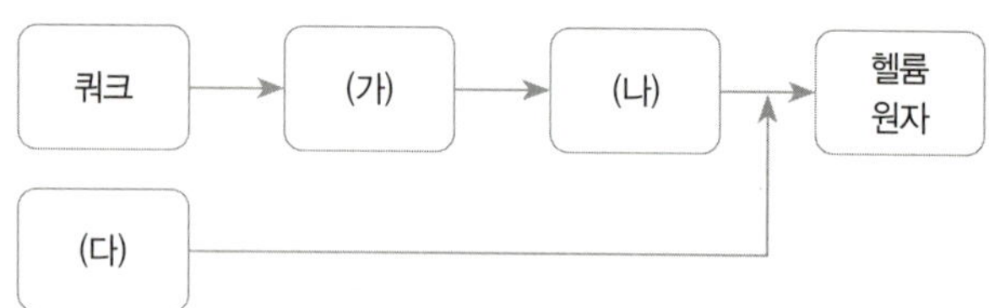

(가)~(다)에 해당하는 입자를 옳게 짝 지은 것은?

	(가)	(나)	(다)
①	전자	헬륨 원자핵	양성자, 중성자
②	헬륨 원자핵	전자	양성자, 중성자
③	헬륨 원자핵	양성자, 중성자	전자
④	양성자, 중성자	전자	헬륨 원자핵
⑤	양성자, 중성자	헬륨 원자핵	전자

서술형

07 빅뱅 이후 우주가 팽창하면서 우주 초기에 만들어진 원소 두 가지를 쓰고, 무거운 원소가 우주 초기에 생성되지 못한 까닭을 서술하시오.

08 그림은 빅뱅 우주론에 근거한 초기 우주의 변화 과정을 나타낸 것이다.

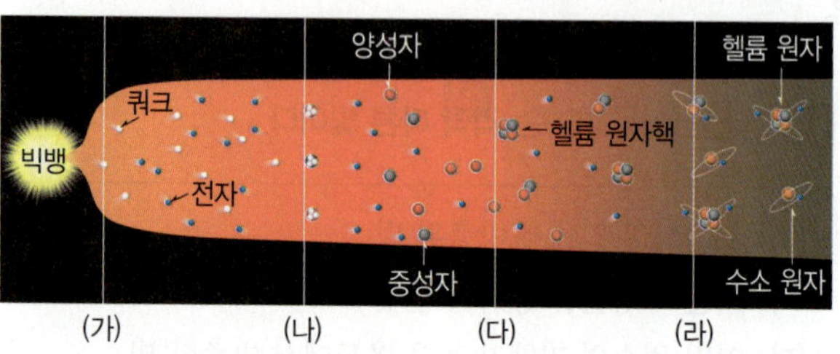

이에 대한 설명으로 옳은 것만을 [보기]에서 있는 대로 고른 것은?

> **보기**
> ㄱ. (가) → (나) 과정에서 우주의 크기는 일정하였다.
> ㄴ. (다) 시기 직전에는 중성자의 개수가 양성자보다 많았다.
> ㄷ. (라) 시기에는 우주 배경 복사가 방출되었다.

① ㄱ　　　　　② ㄷ　　　　　③ ㄱ, ㄴ
④ ㄴ, ㄷ　　　　⑤ ㄱ, ㄴ, ㄷ

09 그림 (가)와 (나)는 빅뱅 이후 서로 다른 시기에 우주를 이루는 물질의 변화를 시간의 순서 없이 나타낸 것이다.

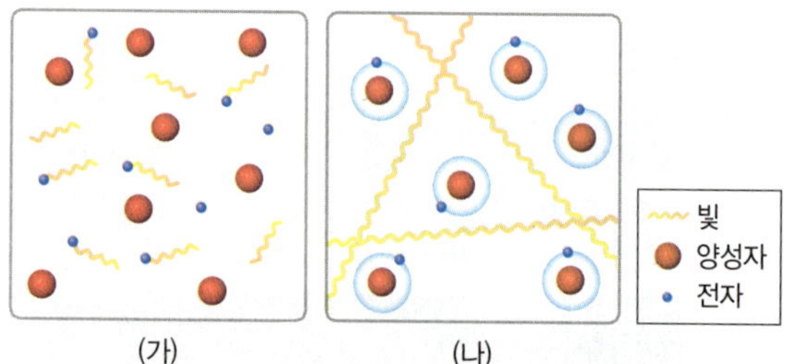

이에 대한 설명으로 옳은 것만을 [보기]에서 있는 대로 고른 것은?

> **보기**
> ㄱ. (나) 시기에는 수소 원자와 헬륨 원자의 질량비가 약 12 : 1이다.
> ㄴ. 우주의 밀도는 (나)보다 (가) 시기일 때가 더 크다.
> ㄷ. 우주의 온도는 (가)보다 (나) 시기일 때 더 낮다.

① ㄱ　　　　　② ㄷ　　　　　③ ㄱ, ㄴ
④ ㄴ, ㄷ　　　　⑤ ㄱ, ㄴ, ㄷ

10 다음은 어느 별의 중심부에서 일어나는 수소 핵융합 반응 과정을 설명한 것이다.

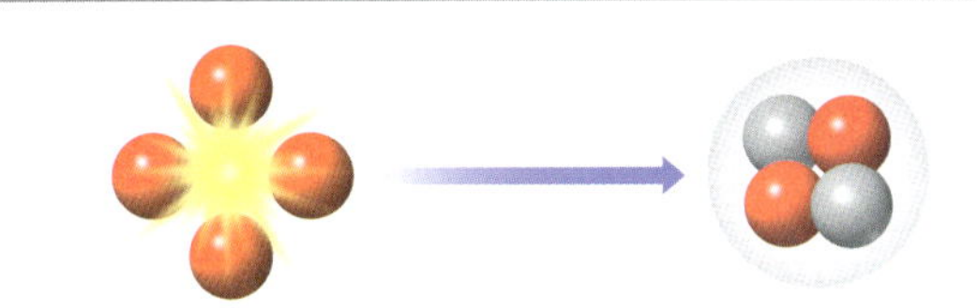

- 수소 원자핵 4개가 융합하여 (A) 원자핵 1개가 만들어진다.
- 반응 후 (B) 질량이 에너지로 방출된다.

A, B에 들어갈 내용으로 옳게 짝 지은 것은?

	A	B			A	B
①	헬륨	감소한		②	헬륨	증가한
③	탄소	감소한		④	탄소	증가한
⑤	산소	감소한				

서술형

11 그림은 어느 별의 내부에서 평형을 이루는 두 가지 힘을 나타낸 것이다.
A와 B가 나타내는 힘의 종류와 힘이 발생하는 까닭을 서술하시오.

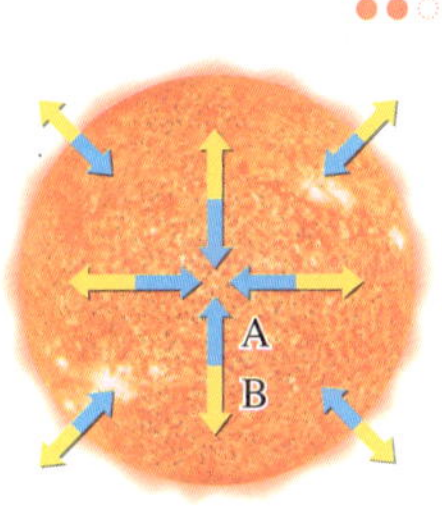

12 그림은 빅뱅 이후 수억 년이 지났을 때 탄생한 어느 별의 진화 과정을 나타낸 것이다.

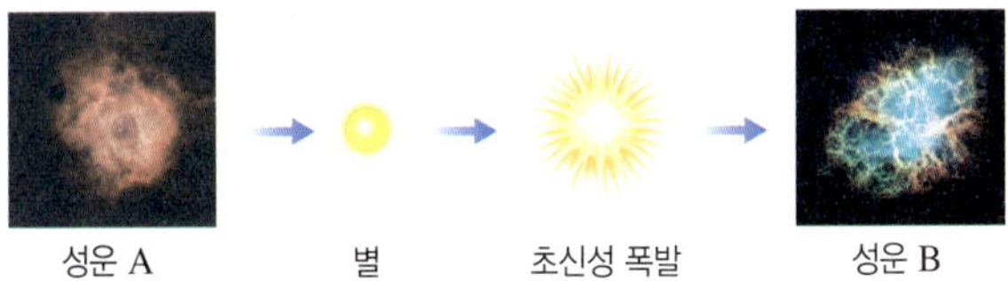

이에 대한 설명으로 옳은 것만을 [보기]에서 있는 대로 고른 것은?

보기
ㄱ. 이 별의 질량은 태양과 비슷하다.
ㄴ. 성운 A를 구성하는 물질의 밀도 분포가 균일하다.
ㄷ. 성운 A를 구성하는 주요 원소는 수소, 헬륨이다.
ㄹ. 성운 B에는 철보다 무거운 원소가 포함되어 있다.

① ㄱ, ㄴ ② ㄴ, ㄷ ③ ㄷ, ㄹ
④ ㄱ, ㄴ, ㄹ ⑤ ㄱ, ㄷ, ㄹ

13 그림은 질량이 서로 다른 별 (가), (나)의 내부 구조를 나타낸 것이다.

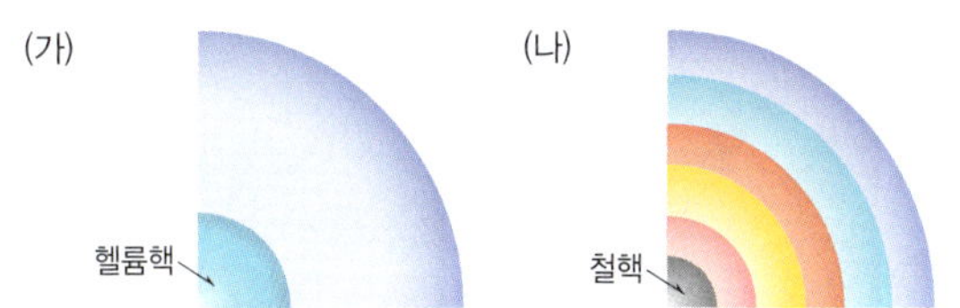

이에 대한 설명으로 옳은 것만을 [보기]에서 있는 대로 고른 것은?

보기
ㄱ. 별의 크기는 (가)가 (나)보다 크다.
ㄴ. 별의 중심부 온도는 (가)가 (나)보다 낮다.
ㄷ. (나)는 별의 중심부에서 핵융합 반응이 끝난 상태이다.
ㄹ. (나)에서 핵융합 반응으로 중심부에서 최종적으로 생성된 원소는 생명체에 가장 많이 존재하는 원소이다.

① ㄱ, ㄴ ② ㄱ, ㄷ ③ ㄱ, ㄹ
④ ㄴ, ㄷ ⑤ ㄴ, ㄹ

14 그림 (가)~(라)는 어느 별이 진화하면서 중심부에서 원소가 생성되는 과정을 순서 없이 나타낸 것이다.

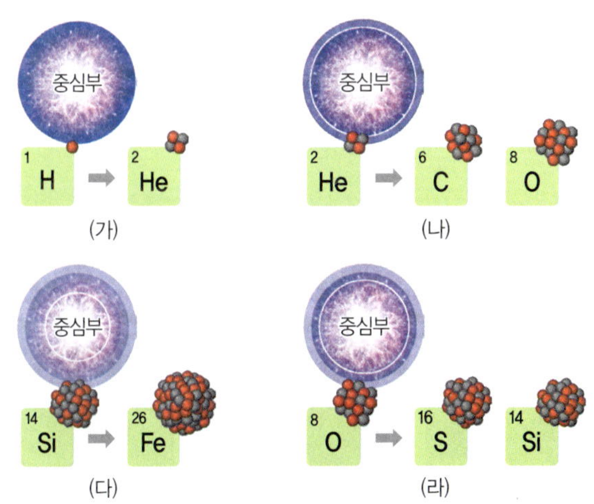

이에 대한 설명으로 옳은 것만을 [보기]에서 있는 대로 고른 것은?

보기
ㄱ. 별의 중심부 온도는 (나)가 (라)보다 높다.
ㄴ. 질량이 태양 정도인 별에서는 별 중심부에서 (가) → (나) → (라) → (다) 순서로 원소가 생성된다.
ㄷ. (다)에서 생성된 원소는 (라)에서 생성된 원소보다 원자량이 크다.

① ㄱ ② ㄷ ③ ㄱ, ㄴ
④ ㄴ, ㄷ ⑤ ㄱ, ㄴ, ㄷ

15 그림 (가)와 (나)는 별의 진화 과정 중 어느 단계를 나타 낸 것이다.

(가)   (나)

이에 대한 설명으로 옳은 것만을 [보기]에서 있는 대로 고른 것은?

ㄱ. 태양의 내부에서 핵융합 반응이 끝난 이후에는 (가) 단계가 될 것이다.
ㄴ. (가)는 (나)보다 질량이 큰 별의 진화 단계이다.
ㄷ. (가)에서는 철보다 무거운 원소가 포함되어 있다.

① ㄱ   ② ㄴ   ③ ㄷ
④ ㄱ, ㄴ   ⑤ ㄴ, ㄷ

---

16 그림 (가)~(다)는 태양계 형성 과정의 일부를 나타낸 것이다.

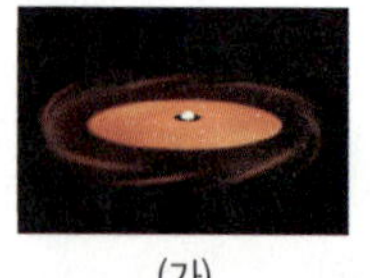  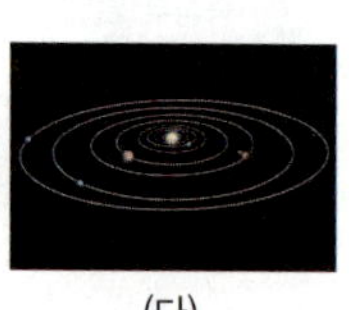

(가)   (나)   (다)

이에 대한 설명으로 옳은 것만을 [보기]에서 있는 대로 고른 것은?

ㄱ. (가)에서는 태양계 성운이 회전하면서 원시 태양의 주 변부에 원시 원반이 형성되었다.
ㄴ. (나)에서 원시 태양과 가까운 곳에는 녹는점이 높은 물질로 이루어진 미행성체가 형성되었다.
ㄷ. (다)에서는 태양의 중심부에서 탄소가 생성되었다.

① ㄱ   ② ㄷ   ③ ㄱ, ㄴ
④ ㄴ, ㄷ   ⑤ ㄱ, ㄴ, ㄷ

---

17 지구형 행성과 목성형 행성의 구성 물질 차이와, 이러한 차이가 나타나는 까닭을 태양계의 형성 과정을 근거로 서술하 시오.

---

18 그림은 지구가 형성되는 과정을 나타낸 것이다.

미행성체 충돌 → (가) → 마그마의 바다 형성 → (나) → 원시 지각, 바다 형성 → (다) → 생명체 탄생

이에 대한 설명으로 옳은 것만을 [보기]에서 있는 대로 고른 것은?

ㄱ. 원시 지구를 형성한 미행성체에는 철과 규소가 포함 되어 있었다.
ㄴ. (가) 과정에서 지구의 질량이 작아졌다.
ㄷ. (나) 과정에서 밀도 차이에 의해 분리되어 맨틀과 핵 이 형성되었다.
ㄹ. (다) 과정에서 지구는 대기 중 산소 농도가 높아졌다.

① ㄱ, ㄷ   ② ㄴ, ㄷ   ③ ㄴ, ㄹ
④ ㄱ, ㄴ, ㄹ   ⑤ ㄱ, ㄷ, ㄹ

---

19 그림 (가)와 (나)는 지구와 사람을 구성하는 원소의 질량 비를 순서 없이 나타낸 것이다.

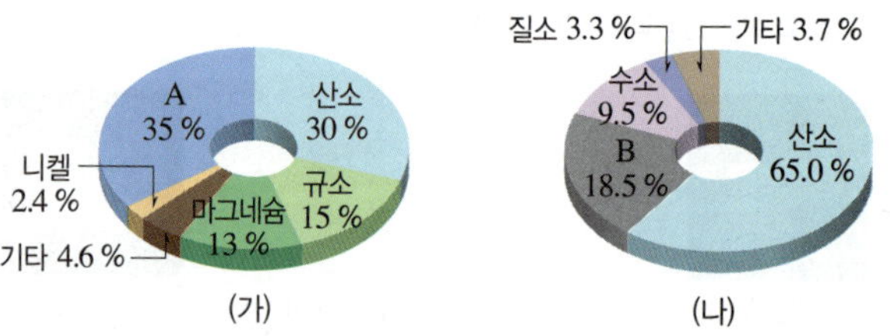

(가)   (나)

이에 대한 설명으로 옳은 것만을 [보기]에서 있는 대로 고른 것은?

ㄱ. (나)는 사람을 구성하는 원소의 질량비이다.
ㄴ. A는 빅뱅 이후 약 38만 년 무렵에 생성된 원소이다.
ㄷ. B는 질량이 태양 정도인 별이 진화하는 과정에서 만 들어질 수 있는 원소이다.

① ㄱ   ② ㄴ   ③ ㄱ, ㄷ
④ ㄴ, ㄷ   ⑤ ㄱ, ㄴ, ㄷ

고난도 문제

01 그림은 빅뱅 이후 초기 우주에서 헬륨 원자핵이 생성되는 과정의 일부를 나타낸 것이다.

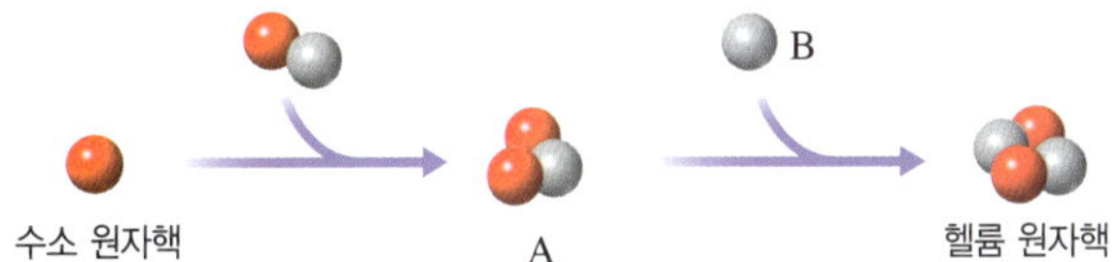

이에 대한 설명으로 옳은 것만을 [보기]에서 있는 대로 고른 것은?

보기
ㄱ. A는 수소 동위 원소의 원자핵이다.
ㄴ. B는 중성자이다.
ㄷ. 헬륨 원자핵은 전자 2개와 결합하여 헬륨 원자를 만든다.

① ㄱ   ② ㄴ   ③ ㄷ
④ ㄱ, ㄴ   ⑤ ㄴ, ㄷ

02 그림은 빅뱅 이후 초기 우주의 진화 과정을 나타낸 것이다.

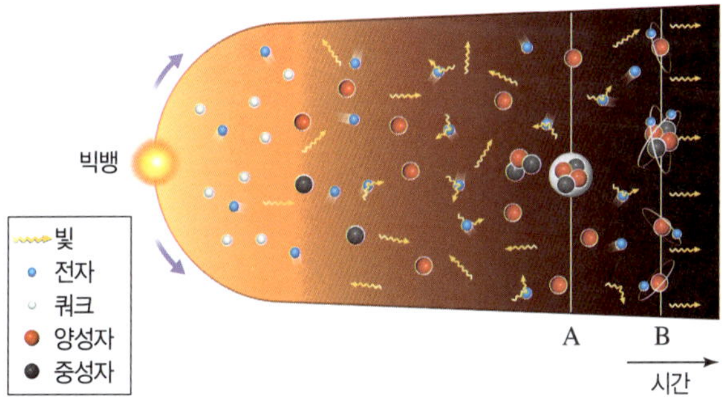

이에 대한 설명으로 옳은 것만을 [보기]에서 있는 대로 고른 것은?

보기
ㄱ. A 시기에 만들어진 입자는 양전하를 띤다.
ㄴ. B 시기 이후부터 우주가 불투명해졌다.
ㄷ. 시간이 지날수록 무거운 입자들의 생성으로 우주 전체의 질량은 증가하였다.

① ㄱ   ② ㄷ   ③ ㄱ, ㄴ
④ ㄴ, ㄷ   ⑤ ㄱ, ㄴ, ㄷ

03 그림은 질량이 서로 다른 두 별 (가), (나)의 내부에서 핵융합 반응이 끝났을 때 내부 구조 모습을 나타낸 것이다.

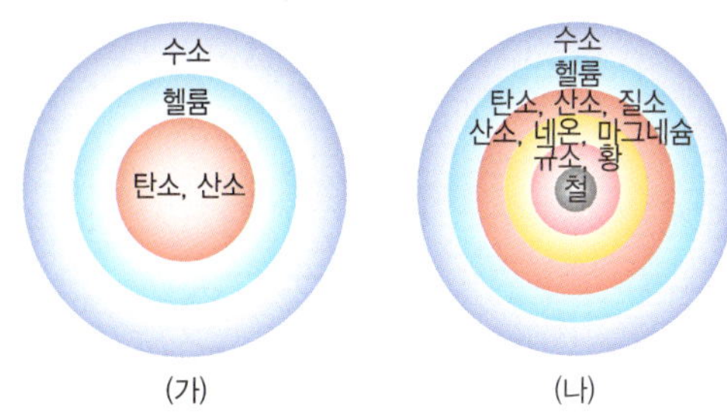

이에 대한 설명으로 옳은 것만을 [보기]에서 있는 대로 고른 것은?

보기
ㄱ. 별의 질량은 (가)보다 (나)가 더 크다.
ㄴ. 별에 있는 모든 수소는 핵융합 반응에 사용된다.
ㄷ. 별의 중심부로 갈수록 구성 원소의 양성자수가 많아진다.

① ㄱ   ② ㄴ   ③ ㄱ, ㄷ
④ ㄴ, ㄷ   ⑤ ㄱ, ㄴ, ㄷ

04 그림 (가)~(다)는 지구가 형성되는 과정의 일부를 나타낸 것이다.

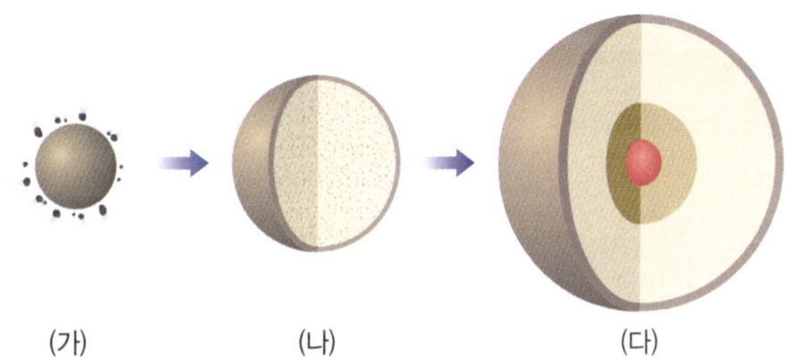

이에 대한 설명으로 옳은 것만을 [보기]에서 있는 대로 고른 것은?

보기
ㄱ. (가) → (나) 과정에서는 지구 표면의 온도가 상승하였다.
ㄴ. (나) → (다) 과정에서는 지구 중심부의 밀도가 감소하였다.
ㄷ. (다) 시기에는 지구의 중심부에서 표면으로 갈수록 금속 원소가 많이 분포한다.

① ㄱ   ② ㄷ   ③ ㄱ, ㄴ
④ ㄴ, ㄷ   ⑤ ㄱ, ㄴ, ㄷ

Ⅱ

물질과 규칙성

1 자연의 구성 원소

2 물질의 규칙성과 성질

01 원소의 주기성 64
02 화학 결합과 물질의 성질 76
03 지각과 생명체 구성 물질의 규칙성 (1) 88
04 지각과 생명체 구성 물질의 규칙성 (2) 94
05 물질의 전기적 성질 104

이 단원의 학습 연계

중학교에서 배운 내용

- 원자
- 이온
- 지각의 구성 물질

원자

1 **원자의 구조**: 원자의 중심에는 양(+)전하를 띠는 원자핵이 존재하고, 그 주위를 음(−)전하를 띠는 [❶]가 움직이고 있다. ➡ 원자는 양(+)전하와 음(−)전하의 총량이 같아 전기적으로 중성이다.

2 **원자핵의 구조**: 양(+)전하를 띠는 양성자와 전하를 띠지 않는 중성자로 이루어져 있다.

△ 원자의 구조

이온

1 [❷] : 원자가 전자를 잃어 형성되며, 양(+)전하를 띤다.

2 [❸] : 원자가 전자를 얻어 형성되며, 음(−)전하를 띤다.

지각의 구성 물질

1 **지각의 구성 물질**: 지각은 암석으로, 암석은 [❹]로, [❹]은 원소로 이루어져 있다.

2 [❺] : 암석을 이루는 주된 광물

광물	감람석	휘석	각섬석	[❻]	장석	석영
결정형	짧은 기둥 모양	짧은 기둥 모양	긴 기둥 모양	판 모양	두꺼운 판 모양	육각 기둥 모양
쪼개짐과 깨짐	깨짐	쪼개짐	쪼개짐	쪼개짐	쪼개짐	[❼]

3 **지각의 8대 구성 원소**: 지각 전체 질량의 약 98 %를 차지하고 있는 8가지 원소
➡ [❽] > 규소 > 알루미늄 > 철 > 칼슘 > 나트륨 > 칼륨 > 마그네슘

❶ 전자　❷ 양이온　❸ 음이온　❹ 광물　❺ 조암 광물　❻ 흑운모　❼ 깨짐　❽ 산소

통합과학에서 배울 내용

- 원소와 주기율표
- 이온 결합과 공유 결합
- 화학 결합에 따른 물질의 성질
- 지각과 생명체를 구성하는 물질의 결합 규칙성
- 규산염 사면체
- 규산염 광물의 결합 구조
- 단백질과 핵산의 형성
- 도체, 부도체, 반도체의 전기적 성질
- 순수 반도체와 불순물 반도체
- 반도체 소자의 특징

원소의 주기성

A 원소와 주기율표

1. 원소 물질을 이루는 기본 성분 → 원소는 더 이상 다른 물질로 분해되지 않는다.

① 현재까지 알려진 원소의 종류는 약 110가지이다.

② 우리 주변의 물질은 다양한 원소로 이루어져 있다. → 원소의 종류는 적지만 물질의 종류는 셀 수 없이 많다.

③ **원소의 분류** : 원소는 성질에 따라 크게 금속 원소와 비금속 원소로 분류한다.

구분	금속 원소			비금속 원소		
실온에서의 상태	대부분 고체 (단, 수은은 액체)			대부분 기체 또는 고체 (단, 브로민은 액체)		
특징	• 대부분 특유의 ❶광택이 있다. • 열을 잘 전달하고 전기가 잘 통한다. • 외부에서 힘을 가하면 부서지지 않고 모양만 변한다. • 전자를 잃고 양이온이 되기 쉽다.			• 광택이 없다. • 열을 잘 전달하지 않고 전기가 잘 통하지 않는다. (단, 흑연은 예외) 흑연은 비금속 원소인 탄소로 이루어져 있지만 자유롭게 움직일 수 있는 전자가 있어 전기가 통한다. • 전자를 얻어 음이온이 되기 쉽다.		
이용	철	알루미늄	구리	탄소	질소	인
	공구	음식 용기	전선	연필심	과자 봉지 충전재	성냥

2. 주기율표 원소들을 원자 번호(양성자수) 순서로 나열하고, 화학적 성질이 비슷한 원소를 같은 세로줄에 오도록 배열하였다.

① **주기** : 주기율표의 가로줄, 1주기에서 7주기까지 있다.

② **족** : 주기율표의 세로줄, 1족에서 18족까지 있다. → 같은 족 원소들은 화학적 성질이 비슷하다.

③ 주기율표의 왼쪽과 가운데에는 주로 금속 원소가, 오른쪽에는 주로 비금속 원소가 있다.

✚ 확대경 원소의 규칙성을 찾으려고 노력한 과학자들 ▣ 지학사 교과서에만 나와요.

① 되베라이너(1780~1849): 화학적 성질이 비슷한 세 쌍의 원소가 존재하며, 이 원소들의 ◆원자량 사이에 일정한 관계가 있다는 사실을 알아냈다.

② 뉴랜즈(1837~1898): 원소들을 원자량 순으로 나열했을 때 여덟 번째마다 성질이 비슷한 원소가 나타남을 발견했다.

③ 멘델레예프(1834~1907): 당시까지 발견된 63종의 원소들을 원자량 순서로 배열하면 성질이 비슷한 원소가 주기적으로 나타나는 것을 발견하여 주기율표를 만들었다.
→ 몇몇 원소들의 성질이 주기성을 벗어나는 문제점이 있었다.

④ 모즐리(1887~1915): 양성자의 수에 따라 원소마다 원자 번호를 정했다. 원소들의 주기적 성질이 원자량이 아니라 원자핵을 구성하는 양성자의 수, 즉 ◆원자 번호와 관련이 있음을 알아냈다.

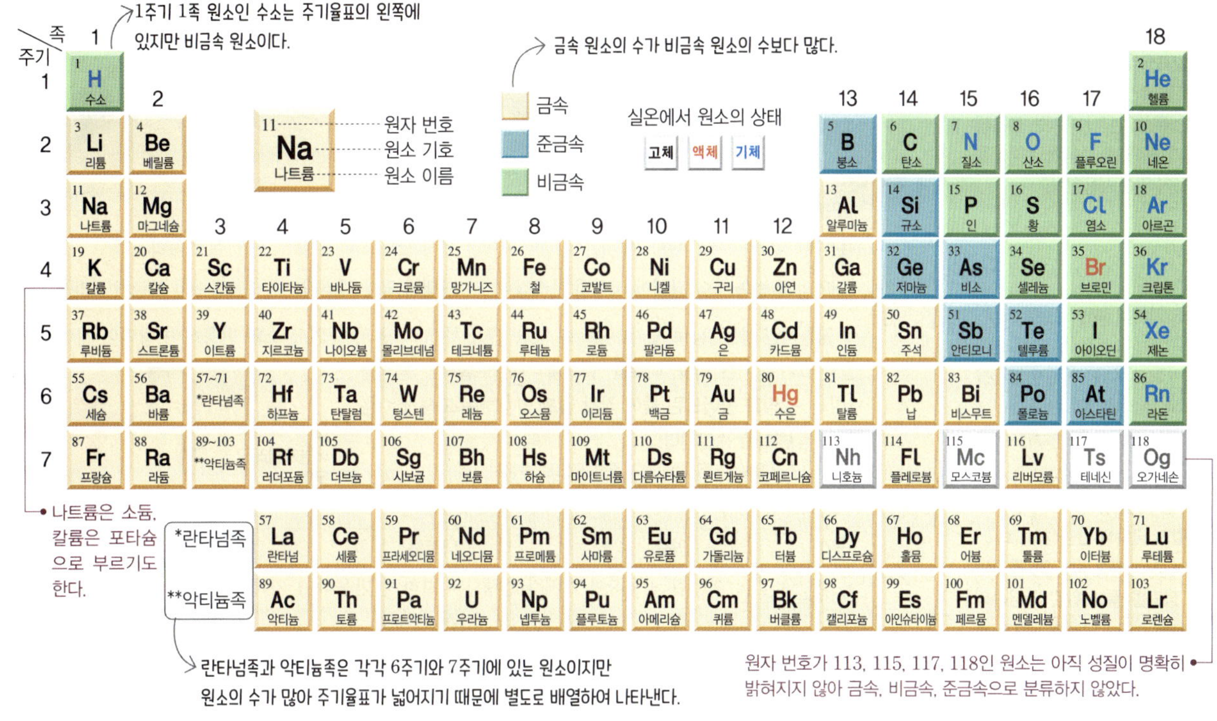

B 알칼리 금속과 할로젠

1. 알칼리 금속 주기율표의 1족에서 수소(H)를 제외한 금속 원소

예 리튬(Li), 나트륨(Na), 칼륨(K), 루비듐(Rb) 등

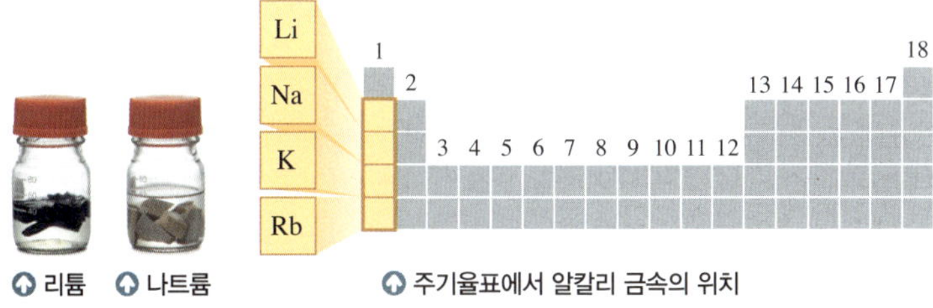

① 실온에서 고체 상태이며, 은백색 광택을 띤다.

② 다른 금속에 비해 ◆밀도가 작다.

③ 칼로 쉽게 잘릴 정도로 무르다.

④ 반응성이 커서 산소, 물과 잘 반응한다. → 알칼리 금속은 전자 1개를 잃어 양이온이 되기 쉽다.

• 공기 중의 산소와 빠르게 반응하여 광택을 잃는다.
  └ $4M + O_2 \longrightarrow 2M_2O$ (M: 알칼리 금속)

• 실온에서도 물과 격렬히 반응하여 수소 기체를 발생시키고, 수용액은 염기성을 띤다.
  └ $2M + 2H_2O \longrightarrow 2MOH + H_2 \uparrow$ (M: 알칼리 금속)

• 알칼리 금속은 공기나 물과 접촉하지 않도록 석유나 액체 파라핀에 넣어 보관한다.

암기해

원자 번호 20까지의 원소 외우기

수헬리베(H−He−Li−Be)
붕탄질산(B−C−N−O)
플네(F−Ne)
나마알규(Na−Mg−Al−Si)
인황염아(P−S−Cl−Ar)
크카(K−Ca)

주의해

1족 원소와 알칼리 금속

수소(H)는 1족에 속하는 원소이지만 비금속 원소이므로 알칼리 금속과 화학적 성질이 다르다.

◆ 알칼리 금속의 밀도

구분	밀도(g/cm³)
Li	0.53
Na	0.968
K	0.89
Rb	1.532

◆ **페놀프탈레인 용액**
페놀프탈레인 용액은 산성과 중성에서는 무색, 염기성에서는 붉은색을 띤다. 반응 후 수용액의 액성을 확인하기 위해 사용한다.

◆ **수소 기체의 확인**
수소 기체는 스스로 잘 타는 성질이 있으므로 수소 기체에 불꽃을 대면 '퍽' 소리를 내며 탄다.

✱ **알칼리 금속의 반응성 비교**
광택이 사라지는 속도와 물과의 반응 정도를 통해 알칼리 금속의 반응성은 리튬<나트륨<칼륨 순임을 알 수 있다. └→ 원자 번호가 클수록 반응성이 크다.

탐구 자료창   **알칼리 금속의 성질**

1. 리튬, 나트륨, 칼륨을 각각 칼로 자르면서 단단한 정도와 단면의 색 변화를 관찰한다. └→ 알칼리 금속과 공기 중 산소의 반응을 확인하기 위해

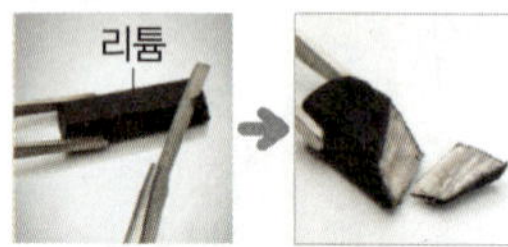

구분	리튬	나트륨	칼륨
단단한 정도	쉽게 잘라짐	쉽게 잘라짐	쉽게 잘라짐
단면의 색 변화	광택이 서서히 사라짐	광택이 금방 사라짐	광택이 빠르게 사라짐

➡ 공통적인 성질: 칼로 쉽게 자를 수 있을 만큼 무르고, 공기 중의 산소와 반응하여 광택이 사라진다.

2. 쌀알 크기로 자른 리튬, 나트륨, 칼륨을 ◆페놀프탈레인 용액을 1방울~2방울 떨어뜨린 물에 각각 넣고 반응하는 모습과 수용액의 색 변화를 관찰한다. └→ 알칼리 금속은 물과 폭발적으로 반응하므로 아주 적은 양을 사용하여 실험한다.

구분	리튬	나트륨	칼륨
반응하는 모습	잘 반응하여 기체가 발생함	격렬하게 반응하여 기체가 발생함	매우 격렬하게 반응하여 기체가 발생함
수용액의 색 변화	무색 → 붉은색	무색 → 붉은색	무색 → 붉은색

➡ 공통적인 성질: 물과 반응하여 기체(◆수소)를 발생시키고, 수용액은 염기성을 띤다.

---

2. 할로젠   주기율표의 17족에 속하는 비금속 원소

예 플루오린(F), 염소(Cl), 브로민(Br), 아이오딘(I) 등

↑ 주기율표에서 할로젠의 위치

↑ 여러 가지 할로젠

① 실온에서 2개의 원자가 결합한 분자(F_2, Cl_2, Br_2, I_2 등)로 존재한다.
② 특유의 색을 띤다. └→ 이원자 분자라고 한다.

◆ **할로젠의 녹는점과 끓는점**

구분	녹는점(℃)	끓는점(℃)
F_2	−219.6	−188.1
Cl_2	−101.5	−34.0
Br_2	−7.2	58.8
I_2	113.7	184.3

구분	플루오린(F_2)	염소(Cl_2)	브로민(Br_2)	아이오딘(I_2)
◆실온에서의 상태	기체	기체	액체	고체
색깔	옅은 노란색	노란색	적갈색	보라색

③ 반응성이 커서 수소, 알칼리 금속 등 다른 원소와 잘 반응한다. └→ 할로젠은 전자 1개를 얻어 음이온이 되기 쉽다.

• 수소와 반응하여 수소 화합물(HF, HCl, HBr 등)을 생성하고, 이 화합물은 물에 녹아 산성을 띤다. └→ $X_2 + H_2 \longrightarrow 2HX$ (X: 할로젠)

• 알칼리 금속과 격렬하게 반응하고, 생성된 화합물은 물에 잘 녹는다. → $2Na + X_2 \longrightarrow 2NaX$ (X: 할로젠)

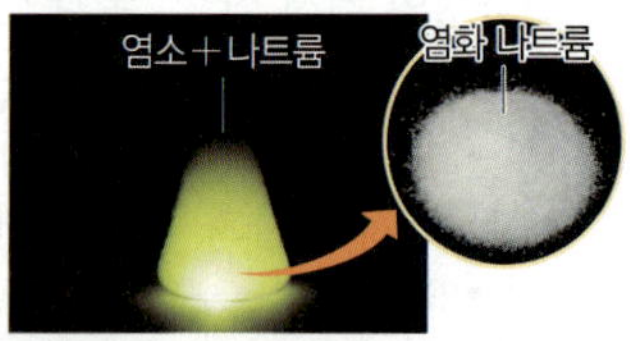

↑ 염소와 나트륨의 반응

개념 확인 문제

핵심 체크

- (❶   ): 원소들을 원자 번호 순서로 나열하고, 화학적 성질이 비슷한 원소를 같은 세로줄에 배열한 표
- 주기율표의 가로줄은 1~7(❷   )로 구성되고, 세로줄은 1~18(❸   )으로 구성된다.
- (❹   ) 원소: 주기율표의 왼쪽과 가운데에 주로 있으며, 열을 잘 전달하고 전기가 잘 통한다.
- (❺   ) 원소: 주기율표의 오른쪽에 주로 있으며, 열을 잘 전달하지 않고 전기가 잘 통하지 않는다.
- (❻   ): 주기율표의 1족에서 수소를 제외한 금속 원소
  - 반응성이 커서 산소, 물과 잘 반응한다.
  - 물과 반응하여 (❼   ) 기체를 발생시키고, 수용액은 염기성을 띤다.
- (❽   ): 주기율표의 17족에 속하는 비금속 원소로, 반응성이 커서 수소, 알칼리 금속 등 다른 원소와 잘 반응한다.

1 금속 원소의 특징에는 '금속', 비금속 원소의 특징에는 '비금속'을 쓰시오.

(1) 열을 잘 전달하고 전기가 잘 통한다. ············· (   )

(2) 대부분 실온에서 기체 또는 고체 상태로 존재한다.
··· (   )

(3) 외부에서 힘을 가하면 부서지지 않고 모양만 변한다.
··· (   )

(4) 전자를 얻어 음이온이 되기 쉽다. ············· (   )

(5) 전자를 잃어 양이온이 되기 쉽다. ············· (   )

2 다음 원소들을 금속 원소와 비금속 원소로 구분하시오.

(가) 수소(H)	(나) 리튬(Li)	(다) 산소(O)
(라) 염소(Cl)	(마) 구리(Cu)	(바) 칼륨(K)

3 현대의 주기율표에 대한 설명으로 옳은 것은 ○, 옳지 <u>않</u>은 것은 ×로 표시하시오.

(1) 가로줄을 족, 세로줄을 주기라고 한다. ··········· (   )

(2) 원소들이 원자 번호 순서로 나열되어 있다. ···· (   )

(3) 화학적 성질이 비슷한 원소들은 같은 가로줄에 배열되어 있다. ······································· (   )

(4) 알칼리 금속에는 Li, Na, K 등이 있다. ········· (   )

(5) 할로젠에는 F, Cl, Br, I 등이 있다. ··········· (   )

[4~6] 그림은 주기율표의 일부를 나타낸 것이다.

4 A 영역과 B 영역에 속하는 원소들을 각각 무엇이라고 하는지 쓰시오.

5 A 영역에 속하는 원소들에 대한 설명으로 옳은 것은 ○, 옳지 <u>않</u>은 것은 ×로 표시하시오.

(1) 다른 금속에 비해 밀도가 크다. ············· (   )

(2) 칼로 자를 수 있을 정도로 무르다. ············· (   )

(3) 석유나 액체 파라핀에 넣어 보관한다. ········· (   )

(4) 물과 반응하면 산소 기체가 발생한다. ········· (   )

(5) 물과 반응한 수용액은 염기성을 띤다. ········· (   )

6 B 영역에 속하는 원소들에 대한 설명으로 옳은 것은 ○, 옳지 <u>않</u>은 것은 ×로 표시하시오.

(1) 실온에서 2개의 원자가 결합한 분자로 존재한다.
··· (   )

(2) 각 분자마다 특유의 색을 띤다. ············· (   )

(3) 실온에서 모두 고체 상태이다. ············· (   )

(4) 수소와 반응하여 생성된 화합물이 물에 녹으면 염기성을 띤다. ································· (   )

C 원자의 전자 배치

1. 원자의 구조 원자는 원자핵과 전자로 이루어져 있고, 원자핵은 양성자와 중성자로 이루어져 있다.

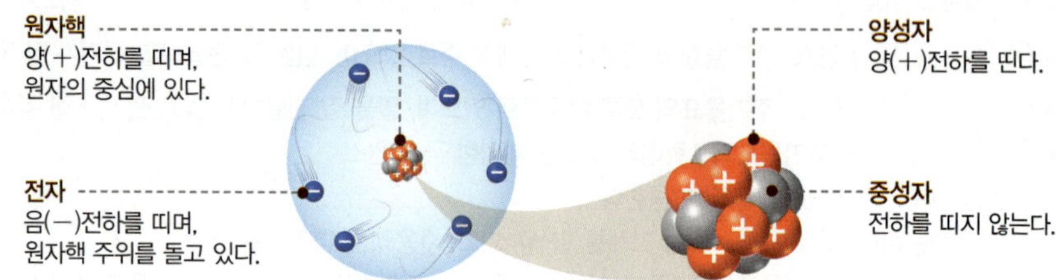

① 원자를 구성하는 양성자수와 전자 수는 같다. ➡ 원자는 전기적으로 중성이다.
└ 전하량의 합이 0이다.

② 양성자수는 원자의 종류에 따라 다르므로 양성자수를 원자 번호로 정한다.

원자의 양성자수 = 전자 수 = 원자 번호

2. 원자의 전자 배치

① **전자 껍질** : 원자핵 주위의 전자가 운동하는 특정한 에너지 준위의 궤도

◆ 보어(Bohr, N. H. D., 1885 ~1962)
덴마크의 물리학자로, 원자핵 주위를 전자가 원형 궤도를 따라 돌고 있다는 가설을 발표했다.

| 보어의 원자 모형 |

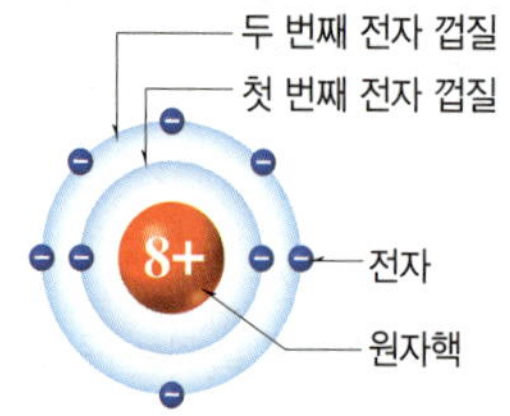

• 보어의 원자 모형에서 전자는 특정한 에너지 준위를 가지는 궤도를 따라 운동하며, 이 궤도를 전자 껍질이라고 한다.
• 전자 껍질에서 전자가 가지는 특정한 에너지값을 에너지 준위라고 한다.
• 보어의 원자 모형에서 전자 껍질의 에너지 준위는 원자핵과 가까울수록 낮다.

② **원자의 전자 배치 규칙**

• 전자는 원자핵과 가까운 전자 껍질부터 차례로 채워진다. → 에너지 준위가 낮은 안쪽 전자 껍질부터 전자가 채워질 때 안정하다.
• 각 전자 껍질에 최대로 채워질 수 있는 전자 수는 정해져 있다.

전자 껍질	첫 번째 전자 껍질	두 번째 전자 껍질
전자 껍질에 최대로 채워지는 전자 수	2개	8개

| 질소와 나트륨 원자의 전자 배치 |

❶ 양성자수가 7이므로 전자 수도 7이다.

❷ 첫 번째 전자 껍질에 2개, 두 번째 전자 껍질에 나머지 5개가 배치된다.

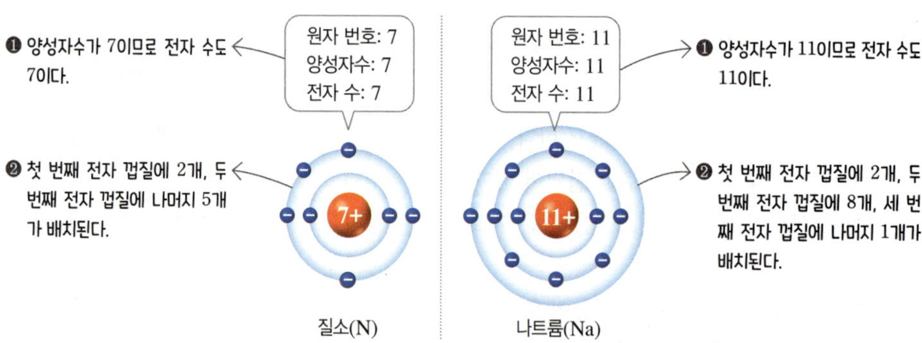

❶ 양성자수가 11이므로 전자 수도 11이다.

❷ 첫 번째 전자 껍질에 2개, 두 번째 전자 껍질에 8개, 세 번째 전자 껍질에 나머지 1개가 배치된다.

③ **원자가 전자**: 원자의 전자 배치에서 가장 바깥 전자 껍질에 들어 있으면서 화학 결합에 참여하는 전자

• 원소의 화학적 성질을 결정한다.

• 원자가 전자 수는 원소가 속한 족 번호의 일의 자리 수와 같다. (단, ◆18족 원소는 제외)

원소	수소(H)	탄소(C)	마그네슘(Mg)
원자 번호	1	6	12
원자 모형		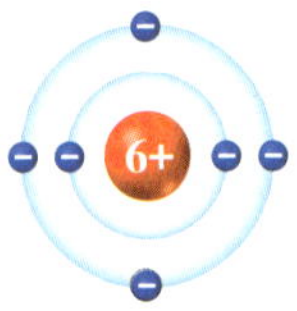	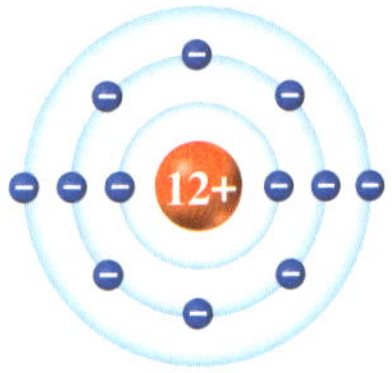
원자가 전자 수	1	4	2
족	1족	14족	2족

└→ • 탄소의 전자 배치로부터 탄소는 원자가 전자 수가 4이고, 2주기 14족 원소임을 알 수 있다.

3. 전자 배치와 원소의 주기성

① **주기율표와 전자 배치의 관계** ⌐ 원자쌤 비법특강 / 71쪽

같은 족 원소	같은 주기 원소
원자가 전자 수가 같다. ➡ 화학적 성질이 비슷하다. (단, 수소 및 3족~12족 원소는 예외)	전자가 들어 있는 전자 껍질 수가 같다. └→ • 전자가 들어 있는 전자 껍질 수는 주기 번호와 같다.

② **원소의 주기성이 나타나는 까닭**: 원자 번호가 증가함에 따라 원소의 화학적 성질을 결정하는 원자가 전자의 수가 주기적으로 변하기 때문이다.

| 원자 번호 1~18까지 원자의 전자 배치 |

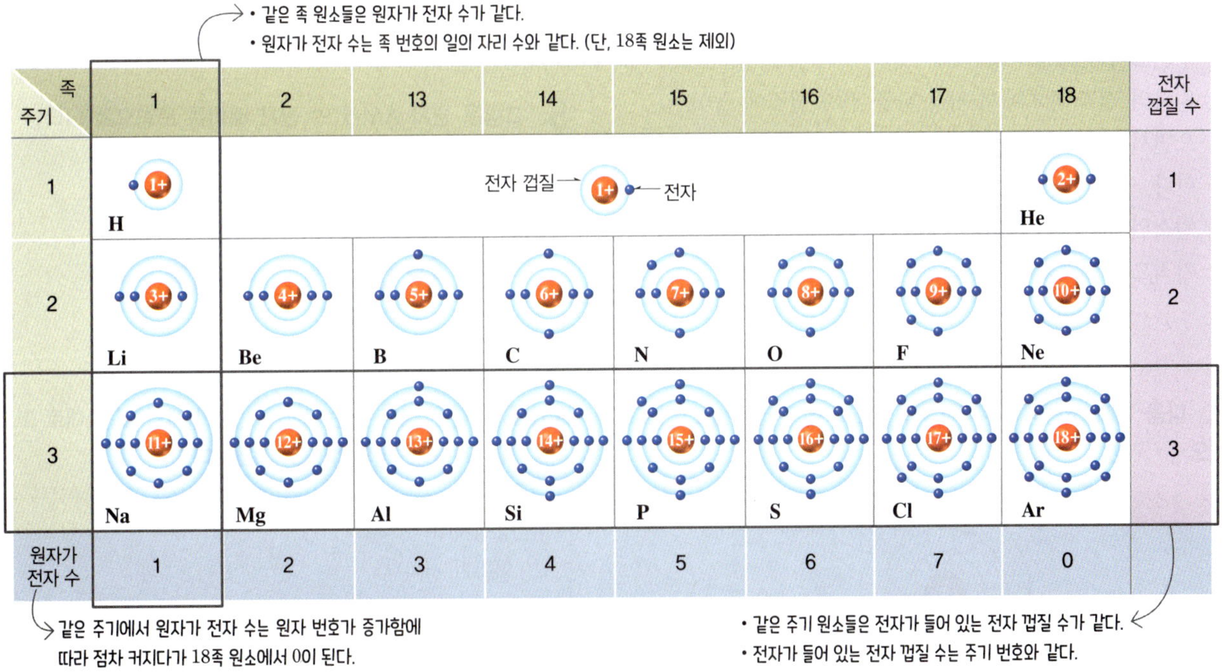

• 같은 족 원소들은 원자가 전자 수가 같다.
• 원자가 전자 수는 족 번호의 일의 자리 수와 같다. (단, 18족 원소는 제외)

주기 \ 족	1	2	13	14	15	16	17	18	전자 껍질 수
1	H			전자 껍질 → 1+ ← 전자				He	1
2	Li	Be	B	C	N	O	F	Ne	2
3	Na	Mg	Al	Si	P	S	Cl	Ar	3
원자가 전자 수	1	2	3	4	5	6	7	0	

└→ 같은 주기에서 원자가 전자 수는 원자 번호가 증가함에 따라 점차 커지다가 18족 원소에서 0이 된다.

• 같은 주기 원소들은 전자가 들어 있는 전자 껍질 수가 같다.
• 전자가 들어 있는 전자 껍질 수는 주기 번호와 같다.

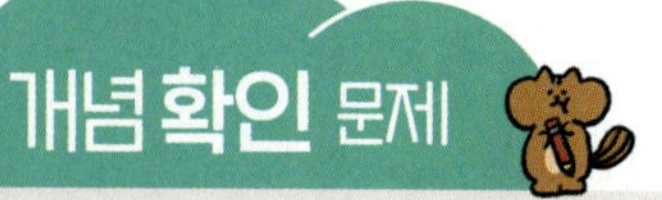

개념확인 문제

핵심 체크

▶ **원자의 구조**
- 원자는 원자핵과 (❶   )로 이루어져 있고, 원자핵은 (❷   )와 중성자로 이루어져 있다.
- 원자의 양성자수=전자 수=(❸   )

▶ **원자의 전자 배치**: 첫 번째 전자 껍질에는 전자가 최대 2개, 두 번째 전자 껍질에는 전자가 최대 (❹   )개 채워진다.

▶ (❺   ): 원자의 전자 배치에서 가장 바깥 전자 껍질에 들어 있으면서 화학 결합에 참여하는 전자로, 원소의 화학적 성질을 결정한다.

▶ **전자 배치와 원소의 주기성**
- 같은 족 원소들은 (❻   ) 수가 같고, 같은 주기 원소들은 전자가 들어 있는 (❼   ) 수가 같다.
- 원자 번호가 증가함에 따라 (❽   ) 수가 주기적으로 변하기 때문에 원소의 주기성이 나타난다.

---

1 원자의 구조에 대한 설명으로 옳은 것은 ○, 옳지 <u>않은</u> 것은 ×로 표시하시오.

(1) 원자핵은 양성자와 전자로 이루어져 있다. ······ (   )

(2) 원자를 구성하는 중성자수와 전자 수는 같다. ·· (   )

(3) 양성자수는 원자의 종류에 따라 다르다. ········· (   )

2 원자의 전자 배치에 대한 설명으로 옳은 것은 ○, 옳지 <u>않</u>은 것은 ×로 표시하시오.

(1) 원자핵 주위의 전자가 운동하는 특정한 에너지 준위의 궤도를 전자 껍질이라고 한다. ··············· (   )

(2) 전자 배치에서 각 전자 껍질에 최대로 채워지는 전자 수는 8이다. ···························· (   )

(3) 원자의 전자 배치에서 가장 바깥 전자 껍질에 들어 있으면서 화학 결합에 참여하는 전자를 원자가 전자라고 한다. ······························· (   )

(4) 원소의 주기성이 나타나는 까닭은 원자가 전자 수가 주기적으로 변하기 때문이다. ················· (   )

3 다음 원자 모형에 3주기 13족 원소의 전자 배치를 그리시오.

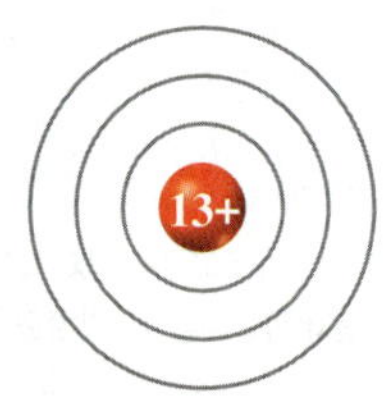

4 그림은 원자 X의 전자 배치를 모형으로 나타낸 것이다.

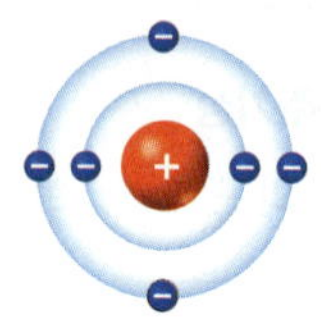

X에 대한 설명에서 (   ) 안에 알맞은 숫자를 쓰시오. (단, X는 임의의 원소 기호이다.)

> 양성자수는 ㉠(   )이고, 전자가 들어 있는 전자 껍질 수는 ㉡(   )이며, 원자가 전자 수는 ㉢(   )이다. X는 ㉣(   ) 주기 ㉤(   )족 원소이다.

5 그림은 원자 A와 B의 전자 배치를 모형으로 나타낸 것이다.

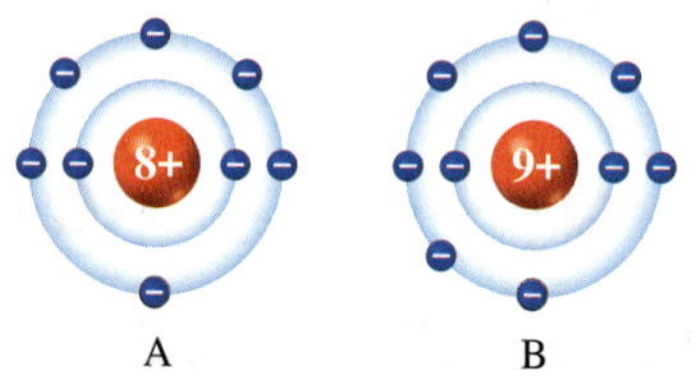

A와 B가 같은 값을 갖는 것만을 [보기]에서 있는 대로 고르시오. (단, A, B는 임의의 원소 기호이다.)

> **보기**
> ㄱ. 양성자수
> ㄴ. 원자가 전자 수
> ㄷ. 전자가 들어 있는 전자 껍질 수
> ㄹ. 첫 번째 전자 껍질에 들어 있는 전자 수

전자 배치와 원소의 주기성

원소의 화학적 성질을 결정하는 것은 원자가 전자이므로 원자의 전자 배치를 살펴보면 같은 족 원소가 비슷한 성질을 보이는 까닭을 확인할 수 있어요. 같은 족 원소의 전자 배치를 직접 그려 볼까요?

1 알칼리 금속과 할로젠의 전자 배치

Q1. 표의 원자 모형에 전자를 배치하고 빈칸을 채워 보자.

구분	알칼리 금속		할로젠	
	리튬(Li)	나트륨(Na)	플루오린(F)	염소(Cl)
원자 번호	3	11	9	17
전자 수				
원자 모형	3+	11+	9+	17+
전자가 들어 있는 전자 껍질 수				
원자가 전자 수				
주기와 족				

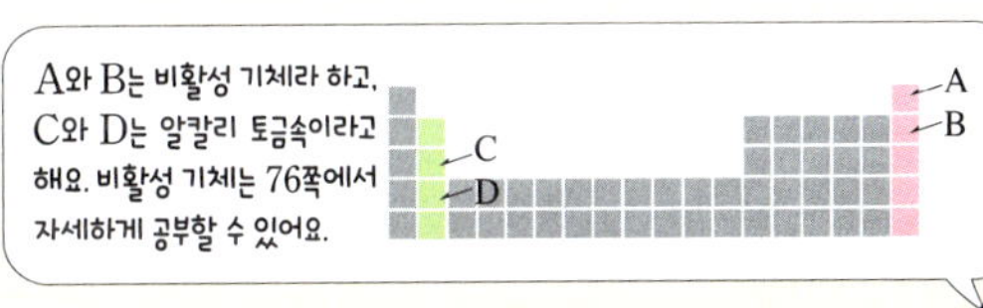

2 화학적 성질이 비슷한 원소

Q2. 표의 빈칸을 채워 보고, 원소 A~D를 화학적 성질이 비슷한 원소들끼리 분류해 보자. (단, A~D는 임의의 원소 기호이다.)

구분	A	B	C	D
전자 수	2	10	12	20
원자 모형	2+	10+	12+	20+
전자가 들어 있는 전자 껍질 수				
원자가 전자 수				
주기와 족				

➡ (　　　)와 (　　　)는 18족 원소이고, (　　　)와 (　　　)는 2족 원소이므로 각각 화학적 성질이 비슷하다.

내신 만점 문제

01 금속 원소에 대한 설명으로 옳지 <u>않은</u> 것은?

① 대부분 특유의 광택이 있다.
② 전기가 잘 통한다.
③ 열을 잘 전달한다.
④ 전자를 잃고 양이온이 되기 쉽다.
⑤ 외부에서 힘을 가하면 쉽게 부서진다.

중요 02 그림은 주기율표의 일부를 세 부분으로 분류한 것이다.

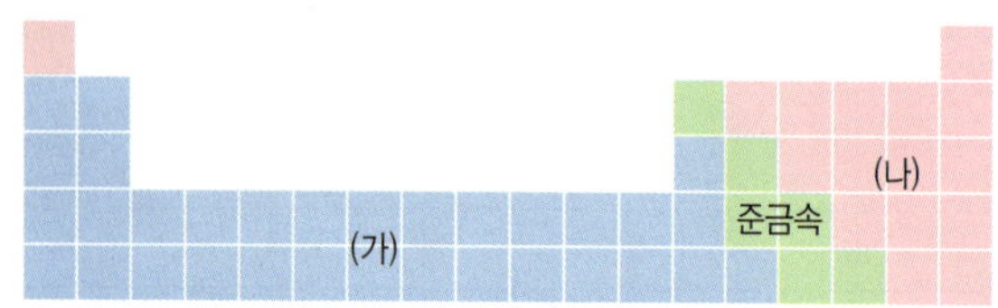

(가)와 (나)에 속한 원소에 대한 설명으로 옳은 것만을 [보기]에서 있는 대로 고른 것은?

> 보기
> ㄱ. (가)는 비금속 원소이다.
> ㄴ. (가)는 대부분 실온에서 기체 상태이다.
> ㄷ. (나)는 대부분 전기가 잘 통하지 않는다.

① ㄱ ② ㄷ ③ ㄱ, ㄴ
④ ㄴ, ㄷ ⑤ ㄱ, ㄴ, ㄷ

중요 03 현대의 주기율표에 대한 설명으로 옳은 것만을 [보기]에서 있는 대로 고른 것은?

> 보기
> ㄱ. 원소들을 원자 번호 순서로 배열하였다.
> ㄴ. 세로줄을 족이라고 하며, 1족에서 7족까지 있다.
> ㄷ. 같은 주기에 속한 원소들은 화학적 성질이 비슷하다.

① ㄱ ② ㄷ ③ ㄱ, ㄴ
④ ㄴ, ㄷ ⑤ ㄱ, ㄴ, ㄷ

04 그림은 주기율표의 원소를 3개씩 묶어 영역 (가)~(다)로 나타낸 것이다.

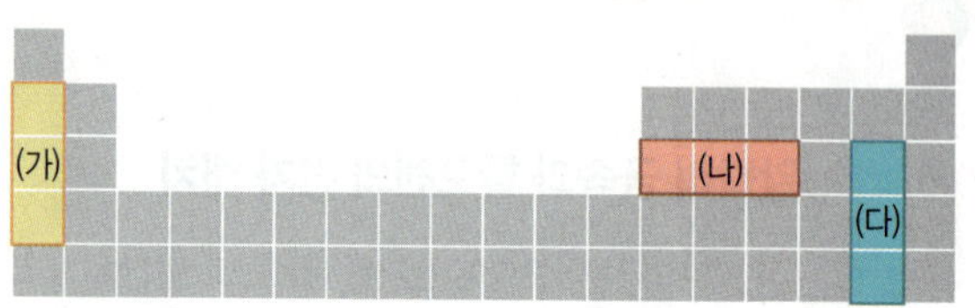

이에 대한 설명으로 옳은 것만을 [보기]에서 있는 대로 고른 것은?

> 보기
> ㄱ. (가)는 알칼리 금속이다.
> ㄴ. (나)는 3주기 원소이다.
> ㄷ. (다)의 세 가지 원소는 화학적 성질이 비슷하다.

① ㄱ ② ㄷ ③ ㄱ, ㄴ
④ ㄴ, ㄷ ⑤ ㄱ, ㄴ, ㄷ

05 다음은 알칼리 금속 M의 성질을 알아보는 실험이다. ㉠은 실험 기구 A~C 중 하나이다.

[자료]
• M은 원자 번호가 11이고, 소금을 이루는 성분 원소이다.
[실험 과정 및 결과]
• 쌀알 크기의 M 조각을 물이 담긴 (㉠)에 넣었더니 격렬하게 반응하면서 (㉡) 기체가 발생했다.
[실험 기구]

A.
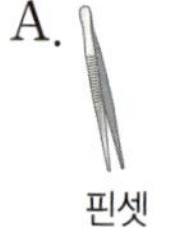

B.
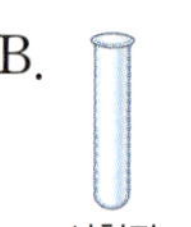

C.
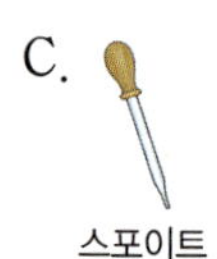

알칼리 금속 M과 ㉠과 ㉡으로 가장 적절한 것은? (단, M은 임의의 원소 기호이다.)

	M	㉠	㉡
①	Li	A	산소
②	Li	B	수소
③	Na	A	산소
④	Na	B	수소
⑤	K	C	수소

중요 06 그림은 알칼리 금속을 액체 파라핀에 넣어 보관하는 모습을 나타낸 것이다. 이와 관련된 알칼리 금속의 성질에 대한 설명으로 옳은 것만을 [보기]에서 있는 대로 고른 것은?

[보기]
ㄱ. 공기 중의 산소와 빠르게 반응한다.
ㄴ. 실온에서도 물과 격렬하게 반응한다.
ㄷ. 물과 반응한 후 수용액은 염기성을 띤다.

① ㄱ　　　　② ㄷ　　　　③ ㄱ, ㄴ
④ ㄴ, ㄷ　　　⑤ ㄱ, ㄴ, ㄷ

중요 07 다음은 알칼리 금속의 성질을 확인하는 실험이다.

[실험 과정]
(가) 리튬을 칼로 잘라 단면의 색 변화를 관찰한다.
(나) 쌀알 크기의 리튬 조각을 (　㉠　).
(다) (나)의 비커에 페놀프탈레인 용액을 2방울~3방울 넣은 후 수용액의 색 변화를 관찰한다.
(라) 리튬 대신 나트륨과 칼륨을 사용하여 과정 (가)~(다)를 반복한다.
[실험 결과]
• (가)에서 칼로 자른 금속의 단면은 모두 광택이 사라졌다.
• (나)에서 모두 수소 기체가 발생했다.
• (다)에서 수용액의 색은 모두 (　㉡　)으로 변했다.

이에 대한 설명으로 옳은 것만을 [보기]에서 있는 대로 고른 것은?

[보기]
ㄱ. (가)에서는 알칼리 금속이 공기 중의 산소와 반응한다.
ㄴ. '물에 넣어 변화를 관찰한다'는 ㉠으로 적절하다.
ㄷ. '붉은색'은 ㉡으로 적절하다.

① ㄱ　　　　② ㄷ　　　　③ ㄱ, ㄴ
④ ㄴ, ㄷ　　　⑤ ㄱ, ㄴ, ㄷ

08 할로젠에 대한 설명으로 옳지 <u>않은</u> 것은?

① 17족에 속하는 비금속 원소이다.
② 실온에서 이원자 분자로 존재한다.
③ 전자를 잃고 양이온이 되기 쉽다.
④ 수소, 알칼리 금속 등 다른 원소와 잘 반응한다.
⑤ 수소와 반응하여 생성된 물질의 수용액은 산성을 띤다.

C 　원자의 전자 배치

09 원자의 전자 배치에 대한 설명으로 옳은 것만을 [보기]에서 있는 대로 고른 것은?

[보기]
ㄱ. 전자는 원자핵과 가까운 전자 껍질부터 차례로 채워진다.
ㄴ. 첫 번째 전자 껍질에는 전자가 최대 8개 채워진다.
ㄷ. 같은 주기에 속한 원소들은 원자가 전자 수가 같다.

① ㄱ　　　　② ㄴ　　　　③ ㄱ, ㄷ
④ ㄴ, ㄷ　　　⑤ ㄱ, ㄴ, ㄷ

중요 10 그림은 원자 A와 B의 전자 배치를 모형으로 나타낸 것이다.

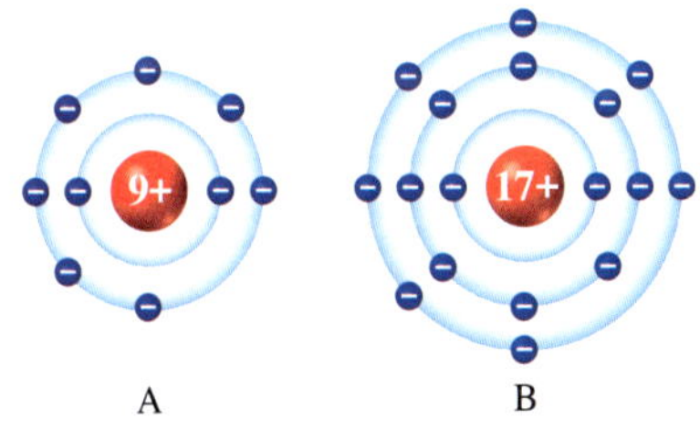

A와 B의 공통점으로 옳은 것만을 [보기]에서 있는 대로 고른 것은? (단, A, B는 임의의 원소 기호이다.)

[보기]
ㄱ. 원자가 전자 수가 7이다.
ㄴ. 비금속 원소이다.
ㄷ. 전자가 들어 있는 전자 껍질 수가 2이다.

① ㄱ　　　　② ㄷ　　　　③ ㄱ, ㄴ
④ ㄴ, ㄷ　　　⑤ ㄱ, ㄴ, ㄷ

11 그림은 원자 X의 전자 배치를 모형으로 나타낸 것이다.
X에 대한 설명으로 옳은 것만을 [보기]에서 있는 대로 고른 것은? (단, X는 임의의 원소 기호이다.)

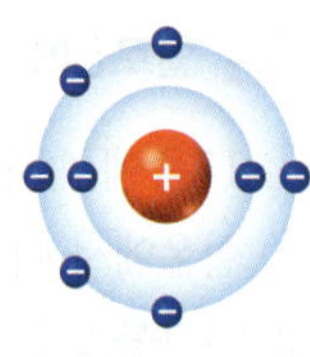

보기
ㄱ. 2주기 원소이다.
ㄴ. 양성자수는 6이다.
ㄷ. 원자가 전자 수는 8이다.

① ㄱ　　　② ㄴ　　　③ ㄷ
④ ㄱ, ㄷ　　　⑤ ㄴ, ㄷ

[12~13] 그림은 주기율표의 일부를 나타낸 것이다. (단, A~F는 임의의 원소 기호이다.)

주기＼족	1	2	13	14	15	16	17	18
1								A
2		B			C			
3	D	E					F	

12 다음은 A~F에 대한 설명이다.

(가) 금속 원소는 a가지이다.
(나) 3주기 원소는 b가지이다.
(다) 화학적 성질이 비슷한 원소는 c가지이다.

$a+b+c$의 값을 구하시오.

13 A~F에 대한 설명으로 옳은 것만을 [보기]에서 있는 대로 고른 것은?

보기
ㄱ. 원자가 전자 수가 가장 큰 것은 A이다.
ㄴ. 전자가 들어 있는 전자 껍질 수는 F>C이다.
ㄷ. D는 알칼리 금속이다.

① ㄱ　　　② ㄴ　　　③ ㄷ
④ ㄱ, ㄴ　　　⑤ ㄴ, ㄷ

14 그림은 원자 A~D의 전자 배치를 모형으로 나타낸 것이다.

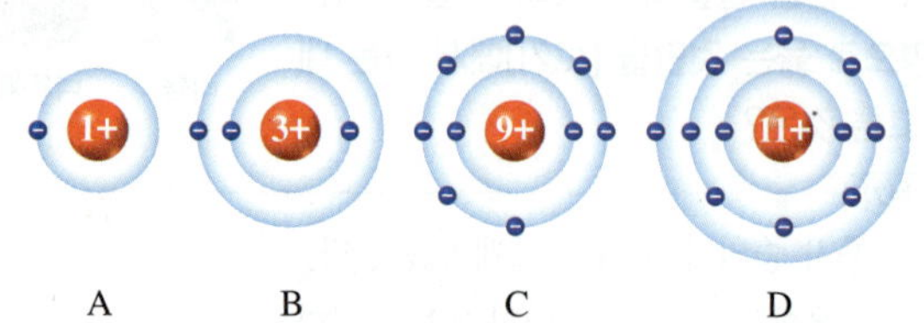

이에 대한 설명으로 옳은 것만을 [보기]에서 있는 대로 고르시오. (단, A~D는 임의의 원소 기호이다.)

보기
ㄱ. 금속 원소는 세 가지이다.
ㄴ. A~D 중 원자가 전자 수는 C가 가장 크다.
ㄷ. A_2와 C_2가 반응하여 생성된 물질의 수용액은 산성을 띤다.

서술형 문제

15 다음은 리튬의 성질을 확인하는 실험이다.

(가) 리튬을 잘랐더니 단면의 광택이 사라졌다.
(나) 물이 담긴 비커에 페놀프탈레인 용액을 떨어뜨린 후 리튬 조각을 넣었더니 기체가 발생했다.

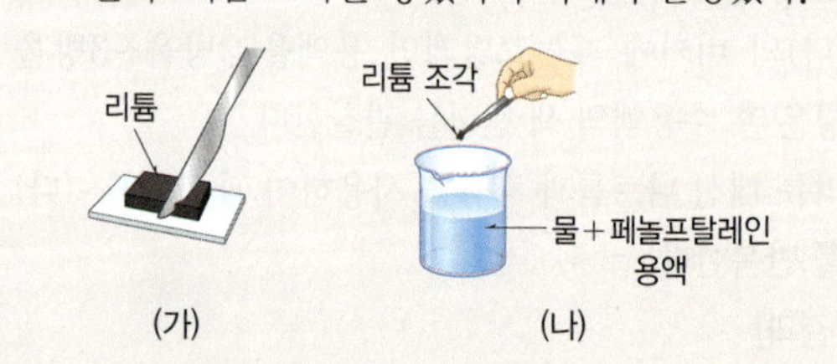

(1) 과정 (나)에서 수용액의 색이 어떻게 변할지 예측하고, 그 까닭을 서술하시오.

(2) 원자 번호 1~20까지의 원소 중 리튬과 성질이 비슷한 원소를 두 가지 쓰고, 그 까닭을 서술하시오.

16 주기율표에서 원소의 주기성이 나타나는 까닭을 원자가 전자 수를 언급하여 서술하시오.

실력 UP 문제

01 그림은 주기율표의 일부를 나타낸 것이다.

	1족	2족	13족	14족	15족	16족	17족
2주기	A			B			C
3주기		D				E	

이에 대한 설명으로 옳은 것만을 [보기]에서 있는 대로 고른 것은? (단, A∼E는 임의의 원소 기호이다.)

보기
ㄱ. A와 D는 모두 금속 원소이다.
ㄴ. E는 할로젠이다.
ㄷ. 전자가 들어 있는 전자 껍질 수는 D>B이다.

① ㄱ　　　　② ㄴ　　　　③ ㄷ
④ ㄱ, ㄷ　　　⑤ ㄴ, ㄷ

02 다음은 알칼리 금속 X의 성질을 알아보는 실험이다.

(가) X를 칼로 자른 후 단면을 살펴보았더니 은백색 광택이 곧 사라졌다.
(나) 물이 들어 있는 시험관에 X의 작은 조각을 넣었더니 기체가 발생하면서 격렬하게 반응했다.
(다) (나)의 시험관에 BTB 용액을 2방울∼3방울 떨어뜨렸더니 (㉠)으로 변했다.

이에 대한 설명으로 옳은 것만을 [보기]에서 있는 대로 고른 것은? (단, X는 임의의 원소 기호이다.)

보기
ㄱ. (가)에서 X는 공기 중의 산소와 반응한다.
ㄴ. (나)에서 발생한 기체에 불꽃을 대면 '퍽' 소리가 난다.
ㄷ. '붉은색'은 ㉠으로 적절하다.

① ㄱ　　　　② ㄷ　　　　③ ㄱ, ㄴ
④ ㄴ, ㄷ　　　⑤ ㄱ, ㄴ, ㄷ

03 그림은 원자 A∼D의 원자가 전자 수와 전자가 들어 있는 전자 껍질 수를 나타낸 것이다.

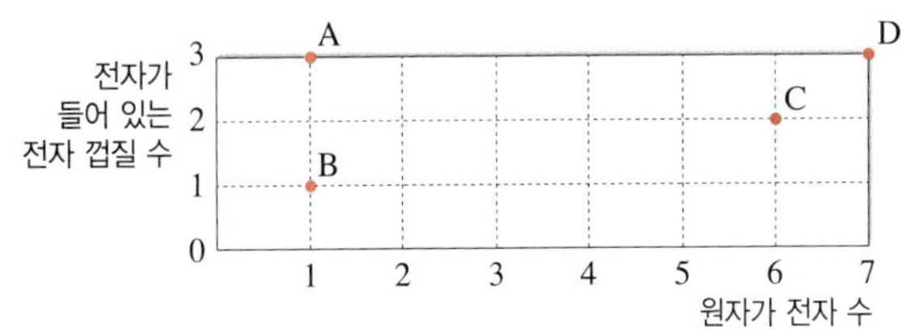

이에 대한 설명으로 옳은 것만을 [보기]에서 있는 대로 고른 것은? (단, A∼D는 임의의 원소 기호이다.)

보기
ㄱ. A는 알칼리 금속이다.
ㄴ. A∼D 중 원자 번호는 D가 가장 크다.
ㄷ. A∼D 중 실온에서 이원자 분자로 존재하는 것은 두 가지이다.

① ㄱ　　　　② ㄷ　　　　③ ㄱ, ㄴ
④ ㄴ, ㄷ　　　⑤ ㄱ, ㄴ, ㄷ

04 그림은 주기율표의 일부를 나타낸 것이고, 자료는 주기율표의 빗금 친 부분에 위치하는 원소 A∼E에 대한 것이다.

• A와 B는 알칼리 금속이다.
• A와 D는 같은 주기 원소이다.
• 원자가 전자 수는 D가 C보다 크다.
• 전자가 들어 있는 전자 껍질 수는 E가 A보다 크다.

이에 대한 설명으로 옳은 것만을 [보기]에서 있는 대로 고른 것은? (단, A∼E는 임의의 원소 기호이다.)

보기
ㄱ. E는 할로젠이다.
ㄴ. 전자가 들어 있는 전자 껍질 수는 A가 C보다 크다.
ㄷ. 원자가 전자 수는 D가 B보다 크다.

① ㄱ　　　　② ㄴ　　　　③ ㄱ, ㄷ
④ ㄴ, ㄷ　　　⑤ ㄱ, ㄴ, ㄷ

02 화학 결합과 물질의 성질

A 화학 결합의 원리

◆ 주기율표에서 18족 원소의 위치

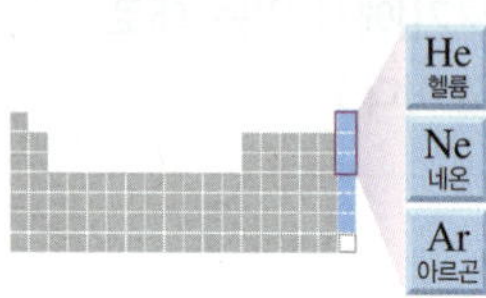

1. 18족 원소 ◆주기율표의 18족에 속하는 원소   예 헬륨(He), 네온(Ne), 아르곤(Ar) 등

① ◆화학적으로 안정하여 다른 원소와 잘 반응하지 않는다.

② 다른 원소와 화학 결합을 형성하지 않고 원자 상태로 존재한다.

③ **18족 원소의 전자 배치**: 가장 바깥 전자 껍질에 전자가 2개 또는 8개 채워진 안정한 전자 배치를 이룬다. → 가장 바깥 전자 껍질에 전자가 모두 채워져 있으므로 다른 원소와 화학 결합을 형성하지 않는다. ➡ 원자가 전자 수=0

| 18족 원소의 전자 배치 |

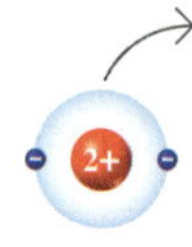

첫 번째 전자 껍질에 전자가 2개 채워진 안정한 전자 배치를 이루고 있다.

가장 바깥 전자 껍질인 두 번째 전자 껍질에 전자가 8개 채워진 안정한 전자 배치를 이루고 있다.

가장 바깥 전자 껍질인 세 번째 전자 껍질에 전자가 8개 채워진 안정한 전자 배치를 이루고 있다.

헬륨   네온   아르곤

◆ ❶비활성 기체

18족 원소는 다른 원소와 잘 반응하지 않고 기체 상태로 존재하므로 비활성 기체라고 불린다.

④ 18족 원소의 이용

아르곤은 용접할 때 용접 부위가 산소와 반응하지 않도록 보호하는 데 이용된다.

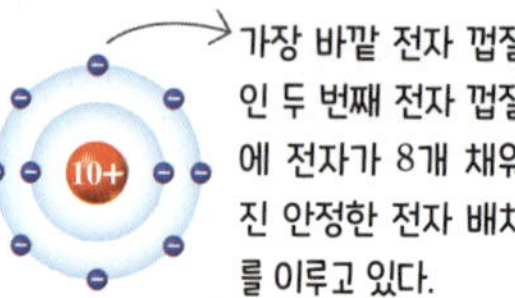

헬륨	네온	아르곤	
광고용 기구의 충전 기체	광고판의 충전 기체	이중창의 충전 기체	용접 부위의 보호

◆ 옥텟 규칙

원소들이 전자를 잃거나 얻어서 18족 원소와 같이 가장 바깥 전자 껍질에 전자 8개를 채워 안정해지려는 경향을 옥텟 규칙이라고 한다. 단, He과 같은 전자 배치를 하기 위해서는 전자 2개가 채워지며, 옥텟 규칙의 예외이다.

└ ●옥텟(octet)은 숫자 '8'을 의미하는 '옥타(octa)'에서 유래된 말로, 전자 8개를 의미한다.

2. 화학 결합이 형성되는 까닭 ◆원소들이 화학 결합을 형성하여 18족 원소와 같은 전자 배치를 이루어 안정해지려고 하기 때문이다.

| 18족 원소와 같이 안정해지는 방법 |

원자가 전자 수가 작으므로 전자를 잃어 네온(Ne)과 같은 전자 배치를 이룬다.

원자가 전자 수가 크므로 전자를 얻거나 공유하여 아르곤(Ar)과 같은 전자 배치를 이룬다.

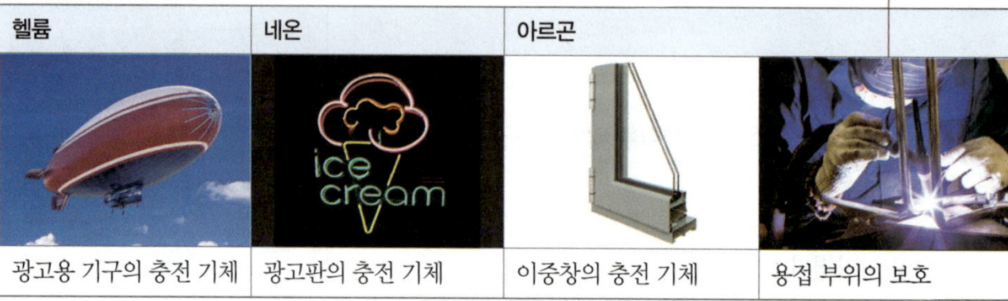

주기 \ 족	1	2	13	14	15	16	17
3	Na	Mg	Al		P	S	Cl

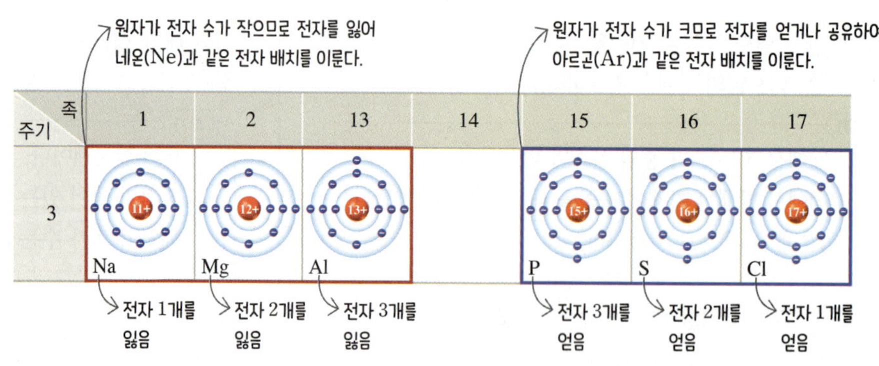

전자 1개를 잃음   전자 2개를 잃음   전자 3개를 잃음   전자 3개를 얻음   전자 2개를 얻음   전자 1개를 얻음

용어

❶ 비활성(非 아니다, 活 생기가 있다, 性 성질) 화학 반응을 하지 않는 성질

B 화학 결합의 종류

1. ◆이온의 형성 일반적으로 금속 원소는 전자를 잃어 양이온이 되기 쉽고, 비금속 원소는 전자를 얻어 음이온이 되기 쉽다.

구분	양이온 ➔ 양성자수 > 전자 수	음이온 ➔ 양성자수 < 전자 수
정의	원자가 전자를 잃어 양(+)전하를 띠는 입자	원자가 전자를 얻어 음(−)전하를 띠는 입자
형성 원리	금속 원소는 전자를 잃어 18족 원소와 같은 전자 배치를 이루어 양이온을 형성한다.	비금속 원소는 전자를 얻어 18족 원소와 같은 전자 배치를 이루어 음이온을 형성한다.
모형	 마그네슘(Mg) 원자 — 원자가 전자 수가 2이다. / 전자 2개를 잃는다. / 마그네슘 이온(Mg^{2+}) — Ne과 같은 전자 배치를 이룬다.	산소(O) 원자 — 원자가 전자 수가 6이다. / 전자 2개를 얻는다. / 산화 이온(O^{2-}) — Ne과 같은 전자 배치를 이룬다.

| 원자가 전자 수와 이온의 전하 |

1족 알칼리 금속
- 원자가 전자 수가 1
- 전자 1개를 잃기 쉬움
- +1의 양이온

2족 원소
- 원자가 전자 수가 2
- 전자 2개를 잃기 쉬움
- +2의 양이온

16족 원소
- 원자가 전자 수가 6
- 전자 2개를 얻기 쉬움
- −2의 음이온

17족 할로젠
- 원자가 전자 수가 7
- 전자 1개를 얻기 쉬움
- −1의 음이온

2. 이온 결합 양이온과 음이온 사이의 ❶정전기적 인력으로 형성되는 화학 결합

① **이온 결합의 형성**: 금속 원소의 원자와 비금속 원소의 원자가 서로 전자를 주고받아 양이온과 음이온을 형성한 후, 이온 사이에 정전기적 인력이 작용하여 이온 결합이 형성된다.

| 염화 나트륨의 이온 결합 형성 과정 |

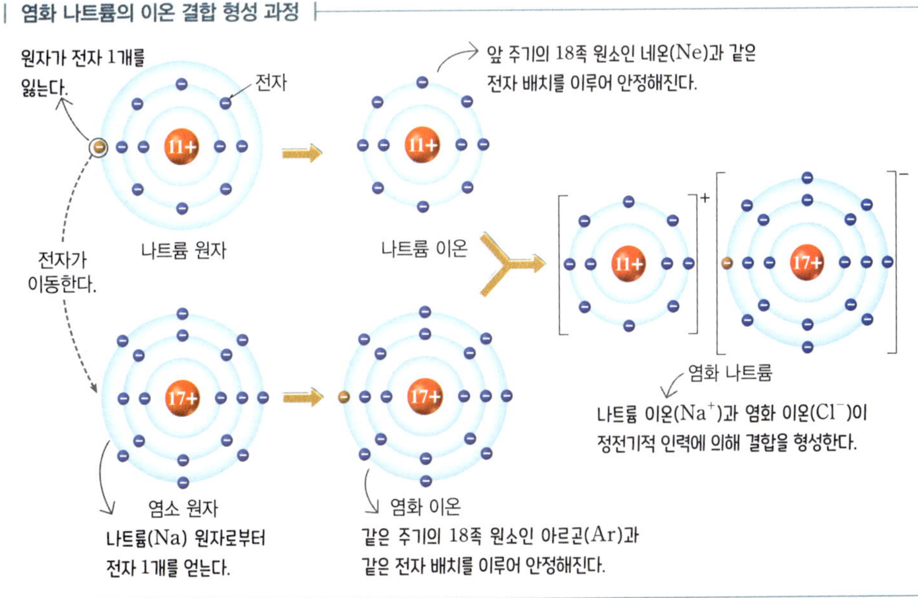

◆ **이온의 이름**
- 양이온: 원소의 이름에 '이온'을 붙인다.
- 음이온: 원소의 이름에 '∼화 이온'을 붙인다. 원소의 이름이 '∼소'인 경우 '소'를 빼고 '∼화 이온'을 붙인다.

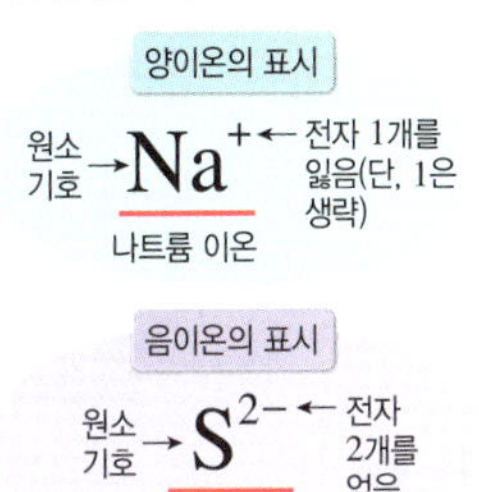

암기해

이온 결합
금속 원소와 비금속 원소가 전자를 주고받아 형성된다.

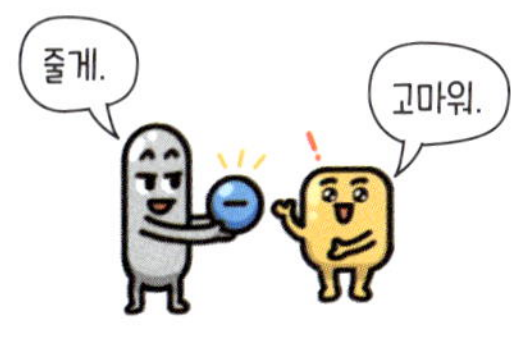

용어

❶ 정전기적 인력(引 끌어당기다, 力 힘) 서로 다른 전하인 (+)와 (−)를 띤 입자 사이에 작용하는 끌어당기는 힘

② 여러 가지 물질의 이온 결합 모형

구분	산화 마그네슘(MgO)		염화 칼슘($CaCl_2$)		
모형	Mg^{2+}	O^{2-}	Cl^-	Ca^{2+}	Cl^-
물질을 이루는 이온	Mg^{2+}	O^{2-}	Ca^{2+}	Cl^-	
가장 바깥 전자 껍질에 배치된 전자 수	8	8	8	8	

→ Ne과 같은 전자 배치를 이룬다.　　→ Ar과 같은 전자 배치를 이룬다.

3. ❶공유 결합　비금속 원소의 원자들이 전자쌍을 공유하여 형성되는 화학 결합

① **공유 결합의 형성**: 비금속 원소의 원자들이 전자를 내놓아 전자쌍을 만들고, 이 전자쌍을 공유하여 공유 결합이 형성된다. → 공유 결합을 형성하는 각 원자는 18족 원소와 같은 안정한 전자 배치를 이룬다.

② **공유 전자쌍**: 두 원자 사이에 공유되어 결합에 참여하는 전자쌍

| 물 분자의 공유 결합 형성 과정 |

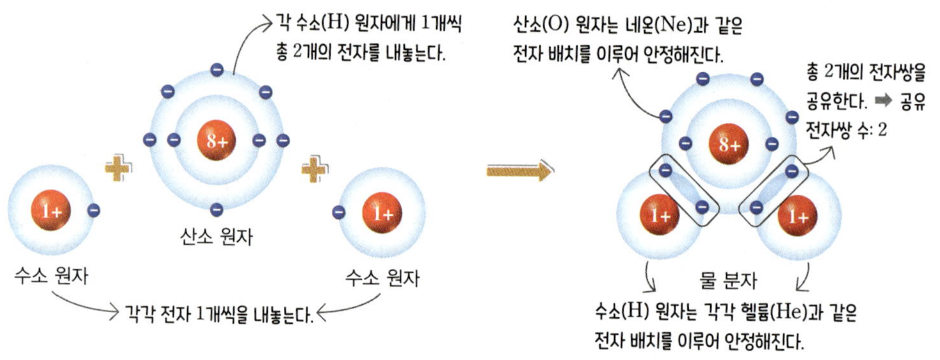

③ 여러 가지 물질의 공유 결합 모형

→ 각 질소 원자가 전자를 3개씩 내놓아 공유한다.

구분	산소(O_2)	질소(N_2)	메테인(CH_4)	
모형				
공유 전자쌍 수	2	3	4	
물질을 이루는 원자	O	N	C	H
가장 바깥 전자 껍질에 배치된 전자 수	8	8	8	2

→ Ne과 같은 전자 배치를 이룬다.　　→ He과 같은 전자 배치를 이룬다.

공유 결합

비금속 원소들이 전자를 공유하여 형성된다.

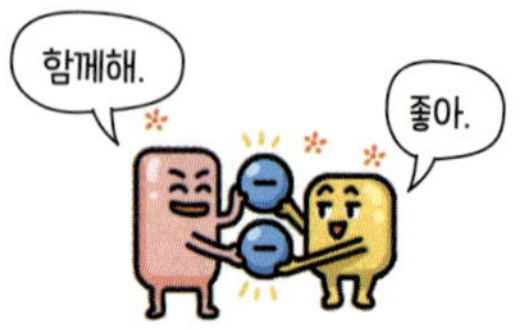

◆ **공유 결합의 종류**

공유 전자쌍 수가 1이면 단일 결합, 2이면 이중 결합, 3이면 삼중 결합이라고 한다.

구분	예
단일 결합	H_2, H_2O 등
이중 결합	O_2, CO_2 등
삼중 결합	N_2 등

공유 전자쌍 수

공유 전자쌍 수는 공유하는 총 전자가 아니라 전자쌍의 수로 생각해야 한다. 물 분자와 산소 분자는 공유 전자쌍 수가 모두 2이다.

용어

❶ 공유(共 함께, 有 있다) 두 사람 이상이 한 물건을 공동으로 소유하는 것

개념확인 문제

핵심 체크 ●

▶ (❶)족 원소: 가장 바깥 전자 껍질에 전자가 2개 또는 8개 채워진 안정한 전자 배치를 이룬다.
▶ 원소들은 (❷)을 형성하여 18족 원소와 같은 전자 배치를 이루어 안정해지려고 한다.
▶ 화학 결합의 종류
  ─(❸) 결합: 금속 원소의 원자와 비금속 원소의 원자가 서로 전자를 주고받아 양이온과 음이온을 형성한 후, 이온 사이에 정전기적 인력이 작용하여 형성되는 결합
  └(❹) 결합: 비금속 원소의 원자들이 전자를 내놓아 전자쌍을 만들고, 이 전자쌍을 공유하여 형성되는 결합

---

1 18족 원소에 대한 설명으로 옳은 것은 ○, 옳지 <u>않은</u> 것은 ×로 표시하시오.

(1) 원자가 전자 수가 0이다. ·········· (   )
(2) 실온에서 원자 상태로 존재한다. ·········· (   )
(3) 가장 바깥 전자 껍질에 있는 전자 수는 모두 8이다.
·········· (   )
(4) 산소, 플루오린, 네온 등이 해당한다. ·········· (   )

2 화학 결합에 대한 설명으로 옳은 것은 ○, 옳지 <u>않은</u> 것은 ×로 표시하시오.

(1) 원소들은 화학 결합을 형성하여 18족 원소와 같은 전자 배치를 이루려고 한다. ·········· (   )
(2) 화학 결합이 형성될 때 원자들 사이에 전자가 이동하거나 전자를 공유한다. ·········· (   )
(3) 금속 원소와 비금속 원소 사이의 화학 결합은 공유 결합이다. ·········· (   )

3 표의 각 원자들이 가장 안정한 이온이 될 때 얻거나 잃는 전자의 수를 (   ) 안에 쓰시오.

원소	산소	나트륨	염소
원자 모형	8+	11+	17+
전자	㉠( )개 얻음	㉡( )개 잃음	㉢( )개 얻음

4 그림 (가)와 (나)는 각각 염화 수소(HCl)와 산화 마그네슘(MgO)을 화학 결합 모형으로 나타낸 것이다.

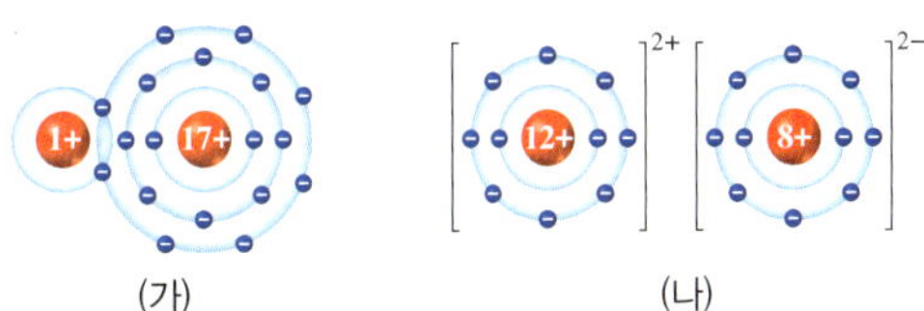

(가)   (나)

(   ) 안에 알맞은 말을 쓰시오.

(1) (가)는 ㉠(   ) 결합, (나)는 ㉡(   ) 결합으로 생성된다.
(2) (가)에서 염소는 (   )과 같은 전자 배치를 이룬다.
(3) (나)에서 두 이온은 모두 (   )과 같은 전자 배치를 이룬다.

5 그림은 화합물 (가)와 (나)를 화학 결합 모형으로 나타낸 것이다.

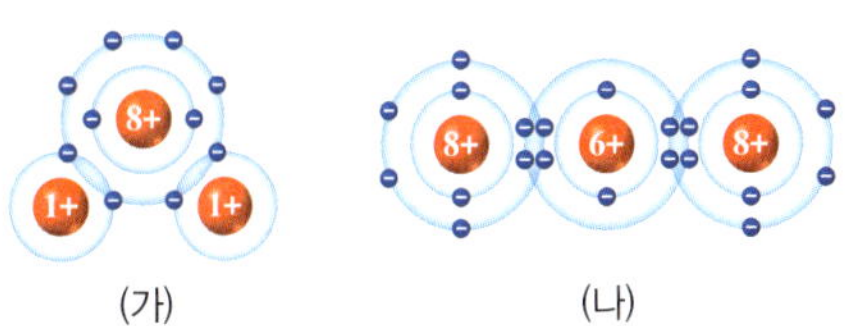

(가)   (나)

(가)와 (나)에서 공유 전자쌍 수를 각각 쓰시오.

6 이온 결합으로 생성된 물질만을 [보기]에서 있는 대로 고르시오.

보기
ㄱ. H_2O ㄴ. $CaCl_2$ ㄷ. HF
ㄹ. $NaCl$ ㅁ. HCl ㅂ. $C_6H_{12}O_6$

완자쌤 비법 특강

화학 결합의 형성

원소들은 화학 결합을 통해 18족 원소와 같은 전자 배치를 이루어 안정해져요. 이온 결합과 공유 결합의 전자 배치 모형을 직접 그려 보며 이온 결합과 공유 결합의 형성 원리를 파악해 보아요.

1 이온 결합의 형성

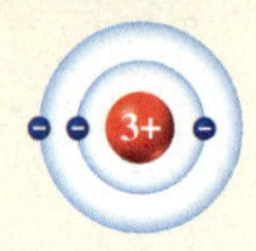

리튬(Li)

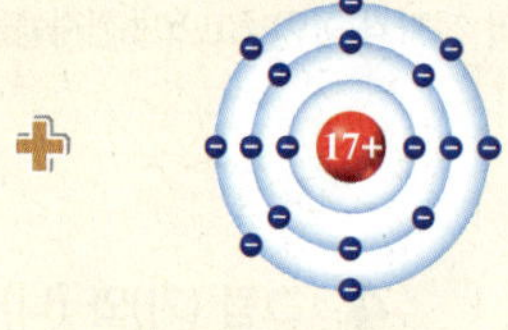

염소(Cl)

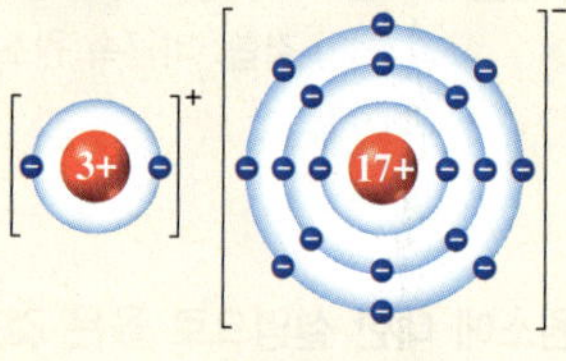

염화 리튬

전자 1개를 잃어 He과 같은 전자 배치를 이루는 Li^+이 된다.

전자 1개를 얻어 Ar과 같은 전자 배치를 이루는 Cl^-이 된다.

Li^+과 Cl^-이 1 : 1의 개수비로 결합한다.
➡ 화학식은 LiCl이다.

Q1. 플루오린화 마그네슘의 전자 배치 모형을 그려 보고, ( ) 안을 채워 보자.

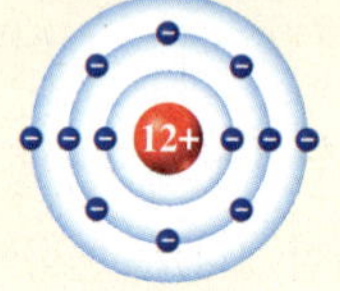

마그네슘(Mg)

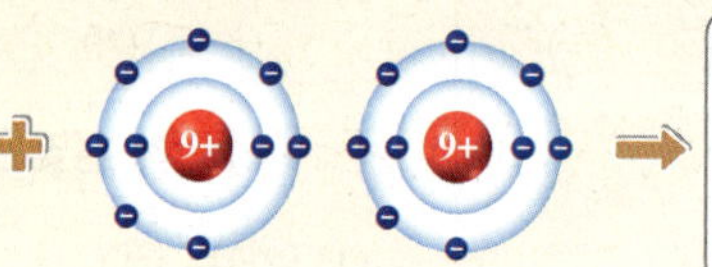

플루오린(F)

ⓑ

플루오린화 마그네슘

전자 ㉠( )개를 잃어 Ne과 같은 전자 배치를 이루는 ㉡( )이 된다.

전자 ㉢( )개를 얻어 Ne과 같은 전자 배치를 이루는 ㉣( )이 된다.

Mg^{2+}과 F^-이 ㉤( )의 개수비로 결합한다.
➡ 화학식은 ㉥( )이다.

2 공유 결합의 형성

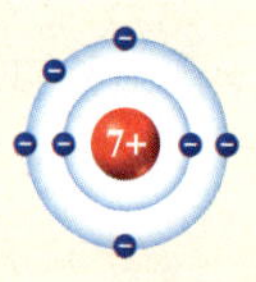

질소(N)

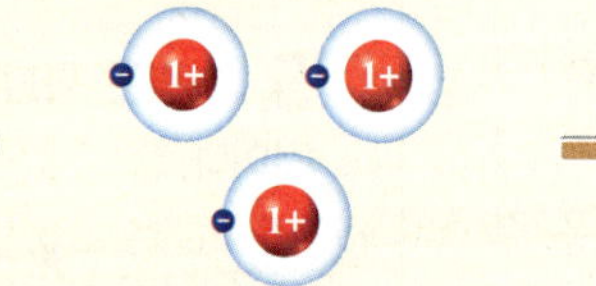

수소(H)

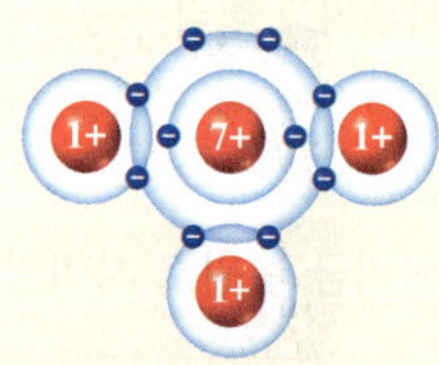

암모니아(NH_3)

Ne과 같은 전자 배치를 이루기 위해 전자 3개가 필요하다.

He과 같은 전자 배치를 이루기 위해 각 원자는 전자 1개가 필요하다.

N 원자 1개와 H 원자 3개가 총 3개의 전자쌍을 공유하여 결합한다. ➡ N는 Ne, H는 He과 같은 전자 배치를 이룬다.

Q2. 이산화 탄소의 전자 배치 모형을 그려 보고, ( ) 안을 채워 보자.

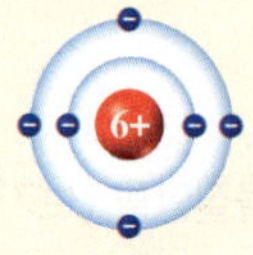

탄소(C)

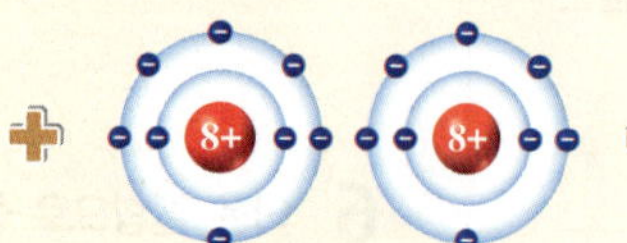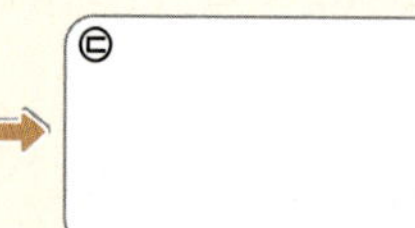

산소(O)

ⓒ

이산화 탄소(CO_2)

Ne과 같은 전자 배치를 이루기 위해 전자 ㉠( )개가 필요하다.

Ne과 같은 전자 배치를 이루기 위해 각 원자는 전자 ㉡( )개가 필요하다.

C 원자 1개와 O 원자 2개가 총 ㉢( )개의 전자쌍을 공유하여 결합한다. ➡ C와 O는 ㉣( )과 같은 전자 배치를 이룬다.

C 이온 결합 물질과 공유 결합 물질의 성질

1. 이온 결합 물질　이온 결합으로 생성된 물질

① 수많은 양이온과 음이온이 규칙적으로 배열된 3차원의 입체 구조를
이룬다. → 결정이라고 한다.

② 화합물은 전기적으로 중성이므로 양(+)전하의 전체 양과 음(−)전
하의 전체 양이 같아지도록 양이온과 음이온이 결합한다. ➡ 이온의
종류에 따라 결합하는 이온의 개수비가 달라진다.

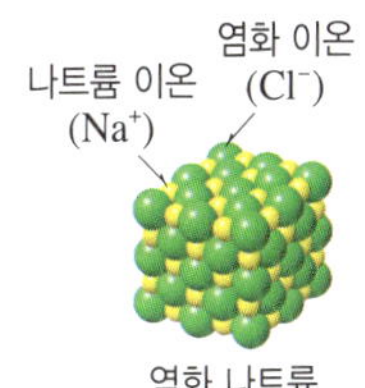

⬆ 염화 나트륨의 모형

> (양이온의 전하 × 양이온 수) + (음이온의 전하 × 음이온 수) = 0

| 이온 결합 물질의 ◆화학식 |

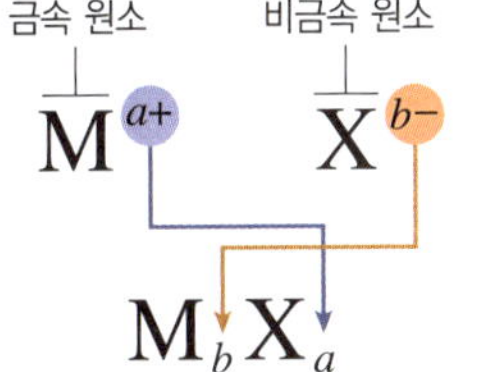

· 금속 원소(양이온)의 원소 기호를 먼저 쓰고,
비금속 원소(음이온)의 원소 기호를 나중에
쓴다.

· a와 b는 가장 간단한 정수비로 나타내고, 1인
경우 생략한다.

이온의 개수비 Na⁺ : Cl⁻ = 1 : 1

$CaCl_2$

이온의 개수비 Ca²⁺ : Cl⁻ = 1 : 2

③ 우리 주변의 이온 결합 물질 → 이외에도 철이 부식되어 녹슨 상태인 산화 철(Ⅲ)(Fe_2O_3), 비누 제조에 이용되는 수산화 나트륨(NaOH), 제빵 소다에 들어 있는 탄산수소 나트륨($NaHCO_3$) 등이 있다.

물질	화학식	특징
염화 나트륨	NaCl	소금의 주성분
염화 칼슘	$CaCl_2$	제설제의 성분
탄산 칼슘	$CaCO_3$	달걀 껍데기의 주성분
수산화 마그네슘	$Mg(OH)_2$	제산제의 성분

2. 공유 결합 물질　공유 결합으로 생성된 물질

① ◆일정한 수의 원자들이 결합하여 분자를 이룬다. → 공유 결합 물질의 화학식은 분자를 나타내므로 분자식이라고 한다.

| 공유 결합 물질의 분자 모형과 화학식 |

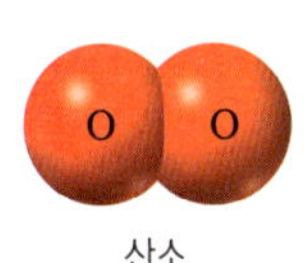

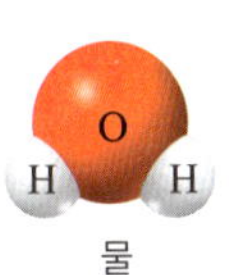

분자를 이루는 원자의 수를 원소
기호 뒤에 정수로 나타낸다.

② 우리 주변의 공유 결합 물질 → 이외에도 냉각제로 이용되는 드라이아이스(CO_2), 수액에 이용되는 포도당($C_6H_{12}O_6$), 의약품인 아스피린($C_9H_8O_4$) 등이 있다.

물질	화학식	특징
질소	N_2	자동차의 에어백이나 과자 봉지의 충전재
뷰테인	C_4H_{10}	휴대용 가스레인지의 연료
설탕	$C_{12}H_{22}O_{11}$	조미료
에탄올	C_2H_5OH	소독용 알코올

✳ 이온 결합 물질의 용해
이온 결합 물질을 물에 녹이면 양
이온과 음이온이 각각 물 분자에
둘러싸여 쉽게 나누어진다.

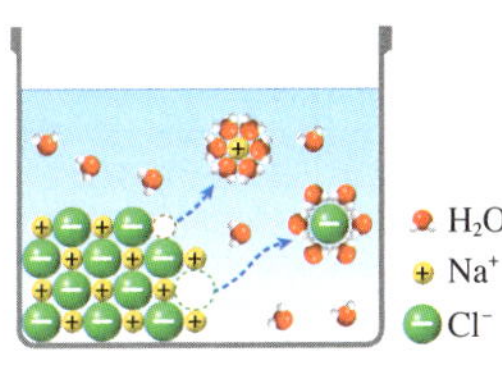

⬆ 염화 나트륨의 용해

◆ 화학식
물질을 구성하는 원자의 종류와
개수를 원소 기호로 나타낸 것

◆ 분자를 이루는 원자 수와 분자의 종류
같은 종류의 원자가 공유 결합을
형성하더라도 결합한 원자의 수가
다르면 서로 다른 분자가 생성된다.
예 물(H_2O), 과산화 수소(H_2O_2)

✳ 인류의 생존에 필수적인 물질
· 산소(O_2): 공유 결합 물질로, 생
명체의 호흡에 필요하다.
· 물(H_2O): 공유 결합 물질로, 몸
의 체온을 조절하고 영양분을
운반하는 데 관여한다. 우리 몸
의 60 %~70 %는 물로 이루어
져 있다.
· 소금: 소금의 주성분인 염화 나
트륨(NaCl)은 이온 결합 물질
이며, 체액의 삼투압을 유지하는
데 관여한다.

암기해

이온 결합 물질과 공유 결합 물질의 전기 전도성

구분	이온 결합 물질	공유 결합 물질
고체 상태	×	×
수용액 상태	○	×

궁금해

물이 묻은 손으로 콘센트를 만지면 위험한 까닭은?

순수한 물은 전류가 흐르지 않지만 수돗물이나 손에 묻은 땀에는 염분 등의 이온 결합 물질이 녹아 있어 물이 묻은 손으로 콘센트를 만지면 전류가 흘러 감전의 위험이 있으므로 주의해야 한다.

🔖 비상 교과서에만 나와요.

◆ **공유 결합 물질의 전기 전도성**
흑연은 고체 상태에서 자유롭게 이동할 수 있는 전자가 있어 전기 전도성이 있다. 또 염화 수소, 암모니아 등과 같이 물에 녹아 이온을 생성하는 물질은 수용액 상태에서 전기 전도성이 있다.

◆ **증류수의 전기 전도성**
증류수는 이온이 들어 있지 않아서 전류가 흐르지 않는다. 증류수는 전기 전도성이 없으므로 물질을 증류수에 녹여 수용액 상태의 전기 전도성을 확인한다.

◆ **황산 구리(Ⅱ)**
황산 구리(Ⅱ)($CuSO_4$)의 구리 이온(Cu^{2+})이 +2의 전하를 나타내므로 (Ⅱ)를 표시한다. Cu^+도 존재하므로 이와 같이 표시하여 구별한다.

---

3. 이온 결합 물질과 공유 결합 물질의 성질

① **이온 결합 물질의 전기 전도성**: 이온 결합 물질은 고체 상태에서는 이온이 이동할 수 없으므로 전기 전도성이 없지만, 수용액 상태에서는 이온이 자유롭게 이동할 수 있으므로 전기 전도성이 있다. → 이온 결합 물질은 액체 상태에서도 전기 전도성이 있다.

| 염화 나트륨 수용액의 전기 전도성 |

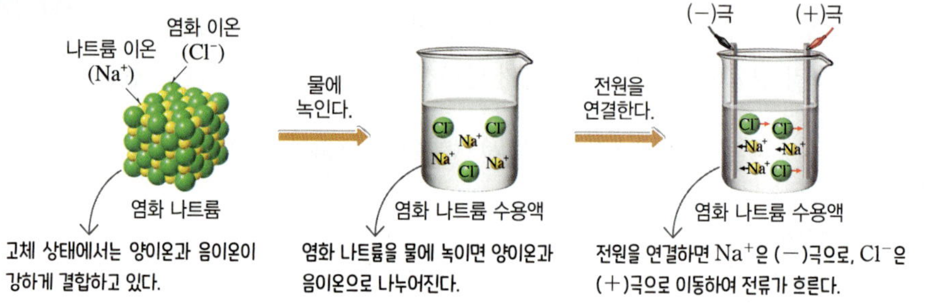

② ◆**공유 결합 물질의 전기 전도성**: 공유 결합 물질은 대부분 고체 상태와 수용액 상태에서 전기적으로 중성인 분자로 존재하므로 전기 전도성이 없다.

| 설탕 수용액의 전기 전도성 |

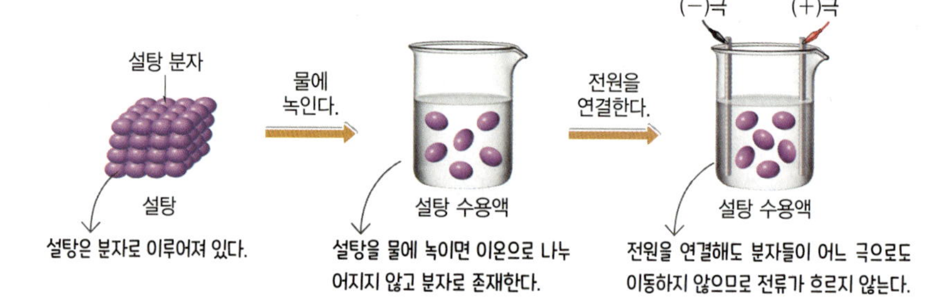

탐구 자료창 **이온 결합 물질과 공유 결합 물질의 전기 전도성 비교**

고체 상태와 ◆수용액 상태에서 다음 물질에 전기 전도성 측정기를 담가 전류가 흐르는지 관찰한다.
└ ◆전류가 흐르면 불이 켜지고 소리가 난다.

> 염화 나트륨, 염화 칼슘, ◆황산 구리(Ⅱ), 설탕, 포도당

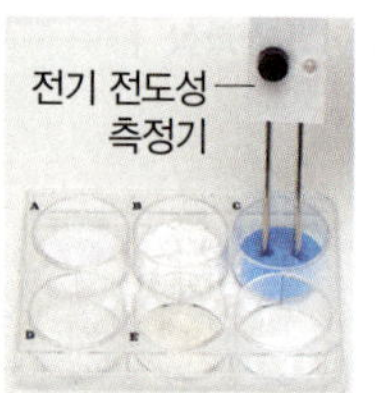
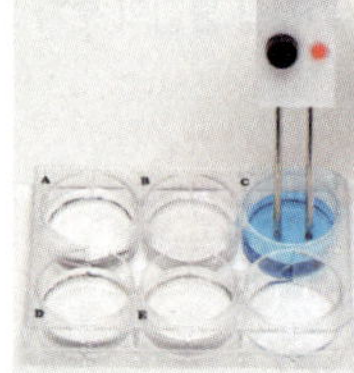

1. 물질의 전기 전도성

(○: 전기 전도성 있음, ×: 전기 전도성 없음)

구분	염화 나트륨	염화 칼슘	황산 구리(Ⅱ)	설탕	포도당
화학 결합	이온 결합			공유 결합	
고체 상태	×	×	×	×	×
수용액 상태	○	○	○	×	×

2. 이온 결합 물질은 고체 상태에서는 전기 전도성이 없고, 수용액 상태에서는 전기 전도성이 있다.

3. 공유 결합 물질은 고체 상태와 수용액 상태에서 모두 전기 전도성이 없다.

개념확인 문제

핵심 체크 ●

- ▶ (❶　　　　) 결합 물질: 수많은 양이온과 음이온이 규칙적으로 배열된 3차원의 입체 구조를 이룬다.
  예 염화 나트륨(NaCl), 염화 칼슘($CaCl_2$), 탄산 칼슘($CaCO_3$), 수산화 마그네슘($Mg(OH)_2$) 등
- ▶ (❷　　　　) 결합 물질: 일정한 수의 원자들이 결합하여 분자를 이룬다.
  예 질소(N_2), 뷰테인(C_4H_{10}), 설탕($C_{12}H_{22}O_{11}$), 에탄올(C_2H_5OH) 등
- ▶ 이온 결합 물질과 공유 결합 물질의 전기 전도성
  - 이온 결합 물질: 고체 상태에서는 전기 전도성이 (❸　　　　), 수용액 상태에서는 전기 전도성이 (❹　　　　).
  - 공유 결합 물질: 대부분 고체 상태와 수용액 상태에서 전기 전도성이 (❺　　　　).

---

1 이온 결합 물질에 대한 설명으로 옳은 것은 ○, 옳지 <u>않은</u> 것은 ×로 표시하시오.

(1) 양이온과 음이온이 항상 1 : 1의 개수비로 결합한다.
　　　　　　　　　　　　　　　　　　　　(　　)

(2) 고체 상태의 이온 결합 물질은 수많은 양이온과 음이온이 규칙적으로 배열된 입체 구조를 이룬다. ···· (　　)

(3) 물에 녹으면 양이온과 음이온으로 나누어진다.
　　　　　　　　　　　　　　　　　　　　(　　)

(4) 고체 상태와 수용액 상태에서 전기 전도성이 있다.
　　　　　　　　　　　　　　　　　　　　(　　)

2 공유 결합 물질에 대한 설명으로 옳은 것은 ○, 옳지 <u>않은</u> 것은 ×로 표시하시오.

(1) 2개 이상의 원자가 결합하여 분자를 이룬다. (　　)

(2) 설탕은 고체 상태에서 전기 전도성이 없다. ··· (　　)

(3) 포도당은 수용액 상태에서 전기 전도성이 있다.
　　　　　　　　　　　　　　　　　　　　(　　)

3 [보기]에서 (가)이온 결합 물질과 (나)공유 결합 물질을 각각 있는 대로 고르시오.

보기		
ㄱ. 물	ㄴ. 에탄올	ㄷ. 염화 나트륨
ㄹ. 황산 구리(Ⅱ)	ㅁ. 염화 칼슘	ㅂ. 설탕

4 그림은 물질 (가)와 (나)의 고체 상태 모형을 나타낸 것이다. (가)와 (나)는 각각 염화 나트륨과 설탕 중 하나이다.

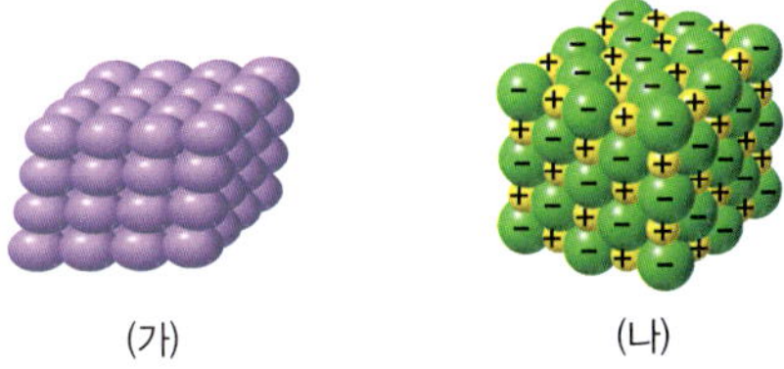

(　　) 안에 알맞은 말을 쓰시오.

(1) ㉠(　　)는 설탕이고, ㉡(　　)는 염화 나트륨이다.

(2) 고체 상태에서 (가)와 (나)는 모두 전기 전도성이 (　　).

(3) 수용액 상태에서 (가)는 전기 전도성이 ㉠(　　), (나)는 전기 전도성이 ㉡(　　).

5 표는 물질 (가)와 (나)의 전기 전도성에 대한 자료이다. (가)와 (나)는 각각 염화 칼슘과 포도당 중 하나이다.

물질		(가)	(나)
전기 전도성	고체 상태	없음	㉠(　　)
	수용액 상태	없음	있음

(1) 물질 (가)와 (나)의 이름을 각각 쓰시오.

(2) ㉠에 알맞은 결과를 쓰시오.

내신 만점 문제

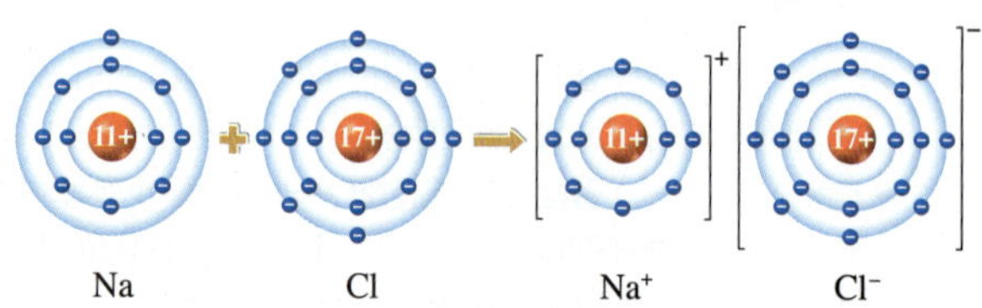

| **A** 화학 결합의 원리 | **B** 화학 결합의 종류 |

01 헬륨, 네온, 아르곤의 공통점으로 옳은 것만을 [보기]에서 있는 대로 고르시오.

> **보기**
> ㄱ. 18족 원소이다.
> ㄴ. 실온에서 이원자 분자로 존재한다.
> ㄷ. 가장 바깥 전자 껍질에 전자가 8개 채워진 전자 배치를 이룬다.

04 그림은 나트륨(Na) 원자와 염소(Cl) 원자가 결합하여 염화 나트륨(NaCl)을 생성하는 과정을 모형으로 나타낸 것이다.

이에 대한 설명으로 옳은 것만을 [보기]에서 있는 대로 고른 것은?

> **보기**
> ㄱ. NaCl은 이온 결합 물질이다.
> ㄴ. Cl^-은 Ne과 같은 전자 배치를 이룬다.
> ㄷ. NaCl의 생성 과정에서 전자는 Cl에서 Na으로 이동한다.

① ㄱ 　　② ㄷ 　　③ ㄱ, ㄴ
④ ㄴ, ㄷ 　　⑤ ㄱ, ㄴ, ㄷ

02 그림은 주기율표의 일부를 나타낸 것이다.

A～F 중 가장 안정한 이온이 되었을 때 네온(Ne)과 같은 전자 배치를 이루는 원자의 수는? (단, A～F는 임의의 원소 기호이다.)

① 2 　② 3 　③ 4 　④ 5 　⑤ 6

03 그림은 원자 A～C의 전자 배치를 모형으로 나타낸 것이다.

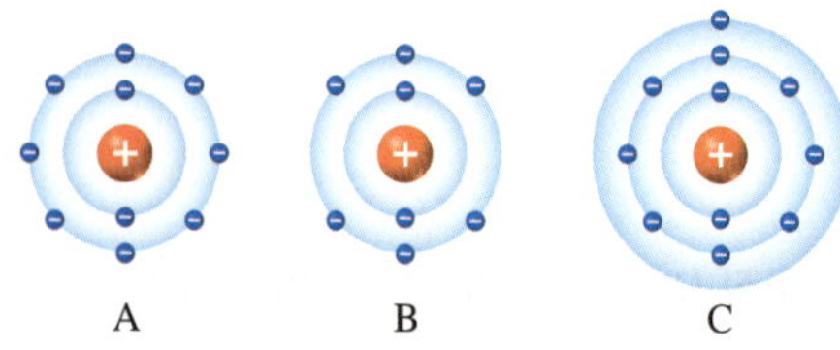

이에 대한 설명으로 옳은 것만을 [보기]에서 있는 대로 고르시오. (단, A～C는 임의의 원소 기호이다.)

> **보기**
> ㄱ. A는 2주기 18족 원소이다.
> ㄴ. B^{2-}의 전자 배치는 A와 같다.
> ㄷ. B와 C는 이온 결합을 형성한다.

05 그림은 원자 A와 B가 결합하여 분자 (가)를 생성하는 과정을 모형으로 나타낸 것이다.

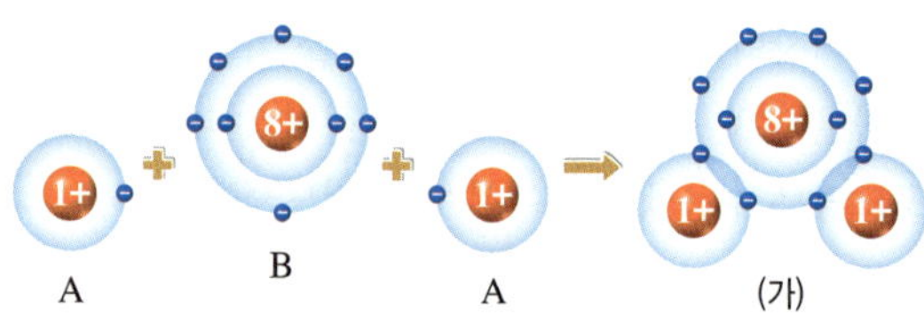

이에 대한 설명으로 옳은 것만을 [보기]에서 있는 대로 고른 것은? (단, A와 B는 임의의 원소 기호이다.)

> **보기**
> ㄱ. A와 B는 모두 비금속 원소이다.
> ㄴ. (가)의 공유 전자쌍 수는 2이다.
> ㄷ. (가)에서 A와 B는 같은 전자 배치를 이룬다.

① ㄱ 　　② ㄷ 　　③ ㄱ, ㄴ
④ ㄴ, ㄷ 　　⑤ ㄱ, ㄴ, ㄷ

중요 **06** 그림은 화합물 AB와 C_2D를 화학 결합 모형으로 나타낸 것이다.

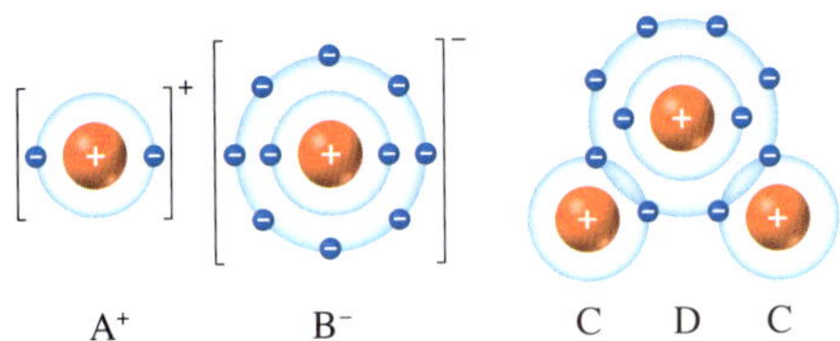

이에 대한 설명으로 옳지 <u>않은</u> 것은? (단, $A \sim D$는 임의의 원소 기호이다.)

① AB는 이온 결합 물질, C_2D는 공유 결합 물질이다.
② AB에서 A^+과 C_2D에서 C는 같은 전자 배치를 이룬다.
③ 원자가 전자 수는 A와 C가 같다.
④ 원자 번호는 $D > B$이다.
⑤ A와 D는 이온 결합을 형성한다.

중요 **07** 그림은 주기율표의 일부를 나타낸 것이다.

주기＼족	1	2	13	14	15	16	17	18
1								A
2	B					C	D	
3	E						F	

이에 대한 설명으로 옳은 것만을 [보기]에서 있는 대로 고른 것은? (단, $A \sim F$는 임의의 원소 기호이다.)

> [보기]
> ㄱ. B와 D로 이루어진 물질에서 B의 전자 배치는 A와 같다.
> ㄴ. CD_2와 E_2C의 화학 결합의 종류는 같다.
> ㄷ. E와 F는 1 : 1로 결합하여 안정한 화합물을 형성한다.

① ㄱ   ② ㄴ   ③ ㄱ, ㄷ
④ ㄴ, ㄷ   ⑤ ㄱ, ㄴ, ㄷ

08 그림은 원자 $A \sim C$의 전자 배치를 모형으로 나타낸 것이다.

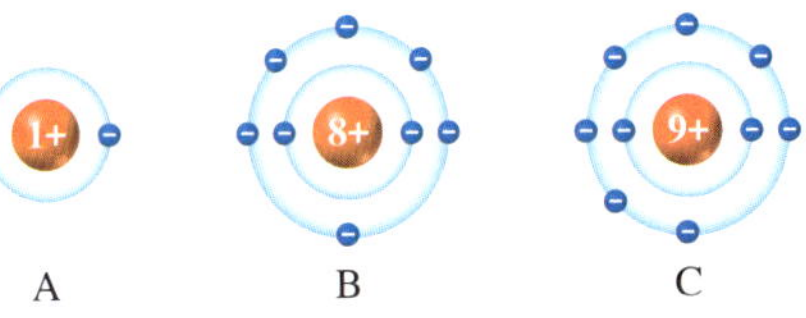

A_2, B_2, C_2의 공유 전자쌍 수를 모두 합한 값은? (단, $A \sim C$는 임의의 원소 기호이다.)

① 2   ② 3   ③ 4
④ 5   ⑤ 6

C **이온 결합 물질과 공유 결합 물질의 성질**

중요 **09** 이온 결합 물질과 공유 결합 물질에 대한 설명으로 옳지 <u>않은</u> 것은?

① 공유 결합 물질은 분자로 존재한다.
② 이온 결합 물질은 양이온과 음이온 사이의 정전기적 인력으로 결합되어 있다.
③ 이온 결합 물질은 고체 상태에서 전기 전도성이 있다.
④ 공유 결합 물질은 대부분 수용액 상태에서 전기 전도성이 없다.
⑤ 염화 칼슘, 염화 나트륨은 이온 결합 물질이고, 설탕, 에탄올은 공유 결합 물질이다.

10 그림은 고체 염화 나트륨(NaCl)의 구조를 나타낸 것이다. ㉠은 음($-$)전하를 띠고, ㉡은 양($+$)전하를 띤다. 이에 대한 설명으로 옳은 것만을 [보기]에서 있는 대로 고른 것은?

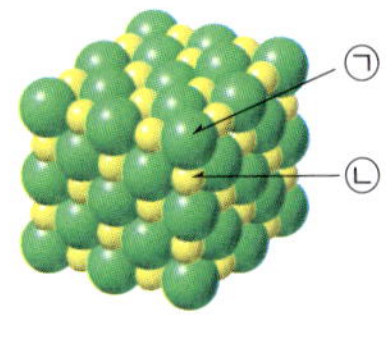

> [보기]
> ㄱ. ㉠과 ㉡의 전자 수 차는 6이다.
> ㄴ. 염화 나트륨에서 개수비는 ㉠ : ㉡＝1 : 1이다.
> ㄷ. 고체 염화 나트륨은 전기 전도성이 있다.

① ㄱ   ② ㄴ   ③ ㄷ
④ ㄱ, ㄴ   ⑤ ㄴ, ㄷ

중요 **11** 다음은 물질 A와 B의 전기 전도성을 확인하기 위한 실험이다. A와 B는 각각 염화 나트륨과 설탕 중 하나이다.

[실험 과정]
(가) 고체 상태의 A와 B에 전기 전도성 측정기를 대어 전류가 흐르는지 확인한다.
(나) 고체 상태의 A와 B를 증류수에 넣어 녹인 후 전기 전도성 측정기를 담가 전류가 흐르는지 확인한다.

[실험 결과]

과정	전기 전도성	
	A	B
(가)	없음	없음
(나)	있음	없음

이에 대한 설명으로 옳은 것만을 [보기]에서 있는 대로 고른 것은?

보기
ㄱ. A는 염화 나트륨이다.
ㄴ. B는 공유 결합 물질이다.
ㄷ. A의 수용액에는 이온이 존재한다.

① ㄱ   ② ㄷ   ③ ㄱ, ㄴ
④ ㄴ, ㄷ   ⑤ ㄱ, ㄴ, ㄷ

중요 **12** 그림은 물질 A와 B를 각각 물에 녹인 수용액의 전기 전도성을 확인하는 실험 장치를 나타낸 것이다. A와 B는 각각 황산 구리(Ⅱ)와 포도당 중 하나이다.

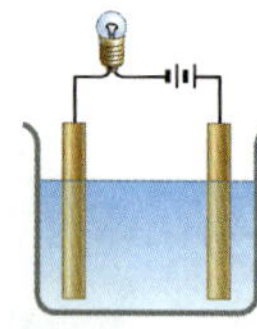  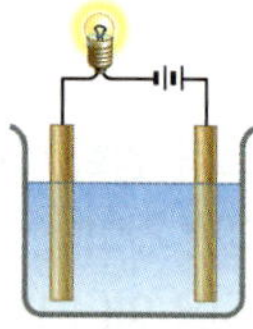

(가) A 수용액   (나) B 수용액

이에 대한 설명으로 옳은 것만을 [보기]에서 있는 대로 고른 것은?

보기
ㄱ. A는 포도당이다.
ㄴ. B 수용액에서 음이온은 (+)극으로 이동한다.
ㄷ. A와 B는 모두 고체 상태에서 전기 전도성이 있다.

① ㄱ   ② ㄷ   ③ ㄱ, ㄴ
④ ㄴ, ㄷ   ⑤ ㄱ, ㄴ, ㄷ

13 표는 물질 (가)~(라)에 대한 자료이다. (가)~(라)는 각각 질소, 뷰테인, 염화 칼슘, 탄산 칼슘 중 하나이다.

물질	이용
(가)	제설제
(나)	휴대용 가스레인지의 연료
(다)	과자 봉지의 충전재
(라)	달걀 껍데기의 주성분

(가)~(라) 중 이온 결합 물질만을 옳게 짝 지은 것은?

① (가), (나)   ② (가), (라)   ③ (나), (다)
④ (나), (라)   ⑤ (다), (라)

서술형 문제

14 그림은 화합물 AB와 CB를 화학 결합 모형으로 나타낸 것이다. (단, A~C는 임의의 원소 기호이다.)

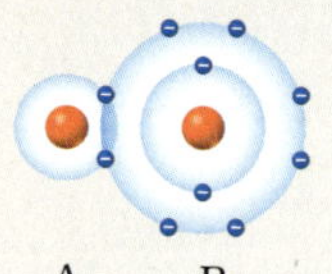 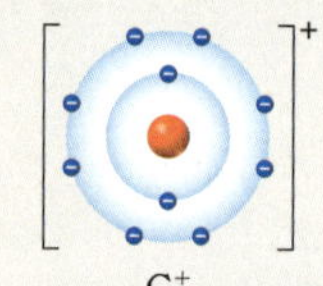 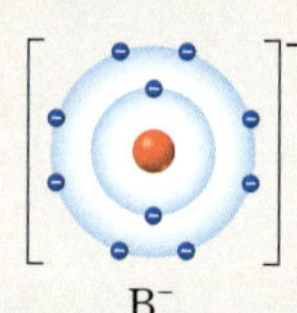

A   B C^+ B^-

(1) AB와 CB의 화학 결합의 종류를 각각 쓰시오.

(2) CB가 수용액 상태에서 전기 전도성이 있는지를 판단하고, 그 까닭과 함께 서술하시오.

15 그림은 원자 A와 C가 각각 원자 B와 결합하여 안정한 화합물 (가)와 (나)를 생성하는 것을 모형으로 나타낸 것이다. (단, A~C는 임의의 원소 기호이다.)

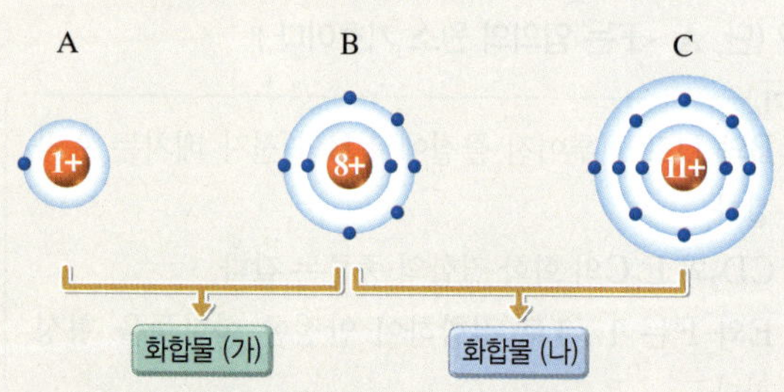

(가)와 (나)를 생성하는 화학 결합의 종류를 그 까닭과 함께 서술하시오.

실력 UP 문제

01 그림은 화합물 A_2B와 CD_2를 화학 결합 모형으로 나타낸 것이다.

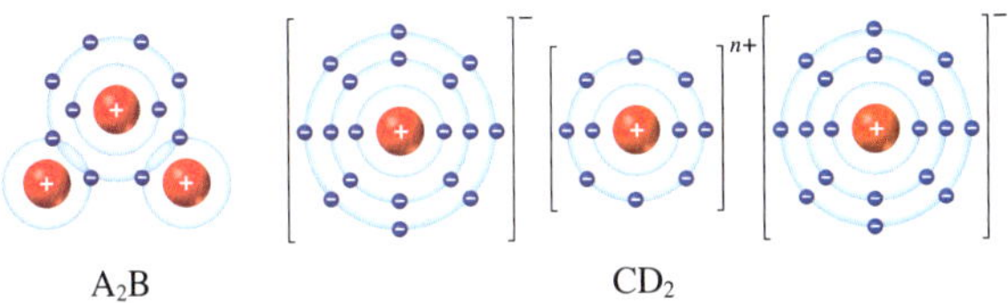

A_2B CD_2

이에 대한 설명으로 옳은 것만을 [보기]에서 있는 대로 고른 것은? (단, A~D는 임의의 원소 기호이다.)

> **보기**
> ㄱ. $n=2$이다.
> ㄴ. A~D 중 2주기 원소는 두 가지이다.
> ㄷ. B와 C는 1 : 1로 결합하여 안정한 화합물을 형성한다.

① ㄱ   ② ㄴ   ③ ㄱ, ㄷ
④ ㄴ, ㄷ   ⑤ ㄱ, ㄴ, ㄷ

02 그림은 화합물 ABC를 화학 결합 모형으로 나타낸 것이다.

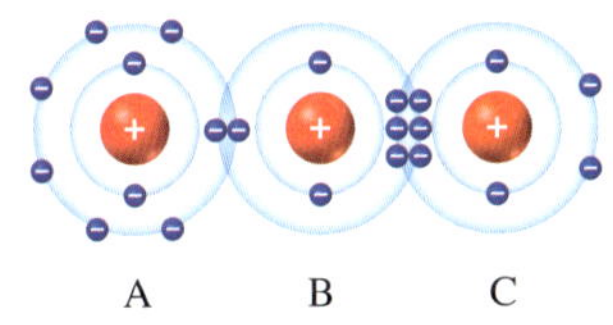

A   B   C

이에 대한 설명으로 옳은 것만을 [보기]에서 있는 대로 고른 것은? (단, A~C는 임의의 원소 기호이다.)

> **보기**
> ㄱ. ABC는 공유 결합 물질이다.
> ㄴ. 원자가 전자 수는 A>C>B이다.
> ㄷ. 공유 전자쌍 수는 $C_2>A_2$이다.

① ㄱ   ② ㄷ   ③ ㄱ, ㄴ
④ ㄴ, ㄷ   ⑤ ㄱ, ㄴ, ㄷ

03 그림은 이온 A^{2+}, B^-, C^{2-}의 전자 배치를 모형으로 나타낸 것이다.

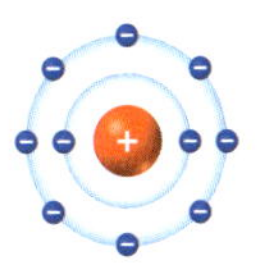

이에 대한 설명으로 옳은 것만을 [보기]에서 있는 대로 고른 것은? (단, A~C는 임의의 원소 기호이다.)

> **보기**
> ㄱ. 원자가 전자 수는 C가 A의 4배이다.
> ㄴ. AB_2는 이온 결합 물질이다.
> ㄷ. CB_2의 공유 전자쌍 수는 2이다.

① ㄱ   ② ㄴ   ③ ㄷ
④ ㄱ, ㄴ   ⑤ ㄴ, ㄷ

04 그림은 주기율표의 일부를, 표는 A~D로 이루어진 화합물의 화학식을 나타낸 것이다.

주기 \ 족	1	2	13	14	15	16	17	18
1	A							
2						B		
3	C						D	

화합물	(가)	(나)	(다)
화학식	A_2B	B_2	CD

이에 대한 설명으로 옳은 것만을 [보기]에서 있는 대로 고른 것은? (단, A~D는 임의의 원소 기호이다.)

> **보기**
> ㄱ. (가)~(다)는 모두 인류의 생존에 필수적인 물질이다.
> ㄴ. (다)를 액체 (가)에 녹인 용액은 전기 전도성이 있다.
> ㄷ. 화합물 AD와 C_2B는 화학 결합의 종류가 같다.

① ㄱ   ② ㄷ   ③ ㄱ, ㄴ
④ ㄴ, ㄷ   ⑤ ㄱ, ㄴ, ㄷ

★ **핵심 포인트**
- 지각과 생명체의 구성 원소 ★
- 규산염 사면체의 구조와 특징 ★★
- 규산염 광물의 결합 구조 ★★★

A 지각과 생명체 구성 물질의 규칙성

1. 지각과 생명체의 구성 원소

① **지각과 생명체에 공통적으로 많은 원소 : 산소** → 산소는 수소, 탄소, 규소 등 다른 원소와 쉽게 결합하여 다양한 물질을 만들 수 있기 때문

| 지각과 생명체(사람)를 구성하는 원소 비교 |

지각(질량비)
산소 46.6 % | 규소 27.7 % | 알루미늄 8.1 % | 철 5.0 % | 칼슘 3.6 % | 나트륨 2.8 % | 칼륨 2.6 % | 마그네슘 2.1 % | 기타 1.5 %

- 구성 원소: 산소>규소>알루미늄>철>칼슘>나트륨>칼륨>마그네슘 → 지각의 8대 구성 원소
- 지각을 이루는 광물의 대부분은 산소와 규소로 이루어진 규산염 광물이다. → 지각은 암석으로, 암석은 광물로 이루어져 있다.

생명체(질량비)
산소 65.0 % | 탄소 18.5 % | 수소 9.5 % | 질소 3.3 % | 칼슘 1.5 % | 인 1.0 % | 기타 1.2 %

- 구성 원소: 산소>탄소>수소>질소
- 생명체를 구성하는 유기물은 탄소로 이루어진 탄소 화합물이다.

② **지각과 생명체를 구성하는 원소의 기원** : 대부분 별의 진화 과정에서 생성되었다. → 별의 내부에서 핵융합 반응, 초신성 폭발 과정

2. 지각과 생명체를 구성하는 물질의 결합 규칙성 구성 원소의 종류나 비율이 다르지만, 일정한 구조를 가진 ❶기본 단위체가 반복적으로 결합하여 다양한 물질을 이루고 있다.

➡ 규산염 광물은 규산염 사면체를, 단백질은 아미노산을, 핵산은 뉴클레오타이드를 기본 단위체로 하여 만들어진다.

B 지각을 구성하는 물질

1. 규산염 광물 산소와 규소로 이루어진 규산염 사면체를 기본 단위체로 하여 규산염 사면체들이 일정한 규칙에 따라 화학적으로 결합하여 만들어진 광물

① **규소의 화학적 성질** : 규소(Si)는 14족 원소로, 원자가 전자가 4개이다.
➡ 최대 4개의 원자와 결합 가능

② **규산염 사면체** : 규소 원자 1개와 산소 원자 4개가 공유 결합한 Si－O 사면체로, 정사면체 모양을 이룬다.

⬆ 규소의 전자 배치

| 규산염 사면체(Si－O 사면체)의 구조와 특징 |

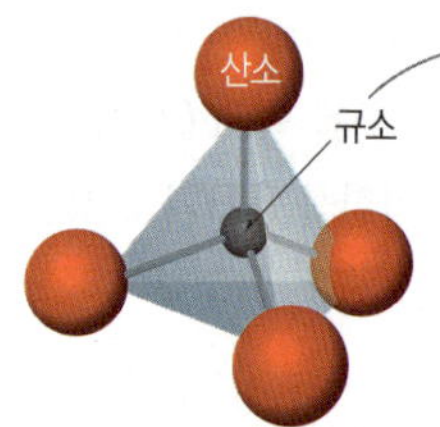

→ 규소는 원자가 전자가 4개이므로 4개의 산소와 전자쌍을 공유하여 공유 결합을 한다.

- 구조: 사면체의 중심부에 규소 원자 1개가 위치하고, 사면체의 각 꼭지점에 산소 원자 4개가 위치한다. ➡ 정사면체 구조
- 전하: －4가의 음전하를 띤다.(SiO_4^{4-})

◆ **규산염 광물과 비규산염 광물**
암석을 이루고 있는 주된 광물을 조암 광물이라고 한다. 조암 광물 중 90 % 이상은 규산염 광물이, 나머지는 비규산염 광물이 차지한다. 비규산염 광물에는 원소 광물, 산화 광물, 탄산염 광물 등이 있다.

◆ **원소의 기원**
- 수소, 헬륨: 빅뱅 이후 우주 초기에 생성
- 헬륨~철: 별의 내부에서 핵융합 반응으로 생성 예 탄소, 산소, 질소, 마그네슘, 규소, 철 등
- 철보다 무거운 원소: 초신성 폭발 과정에서 생성 예 니켈, 구리, 금, 납, 우라늄 등

지각을 구성하는 원소는 Ⅱ－1－02. 지구와 생명체를 구성하는 원소의 생성 단원의 지구의 구성 원소와 합쳐져 원소의 기원을 묻는 문제가 출제될 수 있어요.

◆ **규소**
반도체의 주요 원료이며 유리, 세라믹, 합금 등의 재료로 많이 이용된다.

용어

❶ **기본 단위체(단위체)** 크고 복잡한 물질을 만들 때 반복해서 이용되는 기본 단위가 되는 물질

2. 규산염 광물의 결합

① **규산염 광물의 결합**: 규산염 사면체는 음전하를 띠기 때문에 양이온과 결합하거나 이웃하 ← 이온 결합
는 다른 규산염 사면체와 산소를 공유하면서 결합하여 전기적으로 중성이 된다.
← 공유 결합

② **규산염 광물의 결합 구조**: 규산염 사면체가 결합하는 방식에 따라 다양한 종류의 광물이 만
들어진다.

독립형 구조	단사슬 구조	복사슬 구조	판상 구조	망상 구조
← 규산염 사면체 사이에 공유하는 산소가 없다.				
규산염 사면체 1개가 독립적으로 철이나 마그네슘 등의 양이온과 결합	규산염 사면체가 양쪽의 산소를 공유하면서 한 줄로 길게 이어진 형태로 결합	단사슬 2개가 서로 연결되어 두 줄로 길게 이어진 형태로 결합	규산염 사면체에서 산소 3개를 다른 규산염 사면체들과 공유하여 판 모양으로 결합	규산염 사면체의 산소 4개를 모두 주변의 규산염 사면체와 공유하여 입체적으로 결합
예 감람석	예 휘석	예 각섬석	예 흑운모	예 장석, 석영

없다	적다 ←	공유하는 산소 수	→ 많다
크다 ←		규소에 대한 산소의 개수비	→ 작다
약하다 ←		풍화에 강한 정도	→ 강하다

← 규산염 광물은 규산염 사면체 간 공유하는 산소의 수가 많아 결합 구조가 복잡할수록 풍화에 강한 특성을 갖는다.

| **규산염 사면체($Si-O$ 사면체)의 결합 원리** |

단사슬 구조	↗ 산소 원자 1개가 떨어져 나가고, 나머지 산소 원자를 공유한다. → 규산염 사면체가 양쪽의 산소를 공유하여 결합
복사슬 구조	→ 단사슬 2개가 연결된 이중 사슬 모양으로 결합
판상 구조	→ 규산염 사면체가 산소 3개를 공유하여 평면으로 결합

③ **규산염 광물의 성질**: 규산염 광물의 결합 구조는 풍화에 강한 정도, ❷결정형, ◆쪼개짐이나 깨짐 등의 성질에 영향을 미친다. 🔒 천재 교과서에만 나와요.

원자 배열이 일정한 방법에 따라 반복되기 때문에 결정형이 나타난다.

구분	감람석	휘석	각섬석	흑운모	장석	석영
결정형	짧은 기둥 모양	짧은 기둥 모양	긴 기둥 모양	판 모양	두꺼운 판 모양	육각 기둥 모양
쪼개짐	없음(깨짐)	쪼개짐(2방향)	쪼개짐(2방향)	쪼개짐(1방향)	쪼개짐(2방향)	없음(깨짐)

④ **규산염 광물의 색**: 규산염 광물 중에서 감람석, 휘석, 각섬석, 흑운모는 어두운색을 띠고 장석, 석영은 밝은색을 띤다. →

어두운색을 띠는 광물은 철과 마그네슘이 상대적으로 많이 포함되어 있어 밝은색을 띠는 광물보다 밀도가 크다.

◆ **장석과 석영**

규산염 광물 중 가장 많은 비율을 차지하는 광물은 장석으로, 망상 구조를 가지고 있지만 석영과 달리 규산염 사면체 중 일부가 규소 대신 알루미늄 등의 양이온으로 이루어져 있다. 석영은 산소와 규소로만 이루어져 있다.

모래에는 석영 입자가 왜 많을까?

풍화에 가장 강한 규산염 광물은 석영이다. 따라서 암석이 오랜 시간 동안 풍화를 받을수록 석영 입자의 상대적 비율이 높아지기 때문에 바닷가 또는 강가의 모래는 대부분 석영 입자로 이루어져 있다.

규산염 광물의 결합 구조와 예

- **독립형 구조**: 감람석
- **단사슬 구조**: 휘석
- **복사슬 구조**: 각섬석
- **판상 구조**: 흑운모
- **망상 구조**: 장석, 석영

◆ **쪼개짐과 깨짐**

광물에 충격을 가했을 때 결합력이 약한 부분을 따라 규칙성 있게 갈라지면 쪼개짐이라 하고, 불규칙하게 부서지면 깨짐이라고 한다.

← 규산염 사면체의 결합력이 모든 방향에서 비슷하기 때문

용어

❷ **결정형**(結 맺다, 晶 밝다, 形 모양) 원자 배열에 의해 나타나는 광물의 겉모습

개념확인 문제

● 핵심 체크 ●

- ▶ **지각과 생명체의 구성 원소**: 지각에는 산소와 (❶   )가 많고, 생명체에는 산소와 (❷   )가 많다.
- ▶ **지각과 생명체를 구성하는 물질**: 일정한 구조를 가진 (❸   )가 반복적으로 결합하여 다양한 물질을 이루고 있다. ➡ 지각을 구성하는 암석은 대부분 산소와 규소가 결합한 (❹   ) 광물로 이루어져 있다.
- ▶ **규산염 광물**: 규산염 사면체를 기본 단위체로 하여 규산염 사면체 간의 화학적 결합으로 만들어진 광물
  - (❺   ): 규소 원자 1개와 산소 원자 4개가 공유 결합한 Si−O 사면체 ➡ 음전하를 띤다.
  - 규산염 광물의 결합 구조: 독립형 구조(예 감람석), 단사슬 구조(예 휘석), 복사슬 구조(예 각섬석), (❻   ) 구조(예 흑운모), (❼   ) 구조(예 장석, 석영)

---

1 지각과 생명체의 구성 물질에 대한 설명으로 옳은 것은 ○, 옳지 <u>않은</u> 것은 ×로 표시하시오.

(1) 지각과 생명체에서 가장 많은 원소는 규소이다.
  ·· (   )

(2) 지각을 구성하는 물질은 대부분 산소와 규소가 결합한 규산염 광물이다. ···························· (   )

(3) 규산염 광물의 기본 단위체는 규산염 사면체이다.
  ·· (   )

2 그림은 규산염 사면체의 구조를 나타낸 것이다.
A, B에 해당하는 원소의 이름을 각각 쓰시오.

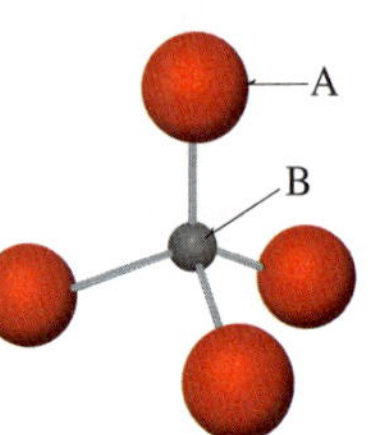

3 규산염 사면체에 대한 설명으로 옳은 것은 ○, 옳지 <u>않은</u> 것은 ×로 표시하시오.

(1) 지각을 이루는 광물은 모두 규산염 사면체를 기본 단위체로 하여 만들어졌다. ···························· (   )

(2) 규산염 사면체는 규소 원자 1개와 산소 원자 4개로 이루어져 있다. ·· (   )

(3) 규산염 사면체는 이웃한 규산염 사면체와 규소를 공유하여 결합을 한다. ·· (   )

(4) 규산염 사면체는 전기적으로 양전하를 띠고 있다.
  ·· (   )

4 지각의 암석을 이루고 있는 광물 중 가장 많은 비율을 차지하는 것은?

① 원소 광물　　② 산화 광물　　③ 황화 광물
④ 규산염 광물　　⑤ 탄산염 광물

5 규산염 광물의 특징에 대한 설명으로 옳은 것은 ○, 옳지 <u>않은</u> 것은 ×로 표시하시오.

(1) 규산염 광물은 Si−O 사면체가 다양하게 결합하여 만들어진다. ·· (   )

(2) 규산염 사면체 간 공유하는 산소 수가 가장 적은 결합 구조는 망상 구조이다. ···························· (   )

(3) 규산염 광물은 결합 구조가 복잡할수록 대체로 풍화에 약한 특성을 갖는다. ···························· (   )

6 그림 (가)∼(다)는 규산염 광물의 결합 구조를 나타낸 것이다.

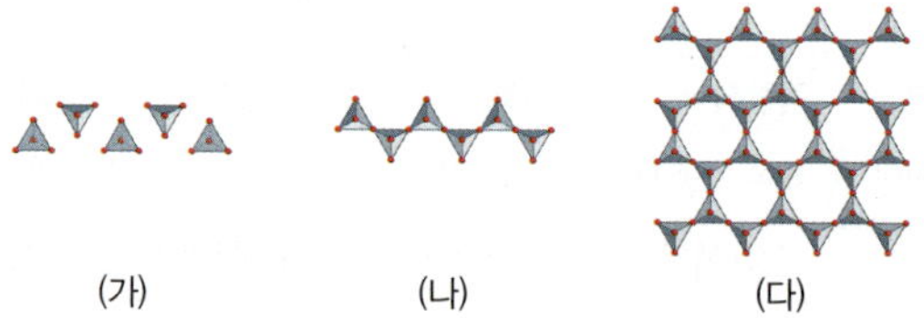

(가)　　　　　(나)　　　　　(다)

(가)∼(다) 결합 구조에 해당하는 규산염 광물의 대표적인 예를 각각 쓰시오.

내신 만점 문제

A 지각과 생명체 구성 물질의 규칙성

01 그림은 생명체인 사람을 구성하는 원소의 질량비를 나타 낸 것이다.
이에 대한 설명으로 옳은 것은?

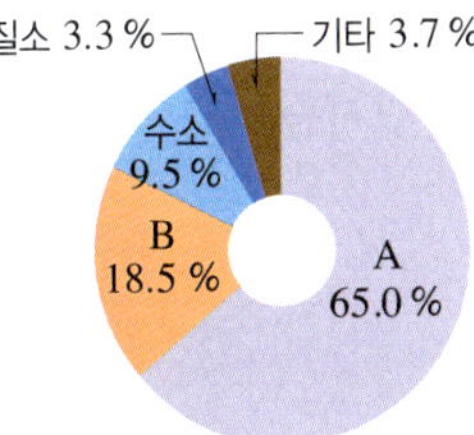

① A는 탄소이다.
② B는 지각에서도 풍부한 원소이다.
③ B는 규소와 같은 족 원소이다.
④ A와 B는 모두 우주 초기에 생성된 원소이다.
⑤ 생명체를 구성하는 물질의 기본 단위체는 단백질이다.

중요 02 표는 지각, 생명체인 사람을 구성하는 주요 원소를 나타 낸 것이다. (가)와 (나)는 각각 지각, 사람 중 하나이다.

구분	주요 구성 원소
(가)	(㉠)>탄소>수소>…
(나)	산소>(㉡)>알루미늄>…

이에 대한 설명으로 옳은 것만을 [보기]에서 있는 대로 고르시오.

보기
ㄱ. 원자가 전자 수는 ㉠이 ㉡보다 많다.
ㄴ. ㉡은 반도체의 주요 원료이다.
ㄷ. (가)와 (나)를 구성하는 물질 중 규산염 광물, 핵산은 기본 단위체가 반복적으로 결합하여 형성되었다.

03 지각과 생명체를 구성하는 원소와 그 기원에 대한 설명 으로 옳은 것만을 [보기]에서 있는 대로 고른 것은?

보기
ㄱ. 지각과 생명체에 공통으로 가장 많은 원소는 산소이다.
ㄴ. 지각을 구성하는 원소들은 대부분 우주 초기에 생성 되었다.
ㄷ. 생명체를 구성하는 원소 중 산소와 탄소는 우주가 탄 생한 이후 제일 먼저 생성된 원소이다.

① ㄱ   ② ㄴ   ③ ㄱ, ㄴ
④ ㄱ, ㄷ   ⑤ ㄴ, ㄷ

04 지각을 구성하는 물질에 대한 설명으로 옳은 것만을 [보기]에서 있는 대로 고른 것은?

보기
ㄱ. 지각은 광물로, 광물은 암석으로 이루어져 있다.
ㄴ. 지각을 구성하는 물질은 대부분 규산염 광물로 이루 어져 있다.
ㄷ. 지각을 구성하는 물질의 대부분은 탄소 중심의 기본 단위체가 결합한 물질로 이루어져 있다.

① ㄱ   ② ㄴ   ③ ㄱ, ㄷ
④ ㄴ, ㄷ   ⑤ ㄱ, ㄴ, ㄷ

05 다음은 지각과 생명체를 구성하는 물질의 종류가 다양 한 까닭을 설명한 것이다. (   ) 안에 공통적으로 들어가는 알맞은 말을 쓰시오.

크고 복잡한 물질을 만들 때 반복해서 이용되는 기본 단위가 되는 물질을 (   )라고 한다. 지각과 생명체 를 구성하는 물질은 각 물질의 (   )가 다양한 배열 을 하여 여러 종류의 새로운 화합물을 생성함으로써 그 종류가 다양해질 수 있다.

B 지각을 구성하는 물질

06 규산염 광물에 대한 설명으로 옳은 것만을 [보기]에서 있는 대로 고른 것은?

보기
ㄱ. 지각을 구성하는 암석은 대부분 수소와 산소로 이루 어진 광물이다.
ㄴ. 규산염 광물을 이루는 기본 단위체는 규산염 사면체 이다.
ㄷ. 규산염 광물은 규산염 사면체가 다른 규산염 사면체 와 산소를 공유하여 결합할 때만 만들어진다.

① ㄱ   ② ㄴ   ③ ㄱ, ㄷ
④ ㄴ, ㄷ   ⑤ ㄱ, ㄴ, ㄷ

[07~08] 그림은 규산염 사면체의 구조를 나타낸 것이다.

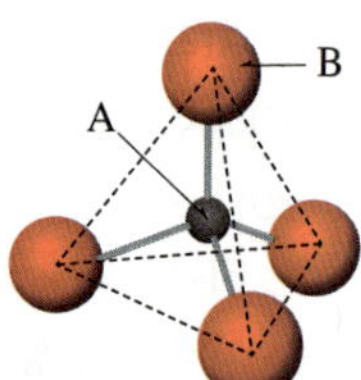

중요 07 A, B에 해당하는 원소의 이름과 규산염 사면체를 형성한 원소의 결합 방식을 옳게 짝 지은 것은?

	A	B	결합 방식
①	규소	산소	공유 결합
②	규소	산소	이온 결합
③	산소	규소	공유 결합
④	산소	규소	이온 결합
⑤	탄소	산소	공유 결합

중요 08 규산염 사면체에 대한 설명으로 옳은 것만을 [보기]에서 있는 대로 고른 것은?

> **보기**
> ㄱ. A는 2주기 원소이다.
> ㄴ. B는 14족 원소이다.
> ㄷ. 지각을 구성하는 원소의 질량비는 A가 B보다 작다.
> ㄹ. 규산염 사면체는 전기적으로 음전하를 띤다.

① ㄱ, ㄴ ② ㄱ, ㄷ ③ ㄷ, ㄹ
④ ㄱ, ㄴ, ㄹ ⑤ ㄴ, ㄷ, ㄹ

09 그림과 같은 규산염 광물의 결합 구조에 대한 설명으로 옳은 것은?

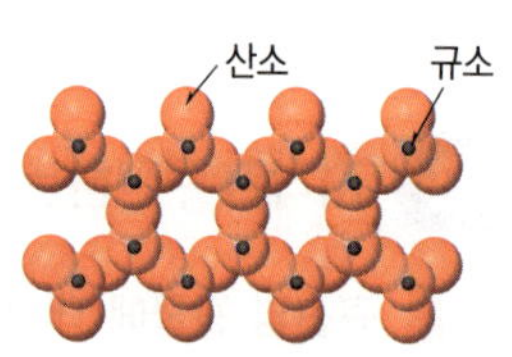

① 판 모양으로 결합한다.
② 대표적인 광물로 휘석이 있다.
③ 이 광물은 결정형이 얇은 판 모양이다.
④ 규산염 사면체가 산소 4개를 공유한다.
⑤ 광물에 충격을 가하면 쪼개짐이 나타난다.

10 다음에서 설명하는 규산염 광물의 이름을 쓰시오.

> • 규산염 사면체가 산소 3개를 공유하여 결합한다.
> • 얇은 판 모양으로 쪼개지고, 어두운색을 띤다.

중요 11 규산염 광물의 결합 구조와 광물의 예, 쪼개짐 또는 깨짐을 옳게 나열한 것은?

① 망상 구조 - 석영 - 깨짐
② 판상 구조 - 흑운모 - 깨짐
③ 복사슬 구조 - 휘석 - 깨짐
④ 독립형 구조 - 감람석 - 쪼개짐
⑤ 단사슬 구조 - 각섬석 - 쪼개짐

서술형 문제 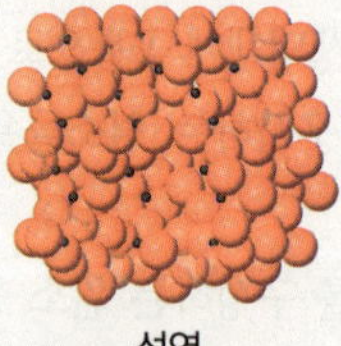

12 지각과 생명체를 구성하는 원소 중에서 가장 많은 질량비를 차지하는 원소의 이름을 각각 쓰고, 이들 원소가 우주에서 어떻게 생성된 것인지 각각 서술하시오.

13 지각을 이루는 광물은 대부분 규산염 광물이며, 규산염 광물의 종류는 매우 다양하다. 그 까닭을 다음의 요소를 고려하여 서술하시오.

> • 지각에 풍부한 원소 • 기본 단위체

중요 14 그림은 감람석과 석영의 결합 구조를 나타낸 것이다.

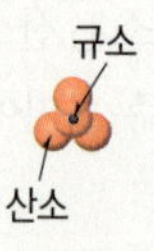

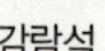

감람석   석영

풍화에 더 강한 광물의 이름을 쓰고, 그 까닭을 결합 구조와 관련 지어 서술하시오.

실력 UP 문제

01 그림 (가)와 (나)는 지각과 생명체를 구성하는 원소의 질량비를 순서 없이 나타낸 것이다.

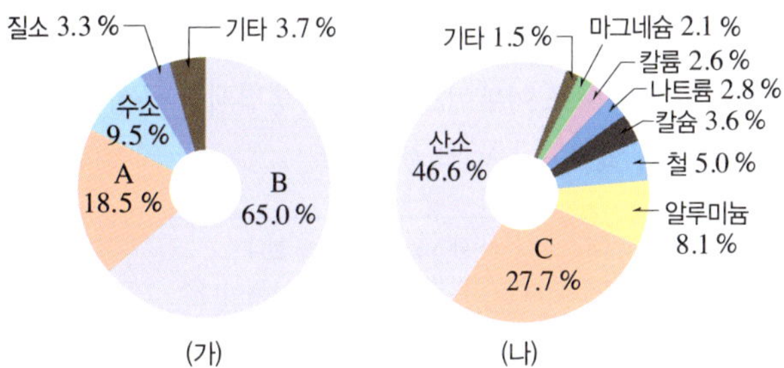

이에 대한 설명으로 옳은 것만을 [보기]에서 있는 대로 고른 것은?

[보기]
ㄱ. (가)는 생명체를 구성하는 원소이다.
ㄴ. B는 대기 중에서 가장 많은 원소이다.
ㄷ. A~C는 모두 질량이 태양과 비슷한 별의 내부에서 핵융합 반응으로 생성되었다.

① ㄱ   ② ㄴ   ③ ㄷ
④ ㄱ, ㄴ   ⑤ ㄴ, ㄷ

02 그림 (가)는 규산염 사면체의 구조를, (나)는 (가)의 A와 B 중 한 원소의 전자 배치를 나타낸 것이다.

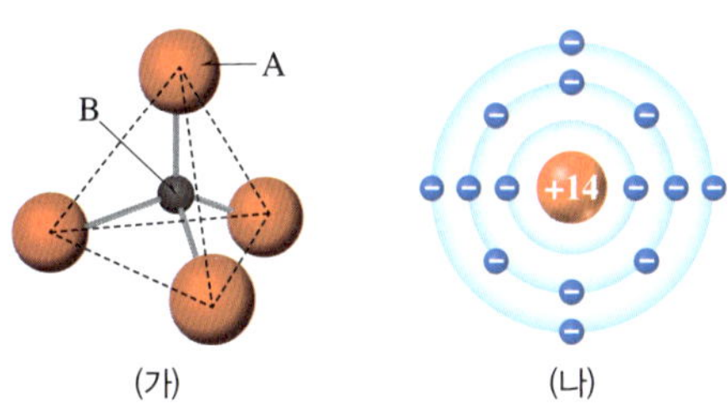

이에 대한 설명으로 옳은 것만을 [보기]에서 있는 대로 고른 것은?

[보기]
ㄱ. (가)는 규산염 광물의 기본 단위체에 해당한다.
ㄴ. (가)는 Mg^{2+} 이온 3개와 결합할 수 있다.
ㄷ. A는 비금속 원소이다.
ㄹ. (나)는 B의 전자 배치이다.

① ㄱ, ㄴ   ② ㄴ, ㄹ   ③ ㄷ, ㄹ
④ ㄱ, ㄴ, ㄷ   ⑤ ㄱ, ㄷ, ㄹ

03 그림 (가)~(다)는 각각 장석, 휘석, 감람석의 결합 구조를 순서 없이 나타낸 것이다.

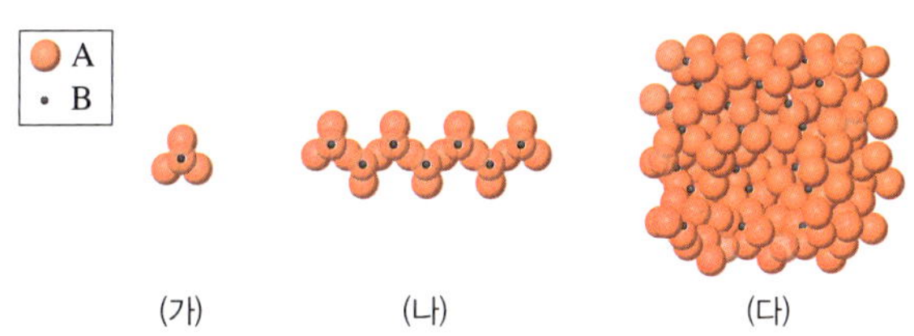

이에 대한 설명으로 옳은 것만을 [보기]에서 있는 대로 고른 것은?

[보기]
ㄱ. (가)에서 A와 B는 이온 결합을 한다.
ㄴ. 기본 단위체 간에 공유하는 원자의 수는 (나)가 (다)보다 많다.
ㄷ. (가)~(다) 중 밝은색을 띠는 광물은 (다)이다.

① ㄱ   ② ㄷ   ③ ㄱ, ㄴ
④ ㄴ, ㄷ   ⑤ ㄱ, ㄴ, ㄷ

04 표는 규산염 광물 A와 B의 특징을 나타낸 것이다. A와 B는 석영과 감람석 중 하나이다.

광물	A	B
모습		
특징	규산염 사면체 1개가 독립적으로 금속 양이온과 결합	규산염 사면체 사이에서 산소를 모두 공유하여 결합

이에 대한 설명으로 옳은 것만을 [보기]에서 있는 대로 고른 것은?

[보기]
ㄱ. A는 망상 구조를 갖는다.
ㄴ. A와 B는 모두 특정한 방향으로 쪼개지는 특성이 있다.
ㄷ. 풍화에 대한 안정도는 A가 B보다 약하다.

① ㄱ   ② ㄷ   ③ ㄱ, ㄴ
④ ㄱ, ㄷ   ⑤ ㄴ, ㄷ

지각과 생명체 구성 물질의 규칙성(2)

A 생명체를 구성하는 물질

◆ **생명체를 이루는 주요 원소의 질량비**
생명체에서는 산소의 질량비가 가장 높고, 지각과는 달리 탄소의 질량비가 높다.

1. 생명체를 구성하는 물질 생명체는 다양한 ◆원소로 이루어져 있으며, 생명체를 구성하는 물질에는 단백질, 핵산, 탄수화물, 지질 등이 있다. → 모두 탄소 화합물이다.

단백질	• 구성 원소: 탄소(C), 수소(H), 산소(O), 질소(N) → 황(S)을 포함하기도 한다. • 생명체의 주요 구성 물질이며, 에너지원이고, 효소, 호르몬, 항체의 성분이다.
핵산	• 구성 원소: 탄소(C), 수소(H), 산소(O), 질소(N), 인(P) • 유전정보를 저장하거나 유전정보의 전달 및 단백질합성에 관여한다.
탄수화물	• 구성 원소: 탄소(C), 수소(H), 산소(O) • 주요 에너지원으로, 포도당, 녹말 등이 있다.
지질	• 구성 원소: 탄소(C), 수소(H), 산소(O) → 인지질은 인(P)을 포함한다. • 에너지원이며, 지질의 한 종류인 인지질은 세포막의 주성분이다.

📑 천재, 동아 교과서에만 나와요.

◆ **탄소 화합물**
• 탄소가 수소, 산소, 질소 등과 ❶공유 결합하여 이루어진 화합물이다.
• 탄소는 원자가 전자가 4개여서 최대 4개의 원자와 공유 결합할 수 있다.

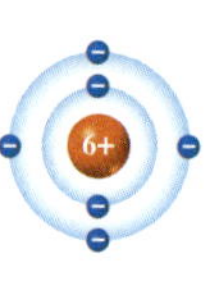

• 탄소는 여러 원소와 결합하여 다양한 화합물을 형성할 뿐 아니라 탄소 원자끼리 공유 결합하여 사슬 모양, 고리 모양 등 다양한 구조를 이룬다.

↑ 탄소 원자의 다양한 결합 방식

2. 기본 단위체로 구성된 생명체 구성 물질

① 기본 단위체의 종류와 배열 순서에 따라 다양한 구조를 가진 ◆탄소 화합물이 형성되어 생명체에서 다양한 기능을 수행하므로, 생명체는 복잡한 생명 현상을 나타낼 수 있다.

② 생명체 구성 물질인 단백질과 핵산은 기본 단위체가 일정한 규칙에 따라 결합하여 형성되는 고분자 화합물이다. ➡ 단백질의 기본 단위체는 아미노산이고, 핵산의 기본 단위체는 뉴클레오타이드이다.

B 단백질

✳ 탄수화물과 기본 단위체
탄수화물 중 녹말, 글라이코젠, 셀룰로스와 같은 다당류는 기본 단위체인 단당류(포도당)가 여러 개 연결되어 형성된다.

1. 단백질의 기본 단위체 아미노산으로, 20종류가 있다.

① 아미노산은 탄소를 중심으로 아미노기, 카복실기, 수소 원자, 곁사슬(R)이 결합되어 있다.

② 곁사슬의 종류에 따라 아미노산의 종류가 달라진다.
└→ 20종류

↑ 아미노산의 구조

2. 펩타이드결합 2개의 아미노산이 결합할 때 두 아미노산 사이에서 물 분자 1개가 빠져나오면서 형성되는 결합이다. → 10개의 아미노산이 결합할 때는 9개의 펩타이드결합이 형성되고, 9개의 물 분자가 빠져나온다.

↑ **펩타이드결합** 한 아미노산의 카복실기의 탄소(C)와 다른 한 아미노산의 아미노기의 질소(N) 사이에 형성되는 공유 결합의 일종이다.

용어
❶ **공유(共 함께, 有 있다) 결합** 두 원자가 서로 전자쌍을 공유함으로써 형성되는 화학 결합

3. 단백질의 형성

① 많은 수의 아미노산이 펩타이드결합으로 연결되어 긴 사슬 모양의 ◆폴리펩타이드를 형성한다.

② 폴리펩타이드를 구성하는 아미노산의 배열 순서에 따라 폴리펩타이드 사슬이 구부러지고 접혀, 고유한 입체 구조를 가진 단백질이 형성된다.

| 단백질의 형성 |

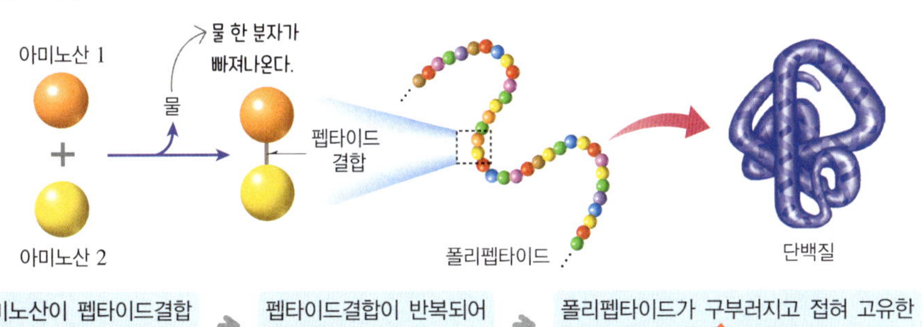

아미노산이 펩타이드결합으로 연결 ▶ 펩타이드결합이 반복되어 폴리펩타이드 형성 ▶ 폴리펩타이드가 구부러지고 접혀 고유한 입체 구조를 가진 ◆단백질 형성

4. 단백질의 종류

① 단백질의 입체 구조에 따라 단백질의 ◆기능이 결정된다. ➡ 펩타이드결합으로 연결되는 아미노산의 종류와 수, 배열 순서에 따라 다양한 종류의 단백질이 형성된다.

② 헤모글로빈(적혈구), 콜라젠(피부, 연골, 뼈), 케라틴(머리카락, 손톱), 마이오신과 액틴(근육), 크리스탈린(수정체), 인슐린(호르몬), 아밀레이스(효소) 등 다양한 단백질이 있다.

| 다양한 단백질이 만들어지는 원리 |

1. 여러 단백질의 공통점: 기본 단위체인 아미노산이 펩타이드결합으로 연결되어 형성된다.
2. 단백질의 종류에 따라 입체적인 모습과 기능이 다른 까닭: 아미노산의 종류, 수, 배열 순서가 다르면 입체 구조가 다른 단백질이 형성되며, 입체 구조에 따라 단백질의 기능이 다르다.
3. 20종류의 아미노산으로 수많은 종류의 단백질을 만들 수 있는 원리: 아미노산의 조합에 따라 단백질의 종류가 달라지므로 20종류의 아미노산으로 만들 수 있는 단백질의 종류는 매우 많다.
   10개의 아미노산으로 이루어진 단백질의 종류는 20^{10}가지이며, 단백질에 따라 아미노산의 수가 다양하므로 이론적으로 만들 수 있는 단백질의 종류는 무한대로 가능하다.

5. 단백질의 기능

① **몸의 주요 구성 물질**: 머리카락, 근육, 적혈구, 뼈, 수정체 등 몸을 구성하는 주요 물질이다.

② **화학 반응 촉진**: 효소의 주성분으로, 생명체에서 일어나는 화학 반응을 촉진한다.

③ **❶생리작용 조절**: 인슐린과 같은 호르몬의 성분으로, 생리작용을 조절한다.
   몸의 항상성을 조절한다. 항상성은 생명체가 환경 변화에 관계없이 체내 상태를 일정하게 유지하는 성질이다.

④ **몸의 방어**: 항체의 성분으로, 몸을 보호하고 방어한다.

⑤ **에너지원**: 단백질은 분해되어 생명활동에 필요한 에너지원으로도 사용된다.

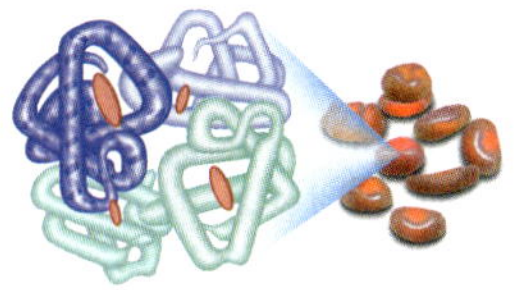
단백질(헤모글로빈)   적혈구

암기해

단백질의 종류와 기능
아미노산 배열 순서 ➡ 단백질의 입체 구조 결정 ➡ 단백질의 기능 결정

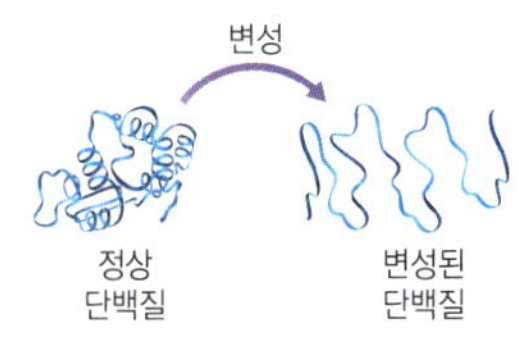

용어

❶ 생리(生 살다, 理 다스리다)작용 소화, 호흡, 순환, 배설, 생식 등과 같이 생물이 생활하면서 일어나는 모든 작용이다.

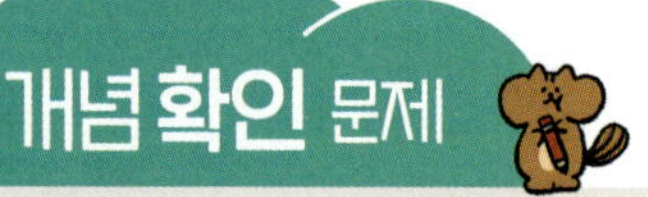

개념확인 문제

핵심 체크 ●

▶ **생명체를 구성하는 물질**: 단백질, 핵산, 탄수화물, 지질 등이 있으며, 이는 모두 탄소가 수소, 산소, 질소 등과 결합하여 이루어진 (❶　　　　)이다.

▶ **단백질과 핵산**은 (❷　　　　)가 일정한 규칙에 따라 결합하여 형성되며, (❷　　　　)의 종류와 배열 순서에 따라 다양한 구조를 가진 화합물이 형성되어 생명체에서 다양한 기능을 수행한다.

▶ **단백질의 형성**

(❸　　　　)	(❹　　　　)	(❺　　　　)
단백질의 기본 단위체, 20종류	많은 수의 아미노산이 (❻　　　　)결합으로 연결되어 긴 사슬 모양으로 된 것	폴리펩타이드가 구부러지고 접혀 고유한 입체 구조를 가지며 특정한 기능을 가지게 된 것

▶ **단백질의 종류와 기능**: (❼　　　　)의 종류와 수, 배열 순서에 의해 결정된다.

---

1 생명체를 구성하는 탄소 화합물을 [보기]에서 있는 대로 고르시오.

> 보기
> ㄱ. 물　　　　　　ㄴ. 핵산
> ㄷ. 단백질　　　　ㄹ. 인지질

2 탄소에 대한 설명으로 옳은 것은 ○, 옳지 <u>않은</u> 것은 × 로 표시하시오.

(1) 생명체를 구성하는 원소 중 질량비가 가장 높다.
　　　　　　　　　　　　　　　　　　　　　　　(　)

(2) 최대 4개의 원자와 결합할 수 있다. ────── (　)

(3) 탄소 화합물은 탄소 원자 사이의 공유 결합에 의해 긴 사슬 모양의 구조만 이룰 수 있다. ────── (　)

3 생명체 구성 물질에 대한 설명으로 옳은 것은 ○, 옳지 <u>않은</u> 것은 ×로 표시하시오.

(1) 탄소(C), 수소(H), 산소(O)는 탄수화물과 지질의 구성 원소이다. ────────── (　)

(2) 단백질의 구성 원소에는 질소(N)가 있지만, 핵산의 구성 원소에는 질소(N)가 없다. ────── (　)

(3) 단백질과 핵산은 기본 단위체가 결합하여 형성된다.
　　　　　　　　　　　　　　　　　　　　　　　(　)

4 그림은 생명체를 구성하는 물질 (가)의 기본 단위체를 나타낸 것이다. (가)는 무엇인지 쓰시오.

$$NH_2 - \overset{\overset{\textstyle R}{|}}{\underset{\underset{\textstyle H}{|}}{C}} - COOH$$

5 그림은 두 아미노산이 결합하는 모습을 나타낸 것이다.

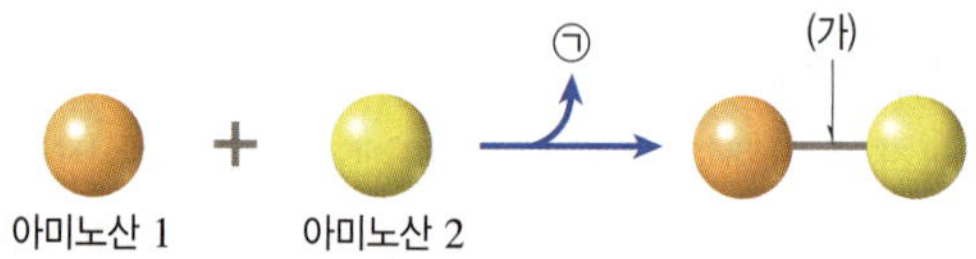

물질 ㉠과 결합 (가)의 이름을 각각 쓰시오.

6 다음은 단백질의 종류와 기능이 결정되는 과정을 나타낸 것이다. (　) 안에 알맞은 말을 쓰시오.

> 단백질은 아미노산의 종류, 수, ㉠(　　　)에 따라 ㉡(　　　) 가 달라지며, 이 ㉡(　　　)에 따라 단백질의 종류와 기능이 결정된다.
>
> 단백질

7 단백질의 기능에 대한 설명으로 옳은 것은 ○, 옳지 <u>않은</u> 것은 ×로 표시하시오.

(1) 효소의 주성분으로, 화학 반응을 촉진한다. ── (　)

(2) 인슐린과 같은 호르몬의 성분으로, 생리작용을 조절한다. ────────────── (　)

(3) 유전정보의 저장 및 전달을 담당한다. ────── (　)

(4) 머리카락, 근육, 뼈 등 몸을 구성하는 주요 물질이다.
　　　　　　　　　　　　　　　　　　　　　　　(　)

C 핵산

1. 핵산 유전정보를 저장하거나 유전정보의 전달 및 단백질합성에 관여하는 물질로, *DNA와 RNA가 있다.

2. 핵산의 기본 단위체 뉴클레오타이드로, 인산, 당, 염기가 1 : 1 : 1로 결합되어 있다. (→ 질소(N)를 포함한다.)

· DNA와 RNA를 구성하는 뉴클레오타이드는 당과 염기의 종류가 다르다.

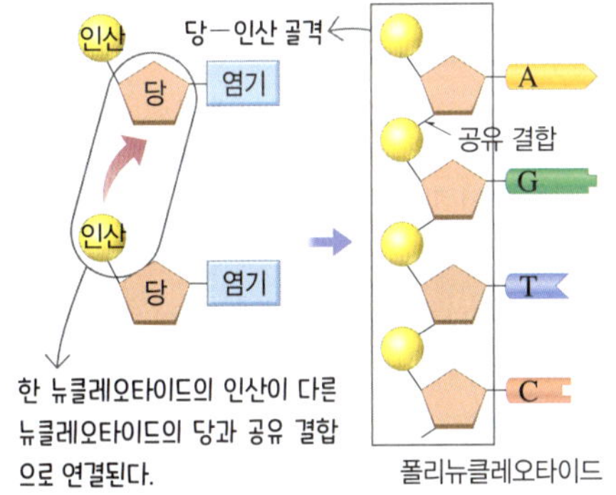

DNA를 구성하는 뉴클레오타이드	RNA를 구성하는 뉴클레오타이드
인산 — 당 — 염기 (A 아데닌, G 구아닌, C 사이토신, T 타이민)	인산 — 당 — 염기 (A 아데닌, G 구아닌, C 사이토신, U 유라실)
· 당은 디옥시라이보스이다. · 염기는 아데닌(A), 구아닌(G), 사이토신(C), 타이민(T)이 있다. ➡ DNA는 염기가 다른 4종류의 뉴클레오타이드로 구성된다.	· 당은 라이보스이다. · 염기는 아데닌(A), 구아닌(G), 사이토신(C), 유라실(U)이 있다. ➡ RNA는 염기가 다른 4종류의 뉴클레오타이드로 구성된다.

3. 핵산의 형성 한 뉴클레오타이드의 인산이 다른 뉴클레오타이드의 당과 결합하며, 이 결합이 반복되어 긴 사슬 모양의 폴리뉴클레오타이드를 형성한다.

| 폴리뉴클레오타이드의 형성 |

한 뉴클레오타이드의 인산이 다른 뉴클레오타이드의 당과 공유 결합으로 연결된다.

폴리뉴클레오타이드

1. 당−인산 결합: 두 뉴클레오타이드는 당과 인산 사이의 공유 결합으로 연결된다. ➡ 당−인산 골격 형성
2. 폴리뉴클레오타이드 형성: 당으로 디옥시라이보스를 가진 뉴클레오타이드가 반복 연결되어 DNA 폴리뉴클레오타이드가 형성되고, 라이보스를 가진 뉴클레오타이드가 반복 연결되어 RNA 폴리뉴클레오타이드가 형성된다.
3. 염기서열 결정: 어떤 염기를 가진 뉴클레오타이드가 결합되느냐에 따라 폴리뉴클레오타이드의 염기서열이 결정된다. ➡ 다양한 염기서열을 가진 폴리뉴클레오타이드 형성

4. 핵산의 종류 DNA와 RNA가 있다.

DNA	구분	RNA
두 가닥의 폴리뉴클레오타이드가 꼬여 있는 이중나선구조	분자 구조	한 가닥의 폴리뉴클레오타이드로 이루어진 단일 가닥 구조 RNA는 DNA에 비해 분자 크기가 매우 작다.
디옥시라이보스	당	라이보스
아데닌(A), 구아닌(G), 사이토신(C), 타이민(T) RNA에는 없고 DNA에만 있는 염기이다.	염기	아데닌(A), 구아닌(G), 사이토신(C), 유라실(U) DNA에는 없고 RNA에만 있는 염기이다.
유전정보 저장 DNA에는 생물의 형질을 결정하는 유전자가 있다.	기능	유전정보의 전달 및 단백질합성에 관여

◆ **DNA와 RNA**
DNA는 Deoxyribo Nucleic Acid(디옥시라이보핵산)의 약자이고, RNA는 Ribo Nucleic Acid(라이보핵산)의 약자이다.

암기해

핵산의 염기 차이
· DNA ➡ A, G, C, T
· RNA ➡ A, G, C, U

확대경

핵산을 구성하는 당
핵산을 구성하는 당은 5개의 탄소로 이루어진 5탄당이다. DNA를 구성하는 디옥시라이보스는 RNA를 구성하는 라이보스와 비교하여 산소(oxygen)가 하나 없기(de−) 때문에 붙여진 이름이다.

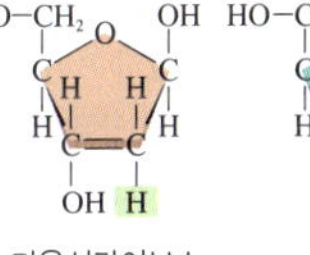

디옥시라이보스 · 라이보스

주의해

뉴클레오타이드의 종류
뉴클레오타이드의 종류를 염기의 종류(A, G, C, T, U)만 생각하여 5종류라고 착각하는 경우가 있다. 그런데 DNA와 RNA를 구성하는 뉴클레오타이드는 당의 종류가 다르므로 같은 염기(A, G, C)를 가지더라도 서로 다른 종류이다. 따라서 DNA와 RNA를 구성하는 뉴클레오타이드는 각각 4종류로, 총 8종류이다.

DNA의 이중나선을 형성하는 결합
- 뉴클레오타이드 사이의 당과 인산의 결합 ➡ 공유 결합
- 염기와 염기의 결합 ➡ 수소결합

◆ **수소결합**
수소결합은 N, O, F 등 전기 음성도가 큰 원자에 직접 결합된 수소 원자와 근처의 다른 분자의 N, O, F 원자 사이에서 생기는 정전기적 인력으로, 공유 결합에 비해 매우 약한 결합이다.

DNA가 이중나선으로 되어 있는 것의 장점은?
DNA는 염기서열에 유전정보를 저장하는데, 염기가 1개라도 바뀌면 유전정보가 달라질 수 있다. 따라서 DNA는 이중나선구조의 안쪽에 염기가 상보적으로 결합한 상태로 있어 염기서열이 안정적으로 보존될 수 있다.

탐구 자료창 **DNA의 구조적 특징과 규칙성**

뉴클레오타이드 모형을 이용하여 DNA 분자 구조 모형을 만들고, DNA의 구조적 특징과 규칙성을 알아본다.

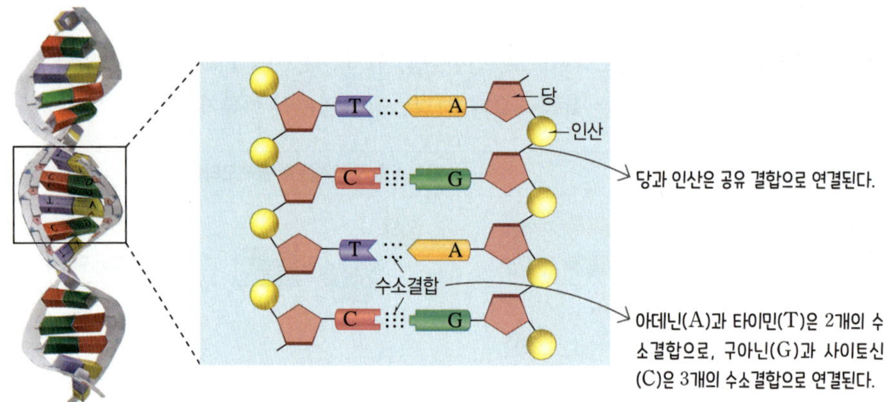

1. DNA의 구조적 특징
- 두 가닥의 폴리뉴클레오타이드가 나선형으로 꼬여 있는 이중나선구조이다.
- 한 뉴클레오타이드의 인산이 다른 뉴클레오타이드의 당과 결합하여 나선 바깥쪽의 당－인산 골격을 이룬다.
- DNA를 구성하는 염기는 아데닌(A), 구아닌(G), 사이토신(C), 타이민(T)의 4종류가 있으며, 두 가닥의 폴리뉴클레오타이드는 나선 안쪽을 향해 있는 염기 사이의 ◆수소결합으로 연결된다.

2. DNA의 규칙성
- DNA 구조에서 나타나는 규칙성: 뉴클레오타이드가 규칙적으로 결합하고 있으며, 뉴클레오타이드는 인산, 당(디옥시라이보스), 염기가 1 : 1 : 1의 비율로 결합한다. 인산과 당은 DNA 분자의 바깥쪽에, 염기는 DNA 분자의 안쪽에 배열되어 있다.
- 염기의 결합에서 나타나는 규칙성(❶상보결합): DNA를 이루는 두 가닥의 폴리뉴클레오타이드에서 각 가닥의 염기는 특정 염기하고만 결합한다. 아데닌(A)은 항상 타이민(T)과, 구아닌(G)은 항상 사이토신(C)과 상보적으로 결합한다.

➡ DNA 이중나선을 이루는 두 가닥의 폴리뉴클레오타이드 중 한 가닥의 염기서열을 알면 다른 가닥의 염기서열을 알 수 있다.
예 … AGCTATCGA …
　　… TCGATAGCT …

➡ DNA 이중나선에서 아데닌(A)과 타이민(T), 구아닌(G)과 사이토신(C)의 염기 조성 비율은 각각 같다(A＝T, G＝C).
예 이중나선 DNA에서 아데닌(A)의 비율이 19 %이면 타이민(T)의 비율도 19 %이고, 구아닌(G)과 사이토신(C)의 비율은 각각 31 %이다.

5. DNA의 다양한 유전정보 저장

① 유전정보는 DNA의 염기서열에 저장되어 있는데, DNA의 염기서열이 다르면 저장되는 유전정보도 다르다. ➡ 뉴클레오타이드의 결합 순서에 따라 DNA의 염기서열이 달라져 다양한 유전정보가 저장된다.

② 아데닌(A), 구아닌(G), 사이토신(C), 타이민(T)을 갖는 4종류의 뉴클레오타이드가 다양한 순서로 결합하여 염기서열이 다양한 DNA가 만들어진다.
　└ 입체 구조는 이중나선으로 같다.

단백질과 핵산을 비교하는 문제가 자주 출제되니 공통점과 차이점을 잘 구분해 놓아요. 단백질과 핵산은 모두 기본 단위체의 규칙적인 결합으로 형성된다는 공통점이 있는데, 단백질은 기본 단위체의 결합 순서에 따라 입체 구조가 달라지는 반면, DNA는 기본 단위체의 결합 순서가 달라도 입체 구조는 이중나선으로 같아요.

용어

❶ **상보**(相 서로, 補 돕다)**결합** 서로 다른 물질이 결합할 때 정해진 물질하고만 결합하는 것을 뜻한다.

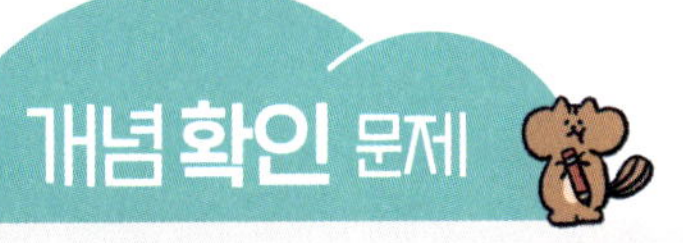

개념확인 문제

핵심 체크 ●

▶ (**❶**   ): 핵산을 구성하는 기본 단위체로, 인산, 당, 염기가 1 : 1 : 1로 결합되어 있다.

▶ **DNA와 RNA의 비교**

구분	분자 구조	당	염기 종류	기능
DNA	이중나선구조	(**❷**)	A, G, C, (**❸**)	유전정보를 저장
RNA	단일 가닥 구조	(**❹**)	A, G, C, (**❺**)	유전정보 전달 및 단백질합성에 관여

▶ **DNA의 구조**
 ─이중나선의 당−인산 골격: 여러 개의 뉴클레오타이드가 당과 인산 사이의 (**❻**   ) 결합으로 연결되어 형성된다.
 ─두 폴리뉴클레오타이드의 연결: 안쪽을 향한 염기 사이의 (**❼**   )결합으로 연결되며, 이때 A은 항상 (**❽**   )
 하고, G은 항상 (**❾**   )하고만 (**❿**   )적으로 결합한다.

▶ **DNA의 유전정보 저장**: 4종류의 뉴클레오타이드가 서로 다른 순서로 결합 ➡ 다양한 염기서열을 가진 DNA 형성 ➡ 다양한 유전
정보 저장

---

1 그림은 핵산을 구성하는 기본 단위체를 나타낸 것이다.
이 기본 단위체의 이름과 구성하는 물질 ㉠과 ㉡은 각각 무엇인지 쓰시오.

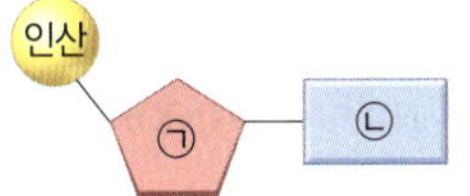

2 핵산에 대한 설명으로 옳은 것은 ○, 옳지 <u>않은</u> 것은 ×로 표시하시오.

(1) 핵산의 기본 단위체는 20종류이다. ─────── (   )
(2) 핵산의 기본 단위체는 인산, 당, 염기가 1 : 1 : 4로 결합되어 있다. ─────── (   )
(3) 유전정보를 저장하고 전달하는 역할을 한다. ─ (   )

3 다음 [보기]는 핵산과 관련된 용어를 나열한 것이다.

[보기]
ㄱ. 인산   ㄴ. 유라실(U)   ㄷ. 타이민(T)
ㄹ. 아데닌(A)   ㅁ. 이중나선구조   ㅂ. 단일 가닥 구조
ㅅ. 라이보스   ㅇ. 디옥시라이보스

다음에 해당하는 용어를 [보기]에서 있는 대로 고르시오.

(1) DNA와 RNA에 공통적으로 해당
(2) DNA에만 해당
(3) RNA에만 해당

4 그림은 어떤 핵산의 구조를 나타낸 것이다. (   ) 안에 알맞은 말을 쓰시오.

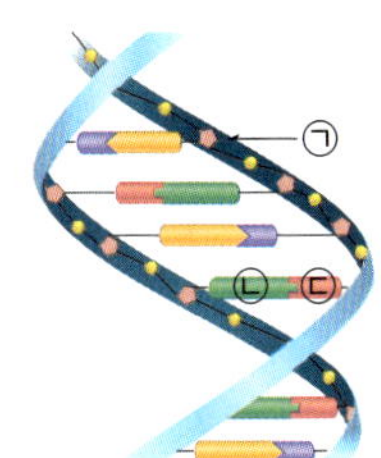

(1) DNA와 RNA 중 (   )를 나타낸 것이다.
(2) 바깥쪽 골격을 이루는 ㉠은 당과 (   )의 결합으로 형성된다.
(3) 염기 ㉡이 구아닌(G)이라면 이와 결합한 염기 ㉢은 (   )이다.

5 이중나선 DNA에서 한쪽 가닥의 염기서열이 다음과 같을 때, 다른 쪽 가닥의 염기서열을 쓰시오.

G T A C C A T G C A T

6 단백질과 DNA의 공통점에 대한 설명으로 옳은 것은 ○, 옳지 <u>않은</u> 것은 ×로 표시하시오.

(1) 구성 원소로 질소(N)를 갖는다. ─────── (   )
(2) 기본 단위체가 결합하여 형성된 고분자 화합물로 생명체를 구성하는 물질이다. ─────── (   )
(3) 입체 구조에 따라 다양한 기능을 나타낸다. ─── (   )

내신 만점 문제

01 그림은 생명체를 구성하는 물질 A~C의 공통점과 차이점을 나타낸 것이다. A~C는 단백질, 탄수화물, 핵산을 순서 없이 나타낸 것이다. 이에 대한 설명으로 옳은 것만을 [보기]에서 있는 대로 고른 것은?

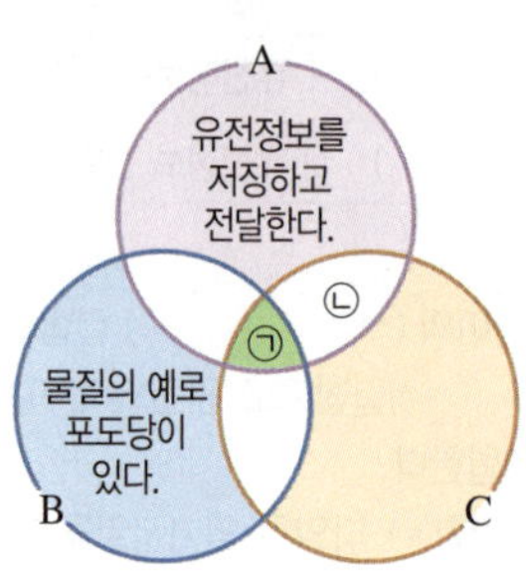

보기

ㄱ. A는 뉴클레오타이드의 결합으로 형성된다.
ㄴ. '탄소 화합물이다.'는 ⓐ에 해당한다.
ㄷ. '에너지원으로 사용된다.'는 ⓒ에 해당한다.

① ㄱ   ② ㄴ   ③ ㄱ, ㄴ
④ ㄱ, ㄷ   ⑤ ㄴ, ㄷ

02 표 (가)는 생명체를 구성하는 물질 A~C의 특징을 나타낸 것이고, (나)는 특징 ⓐ~ⓒ을 순서 없이 나타낸 것이다. A~C는 각각 단백질, 물, 핵산 중 하나이다.

구분	ⓐ	ⓑ	ⓒ
A	○	×	○
B	×	ⓐ	○
C	○	○	○

(○: 있음, ×: 없음)

특징(ⓐ~ⓒ)

• 항체의 성분이다.
• 구성 원소에 산소(O)가 있다.
• 기본 단위체가 결합하여 형성된다.

(가)   (나)

이에 대한 설명으로 옳은 것만을 [보기]에서 있는 대로 고른 것은?

보기

ㄱ. A는 핵산이다.
ㄴ. ⓐ는 '○'이다.
ㄷ. ⓒ은 '기본 단위체가 결합하여 형성된다.'이다.

① ㄱ   ② ㄷ   ③ ㄱ, ㄴ
④ ㄴ, ㄷ   ⑤ ㄱ, ㄴ, ㄷ

03 단백질에 대한 설명으로 옳지 <u>않은</u> 것은?

① 구성 원소에 질소(N)가 있다.
② 생명체를 구성하는 단백질은 20종류이다.
③ 단백질의 종류마다 아미노산의 배열 순서가 다르다.
④ 아미노산의 배열 순서에 따라 단백질의 입체 구조가 달라진다.
⑤ 입체 구조가 변하면 그 기능을 잃을 수 있다.

04 그림 (가)는 단백질을 구성하는 기본 단위체의 구조를, (나)는 단백질의 기본 단위체 A와 B가 결합하는 과정을 나타낸 것이다.

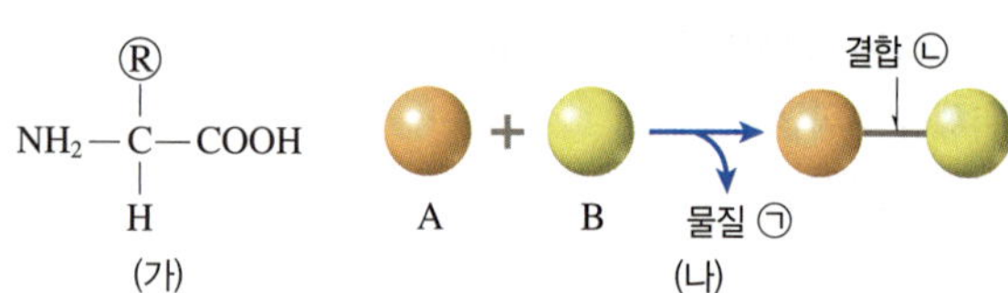

이에 대한 설명으로 옳은 것만을 [보기]에서 있는 대로 고른 것은?

보기

ㄱ. 곁사슬 ⓡ에 따라 (가)의 종류가 달라진다.
ㄴ. 물질 ⓐ은 탄소(C)와 산소(O)로 구성된다.
ㄷ. 결합 ⓒ은 펩타이드결합이다.

① ㄱ   ② ㄴ   ③ ㄱ, ㄷ
④ ㄴ, ㄷ   ⑤ ㄱ, ㄴ, ㄷ

05 그림은 10개의 아미노산으로 구성된 폴리펩타이드 X를 나타낸 것이다. 이에 대한 설명으로 옳은 것만을 [보기]에서 있는 대로 고른 것은?

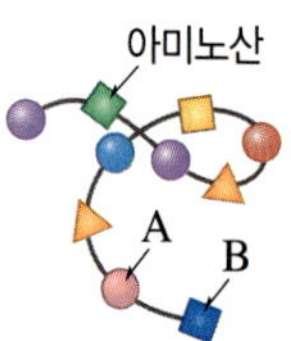

보기

ㄱ. A와 B는 수소결합으로 연결된다.
ㄴ. A와 B는 탄소(C)를 가진다.
ㄷ. X가 형성되는 과정에서 10분자의 물이 생성된다.

① ㄱ   ② ㄴ   ③ ㄱ, ㄷ
④ ㄴ, ㄷ   ⑤ ㄱ, ㄴ, ㄷ

중요 06 그림은 단백질의 형성 과정을 나타낸 것이다.

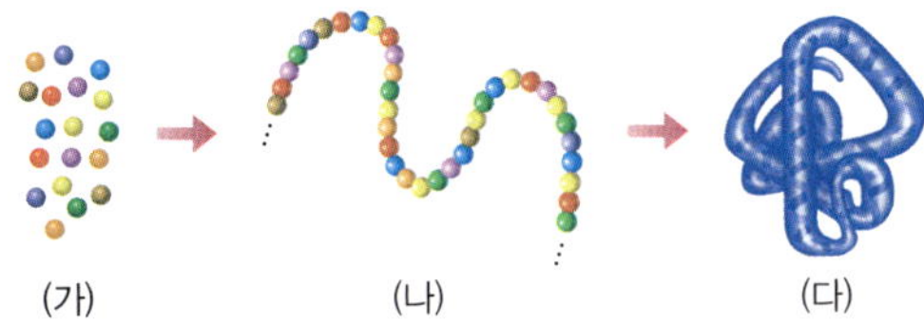

(가)　　　　(나)　　　　(다)

이에 대한 설명으로 옳은 것은?

① (가)는 아미노산이다.
② (나)는 폴리뉴클레오타이드이다.
③ (가)에서 (나)로 될 때 물이 첨가된다.
④ (나)에서 (다)로 될 때 펩타이드결합이 형성된다.
⑤ (다)의 구조는 단백질의 종류에 관계없이 같다.

07 그림 (가)는 피부 속 콜라젠을, (나)는 근육 속 단백질을 나타낸 것이다.

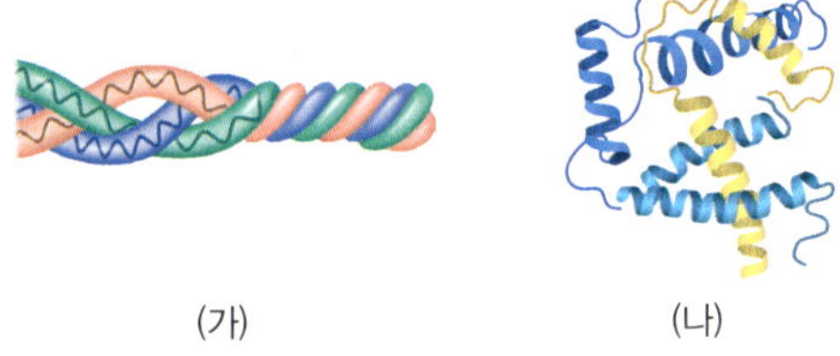

(가)　　　　　　　(나)

이에 대한 설명으로 옳은 것만을 [보기]에서 있는 대로 고른 것은?

> **보기**
> ㄱ. (가)와 (나)는 모두 아미노산으로 구성된다.
> ㄴ. (가)와 (나)는 기본 단위체의 배열 순서가 서로 다르다.
> ㄷ. (가)와 (나)는 입체 구조와 기능이 서로 다르다.

① ㄱ　　　　② ㄷ　　　　③ ㄱ, ㄴ
④ ㄴ, ㄷ　　　⑤ ㄱ, ㄴ, ㄷ

08 단백질의 기능에 대한 설명으로 옳은 것만을 [보기]에서 있는 대로 고른 것은?

> **보기**
> ㄱ. 생명체를 구성하는 데 필수적인 물질이다.
> ㄴ. 인슐린과 같은 호르몬의 성분으로, 생리작용과 몸의 항상성을 조절한다.
> ㄷ. 생명체에서 일어나는 화학 반응을 조절하여 생명활동이 원활하게 일어나도록 한다.

① ㄱ　　　　② ㄴ　　　　③ ㄱ, ㄴ
④ ㄴ, ㄷ　　　⑤ ㄱ, ㄴ, ㄷ

C 핵산

09 핵산에 대한 설명으로 옳지 **않은** 것은?

① 기본 단위체는 뉴클레오타이드이다.
② 인산, 당, 염기로 이루어져 있다.
③ RNA를 구성하는 염기에는 유라실(U)이 있다.
④ 염기 사이의 결합으로 폴리뉴클레오타이드가 형성된다.
⑤ DNA는 유전정보를 저장하고, RNA는 유전정보를 전달하는 기능을 한다.

중요 10 그림 (가)와 (나)는 DNA와 RNA의 구조를 순서 없이 나타낸 것이다.

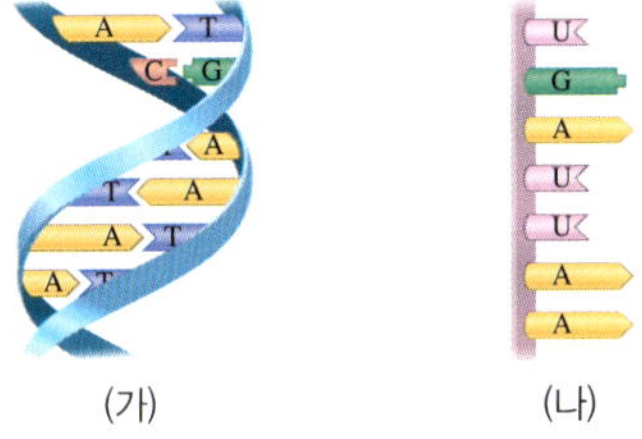

(가)　　　　　　　(나)

이에 대한 설명으로 옳은 것만을 [보기]에서 있는 대로 고른 것은?

> **보기**
> ㄱ. (가)와 (나)는 여러 개의 뉴클레오타이드가 결합하여 형성된다.
> ㄴ. (가)에는 디옥시라이보스가 있고, (나)에는 라이보스가 있다.
> ㄷ. (나)에서 구아닌(G)과 사이토신(C)의 개수는 항상 같다.

① ㄱ　　　　② ㄷ　　　　③ ㄱ, ㄴ
④ ㄴ, ㄷ　　　⑤ ㄱ, ㄴ, ㄷ

11 그림은 이중나선구조인 어떤 핵산의 일부를 나타낸 것이다. 이에 대한 설명으로 옳은 것은?

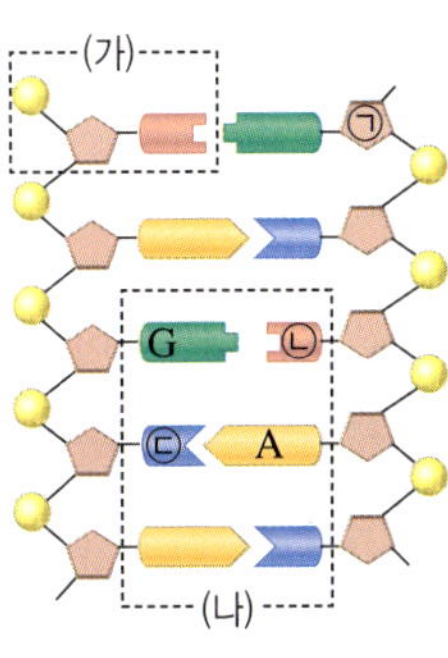

① (가)는 아미노산이다.
② ㉠은 라이보스이다.
③ ㉡은 RNA에는 없고 DNA에만 있는 염기이다.
④ ㉢은 사이토신(C)이다.
⑤ (나)에서 아데닌(A)의 개수와 타이민(T)의 개수는 같다.

12 그림 (가)는 DNA와 RNA 중 하나를, (나)는 (가)를 이루는 4종류의 기본 단위체를 나타낸 것이다.

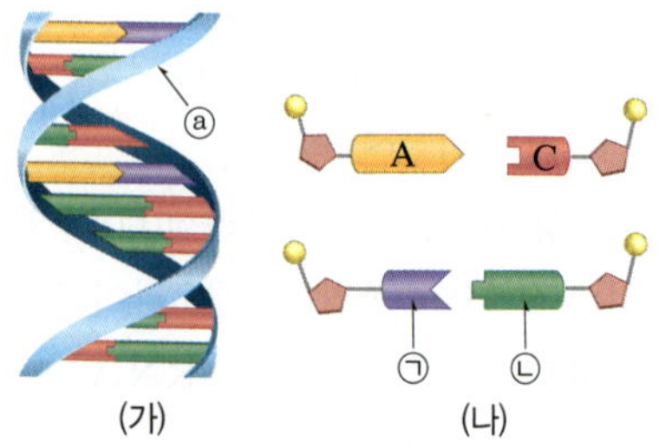

(가)   (나)

이에 대한 설명으로 옳은 것만을 [보기]에서 있는 대로 고른 것은?

보기
ㄱ. (가)는 DNA이다.
ㄴ. 골격 ⓐ는 당과 인산의 결합으로 이루어진다.
ㄷ. ⓒ은 타이민(T)이다.

① ㄱ   ② ㄷ   ③ ㄱ, ㄴ
④ ㄴ, ㄷ   ⑤ ㄱ, ㄴ, ㄷ

13 (중요) 어떤 동물 세포의 이중나선 DNA를 구성하는 염기 중 구아닌(G)의 비율이 30 %라면 아데닌(A)의 비율은 얼마인가?

① 10 %   ② 15 %   ③ 20 %
④ 30 %   ⑤ 40 %

14 표 (가)는 생명체를 구성하는 물질의 2가지 특징을, (나)는 (가)의 특징 중 물질 A와 B가 갖는 특징의 개수를 나타낸 것이다. A와 B는 각각 단백질과 핵산 중 하나이다.

특징
• 탄소 화합물이다.
• 펩타이드결합이 있다.

(가)

물질	특징의 개수
A	1
B	2

(나)

이에 대한 설명으로 옳은 것만을 [보기]에서 있는 대로 고른 것은?

보기
ㄱ. A는 단백질이다.
ㄴ. B는 유전정보를 저장하고 전달한다.
ㄷ. A와 B의 구성 원소에는 모두 질소(N)가 있다.

① ㄱ   ② ㄴ   ③ ㄷ
④ ㄱ, ㄴ   ⑤ ㄱ, ㄷ

서술형 문제

15 (중요) 사람의 체내에서는 20종류의 아미노산으로 수많은 종류의 단백질이 합성된다. 몇 종류의 기본 단위체만으로 많은 종류의 단백질이 만들어지는 원리를 서술하시오.

16 다음은 어떤 핵산 X의 특성을 설명한 것이다.

• 이중나선구조로 되어 있다.
• 20개의 뉴클레오타이드로 구성된다.
• 아데닌(A)의 개수는 4개이다.

X를 구성하는 염기 4종류의 개수를 각각 쓰고, 개수를 구하는 과정을 서술하시오.

17 다음 요소를 고려하여 DNA와 RNA의 차이점을 세 가지 서술하시오.

• 당   • 염기   • 기능

18 표는 생명체를 구성하는 물질 (가)와 (나)의 예를 나타낸 것이다. (가)와 (나)는 각각 단백질과 DNA 중 하나이다.

물질	(가)	(나)
예		

(1) (가)와 (나)의 기본 단위체의 이름을 각각 쓰시오.

(2) (가)와 (나)의 기본 단위체는 각각 몇 종류인지 쓰시오.

(3) (가)에서 기본 단위체의 배열 순서가 중요한 까닭을 서술하시오.

실력 UP 문제

01 그림은 생명체를 구성하는 물질 A~C의 공통점과 차이점을 나타낸 것이고, 표는 특징 ㉠~㉢을 순서 없이 나타낸 것이다. A~C는 각각 단백질, 핵산, 탄수화물 중 하나이다.

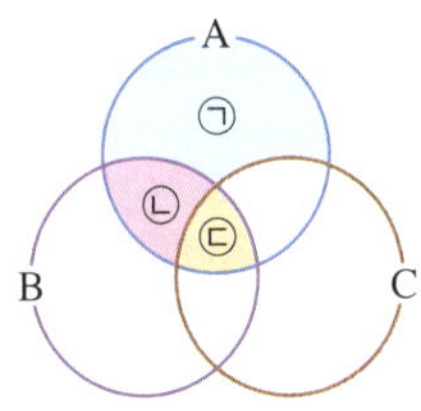

특징(㉠~㉢)
• 구성 원소에 수소(H)가 있다.
• 기본 단위체가 아미노산이다.
• 에너지원으로 사용된다.

이에 대한 설명으로 옳은 것만을 [보기]에서 있는 대로 고른 것은?

보기
ㄱ. ㉡은 '에너지원으로 사용된다.'이다.
ㄴ. A는 기본 단위체의 배열 순서에 따라 다양한 유전정보를 저장한다.
ㄷ. B의 종류에는 DNA와 RNA가 있다.

① ㄱ   ② ㄴ   ③ ㄱ, ㄷ
④ ㄴ, ㄷ   ⑤ ㄱ, ㄴ, ㄷ

02 그림은 단백질 X의 형성 과정을 나타낸 것이다. X는 180개의 기본 단위체로 이루어져 있다.

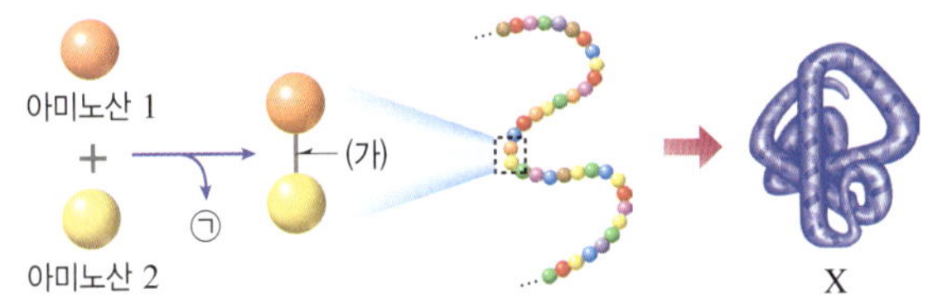

이에 대한 설명으로 옳은 것을 <u>모두</u> 고르면? (2개)

① ㉠의 분자 수는 1이다.
② (가)는 두 아미노산을 이루는 탄소(C)와 탄소(C) 사이의 결합이다.
③ X에서 펩타이드결합의 개수는 180개이다.
④ X의 입체 구조는 아미노산 배열 순서에 의해 결정된다.
⑤ 단백질의 종류에 관계없이 구성하는 아미노산의 수는 같다.

03 그림 (가)~(다)는 DNA, 아미노산, 뉴클레오타이드를 순서 없이 나타낸 것이다.

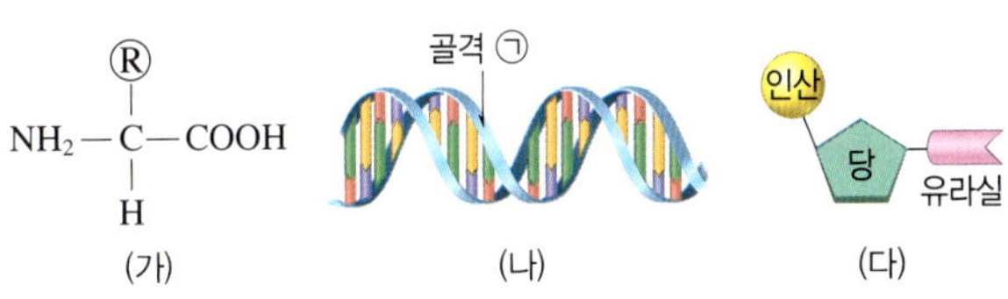

이에 대한 설명으로 옳은 것만을 [보기]에서 있는 대로 고른 것은?

보기
ㄱ. 효소의 주성분은 (가)의 결합으로 만들어진다.
ㄴ. (나)의 ㉠에 유전정보가 저장되어 있다.
ㄷ. (다)는 (나)를 구성하는 기본 단위체이다.

① ㄱ   ② ㄴ   ③ ㄱ, ㄷ
④ ㄴ, ㄷ   ⑤ ㄱ, ㄴ, ㄷ

04 그림 (가)와 (나)는 RNA와 DNA를 순서 없이 나타낸 것이다. ㉠~㉢은 모두 염기이다.

이에 대한 설명으로 옳은 것만을 [보기]에서 있는 대로 고른 것은?

보기
ㄱ. (가)에는 디옥시라이보스가 있다.
ㄴ. (가)에서 $\dfrac{㉠+C}{㉡+G}$ 의 값은 1이다.
ㄷ. ㉢은 유라실(U)이다.

① ㄱ   ② ㄷ   ③ ㄱ, ㄴ
④ ㄴ, ㄷ   ⑤ ㄱ, ㄴ, ㄷ

05 물질의 전기적 성질

A 전기적 성질에 따른 물질의 구분

1. 원자의 전기적 성질

① **원자의 구조**: 양(+)전하를 띠는 원자핵을 중심으로 음(−)전하를 띠는 전자가 돌고 있으며, 전기적으로 중성이다.
→ 무거워서 움직이지 못한다.
→ 양(+)전하와 음(−)전하의 양이 같다.

② **①속박된 전자**: 전자는 원자핵과의 전기력에 의해 원자에 속박되어 있어 자유롭게 이동하지 못한다.
→ 서로 끌어당기는 힘

③ **자유 전자**: 속박된 전자가 원자 사이의 상호작용 또는 에너지를 얻어 원자에서 떨어져 나와 물질 내를 자유롭게 이동할 수 있는 전자
→ 서로 다른 물질 간의 마찰, 금속 결합과 같은 화학적 결합

⬆ 원자의 구조

2. 전기적 성질에 따른 물질의 구분
물질은 자유 전자의 이동에 따른 전기적 성질에 따라 도체, 부도체, 반도체로 구분할 수 있다.

→ 도체와 부도체의 중간 정도의 전기적 성질을 가진다.

구분	도체	❷부도체 → 절연체	반도체
전기적 성질	자유 전자가 매우 많아 전류가 잘 흐르는 물질 전압을 걸면 이동하는 자유 전자가 매우 많다.	자유 전자가 거의 없어 전류가 잘 흐르지 않는 물질 전압을 걸면 이동하는 자유 전자가 거의 없다.	특정 조건에서 자유 전자가 생겨 전류가 흐르는 물질 빛을 비추거나, 열을 가하거나, 특정 불순물을 첨가한다.
전기 전도성	높다. → 전기 저항이 작다.	낮다. → 전기 저항이 크다.	도체와 부도체의 중간이다.
예	금, 은, 철, 구리, 알루미늄 등	고무, 유리, 나무, 플라스틱 등	규소(Si), 저마늄(Ge)
이용	구리 도선(도체) / 전선 피복(부도체)		반도체 소자(반도체)
	전류가 흘러야 하는 곳에 사용 예 구리 도선	전류가 흐르지 않아야 하는 곳에 사용 예 전선 피복	반도체 소자의 원료

3. 도체와 부도체에서 전자의 움직임

구분	도체	부도체
전압을 걸었을 때	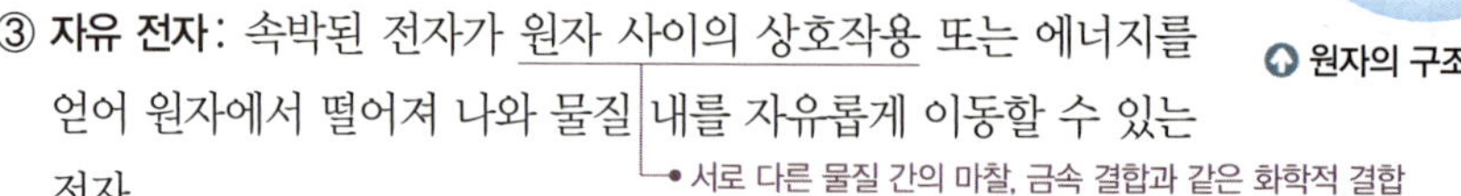 	
전기적 성질의 원인	전압을 걸면 자유 전자는 전지의 (+)극 쪽으로 이동하여 전류가 흐른다. 전류의 방향과 전자의 이동 방향은 반대이다.	전압을 걸어도 전자는 원자에 속박되어 있어 이동할 수 없으므로 전류가 잘 흐르지 않는다.

◆ **원자핵의 구조**
원자핵은 양(+)전하를 띠는 양성자와 전하를 띠지 않는 중성자로 구성되어 있다.

◆ **원자의 전기적 성질의 변화**
전기적으로 중성인 원자에 속박된 전자가 자유 전자가 되면 원자는 음(−)전하를 띠는 전자를 잃어 전기적 성질이 변한다.

도체와 부도체의 차이
• 도체: 자유 전자가 매우 많다.
• 부도체: 자유 전자가 거의 없다.

◆ **전기 전도성과 전기 전도도**
• 전기 전도성: 전류가 얼마나 잘 흐르는지를 나타내는 성질이다.
• 전기 전도도: 전기 전도성을 정량적으로 나타내는 물리량으로, 자유 전자와 이온의 양에 따라 결정된다.

◆ **부도체에서 전자의 움직임**
부도체에 전압을 걸면 전자는 전지의 (+)극 쪽으로 편향될 뿐 원자에 속박되어 있어 이동할 수 없다.

용어
❶ **속박**(束 묶다, 縛 얽다) 전자가 원자나 분자 속에 갇혀 있어 자유롭게 움직이지 못하는 상태
❷ **부도체**(不 아닐, 導 이끌다, 體 몸) 열이나 전기를 잘 전달하지 못하는 물체

1. 반도체의 종류

① **순수 반도체**: 불순물이 첨가되지 않은 순수한 반도체로, 원자가 전자가 4개인 원소로만 이루어져 있다.

└ 규소(Si), 저마늄(Ge)

└ 이 과정을 도핑이라고 한다.

② **불순물 반도체**: 순수 반도체에 불순물을 첨가하여 전기적 성질을 변화시킨 반도체 ➡ 전류가 흐른다.

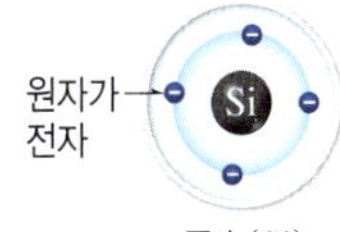

⬆ 규소(Si) 원자

| 순수 반도체에 불순물을 첨가하였을 때 전자의 이동 |

불순물 반도체는 순수 반도체(규소(Si) 등)에 첨가하는 불순물의 종류에 따라 n형 반도체와 p형 반도체로 나눌 수 있다.

n형 반도체

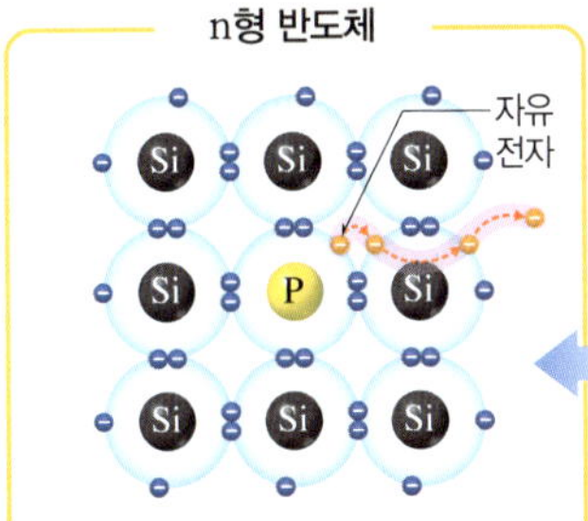

규소(Si)에 원자가 전자가 5개인 인(P)을 첨가하면 4개의 전자가 ❶공유 결합을 하고 전자 1개가 남는다.
➡ 전압을 걸면 남은 전자는 자유 전자가 되어 전류가 흐르게 된다.

순수 반도체

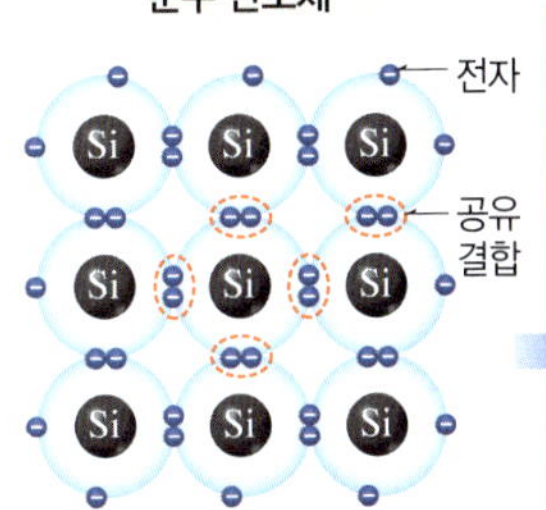

원자가 전자가 모두 공유 결합을 하고 있어 자유 전자가 매우 적다.
➡ 전압을 걸어도 전자가 속박되어 있어 전류가 잘 흐르지 않는다.
└ 전기 전도성이 낮다.

p형 반도체

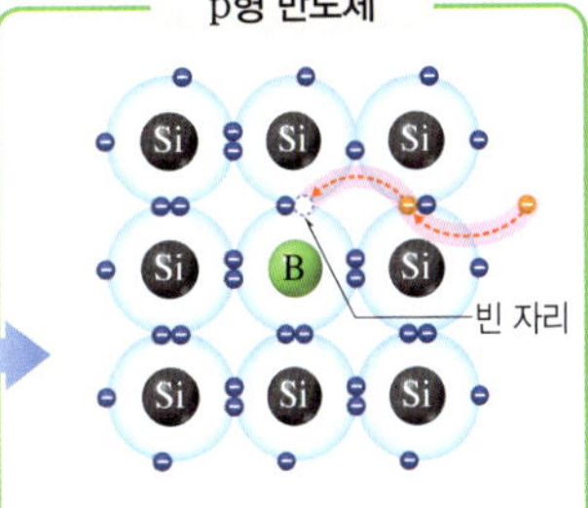

규소(Si)에 원자가 전자가 3개인 붕소(B)를 첨가하면 공유 결합에 전자 1개가 부족하여 빈 자리가 생긴다.
➡ 전압을 걸면 전자가 빈 자리를 채우면서 전류가 흐르게 된다.

2. 반도체 소자의 특징과 활용

반도체 소자는 반도체를 이용하여 만든 부품으로, 전류 제어, 신호 증폭 및 스위치, 데이터 저장 등 전기적 신호를 처리하는 역할을 한다.

구분	특징		활용
다이오드		n형 반도체와 p형 반도체를 결합한 소자로, 전류를 한 방향으로만 흐르게 하는 ◆정류 작용을 한다. └ 교류를 직류로 바꾸는 작용	교류를 직류로 바꾸는 부품 등 └ 충전기의 어댑터 등
발광 다이오드 (LED)		전류가 흐르면 빛이 방출되는 소자로, 첨가하는 원소에 따라 방출되는 빛의 색이 다르다. └ 빛의 3원색을 구현할 수 있다.	각종 영상 표시 장치, 조명 장치 등 └ 디스플레이 등
유기 발광 다이오드 (OLED)		전류가 흐르면 유기 물질 자체에서 빛이 방출되는 소자로, 얇고 가벼운 특징이 있다. └ 얇아서 휘어지게 만들 수 있다.	휘어지는 디스플레이 또는 조명 등
트랜지스터		n형 반도체와 p형 반도체를 복합적으로 결합한 소자로, ◆증폭 작용, 스위치 작용을 하며 소비 전력이 작다. └ 전류, 전압 증폭 └ 전류의 흐름 제어	전자 제품의 성능 향상과 소형화
◆집적 회로		매우 많은 트랜지스터나 다이오드 등을 하나의 칩으로 작게 만든 것으로, 회로 사이의 거리가 짧아 신호를 빠르게 전달할 수 있다.	데이터를 처리하거나 저장하는 디지털 기기

✱ 반도체 소자의 제조
지각의 대부분을 차지하는 규산염 광물에서 얻은 규소로 웨이퍼를 만들고, 이 웨이퍼 위에 전자 회로를 그려 반도체 소자를 만든다.

⬆ 웨이퍼_규소로 만든 기둥을 얇게 자른 원판

🅱 비상, 천재 교과서에만 나와요.

◆ **정류 작용**
전류의 방향이 계속 바뀌는 전류를 교류라고 하고, 전류의 방향이 한 방향인 전류를 직류라고 한다. 다이오드를 이용하면 교류를 직류로 바꿀 수 있는데, 이를 정류 작용이라고 한다.

궁금해

일상생활에서 정류 작용은 어디에 활용될까?

가정에 공급되는 전류는 교류이고, 스마트 기기와 같은 전자 제품은 대부분 직류를 사용하므로 전자 제품 내부에는 정류 작용을 하는 부품이 필요하다.

🅱 비상 교과서에만 나와요.

◆ **증폭 작용과 스위치 작용**
• 증폭 작용: 회로에서 전류나 전압의 크기를 크게 한다.
• 스위치 작용: 전류의 흐름을 제어하는 작용으로, 전류를 흐르게 하거나 흐르지 않게 조절한다.

◆ **집적 회로**
집적 회로에는 정해진 기능을 수행하는 마이크로컨트롤러(MCU)나 컴퓨터의 중앙 처리 장치인 마이크로프로세서(MPU) 등이 있다.

용어

❶ **공유 결합**(共 함께, 有 가지다, 結 묶다, 合 합하다) 두 원자가 서로 전자쌍을 공유함으로써 형성되는 화학 결합

+ 확대경 다이오드의 정류 작용

다이오드가 연결된 회로에서는 전류가 한 방향으로만 흐르는데, 이를 정류 작용이라고 한다.

다이오드가 연결되지 않은 회로	다이오드가 연결된 회로

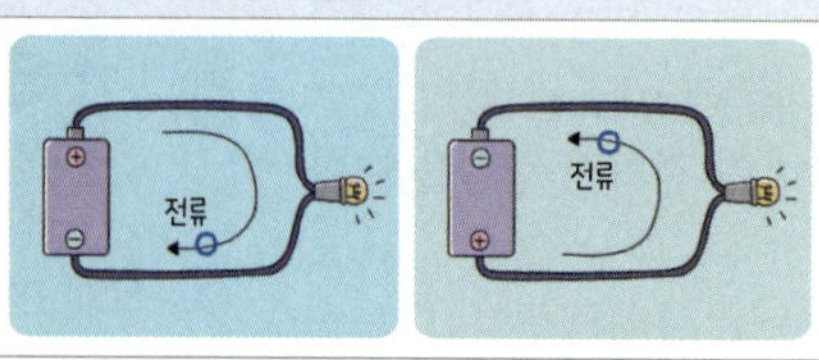

전구와 전지가 연결된 회로에서 전구에 전지의 극을 반대로 바꾸어 연결하여도 전구에 불이 켜진다.

다이오드가 연결된 회로에서 전지의 극에 다이오드를 반대로 바꾸어 연결하면 전구에 불이 켜지지 않는다.

다이오드에는 전류가 들어갈 수 있는 입구와 나올 수 있는 출구가 있어 전류가 출구 쪽으로 들어가게 되면 전류가 흐르지 않는다. 전지의 (+)극을 다이오드의 입구에 연결하고, 전지의 (−)극을 출구에 연결하면 전류가 흐르고, 전지에 다이오드를 반대로 바꾸어 연결하면 전류가 출구로 들어가지 못하므로 회로에는 전류가 흐르지 않는다.

◆ **물질의 전기적 성질을 활용한 첨단 기술**
- 자율주행 장치: 반도체 센서가 주변을 인식하여 안전하게 운행할 수 있도록 한다.
- 인공지능 장치: 반도체 칩이 음성 인식과 번역 등을 처리한다.
- 디스플레이: LED와 같은 반도체 소자가 전기 신호를 빛으로 변환한다.
- 스마트 기기: 부도체로 제품을 보호하고, 반도체로 빛을 내거나 통신을 한다.
- USB 수신기: 반도체로 통신을 한다.

C 물질의 전기적 성질 활용

1. 물질의 전기적 성질 활용 일상생활에서 볼 수 있는 여러 제품들은 물질의 전기적 성질을 응용한 소재로 만들어져 있다. 특히, ◆첨단 기술 제품은 도체, 부도체, 반도체 소재가 같이 구성되어 있다.

2. 물질의 전기적 성질 활용의 예

: 전기적 성질이 활용된 부분

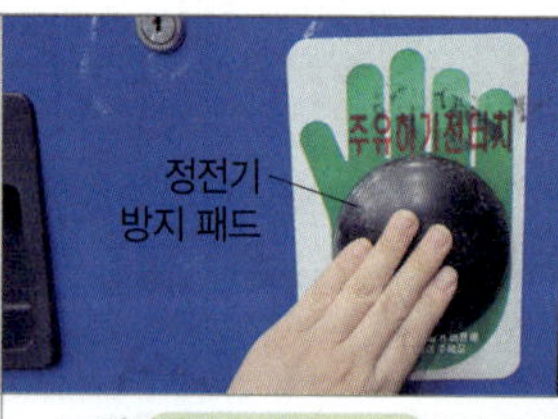

- **도체:** 피뢰침의 끝 부분을 통해 번개의 전류가 안전하게 땅으로 이동한다.
- **도체:** 정전기 방지 패드를 손으로 접촉하면 손에 있던 전자들이 정전기 방지 패드로 이동한다.
- **도체:** 스마트폰 터치 장갑의 끝 부분에는 전류가 흐를 수 있는 전도성 실이 섞여 있다.

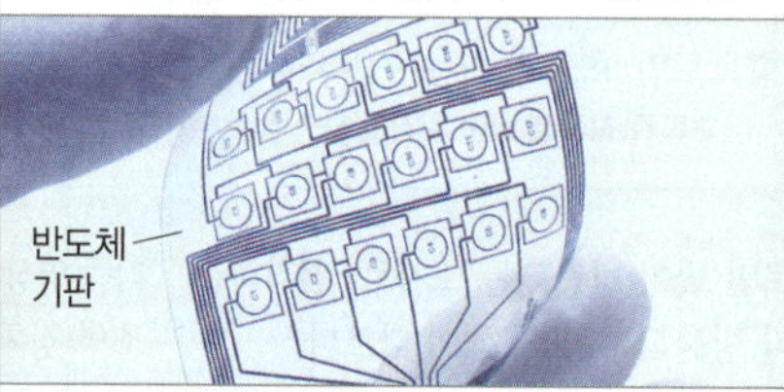

- **부도체:** 절연 장갑은 전기 작업 중 사람에게 전류가 흐르지 않도록 보호해 준다.
- **부도체:** 반도체 기판의 코팅 물질은 반도체 소자를 보호하고, 불필요한 신호를 차단한다.
- **반도체:** 센서 내부의 반도체 소자는 외부 변화에 따른 전기 전도도의 변화를 감지한다.

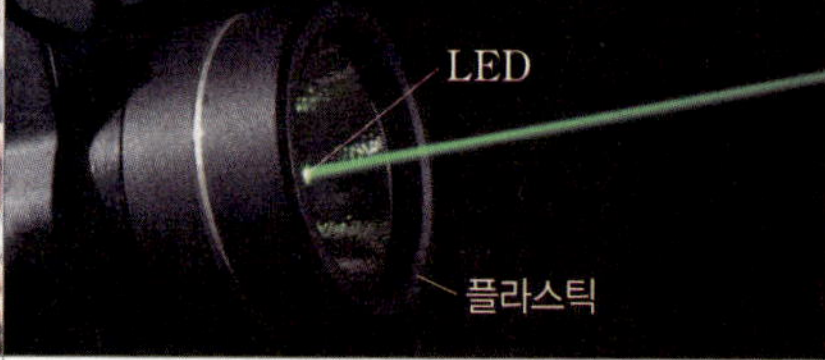

- **부도체:** 반도체를 보호함과 동시에 빛을 투과시키기 위해 투명한 강화 유리로 되어 있다.
- **반도체:** 태양 전지는 빛을 받으면 전압이 발생한다.
- **부도체:** 반도체를 보호함과 동시에 화면을 보기 위해 투명한 강화 유리로 되어 있다.
- **반도체:** 반도체 소자를 통해 손가락의 미세한 전류를 감지하고, LED를 통해 빛이 방출된다.
- **도체:** 전선을 통해 반도체에 전류를 공급한다.
- **부도체:** 플라스틱으로 반도체를 보호하고, 전류가 외부로 흐르는 것을 방지한다.
- **반도체:** LED를 통해 빛이 방출된다.

개념확인 문제

핵심 체크

▶ 전자는 원자핵과의 (❶　　　　　)에 의해 원자에 속박되어 있다.
▶ 물질은 (❷　　　　　)의 이동에 따른 전기적 성질에 따라 도체, 부도체, 반도체로 구분할 수 있다.
▶ (❸　　　　　)는 불순물이 첨가되지 않은 반도체로, 원자가 전자가 모두 (❹　　　　　)을 하고 있다.
▶ p형 반도체는 원자가 전자가 4개인 규소(Si)에 원자가 전자가 (❺　　　　　)개인 원소를 첨가한 반도체이다.
▶ (❻　　　　　)형 반도체는 원자가 전자가 4개인 규소(Si)에 원자가 전자가 5개인 원소를 첨가한 반도체이다.
▶ (❼　　　　　): p형 반도체와 n형 반도체를 결합한 반도체 소자로, 정류 작용을 한다.
▶ (❽　　　　　): 전류가 흐르면 빛이 방출되는 반도체 소자로, 첨가하는 원소에 따라 빛의 색이 달라진다.
▶ 전선에 이용되는 구리 도선은 도체이고, 전선의 피복은 (❾　　　　　)이다.
▶ (❿　　　　　)는 다양한 외부 변화에 의해 전기 전도도가 달라져 각종 센서나 첨단 기술에 활용된다.

1 도체의 특징은 '도', 부도체의 특징은 '부', 반도체의 특징은 '반'으로 표시하시오.

(1) 자유 전자가 많아 전류가 잘 흐른다. ┄┄┄┄┄┄ (　　)
(2) 특정 조건에서 자유 전자가 생겨 전류가 흐른다.
　┄┄┄┄┄┄┄┄┄┄┄┄┄┄┄┄┄┄┄┄┄┄┄┄┄┄ (　　)
(3) 자유 전자가 거의 없어 전류가 잘 흐르지 않는다.
　┄┄┄┄┄┄┄┄┄┄┄┄┄┄┄┄┄┄┄┄┄┄┄┄┄┄ (　　)

2 물질의 전기적 성질에 대한 설명으로 옳은 것은 ○, 옳지 않은 것은 ×로 표시하시오.

(1) 부도체는 전기 전도성이 낮은 물질이다. ┄┄┄ (　　)
(2) 전류의 흐름을 차단해야 하는 곳에는 도체를 사용한다.
　┄┄┄┄┄┄┄┄┄┄┄┄┄┄┄┄┄┄┄┄┄┄┄┄┄┄ (　　)
(3) 규소(Si)나 저마늄(Ge)은 부도체에 해당한다. ┄ (　　)

3 순수 반도체와 불순물 반도체에 대한 설명으로 옳은 것은 ○, 옳지 않은 것은 ×로 표시하시오.

(1) 순수 반도체의 원자가 전자는 5개이다. ┄┄┄ (　　)
(2) 순수 반도체에 특정 불순물을 첨가하면 전기적 성질을 변화시킬 수 있다. ┄┄┄┄┄┄┄┄┄┄┄┄┄┄ (　　)
(3) n형 반도체에서 전류가 흐르는 원인은 양(＋)전하를 띠는 입자의 이동에 의한 것이다. ┄┄┄┄┄┄┄ (　　)

4 다음은 트랜지스터에 대한 설명이다. (　　) 안에 알맞은 말을 쓰시오.

> 트랜지스터는 회로에서 전류나 전압을 크게 하는 ㉠(　　) 작용과 전류의 흐름을 조절하고 제어하는 ㉡(　　) 작용을 한다. 또 전자 제품의 성능을 향상시킬 수 있고, 소형화할 수 있으며, 소비 전력이 매우 작아 대부분의 전자 기기에 이용된다.

5 반도체 소자에 대한 설명으로 옳은 것은 ○, 옳지 않은 것은 ×로 표시하시오.

(1) 유기 발광 다이오드(OLED)는 전류가 흐르지 않아도 유기 물질 자체에서 빛이 방출된다. ┄┄┄┄┄ (　　)
(2) 다이오드는 한 방향으로만 전류가 흐르는 성질이 있어 직류를 교류로 바꾸는 데 사용된다. ┄┄┄┄ (　　)
(3) 집적 회로는 매우 많은 트랜지스터나 다이오드 등을 하나의 칩으로 만든 것이다. ┄┄┄┄┄┄┄┄┄ (　　)

6 반도체의 전기적 성질을 활용한 것만을 [보기]에서 있는 대로 고르시오.

> **보기**
> ㄱ. 피뢰침　　　　　　　ㄴ. 절연 장갑
> ㄷ. 태양 전지　　　　　　ㄹ. 집적 회로
> ㅁ. 스마트폰 터치 장갑　　ㅂ. 반도체 기판의 코팅 물질

내신 만점 문제

01 그림은 원자의 구조를 나타낸 것이다. 이에 대한 설명으로 옳은 것만을 [보기] 에서 있는 대로 고른 것은?

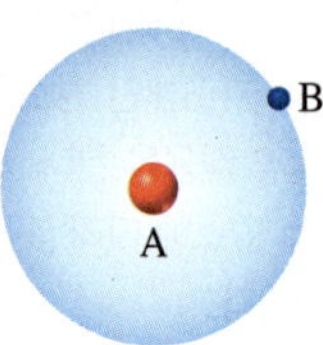

보기
ㄱ. A는 전기적으로 중성이다.
ㄴ. B가 원자에서 벗어나면 원자의 전기적 성질이 변한다.
ㄷ. A와 B 사이에는 자기력이 작용한다.

① ㄱ 　② ㄴ 　③ ㄷ
④ ㄱ, ㄴ 　⑤ ㄴ, ㄷ

02 도체, 부도체, 반도체 물질의 예를 옳게 짝 지은 것은?

	도체	부도체	반도체
①	구리	유리	규소(Si)
②	금	고무	은
③	알루미늄	규소(Si)	고무
④	저마늄(Ge)	나무	플라스틱
⑤	철	알루미늄	저마늄(Ge)

중요 03 그림은 도체, 부도체, 반도체 중 하나인 물질 A~C의 전기 전도성을 상대적으로 나타낸 것이다.

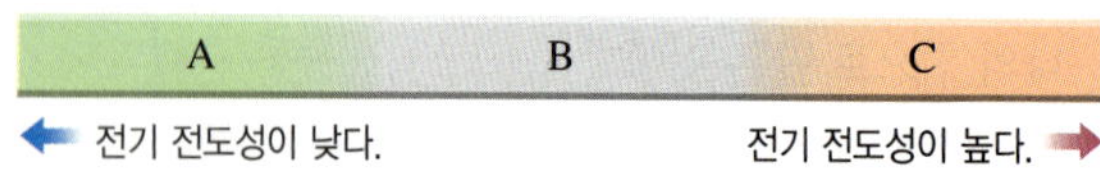

이에 대한 설명으로 옳은 것만을 [보기]에서 있는 대로 고른 것은?

보기
ㄱ. A는 부도체이다.
ㄴ. B의 예로는 규소(Si)가 있다.
ㄷ. 전기 저항은 A가 C보다 작다.

① ㄴ 　② ㄷ 　③ ㄱ, ㄴ
④ ㄱ, ㄷ 　⑤ ㄴ, ㄷ

04 그림 (가)와 (나)는 전원 장치에 연결된 도체와 부도체의 내부 구조를 순서 없이 나타낸 것으로, (가)의 p 지점에서 A 는 ㉠과 ㉡ 중 한 방향으로 이동한다.

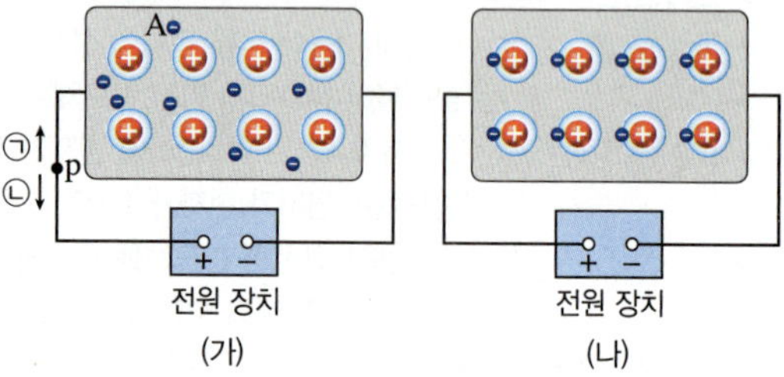

이에 대한 설명으로 옳은 것만을 [보기]에서 있는 대로 고른 것은? (단, 전원 장치의 전압은 같다.)

보기
ㄱ. A는 자유 전자이다.
ㄴ. (가)의 p 지점에서 A는 ㉡ 방향으로 이동한다.
ㄷ. (나)의 전기적 성질을 가진 예로는 고무가 있다.

① ㄱ 　② ㄴ 　③ ㄱ, ㄷ
④ ㄴ, ㄷ 　⑤ ㄱ, ㄴ, ㄷ

중요 05 그림 (가)와 (나)는 전원 장치와 검류계를 연결한 회로에 물질 A, B를 각각 연결한 것을 나타낸 것으로, (가)에서는 검류계에 전류가 흐르지 않았지만, (나)에서는 검류계에 전류가 흘렀다. A와 B는 도체와 부도체를 순서 없이 나타낸 것이다.

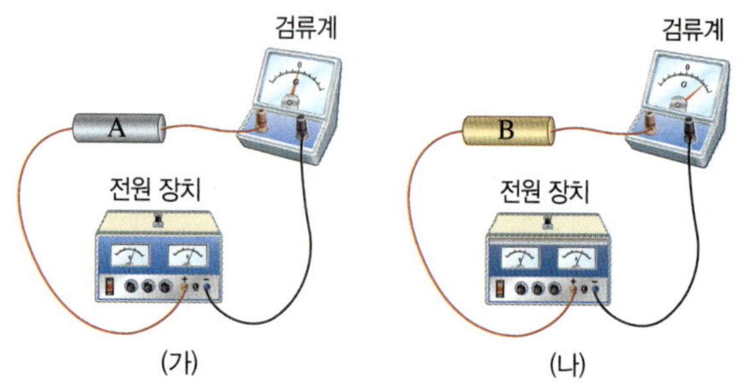

이에 대한 설명으로 옳은 것만을 [보기]에서 있는 대로 고른 것은? (단, 전원 장치의 전압은 같다.)

보기
ㄱ. A에 연결된 전원 장치의 극을 서로 바꾸어 연결하면 검류계에 전류가 흐른다.
ㄴ. B는 전선에 이용되는 구리와 전기적 성질이 같다.
ㄷ. A는 B보다 전기 전도성이 낮다.

① ㄱ 　② ㄴ 　③ ㄱ, ㄷ
④ ㄴ, ㄷ 　⑤ ㄱ, ㄴ, ㄷ

B 반도체의 전기적 성질

중요 06 표는 순수 반도체와 불순물 반도체의 특징을 상대적으로 나타낸 자료이다. A, B, C는 순수 반도체, n형 반도체, p형 반도체를 순서 없이 나타낸 것이다.

특징	A	B	C
자유 전자가 존재한다.	×	×	○
불순물이 첨가되어 있다.	×	○	○

이에 대한 설명으로 옳은 것만을 [보기]에서 있는 대로 고른 것은?

보기
ㄱ. A는 전압을 걸어도 전류가 잘 흐르지 않는다.
ㄴ. B에 첨가된 불순물 원소의 원자가 전자는 5개이다.
ㄷ. 전기 전도성은 A가 C보다 높다.

① ㄱ   ② ㄴ   ③ ㄱ, ㄷ
④ ㄴ, ㄷ   ⑤ ㄱ, ㄴ, ㄷ

중요 07 그림 (가)~(다)는 반도체의 전기적 성질을 이용하기 위해 만든 전자 부품을 나타낸 것이다.

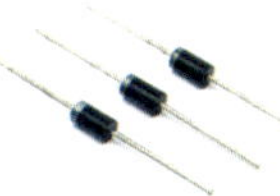

(가) 유기 발광 다이오드   (나) 다이오드   (다) 트랜지스터

(가)~(다)의 성질로 가장 적절한 것을 [보기]에서 골라 옳게 짝 지은 것은?

보기
ㄱ. 전류가 흐르면 빛이 방출된다.
ㄴ. 교류를 직류로 바꾸는 역할을 한다.
ㄷ. 약한 신호를 큰 신호로 바꾸는 역할을 한다.

	(가)	(나)	(다)		(가)	(나)	(다)
①	ㄱ	ㄴ	ㄷ	②	ㄱ	ㄷ	ㄴ
③	ㄴ	ㄱ	ㄷ	④	ㄴ	ㄷ	ㄱ
⑤	ㄷ	ㄴ	ㄱ				

중요 08 그림 (가)~(다)는 일상생활에서 반도체가 이용된 부품의 예를 나타낸 것이다.

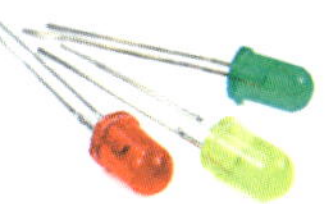

(가) 중앙 처리 장치   (나) 집적 회로   (다) 발광 다이오드

이에 대한 설명으로 옳은 것만을 [보기]에서 있는 대로 고른 것은?

보기
ㄱ. (가)는 순수 반도체로만 구성되어 있다.
ㄴ. (나)는 데이터 저장 용량이 큰 메모리에 사용된다.
ㄷ. (다)는 걸어 준 전압에 따라 방출되는 빛의 색이 달라진다.

① ㄱ   ② ㄴ   ③ ㄱ, ㄷ
④ ㄴ, ㄷ   ⑤ ㄱ, ㄴ, ㄷ

중요 09 다음은 다이오드의 특성을 알아보기 위한 실험이다.

[실험 과정]
(가) 그림과 같이 다이오드, 전구, 전지를 연결하여 전구에 불이 켜지는지를 관찰한다.
(나) (가)에서 ⓐ, ⓑ에 연결된 전지의 극을 바꾸어 연결한 후 전구에 불이 켜지는지를 관찰한다.

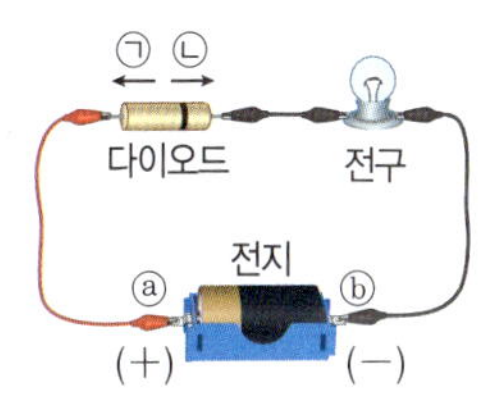

[실험 결과]

과정	전구
(가)	불이 켜진다.
(나)	불이 켜지지 않는다.

이에 대한 설명으로 옳은 것만을 [보기]에서 있는 대로 고른 것은?

보기
ㄱ. 다이오드는 회로에서 정류 작용을 한다.
ㄴ. 다이오드에는 ⓛ 방향으로만 전류가 흐른다.
ㄷ. (나)에서 전지의 전압을 높이면 전구에 불이 켜진다.

① ㄱ   ② ㄴ   ③ ㄷ
④ ㄱ, ㄴ   ⑤ ㄴ, ㄷ

중요 10 그림 (가)는 피뢰침에 번개가 떨어지는 모습을, (나)는 장갑을 착용하고 전기 작업을 하는 모습을 나타낸 것으로, A는 피뢰침의 끝 부분, B는 전선의 외피, C는 절연 장갑이다.

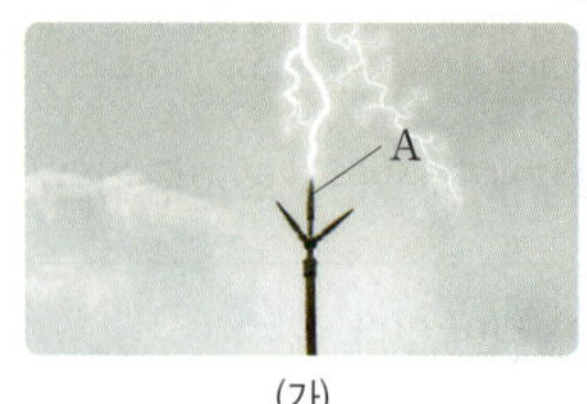
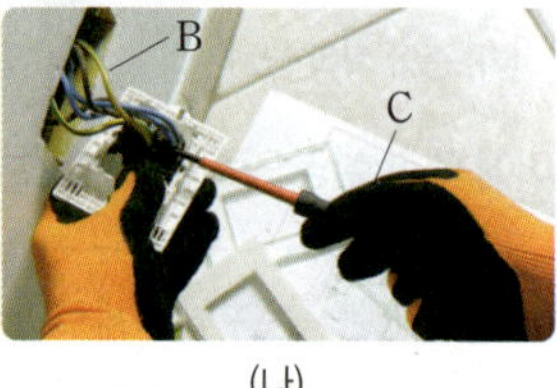

(가)   (나)

이에 대한 설명으로 옳은 것만을 [보기]에서 있는 대로 고른 것은?

보기
ㄱ. A는 도체이다.
ㄴ. B와 C의 전기적 성질은 같다.
ㄷ. A는 C보다 전기 전도도가 낮다.

① ㄱ   ② ㄷ   ③ ㄱ, ㄴ
④ ㄴ, ㄷ   ⑤ ㄱ, ㄴ, ㄷ

11 그림 (가)~(다)는 전기적 성질을 활용한 제품을 나타낸 것이고, 표는 (가)~(다)에 활용된 전기적 성질의 특징을 설명한 것이다.

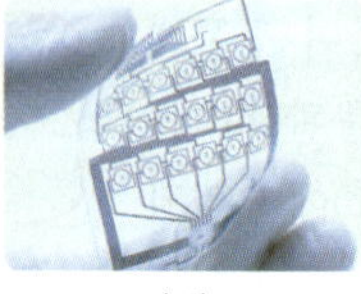

(가)   (나)   (다)

구분	특징
(가)	레이저 포인터에서 전류가 흐른다.
(나)	전자 부품을 보호하고, 불필요한 신호를 차단한다.
(다)	센서에 가스가 접촉되면 감지기의 전기 전도도가 변한다.

이에 대한 설명으로 옳은 것만을 [보기]에서 있는 대로 고른 것은?

보기
ㄱ. 단위 부피당 물질 내 자유 전자는 (가)가 (나)보다 많다.
ㄴ. (나)는 부도체의 전기적 성질을 활용한다.
ㄷ. (다)의 전기적 성질을 가진 물질의 원료는 규산염 광물에서 얻을 수 있다.

① ㄱ   ② ㄷ   ③ ㄱ, ㄴ
④ ㄴ, ㄷ   ⑤ ㄱ, ㄴ, ㄷ

중요 12 그림 (가)는 디스플레이에서 방출되는 빛을, (나)는 태양 전지를, (다)는 스마트폰 터치 장갑을 나타낸 것이다.

(가)   (나)   (다)

이에 대한 설명으로 옳은 것만을 [보기]에서 있는 대로 고른 것은?

보기
ㄱ. (가)는 부도체의 전기적 성질을 활용한 것이다.
ㄴ. (나)는 빛을 받으면 전압이 발생한다.
ㄷ. (다)에서 장갑의 터치 부분에 사용된 소재는 도체이다.

① ㄱ   ② ㄴ   ③ ㄷ
④ ㄱ, ㄴ   ⑤ ㄴ, ㄷ

서술형 문제

13 그림 (가)와 (나)는 불순물 반도체와 순수 반도체를 구성하는 원소와 원자가 전자의 배열을 나타낸 것이다.

(가)   (나)

(1) (가)는 p형 반도체와 n형 반도체 중 어떤 반도체인지 쓰시오.

(2) (가)에 전압을 걸면 전류가 흐르는 까닭을 서술하시오.

(3) (나)에 전압을 걸어도 전류가 잘 흐르지 않는 까닭을 서술하시오.

14 그림은 터치 스크린을 나타낸 것이다. 이 터치스크린에서 부도체와 반도체는 각각 어떤 역할을 하는지 서술하시오.

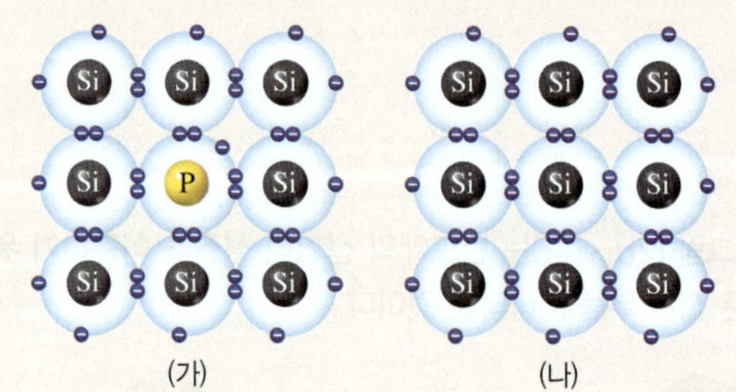

실력 UP 문제

01 그림 (가)와 (나)는 일상생활에서 볼 수 있는 전기적 성질을 활용한 예로, A는 전선의 내부, B는 전선의 외피, C는 데이터 저장 장치이다.

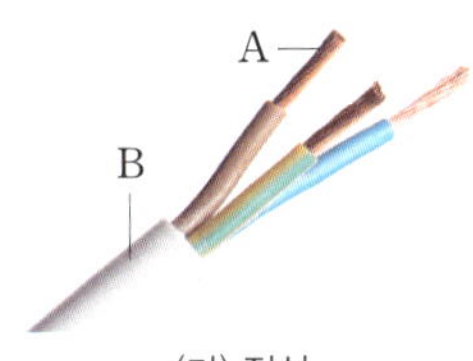

(가) 전선

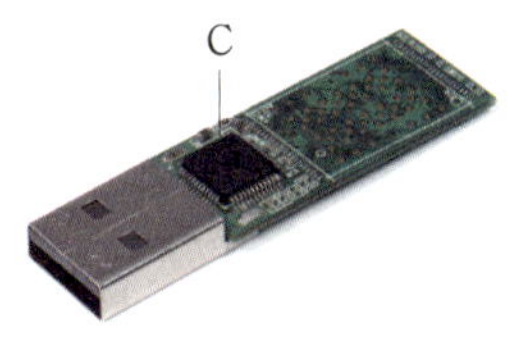

(나) 플래시 메모리(USB)

이에 대한 설명으로 옳은 것만을 [보기]에서 있는 대로 고른 것은?

> [보기]
> ㄱ. 전기 전도도는 A가 B보다 크다.
> ㄴ. 단위 부피당 물질 내 자유 전자의 수는 B가 A보다 많다.
> ㄷ. C에 이용된 원료는 전기적 성질을 제어할 수 있다.

① ㄱ   ② ㄴ   ③ ㄷ
④ ㄱ, ㄷ   ⑤ ㄴ, ㄷ

02 그림은 다이오드에 전구, 전지를 연결하여 구성한 회로를 나타낸 것이고, 표는 스위치의 연결 위치에 따라 전구에 불이 켜지는지를 나타낸 것이다. X, Y는 각각 p형 반도체, n형 반도체 중 하나이고, X는 규소(Si)에 원자가 전자가 3개인 불순물을 첨가한 반도체이다.

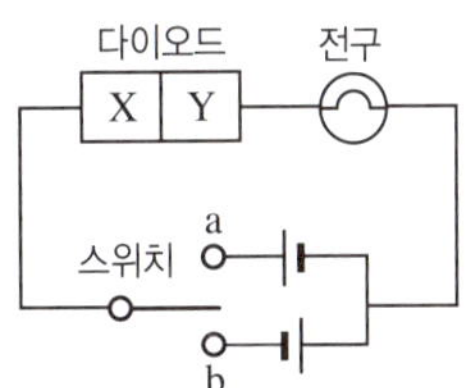

스위치	전구
a에 연결	불이 켜진다.
b에 연결	㉠

이에 대한 설명으로 옳은 것만을 [보기]에서 있는 대로 고른 것은?

> [보기]
> ㄱ. X는 p형 반도체이다.
> ㄴ. ㉠은 '불이 켜지지 않는다.'이다.
> ㄷ. Y는 규소(Si)에 원자가 전자가 5개인 불순물을 첨가하여 만든 반도체이다.

① ㄱ   ② ㄷ   ③ ㄱ, ㄴ
④ ㄴ, ㄷ   ⑤ ㄱ, ㄴ, ㄷ

03 표 (가)는 반도체 소자 A~C에서 특징 ㉠~㉢의 유무를, (나)는 특징 ㉠~㉢을 순서 없이 나타낸 것이다. A, B, C는 다이오드, 트랜지스터, 발광 다이오드 중 하나이다.

구분	㉠	㉡	㉢
A	ⓐ	○	×
B	○	×	×
C	○	×	○

(○: 있음, ×: 없음)

(가)

특징(㉠~㉢)
- 전압을 증폭시킬 수 있다.
- 빛의 3원색을 구현할 수 있다.
- 전류의 흐름을 제어할 수 있다.

(나)

이에 대한 설명으로 옳은 것만을 [보기]에서 있는 대로 고른 것은?

> [보기]
> ㄱ. ⓐ는 '○'이다.
> ㄴ. B는 주기적으로 변하는 신호를 일정하게 해 준다.
> ㄷ. ㉢은 '전류의 흐름을 제어할 수 있다.'이다.

① ㄱ   ② ㄷ   ③ ㄱ, ㄴ
④ ㄴ, ㄷ   ⑤ ㄱ, ㄴ, ㄷ

04 다음은 적외선 센서에 대한 설명이다.

> 발신부 LED로부터 방출된 적외선 빛이 물체에 반사되어 적외선 수신부에 도달하면 적외선 수신부의 ㉠전기 전도도가 변한다. 이때 감지 표시 LED등에 전류가 흘러 불이 들어오게 된다.
>
> 
>
>
> 적외선 수신부에서 감지한 빛 신호가 약하여 센서가 잘 작동하지 않을 때 ㉢ 을/를 이용하면 신호가 증폭되어 센서가 잘 작동한다.

이에 대한 설명으로 옳은 것만을 [보기]에서 있는 대로 고른 것은?

> [보기]
> ㄱ. ㉠에서 전기 전도도가 감소한다.
> ㄴ. ㉡의 전기적 성질은 반도체이다.
> ㄷ. ㉢은 '트랜지스터'로 적절하다.

① ㄱ   ② ㄷ   ③ ㄱ, ㄴ
④ ㄴ, ㄷ   ⑤ ㄱ, ㄴ, ㄷ

01 / 원소의 주기성

1. 원소와 주기율표
(1) **원소**: 물질을 이루는 기본 성분

(2) **원소의 분류**

구분	(❶) 원소	(❷) 원소
상태	실온에서 대부분 고체 (단, 수은은 액체)	실온에서 대부분 기체 또는 고체 (단, 브로민은 액체)
특징	• 대부분 특유의 광택이 있다. • 열을 잘 전달하고 전기가 잘 통한다. • 외부에서 힘을 가하면 부서지지 않고 모양만 변한다. • 양이온이 되기 쉽다. • 주로 주기율표의 왼쪽과 가운데에 위치한다.	• 광택이 없다. • 열을 잘 전달하지 않고 전기가 잘 통하지 않는다. (단, 흑연은 예외) • 음이온이 되기 쉽다. • 주로 주기율표의 오른쪽에 위치한다.

(3) **주기율표**: 원소들을 (❸   ) 순서로 나열하고, 화학적 성질이 비슷한 원소를 같은 세로줄에 오도록 배열하였다.

주기	주기율표의 가로줄, 1주기에서 7주기까지 있다.
족	주기율표의 세로줄, 1족에서 18족까지 있다.

2. 알칼리 금속과 할로젠
(1) **알칼리 금속**

정의	주기율표의 (❹)족에서 수소(H)를 제외한 금속 원소 예 리튬(Li), 나트륨(Na), 칼륨(K) 등
성질	• 실온에서 고체 상태이며, 은백색 광택을 띤다. • 다른 금속에 비해 밀도가 작고, 칼로 쉽게 잘릴 정도로 무르다. • 반응성이 커서 산소, 물과 잘 반응한다. • 물과 반응하여 (❺) 기체를 발생시키고, 수용액은 염기성을 띤다.

(2) **할로젠**

정의	주기율표의 (❻)족에 속하는 비금속 원소 예 플루오린(F), 염소(Cl), 브로민(Br), 아이오딘(I) 등
성질	• 실온에서 2개의 원자가 결합한 분자로 존재한다. • 특유의 색을 띤다. • 반응성이 커서 수소, 알칼리 금속 등 다른 원소와 잘 반응한다. • 수소와 반응하여 생성된 화합물은 물에 녹아 산성을 띤다.

3. 원자의 전자 배치
(1) **원자의 전자 배치**

전자는 원자핵과 가까운 전자 껍질부터 차례대로 채워진다.	➡	전자는 첫 번째 전자 껍질에 최대 (❼)개, 두 번째 전자 껍질에 최대 (❽)개가 채워진다.

(2) (❾   ): 원자의 전자 배치에서 가장 바깥 전자 껍질에 들어 있으면서 화학 결합에 참여하는 전자로, 원소의 화학적 성질을 결정한다.

(3) **주기율표와 전자 배치의 관계**

같은 족 원소	같은 주기 원소
원자가 전자 수가 같다. ➡ 화학적 성질이 비슷하다.	전자가 들어 있는 전자 껍질 수가 같다.

(4) **원소의 주기성이 나타나는 까닭**: 원자 번호가 증가함에 따라 원소의 화학적 성질을 결정하는 (❿   )의 수가 주기적으로 변하기 때문이다.

02 / 화학 결합과 물질의 성질

1. 화학 결합의 원리
(1) **18족 원소**

정의	주기율표의 18족에 속하는 원소 예 헬륨(He), 네온(Ne), 아르곤(Ar) 등
전자 배치	가장 바깥 전자 껍질에 전자가 2개 또는 (⓫)개 채워진 안정한 전자 배치를 이룬다.  헬륨　　　네온　　　아르곤

(2) **화학 결합이 형성되는 까닭**: 원소들이 화학 결합을 형성하여 18족 원소와 같은 전자 배치를 이루어 안정해지려고 하기 때문이다.

2. 화학 결합의 종류
(1) **이온의 형성**: 금속 원소는 전자를 잃어 (⓬   )이 되기 쉽고, 비금속 원소는 전자를 얻어 (⓭   )이 되기 쉽다.

양이온	음이온
금속 원소는 전자를 잃어 18족 원소와 같은 전자 배치를 이루어 양이온을 형성한다.	비금속 원소는 전자를 얻어 18족 원소와 같은 전자 배치를 이루어 음이온을 형성한다.

(2) (⑭   ) 결합 : 양이온과 음이온 사이의 정전기적 인력으로 형성되는 화학 결합

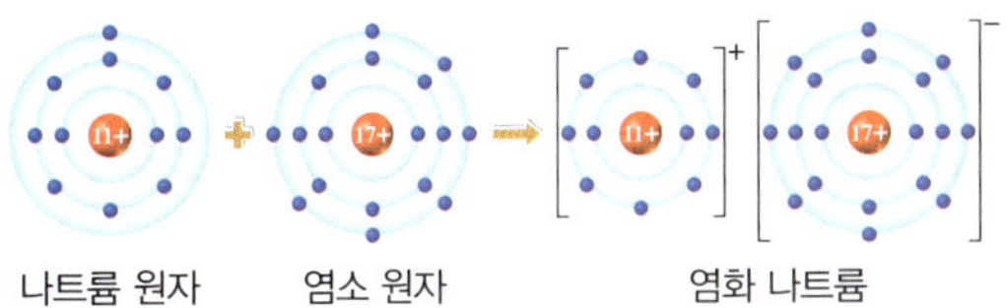

(3) (⑮   ) 결합 : 비금속 원소의 원자들이 전자쌍을 공유하여 형성되는 화학 결합

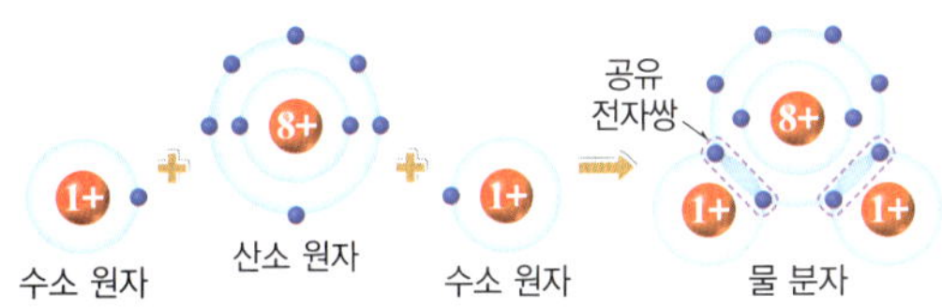

3. 이온 결합 물질과 공유 결합 물질의 성질

(1) 이온 결합 물질과 공유 결합 물질

이온 결합 물질	• 금속 원소와 비금속 원소로 이루어진다. • 수많은 양이온과 음이온이 규칙적으로 배열된 3차원의 입체 구조를 이룬다. 예 염화 나트륨($NaCl$), 염화 칼슘($CaCl_2$), 탄산 칼슘($CaCO_3$), 수산화 마그네슘($Mg(OH)_2$) 등
공유 결합 물질	• 비금속 원소로 이루어진다. • 일정한 수의 원자들이 결합하여 분자를 이룬다. 예 질소(N_2), 뷰테인(C_4H_{10}), 설탕($C_{12}H_{22}O_{11}$), 에탄올(C_2H_5OH) 등

(2) 이온 결합 물질과 공유 결합 물질의 성질

이온 결합 물질	• 고체 상태: 이온들이 강하게 결합하여 이동할 수 없으므로 전기 전도성이 (⑯). • 수용액 상태: 이온들이 자유롭게 이동할 수 있으므로 전기 전도성이 (⑰).

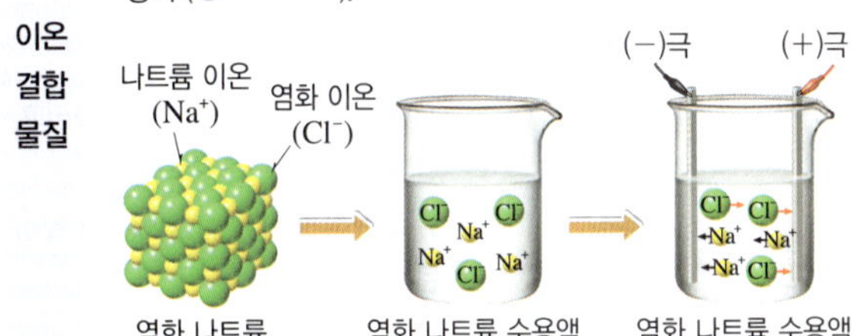

공유 결합 물질	전기적으로 중성인 분자로 이루어져 있으므로 고체 상태와 수용액 상태에서 대부분 전기 전도성이 (⑱).

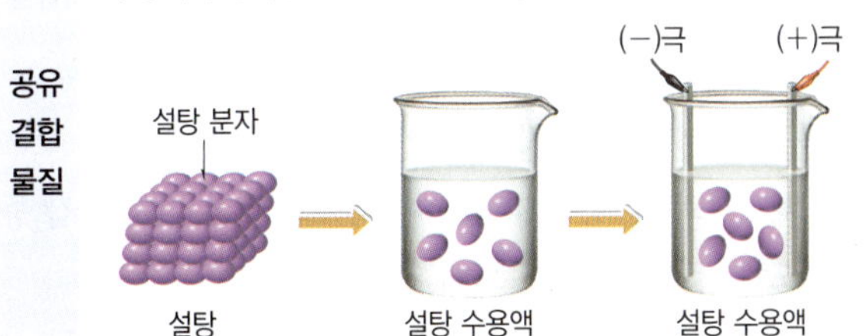

---

03 / 지각과 생명체 구성 물질의 규칙성 (1)

1. 지각과 생명체 구성 물질의 규칙성

(1) **지각과 생명체의 구성 원소** : 공통으로 많은 원소는 산소이다.

지각	• 산소>(⑲)>알루미늄>철>… • 지각을 구성하는 암석은 대부분 규산염 광물로 이루어져 있다.
생명체	• 산소>(⑳)>수소>질소>… • 생명체를 구성하는 유기물은 탄소로 이루어진 탄소 화합물이다.

(2) **지각과 생명체를 구성하는 원소의 기원** : 대부분 별의 진화 과정에서 생성되었다.

(3) **지각과 생명체를 구성하는 물질의 결합 규칙성** : 구성 원소의 종류나 비율이 다르지만, 일정한 구조를 가진 기본 단위체가 반복적으로 결합하여 다양한 물질을 이루고 있다.

2. 지각을 구성하는 물질

(1) **규산염 광물** : 산소와 규소로 이루어진 규산염 사면체를 기본 단위체로 하여 규산염 사면체들이 일정한 규칙에 따라 화학적으로 결합하여 만들어진 광물

① **규소의 화학적 성질**: 규소는 14족 원소로, 원자가 전자가 4개이다. ➡ 최대 4개의 원자와 결합 가능

② (㉑   ): 규소 원자 1개를 중심으로 산소 원자 4개가 공유 결합한 $Si-O$ 사면체 ➡ 음전하를 띤다.

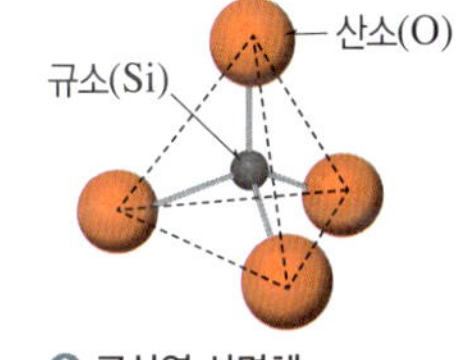

↑ 규산염 사면체

(2) **규산염 광물의 결합 구조**: 규산염 사면체가 독립적으로 모여 만들어지기도 하지만, 대부분 규산염 사면체가 다른 규산염 사면체와 산소를 공유하면서 결합하여 다양한 종류의 광물이 만들어진다.

결합 구조	독립형 구조	단사슬 구조	복사슬 구조	판상 구조	망상 구조
공유하는 산소 수	0	적다 ←		→ 많다	
풍화	약하다 ←			→ 강하다	
광물의 예	감람석	휘석	각섬석	흑운모	장석	석영
쪼개짐과 깨짐	깨짐	쪼개짐	쪼개짐	(㉒)	쪼깨짐	깨짐

1. 생명체 구성 물질 생명체 구성 물질 중 단백질, 핵산, 탄수화물, 지질은 탄소 화합물이다.

단백질	몸의 주요 구성 물질, 에너지원, 효소, 호르몬, 항체의 주성분, 탄소(C), 수소(H), 산소(O), 질소(N) 등으로 구성
핵산	유전정보의 저장과 전달, 탄소(C), 수소(H), 산소(O), 질소(N), 인(P)으로 구성
탄수화물	주요 에너지원, 탄소(C), 수소(H), 산소(O)로 구성
지질	에너지원, 인지질은 세포막의 주성분, 탄소(C), 수소(H), 산소(O) 등으로 구성

2. 단백질

아미노산	• 단백질의 기본 단위체 • 탄소를 중심으로 아미노기, 카복실기, 수소 원자, 곁사슬이 결합 • 곁사슬이 다른 (23)종류가 있다.
단백질의 형성	많은 수의 아미노산이 (24)결합으로 연결되어 폴리펩타이드를 형성 → (25)가 구부러지고 접혀 입체 구조를 형성 → 특정한 기능을 갖는 단백질 형성
단백질의 종류	아미노산의 종류, 수, 배열 순서에 따라 다양한 종류의 단백질이 형성되며, 단백질의 구조에 따라 단백질의 기능이 결정된다. 예 헤모글로빈(적혈구), 콜라젠(피부, 뼈), 케라틴(머리카락, 손톱), 인슐린(호르몬), 아밀레이스(효소) 등

3. 핵산

뉴클레오타이드	• 핵산의 기본 단위체 • 인산 : 당 : 염기=(26) • DNA와 RNA는 각각 4종류의 뉴클레오타이드로 구성
핵산의 형성	한 뉴클레오타이드의 인산이 다른 뉴클레오타이드의 당과 결합하는 것이 반복되어 긴 사슬 모양의 (27)를 형성
핵산의 종류	• DNA: 이중나선구조로, 당은 디옥시라이보스이고, 염기는 A, G, C, T이며, 유전정보를 저장한다. • RNA: 단일 가닥 구조로, 당은 라이보스이고, 염기는 A, G, C, U이며, 유전 정보를 전달하고 단백질합성에 관여한다.

1. 원자의 전기적 성질 원자는 원자핵의 양(+)전하와 전자의 음(−)전하의 양이 같아 전기적으로 중성이다.

2. 전기적 성질에 따른 물질의 구분 자유 전자의 이동에 따른 전기적 성질에 따라 도체, 부도체, 반도체로 구분할 수 있다.

구분	(28)	(29)	(30)
전기적 성질	자유 전자가 매우 많아 전류가 잘 흐른다.	자유 전자가 거의 없어 전류가 잘 흐르지 않는다.	특정 조건에서 자유 전자가 생겨 전류가 흐른다.
예	금, 은, 철, 구리 등	고무, 유리, 나무 등	규소(Si), 저마늄(Ge)

3. 반도체의 전기적 성질

구분	순수 반도체	불순물 반도체	
특징	불순물이 첨가되지 않은 반도체로, 원자가 전자가 4개인 원소로만 이루어져 있다. ➡ 원자가 전자가 모두 공유 결합을 하고 있다.	(31)형 반도체	(32)형 반도체
		순수 반도체에 불순물을 첨가하여 전기적 성질을 변화시킨 반도체이다. ➡ 전류가 흐른다. 원자가 전자가 5개인 불순물 원소를 첨가한 것이다.	원자가 전자가 3개인 불순물 원소를 첨가한 것이다.
전기적 성질의 원인	전자가 속박되어 있어 전류가 잘 흐르지 않는다.	자유 전자가 이동하면서 전류가 흐른다.	전자가 빈 자리를 채우면서 전류가 흐른다.

4. 반도체 소자

구분	특징
다이오드	교류를 직류로 바꾸는 (33) 작용을 한다.
발광 다이오드	전류가 흐르면 (34)이 방출되고, 첨가하는 원소에 따라 색이 다르다.
유기 발광 다이오드	전류가 흐르면 유기 물질 자체에서 빛이 방출된다.
트랜지스터	전류, 전압을 증폭시키는 증폭 작용, 전류의 흐름을 제어하는 스위치 작용을 한다.
집적 회로	매우 많은 트랜지스터나 다이오드 등을 하나의 칩으로 만든 것

5. 물질의 전기적 성질 활용의 예

(1) **도체**: 피뢰침, 정전기 방지 패드, 스마트폰 터치 장갑 등

(2) **부도체**: 절연 장갑, 반도체 기판의 코팅 물질 등

(3) **반도체**: 센서, 태양 전지, 터치스크린, 디스플레이 등

중단원 마무리 문제 난이도 ●●●

01 그림은 원자 A~C의 전자 배치를 모형으로 나타낸 것이다.

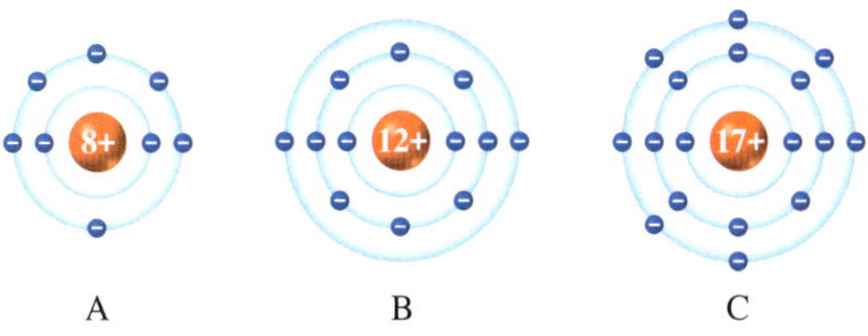

이에 대한 설명으로 옳은 것만을 [보기]에서 있는 대로 고른 것은? (단, A~C는 임의의 원소 기호이다.)

보기
ㄱ. A~C 중 3주기 원소는 두 가지이다.
ㄴ. A~C 중 금속 원소는 두 가지이다.
ㄷ. 원자가 전자 수는 C>A>B이다.

① ㄱ
② ㄱ, ㄴ
③ ㄱ, ㄷ
④ ㄴ, ㄷ
⑤ ㄱ, ㄴ, ㄷ

02 표는 원자 X~Z의 전자 배치에서 각 전자 껍질에 들어 있는 전자 수에 대한 자료이다.

원소	X	Y	Z
첫 번째 전자 껍질	2	2	2
두 번째 전자 껍질	0	8	8
세 번째 전자 껍질	0	0	7

이에 대한 설명으로 옳지 <u>않은</u> 것은? (단, X~Z는 임의의 원소 기호이다.)

① Z는 할로젠이다.
② X와 Y는 화학적 성질이 비슷하다.
③ X는 Z와 화학 결합을 형성한다.
④ 원자가 전자 수는 Z>Y이다.
⑤ Na^+의 전자 배치는 Y와 같다.

03 알칼리 금속에 대한 설명으로 옳은 것만을 [보기]에서 있는 대로 고르시오.

보기
ㄱ. 전자가 들어 있는 전자 껍질 수가 1이다.
ㄴ. 물과 격렬하게 반응하여 수소 기체를 발생시킨다.
ㄷ. 공기 중의 산소와 빠르게 반응하여 이온 결합 물질을 생성한다.

04 그림은 주기율표의 일부를 나타낸 것이다.

	1족	2족	13족	14족	15족	16족	17족
2주기	A			B			C
3주기	D					E	

이에 대한 설명으로 옳은 것만을 [보기]에서 있는 대로 고른 것은? (단, A~E는 임의의 원소 기호이다.)

보기
ㄱ. A~E 중 원자가 전자 수는 E가 가장 크다.
ㄴ. C^-과 D^+의 전자 배치는 같다.
ㄷ. D와 E는 화학적 성질이 비슷하다.

① ㄱ
② ㄴ
③ ㄷ
④ ㄱ, ㄴ
⑤ ㄴ, ㄷ

05 그림은 세 가지 이온의 전자 배치를 모형으로 나타낸 것이다.

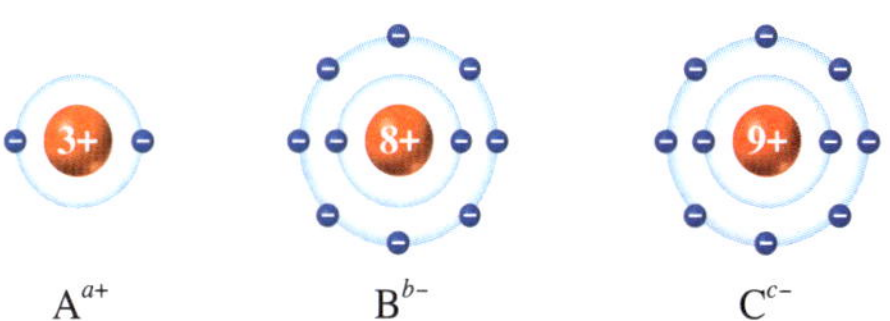

이에 대한 설명으로 옳은 것만을 [보기]에서 있는 대로 고른 것은? (단, A~C는 임의의 원소 기호이다.)

보기
ㄱ. $a+c=b$이다.
ㄴ. A~C 중 2주기 원소는 두 가지이다.
ㄷ. A~C의 원자가 전자 수의 합은 17이다.

① ㄱ
② ㄴ
③ ㄱ, ㄷ
④ ㄴ, ㄷ
⑤ ㄱ, ㄴ, ㄷ

06 그림은 산소(O_2)와 물(H_2O)을 화학 결합 모형으로 나타낸 것이다.

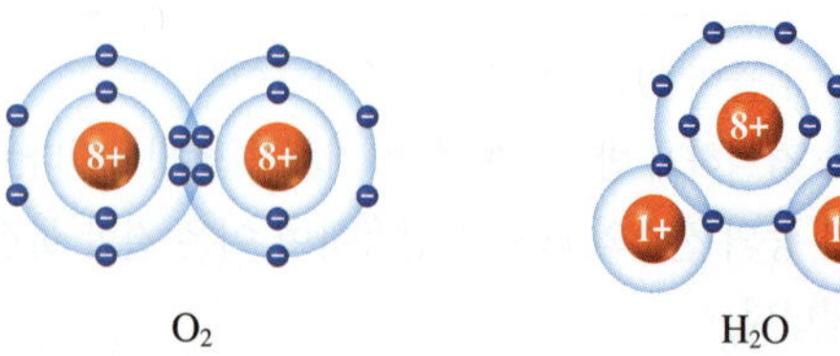

O_2 H_2O

두 분자의 공통점에 대한 설명으로 옳은 것만을 [보기]에서 있는 대로 고른 것은?

보기
ㄱ. 공유 결합 물질이다.
ㄴ. 공유 전자쌍 수가 2이다.
ㄷ. 구성 원자는 모두 Ne과 같은 전자 배치를 이룬다.

① ㄱ   ② ㄷ   ③ ㄱ, ㄴ
④ ㄴ, ㄷ   ⑤ ㄱ, ㄴ, ㄷ

07 그림은 화합물 AB_2와 CA를 화학 결합 모형으로 나타낸 것이다.

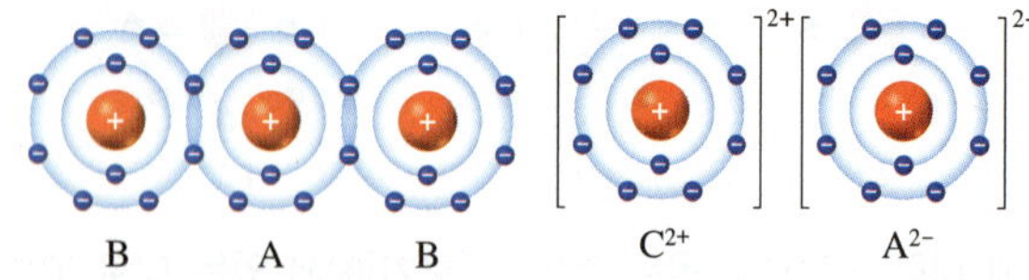

B   A   B C^{2+} A^{2-}

이에 대한 설명으로 옳은 것은? (단, A~C는 임의의 원소 기호이다.)

① A~C는 모두 비금속 원소이다.
② A~C는 모두 2주기 원소이다.
③ A~C 중 원자 번호는 B가 가장 크다.
④ AB_2의 공유 전자쌍 수는 4이다.
⑤ B와 C는 2 : 1로 결합하여 안정한 화합물을 형성한다.

08 그림은 수소 원자, 산소 원자, 물 분자의 전자 배치를 모형으로 나타낸 것이다.

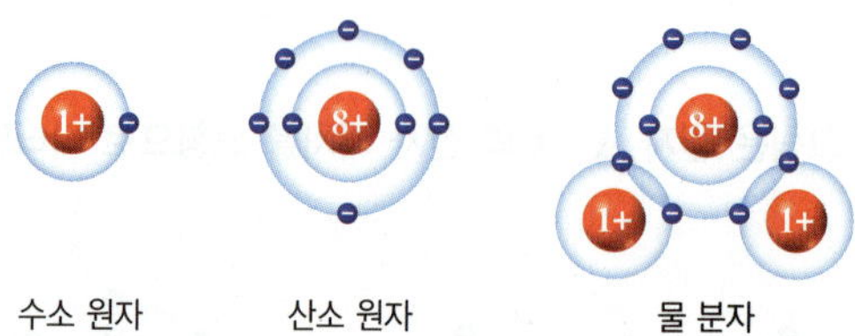

수소 원자   산소 원자   물 분자

물 분자가 수소 원자나 산소 원자에 비해 안정한 까닭을 화학 결합과 전자 배치를 이용하여 서술하시오.

09 그림은 염화 나트륨($NaCl$) 수용액에 전원을 연결했을 때 이온이 이동하는 모습을 모형으로 나타낸 것이다.
이에 대한 설명으로 옳은 것만을 [보기]에서 있는 대로 고른 것은?

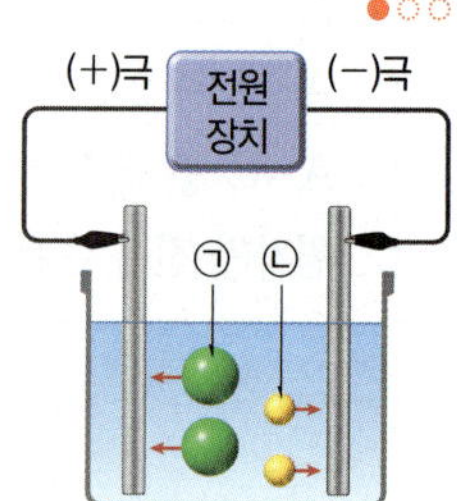

보기
ㄱ. 염화 나트륨 수용액은 전기 전도성이 있다.
ㄴ. ㉠은 Na^+이다.
ㄷ. ㉠과 ㉡의 전자 배치는 같다.

① ㄱ   ② ㄴ   ③ ㄷ
④ ㄱ, ㄴ   ⑤ ㄴ, ㄷ

10 그림은 고체 염화 나트륨($NaCl$)의 구조를 모형으로 나타낸 것이다. ㉠과 ㉡은 각각 Na^+과 Cl^- 중 하나이고, $\dfrac{\text{양성자수}}{\text{전자 수}}$는 ㉡>㉠이다.

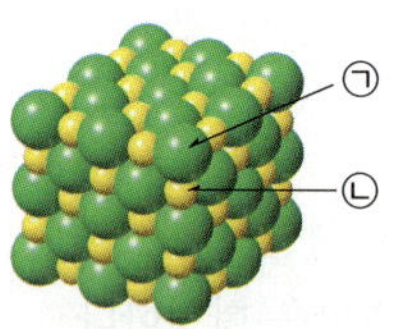

㉠과 ㉡을 결정하고, 수용액 상태에서 전류를 흘려 주었을 때 ㉠과 ㉡의 이동 방향을 서술하시오.

11 그림은 지구와 지각을 구성하는 원소의 질량비(%)를 나타낸 것이다.

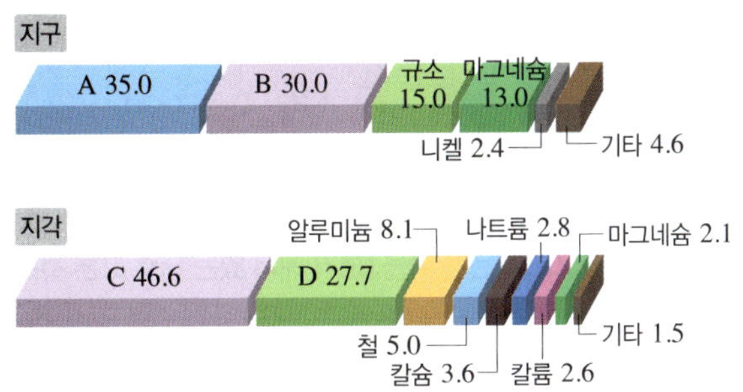

이에 대한 설명으로 옳지 <u>않은</u> 것은?

① A는 철이다.
② B와 C는 같은 원소이다.
③ A와 B가 결합하면 이온 결합 물질이 된다.
④ C와 D가 결합하여 탄소 화합물이 만들어진다.
⑤ 생명체를 구성하는 원소 중 질량비(%)가 가장 큰 것은 C이다.

12 그림은 지각에 풍부하게 존재하는 어느 광물의 기본 단위체 구조를 나타낸 것이다.

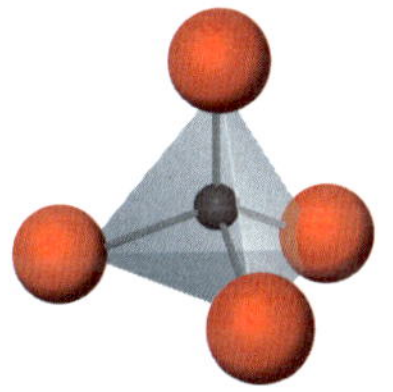

이에 대한 설명으로 옳은 것만을 [보기]에서 있는 대로 고른 것은?

> **보기**
> ㄱ. 이 기본 단위체는 산소와 규소가 이온 결합을 하여 만들어진다.
> ㄴ. 이 기본 단위체는 전기적으로 음전하를 띤다.
> ㄷ. 이 기본 단위체 1개가 철이나 마그네슘 등의 양이온과 결합하면 휘석이 된다.
> ㄹ. 이 기본 사면체 간 공유하는 산소의 수가 많을수록 광물이 풍화에 강하다.

① ㄱ, ㄴ
② ㄱ, ㄷ
③ ㄴ, ㄷ
④ ㄴ, ㄹ
⑤ ㄷ, ㄹ

13 그림은 어느 규산염 광물의 결합 구조를 나타낸 것이다.
이 광물에 대한 설명으로 옳은 것만을 [보기]에서 있는 대로 고른 것은?

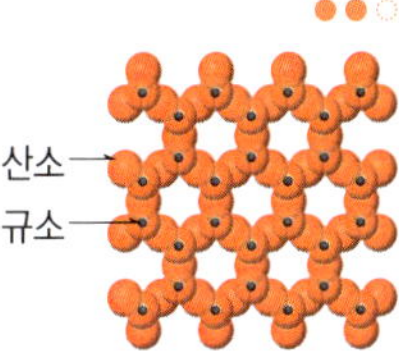

> **보기**
> ㄱ. 1개의 규소와 4개의 산소가 결합하여 기본 단위체를 형성한다.
> ㄴ. 결합 구조는 판상 구조이다.
> ㄷ. 이 광물은 각섬석이다.

① ㄱ
② ㄷ
③ ㄱ, ㄴ
④ ㄴ, ㄷ
⑤ ㄱ, ㄴ, ㄷ

서술형

14 다음은 어느 규산염 광물의 특징을 나타낸 것이다.

> • 결합 구조가 망상 구조이다.
> • 결정형이 육각 기둥 모양이다.
> • 구성 성분은 규소, 산소이다.

이 광물의 이름을 쓰고, 광물에 충격을 가했을 때 어떤 특성을 나타내는지 서술하시오.

15 그림 (가)~(다)는 규산염 광물의 결합 구조를 나타낸 것이다. (가), (나), (다)는 각각 장석, 휘석, 각섬석 중 하나이다.

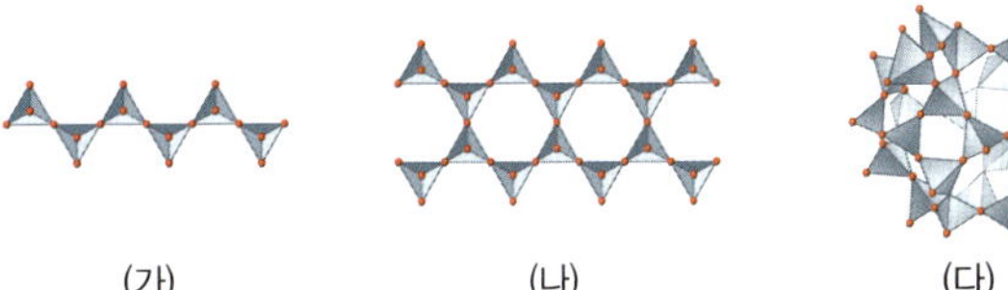

이에 대한 설명으로 옳은 것만을 [보기]에서 있는 대로 고른 것은?

> **보기**
> ㄱ. (가)~(다)는 모두 쪼개짐이 나타난다.
> ㄴ. (가), (나)는 길게 이어진 사슬 구조를 갖고 있다.
> ㄷ. 규소에 대한 산소의 개수비는 (가)가 (다)보다 작다.

① ㄱ
② ㄴ
③ ㄷ
④ ㄱ, ㄴ
⑤ ㄴ, ㄷ

16 다음은 탄소와 탄소 화합물에 대한 학생 A~C의 대화 내용이다. 대화 내용이 옳은 학생만을 있는 대로 고르시오.

- 학생 A: 탄소의 원자가 전자 수는 4야.
- 학생 B: 탄소는 다른 탄소 원자와 공유 결합할 수 있어.
- 학생 C: 탄소 화합물은 생명체를 구성하는 주요 물질이어서 에너지원으로는 사용되지 않아.

17 그림은 생명체를 구성하는 녹말, RNA, 단백질을 구분하는 과정을 나타낸 것이다.

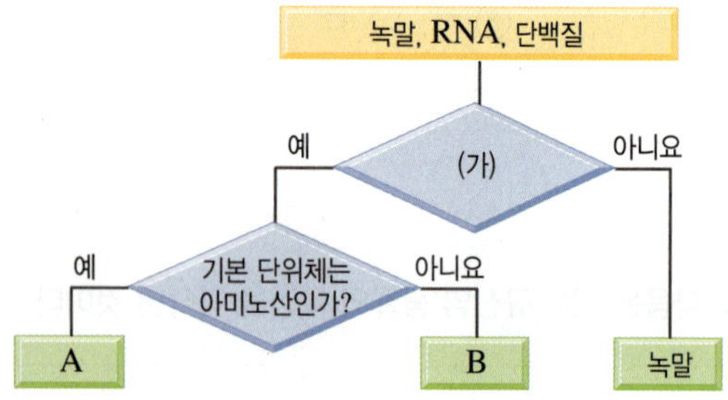

이에 대한 설명으로 옳은 것만을 [보기]에서 있는 대로 고른 것은?

보기
ㄱ. '탄소 화합물인가?'는 (가)에 해당한다.
ㄴ. B를 이루는 기본 단위체는 당과 인산 사이에 공유 결합으로 연결되어 있다.
ㄷ. 기본 단위체의 종류는 A가 B보다 많다.

① ㄴ ② ㄱ, ㄴ ③ ㄱ, ㄷ
④ ㄴ, ㄷ ⑤ ㄱ, ㄴ, ㄷ

18 다음은 생명체를 구성하는 물질 X에 대한 설명이다.

- 여러 ㉠기본 단위체가 펩타이드결합으로 연결되어 있다.
- 기본 단위체의 조합에 따라 ㉡다양한 종류가 만들어진다.

이에 대한 설명으로 옳은 것만을 [보기]에서 있는 대로 고른 것은?

보기
ㄱ. ㉠은 구성 원소로 질소(N)를 갖는다.
ㄴ. ㉡은 기본 단위체의 종류와 수 및 배열 순서에 의해 결정된다.
ㄷ. X는 근육, 뼈, 머리카락 등을 구성한다.

① ㄱ ② ㄷ ③ ㄱ, ㄴ
④ ㄴ, ㄷ ⑤ ㄱ, ㄴ, ㄷ

19 그림 (가)와 (나)는 단백질과 RNA를 구성하는 기본 단위체를 순서 없이 나타낸 것이다.

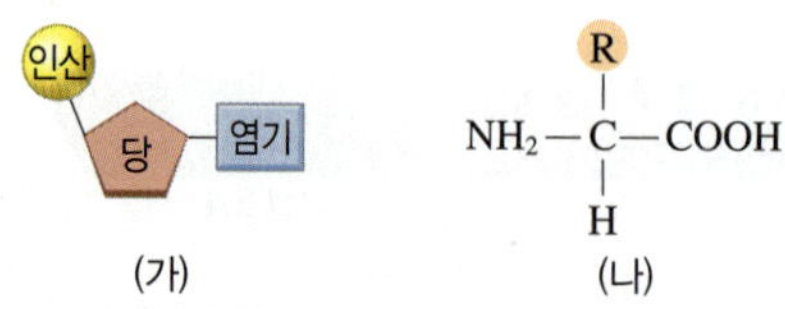

이에 대한 설명으로 옳은 것만을 [보기]에서 있는 대로 고른 것은?

보기
ㄱ. (가)의 당은 라이보스이다.
ㄴ. (가)에서 염기는 A, G, C, T의 4종류이다.
ㄷ. 피부를 구성하는 콜라젠과 머리카락을 구성하는 케라틴은 모두 (나)로 이루어져 있다.

① ㄱ ② ㄴ ③ ㄷ
④ ㄱ, ㄷ ⑤ ㄱ, ㄴ, ㄷ

서술형

20 다음은 어떤 이중나선 DNA를 이루는 두 가닥 Ⅰ과 Ⅱ 중 Ⅰ의 염기서열을 나타낸 것이다.

TACGAAGC

(1) 가닥 Ⅱ의 염기서열을 쓰시오.
(2) 이 DNA에서 가닥 Ⅰ과 Ⅱ가 어떻게 결합하는지 염기의 종류와 관련지어 서술하시오.

21 그림은 DNA의 구조 일부를 나타낸 것이다.

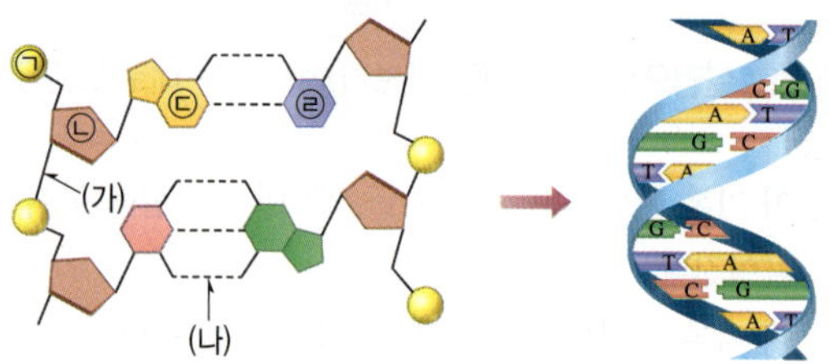

이에 대한 설명으로 옳지 <u>않은</u> 것은?

① (가)는 수소결합, (나)는 공유 결합이다.
② ㉠, ㉡, ㉢은 기본 단위체를 구성한다.
③ ㉡은 디옥시라이보스이다.
④ ㉢이 아데닌(A)이라면 ㉣은 타이민(T)이다.
⑤ 이중나선 DNA에서 ㉢의 개수와 ㉣의 개수는 같다.

22 그림 (가)와 (나)는 각각 전지와 전구로 구성한 회로에 연결된 물질 A와 B에 있는 전자의 모습을 나타낸 것이다. A를 연결한 회로의 전구에서는 불이 켜졌지만, B를 연결한 회로의 전구에서는 불이 켜지지 않았다. A, B는 도체, 부도체를 순서 없이 나타낸 것이다.

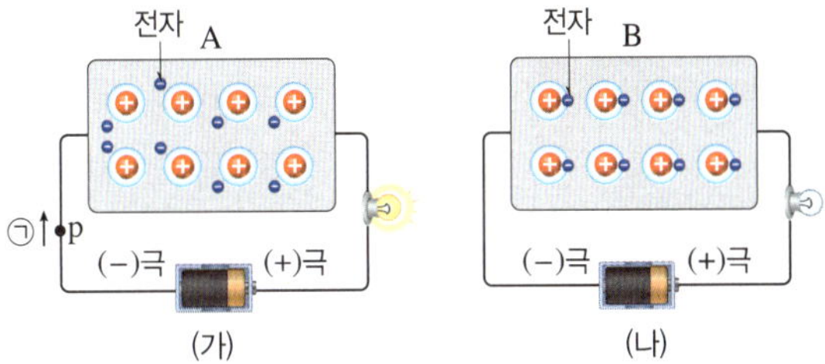

이에 대한 설명으로 옳은 것만을 [보기]에서 있는 대로 고른 것은? (단, 전지의 전압은 같다.)

ㄱ. A의 예로는 알루미늄이 있다.
ㄴ. 전기 전도성은 A가 B보다 높다.
ㄷ. (가)에서 p 지점을 지나는 전자의 이동 방향은 ㉠이다.

① ㄱ ② ㄷ ③ ㄱ, ㄴ
④ ㄴ, ㄷ ⑤ ㄱ, ㄴ, ㄷ

23 표 (가)는 특징 ㉠~㉢을 나타낸 것이고, (나)는 반도체의 종류 A~C에서 특징 ㉠~㉢의 해당 여부를 나타낸 것이다. A, B, C는 순수 반도체, n형 반도체, p형 반도체 중 하나이다.

특징(㉠~㉢)
㉠ 트랜지스터를 구성한다.
㉡ 불순물이 포함되어 있다.
㉢ 원자가 전자가 4개 이하인 원소들로 이루어져 있다.

구분	㉠	㉡	㉢
A	ⓐ	ⓑ	○
B	○	○	○
C	○	○	×

(○: 해당됨, ×: 해당되지 않음)

(가)　　(나)

이에 대한 설명으로 옳은 것만을 [보기]에서 있는 대로 고른 것은?

ㄱ. ⓐ와 ⓑ는 같다.
ㄴ. A는 B보다 전기 전도성이 높다.
ㄷ. A와 C를 결합한 반도체 소자는 정류 작용을 한다.

① ㄱ ② ㄷ ③ ㄱ, ㄴ
④ ㄴ, ㄷ ⑤ ㄱ, ㄴ, ㄷ

24 그림 (가)~(다)는 전기적 성질이 다른 물질을 나타낸 것으로, 각각 도체, 부도체, 반도체의 한 종류이다.

(가) 나무　　(나) 규산염 광물　　(다) 금

이에 대한 설명으로 옳은 것만을 [보기]에서 있는 대로 고른 것은?

ㄱ. 전기 저항은 (가)가 (다)보다 작다.
ㄴ. (나)에서 추출한 원소는 불순물을 첨가하여 전기적 성질을 조절할 수 있다.
ㄷ. (다)의 전기적 성질은 피뢰침에서 번개를 유도하는 역할을 한다.

① ㄱ ② ㄷ ③ ㄱ, ㄴ
④ ㄴ, ㄷ ⑤ ㄱ, ㄴ, ㄷ

25 그림은 절연 장갑을 나타낸 것이다. 전기와 관련된 작업을 할 때 절연 장갑을 사용하는 까닭을 전기적 성질과 관련지어 서술하시오.

26 다음은 스마트폰 충전기에 대한 설명이다.

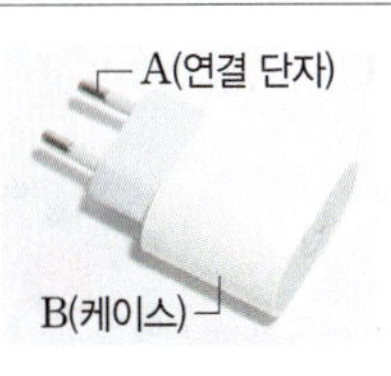

스마트폰을 충전하기 위해서는 직류 전류가 필요하지만 가정에는 교류 전류가 공급되므로 스마트폰 충전기 내부에는 ㉠교류를 직류로 변환하는 부품이 들어 있다.

이에 대한 설명으로 옳은 것만을 [보기]에서 있는 대로 고른 것은?

ㄱ. A는 스마트폰 터치 장갑의 전도성 실과 전기적 성질이 같다.
ㄴ. B의 전기적 성질은 전기 절연 소재에 활용된다.
ㄷ. ㉠은 반도체의 전기적 성질을 활용한 부품이다.

① ㄱ ② ㄷ ③ ㄱ, ㄴ
④ ㄴ, ㄷ ⑤ ㄱ, ㄴ, ㄷ

01 다음은 원소 A~E에 대한 자료이고, 그림은 주기율표의 일부를 나타낸 것이다. A~E는 각각 ㉠~㉤ 중 하나이다.

- A와 B는 같은 족 원소이다.
- 전자가 들어 있는 전자 껍질 수는 B=E>A이다.
- 원자 번호는 A가 D보다 크다.
- 원자가 전자 수는 C가 D보다 크다.

주기 \ 족	1	2	13	14	15	16	17	18
2	㉠					㉢	㉣	
3	㉡						㉤	

이에 대한 설명으로 옳은 것만을 [보기]에서 있는 대로 고른 것은? (단, A~E는 임의의 원소 기호이다.)

보기
ㄱ. A는 알칼리 금속이다.
ㄴ. D와 E는 화학적 성질이 비슷하다.
ㄷ. B와 C로 이루어진 물질은 이온 결합 물질이다.

① ㄱ 　　② ㄴ 　　③ ㄱ, ㄷ
④ ㄴ, ㄷ 　　⑤ ㄱ, ㄴ, ㄷ

02 그림은 화합물 ABC를 화학 결합 모형으로 나타낸 것이다.

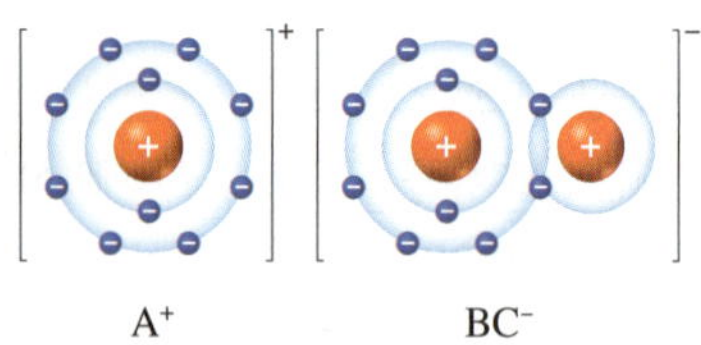

이에 대한 설명으로 옳은 것만을 [보기]에서 있는 대로 고른 것은? (단, A~C는 임의의 원소 기호이다.)

보기
ㄱ. A~C 중 2주기 원소는 한 가지이다.
ㄴ. A_2B는 공유 결합 물질이다.
ㄷ. C_2B의 공유 전자쌍 수는 2이다.

① ㄱ 　　② ㄴ 　　③ ㄱ, ㄷ
④ ㄴ, ㄷ 　　⑤ ㄱ, ㄴ, ㄷ

03 그림은 지각을 구성하는 원소의 질량비를 나타낸 것이다. ㉠~㉢은 각각 O, Al, Si 중 하나이다.

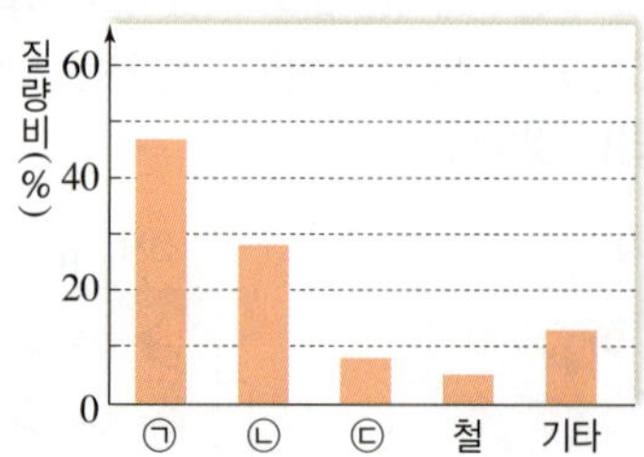

이에 대한 설명으로 옳은 것만을 [보기]에서 있는 대로 고른 것은?

보기
ㄱ. ㉡의 원자가 전자 수는 4이다.
ㄴ. ㉠과 ㉡이 이온 결합하여 규산염 광물의 기본 단위체가 된다.
ㄷ. ㉠과 ㉢은 2 : 3으로 결합하여 안정한 화합물을 형성한다.

① ㄱ 　　② ㄴ 　　③ ㄷ
④ ㄱ, ㄴ 　　⑤ ㄴ, ㄷ

04 표는 규산염 광물 (가)~(다)의 결합 구조와 쪼개짐의 유무를 나타낸 것이다.

광물	결합 구조	쪼개짐
(가) 감람석	독립형 구조	(㉠)
(나) 흑운모	(㉡) 구조	있음
(다) (㉢)	단사슬 구조	있음

이에 대한 설명으로 옳은 것만을 [보기]에서 있는 대로 고른 것은?

보기
ㄱ. ㉠은 '있음'에 해당한다.
ㄴ. ㉡은 복사슬이고, ㉢은 각섬석이다.
ㄷ. (가)~(다) 광물 중 풍화에 가장 약한 광물은 (가)이다.

① ㄱ 　　② ㄴ 　　③ ㄷ
④ ㄱ, ㄴ 　　⑤ ㄱ, ㄷ

05 그림 (가)는 규산염 광물의 기본 단위체 구조를, (나)는 지각을 구성하는 원소의 질량비를 나타낸 것이다.

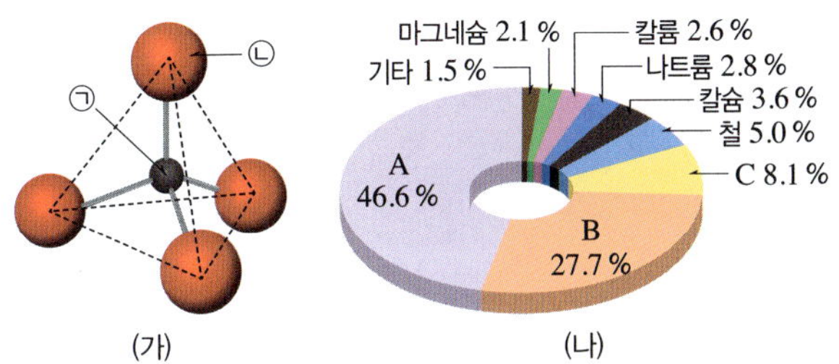

이에 대한 설명으로 옳은 것만을 [보기]에서 있는 대로 고른 것은?

보기
ㄱ. ㉠은 B이고, ㉡은 A이다.
ㄴ. 원자가 전자 수는 B>A>C이다.
ㄷ. $\dfrac{㉠의\ 원자\ 수}{㉡의\ 원자\ 수}$ 는 흑운모가 휘석보다 크다.

① ㄱ ② ㄴ ③ ㄷ
④ ㄱ, ㄴ ⑤ ㄱ, ㄷ

06 그림은 100개의 염기쌍으로 이루어진 이중나선 DNA X의 구조 일부를 나타낸 것이다. X에서 ㉠의 비율은 27 %이고, ㉢은 RNA에 없다. ㉠~㉢은 각각 A, G, T 중 하나이다.

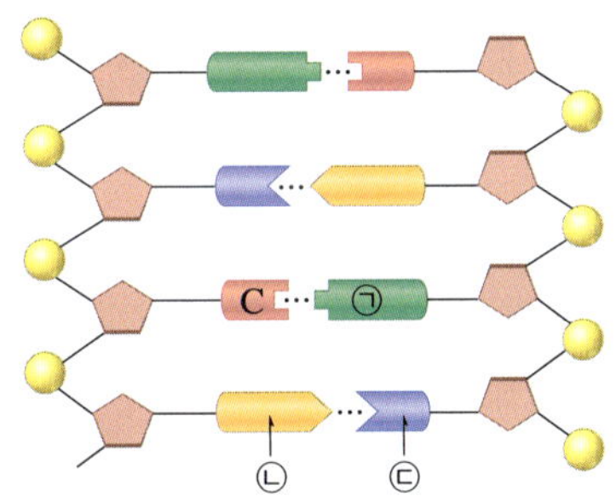

이에 대한 설명으로 옳은 것만을 [보기]에서 있는 대로 고른 것은?

보기
ㄱ. ㉡은 아데닌(A)이다.
ㄴ. X에서 ㉢의 개수는 46개이다.
ㄷ. X를 이루는 두 가닥 중 한쪽 가닥에서 C의 개수와 ㉠의 개수는 항상 같다.

① ㄱ ② ㄷ ③ ㄱ, ㄴ
④ ㄴ, ㄷ ⑤ ㄱ, ㄴ, ㄷ

07 그림 (가)는 스위치 S_1과 S_2, 크기와 모양이 동일한 고체 막대 P~S로 회로를 구성한 것을 나타낸 것이고, 표 (나)는 스위치를 a~d에 연결하였을 때 검류계에 전류가 흐르는지를 관찰한 결과이다. P~S는 도체, 부도체를 순서 없이 나타낸 것이다.

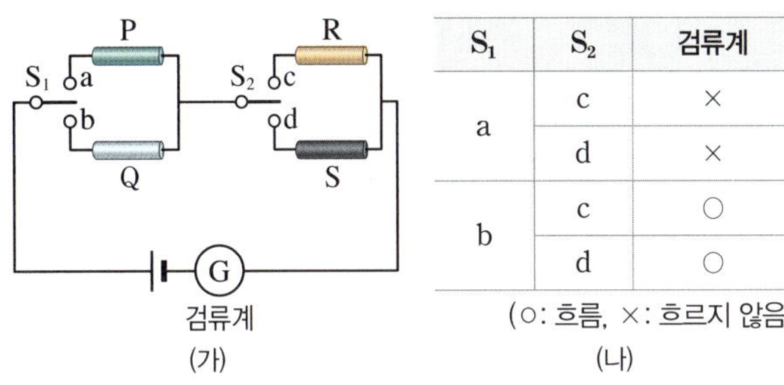

S_1	S_2	검류계
a	c	×
a	d	×
b	c	○
b	d	○

(○: 흐름, ×: 흐르지 않음)

(나)

이에 대한 설명으로 옳은 것만을 [보기]에서 있는 대로 고른 것은?

보기
ㄱ. 고체 막대 P, Q, R, S 중 도체는 2개이다.
ㄴ. 단위 부피당 물질 내 자유 전자의 수는 P가 가장 적다.
ㄷ. R와 같은 전기적 성질은 전선 피복에 이용된다.

① ㄱ ② ㄴ ③ ㄷ
④ ㄱ, ㄴ ⑤ ㄴ, ㄷ

08 그림 (가)는 규소(Si)에 각각 붕소(B)와 인(P)을 첨가한 반도체 X, Y를 결합한 다이오드에 전구를 연결하여 구성한 회로를 나타낸 것이고, (나)는 X, Y를 구성하는 원소와 원자가 전자의 배열을 나타낸 것으로, 각각 p형 반도체, n형 반도체 중 하나이다. 스위치를 a에 연결하였더니 전구에서 빛이 방출되었다.

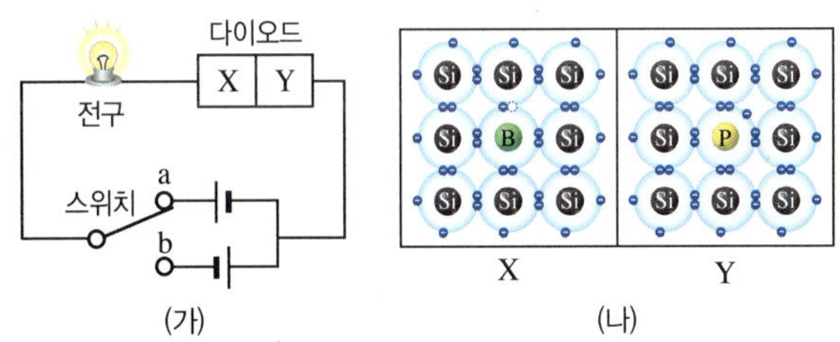

이에 대한 설명으로 옳은 것만을 [보기]에서 있는 대로 고른 것은?

보기
ㄱ. X는 p형 반도체이다.
ㄴ. 스위치를 a에 연결하였을 때 Y에서 전류가 흐르는 원인은 전자의 이동 때문이다.
ㄷ. 스위치를 b에 연결하면 전구에서 빛이 방출되지 않는다.

① ㄱ ② ㄷ ③ ㄱ, ㄴ
④ ㄴ, ㄷ ⑤ ㄱ, ㄴ, ㄷ

Ⅲ

시스템과 상호작용

1 지구시스템

01 지구시스템의 구성과 상호작용 ·········· 124
02 지권의 변화와 영향 ·········· 138

2 역학 시스템

3 생명 시스템

이 단원의 학습 연계

중학교에서 배운 내용

- 지구계(지구시스템)
- 판 구조론
- 판 경계
- 화산 활동과 지진
- 화산대와 지진대

지구계(지구시스템)

1 지구시스템: 땅, 물, 공기, 생명체 등의 구성 요소가 서로 상호작용하는 시스템

2 지구시스템의 구성 요소

지권	①	②	생물권	외권
지구 표면과 지구 내부를 포함하는 영역	지구를 둘러싸고 있는 대기	지구에 존재하는 물	지구에 살고 있는 모든 생명체	기권 바깥 영역의 지구를 둘러싸고 있는 우주 공간

판 구조론

지구의 표면은 여러 개의 판으로 이루어져 있으며, 판들의 상대적 운동에 의해 화산 활동이나 지진 등의 지각 변동이 일어난다는 이론

판 경계

판과 판의 경계로, 이웃한 판이 움직이는 방향에 따라 구분한다.

③ 경계	④ 경계	수렴형 경계
맨틀 대류의 상승부로, 두 판이 서로 멀어지는 경계	두 판이 서로 어긋나는 경계	맨틀 대류의 하강부로, 두 판이 서로 가까워지는 경계

화산 활동과 지진

1 화산 활동: ⑤ 가 지각의 약한 틈을 뚫고 지표로 나오면서 분출하는 현상

2 지진: 지하에 축적된 에너지가 암석을 파괴하는 과정에서 급격하게 방출되는 현상

화산대와 지진대

화산대	지진대
화산 활동이 활발하게 일어나는 띠 모양의 지역	지진이 자주 발생하는 띠 모양의 지역

- 지진이 일어나는 곳에서 항상 화산 활동이 일어나는 것은 아니지만 비교적 잘 일치한다.
- 화산대와 지진대는 주로 대륙 ⑥ 보다 대륙 ⑦ 에 분포한다.

① 기권 ② 수권 ③ 발산형 ④ 보존형 ⑤ 마그마 ⑥ 중앙부 ⑦ 주변부

통합과학에서 배울 내용

- 지구시스템의 구성 요소
- 지구시스템 구성 요소의 상호작용
- 지구시스템의 에너지 흐름
- 지구시스템의 물질 순환
- 변동대와 판 구조론
- 판 경계의 지각 변동
- 지권의 변화가 지구시스템에 미치는 영향

01 지구시스템의 구성과 상호작용

A 지구시스템의 구성 요소

1. 지구시스템

① **계** : 여러 구성 요소가 모여 상호작용하면서 균형을 유지하는 체계 (역학 시스템이라고 한다.)

② **태양계** : 태양, 행성, 위성, 소행성, 혜성 등 여러 천체들이 서로의 중력으로 유지되는 체계

③ **지구시스템** : 땅, 물, 공기, 생명체 등의 구성 요소가 서로 상호작용하는 시스템으로, 태양계라는 더 큰 시스템을 구성하는 하나의 요소이기도 하다.

2. 지구시스템의 구성 요소   지권, 기권, 수권, 생물권, 외권으로 구성되어 있다.

| 지구시스템의 구성 요소 |

3. 지권   지구 표면과 지구 내부를 포함하는 영역

① **성분** : 지각과 맨틀에는 산소와 규소가 풍부하고, 핵에는 철과 니켈이 풍부하다.

② **성층 구조** : 구성 성분과 물질의 상태에 따라 지각, 맨틀, 외핵, 내핵으로 구분한다.

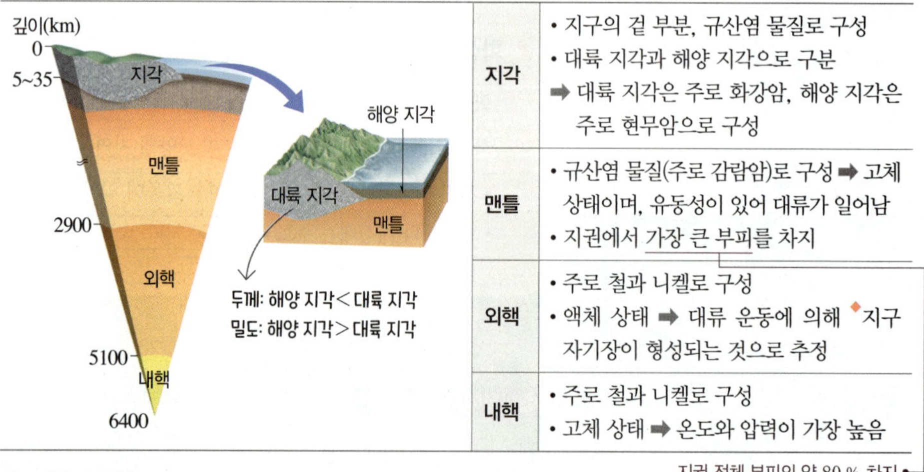

구분	특징
지각	• 지구의 겉 부분, 규산염 물질로 구성 • 대륙 지각과 해양 지각으로 구분 ➡ 대륙 지각은 주로 화강암, 해양 지각은 주로 현무암으로 구성
맨틀	• 규산염 물질(주로 감람암)로 구성 ➡ 고체 상태이며, 유동성이 있어 대류가 일어남 • 지권에서 가장 큰 부피를 차지
외핵	• 주로 철과 니켈로 구성 • 액체 상태 ➡ 대류 운동에 의해 지구 자기장이 형성되는 것으로 추정
내핵	• 주로 철과 니켈로 구성 • 고체 상태 ➡ 온도와 압력이 가장 높음

지권 전체 부피의 약 80 % 차지

③ **지권의 역할**

• 생명체에게 서식 공간을 제공해 주고 생명 활동에 필요한 물질을 공급한다.

• 지표면 지형, 대륙과 해양의 분포는 대기와 해수의 운동에 영향을 준다.

• 화산 활동으로 방출된 화산 가스, 화산재 등은 지구의 기후 변화에 영향을 준다.

• 지표의 풍화, 침식, 해저 화산 활동 등으로 수권에 염류를 공급하는 역할을 한다.

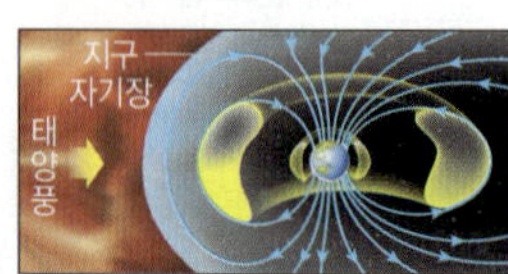

4. 기권 지구를 둘러싸고 있는 두께 약 1000 km의 공기층 ➡ 대기의 약 99 %가 높이 약 30 km 이내에 분포한다.

① ◆**성분**: 주로 질소(78 %)와 산소(21 %)로 이루어져 있다.

② **성층 구조**: 높이에 따른 기온 분포를 기준으로 대류권, 성층권, 중간권, 열권으로 구분한다.

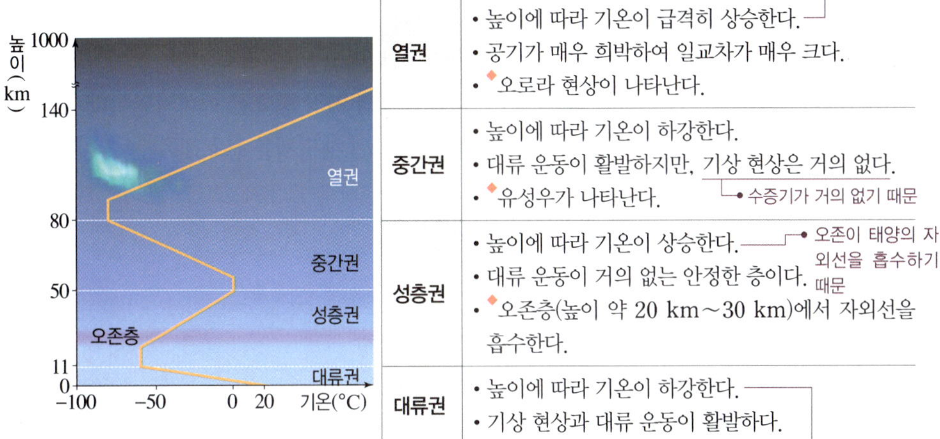

열권	• 높이에 따라 기온이 급격히 상승한다. ┐ 태양 복사 에너지를 직접 흡수하기 때문 • 공기가 매우 희박하여 일교차가 매우 크다. • ◆오로라 현상이 나타난다.
중간권	• 높이에 따라 기온이 하강한다. • 대류 운동이 활발하지만, 기상 현상은 거의 없다. • ◆유성우가 나타난다. ┐ 수증기가 거의 없기 때문
성층권	• 높이에 따라 기온이 상승한다. ┐ 오존이 태양의 자외선을 흡수하기 때문 • 대류 운동이 거의 없는 안정한 층이다. • ◆오존층(높이 약 20 km∼30 km)에서 자외선을 흡수한다.
대류권	• 높이에 따라 기온이 하강한다. • 기상 현상과 대류 운동이 활발하다.

높이 올라갈수록 지표가 방출하는 복사 에너지가 적게 도달하기 때문 ●

③ **기권의 역할**

• 기권의 온실 기체(수증기, 이산화 탄소 등)는 온실 효과를 일으켜 지구의 온도를 적절하게 유지시켜 준다.

• 유성체가 지표면에 직접 떨어지는 것을 막아 주며, 오존층이 태양 자외선을 차단해 준다. ┐ 지상의 생물을 보호한다.

• 생물의 광합성과 호흡에 필요한 성분을 제공해 주는 역할을 한다. ┐ 산소와 이산화 탄소

5. 수권 지구에 존재하는 물 ➡ 지표면의 약 70 %를 차지한다.

① ◆**분포**: 수권의 물은 대부분 해수로 이루어져 있고, 나머지는 육수가 차지한다. 육수는 빙하, 지하수, 강과 호수 등으로 이루어져 있다. → 빙하>지하수>강과 호수 ┐ 고체 상태로, 극지방과 고산 지대에 분포한다.

② **성층 구조**: 깊이에 따른 수온 분포를 기준으로 혼합층, 수온 약층, 심해층으로 구분한다.

➡ 고위도 해역은 표층 수온이 매우 낮기 때문에 해수의 성층 구조가 나타나지 않는다.

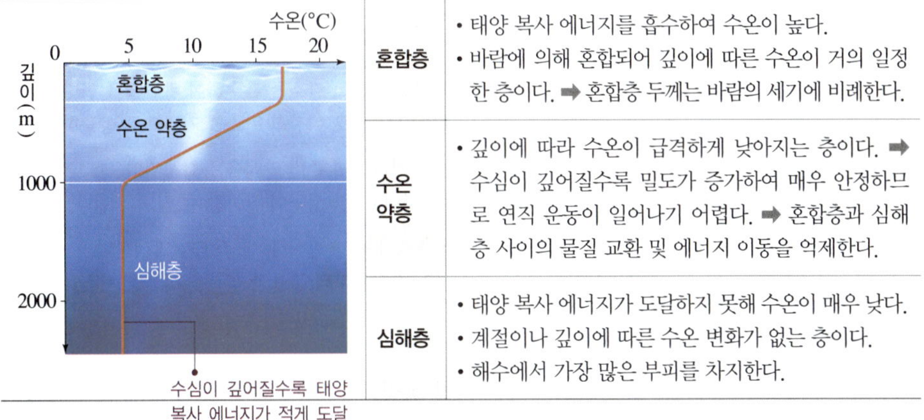

혼합층	• 태양 복사 에너지를 흡수하여 수온이 높다. • 바람에 의해 혼합되어 깊이에 따른 수온이 거의 일정한 층이다. ➡ 혼합층 두께는 바람의 세기에 비례한다.
수온 약층	• 깊이에 따라 수온이 급격하게 낮아지는 층이다. ➡ 수심이 깊어질수록 밀도가 증가하여 매우 안정하므로 연직 운동이 일어나기 어렵다. ➡ 혼합층과 심해층 사이의 물질 교환 및 에너지 이동을 억제한다.
심해층	• 태양 복사 에너지가 도달하지 못해 수온이 매우 낮다. • 계절이나 깊이에 따른 수온 변화가 없는 층이다. • 해수에서 가장 많은 부피를 차지한다.

수심이 깊어질수록 태양 복사 에너지가 적게 도달하여 수온이 낮아진다.

③ **수권의 역할**

• 물은 ❶비열이 크다. ➡ 태양 에너지를 저장하고, 지구의 온도를 일정하게 유지한다.

• 해수의 순환과 물의 순환을 통해 지구의 에너지 평형에 기여한다.

• 물과 물에 녹아 있는 성분을 생명체에게 공급하고, 수중 생물의 서식처를 제공한다.

◆ **기권의 성분**

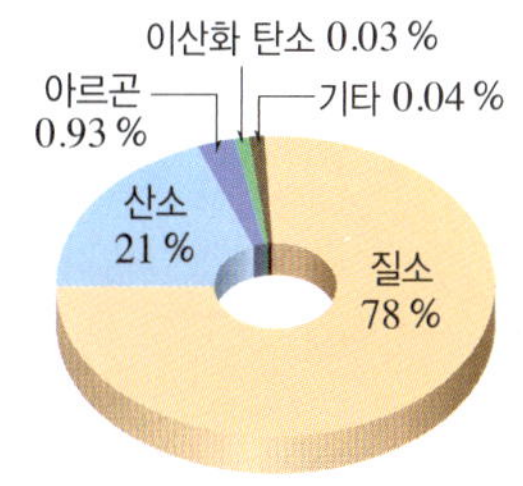

◆ **오로라**

태양에서 방출된 대전 입자가 극지방 상공으로 진입하면서 대기 입자와 충돌하여 빛을 내는 현상이다.

◆ **유성우**

태양계 내를 떠돌고 있는 천체 조각인 유성체가 지구 대기로 들어올 때 공기와의 마찰로 타면서 빛을 내는 것이 유성이고, 다수의 유성이 나타나 비처럼 보이는 현상을 유성우라고 한다.

◆ **오존층**

오존은 산소 원자 3개로 이루어진 분자(O_3)로, 자외선을 흡수하면서 산소 분자와 산소 원자로 분해된다. 이러한 오존이 상대적으로 많이 존재하는 높이 약 20 km∼30 km 영역을 오존층이라고 한다.

◆ **수권의 분포**

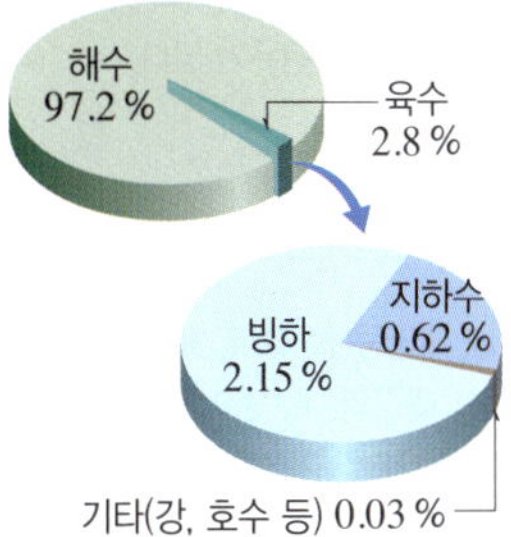

용어

❶ **비열**(比 견주다, 熱 덥다) 어떤 물질 1 kg의 온도를 1 ℃ 높이는 데 필요한 열에너지

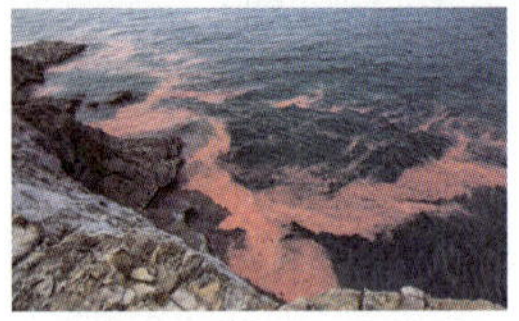

용어

❶ 태양풍(太 크다, 陽 해, 風 바람) 태양의 대기층에서 방출된 전기를 띤 입자(전자, 양성자, 헬륨 원자핵 등)의 흐름
❷ 우주선(Cosmic ray) 우주에서 지구로 들어오는 고에너지 입자와 광선
❸ 지진 해일(地 땅, 震 흔들리다, 海 바다, 溢 넘치다) 해저의 지각 변동에 의해 발생한 해파로 쓰나미라고도 한다.

6. 생물권 인간과 미생물을 포함한 지구상의 모든 생명체

① **분포**: 생명체는 지권, 수권, 기권에 걸쳐 분포한다. ➡ 지구는 태양계의 ◆생명 가능 지대에 위치하고 있으며 태양계에서 유일하게 생명체가 존재하는 행성으로 알려져 있다.

② 지구시스템에 생물권이 형성된 이후, 수권이나 기권의 성분 변화에 영향을 주었으며 지권의 변화(지표 환경 변화)에도 영향을 미친다.

7. 외권 지상 1000 km 이상의 영역으로 지구를 둘러싸고 있는 우주 공간

① 외권으로부터 오는 태양 복사 에너지는 지구시스템의 가장 중요한 에너지원이다.

② 외권의 지구 자기장은 ❶태양풍과 ❷우주선을 차단하여 생명체를 보호해 주는 역할을 한다.

B 지구시스템 구성 요소의 상호작용

1. 지구시스템의 상호작용

① 지구시스템의 각 권역은 상호작용을 통해 서로 영향을 주고받는다. → 어느 한 권역에서 발생한 현상은 다른 권역에 연쇄적으로 영향을 미친다.

② 지구시스템의 구성 요소들 사이에서는 끊임없이 물질 교환과 에너지 이동이 일어나는데, 이러한 과정은 상호작용을 통해 일어난다.

③ 지구시스템에서 일어나는 자연 현상은 지구시스템의 여러 권역이 함께 작용한 경우가 많다. ┐ 두 권역 사이의 상호작용으로 한정시키기 어려운 경우도 많다.

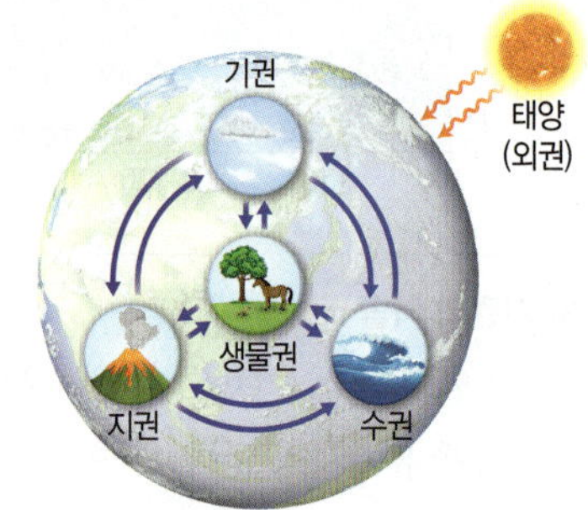

⬆ 지구시스템의 구성 요소와 상호작용

2. 상호작용의 예

① 지구시스템의 각 권역들 사이에 일어나는 상호작용의 예

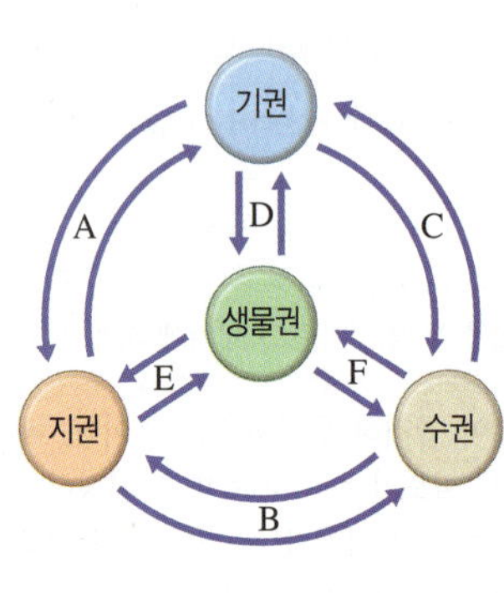

A	• 사막에서 바람에 의한 침식 작용으로 버섯바위가 생성된다. • 화산 활동으로 화산재, 화산 가스가 기권으로 분출한다.
B	• 해저에서 발생한 지진에 의해 ❸지진 해일이 발생한다. • 파도에 의한 침식으로 해안 절벽과 해식 동굴이 만들어진다.
C	• 해수면 위 바람의 영향으로 표층 해류가 발생한다. • 열대 해역에서 두꺼운 적란운이 만들어져 ◆태풍이 발생한다.
D	• 식물이 기권의 이산화 탄소를 흡수하여 광합성을 한다. • 생물의 호흡 작용으로 이산화 탄소를 기권으로 방출한다.
E	• 식물 뿌리가 자라면서 주변 암석을 풍화시킨다. • 지권의 토양은 다양한 생물이 살아갈 수 있도록 한다.
F	• 바다에서 조류가 대량 번식하여 ◆적조가 발생한다. • 해양 생물이 바다로부터 필요한 성분을 제공받는다.

② ◆외권과 다른 구성 요소의 상호작용

• 외권 ↔ 기권: 태양풍 입자가 지구의 극지방 상공으로 끌려 들어와 대기 입자와 충돌하여 빛을 내는 오로라가 발생한다. 또한 유성체가 지구 중력에 끌려 들어와 대기 입자와 충돌하여 빛을 내는 유성이 관찰된다.

• 외권 ↔ 지권: 외핵 운동으로 지구 주변의 외권 영역에서 지구 자기장이 형성된다.

• 외권 ↔ 생물권: 식물이 외권에서 유입되는 태양 복사 에너지를 흡수하여 광합성을 한다.

③ 각 권의 상호작용의 예

근원 \ 영향	지권	기권	수권	생물권
지권	• 대륙의 이동 • 판의 운동	• 화산 기체 방출 • 황사의 발생	• 지진 해일 발생 • 해수 염류 공급	• 생물 서식처와 영양분 제공
기권	• 풍화, 침식 작용 • 사구 형성	• 대기 대순환 • 전선 형성	• 해류 발생 • 엘니뇨 발생	• 광합성, 호흡에 필요한 성분 제공 • 종자, 포자 운반
수권	• V자곡, U자곡 형성 • 해식 동굴의 형성	• 태풍 발생 • 증발	• 해수의 혼합 • 조경 수역의 형성	• 수중 생물의 서식처와 물 제공
생물권	• 화석 연료 생성 • 생물에 의한 풍화	• 광합성으로 기권의 성분 변화	• 생물체에 의한 수권의 성분 변화	• 먹이 사슬 형성

3. 지구시스템의 구성 요소가 생명체 존속에 기여하는 원리

지권	• 초대륙 판게아가 분리되면서 다양한 기후 및 환경이 만들어졌다. • 지표 환경의 다양화는 생물다양성의 주요 요인 중 하나이다.
기권	• 우주에서 들어오는 유성체와 우주 방사선을 막아 주고 오존층이 태양 자외선을 차단한다. • 강수를 통해 육상 생태계에 물을 공급하고, 대기 대순환은 지구 에너지 평형에 기여한다.
수권	• 급격한 온도 변화와 기권의 성분 변화를 억제하는 역할을 한다. • 해수의 순환은 지구의 에너지 평형에 기여한다.
생물권	• 광합성에 의해 대기로 공급되는 산소는 다른 생물의 호흡에 중요한 역할을 한다. • 기권의 오존층은 생물의 광합성으로 배출된 산소량이 증가하여 형성되었다.
외권	• 지구시스템의 근원 에너지인 태양 에너지를 안정적으로 공급해 준다. • 지구 자기장은 태양풍과 우주선을 막아 주는 역할을 한다.

(지권 항목 설명) 육상 생명체가 형성될 수 있었다.

4. 인간 활동이 지구시스템의 상호작용에 미치는 영향

① **화석 연료 사용량 증가로 인한 지구 온난화**

• 기권: 대기 중 이산화 탄소량이 증가하며, 지구의 평균 기온이 상승하여 이상 기후가 자주 발생한다.

• 지권: 지구의 평균 기온 상승과 대기 중 이산화 탄소의 농도 증가로 지권의 풍화 작용이 훨씬 활발해진다.

⤴ 지구 온난화로 인한 빙하 감소

• 생물권: 기후 변화는 생태계에 직접적인 피해를 준다.

• 수권: 빙하 감소, 해수면 상승이 나타난다. 또한 해수에 녹아들어가는 대기 중 이산화 탄소량이 증가하면서 해양 산성화 현상이 나타난다.

② **열대 밀림 파괴와 과잉 경작으로 인한 지표면 변화**

• 인간 활동으로 숲이 파괴되고, 과잉 경작 등으로 사막화 현상이 나타난다. 이로 인해 지표의 반사율이 변한다.

• 사막 지역이 확대되면 생물 서식지가 파괴되고, 황사 발생 빈도가 증가한다.

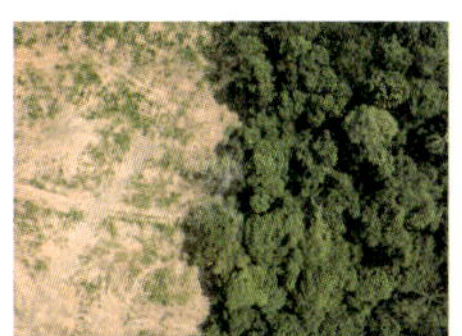

⤴ 열대 밀림 지역의 파괴

③ **환경 오염 물질 증가로 지구 환경 변화**: 산업 활동의 증가로 인해 기권과 수권으로 배출된 유해 물질들이 대기 오염과 수질 오염을 일으킨다.

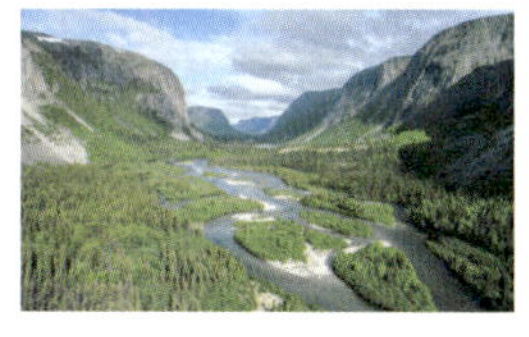

◆ 엘니뇨
태평양 적도 부근 해역에서 무역풍이 약해져 동태평양 연안(페루 연안)의 표층 수온이 평상시보다 높게 유지되는 현상이다.

✓ 이것까지 나와요! 중등 과학

조경 수역
한류와 난류가 만나는 해역으로, 플랑크톤과 영양염이 풍부하여 좋은 어장이 형성된다.

◆ 해양 산성화
대기 중 이산화 탄소의 농도 증가로 해수에 녹아드는 이산화 탄소량이 증가하고 있다. 이로 인해 해수의 pH(수소 이온 농도)가 낮아지고 있는데, 이를 해양 산성화라고 한다.

개념 확인 문제

핵심 체크

▸ (❶   ): 지권, 기권, 수권, 생물권, 외권으로 이루어진 구성 요소가 서로 상호작용하는 시스템

▸ 지구시스템의 구성 요소
- 지권: 구성 성분과 물질의 상태를 기준으로 (❷   ), 맨틀, 외핵, 내핵으로 구분
- 기권: 높이에 따른 (❸   ) 분포를 기준으로 대류권, 성층권, 중간권, 열권으로 구분
- 수권: 해수는 깊이에 따른 수온 분포를 기준으로 혼합층, (❹   ), 심해층으로 구분
- 생물권: 지구에 살고 있는 모든 생명체
- (❺   ): 지구를 둘러싸고 있는 기권 밖의 우주 공간

▸ 지구시스템의 상호작용
- 각 구성 요소들은 (❻   )을 통해 서로 영향을 주고받는다.
- 지구시스템의 구성 요소 사이의 상호작용을 통해 끊임없이 물질 교환과 (❼   )의 이동이 나타난다.

---

1 (가)~(마)는 지구시스템의 어느 구성 요소에 해당하는지를 옳게 연결하시오.

(가) 빙하 •   • ㉠ 지권
(나) 맨틀 •   • ㉡ 기권
(다) 오존층 •   • ㉢ 수권
(라) 태양풍 •   • ㉣ 생물권
(마) 미생물 •   • ㉤ 외권

2 지권에 대한 설명으로 옳은 것은 ○, 옳지 <u>않은</u> 것은 ×로 표시하시오.

(1) 깊이에 따른 온도 분포에 따라 지각, 맨틀, 외핵, 내핵으로 구분한다. ……………………………… (   )
(2) 지각은 대부분 규산염 물질로 이루어져 있다. (   )
(3) 지구 내부에서 가장 큰 부피를 차지하는 층은 맨틀이다. ……………………………………………… (   )
(4) 외핵은 고체 상태, 내핵은 액체 상태이다. ……… (   )

3 그림은 기권의 성층 구조를 나타낸 것이다.

(1) A~D층의 이름을 쓰시오.
(2) A~D층 중에서 일교차가 가장 큰 층의 기호를 쓰시오.

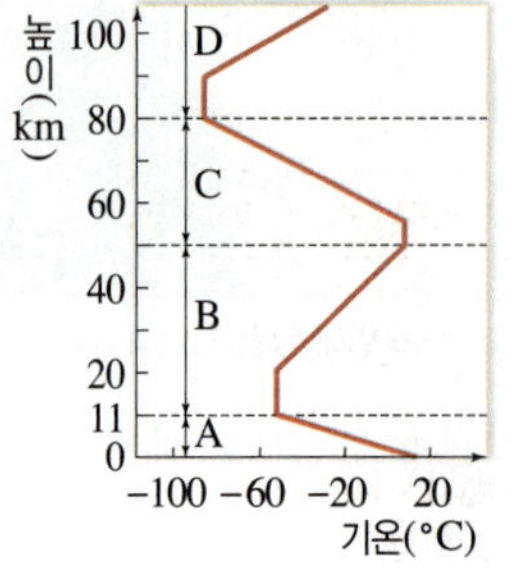

4 그림은 해수의 성층 구조를 나타낸 것이다.

(1) ㉠~㉢의 이름을 쓰시오.
(2) ㉠~㉢ 중에서 가장 안정한 층의 기호를 쓰시오.
(3) ㉠~㉢ 중에서 가장 많은 부피를 차지하는 층의 기호를 쓰시오.

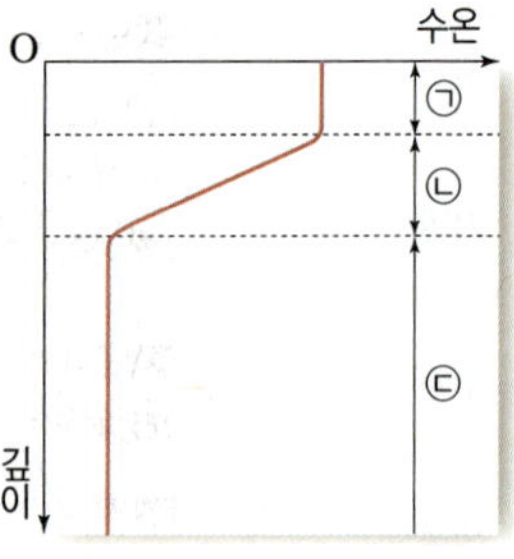

5 다음에서 설명하는 지구시스템의 구성 요소를 쓰시오.

- 지구시스템의 다른 구성 요소에 비해 물질의 이동이 적다.
- 태양풍을 막아 주는 지구 자기장이 분포한다.

6 (가)~(마)는 지구시스템에서 일어나는 여러 가지 자연 현상이다. (가)~(마)와 관련된 두 가지 권역을 옳게 연결하시오.

(가) 지진 해일 •   • ㉠ 지권과 수권
(나) 태풍의 발생 •   • ㉡ 기권과 생물권
(다) 호흡 •   • ㉢ 수권과 기권
(라) 오로라 발생 •   • ㉣ 생물권과 지권
(마) 뿌리에 의한 풍화 •   • ㉤ 외권과 기권

C 지구시스템의 에너지 흐름

1. 지구시스템의 에너지원

① ◆태양 에너지 : 태양 내부에서 일어나는 수소 핵융합 반응으로 발생한다.
- 날씨 변화, 대기와 해수의 순환을 일으키는 주요 에너지이다.
- 지구시스템에서 생명 활동을 유지시켜 주는 가장 중요한 에너지원으로 이용된다.

② **지구 내부 에너지** : 원시 지구에서 축적된 열과 ❶방사성 원소의 붕괴열로 발생한다.
- 지진, 화산 활동 등 지각 변동을 일으키는 주요 에너지이다.
- 외핵의 운동, 맨틀 대류와 판의 운동을 일으키는 에너지원이다.

③ ◆조력 에너지 : 달과 태양이 지구에 작용하는 인력에 의해 발생한다.
- 밀물과 썰물을 일으키고, 해안 지형을 변하게 한다.
- 주기적인 해수면 변화, 연안 생태계와 갯벌 형성에 영향을 미친다.

| 지구시스템의 에너지원 |

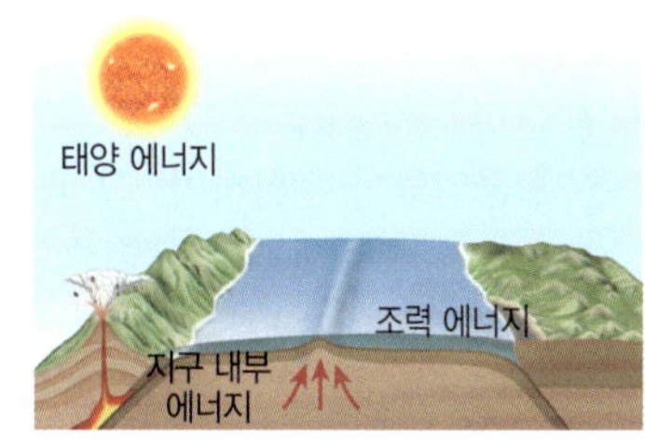

1. 에너지의 크기: 태양 에너지가 전체의 99.9 % 이상을 차지한다.
   ➡ 태양 에너지 > 지구 내부 에너지 > 조력 에너지
2. 에너지원의 전환: 지구시스템의 에너지원은 상호작용을 통해 다양한 형태의 에너지(예 열에너지, 운동 에너지 등)로 전환될 수 있다.
3. 지구시스템의 에너지원은 상호 전환되지 않는다.
   ➡ 태양 에너지가 지구 내부 에너지 또는 조력 에너지로 전환될 수 없다.

2. 지구시스템의 에너지 흐름

① **위도별 태양 복사 에너지** : 고위도 지방(C)보다 저위도 지방(A)에서 태양 복사 에너지를 많이 받는다. (A > B > C) ➡ 저위도 지방은 에너지 과잉, 고위도 지방은 에너지 부족 상태이며, 이로 인해 대기와 해수의 순환이 일어난다.

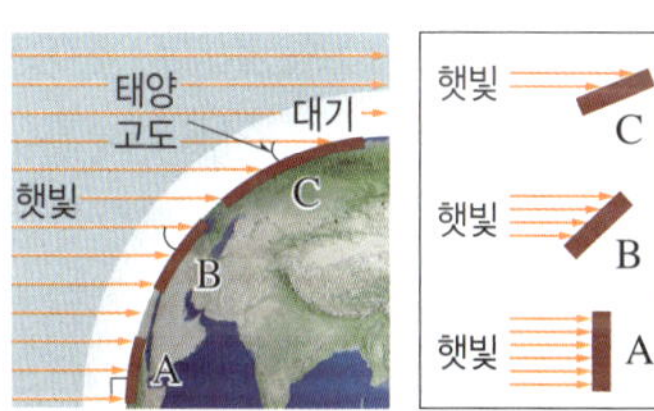

⬆ 단위 면적당 받는 태양 복사 에너지양

② **지구의 에너지 평형** : 대기와 해수의 순환을 통해 에너지가 저위도에서 고위도로 이동하여 지구는 전체적으로 에너지 평형을 이룬다. ➡ 태풍, 표층 해류 등은 에너지 흐름을 통해 지구시스템의 평형을 유지시키는 역할을 한다.

D 지구시스템의 물질 순환

1. 물의 순환

① **에너지원** : 태양 에너지이다. ➡ 물은 지구시스템의 각 권역을 이동할 때 에너지도 함께 이동하면서 지구의 에너지 평형에 중요한 역할을 한다.

② **물의 순환 과정** : 수권의 물은 태양 에너지를 흡수하여 증발해 기권의 수증기가 된다. 이 수증기는 응결하여 구름을 만드는 과정에서 에너지를 방출하고, 비나 눈의 형태로 지권과 수권으로 이동한다. 지표로 이동한 물은 생물의 생명 유지에 이용되고, 풍화와 침식을 일으켜 지형을 변화시킨다. 또한 물의 일부는 증발하여 다시 기권으로 이동하며, 식물에 흡수된 물은 증산 작용으로 다시 기권으로 이동한다.

◆ **각 권역에서 태양 에너지의 역할**

기권	대기순환, 날씨 변화 등
수권	물의 순환, 해수의 순환 등
지권	풍화·침식 작용, 지형 변화 등
생물권	광합성(생태계 유지)

◆ **조력 에너지의 크기**
달은 태양보다 질량은 작지만 지구로부터의 거리가 가까워 조석 현상에 미치는 영향이 더 크다. 따라서 지구에 미치는 조력 에너지의 크기는 달이 태양보다 크다.

✳ **잠열**
어떤 물질의 상태가 변할 때 흡수하거나 방출하는 에너지로, 숨은 열이라고도 한다. 물은 증발할 때 잠열을 흡수하고, 응결할 때 잠열을 방출한다. ➡ 물의 순환 과정에서 에너지의 흐름이 나타난다.

용어

❶ **방사성 원소(放 놓다, 射 쏘다, 性 성질, 元 으뜸, 素 바탕)** 불안정한 원자핵이 스스로 붕괴하면서 방사선을 방출하는 원소

◆ **물수지**
어느 영역에서 물의 유입량과 유출량을 비교한 결과를 말한다. 물수지가 (−)의 값이면 해당 영역에서 물의 총량은 감소한다.

주의해

바다와 육지의 증발량과 강수량 비교
바다와 육지에서 물을 얻은 양과 잃은 양은 각각 같지만, 바다에서는 증발량이 강수량보다 많고, 육지에서는 강수량이 증발량보다 많다.

◆ **탄소의 분포 비율**
지구시스템의 각 권역에 분포하는 탄소량은 지권(99.9 %) > 수권(0.05 %) > 생물권(0.003 %) > 기권(0.001 %)이다.

◆ **석회암 생성**
· 해수 속에 녹아 있던 이온들이 결합하여 형성된 탄산칼슘이 해저에 가라앉아 탄산염을 형성하고, 오랜 시간이 지난 뒤에 석회암이 된다.
· 석회질 성분을 가진 생물체(조개, 산호 등)의 잔해가 해저에 쌓여 석회암을 생성할 수도 있다.

◆ **오존홀**
남극 대륙 상공의 성층권에서 오존 농도가 매우 낮아져 마치 구멍이 뚫린 것처럼 보이는 현상을 오존홀이라고 하는데, 남반구의 봄철인 9월~11월에 대체로 가장 커진다. 오존홀의 형성 원인은 인간 활동으로 배출한 CFC 가스 때문인 것으로 알려져 있다.

↑ 1979년 10월
붉은색은 오존 농도가 높음

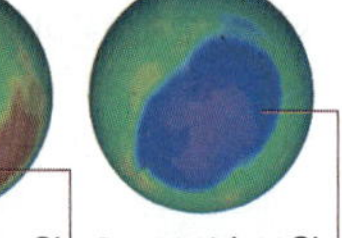
↑ 2022년 10월
파란색은 오존 농도가 낮음

◆ **해양 쓰레기섬**
태평양, 대서양, 인도양에는 플라스틱 쓰레기가 모여 마치 거대한 섬을 이루고 있다. 현재 태평양에 있는 쓰레기섬이 가장 크며, 그 면적은 한반도의 15배에 이른다.

---

③ **물수지 평형**: 육지, 바다, 대기에서 각각 물수지 평형을 이룬다. ➡ 육지, 바다, 대기는 각각 물의 유입량과 유출량이 같다.

육지	· 유입: 강수 · 유출: 증발＋바다로 이동
바다	· 유입: 강수＋육지에서 유입 · 유출: 증발
대기	· 유입: 육지에서 증발＋바다에서 증발 · 유출: 육지로 강수＋바다로 강수

2. 탄소의 순환

① **탄소의 분포**: 지구시스템에서 탄소는 다양한 형태로 분포한다.

가장 많이 분포(99.9 %)

영역	지권	기권	수권	생물권
분포 형태	탄산염 광물(석회암) 화석 연료	이산화 탄소(CO_2) 메테인(CH_4)	탄산수소 이온(HCO_3^-) 탄산 이온(CO_3^{2-})	유기물

이산화 탄소나 탄산 이온이 생물체에 흡수

② **탄소의 순환**: 탄소는 지구시스템 구성 요소의 상호작용을 통해 끊임없이 순환하며, 그 과정에서 에너지의 흐름도 함께 나타난다.

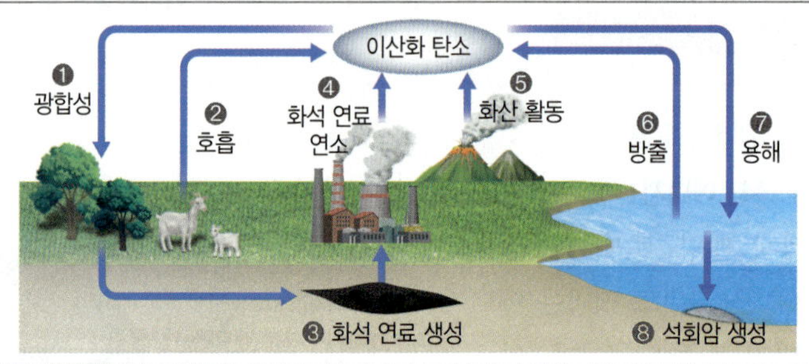

❶ 광합성(기권 → 생물권): 기권의 이산화 탄소가 광합성을 통해 생물권에 유기물로 저장된다.
❷ 호흡(생물권 → 기권): 생물은 호흡을 통해 이산화 탄소를 기권으로 방출한다.
❸ 화석 연료 생성(생물권 → 지권): 생물체가 지권에 매장되어 오랜 시간이 지나면 화석 연료가 된다.
❹ 화석 연료 연소(지권 → 기권): 지권의 화석 연료가 연소되면서 이산화 탄소가 기권으로 방출된다.
❺ 화산 활동(지권 → 기권): 지구에서의 화산 폭발로 화산 가스에 포함된 이산화 탄소가 기권으로 방출된다.
❻ 방출(수권 → 기권): 수권의 탄소가 이산화 탄소 형태로 기권으로 방출된다.
수온이 상승하면 기체의 용해도가 낮아져서 기권으로 더 많이 방출된다.
❼ 용해(기권 → 수권): 기권의 이산화 탄소가 해수에 녹아 탄산 이온이 된다.
최근에는 대기에서 해수로 이동하는 양이 많아져 해양 산성화 현상이 나타나고 있다.
❽ 석회암 생성(수권 → 지권, 생물권 → 지권): 해수의 탄산 이온이 침전되거나 석회질 생물체의 유해가 가라앉아 지권에 탄산염으로 저장된다.

➕ 확대경 **지구시스템의 균형**   ▤ 미래엔 교과서에만 나와요.

1. 화산 활동과 같은 급격한 변화는 일시적으로 지구시스템의 균형을 무너뜨리기도 하지만, 지구는 상호작용을 통해 다시 균형을 찾는다.
2. 최근에는 산업 발달로 인간 활동에 의해 지구시스템의 균형이 깨지고 있으며, 이를 나타내는 다양한 현상이 증가하고 있다. 예 북극해 얼음 면적 변화, 남극 상공의 ◆오존홀, ◆해양 쓰레기섬 등
3. 인류를 비롯한 생명체의 존속을 위해 지구시스템을 최적의 상태로 보전하려는 노력이 필요하다.

개념확인 문제

핵심 체크 ●

- ▶ **지구시스템의 에너지원**: 태양 에너지, 지구 내부 에너지, 조력 에너지이며, 가장 많은 양을 차지하는 것은 (❶   ) 에너지이다.
- ▶ **지구시스템의 에너지 흐름**: 저위도 지방은 에너지 과잉, 고위도 지방은 에너지 부족 상태이며, 대기와 해수의 순환은 저위도의 에너지를 고위도로 운반시켜 지구는 전체적으로 에너지 (❷   ) 상태를 유지한다.
- ▶ **물의 순환**: 물의 순환을 일으키는 주된 에너지원은 (❸   ) 에너지이다.
  - ┌ 물이 상태 변화할 때 (❹   )을 흡수하거나 방출한다.
  - └ 지구시스템에서 육지, 바다, 대기에서 각각 물수지 (❺   )을 이루고 있다.
- ▶ **탄소의 순환**
  - ┌ 지구시스템에서 탄소는 다양한 형태로 분포하는데, 가장 많이 분포하는 권역은 (❻   )이다.
  - └ 지구시스템에서 탄소 전체의 양은 (❼   )하지만, 각 권역에 분포하는 탄소량은 달라질 수 있다.

---

1 지구시스템의 에너지원에 대한 설명으로 옳은 것은 ○, 옳지 <u>않은</u> 것은 ×로 표시하시오.

(1) 에너지원의 크기는 태양 에너지 > 지구 내부 에너지 > 조력 에너지이다. ··· (   )

(2) 태양 에너지는 조력 에너지로 전환될 수 있다. (   )

(3) 지구 내부 에너지는 태양과 달의 인력에 의해 형성되었다. ··· (   )

2 지구시스템에서 일어나는 자연 현상과 관련된 에너지원을 옳게 연결하시오.

(가) 맨틀 대류 •

(나) 밀물과 썰물 •

(다) 화산 활동 •

(라) 기상 현상 •

(마) 표층 해류 발생 •

• ㉠ 태양 에너지

• ㉡ 지구 내부 에너지

• ㉢ 조력 에너지

3 물의 순환에 대한 설명으로 옳은 것은 ○, 옳지 <u>않은</u> 것은 ×로 표시하시오.

(1) 물의 순환을 일으키는 주요 에너지원은 조력 에너지이다. ··· (   )

(2) 지구 전체에서 총 증발량은 총 강수량보다 많다. ··· (   )

(3) 물의 순환은 지구시스템의 에너지 불균형을 해소시키는 역할을 한다. ··· (   )

4 물이 에너지를 흡수하는 경우를 [보기]에서 있는 대로 고르시오.

┌─ 보기 ─────────────────────────
ㄱ. 열대 해양에서 해수의 증발이 일어난다.
ㄴ. 극지방에서 대륙 빙하가 녹아 바다로 흘러든다.
ㄷ. 저기압 지역에서 수증기가 응결하여 구름이 만들어진다.
└────────────────────────────

5 탄소의 순환에 대한 설명으로 옳은 것은 ○, 옳지 <u>않은</u> 것은 ×로 표시하시오.

(1) 지구시스템의 탄소는 대부분 지권에 분포한다. ··· (   )

(2) 광합성은 기권에서 생물권으로 탄소가 이동하는 예이다. ··· (   )

(3) 화석 연료 사용량 증가로 기권의 탄소량은 증가하고 있다. ··· (   )

(4) 지구시스템에서 탄소 순환이 계속되면 총 탄소량은 줄어든다. ··· (   )

6 지구시스템에서 각 권역에 분포하는 탄소의 주요 형태를 옳게 연결하시오.

(가) 지권 •

(나) 기권 •

(다) 수권 •

(라) 생물권 •

• ㉠ 유기물

• ㉡ 탄산 이온

• ㉢ 이산화 탄소

• ㉣ 탄산염 광물

내신 만점 문제

01 다음은 지구시스템의 구성 요소 중 세 가지 요소의 특징을 설명한 것이다.

> (가) 질소와 산소가 90 % 이상을 차지하고 있다.
> (나) 태양계 행성 중에서 유일하게 지구에만 존재하는 권역이다.
> (다) 지구상에 존재하는 물로, 대부분 해수로 이루어져 있다.

(가)~(다)에 해당하는 지구시스템의 구성 요소를 옳게 짝 지은 것은?

	(가)	(나)	(다)
①	기권	수권	생물권
②	기권	생물권	수권
③	수권	기권	생물권
④	외권	지권	수권
⑤	외권	생물권	수권

02 지구시스템의 구성 요소에 대한 설명으로 옳은 것은?

① 지권: 고체 상태로 존재하며 산소와 규소가 가장 풍부하다.
② 기권: 높이에 따른 밀도 변화에 따라 4개의 층으로 구분된다.
③ 수권: 비열이 작은 물질로 이루어져 있어 온도 변화가 잘 일어난다.
④ 생물권: 지구시스템의 구성 요소 중에서 가장 늦게 형성되었다.
⑤ 외권: 기상 현상이 활발하게 일어난다.

03 외권에 대한 설명으로 옳은 것만을 [보기]에서 있는 대로 고르시오.

> **보기**
> ㄱ. 생명체가 호흡할 수 있게 산소를 공급해 준다.
> ㄴ. 태양풍을 막아 주는 지구 자기장이 형성되어 있다.
> ㄷ. 물질 순환을 통해 지구의 평균 기온을 일정하게 해준다.

04 그림은 기권의 성층 구조를 나타낸 것이다.
이에 대한 설명으로 옳은 것은?

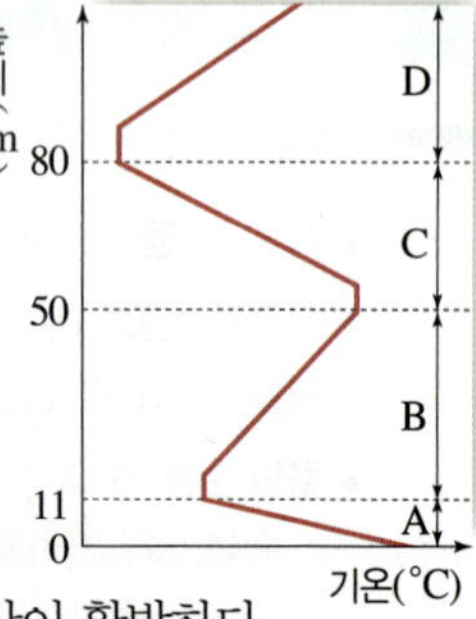

① A에서는 높이가 높아질수록 기온이 높아진다.
② 오존의 평균 농도는 B보다 C에서 크다.
③ C에서는 기상 현상과 대류 현상이 활발하다.
④ D에서는 낮과 밤의 기온 차가 거의 없다.
⑤ 공기의 평균 밀도는 A에서 D로 갈수록 감소한다.

05 그림은 지권의 성층 구조를 나타낸 것이다.
이에 대한 설명으로 옳은 것만을 [보기]에서 있는 대로 고른 것은?

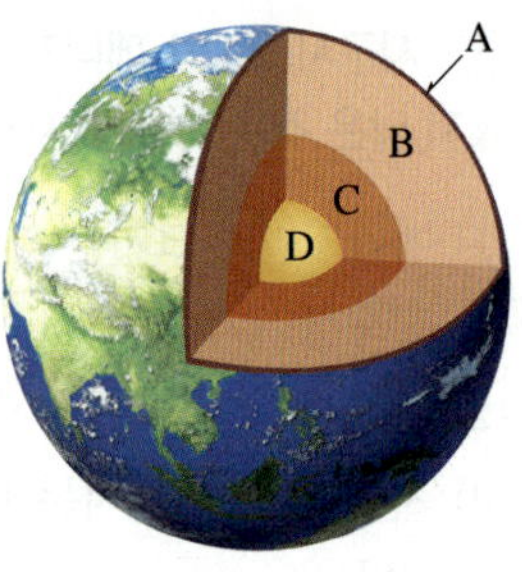

> **보기**
> ㄱ. A와 B의 경계면을 모호면이라고 한다.
> ㄴ. B와 C는 모두 액체 상태이다.
> ㄷ. 지구 구성 성분은 C와 D의 경계에서 가장 크게 변한다.

① ㄱ　② ㄴ　③ ㄷ　④ ㄱ, ㄴ　⑤ ㄱ, ㄷ

06 그림은 중위도 해역에서 해수의 연직 수온 분포를 나타낸 것이다.
이에 대한 설명으로 옳은 것만을 [보기]에서 있는 대로 고른 것은?

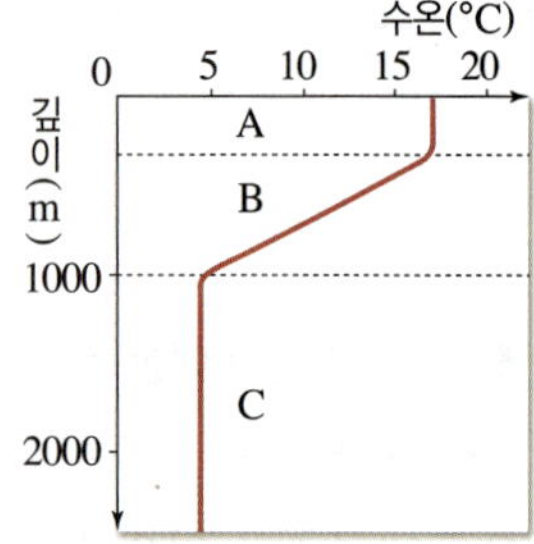

> **보기**
> ㄱ. 태양 복사 에너지는 대부분 A에서 흡수한다.
> ㄴ. 해수의 연직 운동은 A보다 B에서 활발하다.
> ㄷ. 깊이에 따른 밀도 변화는 B보다 C에서 크다.

① ㄱ　② ㄴ　③ ㄷ　④ ㄱ, ㄴ　⑤ ㄱ, ㄷ

07 표는 지구시스템의 구성 요소 (가)~(다)의 성층 구조를 나타낸 것이다. (가)~(다)는 각각 지권, 기권, 수권 중 하나이다.

구성 요소	성층 구조
(가)	지각, 맨틀, 외핵, 내핵
(나)	(㉠), 수온 약층, 심해층
(다)	대류권, (㉡), 중간권, 열권

이에 대한 설명으로 옳은 것만을 [보기]에서 있는 대로 고른 것은?

보기
ㄱ. (가)의 성층 구조를 구분하는 기준은 온도이다.
ㄴ. (나)에서 ㉠은 바람이 강할수록 두꺼워진다.
ㄷ. (다)에서 안정한 층은 ㉡과 열권이다.

① ㄱ　　　② ㄴ　　　③ ㄷ
④ ㄱ, ㄴ　　⑤ ㄴ, ㄷ

08 다음은 지구시스템에서 생명 현상이 유지될 수 있는 까닭에 대한 설명이다.

- 기권의 (㉠)은 자외선을 흡수한다.
- 수권의 (㉡)은 생명체에게 필수적인 물질이다.
- 외권의 (㉢)은 태양풍과 우주선을 막아 주는 역할을 한다.

㉠~㉢에 들어갈 말을 옳게 짝 지은 것은?

	㉠	㉡	㉢
①	물	오존	지구 자기장
②	물	지구 자기장	오존
③	오존	물	지구 자기장
④	지구 자기장	물	오존
⑤	지구 자기장	오존	물

09 지구시스템의 상호작용에 대한 설명으로 옳은 것만을 [보기]에서 있는 대로 고른 것은?

보기
ㄱ. 상호작용할 때 물질과 에너지 이동이 나타난다.
ㄴ. 기권과 수권의 상호 작용은 지권과 생물권의 상호작용에 영향을 미치지 않는다.
ㄷ. 인간 활동은 지구시스템의 상호작용에 거의 영향을 주지 않는다.

① ㄱ　　② ㄷ　　③ ㄱ, ㄴ　④ ㄴ, ㄷ　⑤ ㄱ, ㄴ, ㄷ

10 그림 (가)와 (나)는 지구시스템의 구성 요소 사이에 일어나는 상호작용의 예를 나타낸 것이다.

(가) 태풍의 발생　　　　　(나) 황사의 발생

(가)와 (나)에서 공통으로 포함된 지구시스템의 구성 요소는?

① 지권　② 기권　③ 수권　④ 생물권　⑤ 외권

중요 **11** 그림은 지구시스템의 상호작용을 나타낸 것이다.

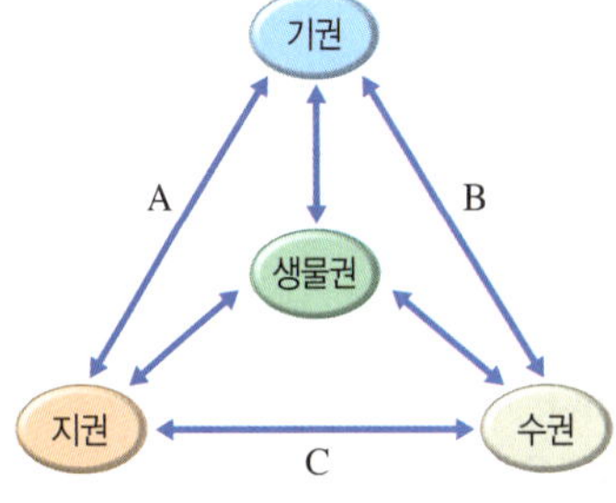

A, B, C에 해당하는 상호작용을 옳게 짝 지은 것은?

	A	B	C
①	석탄 생성	엘니뇨	대륙 이동
②	석탄 생성	오로라	대륙 이동
③	석탄 생성	엘니뇨	지진 해일
④	화산 가스 분출	엘니뇨	지진 해일
⑤	화산 가스 분출	오로라	지진 해일

12 지구시스템의 에너지원에 대한 설명으로 옳은 것만을 [보기]에서 있는 대로 고른 것은?

보기
ㄱ. 지구시스템의 에너지원 중 가장 많은 양을 차지하는 것은 태양 에너지이다.
ㄴ. 지구 내부 에너지는 조력 에너지로 전환될 수 있다.
ㄷ. 조력 에너지는 태양과 달의 인력에 의해 생성된다.
ㄹ. 지각 변동을 일으키는 주요 에너지원은 조력 에너지이다.

① ㄱ, ㄷ   ② ㄱ, ㄹ   ③ ㄴ, ㄷ
④ ㄱ, ㄴ, ㄷ   ⑤ ㄴ, ㄷ, ㄹ

중요 13 그림 (가)와 (나)는 자연 재해의 피해를 나타낸 것이다.

(가) 집중 호우에 의한 산사태   (나) 지진에 의한 도로 파괴

(가)와 (나)를 일으킨 지구시스템의 에너지원을 각각 쓰시오.

14 그림은 위도가 다른 세 지역 A~C에 태양 복사 에너지가 도달하는 모습을 나타낸 것이다.
이에 대한 설명으로 옳은 것만을 [보기]에서 있는 대로 고른 것은?

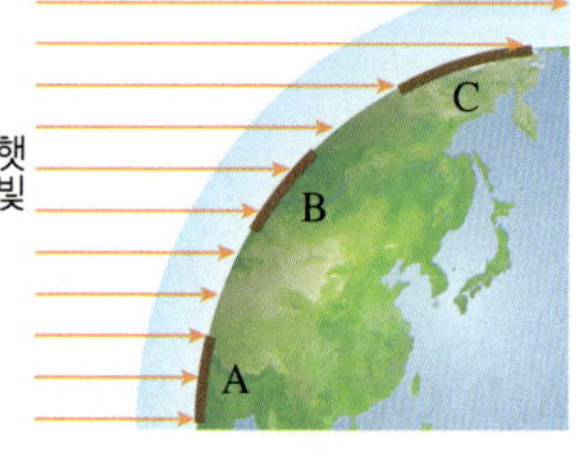

보기
ㄱ. 위도는 A>B>C이다.
ㄴ. 단위 면적당 입사되는 에너지양은 C에서 가장 많다.
ㄷ. 대기에 의한 에너지 수송은 A에서 C로 일어난다.

① ㄱ   ② ㄴ   ③ ㄷ   ④ ㄱ, ㄴ   ⑤ ㄱ, ㄷ

15 다음은 지구시스템에서 일어나는 물의 순환에 대한 설명이다.

물의 순환은 (㉠) 에너지의 흐름과 함께 일어난다. 수권의 물은 태양 에너지를 (㉡)하여 증발해 기권의 수증기가 된다. 이 수증기는 응결하여 구름을 만든다. 비나 눈을 통해 지표로 이동한 물은 풍화, 침식을 일으켜 지형을 변화시킨다. 또한 물의 일부는 다시 증발하여 기권으로 이동하고, 식물에 흡수된 물은 (㉢) 작용으로 다시 기권으로 이동한다.

㉠~㉢에 들어갈 말을 옳게 짝 지은 것은?

	㉠	㉡	㉢
①	태양	흡수	광합성
②	태양	방출	증산
③	태양	흡수	증산
④	지구 내부	방출	광합성
⑤	지구 내부	흡수	광합성

16 그림은 물수지 평형 상태에 있는 육지, 바다, 대기의 물 순환을 나타낸 것이다. ㉠과 ㉡에 들어갈 알맞은 값을 쓰시오.

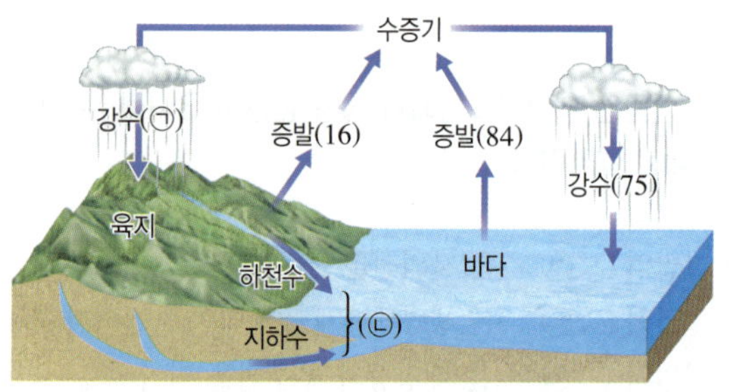

중요 17 그림 (가)~(다)는 여러 가지 지형을 나타낸 것이다.

(가) 버섯바위   (나) 습곡 산맥   (다) V자곡

물의 순환 과정에서 형성된 지형을 모두 고르시오.

 표는 지구시스템의 각 권역에 존재하는 탄소의 주요 형태와 비율을 나타낸 것이다.

구분	주요 형태	비율(%)
지권	탄산염	(㉠)
	화석 연료	0.005
A	탄산 이온	0.049
생물권	유기물	(㉡)
B	이산화 탄소	0.001

이에 대한 설명으로 옳은 것만을 [보기]에서 있는 대로 고른 것은?

보기
ㄱ. A는 수권이다.
ㄴ. ㉠은 ㉡보다 크다.
ㄷ. 호흡은 탄소가 B에서 생물권으로 이동하는 예이다.

① ㄱ   ② ㄷ   ③ ㄱ, ㄴ
④ ㄴ, ㄷ   ⑤ ㄱ, ㄴ, ㄷ

중요 19 그림은 지구시스템에서 탄소의 순환 과정을 나타낸 것이다.

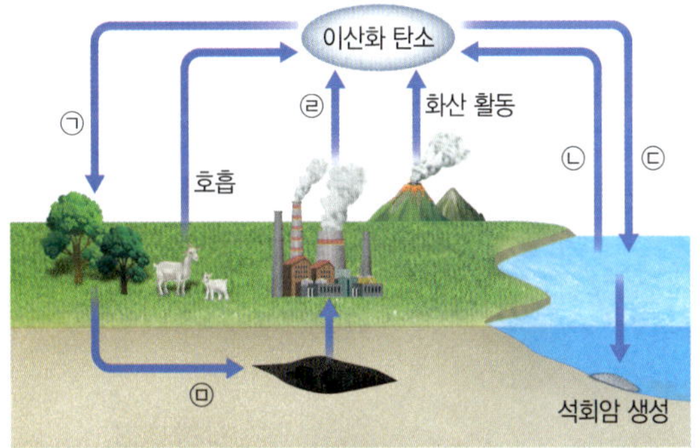

이에 대한 설명으로 옳은 것만을 [보기]에서 있는 대로 고른 것은?

보기
ㄱ. ㉠과 ㉢은 기권의 탄소를 감소시키는 역할을 한다.
ㄴ. 해수의 온도가 높아지면 ㉡이 활발해진다.
ㄷ. 현재 지구에서 탄소 이동량은 ㉣이 ㉤보다 많다.

① ㄱ   ② ㄴ   ③ ㄱ, ㄷ
④ ㄴ, ㄷ   ⑤ ㄱ, ㄴ, ㄷ

서술형 문제

20 그림은 수권을 구성하는 물의 분포를 나타낸 것이다.

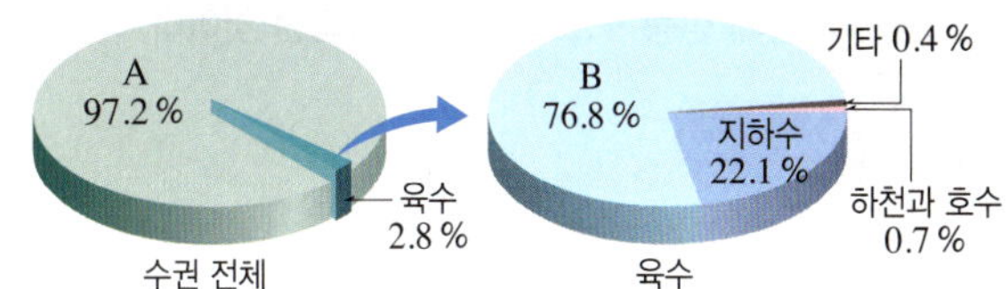

(1) A와 B에 들어갈 알맞은 물의 분포 형태를 쓰시오.

(2) 수권의 물이 생명체 존속에 어떤 역할을 하는지 두 가지 서술하시오.

21 그림은 외권을 제외한 지구시스템의 하위 권역에서 일어나는 상호작용을 나타낸 것이다.

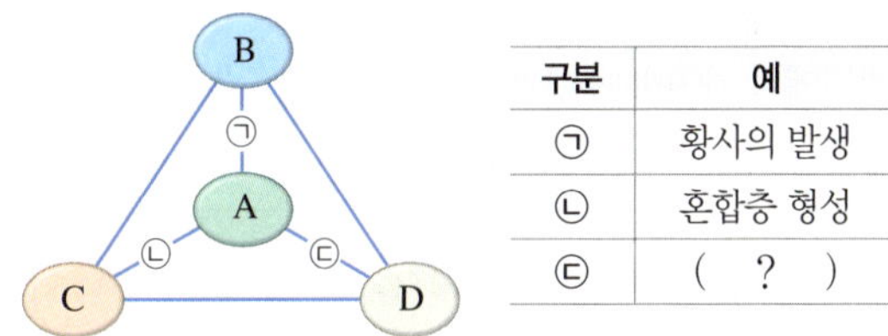

구분	예
㉠	황사의 발생
㉡	혼합층 형성
㉢	(?)

A~D에 해당하는 지구시스템의 구성 요소와 ㉢에 들어갈 적절한 상호작용의 예를 서술하시오.

22 그림은 지구시스템에서 일어나는 탄소 순환의 일부를 나타낸 것이다.

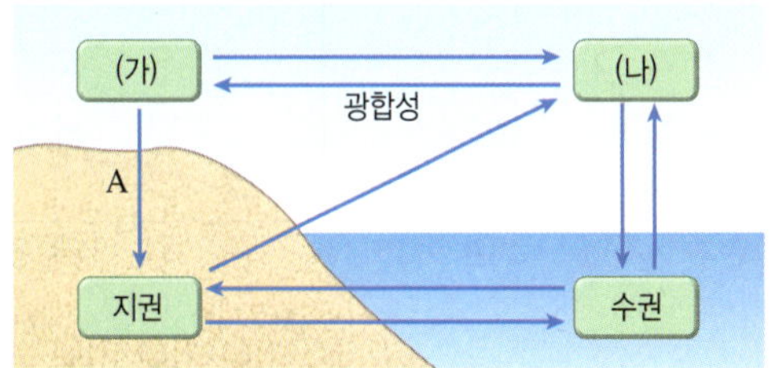

(1) (가)와 (나)에 해당하는 지구시스템의 구성 요소를 각각 쓰시오.

(2) A에 해당하는 탄소 이동의 예를 한 가지 서술하시오.

실력 UP 문제

01 그림은 지권의 성층 구조와 특징을 나타낸 것이다.

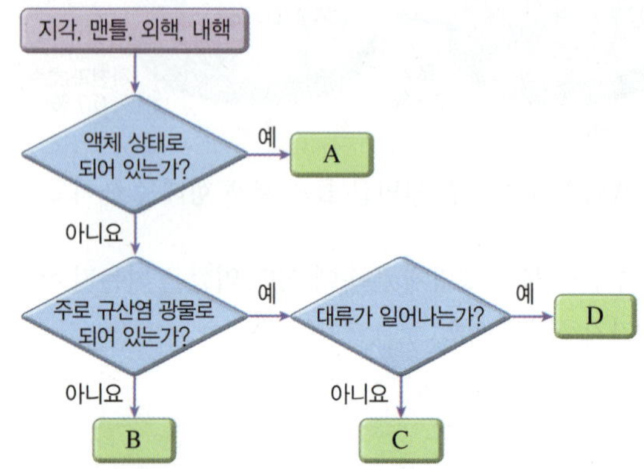

이에 대한 설명으로 옳은 것만을 [보기]에서 있는 대로 고른 것은?

> **보기**
> ㄱ. A의 구성 성분은 B보다 C에 가깝다.
> ㄴ. 지권에서 차지하는 부피비는 D가 가장 크다.
> ㄷ. 평균 밀도는 B>A>D>C이다.

① ㄱ　② ㄷ　③ ㄱ, ㄴ　④ ㄴ, ㄷ　⑤ ㄱ, ㄴ, ㄷ

02 그림 (가)는 높이에 따른 기온 분포를, (나)는 높이에 따른 오존 농도의 변화를 나타낸 것이다.

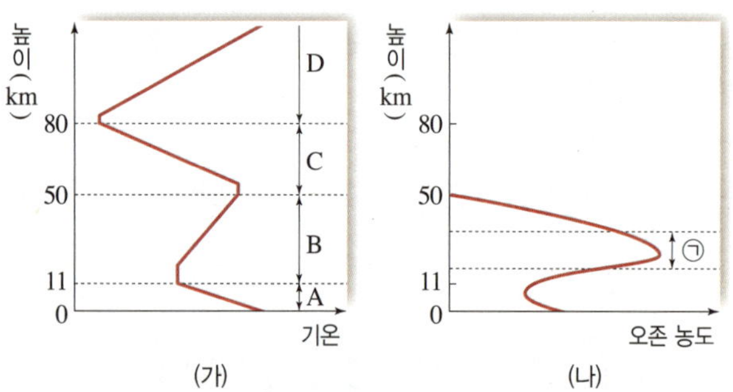

이에 대한 설명으로 옳은 것만을 [보기]에서 있는 대로 고른 것은?

> **보기**
> ㄱ. (가)의 A~D 중 수증기는 대부분 A에 분포한다.
> ㄴ. ㉠은 태양풍 입자를 차단하는 역할을 한다.
> ㄷ. (나)를 이용하여 기권을 4개의 성층 구조로 구분한다.

① ㄱ　② ㄷ　③ ㄱ, ㄴ　④ ㄴ, ㄷ　⑤ ㄱ, ㄴ, ㄷ

03 그림 (가)는 기권의 성층 구조를, (나)는 수권의 성층 구조를 나타낸 것이다.

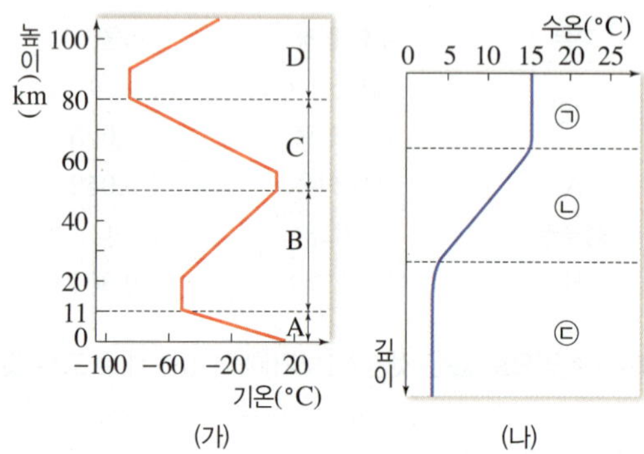

이에 대한 설명으로 옳지 <u>않은</u> 것은?

① (가)의 A층과 C층에서 기상 현상이 나타난다.
② 낮과 밤의 온도 차는 (가)의 C층보다 D층에서 더 크게 나타난다.
③ (나)에서 ㉢층의 온도는 계절에 따른 변화가 거의 없다.
④ (가)의 B층과 (나)의 ㉡층은 모두 안정한 층이다.
⑤ (나)의 ㉠층의 두께에 가장 큰 영향을 주는 곳은 (가)의 A층이다.

04 그림은 지구시스템에서 구성 요소의 상호작용을, 표는 상호작용 ㉠, ㉡, ㉢의 예를 나타낸 것이다. A~D는 각각 지권, 기권, 수권, 생물권 중 하나이다.

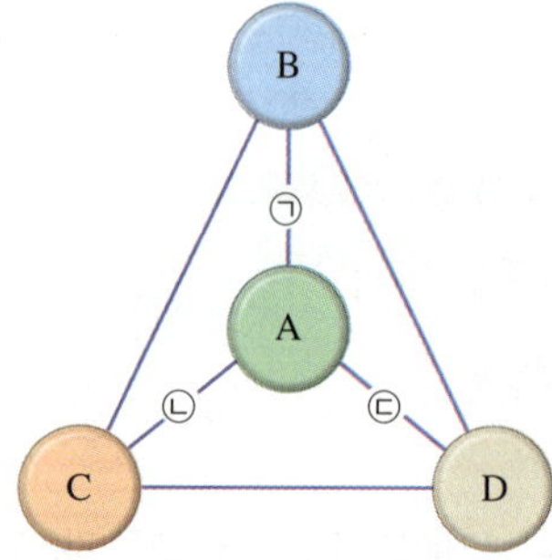

상호작용	예
㉠	광합성
㉡	적조 발생
㉢	석회암 생성

이에 대한 설명으로 옳은 것만을 [보기]에서 있는 대로 고른 것은?

> **보기**
> ㄱ. A는 생물권이다.
> ㄴ. B의 구성 물질은 대부분 고체 상태이다.
> ㄷ. 원시 지구에서 C는 D보다 나중에 형성되었다.

① ㄱ　② ㄴ　③ ㄷ　④ ㄱ, ㄴ　⑤ ㄱ, ㄷ

05 그림 (가)와 (나)는 지구시스템의 상호작용에 의해 형성된 지형을 나타낸 것이다.

(가) U자곡

(나) 석회 동굴

이에 대한 설명으로 옳은 것만을 [보기]에서 있는 대로 고른 것은?

보기
ㄱ. (가)를 형성한 주요 에너지원은 지구 내부 에너지이다.
ㄴ. (나)에서 지권의 탄소량은 증가한다.
ㄷ. (가)와 (나)는 모두 지권과 수권의 상호작용에 해당한다.

① ㄱ
② ㄴ
③ ㄷ
④ ㄱ, ㄷ
⑤ ㄴ, ㄷ

06 그림은 지구시스템에서의 물의 순환을 나타낸 것이다.

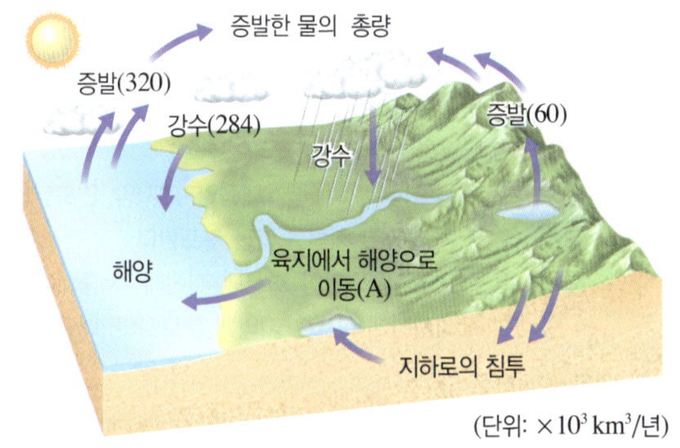

이에 대한 설명으로 옳은 것만을 [보기]에서 있는 대로 고른 것은?

보기
ㄱ. A는 육지 강수량의 50 % 이상이다.
ㄴ. 증발 과정에서 태양 에너지가 수증기의 잠열로 전환된다.
ㄷ. 해양에서 (증발량−강수량) 값은 육지에서 (강수량−증발량) 값과 같다.

① ㄱ
② ㄷ
③ ㄱ, ㄴ
④ ㄴ, ㄷ
⑤ ㄱ, ㄴ, ㄷ

07 그림은 지구시스템의 에너지원 A, B, C와 관련된 현상을 구분하여 나타낸 것이다.

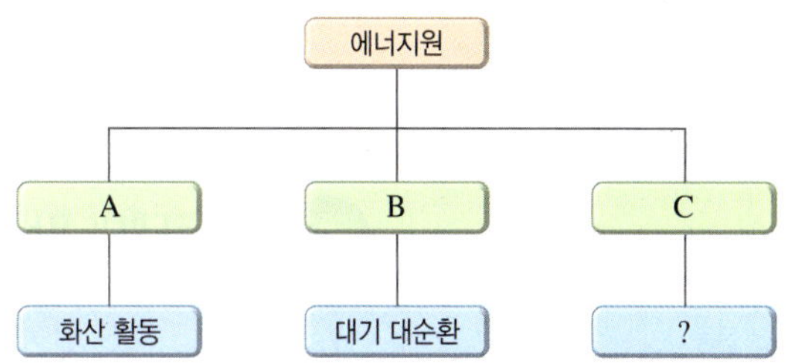

이에 대한 설명으로 옳은 것만을 [보기]에서 있는 대로 고른 것은?

보기
ㄱ. A는 핵융합 반응에 의해 생성된 에너지원이다.
ㄴ. 에너지원의 크기는 B>A>C이다.
ㄷ. 지열 발전의 근원 에너지는 C이다.

① ㄱ
② ㄴ
③ ㄱ, ㄷ
④ ㄴ, ㄷ
⑤ ㄱ, ㄴ, ㄷ

08 그림은 지구시스템의 구성 요소 (가), (나), (다)에서 탄소 이동의 예를 나타낸 것이다.

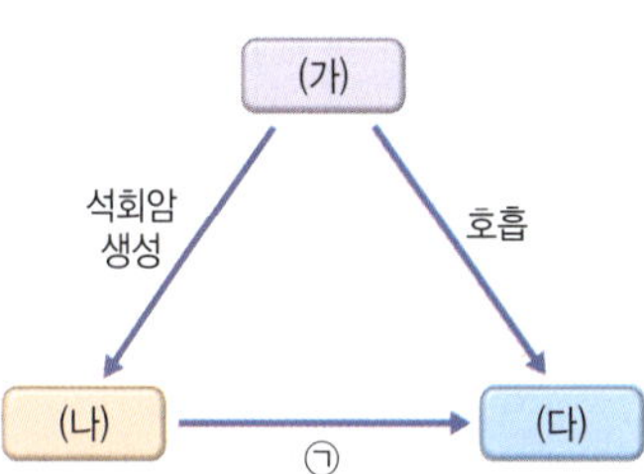

이에 대한 설명으로 옳은 것만을 [보기]에서 있는 대로 고른 것은?

보기
ㄱ. (가)는 기권이다.
ㄴ. 화산 기체 분출은 ㉠의 예가 된다.
ㄷ. 산업 혁명 이후 (나)의 탄소량이 감소하는 추세이다.

① ㄱ
② ㄴ
③ ㄱ, ㄷ
④ ㄴ, ㄷ
⑤ ㄱ, ㄴ, ㄷ

지권의 변화와 영향

Ⓐ 변동대와 판 구조론

1. ❶변동대 화산 활동, 지진, ◆조산 운동 등의 지각 변동이 활발하게 일어나는 지역이다.

① **지각 변동** : 지각의 변형이 일어나는 자연 현상으로 화산 활동, 지진, 조산 운동 등이 있다.

- 지각 변동은 지구 내부 에너지가 방출되면서 나타난다.
- 지각 변동이 활발한 변동대는 대체로 좁은 띠 모양으로 나타난다.
- 화산 활동: 마그마가 지각의 약한 틈을 뚫고 지표로 나오면서 분출하는 현상이다.
- 화산 분출물은 화산 가스, 화산 쇄설물, 용암으로 구분한다.
- 지진: 지하에 축적된 에너지가 방출되면서 진동이 일어난다.
- ◆지진의 구분: ◆진원의 깊이에 따라 천발 지진, 중발 지진, 심발 지진으로 구분할 수 있다.

② **화산대** : 화산 활동이 활발하게 일어나는 띠 모양의 지역

③ **지진대** : 지진이 자주 발생하는 띠 모양의 지역

④ **화산대와 지진대의 분포**

- 화산대와 지진대는 대체로 좁고 긴 띠 모양으로 분포한다.
- 화산대와 지진대는 모두 대륙 중앙부보다 대륙 주변부에 주로 분포한다.
- 지진이 일어나는 곳에서 반드시 화산 활동이 일어나는 것은 아니지만 비교적 잘 일치한다.

| 전 세계 주요 화산대와 지진대 |

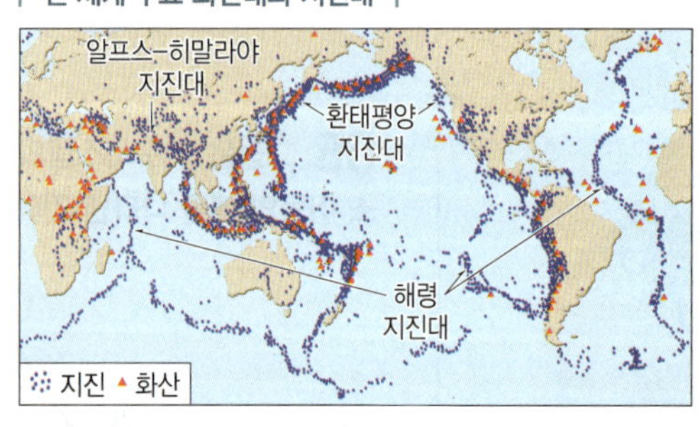

1. 환태평양 화산대·지진대: 태평양 주변부를 따라 분포하며, 화산 활동과 지진이 전 세계에서 가장 활발하다. ➡ 불의 고리
2. 해령 화산대·지진대: 태평양, 대서양, 인도양의 해저에 발달한 해령을 따라 분포한다.
3. 알프스-히말라야 화산대·지진대: 지중해에서 인도네시아에 이르는 지역에 분포하며, 대규모 습곡 산맥이 발달해 있다.

2. 판 구조론 지구의 표면은 크고 작은 여러 개의 판으로 이루어져 있으며, 판들의 상대적 운동에 의해 화산 활동이나 지진 등의 지각 변동이 일어난다는 이론이다.

① **지권의 구분**

- 구성 성분과 물질의 상태를 기준으로 지각, 맨틀, 외핵, 내핵로 구분할 수 있다.
- 구성 물질의 물리적 성질을 기준으로 암석권, 연약권, 하부 맨틀, 외핵, 내핵으로 구분할 수 있다.

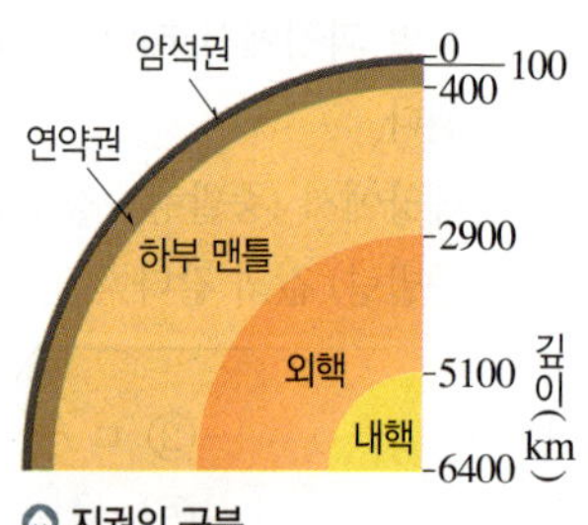

⬆ **지권의 구분**

◆ **조산 운동**

거대한 습곡 산맥이 형성되는 지각 변동을 말한다. 조산 운동으로 형성된 대표적 산맥으로 히말라야산맥, 알프스산맥, 안데스산맥 등이 있다.

◆ **진원과 진앙**

지진이 발생한 지점을 진원, 진원 바로 위 지표면의 지점을 진앙이라고 한다.

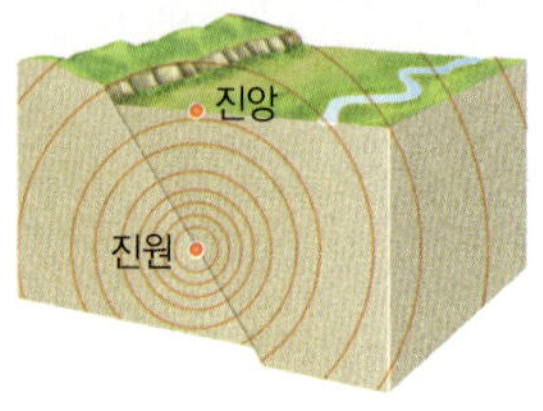

◆ **진원의 깊이에 따른 지진의 구분**

구분	진원의 깊이
천발 지진	약 0 km~70 km
중발 지진	약 70 km ~300 km
심발 지진	약 300 km 이상

주의해

암석권과 지각

암석권은 지각과 상부 맨틀의 일부를 포함하기 때문에 지각보다 넓은 범위이다. 따라서 암석권을 지각과 같은 개념으로 착각하지 않도록 한다.

용어

❶ **변동대** (變 변하다, 動 움직이다, 帶 띠) 띠 모양으로 길게 이어져 지각의 변형이 일어나는 지역

② **암석권과 연약권**

- 암석권: 지각과 맨틀의 윗부분을 포함한 단단한 층으로, 깊이 약 0 km∼100 km의 구간이다.
- 연약권: 암석권 아래에 위치하며, 깊이 약 100 km∼400 km의 구간이다.

③ **판**: 지구의 겉부분인 암석권은 여러 조각으로 나뉘어져 있으며, 이러한 암석권의 조각을 판이라고 한다. ➡ 판을 이루고 있는 지각의 종류에 따라 해양판과 대륙판으로 구분한다.

| 판의 구조 |

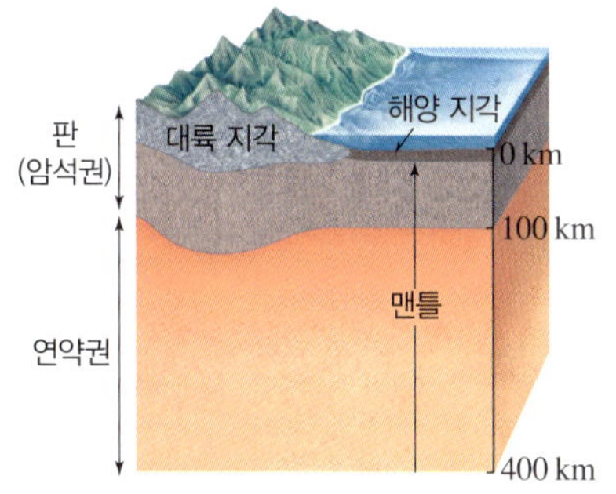

- 판(암석권): 지각과 맨틀의 최상부 영역을 포함하는 약 100 km 두께의 단단한 부분이다. ➡ 대륙 지각은 해양 지각보다 두껍기 때문에 대륙 지역의 판은 해양 지역의 판보다 두께가 두껍다.
- 연약권: 깊이 약 100 km∼400 km의 구간으로 판 아래에 위치하며, 맨틀이 부분 용융되어 있어 유동성을 띤다. ➡ 연약권은 고체 상태이지만 맨틀 대류가 일어나는 것으로 알려져 있다.

④ **판의 구분**: 판을 이루고 있는 지각의 종류에 따라 해양판과 대륙판으로 구분한다.

- 대륙판은 해양판보다 평균 두께가 두껍지만, 평균 밀도는 작다.

구분	구성 물질	평균 두께	평균 밀도
해양판	해양 지각(주로 현무암)＋맨틀의 윗부분	약 70 km	크다.
대륙판	대륙 지각(주로 화강암)＋맨틀의 윗부분	약 100 km	작다.

⑤ **전 세계 판의 분포**

- 지각 변동은 주로 판의 경계에서 일어나기 때문에 변동대와 판의 경계는 거의 일치한다.
- 판은 맨틀 대류의 영향으로 대략 1 cm/년∼10 cm/년의 속력으로 이동한다.
- 판마다 ◆이동 속력과 이동 방향이 다르다. ➡ 판 경계에서 두 판의 상대적 운동 방향이 다르다.

| 전 세계 판의 분포 |

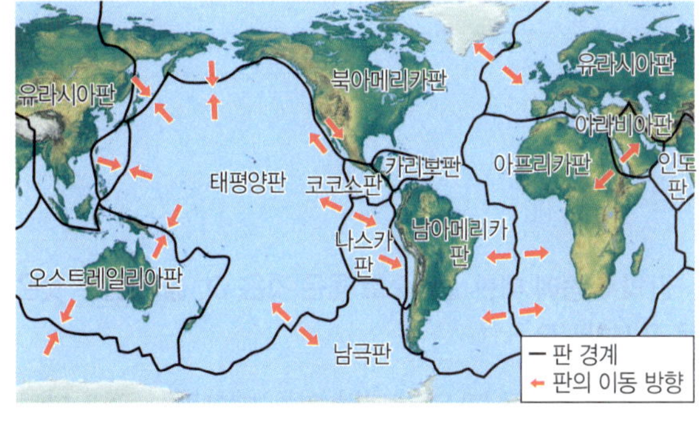

- 지구의 겉부분은 약 10여 개의 주요 판으로 이루어져 있다.
  ➡ 우리나라는 유라시아판에 속한다.
- 판의 경계에서 지진과 화산 활동 등의 지각 변동이 활발하다.
  ➡ 지진대와 화산대는 판의 경계와 거의 일치한다.
- 판의 경계에 표시한 화살표는 판의 실제 운동 방향이 아니라 판 경계에서의 상대적 이동 방향을 나타낸 것이다.

⑥ **판 이동의 원동력**: 판을 움직이는 에너지원은 지구 내부 에너지이며, 연약권에서 일어나는 맨틀 대류는 판을 이동시키는 원동력 중 하나이다.

02. 지권의 변화와 영향 **139**

궁금해

왜 지진이 연약권에서 일어나지 않을까?

지진은 단단한 강체에 변형력이 쌓이다가 한계에 다다르면 암석이 파괴되면서 발생한다. 연약권은 부분 용융 상태로 유동성이 있기 때문에 지진이 일어나기 어렵다.

◆ **해양판이 대륙판보다 평균 밀도가 큰 까닭**

해양 지각을 주로 이루는 현무암은 대륙 지각을 주로 이루는 화강암보다 밀도가 크다. 이로 인해 해양판이 대륙판보다 평균 밀도가 크다.

주의해

판 경계가 화산대보다 지진대와 잘 일치하는 까닭

판 경계에서는 모두 지진이 활발하지만, 모든 판 경계에서 화산 활동이 일어나지는 않는다. 화산 활동은 지하에서 마그마가 생성되어야 하는데 판 경계의 종류에 따라 마그마가 생성되지 않는 경우가 있기 때문이다.

◆ **판의 이동 속력**

지구는 구면이기 때문에 판의 이동 방향과 속력은 하나의 판 내부에서도 위치마다 조금씩 다르다. 판의 이동은 GPS 위성을 이용하여 기준점에 대한 상대적인 위치 변화를 측정하여 알아낸다.

✔ **이것까지 나와요!** 지구시스템과학

판 이동의 원동력

최근의 연구 결과에 따르면 판 이동의 원동력을 '섭입대에서 잡아당기는 힘'과 '해령에서 밀어내는 힘' 등으로 설명하고 있다.

개념확인 문제

핵심 체크

▸ (❶): 화산 활동, 지진, 조산 운동 등의 지각 변동이 활발하게 일어나는 지역이다.

▸ (❷): 지구의 표면은 여러 개의 판으로 이루어져 있으며, 판들의 상대적 운동에 의해 지각 변동이 일어난다는 이론이다.

▸ 판의 구조
  - (❸): 지각과 맨틀의 윗부분을 포함한 단단한 층으로 깊이 약 0 km~100 km의 구간이다.
  - (❹): 암석권 아래에 위치하며, 깊이 약 100 km~400 km의 구간이다
  - 암석권의 조각을 (❺)이라고 하며, 대륙판은 해양판보다 평균 두께가 두껍고, 평균 밀도는 (❻)다.

▸ 화산대와 지진대는 대체로 좁고 긴 띠 모양으로 분포하며, 판의 (❼)와 잘 일치한다.

▸ 판 이동의 원동력은 (❽) 대류이며, 판을 움직이는 에너지원은 (❾) 에너지이다.

---

1 변동대에 대한 설명으로 옳은 것은 ○, 옳지 <u>않은</u> 것은 ×로 표시하시오.

(1) 지진대와 화산대는 비교적 잘 일치한다. ·········· (   )

(2) 변동대는 주로 좁고 긴 띠 모양으로 분포한다. (   )

(3) 지진이 활발한 곳은 모두 화산 활동이 활발하다.
　　　　　　　　　　　　　　　　　　　　　(   )

(4) 지구상에서 화산 활동과 지진이 가장 활발한 곳은 대서양 가장자리이다. ····························· (   )

2 그림은 판의 구조를 나타낸 것이다. ㉠~㉣에 들어갈 알맞은 말을 쓰시오.

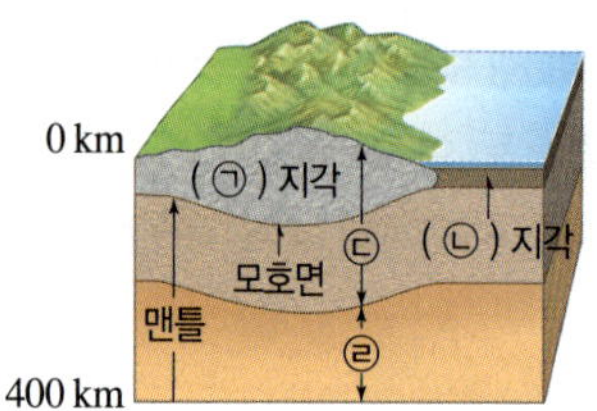

3 판 구조론에 대한 설명으로 옳은 것은 ○, 옳지 <u>않은</u> 것은 ×로 표시하시오.

(1) 지구의 겉 부분은 크고 작은 10여 개의 판으로 이루어져 있다. ·· (   )

(2) 모호면은 암석권과 연약권 사이의 경계 부분이다.
　　　　　　　　　　　　　　　　　　　　　(   )

(3) 연약권은 단단한 고체 물질로 이루어져 있다. (   )

(4) 판 구조론은 지진대와 화산대가 띠 모양으로 분포하는 까닭을 설명할 수 있는 이론이다. ················ (   )

4 판의 구조와 분포에 대한 설명 중 (   ) 안에 알맞은 말을 쓰시오.

(1) 판은 두께가 약 100 km인 (   )의 조각이다.

(2) 지각 변동은 판의 (   )에서 활발하게 일어난다.

(3) 연약권에서 일어나는 (   )는 판을 이동시키는 원동력 중 하나이다.

5 대륙판과 해양판에 대한 설명으로 옳은 것만을 [보기]에서 있는 대로 고르시오.

> **보기**
> ㄱ. 대륙판은 대륙 지각과 맨틀 최상부층으로 이루어져 있다.
> ㄴ. 대륙판은 해양판보다 평균 두께가 두껍다.
> ㄷ. 대륙판은 해양판보다 평균 밀도가 크다.

6 판의 이동에 대한 설명으로 옳은 것은 ○, 옳지 <u>않은</u> 것은 ×로 표시하시오.

(1) 판 경계에서 두 판은 상대적 이동 방향과 속력이 다르다. ·· (   )

(2) 판의 이동 속력은 약 1 m/년~10 m/년이다.
　　　　　　　　　　　　　　　　　　　　　(   )

B 판 경계의 지각 변동

1. 판 경계의 종류

① 판의 경계를 기준으로 양쪽에 있는 두 판의 상대적인 운동을 비교하면, 판 경계의 종류는 크게 3가지로 구분할 수 있는데 서로 멀어지는 발산형 경계, 서로 어긋나는 보존형 경계, 서로 가까워지는 수렴형 경계이다.

② 판 경계의 종류에 따라 서로 다른 종류의 지형이 형성되며, 발생하는 지각 변동의 특징도 조금씩 다르다. ─ 완자쌤 비법특강 / 146쪽

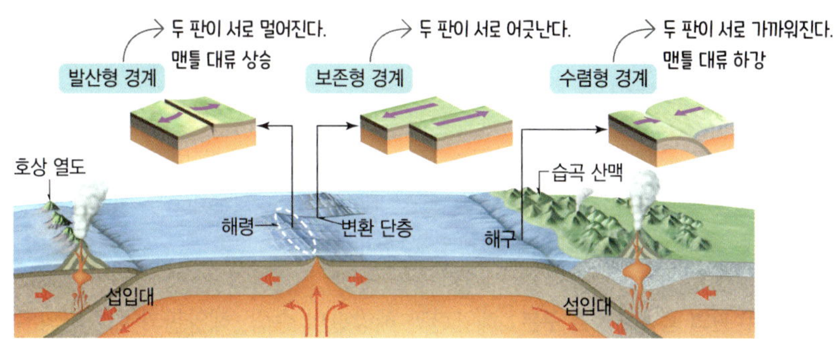

2. 발산형 경계   맨틀 대류의 상승부에 위치하며, 두 판이 서로 멀어진다.

① **판의 생성** : 새로운 해양 지각이 생성되므로 판의 경계 부근에 ◆나이가 매우 적은 암석이 분포한다.

② **화산 활동과 지진** : 화산 활동과 천발 지진이 활발하다.

③ **발산형 경계에서 발달하는 지형**

❶해령	대양의 해저에 위치한 해저 산맥으로, 주변의 해저보다 수심이 약 2 km 얕다.
❷열곡	해령의 중심부에 나타나는 V자 모양의 계곡으로, 새로운 판이 생성되는 곳이다.
◆열곡대	열곡이 길게 이어져 있는 지형으로, 주로 대륙판이 갈라질 때 만들어진다.

④ **발산형 경계의 구분** : 해양판과 해양판의 발산, 대륙판과 대륙판의 발산으로 구분할 수 있다.

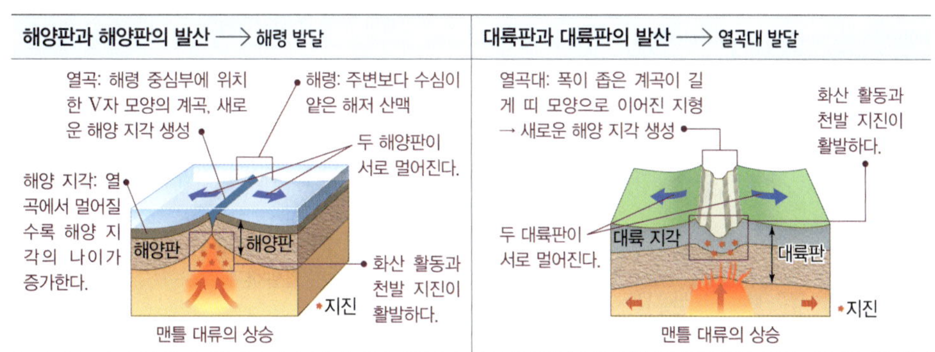

해양판과 해양판의 발산	대륙판과 대륙판의 발산
• 판 경계가 맨틀 대류의 상승부에 위치한다. • 주변보다 수심이 얕은 지형(해령, 해저 산맥)이 발달한다. • 해령의 중심부에 열곡이 존재한다. • 두 판이 멀어짐에 따라 열곡에서 새로운 해양 지각이 생성된다. 예 대서양 중앙 해령, 동태평양 해령	• 판 경계가 맨틀 대류의 상승부에 위치한다. • 두 대륙판이 멀어지고, 폭이 좁은 계곡이 띠 모양으로 길게 이어져 열곡대가 형성된다. • 열곡대에서 새로운 판이 생성된다. ➡ 시간이 충분히 지나면 바다가 형성되어 해령으로 발달한다. 예 동아프리카 열곡대

◆ **해령 부근에서 해양 지각의 나이 분포**

해령을 중심으로 새로운 해양 지각이 생성되어 양옆으로 이동하고, 다시 해령에서 새로운 해양 지각이 생성된다. 따라서 해령에서 멀어질수록 해양 지각의 나이가 대칭적으로 증가한다.

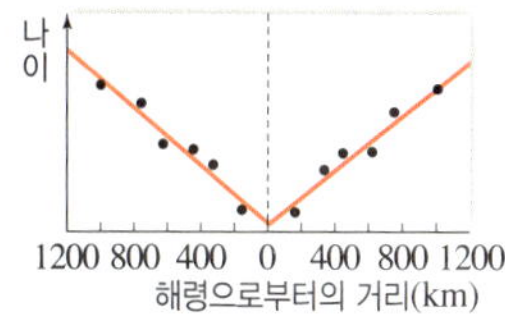

◆ **열곡대의 발달**

열곡대가 점점 넓고 깊어지면 상승하는 마그마가 해양 지각을 형성하기 시작하여 좁은 바다를 만들고, 더욱 발달하면 새로운 해령이 형성된다.

암기해

발산형 경계의 특징

• 맨틀 대류 상승
• 새로운 판 생성
• 화산 활동, 천발 지진
• 해령, 열곡대 형성

용어

❶ 해령(海 바다, 嶺 고개) 주위의 심해저보다 수심이 얕은 해저 산맥
❷ 열곡(裂 찢어지다, 谷 계곡) 해저 산맥의 중심부에 발달하는 V자 모양의 좁은 골짜기

왜 충돌형 경계에서 화산 활동이 일어나지 않을까?

수렴형 경계에서 판이 섭입하면 마그마가 생성된다. 하지만 두 대륙판이 충돌하는 경우에는 판의 섭입이 일어나지 않기 때문에 마그마가 형성되지 않고, 그에 따라 화산 활동도 일어나지 않는다.

◆ 섭입대

밀도가 큰 판이 밀도가 작은 판 아래로 비스듬하게 들어가는 부분이다. 섭입대를 따라 지진이 발생하는 깊이가 점점 깊어져 천발, 중발, 심발 지진이 일어난다.

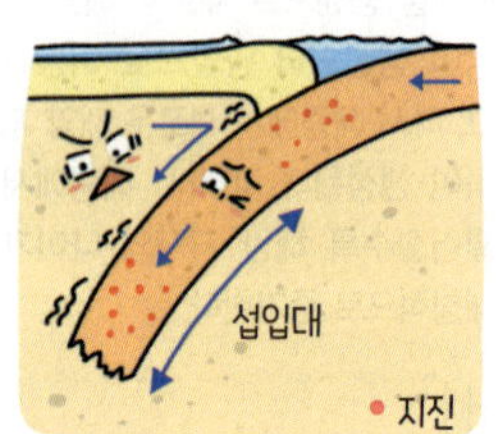

3. 수렴형 경계 맨틀 대류의 하강부에 위치하며, 두 판이 서로 가까워진다.

① **수렴형 경계의 구분**: 크게 섭입형 경계와 충돌형 경계로 구분할 수 있다.

- 섭입형 경계: 해양판이 섭입하면서 해구, 호상 열도, 습곡 산맥 등이 형성된다.
- 충돌형 경계: 두 대륙판이 부딪혀 습곡 산맥이 형성된다.

구분	판의 종류	발달하는 지형	지각 변동
섭입형 경계	해양판과 해양판	해구, 호상 열도	화산 활동, 천발·중발·심발 지진
	해양판과 대륙판	해구, 습곡 산맥, 호상 열도	화산 활동, 천발·중발·심발 지진
충돌형 경계	대륙판과 대륙판	습곡 산맥	천발·중발 지진

② **수렴형 경계에서 발달하는 지형**

해구	해저에 존재하는 수심이 깊은 골짜기로, 수심이 보통 6 km 이상이다.
❶호상 열도	섬들이 해구와 나란하게 부채꼴 모양으로 배열되어 있는 지형이다. → 밀도가 작은 판 쪽에 형성
습곡 산맥	두 판이 수렴하면서 대륙에 형성되는 산맥이다.

③ **가까워지는 두 판의 종류에 따른 구분**: 해양판과 해양판의 수렴, 해양판과 대륙판의 수렴, 대륙판과 대륙판의 수렴으로 구분할 수 있다.

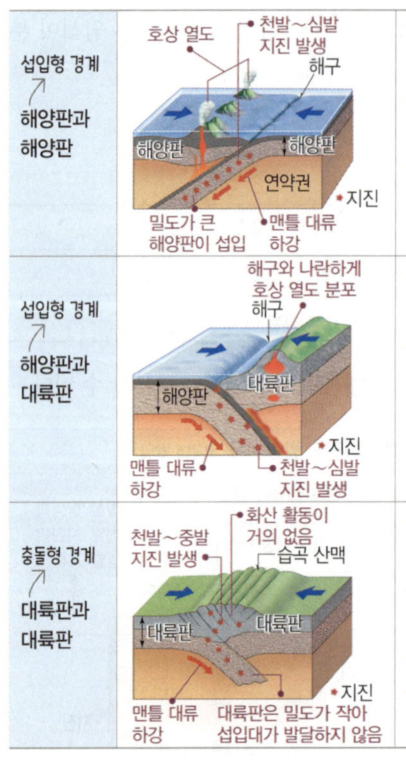

- 해구: 밀도가 큰 해양판이 밀도가 작은 해양판 아래로 섭입하면서 해구가 형성된다.
- 호상 열도: ◆섭입대에서 만들어진 마그마가 분출하여 섭입하지 않는 판에 해구와 나란하게 호상 열도가 형성
- 천발~심발 지진: 판이 섭입함에 따라 진원의 깊이가 점점 깊어진다.
  예 알류샨 해구

- 해구: 밀도가 큰 해양판이 밀도가 작은 대륙판 아래로 섭입하면서 해구가 형성된다.
- 화산: 대륙에서 화산 활동이 일어난다. ➡ 해구와 나란하게 호상 열도가 분포한다.
- 해구에서 대륙 쪽으로 갈수록 진원의 깊이가 점점 깊어진다. ➡ 천발~심발 지진이 일어난다.
  예 페루–칠레 해구, 안데스산맥

- 습곡 산맥: 대륙판과 대륙판이 충돌하면 거대한 습곡 산맥이 형성된다.
- 대륙판은 밀도가 작아 지구 내부로 섭입할 수 없으므로 섭입대가 형성되지 않는다.
- 화산 활동은 거의 일어나지 않는다.
- 천발 지진과 중발 지진이 활발하다.
  예 히말라야산맥

4. 보존형 경계 두 판이 서로 반대 방향으로 평행하게 어긋나는 경계이다.

① 판의 생성이나 소멸이 없다.

② 판의 보존형 경계에서 수평 방향으로 움직이는 변환 단층이 발달한다. 주로 해령과 해령 사이에 발달하지만 해구와 해구 사이에서도 형성될 수 있다.

③ 화산 활동은 거의 없고 천발 지진이 자주 발생한다.

수렴형 경계의 특징

- 맨틀 대류 하강
- 밀도가 큰 판이 소멸
- 섭입형 경계(천발~심발 지진, 화산 활동), 충돌형 경계(천발~중발 지진)
- 해구, 호상 열도, 습곡 산맥 형성

보존형 경계의 특징

- 맨틀 대류의 상승이나 하강 없음
- 판의 생성이나 소멸이 없음
- 천발 지진
- 변환 단층 형성

용어

❶ **호상 열도**(弧 호, 狀 모양, 列 늘어서다, 島 섬) 해구와 나란하게 활 모양으로 배열된 화산섬들의 집합체

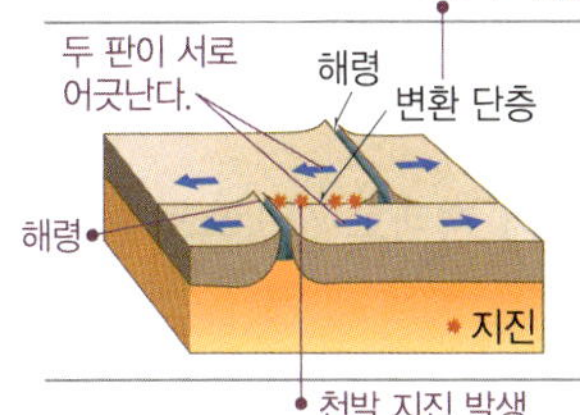

- 판의 생성이나 소멸이 없기 때문에 보존형 경계라고 한다.
- 변환 단층은 주로 해령과 해령이 어긋나 있는 곳을 수직으로 가로지르는 곳에서 나타난다.
- 천발 지진이 자주 발생하지만, 화산 활동은 거의 없다.
  예 산안드레아스 단층

C 지권의 변화가 지구시스템에 미치는 영향

1. 화산 활동 마그마가 지표로 분출하는 과정에서 다양한 ◆화산 분출물이 방출된다.

① 화산 분출물

화산 쇄설물의 입자 크기: 화산 암괴 > 화산력 > 화산재 > 화산진

◆화산 가스	70 % 이상 — 수증기가 대부분을 차지하고 있으며, 이산화 탄소, 이산화 황 등도 포함되어 있다.
◆화산 쇄설물	화산 폭발의 충격이나 화산 가스에 의해 부서진 고체 물질이다. 입자의 크기에 따라 화산 암괴, 화산력, 화산재, 화산진 등으로 구분한다.
용암	마그마에서 대부분의 화산 가스가 빠져나간 후 지표로 분출된 용융 물질로, 온도는 700 ℃ ~1200 ℃ 정도이다.

⬆ 화산 가스

⬆ 화산 쇄설물(화산재)

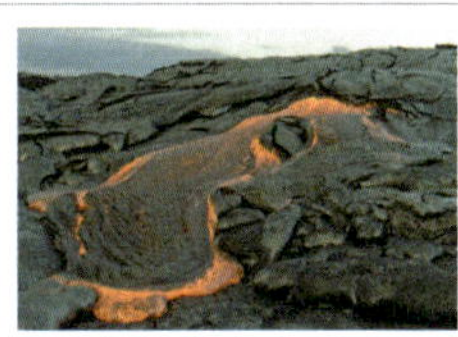
⬆ 용암

② 화산 활동에 의한 피해

환경적 피해	• 화산 가스는 기권의 성분을 변화시키거나 대기의 온실 효과에 영향을 주고, 산성비가 내리게 되어 생태계를 파괴시킬 수 있다. • 화산재는 햇빛을 가려 지구의 평균 기온을 낮춘다. • 용암에 의해 지형이 변하고 산불이 발생한다. • 화산 쇄설물이 용암에 섞여 산사면을 따라 흐르면서 산사태가 발생한다.
사회 경제적 피해	• 화산재가 항공기 운항을 방해한다. • 용암에 의해 도로나 농경지가 파괴된다.

③ 화산 활동의 이용 : 화산 활동으로 분출된 광물질은 땅을 비옥하게 하여 농사가 잘 되게 한다. 또한 화산 지대의 열을 이용하여 ◆지열 발전이나 온수로 이용할 수 있으며, 관광 자원으로도 활용할 수 있다.

⬆ 관광 자원(성산 일출봉)

④ 화산 활동의 피해를 줄이기 위한 방안

- ◆화산 폭발의 전조 현상을 감시한다. ➡ 지표 온도 상승, 화산 가스 분출, 지진 횟수 증가, 지형 변화 등을 관측하여 분출 시점을 예측한다.
- 화산 주변에 제방을 쌓고, 대피소 등을 만든다. → 화산 쇄설류와 산사태 등의 피해를 줄인다.
- 화산 분출구 주변에 댐과 수로를 건설하여 용암의 이동 속력과 경로를 조절한다.

◆ **화산 분출물**

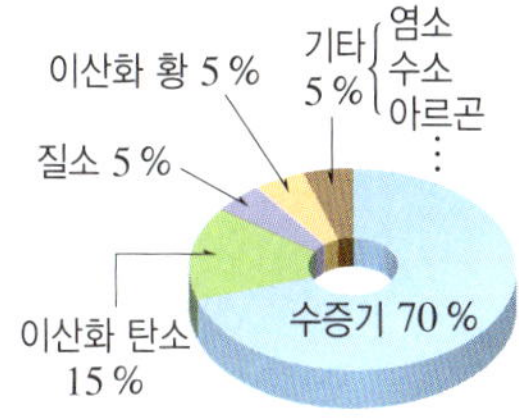

◆ **화산 가스의 성분**

◆ **화산 쇄설물 구분**

구분	입자 크기(mm)
화산진	0.06 이하
화산재	0.06~2
화산력	2~64
화산암괴	64 이상

◆ **화산 쇄설류**

화산 가스, 화산재 등이 뒤섞인 먼지 구름이 고속으로 분출되어 산사면을 따라 흐르는 현상이다. 최대 속도 700 km/h, 온도는 약 1000 ℃에 이르기 때문에 큰 피해를 일으킬 수 있다.

◆ **지열 발전소**

◆ **화산 폭발의 전조 현상**

화산 분출 시기가 가까워지면 마그마가 상승하면서 지진의 발생 횟수가 증가하고, 지하에서 올라오는 열이 증가하여 지표 온도가 상승한다. 또한 마그마 상승으로 지표면이 융기하여 산사면의 경사각이 증가한다.

2. 지진 짧은 시간 동안 넓은 지역에 걸쳐 건물, 도로, 구조물 등을 파괴시켜 많은 인명과 재산 피해를 일으킬 수 있다.

① **지진의 발생**: 단층, 화산 폭발, 붕괴 등에 의해 발생하며, 지진파의 형태로 사방으로 에너지가 전달된다.

② **지진에 의한 피해**

환경적 피해	• 해저 지진에 의해 ◆지진 해일(쓰나미)이 발생한다. • 산사태. 숲의 파괴, 물 오염 등을 일으킨다.
사회 경제적 피해	• 도로와 건물 등이 붕괴되어 교통 마비와 인명 피해를 일으킬 수 있다. • 가스관이 파괴되어 가스가 누출되고, 전선이 끊어져 화재가 발생할 수 있다. • 지진 발생 후 화재나 질병 등의 발생으로 2차적인 피해를 주기도 한다.

↑ 건물 붕괴

↑ 산사태

↑ 지진 해일

↑ 화재

➕ 확대경 **지진에 의한 피해 – 지구 자전축의 변화**

↑ GPS 기준점 변화

1. 대규모 지진은 지구의 자전축에 영향을 미칠 수 있으며, 수륙 분포에도 영향을 준다.
2. 2011년 동일본 대지진으로 지구 자전축이 약 10 cm 이동하였고, 일본 본토는 약 2.4 m 서쪽으로 이동하였다.

③ **지진의 이용**
• 지진이 일어날 때 발생하는 지진파를 분석하여 지구 내부 구조를 연구한다.
• 인공 지진을 일으켜 지하 구조를 파악하여 ◆지하자원을 탐사하거나, 도로, 댐 등의 건설에 적합한 장소를 찾는다.

④ **지진의 피해를 줄이기 위한 노력**
• 단층이 활발한 지역이나 지반이 약한 곳에는 대형 건물을 건설하지 않는다.
• 건물을 건설할 경우 내진 설계를 의무화한다.
• ◆지진 경보 시스템을 구축하여 실시간 지진 발생 상황을 알려 피해를 줄인다.
• 해안 지역은 지진 해일에 대한 경보 시스템을 구축하고, 지진 발생 시 대처 방법을 미리 숙지한다.
• 인공위성을 통해 지형 변화를 관측하여 지진 발생 예상 지역에 대한 대비를 강화한다.

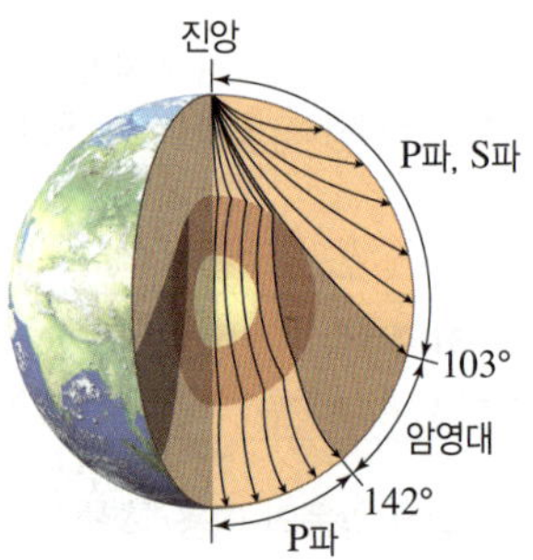

↑ 지진파 분석으로 지구 내부 구조 연구

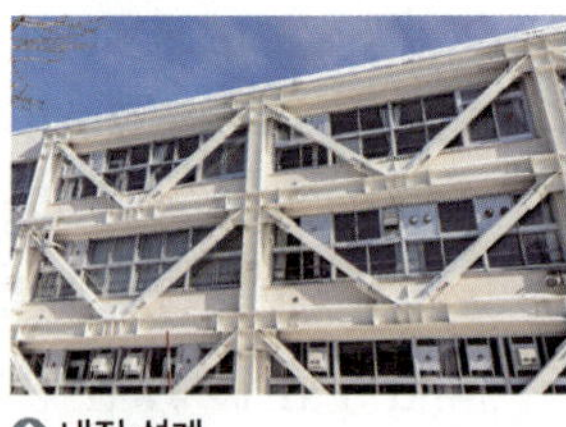

↑ 내진 설계

◆ **지진 해일(쓰나미)**
지진 해일은 해저 지각 변동에 의해 발생한 해파로, 해안에 접근함에 따라 전파 속도가 느려지는 대신 파고가 높아져 큰 피해를 일으킬 수 있다.

◆ **인공 지진에 의한 지하자원 탐사**

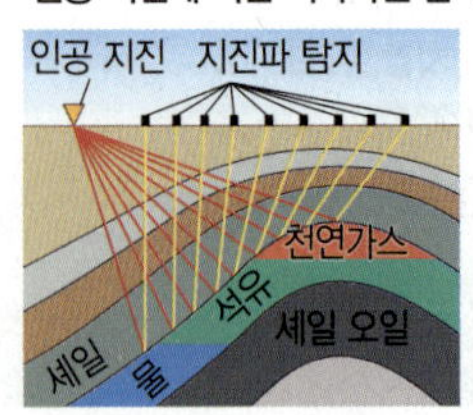

◆ **지진 발생 경보 시스템**
지진에 의한 피해는 주로 S파 또는 표면파에 의해 발생한다. 따라서 가장 먼저 도달하는 P파를 감지하여 경보를 발령하면 피해를 줄일 수 있다. 예를 들어 고속으로 달리던 기차가 강한 진동이 오기 전에 멈춘다면 많은 인명을 구할 수 있다.

개념확인 문제

핵심 체크 ●

▶ 판 경계의 종류

구분	(❶) 경계	(❷) 경계	(❸) 경계
특징	두 판이 서로 멀어진다.	두 판이 서로 가까워진다.	두 판이 서로 어긋난다.

▶ 판 경계에서의 지각 변동과 발달하는 지형

발산형 경계	판 생성	맨틀 대류 상승	화산 활동, 천발 지진	(❹), 열곡, 열곡대
수렴형 경계	판 소멸	맨틀 대류 하강	화산 활동, 천발~심발 지진	(❺), 호상 열도, 습곡 산맥
보존형 경계	–	–	천발 지진	(❻)

▶ 지권의 변화가 지구시스템에 미치는 영향
- 화산 활동: 마그마가 지표로 분출하면서 화산 가스, 화산 쇄설물, 용암 등을 방출 ➡ 기후 변화, 식물의 (❼   ) 등에 영향을 준다.
- (❽   ): 지층에 축적된 에너지가 파동의 형태로 방출 ➡ 산사태, 지진 해일, 화재 등의 피해를 일으킨다.

---

1 그림은 서로 다른 판 경계의 종류를 나타낸 것이다.

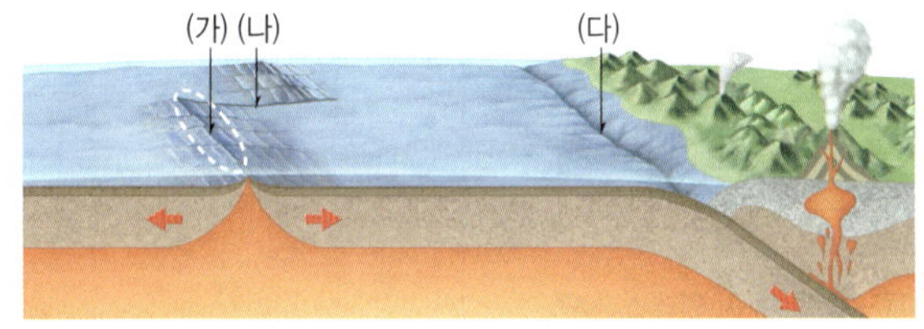

(가), (나), (다)에 발달하는 판 경계의 종류를 [보기]에서 골라 쓰시오.

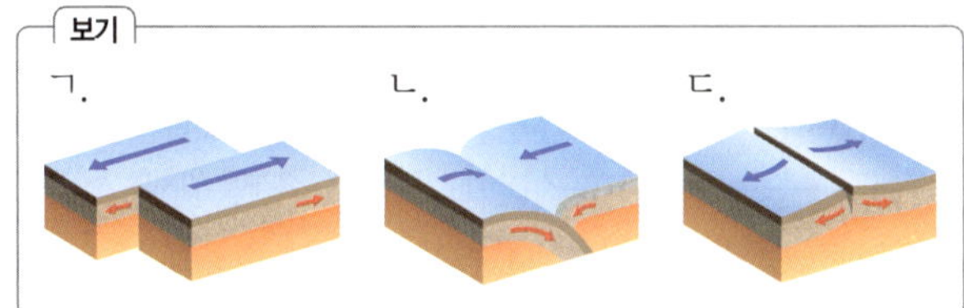

2 판 경계의 종류에 따른 특징에 대한 설명으로 옳은 것은 ○, 옳지 않은 것은 ✕로 표시하시오.

(1) 발산형 경계에서는 맨틀 대류가 상승하고, 새로운 해양 지각이 생성된다. ·············· ( )
(2) 보존형 경계에서는 화산 활동과 지진이 모두 활발하다. ·············· ( )
(3) 해령과 열곡대에서는 천발, 중발, 심발 지진이 모두 일어난다. ·············· ( )

3 판 경계의 지각 변동에 대한 설명이다. (   ) 안에 알맞은 말을 고르시오.

> 대륙판과 해양판이 서로 가까워지면 밀도가 ㉠(큰 , 작은) 해양판이 밀도가 ㉡(큰 , 작은) 대륙판 아래로 섭입하면서 ㉢(해령 , 해구)가 형성된다. 이때 판이 섭입함에 따라 진원의 깊이가 점점 ㉣(깊어 , 얕아)진다.

4 화산 분출물의 종류에 따라 화산 활동이 지구시스템에 미치는 영향을 옳게 연결하시오.

(가) 화산 가스 •　　　　• ㉠ 생물권의 광합성 방해
(나) 화산재 •　　　　• ㉡ 기권의 성분 변화
(다) 용암 •　　　　• ㉢ 새로운 지각 형성

5 지진에 대한 설명으로 옳은 것은 ○, 옳지 않은 것은 ✕로 표시하시오.

(1) 암석에 축적된 지구 내부 에너지가 파동의 형태로 방출되는 현상이다. ·············· ( )
(2) 대규모 지진은 발생 시기를 정확하게 예측할 수 있다. ·············· ( )

판 경계에서의 지각 변동과 지형

완자쌤 비법 특강

판 구조론은 지권의 변화, 특히 지구의 겉부분에서 일어나는 지각 변동을 잘 설명할 수 있는 이론입니다. 따라서 판 경계의 종류에 따른 지각 변동과 관련 지형을 매우 중요하게 다루고 있으며, 이런 대표적인 지역의 특징을 묻는 문제가 자주 출제됩니다. 판 경계의 대표적인 지역에서 어떤 지각 변동과 지형이 발달하는지 꼼꼼하게 정리해 볼까요?

발산형 경계

보존형 경계

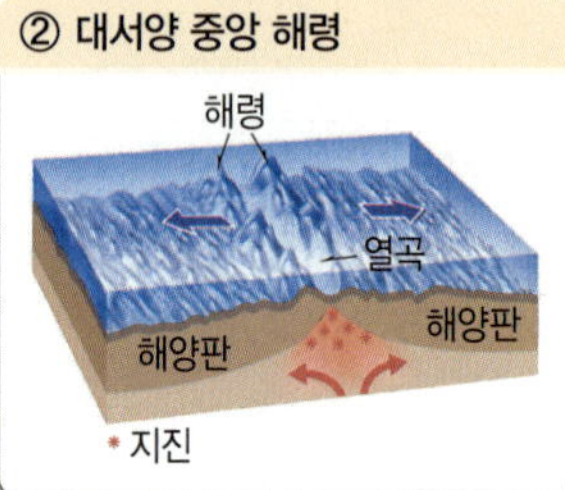

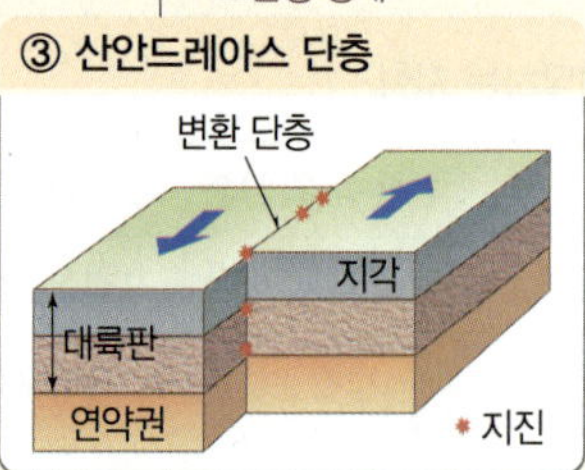

◆ 동아프리카 열곡대

◆ 산안드레아스 단층

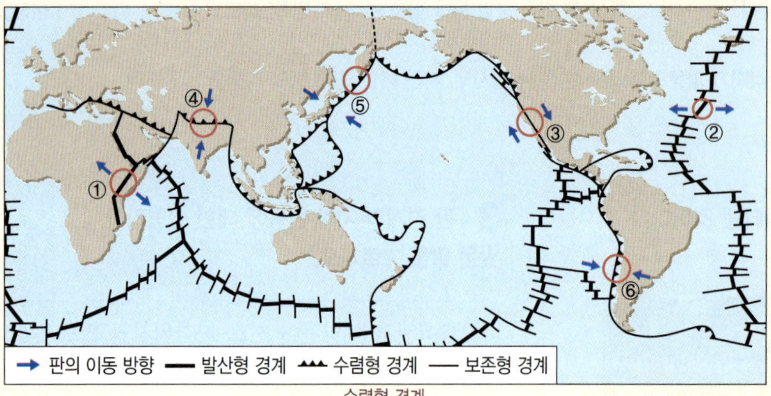

수렴형 경계

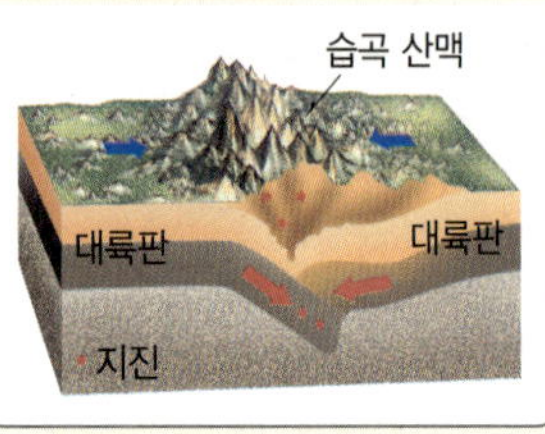

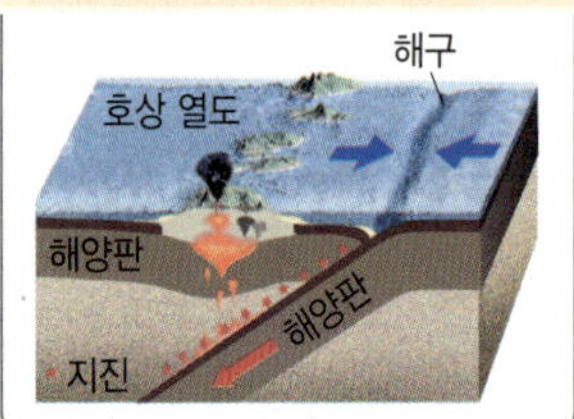

◆ 대륙판과 해양판을 구분하는 방법

'대륙판' 또는 '해양판'이라는 용어는 판 경계에서 나타나는 특징을 다룰 때, 경계에 위치한 두 판이 각각 어떤 판인지 지칭하는 용어로 사용된다. 예를 들어 아래 그림의 A 지역을 다룰 때 남아메리카판은 대륙판으로 다루고, B 지역의 특징을 다룰 때 남아메리카판은 해양판으로 다룬다.

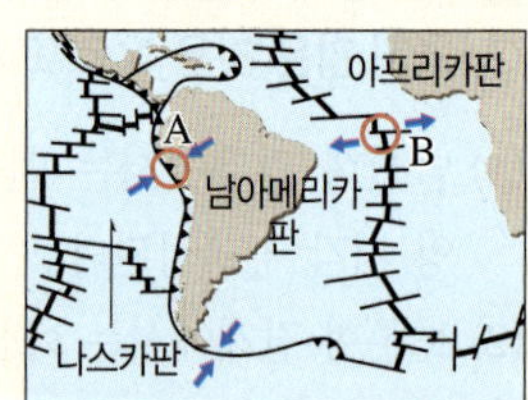

대표적인 지역	① 동아프리카 열곡대	② 대서양 중앙 해령	③ 산안드레아스 단층	④ 히말라야산맥	⑤ 쿠릴 해구	⑥ 페루-칠레 해구, 안데스 산맥
판 경계	발산형 경계		보존형 경계	수렴형 경계		
판의 종류	대륙판-대륙판	해양판-해양판	대륙판-대륙판	대륙판-대륙판	해양판-해양판	해양판-대륙판
지형	열곡대	해령, 열곡	변환 단층	습곡 산맥	해구, 호상 열도	해구, 습곡 산맥
지각 변동	천발 지진, 화산 활동 활발		천발 지진, 화산 활동 거의 없음	천발~중발 지진, 화산 활동 거의 없음	천발~심발 지진, 화산 활동 활발	

Q1. ①~⑥ 중 심발 지진이 일어나는 곳을 모두 쓰고, 공통점을 쓰시오.

Q2. ①~⑥ 중 판 경계에서 두 판의 밀도 차가 가장 큰 곳을 쓰시오.

내신 만점 문제

A 변동대와 판 구조론

01 변동대에 대한 설명으로 옳은 것만을 [보기]에서 있는 대로 고른 것은?

[보기]
ㄱ. 지각 변동이 매우 활발하게 일어나는 지역이다.
ㄴ. 대륙의 가장자리보다 대륙의 중앙부에 발달한다.
ㄷ. 태평양 가장자리보다 대서양 가장자리에 발달한다.

① ㄱ   ② ㄴ   ③ ㄱ, ㄷ   ④ ㄴ, ㄷ   ⑤ ㄱ, ㄴ, ㄷ

중요 02 그림은 전 세계의 지진과 화산의 분포를 나타낸 것이다.

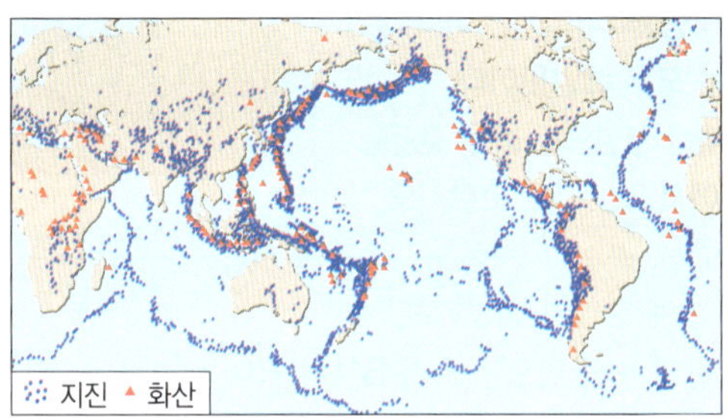

이에 대한 설명으로 옳은 것만을 [보기]에서 있는 대로 고른 것은?

[보기]
ㄱ. 지진대와 화산대는 주로 띠 모양으로 분포한다.
ㄴ. 지진이 활발한 곳에서는 모두 화산 활동도 활발하다.
ㄷ. 화산 활동은 태평양 가장자리에서 가장 활발하다.

① ㄱ   ② ㄴ   ③ ㄱ, ㄷ   ④ ㄴ, ㄷ   ⑤ ㄱ, ㄴ, ㄷ

03 판 구조론에 대한 설명으로 옳은 것만을 [보기]에서 있는 대로 고른 것은?

[보기]
ㄱ. 지구 표면은 거대한 하나의 판으로 이루어져 있다.
ㄴ. 지각 변동은 주로 판의 경계에서 일어난다.
ㄷ. 판을 움직이는 에너지원은 지구 내부에 저장된 태양 에너지이다.

① ㄱ   ② ㄴ   ③ ㄷ   ④ ㄱ, ㄷ   ⑤ ㄴ, ㄷ

04 그림은 판의 구조를 나타 낸 것이다. A와 B는 암석권과 연약권 중 하나이다.
이에 대한 설명으로 옳은 것만을 [보기]에서 있는 대로 고르시오.

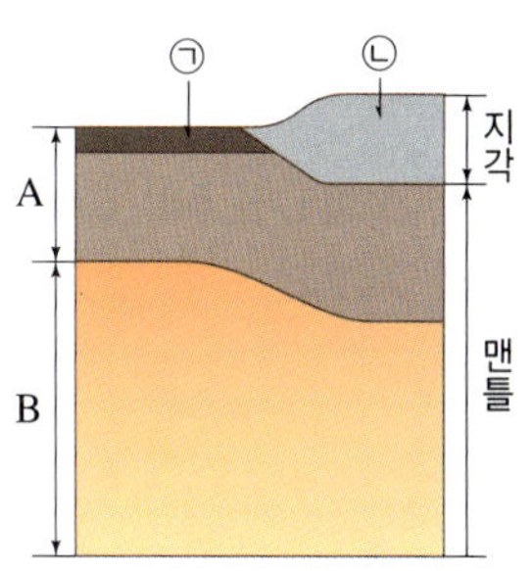

[보기]
ㄱ. 지각의 밀도는 ㉠이 ㉡보다 크다.
ㄴ. A와 B의 경계에 모호면이 존재한다.
ㄷ. 암석의 유동성은 A가 B보다 크다.

중요 05 판을 움직이는 힘과 근원 에너지를 옳게 짝 지은 것은?

	판을 움직이는 힘	근원 에너지
①	맨틀 대류	태양 에너지
②	맨틀 대류	지구 내부 에너지
③	달과 태양의 인력	조력 에너지
④	달과 태양의 인력	태양 에너지
⑤	달과 태양의 인력	지구 내부 에너지

06 다음은 판이 이동하는 원리를 알아보기 위한 모형실험이다.

[실험 과정] 우유 표면에 코코아 가루를 충분히 뿌리고 아래쪽을 가열한다.
[실험 결과] 가열된 ㉠우유가 상승하면서 대류가 일어난다. 이때 ㉡코코아 가루층이 갈라져 여러 조각으로 나누어져 이동한다.

이 실험을 실제 맨틀 대류와 비교할 때 ㉠과 ㉡은 각각 무엇에 해당하는지 옳게 짝 지은 것은?

	㉠	㉡		㉠	㉡
①	지각	맨틀	②	암석권	연약권
③	암석권	지각	④	연약권	암석권
⑤	연약권	외핵			

07 그림 (가), (나), (다)는 두 판의 상대적인 이동 방향을 나타낸 것이다.

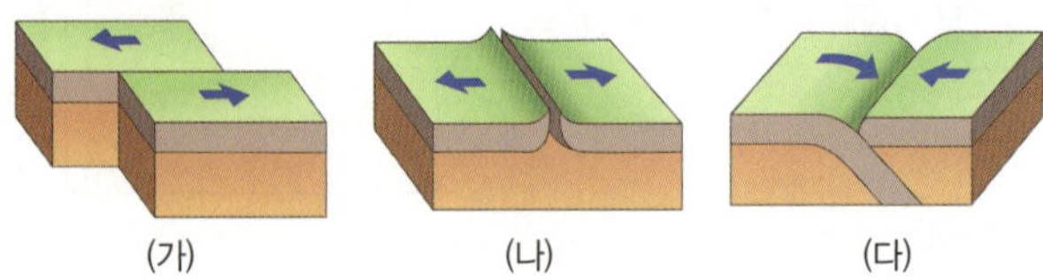

(가)   (나)   (다)

이에 대한 설명으로 옳은 것만을 [보기]에서 있는 대로 고른 것은?

보기
ㄱ. (가)에서 새로운 해양 지각이 생성된다.
ㄴ. (나)에서 맨틀 대류가 상승한다.
ㄷ. (다)에서 섭입대가 발달한다.

① ㄱ   ② ㄴ   ③ ㄷ
④ ㄱ, ㄷ   ⑤ ㄴ, ㄷ

08 다음은 판 경계 부근에서 발달하는 여러 가지 지형을 나타낸 것이다.

ㄱ. 해령   ㄴ. 해구   ㄷ. 열곡대
ㄹ. 습곡 산맥   ㅁ. 변환 단층   ㅂ. 호상 열도

판 경계의 종류에 따라 각각 발달하는 지형을 옳게 짝 지은 것은?

	발산형 경계	보존형 경계	수렴형 경계
①	ㄱ	ㄷ, ㅁ	ㄴ, ㄹ, ㅂ
②	ㄱ	ㅁ, ㅂ	ㄴ, ㄷ, ㄹ
③	ㄱ, ㄷ	ㄹ, ㅁ	ㄴ, ㅂ
④	ㄱ, ㄷ	ㅁ	ㄴ, ㄹ, ㅂ
⑤	ㄴ, ㄷ	ㅁ	ㄱ, ㄹ, ㅂ

09 발산형 경계에 대한 설명으로 옳은 것은?

① 오래된 해양 지각이 소멸한다.
② 판과 판이 서로 가까워지는 경계이다.
③ 맨틀 대류가 하강하는 곳에서 형성된다.
④ 지진은 활발하지만 화산 활동은 거의 없다.
⑤ 판 경계의 중심부에 V자 모양의 계곡이 발달한다.

10 그림 (가)와 (나)는 어느 지역의 지형과 이 지역의 판의 모습을 나타낸 것이다.

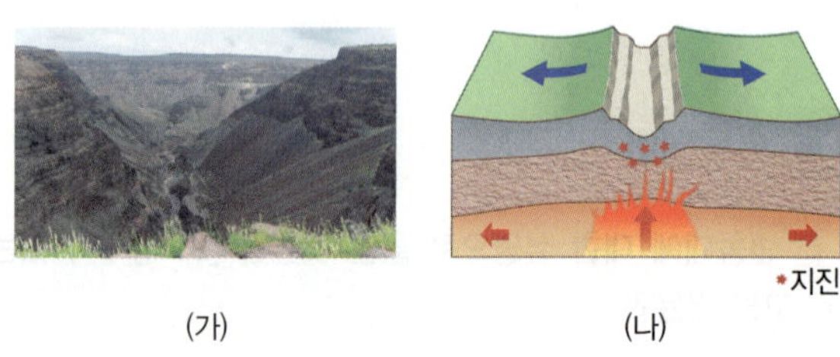

(가)   (나)

이 지역에 대한 설명으로 옳은 것은?

① 습곡 산맥이 발달한다.
② 판의 수렴형 경계에 위치한다.
③ 해양판이 서로 멀어지고 있다.
④ 화산 활동과 지진이 모두 활발하다.
⑤ 두 판이 서로 수평하게 어긋나고 있다.

11 그림은 두 판의 상대적인 이동 방향을 나타낸 것이다. A와 B는 모두 해양판이다.
이에 대한 설명으로 옳은 것만을 [보기]에서 있는 대로 고르시오.

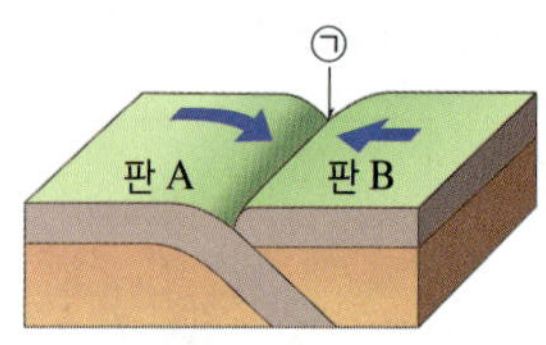

보기
ㄱ. ㉠에 열곡이 발달한다.
ㄴ. 판의 평균 밀도는 A가 B보다 크다.
ㄷ. A에 부채꼴 모양의 화산섬들이 형성된다.

12 그림은 전 세계 주요 판의 분포와 상대적 이동 방향을 나타낸 것이다.

이에 대한 설명으로 옳은 것만을 [보기]에서 있는 대로 고르시오.

보기
ㄱ. A에는 판의 수렴형 경계가 발달한다.
ㄴ. 해양 지각의 나이는 B가 C보다 많다.
ㄷ. 화산 활동은 B, C, D에서 모두 활발하다.

13 그림은 어느 해역에서 판 경계 부근의 모습과 판의 이동 방향을 나타낸 것이다.

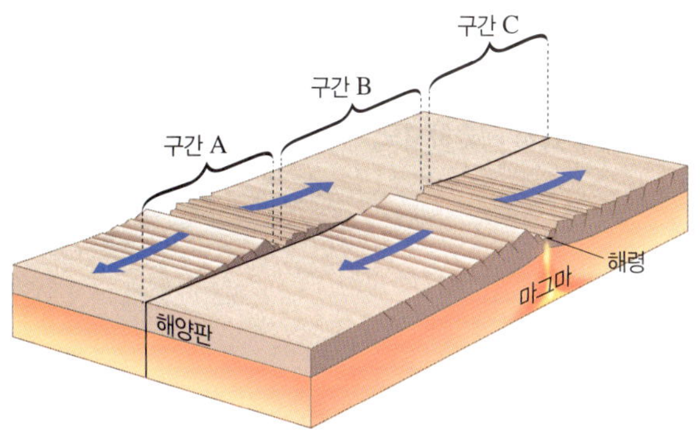

이에 대한 설명으로 옳은 것만을 [보기]에서 있는 대로 고른 것은?

> **보기**
> ㄱ. A, B, C는 모두 판의 경계에 해당한다.
> ㄴ. B에서 새로운 해양 지각이 만들어진다.
> ㄷ. 이 해역에서 발생하는 지진은 모두 천발 지진이다.

① ㄱ　　　　② ㄴ　　　　③ ㄷ
④ ㄱ, ㄴ　　　⑤ ㄱ, ㄷ

(중요) 14 그림은 판의 경계 부근에서 발달하는 지형을 나타낸 모식도이다.

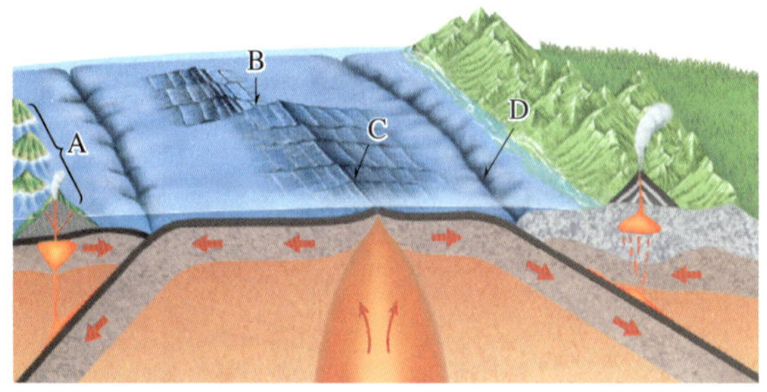

이에 대한 설명으로 옳은 것만을 [보기]에서 있는 대로 고른 것은?

> **보기**
> ㄱ. A는 호상 열도이다.
> ㄴ. 화산 활동은 C보다 B에서 활발하다.
> ㄷ. C에서 D로 갈수록 해양 지각의 나이가 많아진다.
> ㄹ. A~D 중 맨틀 대류의 상승부에 위치한 곳은 C이다.

① ㄱ, ㄴ　　　② ㄱ, ㄹ　　　③ ㄴ, ㄷ
④ ㄱ, ㄷ, ㄹ　　⑤ ㄴ, ㄷ, ㄹ

C 지권의 변화가 지구시스템에 미치는 영향

15 화산 활동에 대한 설명으로 옳지 <u>않은</u> 것은?

① 화산 활동은 마그마가 지구 내부에서 지표로 분출하는 현상이다.
② 화산 활동을 통해 지구 내부 에너지가 지표로 분출된다.
③ 화산 가스는 주로 이산화 탄소로 이루어져 있다.
④ 화산 쇄설물은 입자의 크기에 따라 화산진, 화산재, 화산력, 화산암괴 등으로 구분한다.
⑤ 다량의 용암이 분출되면 도로, 주택 등에 피해를 줄 수 있다.

16 지진에 대한 설명으로 옳은 것만을 [보기]에서 있는 대로 고르시오.

> **보기**
> ㄱ. 암석에 저장된 태양 에너지가 짧은 시간 동안 분출되는 현상이다.
> ㄴ. 지진이 자주 발생하는 지역은 판의 경계와 거의 일치한다.
> ㄷ. 지진은 다른 자연재해와 달리 지권의 변화에 큰 영향을 미치지 않는다.

(중요) 17 그림 (가)와 (나)는 지권의 변화 과정에서 발생하는 피해를 나타낸 것이다.

(가) 지진 해일　　　　　　(나) 용암류

이에 대한 설명으로 옳은 것만을 [보기]에서 있는 대로 고르시오.

> **보기**
> ㄱ. (가)에 의한 에너지 방출은 지구의 위도별 에너지 불균형을 해소하는 역할을 한다.
> ㄴ. 우리나라에서는 (가)보다 (나)에 의한 피해가 발생할 가능성이 작다.
> ㄷ. (가)와 (나)는 모두 환경적·사회적·경제적 피해를 일으킬 수 있다.

18 화산 활동이 지구시스템의 각 권역에 미치는 영향에 대한 설명으로 옳은 것만을 [보기]에서 있는 대로 고른 것은?

보기
ㄱ. 화산 가스는 산성비를 내리게 한다.
ㄴ. 화산재는 식물의 광합성을 촉진시킨다.
ㄷ. 용암 분출로 새로운 지각이 형성된다.
ㄹ. 해저 화산 활동은 해수에 염류를 제공해 준다.

① ㄱ, ㄴ   ② ㄱ, ㄹ   ③ ㄴ, ㄷ
④ ㄱ, ㄷ, ㄹ   ⑤ ㄴ, ㄷ, ㄹ

19 다음은 화산 활동으로 발생된 피해 사례이다.

(가) 탐보라 화산: 강력한 화산 폭발로 많은 양의 화산 분출물이 성층권까지 이동하여 햇빛을 차단했다.
(나) 킬라우에아 화산: 다량의 화산 분출물이 산사면을 따라 천천히 이동하면서 주택 화재, 도로 및 농경지 파괴 등을 일으켰다.

(가)와 (나)에 해당하는 화산 분출물의 종류를 옳게 짝 지은 것은?

	(가)	(나)		(가)	(나)
①	화산재	용암	②	화산재	화산 가스
③	화산 가스	화산재	④	용암	화산 가스
⑤	용암	화산재			

20 화산 활동과 지진의 피해를 줄이기 위한 대책으로 옳은 것만을 [보기]에서 있는 대로 고른 것은?

보기
ㄱ. 내진 설계를 의무화한다.
ㄴ. 화산 주변에 제방이나 수로를 건설하여 용암의 이동 경로를 조절한다.
ㄷ. 지진의 전조 현상을 관측하여 지진 발생 전에 사람들을 대피시킨다.

① ㄱ   ② ㄷ   ③ ㄱ, ㄴ
④ ㄴ, ㄷ   ⑤ ㄱ, ㄴ, ㄷ

서술형 문제

21 화산 활동이나 지진 등의 지각 변동이 활발한 지역을 세계 지도에 표시하면 좁은 띠 모양으로 나타난다. 그 까닭은 무엇인지 서술하시오.

22 그림 (가), (나), (다)는 판의 경계가 존재하는 세 지역에서 두 판의 상대적 이동 방향을 나타낸 것이다.

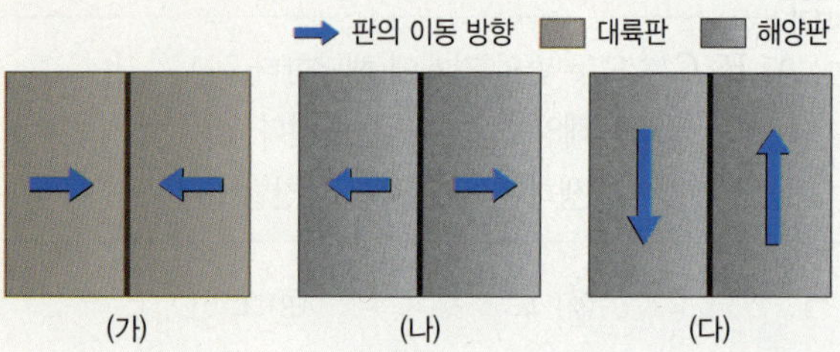

(가), (나), (다)의 판 경계에서 발달하는 지형은 무엇인지 서술하시오.

23 그림은 과거 어느 시기의 백두산 화산 폭발로 쌓인 화산 분출물의 분포와 두께를 나타낸 것이다.

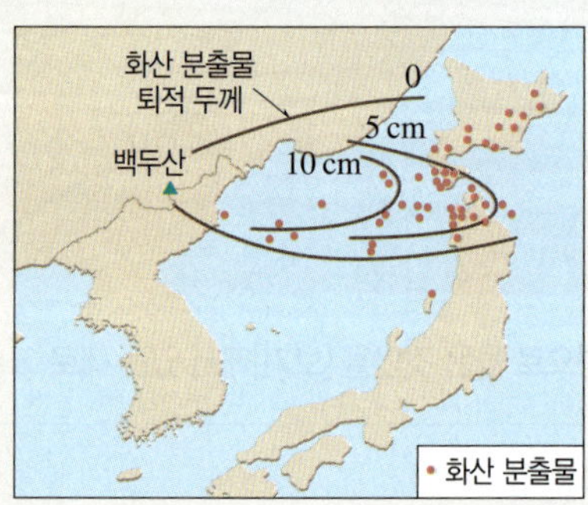

(1) 동해와 일본 지역에 쌓인 화산 분출물의 종류는 무엇인지 쓰시오.

(2) 당시 백두산 화산 폭발로 기권과 생물권에 각각 어떤 변화가 나타났을지 서술하시오.

실력 UP 문제

01 그림은 산맥 A, C와 해구 B의 분포를 나타낸 것이다.

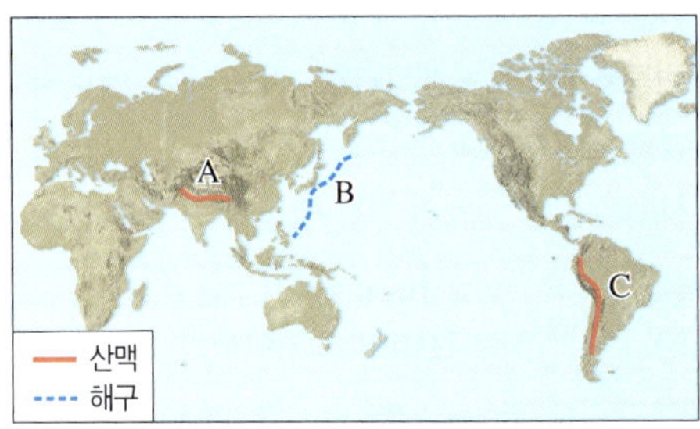

A, B, C 지역의 공통점으로 옳은 것만을 [보기]에서 있는 대로 고른 것은?

보기
ㄱ. 변동대에 해당한다.
ㄴ. 판의 경계에 위치한다.
ㄷ. 화산 활동이 활발하다.
ㄹ. 맨틀 대류의 하강부에 위치한다.

① ㄱ, ㄴ ② ㄱ, ㄷ ③ ㄷ, ㄹ
④ ㄱ, ㄴ, ㄹ ⑤ ㄴ, ㄷ, ㄹ

02 그림은 해양 지각의 나이 분포를 나타낸 것이다.

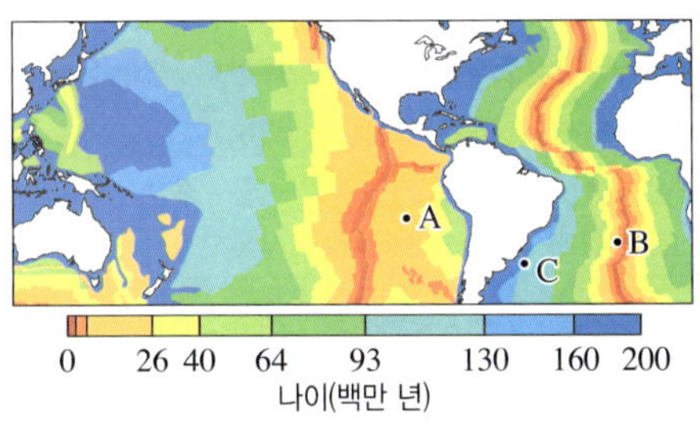

이에 대한 설명으로 옳은 것만을 [보기]에서 있는 대로 고른 것은?

보기
ㄱ. 나이가 2억 년보다 많은 해양 지각은 거의 존재하지 않는다.
ㄴ. 판의 평균 이동 속도는 A가 속한 판이 B가 속한 판보다 빠르다.
ㄷ. C의 하부에서는 맨틀 대류가 하강한다.

① ㄱ ② ㄷ ③ ㄱ, ㄴ
④ ㄴ, ㄷ ⑤ ㄱ, ㄴ, ㄷ

03 그림은 해양판 A, B와 판 경계 부근에서 발생한 진앙의 분포를 나타낸 것이다. 판의 경계는 ㉠과 ㉡ 중 하나이다.

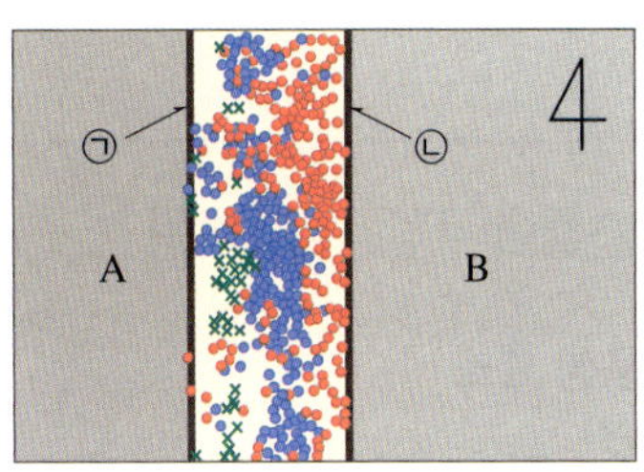

이에 대한 설명으로 옳은 것만을 [보기]에서 있는 대로 고른 것은?

보기
ㄱ. 판의 경계는 ㉠이다.
ㄴ. 판의 평균 밀도는 A보다 B가 크다.
ㄷ. 화산 활동은 A보다 B에서 활발하다.

① ㄱ ② ㄴ ③ ㄷ
④ ㄱ, ㄴ ⑤ ㄴ, ㄷ

04 그림은 우리나라 주변에 분포하는 판의 경계를 모식적으로 나타낸 것이다.

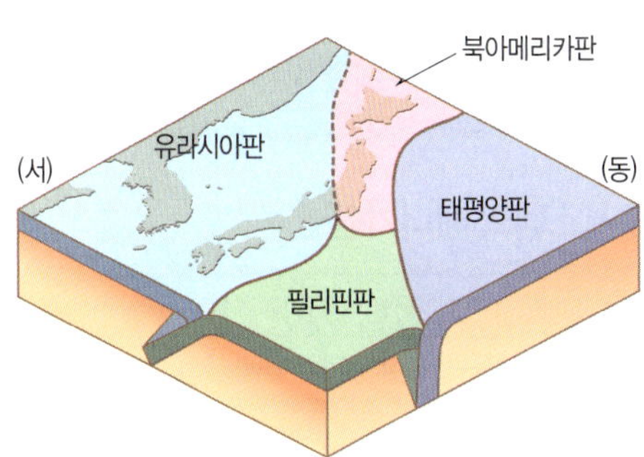

이에 대한 설명으로 옳은 것만을 [보기]에서 있는 대로 고른 것은?

보기
ㄱ. 판의 평균 밀도는 유라시아판 < 필리핀판 < 태평양판이다.
ㄴ. 호상 열도는 주로 태평양판에 분포한다.
ㄷ. 우리나라에서 발생하는 지진은 대부분 심발 지진이다.

① ㄱ ② ㄴ ③ ㄱ, ㄷ
④ ㄴ, ㄷ ⑤ ㄱ, ㄴ, ㄷ

중단원 핵심 정리

01 / 지구시스템의 구성과 상호작용

1. 지구시스템의 구성 요소

지권	• 단단한 지구의 표면과 내부를 포함하는 영역 • 구성 성분과 물질의 상태에 따라 지각, (❶　　　), 외핵, 내핵으로 구분
기권	• 지구를 둘러싸고 있는 공기층, 지표 높이 약 1000 km • 높이에 따른 (❷　　　) 분포를 기준으로 (❸　　　), 성층권, 중간권, 열권으로 구분
(❹　　)	• 지구에 있는 물(해수, 빙하, 지하수, 강과 호수 등) • 깊이에 따른 수온 분포를 기준으로 혼합층, (❺　　　), 심해층으로 구분
생물권	인간을 포함하여 지구에 사는 모든 생명체
외권	기권의 바깥 영역인 우주 영역

2. 지구시스템 구성 요소의 상호작용

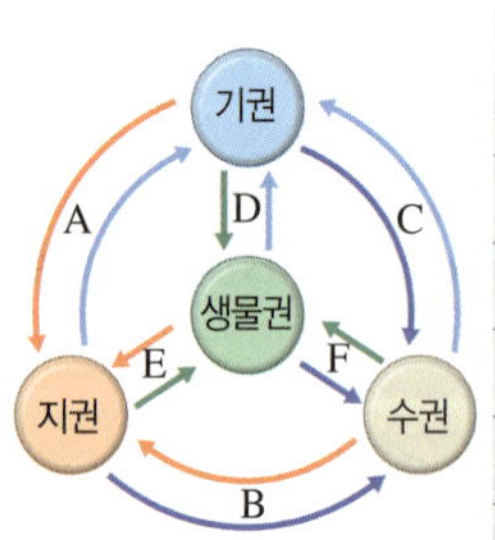

구분	상호작용의 예
A	화산 가스 방출, 풍화 작용
B	지진 해일, 석회 동굴 형성
C	태풍의 발생, 해수의 혼합
D	광합성, 호흡
E	화석 연료 생성, 서식처 제공
F	수중 생물의 호흡, 서식처 제공

3. 지구시스템의 에너지원

종류	(❻　　　) 에너지	지구 내부 에너지	조력 에너지
현상	기상 현상, 풍화, 침식	지각 변동, 맨틀 대류	밀물과 썰물

4. 지구시스템의 물질 순환

(1) **물의 순환**: 태양 에너지가 근원이며, 대륙, 해양, 대기에서 각각 물의 양은 일정하게 유지 ➡ 유입량과 방출량이 같은 물수지 (❼　　　)을 이룬다.

(2) **탄소의 순환**: 지권, 기권, 수권, 생물권 사이의 상호작용을 통해 탄소가 이동한다.

구분	주요 형태	구분	주요 형태
지권	퇴적암(탄산염), 화석 연료	생물권	유기 화합물
수권	탄산 이온	기권	(❽　　　)

02 / 지권의 변화와 영향

1. 변동대와 판 구조론

(1) **변동대**: 화산대와 지진대는 대체로 일치하며, 좁고 긴 띠 모양으로 분포한다. ➡ 판의 경계와 거의 일치

(2) **지각 변동을 일으키는 에너지원**: 지구 내부 에너지

(3) **판 구조론**: 지구 표면을 이루는 판들이 상대적으로 이동하면서 (❾　　　)에서 지각 변동이 일어난다는 이론

판의 구조	암석권 (판)	지각과 최상부 맨틀인 두께 약 100 km의 단단한 부분, 암석권의 조각을 (❿　　　)이라고 한다.
	(⓫　　)	암석권 아래의 깊이 약 100 km∼400 km 부분
판의 이동		판은 서로 다른 방향과 속력으로 이동한다.
판 이동의 원동력		(⓬　　　) 대류

2. 판 경계의 지각 변동

구분	(⓭　　　) 경계	수렴형 경계		보존형 경계
		섭입형	충돌형	
판의 이동	판과 판이 멀어지면서 판이 생성되는 곳	밀도가 큰 판이 작은 판 아래로 들어가는 곳	대륙판과 대륙판이 충돌하는 곳	판과 판이 어긋나는 곳
지각 변동	화산 활동, 천발 지진	화산 활동, 천발∼심발 지진	천발∼중발 지진	(⓮　　　)
지형	해령, 열곡대	해구, 호상 열도, 습곡 산맥	(⓯　　　)	변환 단층

3. 지권의 변화가 지구시스템에 미치는 영향

구분	화산 활동	지진
피해	• 화산 가스로 인한 산성비, (⓰　　　)로 인한 지구의 평균 기온 하강, 용암에 의한 지형 변화, 산불 발생, 산사태 발생 등 • 항공기 운항 방해, 도로나 농경지 파괴	• 지진 해일 발생, 산사태, 숲 파괴, 물 오염 • 도로와 건물 붕괴, 교통 마비, 가스관 파괴, 화재나 질병 발생
이용	토양 비옥화, 관광 자원, 광물 자원, 지열 발전 등	지구 내부 연구, 지하자원 탐색 등

중단원 마무리 문제 난이도 ●●●

01 그림은 지구계의 구성 요소를 나타낸 것이다. A∼E는 각각 지권, 기권, 수권, 생물권, 외권 중 하나이다.

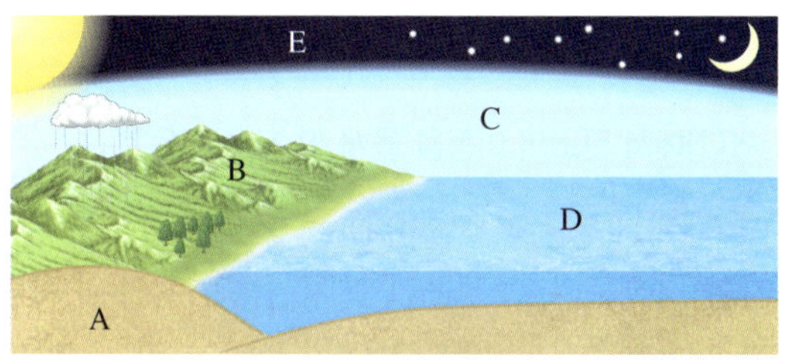

이에 대한 설명으로 옳은 것만을 [보기]에서 있는 대로 고른 것은?

> 보기
> ㄱ. A는 고체 상태로 존재하는 지구 내부 영역이다.
> ㄴ. B는 지구시스템의 구성 요소 중 가장 늦게 형성되었다.
> ㄷ. C를 구성하는 주요 성분은 산소와 규소이다.
> ㄹ. D의 구성 물질은 모두 액체 상태로 존재한다.
> ㅁ. 지표 환경에 공급되는 에너지는 대부분 E에서 들어온다.

① ㄱ, ㄹ   ② ㄴ, ㅁ   ③ ㄷ, ㅁ
④ ㄱ, ㄷ, ㄹ   ⑤ ㄴ, ㄷ, ㅁ

02 그림은 기권과 지권의 성층 구조 일부를 나타낸 것이다.

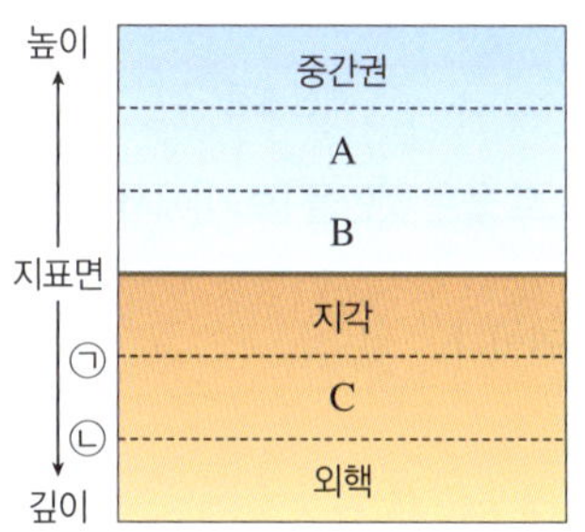

이에 대한 설명으로 옳은 것만을 [보기]에서 있는 대로 고른 것은?

> 보기
> ㄱ. A에서는 높이가 높아질수록 온도가 낮아진다.
> ㄴ. B와 C에서는 모두 대류가 일어난다.
> ㄷ. 구성 물질의 성분의 변화는 ㉠보다 ㉡에서 크다.

① ㄱ   ② ㄴ   ③ ㄱ, ㄷ
④ ㄴ, ㄷ   ⑤ ㄱ, ㄴ, ㄷ

03 그림은 해수의 성층 구조를 나타낸 것이다.
이에 대한 설명으로 옳은 것은?

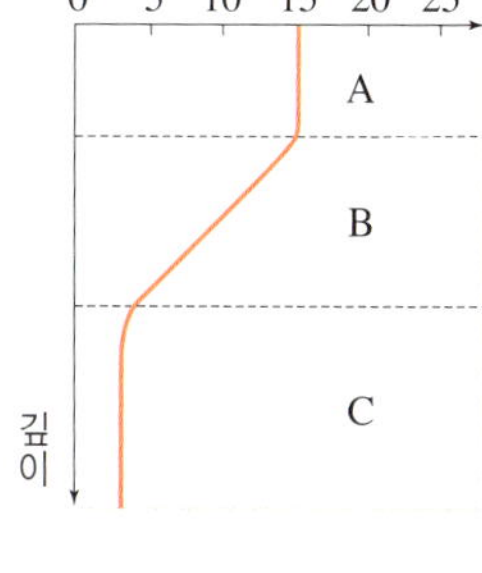

① A는 심해층이다.
② B에서는 바람에 의해 혼합 작용이 일어난다.
③ B에서는 해수의 연직 운동이 잘 일어난다.
④ B는 A와 C 사이의 물질 교환과 에너지 이동을 촉진한다.
⑤ C에는 태양 에너지가 거의 도달하지 못한다.

04 표는 지구시스템의 에너지원 A, B, C의 양과 각 에너지원에 의해 발생하는 대표적인 현상을 나타낸 것이다.

에너지원	에너지양(W)	현상
A	2.7×10^{12}	밀물과 썰물
B	5.4×10^{12}	지진과 화산 활동
C	1.7×10^{17}	날씨 변화와 대기 순환

에너지원 A, B, C는 각각 무엇인지 쓰시오.

05 그림은 지구시스템의 구성 요소와 상호 작용의 일부를 나타낸 것이다.
이에 대한 설명으로 옳은 것만을 [보기]에서 있는 대로 고른 것은?

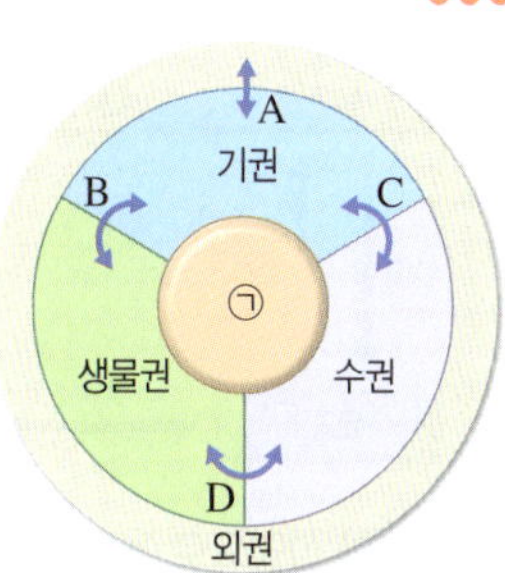

> 보기
> ㄱ. ㉠은 지권이다.
> ㄴ. A∼D 중 물질 교환은 A에서 가장 활발하다.
> ㄷ. 오로라 발생은 D에 해당된다.

① ㄱ   ② ㄴ   ③ ㄷ   ④ ㄱ, ㄴ   ⑤ ㄴ, ㄷ

06 표는 지구시스템에서 일어나는 현상 A와 B의 특징을 나타낸 것이다.

현상	특징
A	열대 해역에서 발달한 적란운이 북쪽으로 이동하여 우리나라에 강한 바람과 많은 비를 내린다.
B	중국 북부 사막이나 몽골 지역에서 미세한 토양 입자가 ㉠상층의 바람을 타고 우리나라로 이동해 온다.

이에 대한 설명으로 옳은 것만을 [보기]에서 있는 대로 고른 것은?

ㄱ. A는 기권과 수권의 상호작용으로 발생한다.
ㄴ. ㉠은 서풍 계열의 바람이다.
ㄷ. B는 기권과 지권의 상호작용에 해당한다.

① ㄱ　　② ㄴ　　③ ㄱ, ㄷ　④ ㄴ, ㄷ　⑤ ㄱ, ㄴ, ㄷ

07 지구시스템에서 일어나는 물질과 에너지의 이동에 대한 설명으로 옳은 것만을 [보기]에서 있는 대로 고르시오.

ㄱ. 상호작용을 통해 물질과 에너지의 이동이 일어난다.
ㄴ. 대기와 해양의 순환은 물질과 에너지를 이동시켜 지구의 에너지 평형에 기여한다.
ㄷ. 화산 활동은 지구 내부의 물질과 에너지가 지표로 방출되는 현상이다.

08 그림은 지구시스템에서 물의 순환과 연간 이동량을 나타낸 것이다.

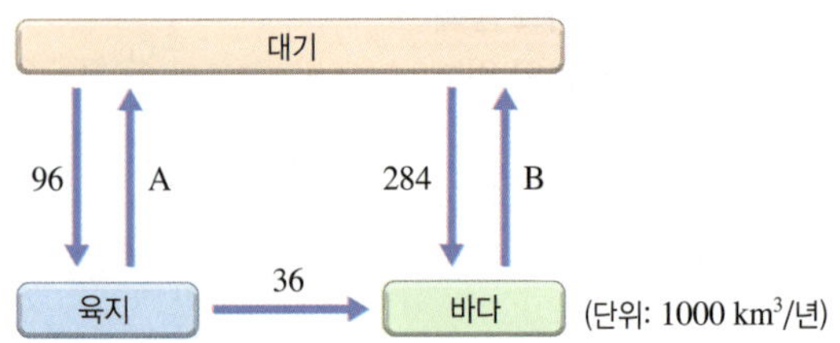

이에 대한 설명으로 옳은 것만을 [보기]에서 있는 대로 고른 것은?

ㄱ. A는 60이다.
ㄴ. B의 과정에서 태양 에너지가 흡수된다.
ㄷ. 바다에서는 물의 유출량보다 유입량이 많다.

① ㄱ　　② ㄴ　　③ ㄷ　　④ ㄱ, ㄴ　⑤ ㄴ, ㄷ

09 다음은 지구시스템에서 화석 연료의 생성과 사용 과정을 나타낸 것이다.

(가) 나무가 광합성을 하면서 생장한다.
(나) 나무가 땅에 묻힌 후 열과 압력을 받아 화석 연료가 된다.
(다) 인류가 산업 활동에서 화석 연료를 사용한다.

(가)~(다)에서 탄소의 이동을 옳게 짝 지은 것은?

	(가)	(나)	(다)
①	지권 → 생물권	생물권 → 지권	지권 → 기권
②	지권 → 생물권	생물권 → 기권	기권 → 생물권
③	기권 → 생물권	생물권 → 지권	지권 → 기권
④	기권 → 생물권	생물권 → 기권	기권 → 지권
⑤	기권 → 생물권	생물권 → 지권	지권 → 생물권

10 그림은 지구시스템에서 탄소가 순환하는 과정의 일부를 나타낸 것이다.

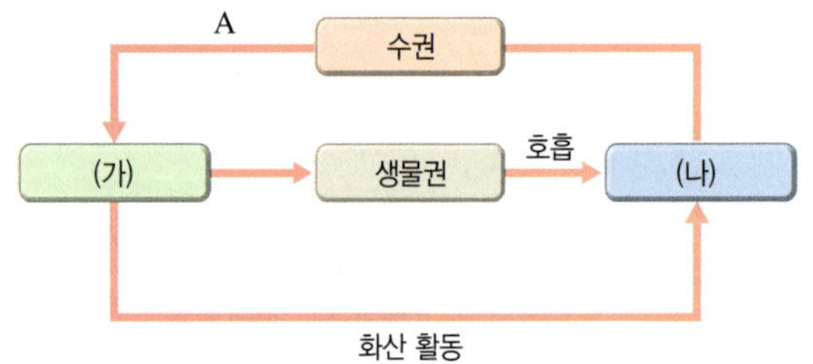

이에 대한 설명으로 옳은 것만을 [보기]에서 있는 대로 고른 것은?

ㄱ. (가)는 기권이다.
ㄴ. 지구의 탄소는 대부분 (나)에 분포한다.
ㄷ. 석회암의 생성은 A 과정에 해당한다.

① ㄱ　　② ㄷ　　③ ㄱ, ㄴ　④ ㄱ, ㄷ　⑤ ㄴ, ㄷ

서술형

11 최근 화석 연료 사용량 증가로 나타나는 기권, 지권, 수권에 존재하는 탄소량의 변화에 대해 서술하시오.

12 그림은 전 세계의 화산대와 지진대를 나타낸 것이다.

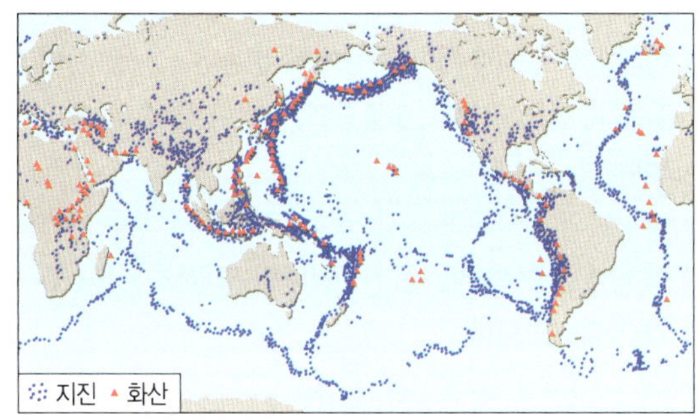

이에 대한 설명으로 옳지 <u>않은</u> 것은?

① 화산 활동과 지진의 분포 지역은 변동대에 해당한다.
② 화산 활동이 일어나는 지역에서 지진도 활발하다.
③ 화산대와 지진대는 대체로 띠 모양으로 분포한다.
④ 지진은 대륙의 중앙부에서 가장 많이 발생한다.
⑤ 화산 활동은 대서양 연안보다 태평양 연안에서 활발하다.

13 그림은 지구 내부의 구조를 나타낸 것이다. 이에 대한 설명으로 옳은 것만을 [보기]에서 있는 대로 고른 것은?

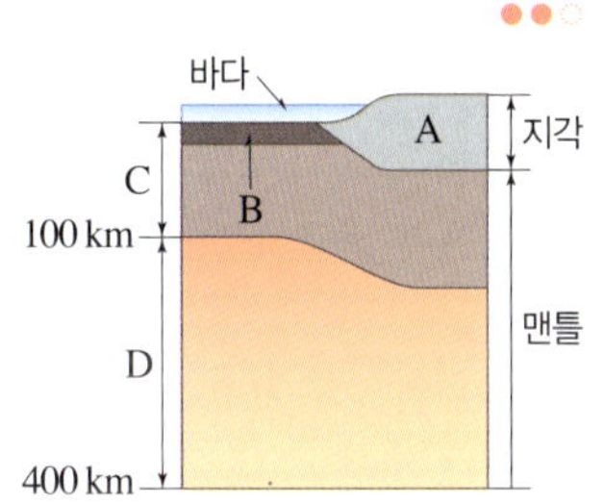

보기
ㄱ. 지각의 평균 밀도는 A가 B보다 크다.
ㄴ. C는 연약권이다.
ㄷ. D에서는 맨틀 대류가 일어난다.

① ㄱ ② ㄴ ③ ㄷ ④ ㄱ, ㄴ ⑤ ㄴ, ㄷ

14 그림은 두 지역 (가)와 (나)의 판의 모습을 나타낸 것이다.

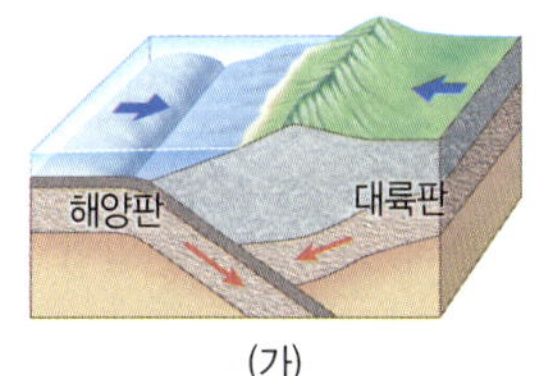

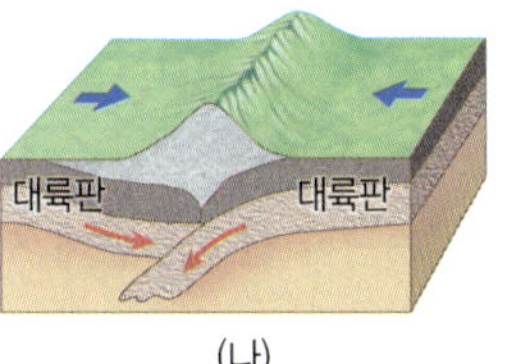

(가)와 (나)에서 일어나는 지각 변동의 공통점과 차이점을 각각 한 가지 서술하시오.

15 그림은 판의 경계를 구분하는 과정을 나타낸 것이다.

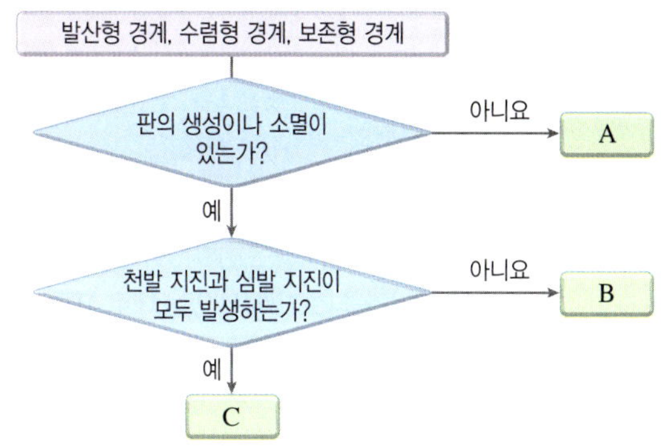

이에 대한 설명으로 옳은 것만을 [보기]에서 있는 대로 고른 것은?

보기
ㄱ. A는 보존형 경계이다.
ㄴ. B에서는 해령 또는 열곡대가 발달한다.
ㄷ. C에서는 화산 활동이 활발하다.

① ㄱ ② ㄴ ③ ㄱ, ㄷ ④ ㄴ, ㄷ ⑤ ㄱ, ㄴ, ㄷ

16 표는 판의 경계의 종류에 따른 특징을 나타낸 것이다. ㉠, ㉡, ㉢에 들어갈 알맞은 말을 쓰시오.

구분	발산형 경계	보존형 경계	수렴형 경계	
			(㉢)	충돌형
맨틀 대류	(㉠)	−	하강	하강
지형	해령, 열곡대	(㉡)	해구, 호상 열도	습곡 산맥

17 그림은 어느 지역에 분포하는 판의 경계와 상대적인 이동 방향을 나타낸 것이다. 이에 대한 설명으로 옳은 것만을 [보기]에서 있는 대로 고른 것은?

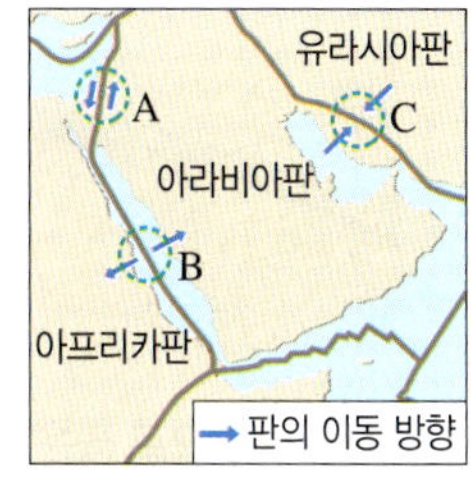

보기
ㄱ. A에서는 심발 지진이 자주 일어난다.
ㄴ. B에서는 호상 열도가 생성된다.
ㄷ. C의 하부에서는 맨틀 대류가 하강한다.

① ㄱ ② ㄴ ③ ㄷ ④ ㄱ, ㄴ ⑤ ㄴ, ㄷ

18 그림은 판의 경계를 모식적으로 나타낸 것이다.

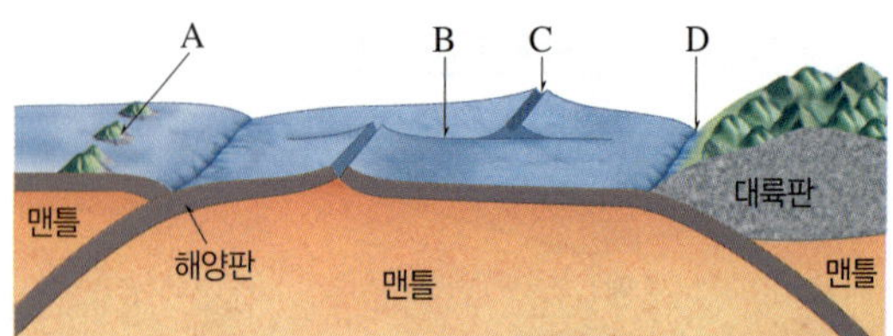

이에 대한 설명으로 옳은 것만을 [보기]에서 있는 대로 고른 것은?

보기
ㄱ. A에서는 화산 활동과 지진이 모두 활발하다.
ㄴ. 해양 지각의 나이는 B가 C보다 적다.
ㄷ. C는 맨틀 대류의 상승부, D는 맨틀 대류의 하강부이다.

① ㄱ　　② ㄴ　　③ ㄷ　　④ ㄱ, ㄷ　　⑤ ㄴ, ㄷ

19 그림은 판 경계 부근에서 발생한 지진의 진앙과 진원 분포를 나타낸 것이다. 판 **A**와 **B** 중 하나는 해양판, 다른 하나는 대륙판이다.
이에 대한 설명으로 옳은 것만을 [보기]에서 있는 대로 고른 것은?

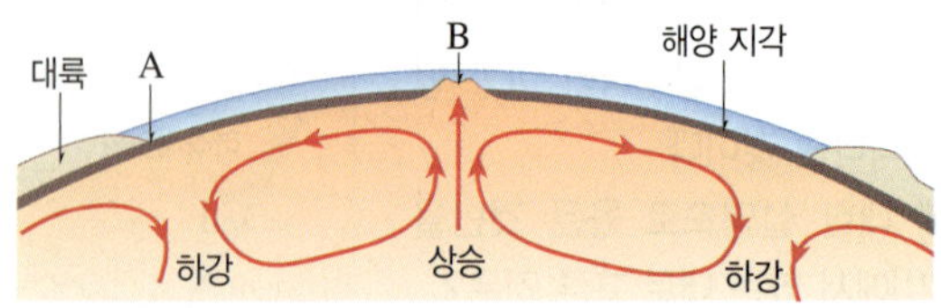

보기
ㄱ. A는 대륙판이다.
ㄴ. 화산 활동은 주로 B에서 일어난다.
ㄷ. 이 지역에는 판의 발산형 경계가 발달한다.

① ㄱ　　② ㄴ　　③ ㄷ　　④ ㄱ, ㄷ　　⑤ ㄴ, ㄷ

20 그림은 맨틀의 대류를 모식적으로 나타낸 것이다.

이에 대한 설명으로 옳은 것만을 [보기]에서 있는 대로 고른 것은?

보기
ㄱ. A에서 판이 소멸한다.
ㄴ. 수심은 A보다 B에서 깊다.
ㄷ. A에서 B로 갈수록 해양 지각의 나이는 증가한다.

① ㄱ　　② ㄴ　　③ ㄷ　　④ ㄱ, ㄷ　　⑤ ㄴ, ㄷ

21 다음은 화산 활동으로 발생된 피해 사례를 설명한 것이다.

○ 하와이의 킬라우에아 화산에서 분출된 (㉠)이 마을로 천천히 밀려와 대부분의 주택이 불에 타 재가 되었다.
○ 필리핀의 피나투보 화산 폭발로 대량의 (㉡)가 분출하여 성층권까지 올라가 지구의 평균 기온을 0.5 ℃가량 떨어뜨렸다.

㉠과 ㉡에 들어갈 화산 분출물의 종류를 각각 쓰시오.

22 그림은 단층에 의해 발생한 지진파가 전파되어 가는 모습을 나타낸 것이다.
이에 대한 설명으로 옳은 것만을 [보기]에서 있는 대로 고른 것은?

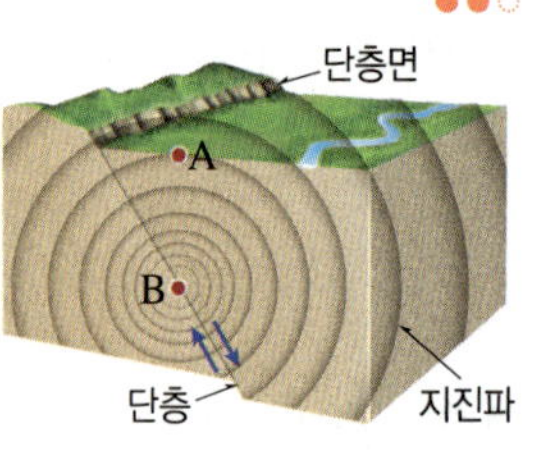

보기
ㄱ. A는 진원, B는 진앙이다.
ㄴ. 지진파의 에너지원은 지구 내부 에너지이다.
ㄷ. 지진파가 전파되는 과정에서 지권의 변화가 나타날 수 있다.

① ㄱ　　② ㄴ　　③ ㄱ, ㄷ　　④ ㄴ, ㄷ　　⑤ ㄱ, ㄴ, ㄷ

23 화산 활동과 지진을 이용하는 사례에 대한 설명으로 옳은 것만을 [보기]에서 있는 대로 고르시오.

ㄱ. 화산재가 쌓인 지역은 비옥한 토양이 만들어진다.
ㄴ. 화산 지대에서는 지하의 열을 온수나 난방 등에 이용할 수 있다.
ㄷ. 지진파 연구를 통해 지구 내부의 성층 구조를 알아낼 수 있다.
ㄹ. 지진으로 방출된 에너지를 이용하여 전력을 생산할 수 있다.

01

그림 (가)는 기권의 높이에 따른 기온 분포를, (나)는 A~D 중 어느 권역에서 일어나는 반응을 나타낸 것이다.

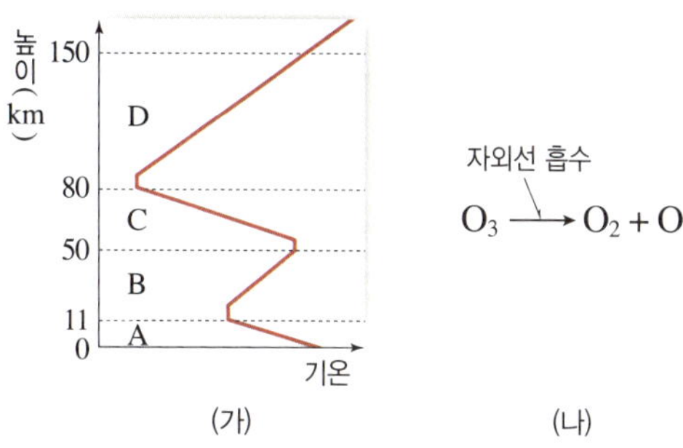

이에 대한 설명으로 옳은 것만을 [보기]에서 있는 대로 고른 것은?

보기
ㄱ. 태풍의 구름은 B와 C의 경계 부근까지 발달한다.
ㄴ. (나)의 반응이 가장 활발한 층은 B이다.
ㄷ. (나)의 반응은 현재 지구보다 원시 지구에서 활발하였다.

① ㄱ   ② ㄴ   ③ ㄷ
④ ㄱ, ㄴ   ⑤ ㄴ, ㄷ

02

그림은 탄소가 순환하는 지구시스템의 구성 요소를, 표는 생물권과 다른 구성 요소 사이에 일어나는 탄소 순환 ㉠, ㉡, ㉢의 예를 나타낸 것이다. (가), (나), (다)는 각각 지권, 기권, 수권 중 하나이다.

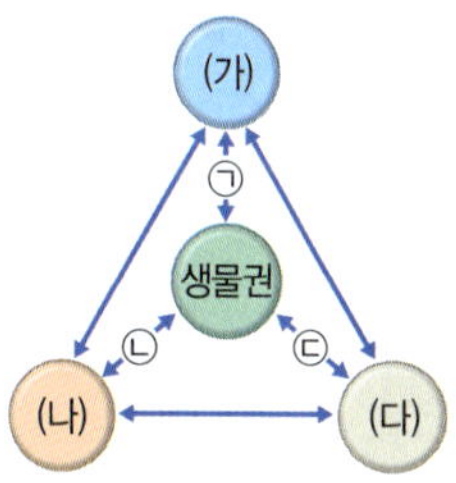

순환 과정	예
㉠	산호 골격의 생성
㉡	육상 식물의 광합성
㉢	( )

이에 대한 설명으로 옳은 것만을 [보기]에서 있는 대로 고른 것은?

보기
ㄱ. (가)는 수권이다.
ㄴ. (나)에서 탄소는 주로 기체 상태로 존재한다.
ㄷ. '석회 동굴의 생성'은 ㉢의 예로 적절하다.

① ㄱ   ② ㄷ   ③ ㄱ, ㄴ
④ ㄴ, ㄷ   ⑤ ㄱ, ㄴ, ㄷ

03

그림 (가)~(다)는 변동대에서 발달하는 여러 가지 지형을 나타낸 것이다.

(가) 습곡 산맥   (나) 열곡대   (다) 변환 단층

이에 대한 설명으로 옳은 것만을 [보기]에서 있는 대로 고른 것은?

보기
ㄱ. (가)는 해양판과 해양판이 수렴할 때 잘 형성된다.
ㄴ. (나)는 환태평양 지진대에서 잘 발달한다.
ㄷ. (다)에서는 판의 경계를 따라 천발 지진이 발생한다.

① ㄱ   ② ㄷ   ③ ㄱ, ㄴ
④ ㄴ, ㄷ   ⑤ ㄱ, ㄴ, ㄷ

04

그림은 판 A와 B에서 각각 판 경계에 수직한 방향으로 이동하면서 측정한 지각의 나이를 나타낸 것이다.

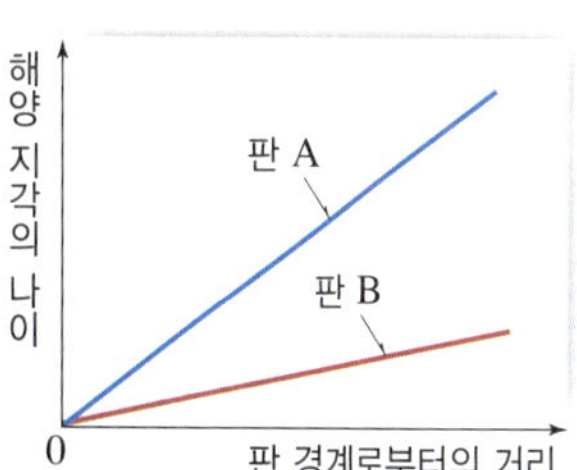

이에 대한 설명으로 옳은 것만을 [보기]에서 있는 대로 고른 것은?

보기
ㄱ. A와 B는 모두 해양판이다.
ㄴ. 판의 이동 속력은 A가 B보다 빠르다.
ㄷ. A와 B는 모두 판 경계에서 V자 모양의 계곡이 나타난다.

① ㄱ   ② ㄷ   ③ ㄱ, ㄴ
④ ㄱ, ㄷ   ⑤ ㄴ, ㄷ

III

시스템과 상호작용

1 지구 시스템

2 역학 시스템

01 중력을 받는 물체의 운동 ······ 160
02 운동과 충돌 ······ 170

3 생명 시스템

이 단원의 학습 연계

- 중력
- 등속 운동과 자유 낙하 운동

중력

1 중력: 지구가 물체를 당기는 힘이다.

- **방향**: 지구 ❶______ 방향으로 작용한다.
- **크기**: 질량이 클수록 크다.

2 무게와 질량

- **무게**: 물체에 작용하는 ❷______의 크기를 말하며, 단위는 힘의 단위인 N(뉴턴)을 사용한다.
- **질량**: 장소가 달라져도 변하지 않는 물체의 고유한 양을 말하며, 단위는 kg(킬로그램)이나 g(그램)을 사용한다.

3 지구 표면에서 물체에 작용하는 중력의 크기: 질량 1 kg인 물체의 무게는 약 9.8 N이다.

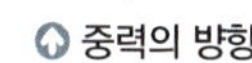

등속 운동과 자유 낙하 운동

1 등속 운동: ❸______이 일정한 운동

2 자유 낙하 운동: 공기 저항이 없을 때 정지한 물체가 ❹______만을 받으며 아래로 떨어지는 운동으로, 물체의 속력이 1초마다 약 9.8 m/s씩 빨라진다.

3 등속 운동과 자유 낙하 운동의 그래프

구분	등속 운동		자유 낙하 운동
그래프	이동거리 / 시간 (0)	속력 / 시간 (0)	속력 / 시간 (0)
특징	이동 거리는 시간에 비례한다.	속력은 시간에 관계없이 일정하다.	속력은 시간에 따라 일정하게 증가한다.

4 질량과 자유 낙하 운동: 질량이 다른 두 물체가 자유 낙하 할 때 속력 변화가 같다.

❹ 중력　❸ 속력　❷ 중력　❶ 중심

- 중력과 역학 시스템
- 자유 낙하 운동
- 수평 방향으로 던진 물체의 운동
- 지구 주위를 공전하는 물체의 원운동
- 관성
- 운동량과 충격량
- 충돌과 안전장치

01 중력을 받는 물체의 운동

A 중력과 역학 시스템

1. 중력 질량이 있는 모든 물체 사이에 상호작용 하는 힘 ← 서로 끌어당기는 힘

① **중력의 크기**: 질량이 클수록, 물체 사이의 거리가 가까울수록 크다. ➡ 달은 지구보다 중력이 작기 때문에 동일한 물체의 중력을 달에서 측정하면 지구에서보다 작다.

② **중력의 특징**
- 물체가 서로 접촉해 있거나 떨어져 있어도 작용한다.
- 지구에 의한 중력의 방향은 지구 중심 방향이다. → 달에 의한 중력의 방향은 달 중심 방향이다.

③ **무게**: 물체에 작용하는 중력의 크기로, 무게의 단위는 N(뉴턴)이다. → 힘의 단위와 같다.

- 무게는 장소에 따라 측정값이 다르다. ➡ 달에서 중력의 크기는 지구에서의 약 $\frac{1}{6}$이므로 달에서 물체의 무게를 측정하면 지구에서의 약 $\frac{1}{6}$로 가벼워진다.

- 지구에서 질량이 m인 물체의 무게는 mg이다. ➡ 지구 표면(지표면) 근처에서 질량이 1 kg인 물체의 무게는 9.8 N이다. → 중력 가속도(g)=9.8 m/s² → 1 kg×9.8 m/s²=9.8 N

2. 중력에 의한 자연 현상 중력은 자연 현상을 일으키고, 생명체의 생명활동에 영향을 준다.

① 비나 눈이 아래로 내리고, 번지 점프하는 사람이나 나무에 매달린 사과는 아래로 떨어진다.

② 달이나 인공위성은 지구 주위를 공전한다.

➡ 힘에 의해 물체의 운동 질서가 유지되는 체계를 역학 시스템이라고 한다.

B 중력에 의한 지구 표면에서 물체의 운동

1. 자유 낙하 운동 물체가 중력만을 받으며 아래로 떨어지는 운동

① 자유 낙하 하는 물체의 ◆속도는 질량에 관계없이 1초마다 9.8 m/s씩 일정하게 증가한다. ➡ 가속도의 크기가 9.8 m/s²으로 일정한 ◆등가속도 운동을 한다.

② **질량이 다른 물체의 자유 낙하**: 물체의 질량이 다르면 중력의 크기는 다르지만 중력 가속도의 크기는 같다. ➡ 같은 높이에서 동시에 자유 낙하 하는 물체는 질량에 관계없이 동시에 바닥에 도달한다. → 지구에서보다 중력 가속도가 작은 달에서는 물체가 지구에서보다 느리게 떨어진다.

| 가속도 운동 | 완자쌤 비법 특강 / 162쪽

- **가속도 운동**: 물체의 속도가 변하는 운동
- **가속도**: 물체의 속도가 시간에 따라 변하는 정도를 나타내는 물리량 ➡ 단위 시간당 물체의 속도 변화량

$$가속도 = \frac{속도\ 변화량}{걸린\ 시간} = \frac{나중\ 속도 - 처음\ 속도}{걸린\ 시간}\ [단위: m/s^2]$$

곁단 (사이드 노트)

두 물체 사이에 상호작용 하는 힘

물체 A가 물체 B에 힘을 작용하면 동시에 물체 B도 물체 A에 크기가 같고, 방향이 반대인 힘을 작용한다.

크기가 같고, 방향이 반대이다.

중력에 의해 달이 지구를 공전하는 것은 164쪽의 지구 주위를 공전하는 물체의 원운동에서 자세히 배워요.

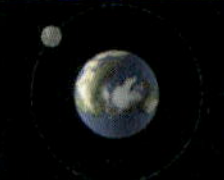

◆ **속도**
물체의 빠르기와 운동 방향을 나타내는 물리량으로, 단위 시간당 물체의 위치 변화량(변위)이다.

◆ **등가속도 운동**
가속도의 크기와 방향이 일정한 운동으로, 속도가 일정하게 증가하거나 감소하는 운동이다.

질량이 다른 물체의 자유 낙하

질량이 달라도 물체의 가속도는 중력 가속도로 같으므로 같은 높이에서 동시에 자유 낙하 하는 물체는 동시에 바닥에 도달한다.

2. 수평 방향으로 던진 물체의 운동 공기 저항을 무시할 때 물체가 중력만을 받으며 지표면 근처에서 [1]포물선 경로를 따라 낙하하는 운동 — 완자쌤 비법특강 / 163쪽

① **수평 방향의 운동**: 수평 방향으로는 물체에 힘이 작용하지 않으므로 ◆등속 직선 운동을 한다.

② [2]**연직 방향의 운동**: 연직 방향으로는 중력이 작용하므로 자유 낙하 하는 물체와 같이 등가속도 운동을 한다.

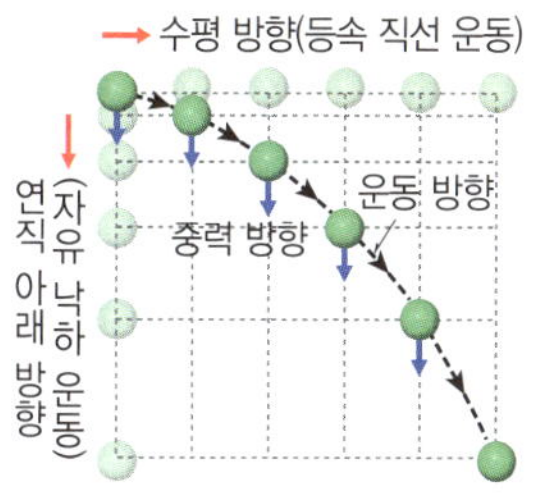

⬆ 수평 방향으로 던진 물체의 운동

| 자유 낙하 하는 물체와 수평 방향으로 던진 물체의 운동 비교 |

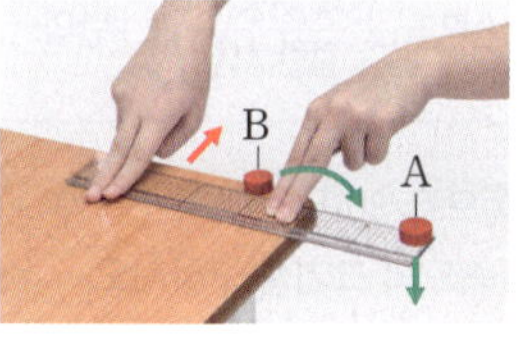
⬆ 자유 낙하 하는 물체(A)와 수평 방향으로 던진 물체(B)의 운동 경로

구분	◆자유 낙하 하는 물체의 운동(A)	수평 방향으로 던진 물체의 운동(B)	
		수평 방향	연직 방향
힘	중력	없음	중력
운동	등가속도 운동	등속 직선 운동	등가속도 운동
운동 그래프	속도–시간 그래프 (직선 증가)	속도–시간 그래프 (수평)	속도–시간 그래프 (직선 증가)

➡ 수평 방향으로 던진 물체 B는 연직 방향으로는 자유 낙하 하는 물체 A와 같이 등가속도 운동을 하므로 같은 높이에서 동시에 운동하는 A, B는 가속도가 같아 운동 방향이 달라도 동시에 바닥에 도달한다.

탐구 자료창 자유 낙하 하는 물체와 수평 방향으로 날아간 물체의 운동 비교하기

(가) 그림과 같이 책상 한쪽 끝에 30 cm 자를 걸치고, 두 원형 나무 도막 A, B를 책상과 자 위에 올려 놓는다.

(나) 자의 중심을 손가락으로 누른 뒤, 자 끝을 화살표 방향으로 당겨 A는 아래로 떨어지는 동시에 B는 옆으로 날아가게 한다.

(다) A, B가 운동하는 모습을 동영상으로 촬영하여 분석한다.

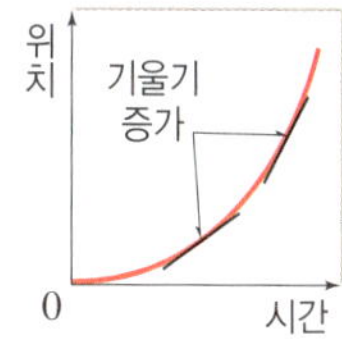

1. 결과

• 자유 낙하 하는 A ⟶ 속도 변화량이 0.98 m/s로 같다. ➡ 중력 가속도 $= \dfrac{0.98 \text{ m/s}}{0.1 \text{ s}} = 9.8 \text{ m/s}^2$

시간 간격(s)		$0{\sim}0.1$	$0.1{\sim}0.2$	$0.2{\sim}0.3$	$0.3{\sim}0.4$	$0.4{\sim}0.5$
연직 방향	구간 이동 거리(m)	0.048	0.146	0.244	0.342	0.44
	◆구간 평균 속도(m/s)	0.48	1.46	2.44	3.42	4.4

• 수평 방향으로 운동하는 B

시간 간격(s)		$0{\sim}0.1$	$0.1{\sim}0.2$	$0.2{\sim}0.3$	$0.3{\sim}0.4$	$0.4{\sim}0.5$
연직 방향	구간 이동 거리(m)	0.048	0.146	0.244	0.342	0.44
	구간 평균 속도(m/s)	0.48	1.46	2.44	3.42	4.4
수평 방향	구간 이동 거리(m)	0.025	0.025	0.025	0.025	0.025
	구간 평균 속도(m/s)	0.25	0.25	0.25	0.25	0.25

⟵ 속도가 일정

2. 결론: 자유 낙하 하는 물체는 등가속도 운동을 한다. 수평 방향으로 날아간 물체는 수평 방향으로는 등속 직선 운동을 하고, 연직 방향으로는 자유 낙하 하는 물체와 같이 등가속도 운동을 한다.

물체의 운동과 물리량

운동을 표현하는 방법은 물리학Ⅰ의 Ⅰ-1-02. 등가속도 운동에서 더 자세히 배워요.

🐾 정답친해 68쪽

자유 낙하 운동과 같은 가속도 운동을 분석하려면 먼저 물체의 움직임과 빠르기는 어떻게 표현되는지 알아야 합니다. 물체의 움직임과 빠르기를 나타내는 이동 거리와 변위, 속력과 속도에 대해 알아보고, 수평면에서 중력과 같이 일정한 힘을 받는 물체의 가속도 운동을 분석해 보아요.

1 이동 거리와 변위   이동 거리는 물체가 움직인 경로를 따라 측정한 길이로, 물체가 실제로 움직인 거리이고, 변위는 물체의 위치 변화량으로, 처음 위치에서 나중 위치까지의 직선거리와 방향이다. 📖 천재 교과서에만 나와요.

곡선 경로를 따라 운동할 때	원 경로를 따라 운동할 때	직선 경로에서 운동 방향이 바뀔 때
나중 위치 / 처음 위치		5 m / 3 m
• 이동 거리: 곡선 경로의 길이 • 변위: 직선거리와 방향	• 이동 거리: 원의 둘레 • 변위: 처음 위치와 나중 위치가 같으므로 0	• 이동 거리: 5 m + 3 m = 8 m • 변위: 오른쪽으로 2 m

Q1. 물체가 직선상에서 동쪽으로 8 m를 이동한 후 서쪽으로 6 m를 이동하였다. 물체의 이동 거리와 변위의 크기를 구하시오.

2 평균 속력과 평균 속도   속력은 물체의 빠르기를 나타내는 물리량으로, 단위 시간당 이동 거리이고, 속도는 물체의 운동 방향과 빠르기를 함께 나타내는 물리량으로, 단위 시간당 변위이다. 평균 속력과 평균 속도는 각각 전체 이동 거리와 전체 변위를 걸린 시간으로 나눈 값이다. 📖 천재, 동아 교과서에만 나와요.

$$속력 = \frac{이동\ 거리}{걸린\ 시간},\ 평균\ 속력 = \frac{전체\ 이동\ 거리}{걸린\ 시간}\ [단위:\ m/s] \qquad 속도 = \frac{변위}{걸린\ 시간},\ 평균\ 속도 = \frac{전체\ 변위}{걸린\ 시간}\ [단위:\ m/s]$$

Q2. 물체가 직선상에서 동쪽으로 200 m를 이동한 후 서쪽으로 80 m를 이동하였다. 물체가 이동하는 데 걸린 시간은 40초이다. 물체의 평균 속력과 평균 속도의 크기를 구하시오.

3 가속도   물체의 속도가 시간에 따라 변하는 정도를 나타내는 물리량으로, 단위 시간당 속도 변화량이며, 속도와 가속도의 방향이 같으면 속도가 빨라지고, 속도와 가속도의 방향이 반대이면 속도가 느려진다.

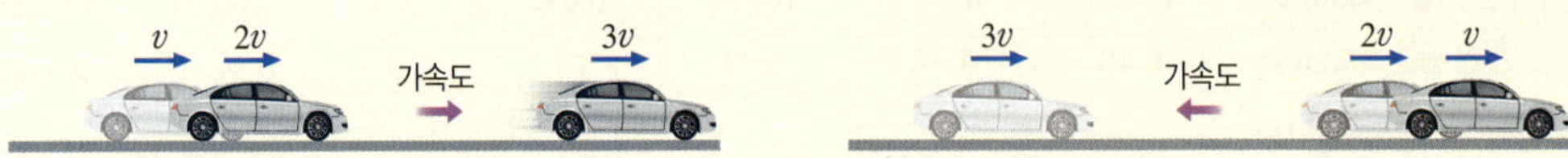

⬆ **속도가 빨라질 때**   속도와 가속도의 방향이 같다.   ⬆ **속도가 느려질 때**   속도와 가속도의 방향이 반대이다.

$$가속도 = \frac{속도\ 변화량}{걸린\ 시간} = \frac{나중\ 속도 - 처음\ 속도}{걸린\ 시간}\ [단위:\ m/s^2]$$

Q3. 표는 직선상에서 일정한 가속도로 운동하는 장난감 자동차의 운동을 1초 간격으로 분석한 것이다. 이 장난감 자동차의 가속도의 크기를 구하시오.

시간 간격(s)	0~1	1~2	2~3	3~4
구간 이동 거리(cm)	10	30	50	70
구간 평균 속도(cm/s)	10	30	50	70
속도 변화량(cm/s)		20	20	20

완자쌤 **비법 특강**

등가속도 운동 그래프는 물리학의 I—1—02. 등가속도 운동에서 더 자세히 배워요.

수평 방향으로 던진 물체의 운동 그래프 분석

물체의 운동을 나타내는 그래프에는 위치-시간 그래프, 속도-시간 그래프, 가속도-시간 그래프 등이 있어요. 이러한 그래프는 물체의 운동 상태에 따라 다양한 형태로 나타낼 수 있지요. 수평 방향으로 던진 물체의 수평 방향의 등속 직선 운동과 연직 방향의 등가속도 운동을 시간에 대한 그래프로 나타내 보고, 분석해 보아요.

1 **수평 방향의 등속 직선 운동 그래프** 수평 방향으로 던진 물체는 수평 방향으로는 힘이 작용하지 않아 등속 직선 운동을 한다.

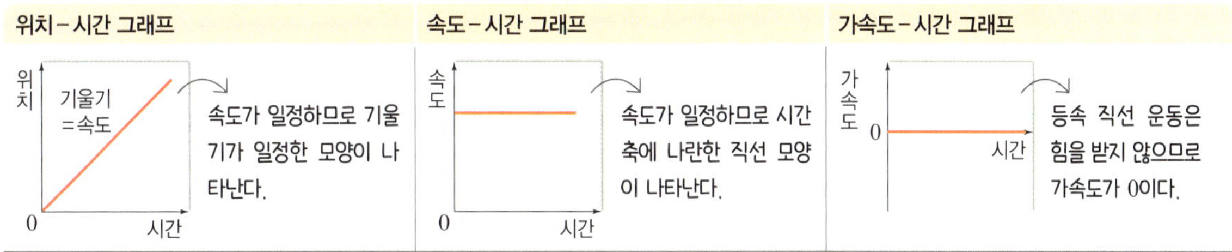

Q1. 수평 방향으로 던진 물체는 수평 방향으로는 물체에 힘이 작용하지 않으므로 속도가 변하지 않는 운동을 한다. 즉, 위치-시간 그래프에서 (   )가 일정하다.

2 **연직 방향의 등가속도 운동 그래프** 수평 방향으로 던진 물체의 연직 방향과 자유 낙하 하는 물체는 중력만을 받아 등가속도 운동을 한다.

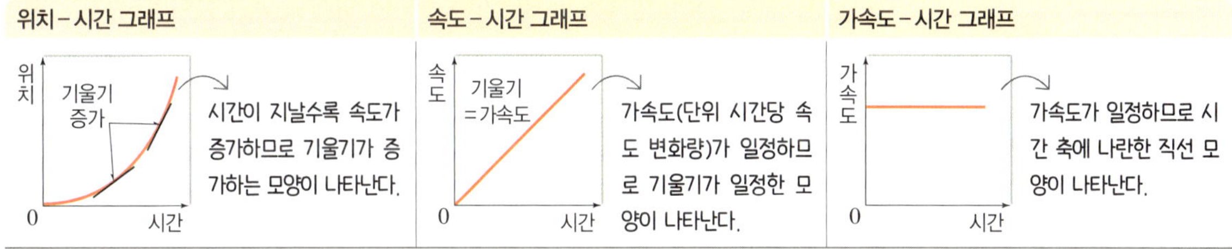

Q2. 수평 방향으로 던진 물체의 연직 방향과 자유 낙하 하는 물체는 중력만을 받아 운동하므로 속도가 일정하게 ㉠(   )하는 운동을 한다. 즉, 속도-시간 그래프에서 ㉡(   )가 일정하다.

[Q3~Q4] 다음 [보기]는 여러 가지 운동 그래프를 나타낸 것이다.

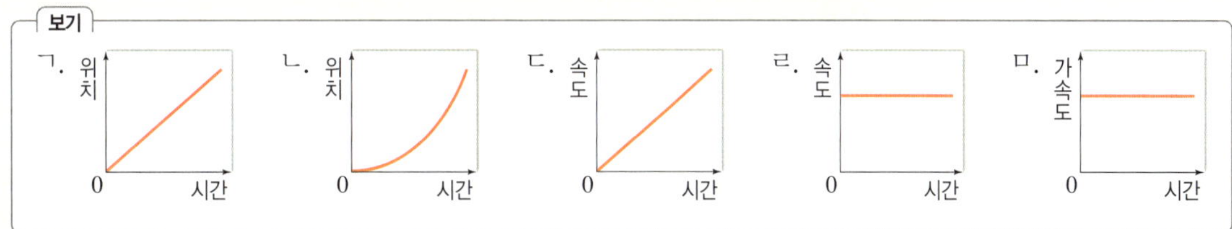

Q3. 등속 직선 운동에 해당하는 그래프만을 [보기]에서 있는 대로 고르시오.

Q4. 등가속도 운동에 해당하는 그래프만을 [보기]에서 있는 대로 고르시오.

C 지구 주위를 공전하는 물체의 원운동

수평 방향의 속력에 따른 물체의 운동

수평 방향으로 던지는 속력이 빠를수록 수평 방향으로 더 멀리 나아가지만 같은 높이에서 동시에 운동하는 물체는 가속도가 같아 동시에 바닥에 도달한다.

1. 수평 방향으로 속력을 달리하여 던진 물체의 운동
수평 방향으로 던지는 속력이 빠를수록 수평 방향으로 더 멀리 나아간다.

① 속력에 따라 수평 방향으로 이동하는 거리가 다르다.
② 연직 방향으로는 중력만 작용하여 가속도가 같다.
➡ 같은 높이에서 동시에 운동하는 물체는 동시에 수평면에 도달한다.

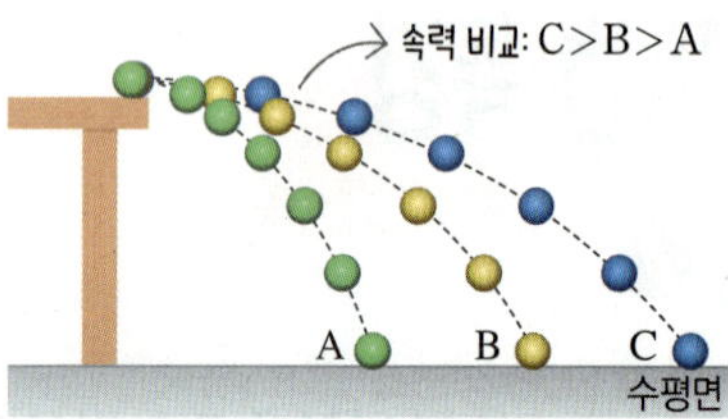

⚙ **수평 방향으로 속력을 달리하여 던진 물체의 운동**_속력이 빠를수록 더 멀리 나아가 수평면에 떨어진다.

중력의 방향

지표면의 좁은 영역에서는 중력이 거의 일정한 방향으로 작용한다. 하지만 지구는 둥글기 때문에 지구상의 위치에 따라 중력의 방향이 달라진다. 즉, 중력은 지구 중심 방향으로 작용하므로 지구상의 위치에 따라 방향이 달라진다.

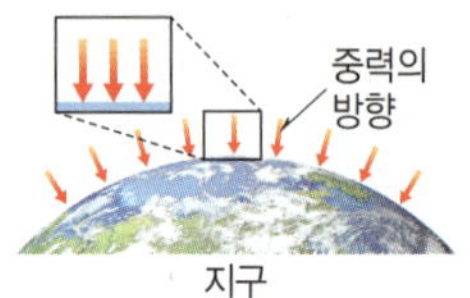

2. 뉴턴의 ❶사고 실험 뉴턴은 달이 지구로 떨어지지 않고 지구 주위를 공전하며, 원운동을 하는 까닭을 수평 방향으로 던진 물체의 운동을 통해 설명하였다.

| 뉴턴의 사고 실험 |

3. 지구 주위를 공전하는 물체의 원운동

① 달은 지구 중심 방향으로 끌어당기는 중력에 의해 운동 방향이 매 순간 바뀌어 지구 주위를 공전하는 원운동을 한다. ➡ 지구 중심 방향의 가속도 운동을 한다.

② 인공위성도 달과 같이 중력에 의해 지구 주위를 공전하는 원운동을 한다. ➡ 지구 중심 방향의 가속도 운동을 한다.

지구 주위를 원운동하기 위한 물체의 발사 속력은 어떻게 될까?

지구의 곡률(휘어진 정도)을 고려하면 어떤 물체가 수평 방향으로 8 km를 이동하였을 때 물체의 높이는 지표면으로부터 약 5 m 떨어진 정도이다. 자유 낙하 운동을 하는 물체는 1초에 약 5 m를 낙하하므로 물체를 수평 방향으로 8 km/s의 속력으로 던지면 물체는 지구와 일정한 높이를 유지하면서 원운동을 하게 된다.

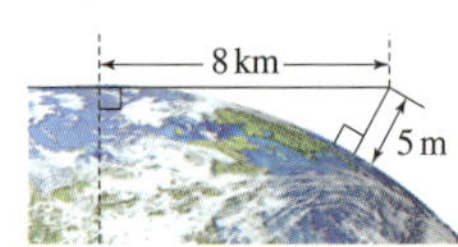

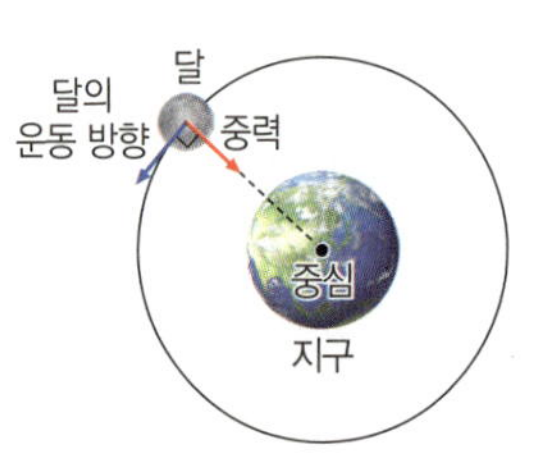

⚙ 지구 주위를 공전하는 달의 원운동

⚙ 지구 주위를 공전하는 인공위성의 원운동

➡ 인공위성은 지구 중심 방향으로 떨어지는 가속도 운동을 하지만 지구가 둥글기 때문에 인공위성과 지구 중심 사이의 거리가 일정하게 유지된다.

 원운동 📋 비상, 지학사 교과서에만 나와요.

1. 원운동은 물체가 원을 그리며 도는 운동이다.
① 물체에 연결된 줄은 물체의 운동 방향에 항상 수직으로 힘을 작용한다.
➡ 물체의 운동 방향이 계속해서 바뀐다.
② 물체에 작용하는 힘의 방향은 원의 중심 방향이다.
➡ 물체는 원의 중심 방향의 가속도 운동을 한다.
2. 줄을 놓는 순간 물체는 운동 방향으로 날아간다.

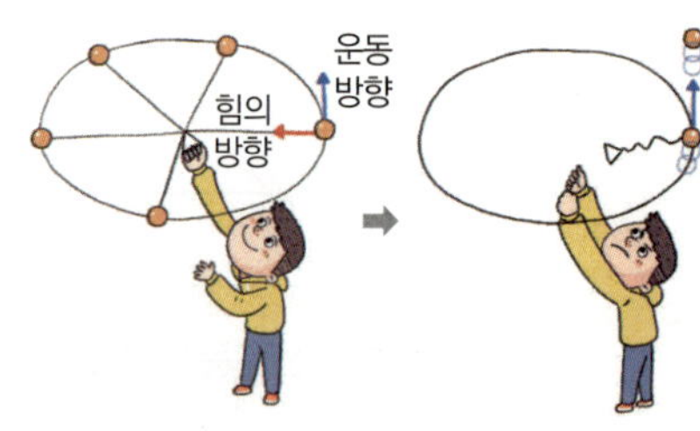

❶ 사고(思 생각하다, 考 깊이 생각하다) 실험 논리적인 생각에 의해 결론을 내리는 실험

개념확인 문제

핵심 체크 ●

▶ (❶)은 질량이 있는 물체 사이에 상호작용 하는 힘으로, 서로 끌어당기는 힘이다.

▶ 중력의 크기는 물체의 질량이 (❷), 물체 사이의 거리가 가까울수록 크다.

▶ (❸) 운동은 공기 저항 없이 물체가 중력만을 받으며 낙하하는 운동으로, 물체의 속력이 일정하게 (❹)한다.

▶ 수평 방향으로 던진 물체는 수평 방향으로는 (❺) 운동을 하고, 연직 방향으로는 (❻) 운동을 한다.

▶ 지구 주위를 공전하는 달에 작용하는 중력과 가속도의 방향은 지구 (❼) 방향이다.

---

1 중력에 대한 설명으로 옳은 것만을 [보기]에서 있는 대로 고르시오.

> **보기**
> ㄱ. 물체 사이의 거리가 멀수록 중력의 크기가 작다.
> ㄴ. 물체가 서로 떨어져 있으면 중력이 작용하지 않는다.
> ㄷ. 지표면 근처에 놓인 사과가 지구를 당기는 힘의 크기는 지구가 사과를 당기는 힘의 크기와 같다.

2 자유 낙하 운동에 대한 설명으로 옳은 것은 ○, 옳지 <u>않은</u> 것은 ×로 표시하시오.

(1) 물체가 중력만을 받으며 낙하하는 운동이다. (　　)
(2) 지표면 근처에서 자유 낙하 하는 물체의 가속도의 크기는 일정하다. ┄┄┄┄ (　　)
(3) 같은 높이에서 자유 낙하 하는 물체의 질량이 클수록 바닥에 도달하는 데 걸리는 시간이 짧다. ┄┄ (　　)

3 표는 자유 낙하 하는 물체 A와 수평 방향으로 던진 물체 B의 운동을 비교한 것이다. (　　) 안에 알맞은 말을 쓰시오.

구분	자유 낙하 하는 물체(A)	수평 방향으로 던진 물체(B)	
		수평 방향	연직 방향
힘	(㉠)	없음	중력
속도	일정하게 증가	일정	(㉡)
운동	등가속도 운동	(㉢)	등가속도 운동

4 그림은 가만히 놓은 물체 A와 같은 높이에서 동시에 수평 방향으로 던진 물체 B의 위치를 일정한 시간 간격으로 나타낸 것이다. A, B의 운동에 대한 설명으로 옳은 것은 ○, 옳지 <u>않은</u> 것은 ×로 표시하시오. (단, 물체의 크기와 공기 저항은 무시한다.)

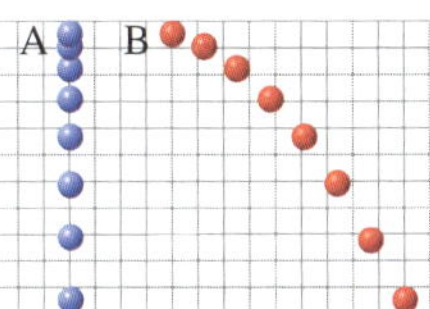

(1) 바닥에는 A가 B보다 먼저 도달한다. ┄┄┄┄ (　　)
(2) 바닥에 도달하기 직전 연직 방향의 속력은 A와 B가 같다. ┄┄┄┄ (　　)
(3) 물체에 작용하는 힘의 방향은 A와 B가 같다. (　　)

5 그림은 지표면으로부터 같은 높이에서 동일한 물체 A~C를 수평 방향으로 발사하였을 때 세 물체의 운동 경로를 나타낸 것이다.
수평 방향으로 발사한 속력이 가장 큰 물체를 쓰시오.

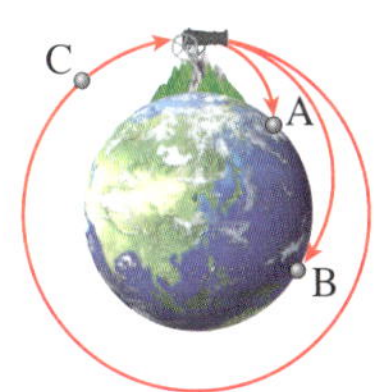

6 지구 주위를 공전하는 달에 대한 설명으로 옳은 것만을 [보기]에서 있는 대로 고르시오.

> **보기**
> ㄱ. 달의 가속도의 방향은 지구 중심 방향이다.
> ㄴ. 지구가 달을 당기는 중력의 크기는 달이 지구를 당기는 중력의 크기보다 크다.
> ㄷ. 달이 지구 주위를 공전할 수 있게 하는 힘은 지구와 달 사이에 작용하는 중력이다.

내신 만점 문제

01 그림은 질량이 각각 m_1, m_2 인 물체 A, B가 거리 r만큼 떨어져 있는 모습을 나타낸 것이다. 두 물체에 작용하는 중력의 크기는 각각 F_1, F_2이다.

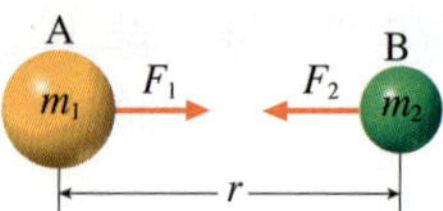

이에 대한 설명으로 옳은 것만을 [보기]에서 있는 대로 고른 것은?

보기
ㄱ. F_1은 F_2와 같다.
ㄴ. r가 커지면 F_1은 커진다.
ㄷ. m_1이 작아지면 F_2는 커진다.

① ㄱ　　　② ㄷ　　　③ ㄱ, ㄴ
④ ㄴ, ㄷ　　　⑤ ㄱ, ㄴ, ㄷ

02 그림은 사과나무에 매달려 정지해 있는 사과 A와 떨어지고 있는 사과 B의 모습을 나타낸 것이다.
이에 대한 설명으로 옳은 것만을 [보기]에서 있는 대로 고른 것은?

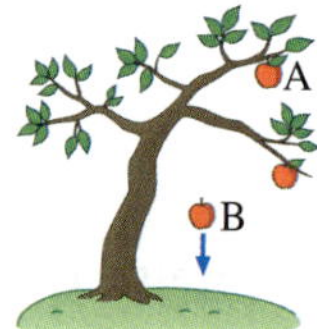

보기
ㄱ. A에는 중력이 작용하지 않는다.
ㄴ. B는 낙하하는 동안 속력이 증가한다.
ㄷ. 낙하하는 동안 B에 작용하는 중력의 크기는 감소한다.

① ㄱ　　　② ㄴ　　　③ ㄷ
④ ㄱ, ㄴ　　　⑤ ㄴ, ㄷ

03 지구 중력에 대한 설명으로 옳지 <u>않은</u> 것은?

① 중력에 의해 비는 아래로 내린다.
② 지구 중심 방향으로 작용하는 힘이다.
③ 중력에 의해 달은 지구 주위를 공전한다.
④ 지구와 물체 사이에 상호작용 하는 힘이다.
⑤ 지표면에서 멀리 떨어져 있는 물체에는 작용하지 않는다.

04 지표면 근처에서 자유 낙하 하는 물체에 대한 설명으로 옳지 <u>않은</u> 것은?

① 운동 방향이 일정하다.
② 가속도의 방향은 지구 중심 방향이다.
③ 질량이 클수록 단위 시간당 속도 변화량이 크다.
④ 지면에 도달하여 정지한 물체에도 중력이 작용한다.
⑤ 낙하하는 동안 물체에 작용하는 중력의 방향과 물체의 운동 방향은 같다.

05 표는 지표면 근처에서 자유 낙하 하는 물체의 운동을 분석한 것이다.
이에 대한 설명으로 옳은 것만을 [보기]에서 있는 대로 고른 것은?

시간(s)	속도(m/s)
0	0
1	9.8
2	㉠
3	29.4

보기
ㄱ. ㉠은 19.6이다.
ㄴ. 물체는 등속 직선 운동을 한다.
ㄷ. 물체의 가속도의 크기는 9.8 m/s²이다.

① ㄱ　　　② ㄴ　　　③ ㄱ, ㄷ
④ ㄴ, ㄷ　　　⑤ ㄱ, ㄴ, ㄷ

06 그림은 질량이 각각 5 kg, 1 kg 인 물체 A, B를 수평면으로부터 같은 높이에서 동시에 가만히 놓은 것을 나타낸 것이다.
이에 대한 설명으로 옳은 것만을 [보기]에서 있는 대로 고른 것은? (단, 중력 가속도는 9.8 m/s²이고, 물체의 크기와 공기 저항은 무시한다.)

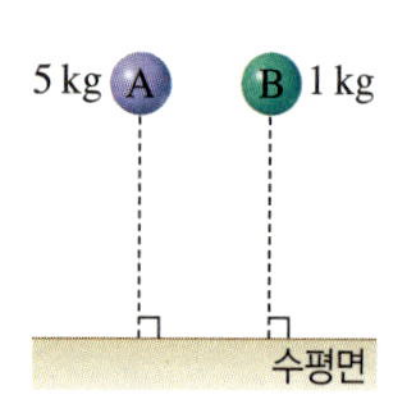

보기
ㄱ. A에 작용하는 중력의 크기는 49 N이다.
ㄴ. 수평면에는 A와 B가 동시에 도달한다.
ㄷ. 수평면에 도달하는 순간, 속력은 A가 B보다 크다.

① ㄱ　　　② ㄴ　　　③ ㄷ
④ ㄱ, ㄴ　　　⑤ ㄴ, ㄷ

중요 07 그림은 수평 방향으로 2 m/s의 속력으로 던져진 물체가 포물선 경로를 따라 점 p, q를 지나며 운동하는 모습을 나타낸 것이다. 물체를 수평 방향으로 던진 순간부터 수평면에 도달할 때까지 수평 방향으로 진행한 거리는 10 m이다.

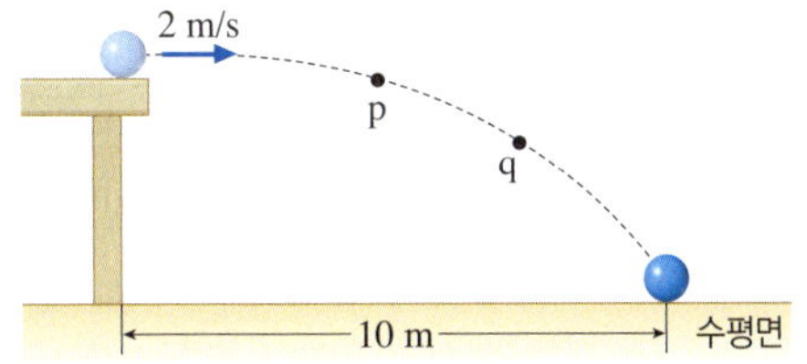

이에 대한 설명으로 옳은 것만을 [보기]에서 있는 대로 고른 것은? (단, 물체의 크기와 공기 저항은 무시한다.)

보기
ㄱ. 물체의 연직 방향의 속력은 p에서가 q에서보다 크다.
ㄴ. 운동하는 동안 물체에 작용하는 중력의 방향과 운동 방향은 같다.
ㄷ. 물체를 수평 방향으로 던진 순간부터 수평면에 도달할 때까지 걸린 시간은 5초이다.

① ㄱ
② ㄷ
③ ㄱ, ㄴ
④ ㄴ, ㄷ
⑤ ㄱ, ㄴ, ㄷ

중요 08 그림은 같은 높이에서 물체 A를 가만히 놓는 순간, 물체 B를 수평 방향으로 속력 v로 던졌더니 A는 직선 경로를 따라, B는 포물선 경로를 따라 운동하여 수평면에 도달한 모습을 나타낸 것이다. 점 p는 B가 운동하는 경로상의 한 점이며, 수평면으로부터 p의 높이는 h이다. 질량은 A가 B보다 크다.

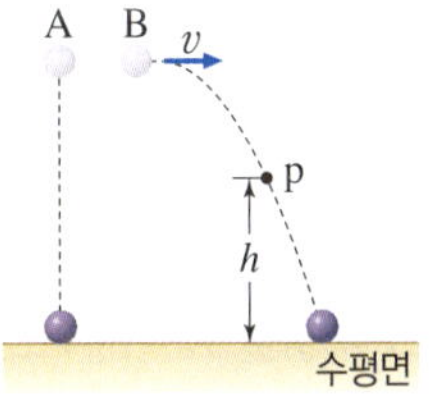

이에 대한 설명으로 옳은 것만을 [보기]에서 있는 대로 고른 것은? (단, 물체의 크기와 공기 저항은 무시한다.)

보기
ㄱ. p에서 B의 수평 방향의 속력은 v이다.
ㄴ. 운동하는 동안 가속도의 크기는 A가 B보다 크다.
ㄷ. B가 p를 지나는 순간, A의 높이는 h보다 크다.

① ㄱ
② ㄴ
③ ㄷ
④ ㄴ, ㄷ
⑤ ㄱ, ㄴ, ㄷ

[09~10] 그림과 같이 책상 위에 놓인 자의 한쪽 끝에는 동전 A를, 다른 쪽 끝에는 자의 옆에 동전 B를 놓고, 자를 ㉠ 방향으로 빠르게 쳐 A를 자유 낙하 시키는 동시에 B를 수평 방향으로 날아가게 하였다. (단, 동전의 크기, 모든 마찰과 공기 저항은 무시한다.)

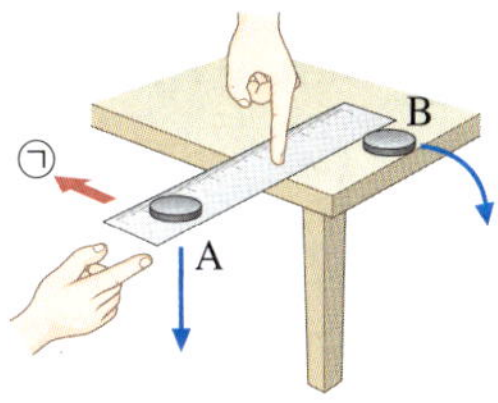

09 이에 대한 설명으로 옳은 것만을 [보기]에서 있는 대로 고른 것은?

보기
ㄱ. 낙하하는 동안 A의 속력은 일정하게 증가한다.
ㄴ. A와 B는 동시에 바닥에 도달한다.
ㄷ. A와 B에 작용하는 중력의 방향은 같다.

① ㄱ
② ㄴ
③ ㄷ
④ ㄴ, ㄷ
⑤ ㄱ, ㄴ, ㄷ

10 A와 B의 운동에 대한 설명으로 옳지 <u>않은</u> 것은?

① A는 등가속도 운동을 한다.
② B는 수평 방향으로 등속 직선 운동을 한다.
③ A와 B의 가속도의 방향은 같다.
④ A와 B의 연직 방향의 단위 시간당 속도 변화량은 같다.
⑤ 자를 더 빠르게 쳐, B의 수평 방향의 속력이 커지면 A보다 지면에 먼저 도달한다.

11 그림은 건물의 서로 다른 층에서 질량이 같은 두 물체 A와 B를 각각 수평 방향으로 던졌더니 수평면의 같은 지점에 동시에 떨어지는 모습을 나타낸 것이다.

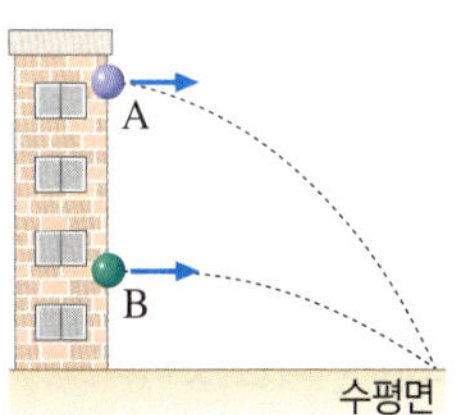

이에 대한 설명으로 옳은 것만을 [보기]에서 있는 대로 고른 것은? (단, 물체의 크기와 공기 저항은 무시한다.)

보기
ㄱ. 운동하는 동안 A의 가속도의 방향과 운동 방향은 같다.
ㄴ. 건물에서는 A를 B보다 먼저 던졌다.
ㄷ. 물체에 작용하는 중력의 크기는 A가 B보다 크다.

① ㄱ
② ㄴ
③ ㄱ, ㄷ
④ ㄴ, ㄷ
⑤ ㄱ, ㄴ, ㄷ

[12~13] 그림은 같은 높이에서 각각 수평 방향으로 동시에 던진 물체 A~C의 위치를 일정한 시간 간격으로 나타낸 것이다. 질량은 A가 가장 크고, C가 가장 작다. (단, 물체의 크기와 공기 저항은 무시한다.)

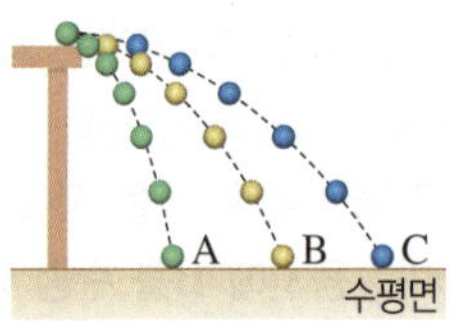

중요 12 이에 대한 설명으로 옳은 것만을 [보기]에서 있는 대로 고른 것은?

보기
ㄱ. 가속도의 크기는 A가 B보다 크다.
ㄴ. 수평 방향의 속력은 B가 C보다 작다.
ㄷ. 물체에 작용하는 힘의 방향은 A와 C가 같다.

① ㄱ　　　　② ㄴ　　　　③ ㄷ
④ ㄴ, ㄷ　　　⑤ ㄱ, ㄴ, ㄷ

13 A~C의 운동에 대한 설명으로 옳지 <u>않은</u> 것은?

① 가속도의 방향은 A와 B가 같다.
② 운동하는 동안 A와 B의 운동 방향은 같다.
③ 물체에 작용하는 중력의 크기는 C가 가장 작다.
④ 연직 방향의 단위 시간당 속도 변화량은 B와 C가 같다.
⑤ 수평면에 도달하기 직전 연직 방향의 속력은 B와 C가 같다.

14 그림은 지표면 근처의 같은 높이에서 동일한 물체 A~C를 수평 방향으로 발사하였을 때 물체의 운동 경로를 나타낸 것이다.
이에 대한 설명으로 옳은 것만을 [보기]에서 있는 대로 고른 것은?

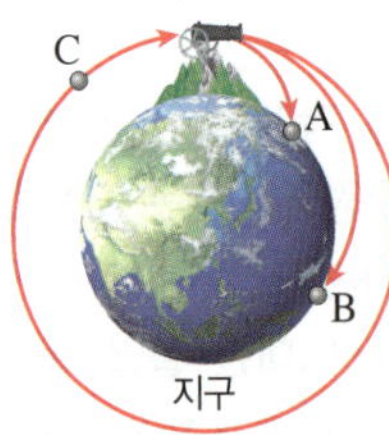

보기
ㄱ. 발사 속력은 A와 B가 같다.
ㄴ. 물체에 작용하는 중력의 크기는 B가 C보다 작다.
ㄷ. C의 운동은 달이 지구 주위를 공전하는 것과 같은 원리로 설명할 수 있다.

① ㄱ　　　　② ㄷ　　　　③ ㄱ, ㄴ
④ ㄴ, ㄷ　　　⑤ ㄱ, ㄴ, ㄷ

중요 15 그림은 원 궤도를 따라 지구 주위를 일정한 속력으로 공전하는 달의 모습을 나타낸 것이다.
이에 대한 설명으로 옳은 것만을 [보기]에서 있는 대로 고른 것은?

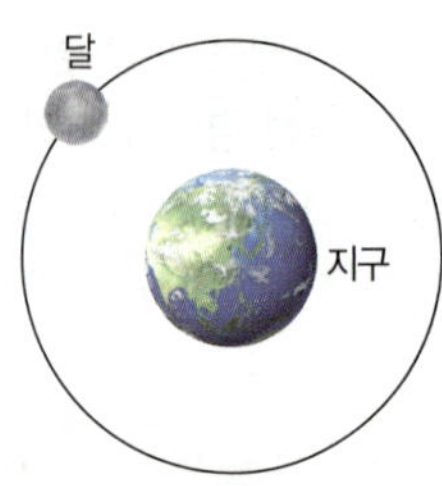

보기
ㄱ. 달과 지구는 서로 같은 크기의 힘으로 당긴다.
ㄴ. 달의 가속도의 방향은 지구 중심 방향이다.
ㄷ. 달에 작용하는 중력의 방향은 달의 운동 방향과 같다.

① ㄱ　　　　② ㄷ　　　　③ ㄱ, ㄴ
④ ㄴ, ㄷ　　　⑤ ㄱ, ㄴ, ㄷ

서술형 문제

중요 16 그림은 물체 A를 가만히 놓는 순간, 같은 높이에서 수평 방향으로 물체 B를 던졌을 때 A와 B의 위치를 일정한 시간 간격으로 나타낸 것이다. 점 p와 점 a~d는 모눈종이 위의 점이다.
A가 p를 지나는 순간, B의 위치로 가장 적절한 것을 고르고, 그 까닭을 서술하시오. (단, 물체의 크기와 공기 저항은 무시한다.)

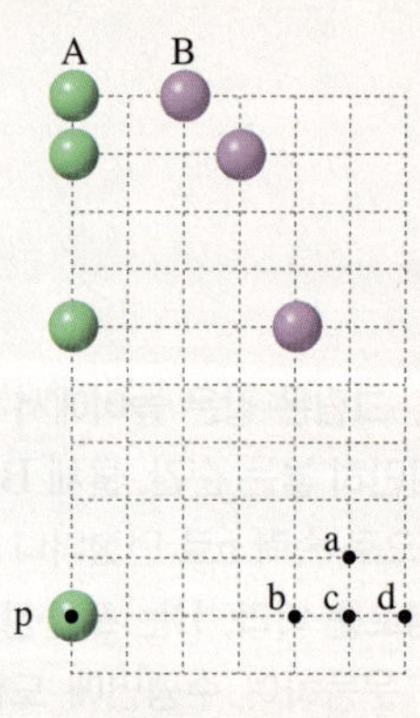

17 지구 주위를 공전하는 인공위성이 지구로 떨어지지 않는 까닭을 다음 단어를 모두 포함하여 서술하시오.

중력　　가속도 운동

실력 UP 문제

01 그림은 물체 P와 Q를 지표면 근처의 같은 높이에서 가만히 놓은 모습을 나타낸 것으로, 질량은 P가 Q보다 크다.

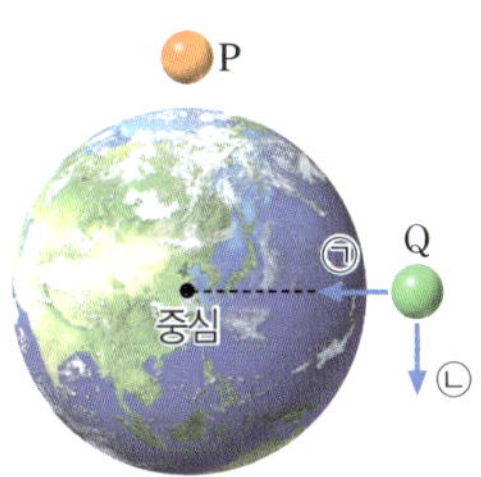

이에 대한 설명으로 옳은 것만을 [보기]에서 있는 대로 고른 것은? (단, P, Q에는 지구에 의한 중력만 작용하고, 물체의 크기와 공기 저항은 무시한다.)

보기
ㄱ. Q는 ㉤ 방향으로 운동한다.
ㄴ. 지구가 물체를 당기는 힘의 크기는 P가 Q보다 크다.
ㄷ. 지표면에 도달하는 순간, 물체의 속력은 P와 Q가 같다.

① ㄱ ② ㄷ ③ ㄱ, ㄴ
④ ㄴ, ㄷ ⑤ ㄱ, ㄴ, ㄷ

02 그림은 물체 A를 가만히 놓는 순간, 같은 높이에서 물체 B를 수평 방향으로 속력 v로 던졌더니, A와 B가 각각 경로를 따라 운동하여 수평선 P, Q를 지나는 모습을 나타낸 것이다. P에서 B의 수평 방향 속력과 연직 방향

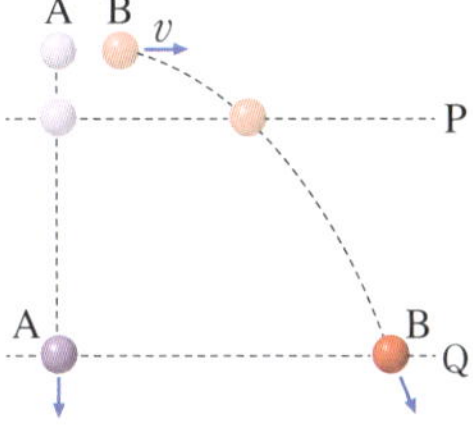

속력은 같고, A의 속력은 Q에서가 P에서의 2배이며, A를 가만히 놓은 순간부터 A가 Q에 도달하는 데 걸린 시간은 t이다.
이에 대한 설명으로 옳은 것만을 [보기]에서 있는 대로 고른 것은? (단, 물체의 크기와 공기 저항은 무시한다.)

보기
ㄱ. A와 B에 작용하는 중력의 방향은 같다.
ㄴ. Q에서 A의 속력은 $2v$이다.
ㄷ. B가 Q에 도달하였을 때 출발 지점으로부터 수평 방향으로 이동한 거리는 vt이다.

① ㄱ ② ㄴ ③ ㄱ, ㄷ
④ ㄴ, ㄷ ⑤ ㄱ, ㄴ, ㄷ

03 그림은 같은 높이에서 물체 A, B를 수평 방향으로 각각 v_A, v_B의 속력으로 동시에 던졌더니, 수평면의 점 p에 동시에 도달하는 모습을 나타낸 것이다. A, B를 수평 방향으로 던진 순간부터 p에 도달할 때까지 수평 방향으로 이동한 거리는 각각 d, $2d$이고, 질량은 A가 B보다 크다.

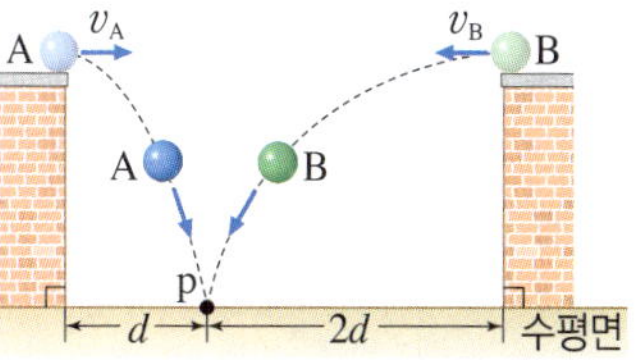

이에 대한 설명으로 옳은 것만을 [보기]에서 있는 대로 고른 것은? (단, 물체의 크기와 공기 저항은 무시한다.)

보기
ㄱ. 가속도의 크기는 A가 B보다 크다.
ㄴ. $v_A : v_B = 1 : 2$이다.
ㄷ. 물체에 작용하는 중력의 크기는 A와 B가 같다.

① ㄴ ② ㄷ ③ ㄱ, ㄴ
④ ㄱ, ㄷ ⑤ ㄴ, ㄷ

04 그림은 지표면 근처의 같은 높이에서 질량이 같은 대포알 A~C를 동시에 수평 방향으로 발사하였을 때 대포알의 운동 경로를 나타낸 것으로, A, B는 지면에 떨어지고, C는 원 궤도를 따라 일정한 속력으로 지구 주위를 공전한다.

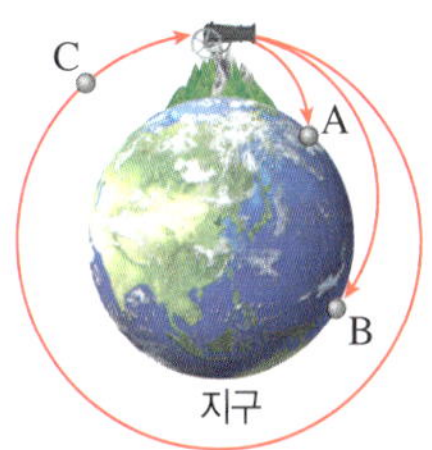

이에 대한 설명으로 옳은 것만을 [보기]에서 있는 대로 고른 것은? (단, 대포알의 크기와 공기 저항은 무시한다.)

보기
ㄱ. 대포알의 가속도의 크기는 A와 B가 같다.
ㄴ. 대포알을 발사하는 순간, 대포알에 작용하는 중력의 크기는 B가 C보다 크다.
ㄷ. 공전하는 동안 C의 가속도의 방향과 운동 방향은 같다.

① ㄱ ② ㄴ ③ ㄱ, ㄴ
④ ㄴ, ㄷ ⑤ ㄱ, ㄴ, ㄷ

운동과 충돌

✱ 갈릴레이의 사고 실험
갈릴레이는 사고 실험을 통해 운동하는 물체의 관성을 유추하였다.

마찰이나 공기 저항이 없을 때 운동하는 물체에 힘이 작용하지 않으면 물체는 빗면을 따라 처음 높이까지 올라갈 것이고(A, B), 빗면을 수평으로 만들면 물체는 등속 직선 운동을 할 것이다(C).

✱ 관성과 안전띠
안전띠는 충돌이 일어나 자동차의 속력이 갑자기 느려질 때 탑승자가 관성에 의해 튀어 나가는 것을 막아 준다.

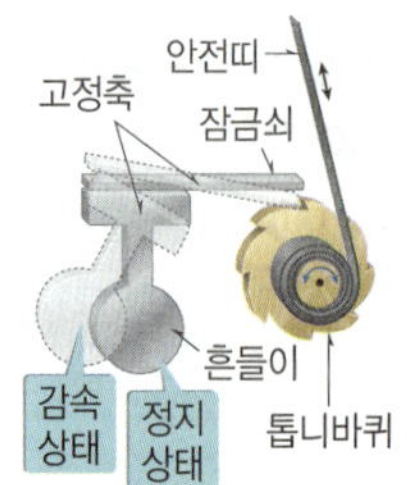

자동차의 속력이 갑자기 느려지면 흔들이가 관성 때문에 앞쪽으로 움직이게 된다. 이때 잠금쇠가 톱니바퀴의 움직임을 방해하여 안전띠가 쉽게 풀리지 않도록 한다.

◆ 알짜힘
한 물체에 여러 힘이 동시에 작용할 때 모든 힘을 합성하여 하나의 힘으로 나타낸 힘을 말한다.

용어

❶ 관성(慣 익숙하다, 性 성질) 물체가 외부의 힘을 받지 않는 한 현재의 운동 상태를 계속 유지하려고 하는 성질

A 관성

1. ❶관성 물체가 현재의 운동 상태를 유지하려는 성질

① **관성의 크기**: 물체의 질량이 클수록 크다. → 질량이 클수록 운동 상태를 변화시키기 어렵다.

② **관성에 의한 현상**: 정지해 있는 물체는 계속 정지해 있으려고 하고, 운동하는 물체는 운동 상태를 계속 유지하려고 한다.

: 관성을 나타내는 물체

현상	버스가 갑자기 출발하면 승객이 뒤로 넘어지려고 한다.	종이를 튕기면 동전은 튕기지 않고 컵 속으로 떨어진다.	휴지를 빠르게 잡아당기면 풀어지지 않고 끊어진다.
까닭	버스는 이동하는데 승객은 제자리에 있으려 하기 때문	종이는 움직이는데 동전은 제자리에 있으려 하기 때문	정지해 있던 휴지는 제자리에 있으려 하기 때문
현상	버스가 갑자기 정지하면 승객이 앞으로 넘어지려고 한다.	달리던 자전거 페달을 멈추어도 바퀴는 계속 회전한다.	깔개를 털면 먼지가 깔개에서 분리된다.
까닭	버스는 정지하는데 승객은 나아가던 방향으로 계속 움직이려 하기 때문	바퀴를 굴리는 힘은 멈추었지만 바퀴는 회전하는 상태를 유지하려 하기 때문	깔개는 움직이는데 먼지는 제자리에 있으려 하기 때문

2. 관성 법칙 물체에 작용하는 ◆알짜힘이 0이면 물체의 운동 상태가 변하지 않는다. 즉, 정지해 있던 물체는 계속 정지해 있고, 운동하던 물체는 계속 등속 직선 운동을 한다.

B 운동량과 충격량

운동하는 물체의 운동 정도를 나타내는 물리량 •┐

1. 운동량(p) 물체의 질량(m)과 속도(v)의 곱으로 나타낸다.

$$운동량 = 질량 \times 속도, \quad p = mv \ [단위: \text{kg} \cdot \text{m/s}]$$

① **운동량의 방향**: 속도의 방향과 같다. → 운동량의 방향은 물체의 운동 방향과 같다.

② **운동량의 크기**: 물체의 질량이 클수록, 속도가 빠를수록 크다.

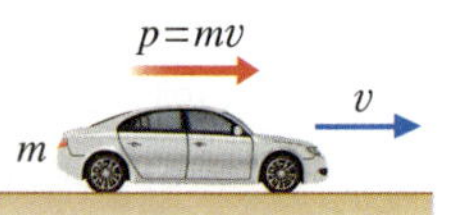

↑ **운동량** 질량이 m인 물체가 v의 속도로 운동할 때 운동량 $p = mv$이다.

2. 충격량(I) 물체에 작용한 힘(F)과 힘이 작용한 시간(Δt)의 곱으로 나타낸다. → 물체가 받은 충격의 정도를 나타내는 물리량

$$충격량 = 힘 \times 시간, \ I = F \Delta t \ [단위: N \cdot s]$$

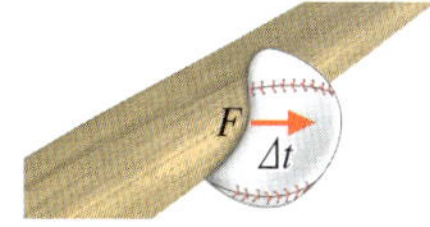

↑ **충격량** 물체에 F의 힘이 시간 Δt 동안 작용할 때 충격량 $I = F \Delta t$이다.

① **충격량의 방향**: 물체가 받은 힘의 방향과 같다. → 물체의 가속도의 방향과 같다.

② **충격량의 크기**: 물체에 작용하는 힘의 크기가 클수록, 힘이 작용한 시간이 길수록 크다.

| 힘-시간 그래프와 충격량 |

물체에 작용한 힘의 변화를 시간에 따라 나타낸 그래프에서 그래프 아랫부분의 넓이는 충격량을 나타낸다.

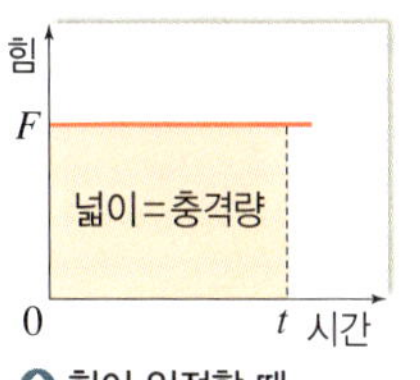

↑ 힘이 일정할 때

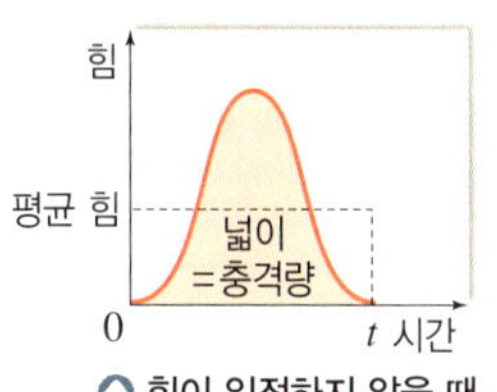

↑ 힘이 일정하지 않을 때

$$평균 \ 힘 = \frac{충격량}{충돌 \ 시간} = \frac{그래프 \ 아랫부분의 \ 넓이}{충돌 \ 시간}$$

3. 충격량과 운동량의 관계 물체가 힘을 받는 동안 속도가 변하므로 운동량이 변한다. 이때 물체가 받은 충격량은 물체의 운동량의 변화량과 같다.

$$충격량 = 운동량의 \ 변화량 = 나중 \ 운동량 - 처음 \ 운동량$$

＋ 확대경 **두 물체가 받는 충격량의 관계**   동아, 천재 교과서에만 나와요.

달리던 자동차 A가 정지해 있는 자동차 B와 충돌하면 A는 운동 방향과 반대 방향으로 힘을 받아 운동량이 감소하고, B는 A의 운동 방향으로 힘을 받아 운동량이 증가한다. 이때 A와 B가 받은 충격량은 크기가 같고, 방향은 반대이다.

탐구 자료창 **빨대를 이용하여 날린 면봉의 운동량의 변화 알아보기**   동아 교과서에만 나와요.

(가) 면봉을 반으로 잘라 빨대 속 주름 근처에 넣는다.

(나) 빨대를 약하게 불 때와 세게 불 때 면봉이 날아가는 거리를 비교한다.

(다) 길이가 짧은 빨대와 긴 빨대를 같은 세기로 불어 면봉이 날아가는 거리를 비교한다.

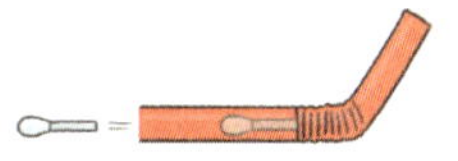

↑ 약하게 불 때

↑ 세게 불 때

↑ 짧은 빨대

↑ 긴 빨대

(나) 빨대를 부는 세기를 다르게 하는 경우   (다) 빨대의 길이를 다르게 하는 경우

1. 빨대를 세게 불었을 때 면봉이 더 멀리 날아간다. ➡ 빨대를 부는 힘이 셀수록 면봉이 받는 충격량이 커 빨대를 벗어날 때 면봉의 운동량이 크다. → 속도 변화가 크다.

2. 길이가 긴 빨대의 면봉이 더 멀리 날아간다. ➡ 빨대의 길이가 길수록 면봉이 힘을 받는 시간이 길어져 면봉이 받는 충격량이 커지므로 빨대를 벗어날 때 면봉의 운동량이 크다. → 속도 변화가 크다.

◆ **충격량을 크게 하는 방법**
물체에 작용하는 힘의 크기를 크게 하거나, 힘을 작용하는 시간을 길게 한다.

· 세게 휘두른 라켓: 물체에 작용하는 힘의 크기가 커져 충격량이 커진다.

· 포신이 긴 대포: 물체에 힘을 작용하는 시간이 길어져 충격량이 커진다.

↑ 세게 휘두른 라켓

↑ 포신이 긴 대포

◆ **충격량과 운동량의 단위 관계**
충격량의 단위와 운동량의 단위는 $N \cdot s = (kg \cdot m/s^2) \cdot s = kg \cdot m/s$ 이므로 두 물리량의 단위가 같다.

미래엔 교과서에만 나와요.

✳ **자유 낙하 하는 물체의 운동량의 변화량 비교**

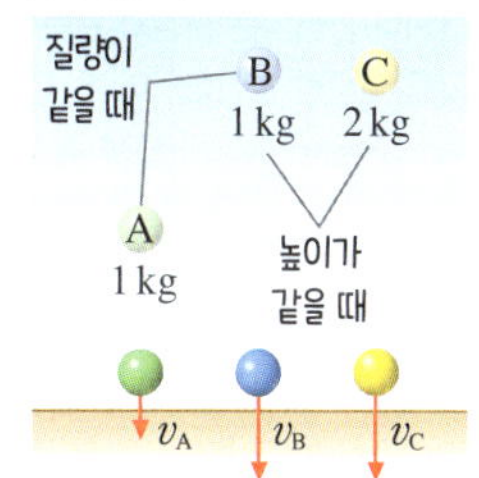

운동량의 변화량은 높은 곳에서 떨어진 B가 A보다 크고, 질량이 큰 C가 B보다 크다.

천재 교과서에만 나와요.

[또 다른 실험]

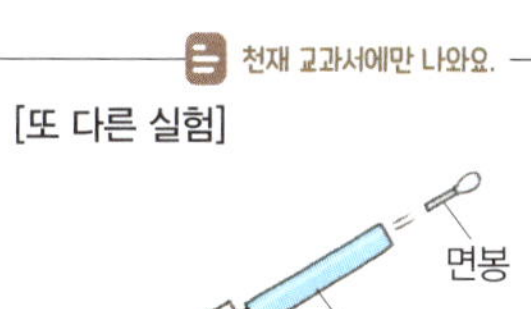

(가) 공기가 든 피스톤을 천천히 밀었을 때와 빠르게 밀었을 때 면봉이 날아간 거리를 비교한다.

(나) 면봉을 빨대의 끝 또는 주사기 입구에 넣고, 피스톤을 밀어 면봉이 날아간 거리를 비교한다.

➡ (가)에서 피스톤을 빠르게 밀었을 때의 면봉과 (나)에서 주사기 입구에 넣은 면봉이 더 멀리 날아간다.

C 충돌과 안전장치

1. 안전장치의 원리 충돌이 일어났을 때 힘이 작용하는 시간을 길게 하여 충돌로 인한 사람이나 물체가 받는 힘의 크기가 작아지도록 한다.

탐구 자료창 충격량이 같을 때 힘과 충돌 시간의 관계

같은 높이에서 동일한 달걀을 단단한 바닥(A)과 푹신한 방석(B) 위로 각각 떨어뜨렸다.

1. **충돌 전후 두 달걀의 운동량**: 충돌 직전 두 달걀의 질량과 속도가 같으므로 충돌 직전 운동량은 같고, 충돌 후 두 달걀의 속도가 0이므로 충돌 후 운동량은 0으로 같다.
2. **결과 및 결론**: 단단한 바닥에서는 충돌 시간이 짧고, 푹신한 방석에서는 충돌 시간이 길다. ➡ 운동량의 변화량(충격량)이 같을 때 충돌 시간이 길어지면 달걀이 받는 힘의 크기가 작아져 달걀이 깨지지 않는다.

그래프 아랫부분의 넓이	$S_A = S_B$
운동량의 변화량(충격량)	$I_A = I_B$
힘을 받는 시간(충돌 시간)	$t_A < t_B$
평균 힘의 크기	$F_A > F_B$

2. 충격을 줄이는 안전장치의 예

: 충격을 줄이는 안전장치

자동차의 에어백은 자동차가 충돌할 때 충돌 시간을 길게 하여 탑승자가 받는 힘을 줄여 준다.

자동차의 범퍼는 자동차가 충돌할 때 충돌 시간을 길게 하여 자동차가 받는 힘을 줄여 준다.

도로에 설치된 보호 난간은 자동차가 충돌할 때 충돌 시간을 길게 하여 자동차가 받는 힘을 줄여 준다.

보호대 안쪽의 스펀지는 다른 선수와 충돌할 때 충돌 시간을 길게 하여 몸이 받는 힘을 줄여 준다.

두꺼운 글러브는 야구공을 받을 때 충돌 시간을 길게 하여 손이 받는 힘을 줄여 준다.

매트는 높이뛰기 선수가 착지할 때 충돌 시간을 길게 하여 몸이 받는 힘을 줄여 준다.

기둥의 스펀지는 사람이 기둥에 부딪혔을 때 충돌 시간을 길게 하여 몸이 받는 힘을 줄여 준다.

에어 매트는 떨어지는 몸이 정지할 때까지 충돌 시간을 길게 하여 몸이 받는 힘을 줄여 준다.

뽁뽁이는 물건이 충돌에 의해 힘을 받을 때 충돌 시간을 길게 하여 물건이 받는 힘을 줄여 준다.

암기해

충격량(운동량의 변화량)이 같을 때 힘과 충돌 시간의 관계

- 충돌 시간이 길수록 물체가 받는 평균 힘의 크기가 작아진다. ➡ 충격을 줄이는 안전장치의 원리
- 충돌 시간이 짧을수록 물체가 받는 평균 힘의 크기가 커진다.

주의해

낙하하는 달걀에 의한 바닥이 받는 충격량

낙하하는 달걀이 바닥과 충돌하는 경우 달걀에 의해 바닥도 달걀이 받은 충격량과 같은 크기의 충격량을 받는다.

✱ **관성과 관련된 안전장치**

턱끈이나 안전띠는 관성과 관련된 사고를 대비한 안전장치이다.

- 턱끈: 사람의 속도가 변할 때 관성에 의해 안전모가 벗겨지는 것을 방지한다.
- 안전띠: 자동차의 속도가 변할 때 관성에 의해 사람이 튀어 나가는 것을 방지한다.

⬆ 턱끈

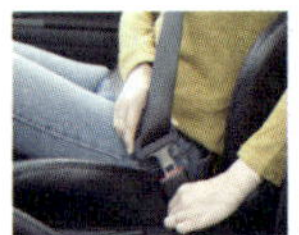

⬆ 안전띠

개념확인 문제

핵심 체크 ●

▶ (❶): 물체가 현재의 운동 상태를 유지하려는 성질로, 물체의 (❷)이 클수록 크다.

▶ (❸): 운동하는 물체의 질량과 속도를 곱한 물리량이다.

▶ (❹): 물체에 작용한 힘과 힘이 작용한 시간을 곱한 물리량이다.

▶ 힘−시간 그래프에서 그래프 아랫부분의 넓이는 (❺)을 나타낸다.

▶ 물체가 받은 충격량은 물체의 (❻)의 변화량과 같다.

▶ 물체가 받은 충격량이 같을 때 물체가 받은 평균 힘의 크기는 충돌 시간과 (❼) 관계이다.

▶ 우리 주변에서 볼 수 있는 대부분의 안전장치는 충돌이 일어났을 때 힘이 작용하는 시간을 (❽) 하여 충돌로 인한 사람이나 물체가 받는 힘의 크기를 감소시킨다.

---

1 관성에 대한 설명으로 옳은 것만을 [보기]에서 있는 대로 고르시오.

> **보기**
> ㄱ. 정지한 물체는 관성이 없다.
> ㄴ. 현재의 운동 상태를 유지하려는 성질이다.
> ㄷ. 물체의 질량이 클수록 관성의 크기는 작다.
> ㄹ. 물체에 작용하는 알짜힘이 0이면 정지해 있던 물체는 계속 정지해 있고, 운동하던 물체는 계속 등속 직선 운동을 한다.

2 질량이 150 g인 야구공이 108 km/h의 속력으로 날아갈 때 야구공의 운동량의 크기는 몇 kg·m/s인지 쓰시오.

3 운동량과 충격량에 대한 설명으로 옳은 것은 ◯, 옳지 <u>않은</u> 것은 ✕로 표시하시오.

(1) 물체가 받은 충격량은 물체의 운동량의 변화량과 같다.
.... ( )

(2) 물체에 작용하는 힘의 크기가 커지면 물체의 속도 변화량이 커진다. .... ( )

(3) 물체의 속도를 크게 변화시키려면 물체에 큰 힘을 오랫동안 작용해야 한다. .... ( )

(4) 대포의 포신이 짧을수록 포탄이 힘을 받는 시간이 길어져 포탄이 받는 충격량의 크기가 커진다. ..... ( )

4 수평면에서 5 m/s의 속력으로 운동하는 질량이 2 kg인 물체에 운동 방향으로 크기가 5 N·s인 충격량을 주었을 때 물체의 나중 운동량의 크기는 몇 kg·m/s인지 쓰시오.

5 그림은 동일한 달걀 A, B를 같은 높이에서 시멘트 바닥과 푹신한 방석에 각각 떨어뜨렸을 때 달걀이 받는 힘을 시간에 따라 나타낸 것이다. S_A와 S_B는 각각 그래프 아랫부분의 넓이이다.

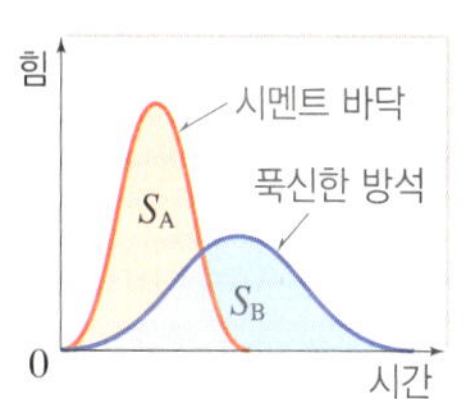

( ) 안에 알맞은 말을 고르시오.

(1) 시멘트 바닥과 푹신한 방석에 닿기 직전 달걀의 운동량의 크기는 A와 B가 (같다, 다르다).

(2) S_A와 S_B는 (같다, 다르다).

(3) 충돌 과정에서 운동량의 변화량의 크기는 A와 B가 (같다, 다르다).

(4) 충돌 과정에서 달걀이 받는 평균 힘의 크기는 A가 B보다 (크다, 작다).

6 일상생활에서 충돌이 일어났을 때 충돌 시간을 길게 하여 사람이나 물체가 받는 평균 힘의 크기를 줄이는 안전장치를 [보기]에서 있는 대로 고르시오.

> **보기**
> ㄱ. 헬멧   ㄴ. 에어백   ㄷ. 병따개
> ㄹ. 푹신한 매트   ㅁ. 자동차의 범퍼   ㅂ. 대포의 긴 포신

내신 만점 문제

A 관성

01 그림은 정지한 버스가 갑자기 출발할 때 승객이 뒤로 넘어지려고 하는 모습을 나타낸 것이다.

이와 같은 원리로 설명할 수 있는 현상만을 [보기]에서 있는 대로 고른 것은?

보기
ㄱ. 물 로켓이 물을 분사하며 앞으로 나아간다.
ㄴ. 휴지를 빠르게 잡아당기면 풀어지지 않고 끊어진다.
ㄷ. 수영 선수가 물속에서 벽을 발로 차며 앞으로 나아간다.

① ㄴ ② ㄷ ③ ㄱ, ㄴ
④ ㄱ, ㄷ ⑤ ㄴ, ㄷ

중요 02 관성에 대한 설명으로 옳은 것은?

① 물체의 속력이 빠를수록 관성이 크다.
② 물체의 운동 상태를 변화시키는 원인이다.
③ 물체에 작용하는 알짜힘이 0이면 관성이 없다.
④ 관성이 큰 물체는 운동 상태를 변화시키기 쉽다.
⑤ 깔개를 털면 먼지가 분리되는 현상은 관성 때문이다.

03 그림은 마찰이 없는 수평면에서 물체 A는 정지해 있고, B, C는 일정한 속력으로 운동하고 있는 모습을 나타낸 것이다.

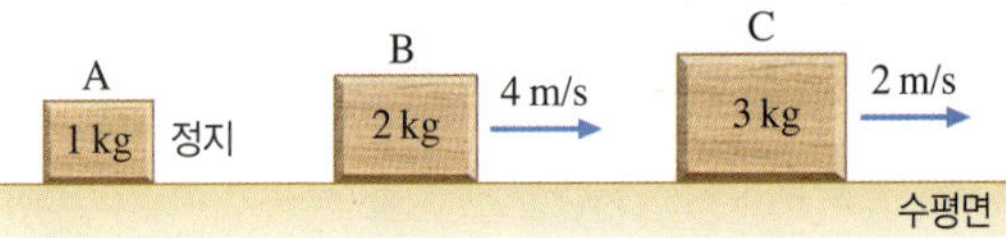

이에 대한 설명으로 옳은 것만을 [보기]에서 있는 대로 고른 것은?

보기
ㄱ. A에는 관성이 나타나지 않는다.
ㄴ. 관성이 가장 큰 물체는 B이다.
ㄷ. C에 작용하는 알짜힘은 0이다.

① ㄱ ② ㄴ ③ ㄷ
④ ㄴ, ㄷ ⑤ ㄱ, ㄴ, ㄷ

B 운동량과 충격량

04 그림은 공 A~C의 질량과 속력을 나타낸 것이다.

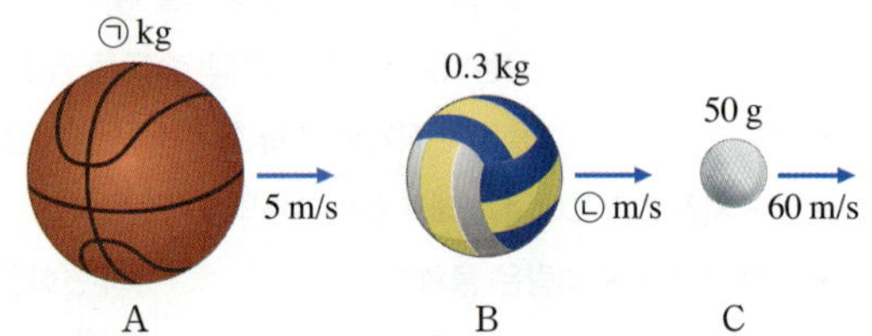

A~C의 운동량의 크기가 모두 같을 때 ㉠ : ㉡은?

① 1 : 25 ② 1 : 50 ③ 2 : 25
④ 3 : 25 ⑤ 3 : 50

05 운동량과 충격량에 대한 설명으로 옳지 <u>않은</u> 것은?

① 운동량은 질량이 클수록, 속력이 빠를수록 크다.
② 물체가 받은 충격량의 크기만큼 운동량이 변한다.
③ 충격량의 크기는 힘의 크기가 클수록, 힘을 받은 시간이 길수록 크다.
④ 두 물체의 충돌에서 두 물체가 받은 충격량은 크기와 방향이 같다.
⑤ 물체가 받은 충격량이 일정할 때 충돌 시간이 길수록 물체가 받은 평균 힘의 크기는 작아진다.

06 그림은 20 m/s의 속력으로 날아오는 질량이 60 g인 테니스공이 테니스 채와 충돌한 후 날아오던 방향의 반대 방향으로 50 m/s의 속력으로 날아가는 모습을 나타낸 것이다.

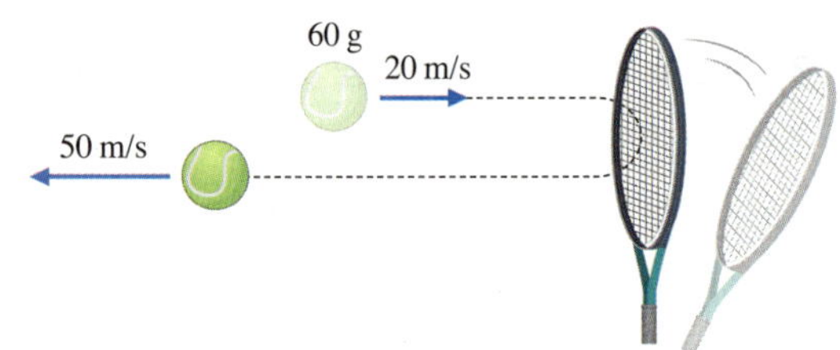

충돌하는 동안 공이 테니스 채로부터 받은 충격량의 크기는? (단, 공은 직선상에서만 운동하고, 모든 마찰과 공기 저항은 무시한다.)

① 1.2 N·s ② 1.8 N·s ③ 3 N·s
④ 4.2 N·s ⑤ 4.8 N·s

07 그림 (가)는 마찰이 없는 수평면 위에서 질량이 4 kg인 볼링공 A가 정지해 있는 질량이 2 kg인 볼링 핀 B를 향해 10 m/s의 속력으로 등속 직선 운동 하는 모습을 나타낸 것이고, (나)는 A와 B가 충돌하는 동안 B가 A로부터 받은 힘의 크기를 시간에 따라 나타낸 것이다. 충돌 후 A, B는 동일 직선상에서 운동하고, 그래프 아랫부분의 넓이는 20 N·s이다.

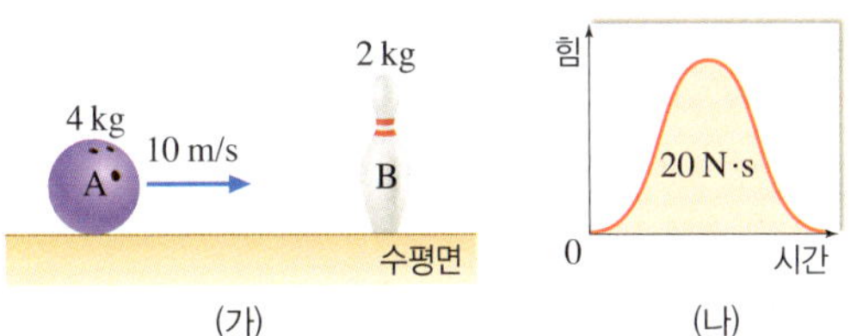

이에 대한 설명으로 옳은 것만을 [보기]에서 있는 대로 고른 것은?

보기
ㄱ. 충돌 전 A의 운동량의 크기는 20 kg·m/s이다.
ㄴ. 충돌 직후 B의 속력은 10 m/s이다.
ㄷ. 충돌 직후 A와 B의 운동 방향은 서로 반대이다.

① ㄱ　　　② ㄴ　　　③ ㄱ, ㄷ
④ ㄴ, ㄷ　　　⑤ ㄱ, ㄴ, ㄷ

중요 08 그림은 날아오는 동일한 야구공 A와 B를 맨손과 글러브로 잡는 모습을 나타낸 것이고, 표는 야구공이 맨손과 글러브로부터 받은 충격량의 크기와 충돌 시간을 나타낸 것이다.

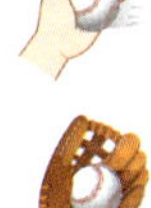

구분	야구공이 받은 충격량의 크기	충돌 시간
A	S	t
B	$3S$	$2t$

이에 대한 설명으로 옳은 것만을 [보기]에서 있는 대로 고른 것은? (단, A, B는 충돌 후 정지한다.)

보기
ㄱ. 충돌하는 동안 운동량의 변화량의 크기는 A가 B보다 작다.
ㄴ. 충돌 직전 야구공의 속력은 B가 A의 3배이다.
ㄷ. 충돌하는 동안 야구공이 받은 평균 힘의 크기는 A가 B보다 크다.

① ㄱ　　　② ㄷ　　　③ ㄱ, ㄴ
④ ㄴ, ㄷ　　　⑤ ㄱ, ㄴ, ㄷ

09 그림 (가)는 수평면에서 등속 직선 운동을 하던 질량이 2 kg인 공이 스틱으로부터 운동 방향으로 0.1초부터 0.3초까지 힘을 받은 후 등속 직선 운동 하는 모습을 나타낸 것이고, (나)는 (가)에서 공의 속력을 시간에 따라 나타낸 것이다.

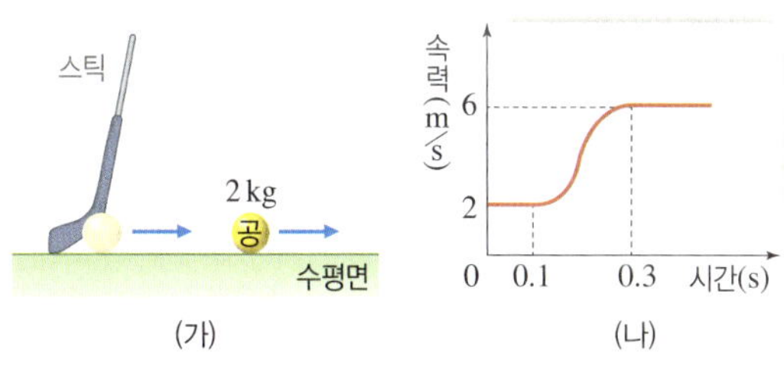

0.1초부터 0.3초까지 충돌하는 동안 공이 스틱으로부터 받은 평균 힘의 크기는?

① 10 N　　　② 20 N　　　③ 30 N
④ 40 N　　　⑤ 50 N

중요 10 그림 (가)는 동일한 면봉 A, B를 각각 빨대의 출구와 입구에 넣고, 입으로 불어 수평 방향으로 발사하는 모습을 나타낸 것이고, (나)의 P, Q는 면봉이 빨대를 통과하는 동안 A, B가 받은 힘의 크기를 시간에 따라 순서 없이 나타낸 것이다.

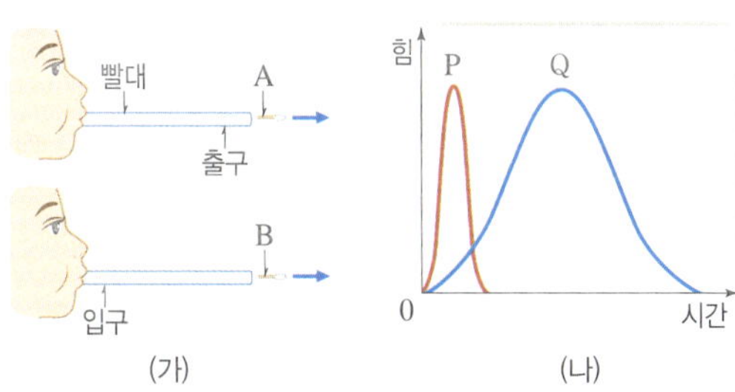

이에 대한 설명으로 옳은 것만을 [보기]에서 있는 대로 고른 것은?

보기
ㄱ. A에 해당하는 그래프는 P이다.
ㄴ. 빨대 속에서 받은 충격량의 크기는 A가 B보다 작다.
ㄷ. 빨대를 빠져나오는 순간, 속력은 A가 B보다 작다.

① ㄱ　　　② ㄷ　　　③ ㄱ, ㄴ
④ ㄴ, ㄷ　　　⑤ ㄱ, ㄴ, ㄷ

중요 11 그림 (가)는 동일한 유리컵 A와 B를 같은 높이에서 시멘트 바닥과 푹신한 방석에 각각 떨어뜨렸을 때 시멘트 바닥에 떨어진 유리컵만 깨지는 모습을 나타낸 것이고, (나)는 이때 유리컵이 받은 힘의 크기를 시간에 따라 나타낸 것이다. S_A, S_B는 각각 그래프 아랫부분의 넓이이다.

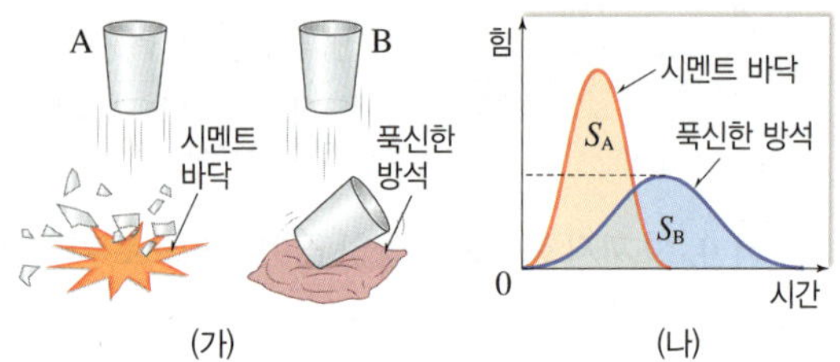

이에 대한 설명으로 옳은 것만을 [보기]에서 있는 대로 고른 것은?

보기
ㄱ. S_A와 S_B는 같다.
ㄴ. 유리컵이 받은 충격량의 크기는 A가 B보다 크다.
ㄷ. 유리컵이 받은 평균 힘의 크기는 A와 B가 같다.

① ㄱ   ② ㄴ   ③ ㄱ, ㄴ
④ ㄱ, ㄷ   ⑤ ㄴ, ㄷ

12 다음은 자동차의 안전장치에 대한 설명이다.

자동차가 충돌할 때 탑승자의 안전을 위해 자동차 외부의 ㉠범퍼는 잘 찌그러지도록 설계되어 있고, 자동차 내부의 ㉡에어백은 충돌 즉시 강하게 부풀도록 설계되어 있다.

이에 대한 설명으로 옳은 것만을 [보기]에서 있는 대로 고른 것은?

보기
ㄱ. ㉠은 충돌하는 동안 자동차가 받는 평균 힘의 크기를 감소시킨다.
ㄴ. ㉠은 충돌이 일어날 때 자동차가 충격을 받는 시간을 짧게 한다.
ㄷ. ㉡은 탑승자가 받은 충격량을 감소시킨다.

① ㄱ   ② ㄷ   ③ ㄱ, ㄴ
④ ㄴ, ㄷ   ⑤ ㄱ, ㄴ, ㄷ

13 포수가 야구공을 받을 때 두꺼운 글러브를 착용한다. 이와 같은 원리를 이용한 예로 옳지 <u>않은</u> 것은?

① 자동차의 범퍼
② 차량 내부의 안전띠
③ 공기가 충전된 포장재
④ 농구대 기둥에 설치된 스펀지
⑤ 높이뛰기 선수가 착지하는 매트

서술형 문제

14 그림은 수평인 얼음판 위에서 선수 A가 질량이 40 kg인 2 m/s로 운동하는 선수 B를 뒤에서 밀었더니, B의 속력이 5 m/s가 된 것을 나타낸 것이다. (단, A, B는 동일 직선상에서 운동하고, 선수의 크기, 모든 마찰과 공기 저항은 무시한다.)

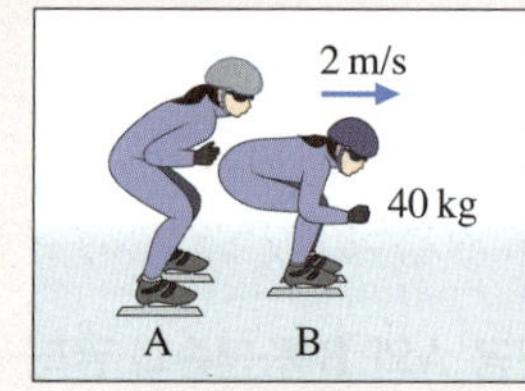
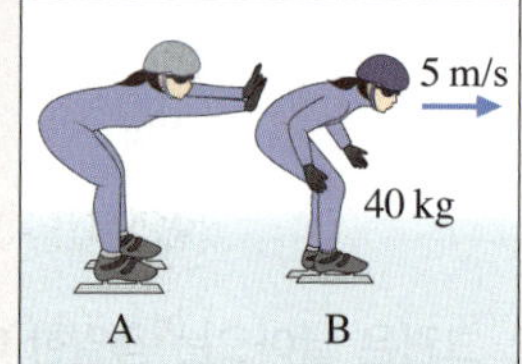

(1) A가 B를 미는 동안 B의 운동량의 변화량의 크기를 구하시오.

(2) A가 B를 미는 동안 B가 힘을 받은 시간이 2초일 때 B가 받은 평균 힘의 크기를 계산 과정과 함께 서술하시오.

15 그림과 같이 동일한 물풍선을 같은 높이에서 단단한 바닥과 푹신한 방석에 각각 떨어뜨렸을 때 단단한 바닥에 떨어진 물풍선만 터진 까닭을 충격량과 관련지어 서술하시오. (단, 공기 저항은 무시한다.)

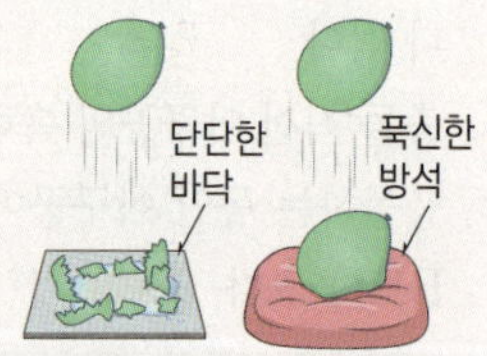

실력 UP 문제

01 그림은 갈릴레이의 사고 실험을 나타낸 것이다. 기준선 P의 점 O에서 물체를 가만히 놓았을 때 물체는 경사면을 따라 내려와 반대쪽 경사면 또는 수평면을 따라 운동한다. A와 B는 각각 경사면과 수평면 위의 한 점이다.

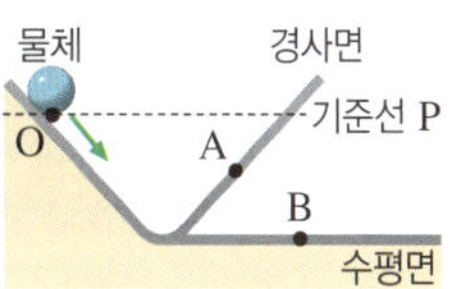

이에 대한 설명으로 옳은 것만을 [보기]에서 있는 대로 고른 것은? (단, 물체의 크기, 모든 마찰과 공기 저항은 무시한다.)

보기
ㄱ. A를 지나는 물체는 P에 도달하지 못한다.
ㄴ. B를 지나는 물체는 등가속도 운동을 한다.
ㄷ. B를 지나는 물체에 작용하는 알짜힘은 0이다.

① ㄴ   ② ㄷ   ③ ㄱ, ㄴ
④ ㄱ, ㄷ   ⑤ ㄴ, ㄷ

02 그림 (가)는 마찰이 없는 수평면에서 질량이 각각 m, $2m$인 공 A, B가 서로 반대 방향으로 운동하는 모습을 나타낸 것이고, (나)는 (가)의 A를 발로 수평 방향으로 찼더니 A, B 사이의 거리가 일정하게 유지되며, 운동하는 모습을 나타낸 것이다. 표는 (가), (나)에서 A, B의 운동량의 크기를 나타낸 것이다.

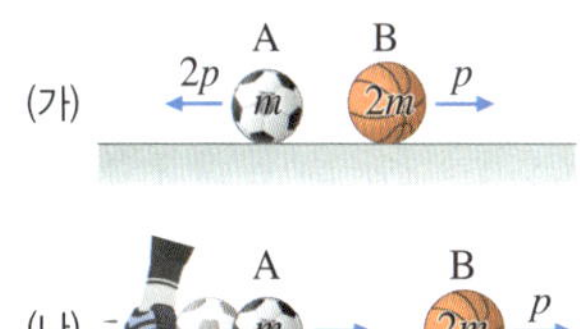

구분	운동량의 크기	
	A	B
(가)	$2p$	p
(나)	$\bigcirc$	p

이에 대한 설명으로 옳은 것만을 [보기]에서 있는 대로 고른 것은? (단, A, B는 동일 직선상에서 운동하며, 공의 크기와 공기 저항은 무시한다.)

보기
ㄱ. (가)에서 공의 속력은 A가 B의 4배이다.
ㄴ. $\bigcirc$은 p이다.
ㄷ. A가 발로부터 받은 충격량의 크기는 $3p$이다.

① ㄱ   ② ㄴ   ③ ㄷ
④ ㄱ, ㄴ   ⑤ ㄴ, ㄷ

03 그림 (가)는 마찰이 없는 수평면에 정지해 있는 물체를 망치로 때렸더니 물체가 벽에 충돌한 후 튀어 나오는 모습을 나타낸 것이고, (나)는 물체의 속도를 시간에 따라 나타낸 것이다. 망치, 벽이 각각 물체에 힘을 작용한 시간은 t_0, $2t_0$이다.

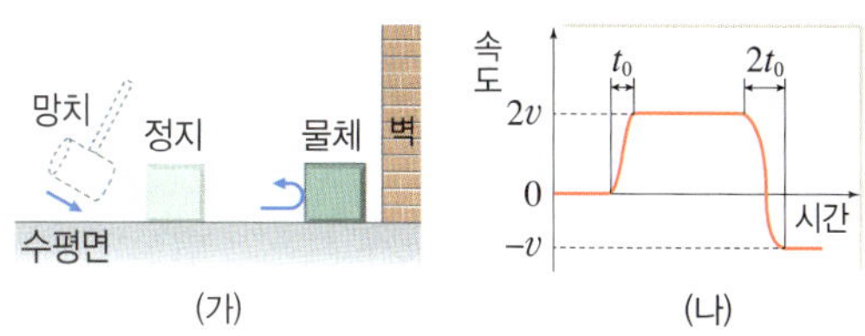

물체가 망치와 벽에 충돌하는 동안 받은 평균 힘의 크기를 각각 $F_1 : F_2$라고 할 때 $F_1 : F_2$는?

① $1 : 1$ ② $2 : 3$ ③ $3 : 2$
④ $3 : 4$ ⑤ $4 : 3$

04 다음은 수레의 충돌 실험이다.

[실험 과정]

(가) 그림과 같이 힘 센서를 장착한 수레를 벽에 충돌시켜 충돌하는 동안 수레가 받는 힘을 측정한다.

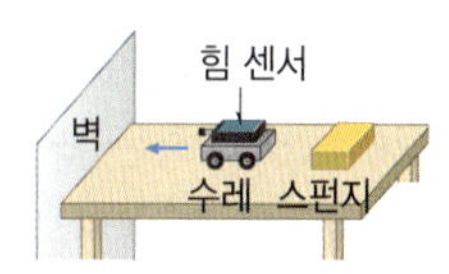

(나) 수레 앞에 스펀지를 설치한 후 (가)의 과정을 반복한다.

※ 수레는 벽과 충돌 후 정지한다.

[실험 결과]

과정	수레가 벽과 충돌한 후 정지할 때까지 걸린 시간
(가)	t
(나)	$2t$

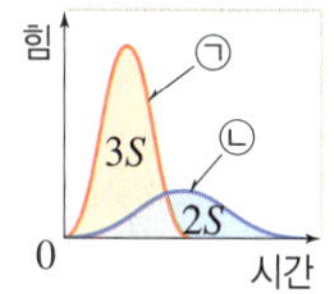

※ $\bigcirc$, $\bigcirc$은 (가), (나)의 결과를 순서 없이 나타낸 것이며, 그래프 아랫부분의 넓이는 각각 $3S$, $2S$이다.

이에 대한 설명으로 옳은 것만을 [보기]에서 있는 대로 고른 것은? (단, 힘 센서, 스펀지의 질량과 모든 마찰은 무시한다.)

보기
ㄱ. $\bigcirc$은 (나)의 측정 결과이다.
ㄴ. 충돌 직전 수레의 속력은 (가)에서가 (나)에서보다 작다.
ㄷ. 충돌하는 동안 수레가 받은 평균 힘의 크기는 (가)에서가 (나)에서보다 크다.

① ㄱ   ② ㄴ   ③ ㄷ
④ ㄱ, ㄴ   ⑤ ㄴ, ㄷ

중단원 핵심 정리

01 / 중력을 받는 물체의 운동

1. 중력

(1) **중력** : 질량이 있는 물체 사이에 상호작용 하는 힘으로 질량이 (①), 물체 사이의 거리가 가까울수록 크다.

(2) **중력의 특징**

① 물체가 서로 접촉해 있거나 떨어져 있어도 작용한다.

② 지구에 의한 중력의 방향은 (②) 방향이다.

(3) **무게** : 물체에 작용하는 중력의 크기로, 장소에 따라 측정값이 달라진다. ➡ 달에서가 지구에서보다 가볍다.

2. 중력에 의한 지구 표면에서 물체의 운동

(1) **자유 낙하 운동** : 물체가 중력만을 받으며 낙하하는 운동

① 질량에 관계없이 1초마다 속도가 9.8 m/s씩 일정하게 (③)하는 (④) 운동을 한다.

② 물체의 질량이 다르면 중력의 크기는 다르지만 중력 가속도의 크기는 같다. ➡ 같은 높이에서 동시에 자유 낙하하는 물체는 질량에 관계없이 동시에 바닥에 도달한다.

(2) **수평 방향으로 던진 물체의 운동**

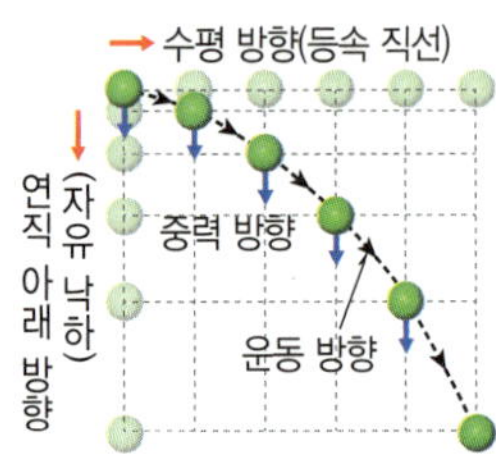

구분	수평 방향	연직 방향
힘	없음	중력
속도	(⑤)	일정하게 증가
운동	등속 직선 운동	(⑥)

3. 지구 주위를 공전하는 물체의 원운동

(1) **수평 방향의 속력에 따른 물체의 운동** : 수평 방향으로 던진 물체의 속력이 빠를수록 수평 방향으로 더 멀리 나아간다.

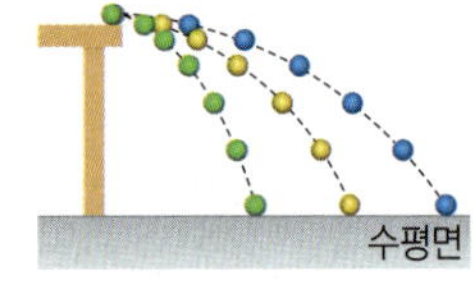

(2) **지구 주위를 공전하는 물체의 원운동** : 지구 주위를 공전하는 물체는 지구의 중력에 의해 지구 중심 방향의 (⑦) 운동을 한다. ➡ 원운동을 한다.

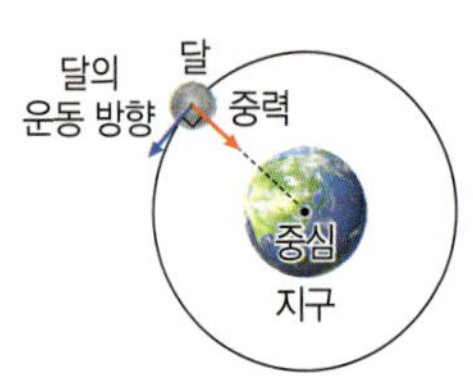

02 / 운동과 충돌

1. 관성

(1) **관성** : 물체가 현재의 운동 상태를 유지하려는 성질

(2) **관성 법칙** : 물체에 작용하는 알짜힘이 0이면 물체의 운동 상태가 변하지 않는다. 즉, 정지해 있던 물체는 계속 정지해 있고, 운동하던 물체는 계속 (⑧)을 한다.

2. 운동량과 충격량

(1) **운동량과 충격량**

구분	운동량	충격량
정의	운동량=질량×(⑨)	충격량=평균 힘×충돌 시간
관계	• 물체가 받은 충격량은 운동량의 (⑩)과 같다. • 충격량=운동량의 (⑩)=나중 운동량−처음 운동량	

(2) **충격량을 크게 하는 방법** : 물체에 작용하는 힘의 크기를 크게 하거나, 힘이 작용하는 시간을 길게 한다.

(3) **힘-시간 그래프** : 그래프 아랫부분의 넓이는 (⑪)을 나타낸다.

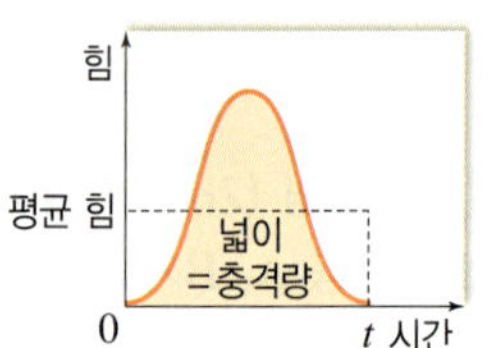

$$\text{평균 힘} = \frac{\text{충격량}}{\text{충돌 시간}} = \frac{\text{그래프 아랫부분의 넓이}}{\text{충돌 시간}}$$

3. 충돌과 안전장치

(1) **힘과 충돌 시간의 관계** : 충격량이 같을 때 물체가 받은 힘의 크기는 충돌 시간에 (⑫)한다.

예 동일한 두 달걀을 같은 높이에서 떨어뜨릴 때

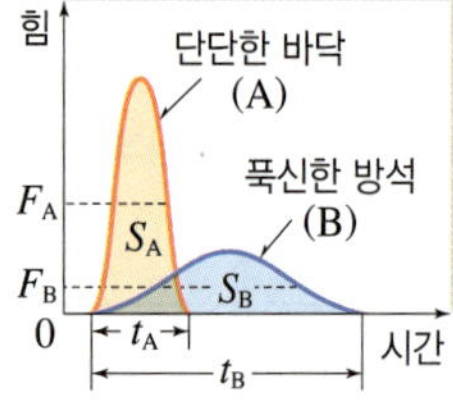

그래프 넓이	$S_A($ ⑬ $)S_B$
충격량	$I_A = I_B$
충돌 시간	$t_A < t_B$
평균 힘	$F_A > F_B$

(2) **안전장치의 원리** : 힘이 작용하는 시간을 (⑭) 하여 충돌로 인한 사람이나 물체가 받는 힘의 크기가 작아지도록 한다.

예 자동차의 에어백, 자동차의 범퍼, 보호대 안쪽의 스펀지, 에어 매트, 공기가 충전된 포장재 등

중단원 마무리 문제

난이도 ●●●

01 그림은 질량이 각각 m, $2m$인 행성 A, B가 중력에 의해 서로 가까워지는 모습을 나타낸 것이다.

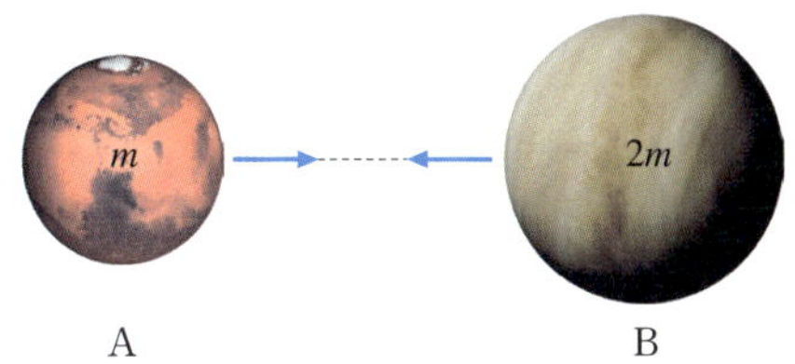

이에 대한 설명으로 옳은 것만을 [보기]에서 있는 대로 고른 것은?

보기
ㄱ. A와 B에 작용하는 중력의 크기는 같다.
ㄴ. A와 B에 작용하는 중력의 방향은 같다.
ㄷ. A와 B가 가까워지는 동안 A에 작용하는 중력의 크기는 일정하다.

① ㄱ　　　　② ㄴ　　　　③ ㄷ
④ ㄱ, ㄴ　　　⑤ ㄴ, ㄷ

02 다음은 물체가 일정한 운동 체계를 유지할 수 있게 하는 어느 힘에 대한 설명이다.

질량이 있는 모든 물체 사이에 작용하는 힘으로, 자연 현상을 일으키거나 생명 활동에 영향을 준다. 이 힘은 지구 중심 방향으로 작용한다.

이에 대한 설명으로 옳은 것만을 [보기]에서 있는 대로 고른 것은?

보기
ㄱ. 중력에 대한 설명이다.
ㄴ. 물체를 지구 중심 방향으로 가속시키는 원인이다.
ㄷ. 물이 높은 곳에서 낮은 곳으로 흐르게 하는 힘이다.

① ㄱ　　　　② ㄴ　　　　③ ㄱ, ㄷ
④ ㄴ, ㄷ　　　⑤ ㄱ, ㄴ, ㄷ

03 그림은 물체 A, B를 같은 높이에서 동시에 가만히 놓은 모습을 나타낸 것으로, 질량은 A가 B보다 작다.
이에 대한 설명으로 옳은 것만을 [보기]에서 있는 대로 고른 것은? (단, 물체의 크기와 공기 저항은 무시한다.)

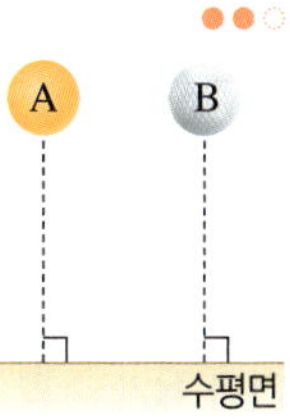

보기
ㄱ. 수평면에는 A와 B가 동시에 도달한다.
ㄴ. 물체에 작용하는 중력의 크기는 A가 B보다 작다.
ㄷ. 수평면에 도달하기 직전 물체의 속력은 A와 B가 같다.

① ㄱ　　　　② ㄴ　　　　③ ㄱ, ㄷ
④ ㄴ, ㄷ　　　⑤ ㄱ, ㄴ, ㄷ

04 그림은 물체를 수평 방향으로 v_1의 속력으로 던진 순간부터 일정한 시간 간격으로 물체의 위치를 나타낸 것이다. L_1과 L_2는 위치에 따른 물체 사이의 수평 거리이고, 물체가 수평면에 도달하는 순간 물체의 수평 방향의 속력은 v_2이다.

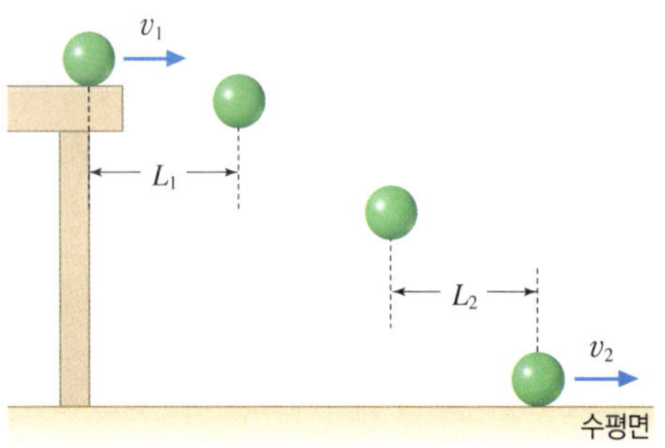

이에 대한 설명으로 옳은 것만을 [보기]에서 있는 대로 고른 것은? (단, 물체의 크기와 공기 저항은 무시한다.)

보기
ㄱ. $L_1 = L_2$이다.
ㄴ. 운동하는 동안 물체에 작용하는 중력의 방향과 운동 방향은 같다.
ㄷ. $v_1 = v_2$이다.

① ㄱ　　　　② ㄴ　　　　③ ㄱ, ㄷ
④ ㄴ, ㄷ　　　⑤ ㄱ, ㄴ, ㄷ

05 그림은 쇠구슬 발사 장치에서 물체 A를 가만히 놓는 순간, 물체 B를 수평 방향으로 v의 속력으로 발사시켰을 때 A와 B가 수평면에 도달한 모습을 나타낸 것이고, 표는 A를 가만히 놓은 순간부터 A, B가 수평면에 도달할 때까지 걸린 시간과 B가 수평 방향으로 이동한 거리를 나타낸 것이다.

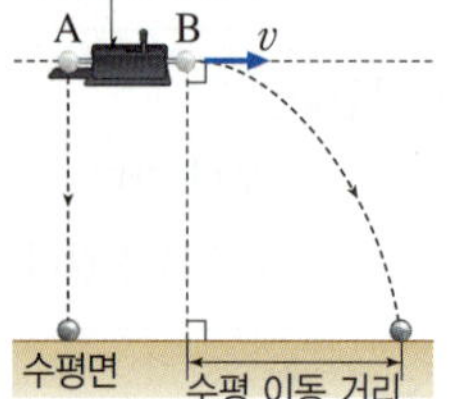

	걸린 시간		수평 이동 거리
	A	B	B
㉠		1초	3 m

이에 대한 설명으로 옳은 것만을 [보기]에서 있는 대로 고른 것은? (단, 쇠구슬의 크기와 공기 저항은 무시한다.)

보기
ㄱ. ㉠은 1초보다 작다.
ㄴ. $v = 3$ m/s이다.
ㄷ. A는 낙하하는 동안 속력이 일정하게 증가한다.

① ㄱ   ② ㄴ   ③ ㄱ, ㄷ
④ ㄴ, ㄷ   ⑤ ㄱ, ㄴ, ㄷ

06 그림은 질량이 각각 m, $2m$인 물체 A, B를 같은 높이에서 수평 방향으로 각각 v_A, v_B의 속력으로 동시에 던졌을 때 A, B가 수평면에 도달한 모습을 나타낸 것이다. A, B가 던져진 순간부터 수평면에 도달할 때까지 수평 방향으로 이동한 거리는 각각 L_A, L_B이고, $L_B > L_A$이다.

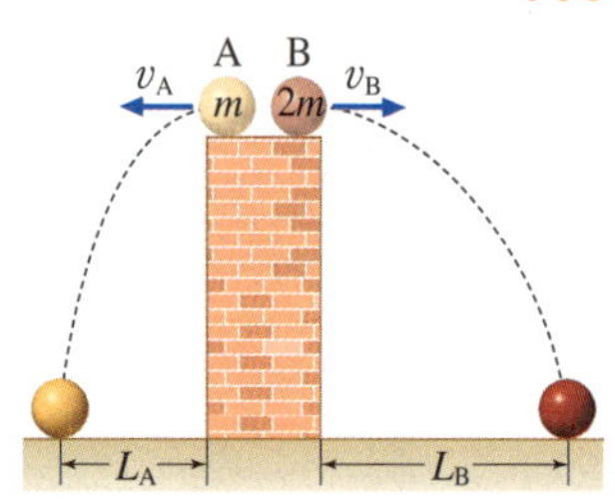

이에 대한 설명으로 옳은 것만을 [보기]에서 있는 대로 고른 것은? (단, 물체의 크기와 공기 저항은 무시한다.)

보기
ㄱ. 수평면에는 B가 A보다 먼저 도달한다.
ㄴ. $v_A < v_B$이다.
ㄷ. $\dfrac{v_A}{v_B} = \dfrac{L_A}{L_B}$이다.

① ㄱ   ② ㄷ   ③ ㄱ, ㄴ
④ ㄴ, ㄷ   ⑤ ㄱ, ㄴ, ㄷ

07 그림은 지표면 근처에서 동일한 포탄 A~C를 수평 방향으로 발사하였을 때 A~C의 운동 경로를 나타낸 것으로, C는 원 궤도를 따라 운동한다.

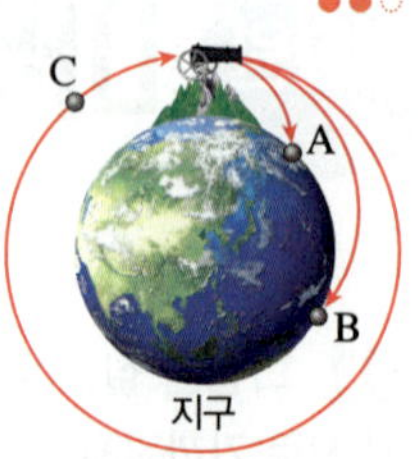

이에 대한 설명으로 옳은 것만을 [보기]에서 있는 대로 고른 것은?

보기
ㄱ. 포탄을 발사한 속력은 A가 가장 크다.
ㄴ. B의 가속도의 방향은 지구 중심 방향이다.
ㄷ. C에는 중력이 작용하지 않는다.

① ㄱ   ② ㄴ   ③ ㄷ
④ ㄱ, ㄴ   ⑤ ㄴ, ㄷ

08 그림은 지구 중심으로부터 반지름이 r인 원 궤도를 따라 일정한 속력으로 운동하는 인공위성을 나타낸 것이다.

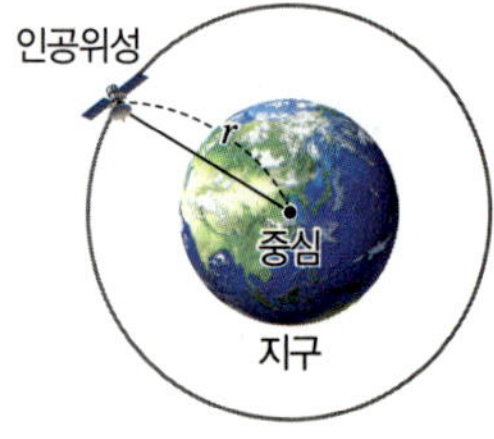

이에 대한 설명으로 옳은 것만을 [보기]에서 있는 대로 고른 것은?

보기
ㄱ. 인공위성이 한 바퀴 도는 동안 인공위성에 작용하는 중력의 크기는 위치에 따라 다르다.
ㄴ. 인공위성에 작용하는 힘의 방향은 일정하다.
ㄷ. 인공위성의 원 궤도의 반지름이 r보다 커지면 인공위성에 작용하는 중력의 크기는 작아진다.

① ㄱ   ② ㄷ   ③ ㄱ, ㄴ
④ ㄴ, ㄷ   ⑤ ㄱ, ㄴ, ㄷ

서술형

09 그림과 같이 휴지를 빠르게 잡아당기면 휴지가 풀어지지 않고 끊어진다. 그 까닭을 서술하시오.

10 그림은 직선상에서 운동하는 질량이 **2 kg**인 물체의 운동량을 시간에 따라 나타낸 것이다. 이에 대한 설명으로 옳은 것만을 [보기]에서 있는 대로 고른 것은?

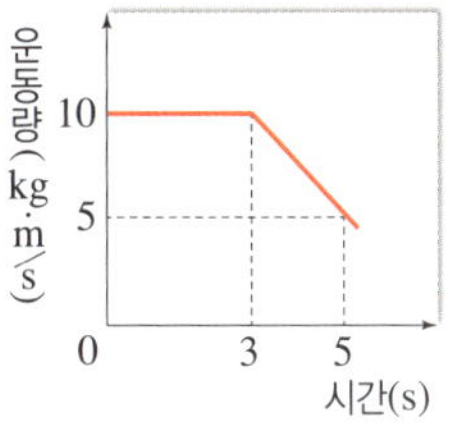

[보기]
- ㄱ. 물체의 속력은 3초일 때가 5초일 때의 2배이다.
- ㄴ. 3초부터 5초까지 물체가 받은 충격량의 크기는 $15 \ N \cdot s$ 이다.
- ㄷ. 4초일 때 물체에 작용하는 힘의 방향은 물체의 운동 방향과 같다.

① ㄱ   ② ㄷ   ③ ㄱ, ㄴ
④ ㄴ, ㄷ   ⑤ ㄱ, ㄴ, ㄷ

11 그림 (가)는 마찰이 없는 수평면에서 **10 m/s**의 일정한 속력으로 운동하던 질량이 **5 kg**인 물체에 운동 방향과 같은 방향으로 힘이 작용하는 모습을 나타낸 것이고, (나)는 이 물체에 작용하는 힘의 크기 **F**를 시간에 따라 나타낸 것이다.

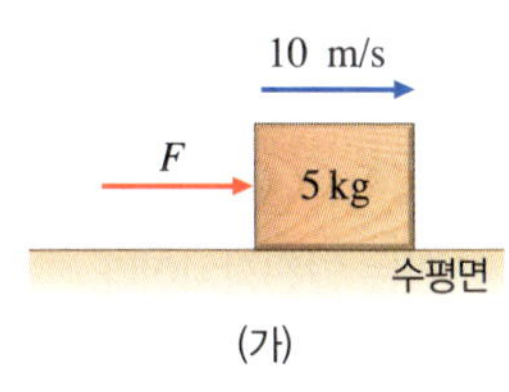

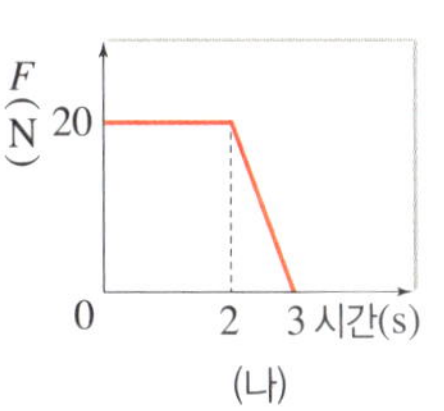

3초일 때 물체의 속력은? (단, 공기 저항은 무시한다.)

① 0   ② 5 m/s   ③ 10 m/s
④ 15 m/s   ⑤ 20 m/s

서술형

12 그림과 같은 대포는 포탄을 멀리 날리기 위해 포신을 길게 만든다. 그 까닭을 서술하시오.

13 그림은 질량이 m인 공이 v의 속력으로 방망이와 충돌한 후 반대 방향으로 $2v$의 속력으로 운동하는 모습을 나타낸 것이다. 공이 방망이와 충돌하는 동안 방망이로부터 받은 평균 힘의 크기는 $\dfrac{mv}{t}$이다.

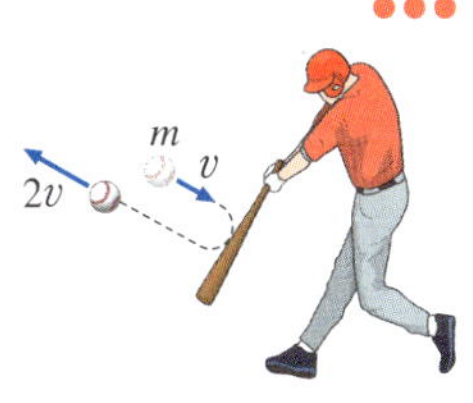

이에 대한 설명으로 옳은 것만을 [보기]에서 있는 대로 고른 것은? (단, 공은 직선상에서만 운동하고, 공의 크기는 무시한다.)

[보기]
- ㄱ. 공의 운동량의 크기는 방망이와 충돌 직전이 충돌 직후보다 크다.
- ㄴ. 공이 방망이로부터 받은 충격량의 크기는 $3mv$이다.
- ㄷ. 공이 방망이로부터 힘을 받은 시간은 $3t$이다.

① ㄱ   ② ㄷ   ③ ㄱ, ㄴ
④ ㄴ, ㄷ   ⑤ ㄱ, ㄴ, ㄷ

14 그림 (가)는 마찰이 없는 수평면에서 물체가 벽을 향해 등속 직선 운동을 하다가 벽과 충돌하여 반대 방향으로 튕겨 나오는 모습을 나타낸 것이고, (나)는 이 물체의 운동량을 시간에 따라 나타낸 것이다. 물체가 벽과 접촉한 시간은 t_0이다.

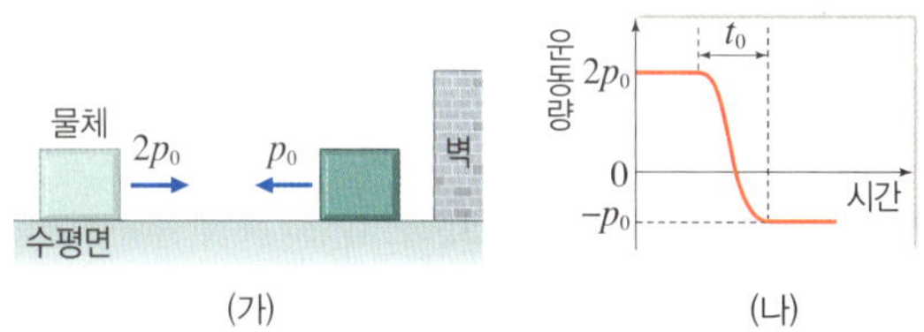

이에 대한 설명으로 옳은 것만을 [보기]에서 있는 대로 고른 것은? (단, 공기 저항은 무시한다.)

[보기]
- ㄱ. 물체의 속력은 벽에 충돌하기 전이 충돌한 후보다 작다.
- ㄴ. 물체가 벽으로부터 받은 충격량의 크기는 $3p_0$이다.
- ㄷ. 물체가 벽으로부터 받은 평균 힘의 크기는 $\dfrac{p_0}{t_0}$이다.

① ㄴ   ② ㄷ   ③ ㄱ, ㄴ
④ ㄱ, ㄷ   ⑤ ㄴ, ㄷ

15 그림 (가)는 동일한 면봉 A, B를 주사기의 끝 부분에 연결된 빨대에 넣고, 피스톤을 밀어 수평 방향으로 발사하는 모습을 나타낸 것으로, A는 빨대의 출구에, B는 빨대의 입구에 넣었다. (나)는 면봉이 빨대를 통과하는 동안 A, B가 받는 힘을 시간에 따라 나타낸 것이다.

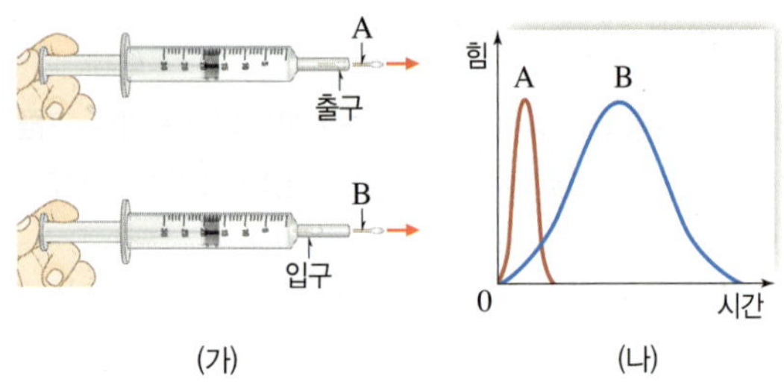

(가)   (나)

(1) 빨대를 통과하는 동안 면봉이 받은 충격량의 크기가 큰 것을 고르시오.

(2) 면봉이 빨대를 빠져나오는 순간, 속력이 큰 것을 고르고, 그 까닭을 서술하시오.

16 그림은 질량이 각각 $3m$, m, m인 물체 A, B, C를 수평면으로부터 각각 $4h$, $4h$, h인 높이에서 동시에 가만히 놓아 자유 낙하 시킨 모습을 나타낸 것이다.

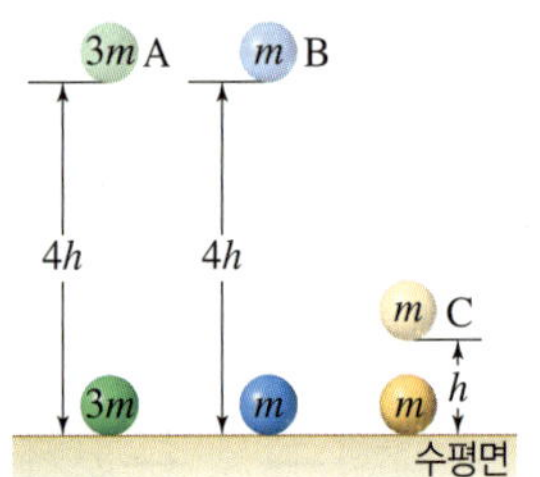

이에 대한 설명으로 옳은 것만을 [보기]에서 있는 대로 고른 것은? (단, 물체는 수평면에 도달하는 순간, 정지하고, 물체의 크기는 무시한다.)

보기
ㄱ. 물체에 작용하는 중력의 크기는 A와 B가 같다.
ㄴ. 수평면에 도달하기 직전 운동량의 크기는 A가 B보다 작다.
ㄷ. 물체가 수평면으로부터 받은 충격량의 크기는 B가 C보다 크다.

① ㄱ   ② ㄷ   ③ ㄱ, ㄴ
④ ㄴ, ㄷ   ⑤ ㄱ, ㄴ, ㄷ

[17~18] 그림 (가)는 동일한 달걀을 같은 높이에서 단단한 바닥과 푹신한 방석에 각각 떨어뜨렸을 때 단단한 바닥에 떨어진 달걀만 깨지는 모습을 나타낸 것이고, (나)는 이때 달걀이 받은 힘의 크기를 시간에 따라 나타낸 것이다.

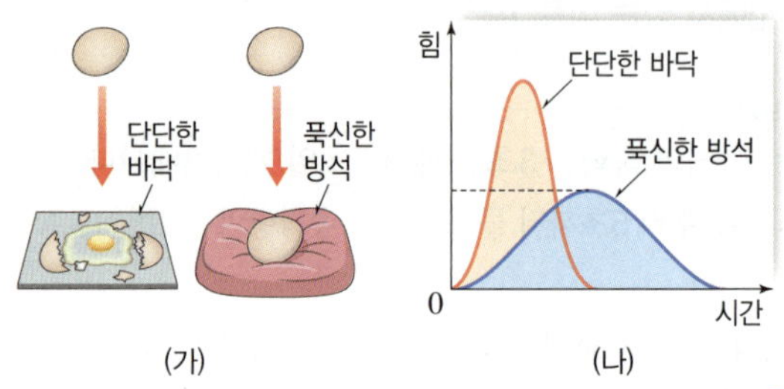

(가)   (나)

17 충돌하는 동안 두 달걀의 운동에 대한 설명으로 옳지 않은 것은?

① 두 달걀이 받은 충격량의 크기는 같다.
② 방석에 떨어진 달걀의 충돌 시간이 더 길다.
③ 충돌하기 직전 두 달걀의 운동량의 크기는 같다.
④ 운동량 변화량의 크기는 방석에 떨어진 달걀이 더 크다.
⑤ 달걀이 받은 평균 힘의 크기는 단단한 바닥에 떨어진 달걀이 더 크다.

18 단단한 바닥에 떨어진 달걀만 깨진 까닭을 서술하시오.

19 그림은 일상생활에서 볼 수 있는 안전장치이다.

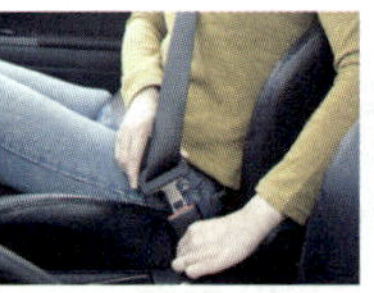

뽁뽁이   안전띠   에어 매트

이에 대한 설명으로 옳은 것만을 [보기]에서 있는 대로 고른 것은?

보기
ㄱ. 뽁뽁이는 물건이 받는 충돌 시간을 짧게 한다.
ㄴ. 안전띠는 탑승자가 받는 충격량의 크기를 감소시킨다.
ㄷ. 에어 매트는 떨어지는 사람이 받는 평균 힘의 크기를 감소시킨다.

① ㄱ   ② ㄴ   ③ ㄷ
④ ㄱ, ㄴ   ⑤ ㄴ, ㄷ

중단원 고난도 문제

01 그림은 같은 높이에서 가만히 놓은 질량이 m인 물체 A와 수평 방향으로 던진 질량이 $2m$인 물체 B가 수평면과 나란한 기준선 P를 동시에 지나는 모습을 나타낸 것이고, 표는 A의 속력을 시간에 따라 나타낸 것이다.

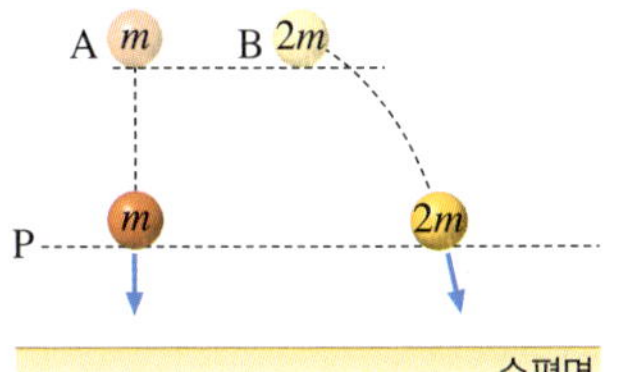

시간	A의 속력
0	0
$2t$	v_1
$3t$	v_2
$5t$	v_3

이에 대한 설명으로 옳은 것만을 [보기]에서 있는 대로 고른 것은? (단, 물체의 크기와 공기 저항은 무시한다.)

[보기]
ㄱ. P에서 A에 작용하는 힘의 방향과 운동 방향은 같다.
ㄴ. A는 B보다 수평면에 먼저 도달한다.
ㄷ. $v_3 = v_1 + v_2$이다.

① ㄴ 　② ㄷ 　③ ㄱ, ㄴ
④ ㄱ, ㄷ 　⑤ ㄴ, ㄷ

02 그림은 지구 주위를 원 궤도를 따라 공전하는 물체 A가 점 P를 지나는 순간, P에 정지해 있던 물체 B가 자유 낙하 하는 모습을 나타낸 것이다.

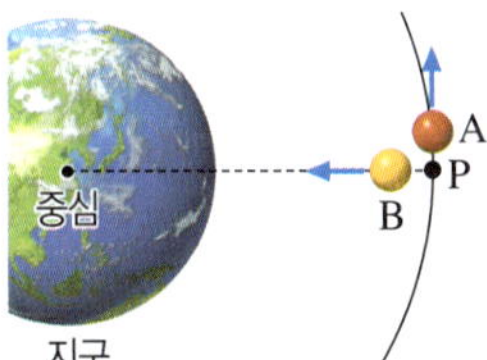

이에 대한 설명으로 옳은 것만을 [보기]에서 있는 대로 고른 것은? (단, 물체의 크기는 무시한다.)

[보기]
ㄱ. 공전하는 동안 A의 속도는 일정하다.
ㄴ. 공전하는 동안 A에 작용하는 중력의 방향과 A의 운동 방향은 수직이다.
ㄷ. P에서 A와 B의 가속도의 방향은 같다.

① ㄱ 　② ㄴ 　③ ㄷ
④ ㄴ, ㄷ 　⑤ ㄱ, ㄴ, ㄷ

03 그림 (가)는 마찰이 없는 수평면에서 질량이 같은 물체 A, B가 벽을 향해 각각 v, $3v$의 속력으로 등속 직선 운동 하는 모습을 나타낸 것이고, (나)는 (가)에서 B가 벽과 충돌하여 v의 속력으로 반대 방향으로 튕겨 나와 A와 충돌 후 정지한 모습을 나타낸 것이다.

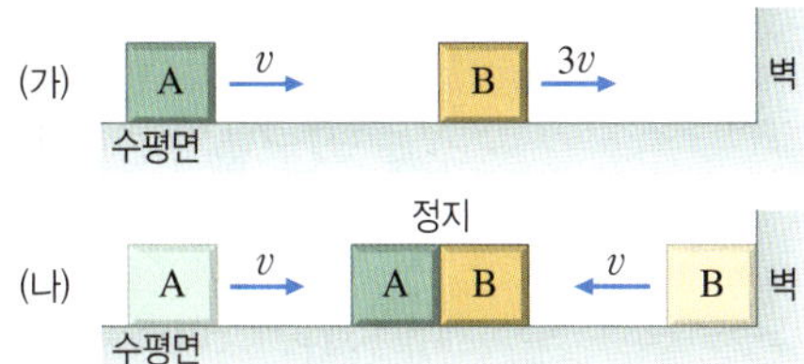

충돌하는 동안 B가 벽으로부터 받은 충격량의 크기를 I_1, A가 B로부터 받은 충격량의 크기를 I_2라고 할 때 $I_1 : I_2$는? (단, A, B는 동일 직선상에서 운동하고, 공기 저항은 무시한다.)

① $1 : 1$ 　② $1 : 2$ 　③ $2 : 1$
④ $3 : 1$ 　⑤ $4 : 1$

04 그림 (가)는 수평면에서 질량이 각각 m, $2m$인 물체 A, B가 벽을 향해 속력 $2v_0$, v_0으로 운동하다가 벽과 충돌 후 반대 방향으로 속력 v_0, v로 운동하는 것을 나타낸 것이고, (나)는 A, B가 각각 벽으로부터 받은 힘을 시간에 따라 나타낸 것으로, 그래프 아랫부분의 넓이는 각각 $4S$, $3S$이다.

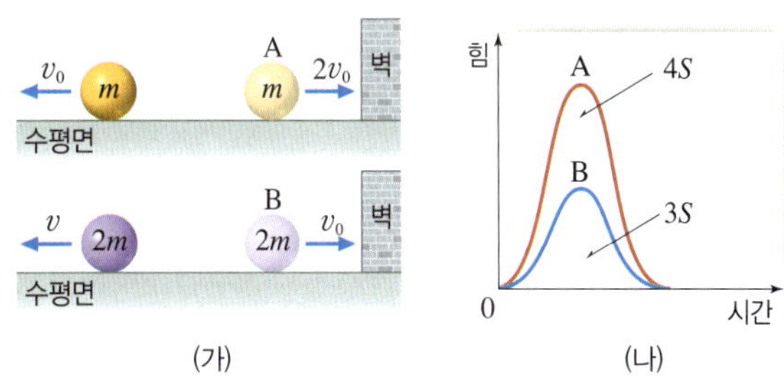

벽과 충돌 후 B의 속력 v는? (단, 물체의 크기, 모든 마찰과 공기 저항은 무시한다.)

① $\dfrac{1}{8} v_0$ 　② $\dfrac{1}{7} v_0$ 　③ $\dfrac{1}{6} v_0$
④ $\dfrac{2}{7} v_0$ 　⑤ $\dfrac{2}{3} v_0$

III

시스템과 상호작용

1 지구 시스템

2 역학 시스템

3 생명 시스템

01 생명 시스템의 기본 단위 186
02 생명 시스템에서의 화학 반응 196
03 생명 시스템에서 정보의 흐름 204

이 단원의 학습 연계

중학교에서 배운 내용

- 세포의 구조와 기능
- 생물의 구성 단계
- 염색체와 유전자

세포의 구조와 기능

1 [**①**] : 생명체를 이루는 기본 단위이자 생명활동이 일어나는 기본 단위

2 세포의 구조와 기능

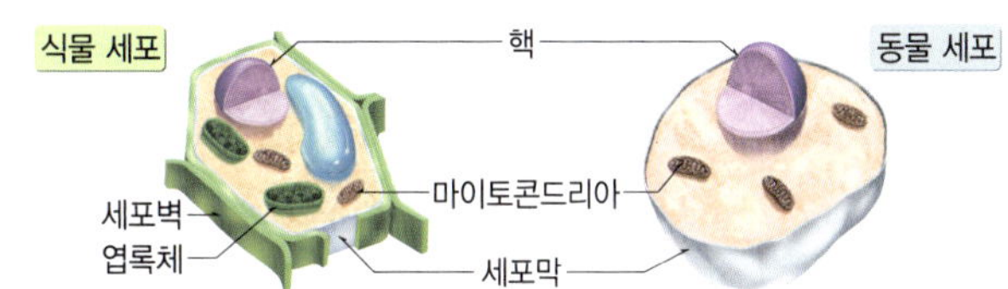

- [**②**] : 유전물질(DNA)이 있어 생명활동을 조절한다.
- **마이토콘드리아** : 생명활동에 필요한 에너지를 생산한다.
- [**③**] : 세포를 둘러싸고 있는 얇은 막으로, 물질 출입을 조절한다.
- **엽록체** : 광합성을 하여 양분을 만든다.
- **세포벽** : 세포막 바깥을 둘러싼 두꺼운 벽으로, 세포의 형태를 유지한다.

생물의 구성 단계

1 **동물의 구성 단계** : 세포 → 조직 → 기관 → [**④**] → 개체

2 **식물의 구성 단계** : 세포 → 조직 → [**⑤**] → 기관 → 개체

염색체와 유전자

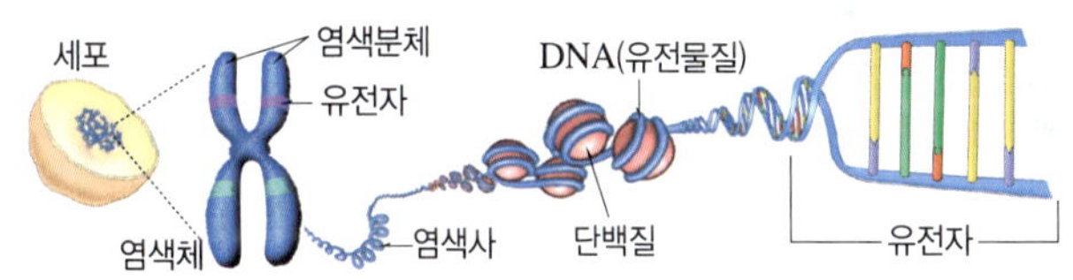

1 [**⑥**] : DNA와 단백질로 구성되며, 세포분열 시 응축되어 나타난다.

2 염색체를 구성하는 유전물질은 DNA이며, [**⑦**]는 유전정보가 저장된 DNA의 특정 부위이다. 하나의 DNA에는 수많은 [**⑦**]가 있다.

❶ 세포 ❷ 핵 ❸ 세포막 ❹ 기관계 ❺ 조직계 ❻ 염색체 ❼ 유전자

통합과학에서 배울 내용

- 생명 시스템의 구성
- 세포의 구조와 기능
- 세포막을 통한 물질 이동
- 물질대사
- 효소의 특성과 작용 원리
- 유전자와 단백질
- 유전정보의 흐름

생명체를 구성하는 기본 단위인 세포가 세포막을 통해 외부와 상호작용을 하면서 물질대사로 생명활동을 유지하며, 유전자를 중심으로 생명 시스템이 유지되는 원리를 배울 거야.

01 생명 시스템의 기본 단위

★ 핵심 포인트
- ▶ 세포소기관의 구조와 기능 ★★★
- ▶ 세포막의 구조와 기능 ★★
- ▶ 세포막을 통한 확산과 삼투 ★★★

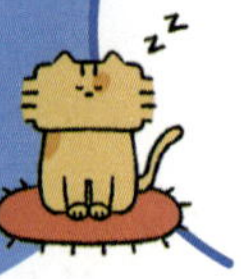

A 생명 시스템의 구성

1. 생명 시스템 구성 요소 사이의 상호작용으로 생명 현상이 나타나는 체계

① 생명체는 지구 시스템의 생물권을 구성하고, 각각의 생명체는 몸을 구성하는 여러 요소가 상호작용하며 다양한 생명활동을 수행하는 하나의 ◆생명 시스템이다.

② 생명 시스템의 구조적·기능적 단위는 세포이다.

2. 생명 시스템의 구성 단계 → 다세포생물의 구성 단계이며, 단세포생물에서는 하나의 세포가 곧 하나의 개체이다.

세포	➡	조직	➡	기관	➡	개체
생명체를 구성하는 구조적·기능적 단위		모양과 기능이 비슷한 세포의 모임		여러 조직이 모여 고유한 형태와 기능을 나타내는 것		여러 기관이 모여 독립적으로 생명활동을 하는 하나의 생명체

+ 확대경 동물과 식물의 구성 단계

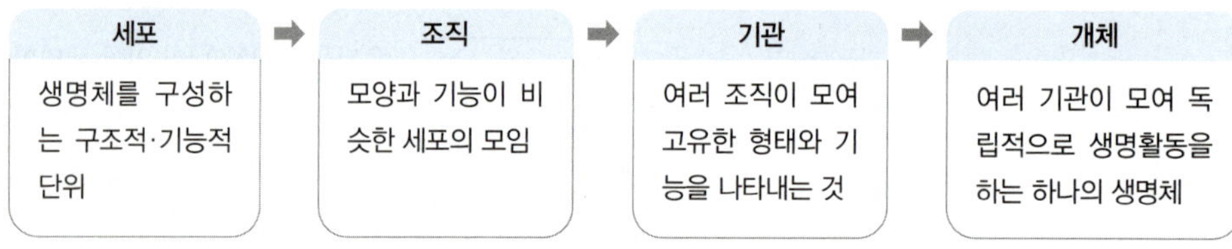

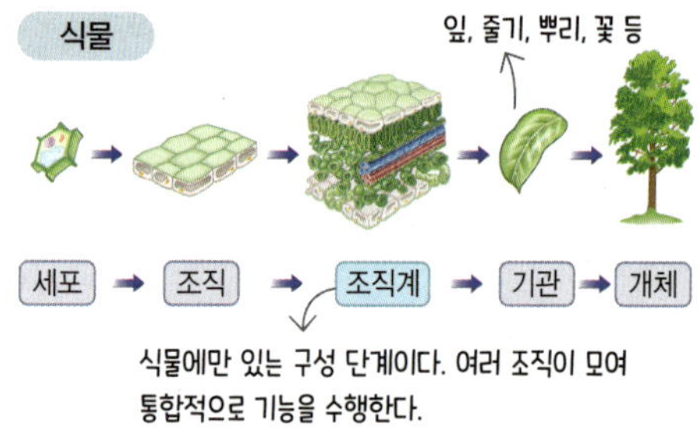

B 세포의 구조와 기능

1. 세포의 구조 ◆세포는 세포막으로 둘러싸여 있으며, 내부는 핵과 ❶세포질로 구분된다.

| 동물 세포와 식물 세포의 구조 |

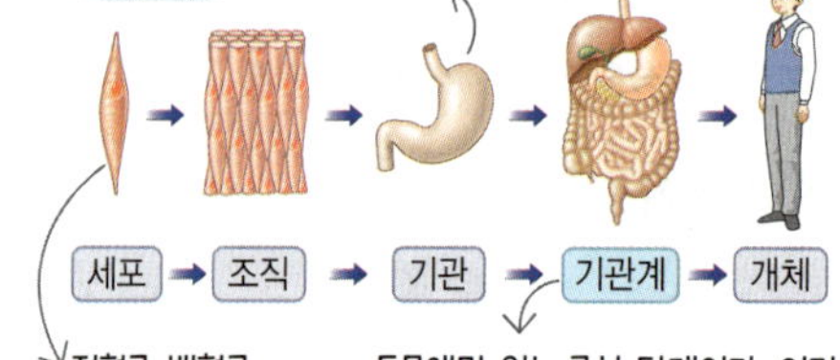

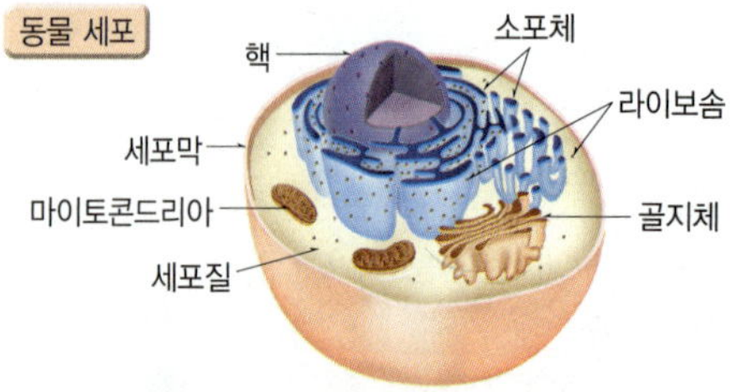

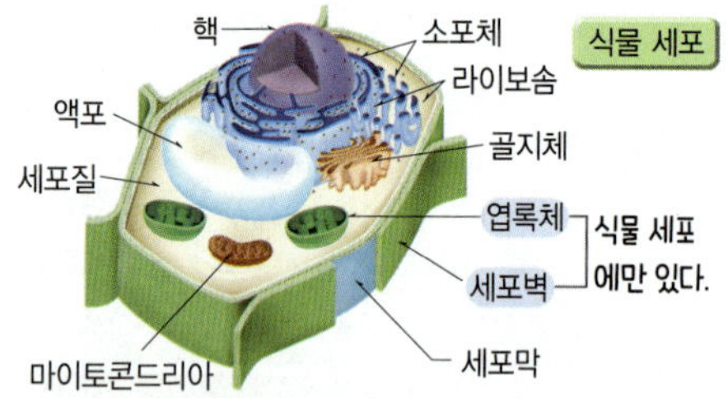

- 핵, 세포막, 마이토콘드리아, 라이보솜, 소포체, 골지체 등은 동물 세포와 식물 세포에 공통적으로 존재한다.
- 동물 세포와는 달리 식물 세포에는 엽록체와 세포벽이 있고, 액포가 발달되어 있다.

◆ **생명 시스템**
- 하나의 생명체는 수많은 세포가 서로 유기적으로 조직되어 정교한 체제를 이루고 상호작용함으로써 생명 현상을 나타낸다. 또 외부 환경요인과도 끊임없이 상호작용한다.
- 세포는 여러 세포소기관이 상호작용하여 생명 현상을 나타내며, 세포막을 통해 외부 환경요인과 끊임없이 상호작용한다. 따라서 세포도 하나의 생명 시스템이라 할 수 있다.

◆ **진핵세포와 원핵세포**
진핵세포는 핵막으로 둘러싸인 뚜렷한 핵이 있는 세포이고, 원핵세포는 핵막으로 둘러싸인 뚜렷한 핵이 없는 세포이다. 동물 세포와 식물 세포는 모두 진핵세포에 해당한다.

암기해

동물 세포에는 없고 식물 세포에만 있는 세포소기관
- 엽록체, 세포벽

용어

❶ **세포질(細 가늘다 胞 세포 質 바탕)** 세포에서 세포막 안쪽의 핵을 제외한 나머지 부분으로, 세포소기관이 있는 장소이다.

2. 세포소기관의 기능

① **핵** : 세포에서 가장 큰 세포소기관으로, 공 모양으로 뚜렷하게 관찰된다. 핵막으로 싸여 있으며, 유전정보를 저장하고 있는 DNA가 있어 세포의 생명활동을 조절한다.

② **라이보솜** : 막으로 둘러싸여 있지 않으며, 작은 알갱이 모양이다. DNA의 유전정보에 따라 아미노산을 연결하여 단백질을 합성한다. → 소포체에 붙어 있거나 세포질에 존재한다.

③ **소포체** : 막으로 둘러싸인 납작한 주머니와 관으로 되어 있으며, 핵막과 연결되어 있다. 라이보솜에서 합성된 단백질을 골지체나 세포의 다른 부위로 운반한다.

④ **골지체** : 막으로 둘러싸인 납작한 주머니가 여러 층으로 포개져 있는 모양이다. 소포체에서 운반된 단백질 등을 저장했다가 막으로 싸서 세포 밖으로 분비한다.

+ 확대경   단백질의 합성과 이동에 관여하는 세포소기관

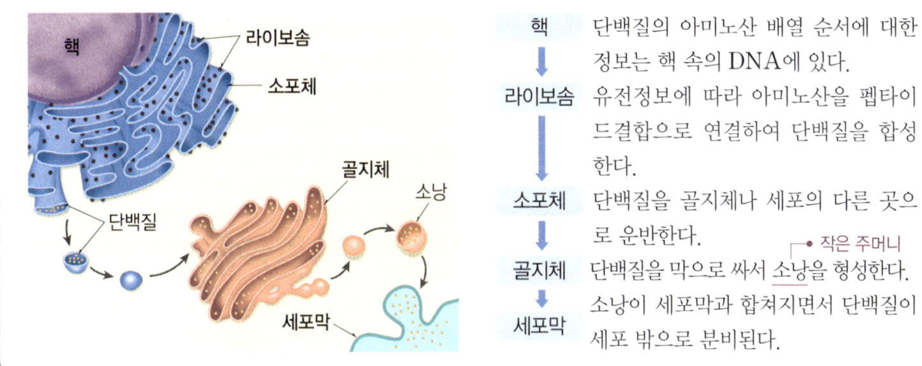

핵 : 단백질의 아미노산 배열 순서에 대한 정보는 핵 속의 DNA에 있다.

라이보솜 : 유전정보에 따라 아미노산을 펩타이드결합으로 연결하여 단백질을 합성한다.

소포체 : 단백질을 골지체나 세포의 다른 곳으로 운반한다.

골지체 : 단백질을 막으로 싸서 소낭을 형성한다. → 작은 주머니

세포막 : 소낭이 세포막과 합쳐지면서 단백질이 세포 밖으로 분비된다.

⑤ **엽록체** : 초록색을 띠고 있으며, 막으로 둘러싸여 있다. 광합성이 일어나는 장소로, 빛에너지를 흡수하여 이산화 탄소와 물을 원료로 포도당을 합성한다.

⑥ **마이토콘드리아** : 둥근 막대 모양으로, 막으로 둘러싸여 있다. 세포호흡이 일어나는 장소로, 산소를 이용해 유기물을 분해하여 세포가 생명활동을 하는 데 사용하는 에너지를 생산한다.
└→ 세포호흡 과정에서 산소를 흡수하고, 이산화 탄소를 방출한다.

| 에너지 전환에 관여하는 세포소기관 |

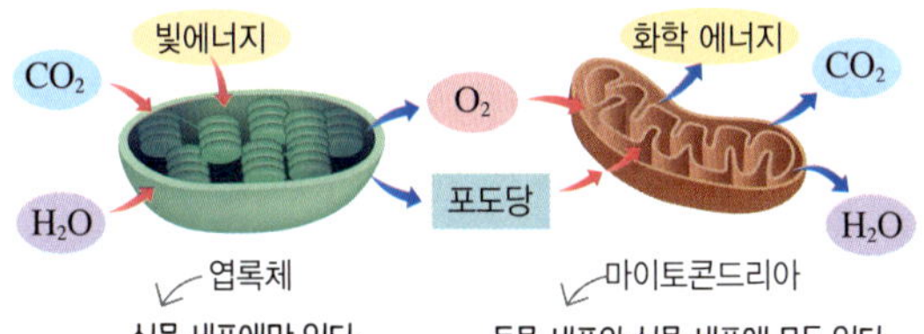

• 엽록체는 빛에너지를 포도당의 화학 에너지로 전환한다. ➡ 광합성
• 마이토콘드리아는 유기물의 화학 에너지를 세포가 생명활동에 사용하는 형태의 화학 에너지(ATP)로 전환한다. ➡ 세포호흡

⑦ **액포** : 막으로 둘러싸여 있으며, 물, 색소, 노폐물 등을 저장한다. 식물 세포에 크게 발달해 있다. → 성숙한 식물 세포일수록 액포의 크기가 크다.

⑧ **세포막** : 세포를 둘러싸고 있는 얇은 막으로, 세포 내부를 외부와 분리하여 독립된 공간으로 만든다. 세포 안팎으로 물질이 출입하는 것을 조절한다. → 주성분은 인지질과 단백질이다.

⑨ **세포벽** : 식물 세포의 세포막 바깥에 있는 단단한 벽으로, 세포를 보호하고 세포의 형태를 유지한다. → 주성분은 셀룰로스이다.

◆ **세포소기관의 막 구조**
핵, 마이토콘드리아, 엽록체, 소포체, 골지체, 액포는 막으로 둘러싸여 있고, 라이보솜은 막으로 둘러싸여 있지 않다.

📖 지학사 교과서에만 나와요.
◆ **소포체의 기능**
소포체는 물질 운반 외에 지방을 포함한 지질의 합성에 관여하기도 한다.
라이보솜이 붙어 있지 않은 소포체에서 지질을 합성한다.

◆ **생명활동을 하는 데 사용하는 에너지**
생물이 생명활동을 하는 데 직접 사용하는 에너지는 ATP를 분해하여 얻는다. ATP(adenosine triphosphate)는 아데닌, 당(라이보스), 인산 세 분자가 결합한 것으로, 에너지 저장 물질이다.

◆ **액포**
세포액이 들어 있는 주머니로, 일반적으로 식물 세포에 있는 것을 말한다. 식물 세포의 삼투압 유지에 관여한다.

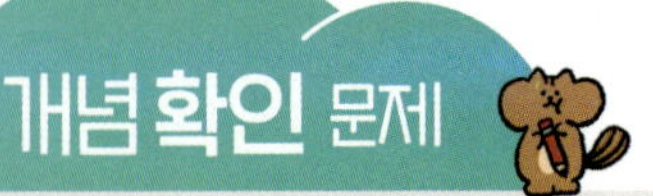

─ 핵심 체크 ●

▸ (❶   ): 구성 요소 사이의 상호작용으로 생명 현상이 나타나는 체계
▸ 생명 시스템의 구성 단계: 세포 → 조직 → (❷   ) → 개체
▸ 세포의 구조와 기능
 ┌ (❸   ): DNA가 있어 세포의 생명활동을 조절한다.
 ├ (❹   ): 단백질을 합성한다.
 ├ 소포체: 라이보솜에서 합성한 단백질을 골지체나 세포의 다른 곳으로 운반한다.
 ├ (❺   ): 단백질을 막으로 싸서 세포 밖으로 분비한다.
 ├ (❻   ): 광합성이 일어나는 장소로, 빛에너지를 흡수하여 이산화 탄소와 물을 원료로 포도당을 합성한다.
 ├ (❼   ): 세포호흡이 일어나는 장소로, 산소를 이용해 유기물을 분해하여 세포의 생명활동에 필요한 에너지를 생산한다.
 ├ 액포: 물, 색소, 노폐물 등을 저장하고, 성숙한 식물 세포에서 크게 발달한다.
 ├ (❽   ): 세포를 둘러싸고 있는 얇은 막으로, 세포 안팎으로의 물질 출입을 조절한다.
 └ (❾   ): 식물 세포의 세포막 바깥에 있는 두껍고 단단한 벽으로, 세포를 보호하고 세포의 형태를 유지한다.

---

1 생명 시스템에 대한 설명으로 옳은 것은 ○, 옳지 <u>않은</u> 것은 ×로 표시하시오.

(1) 생명체는 지구시스템의 생물권에 속한다. ┄┄ (   )
(2) 생명체는 몸을 구성하는 여러 요소의 상호작용으로 생명활동을 수행하는 생명 시스템이다. ┄┄┄┄┄ (   )
(3) 세포는 생명 현상을 나타내지만 생명 시스템이라 할 수 없다. ┄┄┄┄┄┄┄┄┄┄┄┄┄┄ (   )
(4) 세포는 세포막을 통해 물질이 출입하고 외부와 상호작용한다. ┄┄┄┄┄┄┄┄┄┄┄┄ (   )

2 다음은 생명 시스템의 구성 단계를 나타낸 것이다.

> 세포 → (㉠) → (㉡) → 개체

이에 대한 설명으로 옳은 것은 ○, 옳지 <u>않은</u> 것은 ×로 표시하시오.

(1) ㉠은 조직으로, 모양과 기능이 다른 여러 종류의 세포로 구성된다. ┄┄┄┄┄┄┄┄┄┄ (   )
(2) ㉡은 다양한 조직으로 구성된다. ┄┄┄┄┄ (   )
(3) ㉡은 식물에는 없고 동물에만 있는 구성 단계이다.
 ┄┄┄┄┄┄┄┄┄┄┄┄┄┄┄┄┄ (   )

3 동물 세포에는 없고 식물 세포에만 있는 세포소기관을 <u>두</u> 가지 쓰시오.

[4~6] 그림은 식물 세포의 구조를 나타낸 것이다.

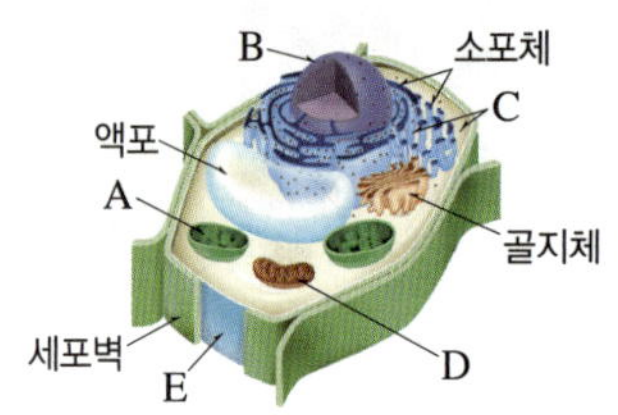

4 세포소기관 A~E의 이름을 각각 쓰시오.

5 A~D 중 막으로 둘러싸여 있지 <u>않은</u> 세포소기관의 기호를 쓰시오.

6 (가)와 (나)에 해당하는 세포소기관의 기호를 각각 쓰시오.

> (가) 이산화 탄소와 물을 원료로 포도당을 합성한다.
> (나) 세포의 생명활동에 필요한 에너지를 생산한다.

7 다음은 동물 세포에서 단백질을 합성하여 세포 밖으로 분비하는 과정을 설명한 것이다. (   ) 안에 알맞은 세포소기관의 이름을 쓰시오.

> ㉠(   ) 속에 있는 DNA의 유전정보에 따라 ㉡(   )에서 아미노산을 결합하여 단백질을 합성한다. 합성된 단백질은 ㉢(   )를 거쳐 ㉣(   )로 운반된 후 막으로 싸여 세포 밖으로 분비된다.

C 세포막의 구조와 특성

1. 세포막의 구조

① **세포막의 주성분** : ◆인지질과 단백질이다.
└ 비상, 천재, 동아 교과서에서는 단백질로,
미래엔, 지학사 교과서에서는 막단백질로 표현하였다.

② **세포막의 구조** : 인지질 2중층에 단백질(막단백질)이 파묻혀 있거나 관통하고 있는 구조로, 인지질은 유동성이 있어 단백질이 고정되어 있지 않고 움직일 수 있다.

| 세포막의 구조 |

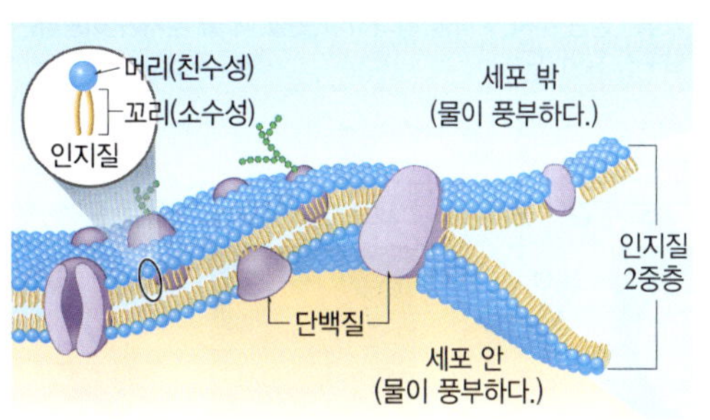

• 인지질의 머리 부분은 물이 풍부한 세포 안쪽과 바깥쪽으로 접하고 있고, 꼬리 부분은 서로 마주 보며 배열한다. ➡ 인지질 2중층을 이룬다.
└ 세포 내부와 외부를 효과적으로 분리한다.

• 단백질은 인지질 2중층에 파묻혀 있거나 관통하거나 표면에 붙어 있다. 인지질 2중층을 관통하고 있는 ◆단백질 중에는 물질 이동에 관여하는 것이 있다.

2. 세포막의 선택적 투과성

세포막은 물질의 종류, 크기 등에 따라 어떤 물질은 잘 투과시키고 어떤 물질은 잘 투과시키지 않는 선택적 투과성이 있다. 선택적 투과성은 세포막의 성분 및 구조와 관련이 있어 물질은 특성에 따라 각각 다른 방식으로 세포막을 통해 이동한다.
└• 세포막은 선택적 투과성이 있어 세포 안팎으로의 물질 출입을 조절함으로써 생명 시스템 유지에 중요한 역할을 한다.

① **인지질 2중층을 잘 투과하는 물질**: 분자의 크기가 비교적 작고, 지질과 잘 섞이며, 전하를 띠지 않는 물질 예 지방산, 산소, 이산화 탄소 등

② **인지질 2중층을 잘 투과하지 않는 물질**: 분자의 크기가 비교적 크고, 지질과 잘 섞이지 않으며, 전하를 띠는 물질 ➡ 막단백질을 통해 이동한다. 예 포도당, Na^+, K^+ 등

D 세포막을 통한 물질 이동

1. 확산

세포막을 경계로 물질이 농도가 높은 쪽에서 낮은 쪽으로 이동하는 현상이다. ➡ 분자가 스스로 운동하여 이동하므로 세포에서 에너지를 사용하지 않는다.

구분	인지질 2중층을 통한 확산(단순확산)		막단백질을 통한 확산(촉진확산)	
확산 방식	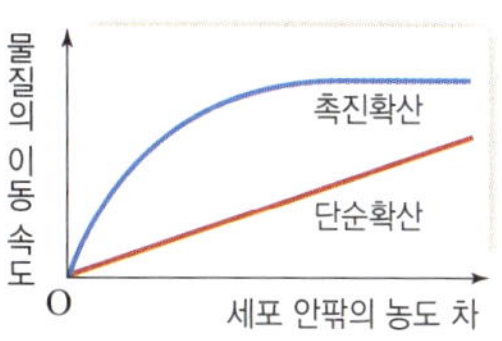	물질이 인지질 2중층을 직접 통과하여 확산한다.		물질이 막단백질을 통해 확산한다. ─ 특정 막단백질은 특정 물질만을 이동시킨다.
◆확산 속도	세포막 안팎의 농도 차에 비례하여 확산 속도가 계속 증가한다. ─ 단백질과 같은 고분자 물질은 세포막을 통해 확산하지 못하고 막으로 싸여 이동한다.		세포막 안팎의 농도 차가 클수록 확산 속도가 증가하지만, 일정 농도 차 이상에서는 확산 속도가 증가하지 않는다. ─ 물질 이동에 관여하는 막단백질이 모두 물질을 이동시키고 있기 때문이다.	
이동 물질	기체 분자(산소, 이산화 탄소 등), 지용성 물질(지방산, 글리세롤 등)		수용성 물질(포도당, 아미노산 등), 전하를 띠는 물질(Na^+, K^+ 등)	
예	허파꽈리(폐포)와 모세혈관 사이의 O_2와 CO_2 교환		신경세포에서의 Na^+ 유입, 혈액 속의 포도당이 조직세포로 확산, 작은창자에서의 아미노산 흡수	

◆ **인지질의 구조**
인지질은 지질에 인산이 결합되어 있는 물질로, 글리세롤에 인산을 포함한 성분이 결합한 머리 부분과, 지방산 두 분자로 된 꼬리 부분으로 구성된다. 머리 부분은 ❶친수성이고, 꼬리 부분은 ❷소수성이다.

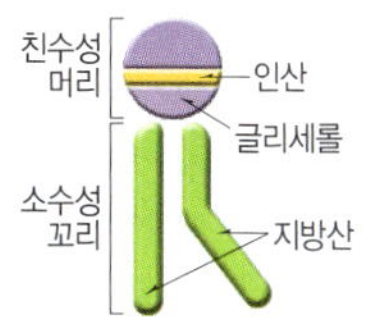

◆ **막단백질의 종류와 기능**
세포막에는 물질 이동, 다른 세포 인식, 신호 전달, 효소 작용 등의 기능을 담당하는 다양한 종류의 단백질이 있다.

단순확산과 촉진확산
• 공통점: 고농도에서 저농도로 이동, 세포에서 에너지 사용하지 않음
• 차이점: 촉진확산은 막단백질 관여

◆ **단순확산과 촉진확산의 확산 속도**

용어

❶ 친수성(親 친하다, 水 물, 性 성질) 물과 친한 성질로, 물에 대한 용해도가 큰 성질
❷ 소수성(疏 친하지 않다, 水 물, 性 성질) 물과 친하지 않은 성질로, 물에 대한 용해도가 작은 성질

✳ 삼투압

삼투가 일어날 때 막에 작용하는 압력으로, 용액의 농도가 높을수록 커진다. 용액의 삼투압이 세포액과 같으면 등장액, 세포액보다 낮으면 저장액, 세포액보다 높으면 고장액이라고 한다.

물은 세포막에서 어떻게 이동할까?

물 분자는 크기가 매우 작아서 인지질 2중층을 직접 통과할 수 있지만, 인지질의 소수성 부분 때문에 이동 속도가 느리다. 세포막에는 물을 이동시키는 막단백질이 있다.

세포를 세포 안과 농도가 같은 용액에 넣었을 때 부피가 변하지 않는 까닭

세포막을 통한 물의 이동이 일어나지 않아서가 아니라 세포 안으로 이동하는 물의 양과 세포 밖으로 이동하는 물의 양이 같기 때문이다.

◆ 원형질

세포에서 생명활동의 기초가 되는 부분으로, 핵과 세포질을 통틀어 말한다.

[또 다른 실험]

겉껍데기를 제거한 달걀을 증류수와 10 % 소금물에 넣고 일정 시간 후 질량 변화를 측정한다. ➡ A의 달걀은 삼투에 의해 물이 들어와 질량이 증가하였고, B의 달걀은 삼투에 의해 물이 빠져나가 질량이 감소하였다.

지학사 교과서에서는 달걀노른자를 농도가 서로 다른 용액에 넣은 후, 노른자의 지름과 용액의 당도 변화를 측정하는 실험을 하였다.

---

2. 삼투

→ 동아 교과서에서는 삼투를 물 분자의 확산으로 설명하였다.

① **삼투에 의한 물의 이동**: 세포막을 경계로 물이 농도가 낮은 쪽에서 농도가 높은 쪽으로 이동하는 현상이다. ➡ 세포에서 에너지를 사용하지 않는다.

② **세포와 삼투**: 세포를 세포 안과 농도가 다른 용액에 넣으면 삼투에 의해 물이 세포막을 통해 이동하여 세포의 모양이 달라질 수 있다.

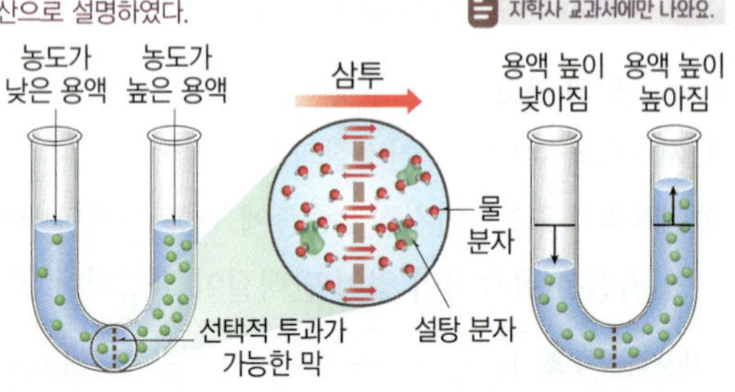

⬆ **삼투** 설탕 분자가 막을 통과하지 못할 때 물 분자가 이동하는 삼투가 일어난다.

구분	세포 안보다 농도가 낮은 용액 (저장액)	세포 안과 농도가 같은 용액 (등장액)	세포 안보다 농도가 높은 용액 (고장액)
동물 세포 (적혈구)	세포 안으로 들어오는 물의 양이 많아 세포의 부피가 커진다. 부풀어 오르다 터지기도 한다(용혈).	세포 안팎으로 이동하는 물의 양이 같아 세포의 부피가 변하지 않는다.	세포에서 빠져나가는 물의 양이 많아 세포의 부피가 작아진다.
식물 세포 (양파 표피 세포)	세포 안으로 들어오는 물의 양이 많아 세포의 부피가 커지며 팽팽해진다(팽윤). 세포벽이 있어 터지지 않는다.	세포 안팎으로 이동하는 물의 양이 같아 세포의 부피가 변하지 않는다.	세포에서 빠져나가는 물의 양이 많아 세포질의 부피가 작아지다가 세포막이 세포벽에서 분리된다(◆ 원형질분리).

→ 식물 세포는 세포벽이 있어 세포의 크기가 거의 작아지지 않는다.

③ **삼투의 예**

- 식물의 뿌리털에서 토양의 물을 흡수한다. → 뿌리털 속 세포액은 토양의 물에 비해 고농도이다.
- 배추를 소금물에 절이면 숨이 죽는다.
- 과일청을 만들 때, 과일에 설탕을 뿌리면 수분이 빠져나온다.

 세포막을 통한 물질의 이동 실험 •

적양파의 표피 조각을 증류수와 20 % 설탕 용액에 넣어 두었다가 현미경으로 관찰한다.

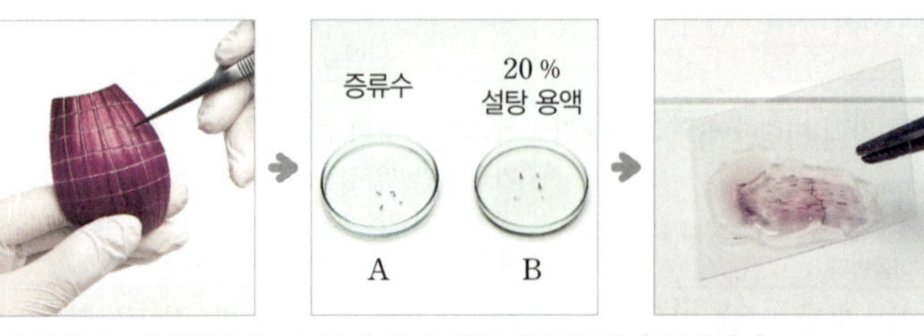

적양파의 비늘잎 바깥쪽 표피 조직은 색소가 있어 세포의 모습을 관찰하기에 좋다.

1. **A의 세포**: 팽팽해졌다. ➡ 물이 양파 세포 안으로 많이 들어왔다.
2. **B의 세포**: 세포막이 세포벽에서 분리되었다. ➡ 물이 양파 세포 밖으로 많이 빠져나갔다.
3. **결론**: 삼투에 의해 세포막을 경계로 농도가 낮은 용액에서 높은 용액으로 물이 이동한다.

→ 원형질분리가 일어났다.

개념확인 문제

핵심 체크

▶ 세포막의 구조: (❶   ) 2중층에 단백질이 파묻혀 있거나 관통하고 있으며, 유동성이 있다.

▶ 세포막의 (❷   ): 세포막은 물질의 종류, 크기 등에 따라 물질을 투과시키는 정도가 다르다.

▶ 세포막을 통한 (❸   ): 세포막을 경계로 물질이 농도가 높은 쪽에서 낮은 쪽으로 이동하는 현상
  ┌ (❹   )을 통한 확산: 산소, 이산화 탄소와 같은 기체 분자, 지방산과 같은 지용성 물질
  └ (❺   )을 통한 확산: 포도당, 아미노산과 같은 수용성 물질, Na^+, K^+과 같은 전하를 띠는 이온

▶ 세포막을 통한 (❻   ): 세포막을 경계로 물이 농도가 낮은 쪽에서 높은 쪽으로 이동하는 현상

▶ 세포를 농도가 다른 용액에 넣었을 때의 변화

세포 안보다 농도가 낮은 용액	세포 안과 농도가 같은 용액	세포 안보다 농도가 높은 용액
세포 안으로 들어오는 물의 양이 세포 밖으로 나가는 물의 양보다 (❼) 세포의 부피가 (❽)진다.	세포 안으로 들어오는 물의 양과 세포 밖으로 나가는 물의 양이 같아 세포의 부피가 변하지 않는다.	세포 안으로 들어오는 물의 양이 세포 밖으로 나가는 물의 양보다 (❾) 세포의 부피가 (❿)진다.

[1~2] 그림은 세포막의 구조를 나타낸 것이다.

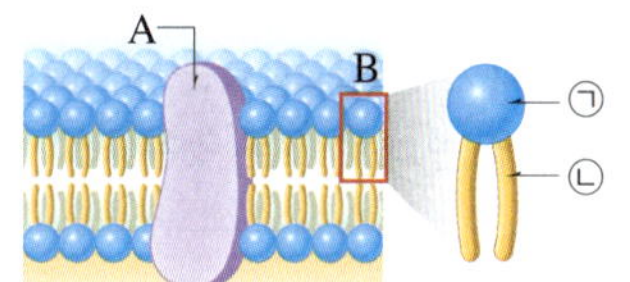

1 A와 B는 각각 무엇인지 쓰시오.

2 B에 대한 설명으로 옳은 것은 ○, 옳지 <u>않은</u> 것은 ×로 표시하시오.

(1) ㉠은 친수성이고, ㉡은 소수성이다. ················ (   )
(2) 세포막에서 2중층을 이루고 있다. ················ (   )
(3) 세포막의 특정한 위치에 고정되어 있다. ·········· (   )

[3~4] 그림 (가)와 (나)는 세포막을 통해 물질 A와 B가 이동하는 방식을 나타낸 것이다.

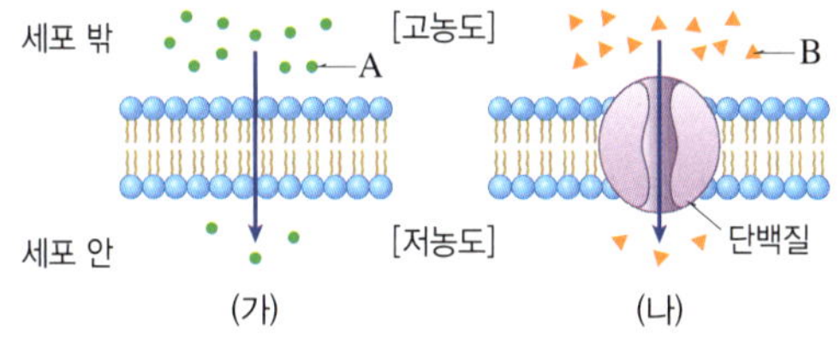

3 (가), (나)와 같은 이동 방식을 통틀어 무엇이라고 하는지 쓰시오.

4 A와 B의 예를 각각 <u>두 가지</u> 이상 쓰시오.

5 그림과 같이 U자관에 선택적 투과가 가능한 막을 설치하고, A와 B 양쪽에 농도가 다른 설탕 용액을 넣었다. 물 분자는 이 막을 통과하지만 설탕 분자는 이 막을 통과하지 못한다.

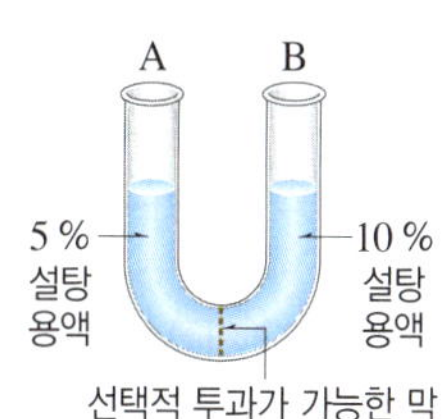

(   ) 안에 알맞은 말을 고르시오.

(1) A 쪽에서 B 쪽으로 이동하는 물의 양이 B 쪽에서 A 쪽으로 이동하는 물의 양보다 (적다, 많다).
(2) 일정 시간 후 A 쪽 용액의 수면은 ㉠(낮아지고, 높아지고), B 쪽 용액의 수면은 ㉡(낮아진다, 높아진다).

6 그림은 사람의 적혈구를 용액 X에 넣었을 때의 변화를 나타낸 것이다.

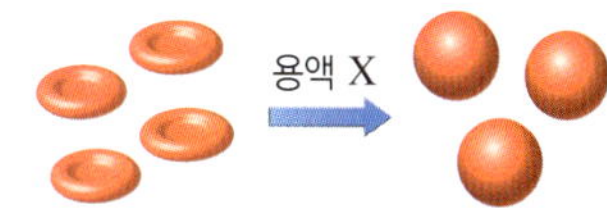

이에 대한 설명으로 옳은 것은 ○, 옳지 <u>않은</u> 것은 ×로 표시하시오.

(1) 적혈구 막을 통한 물의 이동 원리는 삼투이다.
·· (   )
(2) 용액 X는 적혈구 안보다 농도가 높다. ············· (   )
(3) 적혈구 안으로 들어온 물의 양이 적혈구 밖으로 나간 물의 양보다 많다. ··························· (   )

내신 만점 문제

A 생명 시스템의 구성

01 생명 시스템에 대한 설명으로 옳지 <u>않은</u> 것은?

① 생명체는 하나의 생명 시스템이다.
② 세포는 생명체를 구성하는 기본 단위이다.
③ 생명체는 외부 환경과 끊임없이 상호작용한다.
④ 세포는 외부 환경의 영향을 받지 않고 생명 현상을 나타낸다.
⑤ 단세포생물은 하나의 세포로 생명활동을 유지한다.

중요 02 다음은 생명 시스템의 구성 단계를 나타낸 것이다.

> (A) → 조직 → (B) → (C)

이에 대한 설명으로 옳은 것만을 [보기]에서 있는 대로 고른 것은?

> **보기**
> ㄱ. 생명체를 구성하는 A는 모양과 기능이 다양하다.
> ㄴ. B는 한 가지 조직으로 구성되며, 일정한 형태를 갖는다.
> ㄷ. C는 생명 시스템을 구성하는 구조적·기능적 단위이다.

① ㄱ   ② ㄴ   ③ ㄷ
④ ㄱ, ㄷ   ⑤ ㄴ, ㄷ

03 그림은 사람의 구성 단계를 나타낸 것이다.

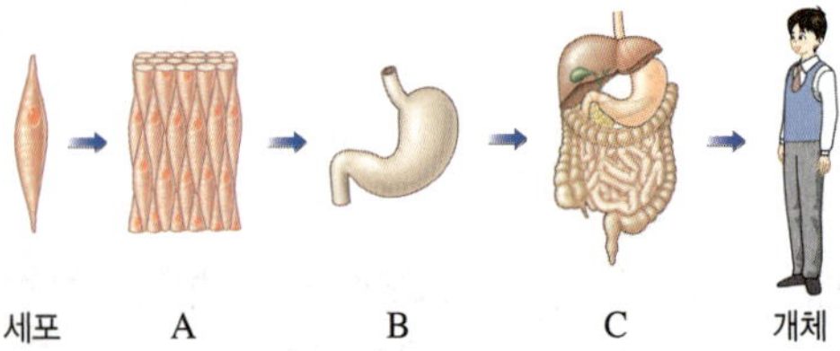

이에 대한 설명으로 옳은 것만을 [보기]에서 있는 대로 고른 것은?

> **보기**
> ㄱ. A는 모양과 기능이 비슷한 세포들의 모임이다.
> ㄴ. 심장과 간은 B의 예에 해당한다.
> ㄷ. C는 식물의 구성 단계에도 존재한다.

① ㄱ   ② ㄷ   ③ ㄱ, ㄴ
④ ㄴ, ㄷ   ⑤ ㄱ, ㄴ, ㄷ

B 세포의 구조와 기능

중요 04 그림은 식물 세포의 구조를 나타낸 것이다. A~D는 각각 마이토콘드리아, 세포막, 액포, 엽록체 중 하나이다.

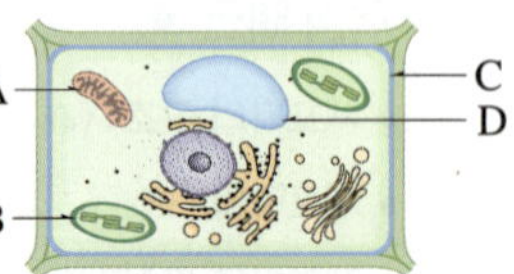

이에 대한 설명으로 옳은 것을 <u>모두</u> 고르면? (2개)

① A에서 광합성이 일어난다.
② B는 마이토콘드리아이다.
③ B에서는 이산화 탄소를 이용한 반응이 일어난다.
④ C는 단단한 벽으로, 세포의 형태를 유지한다.
⑤ D는 물, 색소, 노폐물 등을 저장한다.

중요 05 그림은 동물 세포의 구조를 나타낸 것이다. A~C는 각각 골지체, 라이보솜, 핵 중 하나이다.

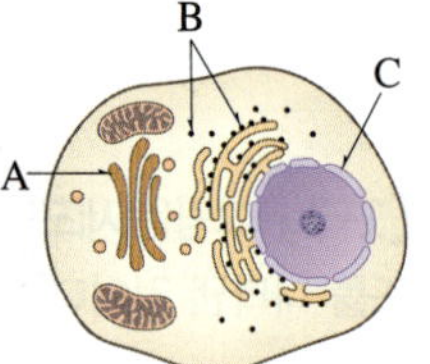

이에 대한 설명으로 옳은 것만을 [보기]에서 있는 대로 고른 것은?

> **보기**
> ㄱ. A는 단백질을 세포 밖으로 분비한다.
> ㄴ. B는 단백질합성 장소이다.
> ㄷ. C에는 DNA가 있다.

① ㄱ   ② ㄴ   ③ ㄱ, ㄷ
④ ㄴ, ㄷ   ⑤ ㄱ, ㄴ, ㄷ

06 표는 세포 (가)와 (나)에서 세포소기관의 유무를 나타낸 것이다. (가)와 (나)는 각각 무궁화의 잎을 이루는 세포와 사람의 간세포 중 하나이다.

구분	엽록체	마이토콘드리아
(가)	없음	있음
(나)	있음	㉠

이에 대한 설명으로 옳은 것만을 [보기]에서 있는 대로 고른 것은?

> **보기**
> ㄱ. ㉠은 '없음'이다.
> ㄴ. (가)는 사람의 간세포이다.
> ㄷ. (나)에는 세포벽이 있다.

① ㄱ   ② ㄴ   ③ ㄱ, ㄷ
④ ㄴ, ㄷ   ⑤ ㄱ, ㄴ, ㄷ

07 다음 설명에 해당하는 세포소기관의 이름을 쓰시오.

- 막으로 둘러싸인 납작한 주머니가 포개진 모양이다.
- 단백질을 막으로 싸서 세포 밖으로 분비한다.

08 그림 (가)는 동물 세포의 구조를, (나)는 (가)의 A~C의 공통점과 차이점을 나타낸 것이다. A~C는 각각 라이보솜, 마이토콘드리아, 핵 중 하나이다.

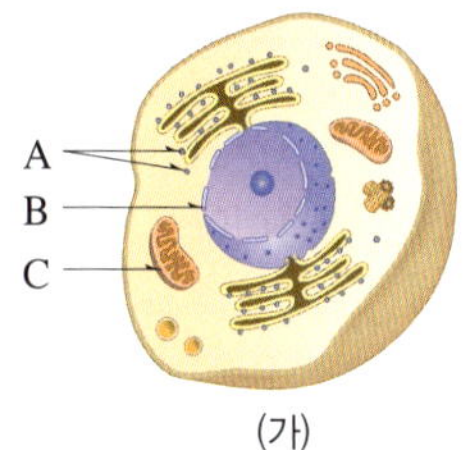
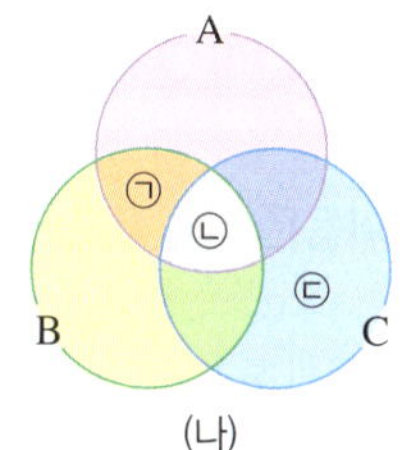

(가) / (나)

이에 대한 설명으로 옳은 것만을 [보기]에서 있는 대로 고른 것은?

보기
ㄱ. '펩타이드결합이 일어난다.'는 ㉠에 해당한다.
ㄴ. '식물 세포에도 존재한다.'는 ㉡에 해당한다.
ㄷ. '세포호흡이 일어난다.'는 ㉢에 해당한다.

① ㄱ　　　② ㄴ　　　③ ㄱ, ㄷ
④ ㄴ, ㄷ　　　⑤ ㄱ, ㄴ, ㄷ

09 표 (가)는 세포소기관의 특징을, (나)는 (가)의 특징 중 세포소기관 A~C가 갖는 특징의 개수를 나타낸 것이다. A~C는 각각 라이보솜, 마이토콘드리아, 소포체 중 하나이다.

특징
• 세포호흡이 일어난다.
• 동물 세포에 존재한다.
• 막으로 둘러싸여 있다.

(가)

세포소기관	특징의 개수
A	1
B	2
C	3

(나)

이에 대한 설명으로 옳은 것만을 [보기]에서 있는 대로 고른 것은?

보기
ㄱ. A는 라이보솜이다.
ㄴ. B는 세포 내 물질 이동에 관여한다.
ㄷ. C에서는 에너지 전환이 일어난다.

① ㄱ　　　② ㄴ　　　③ ㄱ, ㄷ
④ ㄴ, ㄷ　　　⑤ ㄱ, ㄴ, ㄷ

10 세포막에 대한 설명으로 옳은 것만을 [보기]에서 있는 대로 고른 것은?

보기
ㄱ. 주성분은 인지질과 단백질이다.
ㄴ. 세포 안팎으로의 물질 출입을 조절한다.
ㄷ. 물질의 종류, 크기 등에 따라 선택적 투과성을 나타낸다.

① ㄱ　　　② ㄷ　　　③ ㄱ, ㄴ
④ ㄴ, ㄷ　　　⑤ ㄱ, ㄴ, ㄷ

중요 **11** 그림은 세포막의 구조를 나타낸 것이다. 이에 대한 설명으로 옳지 않은 것은?

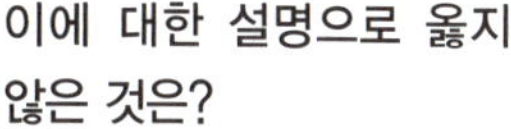
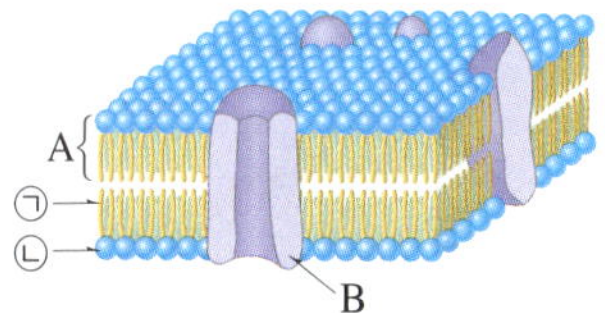

① B는 라이보솜에서 합성된다.
② B 중에는 물질의 이동 통로가 되는 것이 있다.
③ B는 위치가 고정되어 있지 않고 바뀔 수 있다.
④ ㉠은 소수성 부분이고, ㉡은 친수성 부분이다.
⑤ 수용성 물질은 A로만 이루어진 부분을 통해 직접 투과할 수 있다.

중요 **12** 그림은 세포막을 통해 물질 A와 B가 확산하는 모습을 나타낸 것이다. 이에 대한 설명으로 옳은 것만을 [보기]에서 있는 대로 고른 것은?

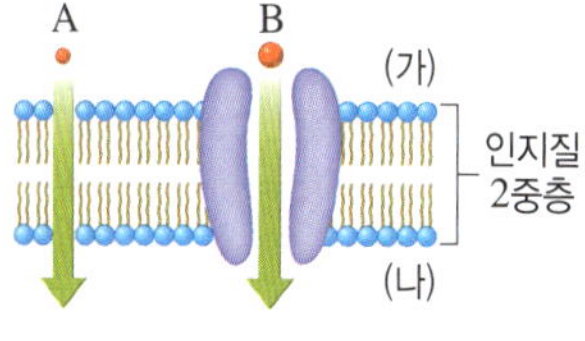

보기
ㄱ. A의 농도는 (가)에서가 (나)에서보다 높다.
ㄴ. A의 예로는 이산화 탄소, B의 예로는 Na^+이 있다.
ㄷ. 단백질과 같은 고분자 물질은 B와 같은 방식으로 이동한다.

① ㄱ　　　② ㄷ　　　③ ㄱ, ㄴ
④ ㄴ, ㄷ　　　⑤ ㄱ, ㄴ, ㄷ

13 표는 세포막을 통한 물질의 확산 방식 (가)와 (나)의 특징을 나타낸 것이다.

구분	물질의 이동 방향	막단백질
(가)	㉠	이용함
(나)	고농도 → 저농도	이용 안 함

이에 대한 설명으로 옳은 것만을 [보기]에서 있는 대로 고르시오.

보기
ㄱ. ㉠은 '저농도 → 고농도'이다.
ㄴ. (나)가 일어날 때 세포에서 에너지를 사용하지 않는다.
ㄷ. 산소가 세포막을 통해 이동하는 방식은 (가)이다.

중요 14 그림은 어떤 식물 세포를 용액 X에 넣었을 때의 상태 변화를 나타낸 것이다.

이에 대한 설명으로 옳은 것을 <u>모두</u> 고르면? (2개)

① X의 농도는 (가)의 세포 안보다 높다.
② 세포의 질량은 (나)에서가 (가)에서보다 크다.
③ 세포액의 농도는 (나)에서가 (가)에서보다 높다.
④ X에 넣었을 때 세포질에서 액포로 이동하는 물의 양이 증가한다.
⑤ X에 넣었을 때 물은 세포 밖에서 세포 안으로는 이동하지만, 세포 안에서 세포 밖으로는 이동하지 않는다.

중요 15 그림은 사람의 적혈구를 농도가 다른 소금물 (가)~(다)에 넣었을 때의 모양 변화를 나타낸 것이다.

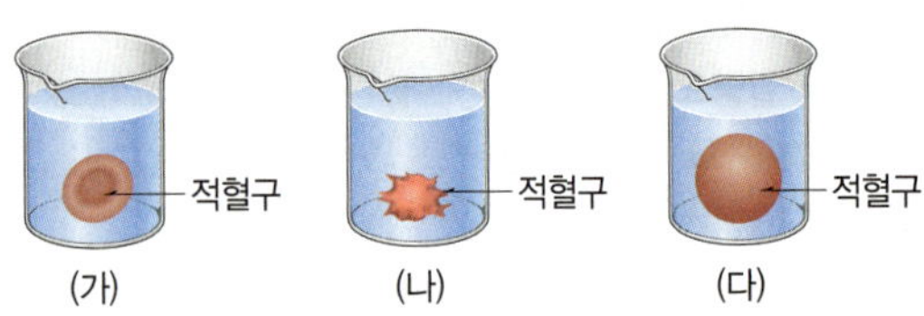

이에 대한 설명으로 옳은 것만을 [보기]에서 있는 대로 고른 것은?

보기
ㄱ. 소금물의 농도는 (다)<(가)<(나)이다.
ㄴ. (가)의 적혈구에서는 세포막을 통한 물의 이동이 없다.
ㄷ. (다)에 넣은 적혈구는 세포액의 농도가 높아진다.

① ㄱ   ② ㄷ   ③ ㄱ, ㄴ   ④ ㄱ, ㄷ   ⑤ ㄴ, ㄷ

16 다음은 세포막을 통한 물질의 이동으로 나타나는 현상이다. 이동 방식이 <u>다른</u> 하나를 고르시오.

보기
ㄱ. 배추를 소금물에 절이면 숨이 죽는다.
ㄴ. 식물의 뿌리털에서 토양의 물을 흡수한다.
ㄷ. 작은창자에서 아미노산이 흡수된다.
ㄹ. 과일에 설탕을 뿌리면 수분이 빠져나온다.

서술형 문제

17 다음은 식물 세포에서 일어나는 반응이다.

$$이산화 탄소 + 물 \longrightarrow 포도당 + 산소$$

(1) 위 반응이 일어나는 세포소기관의 이름을 쓰시오.

(2) 이산화 탄소와 산소가 세포 안팎으로 이동하는 방식을 구체적으로 서술하시오.

18 그림은 세포막을 통해 물질이 확산하는 두 가지 방식을 나타낸 것이다. (단, 알갱이의 수가 많을수록 농도가 높다.)

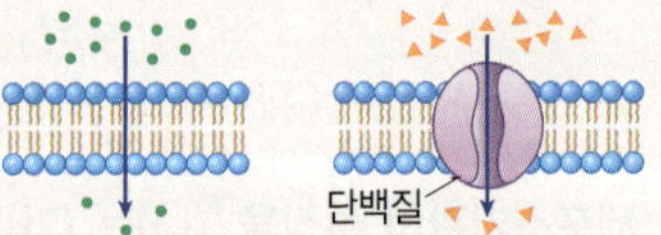

두 방식의 공통점을 <u>두 가지</u> 서술하시오.

19 그림은 양파 표피 조각을 농도가 다른 설탕 용액 (가)와 (나)에 넣어 두었다가 현미경으로 관찰한 결과이다.

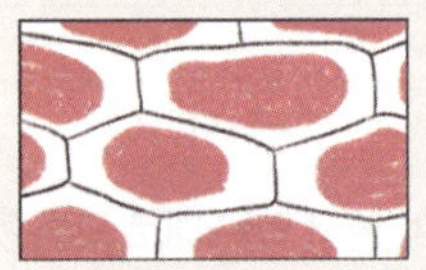 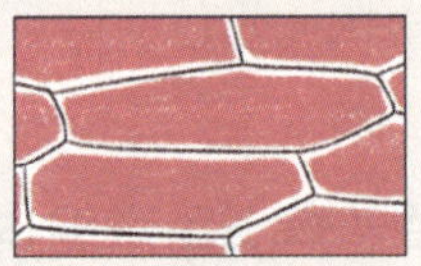

(1) (가)와 (나) 중 설탕 농도가 더 높은 것을 쓰고, 그렇게 판단한 근거를 서술하시오.

(2) (가)에 넣어 둔 양파 표피세포에서 일어난 현상을 세포막을 통한 물질의 이동과 관련지어 서술하시오.

실력 UP 문제

01 표는 생물 (가)와 (나)에서 구성 단계 A~C의 유무를 나타낸 것이다. (가)와 (나)는 개와 장미를 순서 없이 나타낸 것이고, A~C는 기관, 기관계, 조직을 순서 없이 나타낸 것이며, ㉠과 ㉡은 '있음'과 '없음'을 순서 없이 나타낸 것이다.

구분	A	B	C
(가)	㉠	㉡	?
(나)	?	?	㉡

이에 대한 설명으로 옳은 것만을 [보기]에서 있는 대로 고른 것은?

> **보기**
> ㄱ. ㉠은 '없음'이다.
> ㄴ. (가)의 구성 단계 중 조직계가 있다.
> ㄷ. (나)에서 A는 여러 기관으로 구성된다.

① ㄱ   ② ㄴ   ③ ㄱ, ㄷ
④ ㄴ, ㄷ   ⑤ ㄱ, ㄴ, ㄷ

02 표 (가)는 3가지 세포소기관에서 특징 ㉠~㉢의 유무를 나타낸 것이고, (나)는 특징 ㉠~㉢을 순서 없이 나타낸 것이다. A와 B는 엽록체와 라이보솜을 순서 없이 나타낸 것이다.

구분	㉠	㉡	㉢
소포체	×	?	ⓐ
A	×	ⓑ	?
B	ⓒ	?	×

(○: 있음, ×: 없음)

(가)

특징(㉠~㉢)
- 포도당을 합성한다.
- 식물 세포에 존재한다.
- 합성된 단백질을 세포의 다른 곳으로 운반한다.

(나)

이에 대한 설명으로 옳은 것만을 [보기]에서 있는 대로 고른 것은?

> **보기**
> ㄱ. A에서 아미노산이 합성된다.
> ㄴ. ⓐ~ⓒ는 모두 '○'이다.
> ㄷ. B는 산소를 흡수하고 이산화 탄소를 방출한다.

① ㄱ   ② ㄴ   ③ ㄱ, ㄷ
④ ㄴ, ㄷ   ⑤ ㄱ, ㄴ, ㄷ

03 그림 (가)는 물질 A와 B가 세포막을 통해 이동하는 방식을, (나)는 세포 안팎의 농도 차에 따른 물질의 이동 속도를 나타낸 것이다. ㉠과 ㉡은 각각 A와 B의 이동 속도 중 하나이다.

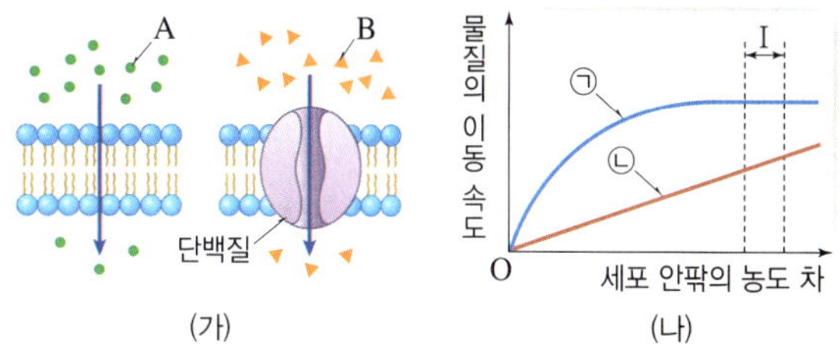

(가)   (나)

이에 대한 설명으로 옳은 것만을 [보기]에서 있는 대로 고른 것은?

> **보기**
> ㄱ. 모세혈관에서 허파꽈리(폐포)로 이산화 탄소가 이동할 때에는 A와 같은 방식으로 이동한다.
> ㄴ. ㉡은 B의 이동 속도이다.
> ㄷ. ㉠의 구간 Ⅰ에서는 세포막에 있는 단백질을 통해서 B가 이동하지 않는다.

① ㄱ   ② ㄴ   ③ ㄱ, ㄷ
④ ㄴ, ㄷ   ⑤ ㄱ, ㄴ, ㄷ

04 그림은 식물 세포 (가)를 농도가 다른 설탕 용액 X와 Y에 넣고 일정 시간 동안 두었을 때의 변화를 나타낸 것이다.

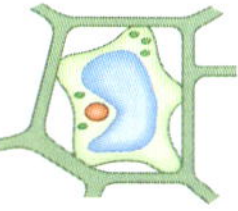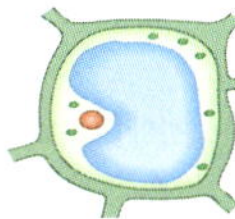

(가)   X에 넣었을 때   Y에 넣었을 때

이에 대한 설명으로 옳은 것만을 [보기]에서 있는 대로 고른 것은?

> **보기**
> ㄱ. 용액의 설탕 농도는 X가 Y보다 높다.
> ㄴ. (가)를 X에 넣었을 때 세포막이 세포벽으로부터 분리되었다.
> ㄷ. (가)를 X에 넣었을 때보다 Y에 넣었을 때 액포 안으로 이동하는 설탕의 양이 많다.

① ㄱ   ② ㄴ   ③ ㄱ, ㄴ
④ ㄴ, ㄷ   ⑤ ㄱ, ㄴ, ㄷ

생명 시스템에서의 화학 반응

A 생명체 내 화학 반응

1. 물질대사 생명체에서 일어나는 모든 화학 반응을 물질대사라고 한다. 생명체는 물질대사를 통해 필요한 물질을 합성하고, 에너지를 얻어 생명 시스템을 유지한다.

① 물질대사가 일어날 때에는 반드시 에너지 출입이 함께 일어난다.

② 물질대사에는 효소가 관여한다.

③ 물질대사는 반응이 단계적으로 일어난다.

2. 물질대사의 구분 물질대사는 동화작용과 이화작용으로 구분한다.

동화작용	이화작용
• 작고 간단한 분자(저분자)로 크고 복잡한 분자(고분자)를 합성하는 반응 예 광합성, 단백질합성	• 크고 복잡한 분자(고분자)를 작고 간단한 분자(저분자)로 분해하는 반응 예 세포호흡, 소화
• 에너지를 흡수하는 반응(흡열 반응)이 일어난다.	• 에너지를 방출하는 반응(발열 반응)이 일어난다.

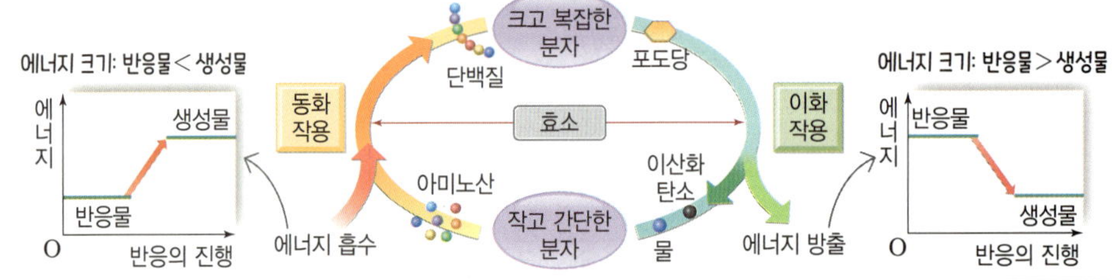

B 효소의 작용과 활용

1. 효소 활성화에너지를 낮추어 화학 반응이 빠르게 일어나게 하는 생체[1]촉매이다.

| 효소와 활성화에너지 |

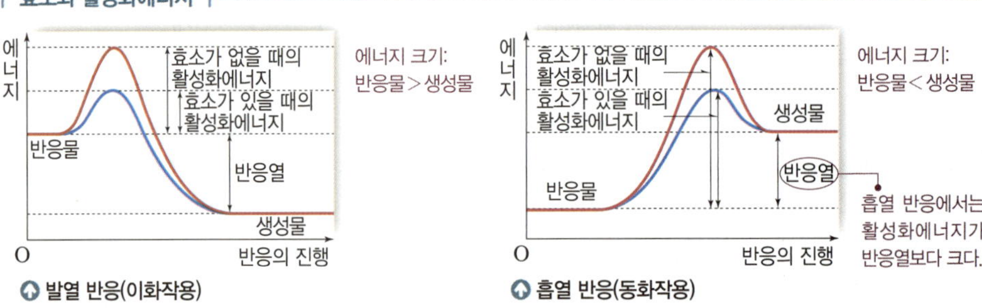

• 활성화에너지는 화학 반응이 일어나는 데 필요한 최소한의 에너지이다. ➡ 활성화에너지가 작을수록 반응이 빠르게 일어난다.

• 효소가 없을 때보다 효소가 있을 때 활성화에너지가 작다. ➡ 효소는 반응이 빠르게 일어나게 한다.

• 반응열은 반응물과 생성물의 에너지 차이로 효소의 유무에 관계없이 일정하다.

◆ 물질대사와 생명체 밖 화학 반응 비교

생명체 밖에서 포도당이 연소될 때에는 고온(400 °C)에서 반응이 일어나지만, 생명체 내에서 포도당이 세포호흡으로 분해될 때에는 효소가 관여하여 체온 범위(37 °C)의 낮은 온도에서도 반응이 일어난다.

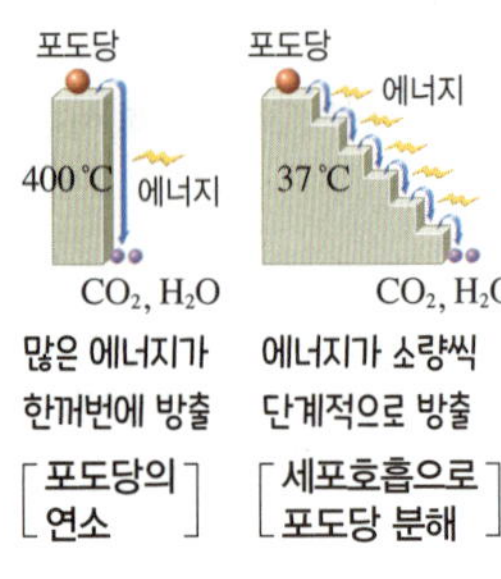

암기해

동화작용과 이화작용

• 동화작용: 물질 합성, 에너지 흡수

• 이화작용: 물질 분해, 에너지 방출

◆ 활성화에너지와 반응 속도

화학 반응이 일어나려면 분자가 충분한 에너지를 가지고 있어야 하는데, 이 최소한의 에너지가 활성화에너지이다. 활성화에너지가 작아지면 반응에 참여하는 분자 수가 많아져 반응 속도가 빨라진다.

용어

❶ 촉매(觸 닿다, 媒 중매하다) 화학 반응에서 자신은 소모되거나 변하지 않으면서 활성화에너지를 변화시켜 반응 속도를 바꾸는 물질이다.

2. 효소의 작용 효소는 특정 반응물(❶기질)과 결합하여 활성화에너지를 낮추어 반응을 촉진한다. ━ 완자쌤 비법 특강 / 199쪽

① **기질특이성** : 효소의 주성분은 단백질로, 효소의 종류에 따라 고유한 입체 구조를 가지며, 그 구조에 맞는 한 종류의 반응물에만 작용한다. 예 아밀레이스는 녹말을 엿당으로 분해하는 반응은 촉진하지만, 단백질을 분해하는 반응에는 작용하지 못한다.

② **효소의 재사용** : 효소는 반응 전후에 구조와 성질이 변하지 않으므로 생성물과 분리된 후 새로운 반응물과 결합하여 다시 반응에 사용된다. ━ 적은 양으로도 효율적으로 작용한다.

| 효소의 작용 |

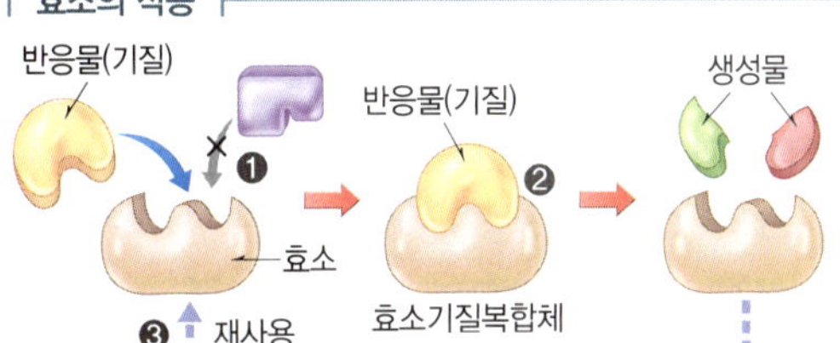

❶ 효소는 그 구조에 맞는 특정 반응물과만 결합한다.
➡ 기질특이성

❷ 반응물과 결합한 효소는 활성화에너지를 낮춘다.
➡ 효소기질복합체 형성

❸ 반응이 끝나면 효소는 생성물과 분리되고, 새로운 반응물과 결합하여 다시 사용된다. ➡ 재사용

◆ **기질특이성과 효소의 종류**
물질대사는 여러 단계에 걸쳐 중간 생성물을 만들며 진행되는데, 효소는 기질특이성이 있어 물질대사의 단계마다 작용하는 효소의 종류도 다르다. 이 때문에 생명체에서는 수많은 종류의 효소가 만들어진다.
특정 효소에 이상이 생기면 그 효소가 관여하는 물질대사에 문제가 생긴다.

✳ **효소의 변성**

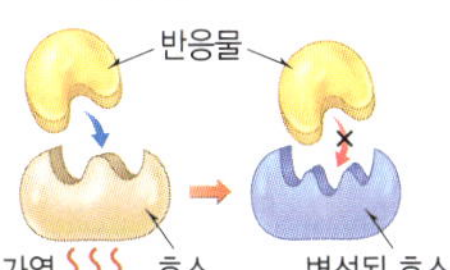

효소의 주성분인 단백질이 열, 산 등에 의해 입체 구조가 바뀌어 변성되면 반응물과 결합하지 못하여 기능을 잃는다.

┌─ **탐구 자료창** ─ **카탈레이스의 작용 원리 실험** ●

━ 대부분의 세포에 있는 효소로, 과산화 수소를 물과 산소로 분해하는 반응을 촉진한다.
상처 부위에 과산화 수소수를 발랐을 때 기포가 발생하는 것도 카탈레이스의 작용이다.

1. 실험 과정

(가) 시험관 A~C에 3 % 과산화 수소수를 넣고, A는 그대로 두고, B에는 생감자 조각을, C에는 삶은 감자 조각을 넣은 후, A~C에서 기포가 발생하는지 관찰한다.

(나) 향불의 꺼져 가는 불씨를 A~C에 각각 넣고 불씨의 변화를 관찰한다.

(다) 기포 발생이 끝난 후, 과산화 수소수를 더 넣고 기포가 다시 발생하는지 관찰한다.

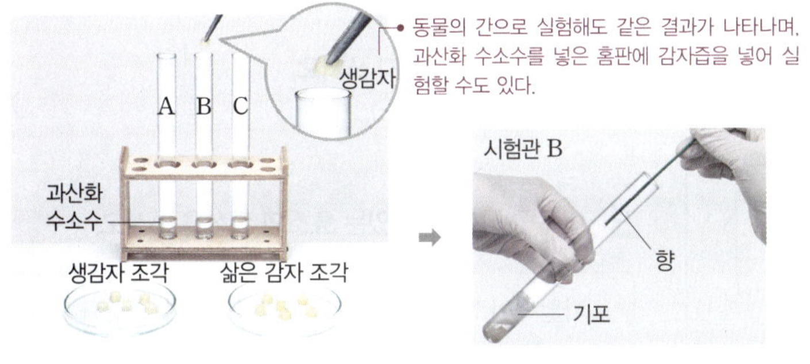

━ 동물의 간으로 실험해도 같은 결과가 나타나며, 과산화 수소수를 넣은 홈판에 감자즙을 넣어 실험할 수도 있다.

2. 실험 결과

· A: 기포가 발생하지 않음 ➡ 과산화 수소는 자연적으로 분해되나 반응 속도가 매우 느리기 때문

· B: 기포가 발생함 ➡ 생감자에는 과산화 수소의 분해를 촉진하는 카탈레이스가 들어 있기 때문

· C: 기포가 발생하지 않음 ➡ 감자 속 카탈레이스가 고온에서 변성되어 기능을 잃었기 때문

· 불씨 변화: B에서만 불씨가 타오름 ➡ 발생하는 기체가 산소라는 것을 알 수 있음

· 과산화 수소수 추가: B에서 기포가 다시 발생함 ➡ 효소는 반응 후 변하지 않아 재사용되기 때문

3. 결론: 효소는 활성화에너지를 낮추어 반응이 빠르게 일어나게 하며, 반응 전후에 변하지 않아 재사용된다. 변성된 효소는 기능을 잃는다.

---

3. 효소와 생명 현상 효소는 대부분의 물질대사에 관여하며, 생명체는 효소에 의해 물질대사가 원활하게 일어남으로써 생명 시스템을 유지한다. 예 광합성, 세포호흡, 출혈 시 혈액 응고, 간에서의 독성 물질 분해, 성장에 필요한 물질의 합성, 영양소의 소화 등

4. 효소의 활용 효소는 생명체 밖에서도 작용할 수 있으므로 다양한 분야에 활용되고 있다.

식품	발효식품(김치, 된장, 치즈, 요구르트, 포도주), 고기 연육제, 식혜 ━ 엿기름 속 아밀레이스 이용
생활용품	효소를 첨가한 치약, 화장품, 세제 ━ 단백질분해효소·지방분해효소 이용
의약 분야	의약품(소화제), 의료 기기(요검사지, 혈당 측정기) ━ 포도당 산화효소 이용
산업 분야	섬유, 의류 등의 제품 생산 ━ 섬유소분해효소를 이용한 탈색
환경 분야	생활 하수 및 공장 폐수의 정화, 바이오에너지 생산 ━ 미생물의 효소 이용

교과서마다 효소를 활용하는 예가 조금씩 다르니 우리 교과서를 확인해요.

용어

❶ **기질**(基 터, 質 바탕) 효소와 작용하여 화학 반응을 일으키는 물질

개념확인 문제

● 핵심 체크 ●

▶ (❶　　　　　): 생명체에서 일어나는 모든 화학 반응으로, 생체촉매인 (❷　　　　　)가 관여한다.

(❸　　　　)작용	(❹　　　　)작용
• 작고 간단한 분자로 크고 복잡한 분자를 합성 • 에너지 (❺　　　　)	• 크고 복잡한 분자를 작고 간단한 분자로 분해 • 에너지 (❻　　　　)

▶ **효소의 작용**: 효소는 반응물(기질)과 결합하여 (❼　　　　　)를 낮추어 반응이 빠르게 일어나게 한다.

▶ **효소의 특성**
- (❽　　　　): 한 종류의 효소는 한 종류의 반응물에만 작용한다.
- (❾　　　　): 효소는 반응 전후에 변하지 않으므로 반응이 끝난 후 새로운 반응물과 결합하여 다시 사용된다.

▶ **효소와 생명 현상**: 광합성, 세포호흡, 혈액 응고, 독성 물질 분해, 물질 합성, 영양소 소화 등 대부분의 생명활동에 관여한다.

▶ **효소의 활용**: 효소는 생명체 밖에서도 작용할 수 있어 식품, 생활용품, 의약, 산업, 환경 분야 등 다양한 분야에 활용된다.

---

1 물질대사에 대한 설명으로 옳은 것은 ○, 옳지 <u>않은</u> 것은 ×로 표시하시오.

(1) 생명체에서 일어나는 화학 반응이다. ·············· (　　　)

(2) 반드시 에너지 출입이 함께 일어난다. ·············· (　　　)

(3) 효소의 유무와 관계없이 일어난다. ·············· (　　　)

2 동화작용과 이화작용에 해당하는 것을 [보기]에서 있는 대로 고르시오.

> 보기
> ㄱ. 물질 분해　　ㄴ. 물질 합성　　ㄷ. 에너지 흡수
> ㄹ. 에너지 방출　　ㅁ. 세포호흡　　ㅂ. 단백질합성

(1) 동화작용　　　　　　(2) 이화작용

3 그림은 효소가 있을 때와 없을 때 어떤 화학 반응의 에너지 변화를 나타낸 것이다. 이에 대한 설명으로 옳은 것은 ○, 옳지 <u>않은</u> 것은 ×로 표시하시오.

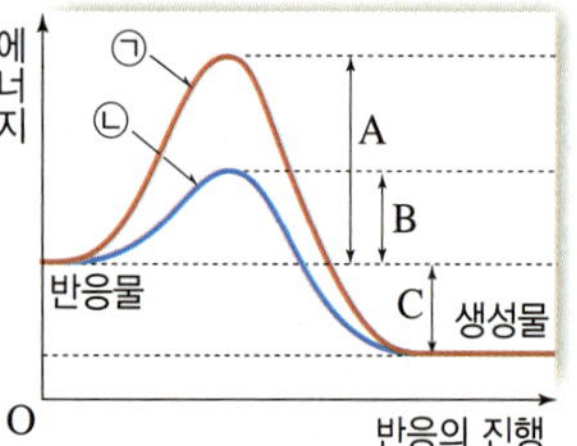

(1) ㉠과 ㉡ 중 효소가 있을 때의 반응 경로는 ㉠이다.

·············· (　　　)

(2) A~C 중 효소가 있을 때의 활성화에너지는 B이다.

·············· (　　　)

(3) C는 효소의 유무에 관계없이 일정하다. ·············· (　　　)

4 그림은 효소의 작용을 나타낸 것이다. A~D는 각각 반응물, 생성물, 효소 중 하나이다.

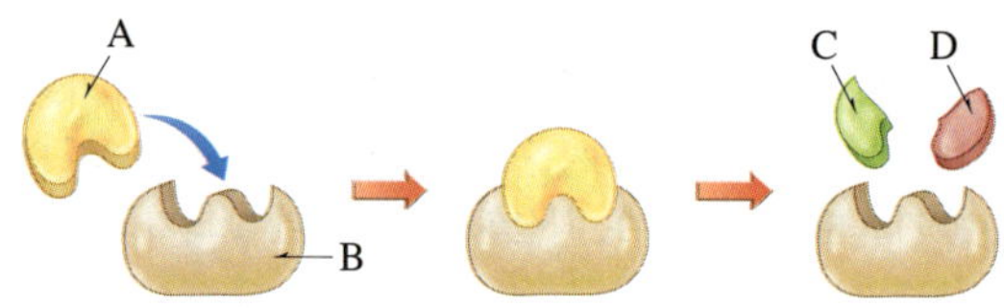

A~D는 각각 무엇인지 쓰시오.

5 다음 현상과 관련 있는 효소의 특성을 쓰시오.

> 카탈레이스는 과산화 수소와 결합하여 과산화 수소가 물과 산소로 분해되는 반응을 촉진하지만, 에탄올에는 작용하지 않는다.

6 효소의 특성과 활용에 대한 설명으로 옳은 것은 ○, 옳지 <u>않은</u> 것은 ×로 표시하시오.

(1) 생명체 내에서만 작용한다. ·············· (　　　)

(2) 반응물과 결합하여 활성화에너지를 낮춘다. ·· (　　　)

(3) 화학 반응이 끝난 후 효소의 입체 구조는 반응 전과 달라진다. ·············· (　　　)

(4) 엿기름 속의 단백질분해효소를 이용하여 식혜를 만든다.

·············· (　　　)

효소의 반응 속도 그래프 해석

효소의 작용과 반응 속도는 효소가 반응물(기질)과 얼마나 잘 결합하여 효소기질복합체를 많이 형성하는가에 의해 결정됩니다. 효소의 반응 속도는 반응물의 농도와 효소의 농도에 영향을 받는데, 각각의 경우에 초기 반응 속도가 어떻게 달라지는지 분석해 보아요.

1. 반응물(기질)의 농도

효소의 농도가 일정할 때 초기 반응 속도는 반응물의 농도가 증가할수록 증가하지만, 반응물의 농도가 어느 수준에 이르면 더 이상 증가하지 않는다.

• 화학 반응은 반응이 진행됨에 따라 반응 속도가 달라지므로 처음 반응이 일어날 때의 속도로 비교한다.

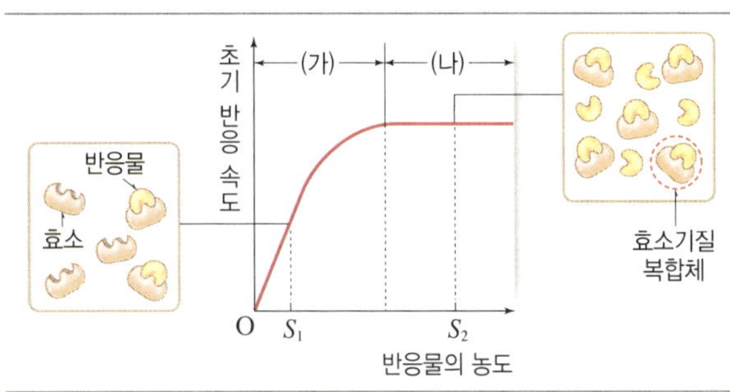

• (가): 반응물의 농도가 증가할수록 초기 반응 속도가 증가한다. ➡ 반응물이 효소와 결합하는 빈도가 높아지기 때문이다.
• (나): 반응물의 농도가 증가해도 초기 반응 속도는 더 이상 증가하지 않고 일정해진다. ➡ 모든 효소가 반응물과 결합한 상태이기 때문이다.
• 초기 반응 속도는 반응물의 농도가 S_2일 때가 S_1일 때보다 더 빠르다. ➡ 생성물의 생성 속도는 반응물의 농도가 S_2일 때가 S_1일 때보다 더 빠르다.

Q1. 반응물의 농도가 S_1일 때 초기 반응 속도를 증가시키는 방법은 무엇인가?

Q2. 반응물의 농도가 S_2일 때 초기 반응 속도를 증가시키는 방법은 무엇인가?

Q3. 반응물의 농도가 S_1일 때와 S_2일 때 반응의 활성화에너지는 같은가, 다른가?

2. 효소의 농도

반응물의 농도가 같을 때 효소의 농도가 증가할수록 초기 반응 속도가 증가한다.

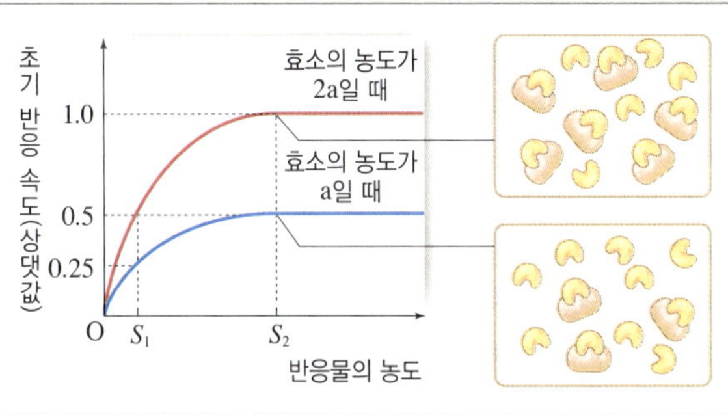

• 반응물의 농도가 S_1일 때: 초기 반응 속도는 효소의 농도가 2a일 때는 0.5이고, a일 때는 0.25이다. ➡ 효소의 농도가 높을수록 단위 시간당 생성되는 효소기질복합체의 양이 많다.
• 반응물의 농도가 S_2일 때: 초기 반응 속도는 효소의 농도가 2a일 때는 1.0이고, a일 때는 0.5이다. ➡ 효소의 농도가 높을수록 단위 시간당 생성되는 효소기질복합체의 양이 많아 초기 반응 속도가 빠르다.
• 반응물의 농도가 S_2보다 클 때: 효소의 농도가 a, 2a일 때 모두 반응물의 농도가 증가해도 초기 반응 속도는 더 이상 증가하지 않고 일정하다. ➡ 모든 효소가 반응물과 결합한 상태이기 때문이다.

Q4. 반응물의 농도가 S_1일 때, 단위 시간당 생성되는 효소기질복합체의 양은 효소의 농도가 a일 때와 2a일 때 얼마나 다른가?

Q5. 반응물의 농도가 S_2일 때 반응물과 결합하지 않은 효소의 양은 효소의 농도가 a일 때와 2a일 때 같은가, 다른가?

Q6. 효소의 농도가 a일 때와 2a일 때 반응의 활성화에너지는 같은가, 다른가?

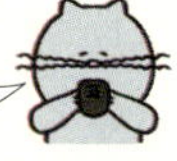

내신 만점 문제

01 물질대사에 대한 설명으로 옳은 것만을 [보기]에서 있는 대로 고르시오.

> **보기**
> ㄱ. 생명체에서 일어나는 화학 반응으로, 물질의 합성과 분해 반응을 모두 포함한다.
> ㄴ. 물질대사가 일어날 때에는 반드시 에너지가 흡수되거나 방출된다.
> ㄷ. 생명체는 물질대사를 통해 생명 시스템을 유지한다.

02 그림 (가)와 (나)는 세포호흡과 연소를 통해 포도당이 분해될 때의 에너지 변화를 순서 없이 나타낸 것이다.

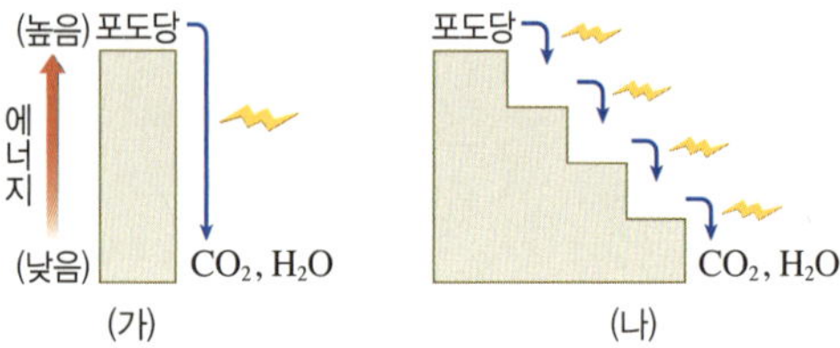

이에 대한 설명으로 옳은 것만을 [보기]에서 있는 대로 고르시오.

> **보기**
> ㄱ. 효소가 관여하는 반응은 (나)이다.
> ㄴ. (가)는 (나)보다 고온에서 일어난다.
> ㄷ. 방출되는 에너지 총량은 (가)에서가 (나)에서보다 많다.

03 그림은 세포 내에서 일어나는 반응 X를 나타낸 것이다.

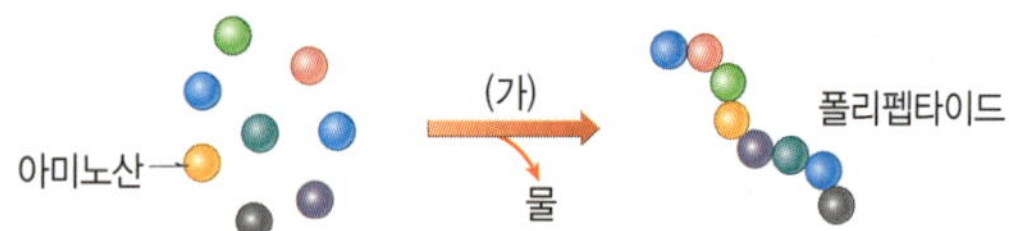

이에 대한 설명으로 옳은 것만을 [보기]에서 있는 대로 고른 것은?

> **보기**
> ㄱ. X는 동화작용에 속한다.
> ㄴ. (가) 과정에서 에너지가 흡수된다.
> ㄷ. X는 세포의 라이보솜에서 일어난다.

① ㄱ   ② ㄷ   ③ ㄱ, ㄴ
④ ㄴ, ㄷ   ⑤ ㄱ, ㄴ, ㄷ

04 그림은 물질대사를 (가)와 (나)로 구분한 것이다. ㉠은 물질대사에 관여하는 생체촉매이다.

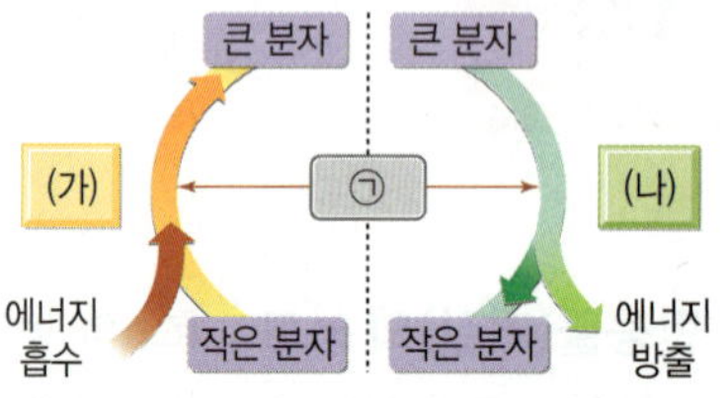

이에 대한 설명으로 옳은 것을 <u>모두</u> 고르면? (2개)

① (가)는 이화작용이다.
② 영양소의 소화는 (나)의 예에 해당한다.
③ (가)에서는 생성물보다 반응물의 에너지가 크다.
④ ㉠은 화학 반응이 빠르게 일어나게 한다.
⑤ 물질대사는 생명체 밖에서도 일어난다.

05 그림은 생명체에서 일어나는 어떤 화학 반응의 에너지 변화를 나타낸 것이다.
이에 대한 설명으로 옳은 것만을 [보기]에서 있는 대로 고른 것은?

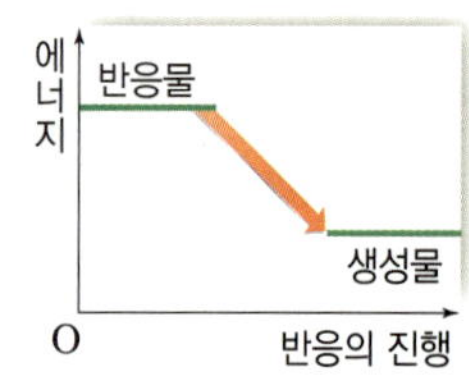

> **보기**
> ㄱ. 이 반응은 이화작용에 해당한다.
> ㄴ. 반응이 일어날 때 에너지가 방출된다.
> ㄷ. 세포호흡이 일어날 때 이와 같은 에너지 변화가 일어난다.

① ㄱ   ② ㄷ   ③ ㄱ, ㄴ
④ ㄴ, ㄷ   ⑤ ㄱ, ㄴ, ㄷ

06 다음은 식물 세포에서 일어나는 두 가지 반응이다.

> (가) 이산화 탄소 + 물 ⟶ 포도당 + 산소
> (나) 포도당 + 산소 ⟶ 이산화 탄소 + 물

이에 대한 설명으로 옳은 것만을 [보기]에서 있는 대로 고른 것은?

> **보기**
> ㄱ. (가)와 (나)에는 모두 효소가 관여한다.
> ㄴ. (가)가 일어날 때 에너지가 흡수된다.
> ㄷ. (나)는 엽록체에서 일어난다.

① ㄱ   ② ㄷ   ③ ㄱ, ㄴ
④ ㄴ, ㄷ   ⑤ ㄱ, ㄴ, ㄷ

B 효소의 작용과 활용

07 효소에 대한 설명으로 옳지 <u>않은</u> 것은?

① 주성분은 단백질이다.
② 화학 반응의 활성화에너지를 낮춘다.
③ 구조에 맞는 반응물과 결합하여 화학 반응을 촉진한다.
④ 효소의 종류에 따라 입체 구조가 다르다.
⑤ 효소의 반응 속도는 반응물의 농도가 높아질수록 계속 증가한다.

08 그림은 과산화 수소 분해 반응에서의 에너지 변화를 나타낸 것이고, ㉠과 ㉡은 각각 효소 ⓐ가 있을 때와 없을 때 중 하나이다.

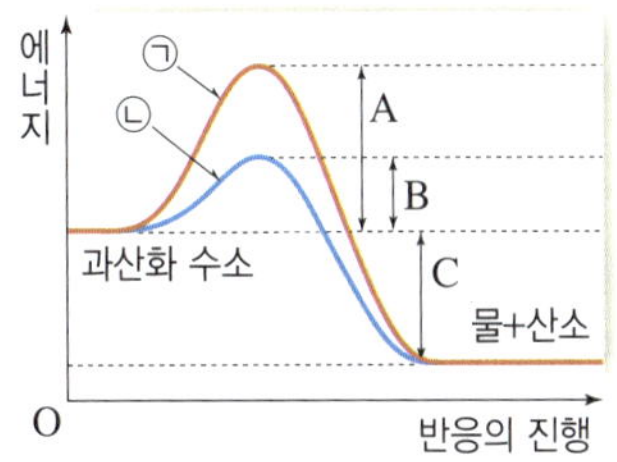

이에 대한 설명으로 옳은 것만을 [보기]에서 있는 대로 고른 것은?

보기
ㄱ. 카탈레이스는 ⓐ에 해당한다.
ㄴ. ⓐ가 있을 때의 활성화에너지는 'A−B'이다.
ㄷ. 과산화 수소의 에너지 크기는 C이다.

① ㄱ　　② ㄴ　　③ ㄱ, ㄴ ④ ㄴ, ㄷ ⑤ ㄱ, ㄴ, ㄷ

09 그림은 효소의 작용을 나타낸 것이다.

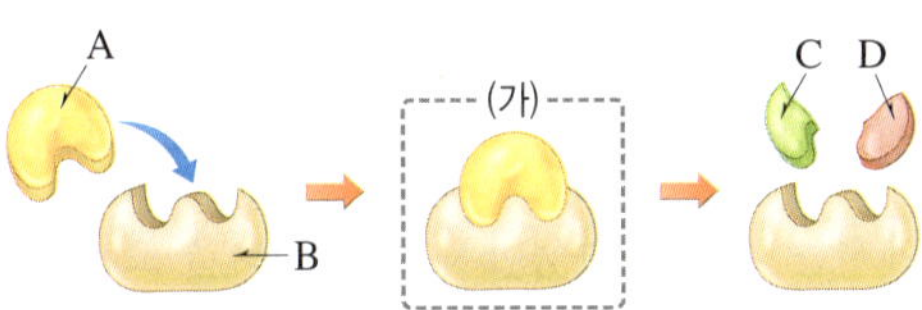

이에 대한 설명으로 옳은 것만을 [보기]에서 있는 대로 고른 것은?

보기
ㄱ. B는 반응물이다.
ㄴ. (가) 상태에서 화학 반응의 활성화에너지가 낮아진다.
ㄷ. 반응이 진행됨에 따라 A와 B의 양은 감소하고, C와 D의 양은 증가한다.

① ㄱ　　② ㄴ　　③ ㄱ, ㄷ ④ ㄴ, ㄷ ⑤ ㄱ, ㄴ, ㄷ

10 다음은 효소의 작용에 관한 실험이다.

[실험 과정]
(가) 시험관 A와 B에 각각 3 % 과산화 수소수 5 mL를 넣는다.
(나) A에는 감자즙 1 mL를, B에는 증류수 1 mL를 넣은 후, A와 B에서 기포가 발생하는지 관찰한다.
(다) (나)의 반응이 끝난 후, A와 B에 각각 3 % 과산화 수소수 3 mL를 더 넣고 기포가 발생하는지 관찰한다.

[실험 결과]

구분	시험관 A	시험관 B
(나)	기포가 발생함	기포가 발생 안 함
(다)	㉠	기포가 발생 안 함

이에 대한 설명으로 옳은 것만을 [보기]에서 있는 대로 고른 것은?

보기
ㄱ. 감자즙에는 과산화 수소 분해를 촉진하는 물질이 있다.
ㄴ. (나)의 A에서 발생한 기포의 성분은 산소이다.
ㄷ. ㉠은 '기포가 발생함'이다.

① ㄱ　　② ㄷ　　③ ㄱ, ㄴ ④ ㄴ, ㄷ ⑤ ㄱ, ㄴ, ㄷ

11 다음은 생간을 이용한 과산화 수소 분해 실험이다.

(가) 삼각 플라스크 A~C에 5 % 과산화 수소수를 넣고, 같은 크기로 자른 생간 조각을 표와 같이 넣는다.

삼각 플라스크	A	B	C
과산화 수소수(mL)	100	100	100
생간 조각(개)	0	5	10

(나) A~C의 입구에 고무풍선을 끼우고, 기포 발생이 끝난 뒤 고무풍선의 부피 변화를 관찰한다. 

이에 대한 설명으로 옳은 것만을 [보기]에서 있는 대로 고른 것은? (단, 제시된 조건 이외에 다른 조건은 동일하다.)

보기
ㄱ. 고무풍선은 A보다 B에서 많이 부풀 것이다.
ㄴ. 발생한 기체의 총량은 B보다 C에서 많을 것이다.
ㄷ. 생간 대신 삶은 간 5조각으로 같은 실험을 하면 B의 결과와 같을 것이다.

① ㄱ　　② ㄷ　　③ ㄱ, ㄴ ④ ㄴ, ㄷ ⑤ ㄱ, ㄴ, ㄷ

12 그림은 어떤 화학 반응에서 효소의 유무에 따른 에너지 변화를 나타낸 것이다.
이에 대한 설명으로 옳은 것만을 [보기]에서 있는 대로 고른 것은?

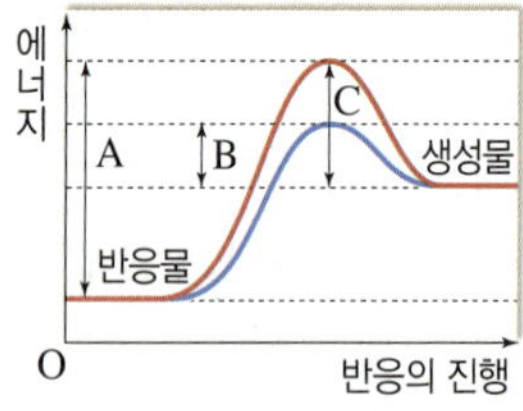

보기
ㄱ. 반응물보다 생성물이 크고 복잡한 분자이다.
ㄴ. 효소가 있을 때의 활성화에너지는 B이다.
ㄷ. 반응열은 'A−C'이다.

① ㄷ   ② ㄱ, ㄴ   ③ ㄱ, ㄷ
④ ㄴ, ㄷ   ⑤ ㄱ, ㄴ, ㄷ

13 그림 (가)는 어떤 효소의 작용을, (나)는 (가)가 진행되는 동안 일어나는 에너지 변화를 나타낸 것이다.

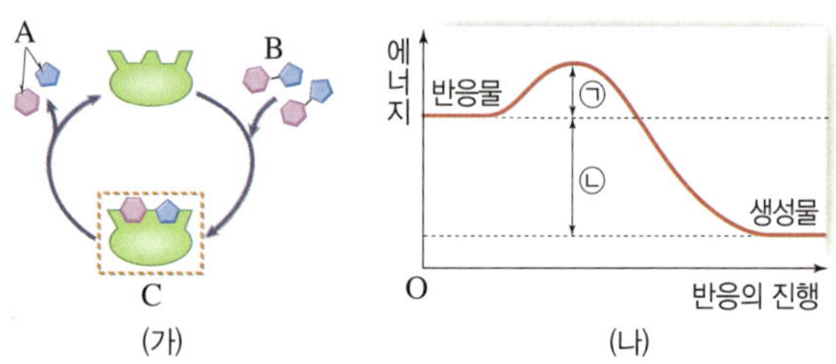

이에 대한 설명으로 옳은 것만을 [보기]에서 있는 대로 고른 것은?

보기
ㄱ. A는 생성물이고, B는 반응물이다.
ㄴ. 효소가 없으면 ㉠의 크기가 작아진다.
ㄷ. 효소의 유무에 관계없이 ㉡의 값은 일정하다.

① ㄴ   ② ㄷ   ③ ㄱ, ㄴ
④ ㄱ, ㄷ   ⑤ ㄴ, ㄷ

14 다음 생명 현상 중 효소가 관여하지 <u>않는</u> 것은?

① 상처가 난 부위에서 혈액이 응고된다.
② 모세혈관에서 조직세포로 산소가 이동한다.
③ 작은창자에서 엿당이 포도당으로 분해된다.
④ 이산화 탄소와 물을 원료로 포도당이 합성된다.
⑤ 간에서 암모니아를 요소로 전환한다.

15 효소의 활용 사례에 대한 설명으로 옳지 <u>않은</u> 것은?

① 콩을 발효시켜 된장을 만든다.
② 밥과 엿기름물로 식혜를 만든다.
③ 키위즙을 넣어 고기를 연하게 만든다.
④ 감자를 삶을 때 작게 잘라서 빨리 익힌다.
⑤ 혈당 측정기로 혈액 속의 포도당 양을 측정한다.

서술형 문제

16 그림은 어떤 효소의 작용을 나타낸 것이다.

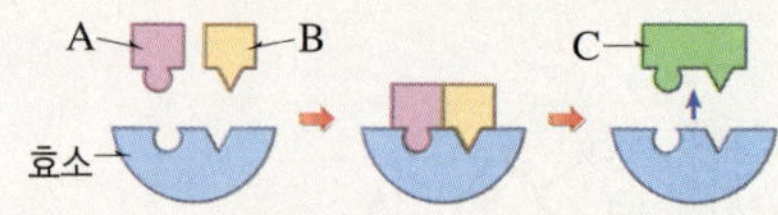

이 효소는 동화작용과 이화작용 중 어느 반응에 관여하는지 쓰고, 이 반응이 일어날 때의 에너지 출입을 반응물과 생성물의 에너지와 관련지어 서술하시오.

17 다음은 효소의 작용에 관한 실험이다.

[실험 과정]
(가) 시험관 A~C에 3 % 과산화 수소수를 5 mL씩 넣는다.
(나) A는 그대로 두고, B에는 생감자 조각을, C에는 삶은 감자 조각을 넣고 기포 발생을 관찰하였다.
[실험 결과] B에서만 기포가 발생하였다.

(1) A에서는 기포가 발생하지 않고, B에서만 기포가 발생한 까닭을 효소의 기능과 관련지어 서술하시오.

(2) C에서는 기포가 발생하지 않는 까닭을 효소의 성분과 관련지어 서술하시오.

(3) 효소가 재사용될 수 있다는 것을 확인하기 위한 실험 방법을 서술하시오.

18 생명체에 효소의 종류가 매우 많은 까닭을 물질대사와 효소의 특성과 관련지어 서술하시오.

실력 UP 문제

01 그림은 세포에서 일어나는 물질대사 Ⅰ과 Ⅱ를 나타낸 것이다.

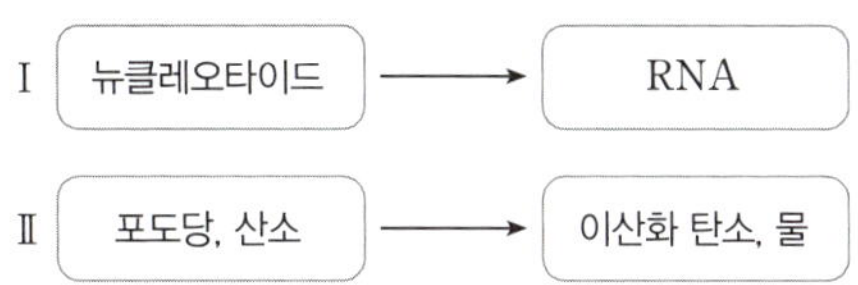

이에 대한 설명으로 옳은 것만을 [보기]에서 있는 대로 고른 것은?

보기
ㄱ. Ⅰ은 동화작용이다.
ㄴ. 라이보솜에서 Ⅰ이 일어난다.
ㄷ. Ⅱ에는 한 종류의 효소가 관여한다.

① ㄱ　　　　② ㄴ　　　　③ ㄱ, ㄷ
④ ㄴ, ㄷ　　　⑤ ㄱ, ㄴ, ㄷ

02 그림 (가)는 효소의 농도가 일정할 때 반응물의 농도에 따른 초기 반응 속도를, (나)는 효소와 반응물의 결합 정도를 나타낸 것이다. 반응물의 농도가 S_1과 S_2일 때 효소와 반응물의 결합 정도는 각각 A~C 중 하나이다.

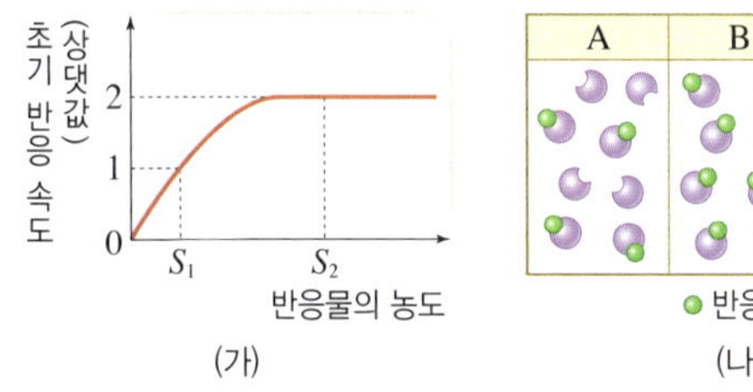

이에 대한 설명으로 옳은 것을 <u>모두</u> 고르면? (2개)

① S_1일 때 효소와 반응물의 결합 정도는 C이다.
② 생성물의 생성 속도는 S_2일 때가 S_1일 때보다 빠르다.
③ 반응의 활성화에너지는 S_2일 때가 S_1일 때의 2배이다.
④ S_2일 때 반응물의 농도가 증가하면 초기 반응 속도는 2보다 커진다.
⑤ 반응물과 결합하고 있는 효소의 비율은 S_2일 때가 S_1일 때보다 높다.

03 그림은 효소가 없을 때 과산화 수소 분해 반응의 에너지 변화를 나타낸 것이다. 표는 3 % 과산화 수소수 10 mL가 든 시험관 A와 B에 각각 ㉠과 ㉡ 중 하나를 넣었을 때 기포 발생 결과를 나타낸 것이다. ㉠과 ㉡은 각각 감자즙과 증류수 중 하나이다.

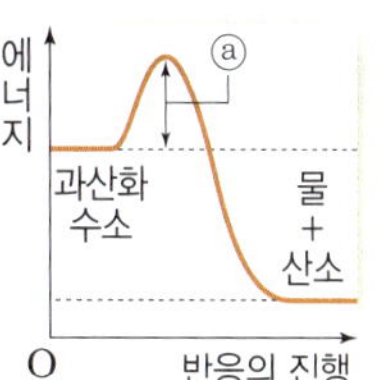

시험관	㉠	㉡	기포 발생 결과
A	2 mL	–	발생하지 않음
B	–	2 mL	발생함

이에 대한 설명으로 옳은 것만을 [보기]에서 있는 대로 고른 것은? (단, 제시된 조건 이외의 다른 조건은 동일하다.)

보기
ㄱ. ㉠은 증류수이다.
ㄴ. ㉡에는 ⓐ를 감소시키는 물질이 들어 있다.
ㄷ. B에서 발생한 기포에 꺼져 가는 향불을 가까이 대면 불이 바로 꺼진다.

① ㄱ　　　　② ㄴ　　　　③ ㄱ, ㄴ
④ ㄱ, ㄷ　　　⑤ ㄴ, ㄷ

04 그림 (가)는 효소 X에 의한 반응을, (나)는 (가)에서 반응물의 양이 충분하고 X의 농도가 일정할 때 시간에 따른 물질 ㉠~㉢의 농도를 나타낸 것이다. ㉠~㉢은 각각 물질 A~C 중 하나이다.

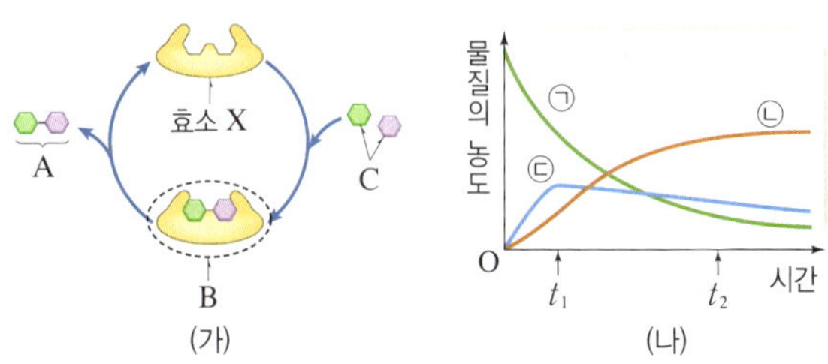

이에 대한 설명으로 옳은 것만을 [보기]에서 있는 대로 고른 것은?

보기
ㄱ. A는 ㉡이다.
ㄴ. t_1일 때 C를 더 첨가하면 ㉢의 농도는 첨가하기 전보다 높아진다.
ㄷ. C와 결합하지 않은 X의 농도는 t_1일 때가 t_2일 때보다 높다.

① ㄱ　　　　② ㄴ　　　　③ ㄱ, ㄴ
④ ㄴ, ㄷ　　　⑤ ㄱ, ㄴ, ㄷ

03 생명 시스템에서 정보의 흐름

A 유전자와 단백질

◆ **유전자**
대부분의 유전자는 단백질을 암호화하지만, 유전자 중에는 단백질 정보는 저장하지 않고 RNA만 합성하는 것이 있다는 것이 밝혀졌다. 그에 따라 유전자는 DNA에서 단백질이나 RNA를 만들 수 있는 단위로 정의한다.
사람은 약 20000개의 유전자를 갖는 것으로 알려져 있다.

◆ **염색체**
세포가 분열할 때 응축되어 막대 모양으로 나타나는 구조물이다. 분열하지 않을 때에는 핵 속에 실처럼 풀어져 있다.
염색체는 아세트산카민과 같은 염색액에 염색이 잘 된다고 해서 붙여진 이름이다.

1. DNA와 유전자 생물의 ❶형질을 결정하는 유전정보는 세포 핵 속의 DNA에 저장되어 있으며, ◆유전자는 DNA에서 유전정보가 저장되어 있는 특정 부위이다.

2. 유전자와 단백질 각 유전자에는 특정 단백질에 대한 정보가 저장되어 있다. ➡ 유전자의 유전정보에 따라 다양한 종류의 단백질이 합성된다.

| 유전자와 단백질의 관계 |

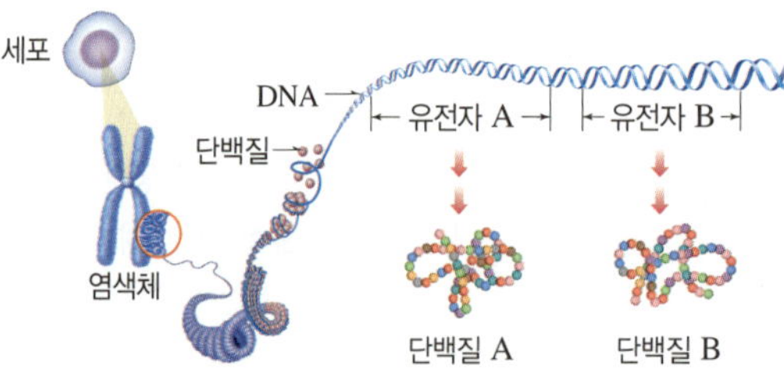

- ◆염색체는 DNA와 단백질로 이루어져 있다.
- DNA의 특정 부위에 유전자가 있으며, 한 분자의 DNA에는 수많은 유전자가 있다.
- 유전자에는 단백질합성에 필요한 유전정보가 저장되어 있으며, 유전자마다 서로 다른 종류의 단백질에 대한 정보를 갖는다. 아미노산 배열 순서

3. 유전형질이 나타나는 과정 유전자에 저장된 유전정보에 따라 합성된 단백질의 작용으로 형질이 나타난다. ➡ 유전형질이 나타난다는 것을 형질이 발현된다고 표현하기도 한다.

| 당나귀가 털색을 띠게 되는 과정 |

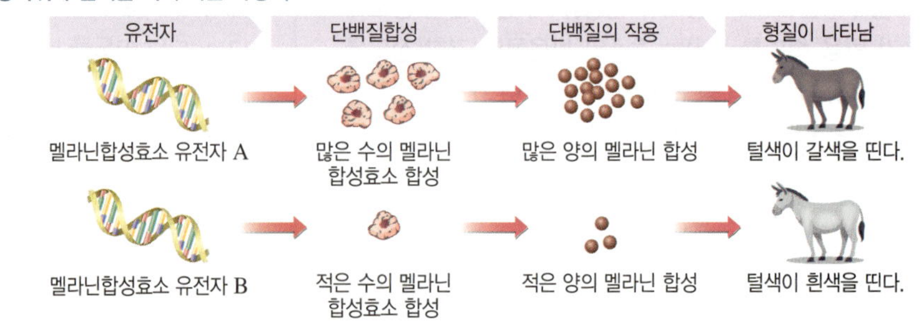

1. 당나귀의 DNA에는 멜라닌합성효소 유전자가 있으며, 이 유전자로부터 멜라닌합성효소(단백질)가 합성된다. 이 효소의 작용으로 합성된 ❷멜라닌에 의해 털색 형질이 나타난다.

2. 당나귀의 털색이 갈색과 흰색으로 다른 까닭: 유전자의 유전정보가 다름 → 멜라닌합성효소의 합성량이 다름 → 멜라닌 합성량이 다름 → 털색이 다르게 나타남 ➡ 유전자가 다르면 형질도 다르게 나타난다.

용어

❶ **형질**(形 형상, 質 바탕) 눈동자 색깔, 피부색, 혈액형 등과 같이 생물이 나타내는 특성이다.
❷ **멜라닌** 동물의 조직에 있는 흑갈색의 색소로, 멜라닌의 양에 따라 털색, 피부색, 홍채 색깔 등이 결정된다.

＋ 확대경 **유전자와 유전형질의 관계**   🄴 동아 교과서에만 나와요.

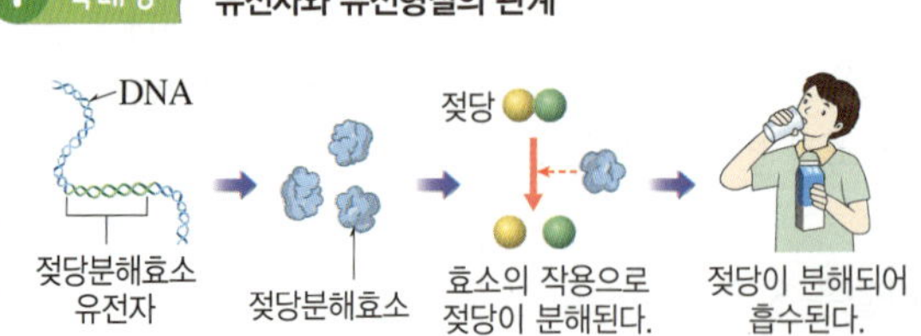

젖당분해효소 유전자로부터 합성된 효소의 작용으로 우유 등에 들어 있는 젖당이 분해되어 흡수된다. ➡ 젖당분해효소가 합성되지 않는 사람은 젖당이 분해되지 못하고 장 내에 남아 설사와 복통 등의 증상이 나타난다.

B 유전정보의 흐름

1. 세포 내 유전정보의 흐름 └ 비상 교과서에서는 이 원리를 생명중심원리라고 하였다. 세포 내에서 DNA의 유전정보는 RNA를 거쳐 단백질로 합성된다. 단백질은 라이보솜에서 합성되므로 DNA의 유전정보는 세포질로 전달되어야 한다.

| 세포 내 유전정보의 흐름 |

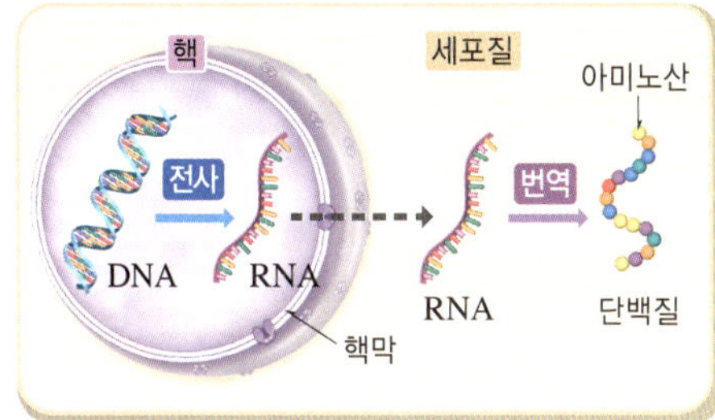

- ◆전사: DNA의 유전정보가 RNA로 전달되는 과정으로, DNA가 있는 핵 속에서 일어난다.
- 번역: RNA의 유전정보에 따라 단백질이 합성되는 과정으로, 세포질의 라이보솜에서 일어난다.

DNA는 유전정보의 원본이며, DNA에 저장된 유전정보는 RNA를 통해 핵 밖으로 전달되므로 원본은 핵 속에 안전하게 보존될 수 있다.

2. 유전정보와 유전부호 → 동아 교과서에서는 유전 암호라고 하였다.

① **DNA의 유전정보**: DNA에는 아데닌(A), 구아닌(G), 사이토신(C), 타이민(T)이 특정한 순서로 배열되어 있는데, 유전정보는 유전자를 이루는 DNA의 염기서열에 저장되어 있다.

② **유전부호**: DNA와 RNA의 염기서열이 특정 아미노산을 지정하는 규칙이다.
- 3염기조합: DNA에서 하나의 아미노산을 지정하는 연속된 3개의 염기
- 코돈: RNA에서 하나의 아미노산을 지정하는 연속된 3개의 염기 ➡ 총 64종류가 있다.

| 유전부호를 이루는 염기의 수 |

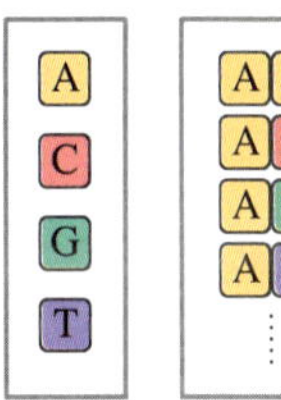
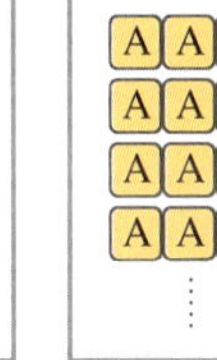

염기 1개   염기 2개씩 조합   염기 3개씩 조합

1. 아미노산은 약 20종류이므로 각 아미노산을 지정하는 유전부호는 최소 20종류이어야 한다.
2. 유전부호가 염기 1개일 때는 $4^1 = 4$종류, 염기 2개의 조합일 때는 $4^2 = 16$종류, 염기 3개의 조합일 때는 $4^3 = 64$종류가 만들어진다.
3. 유전부호가 염기 3개의 조합일 때 20종류의 아미노산을 모두 지정할 수 있다. ➡ 3염기조합

암기해

유전정보의 흐름

DNA ⟹(전사) RNA ⟹(번역) 단백질

◆ **전사가 일어나는 장소**
전사는 DNA가 있는 곳에서 일어난다. 동물 세포 등과 같이 핵막이 있는 진핵세포는 DNA가 핵 속에 있으므로 핵 속에서 전사가 일어나고, 세균 등과 같이 핵막이 없는 원핵세포는 DNA가 있는 세포질에서 전사가 일어난다.

• 염기 4개의 조합($4^4 = 256$종류)이라면, 하나의 아미노산을 지정하는 유전부호가 평균 10개 이상이므로 효율적이지 않다.

➕ **확대경** **코돈과 아미노산**

1. 총 64종류의 코돈에는 단백질합성의 시작과 멈춤을 지정하는 것도 있다. AUG는 메싸이오닌을 지정하면서 단백질합성을 시작하게 하는 개시코돈이고, UAA, UAG, UGA는 지정하는 아미노산이 없어 단백질합성을 멈추게 하는 종결코돈이다. 나머지 61종류는 각기 한 종류의 아미노산을 지정한다.
2. 하나의 코돈은 하나의 아미노산을 지정한다. 그런데 코돈은 64종류이고 아미노산은 20종류이므로 한 종류의 아미노산을 지정하는 코돈이 여러 종류가 있을 수 있다.

UUU UUC	페닐 알라닌	UCU UCC	세린	UAU UAC	타이로신	UGU UGC	시스테인	AUU AUC	아이소 류신	ACU ACC	트레오닌	AAU AAC	아스 파라진	AGU AGC	세린
UUA UUG	류신	UCA UCG		UAA UAG	종결코돈	UGA UGG	종결코돈 트립토판	AUA AUG	메싸이오닌 개시코돈	ACA ACG		AAA AAG	라이신	AGA AGG	아르지닌
CUU CUC	류신	CCU CCC	프롤린	CAU CAC	히스티딘	CGU CGC	아르지닌	GUU GUC	발린	GCU GCC	알라닌	GAU GAC	아스 파트산	GGU GGC	글라이신
CUA CUG		CCA CCG		CAA CAG	글루타민	CGA CGG		GUA GUG		GCA GCG		GAA GAG	글루탐산	GGA GGG	

⬆ **코돈 표** → 코돈이 지정하는 아미노산을 나타낸 표이다.

3. 유전정보의 전사와 번역 — 완자쌤 비법 특강 / 209쪽

① **전사** : DNA의 유전정보가 RNA로 전달되는 과정으로, DNA의 염기에 상보적인 염기를 가진 ◆RNA 뉴클레오타이드가 결합한다. ➡ 전사에 이용된 DNA 가닥의 염기서열에 상보적인 염기서열을 가진 RNA 가닥이 합성된다.

| 전사 과정 |

- 전사 과정: DNA 이중나선이 풀린다. → 두 가닥의 폴리뉴클레오타이드 중 한 가닥의 염기에 상보적인 염기를 가진 RNA 뉴클레오타이드가 하나씩 결합하여 RNA가 합성된다. → RNA는 DNA로부터 분리되고, DNA의 두 가닥은 다시 이중나선을 이룬다.
- 염기의 상보적 대응 관계

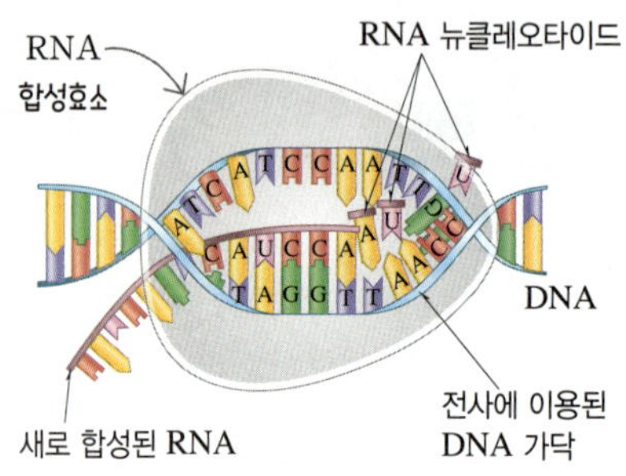

DNA 염기	A	G	C	T
전사 ↓	↓	↓	↓	↓
RNA 염기	U	C	G	A

RNA에는 타이민(T)이 없고 유라실(U)이 있으며, 유라실(U)도 아데닌(A)과 상보적으로 결합할 수 있다.

◆ **RNA 뉴클레오타이드**
RNA 뉴클레오타이드는 당으로 라이보스를 가지고, 염기는 아데닌(A), 구아닌(G), 사이토신(C), 유라실(U)의 4종류가 있다.

이중나선 DNA에서 안쪽의 염기는 수소결합으로 연결되어 있어요. 이 결합이 끊어지면서 이중나선이 풀리고, 염기서열이 드러나 DNA에 저장된 유전정보가 RNA로 전달돼요.

주의해

전사와 상보적 염기
DNA 염기 ⟶ RNA 염기
아데닌(A) 타이민(T) 유라실(U)

② **번역** : RNA의 코돈에 따라 단백질이 합성되는 과정으로, RNA의 코돈이 지정하는 아미노산이 펩타이드결합에 의해 순서대로 연결되어 단백질이 합성된다. ➡ 합성된 단백질이 작용하여 형질이 나타난다.

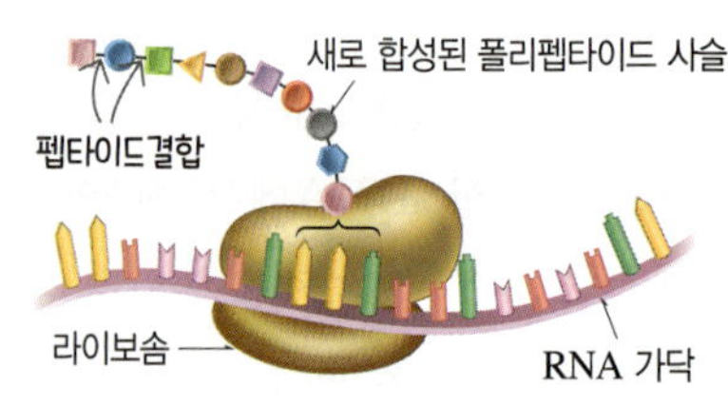

⬆ 번역 과정

| 유전정보의 전달과 단백질합성 |

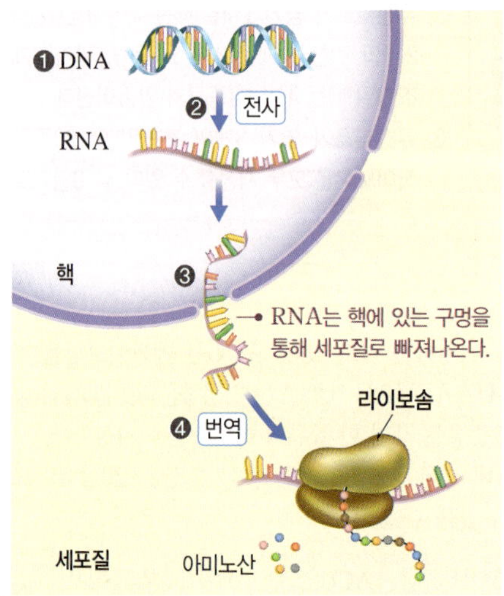

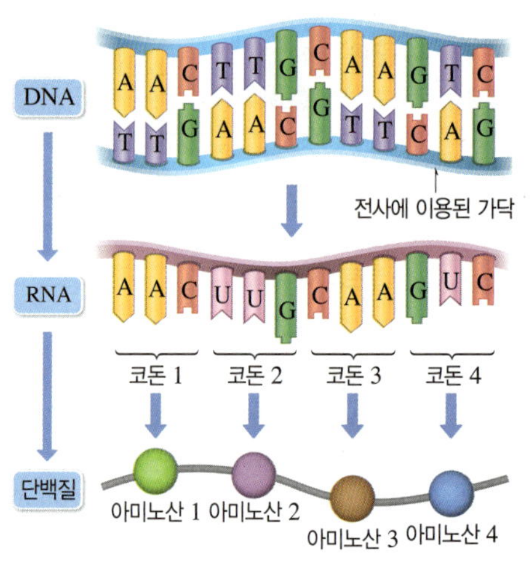

❶ DNA : 유전자에 아미노산 배열 순서에 대한 정보가 저장되어 있다. ➡ 3염기조합이 하나의 아미노산을 지정한다.

❷ 전사 : DNA를 이루는 두 가닥의 폴리뉴클레오타이드 중 <u>한 가닥</u>의 염기에 상보적인 염기를 갖는 RNA 뉴클레오타이드가 하나씩 결합하여 RNA가 합성된다. ➡ RNA의 염기서열은 전사에 이용된 DNA 가닥과 상보적이다.
(전사에 이용된 가닥)

❸ RNA의 이동 : 합성된 RNA는 핵을 빠져나와 세포질에서 라이보솜과 결합한다.

❹ 번역 : RNA의 코돈이 지정하는 아미노산이 차례대로 라이보솜으로 운반되어 오고, 아미노산과 아미노산 사이에 펩타이드결합이 일어나 폴리펩타이드가 만들어진다. 번역이 완료된 폴리펩타이드는 구부러지고 접혀 고유한 입체 구조를 갖는 단백질이 된다.

궁금해

번역의 시작과 끝은 어떻게 결정될까?
RNA의 코돈 중에는 단백질합성의 시작과 멈춤을 지정하는 코돈이 있으므로 번역은 항상 개시코돈에서 시작하여 종결코돈에서 끝난다.

4. 유전부호 체계의 공통성 지구에 사는 생물들은 서로 다른 유전정보를 가지고 모습과 생활 방식이 다양하다. 그러나 모든 생명체는 같은 유전부호 체계를 사용하여 생물종에 관계없이 같은 코돈은 같은 아미노산을 지정한다. ➡ 모든 생명체가 공통조상으로부터 진화해 왔음을 의미한다.

+ 확대경 **유전부호 체계의 공통성과 활용**

- 모든 생명체가 같은 유전부호 체계를 사용하므로 생명공학기술을 이용하여 세균에서 사람의 인슐린이나 성장호르몬과 같은 유용한 단백질을 대량 생산할 수 있다.
- 사람의 인슐린 유전자를 대장균의 DNA에 삽입하여 대장균에 주입하면 대장균 내에서 전사와 번역 과정을 거쳐 사람의 인슐린 단백질이 합성된다.

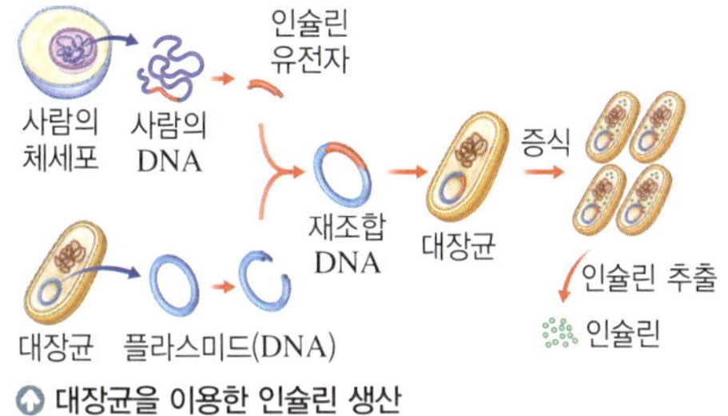

↑ 대장균을 이용한 인슐린 생산

C 유전자 이상과 유전병

완자쌤 비법 특강 / 209쪽

1. 유전자 이상 유전자를 구성하는 DNA의 염기서열에 이상이 생기는 것이다.
└ DNA에서 염기 일부가 없어지거나 삽입되거나 바뀌면 DNA 염기서열이 바뀐다.

2. 유전자 이상에 의한 유전병 DNA 염기서열이 바뀌면 전사와 번역 과정이 정상적으로 일어나지 않거나 바뀐 염기서열로부터 비정상 단백질이 만들어져 유전병이 나타날 수 있다.
예 낫모양적혈구빈혈증, *페닐케톤뇨증, *백색증 등

+ 확대경 **낫모양적혈구빈혈증이 발생하는 원리**   동아 교과서에만 나와요.

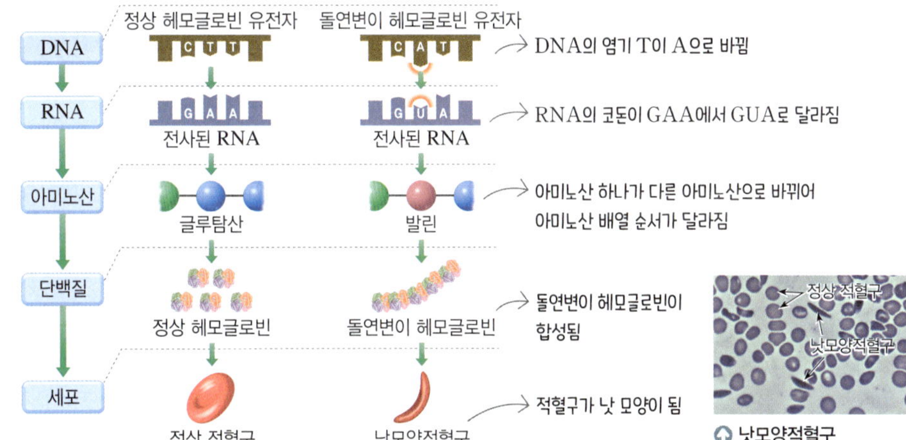

↑ 낫모양적혈구

❶ 유전자 이상: 헤모글로빈 유전자에 돌연변이가 일어나 염기 T이 A으로 바뀌었다.
❷ 단백질 이상: 전사와 번역을 거쳐 아미노산 하나가 다른 돌연변이 헤모글로빈이 합성되었다.
❸ 유전병 증상: 돌연변이 헤모글로빈은 긴 바늘 모양으로 서로 달라붙어 적혈구를 낫 모양으로 만든다. ➡ 낫모양적혈구는 수명이 짧고 산소 운반 기능이 떨어지며, 모세혈관을 막아 혈액의 흐름을 방해한다. 따라서 조직에 산소가 충분히 공급되지 못하여 심한 빈혈 증상이 나타나고, 여러 신체 기관이 손상을 입는다.

◆ **페닐케톤뇨증**
페닐알라닌분해효소 유전자의 이상으로 선천적으로 페닐알라닌분해효소가 결핍되어 페닐알라닌이 체내에 축적되는 질병이다. 지능 장애, 옅은 갈색의 피부와 모발, 경련 등의 증상이 나타난다.

◆ **백색증**
멜라닌합성효소 유전자에 이상이 생겨 멜라닌을 만들지 못하므로 머리카락, 피부, 털 등이 하얗다.

↑ **백색증 토끼** 털색이 희고 눈색이 빨갛다.

궁금해

DNA의 염기가 바뀌면 반드시 유전병이 나타날까?
아미노산을 지정하는 코돈은 61종류이고 아미노산의 종류는 20종류이므로, 하나의 아미노산을 지정하는 코돈은 여러 개 있을 수 있다. 따라서 DNA의 염기 한두 개가 바뀌어 RNA의 코돈이 달라지더라도 바뀐 코돈이 같은 아미노산을 지정할 경우 정상 단백질이 합성되어 이상 증상이 나타나지 않는다.

개념 확인 문제

● 핵심 체크 ●

▶ DNA와 유전자: (❶　　　　)는 유전물질이며, 유전정보가 저장되어 있는 DNA의 특정 부위를 (❷　　　　)라고 한다.
▶ 유전자와 단백질: 유전자의 유전정보에 따라 단백질이 합성되고, 단백질의 작용으로 (❸　　　　)이 나타난다.
▶ 세포 내 유전정보의 흐름

DNA		RNA		단백질
• 염기서열에 유전정보 저장 • (❹　　　　): DNA에서 하나의 아미노산을 지정하는 연속된 3개의 염기	(❺　　)	• 전사에 이용된 DNA 가닥과 상보적인 염기서열을 가짐 • (❻　　　　): RNA에서 하나의 아미노산을 지정하는 연속된 3개의 염기, 총 64종류	(❼　　)	• RNA의 유전정보에 따라 (❽　　　　)에서 아미노산이 펩타이드결합으로 연결되어 단백질이 합성됨

▶ 유전부호 체계의 공통성: 지구상의 모든 생명체는 같은 (❾　　　　) 체계를 사용한다.
▶ 유전자 이상에 의한 유전병: 유전자 이상 → (❿　　　　) 이상 → 유전병 증상 나타남

---

1 유전자에 대한 설명으로 옳은 것은 ○, 옳지 <u>않은</u> 것은 ×로 표시하시오.

(1) DNA에 염기서열 형태로 존재한다. ············· (　　)
(2) 염색체에는 유전자 1개가 있다. ············· (　　)
(3) DNA의 특정 부위에 있다. ············· (　　)

2 그림은 생물의 형질이 나타나는 과정을 나타낸 것이다.

물질 ㉠은 무엇인지 쓰시오.

3 그림은 세포 내 유전정보의 흐름을 나타낸 것이다.

물질 ㉠과 과정 (가)는 각각 무엇인지 쓰시오.

4 유전부호에 대한 설명으로 옳은 것은 ○, 옳지 <u>않은</u> 것은 ×로 표시하시오.

(1) DNA의 유전부호를 코돈이라고 한다. ··········· (　　)
(2) 코돈에는 64종류가 있다. ············· (　　)
(3) 대장균과 사람에서 같은 유전부호는 같은 아미노산을 지정한다. ············· (　　)

5 그림은 사람의 세포 내에서 유전정보가 전달되어 단백질이 합성되는 과정을 나타낸 것이다.

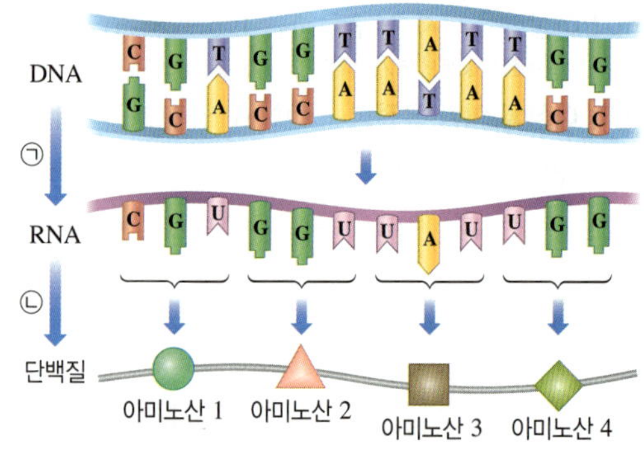

(1) 과정 ㉠과 ㉡이 일어나는 장소를 각각 쓰시오.
(2) RNA 가닥에서 코돈은 몇 개인지 쓰시오.
(3) 아미노산 3을 지정하는 코돈을 쓰시오.

6 유전자 이상에 대한 설명으로 옳은 것은 ○, 옳지 <u>않은</u> 것은 ×로 표시하시오.

(1) 유전자를 구성하는 DNA 염기서열에 이상이 생기는 것을 유전자 이상이라고 한다. ············· (　　)
(2) 유전자 이상으로 아미노산 배열 순서가 바뀌어 형성된 단백질은 정상 단백질과 입체 구조가 같다. ···· (　　)
(3) 낫모양적혈구빈혈증은 헤모글로빈 유전자에 이상이 생겨 RNA가 번역되지 않아 발생한다. ·········· (　　)

유전정보의 전사와 번역

DNA의 유전정보가 전사와 번역을 거쳐 합성된 단백질의 작용으로 형질이 나타납니다. DNA로부터 단백질이 합성되는 과정을 정리해 보고, 돌연변이로 유전자의 염기서열이 바뀌었을 때 어떤 결과가 나타나는지 한눈에 살펴보아요.

그림은 DNA로부터 단백질이 합성되는 과정을 나타낸 것이고, 표는 코돈 표의 일부이다.

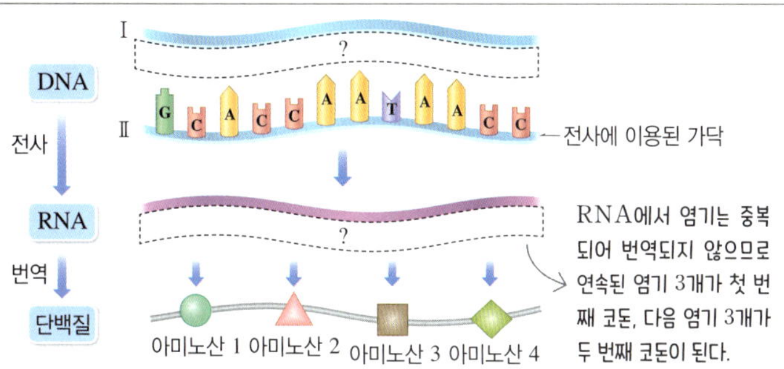

코돈	아미노산	코돈	아미노산
ACC	트레오닌	UAU	타이로신
AUA	아이소류신	UUA, UUG	류신
GCA	알라닌	CGA, CGU	아르지닌
GGU	글라이신	CCA, CCU	프롤린
UGG	트립토판	CAC	히스티딘

Q1. ( ) 안에 알맞은 염기서열이나 아미노산 배열 순서를 써 보자.

- DNA 가닥 I의 염기서열은 DNA 가닥 II의 염기서열과 상보적이므로 ㉠( )이다.
- RNA의 염기서열은 DNA 가닥 II의 염기서열과 상보적이고, T 대신 U이 있으므로 ㉡( )이다.
- RNA의 왼쪽 첫 번째 염기부터 번역된다고 할 때, 단백질의 아미노산 배열 순서를 코돈 표를 이용하여 찾으면 ㉢( )이다.

Q2. DNA 염기서열에서 염기 1개가 바뀐 경우의 전사와 번역을 생각해 보고, ( ) 안에 알맞은 말을 써 보자.

구분	정상 유전자	두 번째 염기 C이 G으로 바뀐 돌연변이	세 번째 염기 A이 T으로 바뀐 돌연변이
DNA 가닥 II의 일부 염기			
RNA(코돈)	CGU	㉠( )	㉡( )
아미노산	아르지닌	㉢( )	㉣( )
형질	정상 형질이 나타난다.	㉤( )	㉥( )

➡ 염기 1개가 바뀐 경우 바뀐 코돈에 따라 아미노산 배열 순서가 바뀌거나 바뀌지 않을 수 있다.

Q3. DNA 염기서열에 염기 1개가 끼어 들어간 경우의 전사와 번역을 생각해 보고, ( ) 안에 알맞은 말을 써 보자.

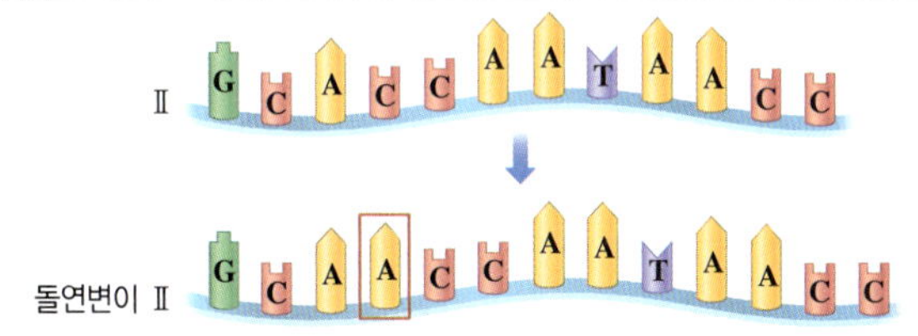

- DNA 가닥 II에 염기 ㉠( )이 1개 끼어 들어갔다.
- RNA의 염기서열은 ㉡( )가 되어 이로부터 형성된 단백질의 아미노산 배열 순서는 ㉢( )이다.
➡ 염기 1개가 끼어 들어간 경우 완전히 다른 단백질이 형성될 수 있다.

내신 만점 문제

01 유전자에 대한 설명으로 옳은 것만을 [보기]에서 있는 대로 고르시오.

[보기]
ㄱ. 유전정보가 저장된 DNA의 특정 부위이다.
ㄴ. 한 분자의 DNA에는 하나의 유전자가 존재한다.
ㄷ. 단백질을 이루는 아미노산의 배열 순서에 대한 정보가 저장되어 있다.

02 그림은 염색체의 구조를 나타낸 것이다.

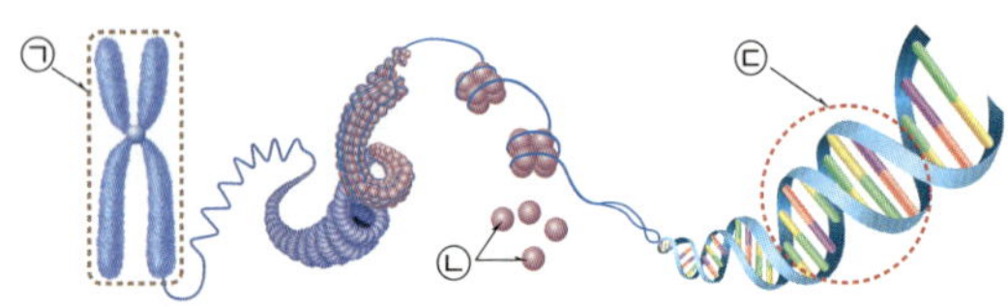

이에 대한 설명으로 옳은 것만을 [보기]에서 있는 대로 고른 것은?

[보기]
ㄱ. ㉠은 DNA와 단백질로 구성된다.
ㄴ. ㉡의 기본 단위체는 아미노산이다.
ㄷ. ㉢의 기본 단위체는 인산, 당, 염기가 결합되어 있다.

① ㄱ ② ㄷ ③ ㄱ, ㄴ
④ ㄴ, ㄷ ⑤ ㄱ, ㄴ, ㄷ

중요 03 그림은 유전자와 단백질의 관계를 나타낸 것이다.
이에 대한 설명으로 옳은 것만을 [보기]에서 있는 대로 고른 것은?

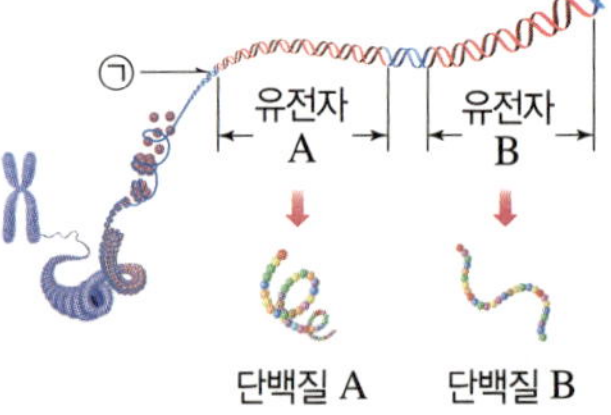

[보기]
ㄱ. ㉠을 구성하는 염기에는 유라실(U)이 있다.
ㄴ. 유전자 A와 B의 염기서열은 서로 다르다.
ㄷ. 유전자 B의 염기서열에 이상이 생기면 정상 단백질 B가 합성되지 않을 수 있다.

① ㄱ ② ㄷ ③ ㄱ, ㄴ
④ ㄴ, ㄷ ⑤ ㄱ, ㄴ, ㄷ

04 그림은 당나귀에서 털색 형질이 나타나는 과정을 나타낸 것이다.

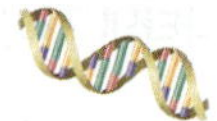

이에 대한 설명으로 옳은 것만을 [보기]에서 있는 대로 고른 것은?

[보기]
ㄱ. 유전자 A에는 멜라닌의 정보가 저장되어 있다.
ㄴ. 당나귀의 털색 형질은 멜라닌 합성량에 의해 달라진다.
ㄷ. 유전자 A에서 합성되는 효소와 유전자 B에서 합성되는 효소는 종류가 다르다.

① ㄱ ② ㄴ ③ ㄱ, ㄷ
④ ㄴ, ㄷ ⑤ ㄱ, ㄴ, ㄷ

B 유전정보의 흐름

중요 05 다음은 세포 내에서 일어나는 유전정보의 흐름을 설명한 것이다.

동물 세포에서는 (A) 속에 들어 있는 (B)의 유전정보가 RNA로 전달되는데, 이를 (C)라고 한다. RNA의 유전정보에 따라 단백질이 합성되는 과정을 (D)이라고 하며, 세포질의 (E)에서 일어난다.

A~E에 들어갈 말로 옳지 않은 것은?

① A – 핵 ② B – DNA ③ C – 복제
④ D – 번역 ⑤ E – 라이보솜

06 그림은 세포 내 유전정보의 흐름을 나타낸 것이다. 이에 대한 설명으로 옳은 것만을 [보기]에서 있는 대로 고른 것은?

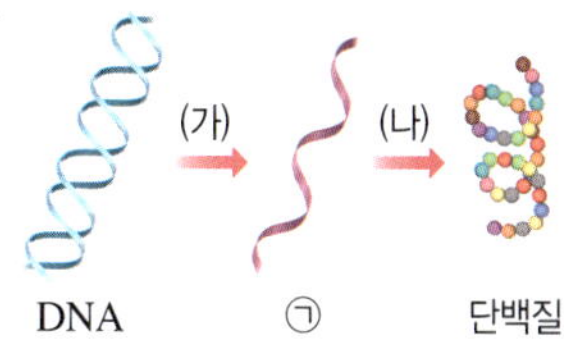

[보기]
ㄱ. ㉠에 디옥시라이보스가 있다.
ㄴ. (가)는 전사이고, (나)는 번역이다.
ㄷ. ㉠의 염기 개수와 단백질의 아미노산 개수는 같다.

① ㄱ   ② ㄴ   ③ ㄱ, ㄴ
④ ㄴ, ㄷ   ⑤ ㄱ, ㄴ, ㄷ

07 코돈에 대한 설명으로 옳은 것만을 [보기]에서 있는 대로 고른 것은?

[보기]
ㄱ. 64종류가 있다.
ㄴ. DNA에서 연속된 3개의 염기로 이루어진다.
ㄷ. 모든 코돈은 각기 다른 종류의 아미노산을 지정한다.

① ㄱ   ② ㄷ   ③ ㄱ, ㄷ
④ ㄴ, ㄷ   ⑤ ㄱ, ㄴ, ㄷ

중요 08 그림은 이중나선 DNA의 염기서열 일부와 이로부터 전사된 RNA의 염기서열을 나타낸 것이다. ㉠~㉢은 각각 아데닌(A), 유라실(U), 타이민(T) 중 하나이다.

이에 대한 설명으로 옳은 것만을 [보기]에서 있는 대로 고른 것은?

[보기]
ㄱ. ㉠은 타이민(T)이다.
ㄴ. 전사에 이용된 DNA 가닥은 (가)이다.
ㄷ. (가)의 아데닌(A)과 RNA의 유라실(U)의 개수는 같다.

① ㄱ   ② ㄴ   ③ ㄱ, ㄴ
④ ㄴ, ㄷ   ⑤ ㄱ, ㄴ, ㄷ

중요 09 그림은 어떤 세포에서 일어나는 유전정보의 흐름을 나타낸 것이다.

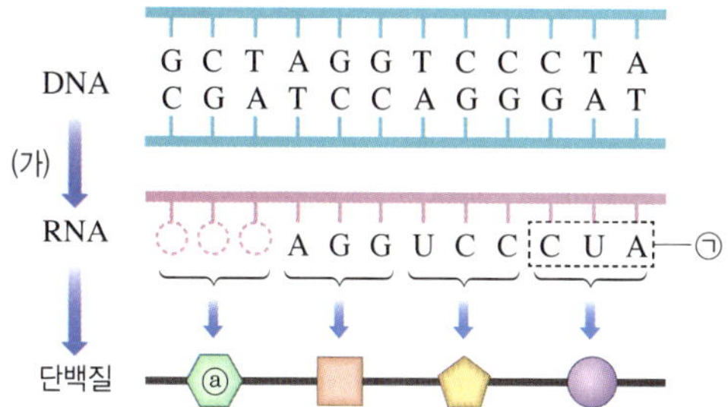

이에 대한 설명으로 옳은 것만을 [보기]에서 있는 대로 고른 것은?

[보기]
ㄱ. (가)는 번역이다.
ㄴ. ㉠은 코돈이다.
ㄷ. 아미노산 ⓐ를 지정하는 RNA의 염기서열은 GCU이다.

① ㄱ   ② ㄷ   ③ ㄱ, ㄴ
④ ㄴ, ㄷ   ⑤ ㄱ, ㄴ, ㄷ

10 그림은 RNA의 염기서열과 이로부터 번역되어 합성된 폴리펩타이드 X를, 표는 일부 코돈이 지정하는 아미노산을 나타낸 것이다.

RNA	: A U G A A U U U A A A U G U C
폴리펩타이드 X :	ⓐ – (가)

코돈	아미노산	코돈	아미노산
AUG	ⓐ	GUU, GUC	ⓓ
AAA, AAG	ⓑ	UUA, UUG	ⓔ
AAU, AAC	ⓒ	UGU, UGC	ⓕ

이에 대한 설명으로 옳은 것만을 [보기]에서 있는 대로 고른 것은?

[보기]
ㄱ. (가) 부분의 아미노산 배열 순서는 ⓒ-ⓔ-ⓒ-ⓓ이다.
ㄴ. X에는 펩타이드결합이 4개가 있다.
ㄷ. X는 4종류의 아미노산으로 구성된다.

① ㄱ   ② ㄷ   ③ ㄱ, ㄴ
④ ㄴ, ㄷ   ⑤ ㄱ, ㄴ, ㄷ

11 유전부호 체계에 대한 설명으로 옳은 것만을 [보기]에서 있는 대로 고르시오.

[보기]
ㄱ. 생물종마다 고유한 유전부호 체계를 갖는다.
ㄴ. 모든 생물은 유전정보를 해석하는 방법이 같다.
ㄷ. 모든 생물종에서 같은 코돈은 같은 아미노산을 지정한다.

C 유전자 이상과 유전병

12 다음은 유전병 (가)에 대한 설명이다.

> 유전자 A의 이상으로 선천적으로 페닐알라닌을 분해하는 효소가 만들어지지 않아 페닐알라닌이 몸속에 쌓이고, 이로 인해 신경 발달이 저해된다.

이에 대한 설명으로 옳은 것만을 [보기]에서 있는 대로 고르시오.

[보기]
ㄱ. (가)는 유전자 이상에 의한 유전병이다.
ㄴ. (가)는 효소에 의한 물질대사에 이상이 생겨 유전병 증상이 나타난다.
ㄷ. A에는 페닐알라닌의 합성에 대한 정보가 저장되어 있다.

중요 **13** 그림은 낫모양적혈구가 형성되는 과정을 나타낸 것이다.

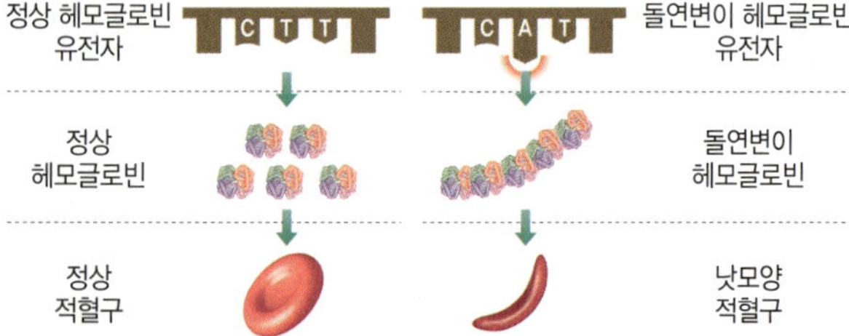

이에 대한 설명으로 옳은 것만을 [보기]에서 있는 대로 고른 것은? (단, GAA는 글루탐산을, GUA는 발린을 지정하며, 그림에 제시되어 있지 않은 부분은 정상이다.)

[보기]
ㄱ. 아미노산 배열 순서에 따라 단백질의 구조가 결정된다.
ㄴ. 돌연변이 헤모글로빈은 정상 헤모글로빈보다 아미노산 개수가 적다.
ㄷ. DNA에서 염기 1개만 바뀌어도 유전병이 나타날 수 있다.

① ㄴ　　② ㄷ　　③ ㄱ, ㄴ　④ ㄱ, ㄷ　⑤ ㄱ, ㄴ, ㄷ

14 그림은 꽃 색깔이 붉은색을 띠게 되는 과정을 나타낸 것이다.

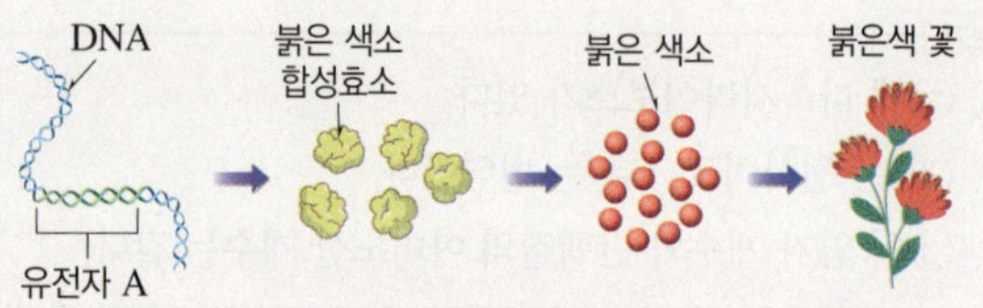

유전자 A에 의해 꽃 색깔이 붉은색을 띠게 되는 과정을 유전정보의 흐름과 관련지어 서술하시오.

15 그림은 세포 내 유전정보의 흐름을 순서 없이 나타낸 것이고, 표는 일부 코돈이 지정하는 아미노산을 나타낸 것이다. (가)~(다)는 각각 단백질, DNA, RNA 중 하나이다.

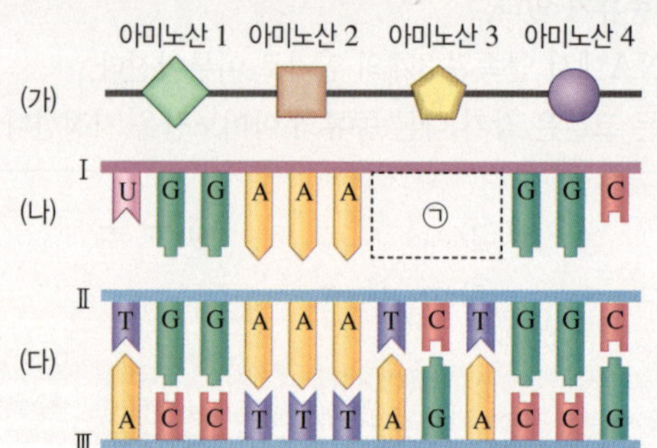

코돈	아미노산	코돈	아미노산	코돈	아미노산
UGG	트립토판	GCU	알라닌	AAA	라이신
UCU	세린	GGC	글라이신	ACU	트레오닌
UUG	류신	GAG	글루탐산	AGA	아르지닌

(1) ㉠에 들어갈 염기서열을 쓰시오.

(2) 전사에 이용된 DNA 가닥은 Ⅰ~Ⅲ 중 어느 것인지 근거를 들어 서술하시오.

(3) 코돈 표를 이용하여 단백질의 아미노산 배열 순서를 쓰시오.

16 유전자 이상이 유전병으로 나타나게 되는 원리를 서술하시오.

실력 UP 문제

01 그림은 세포 내 유전정보의 흐름을 나타낸 것이다. 이에 대한 설명으로 옳은 것만을 [보기]에서 있는 대로 고른 것은?

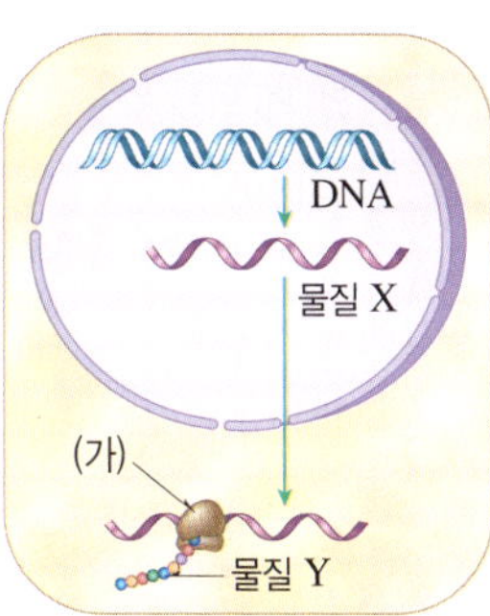

보기
ㄱ. 뉴클레오타이드의 결합으로 물질 X가 만들어진다.
ㄴ. DNA에는 물질 Y를 구성하는 기본 단위체의 배열 순서에 대한 정보가 있다.
ㄷ. (가)는 세포질에 있다.

① ㄴ   ② ㄷ   ③ ㄱ, ㄴ
④ ㄱ, ㄷ   ⑤ ㄱ, ㄴ, ㄷ

02 표는 이중나선 DNA X와 이 중 한 가닥으로부터 전사된 RNA Y의 염기 조성 비율을 나타낸 것이다. (가)~(다)는 X_1, X_2, Y를 순서 없이 나타낸 것이고, X_1과 X_2는 X를 이루는 두 가닥이며, 전사에 이용된 가닥은 X_2이다.

구분	염기 조성(%)					
	아데닌 (A)	구아닌 (G)	사이토신 (C)	타이민 (T)	유라실 (U)	계
(가)	28	33	22	17	0	100
(나)	㉠	22	㉡	㉢	0	100
(다)	㉣	22	33	0	㉤	100

이에 대한 설명으로 옳은 것만을 [보기]에서 있는 대로 고른 것은?

보기
ㄱ. (가)는 X_1이고, (다)는 Y이다.
ㄴ. $\dfrac{㉠+㉤}{㉢+㉣}=1$이다.
ㄷ. ㉡은 28이다.

① ㄱ   ② ㄴ   ③ ㄱ, ㄴ
④ ㄱ, ㄷ   ⑤ ㄴ, ㄷ

03 그림은 DNA의 한 가닥으로부터 전사와 번역이 일어나는 것을 나타낸 것이다.

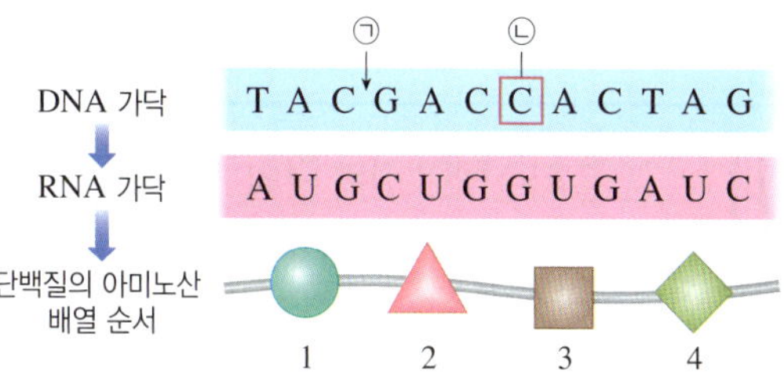

이에 대한 설명으로 옳은 것만을 [보기]에서 있는 대로 고른 것은? (단, RNA의 왼쪽 첫 번째 염기부터 번역된다.)

보기
ㄱ. 아미노산 4를 지정하는 코돈은 TAG이다.
ㄴ. ㉠ 부분에 염기 A이 삽입되면 세 번째 코돈이 GGU가 된다.
ㄷ. ㉡ 부분의 염기 C이 G으로 바뀌면 두 번째와 세 번째 아미노산이 같아진다.

① ㄴ   ② ㄷ   ③ ㄱ, ㄴ
④ ㄴ, ㄷ   ⑤ ㄱ, ㄷ

04 표는 정상 헤모글로빈 유전자와 이 유전자에서 1개의 염기가 각각 바뀐 유전자 (가)와 (나)에서 전사된 RNA의 염기서열과 이에 대응하는 아미노산을 각각 나타낸 것이다. (가)와 (나) 중 하나는 낫모양적혈구빈혈증을 일으킨다.

정상 유전자	RNA : -CCUGAAGAG- 아미노산: - 프롤린 - 글루탐산 - 글루탐산 -
(가)	RNA : -CCUG**U**AGAG- 아미노산: - 프롤린 - 발린 - 글루탐산 -
(나)	RNA : -CCUGA**G**GAG- 아미노산: - 프롤린 - 글루탐산 - 글루탐산 -

이에 대한 설명으로 옳은 것만을 [보기]에서 있는 대로 고른 것은? (단, 제시되지 않은 나머지 염기서열과 아미노산 배열 순서는 모두 정상과 같다.)

보기
ㄱ. (가)에서 합성되는 단백질의 아미노산 개수는 정상 단백질과 같다.
ㄴ. (나)는 낫모양적혈구빈혈증을 일으킨다.
ㄷ. 글루탐산을 지정하는 코돈은 2개 이상이다.

① ㄴ   ② ㄷ   ③ ㄱ, ㄴ
④ ㄱ, ㄷ   ⑤ ㄴ, ㄷ

핵심 정리

01 / 생명 시스템의 기본 단위

1. 생명 시스템과 세포

(1) **생명 시스템의 구성 단계**: 세포 → 조직 → 기관 → 개체

(2) **세포의 구조와 기능**

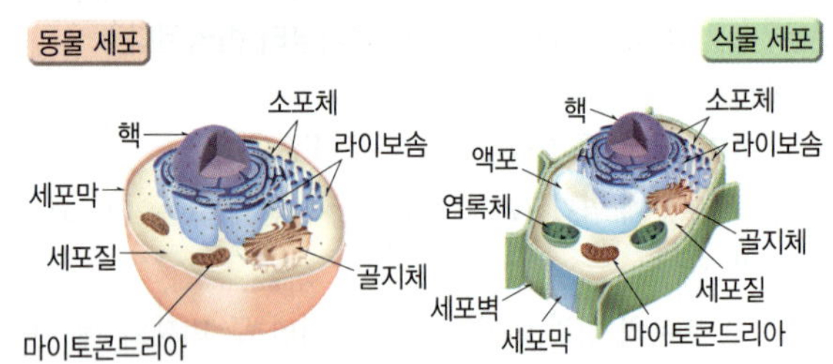

핵	DNA가 있으며, 세포의 생명활동을 조절
(❶)	단백질을 합성하는 장소
소포체	단백질을 운반하는 통로
골지체	단백질을 막으로 싸서 세포 밖으로 분비
(❷)	세포호흡이 일어나는 장소, 세포가 생명활동을 하는 데 사용하는 에너지 생산
(❸)	광합성이 일어나는 장소, 포도당 합성
액포	물, 색소 등을 저장하며, 성숙한 식물 세포에 발달
세포막	세포를 둘러싼 얇은 막, 세포 안팎의 물질 출입 조절
세포벽	식물 세포의 세포막 바깥에 있으며, 세포 모양 유지

2. 세포막의 구조와 특성

성분	• 인지질과 단백질이 주성분이다. • (❹): 인산이 있는 머리 부분은 친수성, 꼬리 부분은 소수성이다. • 단백질(막단백질): 물질 이동 통로가 되는 것도 있다.
구조	인지질 2중층에 단백질이 파묻혀 있거나 관통하고 있는 구조로, 유동성이 있다. 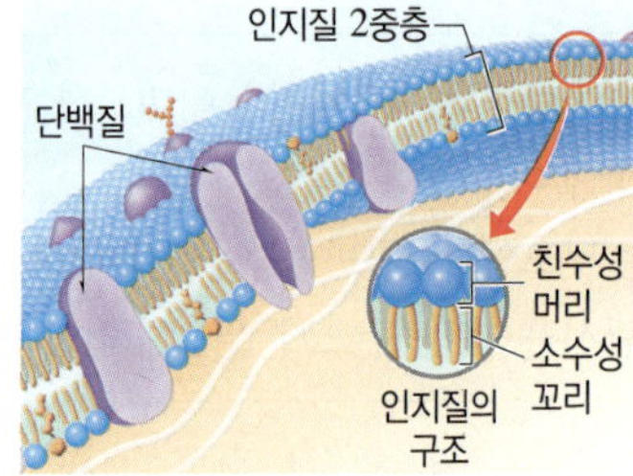
특성	물질의 종류, 크기 등에 따라 투과도가 다른 (❺) 투과성

3. 세포막을 통한 물질 이동

(1) (❻): 분자가 스스로 운동하여 물질의 농도가 높은 쪽에서 낮은 쪽으로 이동하는 현상으로, 확산에 의한 물질 이동 시 세포에서 에너지를 사용하지 않는다.

구분	인지질 2중층을 통한 확산	막단백질을 통한 확산
이동 방식	산소(O_2) 세포 밖 / 세포 안	Na^+ 포도당 세포 밖 / 막단백질 세포 안
이동 물질	기체(산소, 이산화 탄소), 지용성 물질(지방산) 예 허파꽈리(폐포)와 모세혈관 사이의 O_2와 CO_2 교환	이온(K^+, Na^+), 수용성 물질(포도당, 아미노산) 예 혈액 속 포도당이 조직세포로 확산

(2) (❼): 세포막을 경계로 물질의 농도가 낮은 쪽에서 높은 쪽으로 물이 이동하는 현상으로, 삼투에 의한 물질 이동 시 세포에서 에너지를 사용하지 않는다.

용액	저장액	등장액	고장액
부피 변화	세포 안으로 들어오는 물의 양이 많아 세포 부피 증가	세포 안팎으로 이동하는 물의 양이 같아 세포 부피 변화 없음	세포 밖으로 빠져나가는 물의 양이 많아 세포 부피 감소
동물 세포	H_2O H_2O 터질 수 있음	H_2O H_2O	H_2O H_2O
식물 세포	H_2O H_2O 액포 (❽)이 있어 터지지 않음	H_2O H_2O	H_2O H_2O 세포막 세포벽 세포막이 세포벽에서 분리됨

02 / 생명 시스템에서의 화학 반응

1. 물질대사

(1) **물질대사**: 생명체에서 일어나는 모든 화학 반응으로, 반드시 에너지 출입이 일어나며 (❾)가 관여한다.

물질대사(세포호흡의 포도당 분해)	생명체 밖 화학 반응(포도당의 연소)
• 여러 종류의 효소가 관여함 • 체온 정도의 낮은 온도에서 반응이 일어남 • 반응이 단계적으로 일어나 에너지가 소량씩 방출됨	• 효소가 관여하지 않음 • 400 °C 이상의 고온에서 반응이 일어남 • 반응이 한 번에 일어나 에너지가 한꺼번에 방출됨

(2) 물질대사의 구분

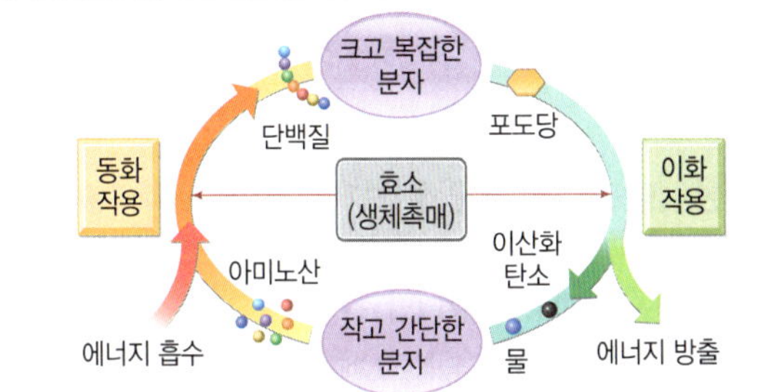

(⑩)	이화작용
• 작고 간단한 분자로 크고 복잡한 분자를 합성 • 에너지 흡수(흡열 반응) 예 광합성, 단백질합성	• 크고 복잡한 분자를 작고 간단한 분자로 분해 • 에너지 방출(발열 반응) 예 세포호흡, 소화

2. 효소

(1) 효소의 작용 : 효소의 주성분은 단백질이며, 효소는 입체 구조에 맞는 반응물과 결합하여 (⑪   )를 낮춤으로써 화학 반응이 빠르게 일어나게 한다.

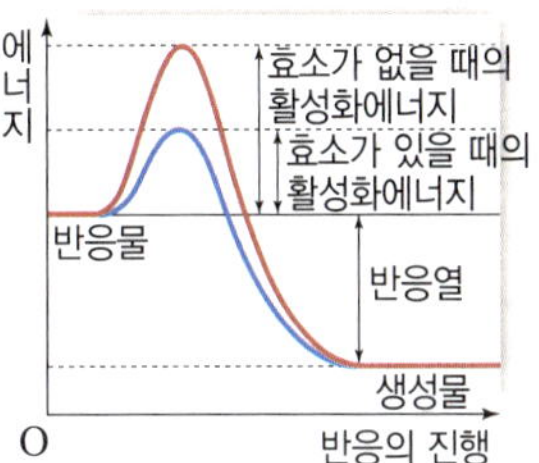

(2) 효소의 특성

① (⑫   ) : 한 종류의 효소는 구조가 맞는 한 종류의 반응물하고만 결합한다.

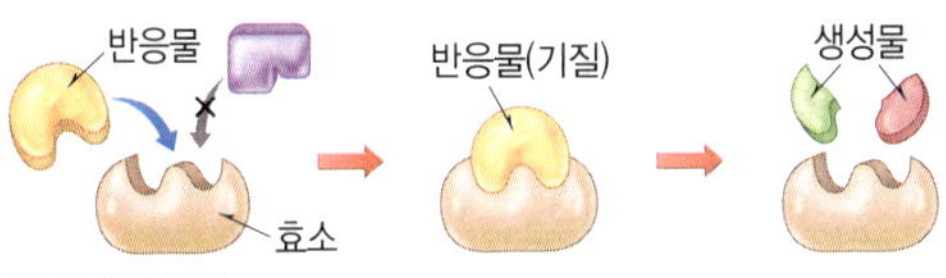

↑ 효소의 작용

② **재사용** : 효소는 반응 전후에 구조와 성질이 변하지 않으므로 새로운 반응물과 결합하여 재사용된다.

(3) 효소와 생명 현상 : 광합성, 세포호흡, 혈액 응고, 간에서의 독성 물질 분해, 영양소 소화 등 효소는 생명체에서 일어나는 대부분의 화학 반응에 관여한다.

(4) 효소의 활용

식품	발효식품(김치, 된장, 치즈, 요구르트), 고기 연육제, 식혜
생활용품	효소를 첨가한 치약, 화장품, 세제
의약 분야	소화제, 요검사지, 혈당 측정기
산업 분야	섬유, 의류 등의 제품 생산
환경 분야	생활 하수 및 공장 폐수 정화, 바이오에너지 생산

03 / 생명 시스템에서 정보의 흐름

1. 유전자와 단백질 유전자는 유전정보를 저장하고 있는 DNA의 특정 부위이고, 유전정보에 따라 단백질이 합성된다. ➡ 단백질의 작용으로 유전형질이 나타난다.

2. 유전정보의 흐름

(1) 세포 내 유전정보의 흐름 : DNA의 유전정보는 RNA를 거쳐 단백질로 합성된다.

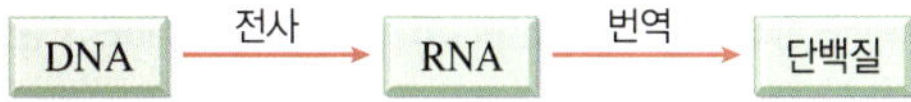

(2) 유전부호

① **3염기조합** : DNA에서 하나의 아미노산을 지정하는 연속된 3개의 염기

② (⑬   ) : RNA에서 하나의 아미노산을 지정하는 연속된 3개의 염기 ➡ 64종류가 있다.

(3) 유전정보의 전사와 번역

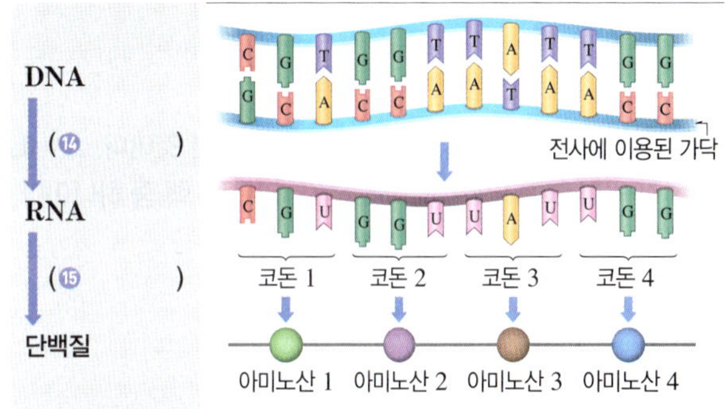

• **전사** : DNA의 유전정보가 RNA로 전달되는 과정으로, 이중나선 DNA 중 한 가닥에 상보적인 염기서열을 갖는 RNA가 합성된다.
• **번역** : RNA의 코돈에 따라 단백질이 합성되는 과정으로, 코돈이 지정하는 아미노산이 펩타이드결합으로 연결되어 폴리펩타이드가 만들어진다. ➡ 폴리펩타이드가 구부러지고 접혀 고유한 입체 구조를 갖는 단백질이 된다.

(4) 유전부호 체계의 공통성 : 지구상의 모든 생명체는 같은 유전부호 체계를 사용한다. ➡ 생물종에 관계없이 같은 코돈은 같은 아미노산을 지정한다.

3. 유전자 이상과 유전병

(1) (⑯   ) : 유전자를 구성하는 DNA의 염기서열에 이상이 생기는 것

(2) 유전자 이상에 의한 유전병 : 유전자를 구성하는 DNA의 염기서열이 바뀌면 전사와 번역 과정이 일어나지 않거나 정상 단백질이 합성되지 않아 유전병이 나타날 수 있다.
예 낫모양적혈구빈혈증, 페닐케톤뇨증, 백색증 등

01

그림은 생명 시스템의 구성 단계를 나타낸 것이다. (가)와 (나)는 각각 동물과 식물의 구성 단계 중 하나이다.

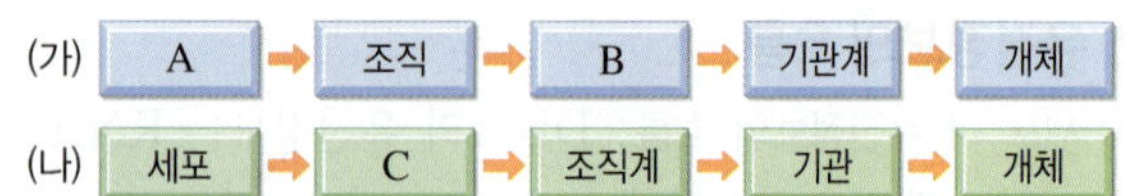

이에 대한 설명으로 옳은 것만을 [보기]에서 있는 대로 고른 것은?

보기
ㄱ. A는 세포막으로 둘러싸여 있다.
ㄴ. 잎, 뿌리는 B의 예에 해당한다.
ㄷ. C는 모양과 기능이 다양한 세포로 이루어진다.

① ㄱ   ② ㄴ   ③ ㄷ
④ ㄱ, ㄴ   ⑤ ㄴ, ㄷ

[02~03] 그림은 어떤 세포의 구조를 나타낸 것이다. A~E는 각각 마이토콘드리아, 세포벽, 액포, 엽록체, 핵 중 하나이다.

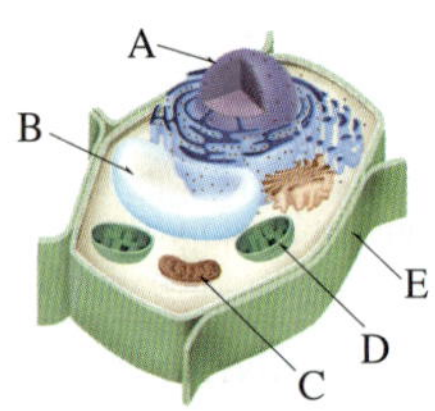

02

이에 대한 설명으로 옳지 <u>않은</u> 것은?

① A에서 유전정보의 번역이 일어난다.
② B는 막으로 둘러싸여 있다.
③ C에서 유기물을 분해하여 에너지를 생산한다.
④ D는 빛에너지를 화학 에너지로 전환한다.
⑤ E의 구성 성분에는 셀룰로스가 포함된다.

03

위 세포가 동물 세포와 식물 세포 중 어느 것인지 쓰고, 그렇게 판단한 근거를 <u>두 가지</u> 세포소기관의 이름을 포함하여 서술하시오.

04

그림은 동물 세포의 구조를, 표는 세포에서 일어나는 두 가지 반응을 나타낸 것이다. A~C는 각각 라이보솜, 세포막, 마이토콘드리아 중 하나이다.

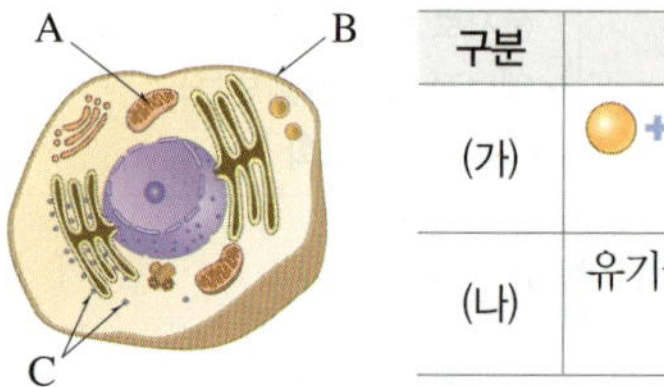

구분	반응
(가)	○ + ○ + ○ ··· → ○○○ ··· 펩타이드결합
(나)	유기물 + 산소 ──→ 이산화 탄소 + 물

이에 대한 설명으로 옳은 것만을 [보기]에서 있는 대로 고른 것은?

보기
ㄱ. C에서 (가) 반응이 일어난다.
ㄴ. A에서는 (나) 반응을 통해 에너지를 생산한다.
ㄷ. 조직세포에서 (나) 반응으로 생성된 이산화 탄소는 B의 인지질 2중층을 통해 세포 밖으로 이동한다.

① ㄴ   ② ㄷ   ③ ㄱ, ㄴ
④ ㄱ, ㄷ   ⑤ ㄱ, ㄴ, ㄷ

05

그림은 세포막의 구조를 나타낸 것이다.
이에 대한 설명으로 옳은 것만을 [보기]에서 있는 대로 고른 것은?

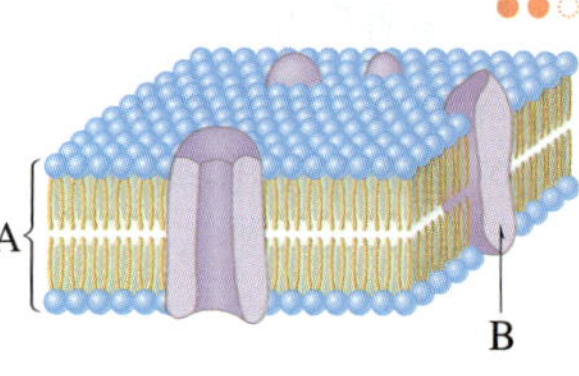

보기
ㄱ. A는 유동성이 있다.
ㄴ. A에서 세포 안팎을 향하고 있는 부분은 소수성이다.
ㄷ. B는 펩타이드결합을 포함한다.

① ㄱ   ② ㄴ   ③ ㄱ, ㄷ
④ ㄴ, ㄷ   ⑤ ㄱ, ㄴ, ㄷ

06

그림은 사람의 적혈구를 여러 동물의 혈장에 넣었을 때 적혈구의 모양 변화를 관찰한 것이다.

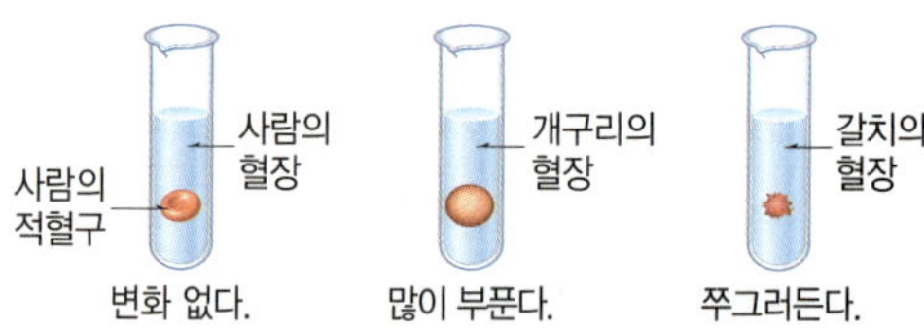

갈치의 적혈구를 개구리의 혈장에 넣으면 어떻게 될지, 세포막을 통한 물질 이동과 관련지어 서술하시오.

07 그림은 산소, 포도당, 이산화 탄소의 세포막을 통한 이동을 구분하는 과정을 나타낸 것이다.

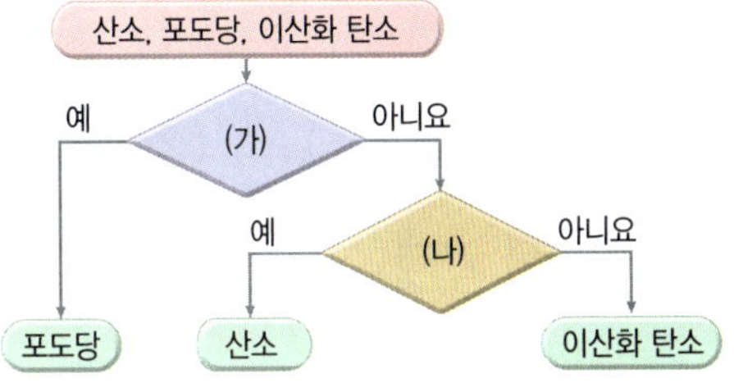

이에 대한 설명으로 옳은 것만을 [보기]에서 있는 대로 고른 것은?

> **보기**
> ㄱ. '막단백질을 통해 이동한다.'는 (가)에 해당한다.
> ㄴ. '항상 세포 안에서 밖으로 이동한다.'는 (나)에 해당한다.
> ㄷ. 산소가 세포막을 통해 이동할 때에는 세포에서 에너지를 사용한다.

① ㄱ   ② ㄴ   ③ ㄷ
④ ㄱ, ㄷ   ⑤ ㄴ, ㄷ

08 그림 (가)는 세포막의 구조를, (나)는 물질 ㉠과 ㉡의 지질에 대한 용해도와 세포막에 대한 투과성을 나타낸 것이다. ㉠과 ㉡은 각각 막단백질을 통해 이동하는 수용성 물질과 인지질 2중층을 통과하는 지용성 물질 중 하나이다.

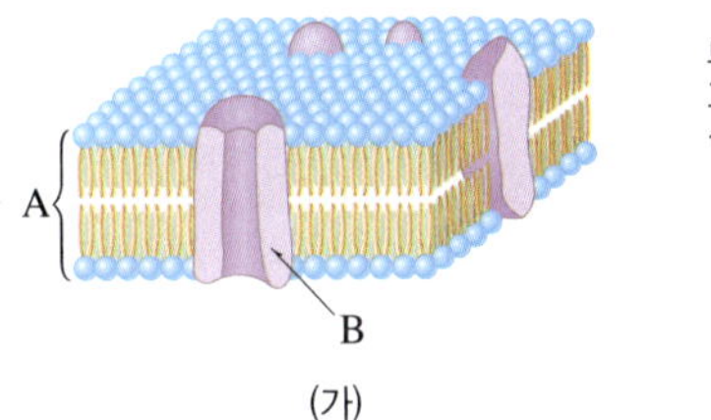
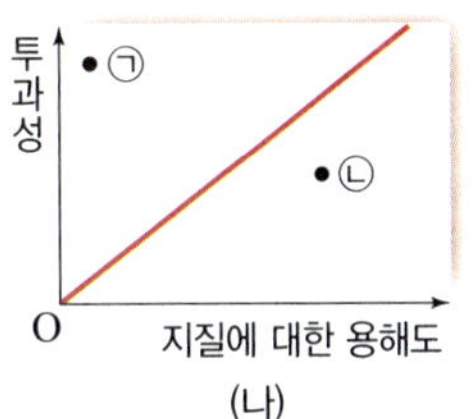

이에 대한 설명으로 옳은 것만을 [보기]에서 있는 대로 고른 것은?

> **보기**
> ㄱ. B를 이루는 기본 단위체는 아미노산이다.
> ㄴ. ㉠은 ㉡보다 A를 통해 이동하기 어렵다.
> ㄷ. ㉡의 이동에 B가 관여한다.

① ㄱ   ② ㄴ   ③ ㄱ, ㄴ
④ ㄱ, ㄷ   ⑤ ㄴ, ㄷ

09 그림은 세포막을 통한 물질 이동 방식 A와 B를, 표는 물질 이동 방식 Ⅰ과 Ⅱ의 예를 나타낸 것이다. Ⅰ과 Ⅱ는 각각 A와 B 중 하나이다.

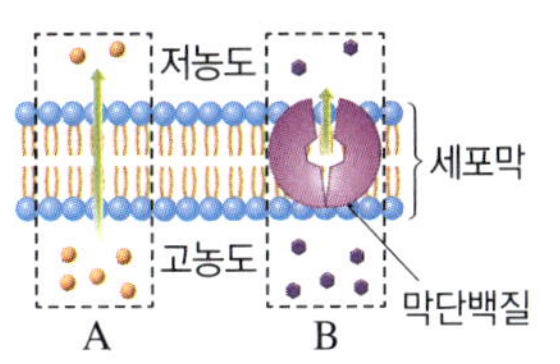

이동 방식	예
Ⅰ	혈액에서 조직세포로 산소가 이동한다.
Ⅱ	혈액에서 조직세포로 ㉠포도당이 이동한다.

이에 대한 설명으로 옳은 것만을 [보기]에서 있는 대로 고른 것은?

> **보기**
> ㄱ. Ⅰ은 A이다.
> ㄴ. ㉠은 지질과 잘 섞이는 물질이다.
> ㄷ. Ⅱ에 의한 물질 이동 속도는 세포막 안팎의 농도 차에 비례하여 계속 증가한다.

① ㄱ   ② ㄴ   ③ ㄱ, ㄴ
④ ㄱ, ㄷ   ⑤ ㄴ, ㄷ

10 다음은 감자 조각을 이용한 실험이다.

[실험 과정]
(가) 4개의 비커 A~D에 서로 다른 농도의 설탕 용액을 넣는다.
(나) 각 비커에 크기와 질량이 같은 감자 조각을 넣는다.
(다) 일정 시간이 지난 후 감자 조각을 꺼내어 질량 변화를 측정한다.

[실험 결과]

비커	A	B	C	D
감자 조각의 질량 변화(g)	+0.21	+0.18	0	-0.42

(+: 증가, -: 감소)

이에 대한 설명으로 옳은 것만을 [보기]에서 있는 대로 고른 것은?

> **보기**
> ㄱ. A에 넣은 설탕 용액은 감자 세포액보다 농도가 낮다.
> ㄴ. C에서 감자 세포의 세포막을 통해 물이 이동한다.
> ㄷ. A~D 중 D에 넣은 설탕 용액의 농도가 가장 높다.

① ㄱ   ② ㄴ   ③ ㄱ, ㄷ
④ ㄴ, ㄷ   ⑤ ㄱ, ㄴ, ㄷ

11 다음은 세포막을 통한 물질 이동을 알아보는 실험이다.

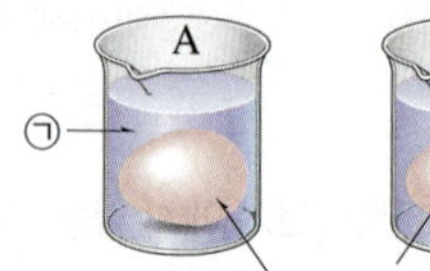

(가) 크기가 같은 달걀 두 개를 식초에 담가 겉껍데기를 제거한 후 질량을 측정한다.

(나) 비커 A와 B에 각각 용액 ㉠과 ㉡을 같은 양만큼 넣고 겉껍데기를 제거한 달걀을 넣는다. ㉠과 ㉡은 증류수와 10 % 소금물을 순서 없이 나타낸 것이다.

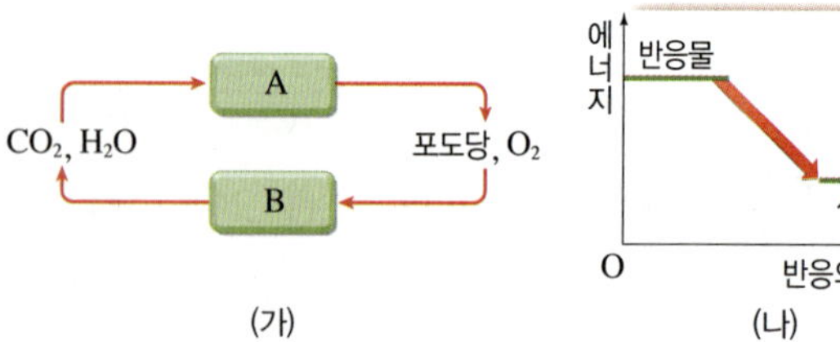

걸껍데기를 제거한 달걀

(다) 일정 시간 후, A에 넣은 달걀은 질량이 증가하였고, B에 넣은 달걀은 질량이 감소하였다.

이에 대한 설명으로 옳은 것만을 [보기]에서 있는 대로 고른 것은?

보기

ㄱ. ㉠은 증류수이다.

ㄴ. 달걀의 질량 변화는 농도 차에 따른 물 분자의 이동으로 나타난다.

ㄷ. ㉡에 넣은 달걀에서는 달걀 밖으로 이동한 물의 양이 달걀 안으로 이동한 물의 양보다 적다.

① ㄱ　　　　② ㄷ　　　　③ ㄱ, ㄴ
④ ㄴ, ㄷ　　　⑤ ㄱ, ㄴ, ㄷ

12 그림 (가)는 물질대사 A와 B에서의 물질 이동을, (나)는 물질대사의 에너지 변화를 나타낸 것이다. A와 B는 각각 광합성과 세포호흡 중 하나이다.

이에 대한 설명으로 옳은 것만을 [보기]에서 있는 대로 고른 것은?

보기

ㄱ. B는 이화작용의 예이다.

ㄴ. A와 B에는 모두 효소가 관여한다.

ㄷ. A가 일어날 때 (나)와 같은 에너지 변화가 나타난다.

① ㄱ　　　　② ㄷ　　　　③ ㄱ, ㄴ
④ ㄴ, ㄷ　　　⑤ ㄱ, ㄴ, ㄷ

13 그림 (가)는 식물 세포를, (나)는 동물 세포를 나타낸 것이다. A와 B는 라이보솜과 마이토콘드리아를 순서 없이 나타낸 것이다.

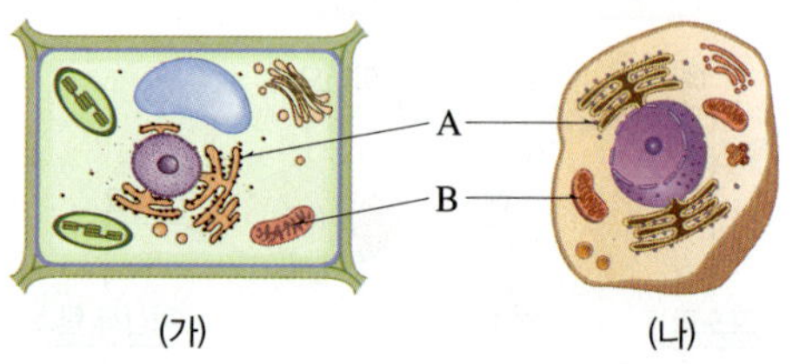

(가)　　　　　(나)

A와 B에서 일어나는 대표적인 물질대사의 예를 한 가지씩 쓰고, 각각의 반응에서 에너지의 출입을 서술하시오.

14 그림은 어떤 효소의 작용을 나타낸 것이다.

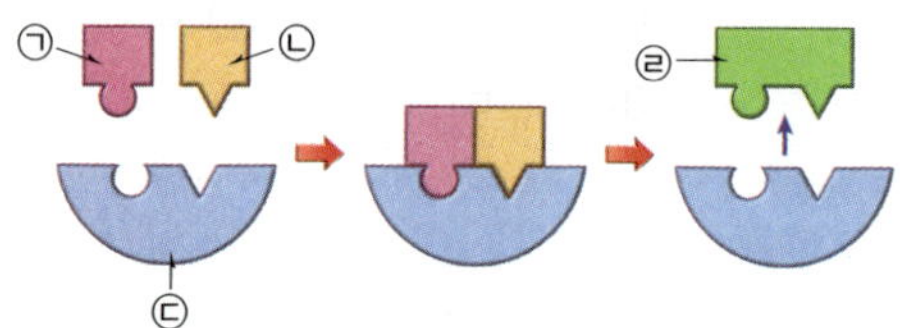

㉠~㉢이 일정량 들어 있는 시험관에서 반응이 일어날 때, 이에 대한 설명으로 옳은 것만을 [보기]에서 있는 대로 고른 것은?

보기

ㄱ. ㉠과 ㉡은 반응물이다.

ㄴ. 이 반응이 일어날 때 에너지가 방출된다.

ㄷ. 반응이 진행됨에 따라 ㉢의 양은 감소한다.

① ㄱ　　　　② ㄴ　　　　③ ㄱ, ㄴ
④ ㄱ, ㄷ　　　⑤ ㄴ, ㄷ

15 다음은 식혜를 만드는 과정을 간단히 설명한 것이다.

싹튼 겉보리 가루를 물에 넣어 만든 ㉠엿기름물을 밥에 넣고 일정 시간 두면 밥알이 떠오르고, 이후 ㉡끓여서 식히면 단맛이 나는 식혜가 완성된다.

효소를 활용하여 식혜를 만드는 원리를 ㉠에 들어 있는 효소의 이름과 과정 ㉡을 하는 까닭을 포함하여 서술하시오.

16 그림 (가)는 효소 X의 작용을, (나)는 X의 농도가 일정할 때 반응물의 농도에 따른 초기 반응 속도를 나타낸 것이다.

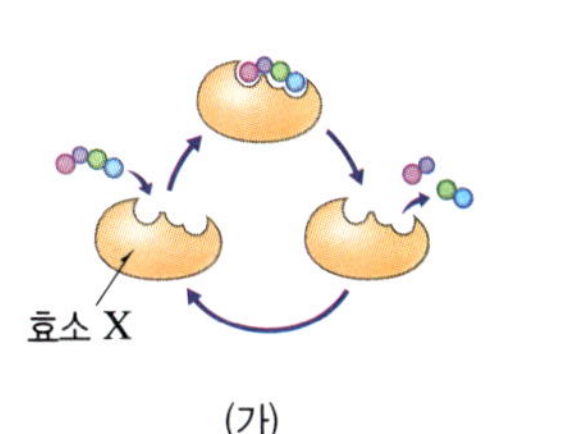
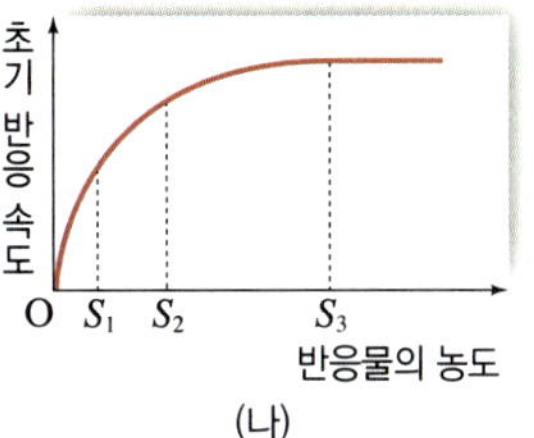

이에 대한 설명으로 옳은 것만을 [보기]에서 있는 대로 고른 것은?

> 보기
> ㄱ. X는 이화작용에 관여한다.
> ㄴ. 반응의 활성화에너지는 S_2일 때가 S_1일 때보다 작다.
> ㄷ. S_3일 때 X는 반응물과 더 이상 결합하지 않는다.

① ㄱ
② ㄴ
③ ㄱ, ㄴ
④ ㄱ, ㄷ
⑤ ㄴ, ㄷ

17 그림 (가)는 동물 세포를, (나)는 이 세포에서의 유전정보 흐름을 나타낸 것이다. A~C는 각각 골지체, 라이보솜, 핵 중 하나이다.

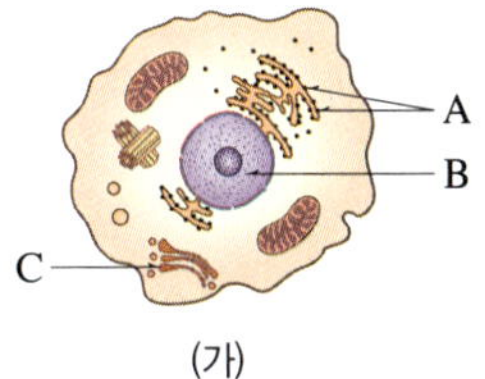
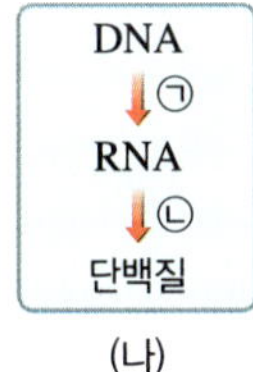

이에 대한 설명으로 옳은 것만을 [보기]에서 있는 대로 고른 것은?

> 보기
> ㄱ. A에서 ㉡ 과정이 일어난다.
> ㄴ. B에서 ㉠ 과정을 통해 폴리뉴클레오타이드가 형성된다.
> ㄷ. C는 (나) 과정을 거쳐 합성된 단백질을 세포 밖으로 분비하는 데 관여한다.

① ㄱ
② ㄴ
③ ㄱ, ㄷ
④ ㄴ, ㄷ
⑤ ㄱ, ㄴ, ㄷ

18 그림은 세포에서 유전정보가 전달되는 과정의 일부를 나타낸 것이다.

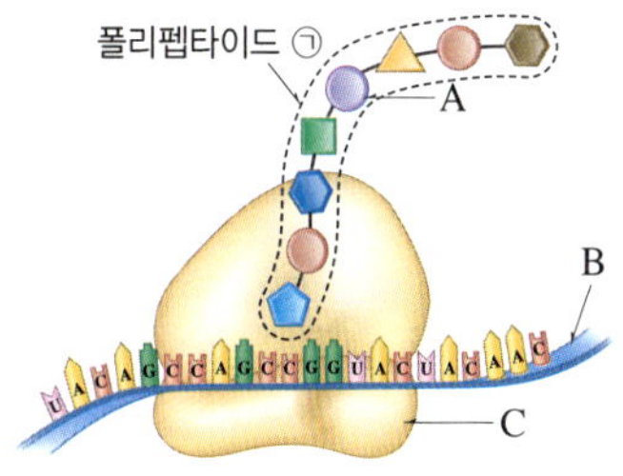

이에 대한 설명으로 옳은 것만을 [보기]에서 있는 대로 고른 것은?

> 보기
> ㄱ. A는 아미노산이며, 20종류가 있다.
> ㄴ. B의 코돈 24개가 번역되어 ㉠을 합성하였다.
> ㄷ. C는 핵 속에 있다.

① ㄱ
② ㄴ
③ ㄱ, ㄴ
④ ㄱ, ㄷ
⑤ ㄴ, ㄷ

19 사람의 인슐린 유전자를 대장균에 주입하면 대장균에서 인슐린을 생산할 수 있다. 이처럼 대장균에서 사람의 인슐린을 합성할 수 있는 원리를 서술하시오.

20 다음은 어떤 이중나선 DNA의 한쪽 가닥 (가)로부터 전사된 RNA의 염기서열을 나타낸 것이다.

> CGGAACUAUGCCUCC

(1) 전사에 이용된 DNA 가닥 (가)의 염기서열을 쓰시오.

(2) 이 RNA가 번역되어 만들어진 폴리펩타이드는 최대 몇 개의 아미노산으로 구성되는지 쓰고, 그 근거를 서술하시오. (단, 번역 과정에서 단백질합성의 시작과 멈춤은 고려하지 않는다.)

21 그림은 유전정보의 흐름을, 표는 일부 코돈이 지정하는 아미노산을 나타낸 것이다.

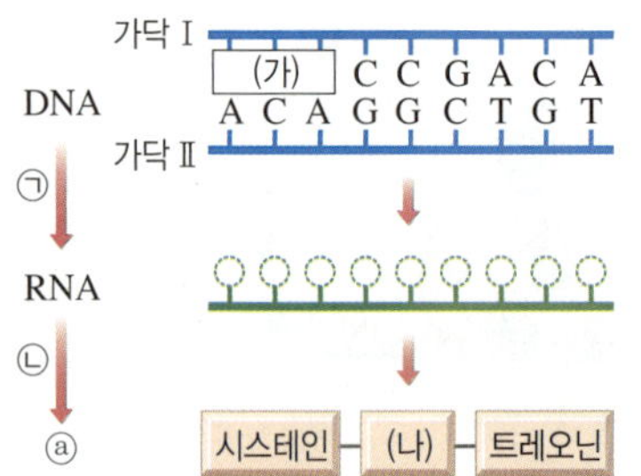

코돈	아미노산
ACA	트레오닌
CCG	프롤린
GGC	글라이신
UGU	시스테인

이에 대한 설명으로 옳은 것은? (단, 제시된 자료만 고려한다.)

① 단백질은 ⓐ에 해당한다.
② (가)에 들어갈 염기서열은 UGU이다.
③ DNA 가닥 Ⅰ로부터 RNA가 만들어졌다.
④ 동물 세포에서 ㉠과 ㉡은 세포질에서 일어난다.
⑤ (나)에 들어갈 아미노산은 글라이신이다.

●●○

22 그림은 동물 세포에서 DNA로부터 단백질이 합성되는 과정을 나타낸 것이다. ㉠~㉣은 염기이다.

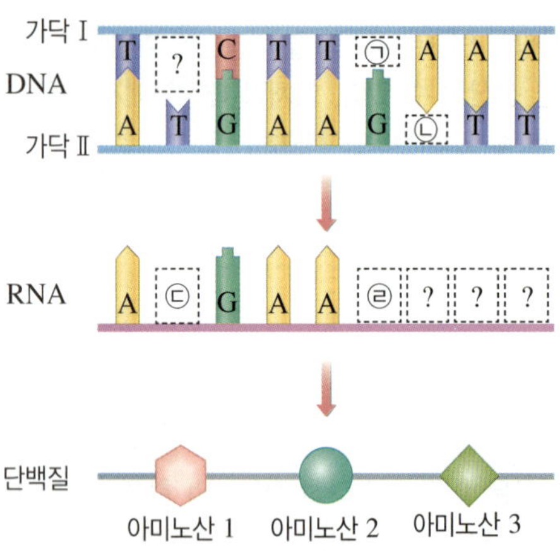

이에 대한 설명으로 옳은 것만을 [보기]에서 있는 대로 고른 것은? (단, 제시된 코돈만 고려한다.)

보기
ㄱ. ㉠과 ㉣은 같은 염기이다.
ㄴ. ㉡은 타이민(T)이고, ㉢은 유라실(U)이다.
ㄷ. 아미노산 3을 지정하는 코돈은 AAA이다.

① ㄱ   ② ㄴ   ③ ㄷ
④ ㄱ, ㄴ   ⑤ ㄴ, ㄷ

●●○

23 다음은 백색증에 대한 설명이다.

백색증은 ㉠멜라닌합성효소 유전자의 이상으로 생긴 ㉡돌연변이 유전자로 인해 체내에서 멜라닌을 만들지 못하여 머리카락, 피부 등이 하얗게 나타나는 유전병이다. ㉢백색증 토끼는 털색이 희고 눈 색이 빨갛다.

이에 대한 설명으로 옳은 것만을 [보기]에서 있는 대로 고른 것은?

보기
ㄱ. ㉠에는 멜라닌의 정보가 저장되어 있다.
ㄴ. ㉠과 ㉡은 염기서열이 서로 다르다.
ㄷ. ㉢에서 멜라닌합성효소의 생성량은 정상 토끼에서와 같다.

① ㄱ   ② ㄴ   ③ ㄱ, ㄷ
④ ㄴ, ㄷ   ⑤ ㄱ, ㄴ, ㄷ

●●○

24 그림은 정상 적혈구와 낫모양적혈구가 생성되는 과정을 나타낸 것이다.

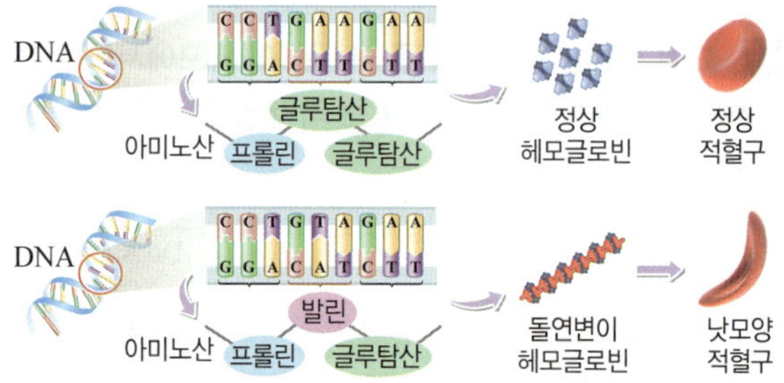

이에 대한 설명으로 옳은 것만을 [보기]에서 있는 대로 고른 것은? (단, GAA는 글루탐산을 지정하는 코돈이다.)

보기
ㄱ. 코돈 GUA는 발린을 지정한다.
ㄴ. 유전자를 이루는 DNA의 염기서열이 바뀌면 단백질의 아미노산 배열 순서가 바뀔 수 있다.
ㄷ. 아미노산 배열 순서에 따라 단백질의 종류와 특성이 결정된다.

① ㄱ   ② ㄷ   ③ ㄱ, ㄴ
④ ㄴ, ㄷ   ⑤ ㄱ, ㄴ, ㄷ

중단원 고난도 문제

01 그림 (가)는 동물 세포의 구조를, (나)는 세포소기관 A~C의 공통점과 차이점을 나타낸 것이다. A~C는 각각 골지체, 라이보솜, 핵 중 하나이다.

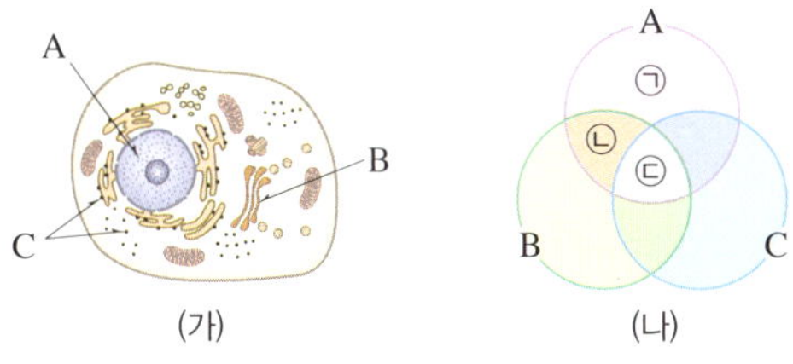

(가)   (나)

이에 대한 설명으로 옳은 것만을 [보기]에서 있는 대로 고른 것은?

> **보기**
> ㄱ. 'RNA가 합성된다.'는 ㉠에 해당한다.
> ㄴ. '단백질의 합성에 관여한다.'는 ㉡에 해당한다.
> ㄷ. '식물 세포에도 존재한다.'는 ㉢에 해당한다.

① ㄱ   ② ㄴ   ③ ㄱ, ㄷ
④ ㄴ, ㄷ   ⑤ ㄱ, ㄴ, ㄷ

02 그림 (가)는 선택적 투과가 가능한 막을 경계로 농도가 서로 다른 설탕 용액을 각각 A 쪽과 B 쪽에 넣은 모습을, (나)는 시간에 따른 B 쪽의 수면 높이를 나타낸 것이다. 이 막은 물 분자는 통과시키지만 설탕 분자는 통과시키지 않는다.

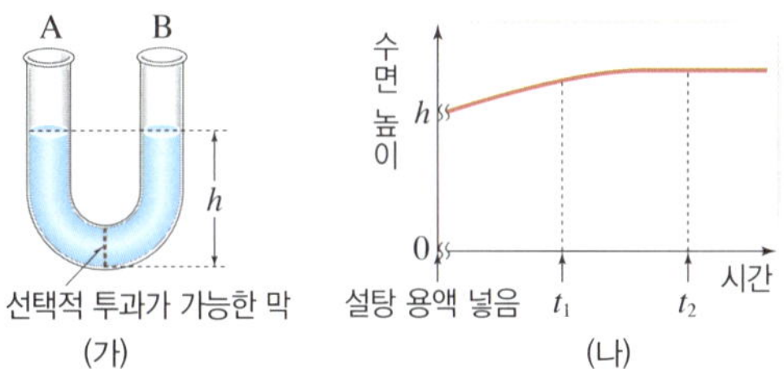

(가)   (나)

이에 대한 설명으로 옳은 것을 <u>모두</u> 고르면? (2개)

① (나)에서 B 쪽 수면의 높이 변화는 삼투에 의한 물의 이동으로 나타난다.
② 용액의 설탕 농도는 A>B이다.
③ A 쪽 용액의 설탕 농도는 t_2일 때가 t_1일 때보다 높다.
④ B 쪽의 설탕의 양은 t_2일 때가 t_1일 때보다 많다.
⑤ t_1일 때 A 쪽과 B 쪽의 용액의 설탕 농도는 같다.

03 그림은 효소 E의 농도를 Ⅰ과 Ⅱ로 하였을 때, 반응물의 농도에 따른 초기 반응 속도를 나타낸 것이다. E의 농도는 Ⅱ가 Ⅰ의 2배이고, A와 B는 Ⅰ과 Ⅱ의 결과를 순서 없이 나타낸 것이다.

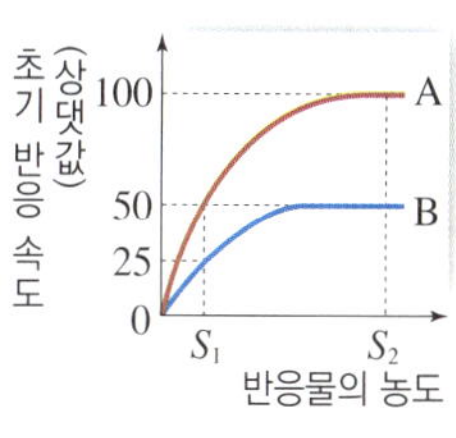

이에 대한 설명으로 옳은 것만을 [보기]에서 있는 대로 고르시오. (제시된 조건 이외에 다른 조건은 고려하지 않는다.)

> **보기**
> ㄱ. A는 Ⅱ의 결과이다.
> ㄴ. S_1일 때 반응물과 결합한 E의 양은 A와 B에서 같다.
> ㄷ. Ⅰ의 결과에서 $\dfrac{\text{반응물과 결합하지 않은 E의 양}}{\text{전체 E의 양}}$ 은 S_2일 때가 S_1일 때보다 작다.

04 다음은 정상 유전자 x와 돌연변이 유전자 y에 관한 자료이다.

> - x와 y로부터 각각 폴리펩타이드 X와 Y가 합성된다.
> - x의 DNA 이중나선 중 전사에 이용된 가닥의 염기서열은 'GGACATCTCGCTGCG'이다.
> - y는 x의 전사에 이용된 가닥에서 1개의 염기 ㉠이 ㉡으로 바뀐 것이다.
> - X는 4종류의 아미노산으로 구성되고 1개의 프롤린을 가지며, Y는 4종류의 아미노산으로 구성되고 ⓐ2개의 프롤린을 가진다.
> - 표는 일부 코돈이 지정하는 아미노산을 나타낸 것이다.
>
> | 코돈 | 아미노산 | 코돈 | 아미노산 |
> |---|---|---|---|
> | CUU, CUC | 류신 | GUU, GUA | 발린 |
> | CCU, CCC | 프롤린 | GCU, GCG | 알라닌 |
> | CAU, CAG | 히스티딘 | GAA, GAG | 글루탐산 |
> | CGC, CGA | 아르지닌 | GGA, GGG | 글라이신 |

이에 대한 설명으로 옳은 것만을 [보기]에서 있는 대로 고르시오. (단, RNA의 왼쪽 첫 번째 염기부터 번역되고, 표에 제시되지 않은 코돈과 단백질합성의 시작과 멈춤을 지정하는 코돈은 고려하지 않는다.)

> **보기**
> ㄱ. X의 3번째 아미노산은 글루탐산이다.
> ㄴ. ㉠은 C이고, ㉡은 G이다.
> ㄷ. ⓐ를 지정하는 코돈은 서로 같다.

Memo

Memo

Memo

완자

수능 미리보기

통합과학 1

visang

수능 미리보기

통합과학1

Ⅰ. 과학의 기초

❶ 과학의 기초 ·········· 2

Ⅱ. 물질과 규칙성

❶ 자연의 구성 원소 ·········· 4
❷ 물질의 규칙성과 성질 ·········· 8

Ⅲ. 시스템과 상호작용

❶ 지구시스템 ·········· 16
❷ 역학 시스템 ·········· 22
❸ 생명 시스템 ·········· 28

정답친해 ·········· 34

수능 빈출 자료 분석하기

정답친해 34쪽

이 단원의 수능 빈출 자료 ❶ 기본량과 유도량의 의미와 단위, 적용 사례에 대한 문제가 출제될 수 있다.

1 다음은 물리량을 크게 두 가지로 구분하여 나타낸 것이다.

> (가) 시간, 길이, 질량, 전류, 온도, 광도, 물질량
> (나) 부피, 속력, 밀도, 농도 등

❶ (가)는 다른 물리량을 활용하여 표현할 수 없다. ─────────────── (○, ×)
❷ (가)의 단위로 세계 대부분의 나라에서 국제단위계를 사용한다. ────── (○, ×)
❸ (나)는 자연 현상을 설명하기 위해 필요한 가장 기본이 되는 물리량이다. ── (○, ×)
❹ (나)의 단위는 (가)의 단위를 조합하여 나타낼 수 있다. ─────────── (○, ×)
❺ (나)에서 속력의 단위는 시간과 질량의 단위를 이용하여 나타낼 수 있다. ── (○, ×)

수능 예상

연관 개념
• 기본량과 단위 ➡ 12쪽
• 유도량과 단위 ➡ 12쪽

이 단원의 수능 빈출 자료 ❷ 자연의 신호를 측정하여 디지털 신호로 변환하고, 디지털 정보를 정보 통신에 활용하는 것에 대한 문제가 출제될 수 있다.

2 그림은 자연에서 발생하는 신호를 측정하여 디지털 신호로 변환하는 과정을 나타낸 것이다.

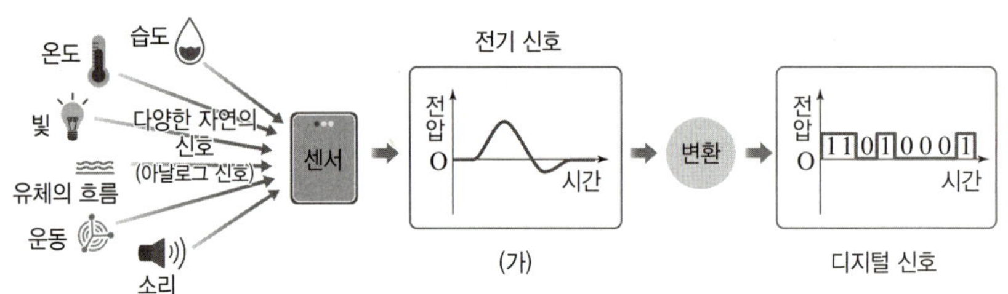

❶ 자연의 변화는 디지털 형태의 신호로 전달된다. ──────────────── (○, ×)
❷ 센서는 자연의 신호를 측정하여 전기 신호로 변환한다. ──────────── (○, ×)
❸ 자연의 신호를 분석하여 정보를 얻을 수 있다. ───────────────── (○, ×)
❹ 컴퓨터는 (가)와 같은 형태의 신호를 처리하기에 적합하다. ─────────── (○, ×)
❺ 아날로그 신호를 디지털 신호로 변환해야 정보를 저장하고 전송하기 쉽다.
─────────────────────────────────────── (○, ×)

수능 예상

연관 개념
• 신호와 정보 ➡ 20쪽
• 아날로그 신호와 디지털 신호 ➡ 20쪽

수능 문제 도전하기

1 다음은 미세 먼지 예보에 대한 자료이다.

> 미세 먼지는 입자의 크기에 따라 PM 10과 PM 2.5로 구분된다. PM 10은 지름이 10 μm 이하의 미세 먼지를 의미하며, PM 2.5는 지름이 2.5 μm 이하의 초미세 먼지를 의미한다. 우리나라에서는 하루의 미세 먼지 농도의 평균값을 바탕으로 표와 같이 일정한 기준에 따라 미세 먼지 예보 등급을 제공하고 있다.
>
> (단위: μg/m³)
>
> | 구분 | PM 10 | PM 2.5 |
> | --- | --- | --- |
> | 좋음 | 0∼30 | 0∼15 |
> | 보통 | 31∼80 | 16∼35 |
> | 나쁨 | 81∼150 | 36∼75 |
> | 매우 나쁨 | 151 이상 | 76 이상 |
>
> (출처: 환경부, 2023)

이에 대한 설명으로 옳은 것만을 [보기]에서 있는 대로 고른 것은?

보기
ㄱ. 미세 먼지의 지름을 나타내는 단위인 μm는 국제단위계에서 정한 길이의 기본 단위이다.
ㄴ. 미세 먼지의 농도는 질량과 길이에 해당하는 기본량의 조합으로 나타낸다.
ㄷ. μg/m³는 미세 먼지의 농도를 나타낼 때 측정 표준으로 사용하는 단위이다.

① ㄱ   ② ㄴ   ③ ㄱ, ㄷ
④ ㄴ, ㄷ   ⑤ ㄱ, ㄴ, ㄷ

2 다음은 현대 문명에 대한 설명이다.

> 오늘날 우리는 ㉠스마트폰을 이용하여 친구와 통화하고, 사진, 영상 등을 전 세계의 많은 사람들과 공유한다. 또 인터넷을 이용한 ㉡온라인 교육, 전자 상거래, 원격 진료 등이 빠르게 확산되고 있으며, 음악, 영화, 게임 등을 제작하여 저장하고 공유할 수 있다. 이러한 정보 통신 기술의 발전은 교육, 의료, 문화 예술 분야 등 현대 문명 전반에 큰 변화를 가져왔다.

이에 대한 설명으로 옳은 것만을 [보기]에서 있는 대로 고른 것은?

보기
ㄱ. ㉠에서 디지털 신호가 아날로그 신호로 변환되어 전송된다.
ㄴ. ㉡은 디지털 정보를 활용한다.
ㄷ. 현대의 정보 통신은 정보를 디지털로 변환하는 기술을 활용한다.

① ㄱ   ② ㄴ   ③ ㄱ, ㄷ
④ ㄴ, ㄷ   ⑤ ㄱ, ㄴ, ㄷ

출제 의도

기본량의 의미와 단위, 측정 표준을 이해하고 있는지 평가하는 문제이다.

연관 개념

• 기본량과 단위 ➡ 12쪽
• 측정 표준 ➡ 18쪽

출제 의도

자연의 신호를 측정하여 얻은 정보를 디지털로 변환하여 정보 통신에 활용함을 이해하고 있는지 평가하는 문제이다.

연관 개념

• 아날로그 신호와 디지털 신호 ➡ 20쪽
• 디지털 정보와 현대 문명 ➡ 21쪽

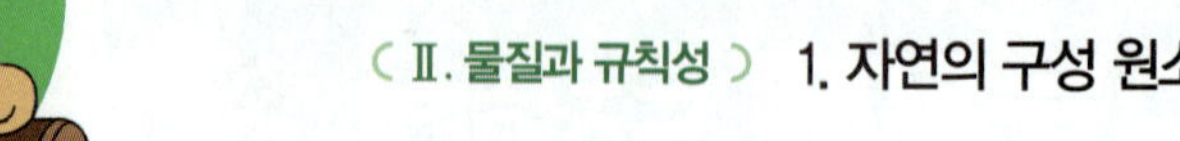

이 단원의 수능 빈출 자료 ❶ 스펙트럼의 관측 실험을 통해 실험 결과를 바탕으로 스펙트럼의 종류를 파악하고, 별의 스펙트럼에서 구성 원소를 추론하는 문제가 출제될 수 있다.

1 그림 (가)는 태양과 비슷한 질량을 가진 별 A의 흡수 스펙트럼을, (나)는 고온의 기체 방전관에서 관찰한 수소, 헬륨, 나트륨의 스펙트럼을 나타낸 것이다. (가)와 (나)는 동일한 파장 영역을 관측한 스펙트럼이다.

❶ (가)의 흡수 스펙트럼을 통해 별 A의 화학 성분을 분석할 수 있다. ────── (○, ×)

❷ (나)의 헬륨 스펙트럼에서는 방출선이 나타난다. ───────────── (○, ×)

❸ 별 A에는 나트륨이 헬륨보다 풍부하게 포함되어 있다. ───────── (○, ×)

❹ 별 A는 초신성 폭발로 형성된 성운에서 탄생하였다. ───────── (○, ×)

❺ 별 A에 포함된 수소 중 일부는 별 내부의 핵융합 반응으로 생성되었다. (○, ×)

> **2028학년도 수능 통합과학 예시 문항** 2번 변형
>
> **연관 개념**
> • 별빛의 스펙트럼 분석 ➡ 33쪽

이 단원의 수능 빈출 자료 ❷ 별의 진화 과정 중 내부에서 핵융합 반응으로 생성되는 원소를 파악하는 문제가 출제될 수 있다.

2 다음은 질량이 서로 다른 별 A와 B가 진화하는 동안의 표면 온도 변화를 나타낸 자료이다. A와 B의 질량은 태양 질량의 1배와 10배 중 하나이다.

> 별의 중심부에서 수소 핵융합 반응이 안정적으로 일어나는 동안 별의 크기는 거의 일정하게 유지된다. 별은 일생의 대부분을 이 단계에서 보낸다. 이 단계에서 질량이 큰 별일수록 수명은 짧다. 별의 중심부에 헬륨 핵융합 반응이 일어나는 핵이 만들어지면 별의 외곽은 빠르게 팽창하여 크기가 커지고, 표면 온도가 급격히 낮아진다.

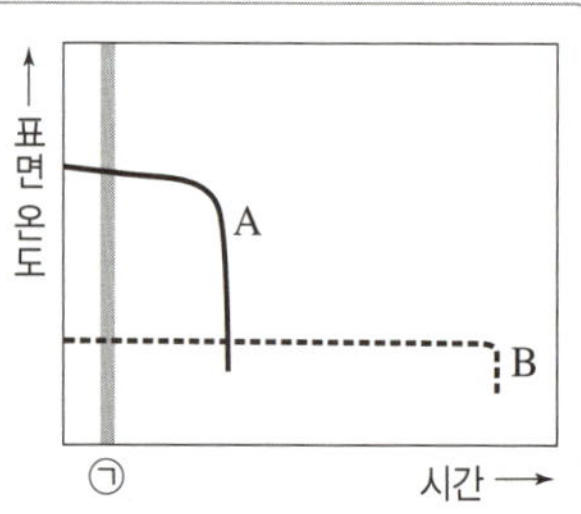

❶ 태양 질량의 1배인 별은 B이다. ────────────────── (○, ×)

❷ 표면 온도가 급격히 낮아지는 시기에 별의 색은 ㉠ 시기보다 붉은색으로 변한다.
────────────────────────────────── (○, ×)

❸ ㉠ 시기에 별의 중심부 온도는 별 A가 B보다 낮다. ─────── (○, ×)

❹ 별의 중심부에서 최종적으로 생성될 수 있는 원소의 원자량은 별 B가 별 A보다 크다.
────────────────────────────────── (○, ×)

❺ 별의 진화 과정 중 초신성 폭발이 일어날 수 있는 별은 A이다. ── (○, ×)

> **2024학년도 9월 모평** 지구과학Ⅰ 13번 변형
>
> **연관 개념**
> • 별의 진화와 원소의 생성 ➡ 44쪽~46쪽

수능 문제 도전하기

🖋 정답친해 35쪽

1 다음은 서로 다른 세 광원의 스펙트럼을 관찰하는 실험이다.

[실험 과정]

(가) 스마트폰의 카메라 렌즈에 간이 분광기를 붙인다.

(나) 분광기로 수소 기체 방전관에서 방출된 빛의 스펙트럼을 관측한다.

(다) 분광기로 LED 전구에서 방출된 빛의 스펙트럼을 관측한다.

(라) 좁은 틈으로 햇빛이 들어오는 간이 어둠상자 안에서 분광기로 태양의 스펙트럼을 관측한다.

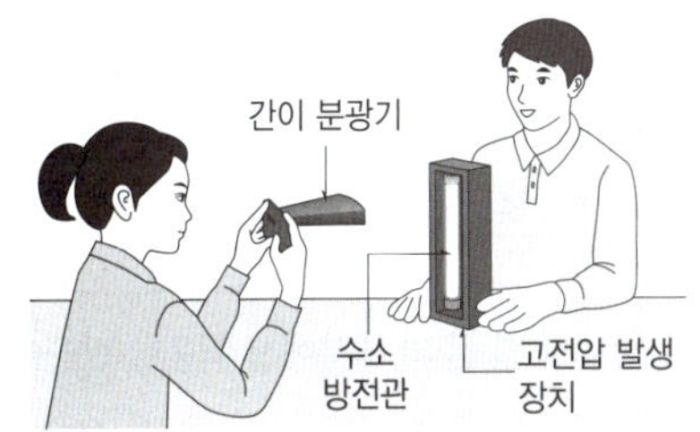

[실험 결과]

A, B, C는 세 가지 광원의 스펙트럼을 순서 없이 나타낸 것이다.

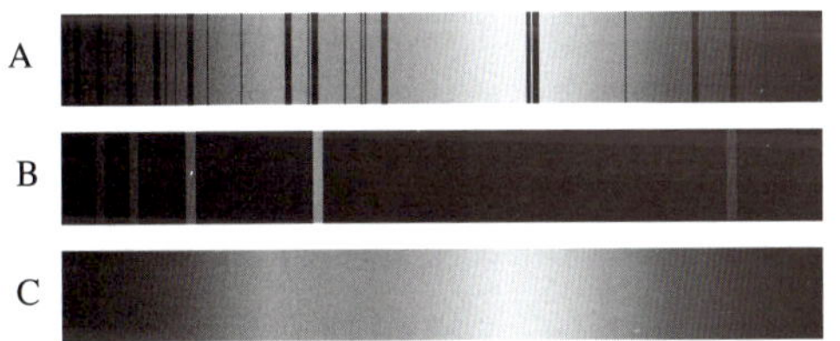

이에 대한 설명으로 옳은 것만을 [보기]에서 있는 대로 고른 것은?

보기

ㄱ. (나)의 스펙트럼은 B이다.

ㄴ. 백열전구의 스펙트럼은 C와 동일한 유형이다.

ㄷ. A 스펙트럼에 나타난 원소들은 모두 태양의 내부에서 핵융합 반응으로 생성된 것이다.

① ㄱ　② ㄷ　③ ㄱ, ㄴ　④ ㄴ, ㄷ　⑤ ㄱ, ㄴ, ㄷ

2 그림은 빅뱅 이후 시간에 따른 우주의 크기 변화를 나타낸 것이다.

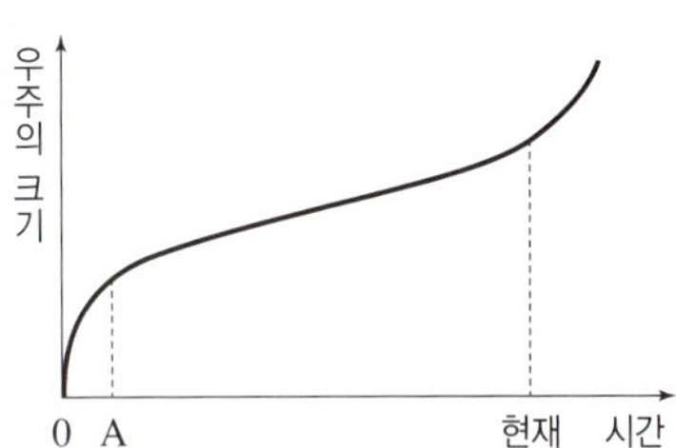

이에 대한 설명으로 옳은 것만을 [보기]에서 있는 대로 고른 것은?

보기

ㄱ. 우주의 온도는 A 시기가 현재보다 더 높다.

ㄴ. 빅뱅 이후 우주의 팽창 속도는 현재까지 일정하다.

ㄷ. 우주를 구성하는 무거운 원소의 함량은 A 시기가 현재보다 더 높다.

① ㄱ　② ㄷ　③ ㄱ, ㄴ

④ ㄴ, ㄷ　⑤ ㄱ, ㄴ, ㄷ

3 다음은 빅뱅 이후 원자가 생성될 때까지의 과정을 설명한 것이다.

- 빅뱅 이후 가장 먼저 전자, 쿼크 등의 기본 입자가 생성되었다.
- 우주가 팽창하면서 입자들이 서로 결합하여 점차 무거운 입자들이 생성되었다.
- 양전하를 띤 원자핵이 음전하를 띤 전자와 결합하여 중성인 원자가 생성되면서 빛이 우주 공간으로 퍼져 나갈 수 있게 되었다.
- 그림은 빅뱅 이후 생성되는 입자의 종류에 따라 A~D 시기로 구분하여 시간 순서대로 나타낸 것이다.

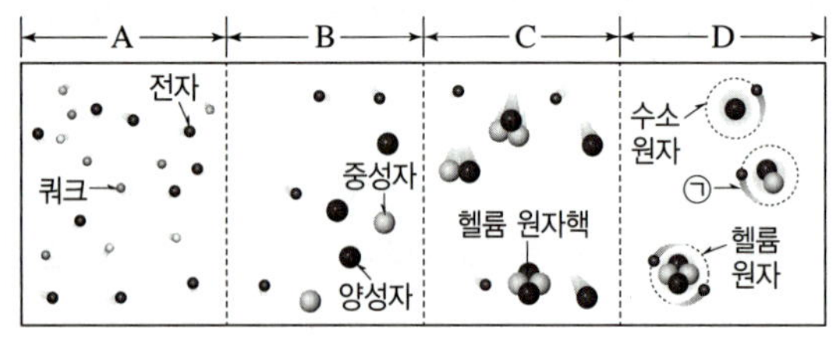

이에 대한 설명으로 옳은 것만을 [보기]에서 있는 대로 고른 것은?

보기
ㄱ. D 시기의 ㉠은 수소의 동위 원소이다.
ㄴ. 우주의 온도는 A 시기보다 B 시기에 더 높았다.
ㄷ. C 시기에 우주 배경 복사가 방출되었다.

① ㄱ   ② ㄴ   ③ ㄱ, ㄷ
④ ㄴ, ㄷ   ⑤ ㄱ, ㄴ, ㄷ

4 그림 (가)는 질량이 태양보다 매우 큰 별의 진화 과정을, (나)와 (다)는 별의 내부에서 핵융합 반응이 끝난 후 내부 구조를 나타낸 것이다. ㉠은 별이 탄생했을 때에 해당한다.

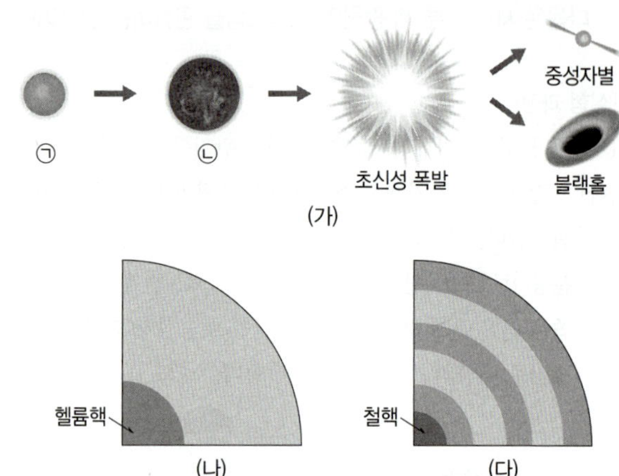

이에 대한 설명으로 옳은 것만을 [보기]에서 있는 대로 고른 것은?

보기
ㄱ. (다)는 (가)에서 별 ㉡의 내부에서 핵융합 반응이 끝난 후 내부 모습이다.
ㄴ. 별의 중심부 온도는 (나)보다 (다)가 높다.
ㄷ. 초신성이 폭발할 때 철보다 무거운 원소가 만들어진다.

① ㄴ   ② ㄷ   ③ ㄱ, ㄴ
④ ㄱ, ㄷ   ⑤ ㄱ, ㄴ, ㄷ

출제 의도

빅뱅 이후 우주의 변화에 따라 입자가 생성되는 과정을 이해하고, 원소별로 원자핵의 구성 입자와 우주 배경 복사가 방출되는 시기를 알고 있는지 평가하는 문제이다.

연관 개념

• 빅뱅과 입자의 생성 ➡ 35쪽~37쪽

출제 의도

별의 중심부에서 생성된 원소의 종류에 따라 별의 진화 과정을 판단할 수 있는지를 묻고, 철보다 무거운 원소의 생성 과정을 별의 진화 과정에서 찾을 수 있는지 평가하는 문제이다.

연관 개념

• 별의 진화와 원소의 생성 ➡ 44쪽~46쪽

5 다음은 태양계의 형성 과정을 주제로 한 발표 자료와 이에 대한 학생 A, B, C의 대화 내용이다.

약 50억 년 전, 태양계 성운이 수축하면서 회전하여 중심부에서는 원시 태양이 형성되었다. 원시 태양의 주변부에서는 납작한 원시 원반이 형성되었고, 원시 태양에 가까울수록 온도가 더 높았다. 시간이 흘러 원시 태양의 중심부에서 핵융합 반응이 일어나 태양이 되었다. 원시 원반을 이루고 있던 물질들은 서로 충돌하고 결합하여 미행성체를 형성하였고, 이들 미행성체들이 같은 원리에 의해 행성으로 성장하였다.

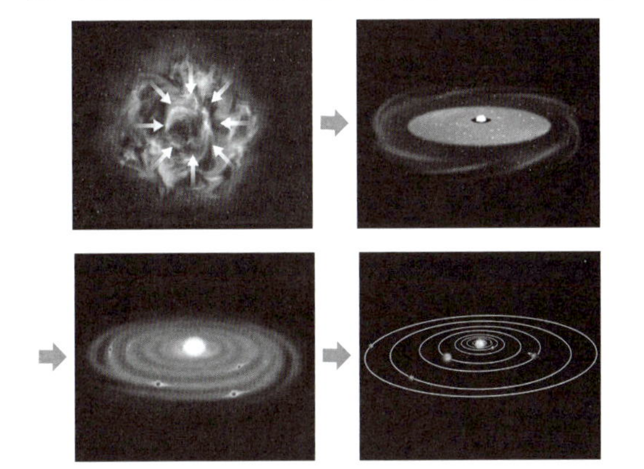

대화 내용이 옳은 학생만을 있는 대로 고른 것은?

① A   ② B   ③ A, C
④ B, C   ⑤ A, B, C

지구형 행성과 목성형 행성의 주요 성분이 다른 까닭이 원시 태양으로부터 거리에 따라 분포하는 물질의 차이와 관계가 있다는 점을 이해하고 있는지 평가하는 문제이다.

• 태양계의 형성 ➡ 47쪽   • 지구형 행성과 목성형 행성의 형성 ➡ 47쪽

6 그림 (가), (나)는 지구와 사람을 구성하는 원소의 질량비를 순서 없이 나타낸 것이다.

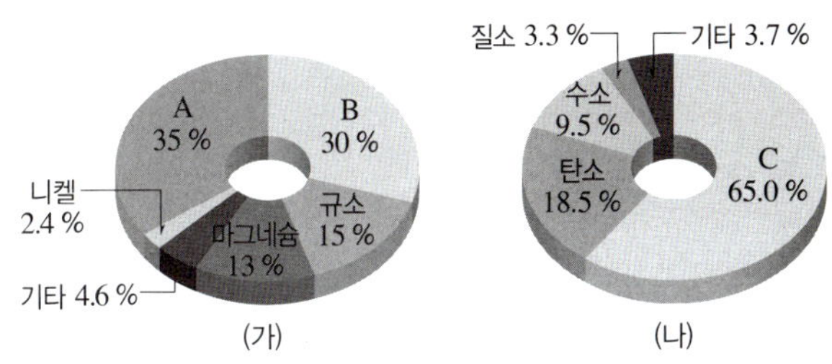

이에 대한 설명으로 옳은 것만을 [보기]에서 있는 대로 고른 것은?

보기
ㄱ. (가)는 지구를 구성하는 원소의 질량비이다.
ㄴ. A의 대부분은 지구의 내부 구조 중 지각에 분포하고 있다.
ㄷ. 질량이 태양보다 10배 이상인 별의 내부에서는 B와 C가 생성될 수 있다.

① ㄱ   ② ㄷ   ③ ㄱ, ㄴ
④ ㄱ, ㄷ   ⑤ ㄴ, ㄷ

지구와 생명체인 사람을 구성하는 주요 원소를 찾고, 원소별 생성 과정을 별의 진화와 연관 지어 설명할 수 있는지 평가하는 문제이다.

• 별의 진화와 원소의 생성 ➡ 44쪽~46쪽
• 지구와 생명체 구성 성분 유래 ➡ 48쪽

수능 빈출 자료 분석하기

주기율표에서 원소의 종류와 원소의 주기성을 묻는 문제가 출제될 수 있다.

1 그림은 주기율표의 일부를 나타낸 것이다. (단, A~F는 임의의 원소 기호이다.)

주기\족	1	2	15	16	17	18
1	A					
2				B	C	
3	D				E	F

❶ A와 D는 모두 물과 반응하면 수소 기체가 발생한다. ────────── (○, ×)

❷ C와 E는 화학적 성질이 비슷하다. ────────── (○, ×)

❸ D, E, F는 전자가 들어 있는 전자 껍질 수가 같다. ────────── (○, ×)

❹ $\dfrac{\text{원자가 전자 수}}{\text{전자가 들어 있는 전자 껍질 수}}$ 는 D>B이다. ────────── (○, ×)

❺ B와 D는 규산염 광물의 기본 단위체를 이루는 원소이다. ────────── (○, ×)

2020학년도 3월 학평
화학Ⅰ 6번 변형

연관 개념
- 주기율표 ➡ 64쪽
- 같은 족 원소의 유사성 ➡ 69쪽
- 규산염 광물 ➡ 88쪽

전자 배치 모형을 통해 원소의 주기성과 화학 결합의 종류를 묻는 문제가 출제될 수 있다.

2 그림은 원자 W~Z의 전자 배치를 모형으로 나타낸 것이다. (단, W~Z는 임의의 원소 기호이다.)

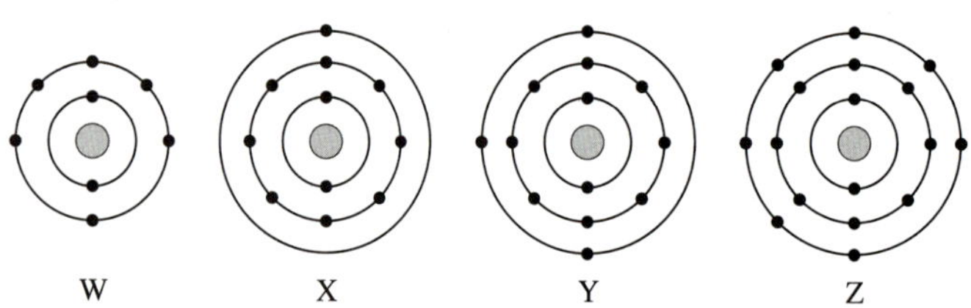

❶ W~Z 중 3주기 원소는 세 가지이다. ────────── (○, ×)

❷ X_2W는 공유 결합 물질이다. ────────── (○, ×)

❸ XZ는 인류의 생존에 필수적인 이온 결합 물질이다. ────────── (○, ×)

❹ W와 Y는 3 : 2로 결합하여 안정한 화합물을 형성한다. ────────── (○, ×)

❺ 공유 전자쌍 수는 $W_2>Z_2$이다. ────────── (○, ×)

2023학년도 9월 모평
화학Ⅰ 3번 변형

연관 개념
- 원소의 주기성 ➡ 69쪽
- 이온 결합 ➡ 77쪽
- 공유 결합 ➡ 78쪽

 이온 결합 물질과 공유 결합 물질의 화학 결합 모형을 통해 각 원소의 특징과 두 화합물의 성질을 비교하는 문제가 출제될 수 있다.

3 그림은 화합물 A_2B와 CD를 화학 결합 모형으로 나타낸 것이다. (단, $A \sim D$는 임의의 원소 기호이다.)

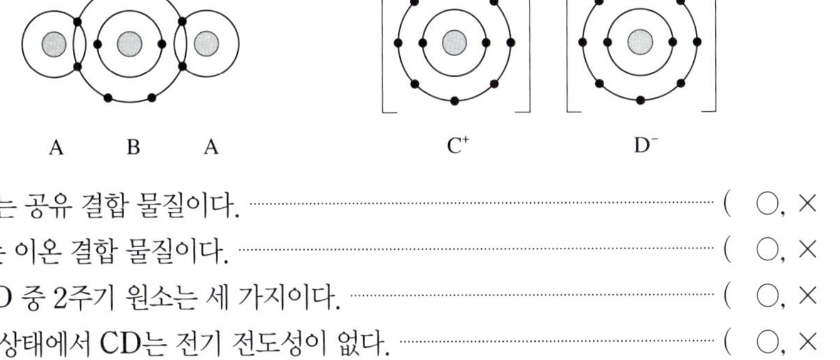

❶ A_2B는 공유 결합 물질이다. ──────────────── (○, ×)
❷ CD는 이온 결합 물질이다. ──────────────── (○, ×)
❸ $A \sim D$ 중 2주기 원소는 세 가지이다. ──────────── (○, ×)
❹ 고체 상태에서 CD는 전기 전도성이 없다. ────────── (○, ×)
❺ CD를 액체 A_2B에 녹인 용액은 전기 전도성이 있다. ─── (○, ×)

2023학년도 6월 모평
화학Ⅰ 3번 변형

연관 개념
- 이온 결합 ➡ 77쪽
- 공유 결합 ➡ 78쪽
- 이온 결합 물질과 공유 결합 물질의 성질 ➡ 82쪽

 규산염 사면체의 특징과 규산염 광물의 결합 구조별 특징을 묻는 문제가 출제될 수 있다.

4 표는 규산염 광물 A, B, C의 SiO_4 사면체 결합 구조를 나타낸 것이다. A, B, C는 각각 석영, 휘석, 흑운모 중 하나이다.

•(㉠) ◯(㉡)

광물	A	B	C
결합 구조			

❶ SiO_4 사면체에서 ㉠은 규소, ㉡은 산소이다. ──────── (○, ×)
❷ A는 휘석, B는 흑운모, C는 석영이다. ──────────── (○, ×)
❸ A, B, C는 모두 쪼개지는 성질이 있다. ─────────── (○, ×)
❹ 이웃한 SiO_4 사면체끼리 공유하는 산소 수는 A>B>C이다. ── (○, ×)
❺ 세 광물 중 풍화에 가장 강한 광물은 C이다. ───────── (○, ×)

2024학년도 수능
지구과학Ⅱ 11번 변형

연관 개념
- 규산염 사면체 ➡ 88쪽
- 규산염 광물의 결합 구조 ➡ 89쪽

5 그림 (가)는 단백질, (나)는 DNA의 모형을 나타낸 것이다.

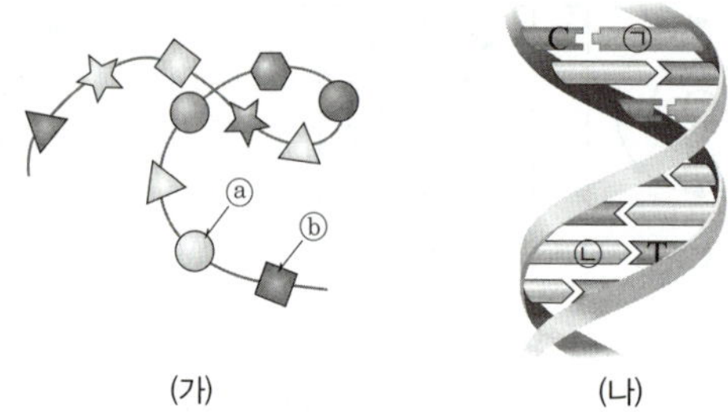

❶ ⓐ는 아미노산이다. ⸻⸻⸻⸻⸻⸻ (○, ×)

❷ ⓐ와 ⓑ는 펩타이드결합으로 연결된다. ⸻⸻ (○, ×)

❸ 기본 단위체의 배열 순서에 따라 (가)에 저장되는 유전정보가 달라진다. (○, ×)

❹ (나)에는 라이보스가 있다. ⸻⸻⸻⸻⸻ (○, ×)

❺ (나)를 구성하는 염기에는 유라실(U)이 있다. ⸻ (○, ×)

❻ ㉠은 아데닌(A)이고, ㉡은 구아닌(G)이다. ⸻ (○, ×)

6 그림은 저마늄(Ge)에 인듐(In)을 첨가한 반도체 X와 저마늄(Ge)에 비소(As)를 첨가한 반도체 Y를 나타낸 것이다.

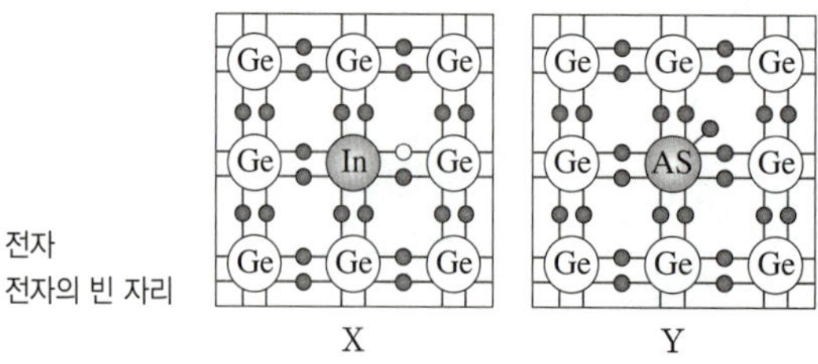

❶ 저마늄(Ge)의 원자가 전자는 5개이다. ⸻⸻ (○, ×)

❷ X는 p형 반도체이다. ⸻⸻⸻⸻⸻ (○, ×)

❸ Y는 순수 반도체이다. ⸻⸻⸻⸻⸻ (○, ×)

❹ 불순물 원소의 원자가 전자의 수는 비소(As)가 인듐(In)보다 많다. ⸻ (○, ×)

❺ Y에 전압을 걸면 전자의 이동에 의해 전류가 흐른다. ⸻ (○, ×)

수능 문제 도전하기

1 다음은 리튬(Li)과 나트륨(Na)의 성질을 알아보기 위한 실험이다.

[실험 과정]

(가) 비커 2개에 각각 물을 $\frac{1}{3}$ 정도 넣고 페놀프탈레인 용액을 떨어뜨린다.

(나) (가)의 비커에 Li과 Na 조각을 각각 넣은 후 변화를 관찰한다.

[실험 결과]

· Li과 Na 조각이 물과 격렬하게 반응하여 ㉠기체가 발생했다.

· 수용액이 모두 (㉡)으로 변했다.

이에 대한 설명으로 옳은 것만을 [보기]에서 있는 대로 고른 것은?

보기

ㄱ. ㉠은 수소(H_2)이다.

ㄴ. Li과 Na은 전자가 들어 있는 전자 껍질 수가 같다.

ㄷ. '푸른색'은 ㉡에 적절하다.

① ㄱ ② ㄴ ③ ㄷ
④ ㄱ, ㄴ ⑤ ㄴ, ㄷ

2 다음은 원소 A∼E에 대한 자료이다.

· A∼E가 위치한 주기율표의 일부

족 주기	1	2	13	14	15	16	17	18
1	A							
2				B		C	D	
3		E						

· A∼E로 이루어진 안정한 화합물 (가)∼(라)의 화학식

화합물	(가)	(나)	(다)	(라)
화학식	A_2C	BA_x	CD_2	EC

이에 대한 설명으로 옳은 것만을 [보기]에서 있는 대로 고른 것은? (단, A∼E는 임의의 원소 기호이다.)

보기

ㄱ. (가)∼(라) 중 이온 결합 물질은 한 가지이다.

ㄴ. (나)에서 $x=4$이다.

ㄷ. 질량이 태양과 비슷한 별에서는 핵융합 반응으로 E가 생성된다.

① ㄱ ② ㄷ ③ ㄱ, ㄴ
④ ㄴ, ㄷ ⑤ ㄱ, ㄴ, ㄷ

출제 의도

알칼리 금속인 리튬과 나트륨의 실험 결과를 토대로 같은 족 원소가 비슷한 화학적 성질을 보이는 것을 이해하고 있는지 평가하는 문제이다.

연관 개념

· 알칼리 금속 ➡ 65쪽
· 원소의 주기성 ➡ 69쪽

출제 의도

주기율표에서 원소의 종류를 정하고, 화학 결합의 종류를 판단할 수 있는지 평가하는 문제이다.

연관 개념

· 별의 진화와 원소의 생성 ➡ 44쪽   · 이온 결합과 공유 결합 ➡ 77쪽
· 주기율표 ➡ 64쪽

3 그림은 원자 A~C가 화합물 (가)와 (나)를 생성하는 과정을 모형으로 나타낸 것이다.

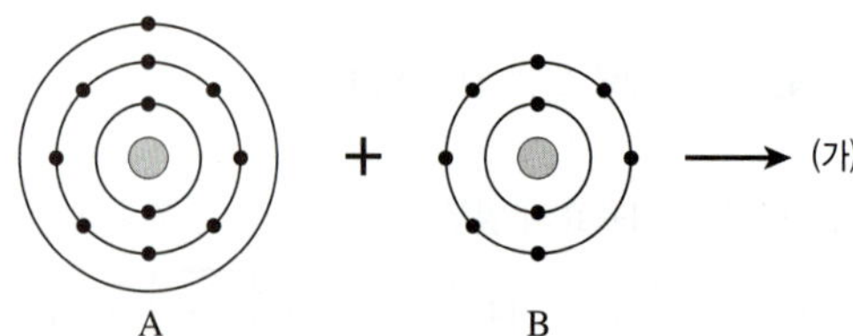
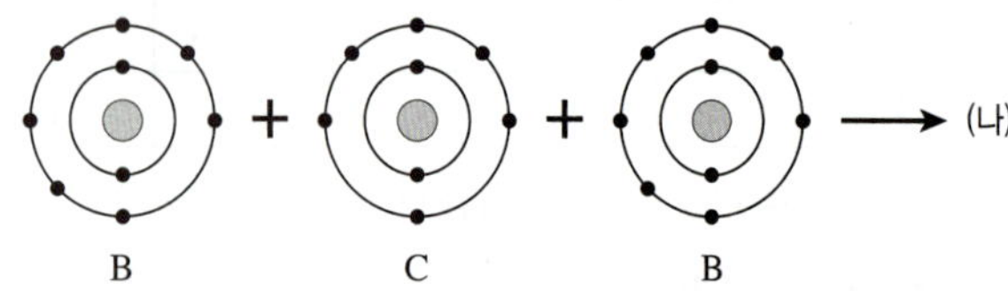

이에 대한 설명으로 옳은 것만을 [보기]에서 있는 대로 고른 것은? (단, A~C는 임의의 원소 기호이다.)

보기
ㄱ. (가)는 이온 결합 물질이다.
ㄴ. (가)와 (나)에서 A~C는 모두 Ne과 같은 전자 배치를 이룬다.
ㄷ. (나)의 공유 전자쌍 수는 4이다.

① ㄱ　　　② ㄷ　　　③ ㄱ, ㄴ
④ ㄴ, ㄷ　　　⑤ ㄱ, ㄴ, ㄷ

4 그림은 인류의 생존에 필수적인 두 가지 물질 A_2B와 CD를 화학 결합 모형으로 나타낸 것이다.

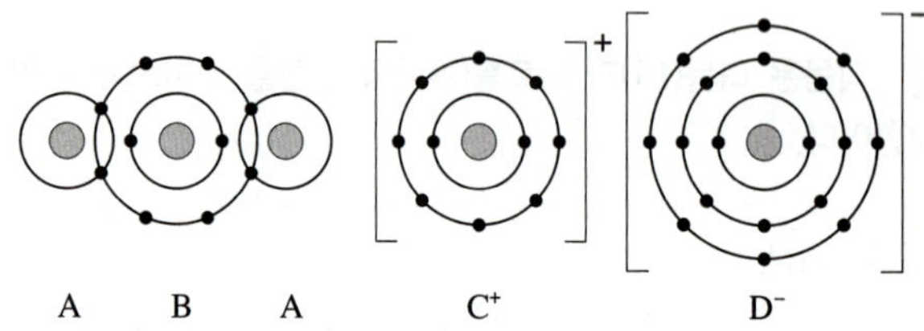

이에 대한 설명으로 옳은 것만을 [보기]에서 있는 대로 고른 것은? (단, A~D는 임의의 원소 기호이다.)

보기
ㄱ. A와 C는 화학적 성질이 비슷하다.
ㄴ. 수용액 상태에서 CD는 전기 전도성이 있다.
ㄷ. 고체 C와 액체 A_2B가 반응하면 A_2가 생성된다.

① ㄱ　　　② ㄴ　　　③ ㄱ, ㄷ
④ ㄴ, ㄷ　　　⑤ ㄱ, ㄴ, ㄷ

출제 의도

화학 결합의 형성 과정에서 전자 배치의 변화를 파악하고, 화학 결합의 종류를 판단할 수 있는지 평가하는 문제이다.

연관 개념

• 이온 결합 ➡ 77쪽
• 공유 결합과 공유 전자쌍 ➡ 78쪽

출제 의도

화학 결합 모형으로부터 원소의 종류를 정하고, 이온 결합 물질의 전기 전도성과 알칼리 금속의 반응을 판단할 수 있는지 평가하는 문제이다.

연관 개념

• 알칼리 금속 ➡ 65쪽
• 이온 결합 물질의 전기 전도성 ➡ 82쪽

5 그림 (가)는 규산염 사면체의 구조를, (나)는 지각을 구성하는 주요 원소의 질량비를 나타낸 것이다.

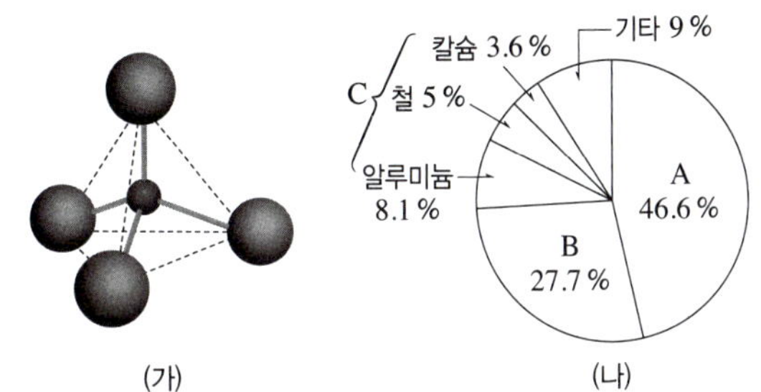

(가)

(나)

이에 대한 설명으로 옳은 것만을 [보기]에서 있는 대로 고른 것은?

보기
ㄱ. (가)를 구성하는 원소는 (나)의 A와 B이다.
ㄴ. 규산염 사면체는 (나)의 C와 이온 결합을 형성할 수 있다.
ㄷ. (나)의 주요 원소 중 질량이 태양 정도인 별에서 생성될 수 있는 원소는 A이다.

① ㄱ
② ㄷ
③ ㄱ, ㄴ
④ ㄴ, ㄷ
⑤ ㄱ, ㄴ, ㄷ

6 다음은 규산염 사면체 모형을 이용하여 규산염 광물의 결합 구조를 알아보기 위한 실험이다.

[실험 과정]

(가) ㉠큰 스타이로폼 공 4개와 ㉡작은 스타이로폼 공 1개를 이쑤시개로 연결하여 그림과 같은 규산염 사면체 모형을 만든다.

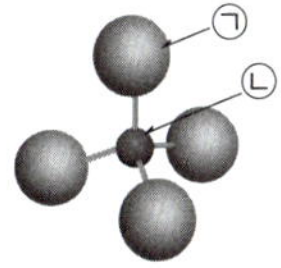 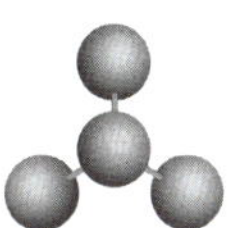

옆에서 본 모습   위에서 본 모습

(나) ㉢규산염 사면체 모형 여러 개를 결합하여 길게 이어진 사슬 구조를 만든다.

(다) 과정 (나)에서 만든 사슬 구조를 2개 결합하여 길게 이어진 사슬 구조를 만든다.

(라) 규산염 사면체 모형을 얇은 판 모양으로 결합하여 판상 구조를 만든다.

[실험 결과]

과정	(나)	(다)	(라)
위에서 본 모습			

이에 대한 설명으로 옳은 것만을 [보기]에서 있는 대로 고른 것은?

보기
ㄱ. (가)에서 ㉠과 ㉡은 이온 결합을 한다.
ㄴ. (라)의 결합 구조는 (다)의 모형 2개가 결합한 형태이다.
ㄷ. 각 과정에서 결합 구조를 만드는 데 이용된 $\dfrac{㉠의 수}{㉡의 수}$ 는 (나)>(다)>(라)이다.

① ㄱ
② ㄴ
③ ㄷ
④ ㄱ, ㄷ
⑤ ㄴ, ㄷ

출제 의도
지각을 구성하는 주요 원소의 기원과 규산염 사면체를 이루는 원소의 특징을 이해하고 있는지 평가하는 문제이다.

연관 개념
• 이온 결합 ➡ 77쪽~78쪽
• 지각과 생명체를 구성하는 원소 ➡ 88쪽

출제 의도
규산염 사면체를 기본 단위체로 하여 만들어진 규산염 광물의 결합 구조와 그에 따른 특징을 알고 있는지 평가하는 문제이다.

연관 개념
• 화학 결합의 종류 ➡ 77쪽~78쪽
• 규산염 광물의 결합 구조 ➡ 89쪽

7 다음은 지각과 생명체를 구성하는 물질 A~C에 대한 자료이다. A~C는 흑운모, 단백질, 인지질을 순서 없이 나타낸 것이다.

> • A는 아미노산이 그림과 같은 방식으로 연결되어 합성된다.
>
> 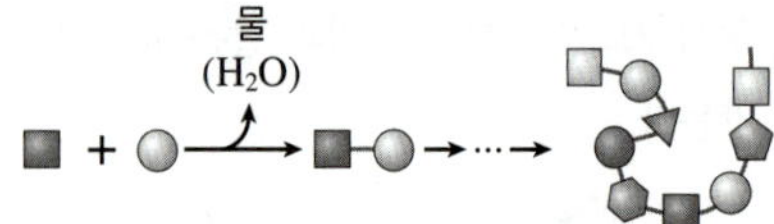
>
> • B는 구성 원소로 규소와 산소를 포함한다.
> • C는 친수성 부분과 소수성 부분이 있다.

이에 대한 설명으로 옳은 것만을 [보기]에서 있는 대로 고른 것은?

> **보기**
> ㄱ. A와 B는 기본 단위체가 결합하여 형성된다.
> ㄴ. A를 구성하는 아미노산의 배열 순서는 DNA에 있는 유전정보에 의해 결정된다.
> ㄷ. A와 C는 세포막의 구성 성분이다.

① ㄱ 　　② ㄴ 　　③ ㄱ, ㄷ
④ ㄴ, ㄷ 　　⑤ ㄱ, ㄴ, ㄷ

8 다음은 DNA X에 대해 조사한 자료이다.

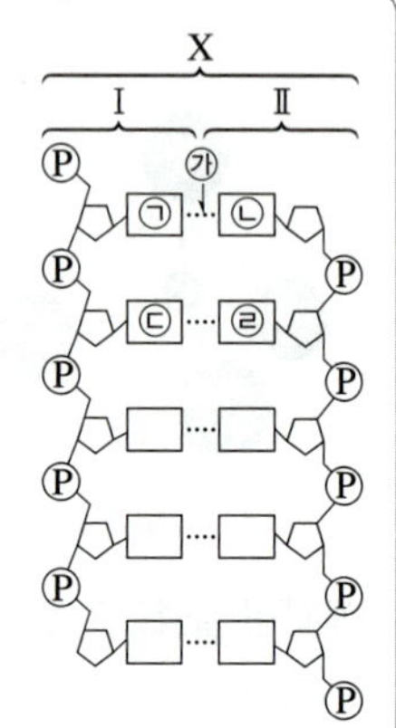

> • X는 서로 상보적인 가닥 Ⅰ과 Ⅱ로 구성되며, 5개의 염기쌍이 있다.
> • X의 구조는 그림과 같다. X를 구성하는 염기 ㉠~㉣은 모두 다른 종류이며, ㉡은 RNA에서는 발견되지 않는다. ㉮는 염기 사이의 결합이다.
> • Ⅰ에서 $\dfrac{G}{A}=2$이고, $\dfrac{G}{T}=1$이다.

이에 대한 설명으로 옳은 것만을 [보기]에서 있는 대로 고른 것은?

> **보기**
> ㄱ. ㉣은 사이토신(C)이다.
> ㄴ. ㉮는 공유 결합으로, Ⅰ과 Ⅱ는 분리되지 않는다.
> ㄷ. Ⅱ에서 $\dfrac{A}{T}=1$이다.

① ㄱ 　　② ㄴ 　　③ ㄱ, ㄷ
④ ㄴ, ㄷ 　　⑤ ㄱ, ㄴ, ㄷ

출제 의도

지각과 생명체를 구성하는 물질의 구성 원소, 기본 단위체의 종류와 결합과 같은 특징을 종합적으로 이해하고 있는지 평가하는 문제이다.

연관 개념

• 지각을 구성하는 물질 ➡ 88쪽　　• 단백질과 핵산 ➡ 95쪽, 97쪽
• 생명체를 구성하는 물질 ➡ 94쪽　　• 세포막의 구조 ➡ 189쪽

출제 의도

염기의 상보결합 등과 같은 DNA 구조의 규칙성과 화학 결합 및 유전정보의 전사를 통합적으로 이해하고 있는지 평가하는 문제이다.

연관 개념

• DNA의 구조와 규칙성 및 염기의 상보결합 ➡ 98쪽
• 세포 내 유전정보의 흐름 ➡ 205쪽

9 다음은 고체의 전기적 성질에 대해 알아보는 실험이다.

[실험 과정]

(가) 도체 또는 부도체인 동일한 모양의 고체 막대 P, Q, R
를 준비한다.

(나) 그림과 같이 P, Q, R와 전구, 스위치, 전지를 이용하여 실
험 장치를 구성한다.

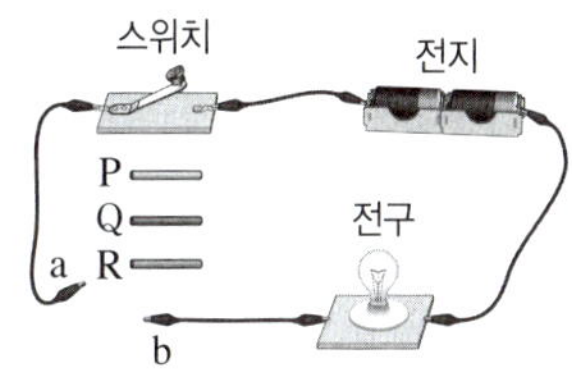

(다) 집게 a, b를 P에 연결하고, 스위치를 닫아 전구에 불이
켜지는지를 관찰한다.

(라) P를 Q, R로 바꾸어 (다)의 과정을 반복한다.

[실험 결과]

막대	P	Q	R
전구	불이 켜진다.	불이 켜지지 않는다.	불이 켜진다.

※ 전구의 밝기는 P를 연결하였을 때가 R를 연결하였을 때
보다 밝다.

이에 대한 설명으로 옳은 것만을 [보기]에서 있는 대로 고른 것
은? (단, 전지의 전압은 일정하다.)

보기

ㄱ. P는 도체이다.

ㄴ. 고무의 전기적 성질은 Q와 같다.

ㄷ. 단위 부피당 물질 내 자유 전자의 수는 P가 R보다 많다.

① ㄱ   ② ㄴ   ③ ㄱ, ㄷ

④ ㄴ, ㄷ   ⑤ ㄱ, ㄴ, ㄷ

10 다음은 일상생활에서 사용되는 제품에 포함된 반도체에
대한 설명이다.

⊙불순물 반도체는 ⓒ순수 반도체에 소량의 다른 불순물
원소를 첨가하여 만든 소재로, 태양 전지나 전자저울 등을
만드는 데 활용된다.

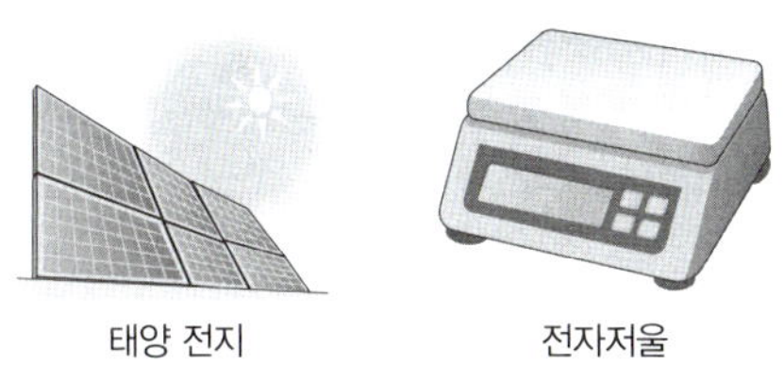

이에 대한 설명으로 옳은 것만을 [보기]에서 있는 대로 고른 것은?

보기

ㄱ. 전기 전도성은 ⊙이 ⓒ보다 높다.

ㄴ. 규소(Si)로만 이루어진 물질은 ⊙에 해당한다.

ㄷ. 태양 전지는 전류가 흐르면 빛이 발생한다.

① ㄱ   ② ㄴ   ③ ㄱ, ㄷ

④ ㄴ, ㄷ   ⑤ ㄱ, ㄴ, ㄷ

출제 의도

도체, 부도체의 전기 전도성과 물질 내 자유 전자의 수를 비교하고, 도체, 부도
체의 예를 알고 있는지 평가하는 문제이다.

연관 개념

• 도체, 부도체의 전기적 성질 ➡ 104쪽

출제 의도

순수 반도체와 불순물 반도체의 전기적 성질을 비교하고, 태양 전지의 특징을
알고 있는지 평가하는 문제이다.

연관 개념

• 순수 반도체와 불순물 반도체 ➡ 105쪽
• 태양 전지 ➡ 106쪽

수능 빈출 자료 분석하기

 지구시스템의 구성 요소에서 각 성층 구조의 특징을 묻는 문제가 출제될 수 있다.

1 그림은 기권에서 높이에 따른 기온과 공기의 밀도를 나타낸 것이다.

❶ A의 기온 분포에 가장 큰 영향을 미치는 에너지원은 지구 내부 에너지이다. ·············· (○, ×)

❷ 화산재가 머물 수 있는 시간은 A보다 B에서 길다. ·············· (○, ×)

❸ 대류 현상은 B보다 C에서 활발하다.
·············· (○, ×)

❹ 기온의 일교차가 가장 큰 층은 D이다.
·············· (○, ×)

❺ 성층권에서는 높이가 높아질수록 밀도가 커진다.
·············· (○, ×)

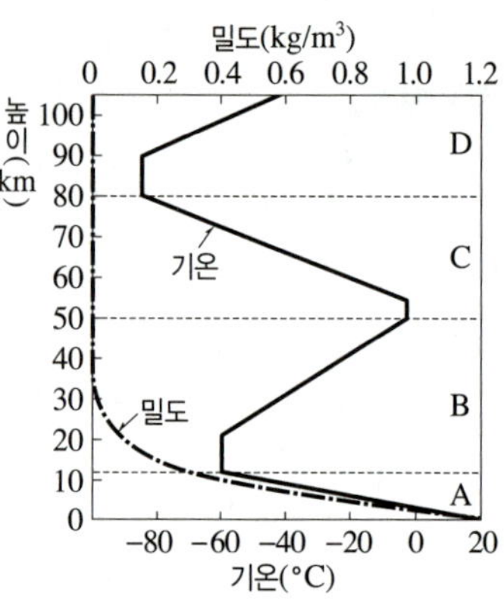

2012학년도 6월 모평
지구과학I 2번 변형

연관 개념
• 지구시스템의 구성 요소
  ➡ 124쪽
• 기권의 성층 구조 ➡ 125쪽

 지구시스템에서 일어나는 물질 순환과 에너지 흐름을 상호작용과 관련지어 묻는 문제가 출제될 수 있다.

2 그림은 지구시스템의 권역과 각 권역의 상호작용을, 표는 상호작용 ㉠, ㉡, ㉢의 예를 나타낸 것이다. A, B, C는 각각 지권, 수권, 생물권 중 하나이다.

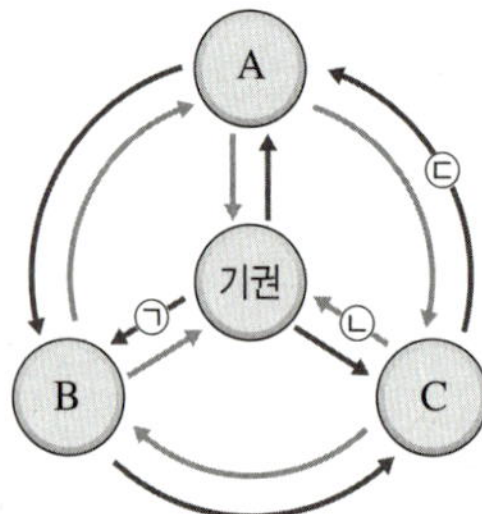

상호작용	예
㉠	풍랑의 발생
㉡	화산 가스의 분출
㉢	( )

❶ ㉠에 의해 두 권역 사이에 에너지 흐름이 나타난다. ············· (○, ×)

❷ ㉡의 주된 에너지원은 태양 에너지이다. ·············· (○, ×)

❸ 황사의 발생은 ㉢의 예에 해당한다. ·············· (○, ×)

❹ A는 지권이다. ·············· (○, ×)

❺ 석회 동굴의 형성은 B의 탄소량을 감소시킨다. ·············· (○, ×)

2020학년도 9월 모평
지구과학I 8번 변형

연관 개념
• 지구시스템의 상호작용
  ➡ 126쪽
• 탄소의 순환 ➡ 130쪽

 판 경계에서 일어나는 다양한 지각 변동의 특징을 판 경계의 종류, 발달하는 지형과 관련지어 묻는 문제가 출제될 수 있다.

3 그림 (가)와 (나)는 남아메리카와 아프리카 주변에서 발생한 지진의 진앙 분포를 나타낸 것이다.

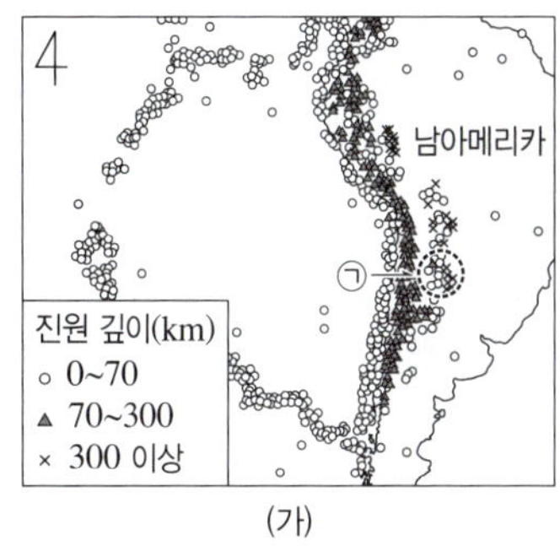

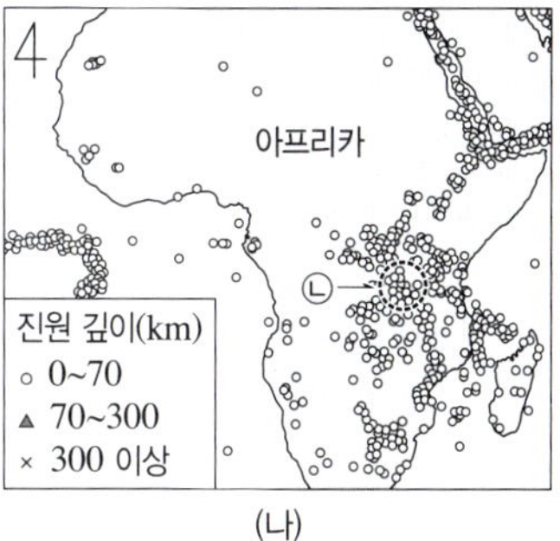

❶ ㉠ 부근에서는 열곡대가 발달한다. ─────────────── (○, ×)

❷ ㉠의 하부에서는 해양판이 섭입하고 있다. ───────── (○, ×)

❸ ㉡ 부근에서는 습곡 산맥이 발달한다. ───────── (○, ×)

❹ 지진이 발생하는 평균 깊이는 ㉠이 ㉡보다 깊다. ───── (○, ×)

❺ ㉠과 ㉡에서는 모두 화산 활동이 일어난다. ─────── (○, ×)

지구과학Ⅰ 8번 변형

연관 개념
- 변동대와 판 구조론 ➡ 138쪽
- 판 경계의 지각 변동 ➡ 141쪽

 화산 활동, 지진 등으로 나타나는 지구 환경 변화와 이용, 피해를 줄이기 위한 대책을 묻는 문제가 출제될 수 있다.

4 그림은 1940~2003년 동안 지구 평균 기온 편차(관측값 – 기준값)와 대규모 화산 분출 시기를 나타낸 것이다. 기준값은 1940년의 평균 기온이다.

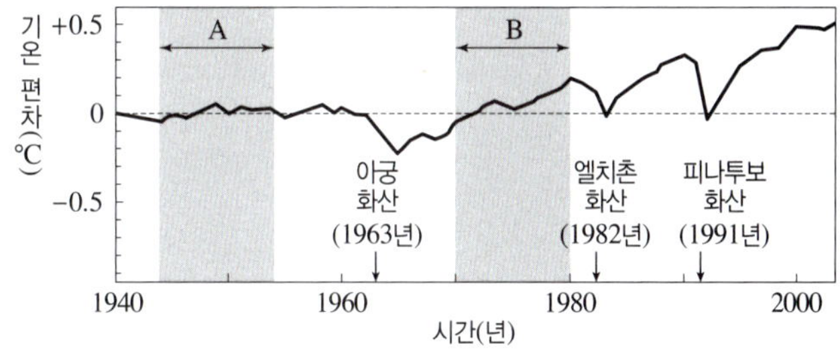

❶ 기온의 평균 상승률은 A 시기가 B 시기보다 크다. ───── (○, ×)

❷ 화산 분출 직후 평균 기온이 낮아진 까닭은 주로 화산 가스 때문이다. ── (○, ×)

❸ 기권으로 분출된 대부분의 화산 쇄설물은 대기 중에 10년 이상 머문다. ── (○, ×)

❹ 화산 분출로 인한 기온 변화는 지권과 기권의 상호작용에 해당한다. ── (○, ×)

❺ 화산 주변에 제방을 쌓아 화산 활동의 피해를 줄일 수 있다. ───── (○, ×)

지구과학Ⅰ 6번 변형

연관 개념
- 지권의 변화가 지구시스템에 미치는 영향 ➡ 143쪽

수능 문제 도전하기

1 그림 (가)는 수권을 구성하는 물의 분포를, (나)는 (가)의 A, B, C 중 하나의 성층 구조를 나타낸 것이다.

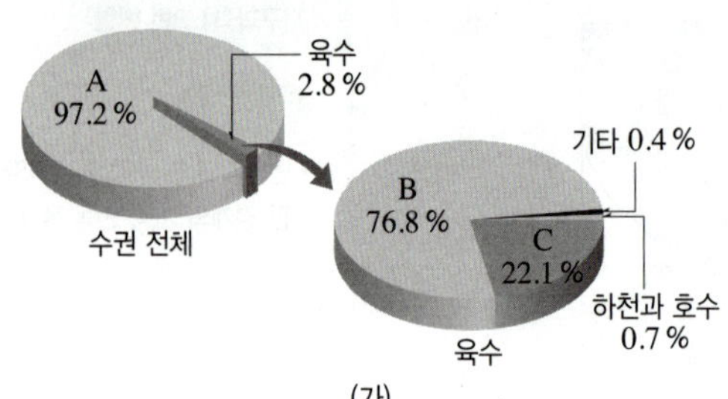

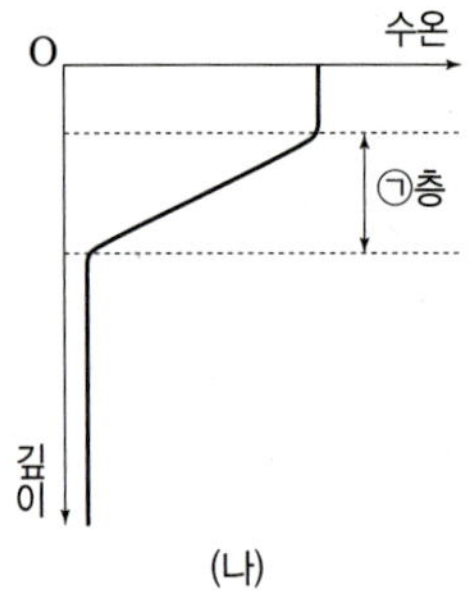

이에 대한 설명으로 옳은 것만을 [보기]에서 있는 대로 고른 것은?

> **보기**
> ㄱ. 수권 전체에서 고체 상태로 존재하는 물의 비율은 3 % 이상이다.
> ㄴ. (나)는 C의 성층 구조이다.
> ㄷ. (나)에서 ㉠층은 해수의 연직 운동이 잘 일어나지 않는다.

① ㄱ　　　　② ㄷ　　　　③ ㄱ, ㄴ
④ ㄴ, ㄷ　　　⑤ ㄱ, ㄴ, ㄷ

2 표는 태양계 행성 (가)~(다)의 물리량을 나타낸 것이다.

구분	(가)	(나)	(다)
주요 성분	금속, 암석	금속, 암석	기체
표면 온도(K)	약 300	약 210	약 165
대기압(상댓값)	1.0	0.01	200 이상
화산 활동과 지진	활발	없음	없음

이에 대한 설명으로 옳은 것만을 [보기]에서 있는 대로 고른 것은?

> **보기**
> ㄱ. (가), (나), (다)에는 모두 기권이 존재한다.
> ㄴ. 행성에서 구성 요소 사이의 상호작용은 (가)가 (나)보다 활발할 것이다.
> ㄷ. 태양계 형성 과정에서 (나)를 형성한 미행성체의 성분은 (가)보다 (다)에 가까울 것이다.

① ㄱ　　　　② ㄷ　　　　③ ㄱ, ㄴ
④ ㄴ, ㄷ　　　⑤ ㄱ, ㄴ, ㄷ

출제 의도

수권을 구성하는 물의 분포와 해수의 성층 구조의 특징을 이해하고 있는지 평가하는 문제이다.

연관 개념

• 수권의 분포와 해수의 성층 구조 ➡ 125쪽

출제 의도

태양계 행성의 물리량을 비교하여 각 행성을 구성하는 권역의 종류와 상호작용을 파악할 수 있는지 평가하는 문제이다.

연관 개념

• 지구형 행성과 목성형 행성의 형성 ➡ 47쪽
• 지구시스템의 구성 요소 ➡ 124쪽

3 표는 지구시스템의 에너지원 (가)~(다)의 크기와 형성 과정을, 그림은 지구시스템에서 일어나는 물의 순환을 나타낸 것이다. (가)~(다)는 각각 태양 에너지, 지구 내부 에너지, 조력 에너지 중 하나이다.

에너지원	(가)	(나)	(다)
크기(W)	(　　　)	2.7×10^{12}	1.7×10^{17}
형성 과정	원시 지구에서 축적된 열	(　　　)	수소 핵융합 반응

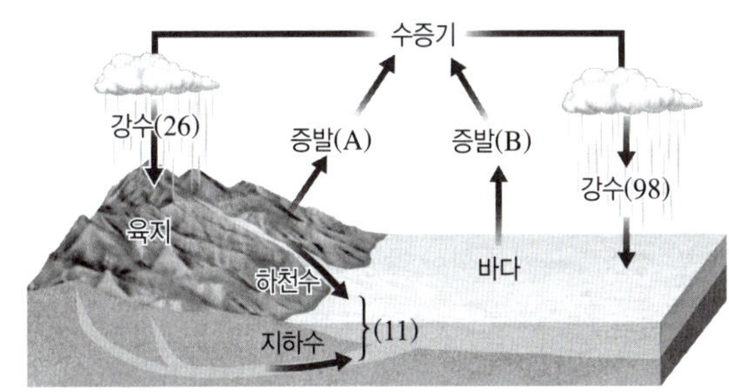

이에 대한 설명으로 옳은 것만을 [보기]에서 있는 대로 고른 것은?

보기
ㄱ. 에너지원의 크기는 (가)가 (나)보다 크다.
ㄴ. 물의 순환은 주로 (다)에 의해 일어난다.
ㄷ. A+B는 124 단위이다.

① ㄱ   ② ㄴ   ③ ㄱ, ㄷ
④ ㄴ, ㄷ   ⑤ ㄱ, ㄴ, ㄷ

4 표는 지구시스템의 각 권역에 존재하는 탄소 질량비를, 그림은 각 권역 사이에서 일어나는 탄소 순환의 일부를 나타낸 것이다.

권역	탄소 질량비(%)
생물권	0.011
기권	(　　　)
수권	(　　　)
지권	99.791

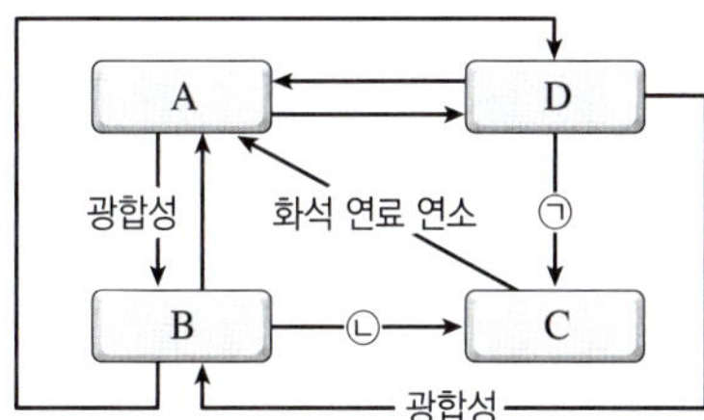

이에 대한 설명으로 옳은 것만을 [보기]에서 있는 대로 고른 것은?

보기
ㄱ. A의 탄소는 주로 기체 상태로 존재한다.
ㄴ. 탄소의 양은 B보다 D에 많다.
ㄷ. '석회암 형성'은 ㉠과 ㉡에 공통으로 들어갈 수 있다.

① ㄱ   ② ㄴ   ③ ㄱ, ㄷ
④ ㄴ, ㄷ   ⑤ ㄱ, ㄴ, ㄷ

출제 의도

지구시스템에서 일어나는 물질 순환과 에너지 흐름을 파악하고, 물의 순환에 의해 물의 총량이 변하지 않음을 이해하고 있는지 평가하는 문제이다.

연관 개념

• 지구시스템의 에너지원 ➡ 129쪽
• 물의 순환 ➡ 129쪽

출제 의도

지구시스템의 각 권역에 분포하는 탄소의 비율을 알고, 탄소 순환의 예를 찾을 수 있는지 평가하는 문제이다.

연관 개념

• 탄소의 순환 ➡ 130쪽

5 그림은 판의 운동에 따라 판 경계 부근의 지형이 변해가는 과정을 나타낸 것이다.

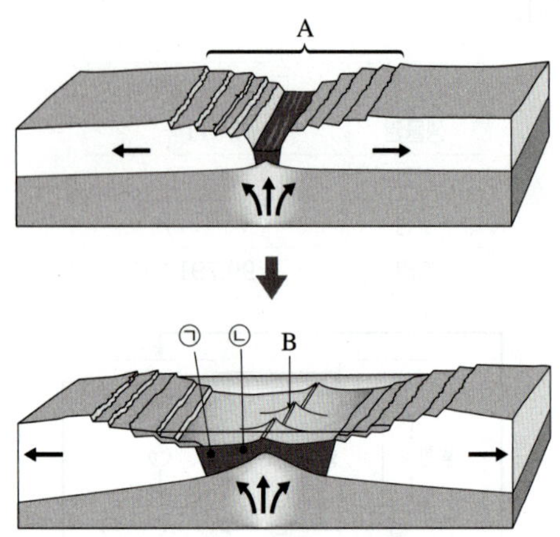

이에 대한 설명으로 옳은 것만을 [보기]에서 있는 대로 고른 것은?

보기
ㄱ. A에는 폭이 좁고 긴 계곡이 발달한다.
ㄴ. A와 B에서는 모두 마그마 분출이 활발하게 일어난다.
ㄷ. 해양 지각의 나이는 ㉠이 ㉡보다 적다.

① ㄱ   ② ㄷ   ③ ㄱ, ㄴ
④ ㄴ, ㄷ   ⑤ ㄱ, ㄴ, ㄷ

6 그림 (가)는 판 A와 B의 경계를, (나)는 A와 B의 이동 속력과 이동 방향을 나타낸 것이다. A와 B는 모두 대륙판이다.

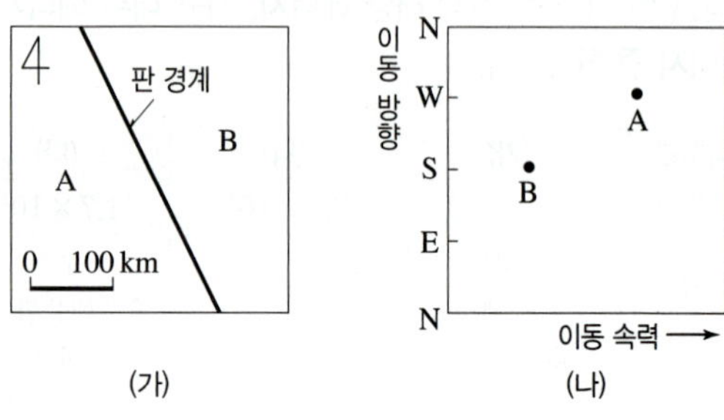

이에 대한 설명으로 옳은 것만을 [보기]에서 있는 대로 고른 것은?

보기
ㄱ. (가)의 판 경계는 수렴형 경계이다.
ㄴ. 판 경계와 나란하게 부채꼴 모양의 화산섬들이 형성된다.
ㄷ. 판 경계 부근에서 화산 활동과 지진이 활발하다.

① ㄱ   ② ㄷ   ③ ㄱ, ㄴ
④ ㄴ, ㄷ   ⑤ ㄱ, ㄴ, ㄷ

출제 의도

열곡대에서 대양의 해령으로 발달해 가는 과정을 이해하고, 판 경계 부근에서 발생하는 지각 변동의 특징을 알고 있는지 평가하는 문제이다.

연관 개념

• 판 경계의 지각 변동 ➡ 141쪽

출제 의도

판의 물리량으로부터 판 경계의 종류를 판단하고, 판 경계에서 발달하는 지형과 판 경계 부근에서 발생하는 지각 변동의 특징을 알고 있는지 평가하는 문제이다.

연관 개념

• 판 경계의 종류 ➡ 141쪽
• 판 경계의 지각 변동 ➡ 141쪽

7 그림은 북아메리카 대륙 주변 판의 경계와 이동 방향을, 표는 세 지역 (가)~(다)에서 발달하는 지형과 지각 변동을 나타낸 것이다. A~C는 각각 (가)~(다) 지역 중 하나이다.

지역	(가)	(나)	(다)
지형	호상 열도, ( )	해령	( )
지각 변동	천발~심발 지진, 화산 활동 활발	( )	천발 지진, 화산 활동 거의 ×

이에 대한 설명으로 옳은 것만을 [보기]에서 있는 대로 고른 것은?

보기
ㄱ. (가)에서 진앙은 주로 판 경계선의 남쪽에 위치한다.
ㄴ. 지각의 평균 나이는 (나)에서 가장 적다.
ㄷ. (다)에서는 습곡 산맥이 발달한다.

① ㄱ   ② ㄴ   ③ ㄱ, ㄷ
④ ㄴ, ㄷ   ⑤ ㄱ, ㄴ, ㄷ

8 그림은 화산의 분포를, 표는 대규모 화산 분출 (가)~(다)에 의한 피해 사례를 나타낸 것이다.

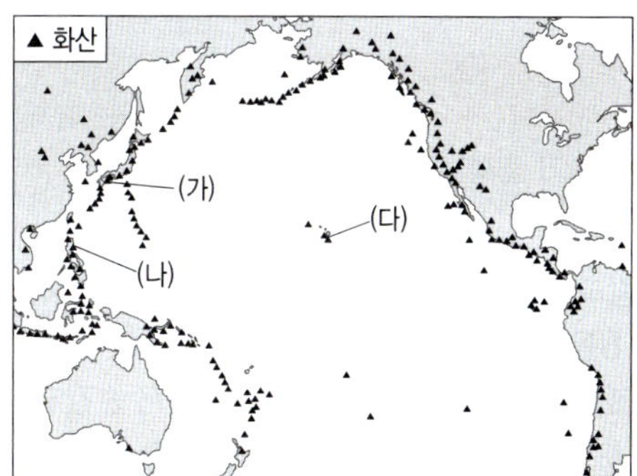

구분	화산 분출 피해 사례
(가)	1792년 일본 운젠 화산 분출로 거대한 ㉠쓰나미가 발생하여 약 14500명의 인명 피해가 발생하였다.
(나)	1991년 필리핀 피나투보 화산 분출로 ㉡34 km 상공까지 화산재가 분출되었으며, 약 350명의 인명 피해가 발생하였다.
(다)	2018년 하와이 킬라우에아 화산에서 ㉢다량의 용암이 분출하여 주택 700여 채와 도로 등이 파괴되었다.

이에 대한 설명으로 옳은 것만을 [보기]에서 있는 대로 고른 것은?

보기
ㄱ. (가), (나), (다)는 모두 환태평양 화산대에서 일어난 화산 활동이다.
ㄴ. ㉠은 지권과 수권의 상호작용에 해당한다.
ㄷ. ㉡과 ㉢은 모두 지구의 평균 반사율에 영향을 준다.

① ㄱ   ② ㄷ   ③ ㄱ, ㄴ
④ ㄴ, ㄷ   ⑤ ㄱ, ㄴ, ㄷ

전 세계의 주요 판 경계와 판 경계 부근에서 발생하는 지각 변동의 특징을 알고 있는지 평가하는 문제이다.

• 전 세계 판의 분포 ➡ 139쪽
• 판 경계의 지각 변동 ➡ 141쪽

화산 활동이 지구시스템에 미치는 영향을 화산 분출물과 관련지어 이해하고 있는지 평가하는 문제이다.

• 전 세계 주요 화산대 ➡ 138쪽
• 화산 활동이 지구시스템에 미치는 영향 ➡ 143쪽

수능 빈출 자료 분석하기 

이 단원의 수능 빈출 자료 ❶　자유 낙하 하는 물체와 수평 방향으로 던진 물체의 운동을 비교하는 문제가 출제될 수 있다.

1 그림과 같이 동일한 높이에서 물체 **A**를 가만히 놓는 순간 물체 **B**를 v의 속력으로 수평 방향으로 던졌더니 A와 B가 각각 경로를 따라 운동한다. A를 가만히 놓은 순간부터 A가 수평면에 도달할 때까지 걸린 시간은 4초이다. A, B의 질량은 각각 m, $2m$이다. (단, 물체의 크기와 공기 저항은 무시한다.)

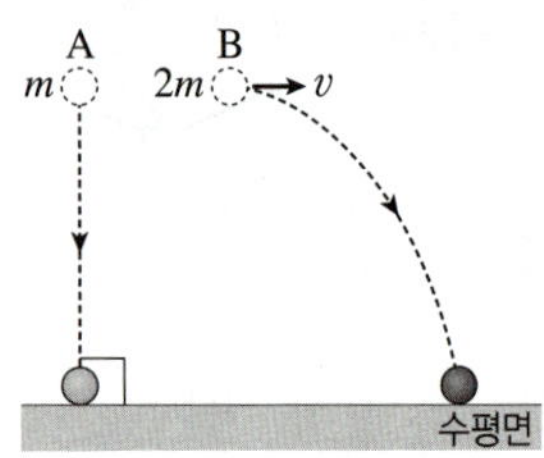

❶ A에 작용하는 중력의 방향은 A의 운동 방향과 같다. ──────（ ○, × ）

❷ B를 던진 순간부터 B가 수평면에 도달할 때까지 걸린 시간은 4초보다 크다.

　──────────────────────（ ○, × ）

❸ 수평면에 도달하기 직전 연직 방향의 속력은 A와 B가 같다. ───（ ○, × ）

❹ A를 가만히 놓은 순간부터 2초가 지났을 때 수평면으로부터 높이는 A가 B보다 낮다.

　──────────────────────（ ○, × ）

❺ B가 수평면에 도달하는 순간 B의 수평 방향의 속력은 v보다 크다. ───（ ○, × ）

2022학년도 11월 학평
통합과학Ⅰ 15번 변형

연관 개념
• 자유 낙하 하는 물체와 수평 방향으로 던진 물체의 운동
➡ 161쪽

이 단원의 수능 빈출 자료 ❷　지구 주위를 공전하며 원운동을 하는 인공위성이나 달에 작용하는 중력에 대해 묻는 문제가 출제될 수 있다.

2 그림은 xy 평면에서 지구를 중심으로 원 궤도를 따라 일정한 속력으로 원운동을 하는 인공위성 **A**와 **B**를 나타낸 것이다. 원 궤도의 반지름은 A가 B보다 작고, 질량은 A, B가 같다. 지구 중심은 원점 O 위에 있고, 점 **p**, **O**, **q**는 x축 위의 점이다. (단, A, B에는 지구에 의한 중력만 작용한다.)

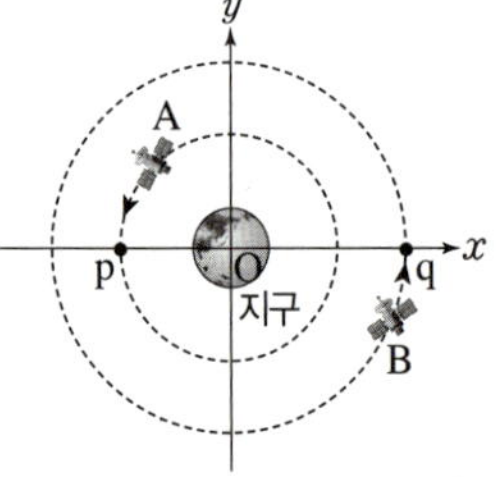

❶ A가 원운동을 하는 동안 지구가 A에 작용하는 중력의 크기는 일정하다.

　──────────────────────（ ○, × ）

❷ B가 원운동을 하는 동안 지구가 B에 작용하는 중력의 방향은 일정하다. （ ○, × ）

❸ A가 p를 지나는 순간 지구가 A에 작용하는 중력의 방향은 $-x$방향이다.

　──────────────────────（ ○, × ）

❹ B가 q를 지나는 순간 B가 지구에 작용하는 중력의 방향은 $-x$방향이다.

　──────────────────────（ ○, × ）

❺ 인공위성에 작용하는 중력의 크기는 A가 B보다 크다. ──────（ ○, × ）

2024학년도 수능
물리학Ⅱ 9번 변형

연관 개념
• 지구 주위를 공전하는 물체의 원운동 ➡ 164쪽

 물체가 벽과 충돌할 때 물체에 작용하는 충격량을 그래프 해석을 통해 구하는 문제가 출제될 수 있다.

3 그림 (가)는 마찰이 없는 수평면에서 등속 직선 운동을 하던 수레가 벽과 충돌한 후, 충돌 전과 반대 방향으로 등속 직선 운동을 하는 모습을 나타낸 것이고, (나)는 수레의 속도를 시간에 따라, (다)는 수레가 벽으로부터 받는 힘의 크기를 시간에 따라 나타낸 것이다. 수레와 벽이 충돌하는 0.4초 동안 힘의 크기를 나타낸 곡선과 시간 축이 만드는 면적은 10 N·s이다.

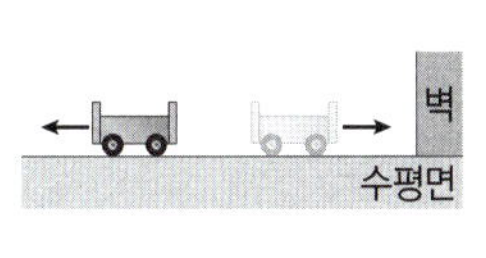

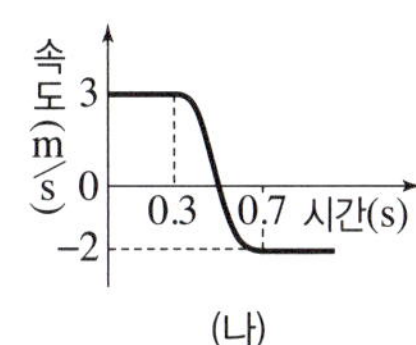

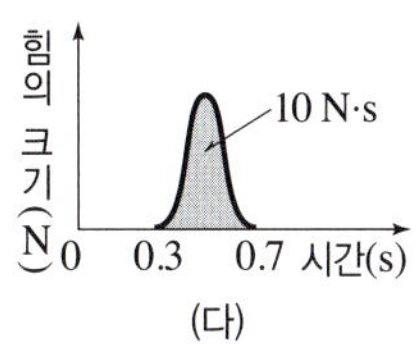

❶ 수레가 벽으로부터 받은 충격량의 크기는 10 N·s이다. ⟶ (○, ×)

❷ 수레가 벽에 충돌하는 동안 운동량의 변화량의 크기는 10 kg·m/s이다. ⟶ (○, ×)

❸ 수레의 질량은 2 kg이다. ⟶ (○, ×)

❹ 충돌하기 전 수레의 운동량의 크기는 4 kg·m/s이다. ⟶ (○, ×)

❺ 충돌하는 동안 벽이 수레에 작용한 평균 힘의 크기는 20 N이다. ⟶ (○, ×)

2024학년도 수능
물리학Ⅰ 7번 변형

연관 개념
• 충격량과 운동량의 관계
  ➡ 171쪽

 충격량과 관련된 일상생활의 문제가 출제될 수 있다.

4 그림 A~C는 충격량과 관련된 예를 나타낸 것이다.

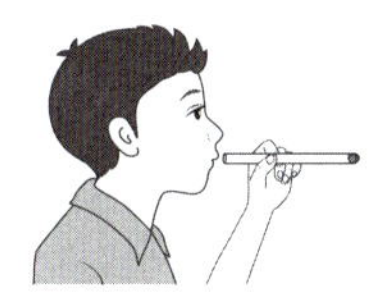

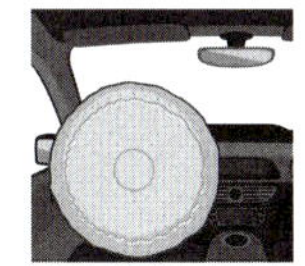

A: 속력이 증가하는 구슬   B: 야구 방망이로 공을 친다.   C: 충돌할 때 에어백이 펴진다.

❶ A에서 구슬의 속력이 증가하면 운동량의 크기가 증가한다. ⟶ (○, ×)

❷ B에서 방망이의 속력을 더 크게 하여 공을 치면 공이 방망이로부터 받는 충격량이 감소한다. ⟶ (○, ×)

❸ B에서 방망이가 공에 작용하는 힘의 크기는 공이 방망이에 작용하는 힘의 크기와 같다. ⟶ (○, ×)

❹ C에서 에어백은 충돌이 일어날 때 탑승자가 받는 충격량을 감소시킨다. (○, ×)

❺ C에서 에어백은 충돌이 일어날 때 탑승자가 받는 평균 힘의 크기를 감소시킨다. ⟶ (○, ×)

2022학년도 6월 모평
물리학Ⅰ 5번 변형

2022학년도 7월 학평
물리학Ⅰ 6번 변형

연관 개념
• 충격량과 운동량의 관계
  ➡ 171쪽
• 충돌과 안전장치 ➡ 172쪽

수능 문제 도전하기

1 그림은 시간 $t=0$일 때 지표면 근처에서 가만히 놓은 물체가 자유 낙하 하는 모습을 나타낸 것으로, 물체의 속력은 $t=t_1$일 때 v_1이고, $t=2t_1$일 때 v_2이다.

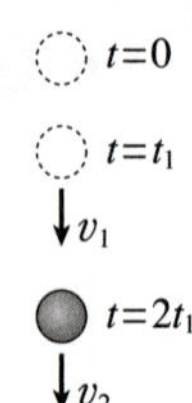

이에 대한 설명으로 옳은 것만을 [보기]에서 있는 대로 고른 것은?

보기
ㄱ. $v_2=2v_1$이다.
ㄴ. 물체의 가속도는 $t=t_1$일 때와 $t=2t_1$일 때가 같다.
ㄷ. 물체가 낙하하는 동안 물체에 작용하는 중력의 크기는 감소한다.

① ㄱ   ② ㄷ   ③ ㄱ, ㄴ
④ ㄴ, ㄷ   ⑤ ㄱ, ㄴ, ㄷ

2 그림은 시간 $t=0$일 때 질량이 $2m$인 물체 A를 가만히 놓는 동시에 같은 높이의 A로부터 수평 방향으로 d만큼 떨어진 지점에서 질량이 m인 물체 B를 수평 방향으로 던진 것을 나타낸 것이다. $t=4$초일 때 A가 수평면에 도달하였고, B는 수평 방향으로 던져진 순간부터 수평면에 도달할 때까지 수평 방향으로 이동한 거리는 $2d$이다.

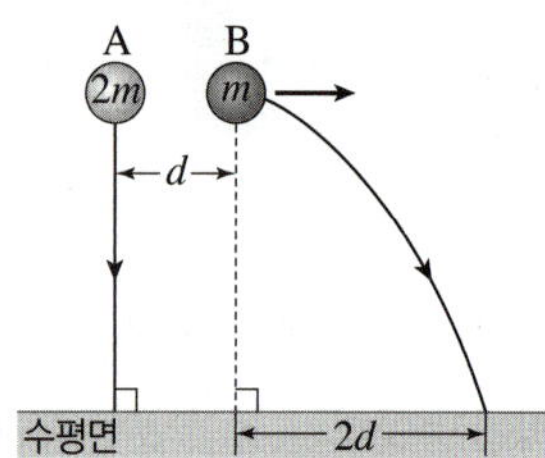

이에 대한 설명으로 옳은 것만을 [보기]에서 있는 대로 고른 것은? (단, 물체의 크기와 공기 저항은 무시한다.)

보기
ㄱ. 물체에 작용하는 중력의 크기는 A와 B가 같다.
ㄴ. $t=2$초일 때 A와 B 사이의 거리는 $2d$이다.
ㄷ. $t=3$초일 때 연직 방향의 속력은 A가 B보다 크다.

① ㄴ   ② ㄷ   ③ ㄱ, ㄴ
④ ㄱ, ㄷ   ⑤ ㄱ, ㄴ, ㄷ

출제 의도

자유 낙하 하는 물체에 작용하는 중력과 물체의 속력 변화를 알고 있는지 평가하는 문제이다.

연관 개념

• 자유 낙하 운동 ➡ 160쪽

출제 의도

자유 낙하 하는 물체와 수평 방향으로 던진 물체의 물리량을 비교할 수 있는지 평가하는 문제이다.

연관 개념

• 자유 낙하 하는 물체와 수평 방향으로 던진 물체의 운동 ➡ 161쪽

3 다음은 동일한 쇠구슬 A, B의 운동을 비교하는 실험이다.

[실험 과정]

(가) 그림과 같이 쇠구슬 발사 장치를 이용하여 동일한 높이에서 동시에 A는 자유 낙하 시키고, B는 수평 방향으로 발사시킨다.

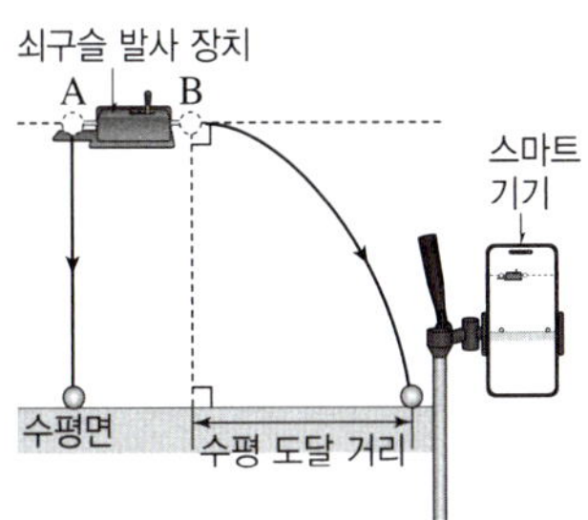

(나) A, B가 운동을 시작한 순간부터 각각 수평면에 도달할 때까지 A, B의 운동을 스마트 기기로 촬영한다.

(다) 운동 분석 프로그램을 이용하여 A, B의 시간에 따른 연직 방향과 수평 방향의 운동을 그래프로 각각 나타낸다.

[실험 결과]

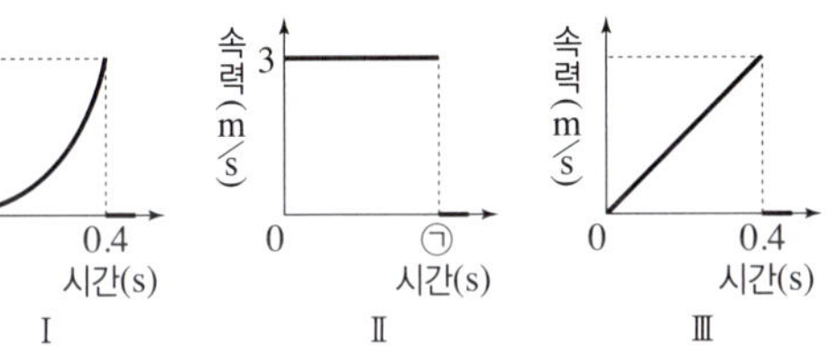

이에 대한 설명으로 옳은 것만을 [보기]에서 있는 대로 고른 것은?

보기

ㄱ. ㉠은 0.4이다.

ㄴ. A의 연직 방향의 운동을 나타낸 그래프는 I이다.

ㄷ. 운동을 시작한 순간부터 B가 수평 방향으로 이동한 거리는 1.2 m이다.

① ㄱ   ② ㄷ   ③ ㄱ, ㄴ

④ ㄴ, ㄷ   ⑤ ㄱ, ㄴ, ㄷ

자유 낙하 하는 물체와 수평 방향으로 던진 물체의 운동 그래프를 비교하고, 분석할 수 있는지 평가하는 문제이다.

• 자유 낙하 하는 물체와 수평 방향으로 던진 물체의 운동 ➡ 161쪽

---

4 그림은 지구를 중심으로 점 **p**, **q**를 지나며 원운동을 하는 인공위성에 대해 학생 A, B, C가 대화하는 모습을 나타낸 것이다.

제시한 내용이 옳은 학생만을 있는 대로 고른 것은?

① A   ② B   ③ C

④ A, B   ⑤ B, C

지구 주위를 공전하는 인공위성에 작용하는 중력의 크기와 방향, 가속도를 인공위성의 위치에 따라 비교할 수 있는지 평가하는 문제이다.

• 지구 주위를 공전하는 물체의 원운동 ➡ 164쪽

5 그림은 컵 위에 종이와 동전을 올려놓고 종이를 튕겼을 때 종이만 튕겨 나가고 동전은 컵 속으로 떨어지는 모습을 나타낸 것이다.

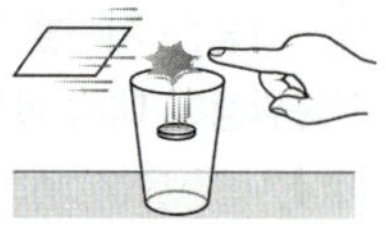

동전은 튕겨 나가지 않고, 컵 속으로 떨어지는 현상과 관련된 현상만을 [보기]에서 있는 대로 고른 것은?

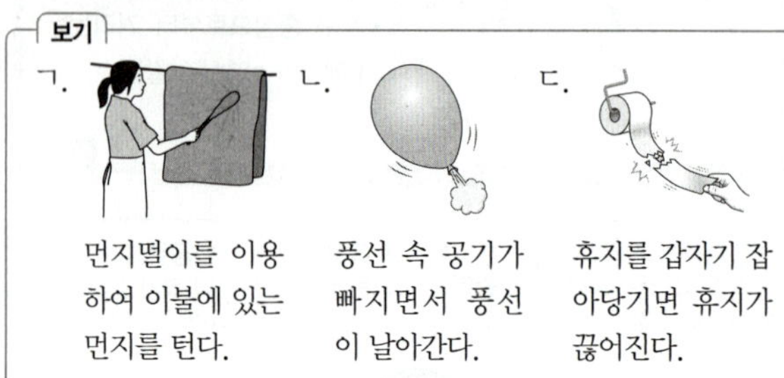

① ㄱ   ② ㄴ   ③ ㄱ, ㄷ
④ ㄴ, ㄷ   ⑤ ㄱ, ㄴ, ㄷ

6 그림 (가)는 수평면 위에서 물체 A와 B가 서로 반대 방향으로 운동하다가 충돌하는 모습을 나타낸 것이고, (나)는 A, B의 속도를 시간에 따라 나타낸 것이다. A의 질량은 1 kg이다.

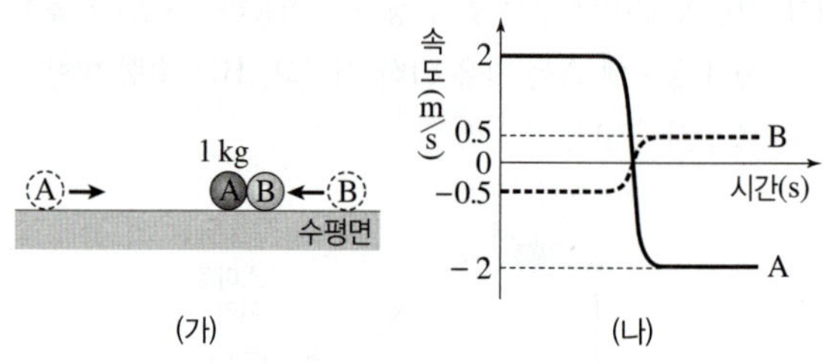

이에 대한 설명으로 옳은 것만을 [보기]에서 있는 대로 고른 것은? (단, 물체의 크기, 모든 마찰과 공기 저항은 무시한다.)

ㄱ. B의 운동량의 크기는 A와 충돌하기 전이 충돌한 후보다 크다.
ㄴ. 충돌 과정에서 B가 받은 충격량의 크기는 2 N·s이다.
ㄷ. B의 질량은 4 kg이다.

① ㄱ   ② ㄷ   ③ ㄱ, ㄴ
④ ㄴ, ㄷ   ⑤ ㄱ, ㄴ, ㄷ

일상생활의 여러 현상 중 관성과 관련된 현상을 찾을 수 있는지 평가하는 문제이다.

· 관성 ➡ 170쪽

A, B가 충돌할 때 A가 B로부터 받은 충격량의 크기는 B가 A로부터 받은 충격량의 크기와 같다는 것을 적용할 수 있는지 평가하는 문제이다.

· 충격량과 운동량의 관계 ➡ 171쪽

 다음은 충격량에 대한 탐구 활동이다.

[탐구 과정]

(가) 동일한 빨대를 길이가 각각 10 cm, 15 cm, 20 cm로 자르고, 질량과 크기가 같은 면봉을 준비한다.

(나) 빨대를 불 부분에 면봉을 넣고, 빠져나갈 때까지 같은 크기의 힘으로 불어 면봉을 수평으로 발사시킨다.

(다) 면봉이 날아간 수평 거리를 측정한다.

(라) 빨대의 길이를 달리하고, (나)에서와 같은 크기의 힘으로 (나), (다)의 과정을 반복한다.

[탐구 결과]

빨대의 길이	10 cm	15 cm	20 cm
면봉이 날아간 거리	㉠	㉡	

이에 대한 설명으로 옳은 것만을 [보기]에서 있는 대로 고른 것은?

보기

ㄱ. ㉠ > ㉡이다.

ㄴ. 빨대 속에서 면봉이 받은 충격량의 크기는 빨대의 길이가 10 cm일 때와 15 cm일 때가 같다.

ㄷ. 빨대 속에서 면봉의 운동량의 변화량의 크기는 빨대의 길이가 20 cm일 때가 15 cm일 때보다 크다.

① ㄱ   ② ㄷ   ③ ㄱ, ㄴ
④ ㄴ, ㄷ   ⑤ ㄱ, ㄴ, ㄷ

 그림 A~C는 일상생활에서 볼 수 있는 안전장치에 대한 설명이다.

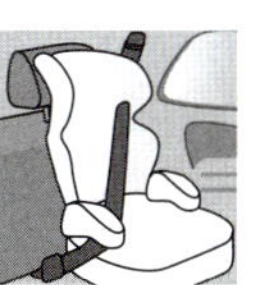

A: 에어 매트는 높은 곳에서 떨어지는 사람을 안전하게 구조할 수 있다.

B: 범퍼는 접촉 사고가 일어날 때 찌그러지면서 운전자의 피해를 줄여준다.

C: 안전띠는 급정거할 때 승객이 앞으로 튀어나가는 것을 방지한다.

이에 대한 설명으로 옳은 것만을 [보기]에서 있는 대로 고른 것은?

보기

ㄱ. A에서 에어 매트는 떨어지는 사람이 받는 힘의 크기를 감소시킨다.

ㄴ. B에서 자동차가 충돌하여 정지할 때까지 받은 충격량의 크기는 범퍼가 찌그러지면서 감소한다.

ㄷ. C에서 탑승자가 안전띠를 착용해야 하는 까닭은 자동차의 에어백이 충격을 줄이는 원리로 설명할 수 있다.

① ㄱ   ② ㄷ   ③ ㄱ, ㄴ
④ ㄴ, ㄷ   ⑤ ㄱ, ㄴ, ㄷ

출제 의도

힘을 받는 시간에 따른 물체가 받은 충격량의 크기를 비교할 수 있는지 평가하는 문제이다.

연관 개념

• 충격량과 운동량의 관계 ➡ 171쪽
• 충격량을 크게 하는 방법 ➡ 171쪽

출제 의도

일상생활에서 볼 수 있는 안전장치의 원리를 알고 있는지 평가하는 문제이다.

연관 개념

• 충격량과 운동량의 관계 ➡ 171쪽
• 충돌과 안전장치 ➡ 172쪽

수능 빈출 자료 분석하기

이 단원의 수능 빈출 자료 ❶ 생명 시스템의 기본 단위인 세포의 구조와 기능을 알고, 동물 세포와 식물 세포의 세포소기관을 비교하며, 세포소기관에서의 물질대사 및 세포 내 유전정보의 흐름을 통합적으로 묻는 문제가 출제될 수 있다.

1 그림은 동물 세포의 구조를 나타낸 것이다. A~C는 라이보솜, 마이토콘드리아, 핵을 순서 없이 나타낸 것이다.

❶ A는 마이토콘드리아이다. ┈┈┈┈┈┈ (○, ×)

❷ A는 식물 세포에는 없다. ┈┈┈┈┈┈ (○, ×)

❸ B는 유전물질을 갖는다. ┈┈┈┈┈┈ (○, ×)

❹ B에서 RNA가 합성된다. ┈┈┈┈┈┈ (○, ×)

❺ C는 막으로 둘러싸여 있다. ┈┈┈┈┈┈┈┈┈┈┈┈┈┈┈ (○, ×)

❻ C에서 펩타이드결합이 일어난다. ┈┈┈┈┈┈┈┈┈┈┈┈ (○, ×)

2024학년도 수능
생명과학Ⅱ 1번 변형

연관 개념

- 세포의 구조와 기능 ➡ 186쪽
- 세포 내 유전정보의 흐름 ➡ 205쪽

이 단원의 수능 빈출 자료 ❷ 세포막을 통한 물질 이동 방식 중 인지질 2중층을 통한 확산과 막단백질을 통한 확산의 공통점과 차이점을 알고, 각각의 방식으로 이동하는 물질과 예를 통합적으로 묻는 문제가 출제될 수 있다.

2 그림은 세포막을 통한 물질의 이동 방식 Ⅰ과 Ⅱ를 나타낸 것이다. 단, 물질의 입자 수는 농도에 비례한다.

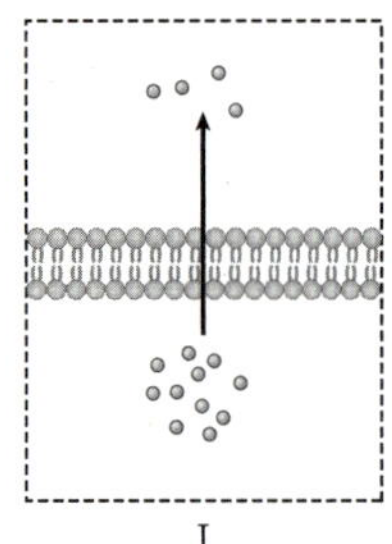
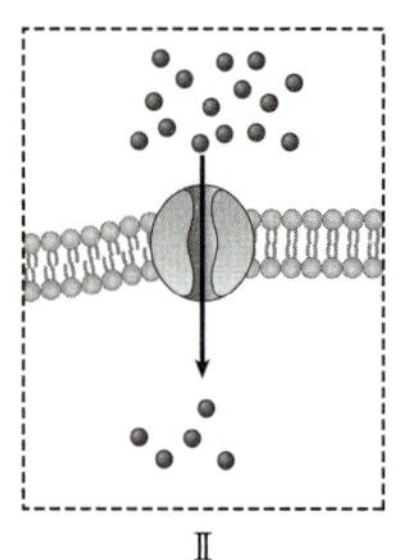

❶ Ⅰ은 확산에 의한 물질 이동이다. ┈┈┈┈┈┈┈┈┈┈┈┈ (○, ×)

❷ 허파꽈리(폐포)에서 모세혈관으로 O_2가 이동하는 방식은 Ⅰ에 해당한다. (○, ×)

❸ Ⅱ가 일어날 때 세포의 에너지가 사용된다. ┈┈┈┈┈┈ (○, ×)

❹ 뉴런에서 Na^+이 세포 안으로 유입되는 이동 방식은 Ⅱ에 해당한다. ┈┈ (○, ×)

❺ 세포막의 Ⅱ에서 막단백질의 위치는 고정되어 있다. ┈┈┈┈ (○, ×)

2025학년도 6월 모평
생명과학Ⅱ 5번 변형

연관 개념

- 세포막을 통한 물질 이동(확산) ➡ 189쪽

 생명체에서 일어나는 물질의 화학 반응을 동화작용과 이화작용으로 구분하고, 화학 반응과 활성화에너지, 효소의 기능과 특성, 화학 결합 등을 통합적으로 이해하는지 묻는 문제가 출제될 수 있다.

3 그림 (가)는 효소 X에 의한 반응을, (나)는 X가 있을 때와 없을 때 화학 반응에서 에너지 변화를 나타낸 것이다.

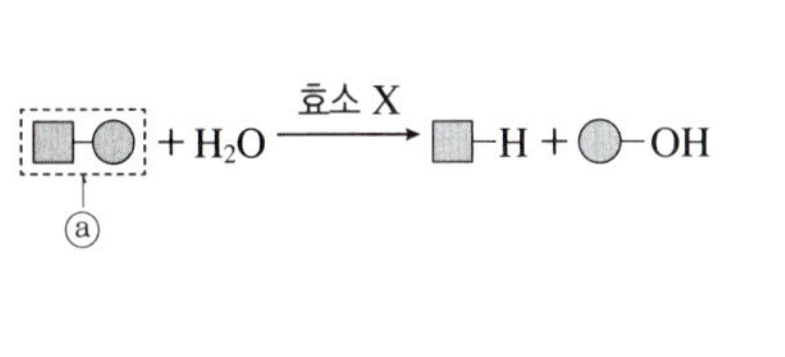

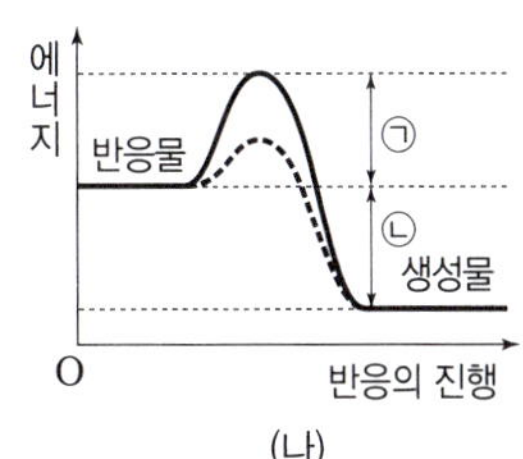

❶ X는 동화작용을 촉진한다. ……………………………… (○, ×)
❷ X는 ⓐ를 분해하는 반응에 관여한다. ……………………… (○, ×)
❸ (나)에서 ⓐ은 X가 있을 때의 활성화에너지이다. ………… (○, ×)
❹ 이 반응의 활성화에너지는 X의 농도가 높을수록 감소한다. … (○, ×)
❺ (가)에서 ⓐ의 농도가 증가하면 ⓑ이 커진다. ……………… (○, ×)

2024학년도 9월 모평
생명과학Ⅱ 6번 변형

연관 개념
• 물질대사 ➡ 196쪽
• 효소의 작용 ➡ 196쪽

 유전정보의 전사와 번역이 일어나는 장소, 전사되어 만들어진 RNA의 염기서열, 유전부호, 코돈이 지정하는 아미노산 해석, 돌연변이에 따른 아미노산 배열 순서의 변화 등을 통합적으로 묻는 문제가 출제될 수 있다.

4 그림은 사람의 세포 내에서 유전정보의 흐름을 나타낸 것이다. ㉠~㉢은 각각 아데닌(A), 유라실(U), 타이민(T) 중 하나이다.

❶ 핵 속에서 (가) 과정이 일어난다.
……………………………………… (○, ×)

❷ DNA의 가닥 Ⅰ이 (가)에 이용되었다.
……………………………………… (○, ×)

❸ (나) 과정에 라이보솜이 관여한다. …………… (○, ×)
❹ ㉠은 타이민(T)이다 …………………………… (○, ×)
❺ ㉡은 ㉠, ㉢과 상보적으로 결합한다. ………… (○, ×)
❻ RNA의 염기 1개가 아미노산 1개를 지정한다. … (○, ×)

2023학년도 11월 학평
통합과학 17번 변형

연관 개념
• 세포 내 유전정보의 흐름
 ➡ 205쪽
• 유전정보의 전사와 번역
 ➡ 206쪽

수능 문제 도전하기

1 다음은 세포에 관한 자료와 이에 대해 학생 A, B, C가 대화하는 모습을 나타낸 것이다.

- 생명 시스템의 기본 단위인 세포에는 핵, 엽록체, 골지체, 라이보솜, 마이토콘드리아 등 다양한 세포소기관이 있다. 그림은 세포 ㉠의 구조를 나타낸 것이다.

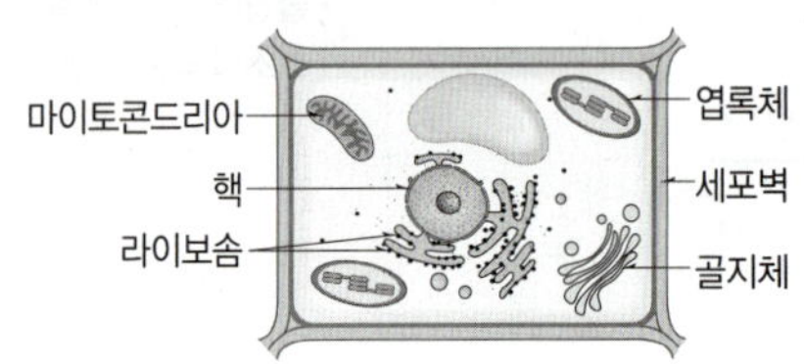

제시한 내용이 옳은 학생만을 있는 대로 고른 것은?

① A 　② B 　③ A, C
④ B, C 　⑤ A, B, C

2 다음은 세포막을 통한 물질 이동에 관한 자료이다.

- 세포는 세포막을 통해 물질이 출입하며 외부 환경요인과 상호작용한다.
- 일부 물질은 세포막을 통해 이동하는데, 물질의 종류에 따라 이동하는 방식이 다르다.
- 표는 세포막을 통한 이동 방식 A와 B에서 특징의 유무를, 그림은 A의 예를 나타낸 것이다. A와 B는 각각 인지질 2중층을 통한 확산과 막단백질을 통한 확산 중 하나이다.

특징 이동 방식	고농도에서 저농도로 이동함	㉠
A	○	×
B	ⓐ	○

(○: 있음, ×: 없음)

이에 대한 설명으로 옳은 것만을 [보기]에서 있는 대로 고른 것은?

보기
ㄱ. ⓐ는 '×'이다.
ㄴ. '막단백질을 이용함'은 ㉠에 해당한다.
ㄷ. Ⅰ과 Ⅱ의 산소 농도 차가 클수록 세포막을 통해 단위 시간당 이동하는 산소의 양이 많아진다.

① ㄱ 　② ㄴ 　③ ㄱ, ㄴ
④ ㄴ, ㄷ 　⑤ ㄱ, ㄴ, ㄷ

출제 의도

식물 세포와 동물 세포의 차이점과 세포소기관의 기능을 알고 있는지 종합적으로 평가하는 문제이다.

연관 개념
- 세포의 구조와 기능 ➡ 186쪽
- 생명체 내 화학 반응 ➡ 196쪽
- 세포 내 유전정보의 흐름 ➡ 205쪽

출제 의도

인지질 2중층을 통한 확산과 막단백질을 통한 확산의 공통점과 차이점을 구분할 수 있는지 평가하는 문제이다.

연관 개념
- 세포막을 통한 물질 이동(확산) ➡ 189쪽

3 다음은 세포막을 통한 물질 이동 실험이다.

[실험 과정]

(가) 양파 표피 조각을 각각 농도가 서로 다른 용액 ㉠~㉢
에 넣어 둔다. ㉠~㉢은 0.9 % 소금물, 10 % 소금물,
증류수를 순서 없이 나타낸 것이다.

(나) 일정 시간이 지난 후 세포의 모습을 현미경으로 관찰한다.

[실험 결과]

용액	㉠	㉡	㉢
세포의 모습			

이에 대한 설명으로 옳은 것만을 [보기]에서 있는 대로 고른 것은?

보기

ㄱ. ㉡은 증류수이다.

ㄴ. ㉢에서는 세포 안으로 이동한 물의 양이 세포 밖으로 이
동한 물의 양보다 적다.

ㄷ. 세포의 모습이 위와 같이 나타난 것은 세포막을 경계로
용액의 농도가 높은 쪽에서 낮은 쪽으로 물이 이동하였
기 때문이다.

① ㄴ   ② ㄷ   ③ ㄱ, ㄴ

④ ㄱ, ㄷ   ⑤ ㄴ, ㄷ

실험 결과를 해석하여 식물 세포를 넣은 용액과 삼투에 의한 물의 이동을 설명
할 수 있는지 평가하는 문제이다.

• 세포막을 통한 물질 이동(삼투) ➡ 190쪽

4 다음은 효소의 작용을 알아보는 실험이다.

[가설] 감자즙에는 ㉠과산화 수소 분해 반응을 촉진하는 효소
가 있을 것이다.

[실험 과정]

(가) 홈판 A와 B에 각각 과산화 수
소수 3 mL를 넣는다.

(나) A에는 증류수를, B에는 감자즙
을 두세 방울 넣고 ㉡기포 생성
여부를 관찰한다.

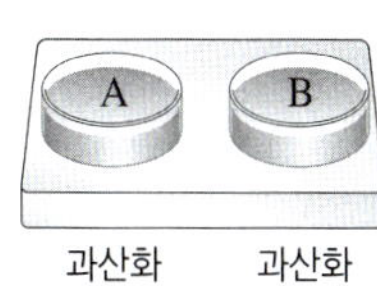

[실험 결과]

구분	A	B
기포 생성 여부	생성 안 됨	생성됨

이에 대한 설명으로 옳은 것만을 [보기]에서 있는 대로 고른 것은?

보기

ㄱ. ㉠은 과산화 수소 분해 반응의 활성화에너지를 낮춘다.

ㄴ. ㉡에는 공유 결합 물질인 산소(O_2)가 포함되어 있다.

ㄷ. A와 B의 실험 결과를 비교하여 '감자즙에는 과산화 수
소 분해 반응을 촉진하는 효소가 있다.'라는 결론을 도출
할 수 있다.

① ㄱ   ② ㄴ   ③ ㄱ, ㄴ

④ ㄴ, ㄷ   ⑤ ㄱ, ㄴ, ㄷ

가설과 실험 과정의 의미를 이해하고 실험 결과를 분석하여 효소의 기능 및 특
성, 생성물의 특성을 설명할 수 있는지 평가하는 문제이다.

• 화학 결합의 종류(공유 결합) ➡ 78쪽

• 효소의 작용 ➡ 197쪽

5 다음은 효소가 관여하는 반응에 관한 설명이다.

- 물질대사에는 효소가 관여하며, 그림 (가)는 효소 A와 효소 B에 의한 반응을 나타낸 것이다.

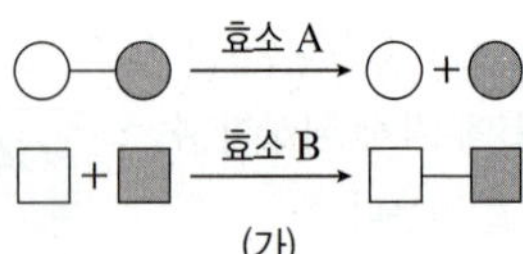

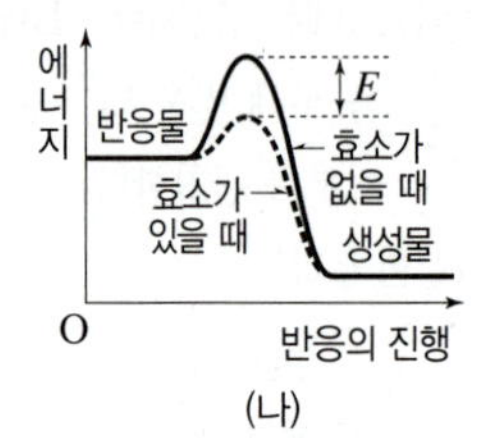

(가)

- 물질대사 과정에서는 에너지의 출입이 일어난다. 그림 (나)는 효소 A와 B 중 ㉠한 효소가 관여하는 반응에서의 에너지 변화를 나타낸 것이다.

이에 대한 설명으로 옳은 것만을 [보기]에서 있는 대로 고른 것은?

보기
ㄱ. 효소 A와 B는 입체 구조가 서로 다르다.
ㄴ. ㉠은 효소 A이다.
ㄷ. ㉠의 농도가 증가하면 E의 값이 커진다.

① ㄱ 　② ㄴ 　③ ㄱ, ㄴ
④ ㄱ, ㄷ 　⑤ ㄴ, ㄷ

6 그림 (가)는 효소 X에 의한 작용을, (나)는 X의 농도가 각각 A와 B일 때 반응물의 농도에 따른 초기 반응 속도를 나타낸 것이다.

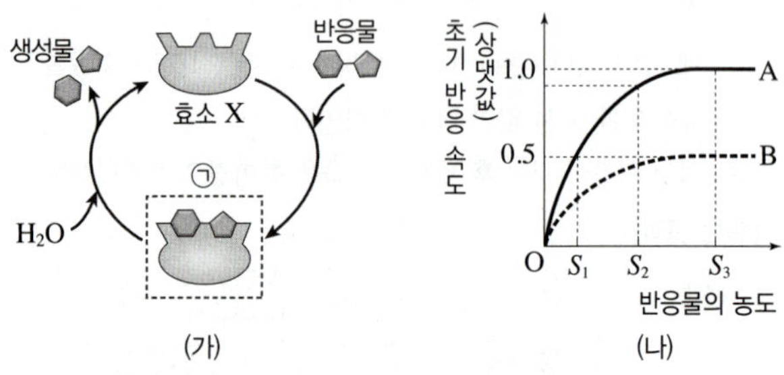

이에 대한 설명으로 옳은 것만을 [보기]에서 있는 대로 고른 것은? (단, (나)에서 X의 농도를 제외한 나머지 조건은 같다.)

보기
ㄱ. X의 농도는 A가 B보다 높다.
ㄴ. X의 농도가 A일 때, 단위 시간당 ㉠의 형성량은 S_1일 때가 S_2일 때보다 적다.
ㄷ. X의 농도가 B일 때, 반응물의 농도가 S_3보다 높아지면 ㉠이 생성되지 않는다.

① ㄱ 　② ㄷ 　③ ㄱ, ㄴ
④ ㄴ, ㄷ 　⑤ ㄱ, ㄴ, ㄷ

7 다음은 생명체의 유전정보에 대한 자료이다.

> • DNA는 ⓐ기본 단위체의 결합으로 이루어진 두 가닥의 폴리뉴클레오타이드가 염기 사이의 결합으로 연결되어 있다.
> • DNA의 유전정보는 RNA로 ⓑ전사되고, RNA의 유전정보는 단백질로 ⓒ번역된다.
> • (가)는 가닥 Ⅰ과 Ⅱ로 구성된 이중나선 DNA를, (나)는 (가)의 ⓓ한 가닥을 이용하여 전사된 RNA를 나타낸 것이다. ㉠~㉣은 아데닌(A), 유라실(U), 타이민(T), 사이토신(C)을 순서 없이 나타낸 것이다.
>
> 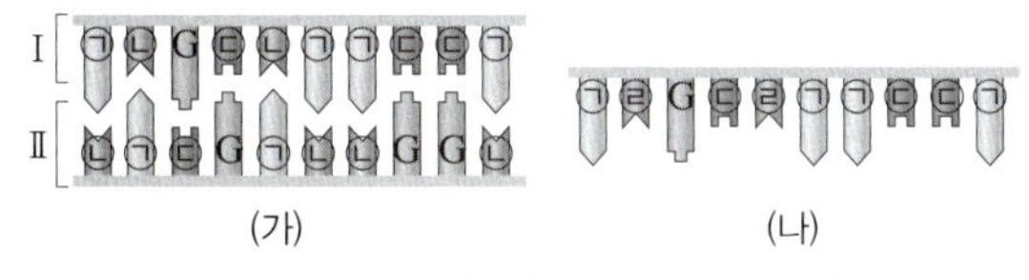
>
> (가)   (나)

이에 대한 설명으로 옳지 <u>않은</u> 것은?

① ⓐ는 4종류이다.
② ⓑ와 ⓒ에서 모두 동화작용이 일어난다.
③ ㉠은 아데닌(A)이다.
④ ⓓ는 Ⅱ이다.
⑤ 가닥 Ⅰ에서 $\dfrac{A+T}{G+C}$은 1보다 작다.

8 다음은 세포에서 일어나는 유전정보의 흐름에 관한 자료이다.

> • DNA에 저장된 유전정보는 RNA를 거쳐 단백질로 전달된다.
> • DNA의 염기서열이 달라지면 이상 형질이 나타날 수 있다.
> • 그림은 어떤 세포에서 일어나는 유전정보의 흐름을, 표는 코돈 표의 일부를 나타낸 것이다. ⓐ~ⓖ는 모두 서로 다른 아미노산이다.
>
> 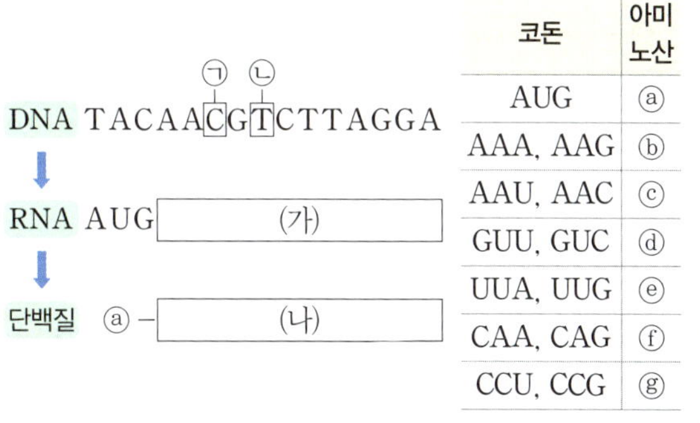
>
> | 코돈 | 아미노산 |
> | --- | --- |
> | AUG | ⓐ |
> | AAA, AAG | ⓑ |
> | AAU, AAC | ⓒ |
> | GUU, GUC | ⓓ |
> | UUA, UUG | ⓔ |
> | CAA, CAG | ⓕ |
> | CCU, CCG | ⓖ |

이에 대한 설명으로 옳은 것만을 [보기]에서 있는 대로 고른 것은? (단, 제시된 것 이외에는 고려하지 않는다.)

> **보기**
> ㄱ. (가)에는 4개의 코돈이 있다.
> ㄴ. ㉠이 타이민(T)으로 바뀌면 이상 형질이 나타날 수 있다.
> ㄷ. ㉡이 구아닌(G)으로 바뀌면 (나)는 3종류의 아미노산으로 이루어진다.

① ㄱ   ② ㄴ   ③ ㄱ, ㄷ
④ ㄴ, ㄷ   ⑤ ㄱ, ㄴ, ㄷ

수능 빈출 자료 분석하기 2쪽

1 ❶ ○ ❷ ○ ❸ × ❹ ○ ❺ ×
2 ❶ × ❷ ○ ❸ ○ ❹ × ❺ ○

1 (가)는 기본량이고 (나)는 유도량이다.
❶, ❷ 기본량은 자연 현상을 설명하기 위해 사용하는 물리량 중에서 가장 기본이 되는 양이며, 단위는 국제단위계를 사용한다.
❸, ❹ (나)는 기본량으로부터 유도된 유도량이며, 단위는 기본량의 단위를 조합하여 나타낸다.
❺ 속력의 단위는 길이의 단위인 m와 시간의 단위인 s를 이용하여 m/s로 나타낸다.

2 ❶ 자연의 변화로 발생하는 신호는 대부분 아날로그 형태이다.
❷ 센서는 다양한 신호를 감지하여 전기 신호로 변환하는 장치이다.
❸ 정보는 자연의 신호를 측정하고 분석하여 유용한 형태로 만든 것이다.
❹ (가)는 아날로그 신호이며, 컴퓨터는 디지털 신호를 처리한다.
❺ 디지털 신호는 신호를 저장하거나 재생, 전송하는 데 편리하다.

수능 문제 도전하기 3쪽

1 ④　　**2** ④

1 ┤ 전략적 풀이 ├

(1단계) 국제단위계에서 정한 길이의 기본 단위를 파악한다.
(2단계) 미세 먼지의 농도를 나타내는 단위를 통해 미세 먼지의 농도가 어떤 기본량으로부터 유도되었는지 판단한다.
(3단계) 측정 표준의 정의를 되짚어 본다.

해설 ㄱ. 국제단위계에서 정한 길이의 기본 단위는 m이다.
ㄴ. 미세 먼지의 농도 단위는 $\mu g/m^3$이므로 미세 먼지의 농도는 질량을 부피로 나누어 나타낸다. 즉, 미세 먼지의 농도는 질량과 길이에 해당하는 기본량의 조합으로 나타낸다.
ㄷ. 측정 표준은 정확하고 일관성 있는 측정을 위해 만든 과학적 기준으로, 표준화된 측정 단위, 측정 방법, 측정 도구 등이 있다. 미세 먼지 농도를 나타낼 때 $\mu g/m^3$를 측정 표준으로 사용한다.

2 ┤ 전략적 풀이 ├

(1단계) 스마트폰에 소리가 입력되어 전송될 때 신호가 전환되는 과정을 파악한다.
(2단계) 정보 통신을 이용하여 저장, 전송하는 데 적합한 정보의 형태는 무엇인지 알아낸다.

해설 ㄱ. 아날로그 형태의 소리 신호가 스마트폰에 입력된 후 디지털 신호로 변환되어 전송된다.
ㄴ. 온라인 교육, 전자 상거래, 원격 진료에는 디지털 정보를 활용한다.
ㄷ. 디지털 정보는 저장과 분석이 쉬워 컴퓨터와 같은 다양한 디지털 기기에서 이용되며, 전송하기 쉽기 때문에 정보 통신에 활용된다.

Ⅱ-1 자연의 구성 원소

수능 빈출 자료 분석하기 4쪽

1 ❶ ○ ❷ ○ ❸ × ❹ ○ ❺ ×
2 ❶ ○ ❷ ○ ❸ × ❹ × ❺ ○

1 ❶ (가)의 흡수 스펙트럼과 (나)의 원소 방출 스펙트럼을 비교하여 분석하면 별 A를 구성하는 원소의 종류, 즉 화학 성분을 알아낼 수 있다.
❷ 고온의 기체를 구성하는 원소가 특정한 파장의 빛을 방출할 때 방출 스펙트럼이 나타나므로 (나)의 헬륨 스펙트럼에서는 여러 개의 밝은색 선으로 방출선이 나타난다.
❸ 동일한 원소는 흡수선과 방출선의 위치(파장)가 일치한다. 별 A의 스펙트럼에 나타나는 흡수선 위치와 원소의 스펙트럼에 나타나는 방출선의 위치가 일치하는 원소는 수소, 헬륨, 나트륨이므로 별 A를 구성하는 원소는 수소, 헬륨, 나트륨 등이다. 별은 대부분 수소와 헬륨으로 이루어져 있으며, 나트륨과 같은 금속 원소의 비중은 매우 적다.
❹ 별 A에는 나트륨이 포함되어 있는데, 나트륨은 질량이 태양의 10배 이상인 별의 내부에서 핵융합 반응으로 생성되는 원소이다. 그리고 질량이 태양의 10배 이상인 별은 진화하는 과정 중 초신성 폭발 과정에서 우주 공간으로 원소가 방출되고, 별은 성운 내부의 밀도가 높은 곳에서 탄생한다. 따라서 별 A는 초신성 폭발을 통해 우주 공간에 퍼져 나간 원소들이 포함된 성운에서 탄생하였다.

❺ 우주를 구성하고 있는 수소는 모두 빅뱅 이후 우주 초기에 만들어졌다.

2 ❶ 별의 질량이 클수록 수명이 짧다. 따라서 별 A가 B보다 수명이 짧으므로 A는 태양 질량의 10배인 별이고, B는 태양 질량의 1배인 별이다.
❷ 별은 표면 온도가 높을수록 푸른색을 띠고, 낮을수록 붉은색을 띤다. 따라서 표면 온도가 급격히 낮아지는 시기에 별의 색은 ㉠ 시기보다 붉은색으로 변할 것이다.
❸ 별의 질량이 클수록 중심부의 온도가 높아 핵융합 반응이 활발하게 일어난다. 따라서 질량이 별 A가 B보다 크므로 ㉠ 시기에 별의 중심부 온도는 별 A가 별 B보다 높다.
❹ 별의 질량이 클수록 중심부의 온도가 높아 무거운 원소의 핵융합 반응이 일어나 중심부에서 최종적으로 무거운 원소를 생성할 수 있다. 따라서 별의 중심부에서 최종적으로 생성될 수 있는 원소의 원자량은 별 A가 B보다 크다.
❺ 질량이 태양의 10배 이상인 별은 중심부에서 핵융합 반응으로 철이 생성되면 핵융합 반응이 멈추고, 중심부가 급격하게 수축하여 초신성 폭발이 일어나 철보다 무거운 원소를 빠르게 생성하며 우주 공간으로 원소들을 방출한다. 따라서 별의 진화 과정 중 초신성 폭발이 일어날 수 있는 별은 태양 질량의 10배인 A이다.

1 ③　**2** ①　**3** ①　**4** ⑤　**5** ③　**6** ④

1　｜ 전략적 풀이 ｜

(1단계) 광원에 따라 다르게 나타나는 스펙트럼의 특징을 비교한다.
(2단계) 태양을 주로 구성하는 원소의 종류를 파악한다.
(3단계) 태양을 구성하는 원소가 생성되는 과정을 파악한다.

해설 ㄱ. (나)의 과정에서 수소 기체 방전관을 관측하면 검은색 바탕에 특정한 파장에 해당하는 밝은색 선(방출선)이 여러 개 나타나는 실험 결과의 B와 같은 방출 스펙트럼으로 관측된다.
ㄴ. (다) 과정에서 LED 전구에서 방출된 빛은 무지개색 띠 모양의 연속 스펙트럼으로 관측된다. 백열전구의 스펙트럼도 C와 같은 연속 스펙트럼으로 관측된다.
ㄷ. (라) 과정에서 태양의 스펙트럼을 관측하면 연속 스펙트럼에 여러 개의 검은색 흡수선이 나타나므로 실험 결과에서 태양의 스펙트럼은 A에 해당한다. 원소 스펙트럼(B)과 비교하면 태양의

흡수선과 수소의 방출선 위치가 일치하므로 태양을 구성하는 원소에 수소가 포함된다는 것을 알 수 있다. 수소는 모두 빅뱅 이후 우주 초기에 생성되었으므로 A 스펙트럼에 나타난 원소들이 모두 태양의 내부에서 핵융합 반응으로 생성된 것이 아니다.

2　｜ 전략적 풀이 ｜

(1단계) 그래프를 보고 시간에 따른 우주의 크기 변화율이 달라지고 있음을 알아낸다.
(2단계) 우주의 크기 변화를 통해 우주의 온도 변화를 추론한다.
(3단계) 빅뱅 이후 우주를 구성하는 무거운 원소의 비율의 변화를 추론한다.

해설 ㄱ. 자료를 보면 시간이 지남에 따라 우주의 크기는 계속 커지고 있으므로 우주가 팽창하는 것을 알 수 있다. 우주는 계속 팽창하면서 온도가 낮아졌으므로 우주의 온도는 A 시기가 현재보다 더 높았을 것이다.
ㄴ. 자료를 보면 빅뱅 이후 초기에는 우주의 크기가 빠르게 팽창하였고, 이후 느려졌다가 현재 다시 빠르게 팽창하는 것으로 나타난다. 따라서 빅뱅 이후 우주의 팽창 속도는 현재까지 일정하지 않았다.
ㄷ. 시간이 지남에 따라 별의 진화가 반복되면서 우주를 구성하는 무거운 원소의 함량이 높아졌다.

3　｜ 전략적 풀이 ｜

(1단계) 빅뱅 이후 생성된 입자의 종류와 특징을 파악한다.
(2단계) 생성된 입자를 통해 시간의 흐름을 파악하여 우주의 온도 변화를 추정한다.
(3단계) 원자의 생성과 우주 배경 복사의 관계를 파악한다.

해설 ㄱ. ㉠은 양성자 1개와 중성자 1개가 결합한 중수소 원자핵이 전자 1개와 결합한 중수소이다. ㉠은 양성자 1개만으로 수소 원자핵을 이루는 수소 원자와 양성자 개수가 같으므로 수소의 동위 원소이다.
ㄴ. 빅뱅 이후 우주의 온도가 낮아지면서 쿼크, 전자 등의 기본 입자가 생성되었고, 이후 쿼크가 결합하여 양성자와 중성자가 생성되었다. 그 후 양성자 2개와 중성자 2개가 결합하여 헬륨 원자핵이 생성되었고, 원자핵과 전자가 결합하여 수소 원자와 헬륨 원자가 생성되었다. 시간이 흐를수록 우주의 온도가 낮아졌으므로 우주의 온도는 A 시기가 B 시기보다 높았다.

ㄷ. 원자핵이 전자와 결합하여 원자가 생성된 D 시기에는 빛이
진로의 방해를 받지 않아 우주 전역으로 퍼져 나가는 우주 배경
복사가 방출되었다.

4

(1단계) 질량이 태양보다 매우 큰 별의 진화 과정을 별
내부에서 일어나는 핵융합 반응과 연관 지어 파악한다.

(2단계) 별의 중심부 온도가 높을수록 무거운 원소가 생
성될 수 있는 핵융합 반응이 일어난다는 점을 이해한다.

(3단계) 별의 진화 과정 중 철보다 무거운 원소가 생성
되기 위해 필요한 에너지가 생성되는 단계를 추정한다.

해설 ㄱ. (다)에는 중심부에 철핵이 생성되었으므로 (다)는 질량이
태양의 10배 이상인 별이 핵융합 반응이 끝난 후 내부 구조 모습
에 해당한다.

ㄴ. 별의 중심부 온도가 높을수록 더 무거운 원소를 생성할 수 있
는 핵융합 반응이 일어난다. 따라서 (다)는 별의 중심부에 (나)보
다 더 무거운 원소인 철핵이 생성되었으므로 별의 중심부 온도는
(다)가 (나)보다 높다.

ㄷ. 질량이 태양보다 매우 큰 별은 별의 진화 과정 중 초신성이
폭발하는 과정에서 엄청난 에너지가 한꺼번에 방출되면서 철보
다 무거운 원소를 생성한다.

5

(1단계) 태양계 성운이 회전하면서 중력에 의한 성운의
크기 변화를 추정한다.

(2단계) 원시 태양에 가까울수록 온도가 높다는 점을
적용하여 물질의 분포를 파악한다.

(3단계) 회전하는 원시 원반에서 행성들이 형성되었다
는 점을 파악하여 원시 원반의 회전 방향과 행성의 공전
방향과의 관계를 추론한다.

해설 ㄱ. 주변보다 밀도가 높은 곳을 중심으로 태양계 성운이 회
전하면서 중력 수축이 일어난다. 따라서 태양계 성운이 수축하면
서 회전하게 만든 힘은 중력이다.

ㄴ. 성운의 중심부에서 형성된 원시 태양은 중력 수축으로 인해
온도가 계속 높아진다. 원시 태양과 가까운 곳일수록 녹는점이
높은 금속이나 암석질 물질이 더 많이 분포하고, 원시 태양과 먼
곳일수록 녹는점이 낮은 기체, 얼음 등의 물질이 분포한다.

ㄷ. 회전하는 원반에서 형성된 미행성체들이 서로 충돌하고 합쳐
져 행성이 형성되었으므로 태양계 행성들의 공전 방향은 모두
같다.

6

(1단계) 자료의 구성 원소를 비교하여 금속 원소의 질
량비를 통해 (가)와 (나)에 해당하는 것을 파악한다.

(2단계) 지구의 지각과 핵을 구성하는 주요 원소를 파
악한다.

(3단계) 지구와 사람을 구성하는 주요 원소의 생성 과
정을 별의 진화와 연관 지어 알아낸다.

해설 ㄱ. (가)는 (나)에 비해 마그네슘, 니켈 등 금속 원소가 있으
므로 지구를 구성하는 원소의 질량비이다. 생명체를 구성하는 주
요 성분인 단백질, 지방은 탄소 화합물이므로 생명체인 사람은
탄소의 질량비가 높다.

ㄴ. 지구를 구성하는 원소 중 가장 많은 원소인 A는 철이며, 철
은 원자량이 큰 원소이기 때문에 지구의 생성 초기인 마그마의
바다 시기 이후에 대부분 지구의 중심부로 가라앉아 핵을 형성하
였다. 지각의 구성 원소 중 산소와 규소는 약 74.3 %를, 철은 약
5.0 %를 차지한다.

ㄷ. 지구에서 두 번째로 많고, 사람을 구성하는 원소 중 가장 많
은 원소는 산소(B, C)이다. 산소는 질량이 태양과 비슷한 별 또
는 질량이 태양의 10배 이상인 별의 내부에서 핵융합 반응으로
생성될 수 있다.

Ⅱ-2 물질의 규칙성과 성질

수능 빈출 자료 분석하기   8쪽~10쪽

1 ❶ × ❷ ○ ❸ ○ ❹ × ❺ ×
2 ❶ ○ ❷ × ❸ ○ ❹ ○ ❺ ○
3 ❶ ○ ❷ ○ ❸ × ❹ ○ ❺ ○
4 ❶ ○ ❷ ○ ❸ × ❹ × ❺ ○
5 ❶ ○ ❷ ○ ❸ × ❹ × ❺ × ❻ ×
6 ❶ × ❷ ○ ❸ × ❹ ○ ❺ ○

1 A는 수소(H), B는 산소(O), C는 플루오린(F), D는 나트륨
(Na), E는 염소(Cl), F는 아르곤(Ar)이다.

❶ A는 비금속 원소인 수소이고, D는 알칼리 금속인 나트륨이
다. 따라서 물과 반응할 때 수소 기체가 발생하는 것은 D이다.

❷ C와 E는 같은 족 원소이므로 화학적 성질이 비슷하다.

❸ D, E, F는 3주기 원소이므로 전자가 들어 있는 전자 껍질 수
가 3으로 같다.

❹ $\dfrac{\text{원자가 전자 수}}{\text{전자가 들어 있는 전자 껍질 수}}$ 는 B와 D가 각각 $\dfrac{6}{2}$, $\dfrac{1}{3}$ 이다.

❺ 규산염 광물의 기본 단위체는 규산염 사면체(Si−O 사면체)이다.

2 W는 산소(O), X는 나트륨(Na), Y는 알루미늄(Al), Z는 염소(Cl)이다.

❶ 3주기 원소는 X, Y, Z 세 가지이다.

❷ W는 비금속 원소이고, X는 금속 원소이므로 X_2W는 이온 결합 물질이다.

❸ XZ는 염화 나트륨(NaCl)이며, 이온 결합 물질이다. 염화 나트륨은 인류의 생존에 필수적인 소금의 주성분이다.

❹ W와 Y가 화학 결합을 할 때 W는 전자 2개를 얻어 W^{2-}이 되고, Y는 전자 3개를 잃어 Y^{3+}이 되므로 W와 Y는 3 : 2로 결합하여 안정한 화합물(Y_2W_3)을 형성한다.

❺ W의 원자가 전자 수는 6이므로 $W_2(O_2)$의 공유 전자쌍 수는 2이고, Z의 원자가 전자 수는 7이므로 $Z_2(Cl_2)$의 공유 전자쌍 수는 1이다.

3 A는 수소(H), B는 산소(O), C는 나트륨(Na), D는 플루오린(F)이다. A_2B는 물(H_2O)이고, CD는 플루오린화 나트륨(NaF)이다.

❶ A_2B는 비금속 원소로 이루어지므로 공유 결합 물질이다.

❷ CD는 금속 원소와 비금속 원소로 이루어지므로 이온 결합 물질이다.

❸ 2주기 원소는 B, D 두 가지이다.

❹ CD는 이온 결합 물질로, 고체 상태에서는 이온이 이동할 수 없으므로 전기 전도성이 없다.

❺ CD를 물(A_2B)에 녹이면 양이온과 음이온으로 나누어져 자유롭게 이동할 수 있으므로 전기 전도성이 있다.

4 **❶** 규산염 사면체(SiO_4 사면체)는 규소 1개를 중심으로 산소 4개가 공유 결합한 구조이므로 ㉠은 규소, ㉡은 산소이다.

❷ 규산염 사면체의 결합 구조가 A는 단사슬 구조이므로 휘석이고, B는 판상 구조이므로 흑운모이며, C는 망상 구조이므로 석영이다.

❸ 휘석(A)과 흑운모(B)는 쪼개짐이 나타나고, 석영(C)은 깨짐이 나타난다.

❹ 규산염 광물의 결합 구조가 복잡할수록 이웃하는 규산염 사면체끼리 공유하는 산소 수가 많으므로 규산염 사면체끼리 공유하는 산소 수는 A<B<C이다.

❺ 규산염 광물은 규산염 사면체 사이의 결합 구조가 복잡할수록 풍화에 강한 특성이 있으므로 풍화에 대한 안정도는 C>B>A이다. 따라서 A∼C 광물 중 풍화에 가장 강한 광물은 C이다.

5 **❶** ⓐ와 ⓑ는 단백질을 구성하는 기본 단위체인 아미노산이다.

❷ 아미노산은 펩타이드결합으로 연결되어 폴리펩타이드를 형성한다.

❸ 단백질(가)은 기본 단위체인 아미노산의 배열 순서에 따라 입체 구조와 기능이 달라져 단백질의 종류가 결정된다. 유전정보를 저장하는 물질은 단백질(가)이 아니라 DNA(나)이다.

❹ DNA(나)를 구성하는 당은 디옥시라이보스이다. 라이보스는 RNA를 구성하는 당이다.

❺ DNA(나)를 구성하는 염기에는 아데닌(A), 구아닌(G), 사이토신(C), 타이민(T)의 4종류가 있다. 유라실(U)은 DNA에는 없고 RNA에만 있는 염기이다.

❻ DNA(나)에서 두 가닥의 폴리뉴클레오타이드는 염기와 염기 사이의 수소결합으로 연결되며, 이때 사이토신(C)은 구아닌(㉠, G)과, 타이민(T)은 아데닌(㉡, A)과 상보적으로 결합한다.

6 **❶** 저마늄(Ge)은 순수 반도체로 원자가 전자가 4개이다.

❷ X는 공유 결합에 원자가 전자 1개가 부족하여 전자의 빈 자리가 존재하므로 p형 반도체이다.

❸ Y는 공유 결합을 하고 원자가 전자 1개가 남았으므로 n형 반도체이다.

❹ X는 p형 반도체이므로 불순물 원소 인듐(In)의 원자가 전자는 3개이고, Y는 n형 반도체이므로 불순물 원소 비소(As)의 원자가 전자는 5개이다. 따라서 비소(As)가 인듐(In)보다 원자가 전자의 수가 많다.

❺ n형 반도체에 전압을 걸면 공유 결합을 하고 남은 전자는 자유 전자가 되어 이동하므로 반도체에 전류가 흐르게 된다.

1 ①   **2** ③   **3** ③   **4** ④   **5** ⑤   **6** ③   **7** ⑤   **8** ①
9 ⑤   **10** ①

1 | 전략적 풀이 |

(1단계) 리튬과 나트륨의 실험 결과가 유사함을 토대로 같은 족 원소임을 파악한다.

(2단계) 알칼리 금속과 물의 반응에서 생성되는 물질과 수용액의 액성을 파악한다.

해설 ㄱ. 알칼리 금속인 Li과 Na은 물과 격렬하게 반응하여 수소(H_2) 기체를 발생시킨다.

ㄴ. Li과 Na은 같은 족 원소이며, 원자가 전자 수가 같다. 전자가 들어 있는 전자 껍질 수는 Li과 Na이 각각 2, 3이다.

ㄷ. Li과 Na이 물과 반응한 수용액은 염기성을 띠므로 페놀프탈레인 용액의 색이 붉은색으로 변한다.

2 ┤ 전략적 풀이 ├

(1단계) 주기율표에서 A~E가 각각 어떤 원소인지 파악하고, 금속 원소와 비금속 원소를 구분한다.

(2단계) 화합물 (가)~(라)를 구성하는 원소를 통해 이온 결합 물질과 공유 결합 물질을 구분한다.

(3단계) 질량이 태양과 비슷한 별에서 핵융합 반응으로 헬륨, 탄소, 산소가 생성됨을 파악한다.

해설 A는 수소(H), B는 탄소(C), C는 산소(O), D는 플루오린(F), E는 마그네슘(Mg)이다.

ㄱ. A~D는 비금속 원소이고, E는 금속 원소이므로 (가)~(다)는 공유 결합 물질이고, (라)는 이온 결합 물질이다.

ㄴ. A(H)의 원자가 전자 수가 1이고, B(C)의 원자가 전자 수가 4이므로 B(C) 원자 1개가 A(H) 원자 4개와 각각 전자쌍 1개를 공유하여 화합물을 형성한다. 따라서 (나)의 화학식은 $BA_4(CH_4)$이고, x는 4이다.

ㄷ. 질량이 태양과 비슷한 별에서는 핵융합 반응으로 헬륨, 탄소, 산소가 생성된다. E는 마그네슘(Mg)이다.

3 ┤ 전략적 풀이 ├

(1단계) A와 B가 이온 결합을 형성하고, B와 C가 공유 결합을 형성함을 이해한다.

(2단계) 각 화합물을 이루는 구성 입자의 전자 배치를 파악한다.

(3단계) 공유 결합 물질의 모형을 통해 공유 전자쌍 수를 파악한다.

해설 A는 나트륨(Na), B는 플루오린(F), C는 산소(O)이다.

ㄱ. (가)는 금속 원소와 비금속 원소로 이루어지므로 이온 결합 물질이다.

ㄴ. (가)를 이루는 입자는 $A^+(Na^+)$과 $B^-(F^-)$이다. 그림과 같이 (가)에서 A^+과 B^-, (나)에서 B와 C는 모두 Ne과 같은 전자 배치를 이룬다.

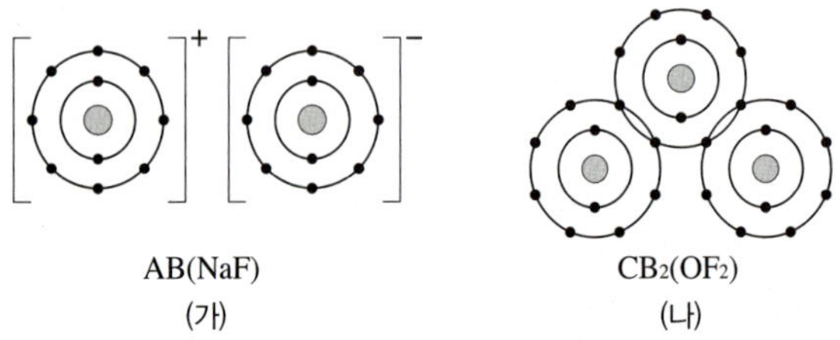

ㄷ. (나)를 생성할 때 B는 전자 1개가 필요하고, C는 전자 2개가 필요하므로 B 원자 2개와 C 원자 1개가 총 2개의 전자쌍을 공유한다. 따라서 공유 전자쌍 수는 2이다.

4 ┤ 전략적 풀이 ├

(1단계) 각 물질을 구성하는 입자들의 전자 배치를 참고하여 원소 A~D의 종류를 파악한다.

(2단계) 화학 결합 모형으로부터 공유 결합과 이온 결합을 구분하고, 이온 결합 물질의 전기 전도성을 판단한다.

(3단계) 알칼리 금속과 물의 반응의 특징을 파악한다.

해설 A는 수소(H), B는 산소(O), C는 나트륨(Na), D는 염소(Cl)이다.

ㄱ. A와 C는 원자가 전자 수가 같지만 A는 비금속 원소인 수소이고, C는 금속 원소인 나트륨이므로 화학적 성질이 다르다.

ㄴ. CD는 수용액 상태에서 양이온과 음이온으로 나누어져 자유롭게 이동할 수 있으므로 전기 전도성이 있다.

ㄷ. 고체 C는 나트륨(Na)이고, 액체 A_2B는 물이다. 나트륨이 물과 반응하면 수소(A_2) 기체가 생성된다.

5 ┤ 전략적 풀이 ├

(1단계) 규산염 사면체를 구성하는 원소의 종류를 파악한다.

(2단계) 지각에 풍부한 원소의 종류를 알아내고, 이들 원소의 기원에 대해 추정한다.

(3단계) 규산염 사면체의 전하량을 고려하여 어떤 특성을 가진 원소와 결합할 수 있는지 파악한다.

해설 ㄱ. 규산염 사면체를 이루는 주요 구성 원소는 산소(A)와 규소(B)이다.

ㄴ. 규산염 사면체는 −4가의 음이온이므로 금속 이온(C)과 결합하여 다양한 규산염 광물이 만들어진다.

ㄷ. 질량이 태양 정도인 별에서는 탄소와 산소(A)까지 생성될 수 있고, 이보다 더 무거운 원소는 질량이 태양보다 매우 큰 별에서 생성된다.

6 ┤ 전략적 풀이 ├

(1단계) 규산염 사면체를 구성하는 원소의 종류를 파악한다.

(2단계) 규산염 광물의 결합 구조의 특징을 파악한다.

(3단계) 규산염 광물의 결합 구조에서 규산염 사면체 사이의 결합 방식을 고려하여 규산염 광물에 포함된 규소와 산소의 개수비를 파악한다.

해설 ㄱ. 규산염 사면체의 꼭지점에 위치한 ㉠은 산소이고, 중심부에 위치한 ㉡은 규소이다. ㉠과 ㉡은 전자를 서로 공유하면서 결합하므로 공유 결합을 한다.

ㄴ. (다)의 결합 구조는 규산염 사면체들이 길게 두 줄로 결합한 복사슬 구조이다. (라)의 결합 구조는 규산염 사면체들이 넓은 평면 모양으로 결합한 판상 구조이다. 따라서 (라)의 결합 구조는 (다)의 모형 2개를 결합한 사슬 구조가 아니다.

ㄷ. 규산염 사면체 사이에 공유하는 산소의 수는 (나)<(다)<(라)이다. 따라서 각 과정에서 해당 결합 구조를 만드는 데 이용된 $\dfrac{\text{㉠의 수}}{\text{㉡의 수}}$ 는 (나)>(다)>(라)이다.

7 ┤ 전략적 풀이 ├

(1단계) 제시된 자료를 통해 A~C가 무엇인지 파악한다.

(2단계) A와 B의 공통 특징을 파악하고, A의 합성을 세포 내 유전정보의 흐름과 관련지어 생각해 본다.

(3단계) 세포막의 성분이 무엇인지 생각해 본다.

해설 A는 아미노산이 결합하여 형성되는 단백질이고, B는 규소를 포함하는 흑운모이며, C는 친수성 부분과 소수성 부분이 있는 인지질이다.

ㄱ. 단백질(A)과 흑운모(B)는 공통적으로 기본 단위체가 결합하여 형성된다. 단백질(A)의 기본 단위체는 아미노산이고, 흑운모(B)의 기본 단위체는 규산염 사면체이다.

ㄴ. 단백질(A)의 종류는 아미노산의 종류와 수 및 배열 순서에 의해 결정되며, 이에 대한 정보는 DNA에 저장되어 있다.

ㄷ. 세포막은 인지질 2중층에 막단백질이 파묻혀 있거나 관통하고 있는 구조로, 단백질(A)과 인지질(C)이 주성분이다.

8 ┤ 전략적 풀이 ├

(1단계) DNA에는 있지만 RNA에는 없는 염기가 무엇인지를 알고, 염기의 상보결합을 이용하여 ㉠~㉣이 각각 어떤 염기인지를 파악한다.

(2단계) DNA 가닥 Ⅰ을 구성하는 염기의 종류와 수를 계산한다.

해설 ㄱ. DNA에는 있지만 RNA에서는 발견되지 않는 염기 ㉡은 타이민(T)이고, T과 상보적으로 결합하는 ㉠은 아데닌(A)이다. DNA 가닥 Ⅰ은 5개의 뉴클레오타이드로 구성되는데, $\dfrac{G}{A}=2$ 이고, $\dfrac{G}{T}=1$이므로 G이 2개, A이 1개, T이 2개이다. ㉠~㉣은 모두 다른 염기이고, Ⅰ에는 사이토신(C)이 없으므로 ㉢은 구아닌(G)이고, ㉣은 사이토신(C)이다.

ㄴ. 전사가 일어날 때에는 염기 사이의 결합이 끊어지고 DNA의 한쪽 가닥의 염기서열에 상보적인 염기서열을 갖는 RNA가 합성된다. 염기와 염기가 공유 결합으로 연결되어 Ⅰ과 Ⅱ가 분리되지 않는다면 전사가 일어날 수 없다.

ㄷ. Ⅰ과 Ⅱ의 염기는 상보적으로 결합하는데, Ⅰ에서 염기의 비율은 G:A:T=2:1:2이므로 Ⅱ에서 염기의 비율은 C:T:A=2:1:2이다. 따라서 $\dfrac{A}{T}=2$이다.

9 ┤ 전략적 풀이 ├

(1단계) 전구의 상태를 통해 도체와 부도체를 구분한다.

(2단계) 도체와 부도체의 예를 파악한다.

(3단계) 빛의 밝기를 통해 전기 전도성을 비교하여 물질 내 자유 전자의 수를 비교한다.

해설 ㄱ. P를 연결하였을 때 전구에 불이 켜지므로 P는 도체이다.

ㄴ. Q를 연결하였을 때 전구에 불이 켜지지 않으므로 Q는 부도체이다. 고무는 부도체이므로 Q와 전기적 성질이 같다.

ㄷ. 전구의 밝기는 P를 연결하였을 때가 R를 연결하였을 때보다 밝으므로 P는 R보다 전기 전도성이 높다. 따라서 단위 부피당 물질 내 자유 전자의 수는 P가 R보다 많다.

10 ┤ 전략적 풀이 ├

(1단계) 순수 반도체와 불순물 반도체의 전기 전도성을 비교한다.

(2단계) 순수 반도체의 특징을 파악한다.

(3단계) 태양 전지의 특징을 파악한다.

해설 ㄱ. 불순물 반도체(㉠)는 순수 반도체(㉡)에 불순물을 첨가하여 전기 전도성을 높인 반도체이다.

ㄴ. 원자가 전자가 4개인 규소(Si)로만 이루어진 반도체는 순수 반도체이다.

ㄷ. 태양 전지는 빛을 받으면 전압이 발생하여 전류가 흐른다.

Ⅲ-1 지구시스템

수능 빈출 자료 분석하기
16쪽~17쪽

1 ❶ × ❷ ○ ❸ ○ ❹ ○ ❺ ×
2 ❶ ○ ❷ × ❸ × ❹ × ❺ ×
3 ❶ × ❷ ○ ❸ × ❹ ○ ❺ ○
4 ❶ × ❷ × ❸ × ❹ ○ ❺ ○

1 ❶ 대류권(A)의 기온 분포에 가장 큰 영향을 미치는 에너지 원은 태양 에너지이다.

❷ 대류권(A)은 기상 현상과 대류 운동이 활발하고, 성층권(B)은 대류 운동이 거의 없는 안정한 층이므로 화산재가 지상으로 쉽게 떨어지지 않는다.

❸ 성층권(B)은 대류 운동이 거의 없는 안정한 층이며, 중간권(C)은 대류 운동이 활발하다.

❹ 열권(D)은 공기가 매우 희박하여 기온의 일교차가 매우 크다.

❺ 기권에서는 높이가 높아질수록 공기의 양이 감소하여 밀도가 계속 작아지므로 성층권(B)에서도 작아진다.

2 ❶ 풍랑은 해상에서 부는 바람으로 인해 일어나는 물결이므로, 풍랑의 발생(㉠) 과정에서 바람의 운동 에너지가 해수로 전달되는 에너지 흐름이 나타난다.

❷ 지구 내부 에너지에 의한 맨틀 대류로 대륙이 움직이고 화산 활동이 일어나므로, ㉡의 주된 에너지원은 지구 내부 에너지이다.

❸ 황사는 바람에 의해 모래 먼지가 발생하여 이동하는 현상이므로, 지권(C)과 기권의 상호 작용인 ㉡의 예에 해당한다.

❹ A는 생물권, B는 수권, C는 지권이다.

❺ 석회 동굴이 형성될 때 지권(C)의 석회암이 지하수에 녹아 수권(B)으로 이동하므로, 수권(B)의 탄소량을 증가시키는 역할을 한다.

3 ❶ ㉠ 부근에서는 판이 수렴하면서 형성된 습곡 산맥이 발달한다.

❷ ㉠의 하부는 침강하는 해양판이 존재하는 곳으로, 섭입대가 발달한다.

❸ ㉡ 부근에서는 대륙판이 발산하면서 형성된 열곡대가 발달한다.

❹ ㉠은 다양한 깊이의 지진이 발생하지만, ㉡은 진원 깊이가 70 km 이하인 지진이 주로 발생하므로 지진이 발생하는 평균 깊이는 ㉠이 ㉡보다 깊다.

❺ ㉠에서는 해양판이 섭입하면서 화산 활동이 일어나고, ㉡에서는 대륙판이 서로 멀어지면서 화산 활동이 일어난다.

4 ❶ 지구 평균 기온 편차를 보면 기온의 평균 상승률은 A 시기가 B 시기보다 작다.

❷ 화산 분출 직후 대기 상공으로 분출된 화산재는 햇빛을 차단시켜 평균 기온을 낮추는 역할을 한다. 화산 가스는 산성비의 원인이 되며, 온실 효과를 일으킨다.

❸ 화산 분출 직후 평균 기온이 낮아졌으나, 10년 이내에 평균 기온이 회복된다. 따라서 화산 쇄설물이 대기 중에 머무는 기간은 10년보다 짧다.

❹ 화산 활동으로 화산재, 화산 가스가 기권으로 분출되므로 화산 분출로 인한 기온 변화는 지권과 기권의 상호작용에 해당한다.

❺ 화산 주변에 제방을 쌓고, 대피소 등을 만들면 화산 쇄설류와 산사태 등의 피해를 줄일 수 있다.

1 ②　　**2** ③　　**3** ⑤　　**4** ⑤　　**5** ③　　**6** ②　　**7** ②　　**8** ④

1 ┤ 전략적 풀이 ├

(1단계) 수권을 구성하는 물의 종류와 양을 비교하여 해수와 빙하의 비율을 파악한다.

(2단계) 수온 약층의 특징을 고려하여 위도에 따른 해수 성층 구조의 차이점을 추정한다.

해설 A는 해수, B는 빙하, C는 지하수이다.

ㄱ. 수권 전체의 물 중 고체 상태로 존재하는 물은 빙하(B)로 육수의 76.8 %를 차지한다. 따라서 수권 전체의 물 중 고체 상태의 물은 약 2.15 %(=2.8×0.768 %)이다.

ㄴ. (나)는 해수(A)의 성층 구조를 나타낸 것이다.

ㄷ. ㉠층은 수온 약층으로, 깊이가 깊어질수록 수온이 낮아져 밀도가 증가하므로 해수의 연직 운동이 거의 일어나지 않는 안정한 층이다.

2 ┤ 전략적 풀이 ├

(1단계) (가)~(다)의 물리량을 비교하여 각 태양계 행성을 구성하는 권역의 종류를 알아낸다.

(2단계) 표면 온도와 대기압의 크기와 지각 변동의 유무를 파악하여 상호작용에 미치는 영향을 추정한다.

(3단계) 주요 성분을 이용하여 지구형 행성과 목성형 행성을 구분한다.

해설 ㄱ. 행성 (가)~(다)는 모두 대기압이 0보다 크므로 대기를 갖고 있다. 따라서 (가), (나), (다)에는 모두 기권이 존재한다.

ㄴ. (가)는 (나)보다 표면 온도와 대기압이 높고, 지각 변동이 활발하다. 따라서 (가)는 지권, 기권 등의 구성 요소 사이의 상호작용이 (나)보다 훨씬 활발할 것이다.

ㄷ. (가)와 (나)는 주로 금속과 암석으로 이루어진 지구형 행성이고, (다)는 주로 기체로 이루어진 목성형 행성이다. 태양계가 형성될 당시 원시 태양에 가까운 곳에서는 주로 금속과 암석으로 이루어진 미행성체가, 먼 곳에서는 주로 얼음과 기체 성분의 미행성체가 존재하였다. 따라서 태양계 형성 과정에서 (나)를 형성한 미행성체의 성분은 (다)보다 (가)에 가까울 것이다.

3 ┤ 전략적 풀이 ├

（1단계） 지구시스템의 에너지원을 파악한다.

（2단계） 물의 순환을 일으키는 주요 에너지원을 파악한다.

（3단계） 물의 순환에 의해 물의 총량이 변하지 않음을 파악한다.

해설 (가)는 지구 내부 에너지, (나)는 조력 에너지, (다)는 태양 에너지이다.

ㄱ. 에너지원의 크기는 태양 에너지(다)＞지구 내부 에너지(가)＞조력 에너지(나)이므로, (가)가 (나)보다 크다.

ㄴ. 물의 순환을 일으키는 주요 에너지원은 태양 에너지(다)이다.

ㄷ. 육지에서 물을 얻은 양과 잃은 양은 같으므로 26＝11＋A이고, A는 15 단위이다. 바다에서 물을 얻은 양과 잃은 양은 같으므로 11＋98＝B이고, B는 109 단위이다. 따라서 A＋B는 124 단위이다.

4 ┤ 전략적 풀이 ├

（1단계） 지구시스템의 각 권역에 분포하는 탄소의 비율을 파악한다.

（2단계） 탄소 순환의 예를 파악한다.

해설 ㄱ. A는 기권, B는 생물권, C는 지권, D는 수권이다. 기권(A)의 탄소는 대부분 이산화 탄소 형태로 존재한다.

ㄴ. 탄소의 양은 지권(C)＞수권(D)＞생물권(B)＞기권(A)이므로 B보다 D에 많다.

ㄷ. 석회암은 해수의 탄산 이온이 침전되어 형성되거나, 석회질 생물체의 유해가 가라앉아 지권에 탄산염으로 저장되어 형성된다. 따라서 '석회암 형성'은 ㉠과 ㉡에 공통으로 들어갈 수 있다.

5 ┤ 전략적 풀이 ├

（1단계） 판 경계 부근에서 발생하는 지각 변동의 특징을 파악한다.

（2단계） 발산형 경계에서 해양 지각의 생성과 확장에 따른 해양 지각의 나이 분포를 파악한다.

해설 ㄱ. A에서는 두 대륙판이 서로 멀어지면서 폭이 좁고 긴 계곡이 길게 띠 모양으로 이어진 열곡대가 발달한다.

ㄴ. A와 B는 모두 두 판이 멀어지는 발산형 경계에 해당하며, 새로운 지각이 생성되면서 마그마 분출이 활발하게 일어난다.

ㄷ. 해양 지각인 ㉠과 ㉡은 해령의 중심부에서 생성된 후 해령으로부터 멀어지므로, ㉠은 ㉡보다 먼저 생성되었다. 따라서 해양 지각의 평균 나이는 먼저 생성된 ㉠이 ㉡보다 많다.

6 ┤ 전략적 풀이 ├

（1단계） 두 판의 이동 속력과 이동 방향을 화살표로 나타내 보고 판 경계의 종류를 파악한다.

（2단계） 두 판이 모두 대륙판임을 고려하여 판 경계에서 발달하는 지형과 지각 변동에 대해 추정한다.

해설 ㄱ. A는 서쪽으로, B는 남쪽으로 이동하고 있으며, 이동 속력은 A가 B보다 빠르다. 따라서 두 판은 서로 멀어지고 있으며, (가)의 판 경계는 발산형 경계이다.

ㄴ. 부채꼴 모양으로 배열된 화산섬들의 집합체인 호상 열도는 두 판이 서로 가까워지는 수렴형 경계에서 발달한다.

ㄷ. 두 판이 서로 멀어지는 발산형 경계 부근에서는 화산 활동과 천발 지진이 활발하게 일어난다.

7 ┤ 전략적 풀이 ├

（1단계） 판의 이동 방향을 비교하여 판 경계의 종류를 파악한다.

（2단계） 판 경계의 종류에 따른 지각 변동과 발달하는 지형을 파악한다.

해설 A에서는 해양판이 섭입하면서 해구와 호상 열도가 발달하고, B에서는 두 판이 서로 어긋나면서 변환 단층이 발달한다. C에서는 해양판이 서로 멀어지면서 해령이 발달한다.

ㄱ. (가)는 호상 열도가 발달하므로 수렴형 경계인 A에 해당한다. A에서는 판 경계선의 북쪽에 호상 열도가 나타나므로 판 경계선을 기준으로 남쪽에 있는 판이 섭입한다. 따라서 (가)에서 진앙은 주로 판 경계선의 북쪽에 위치한다.

ㄴ. (나)는 해령이 발달하므로 발산형 경계인 C에 해당하고, (다)는 천발 지진이 일어나고 화산 활동이 거의 없으므로 보존형 경계인 B에 해당한다. 따라서 지각의 평균 나이는 새로운 해양 지각이 생성되는 (나)에서 가장 적다.

ㄷ. (다)는 천발 지진이 일어나고 화산 활동이 거의 없는 보존형 경계이므로, 변환 단층이 발달한다.

8 ┤ 전략적 풀이 ├

（1단계） 화산 활동에 의해 어떤 피해가 발생했는지 확인하고, 피해를 일으킨 화산 분출물의 종류를 파악한다.

（2단계） 화산 분출물의 종류에 따른 특징을 고려하여 지구 환경 변화에 미치는 영향을 추정한다.

해설 ㄱ. 판의 경계는 띠 모양으로 나타난다. (가)와 (나)는 환태평양 화산대에서 일어난 화산 활동이며, 판의 경계 부근에서 일어났다. 하지만 (다)는 태평양 중앙 부근에서 일어난 화산 활동으로, 환태평양 화산대에 속하지 않는다.

ㄴ. 쓰나미(㉠)는 주로 해저 지진, 해저 화산 활동이나 산사태 등에 의해 거대한 해파가 발생하는 현상으로, 지권과 수권의 상호 작용에 해당한다.

ㄷ. 상층 대기까지 이동한 화산재(㉡)는 햇빛을 차단하는 역할을 하므로 지구의 평균 반사율을 증가시켜 기온을 낮추고, 대규모 용암(㉢) 분출은 지표면 반사율을 변화시켜 지구의 평균 반사율 변화에 영향을 준다.

1 ❶ ○ ❷ × ❸ ○ ❹ × ❺ ×
2 ❶ ○ ❷ × ❸ × ❹ × ❺ ○
3 ❶ ○ ❷ ○ ❸ ○ ❹ × ❺ ×
4 ❶ ○ ❷ × ❸ ○ ❹ × ❺ ○

1 ❶ A에 작용하는 중력의 방향은 연직 방향이다. A는 자유 낙하 운동을 하므로 A에 작용하는 중력의 방향과 운동 방향이 같다.

❷ B는 연직 방향으로는 A와 같이 자유 낙하 운동을 한다. A, B의 처음 높이가 같고, 연직 방향의 단위 시간당 속도 변화량(가속도)이 같으므로 B를 던진 순간부터 B가 수평면에 도달할 때까지 걸린 시간은 4초로, A와 같다.

❸ A와 B는 연직 방향으로는 동시에 자유 낙하를 하므로 수평면에 도달하기 직전 연직 방향의 속력은 A, B가 같다.

❹ A, B의 처음 높이와 가속도가 같으므로 동시에 운동한 A, B는 운동하는 동안 수평면으로부터 높이가 항상 같다.

❺ B는 수평 방향으로는 등속 직선 운동을 하므로 수평면에 도달하는 순간 B의 수평 방향의 속력은 v이다.

2 ❶ A가 원운동을 하는 동안 지구와 A 사이의 거리는 일정하므로 지구가 A에 작용하는 중력의 크기는 일정하다.

❷ 지구가 B에 작용하는 중력의 방향은 지구의 중심을 향하는 방향이므로 B가 원운동을 하는 동안 지구가 B에 작용하는 중력의 방향은 계속 바뀐다.

❸ A가 p를 지나는 순간 지구는 A를 끌어당기므로 지구가 A에 작용하는 중력의 방향은 $+x$방향이다.

❹ B가 q를 지나는 순간 B는 지구를 끌어당기므로 B가 지구에 작용하는 중력의 방향은 $+x$방향이다.

❺ 중력의 크기는 질량이 클수록, 물체 사이의 거리가 가까울수

록 크다. 질량은 A와 B가 같고, 지구 중심으로부터 거리는 A가 B보다 작으므로 인공위성에 작용하는 중력의 크기는 A가 B보다 크다.

3 ❶ 힘과 시간 축이 이루는 면적은 수레가 받은 충격량이므로 수레가 벽으로부터 받은 충격량의 크기는 10 N·s이다.

❷ 수레가 받은 충격량은 수레의 운동량의 변화량과 같으므로 충돌하는 동안 수레의 운동량의 변화량의 크기는 10 kg·m/s이다.

❸ 수레의 속도 변화량의 크기는 5 m/s이고, 운동량의 변화량의 크기는 10 kg·m/s이므로 질량은 $\dfrac{10\ \mathrm{kg\cdot m/s}}{5\ \mathrm{m/s}}=2\ \mathrm{kg}$이다.

❹ 벽에 충돌하기 전 수레의 운동량의 크기는 2 kg×3 m/s= 6 kg·m/s이다.

❺ 수레가 벽으로부터 힘을 받은 시간은 0.4초이고, 수레가 받은 충격량의 크기는 10 N·s이므로 충돌하는 동안 벽이 수레에 작용한 평균 힘의 크기는 $\dfrac{충격량의\ 크기}{충돌\ 시간}=\dfrac{10\ \mathrm{N\cdot s}}{0.4\ \mathrm{s}}=25\ \mathrm{N}$이다.

4 ❶ 운동량＝질량×속도이므로 구슬의 속력이 증가하면 운동량의 크기가 증가한다.

❷ 방망이의 속력을 더 크게 하여 공을 치면 공의 속력이 증가하므로 공의 운동량의 변화량의 크기가 증가한다. 충격량은 운동량의 변화량과 같으므로 공이 방망이로부터 받은 충격량이 증가한다.

❸ 두 물체의 충돌에서 두 물체가 받은 충격량은 크기가 같고, 방향이 반대이므로 방망이가 공에 작용하는 힘의 크기는 공이 방망이에 작용하는 힘의 크기와 같다.

❹ 충돌 시 운동량의 변화량은 물체의 질량과 충돌 전후의 속도에 의해 결정되므로 에어백은 운동량의 변화량을 감소시키지 않는다. 이때 충격량은 운동량의 변화량과 같으므로 충격량도 감소하지 않는다.

❺ 에어백은 충돌이 일어날 때 탑승자가 힘을 받는 시간을 길게 하여 탑승자가 받는 평균 힘의 크기를 감소시킨다.

1 ③　**2** ①　**3** ⑤　**4** ②　**5** ③　**6** ②　**7** ②　**8** ①

1　┤ 전략적 풀이 ├

（1단계） 자유 낙하 운동 하는 물체의 가속도는 일정하여 단위 시간당 속도 변화량이 일정하다는 것을 이해한다.
（2단계） 구간별 단위 시간당 속도 변화량이 같다는 것을 이용하여 속력의 비를 구한다.
（3단계） 지표면 근처에서 물체에 작용하는 중력의 크기는 일정하다는 것을 이해한다.

해설 ㄱ, ㄴ. 물체의 가속도는 일정하므로 $t=t_1$일 때와 $t=2t_1$일 때가 같다. 따라서 가속도는 단위 시간당 속도 변화량이므로 $\dfrac{v_1-0}{t_1-0}=\dfrac{v_2-v_1}{2t_1-t_1}$에서 $v_2=2v_1$이다.

ㄷ. 지표면 근처에서 물체에 작용하는 중력의 크기는 일정하다.

2 ┤ 전략적 풀이 ├

(1단계) 중력과 관련된 물리량을 파악한다.

(2단계) 수평 방향으로 던진 물체는 수평 방향으로는 등속 직선 운동을 한다는 것을 파악하고, 등속 직선 운동 하는 물체가 이동한 거리는 속력과 걸린 시간의 곱임을 적용하여 A, B 사이의 거리를 구한다.

(3단계) 수평 방향으로 던진 물체는 연직 방향으로는 등가속도 운동을 한다는 것을 파악하고, 질량에 관계없이 중력 가속도가 같다는 것을 적용하여 A, B의 속력을 비교한다.

해설 ㄱ. 중력＝질량×중력 가속도이다. 질량은 A가 B의 2배이므로 물체에 작용하는 중력의 크기는 A가 B의 2배이다.

ㄴ. B는 연직 방향으로는 자유 낙하 하는 물체와 같이 등가속도 운동을 한다. 이때 A, B는 같은 높이에서 동시에 운동하므로 같은 시간 동안 낙하하는 거리가 같다. 또 B는 수평 방향으로는 등속 직선 운동을 하며, 4초 동안 B가 수평 방향으로 이동한 거리가 $2d$이므로 이동 거리＝속력×걸린 시간에서 $t=0$부터 $t=2$초까지 수평 방향으로 이동한 거리는 d이다. 따라서 $t=2$초일 때 A, B 사이의 거리는 $d+d=2d$이다.

ㄷ. B는 연직 방향으로는 자유 낙하 운동을 하므로 A와 가속도가 같고, A, B는 같은 높이에서 동시에 운동을 시작했으므로 A, B가 운동을 시작한 순간부터 수평면에 도달할 때까지 같은 시각에서 A, B의 연직 방향의 속력은 항상 같다.

3 ┤ 전략적 풀이 ├

(1단계) 수평 방향으로 던진 물체는 연직 방향으로는 등가속도 운동을 하고, 수평 방향으로는 등속 직선 운동 한다는 것을 파악한다.

(2단계) 등속 직선 운동 그래프와 등가속도 운동 그래프의 차이점을 파악한다.

(3단계) 등속 직선 운동 하는 물체가 이동한 거리는 속력과 걸린 시간의 곱임을 적용한다.

해설 ㄱ, ㄴ. 자유 낙하 운동은 등가속도 운동이므로 가속도는 일정하고, 속도는 일정하게 증가하는 운동이다. 이동 거리－시간 그래프에서 기울기는 속도이고, 속력－시간 그래프에서 기울기

는 가속도의 크기이다. A와 B는 연직 방향으로는 자유 낙하 운동을 하므로 A와 B의 연직 방향의 이동 거리－시간 그래프는 기울기가 증가하는 모양이 나타나고, 속력－시간 그래프는 기울기가 일정한 모양이 나타난다. B의 수평 방향으로는 등속 직선 운동을 하므로 B의 수평 방향의 속력－시간 그래프는 시간 축에 나란한 직선 모양이 나타난다. 따라서 Ⅰ, Ⅲ은 A와 B의 연직 방향의 운동을 나타낸 그래프이고, Ⅱ는 B의 수평 방향의 운동을 나타낸 그래프이다. A, B는 같은 높이에서 동시에 운동하므로 수평면에 동시에 도달한다. 따라서 ㉠은 0.4이다.

ㄷ. B는 수평 방향으로 3 m/s의 속력으로 0.4초 동안 이동하므로 B가 운동을 시작한 순간부터 수평 방향으로 이동한 거리는 $3 \text{ m/s} \times 0.4 \text{ s} = 1.2 \text{ m}$이다.

4 ┤ 전략적 풀이 ├

(1단계) 지구 주위를 원운동하는 물체의 중력의 방향은 지구 중심 방향임을 파악한다.

(2단계) 물체 사이에 작용하는 중력의 크기는 질량이 클수록, 물체 사이의 거리가 가까울수록 크다는 것을 파악한다.

(3단계) 중력이 클수록 가속도가 크다는 것을 파악한다.

해설 • 학생 A: 인공위성에 작용하는 중력의 방향은 지구 중심 방향이므로 p에서와 q에서가 같지 않다.

• 학생 B: 지구 중심으로부터 인공위성까지 거리는 p에서와 q에서가 같으므로 인공위성에 작용하는 중력의 크기는 p에서와 q에서가 같다.

• 학생 C: p에서와 q에서 인공위성에 작용하는 중력의 크기가 같으므로 인공위성의 가속도의 크기도 같다.

5 ┤ 전략적 풀이 ├

(1단계) 관성을 이해한다.

(2단계) 관성에 의한 현상을 파악한다.

해설 ㄱ. 이불은 움직이는데 먼지는 정지해 있으려는 관성에 의해 이불에 있는 먼지가 떨어진다.

ㄴ. 풍선 속 공기가 빠지면서 공기가 풍선에 가하는 힘에 의해 풍선의 운동 상태가 변한다.

ㄷ. 휴지는 제자리에 있으려 하는 관성 때문에 휴지를 갑자기 잡아당기면 풀어지지 않고 끊어진다.

6 ┤ 전략적 풀이 ├

(1단계) 운동량은 질량과 속도의 곱임을 파악한다.

(2단계) 충격량과 운동량의 관계를 파악한다.

해설 ㄱ. 운동량=질량×속도이다. B는 A와 충돌 전후 속력이 같으므로 운동량의 크기는 A와 충돌하기 전과 충돌한 후가 같다.

ㄴ. 충돌 과정에서 A의 속도 변화량의 크기는 $2\,\text{m/s}-(-2\,\text{m/s})=4\,\text{m/s}$이고, A의 질량은 $1\,\text{kg}$이므로 A의 운동량의 변화량의 크기는 $1\,\text{kg}\times4\,\text{m/s}=4\,\text{kg·m/s}$이다. 충격량은 운동량의 변화량과 같으므로 충돌 과정에서 A가 받은 충격량의 크기는 $4\,\text{N·s}$이다. 이때 충돌하는 동안 B가 A로부터 받은 충격량의 크기는 A가 B로부터 받은 충격량의 크기와 같으므로 충돌 과정에서 B가 받은 충격량의 크기는 $4\,\text{N·s}$이다.

ㄷ. B의 속도 변화량의 크기는 $0.5\,\text{m/s}-(-0.5\,\text{m/s})=1\,\text{m/s}$이다. 이때 B의 운동량의 변화량의 크기는 $4\,\text{kg·m/s}$이므로 B의 질량을 m이라고 하면 $m\times1\,\text{m/s}=4\,\text{kg·m/s}$에서 $m=4\,\text{kg}$이다.

7 ┤ **전략적 풀이** ├

1단계 충격량과 운동량의 관계를 파악한다.
2단계 충격량이 일정할 때 힘을 받는 시간에 따른 물체의 운동량의 변화를 이해한다.

해설 ㄱ. 빨대의 길이가 길수록 면봉이 힘을 받는 시간이 길어지므로 면봉이 빨대를 빠져나갈 때 속력이 커진다. 따라서 빨대의 길이가 길수록 면봉이 날아간 거리가 길어지므로 ㉠<㉡이다.

ㄴ. 면봉에 작용하는 힘의 크기가 일정하므로 빨대의 길이가 길수록 면봉이 힘을 받는 시간이 길어져 면봉이 받는 충격량의 크기가 커진다.

ㄷ. 면봉이 받는 힘의 크기가 일정할 때 충격량은 힘을 받는 시간과 비례한다. 따라서 빨대가 길수록 면봉이 힘을 받는 시간이 길어지므로 면봉이 빨대 속에서 받은 충격량의 크기는 20 cm일 때가 15 cm일 때보다 크다. 이때 운동량의 변화량은 충격량과 같으므로 빨대 속에서 면봉의 운동량의 변화량의 크기는 20 cm일 때가 15 cm일 때보다 크다.

8 ┤ **전략적 풀이** ├

1단계 충격량과 운동량의 관계를 파악한다.
2단계 일상생활에서 볼 수 있는 안전장치의 원리와 충격량의 관계를 이해한다.
3단계 일상생활에서 볼 수 있는 안전장치는 어떠한 과학적 원리가 적용되었는지 파악한다.

해설 ㄱ. 에어 매트는 충돌 시간을 길게 하여 떨어지는 사람이 받는 힘의 크기를 감소시킨다.

ㄴ. 범퍼는 충돌 시간을 길게 하여 운전자가 받는 힘의 크기를 감소시킨다. 충돌 시 운동량의 변화량은 물체의 질량과 충돌 전후

의 속도에 의해 결정되므로 범퍼는 자동차의 운동량의 변화량을 감소시키지 않는다. 이때 자동차가 받은 충격량은 운동량의 변화량과 같으므로 충격량의 크기도 감소하지 않는다.

ㄷ. 에어백은 충돌 시간을 길게 하여 탑승자가 받는 힘의 크기를 감소시킨다. 자동차가 충돌할 때 앞으로 튀어나가는 것은 충돌하기 전 탑승자의 운동 상태를 유지하려는 관성 때문이다. 따라서 탑승자가 안전띠를 착용해야 하는 까닭은 관성으로 설명할 수 있다.

Ⅲ-3 생명 시스템

수능 빈출 자료 분석하기 28쪽~29쪽

1 ❶ ○ ❷ × ❸ ○ ❹ ○ ❺ × ❻ ○
2 ❶ ○ ❷ ○ ❸ × ❹ ○ ❺ ×
3 ❶ × ❷ ○ ❸ × ❹ × ❺ ×
4 ❶ ○ ❷ × ❸ ○ ❹ ○ ❺ ○ ❻ ×

1 ❶ A는 막으로 둘러싸여 있으며, 안쪽에 주름진 막 구조가 있으므로 마이토콘드리아이다.

❷ 마이토콘드리아(A)는 동물 세포뿐 아니라 식물 세포에도 있다.

❸ B는 핵이며, 유전물질인 DNA가 들어 있다.

❹ 핵(B)에서는 DNA의 유전정보가 RNA로 전달되는 전사가 일어난다. 전사 과정에서 전사에 이용되는 DNA 가닥과 상보적인 염기서열을 갖는 RNA가 합성된다.

❺ C는 라이보솜이며, 라이보솜은 막으로 둘러싸여 있지 않다.

❻ 라이보솜(C)은 아미노산이 펩타이드결합으로 연결되어 단백질이 합성되는 장소이다.

2 ❶ I은 물질이 농도가 높은 쪽에서 낮은 쪽으로 인지질 2중층을 통해 확산하는 방식이다.

❷ 허파꽈리(폐포)와 모세혈관 사이에서 산소, 이산화 탄소와 같은 기체가 이동하는 방식은 I에 해당한다.

❸ II는 물질이 농도가 높은 쪽에서 낮은 쪽으로 막단백질을 통해 확산하는 방식이다. 확산을 통한 물질 이동 시 세포의 에너지가 사용되지 않는다.

❹ Na^+, K^+과 같이 전하를 띠는 이온은 막단백질을 통해 확산하므로 뉴런에서 Na^+이 세포 안으로 유입되는 이동 방식은 II에 해당한다.

❺ 세포막은 유동성이 있어 인지질과 막단백질의 위치는 고정되어 있지 않다.

3 ❶ X가 관여하는 반응에서 물질이 분해되고 에너지가 방출되므로, X는 이화작용을 촉진한다.

❷ X의 작용으로 ⓐ로부터 두 가지 물질이 생성되므로 X는 물이 첨가되어 ⓐ를 분해하는 반응에 관여한다.

❸ 효소는 활성화에너지를 낮추어 반응이 빠르게 일어나게 한다. (나)에서 ㉠은 X가 없을 때의 활성화에너지이다.

❹ X가 있을 때 반응의 활성화에너지는 X가 없을 때보다 감소하지만, X의 농도에 관계없이 일정하다.

❺ ㉡은 반응열로, X의 유무에 관계없이 일정하다. 반응물의 농도가 증가하면 분자들이 서로 충돌할 확률이 높아져 반응 속도가 빨라지지만 반응열(㉡)이 커지는 것은 아니다.

4 ❶ (가)는 DNA로부터 RNA를 합성하는 전사이다. 사람의 세포에서 핵 속에 DNA가 들어 있으므로 핵 속에서 (가) 과정이 일어난다.

❷ RNA의 염기서열은 전사에 이용된 DNA 가닥과 상보적인 염기서열을 가지므로, 전사 과정 (가)에 이용된 DNA 가닥은 II 이다.

❸ (나)는 RNA의 유전정보로부터 단백질을 합성하는 번역이며, 이 과정에는 단백질합성 장소인 라이보솜이 관여한다.

❹ ㉠은 DNA에만 있는 타이민(T)이고, ㉡은 DNA와 RNA에 공통으로 있는 아데닌(A)이며, ㉢은 RNA에만 있는 유라실(U)이다.

❺ 아데닌(㉡)은 DNA에 있는 타이민(㉠), RNA에 있는 유라실(㉢)과 상보적으로 결합한다.

❻ RNA의 염기 3개가 하나의 코돈이 되어 아미노산 1개를 지정한다.

1 ④   2 ④   3 ①   4 ⑤   5 ③   6 ③   7 ⑤   8 ③

1 | 전략적 풀이 |

1단계 식물 세포와 동물 세포의 차이점을 생각해 본다.

2단계 세포소기관의 기능을 생각해 본다.

3단계 단백질과 유전정보의 관계를 생각해 본다.

해설 • 학생 A: 골지체, 핵, 마이토콘드리아, 라이보솜은 식물 세포와 동물 세포에 모두 있으므로 골지체는 동물 세포와 식물 세포를 구분하는 기준이 될 수 없다. ㉠에 엽록체와 세포벽이 있으므로 식물 세포임을 판단할 수 있다.

• 학생 B: 엽록체에서는 빛에너지를 흡수하여 이산화 탄소와 물을 원료로 탄소 화합물인 포도당을 합성하는 광합성(동화작용)이 일어난다. 마이토콘드리아에서는 탄소 화합물인 유기물을 이산화 탄소와 물로 분해하는 세포호흡(이화작용)이 일어난다.

• 학생 C: 라이보솜에서는 핵 속의 DNA에 저장된 유전정보에 따라 아미노산을 결합하여 단백질을 합성한다.

2 | 전략적 풀이 |

1단계 물질의 이동 방식 A가 무엇인지 파악한다.

2단계 이동 방식 A와 B의 공통점과 차이점을 생각해 본다.

해설 ㄱ. A와 B는 모두 확산이므로 고농도에서 저농도로 물질이 이동한다. 따라서 ⓐ는 '○'이다.

ㄴ. A의 예로 제시된 산소의 이동은 인지질 2중층을 통한 확산이다. 따라서 B는 막단백질을 통한 확산이므로 A에는 없고 B에만 있는 특징 ㉠에 '막단백질을 이용함'이 해당한다.

ㄷ. 인지질 2중층을 직접 통과하는 물질의 경우, 세포 안팎의 농도 차가 클수록 물질의 이동 속도가 증가한다. 따라서 I과 II의 산소 농도 차가 클수록 세포막을 통한 산소의 확산 속도가 빨라 단위 시간당 이동하는 산소의 양이 많아진다.

3 | 전략적 풀이 |

1단계 삼투에 의한 물의 이동 원리를 이해한다.

2단계 세포의 부피 변화를 통해 용액 ㉠~㉢이 각각 무엇인지를 추론한다.

해설 ㄱ. 세포막을 경계로 물은 삼투에 의해 용액의 농도가 낮은 쪽에서 높은 쪽으로 이동한다. 식물 세포의 부피 변화는 삼투에 의한 물의 이동으로 나타난다. 세포에서 물이 많이 빠져나가 원형질분리가 일어난 ㉢은 농도가 가장 높은 10 % 소금물이고, 세포 안으로 물이 많이 들어와 부피가 가장 커진 ㉠은 증류수이다. 부피 변화가 없는 ㉡은 0.9 % 소금물이다.

ㄴ. ㉢에서 세포질의 부피가 감소한 것은 세포 안으로 이동한 물의 양이 세포 밖으로 이동한 물의 양보다 적기 때문이다.

ㄷ. 세포막을 경계로 물의 이동이 일어나 세포의 모습이 달라지는 것은 삼투에 의해 용액의 농도가 낮은 쪽에서 높은 쪽으로 물이 이동하였기 때문이다.

4 ┤ 전략적 풀이 ├

（1단계） 효소의 작용 원리를 이해한다.

（2단계） 과산화 수소 분해 반응으로 생성되는 물질이 무엇인지를 안다.

（3단계） 실험 결과를 통해 가설의 타당성을 검증하고 결론을 도출한다.

해설 ㄱ. 효소는 활성화에너지를 낮추어 화학 반응을 촉진하는 작용을 한다. 따라서 과산화 수소 분해 반응을 촉진하는 효소(㉠)는 과산화 수소 분해 반응의 활성화에너지를 낮춘다.

ㄴ. 화학 반응이 일어나면 반응물이 감소하고 생성물이 생성된다. 과산화 수소에 증류수나 감자즙을 넣고 기포 생성 여부를 관찰하는 것은 기포(㉡)에 과산화 수소의 분해로 생성되는 물질인 산소(O_2)가 포함되어 있기 때문이다. 산소(O_2)는 공유 결합 물질이다.

ㄷ. 감자즙을 넣은 B에서만 기포가 생성되었으므로 A와 B의 실험 결과를 통해 '감자즙에는 과산화 수소 분해 반응을 촉진하는 효소가 있다.'라는 결론을 도출할 수 있다.

5 ┤ 전략적 풀이 ├

（1단계） A와 B는 물질의 합성과 분해 중 어느 반응에 관여하는 효소인지 파악한다.

（2단계） 반응물과 생성물의 에너지 변화를 통해 A와 B 중 어느 효소에 의한 반응인지 추론한다.

（3단계） 반응의 에너지 변화 그래프에서 효소의 유무에 따른 활성화에너지를 구분한다.

해설 ㄱ. 효소의 주성분은 단백질이고, A와 B는 서로 다른 반응을 촉매하는 효소이므로 A와 B의 입체 구조는 서로 다르다.

ㄴ. A는 물질의 분해(이화작용)에 관여하고, B는 물질의 합성(동화작용)에 관여한다. (나)는 반응물의 에너지가 생성물의 에너지보다 커서 반응이 진행되면서 에너지가 방출되는 물질의 분해(이화작용) 반응을 나타낸 것이므로, ㉠은 A이다.

ㄷ. E는 효소가 없을 때와 효소가 있을 때의 활성화에너지의 차이로, 효소가 없을 때의 활성화에너지와 효소가 있을 때의 활성화에너지는 효소의 농도에 관계없이 일정하다. 따라서 효소(㉠)의 농도가 증가하더라도 E의 값은 일정하다.

6 ┤ 전략적 풀이 ├

（1단계） 효소의 농도에 따라 초기 반응 속도 그래프가 어떻게 달라지는지 파악한다.

（2단계） 초기 반응 속도 그래프가 증가하는 구간과 일정한 구간에서의 효소와 반응물의 결합 정도를 추론한다.

해설 ㄱ. 효소는 반응물과 결합하여 활성화에너지를 낮추므로 반응 속도는 단위 시간당 ㉠의 형성량에 비례한다. 반응물의 농도가 같을 때 X의 농도가 A일 때가 B일 때보다 초기 반응 속도가 빠른 것은 X의 농도가 높아서 반응물과 결합한 ㉠의 양이 많기 때문이다. 따라서 X의 농도는 A가 B보다 높다.

ㄴ. X의 농도가 A일 때, 단위 시간당 ㉠의 형성량은 초기 반응 속도가 느린 S_1일 때가 S_2일 때보다 적다.

ㄷ. X의 농도가 B일 때, 반응물의 농도가 S_3보다 높아지더라도 초기 반응 속도는 일정하다. 이는 ㉠이 더 이상 생성되지 않기 때문이 아니라 X가 모두 반응물과 결합하여 ㉠을 형성하고 있기 때문이다.

7 ┤ 전략적 풀이 ├

（1단계） DNA의 구조적 특징과 염기의 상보결합 원리를 바탕으로 ㉠~㉣을 구분한다.

（2단계） 전사와 번역의 의미를 이해하고, RNA의 염기 서열을 통해 전사에 이용된 DNA 가닥을 찾는다.

（3단계） DNA를 구성하는 각 염기의 비율을 계산한다.

해설 ① DNA를 구성하는 기본 단위체(ⓐ)는 뉴클레오타이드이며, DNA 뉴클레오타이드의 종류는 염기가 다른 4종류이다.

② 전사(ⓑ)는 RNA 뉴클레오타이드를 결합하여 폴리뉴클레오타이드로 합성하는 과정이고, 번역(ⓒ)은 아미노산을 결합하여 단백질로 합성하는 과정이므로 ⓑ와 ⓒ에서 모두 동화작용이 일어난다.

③ RNA(나)에는 없고 DNA(가)에만 있는 ㉡은 타이민(T)이고, ㉡(T)과 상보적으로 결합하는 ㉠은 아데닌(A)이다. 구아닌(G)과 상보적으로 결합하는 ㉢은 사이토신(C)이며, DNA에는 없고 RNA에만 있는 ㉣은 유라실(U)이다.

④ (가)의 가닥 Ⅰ, Ⅱ와 (나)의 염기서열은 다음과 같다.

> (가) DNA Ⅰ: ATGCTAACCA
> (가) DNA Ⅱ: TACGATTGGT
> (나) RNA　 : AUGCUAACCA

(나)의 염기서열은 DNA 가닥 Ⅱ와 상보적이므로 전사에 이용된 DNA 가닥(ⓓ)은 Ⅱ이다.

⑤ DNA 가닥 Ⅰ의 염기서열은 'ATGCTAACCA'로 A 4개, T 2개, G 1개, C 3개로 구성되어 있다. 따라서 $\dfrac{A+T}{G+C}=\dfrac{6}{4}=\dfrac{3}{2}$으로 1보다 크다.

8 ┤ 전략적 풀이 ├

> (1단계) 전사를 통해 만들어진 RNA의 염기서열을 파악한다.
> (2단계) 코돈 표를 이용하여 각 코돈에 해당하는 아미노산을 찾는다.
> (3단계) ㉠과 ㉡의 염기가 각각 바뀔 경우 전사와 번역의 결과를 추론한다.

**해설**

DNA TAC AA[C G[T]C TTA GGA
　　　　　　　㉠　 ㉡

↓

RNA AUG [UUG CAG AAU CCU]
　　　　　　　　(가)

↓

단백질　ⓐ─[ⓔ ─ ⓕ ─ ⓒ ─ ⓖ]
　　　　　　　　(나)

ㄱ. DNA 가닥으로부터 전사된 RNA의 (가) 부분의 염기서열은 'UUGCAGAAUCCU'로, 총 12개의 염기로 이루어진 4개의 코돈이 있으며, 번역을 거쳐 만들어진 단백질의 아미노산 배열 순서는 ⓐ－ⓔ－ⓕ－ⓒ－ⓖ이다.

ㄴ. ㉠이 타이민(T)으로 바뀌면 두 번째 코돈이 UUG에서 UUA로 바뀌지만 지정하는 아미노산이 ⓔ로 같으므로 (나)의 아미노산 배열 순서는 바뀌지 않는다. 형질은 단백질이 특정 기능을 함으로써 나타나고, 단백질의 종류는 아미노산의 배열 순서에 의해 결정된다. 따라서 DNA의 염기가 바뀌더라도 합성되는 단백질의 아미노산 배열 순서가 같으면 정상 단백질이 형성되어 정상 형질이 나타난다.

ㄷ. ㉡이 구아닌(G)으로 바뀌면 세 번째 아미노산을 지정하는 코돈이 CAG에서 CCG로 바뀌어 지정하는 아미노산이 ⓖ가 되므로 (나)의 아미노산 배열 순서는 ⓔ－ⓖ－ⓒ－ⓖ이다. 따라서 (나)는 3종류의 아미노산으로 이루어진다.

Memo

Ⅰ. 과학의 기초

1 과학의 기초

01 / 과학의 기본량

개념 확인 문제　11쪽

❶ 공간　❷ 규모　❸ 거시　❹ 세슘 원자시계

1 (1) ○ (2) ○ (3) ×　**2** ㉠ 거시, ㉡ 미시　**3** ㄴ, ㄷ
4 (1) ○ (2) × (3) ○

개념 확인 문제　13쪽

❶ 기본량　❷ 길이　❸ 국제단위계(또는 SI)　❹ 유도량　❺ 기본량

1 (1) ○ (2) ○ (3) × (4) ○　**2** ㉠ 온도, ㉡ kg(킬로그램)　**3** (1) ㄱ, ㄷ (2) ㄱ (3) ㄱ, ㄴ　**4** (1) km (2) mg

내신 만점 문제　14쪽~16쪽

01 ㄱ, ㄴ, ㄷ　**02** ④　**03** ⑤　**04** ④　**05** ⑤
06 ③　**07** ①　**08** ⑤　**09** ④　**10** ②　**11** ①
12 ③　**13** ③　**14** ④　**15** ④

서술형 문제　**16** 빛을 쏘아 빛이 반사되어 돌아온 시간을 측정하여 거리를 측정한다.　**17** m는 길이의 단위이고 s는 시간의 단위이므로 속력은 길이와 시간으로부터 유도되었다.

실력 UP 문제　17쪽

01 ③　**02** ④　**03** ④　**04** ④　**05** ④

02 / 측정 표준과 정보

개념 확인 문제　19쪽

❶ 측정　❷ 어림　❸ 측정 표준

1 (1) ○ (2) × (3) ○ (4) ○　**2** 어림　**3** (1) ○ (2) × (3) ○　**4** ㄱ, ㄷ

개념 확인 문제　21쪽

❶ 신호　❷ 정보　❸ 센서　❹ 아날로그　❺ 디지털

1 (1) ○ (2) × (3) ○　**2** 센서　**3** (1) 아 (2) 디 (3) 디 (4) 아 (5) 디　**4** 디지털

내신 만점 문제　22쪽~24쪽

01 ⑤　**02** ④　**03** ③　**04** ③　**05** ③　**06** ④
07 ⑤　**08** ⑤　**09** ③　**10** ⑤　**11** ③　**12** ⑤
13 ②

서술형 문제　**14** ·기온을 측정하여 폭염주의보 발령 지역을 안내한다. ·제한 속도를 안내하고 과속 차량을 단속한다. ·미세 먼지의 농도를 측정하여 행동 요령을 안내한다. ·소리의 세기를 측정하여 공사장의 소음 등을 규제한다. ·혈당량을 측정하여 혈당을 관리한다. 등　**15** 신호는 자연의 변화가 전달되는 것이고, 정보는 자연의 신호를 측정하고 분석하여 유용한 형태로 만든 것이다.

실력 UP 문제　25쪽

01 ③　**02** ③　**03** ②　**04** ③

중단원 핵심 정리　26쪽

❶ 규모　❷ 미시　❸ 거시　❹ 기본량　❺ 없다
❻ 유도량　❼ 측정　❽ 어림　❾ 측정 표준　❿ 신호　⓫ 정보　⓬ 센서　⓭ 아날로그　⓮ 디지털

중단원 마무리 문제　27쪽~29쪽

01 ③　**02** ①　**03** ③　**04** 위성 위치 확인 시스템(또는 GPS)　**05** ③　**06** ㉠ 전류, ㉡ kg(킬로그램), ㉢ K(켈빈)　**07** ②　**08** ②　**09** ⑤　**10** ④
11 ②　**12** ②　**13** ②　**14** ③

중단원 고난도 문제　29쪽

01 ④　**02** ㄷ

Ⅱ. 물질과 규칙성

1 자연의 구성 원소

01 / 우주 초기 원소의 생성

개념 확인 문제　34쪽

❶ 스펙트럼　❷ 연속 스펙트럼　❸ 흡수 스펙트럼
❹ 방출 스펙트럼　❺ 종류　❻ 질량비　❼ 3 : 1

1 (1) ㉠ (2) ㉢ (3) ㉡　**2** (1) (가) (2) (나) (3) (다)
3 ㄴ, ㄹ　**4** (1) × (2) ○ (3) ○　**5** A−C, B−E
6 ㉠ 스펙트럼, ㉡ 흡수선, ㉢ 일치

개념 확인 문제　38쪽

❶ 빅뱅(대폭발) 우주론　❷ 감소　❸ 전자　❹ 양성자
❺ 쿼크　❻ 전자　❼ 헬륨　❽ 수소　❾ 헬륨
❿ 38만 년

1 (1) ○ (2) × (3) ○ (4) ×　**2** (1) × (2) ○ (3) × (4) ○ (5) ○　**3** ㄴ → ㄹ → ㄷ → ㄱ　**4** 쿼크
5 ④　**6** A: 헬륨 원자핵, B: 전자　**7** ㉠ 38만, ㉡ 원자, ㉢ 우주 배경 복사

완자쌤 비법 특강　39쪽

Q1 수소, 헬륨　**Q2** 여러 천체들의 스펙트럼 분석

내신 만점 문제　40쪽~42쪽

01 ③　**02** ㄱ, ㄴ　**03** ⑤　**04** ②　**05** ④
06 ㄱ, ㄷ　**07** ㄱ, ㄴ, ㄷ　**08** ③　**09** ①　**10** ②
11 ①　**12** ③　**13** ③　**14** ㄱ, ㄴ

서술형 문제　**15** (1) 흡수 스펙트럼이다. 태양의 표면에서 방출된 빛이 태양 대기를 통과하면서 대기에 있는 원소가 특정 파장의 빛을 흡수하기 때문에 검은색의 흡수선이 나타난다. (2) 원소의 종류에 따라 흡수선과 방출선의 위치(파장)가 다르게 나타나므로 태양의 스펙트럼과 원소의 스펙트럼을 비교하여 분석하면 태양의 대기를 구성하는 원소의 종류를 알아낼 수 있다.　**16** (1) A. 우주가 팽창하면서 온도가 점차 낮아졌기 때문이다. (2) ㉠ 중성자, ㉡ 양성자　**17** 양성자 1개는 그 자체로 수소 원자핵이고, 양성자 2개와 중성자 2개가 결합하여 헬륨 원자핵이 만들어지므로 수소 원자핵과 헬륨 원자핵의 개수비는 12 : 1이다. 헬륨 원자핵 1개 질량은 수소 원자핵 1개 질량의 약 4배이므로 질량비로 나타내면 약 12 : 4=약 3 : 1이다. 전자의 질량이 매우 작으므로 원자의 질량은 원자핵의 질량과 거의 같기 때문에 현재 우주에 분포하고 있는 수소와 헬륨의 질량비는 약 3 : 1이다.

실력 UP 문제　43쪽

01 ①　**02** ③　**03** ⑤　**04** ①

02 / 지구와 생명체를 구성하는 원소의 생성

개념 확인 문제　46쪽

❶ 원시별　❷ 별　❸ 중력　❹ 핵융합 반응　❺ 탄소
❻ 철　❼ 초신성 폭발

1 (1) × (2) ○ (3) × (4) ○　**2** (1) ○ (2) × (3) ○
3 (1) ㉡ (2) ㉢ (3) ㉠　**4** (1) ㄱ, ㄴ (2) ㄱ, ㄴ, ㄹ, ㅂ (3) ㄷ, ㅁ

개념 확인 문제　49쪽

❶ 원시 태양　❷ 암석　❸ 마그마　❹ 바다　❺ 별
❻ 수소　❼ 핵융합 반응

1 (라) − (가) − (나) − (다)　**2** (1) ○ (2) × (3) ○ (4) ○
3 ㄱ, ㄴ, ㄷ　**4** (가) − (마) − (다) − (라) − (나)　**5** (1) ○ (2) × (3) ○ (4) ○ (5) ×　**6** ㉠ 철, ㉡ 태양의 10배 이상인 별, ㉢ 무거운

완자쌤 비법 특강　50쪽

Q1 초신성 폭발　**Q2** 헬륨

내신 만점 문제　51쪽~54쪽

01 ④　**02** ㄱ　**03** ④　**04** ③　**05** ④　**06** ②
07 ①　**08** ④　**09** ④　**10** ①　**11** ⑤　**12** ③
13 ③　**14** ②　**15** ③　**16** ①
17 (나) − (가) − (다) − (라)　**18** ③　**19** ②
20 ㄴ, ㄷ

서술형 문제　**21** 수소 핵융합 반응이 시작되어 별이 되면 별의 내부 압력과 중력이 평형을 이루기 때문에 별의 크기가 일정하게 유지된다.　**22** 별의 중심부 온도는 상승하고, 크기는 커진다.　**23** 지구에는 구리, 납 등 철보다 무거운 원소들이 존재하며, 이들 원소는 초신성 폭발 과정에서만 생성될 수 있기 때문에 태양계 성운은 초신성 폭발로 인해 형성되었음을 알 수 있다.　**24** 미행성체의 충돌로 발생한 열에 의해 마그마의 바다가 형성되어 상대적으로 밀도가 큰 물질은 중심부로 가라앉아 핵을 형성하였고, 상대적으로 밀도가 작은 물질은 떠올라 맨틀을 형성하였기 때문이다.

01 ③   **02** ②   **03** ⑤   **04** ②

중단원 핵심 정리   56쪽

❶ 흡수 ❷ 종류 ❸ 스펙트럼 ❹ 3 : 1 ❺ 감소(하강) ❻ 양성자 ❼ 쿼크 ❽ 38 ❾ 원시별 ❿ 수소 ⓫ 철 ⓬ 초신성 폭발 ⓭ 초신성 폭발 ⓮ 원시 태양 ⓯ 기체 ⓰ 원시 지각 ⓱ 핵융합 반응

중단원 마무리 문제   57쪽~60쪽

01 ②   **02** ⑤   **03** ②   **04** ㉠, ㉢이다. ㉠과 ㉢의 방출선이 별 A의 스펙트럼에 나타나는 검은색의 흡수선과 위치(파장)가 일치하기 때문이다.   **05** ①   **06** ⑤   **07** 수소와 헬륨이다. 우주의 온도가 계속 낮아져서 더 무거운 원자핵이 만들어지는 핵합성이 일어나지 못하였기 때문이다   **08** ②   **9** ④   **10** ①   **11** A는 중력이고, B는 내부 압력이다. 중력은 별의 질량에 의해 발생하고, 내부 압력은 수소 핵융합 반응으로 발생한다.   **12** ③   **13** ④   **14** ②   **15** ①   **16** ③   **17** 태양과 가까운 곳에서는 온도가 높아 녹는점이 높은 철, 니켈, 규소 등 무거운 물질들이 남아 미행성체를 형성하여 암석 성분의 지구형 행성이 만들어졌고, 태양으로부터 먼 곳에서는 온도가 낮아 녹는점이 낮은 얼음, 메테인 등 가벼운 물질들이 미행성체를 형성하여 주변의 수소, 헬륨을 끌어당겨 기체 성분의 목성형 행성이 만들어졌기 때문이다.   **18** ①   **19** ③

중단원 고난도 문제   61쪽

01 ⑤   **02** ①   **03** ③   **04** ①

2 물질의 규칙성과 성질

01 원소의 주기성

개념 확인 문제   67쪽

❶ 주기율표 ❷ 주기 ❸ 족 ❹ 금속 ❺ 비금속 ❻ 알칼리 금속 ❼ 수소 ❽ 할로젠

1 (1) 금속 (2) 비금속 (3) 금속 (4) 비금속 (5) 금속   **2** 금속 원소: (나), (마), (바), 비금속 원소: (가), (다), (라)   **3** (1) × (2) ○ (3) × (4) ○ (5) ○   **4** A: 알칼리 금속, B: 할로젠   **5** (1) × (2) ○ (3) ○ (4) × (5) ○   **6** (1) ○ (2) ○ (3) × (4) ×

개념 확인 문제   70쪽

❶ 전자 ❷ 양성자 ❸ 원자 번호 ❹ 8 ❺ 원자가 전자 ❻ 원자가 전자 ❼ 전자 껍질 ❽ 원자가 전자

1 (1) × (2) ○ (3) ○   **2** (1) ○ (2) × (3) ○ (4) ○   **3**

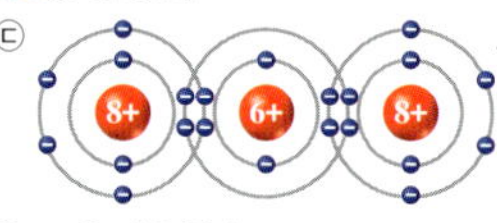

4 ㉠ 6, ㉡ 2, ㉢ 4, ㉣ 2, ㉤ 14   **5** ㄷ, ㄹ

Q1

구분	알칼리 금속	
	리튬(Li)	나트륨(Na)
원자 번호	3	11
전자 수	3	11
원자 모형	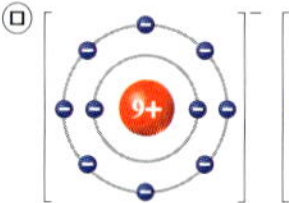	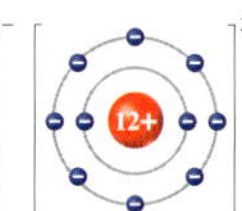
전자가 들어 있는 전자 껍질 수	2	3
원자가 전자 수	1	1
주기와 족	2주기 1족	3주기 1족

구분	할로젠	
	플루오린(F)	염소(Cl)
원자 번호	9	17
전자 수	9	17
원자 모형		
전자가 들어 있는 전자 껍질 수	2	3
원자가 전자 수	7	7
주기와 족	2주기 17족	3주기 17족

Q2

구분	A	B	C	D
전자가 들어 있는 전자 껍질 수	1	2	3	4
원자가 전자 수	0	0	2	2
주기와 족	1주기 18족	2주기 18족	3주기 2족	4주기 2족

➡ A와 B는 18족 원소이고, C와 D는 2족 원소이므로 각각 화학적 성질이 비슷하다.

내신 만점 문제   72쪽~74쪽

01 ⑤   **02** ②   **03** ①   **04** ⑤   **05** ④   **06** ③   **07** ⑤   **08** ③   **09** ①   **10** ③   **11** ①   **12** 8   **13** ⑤   **14** ㄴ, ㄷ

서술형 문제 **15** (1) 붉은색으로 변한다. 알칼리 금속인 리튬(Li)이 물과 반응한 후 수용액은 염기성을 띠기 때문이다. (2) 나트륨(Na)과 칼륨(K), 리튬, 나트륨, 칼륨은 주기율표의 1족에 속하는 금속 원소이며, 같은 족 원소는 화학적 성질이 비슷하기 때문이다.   **16** 원자 번호가 증가함에 따라 원자가 전자 수가 주기적으로 변하기 때문이다.

실력 UP 문제   75쪽

01 ④   **02** ③   **03** ③   **04** ③

02 화학 결합과 물질의 성질

개념 확인 문제   79쪽

❶ 18 ❷ 화학 결합 ❸ 이온 ❹ 공유

1 (1) ○ (2) ○ (3) × (4) ×   **2** (1) ○ (2) ○ (3) ×   **3** ㉠ 2, ㉡ 1, ㉢ 1   **4** (1) ㉠ 공유, ㉡ 이온 (2) 아르곤(Ar) ㉢ 네온(Ne)   **5** (가) 2 (나) 4   **6** ㄴ, ㄹ

Q1 ㉠ 2, ㉡ 마그네슘 이온(Mg^{2+}), ㉢ 1, ㉣ 플루오린화 이온(F^-),

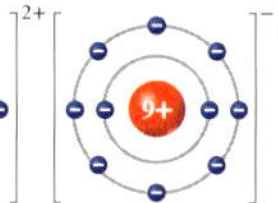

㉤ 1 : 2, ㉥ MgF_2

Q2 ㉠ 4, ㉡ 2.

㉢

㉣ 4, ㉤ 네온(Ne)

개념 확인 문제   83쪽

❶ 이온 ❷ 공유 ❸ 없고 ❹ 있다 ❺ 없다

1 (1) × (2) ○ (3) ○ (4) ×   **2** (1) ○ (2) ○ (3) ×   **3** (가) ㄷ, ㄹ, ㅁ (나) ㄱ, ㄴ, ㅂ   **4** (1) ㉠ (가), ㉡ (나) (2) 없다 (3) ㉠ 없고, ㉡ 있다   **5** (1) (가) 포도당 (나) 염화 칼슘 (2) 없음

내신 만점 문제   84쪽~86쪽

01 ㄱ   **02** ③   **03** ㄱ, ㄴ, ㄷ   **04** ①   **05** ③   **06** ④   **07** ③   **08** ③   **09** ③   **10** ②   **11** ⑤   **12** ③   **13** ②

서술형 문제 **14** (1) AB: 공유 결합, CB: 이온 결합 (2) CB는 이온 결합 물질이며 수용액 상태에서 이온이 자유롭게 이동할 수 있으므로 전기 전도성이 있다.   **15** (가)는 비금속 원소로 이루어지므로 공유 결합으로 생성되고, (나)는 금속 원소와 비금속 원소로 이루어지므로 이온 결합으로 생성된다.

실력 UP 문제   87쪽

01 ③   **02** ⑤   **03** ⑤   **04** ③

03 지각과 생명체 구성 물질의 규칙성 (1)

개념 확인 문제   90쪽

❶ 규소 ❷ 탄소 ❸ 기본 단위체(단위체) ❹ 규산염 ❺ 규산염 사면체 ❻ 판상 ❼ 망상

1 (1) × (2) ○ (3) ○   **2** A: 산소, B: 규소   **3** (1) × (2) ○ (3) × (4) ×   **4** (1) ○ (2) × (3) ×   **6** (가) 감람석, (나) 휘석, (다) 흑운모

내신 만점 문제   91쪽~92쪽

01 ③   02 ㄱ, ㄴ, ㄷ   03 ①   04 ②   05 기본 단위체(단위체)   06 ②   07 ①   08 ③   09 ⑤   10 흑운모   11 ①

서술형 문제   12 공통적으로 산소가 가장 많다. 산소는 별의 진화 과정에서 별 내부의 핵융합 반응으로 생성되었다. 13 지각에 풍부한 원소는 산소와 규소이며, 이들이 결합하여 만든 규산염 사면체를 기본 단위체로 하여 서로 다른 결합 방식을 가진 다양한 규산염 광물들이 존재할 수 있다. 14 석영이다. 감람석은 독립형 구조이지만, 석영은 망상 구조로 규산염 사면체 사이에 공유하는 산소 수가 많아 결합 구조가 복잡하기 때문에 석영이 감람석보다 풍화에 강하다.

실력 UP 문제   93쪽

01 ①   02 ⑤   03 ②   04 ②

04 / 지각과 생명체 구성 물질의 규칙성 (2)

개념 확인 문제   96쪽

❶ 탄소 화합물 ❷ 기본 단위체 ❸ 아미노산 ❹ 폴리펩타이드 ❺ 단백질 ❻ 펩타이드 ❼ 아미노산

1 ㄴ, ㄷ, ㄹ   2 (1) × (2) ○ (3) ○   3 (1) ○ (2) × (3) ○   4 단백질   5 ㉠ 물(H_2O), (가) 펩타이드결합   6 ㉠ 배열 순서, ㉡ 입체 구조   7 (1) ○ (2) ○ (3) × (4) ○

개념 확인 문제   99쪽

❶ 뉴클레오타이드 ❷ 디옥시라이보스 ❸ T ❹ 라이보스 ❺ U ❻ 공유 ❼ 수소 ❽ T ❾ C ❿ 상보

1 뉴클레오타이드, ㉠ 당, ㉡ 염기   2 (1) × (2) × (3) ○   3 (1) ㄱ, ㄹ (2) ㄷ, ㅁ, ㅇ (3) ㄴ, ㅂ, ㅅ   4 (1) DNA (2) 인산 (3) 사이토신(C)   5 CATGGTACGTA   6 (1) ○ (2) ○ (3) ×

내신 만점 문제   100쪽~102쪽

01 ③   02 ①   03 ②   04 ③   05 ②   06 ①   07 ⑤   08 ⑤   09 ④   10 ③   11 ⑤   12 ③   13 ③   14 ③

서술형 문제   15 아미노산은 20종류이지만 아미노산의 종류와 수 및 배열 순서에 따라 입체 구조가 달라지며, 입체 구조에 따라 단백질의 기능이 결정되므로 다양한 종류의 단백질이 만들어진다. 16 A: 4개, T: 4개, G: 6개, C: 6개, 이중나선구조인 X는 DNA이고, DNA에서 아데닌(A)의 개수가 4개이므로 상보결합을 하는 타이민(T)의 개수도 4개이다. 나머지 12개의 염기 중에서 상보결합을 하는 구아닌(G)과 사이토신(C)의 개수는 각각 6개이다. 17 •DNA의 당은 디옥시라이보스이고, RNA의 당은 라이보스이다. •DNA는 염기 A, G, C, T을 가지고, RNA는 염기 A, G, C, U을 가진다. •DNA는 유전정보를 저장하고, RNA는 유전정보 전달 및 단백질합성에 관여한다. 18 (1) (가) 뉴클레오타이드, (나) 아미노산 (2) (가) 4종류, (나) 20종류 (3) DNA(가)에서 기본 단위체인 뉴클레오타이드가 결합하는 순서에 따라 염기서열이 다양한 DNA가 형성되며, DNA 염기서열에 따라 서로 다른 유전정보가 저장될 수 있다.

실력 UP 문제   103쪽

01 ①   02 ①, ④   03 ①   04 ⑤

05 / 물질의 전기적 성질

개념 확인 문제   107쪽

❶ 전기력 ❷ 자유 전자 ❸ 순수 반도체 ❹ 공유 결합 ❺ 3 ❻ n ❼ 다이오드 ❽ 발광 다이오드 ❾ 부도체 ❿ 반도체

1 (1) 도 (2) 반 (3) 부   2 (1) ○ (2) × (3) ×   3 (1) × (2) ○ (3) ×   4 ㉠ 증폭, ㉡ 스위치   5 (1) × (2) × (3) ○   6 ㄷ, ㄹ

내신 만점 문제   108쪽~110쪽

01 ②   02 ①   03 ③   04 ⑤   05 ④   06 ①   07 ①   08 ②   09 ④   10 ③   11 ⑤   12 ⑤

서술형 문제   13 (1) n형 반도체 (2) n형 반도체는 불순물 원소의 원자가 전자 4개가 공유 결합을 하고 전자 1개가 남는 반도체로, 전압을 걸면 남은 전자는 자유 전자가 되어 전류가 흐르게 된다. (3) 순수 반도체를 구성하는 원소의 원자가 전자는 모두 공유 결합을 하고 있어 자유 전자가 매우 적으므로 전압을 걸어도 전류가 잘 흐르지 않는다. 14 부도체는 제품을 외부 충격으로부터 보호하고, 반도체는 손가락의 미세한 전류를 인지하거나 빛을 방출시킨다.

실력 UP 문제   111쪽

01 ④   02 ⑤   03 ③   04 ②

중단원 핵심 정리   112쪽~114쪽

❶ 금속 ❷ 비금속 ❸ 원자 번호 ❹ 1 ❺ 수소 ❻ 17 ❼ 2 ❽ 8 ❾ 원자가 전자 ❿ 원자가 전자 ⑪ 8 ⑫ 양이온 ⑬ 음이온 ⑭ 이온 ⑮ 공유 ⑯ 없다 ⑰ 있다 ⑱ 없다 ⑲ 규소 ⑳ 탄소 ㉑ 규산염 사면체 ㉒ 쪼개짐 ㉓ 20 ㉔ 펩타이드 ㉕ 폴리펩타이드 ㉖ 1 : 1 : 1 ㉗ 폴리뉴클레오타이드 ㉘ 도체 ㉙ 부도체 ㉚ 반도체 ㉛ n ㉜ p ㉝ 정류 ㉞ 빛

중단원 마무리 문제   115쪽~119쪽

01 ③   02 ③   03 ㄴ, ㄷ   04 ②   05 ①   06 ③   07 ⑤   08 수소 원자와 산소 원자가 공유 결합을 하면 수소는 헬륨과 같은 전자 배치를 이루고, 산소는 네온과 같은 전자 배치를 이루므로 원자 상태에 비해 안정해진다. 09 ①   10 ㉠은 Cl^-이고, ㉡은 Na^+이다. 수용액 상태에서 전류를 흘려 주면 ㉠은 (+)극 쪽으로, ㉡은 (−)극 쪽으로 이동한다. 11 ④   12 ④   13 ③   14 석영이다. 규산염 사면체를 이루는 모든 산소가 다른 규산염 사면체와 공유하여 결합하고 있으므로 방향성 없이 깨지는 성질이 나타난다. 15 ④   16 A, B   17 ④   18 ⑤   19 ④   20 (1) ATGCTTCG (2) DNA를 구성하는 두 가닥의 폴리뉴클레오타이드는 염기 사이의 수소결합으로 연결된다. 이때 A은 T과, G은 C과 상보적으로 결합한다. 21 ①   22 ⑤   23 ①   24 ④   25 절연 장갑은 전기 작업 중 작업자의 몸에 전류가 흐르는 것을 방지하기 위해 전기 전도성이 낮은 부도체로 만들기 때문이다. 26 ⑤

중단원 고난도 문제   120쪽~121쪽

01 ②   02 ③   03 ①   04 ③   05 ⑤   06 ③   07 ②   08 ⑤

III. 시스템과 상호작용

1 지구시스템

01 / 지구시스템의 구성과 상호작용

개념 확인 문제   128쪽

❶ 지구시스템 ❷ 지각 ❸ 기온 ❹ 수온 약층 ❺ 외권 ❻ 상호작용 ❼ 에너지

1 (가) ㉢, (나) ㉠, (다) ㉡, (라) ㉤, (마) ㉣   2 (1) × (2) ○ (3) ○ (4) ×   3 (1) A: 대류권, B: 성층권, C: 중간권, D: 열권 (2) D   4 (1) ㉠ 혼합층, ㉡ 수온 약층, ㉢ 심해층 (2) ㉡ (3) ㉢   5 외권   6 (가) ㉠, (나) ㉢, (다) ㉡, (라) ㉤, (마) ㉣

개념 확인 문제   131쪽

❶ 태양 ❷ 평형 ❸ 태양 ❹ 잠열 ❺ 평형 ❻ 지권 ❼ 일정

1 (1) ○ (2) × (3) ×   2 (가) ㉡, (나) ㉢, (다) ㉡, (라) ㉠, (마) ㉠   3 (1) × (2) × (3) ○   4 ㄱ, ㄴ   5 (1) ○ (2) ○ (3) ○ (4) ×   6 (가) ㉣, (나) ㉢, (다) ㉡, (라) ㉠

내신 만점 문제   132쪽~135쪽

01 ②   02 ④   03 ㄴ   04 ⑤   05 ①   06 ①   07 ⑤   08 ③   09 ①   10 ②   11 ④   12 ①   13 (가) 태양 에너지, (나) 지구 내부 에너지   14 ③   15 ③   16 ㉠ 25, ㉡ 9   17 (다)   18 ③   19 ⑤

서술형 문제   20 (1) A: 해수, B: 빙하 (2) 지구가 일정한 온도를 유지하는 데 기여한다. 물에는 생명체에게 필수적인 성분들이 녹아 있어 이를 제공해 주는 역할을 한다. 21 A는 기권, B는 지권, C는 수권, D는 생물권이고, ㉢에 들어갈 적절한 예는 광합성(또는 호흡)이다. 22 (1) (가) 생물권, (나) 기권 (2) A는 생물권(가)에서 지권으로 탄소가 이동하는 예이므로 화석 연료 생성(또는 석회암 생성)이다.

실력 UP 문제   136쪽~137쪽

01 ④   02 ①   03 ①   04 ⑤   05 ③   06 ④   07 ②   08 ④

02 / 지권의 변화와 영향

개념 확인 문제   140쪽

❶ 변동대 ❷ 판 구조론 ❸ 암석권 ❹ 연약권 ❺ 판 ❻ 작 ❼ 경계 ❽ 맨틀 ❾ 지구 내부

1 (1) ○ (2) ○ (3) × (4) ×   2 ㉠ 대륙, ㉡ 해양, ㉢ 암석권, ㉣ 연약권   3 (1) ○ (2) × (3) × (4) ○   4 (1) 암석권 (2) 경계 (3) 맨틀 대류   5 ㄱ, ㄴ   6 (1) ○ (2) ×

개념 확인 문제 — 145쪽

❶ 발산형 **❷** 수렴형 **❸** 보존형 **❹** 해령 **❺** 해구
❻ 변환 단층 **❼** 광합성 **❽** 지진

1 (가) ㄷ, (나) ㄱ, (다) ㄴ   **2** (1) ◯ (2) ✕ (3) ✕
3 ㉠ 큰, ㉡ 작은, ㉢ 해구, ㉣ 깊어   **4** (가) ㉡, (나) ㉠,
(다) ㉢   **5** (1) ◯ (2) ✕

완자쌤 비법 특강 — 146쪽

Q1 ⑤, ⑥, 판이 섭입한다.   **Q2** ⑥

내신 만점 문제 — 147쪽~150쪽

01 ① **02** ③ **03** ② **04** ㄱ **05** ② **06** ④
07 ⑤ **08** ④ **09** ⑤ **10** ④ **11** ㄴ
12 ㄱ, ㄴ **13** ③ **14** ④ **15** ③ **16** ㄴ
17 ㄴ, ㄷ **18** ④ **19** ① **20** ③

서술형 문제 **21** 지각 변동은 대부분 판의 경계에서 일어나므로 화산 활동이나 지진 등이 일어나는 변동대는 판의 경계를 따라 좁은 띠 모양으로 분포한다.   **22** (가)에서는 대륙판이 서로 수렴하므로 습곡 산맥이 발달한다. (나)에서는 해양판이 서로 멀어지므로 해령(또는 열곡)이 발달한다. (다)에서는 두 판이 서로 어긋나므로 변환 단층이 발달한다.   **23** (1) 화산재 (2) 기권: 많은 양의 화산재가 대기 상공으로 분출하여 지구의 평균 기온을 하강시켰을 것이다. 생물권: 화산재가 지표로 들어오는 햇빛을 감소시켜 식물의 광합성이 어려워졌을 것이다.

실력 UP 문제 — 151쪽

01 ④ **02** ③ **03** ② **04** ①

중단원 핵심 정리 — 152쪽

❶ 맨틀 **❷** 기온 **❸** 대류권 **❹** 수권 **❺** 수온
약층 **❻** 태양 **❼** 평형 **❽** 이산화 탄소 **❾** 판
의 경계 **❿** 판 **⓫** 연약권 **⓬** 맨틀 **⓭** 발산형
⓮ 천발 지진 **⓯** 습곡 산맥 **⓰** 화산재

중단원 마무리 문제 — 153쪽~156쪽

01 ② **02** ④ **03** ⑤ **04** A: 조력 에너지, B:
지구 내부 에너지, C: 태양 에너지 **05** ① **06** ⑤
07 ㄱ, ㄴ, ㄷ **08** ④ **09** ③ **10** ② **11** 지
권의 탄소가 기권으로 이동하므로 지권의 탄소량은 감소하고 기권의 탄소량은 증가한다. 또한 증가한 기권의 탄소 중 일부가 수권에 녹아들어 수권의 탄소량도 증가한다.
12 ④ **13** ③ **14** 공통점: 지진이 활발하다. 차이점: (가)에서는 화산 활동이 활발하지만, (나)에서는 화산 활동이 거의 일어나지 않는다. **15** ⑤ **16** ㉠ 상승, ㉡
변환 단층, ㉢ 섭입형 **17** ③ **18** ④ **19** ②
20 ① **21** ㉠ 용암, ㉡ 화산재 **22** ④ **23** ㄱ,
ㄴ, ㄷ

중단원 고난도 문제 — 157쪽

01 ② **02** ③ **03** ② **04** ④

2 역학 시스템

01 중력을 받는 물체의 운동

완자쌤 비법 특강 — 162쪽

Q1 이동 거리: 14 m, 변위의 크기: 2 m
Q2 평균 속력: 7 m/s, 평균 속도의 크기: 3 m/s
Q3 20 cm/s^2

완자쌤 비법 특강 — 163쪽

Q1 기울기   **Q2** ㉠ 증가, ㉡ 기울기
Q3 ㄱ, ㄹ   **Q4** ㄴ, ㄷ, ㅁ

개념 확인 문제 — 165쪽

❶ 중력 **❷** 클수록 **❸** 자유 낙하 **❹** 증가 **❺** 등
속 직선 **❻** 등가속도 **❼** 중심

1 ㄱ, ㄷ **2** (1) ◯ (2) ◯ (3) ✕ **3** ㉠ 중력, ㉡ 일정
하게 증가, ㉢ 등속 직선 운동 **4** (1) ✕ (2) ◯ (3) ◯
5 C **6** ㄱ, ㄷ

내신 만점 문제 — 166쪽~168쪽

01 ① **02** ② **03** ⑤ **04** ③ **05** ③ **06** ④
07 ② **08** ① **09** ⑤ **10** ⑤ **11** ② **12** ④
13 ② **14** ③ **15** ③

서술형 문제 **16** c. A, B의 가속도가 같으므로 A, B는 같은 시간 동안 낙하하는 거리가 같다. 따라서 A가 p를 지날 때 B의 위치는 b, c, d 중 하나이다. 또 B는 수평 방향으로는 등속 직선 운동을 하므로 수평 방향으로는 1칸씩 이동한다. 즉, B는 던져진 위치로부터 수평 방향으로 3칸 이동하므로 A가 p를 지나는 순간, B의 위치로 가장 적절한 것은 c이다.   **17** 지구 주위를 도는 인공위성은 지구 중력에 의해 지구 중심 방향의 가속도 운동을 한다. 즉, 인공위성이 수평 방향으로 이동하는 동안 인공위성은 지구로 떨어진다. 이때 지구는 둥글기 때문에 인공위성과 지구 중심 사이의 거리는 일정하게 유지되어 인공위성은 지구로 떨어지지 않고 지구 주위를 공전할 수 있게 된다.

실력 UP 문제 — 169쪽

01 ④ **02** ⑤ **03** ① **04** ①

02 운동과 충돌

개념 확인 문제 — 173쪽

❶ 관성 **❷** 질량 **❸** 운동량 **❹** 충격량 **❺** 충격량
❻ 운동량 **❼** 반비례 **❽** 길게

1 ㄴ, ㄹ **2** 4.5 kg·m/s **3** (1) ◯ (2) ◯ (3) ◯
(4) ✕ **4** 15 kg·m/s **5** (1) 같다 (2) 같다 (3) 같다
(4) 크다 **6** ㄱ, ㄴ, ㄹ, ㅁ

내신 만점 문제 — 174쪽~176쪽

01 ① **02** ⑤ **03** ③ **04** ⑤ **05** ④ **06** ④
07 ② **08** ③ **09** ④ **10** ⑤ **11** ① **12** ①
13 ②

서술형 문제 **14** (1) 120 kg·m/s (2) 운동량의 변화량은 충격량과 같다. B가 받은 충격량의 크기는 120 N·s이므로 B가 받은 평균 힘의 크기 $= \dfrac{\text{충격량의 크기}}{\text{충돌 시간}} = \dfrac{120 \text{ N·s}}{2 \text{ s}}$ $= 60$ N이다.   **15** 충격량은 평균 힘과 충돌 시간의 곱이므로 충격량이 같을 때 충돌 시간이 더 짧은 단단한 바닥에 떨어진 풍선이 더 큰 힘을 받기 때문이다.

실력 UP 문제 — 177쪽

01 ② **02** ① **03** ⑤ **04** ③

중단원 핵심 정리 — 178쪽

❶ 클수록 **❷** 지구 중심 **❸** 증가 **❹** 등가속도
❺ 일정 **❻** 등가속도 운동 **❼** 가속도 **❽** 등속 직
선 운동 **❾** 속도 **❿** 변화량 **⓫** 충격량 **⓬** 반
비례 **⓭** = **⓮** 길게

중단원 마무리 문제 — 179쪽~182쪽

01 ① **02** ⑤ **03** ⑤ **04** ③ **05** ④ **06** ④
07 ② **08** ② **09** 휴지를 빠르게 잡아당기면 휴지는 정지해 있으려는 관성 때문에 휴지가 풀어지지 않고 끊어진다. **10** ① **11** ⑤ **12** 대포의 포신이 길면 포탄이 힘을 받는 시간이 길어져 포탄이 받는 충격량이 커지므로 포탄의 운동량의 변화량이 커지기 때문이다.
13 ④ **14** ① **15** (1) B (2) B, 힘-시간 그래프에서 그래프 아랫부분의 넓이는 충격량과 같다. 충격량은 운동량의 변화량과 같으므로 B가 A보다 운동량의 변화량의 크기가 크다. 처음 두 면봉은 정지한 상태이므로 처음 운동량은 0으로 같다. 따라서 운동량의 변화량의 크기는 나중 운동량의 크기와 같으므로 면봉이 빨대를 빠져나오는 순간, 운동량의 크기는 B가 A보다 크다. 운동량=질량×속도이다. 이때 두 면봉의 질량이 같으므로 면봉이 빨대를 빠져나오는 순간, 속력은 B가 A보다 크다. **16** ② **17** ④
18 두 달걀이 받은 충격량이 같으므로 달걀이 받은 평균 힘의 크기는 충돌 시간에 반비례한다. 바닥에 떨어진 달걀은 방석에 떨어진 달걀보다 충돌 시간이 짧으므로 더 큰 힘을 받아 깨진다. **19** ③

중단원 고난도 문제 — 183쪽

01 ④ **02** ④ **03** ⑤ **04** ①

3 생명 시스템

01 생명 시스템의 기본 단위

개념 확인 문제 — 188쪽

❶ 생명 시스템 **❷** 기관 **❸** 핵 **❹** 라이보솜
❺ 골지체 **❻** 엽록체 **❼** 마이토콘드리아 **❽** 세포막
❾ 세포벽

1 (1) ◯ (2) ◯ (3) ✕ (4) ◯ **2** (1) ✕ (2) ◯ (3) ✕
3 엽록체, 세포벽 **4** A: 엽록체, B: 핵, C: 라이보솜, D:
마이토콘드리아, E: 세포막 **5** C **6** (가) A (나) D
7 ㉠ 핵, ㉡ 라이보솜, ㉢ 소포체, ㉣ 골지체

완자

정확한 **답**과 친절한 **해**설

정답친해

통합과학 1

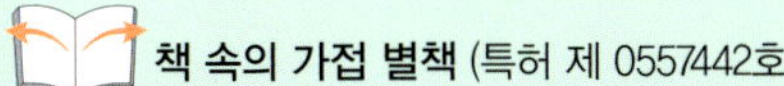
책 속의 가접 별책 (특허 제 0557442호)

'정답친해'는 본책에서 쉽게 분리할 수 있도록 제작되었으므로
유통 과정에서 분리될 수 있으나 파본이 아닌 정상제품입니다.

완자

정답친해

통합과학 1

과학의 기초

1 과학의 기초

01 / 과학의 기본량

11쪽

❶ 공간　❷ 규모　❸ 거시　❹ 세슘 원자시계

1 (1) ○ (2) ○ (3) ×　**2** ㉠ 거시, ㉡ 미시　**3** ㄴ, ㄷ
4 (1) ○ (2) × (3) ○

1 (3) 자연에서 일어나는 현상은 시간과 공간의 규모가 다양하므로 자연 현상을 탐구할 때는 자연 현상의 규모에 따라 적절한 방법으로 시간과 공간을 측정해야 한다.

2 자연 세계는 원자 수준의 아주 작은 규모의 세계인 미시 세계와 미시 세계보다 훨씬 큰 규모의 세계인 거시 세계로 구분할 수 있다.

3 ㄱ. 태양의 위치를 기준으로 시간을 측정하는 것은 과거에 사용했던 방법이다.
ㄴ, ㄷ. 현대에는 세슘 원자시계를 이용하여 시간을 정밀하게 측정하고, 빛을 쏘아 길이를 정밀하게 측정한다.

4 (1) 위성 위치 확인 시스템(GPS)은 위성에서 보낸 신호를 GPS 수신기가 분석하여 위치를 측정하는 기술이다.
(2) 전자 현미경을 이용하여 광학 현미경보다 높은 확대율로 나노 단위로 물체를 관찰하고 분석할 수 있다.
(3) 제임스 웹 우주 망원경을 이용하여 멀리 있는 천체의 나이와 거리를 더 정확하게 측정할 수 있다.

13쪽

❶ 기본량　❷ 길이　❸ 국제단위계(또는 SI)　❹ 유도량　❺ 기본량

1 (1) ○ (2) ○ (3) × (4) ○　**2** ㉠ 온도, ㉡ kg(킬로그램)
3 (1) ㄱ, ㄷ (2) ㄱ (3) ㄱ, ㄴ　**4** (1) km (2) mg

1 (2) 기본량은 시간, 길이, 질량, 전류, 온도, 광도, 물질량으로, 총 7개가 있다.
(3) 기본량은 다른 물리량을 활용하여 표현할 수 없다.

2 ㉠ K(켈빈)은 온도의 단위이다.
㉡ 질량의 단위는 kg(킬로그램)이다.

3 (1) 속력은 이동 거리를 시간으로 나누어 나타낼 수 있으므로 속력의 단위는 길이의 단위인 m와 시간의 단위인 s를 이용하여 m/s로 나타낸다.
(2) 부피는 길이를 이용하여 나타낼 수 있으므로 부피의 단위는 길이의 단위인 m를 이용하여 m^3로 나타낸다.
(3) 밀도는 질량을 부피로 나누어 나타낼 수 있으므로 밀도의 단위는 질량의 단위인 kg을 부피의 단위인 m^3로 나누어 kg/m^3로 나타낸다.

4 (1) 1000 m는 1000을 뜻하는 k(킬로)를 붙여 1 km로 나타낼 수 있다.
(2) 0.001 g은 0.001을 뜻하는 m(밀리)를 붙여 1 mg으로 나타낼 수 있다.

14쪽~16쪽

01 ㄱ, ㄴ, ㄷ　**02** ④　**03** ⑤　**04** ④　**05** ⑤
06 ③　**07** ①　**08** ⑤　**09** ④　**10** ②　**11** ①
12 ③　**13** ③　**14** ③　**15** ④　**16** 해설 참조
17 해설 참조

01 ㄱ. 자연 현상은 다양한 크기의 시간과 공간에서 일어나므로 자연을 시간과 공간으로 설명할 수 있다.
ㄴ. 어떤 자연 현상의 크기 범위를 규모라고 하며, 자연에서 일어나는 현상들은 시간 규모와 공간 규모가 매우 다양하다.
ㄷ. 자연 세계는 원자 수준의 아주 작은 규모의 세계인 미시 세계와 미시 세계보다 훨씬 큰 규모의 세계인 거시 세계로 구분할 수 있다.

02 ㉠은 원자, 분자, 이온 등 아주 작은 규모의 세계인 미시 세계이다. ㉡은 나무, 동물, 천체 등 미시 세계보다 훨씬 큰 규모의 세계인 거시 세계이다.
ㄴ. 미시 세계(㉠)는 인간의 감각으로 관찰할 수 없는 세계이고, 거시 세계(㉡)는 인간의 감각으로 관찰할 수 있는 세계이다.
(바로알기) ㄱ. 미시 세계의 시간 규모와 공간 규모는 현대적인 측정 기술이 없었던 과거에는 측정할 수 없었다.

03 ㄱ. 자연을 시간과 공간으로 설명할 수 있으므로 시간과 공간을 정밀하게 측정하는 것은 과학의 기초가 된다.
ㄴ. 자연 세계의 시간과 공간의 규모가 다양하므로 시간과 공간을 측정할 때는 측정 대상의 규모에 따라 적절한 방법을 사용해야 한다.
ㄷ. 빛을 이용하여 길이를 정밀하게 측정하기 위해서는 빛의 속력과 빛이 진행한 시간의 곱으로 빛이 진행한 거리를 구해야 한다. 따라서 정밀한 시간 측정 기술이 필요하다.

04 ㄴ. (다)는 인간의 감각으로 관찰할 수 있는 거시 세계에 해당한다.
ㄷ. 은하의 지름이 적혈구의 지름보다 크므로 공간 규모에서 (라)는 (나)보다 크다.
(바로알기) ㄱ. (가)와 같은 원자 수준의 규모에서는 보통의 자로 길이를 측정할 수 없다.

05 ㄱ, ㄴ. (가)의 레이저 길이 측정기는 빛의 속력이 일정함을 이용하여 빛이 왕복한 시간을 재서 길이를 정밀하게 측정한다. 따라서 (가)를 이용할 때 시간을 정밀하게 측정하는 것이 매우 중요하다.
ㄷ. (나)의 세슘 원자시계는 원자에서 나오는 빛의 진동수를 이용한다. 1초는 세슘 원자에서 나오는 빛이 9,192,631,770번 진동하는 데 걸리는 시간이다.

06 ㄱ. 전자 현미경은 빛을 이용하는 광학 현미경보다 확대율이 높다.
ㄴ. 전자 현미경은 세포보다 작은 원자 수준의 작은 규모의 길이를 측정할 수 있으며, 나노미터 단위의 공간 규모로 물체를 관찰할 수 있다.
(바로알기) ㄷ. 전자 현미경은 원자와 같은 규모를 관찰할 때 이용되며, 우주 규모의 현상을 관찰하는 데는 적합하지 않다.

07 (바로알기) ① 원의 성질을 이용하여 지구의 크기를 측정하는 것은 고대에 에라토스테네스가 수행했던 방법이며, 현대에는 인공위성을 이용하여 지구의 크기를 측정한다.

08 전류, 온도, 광도, 시간은 기본량이고, 농도는 유도량이다.

09 ㄱ, ㄷ. 기본량은 자연 현상을 설명하기 위해 사용하는 물리량 중에서 가장 기본이 되는 양이며, 다른 물리량을 활용하여 표현할 수 없다.
(바로알기) ㄴ. 기본량은 시간, 길이, 질량, 전류, 온도, 광도, 물질량으로, 총 7개가 있다.

10 적혈구의 반지름, 에베레스트산의 높이, 지구에서 달까지의 거리는 모두 길이에 해당한다.

11 ㄱ. 사람마다 팔꿈치에서 가운뎃손가락 끝까지의 길이가 다르므로 1큐빗의 길이는 사람마다 다르다.
(바로알기) ㄴ. 측정한 길이가 큐빗이라는 단위의 몇 배인지 수치로 나타낼 수 있으므로 측정한 길이를 수치와 단위로 나타낼 수 있다.
ㄷ. 사람마다 1큐빗의 길이가 다르므로 같은 길이를 측정할 때의 측정값이 항상 같지는 않다.

12 (바로알기) ③ 온도의 기본 단위는 K(켈빈)이다.

13 ㄱ, ㄴ. 유도량은 기본량으로부터 유도된 물리량이므로 유도량의 단위는 각 유도량을 정의하는 데 사용한 기본량의 단위를 조합하여 나타낼 수 있다.
(바로알기) ㄷ. 모든 유도량은 기본량을 조합하여 유도할 수 있다.

14 • 학생 A: 부피의 단위는 길이의 단위 m를 이용하여 m^3로 나타낸다.
• 학생 B: 속력의 단위는 길이의 단위인 m와 시간의 단위인 s를 이용하여 m/s로 나타낸다.
(바로알기) • 학생 C: 농도의 단위는 온도의 단위를 이용하여 나타낼 수 없다. 농도는 용질의 물질량을 용매의 부피로 나누어 나타낼 수 있으므로 농도의 단위는 물질량의 단위인 mol을 부피의 단위인 m^3로 나누어 mol/m^3로 나타낸다.

15 ④ 밀도는 질량을 부피로 나누어 나타낼 수 있으므로 밀도의 단위는 질량의 단위인 kg을 부피의 단위인 m^3로 나누어 kg/m^3로 나타낸다.
(바로알기)

유도량	단위
① 부피	m^3
② 속력	m/s
③ 가속도	m/s^2
⑤ 농도	mol/m^3

16 빛을 쏘아 빛이 반사되어 돌아온 시간을 측정하여 거리를 측정한다.

채점 기준	배점
빛이 반사되어 돌아온 시간을 측정한다는 내용을 포함하여 옳게 서술한 경우	100 %
빛을 쏘아서 거리를 측정한다고만 서술한 경우	30 %

17 m는 길이의 단위이고 s는 시간의 단위이므로 속력은 길이와 시간으로부터 유도되었다.

채점 기준	배점
속력이 어떤 기본량으로부터 유도되었는지 속력의 단위를 이용하여 옳게 서술한 경우	100 %
속력이 어떤 기본량으로부터 유도되었는지만 쓴 경우	50 %

실력 UP 문제   17쪽

01 ③   **02** ④   **03** ④   **04** ③   **05** ④

01 ㄱ. 항법 위성에서 보내는 전파 신호에는 위치와 시간 정보가 포함되어 있으며, 항법 위성에는 정밀한 원자시계가 이용된다.
ㄴ. 거리는 속력과 시간의 곱이므로 항법 위성과 수신기 사이의 거리는 전파의 속력과 전파의 도달 시간의 곱으로 계산한다.
바로알기 ㄷ. 위성 위치 확인 시스템은 여러 개의 항법 위성에서 오는 신호를 분석하여 수신기의 정확한 위치를 파악한다.

02 ㄴ. (가)의 우주 망원경을 이용하여 멀리 있는 천체의 나이와 거리를 더 정확하게 측정할 수 있다.
ㄷ. (나)의 원자 힘 현미경으로 시료 표면의 원자를 촬영하여 원자의 크기를 측정할 수 있다.
바로알기 ㄱ. (가)는 우주 망원경이므로 원자 규모의 현상을 관찰하는 데는 적합하지 않다.

03 ㄱ. 국제단위계는 전 세계가 공통으로 사용할 수 있는 단위계를 만들기 위한 목적으로 시작하여 국제적인 공동 노력의 결과로 이루어진 표준 단위계이며, 현재 대부분의 국가에서 사용하고 있다.
ㄴ. 기본량의 단위는 빛의 속력, 기본 전하, 플랑크 상수, 아보가드로 상수 등과 같이 시간이 지나도 변하지 않는 기본 상수를 구하는 실험 방법을 사용하여 정의하고 있다.

바로알기 ㄷ. 기본 상수를 구하는 새로운 방법이 발명되면 기본량의 단위에 대한 정의가 변경될 수 있다.

04 ㄱ. 국제단위계와 같이 표준화된 단위는 자연 현상을 설명하거나 비교하는 데 유용하다.
ㄷ. 과학 탐구에서 표준화된 일관된 단위로 측정하고 결과를 정리하면 별도의 단위 환산 없이 계산할 수 있다.
바로알기 ㄴ. 표준화된 단위를 사용하면 정확한 정보를 전달할 수 있어 쉽게 이해할 수 있다.

05 ① 10^{-9}을 뜻하는 접두어는 n(나노)이므로 10^{-9} m$=$ 1 nm(나노미터)이다.
② 10^{-6}을 뜻하는 접두어는 μ(마이크로)이므로 10^{-6} g$=$ 1 μg(마이크로그램)이다.
③ 10^{-3}을 뜻하는 접두어는 m(밀리)이므로 10^{-3} s$=1$ ms(밀리초)이다.
⑤ 10^{6}을 뜻하는 접두어는 M(메가)이므로 10^{6} J $=1$ MJ(메가줄)이다.
바로알기 ④ 10^{2}을 뜻하는 접두어는 h(헥토)이므로 10^{2} Pa$=$ 1 hPa(헥토파스칼)이다.

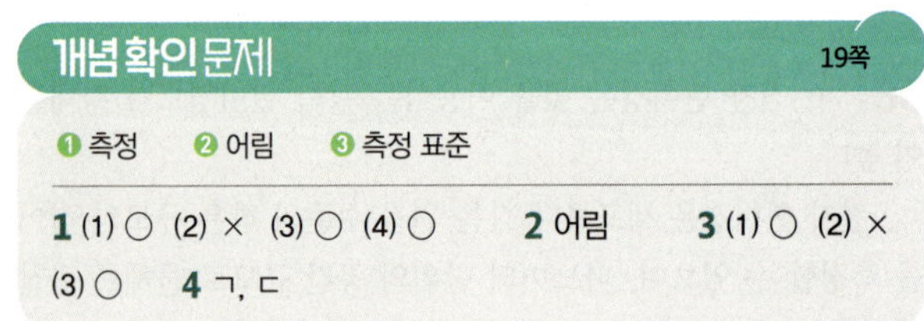

02 / 측정 표준과 정보

개념확인문제   19쪽

❶ 측정   ❷ 어림   ❸ 측정 표준

1 (1) ○ (2) × (3) ○ (4) ○   **2** 어림   **3** (1) ○ (2) ×
(3) ○   **4** ㄱ, ㄷ

1 (1) 측정은 물체의 질량, 길이, 부피 등의 양을 재는 활동이다.
(2), (3) 측정할 때는 적절한 측정 단위와 측정 도구를 사용해야 하며, 측정한 결과는 수치와 측정 단위로 나타낸다.
(4) 측정은 과학 탐구에서 현상을 명확하게 설명하고 정확한 의사소통을 가능하게 한다.

3 (1), (2) 측정 표준은 정확하고 일관성 있는 측정을 위해 만든 과학적 기준으로, 표준화된 측정 단위, 측정 방법, 측정 도구, 표준 물질 등이 있다.
(3) 측정 표준으로 표준화된 단위를 사용하면 서로 다른 단위를 사용해서 생기는 혼란이나 사고를 방지할 수 있다.

4 ㄱ. 측정 표준을 활용하여 혈당 측정기로 혈당량을 측정하고 혈당을 관리한다.
ㄴ. 이마에 손을 대어 체온을 확인하는 것은 기준이 명확하지 않으므로 측정 표준을 활용하는 사례가 아니다.
ㄷ. 자동차 부품을 만들 때 부품의 크기와 성능에 대한 규칙을 정한 측정 표준과 측정 기기를 활용하여 정확하게 만든다.

❶ 신호   ❷ 정보   ❸ 센서   ❹ 아날로그   ❺ 디지털

1 (1) ○ (2) × (3) ○   **2** 센서   **3** (1) 아 (2) 디 (3) 디 (4) 아
(5) 디   **4** 디지털

1 (1), (2) 신호는 자연에서 일어나는 다양한 변화가 전달되는 것으로, 빛, 소리, 지진파와 같은 파동부터 힘, 온도, 압력 등 여러 가지 형태가 있다.

2 다양한 자연의 신호를 감지하여 전기 신호로 변환하는 장치는 센서이다.

3 (1), (4) 아날로그 신호는 연속적으로 변하는 신호로, 빛, 소리, 지진파, 온도 등 자연에서 발생하는 대부분의 신호이다.
(2), (3), (5) 디지털 신호는 0과 1의 이진수로 표시되는 신호로, 컴퓨터, 스마트폰 등 디지털 기기에서 처리하는 신호이다. 디지털 신호는 신호를 저장하거나 재생, 전송하는 데 편리하다.

4 디지털 정보는 저장과 분석이 쉬워 컴퓨터와 같은 다양한 디지털 기기에서 이용되며, 전송하기 쉽기 때문에 정보 통신에 활용된다.

01 ⑤	02 ④	03 ③	04 ③	05 ③	06 ④
07 ⑤	08 ⑤	09 ③	10 ⑤	11 ③	12 ⑤
13 ②	14 해설 참조		15 해설 참조		

01 ㄴ. 측정은 적절한 측정 단위와 측정 도구를 사용하여 측정한 결과를 수치와 측정 단위로 나타낸다.
ㄷ. 측정은 현상을 명확하게 설명하고 정확한 의사소통을 가능하게 한다.
(바로알기) ㄱ. 논리적인 추론으로 근삿값을 얻는 활동은 어림이다.

02 39와 40 사이를 10 등분하여 읽으면 용액의 부피는 39.5 mL이다.
(바로알기) • 학생 A: 용액의 양이 눈금실린더의 눈금과 정확하게 일치하지 않을 때는 눈금 사이를 10 등분하여 읽는다.

03 ③ 어림은 과학적인 사고 과정, 자료, 측정 경험 등을 바탕으로 수행한다.
(바로알기) ① 어림은 과학 탐구에서뿐만 아니라 일상생활에서 측정 도구 없이 양을 대략 가늠할 때나 산업과 과학 연구 분야에서 일어난 문제를 해결할 때에도 활용된다.
② 어림은 근거 없이 막연하게 수행하는 것이 아니라 측정 경험 등을 바탕으로 수행한다.
④ 어림은 방법이나 사람에 따라 차이가 커서 신뢰하기 어렵다.
⑤ 적절한 단위와 도구를 사용한 측정 경험이 많을수록 더 정확하게 어림할 수 있다.

04 ㄱ. A는 단위가 표시된 높이 측정기를 사용하여 건물의 높이를 측정했다.
ㄴ. B는 알고 있는 한 층의 높이와 건물의 층수에 대한 정보를 이용하여 건물의 높이를 가늠했다.
(바로알기) ㄷ. B의 활동은 알고 있는 정보를 이용하여 건물의 높이를 대략 추정하는 것이므로 '어림'에 해당한다.

05 ㄱ, ㄴ. 측정 표준은 정확하고 일관성 있는 측정을 위해 만든 과학적 기준으로, 표준화된 측정 단위, 측정 방법, 측정 도구, 표준 물질 등이 있다.
(바로알기) ㄷ. 측정 표준은 일상생활에서부터 과학 기술, 의료, 산업에 이르기까지 측정이 필요한 다양한 분야에서 유용하게 활용된다.

06 ㄱ. 안내판에서 미세 먼지 농도를 표시하는 단위는 $\mu g/m^3$이다.
ㄷ. 미세 먼지 농도에 대한 안내는 사람들이 야외 활동이나 마스크 착용 여부를 결정하는 데 유용한 정보로 활용된다.
(바로알기) ㄴ. 표준화된 측정 단위를 사용하므로 사람들이 같은 기준으로 미세 먼지 농도에 대한 정보를 활용한다.

07 ㄱ. 측정 표준을 이용하면 서로 다른 단위를 사용하거나 다른 측정 방법을 사용했을 때 발생하는 혼란이나 사고를 방지할 수 있다.

ㄴ, ㄷ. 측정 표준은 정확하고 일관성 있게 측정하려고 만든 과학적 기준이므로 측정 표준을 활용하면 원활한 의사소통과 공정한 거래를 할 수 있고, 측정 표준을 이용하여 제공되는 정보나 연구 결과는 신뢰할 수 있다.

08 ㄱ, ㄴ. 신호는 자연에서 일어나는 다양한 변화가 전달되는 것으로, 빛, 소리, 지진파와 같은 파동부터 힘, 온도, 압력 등 여러 가지 형태가 있다.

ㄷ. 정보는 자연의 신호를 측정하고 분석하여 유용한 형태로 만든 것이다.

09 ㄱ. 사람은 눈이나 코와 같은 감각 기관으로 자연의 신호를 감지하여 필요한 정보를 얻으므로 '감각 기관'이 ㉠에 해당한다.

ㄴ. 스마트폰과 디지털 기기는 센서를 이용하여 자연의 신호를 감지하여 처리하므로 '센서'가 ㉡에 해당한다.

(바로알기) ㄷ. 센서(㉡)는 다양한 자연의 신호를 감지하여 전기 신호로 변환한다.

10 (바로알기)

① 연기 − 화학 센서

② 빛 − 광센서

③ 온도 변화 − 온도 센서

④ 누르는 힘 − 압력 센서

11 ㄱ. 우주 망원경(㉠)에는 우주에서 오는 빛을 감지하는 광센서를 포함한 여러 가지 센서가 있다.

ㄷ. 대폭발에 의한 팽창 등 우주의 생성 과정(㉢)은 우주에서 온 빛 신호를 측정하고 분석하여 얻은 정보이다.

(바로알기) ㄴ. 자연에서 발생하는 빛(㉡)은 연속적으로 변하는 아날로그 신호이다.

12 ㄱ, ㄴ. 스마트 기기로 촬영할 때나 원격 진료를 위해 카메라, 마이크 등을 사용할 때 아날로그 신호인 빛과 소리가 광센서, 소리 센서를 통해 전기 신호로 바뀌고 디지털 신호로 변환되어 처리된 후 사진, 영상, 음성 파일 등으로 생성된다. 따라서 ㉠과 ㉡은 센서를 통해 얻은 정보로 만들어졌고, 디지털 정보로 이루어져 있다.

ㄷ. 사진, 영상, 소리 등의 디지털 정보를 주고받기 위해서 인터넷과 같은 통신망을 이용하므로 (가)와 (나)에 모두 정보 통신 기술이 이용된다.

13 ① 스마트폰으로 인터넷을 통해 공유하는 정보는 디지털 정보이다.

③ 온라인으로 전송하는 음악, 영화 등 다양한 콘텐츠는 디지털 정보이다.

④ 인터넷 뱅킹, 전자 화폐 등으로 금융 및 상품 구매 서비스를 활용할 때 디지털 정보를 주고받는다.

⑤ 원격 교육을 받을 때 사용하는 전자책, 교육 앱은 디지털 정보를 활용한다.

(바로알기) ② 시장에 가서 물건을 현금으로 구매하는 것은 디지털 정보를 활용하는 사례에 해당하지 않는다. 인터넷으로 디지털 형태의 상품 정보를 확인하고 물건을 구입하는 것이 디지털 정보를 활용하는 예라고 할 수 있다.

14 (모범 답안) • 기온을 측정하여 폭염주의보 발령 지역을 안내한다.

• 제한 속도를 안내하고 과속 차량을 단속한다.

• 미세 먼지의 농도를 측정하여 행동 요령을 안내한다.

• 소리의 세기를 측정하여 공사장의 소음 등을 규제한다.

• 혈당량을 측정하여 혈당을 관리한다. 등

채점 기준	배점
측정 표준이 활용되는 사례를 옳게 서술한 경우	100 %
측정 표준이 활용되는 사례를 서술하지 못한 경우	0 %

15 (모범 답안) 신호는 자연의 변화가 전달되는 것이고, 정보는 자연의 신호를 측정하고 분석하여 유용한 형태로 만든 것이다.

채점 기준	배점
제시된 용어를 모두 포함하여 신호와 정보의 의미를 옳게 서술한 경우	100 %
제시된 용어 중 일부만 포함하여 신호와 정보의 의미를 옳게 서술한 경우	50 %

01 ③　　**02** ③　　**03** ②　　**04** ③

01 ㄱ. 자동차 부품을 생산하는 기업들이 정해진 단위를 사용하여 같은 기준으로 정확하게 부품을 만들어야 자동차가 완성될 수 있으므로 측정 장비와 측정 방법을 표준화하여 활용한다.

ㄴ. 정확한 측정 기기를 사용하기 위해서는 인증 표준 물질을 이용하여 측정 기기가 정확한지 주기적으로 확인하고 측정 기기를 교정하는 것이 필요하다.

ㄷ. 부품 생산과 관련된 측정 단위는 표준화된 단위를
사용해야 단위 변환의 번거로움을 없애고 변환 과정에서 발생하
는 오류를 줄일 수 있다.

02 ㄱ. (가)는 혈당 측정기를 이용하여 혈당을 mg/dL 단위로
측정한다.
ㄷ. (나)는 해당 도로에서 운행할 수 있는 최고 속도의 제한 값이
50 km/h라는 것을 안내한다.
(바로알기) ㄴ. 우리나라에서는 자동차의 속도를 km/h 단위로 나
타낸다.

03
꼼꼼 문제 분석

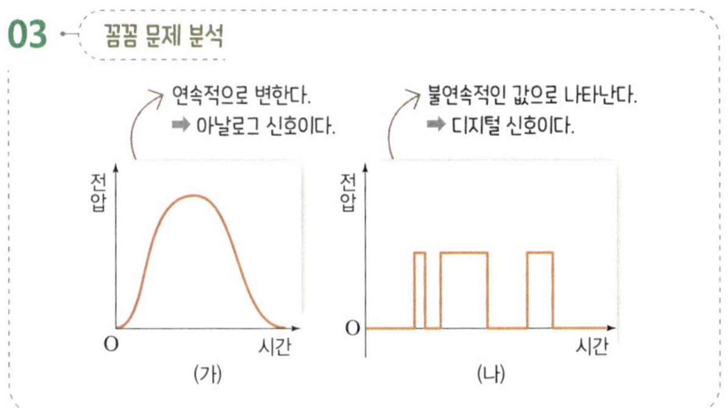

ㄷ. 디지털 신호는 아날로그 신호에 비해 저장에 필요한 용량이
적고, 복사와 편집이 자유롭다.
(바로알기) ㄱ. 컴퓨터로 정보를 처리할 때 이용되는 신호의 형태
는 디지털 신호이다.
ㄴ. 디지털 신호는 아날로그 신호를 일정한 주기로 자르고 그 각
각의 값만 이진수로 표시하여 나타낸 것이므로 원래 신호의 모든
정보를 기록할 수는 없다. 따라서 아날로그 신호를 디지털 신호
로 변환하는 과정에서 정보의 손실이 발생한다.

04
꼼꼼 문제 분석

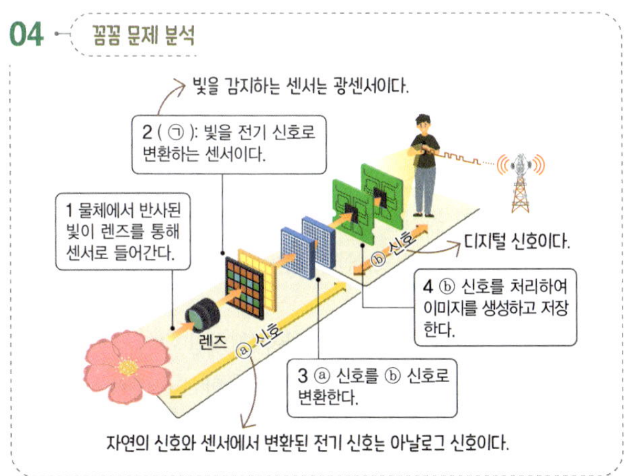

ㄱ. 스마트폰의 카메라 렌즈로 들어온 빛을 광센서가 감지하여
전기 신호로 변환하므로 '광센서'가 ㉠에 해당한다.
ㄷ. ⓑ 신호는 디지털 신호이며 ⓑ 신호를 처리하여 생성한 이미
지는 디지털 정보이다.
(바로알기) ㄴ. ⓐ 신호는 연속적으로 변하는 아날로그 신호이다.

01 ㄱ. 아주 작은 원자에서부터 큰 우주까지 자연 현상이 일어
나는 시간과 공간의 규모는 매우 다양하다.
ㄷ. 자연 현상의 시간과 공간의 규모가 다양하므로 측정 대상의
규모를 고려하여 적절한 방법을 사용해야 한다.
(바로알기) ㄴ. 미시 세계는 원자 수준의 아주 작은 규모이고, 거시
세계는 미시 세계보다 훨씬 큰 규모이다.

02 ㄱ. (가)의 수소 원자와 같이 아주 작은 세계를 미시 세계라
고 한다.
(바로알기) ㄴ. 1 as(아토초)는 10^{-18} s(초)이다. 시간 규모에서
(가)는 (나)보다 작다.
ㄷ. (가)에서는 공간 규모로 nm(나노미터)를 사용하고, (나)에서
는 AU(천문단위)를 사용한다.

03 ㄱ. 시간을 정밀하게 측정하는 현대적 방법은 세슘 원자시
계를 이용하는 것이다. 세슘 원자시계는 중력이나 온도 등 외부
영향을 받지 않아 정확도가 매우 높다.
ㄷ. 길이를 정밀하게 측정하려면 빛을 쏘아 빛이 왕복한 시간을
재야 하므로 정밀한 시계도 필요하다.

ㄴ. 길이를 정밀하게 측정하는 현대적 방법은 빛을 이용하는 것이다.

04 위성 위치 확인 시스템(GPS)은 항법 위성에서 보낸 전파 신호를 GPS 수신기가 분석하여 위치를 파악하는 기술이다.

05 ㄷ. 기본량을 조합하여 부피, 속력, 밀도 등과 같은 유도량을 설명할 수 있다.
ㄱ. 국제단위계는 과학, 기술, 산업, 무역 등 다양한 분야에서 통용되는 단위 체계이다.
ㄴ. 같은 기본량을 서로 다른 단위로 나타내면 혼란을 일으킬 수 있으므로 국제단위계에서는 각 기본량마다 기본 단위를 정해 사용한다.

06 ㉠ A(암페어)는 전류의 단위이다.
㉡ 질량의 단위는 kg(킬로그램)이다.
㉢ 온도의 단위는 K(켈빈)이다.

07 ② 속력은 이동 거리를 시간으로 나누어 나타낼 수 있으므로 속력의 단위는 길이의 단위인 m를 시간의 단위인 s로 나누어 m/s로 나타낸다.

08 ㄷ. 어림은 측정할 때 필요한 측정 도구의 크기와 측정 단위를 선택하는 데 도움이 된다.
ㄱ. 측정은 물체의 질량, 길이, 부피 등의 양을 재는 활동이다.
ㄴ. 어림은 어떠한 양을 추정하는 활동이다.

09 ㄱ. 측정 표준에는 표준화된 측정 단위, 측정 방법, 측정 도구, 표준 물질 등이 있다.
ㄴ. 측정 표준은 정확하고 일관성 있는 측정을 위해 만든 과학적 기준이므로 측정 표준을 이용하면 연구 결과의 신뢰도가 높아지고, 연구 결과의 공유와 연구자 사이의 소통이 원활해진다.
ㄷ. 측정 표준을 이용하여 제공되는 정보는 신뢰할 수 있으며, 일상생활을 안정적이고 편리하게 한다.

10 ① 식품의 잔류 농약을 측정할 때 최대 잔류 수준과 잔류물 분석 방식 등을 정한 측정 표준을 활용한다.
② 스포츠에서 기록 측정 방식, 측정 단위의 정밀도 등을 정한 측정 표준을 활용하여 정확한 기록을 측정한다.
③ 식품 첨가물의 종류와 양을 표시할 때 공식 명칭, 측정 단위, 표시 기준 등을 정한 측정 표준을 활용한다.

⑤ 환자의 상태를 정확히 진단하기 위해 측정 방법, 정상 수치 등을 정한 측정 표준을 활용하여 환자의 체온, 혈압, 혈당, 혈중 산소 농도 등을 측정한다.
④ 맛을 보아 과일의 당도를 비교하는 것은 기준이 명확하지 않으므로 측정 표준을 활용하는 사례와 거리가 멀다.

11 • 학생 B: 디지털 신호는 불연속적인 값으로 나타나는 신호로, 0과 1의 이진수로 표시된다.
• 학생 A: 자연의 신호는 대부분 아날로그 신호이다.
• 학생 C: 컴퓨터와 같은 디지털 기기에 이용되는 정보는 디지털 정보이므로 센서를 이용하여 얻은 신호를 디지털 정보로 산출해야 정보 통신에 활용할 수 있다.

12 ㄷ. 디지털 정보는 저장과 분석이 쉬워 컴퓨터와 같은 다양한 디지털 기기에서 이용되며, 전송하기 쉽기 때문에 정보 통신에 활용된다.
ㄱ. 디지털 신호는 아날로그 신호에 비해 저장과 전송이 쉽다.
ㄴ. 스마트 기기로 촬영할 때 카메라 렌즈를 통과한 빛이 광센서에서 전기 신호로 바뀌고 디지털 신호로 변환되어 처리된 후 사진 파일로 생성된다. 따라서 스마트 기기로 촬영한 사진은 디지털 정보로 이루어져 있다.

13 ① (가) 대기 오염 농도를 측정할 때 센서를 활용한다.
③ (다) 스마트 기기, TV, 전광판 등과 같은 정보 통신 수단을 활용하여 대기 환경 정보를 실시간으로 제공한다.
④ (다) 대기 오염 농도가 높을 때 대기 환경과 관련된 주의보가 발령된다.
⑤ (라) 대기 오염 농도에 따라 마스크 착용과 외출 여부 등을 결정한다.
② (나) 대기 환경 정보 측정망에서 측정하고 분석한 대기 환경 정보는 디지털 형태의 정보로 수집되어 국가 관리 시스템에 활용된다.

14 ㄱ. 지리적으로 멀리 떨어져 있는 환자에게 실시간 맞춤형 처방을 할 때 정보 통신을 활용하여 디지털 정보를 주고받는다.
ㄴ. 빅데이터, 사물 인터넷, 인공지능 등은 디지털 정보를 활용하는 기술이다.
ㄷ. 학교에서 교과서를 활용한 대면 수업과 조별 토론 학습을 수행하는 것을 디지털 정보를 활용하는 사례와 거리가 멀다. 스마트 기기와 인터넷을 이용한 전자책, 교육 앱 등으로 실시하는 교육이 디지털 정보를 활용하는 사례라고 할 수 있다.

01 ④   **02** ㄷ

01   꼼꼼 문제 분석

유도량인 속력을 나타내는 단위이다.

기압의 크기를 나타내는 단위이며, 1 hPa=100 Pa이다.

> 제6호 태풍의 중심 기압은 980 hPa이고, 중심 최대 풍속은 35 m/s, 강풍 반경은 310 km일 것으로 전망된다. 내일 아침 최저 기온은 23 °C~27 °C, 낮 최고 기온은 29 °C~34 °C로 예상된다.

온도를 나타내는 단위이며, 국제단위계에서 온도의 기본 단위는 K이다.

길이를 나타내는 단위이며, 국제단위계에서 길이의 기본 단위는 m이다.

선택지 분석

✗ m/s, km, °C는 모두 국제단위계에서 정한 기본량의 단위이다. <u>단위가 아니다.</u>

ⓛ hPa은 기압의 크기에 대한 측정 표준으로 사용되는 단위이다.

ⓒ 980 hPa=98000 Pa이다.

전략적 풀이 ❶ 국제단위계의 기본량과 기본 단위를 파악한다.

ㄱ. m/s, km, °C는 모두 국제단위계에서 정한 기본량의 단위가 아니다.

❷ 측정 표준의 의미를 되짚어 보고, 단위의 접두어 기호의 의미를 파악한다.

ㄴ. hPa(헥토파스칼)은 공기의 압력인 기압의 크기에 대한 측정 표준으로 사용되는 단위이다.

ㄷ. h(헥토)는 10^2을 뜻하는 접두어이므로 980 hPa=98000 Pa이다.

선택지 분석

✗ (가)를 (나)로 바꾸는 과정에서 원래의 정보와 더 비슷하게 기록하려면 신호를 추출하는 시간 간격을 더 <s>길게</s> <u>짧게</u> 한다.

✗ (나)를 다시 아날로그 신호로 바꾸어 재생하면 원래의 신호와 정확하게 일치한다. <u>일치하지는 않는다.</u>

ⓒ (나)의 각각의 값들이 0과 1의 이진수로 변환되어 디지털 기기에서 처리된다.

전략적 풀이 ❶ 아날로그 신호를 디지털 신호로 변환하는 과정을 파악하고, 그 과정에서 원래의 아날로그 신호가 가지고 있던 정보가 손실될 수 있음을 이해한다.

ㄱ. (가)를 (나)로 바꾸는 과정에서 원래의 정보와 더 비슷하게 기록하려면 신호를 추출하는 시간 간격을 더 짧게 해야 한다.

ㄴ. 디지털 신호는 아날로그 신호를 일정한 시간 간격으로 자르고 그 각각의 값만 이진수로 표시하여 나타낸 것이므로 원래 신호의 모든 정보를 기록할 수는 없다. 따라서 (가)를 (나)로 바꾸는 과정에서 정보의 손실이 발생하므로 (나)를 다시 아날로그 신호로 바꾸어 재생하면 원래의 신호와 정확히 일치하지는 않는다.

❷ 디지털 신호의 의미를 파악한다.

ㄷ. (나)의 불연속적인 각각의 값들이 이진수의 디지털 신호로 변환되어 디지털 기기에서 처리된다.

02   꼼꼼 문제 분석

(가)   아날로그 신호이다.

(나)   아날로그 신호를 일정한 시간 간격으로 자른다.
➡ 이후 각각의 값을 0과 1의 이진수로 표시하여 디지털 신호로 변환한다.

물질과 규칙성

1 자연의 구성 원소

01 / 우주 초기 원소의 생성

개념 확인 문제   34쪽

❶ 스펙트럼   ❷ 연속 스펙트럼   ❸ 흡수 스펙트럼   ❹ 방출 스펙트럼   ❺ 종류   ❻ 질량비   ❼ 3 : 1

1 (1) ㉠ (2) ㉢ (3) ㉡   **2** (1) (가) (2) (나) (3) (다)   **3** ㄴ, ㄹ
4 (1) × (2) ○ (3) ○   **5** A−C, B−E   **6** ㉠ 스펙트럼, ㉡ 흡수선, ㉢ 일치

1 (가)는 무지개처럼 넓은 파장에 걸쳐 연속적인 색의 띠가 나타나므로 연속 스펙트럼이다. (나)는 검은 바탕에 몇 개의 밝은색 선(방출선)이 나타나므로 방출 스펙트럼이다. (다)는 연속적인 색의 띠에 검은색 선(흡수선)이 나타나므로 흡수 스펙트럼이다.

2 (1) 고온의 광원에서 방출되는 빛을 관측하면 (가)와 같이 연속 스펙트럼이 나타난다.
(2) 별 주위에 있는 고온의 성운에서 방출하는 빛을 관측하면 성운을 이루는 원소의 기체가 방출하는 특정한 파장의 빛만 스펙트럼에 나타나 (나)와 같은 방출 스펙트럼이 나타난다.
(3) 별의 대기를 통과한 별빛을 관측하면 대기 중의 기체가 특정한 파장의 빛을 흡수하기 때문에 (다)와 같은 흡수 스펙트럼이 나타난다.

3 ㄴ, ㄹ. 원소의 종류에 따라 스펙트럼에 나타나는 선의 위치, 개수, 굵기 등이 다르며, 원소의 밀도에 따라 흡수선의 세기(선폭)가 달라진다. 따라서 별빛의 스펙트럼을 분석하면 구성 원소의 종류와 질량비를 알아낼 수 있다.

4 (1) 스펙트럼에서 같은 원소로 인해 나타나는 흡수선과 방출선의 위치(파장)는 같다.
(2), (3) 불꽃색이 같은 금속 원소라도 각 원소마다 방출 스펙트럼에 나타나는 선의 위치, 개수, 굵기 등이 모두 다르다. 따라서 흡수 스펙트럼과 방출 스펙트럼에 나타나는 흡수선과 방출선은 원소의 고유한 특성이며, 이를 이용하여 관측한 천체의 스펙트럼을 분석하면 천체의 구성 원소들을 알아낼 수 있다.

5 꼼꼼 문제 분석

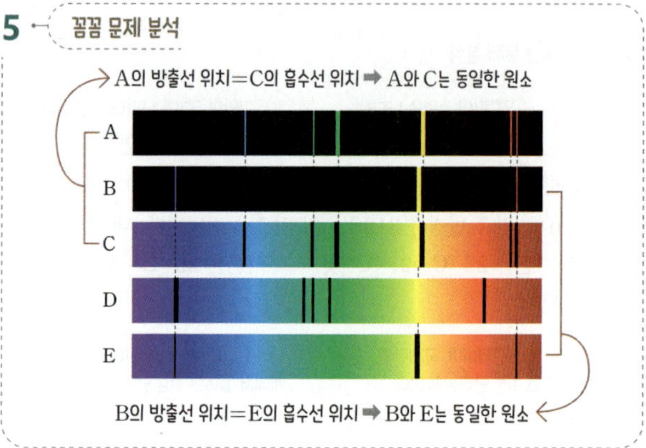

물질을 구성하는 원자가 외부로부터 에너지를 받거나 외부로 에너지를 잃을 때 특정한 파장의 빛이 흡수되거나 방출되어 고유한 스펙트럼이 나타난다. 따라서 동일한 원소는 스펙트럼에서 방출선과 흡수선의 위치(파장)가 같으므로 A는 C와 같은 원소이고, B는 E와 같은 원소이다.

6 우주의 여러 천체들의 스펙트럼을 분석하면 대부분의 천체에서는 수소와 헬륨의 방출선과 위치가 일치하는 흡수선이 나타난다. 이를 통해 우주의 주요 구성 원소가 수소, 헬륨이라는 것을 알아냈다.

개념 확인 문제   38쪽

❶ 빅뱅(대폭발) 우주론   ❷ 감소   ❸ 전자   ❹ 양성자   ❺ 쿼크
❻ 전자   ❼ 헬륨   ❽ 수소   ❾ 헬륨   ❿ 38만 년

1 (1) ○ (2) × (3) ○ (4) ×   **2** (1) × (2) ○ (3) × (4) ○ (5) ○
3 ㄴ → ㄹ → ㄷ → ㄱ   **4** 쿼크   **5** ④   **6** A: 헬륨 원자핵, B: 전자   **7** ㉠ 38만, ㉡ 원자, ㉢ 우주 배경 복사

1 (1) 빅뱅 우주론에 따르면, 우주는 고온 고밀도의 한 점에서 빅뱅(대폭발)이 일어나 급격히 팽창하면서 시작되었다.
(2) 우주가 팽창하는 동안 온도가 계속 낮아졌다.
(3), (4) 기본 입자는 우주 초기에만 생성되었고, 이후 우주의 온도가 낮아지면서 더 이상 생성되지 않았다. 우주가 팽창하는 동안 우주의 전체 질량은 일정하였으므로 우주의 밀도가 감소하였다.

2 (1) 쿼크는 더 이상 분해되지 않는 기본 입자이다.
(2) 양성자와 중성자는 쿼크 3개가 결합하여 만들어진다.

(3) 헬륨 원자핵은 2개의 양성자와 2개의 중성자가 결합하여 만들어진다.

(4), (5) 원자는 양전하를 띠는 원자핵과 음전하를 띠는 전자가 결합하여 만들어진다. 양성자는 양전하를 띠지만, 중성자는 전하를 띠지 않는다.

3 빅뱅 이후 쿼크, 전자(ㄴ) → 양성자, 중성자(ㄹ) → 헬륨 원자핵(ㄷ) → 원자(ㄱ) 순으로 생성되었다.

4 수소 원자핵은 양성자 1개이며, 양성자는 쿼크 3개가 결합하여 만들어진다.

5 헬륨 원자핵이 생성되기 직전, 우주에는 양성자의 수가 중성자의 수보다 많았다. 빅뱅 후 약 3분 뒤에는 2개의 양성자와 2개의 중성자가 결합하여 헬륨 원자핵이 생성되었다. 헬륨 원자핵을 생성하고 남은 양성자는 그 자체가 수소 원자핵이므로, 수소 원자핵과 헬륨 원자핵의 질량비는 약 3 : 1이 되었다.

6 헬륨 원자의 모형은 가운데에 헬륨 원자핵(A)이 있고, 그 주위를 전자(B) 2개가 돌고 있는 구조이다. 헬륨 원자핵은 양성자 2개, 중성자 2개로 구성되어 있다.

7 빅뱅 후 약 38만 년이 지나 우주의 온도가 약 3000 K으로 낮아지자 전자가 원자핵에 붙잡혀 원자가 생성되었다. 중성인 원자가 생성되면서 빛이 진로에 방해를 받지 않고 우주 공간으로 퍼져 나가 우주가 투명해졌다.

완자쌤 비법특강 39쪽

Q1 수소, 헬륨   **Q2** 여러 천체들의 스펙트럼 분석

Q1 빅뱅 이후 약 38만 년 뒤 수소 원자, 헬륨 원자가 생성되면서 우주를 구성하는 원소는 대부분 수소와 헬륨이 되었다.

Q2 우주에 존재하는 여러 천체들의 스펙트럼을 관측하고 이를 분석하면 우주 구성 원소의 종류와 질량비를 알아낼 수 있다.

내신 만점 문제 40쪽~42쪽

01 ③   **02** ㄱ, ㄴ   **03** ⑤   **04** ②   **05** ④   **06** ㄱ, ㄷ
07 ㄱ, ㄴ, ㄷ   **08** ③   **09** ①   **10** ②   **11** ①
12 ③   **13** ③   **14** ㄱ, ㄴ   **15** 해설 참조   **16** 해설 참조
17 해설 참조

01 ① 스펙트럼은 원소의 고유한 특성으로 원소의 종류에 따라 스펙트럼에 나타나는 방출선이나 흡수선의 위치(파장)가 다르다.
② 빛은 파장에 따라 굴절되는 정도가 다르다. 따라서 빛이 분광기를 통과할 때 파장에 따라 나누어져 나타나는 색의 띠를 스펙트럼이라고 한다.
④ 백열전구는 고온의 물체이므로 백열전구에서 나오는 빛을 분광기에 통과시키면 연속 스펙트럼이 나타난다.
⑤ 원소의 종류에 따라 스펙트럼에 나타나는 선의 위치, 개수, 간격, 굵기 등이 다르고, 원소의 밀도가 클수록 방출선 또는 흡수선의 세기(선폭)가 강하게 나타난다. 별빛의 스펙트럼을 관측하여 분석하면 별의 구성 원소의 종류와 질량비를 알아낼 수 있다.
(바로알기) ③ 원소의 종류에 따라 스펙트럼에서 방출선과 흡수선의 위치(파장)가 다르게 나타난다.

02 ㄱ. (가)는 연속 스펙트럼에 검은색의 흡수선이 나타나므로 흡수 스펙트럼이다.
ㄴ. (나)는 방출 스펙트럼으로, 고온으로 가열된 기체가 방출하는 빛을 관측할 때 나타난다.
(바로알기) ㄷ. (가)와 (나)는 흡수선과 방출선이 같은 위치(파장)에서 나타나므로 동일한 원소로 인해 나타나는 스펙트럼이다.

03 ㄱ. 오로라는 태양의 고에너지 입자가 산소, 질소 등 대기의 기체 분자와 충돌하여 다양한 색이 나타나는 것이고, 불꽃놀이는 금속 원소의 종류에 따라 화약 폭발로 가열되었을 때 고유한 색을 나타내는 것이다. 오로라, 불꽃놀이는 고온의 원자에서 특정 파장의 빛을 방출하여 나타나는 방출 스펙트럼과 원리가 같다.
ㄴ. 동일한 원소일 경우에는 스펙트럼에서 방출선과 흡수선의 위치(파장)가 같다.
ㄷ. 우주를 구성하는 여러 천체들을 관측한 스펙트럼을 분석하면 우주를 구성하는 원소의 종류를 알아낼 수 있다.

04 ← 꼼꼼 문제 분석

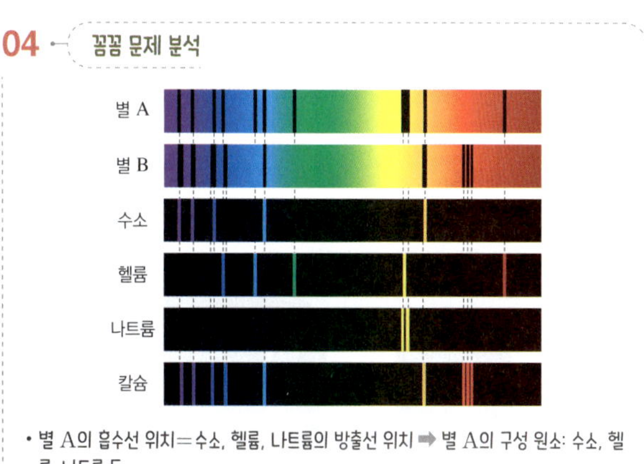

• 별 A의 흡수선 위치=수소, 헬륨, 나트륨의 방출선 위치 ➡ 별 A의 구성 원소: 수소, 헬륨, 나트륨 등
• 별 B의 흡수선 위치=수소, 칼슘의 방출선 위치 ➡ 별 B의 구성 원소: 수소, 칼슘 등

동일한 원소의 스펙트럼에서 나타나는 흡수선과 방출선의 위치(파장)가 같기 때문에 별빛의 스펙트럼을 원소의 스펙트럼과 비교하면 구성 원소를 알아낼 수 있다.

ㄱ. 별 A의 스펙트럼에 나타나는 흡수선과 원소들의 스펙트럼에 나타나는 방출선 위치가 같은 원소를 찾아보면 수소, 헬륨, 나트륨이다. 따라서 별 A를 구성하는 원소는 수소, 헬륨, 나트륨 등이다.

ㄷ. 고온의 별에서 방출된 빛이 대기를 통과할 때 기체가 특정한 파장의 빛을 흡수하여 검은색의 흡수선이 나타나므로 별 A, B는 흡수 스펙트럼으로 나타난다.

(바로알기) ㄴ. 별 B의 스펙트럼에 나타나는 흡수선은 칼슘의 방출선과 일치하므로 별 B에는 칼슘이 존재한다.

ㄹ. 원소의 방출 스펙트럼은 고온의 원소 기체에서 나타난다.

05 ㄴ. 그림은 고온의 별에 의해 가열된 성운(발광 성운)이 방출하는 빛을 관측했을 때 나타나는 방출 스펙트럼이다.

ㄷ. 원소의 종류에 따라 선의 위치가 다르게 나타나므로 성운의 스펙트럼과 원소의 스펙트럼을 비교하여 같은 위치에 선이 나타나는 것을 통해 성운의 구성 원소를 알아낼 수 있다.

(바로알기) ㄱ. 저온의 성운을 통과한 별빛은 흡수 스펙트럼을 나타낸다. 그림은 방출선이 나타나는 방출 스펙트럼으로, 고온의 기체를 구성하는 원소가 특정한 파장의 빛을 방출할 때 나타난다.

06 ㄱ, ㄷ. 빅뱅 이후 우주의 온도가 계속 낮아짐에 따라 수소와 헬륨이 생성되었다. 빅뱅 우주론에서 예측한 우주에 존재하는 수소와 헬륨의 질량비가 실제로 우주를 구성하는 천체들의 스펙트럼으로 관측되었으므로 우주에 존재하는 수소와 헬륨의 질량비가 약 3 : 1인 것은 빅뱅 우주론을 지지하는 증거가 된다.

(바로알기) ㄴ. 우주 전역의 수소와 헬륨은 대부분 빅뱅 이후 우주 초기에 입자의 생성 과정에서 만들어졌다. 이후 별의 내부에서 수소 핵융합 반응이 일어나 수소가 헬륨으로 합성되고 있으므로 수소의 비율이 계속 증가하지 않는다.

07 ┌ 꼼꼼 문제 분석

시간이 지날수록 우주의 크기가 커지고(팽창하고) 우주 전체의 질량이 일정하므로 우주의 밀도가 감소한다. ➡ 빅뱅 우주론을 나타낸 모형

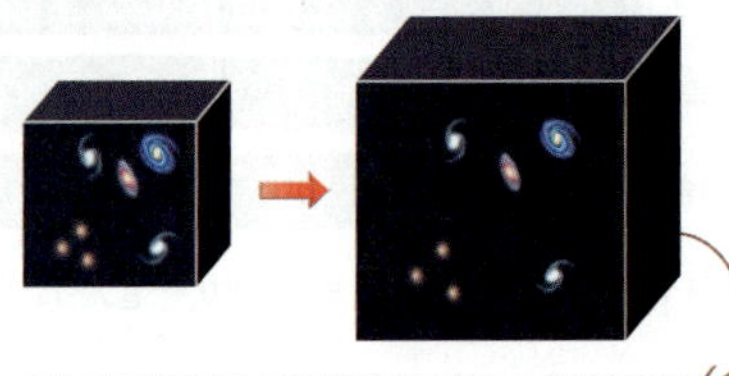

은하 사이의 거리가 점점 멀어지고 있다. ➡ 우주의 팽창

ㄱ. 빅뱅 우주론에서는 시간이 지날수록 은하와 은하 사이의 거리가 점점 멀어지기 때문에 우주가 계속 팽창하고 있다고 설명한다.

ㄴ. 시간이 지날수록 우주는 계속 팽창하고 있으므로 우주의 온도가 낮아질 것이다.

ㄷ. 우주 공간이 팽창하면서 우주를 구성하는 천체들 사이의 거리가 점점 멀어지고 있다.

08 ┌ 꼼꼼 문제 분석

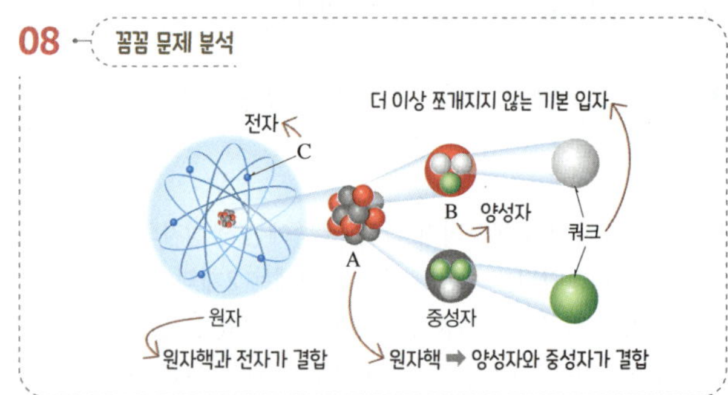

③ 양성자(B)는 양전하를 띠고, 전자(C)는 음전하를 띤다.

(바로알기) ① A는 양성자(B)와 중성자가 결합하여 생성된 원자핵이므로, 양전하를 띤다.

② 쪼개졌을 때 쿼크가 되는 것은 쿼크 3개로 이루어진 양성자(B), 중성자이다.

④ 기본 입자는 더 이상 쪼개지지 않는 입자로 전자(C), 쿼크 등이 있다.

⑤ 원자는 원자핵 주위를 전자가 도는 구조이다.

09 ① 빅뱅 직후 온도가 급격하게 낮아지면서 쿼크, 전자 등의 기본 입자가 가장 먼저 생성되었고, 그 후 쿼크 3개가 결합하여 양성자, 중성자가 생성되었다.

(바로알기) ② 중성자는 쿼크 3개가 결합하여 이루어진 입자이다. 쿼크, 전자 등은 더 이상 분해되지 않는 기본 입자이다.

③ 수소 원자핵은 양성자 1개만으로 이루어져 있다.

④ 양성자 2개와 중성자 2개가 결합하여 헬륨 원자핵이 만들어졌다.

⑤ 헬륨 원자핵이 생성되기 직전에는 양성자의 수가 중성자의 수보다 훨씬 많았다.

10 ㄴ. 수소 원자핵은 양성자 1개로 이루어져 있고, 헬륨 원자핵은 양성자 2개와 중성자 2개로 이루어져 있다.

(바로알기) ㄱ. 그림의 입자는 같은 종류의 쿼크 2개와 다른 종류의 쿼크 1개가 결합한 입자, 즉 쿼크 3개가 결합한 입자이므로 양성자 또는 중성자이다. 따라서 양성자와 중성자는 원자보다 먼저 생성되었다.

ㄷ. 양성자는 양(+)전하를 띠고, 중성자는 전하를 띠지 않는다.

11 ┌ 꼼꼼 문제 분석 ┐

> (가) 쿼크의 결합으로 양성자와 중성자가 생성되었다.
>   ➡ ① 양성자, 중성자 생성(원자핵 생성 이전)
> (나) 전자와 원자핵이 서로 분리되어 있어 자유롭게 돌아
> 다녔다. ➡ ② 원자 생성 이전
> (다) 빛이 진로에 방해를 받지 않고 우주 공간으로 퍼져
> 나가기 시작했다. ➡ ③ 원자 생성, 우주 배경 복사

① 시간 순서대로 나열하면 (가) → (나) → (다)이다.

바로알기 ② 우주의 온도는 시간이 지남에 따라 우주가 팽창하여 계속 낮아졌으므로 우주의 온도가 가장 높았던 시기는 (가)이다.
③ 전자는 쿼크와 함께 빅뱅 직후 우주 초기에 가장 먼저 생성되었으므로 (가) 시기 이전에 생성되었다.
④, ⑤ 빅뱅 후 약 38만 년 무렵인 (다) 시기에는 원자핵과 전자가 결합하여 원자가 생성되었고, 빛이 진로에 방해를 받지 않고 직진할 수 있었으므로 우주가 투명해졌다.

12 (가)는 빛이 전기를 띤 입자의 방해를 받아 직진하지 못해 우주 공간으로 퍼져 나가지 못할 때이다. (나)는 원자가 생성되어 빛이 우주 공간으로 퍼져 나가 우주가 투명해지기 시작한 때이다.
ㄷ. (가)는 원자핵과 전자가 분리되어 있는 시기로 원자가 생성되기 이전이므로 (나)보다 우주의 온도가 높을 때이다.

바로알기 ㄱ. 빅뱅 후 약 38만 년이 지났을 때에는 수소 원자, 헬륨 원자가 생성된 이후이므로 (나)에 해당한다.
ㄴ. (나)에서 우주 공간으로 퍼져 나간 빛은 우주의 팽창과 함께 파장이 길어진 채로 현재 마이크로파 영역의 우주 배경 복사로 남아 우주 전역에서 관측된다.

13 ┌ 꼼꼼 문제 분석 ┐

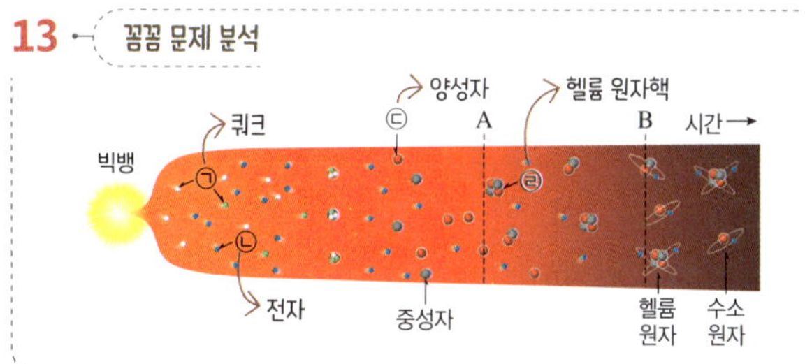

① 빅뱅 직후 생성된 ㉠과 ㉡은 더 이상 쪼개지지 않는 기본 입자이다. ㉠ 3개가 결합하여 양성자와 중성자를 생성하므로 ㉠은 쿼크이고, ㉡은 원자핵과 결합하여 원자를 생성하므로 전자이다.
② ⓒ은 쿼크 3개가 결합한 양성자이다. 양성자 1개는 그 자체로 수소 원자핵이다.
④ ㉣(헬륨 원자핵)은 양전하를 띠므로 음전하를 띠는 ㉡(전자) 2개와 결합하면 중성인 헬륨 원자가 된다.
⑤ 헬륨 원자는 헬륨 원자핵에 전자 2개가 결합하여 생성되므로

B 시기 직전 우주에 존재하는 ㉣(헬륨 원자핵)의 개수는 B 시기에 생성된 헬륨 원자의 개수와 같다.

바로알기 ③ 우주가 팽창함에 따라 우주의 밀도가 점차 작아지므로, 우주의 밀도는 A 시기가 B 시기보다 컸다.

14 ㄱ. 빅뱅 우주론에서 예측했던 우주 배경 복사는 실제로 관측되었기 때문에 빅뱅 우주론을 지지하는 증거가 되었다.
ㄴ. 원자가 생성되기 전에는 전기를 띤 입자가 빛의 진로를 방해하였다. 이후 원자핵과 전자가 결합하여 중성인 원자가 생성되면서 진로를 방해받지 않아 우주 공간으로 퍼져 나간 빛을 우주 배경 복사라고 한다.

바로알기 ㄷ. 우주 배경 복사가 형성될 때 우주의 온도는 약 3000 K이다.

15 태양의 스펙트럼에 나타나는 흡수선을 분석하면 태양의 대기가 다양한 원소로 구성되어 있음을 알아낼 수 있다.

모범 답안 (1) 흡수 스펙트럼이다. 태양의 표면에서 방출된 빛이 태양 대기를 통과하면서 대기에 있는 원소가 특정 파장의 빛을 흡수하기 때문에 검은색의 흡수선이 나타난다.
(2) 원소의 종류에 따라 흡수선과 방출선의 위치(파장)가 다르게 나타나므로 태양의 스펙트럼과 원소의 스펙트럼을 비교하여 분석하면 태양의 대기를 구성하는 원소의 종류를 알아낼 수 있다.

	채점 기준	배점
(1)	스펙트럼의 종류와 스펙트럼에서 검은색의 선이 나타나는 까닭을 모두 옳게 서술한 경우	60 %
	스펙트럼의 종류만 옳게 쓴 경우	30 %
	스펙트럼에서 검은색의 선이 나타나는 까닭만 옳게 서술한 경우	30 %
(2)	원소의 종류에 따라 흡수선과 방출선의 위치가 다르다는 것을 포함하여 옳게 서술한 경우	40 %

16 빅뱅 직후 우주가 급격하게 팽창하면서 온도가 낮아졌고, 입자들이 생성되었다. 가장 먼저 A 시기에 쿼크, 전자 등의 기본 입자가 생성되었고, B 시기에 쿼크 3개가 결합하여 양성자(㉡)와 중성자(㉠)가 생성되었다. C 시기에는 양성자와 중성자가 결합하여 헬륨 원자핵이 생성되었고, D 시기에는 원자핵이 전자와 결합하여 수소 원자, 헬륨 원자가 생성되었다.

모범 답안 (1) A, 우주가 팽창하면서 온도가 점차 낮아졌기 때문이다.
(2) ㉠ 중성자, ㉡ 양성자

	채점 기준	배점
(1)	우주의 온도가 가장 높은 시기와 그렇게 생각한 까닭을 모두 옳게 서술한 경우	60 %
	우주의 온도가 가장 높은 시기만 옳게 쓴 경우	30 %
(2)	입자의 이름을 두 가지 모두 옳게 쓴 경우	20 %
	입자 중 한 가지만 이름을 옳게 쓴 경우	20 %

17 쿼크 3개가 결합하여 양성자와 중성자가 생성되었다. 초기에는 생성된 양성자와 중성자가 자유롭게 변환되면서 양성자와 중성자의 개수비가 약 1 : 1이었으나 온도가 낮아지면서 양성자가 중성자로 변환되지 못하여 양성자의 수가 중성자의 수에 비해 많아져서 개수비가 약 7 : 1(=14 : 2)이 되었다.

(모범 답안) 양성자 1개는 그 자체로 수소 원자핵이고, 양성자 2개와 중성자 2개가 결합하여 헬륨 원자핵이 만들어지므로 수소 원자핵과 헬륨 원자핵의 개수비는 12 : 1이다. 헬륨 원자핵 1개 질량은 수소 원자핵 1개 질량의 약 4배이므로 질량비로 나타내면 약 12 : 4=약 3 : 1이다. 전자의 질량이 매우 작으므로 원자의 질량은 원자핵의 질량과 거의 같기 때문에 현재 우주에 분포하고 있는 수소와 헬륨의 질량비는 약 3 : 1이다.

채점 기준	배점
양성자와 중성자의 구성과 개수비를 이용하여 수소와 헬륨의 질량비를 옳게 서술한 경우	100 %
양성자와 중성자의 개수만을 이용하여 수소핵과 헬륨핵의 질량비만을 옳게 서술한 경우	50 %

실력 UP 문제

43쪽

01 ① **02** ③ **03** ⑤ **04** ①

01 ㄱ. 고온의 별에서 방출된 빛이 대기를 통과할 때 기체가 특정한 파장의 빛을 흡수하므로 (가)와 같은 흡수 스펙트럼이 나타난다.

(바로알기) ㄴ. (가)의 스펙트럼에 나타나는 흡수선과 (나)의 스펙트럼에 나타나는 방출선의 위치가 다르므로 별 A에는 (나)의 원소가 포함되어 있지 않다.

ㄷ. 스펙트럼에 나타나는 선의 위치는 별을 구성하는 원소의 종류에 따라 달라진다. 별을 구성하는 원소의 질량비는 스펙트럼에 나타나는 흡수선의 세기(선폭)와 관계가 있다.

02 (가)는 쿼크 3개가 결합한 양성자 또는 중성자이다. (나)는 양성자 2개와 중성자 2개로 이루어진 헬륨 원자핵과 전자 2개가 결합한 헬륨 원자이다. (다)는 양성자 2개와 중성자 2개가 결합한 헬륨 원자핵이다.

ㄷ. 원자핵과 전자가 결합하여 (나)의 중성인 원자가 생성되면서 빛이 우주 공간으로 자유롭게 퍼져 나가 우주가 투명해졌다.

(바로알기) ㄱ. 양성자는 양전하를 띠고, 중성자는 전하를 띠지 않는다. 그런데 (가)에는 위 쿼크, 아래 쿼크가 표시되어 있지 않아 양성자인지 중성자인지 알 수가 없다.

ㄴ. 입자의 생성 순서는 기본 입자(쿼크, 전자) → 양성자, 중성자

→헬륨 원자핵→수소 원자, 헬륨 원자이므로 (가) → (다) → (나)이다.

03 꼼꼼 문제 분석

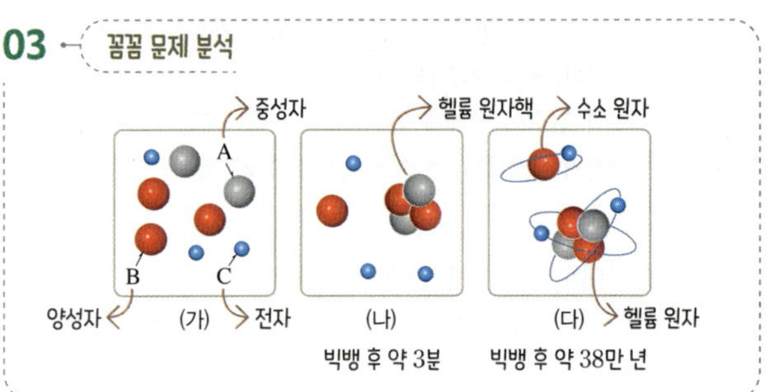

(나)에서는 수소 원자핵(양성자)과 양성자 2개와 중성자 2개가 결합하여 생성된 헬륨 원자핵이 존재하므로 (가)에서 A는 중성자, B는 양성자이다. (다)에서는 원자핵 주위를 전자가 도는 수소 원자와 헬륨 원자가 존재하므로 (가)의 C는 전자이다.

ㄴ. (가) → (나) → (다)로 시간이 지남에 따라 우주는 점차 팽창하였으므로 우주의 온도가 가장 높았던 시기는 (가)이다.

ㄷ. (다)는 빅뱅 후 약 38만 년 무렵에 원자핵에 전자가 붙잡혀 원자가 생성되는 과정이다. 양성자는 그 자체로 수소 원자핵이므로 (다)에서는 수소 원자핵(B)과 전자(C)가 결합하여 수소 원자가 생성되었다.

(바로알기) ㄱ. 양성자와 중성자는 쿼크 3개가 결합하여 생성된다. C는 전자이므로 빅뱅 후 약 38만 년 무렵에 원자핵과 결합하여 원자를 생성하였다.

04 꼼꼼 문제 분석

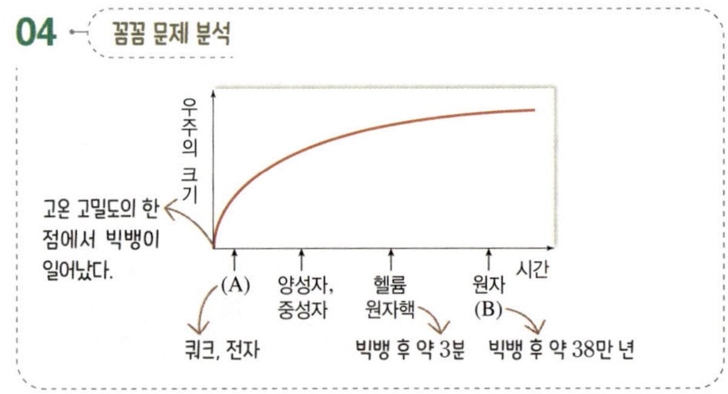

ㄱ. 우주의 팽창 속도는 시간에 따라 변했으며, 우주 생성 초기에는 우주가 매우 빠르게 급팽창하였다.

ㄷ. A에서 B로 갈수록 무거운 입자가 생성되었으나, 우주 전체의 질량은 일정하였다. 따라서 우주는 시간이 지남에 따라 크기가 커졌고, 우주의 질량이 일정하였으므로 우주의 밀도가 점차 작아졌다.

(바로알기) ㄴ. 빅뱅 직후 가장 먼저 A 시기에는 기본 입자인 쿼크, 전자 등이 생성되었다.

ㄹ. B 시기에 생성된 수소와 헬륨의 질량비는 약 3 : 1이다.

02 / 지구와 생명체를 구성하는 원소의 생성

개념 확인 문제   46쪽

❶ 원시별   ❷ 별   ❸ 중력   ❹ 핵융합 반응   ❺ 탄소
❻ 철   ❼ 초신성 폭발

1 (1) × (2) × (3) × (4) ○   **2** (1) ○ (2) × (3) ○   **3** (1) ㉡
(2) ㉢ (3) ㉠   **4** (1) ㄱ, ㄴ (2) ㄱ, ㄴ, ㄹ, ㅂ (3) ㄷ, ㅁ

1 (1) 원시별의 중심부 온도가 1000만 K에 도달해야 중심부에서 수소 핵융합 반응이 일어나 스스로 빛(가시광선)을 방출하는 별이 된다.
(2) 원시별에서는 중력 수축에 의해 에너지가 생성되며, 핵융합 반응이 일어나지 않는다.
(3) 별은 수소, 헬륨 등으로 이루어진 성간 물질이 밀집되어 만들어진 성운 내부의 밀도가 큰 곳에서 탄생한다.
(4) 수소 핵융합 반응은 수소 원자핵 4개가 융합하여 헬륨 원자핵 1개가 생성되는 과정이다. 따라서 수소 핵융합 반응이 진행될수록 별의 중심부에 존재하는 수소의 양이 감소하고, 헬륨의 양이 증가한다.

2 (1) 별의 질량이 클수록 중력 수축으로 인해 중심부의 온도가 상승하면서 더 무거운 원소의 핵융합 반응이 일어날 수 있는 온도에 도달할 수 있다.
(2) 별의 내부에서 핵융합 반응으로 생성될 수 있는 가장 무거운 원소는 철이다.
(3) 별의 내부에서 생성되는 원소의 종류는 별의 질량에 따라 다르다. 질량이 태양 정도인 별의 내부에서는 핵융합 반응으로 헬륨, 탄소, 산소가 생성되고, 질량이 태양의 10배 이상인 별의 내부에서는 핵융합 반응으로 헬륨에서 철까지 생성될 수 있다.

3 (1), (2) 수소 핵융합 반응으로 헬륨이 생성되고, 헬륨 핵융합 반응이 일어나면 탄소, 산소가 생성된다. 무거운 원소일수록 핵융합 반응 과정이 복잡해져서 여러 원소가 생성될 수 있다.
(3) 규소 핵융합 반응은 별의 중심부 온도가 약 30억 K에 이르러야 일어나며 황, 아르곤, 칼슘, 크롬, 철 등 다양한 원소가 생성될 수 있으며, 그 중 가장 무거운 원소는 철이다.

4 (1) 질량이 태양 정도인 별의 내부에서는 수소 핵융합 반응으로 인해 헬륨(ㄴ)이 만들어지고, 헬륨 핵융합 반응으로 탄소(ㄱ), 산소가 만들어진다.
(2) 질량이 태양의 10배 이상인 별의 내부에서는 수소 핵융합 반응, 헬륨 핵융합 반응, 탄소 핵융합 반응, 산소 핵융합 반응, 규소

개념 확인 문제   49쪽

❶ 원시 태양   ❷ 암석   ❸ 마그마   ❹ 바다   ❺ 별
❻ 수소   ❼ 핵융합 반응

1 (라)−(가)−(나)−(다)   **2** (1) ○ (2) × (3) × (4) ○   **3** ㄱ,
ㄴ, ㄷ   **4** (가)−(마)−(다)−(라)−(나)   **5** (1) ○ (2) × (3) ○
(4) ○ (5) ×   **6** ㉠ 철, ㉡ 태양의 10배 이상인 별, ㉢ 무거운

1 태양계 성운이 형성된 후 밀도가 큰 부분을 중심으로 중력 수축하면서 회전하기 시작했다.(라) → 태양계 성운이 수축하면서 중심부에서는 원시 태양이 형성되었고, 원시 태양의 주변부에서는 납작한 원시 원반이 형성되었다.(가) → 원시 원반을 구성하는 기체와 먼지들이 뭉쳐져 미행성체가 형성되었다.(나) → 계속 태양 주위를 공전하던 미행성체들이 충돌하고 합쳐지면서 크기가 커져 몇 개의 원시 행성이 형성되었다.(다)

2 (1) 철보다 무거운 원소는 질량이 태양의 10배 이상인 별의 진화 과정 중 초신성 폭발 과정에서 생성된다. 태양계 성운으로부터 형성된 지구에는 구리, 납, 우라늄 등 철보다 무거운 원소들이 존재하므로 태양계 성운은 초신성 폭발의 잔해가 일부 포함되어 있다는 것을 알 수 있다.
(2) 원시 원반에서는 미행성체가 서로 충돌하고 합쳐져 원시 행성이 형성되었다.
(3) 원시 태양에서 먼 곳에서는 온도가 낮아서 녹는점이 낮은 얼음, 메테인 등 가벼운 물질들이 응축하여 미행성체를 형성하였고, 미행성체가 빠르게 성장한 후 주변의 수소, 헬륨 등의 기체를 끌어당겨 거대한 목성형 행성이 형성되었다.
(4) 회전하는 거대한 태양계 성운에서는 중심부에서 원시 태양이 형성되었고, 원시 원반에서 수많은 미행성체들이 서로 충돌하고 합쳐져 원시 행성이 형성되었으므로 행성의 공전 방향은 태양의 자전 방향과 같다.

3 ㄱ. 원시 태양에 가까울수록 온도가 높으므로 A 지점은 B 지점보다 온도가 높다.
ㄴ. A 지점은 온도가 높기 때문에 녹는점이 높은 철, 니켈, 규소 등의 무거운 성분이 많고, B 지점은 온도가 낮기 때문에 녹는점이 낮은 얼음, 메테인 등 가벼운 성분이 많다.

ㄷ. A 지점에서 형성되는 행성은 금속, 암석질이 주성분이므로 상대적으로 평균 밀도가 크고, B 지점에서 형성되는 행성은 기체로 이루어져 있으므로 상대적으로 평균 밀도가 작다.

4 미행성체가 충돌하고 합쳐져 원시 지구가 형성되었다.(가) → 원시 지구에 미행성체가 계속 충돌하여 발생한 열에 의해 마그마의 바다가 형성되었다.(마) → 마그마의 바다에서 규소, 산소 등 상대적으로 가벼운 물질은 떠올라 맨틀을 형성하였고 철, 니켈 등 상대적으로 무거운 물질은 중심부로 가라앉아 핵을 형성하였다.(다) → 미행성체의 충돌이 줄어들어 지구의 표면이 식으면서 원시 지각이 형성되었고, 대기 중의 수증기가 비로 내리면서 원시 지각에 빗물이 모여 원시 바다가 형성되었다.(라) → 강한 자외선이 닿지 않는 바다에서 최초의 생명체가 탄생하였다.(나)

5 (1) 마그마의 바다가 형성되면서 유동성이 생기자 상대적으로 밀도가 큰 철, 니켈 등의 금속 원소가 지구의 중심부로 가라앉아 핵을 형성하였다.
(2) 지구의 탄생 초기에는 대기 중에 이산화 탄소, 질소, 수증기가 많았다. 광합성을 하는 생명체가 등장하면서 대기 중 산소가 증가하여 현재 대기는 질소가 약 78 %, 산소가 약 21 %, 그 외 기체가 약 1 %로 이루어져 있다.
(3) 원시 바다가 형성되면서 많은 양의 이산화 탄소가 바다에 녹아 대기 중 이산화 탄소의 양이 급격히 줄어들었다.
(4) 따뜻하고 유기물이 많았던 원시 바다에서 최초의 생명체가 탄생하였다.
(5) 원시 지구에 미행성체가 충돌하면서 지구는 점차 성장하였으므로 원시 지구에서 지구로 진화하면서 질량이 증가하였다.

6 지구를 구성하는 원소 중 가장 많은 것은 철이다. 철은 원자핵이 매우 안정하기 때문에 질량이 태양의 10배 이상인 별의 내부에서 핵융합 반응으로 만들어질 수 있는 가장 무거운 원소이다.

Q1 초신성 폭발   **Q2** 헬륨

Q1 우라늄, 금, 구리 등 철보다 무거운 원소는 초신성 폭발 과정에서 생성된다.

Q2 현재 태양은 수소 핵융합 반응으로 스스로 빛을 내는 별(주계열성)에 해당하므로, 태양의 중심부에서는 수소 핵융합 반응으로 헬륨이 생성되고 있다.

---

01 ④	02 ㄱ	03 ④	04 ③	05 ④	06 ②
07 ①	08 ④	09 ④	10 ①	11 ⑤	12 ③
13 ③	14 ②	15 ③	16 ①	17 (나)−(가)−(다)−(라)	
18 ③	19 ②	20 ㄴ, ㄷ	21 해설 참조		
22 해설 참조	23 해설 참조	24 해설 참조			

01 ④ 원시별이 중력 수축하면서 온도가 상승하여 1000만 K 이상이 되면 원시별의 중심부에서는 수소 핵융합 반응이 시작되어 별이 된다.

바로알기 ① 성운 내부의 밀도가 높은 곳에서 성간 물질이 뭉쳐 원시별이 생성된다.
② 원시별은 점차 수축하면서 중력 수축 에너지가 발생하여 온도가 높아진다. 원시별은 중력 수축하여 크기가 점차 작아진다.
③, ⑤ 별의 중심부에서 수소 핵융합 반응이 시작되면 팽창하려는 내부 압력이 수축하려는 중력과 평형을 이루어 별의 크기가 일정하게 유지된다.

02 ┌ **꼼꼼 문제 분석**

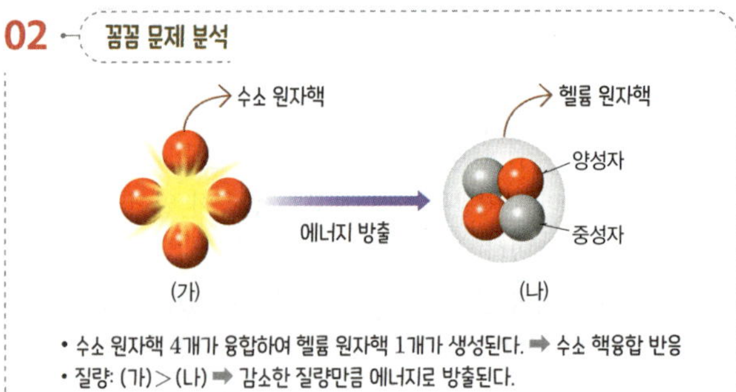

• 수소 원자핵 4개가 융합하여 헬륨 원자핵 1개가 생성된다. ➡ 수소 핵융합 반응
• 질량: (가) > (나) ➡ 감소한 질량만큼 에너지로 방출된다.

ㄱ. 양성자 1개는 그 자체로 수소 원자핵이므로 (가)는 수소 원자핵이 4개 있으며, (나)는 양성자 2개와 중성자 2개가 결합하였으므로 헬륨 원자핵이다. (가)의 수소 원자핵 4개 질량은 (나)의 헬륨 원자핵 1개 질량보다 약간 크다.

바로알기 ㄴ. 질량은 에너지로 전환될 수 있으므로 (가)에서 (나)로 융합되는 과정에서 감소한 질량만큼 에너지가 방출된다.(발열 반응)
ㄷ. 별은 일생의 대부분을 중심부에서 수소 핵융합 반응을 하면서 보낸다. 별의 질량이 클수록 중심부에서 수소 핵융합 반응이 일어나는 기간이 짧으므로 별의 수명이 짧다.

03 ④ 중심부에서 수소 핵융합 반응이 일어나는 별은 내부 압력(A)과 중력(B)이 평형을 이룬다.
바로알기 ① A는 핵융합 반응으로 인해 발생하는 기체 압력인 내부 압력으로, 기체의 운동 에너지가 높아져 팽창하려고 한다.

②, ③ B는 별의 질량에 의해 중심으로 작용하는 중력이다.
⑤ 별의 중심부에서 핵융합 반응이 멈추면 내부 압력(A)보다 중력(B)이 커서 별의 중심부가 수축하기 시작한다.

04 ┌ 꼼꼼 문제 분석

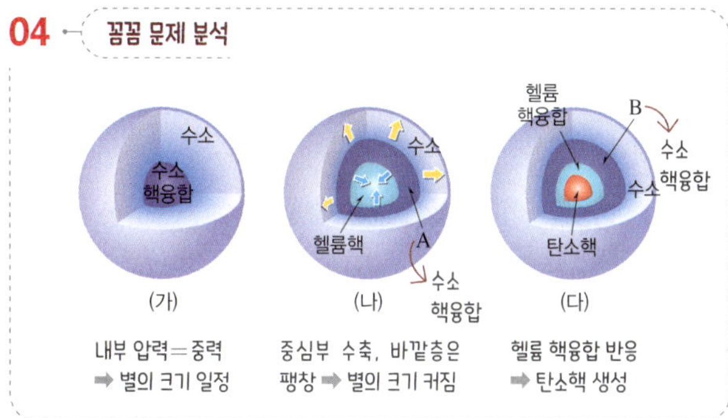

ㄱ. 헬륨핵이 중력 수축하면 온도가 상승하여 헬륨핵 주변부인 A, B에서 수소 핵융합 반응이 일어난다.
ㄴ. (가)에서 (나)로 진화할 때 별의 중심부는 중력 수축하여 크기가 작아지지만 헬륨핵 바깥층(A)에서 수소 핵융합 반응이 일어나면서 별의 바깥층은 팽창하여 별의 크기가 커진다.
(바로알기) ㄷ. 이 별은 질량이 태양 정도이므로 (다)일 때 별의 중심부에서 생성된 탄소핵은 헬륨 핵융합 반응이 끝난 후 탄소 핵융합 반응이 일어날 정도의 온도가 되지 못하기 때문에 핵융합 반응을 멈춘다. 그 후 별의 바깥층은 팽창하다가 우주로 퍼져 나가 행성 모양의 성운이 되고, 남은 별의 중심부는 수축하여 밀도가 커진다.

05 ④ 철은 질량이 태양의 10배 이상인 별의 내부에서 핵융합 반응으로 생성될 수 있는 가장 무거운 원소이다.
(바로알기) ①, ② 우주에 존재하는 수소, 헬륨은 빅뱅 이후 우주 초기에 원자핵과 전자가 결합하여 생성되었다. 아주 적은 양의 헬륨이 별의 내부에서 수소 핵융합 반응으로 생성되었다.
③ 탄소는 헬륨 핵융합 반응으로 생성된다.
⑤ 구리는 질량이 태양의 10배 이상인 별이 진화하는 과정 중 초신성 폭발 과정에서 생성된다.

06 ㄷ. 초신성 폭발 전에는 별의 중심부에서 규소 핵융합 반응이 일어나 최종적으로 철이 생성된다.
(바로알기) ㄱ. 질량이 태양의 10배 이상인 별의 진화 과정 중 초신성 폭발이 일어나 그 잔해가 남아 그림과 같이 성운을 이룬다.
ㄴ. 초신성 폭발 과정에서 방출된 막대한 양의 에너지에 의해 철보다 무거운 금, 납, 우라늄 등이 생성되므로 초신성 폭발 잔해에는 철보다 무거운 원소, 철, 철보다 가벼운 원소 등이 포함되어 있다.

07 ┌ 꼼꼼 문제 분석

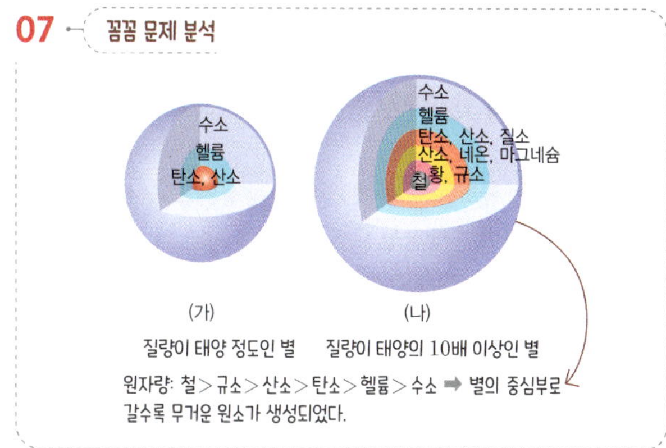

ㄱ. 별의 질량이 클수록 중심부의 온도가 높아져 무거운 원소가 생성되므로 별 (가)보다 (나)의 질량이 더 크다.
(바로알기) ㄴ. 철은 탄소보다 무거운 원소이므로 별 중심부의 최대 온도는 (가)보다 (나)가 높다.
ㄷ. 질량이 태양 정도인 별은 중심부에서 핵융합 반응으로 탄소, 산소까지만 생성된다. 현재 태양은 중심부에서 수소 핵융합 반응이 일어나지만, 시간이 흘러 진화하면 (가)와 같은 내부 구조가 될 것이다.

08 그림에서 별은 중심부에 헬륨핵이 형성되어 있고, 헬륨핵의 가장자리에 수소 핵융합 반응이 일어나는 수소층이 형성되어 있다. 또한 별의 중심부는 수축하고 있고, 별의 바깥층은 팽창하고 있다.
ㄱ, ㄷ. 별의 중심부에서 수소 핵융합 반응이 끝나면 헬륨핵은 수축하며, 수소 핵융합 반응이 일어나는 헬륨핵의 가장자리로 인해 별의 바깥층은 팽창하여 별의 크기가 커지고 표면 온도가 낮아진다.
(바로알기) ㄴ. 별의 중심부에서 핵융합 반응이 멈추면 내부 압력이 약해져 별은 중력 수축하므로 별의 중심부 온도가 높아진다.

09 ㄴ. 철보다 무거운 원소는 질량이 태양의 10배 이상인 별의 진화 과정 중 초신성 폭발 과정에서 생성된다.
ㄷ. 질량이 태양의 10배 이상인 별은 규소 핵융합 반응으로 철을 생성할 수 있다.
(바로알기) ㄱ. 태양과 질량이 비슷한 별의 내부에서는 헬륨 핵융합 반응이 일어나기 때문에 헬륨보다 무거운 탄소, 산소가 생성될 수 있다.

10 (가)는 별의 진화 단계에서 초신성이 나타나므로 질량이 태양의 10배 이상인 별의 진화 과정이고, (나)는 별의 진화 단계에서 별의 바깥층이 우주 공간으로 퍼져 나가 행성 모양의 성운을 형성하였으므로 질량이 태양 정도인 별의 진화 과정이다.
ㄱ. 별은 질량이 클수록 핵융합 반응이 활발하기 때문에 수명이

짧다. 따라서 별의 질량은 진화 과정이 (가)인 별이 (나)인 별보다 크므로 별의 수명은 진화 과정이 (가)인 별이 (나)인 별보다 짧다.

(바로알기) ㄴ. 진화 과정이 (가)인 별은 질량이 태양의 10배 이상인 별이다.

ㄷ. 황, 규소는 산소 핵융합 반응으로 생성되므로 진화 과정이 (가)인 별의 내부에서 생성될 수 있다.

11 ① 별 A는 탄생한 별이므로 중심부에서 수소 핵융합 반응이 일어난다. 별 B에서는 중심부에서 수소 핵융합 반응으로 수소가 모두 헬륨으로 바뀌면 핵융합 반응이 멈추고, 중심부는 수축하여 온도가 상승하기 때문에 중심부의 바깥층이 가열되어 수소 핵융합 반응이 일어나며, 그로 인해 별이 팽창하여 크기가 커진다.

② 별 A는 중심부에서 수소 핵융합 반응이 일어나 내부 압력과 중력이 평형을 이루기 때문에 크기가 일정하게 유지된다.

③ 별 A의 중심부에서는 수소 핵융합 반응으로 헬륨이 생성된다.

④ 별 B의 중심부에서는 헬륨 핵융합 반응까지 일어나기 때문에 탄소가 만들어질 수 있다.

(바로알기) ⑤ 별 B는 질량이 태양 정도인 별이 진화하는 단계에 있는 별이므로, 내부에서는 헬륨 핵융합 반응까지 일어난다.

12 ㄱ. 약 50억 년 전에 우리은하의 나선팔에서 어느 초신성이 폭발하면서 생긴 충격으로 안정한 상태에 있던 거대한 성운의 밀도가 불균일해졌다. 이에 따라 성운에서 밀도가 큰 부분을 중심으로 수축하면서 회전하여 태양계 성운이 형성되었다.

ㄴ. 태양계 성운이 수축하면서 성운의 중심부에서는 온도와 밀도가 높아져 원시 태양이 형성되었으므로 (가)→(나) 과정에서 성운의 중심부 온도는 높아졌다.

(바로알기) ㄷ. 태양계 성운이 회전하면서 수축하여 중심부에서는 원시 태양이 형성되었고, 회전하는 원시 원반에서는 원시 행성이 형성되었으므로 원시 태양의 자전 방향과 원시 태양 주위를 도는 원시 행성의 공전 방향은 같다.

13 ① 성운에서는 밀도가 큰 부분을 중심으로 중력이 커져 수축이 일어난다.

② 태양계 성운이 수축하면서 크기가 작아졌으므로 회전 속도가 점차 빨라졌다.

④, ⑤ 태양계 성운이 중력에 의해 수축하면서 중심부의 밀도와 온도가 점차 높아져 회전하는 성운의 중심부에서 원시 태양이 형성되었다. 원시 원반을 이루고 있던 입자들이 서로 결합하고 충돌하여 미행성체를 형성하였고, 미행성체들이 서로 충돌하고 합쳐져 원시 행성을 형성하였다.

(바로알기) ③ 원시 태양 주변으로 회전하는 성운의 회전축과 수직인 면에 물질이 모여 원시 원반이 형성되었다.

14 ┌ **꼼꼼 문제 분석** ┐

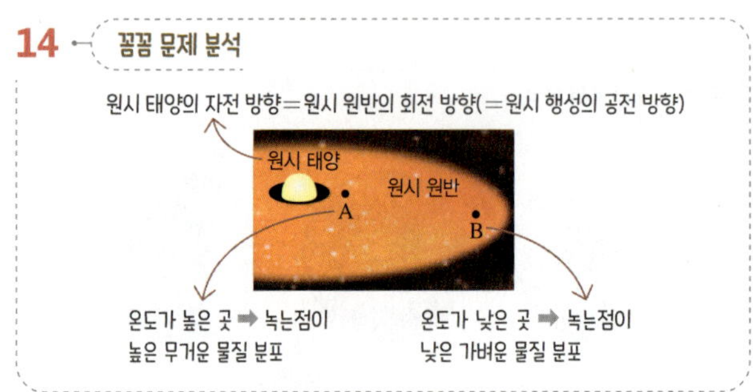

ㄴ. 원시 원반 내의 입자들이 서로 결합하고 뭉쳐져 형성된 미행성체들이 서로 충돌하면서 합쳐져 원시 행성이 만들어졌다.

(바로알기) ㄱ. 원시 원반 내에서는 원시 태양에서 멀어질수록 온도가 낮았다. 따라서 원시 태양에 가까운 곳(A)에서는 녹는점이 낮은 가벼운 물질이 증발하였고 철, 니켈 등의 금속 원소와 규소 등 녹는점이 높은 물질이 남았다. 따라서 금속 원소들은 B보다 A에서 많다.

ㄷ. 성운이 회전하면서 중심부에서는 원시 태양이 형성되었고, 원시 태양의 주변부에서는 원시 원반이 형성되었으므로 원시 태양과 원시 원반의 회전 방향은 같다.

15 (가)는 반지름이 작은 행성이므로 지구형 행성이고, (나)는 반지름이 큰 행성이므로 목성형 행성이다.

ㄷ. 목성형 행성인 (나)는 태양으로부터 먼 곳에서 형성되었고, 지구형 행성인 (가)는 태양으로부터 가까운 곳에서 형성되었으므로 (가)는 (나)보다 온도가 높은 환경에서 형성되었다.

ㄹ. 지구형 행성은 주로 암석 성분으로 이루어져 있고, 목성형 행성은 가벼운 기체 성분으로 이루어져 있다.

(바로알기) ㄱ. 지구형 행성인 (가)에는 수성, 금성, 지구, 화성이 있고, 목성형 행성인 (나)에는 목성, 토성, 천왕성, 해왕성이 있다.

ㄴ. A는 목성형 행성에 비해 지구형 행성에서 큰 값을 가지는 물리량이므로 평균 밀도가 적합하다.

16 ┌ **꼼꼼 문제 분석** ┐

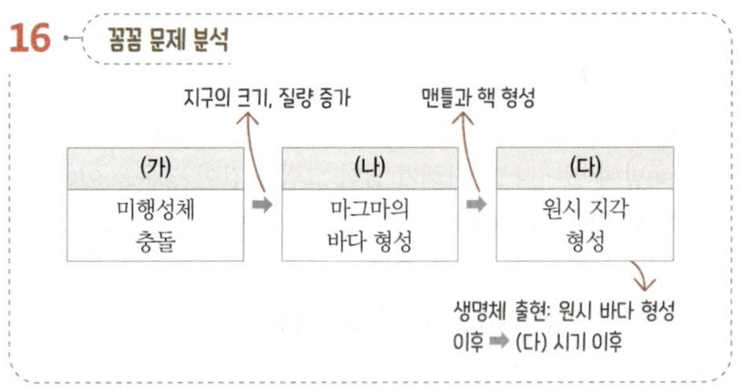

ㄱ. (가) → (나) 과정에서는 미행성체들이 원시 지구와 충돌하면서 지구의 크기가 점점 커졌고, 질량도 계속 증가하였다.

ㄴ. (나) → (다) 과정에서는 미행성체의 충돌이 감소하면서 지구의 온도가 낮아져 지구 표면이 식어 원시 지각이 형성되었고, 대기 중 수증기가 응결하여 비로 내리면서 원시 지각에 빗물이 모여 원시 바다가 형성되었다.

(바로알기) ㄷ. (가) → (나) 과정에서 미행성체의 충돌로 발생한 열에 의해 마그마의 바다가 형성되었다. 마그마의 바다에서 상대적으로 가벼운 물질은 떠올라 맨틀을 형성하였고 상대적으로 무거운 물질은 중심부로 가라앉아 핵을 형성하였으므로 맨틀과 핵은 (다) 시기 이전에 형성되었다.

ㄹ. 최초의 생명체는 강한 자외선이 닿지 않는 바다에서 출현하였으므로, (다) 시기 이후이다.

17 마그마의 바다에서 상대적으로 가벼운 물질은 위로 떠오르고, 상대적으로 무거운 물질은 지구 중심부로 가라앉아 맨틀과 핵으로 분리되었다.(나) → 미행성체의 충돌이 줄어들어 지구의 표면이 식으면서 원시 지각이 형성되었다.(가) → 대기 중의 수증기가 응결하여 내린 비가 원시 지각에 모여 원시 바다를 형성하였고, 바다에서 최초의 생명체가 출현하였다.(다) → 생물의 진화 과정에서 광합성을 하는 생물이 등장한 후 대기 중 산소가 증가하였다.(라)

[18~19] ─ 꼼꼼 문제 분석

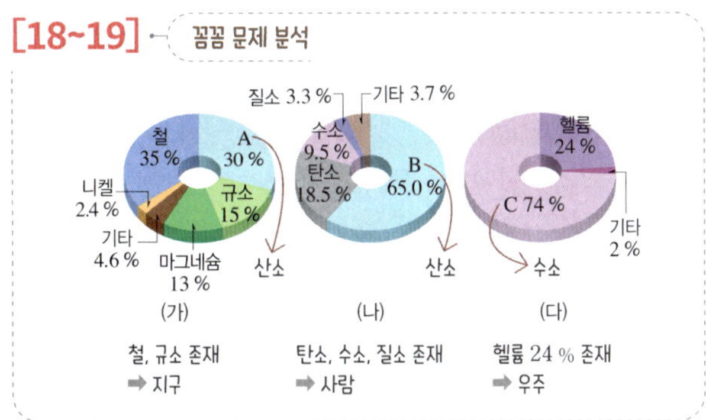

18 ③ (가)는 철이 가장 많고 규소가 세 번째로 많은 원소이므로 지구이고, (나)는 탄소가 주요 원소에 포함되므로 생명체인 사람이다. (다)는 전체 원소 중 헬륨이 24 %를 차지하고 있으므로 우주이다.

19 ㄴ. 원시 지구의 대기에는 산소(B)가 거의 존재하지 않았지만 광합성을 하는 생물이 출현하면서 대기 중 산소의 농도가 높아졌다.

(바로알기) ㄱ. 수소(C)는 빅뱅 이후 우주 초기에 생성되었다.

ㄷ. A는 지구를 구성하는 원소 중 두 번째로 많은 원소이므로 산소이고, B는 사람을 구성하는 원소 중 가장 많으므로 산소이다. 산소(A, B)는 질량이 태양 정도이거나 질량이 태양의 10배 이상인 별의 내부에서 핵융합 반응으로 만들어지는 원소이다.

20 ㄴ. 핵인 B의 주성분은 철, 니켈 등이고, 맨틀인 A의 주성분은 규소와 산소 등이다.

ㄷ. 맨틀과 핵의 분리 이후 지구의 표면을 이루고 있던 맨틀의 온도가 낮아져 원시 지각이 형성되었으므로 지표면의 온도는 이 시기 이전보다 이후에 더 낮아졌다.

(바로알기) ㄱ. 밀도 차에 의한 분리로 가벼운 물질은 떠올라 맨틀을 형성하였고, 무거운 물질은 가라앉아 핵을 형성하였으므로 A는 맨틀, B는 핵이다. 따라서 밀도는 A보다 B가 더 크다.

21 (모범 답안) 수소 핵융합 반응이 시작되어 별이 되면 별의 내부 압력과 중력이 평형을 이루기 때문에 별의 크기가 일정하게 유지된다.

채점 기준	배점
별의 내부 압력과 중력이 평형을 이루기 때문이라고 옳게 서술한 경우	100 %
별이 힘의 평형을 이루기 때문이라고만 옳게 서술한 경우	30 %

22 별의 중심부에서 수소 핵융합 반응이 끝나면 수소 핵융합 반응으로 형성된 헬륨핵이 수축하면서 온도가 상승한다. 따라서 헬륨핵 주변에서는 수소 핵융합 반응이 일어나 내부 압력이 증가하여 별의 바깥층이 팽창하므로 별의 크기는 커진다.

(모범 답안) 별의 중심부 온도는 상승하고, 크기는 커진다.

채점 기준	배점
별의 중심부 온도와 크기 변화를 모두 옳게 서술한 경우	100 %
별의 중심부 온도와 크기 변화 중 한 가지만 옳게 서술한 경우	50 %

23 (모범 답안) 지구에는 구리, 납 등 철보다 무거운 원소들이 존재하며, 이들 원소는 초신성 폭발 과정에서만 생성될 수 있기 때문에 태양계 성운은 초신성 폭발로 인해 형성되었음을 알 수 있다.

채점 기준	배점
지구에 철보다 무거운 원소가 존재하고, 이들 원소는 초신성 폭발 과정에서만 생성된다고 옳게 서술한 경우	100 %
지구에 철보다 무거운 원소가 존재한다는 것만 옳게 서술한 경우	50 %

24 원시 지구는 미행성체의 충돌열에 의해 마그마의 바다가 형성되었다. 철, 니켈 등 상대적으로 밀도가 큰 물질은 중심부로 가라앉아 핵이 되었고 규소, 산소 등 상대적으로 밀도가 작은 물질은 떠올라 맨틀이 되었다.

모범 답안 미행성체의 충돌로 발생한 열에 의해 마그마의 바다가 형성되어 상대적으로 밀도가 큰 물질은 중심부로 가라앉아 핵을 형성하였고, 상대적으로 밀도가 작은 물질은 떠올라 맨틀을 형성하였기 때문이다.

채점 기준	배점
마그마의 바다가 형성되어 밀도 차이에 따라 물질이 이동하여 맨틀과 핵이 형성되었다고 옳게 서술한 경우	100 %
맨틀과 핵을 구성하는 물질의 밀도 차이만 옳게 서술한 경우	50 %

실력 UP 문제

01 ③　　02 ②　　03 ⑤　　04 ②

01 ─ 꼼꼼 문제 분석

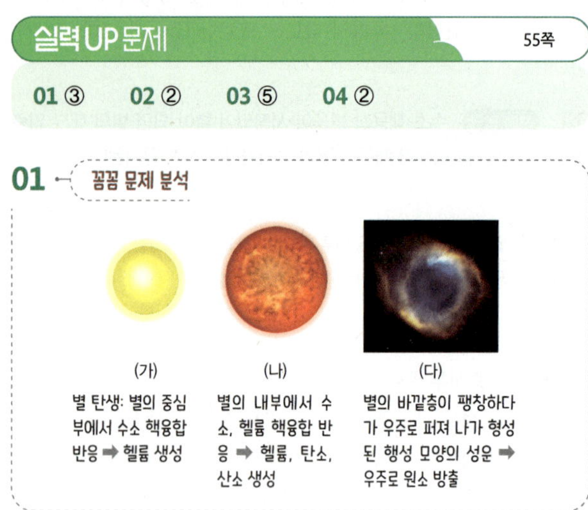

ㄴ. (가)는 별이 탄생한 것이므로 별의 중심부에서는 수소 핵융합 반응이 일어난다.

ㄷ. 별의 중심부 온도가 높을수록 무거운 원소를 생성할 수 있는 핵융합 반응이 일어난다. 따라서 (가)는 수소 핵융합 반응만 일어나고, (나)는 헬륨 핵융합 반응까지 일어나므로 별의 중심부 온도는 (가)가 (나)보다 낮다.

바로알기 ㄱ. 성운에서 밀도가 큰 곳을 중심으로 중력 수축하여 온도와 밀도가 점차 증가하여 원시별이 형성된 후 중심부에서 수소 핵융합 반응이 시작되면서 별이 탄생한다. 따라서 성운의 밀도가 균일하면 중력이 크게 작용하지 않아 성운 내의 성간 물질이 뭉쳐지기 어렵기 때문에 별이 탄생하기 어렵다.

ㄹ. (다)는 행성 모양의 성운이므로, 질량이 태양과 비슷한 별의 최후 모습이다. 이 단계에서 우주 공간으로 방출되는 원소는 수소, 헬륨, 탄소, 산소이고 지구를 구성하는 주요 원소는 철, 산소, 규소이다.

02 (가)는 미행성체 충돌, (나)는 마그마의 바다 형성, (다)는 맨틀과 핵의 형성, 원시 지각 형성, (라)는 원시 바다의 형성이다.

ㄱ. (가) → (나) 과정에서 원시 지구에 충돌하는 미행성체의 질량이 더해져 지구의 질량과 크기가 점점 커졌다. 따라서 지구의 크기는 (가)보다 (나) 시기에 더 크다.

ㄷ. (라) 시기에는 지구의 온도가 하강하여 대기 중 수증기가 응결하여 비로 내리면서 원시 지각에 빗물이 모여 원시 바다가 형성되었다.

바로알기 ㄴ. (다) 시기에 맨틀과 핵이 형성된 후 미행성체의 충돌이 줄어들면서 지구의 온도가 낮아졌기 때문에 지구의 표면이 식어 딱딱한 원시 지각이 형성되었다.

ㄹ. 대기 중 이산화 탄소는 지구의 탄생 초기에 많았지만, 바다가 형성된 이후에 바다에 녹아 감소하였다.

03 ㄴ. (나)의 중심부에서는 수소 핵융합 반응이 끝난 후 헬륨핵이 생성되었고, 중심부 바깥의 수소층에서는 수소 핵융합 반응이 일어나면서 별의 바깥층이 팽창하므로 별 (나)는 (가)보다 크기가 크다.

ㄷ. 별의 중심부 온도가 높을수록 무거운 원소를 생성할 수 있는 핵융합 반응이 일어난다. 따라서 (다) 별의 중심부에서는 탄소핵이 형성되어 있고, (라)에는 무거운 철핵이 형성되어 있으므로 별의 중심부 온도는 (다)보다 (라)가 높다.

바로알기 ㄱ. 우주를 구성하는 헬륨은 대부분 빅뱅 이후 우주 초기에 헬륨 원자핵과 전자가 결합하여 생성되었으며, 별의 내부에서 수소 핵융합 반응으로 생성된 헬륨의 양은 매우 적다.

04 ─ 꼼꼼 문제 분석

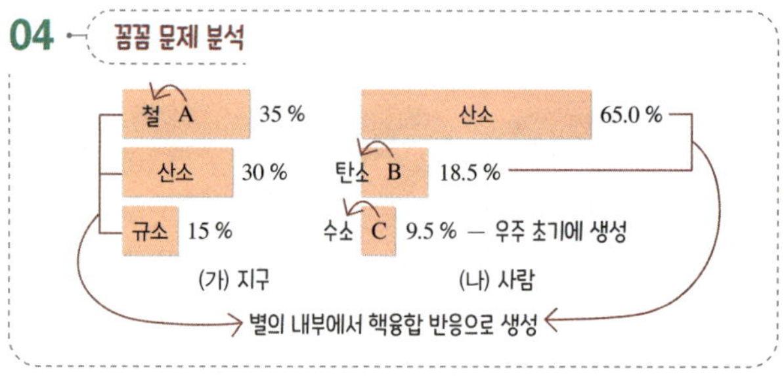

ㄱ. (가)는 규소가 주요 원소에 포함되므로 지구이고, (나)는 가장 많은 원소가 산소이므로 사람이다.

ㄹ. 빅뱅 이후 우주 초기에 수소, 헬륨이 생성되었고, 그 후 별의 진화 과정을 통해 별의 내부에서 핵융합 반응으로 헬륨, 탄소, 산소, 질소, …, 철 등이 생성되었으므로 원소의 생성 순서는 C → B → A이다.

바로알기 ㄴ. 지구에서 가장 풍부한 A는 철로, 질량이 태양의 10배 이상인 별의 내부에서 규소 핵융합 반응으로 생성된다.

ㄷ. 사람의 몸은 물, 무기물을 제외하면 주로 유기물로 이루어져 있으므로 B는 탄소이고, C는 수소이다. 탄소(B)는 질량이 태양 정도이거나 그보다 질량이 큰 별의 내부에서 헬륨 핵융합 반응으로 생성되지만, 수소(C)는 빅뱅 이후 우주 초기에 생성되었다.

❶ 흡수　❷ 종류　❸ 스펙트럼　❹ 3 : 1　❺ 감소(하강)
❻ 양성자　❼ 쿼크　❽ 38　❾ 원시별　❿ 수소　⓫ 철
⓬ 초신성 폭발　⓭ 초신성 폭발　⓮ 원시 태양　⓯ 기체
⓰ 원시 지각　⓱ 핵융합 반응

01 ②　　**02** ⑤　　**03** ②　　**04** 해설 참조　　**05** ①
06 ⑤　　**07** 해설 참조　　**08** ②　　**9** ④　　**10** ①
11 해설 참조　　**12** ③　　**13** ④　　**14** ②　　**15** ①
16 ③　　**17** 해설 참조　　**18** ①　　**19** ③

01 (가) 고온의 광원에서 방출된 빛을 관측하면 넓은 파장에 걸쳐 연속적인 띠인 연속 스펙트럼이 나타난다.
(나) 저온의 성운을 통과한 별빛을 관측하면 성운을 이루는 기체가 특정한 파장의 빛을 흡수하기 때문에 흡수 스펙트럼이 나타난다.
(다) 어떤 원소의 기체가 높은 온도에서 방출하는 빛을 관측하면 원소 기체가 방출하는 특정한 파장의 빛만 보이므로 방출 스펙트럼이 나타난다.

02 (가)는 흡수 스펙트럼, (나)는 연속 스펙트럼, (다)는 방출 스펙트럼이다.
ㄱ. 태양의 표면에서 나오는 빛은 태양 대기를 통과하면서 대기를 구성하는 원소가 특정한 파장의 빛을 흡수하여 검은색의 흡수선이 나타나는 흡수 스펙트럼으로 관측된다.
ㄴ. 가시광선은 눈에 보이는 빛으로, (가)~(다)는 무지개색으로 나타나므로 모두 가시광선을 관측한 것이다.
ㄷ. (다)는 가열된 원소 기체에서 특정한 파장의 빛이 방출되어 나타나는 스펙트럼으로, 선의 위치, 개수, 굵기 등이 원소마다 다르게 나타난다.

03 ← 꼼꼼 문제 분석

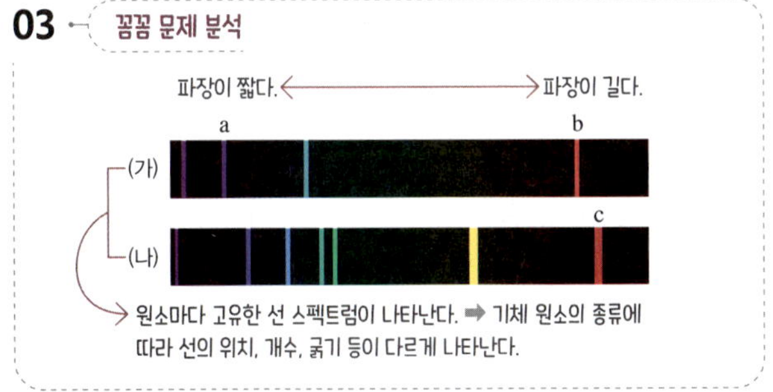

ㄷ. 원소의 종류에 따라 스펙트럼에서 선의 위치, 개수, 굵기 등이 다르게 나타나므로 별빛 스펙트럼과 원소의 스펙트럼을 비교

하여 분석하면 별의 구성 원소의 종류를 알아낼 수 있다.
(바로알기) ㄱ. a는 파란색이고 b는 빨간색이므로, a가 b보다 파장이 짧다.
ㄴ. b와 c는 모두 빨간색으로 보이지만, c는 b보다 오른쪽에 있으므로 파장이 더 길다.

04 ← 꼼꼼 문제 분석

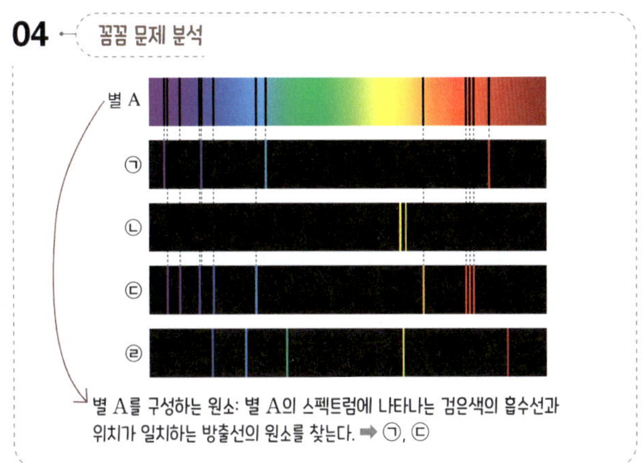

동일한 원소는 스펙트럼에서 나타나는 흡수선과 방출선의 위치(파장)가 같다.
(모범 답안) ㉠, ㉢이다. ㉠과 ㉢의 방출선이 별 A의 스펙트럼에 나타나는 검은색의 흡수선과 위치(파장)가 일치하기 때문이다.

채점 기준	배점
별 A를 구성하는 원소 두 가지를 옳게 쓰고, 그렇게 생각한 까닭을 모두 옳게 서술한 경우	100 %
별 A를 구성하는 원소 두 가지만 옳게 쓴 경우	50 %
그렇게 생각한 까닭만 옳게 서술한 경우	50 %

05 ㄱ. 우주를 구성하는 원소 중 수소는 약 74 %, 헬륨은 약 24 %를 차지한다.
(바로알기) ㄴ. 우주 전역에 분포하는 수소와 헬륨은 빅뱅 이후 우주 초기에 입자의 생성 과정에서 만들어졌으며, 별의 내부에서 핵융합 반응으로 만들어진 헬륨의 양은 매우 적다.
ㄷ. 우주를 구성하는 천체들의 스펙트럼 분석을 통해 우주를 구성하는 원소(수소, 헬륨 등)의 종류와 질량비를 알아냈다.

06 ⑤ 빅뱅 이후 쿼크, 전자 등의 기본 입자가 가장 먼저 생성되었다. 온도가 낮아지면서 쿼크 3개가 결합하여 양성자와 중성자가 생성되었다. 빅뱅 후 약 3분이 되었을 때는 양성자와 중성자가 결합하여 헬륨 원자핵이 생성되었다. 빅뱅 후 약 38만 년이 되었을 때는 원자핵과 전자가 결합하여 수소 원자, 헬륨 원자가 생성되었다. 따라서 (가)는 양성자, 중성자이고, (나)는 헬륨 원자핵이며, (다)는 전자이다.

07 (모범 답안) 수소와 헬륨이다. 우주의 온도가 계속 낮아져서 더 무거운 원자핵이 만들어지는 핵합성이 일어나지 못하였기 때문이다.

채점 기준	배점
수소와 헬륨을 옳게 쓰고, 더 무거운 원소가 생성되지 못한 까닭을 우주의 온도 변화와 관련 지어 옳게 서술한 경우	100 %
수소와 헬륨만 옳게 쓴 경우	50 %
더 무거운 원소가 생성되지 못한 까닭만 우주의 온도 변화와 관련 지어 옳게 서술한 경우	50 %

08 꼼꼼 문제 분석

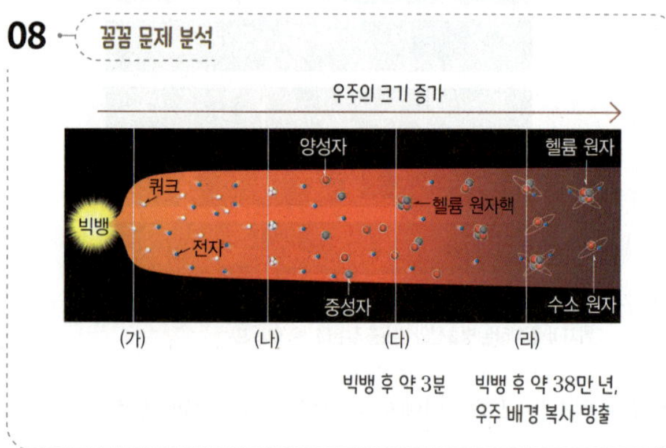

ㄷ. (라) 시기에는 전자가 원자핵과 결합하여 원자가 생성되면서 빛이 우주 공간으로 퍼져 나갈 수 있게 되었는데, 이때의 빛이 현재 우주 배경 복사로 관측된다.

(바로알기) ㄱ. (가) 시기에는 쿼크, 전자 등 기본 입자가 생성되었고, (가) → (나) 과정에서는 우주가 계속 팽창하여 우주의 크기가 커졌다.

ㄴ. (다) 시기 직전에는 우주의 온도가 낮아지면서 양성자의 개수가 증가하여 양성자가 중성자보다 더 많았다.

09 꼼꼼 문제 분석

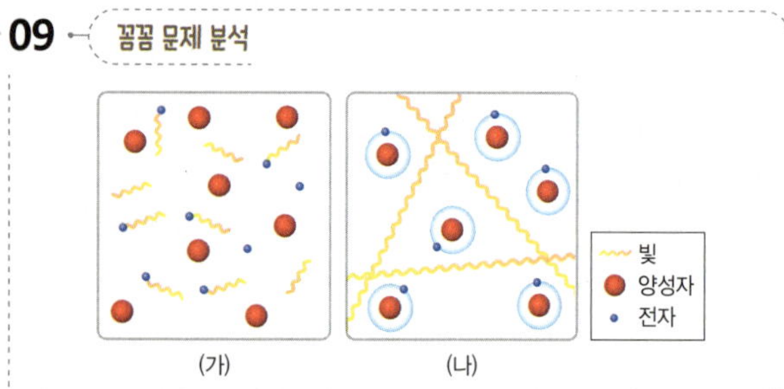

• (가) 시기: 양성자 1개는 수소 원자핵이고, 빛이 전기를 띤 입자의 방해를 받아 직진하지 못해 우주 공간으로 퍼져 나가지 못하였다.(불투명한 우주) ➡ 원자 생성 이전
• (나) 시기: 원자핵과 전자가 결합하여 원자가 생성되면서 빛이 우주 공간으로 퍼져 나갔다.(투명한 우주) ➡ 원자 생성 이후

ㄴ, ㄷ. (가)는 (나)보다 먼저 일어난 사건이다. 따라서 (가)에서 (나)로 갈수록 우주는 팽창하여 크기가 커졌고, 우주의 온도는 낮아졌으며, 우주의 밀도는 감소하였을 것이다.

(바로알기) ㄱ. (나) 시기에는 수소 원자와 헬륨 원자의 질량비가 약 3 : 1이었다.

10 ① 수소 핵융합 반응은 수소 원자핵 4개가 융합하여 헬륨 원자핵 1개가 생성되는 반응으로, 반응 전보다 반응 후의 질량이 작다. 질량은 에너지로 전환될 수 있는데, 감소한 질량만큼 에너지가 발생한다.

11 A는 별이 수축하려는 힘인 중력이고, B는 별이 팽창하려는 힘인 내부 압력이다. 중력과 내부 압력이 평형을 이루는 별은 크기가 일정하게 유지되고, 별의 중심부 온도가 1000만 K 이상이기 때문에 중심부에서 수소 핵융합 반응이 일어난다.

(모범 답안) A는 중력이고, B는 내부 압력이다. 중력은 별의 질량에 의해 발생하고, 내부 압력은 수소 핵융합 반응으로 발생한다.

채점 기준	배점
두 가지 힘의 종류와 발생하는 까닭을 모두 옳게 서술한 경우	100 %
한 가지 힘의 종류와 발생하는 까닭만 옳게 서술한 경우	50 %

12 꼼꼼 문제 분석

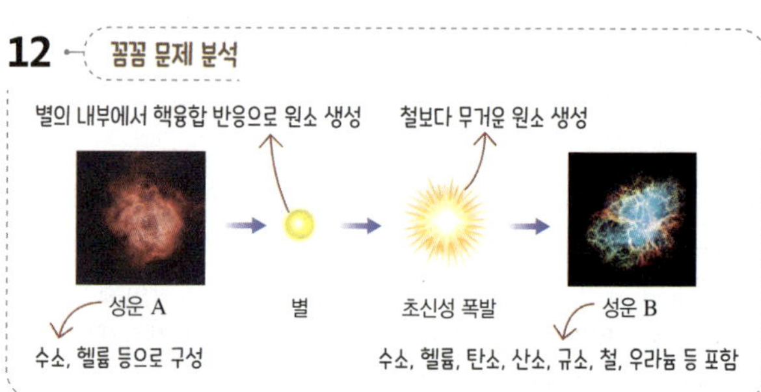

ㄷ. 별이 빅뱅 이후 수억 년이 지났을 때 생성되었으므로 성운 A는 빅뱅 이후 우주 초기에 생성된 원소인 수소, 헬륨 등으로 이루어진 성간 물질로 구성되어 있다.

ㄹ. 이 별은 질량이 태양보다 10배 이상 큰 별이므로 별의 내부에서 핵융합 반응으로 헬륨부터 철까지 원소가 생성된다. 별은 핵융합 반응이 중단된 후 초신성 폭발 과정에서 생성된 철보다 무거운 원소와 별에 존재했던 수소~철까지 원소가 우주 공간으로 퍼져 나가 성운 B가 형성되었다.

(바로알기) ㄱ. 별의 진화 과정 중 초신성 폭발이 있으므로 이 별은 질량이 태양보다 10배 이상 크다.

ㄴ. 성운 A를 구성하는 물질의 밀도 분포가 불균일해야 밀도가 높은 부분을 중심으로 중력 수축이 일어나 물질이 응축하여 별이 만들어질 수 있다.

13 ㄴ. 별의 중심부 온도가 높을수록 핵융합 반응으로 더 무거운 원소를 생성할 수 있다. 따라서 별 (가)는 중심부에 헬륨핵이

형성되어 있고, (나)는 중심부에 철핵이 형성되어 있으므로 별의 중심부 온도는 (나)가 (가)보다 높다.

ㄷ. 별의 내부에서 핵융합 반응으로 만들어질 수 있는 가장 무거운 원소는 철이므로 중심부에 철핵이 형성된 (나)는 별의 중심부에서 핵융합 반응이 끝난 상태이다.

바로알기 ㄱ. 질량이 큰 별일수록 별의 내부에서 핵융합 반응으로 무거운 원소가 생성될 수 있으므로 별의 크기는 (가)가 (나)보다 작다.

ㄹ. (나)에서 핵융합 반응으로 중심부에서 최종적으로 생성된 원소는 철로, 지구에서 가장 많이 존재하는 원소이다. 생명체에 가장 많이 존재하는 원소는 산소이다.

14 · 꼼꼼 문제 분석

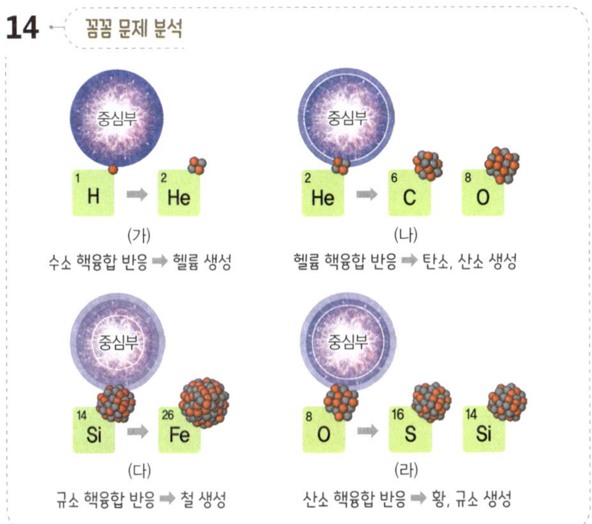

ㄷ. 원자량은 양성자와 중성자의 질량을 합한 것이므로, 무거운 원소일수록 크다. 따라서 (다)에서 생성된 철은 (라)에서 생성된 황, 규소보다 원자량이 크다.

바로알기 ㄱ. 황, 규소는 탄소, 산소보다 무거운 원소이고, 별의 중심부 온도가 높을수록 핵융합 반응으로 무거운 원소가 생성되므로 별의 중심부 온도는 (나)가 (라)보다 낮다.

ㄴ. 핵융합 반응으로 가벼운 원소가 먼저 생성되고 점차 무거운 원소가 생성되므로 질량이 태양 정도인 별의 중심부에서는 (가) → (나)까지만 핵융합 반응이 일어난다. 반면에, 질량이 태양의 10배 이상인 별의 중심부에서는 (가) → (나) → (라) → (다) 순으로 핵융합 반응이 순차적으로 일어나 원소가 생성된다.

15 ㄱ. 질량이 태양 정도인 별의 내부에서 핵융합 반응이 멈추면 별의 바깥층이 팽창하여 우주 공간으로 퍼져 나가면서 (가)처럼 행성 모양의 성운을 이룬다. 따라서 현재 태양은 별의 중심부에서 수소 핵융합 반응이 일어나지만 나중에는 (가) 단계로 진화하게 될 것이다.

바로알기 ㄴ. 질량이 태양의 10배 이상인 별의 내부에서 핵융합 반응이 멈추면 중심부가 급격하게 수축하면서 폭발하여 초신성이 된다. (나)는 우주 공간으로 퍼져 나간 초신성 폭발 잔해이므로 (가)보다 질량이 큰 별의 진화 단계이다.

ㄷ. 철보다 무거운 원소는 초신성 폭발 과정에서만 생성되므로 초신성 폭발 잔해인 (나)에는 철보다 무거운 원소가 포함되어 있지만, (가)에는 포함되어 있지 않다.

16 · 꼼꼼 문제 분석

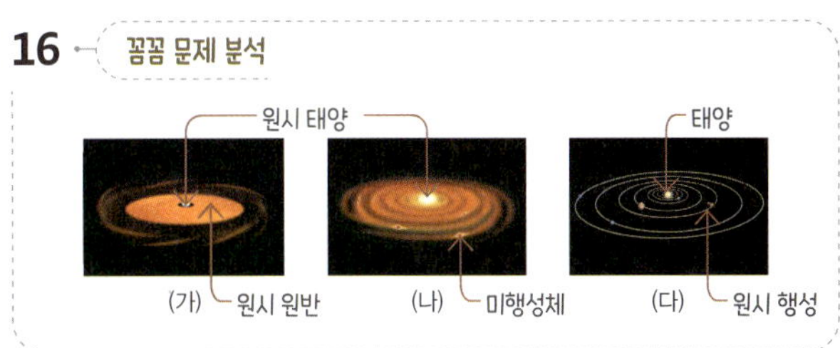

ㄱ. 태양계 성운이 밀도가 높은 곳을 중심으로 수축하면서 회전하여 중심부에서는 원시 태양이 형성되었고, 성운이 회전하면서 물질이 회전축에 수직인 면에 모여 원시 태양의 주변부에 (가)와 같이 납작한 원시 원반이 형성되었다.

ㄴ. 원시 태양과 가까운 곳일수록 온도가 높았으므로 (나)에서 원시 태양에 가까운 곳에서 형성된 미행성체는 철, 니켈, 규소 등 녹는점이 높은 물질로 구성되어 있다.

바로알기 ㄷ. (다)에서는 태양의 중심부에서 수소 핵융합 반응이 일어나 헬륨이 생성되었다. 탄소는 헬륨 핵융합 반응으로 생성되는 원소이다.

17 모범 답안 태양과 가까운 곳에서는 온도가 높아 녹는점이 높은 철, 니켈, 규소 등 무거운 물질들이 남아 미행성체를 형성하여 암석 성분의 지구형 행성이 만들어졌고, 태양으로부터 먼 곳에서는 온도가 낮아 녹는점이 낮은 얼음, 메테인 등 가벼운 물질들이 미행성체를 형성하여 주변의 수소, 헬륨을 끌어당겨 기체 성분의 목성형 행성이 만들어졌기 때문이다.

채점 기준	배점
구성 물질의 차이와 그 까닭을 태양으로부터의 거리와 구성 물질의 녹는점을 포함하여 옳게 서술한 경우	100 %
구성 물질의 차이만 옳게 서술한 경우	50 %

18 · 꼼꼼 문제 분석

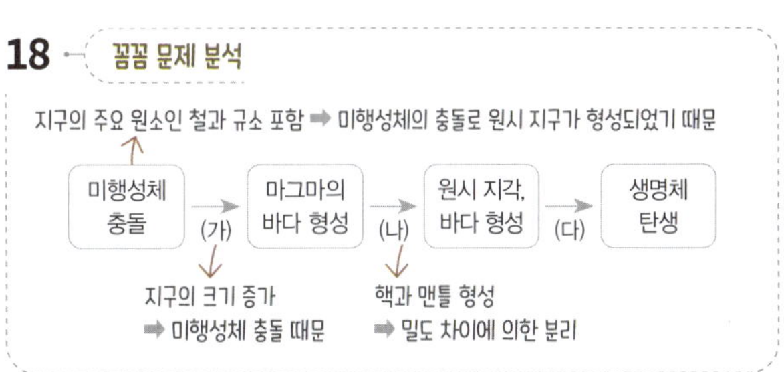

ㄱ. 원시 지구는 미행성체들이 서로 충돌하여 형성되었고, 지구에는 철과 규소 성분이 많으므로 원시 지구를 형성한 미행성체에는 철과 규소가 포함되어 있었다는 것을 알 수 있다.

ㄷ. 마그마의 바다는 밀도 차이에 의해 상대적으로 무거운 물질은 중심부로 가라앉아 핵을 형성하였고, 상대적으로 가벼운 물질은 떠올라 맨틀을 형성하였다.

(바로알기) ㄴ. (가) 과정에서 원시 지구가 미행성체들과 충돌하면서 지구의 크기와 질량이 커졌다.

ㄹ. 지구에서 대기 중 산소 농도가 높아지기 위해서는 광합성을 할 수 있는 생물이 존재해야 하는데, (다) 과정에서는 아직 생명체가 등장하지 않은 시기이므로 대기 중 산소 농도가 높아질 수 없다.

19 ㄱ. (나)는 산소, 수소, 질소가 주요 원소이므로 사람을 구성하는 원소의 질량비이다.

ㄷ. B는 생명체를 구성하는 주요 원소인 탄소이다. 질량이 태양 정도인 별은 진화 과정 중 별의 내부에서 헬륨 핵융합 반응이 일어나므로 탄소(B)가 생성될 수 있다.

(바로알기) ㄴ. (가)는 산소, 규소, 마그네슘이 주요 원소이므로 지구를 구성하는 원소의 질량비이다. A는 지구에 가장 많은 원소인 철이며, 철은 별의 내부에서 핵융합 반응으로 만들어질 수 있는 가장 무거운 원소이다. 빅뱅 이후 약 38만 년 무렵에 생성된 원소는 수소, 헬륨이다.

01 ⑤ **02** ① **03** ③ **04** ①

01 꼼꼼 문제 분석

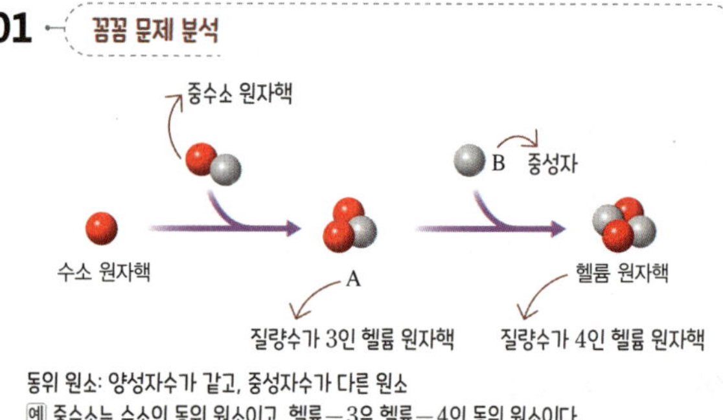

동위 원소: 양성자수가 같고, 중성자수가 다른 원소
(예) 중수소는 수소의 동위 원소이고, 헬륨−3은 헬륨−4의 동위 원소이다.

선택지 분석

✗ A는 수소 동위 원소의 원자핵이다. 헬륨

◯ B는 중성자이다.

◯ 헬륨 원자핵은 전자 2개와 결합하여 헬륨 원자를 만든다.

전략적 풀이 ❶ 양성자수를 비교하여 동위 원소를 알아낸다.

ㄱ. 동위 원소는 양성자수가 같으나 중성자수가 다른 원소이다. 수소의 양성자수는 1개, 헬륨의 양성자수는 2개이다. A는 양성자인 빨간색 입자가 2개이므로 헬륨의 동위 원소 원자핵이다. 따라서 A는 양성자 2개에 중성자 1개가 결합했으므로 질량수가 3인 헬륨의 원자핵이다.

❷ 수소 원자핵은 양성자 1개로 이루어져 있다는 점을 파악한다.

ㄴ. 양성자는 그 자체로 수소 원자핵이 되었다. 따라서 빨간색 입자 1개가 수소 원자핵이므로 회색 입자 B는 중성자이다.

❸ 원자는 중성이므로 양성자수와 전자 수가 같다는 점을 기억한다.

ㄷ. 헬륨 원자핵은 양성자 2개, 중성자 2개로 구성되어 있으므로 양전하를 띤 양성자수와 같은 2개의 전자와 결합하여 중성인 헬륨 원자를 만든다.

02 꼼꼼 문제 분석

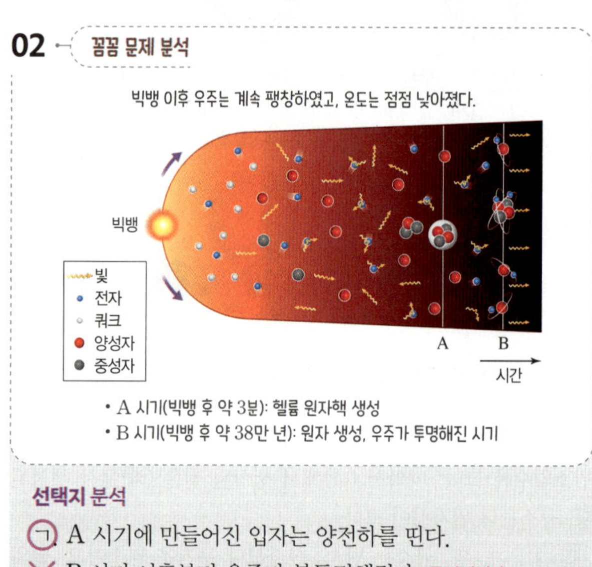

• A 시기(빅뱅 후 약 3분): 헬륨 원자핵 생성
• B 시기(빅뱅 후 약 38만 년): 원자 생성, 우주가 투명해진 시기

선택지 분석

◯ A 시기에 만들어진 입자는 양전하를 띤다.

✗ B 시기 이후부터 우주가 불투명해졌다. 투명해졌다.

✗ 시간이 지날수록 무거운 입자들의 생성으로 우주 전체의 질량은 증가하였다. 일정하였다.

전략적 풀이 ❶ 생성된 입자의 종류와 특징을 파악한다.

ㄱ. A 시기에는 2개의 양성자와 2개의 중성자가 결합하여 헬륨 원자핵이 생성되었다. 따라서 원자핵은 양전하를 띠는 양성자와 전하를 띠지 않는 중성자가 결합하여 생성되므로 A 시기에 만들어진 헬륨 원자핵은 양전하를 띤다.

❷ 원자의 생성으로 우주에 일어난 변화를 추정한다.

ㄴ. B 시기에는 빅뱅 후 약 38만 년일 때로 양전하를 띤 원자핵과 음전하를 띤 전자가 결합하여 중성인 원자를 생성하였다. 이때 중성인 원자는 빛의 진로를 방해하지 않아 빛이 우주 공간으로 퍼져 나가 우주가 투명해졌다.

❸ 빅뱅 우주론에서 빅뱅 이후 우주 전체의 질량 변화에 대해 파악한다.

ㄷ. 빅뱅 이후 우주 초기에 수소, 헬륨이 생성되었으며, 이들 원소들로부터 성운이 형성되어 별이 탄생하였다. 별의 진화 과정을 통해 더 무거운 원소들이 생성되었지만 별의 바깥층이 팽창하다가 원소가 우주로 퍼져 나가거나 초신성 폭발 과정에서 원소가 우주 공간으로 방출되어 별의 재료가 되었다. 따라서 우주에서는 새로운 원소들이 생성되기는 하지만 다시 우주 공간으로 퍼져 나가기 때문에 우주 전체의 질량은 변화가 없었다.

03 ꞏ 꼼꼼 문제 분석

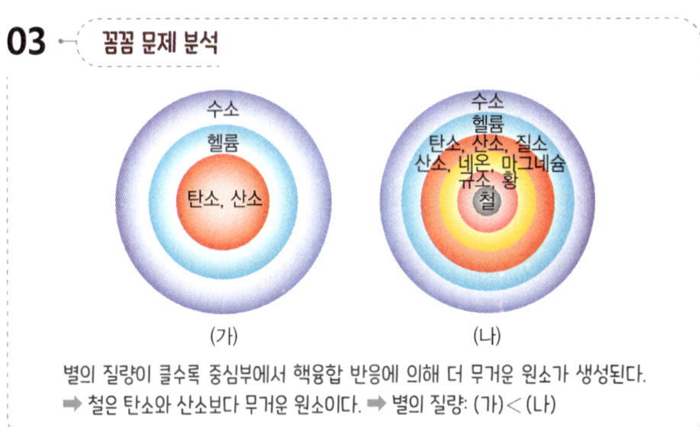

별의 질량이 클수록 중심부에서 핵융합 반응에 의해 더 무거운 원소가 생성된다.
➡ 철은 탄소와 산소보다 무거운 원소이다. ➡ 별의 질량: (가) < (나)

선택지 분석

ㄱ 별의 질량은 (가)보다 (나)가 더 크다.

✗ 별에 있는 모든 수소는 핵융합 반응에 사용된다.
　　　　　　　　　　　사용되는 것은 아니다.

ㄷ 별의 중심부로 갈수록 구성 원소의 양성자수가 많아진다.

전략적 풀이 ❶ 별의 질량이 클수록 중심부에서 무거운 원소를 생성할 수 있는 핵융합 반응이 일어난다는 점을 이용하여 별의 질량을 비교한다.

ㄱ. (가)와 (나)는 최종적으로 각각 탄소와 산소, 철이 생성되었고 철은 탄소와 산소보다 무거운 원소이므로 별의 질량은 (가)보다 (나)가 더 크다.

❷ 별의 내부에서 온도가 충분히 높은 곳이 어디인지 파악한다.

ㄴ. 핵융합 반응이 일어나기 위해서는 온도가 충분히 높아야 한다. 따라서 별의 중심부와 그 주변에서 핵융합 반응이 일어나므로 별에 있는 모든 수소가 핵융합 반응에 사용되는 것은 아니다.

❸ 별의 중심부로 갈수록 핵융합 반응으로 무거운 원소가 생성된다는 점을 이용하여 구성 원소의 양성자수를 추정한다.

ㄷ. 별의 중심부 온도가 상승함에 따라 점차 무거운 원소의 핵융합 반응이 일어나므로 핵융합 반응이 끝났을 때 별의 내부 구조에서는 중심부로 갈수록 무거운 원소가 분포한다. 따라서 무거운 원소는 원자 번호가 크므로 구성 원소의 양성자수는 별의 중심부로 갈수록 많아진다.

04 ꞏ 꼼꼼 문제 분석

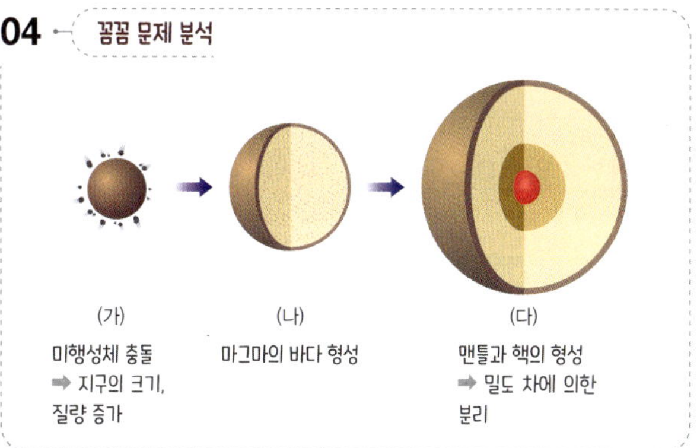

선택지 분석

ㄱ (가) → (나) 과정에서는 지구 표면의 온도가 상승하였다.

✗ (나) → (다) 과정에서는 지구 중심부의 밀도가 감소하였다.
　　　　　　　　　　　　　　　　　　　　증가하였다.

✗ (다) 시기에는 지구의 중심부에서 표면으로 갈수록 금속 원소가 많이 분포한다.
　　　　　　　　중심부로

전략적 풀이 ❶ 미행성체 충돌에 따른 지구의 표면 온도 변화를 추정한다.

ㄱ. (가) → (나) 과정에서는 원시 지구에 미행성체의 충돌로 발생한 열과 지구 내부 방사성 원소의 붕괴열로 인해 지구 표면의 온도가 상승하여 마그마의 바다를 형성하였다.

❷ 마그마의 바다 상태에서 밀도에 따른 물질의 이동 방향을 파악한다.

ㄴ. (나) → (다) 과정에서는 상대적으로 밀도가 높은 철, 니켈 등의 금속 원소가 지구의 중심부 쪽으로 이동하였으므로 지구 중심부의 밀도가 이전에 비해 증가하였다.

❸ 산소와 규소 원소의 밀도와 금속 원소의 밀도를 비교하여 지구 내부에서의 분포를 추정한다.

ㄷ. 금속 원소(철, 니켈 등)에 비해 상대적으로 밀도가 낮은 산소, 규소 등은 떠올라 지구 표면으로 이동하였다. 지구 전체의 구성 원소는 철 35 %, 산소 30 %, 규소 15 %이지만, 무거운 철 원소가 대부분 핵을 구성한다. 따라서 (다) 시기에는 금속 원소가 지구의 중심부인 핵으로 갈수록 많이 분포한다.

01 / 원소의 주기성

개념 확인 문제 67쪽

❶ 주기율표 ❷ 주기 ❸ 족 ❹ 금속 ❺ 비금속
❻ 알칼리 금속 ❼ 수소 ❽ 할로젠

1 (1) 금속 (2) 비금속 (3) 금속 (4) 비금속 (5) 금속 **2** 금속 원소:
(나), (마), (바), 비금속 원소: (가), (다), (라) **3** (1) × (2) ○ (3) ×
(4) ○ (5) ○ **4** A: 알칼리 금속, B: 할로젠 **5** (1) × (2) ○
(3) ○ (4) × (5) ○ **6** (1) ○ (2) ○ (3) × (4) ×

1 (1) 금속 원소는 열을 잘 전달하고 전기가 잘 통한다.
(2) 비금속 원소는 대부분 실온에서 기체 또는 고체 상태로 존재
한다.
(3) 금속 원소는 외부에서 힘을 가하면 부서지지 않고 모양만 변
한다.
(4) 비금속 원소는 전자를 얻어 음이온이 되기 쉽다.
(5) 금속 원소는 전자를 잃어 양이온이 되기 쉽다.

2 주기율표의 왼쪽과 가운데에는 주로 금속 원소가 있고, 오른
쪽에는 주로 비금속 원소가 있다. 리튬(Li), 구리(Cu), 칼륨(K)
은 금속 원소이고, 수소(H), 산소(O), 염소(Cl)는 비금속 원소
이다.

3 (1) 주기율표의 가로줄을 주기, 세로줄을 족이라고 한다.
(2) 주기율표에서 원소들은 원자 번호(양성자수) 순서로 나열되
어 있다.
(3) 주기율표에서 화학적 성질이 비슷한 원소들은 같은 세로줄에
배열되어 있다.
(4) 알칼리 금속에는 리튬(Li), 나트륨(Na), 칼륨(K) 등이 있다.
(5) 할로젠에는 플루오린(F), 염소(Cl), 브로민(Br), 아이오딘(I)
등이 있다.

4 A 영역은 수소를 제외한 1족 원소이므로 알칼리 금속이고,
B 영역은 17족 원소이므로 할로젠이다.

5 (1) 알칼리 금속은 다른 금속에 비해 밀도가 작다.
(2) 알칼리 금속은 칼로 자를 수 있을 정도로 무르다.
(3) 알칼리 금속은 공기 중의 산소, 물과 잘 반응하므로 공기나
물과의 접촉을 막기 위해 석유나 액체 파라핀에 넣어 보관한다.

(4), (5) 알칼리 금속이 물과 반응하면 수소 기체가 발생하고, 수
용액은 염기성을 띤다.

6 (1) 할로젠은 실온에서 2개의 원자가 결합한 분자(F_2, Cl_2,
Br_2, I_2 등)로 존재한다.
(2) 할로젠은 각 분자마다 특유의 색을 띤다.
(3) 실온에서 플루오린(F_2)과 염소(Cl_2)는 기체, 브로민(Br_2)은
액체, 아이오딘(I_2)은 고체 상태이다.
(4) 할로젠이 수소와 반응하면 수소 화합물(HF, HCl, HBr 등)
을 생성하고, 이 화합물은 물에 녹아 산성을 띤다.

개념 확인 문제 70쪽

❶ 전자 ❷ 양성자 ❸ 원자 번호 ❹ 8 ❺ 원자가 전자
❻ 원자가 전자 ❼ 전자 껍질 ❽ 원자가 전자

1 (1) × (2) × (3) ○ **2** (1) ○ (2) × (3) ○ (4) ○ **3** 해설 참
조 **4** ㉠ 6, ㉡ 2, ㉢ 4, ㉣ 2, ㉤ 14 **5** ㄷ, ㄹ

1 (1) 원자핵은 양성자와 중성자로 이루어져 있다.
(2) 원자를 구성하는 양성자수와 전자 수는 같다.
(3) 양성자수는 원자의 종류에 따라 다르므로 양성자수를 원자
번호로 정한다.

2 (1) 보어의 원자 모형에서 전자는 특정한 에너지 준위를 가
지는 궤도를 따라 운동하며, 이 궤도를 전자 껍질이라고 한다.
(2) 전자 배치에서 첫 번째 전자 껍질에는 전자가 최대 2개, 두
번째 전자 껍질에는 전자가 최대 8개 채워진다.
(3) 원자가 전자는 원자의 전자 배치에서 가장 바깥 전자 껍질에
들어 있으면서 화학 결합에 참여하는 전자이다.
(4) 원소의 주기성이 나타나는 까닭은 원자 번호가 증가함에 따
라 원소의 화학적 성질을 결정하는 원자가 전자의 수가 주기적으
로 변하기 때문이다.

3 3주기 13족 원소는 전자가 들어 있는 전자 껍질 수가 3이
고, 원자가 전자 수가 3이다. 원자 모형에서 양성자수가 13이므
로 전자 수도 13이다. 따라서 첫 번째 전자 껍질에는 전자 2개,
두 번째 전자 껍질에는 8개, 세 번째 전자 껍질에는 나머지 3개
가 배치된다.

[모범 답안]

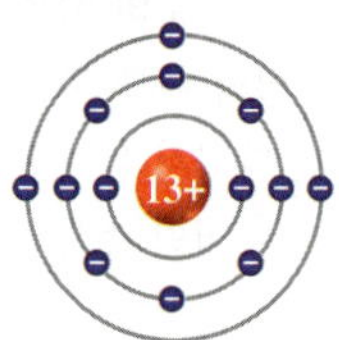

4 ㉠ 원자를 구성하는 양성자수와 전자 수는 같다. 전자 배치를 나타낸 모형에서 전자 수가 6이므로 양성자수도 6이다.

㉡, ㉢ 가장 바깥 전자 껍질인 두 번째 전자 껍질에 전자가 4개 들어 있다. 따라서 전자가 들어 있는 전자 껍질 수는 2이고, 원자가 전자 수는 4이다.

㉣, ㉤ 전자가 들어 있는 전자 껍질 수는 주기 번호와 같고, 원자가 전자 수는 족 번호의 일의 자리 수와 같다. 따라서 2주기 14족 원소이다.

5 A는 2주기 16족 원소이고, B는 2주기 17족 원소이다.
ㄱ. 양성자수는 A와 B가 각각 8, 9이다.
ㄴ. 원자가 전자 수는 A와 B가 각각 6, 7이다.
ㄷ. 전자가 들어 있는 전자 껍질 수는 A와 B가 모두 2이다.
ㄹ. 첫 번째 전자 껍질에 들어 있는 전자 수는 A와 B가 모두 2이다.

Q1 해설 참조　　**Q2** 해설 참조

Q1 알칼리 금속은 주기율표의 1족에 있으므로 원자가 전자 수가 모두 1이다. 할로젠은 주기율표의 17족에 있으므로 원자가 전자 수가 모두 7이다.

모범 답안

구분	알칼리 금속	
	리튬(Li)	나트륨(Na)
원자 번호	3	11
전자 수	3	11
원자 모형		
전자가 들어 있는 전자 껍질 수	2	3
원자가 전자 수	1	1
주기와 족	2주기 1족	3주기 1족

구분	할로젠	
	플루오린(F)	염소(Cl)
원자 번호	9	17
전자 수	9	17
원자 모형		
전자가 들어 있는 전자 껍질 수	2	3
원자가 전자 수	7	7
주기와 족	2주기 17족	3주기 17족

Q2 같은 족 원소들은 원자가 전자 수가 같으며 화학적 성질이 비슷하다.

모범 답안

구분	A	B	C	D
전자가 들어 있는 전자 껍질 수	1	2	3	4
원자가 전자 수	0	0	2	2
주기와 족	1주기 18족	2주기 18족	3주기 2족	4주기 2족

➡ A와 B는 18족 원소이고, C와 D는 2족 원소이므로 각각 화학적 성질이 비슷하다.

01 ⑤　02 ②　03 ①　04 ⑤　05 ④　06 ③
07 ⑤　08 ③　09 ①　10 ③　11 ①　12 8
13 ⑤　14 ㄴ, ㄷ　15 해설 참조　16 해설 참조

01 ① 금속은 대부분 특유의 광택이 있다.
②, ③ 금속은 전기가 잘 통하고, 열을 잘 전달한다.
④ 금속은 전자를 잃고 양이온이 되기 쉽다.
바로알기 ⑤ 금속은 외부에서 힘을 가하면 쉽게 부서지지 않고 모양만 변한다.

02 ㄷ. (나)는 비금속 원소이며, 대부분 전기가 잘 통하지 않는다.
바로알기 ㄱ. (가)는 금속 원소이고, (나)는 비금속 원소이다.
ㄴ. (가)는 금속 원소이며, 실온에서 대부분 고체 상태이다.

03 ㄱ. 현대의 주기율표는 원소들을 원자 번호(양성자수) 순서로 배열하였다.

(바로알기) ㄴ. 세로줄을 족이라고 하며, 1족에서 18족까지 있다.

ㄷ. 같은 족에 속한 원소들은 화학적 성질이 비슷하다.

04 ㄱ. (가)는 수소를 제외한 1족 원소이므로 알칼리 금속이다.

ㄴ. (나)는 세 번째 가로줄에 있으므로 3주기 원소이다.

ㄷ. (다)는 17족 원소이므로 할로젠이며, 화학적 성질이 비슷하다.

05 ④ 금속 M은 원자 번호가 11이고, 소금인 염화 나트륨의 성분 원소이므로 나트륨이다. 쌀알 크기의 나트륨 조각을 물이 담긴 시험관(B)에 넣으면 격렬하게 반응하면서 수소 기체가 발생한다.

06 ㄱ, ㄴ. 알칼리 금속은 공기 중의 산소와 반응하므로 산소를 차단해야 한다. 또 알칼리 금속은 물과 격렬하게 반응하므로 물에 닿지 않게 해야 한다. 따라서 알칼리 금속은 공기나 물과 접촉하지 않도록 석유나 액체 파라핀에 넣어 보관한다.

(바로알기) ㄷ. 알칼리 금속이 물과 반응한 수용액은 염기성을 띠지만, 이는 알칼리 금속을 액체 파라핀에 넣어 보관하는 것과는 관련이 없다.

07 ㄱ. (가)에서 알칼리 금속은 공기 중의 산소와 빠르게 반응하므로 칼로 자르면 광택이 사라진다.

ㄴ. (나)의 실험 결과 모두 수소 기체가 발생했으므로 물과 반응시킨 것임을 알 수 있다. 따라서 '물에 넣어 변화를 관찰한다'는 ㉠으로 적절하다.

ㄷ. 알칼리 금속이 물과 반응한 수용액은 염기성을 띤다. 따라서 페놀프탈레인 용액을 떨어뜨리면 붉은색으로 변한다.

08 ① 할로젠은 17족에 속하는 비금속 원소인 플루오린(F), 염소(Cl), 브로민(Br), 아이오딘(I) 등이다.

② 할로젠은 실온에서 2개의 원자가 결합한 분자(F_2, Cl_2, Br_2, I_2 등)로 존재한다.

④ 할로젠은 반응성이 커서 수소, 알칼리 금속 등 다른 원소와 잘 반응한다.

⑤ 할로젠이 수소와 반응하여 생성된 물질(HF, HCl, HBr 등)은 물에 녹아 산성을 띤다.

(바로알기) ③ 할로젠은 비금속 원소이므로 전자를 얻어 음이온이 되기 쉽다.

09 ㄱ. 보어의 원자 모형에서 전자 껍질의 에너지 준위는 원자핵과 가까울수록 낮다. 전자는 원자핵과 가까운 전자 껍질부터 차례로 채워진다.

(바로알기) ㄴ. 첫 번째 전자 껍질에는 전자가 최대 2개 채워진다.

ㄷ. 같은 족에 속한 원소들은 원자가 전자 수가 같다. 같은 주기에 속한 원소들은 전자가 들어 있는 전자 껍질 수가 같다.

10 〔 꼼꼼 문제 분석 〕

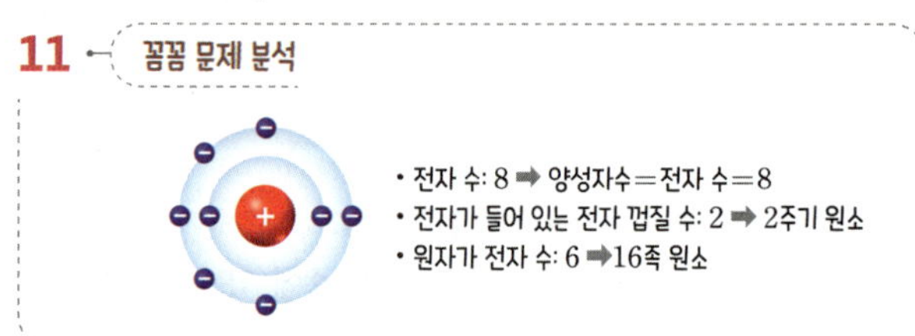

원소	플루오린(F)	염소(Cl)
원자 모형	A	B
전자가 들어 있는 전자 껍질 수	2	3
원자가 전자 수	7	7

ㄱ. A와 B는 모두 가장 바깥 전자 껍질에 들어 있는 전자 수가 7이므로 원자가 전자 수는 7로 같다.

ㄴ. A와 B는 모두 17족 원소인 할로젠이며 비금속 원소이다.

(바로알기) ㄷ. 전자가 들어 있는 전자 껍질 수는 A와 B가 각각 2, 3이다.

11 〔 꼼꼼 문제 분석 〕

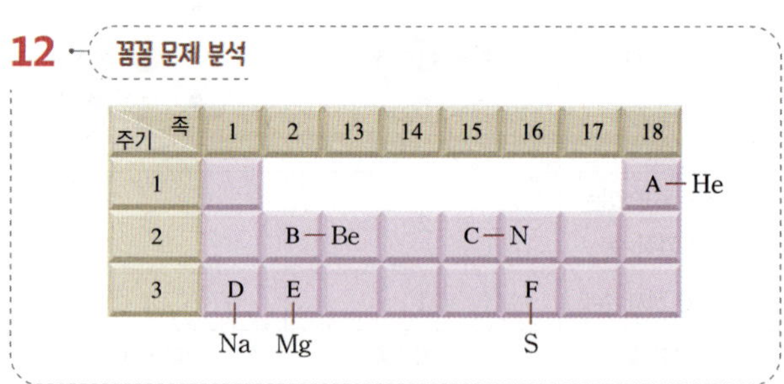

ㄱ. 전자가 들어 있는 전자 껍질 수가 2이므로 2주기 원소이다.

(바로알기) ㄴ. 원자를 구성하는 양성자수와 전자 수는 같다. 전자 수가 8이므로 양성자수는 8이다.

ㄷ. 가장 바깥 전자 껍질에 들어 있는 전자 수가 6이므로 원자가 전자 수는 6이다.

12 〔 꼼꼼 문제 분석 〕

주기 \ 족	1	2	13	14	15	16	17	18
1								A—He
2		B—Be			C—N			
3	D Na	E Mg				F S		

(가) 금속 원소는 B, D, E의 세 가지이므로 $a=3$이다.

(나) 3주기 원소는 D, E, F의 세 가지이므로 $b=3$이다.

(다) 화학적 성질이 비슷한 원소는 같은 족 원소이므로 B와 E 두 가지이다. 따라서 $c=2$이다.

13 ㄴ. C는 2주기, F는 3주기 원소이므로 전자가 들어 있는 전자 껍질 수는 F>C이다.

ㄷ. 알칼리 금속은 1족에 있는 금속 원소이므로 D는 알칼리 금속이다.

(바로알기) ㄱ. A는 18족 원소이므로 원자가 전자 수가 0이다. 원자가 전자 수가 가장 큰 것은 F로 6이다.

14 ┌ 꼼꼼 문제 분석

원소	수소(H)	리튬(Li)	플루오린(F)	나트륨(Na)
원자 모형	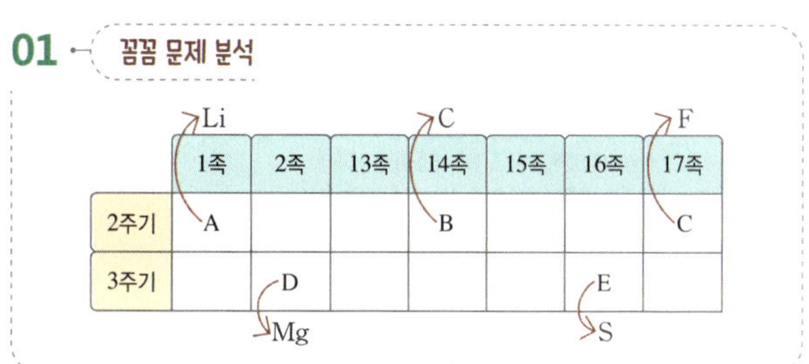			
	A	B	C	D
전자가 들어 있는 전자 껍질 수	1	2	2	3
원자가 전자 수	1	1	7	1

ㄴ. 원자가 전자 수는 A~D가 각각 1, 1, 7, 1이므로 C가 가장 크다.

ㄷ. A₂는 수소(H_2)이고 C₂는 플루오린(F_2)이다. 수소와 할로젠이 반응하여 생성된 물질(HF)은 물에 녹아 산성을 띤다.

(바로알기) ㄱ. 금속 원소는 B와 D 두 가지이다.

15 (모범 답안) (1) 붉은색으로 변한다. 알칼리 금속인 리튬(Li)이 물과 반응한 후 수용액은 염기성을 띠기 때문이다.

(2) 나트륨(Na)과 칼륨(K). 리튬, 나트륨, 칼륨은 주기율표의 1족에 속하는 금속 원소이며, 같은 족 원소는 화학적 성질이 비슷하기 때문이다.

	채점 기준	배점
(1)	수용액의 색 변화와 그 까닭을 모두 옳게 서술한 경우	50 %
	수용액의 색 변화만 옳게 쓴 경우	20 %
(2)	원소 두 가지와 그 까닭을 모두 옳게 서술한 경우	50 %
	원소 두 가지만 옳게 쓴 경우	20 %

16 (모범 답안) 원자 번호가 증가함에 따라 원자가 전자 수가 주기적으로 변하기 때문이다.

채점 기준	배점
원자가 전자 수를 언급하여 옳게 서술한 경우	100 %
원자가 전자 수를 언급하지 못한 경우	0 %

01 ④   **02** ③   **03** ③   **04** ③

01 ┌ 꼼꼼 문제 분석

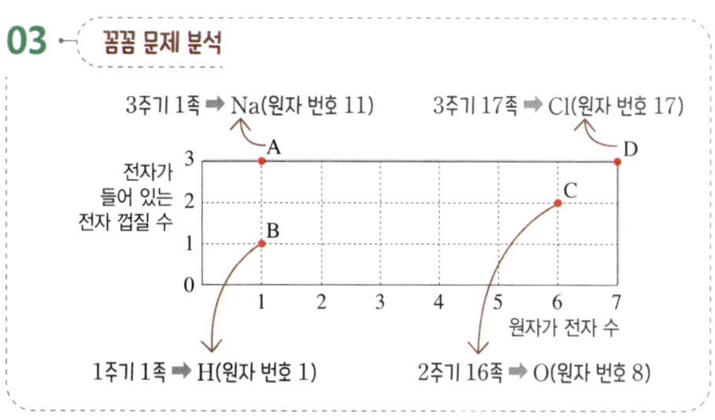

ㄱ. A와 D는 금속 원소이고, B, C, E는 비금속 원소이다.

ㄷ. 전자가 들어 있는 전자 껍질 수는 주기 번호와 같다. B는 2주기, D는 3주기 원소이므로 전자가 들어 있는 전자 껍질 수는 D>B이다.

(바로알기) ㄴ. E는 3주기 16족 원소이므로 할로젠이 아니다. 2주기 17족 원소인 C가 할로젠이다.

02 ㄱ. (가)에서 X를 잘랐을 때 은백색 광택이 사라졌으므로 X가 공기 중의 산소와 반응하였다.

ㄴ. (나)에서 X가 물과 반응하면 수소 기체가 발생한다. 수소 기체에 불꽃을 대면 '퍽' 소리가 나면서 탄다.

(바로알기) ㄷ. BTB 용액은 산성에서 노란색, 중성에서 초록색, 염기성에서 파란색을 나타낸다. X가 물과 반응한 수용액은 염기성을 띠므로 BTB 용액을 떨어뜨리면 파란색으로 변한다.

03 ┌ 꼼꼼 문제 분석

ㄱ. A는 3주기 1족 원소이므로 알칼리 금속인 나트륨(Na)이다.

ㄴ. 원자 번호는 3주기 17족 원소인 D가 가장 크다. A~D의 원자 번호는 각각 11, 1, 8, 17이다.

(바로알기) ㄷ. A~D 중 실온에서 이원자 분자로 존재하는 것은 B, C, D 세 가지이다. B는 H_2, C는 O_2, D는 Cl_2로 존재한다.

04 ← 꼼꼼 문제 분석

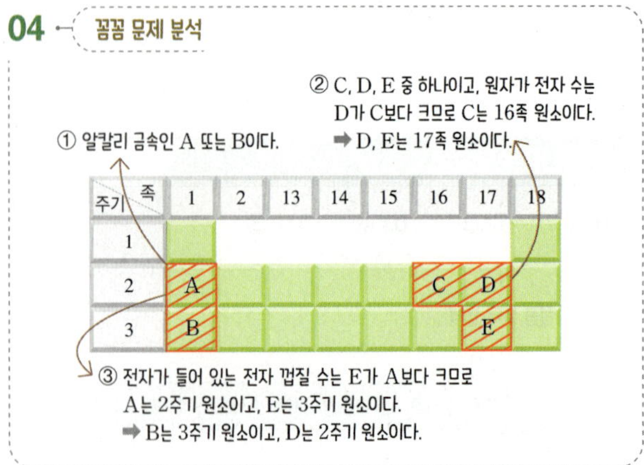

ㄱ. E는 3주기 17족 원소이므로 할로젠이다.

ㄷ. B는 1족 원소이고, D는 17족 원소이므로 원자가 전자 수는 D가 B보다 크다.

(바로알기) ㄴ. A와 C는 모두 2주기 원소이므로 전자가 들어 있는 전자 껍질 수가 같다.

02 / 화학 결합과 물질의 성질

개념확인문제
79쪽

❶ 18 ❷ 화학 결합 ❸ 이온 ❹ 공유

1 (1) ○ (2) ○ (3) × (4) × **2** (1) ○ (2) ○ (3) × **3** ㉠ 2, ㉡ 1, ㉢ 1 **4** (1) ㉠ 공유, ㉡ 이온 (2) 아르곤(Ar) (3) 네온(Ne) **5** (가) 2 (나) 4 **6** ㄴ, ㄹ

1 (1) 18족 원소는 가장 바깥 전자 껍질에 전자가 모두 채워져 있으므로 다른 원소와 화학 결합을 형성하지 않으며 원자가 전자 수가 0이다.

(2) 18족 원소는 다른 원소와 화학 결합을 형성하지 않고 실온에서 원자 상태로 존재한다.

(3) 가장 바깥 전자 껍질에 있는 전자 수는 헬륨은 2, 네온과 아르곤은 8이다.

(4) 산소는 16족, 플루오린은 17족 원소이고, 네온만 18족 원소이다.

2 (1) 원소들은 화학 결합을 형성하여 18족 원소와 같은 전자 배치를 이루어 안정해지려고 한다.

(2) 이온 결합이 형성될 때는 원자들 사이에 전자를 주고받고, 공유 결합이 형성될 때는 전자를 공유한다.

(3) 금속 원소와 비금속 원소 사이의 화학 결합은 이온 결합이다.

3 산소는 원자가 전자 수가 6이므로 전자 2개를 얻어 네온(Ne)과 같은 전자 배치를 이룬다.

나트륨은 원자가 전자 수가 1이므로 전자 1개를 잃어 네온(Ne)과 같은 전자 배치를 이룬다.

염소는 원자가 전자 수가 7이므로 전자 1개를 얻어 아르곤(Ar)과 같은 전자 배치를 이룬다.

4 ← 꼼꼼 문제 분석

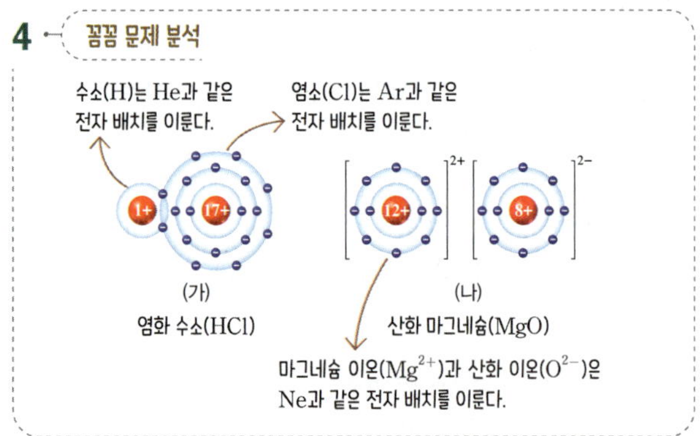

(1) (가)는 전자쌍을 공유하여 결합을 형성하므로 공유 결합으로 생성된 물질이고, (나)는 양이온과 음이온이 결합을 형성하므로 이온 결합으로 생성된 물질이다.

(2) (가)에서 염소는 3주기 18족 원소인 아르곤(Ar)과 같은 전자 배치를 이룬다.

(3) (나)에서 마그네슘 이온(Mg^{2+})과 산화 이온(O^{2-})은 2주기 18족 원소인 네온(Ne)과 같은 전자 배치를 이룬다.

5 (가)는 물(H_2O)이다. 수소 원자 2개와 산소 원자 1개가 총 2개의 전자쌍을 공유하므로 공유 전자쌍 수는 2이다.

(나)는 이산화 탄소(CO_2)이다. 탄소 원자 1개와 산소 원자 2개가 총 4개의 전자쌍을 공유하므로 공유 전자쌍 수는 4이다.

6 이온 결합은 금속 원소와 비금속 원소 사이의 화학 결합이고, 공유 결합은 비금속 원소 사이의 화학 결합이다. 따라서 화학식을 구성하는 원소가 금속 원소와 비금속 원소인 $CaCl_2$과 $NaCl$은 이온 결합으로 생성되고, 화학식을 구성하는 원소가 모두 비금속 원소인 H_2O, HF, HCl, $C_6H_{12}O_6$은 공유 결합으로 생성된다.

Q1 ㉠ 2, ㉡ 마그네슘 이온(Mg^{2+}), ㉢ 1, ㉣ 플루오린화 이온(F^-), ㉤ 해설 참조, ㉥ 1 : 2, ㉦ MgF_2
Q2 ㉠ 4, ㉡ 2, ㉢ 해설 참조, ㉣ 4, ㉤ 네온(Ne)

Q1 모범 답안

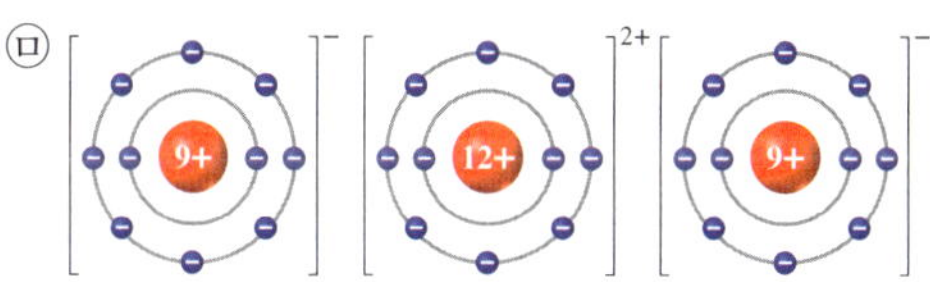

Q2 모범 답안

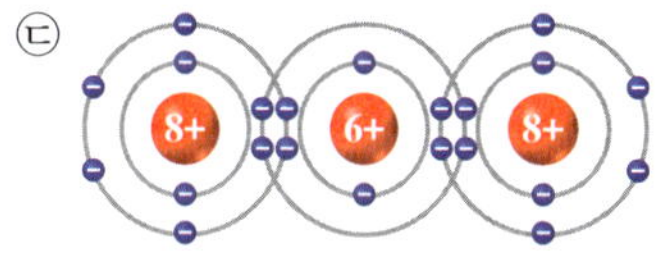

❶ 이온   ❷ 공유   ❸ 없고   ❹ 있다   ❺ 없다

1 (1) × (2) ○ (3) ○ (4) ×   **2** (1) ○ (2) ○ (3) ×   **3** (가) ㄷ, ㄹ, ㅁ (나) ㄱ, ㄴ, ㅂ   **4** (1) ㉠ (가), ㉡ (나) (2) 없다 (3) ㉠ 없고, ㉡ 있다   **5** (1) (가) 포도당 (나) 염화 칼슘 (2) 없음

1 (1) 양이온과 음이온은 전기적으로 중성이 되는 개수비로 결합한다. 이온의 종류에 따라 결합하는 이온의 개수비가 달라지며 양이온과 음이온이 항상 1 : 1의 개수비로 결합하는 것은 아니다.

(2), (3) 이온 결합 물질은 고체 상태에서 수많은 양이온과 음이온이 규칙적으로 배열된 3차원의 입체 구조를 이루며, 물에 녹으면 양이온과 음이온으로 나누어진다.
(4) 이온 결합 물질은 고체 상태에서는 전기 전도성이 없고, 수용액 상태에서는 전기 전도성이 있다.

2 (1) 공유 결합 물질은 2개 이상의 원자가 결합하여 분자를 이룬다.
(2), (3) 설탕과 포도당은 공유 결합 물질이며, 고체 상태와 수용액 상태에서 전기적으로 중성인 분자로 존재하므로 전기 전도성이 없다.

3 이온 결합 물질은 금속 원소와 비금속 원소 사이의 화학 결합으로 생성된 물질이고, 공유 결합 물질은 비금속 원소 사이의 화학 결합으로 생성된 물질이다. 따라서 염화 나트륨($NaCl$), 황산 구리(Ⅱ)($CuSO_4$), 염화 칼슘($CaCl_2$)은 이온 결합 물질이고, 물(H_2O), 에탄올(C_2H_5OH), 설탕($C_{12}H_{22}O_{11}$)은 공유 결합 물질이다.

4 (1) (가)는 전하를 띤 입자가 없으므로 공유 결합 물질인 설탕이고, (나)는 양이온과 음이온으로 이루어져 있으므로 이온 결합 물질인 염화 나트륨이다.
(2) (가)와 (나)는 고체 상태에서 모두 전기 전도성이 없다.
(3) (가)와 (나)를 물에 녹여 수용액을 만들면 (가)는 전기적으로 중성인 분자 상태로 존재하므로 전기 전도성이 없고, (나)는 양이온과 음이온으로 나누어져 자유롭게 이동할 수 있으므로 전기 전도성이 있다.

5 염화 칼슘은 이온 결합 물질이고, 포도당은 공유 결합 물질이다.
(가)는 고체 상태와 수용액 상태에서 모두 전기 전도성이 없으므로 공유 결합 물질인 포도당이다.
(나)는 수용액 상태에서 전기 전도성이 있으므로 이온 결합 물질인 염화 칼슘이고, 염화 칼슘은 고체 상태에서 전기 전도성이 없다.

01 ㄱ   02 ③   03 ㄱ, ㄴ, ㄷ   04 ①   05 ③
06 ④   07 ③   08 ③   09 ③   10 ②   11 ⑤
12 ③   13 ②   14 해설 참조   15 해설 참조

01 ㄱ. 헬륨(He), 네온(Ne), 아르곤(Ar)은 모두 18족 원소이다.

(바로알기) ㄴ. 18족 원소는 화학 결합을 형성하지 않고 실온에서 원자 상태로 존재한다.

ㄷ. 가장 바깥 전자 껍질에 있는 전자 수는 헬륨은 2, 네온과 아르곤은 8이다.

02 ┌ 꼼꼼 문제 분석

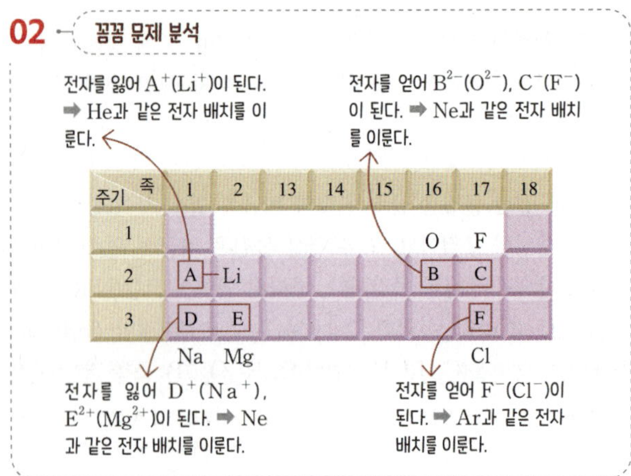

안정한 이온이 되었을 때 네온(Ne)과 같은 전자 배치를 이루는 것은 B, C, D, E 네 가지이다.

03 ┌ 꼼꼼 문제 분석

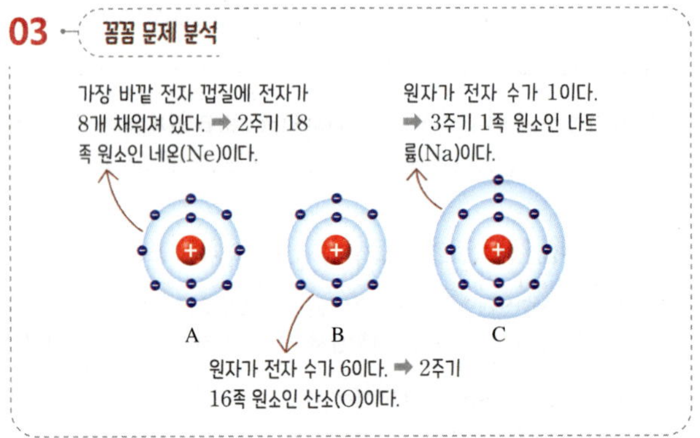

ㄱ. A는 전자가 들어 있는 전자 껍질 수가 2이고, 가장 바깥 전자 껍질의 전자 수가 8이므로 2주기 18족 원소이다.

ㄴ. B는 원자가 전자 수가 6이므로 전자 2개를 얻어 B^{2-}이 되면 A와 같은 전자 배치를 이룬다.

ㄷ. B는 비금속 원소이고 C는 금속 원소이므로 B와 C는 이온 결합을 형성한다.

04 ㄱ. 염화 나트륨(NaCl)은 양이온과 음이온이 이온 결합하여 생성된 물질이다.

(바로알기) ㄴ. 염화 이온(Cl^-)은 3주기 18족 원소인 아르곤(Ar)과 같은 전자 배치를 이룬다.

ㄷ. NaCl의 생성 과정에서 전자는 금속 원소인 나트륨(Na)에서 비금속 원소인 염소(Cl)로 이동한다.

05 ┌ 꼼꼼 문제 분석

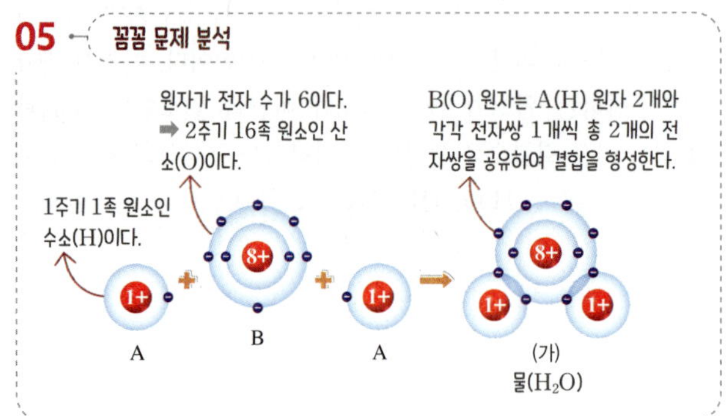

ㄱ. A와 B는 전자쌍을 공유하는 화학 결합을 형성하므로 모두 비금속 원소이다.

ㄴ. (가)는 A 원자 2개와 B 원자 1개가 총 2개의 전자쌍을 공유하므로 공유 전자쌍 수는 2이다.

(바로알기) ㄷ. (가)에서 A는 헬륨(He)과 같은 전자 배치를 이루고, B는 네온(Ne)과 같은 전자 배치를 이룬다.

06 ┌ 꼼꼼 문제 분석

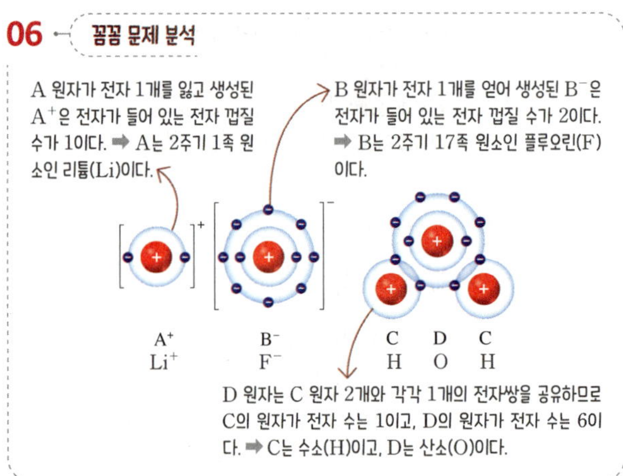

① AB는 A^+과 B^-이 결합한 이온 결합 물질이고, C_2D는 C와 D가 전자쌍을 공유하여 결합한 공유 결합 물질이다.

② AB에서 A^+과 C_2D에서 C는 헬륨(He)과 같은 전자 배치를 이룬다.

③ A^+의 전자 수가 2이므로 A의 전자 수는 3이고, A의 원자가 전자 수는 1이다. C와 D는 전자쌍 1개를 공유하므로 C의 전자 수는 1이고, C의 원자가 전자 수도 1이다.

⑤ A는 금속 원소인 리튬(Li)이고, D는 비금속 원소인 산소(O)이다. 따라서 A와 D는 이온 결합을 형성한다.

(바로알기) ④ B^-의 전자 수가 10이므로 B의 전자 수는 9이고 원자 번호도 9이다. D는 원자가 전자 수가 6이므로 D의 전자 수는 8이고 원자 번호도 8이다. 따라서 원자 번호는 B>D이다.

ㄱ. B는 금속 원소이고, D는 비금속 원소이므로 B와 D는 이온 결합을 형성한다. 이때 B는 전자 1개를 잃고 B^+이 되며, A와 같은 전자 배치를 이룬다.

ㄷ. E는 1족에 속하는 금속 원소이고, F는 17족에 속하는 비금속 원소이다. E와 F가 화학 결합을 할 때 E는 전자 1개를 잃고 E^+이 되고, F는 전자 1개를 얻어 F^-이 되어 전기적으로 중성이 되도록 결합한다. 즉, E와 F는 1 : 1로 결합하여 안정한 화합물을 형성한다.

(바로알기) ㄴ. $CD_2(OF_2)$는 비금속 원소로 이루어진 공유 결합 물질이고, $E_2C(Na_2O)$는 금속 원소와 비금속 원소로 이루어진 이온 결합 물질이다.

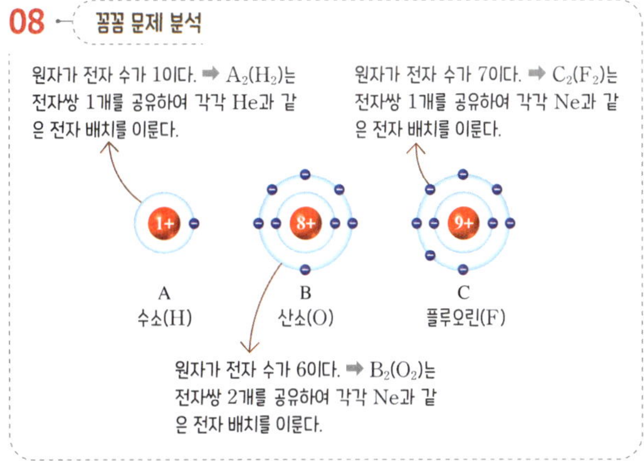

공유 전자쌍 수는 A_2, B_2, C_2가 각각 1, 2, 1이므로 모두 합한 값은 4이다.

09 ① 공유 결합 물질은 일정한 수의 원자들이 결합하여 분자를 이룬다.

④ 공유 결합 물질은 대부분 수용액 상태에서 전기적으로 중성인 분자로 존재하므로 전기 전도성이 없다.

⑤ 염화 칼슘($CaCl_2$), 염화 나트륨($NaCl$)은 금속 원소와 비금속 원소로 이루어진 이온 결합 물질이고, 설탕($C_{12}H_{22}O_{11}$), 에탄올(C_2H_5OH)은 비금속 원소로 이루어진 공유 결합 물질이다.

(바로알기) ③ 이온 결합 물질은 고체 상태에서 이온이 이동할 수 없으므로 전기 전도성이 없다.

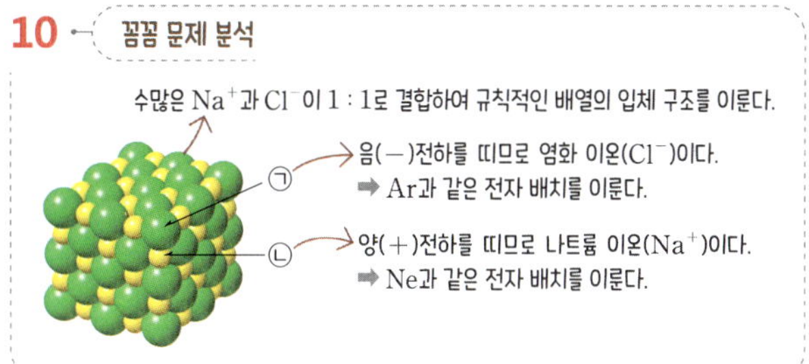

ㄴ. 염화 나트륨의 화학식은 $NaCl$이므로 염화 나트륨에서 개수 비는 ㉠ : ㉡=1 : 1이다.

(바로알기) ㄱ. 나트륨(Na)은 3주기 1족 원소이고, 염소(Cl)는 3주기 17족 원소이다. ㉠은 염화 이온(Cl^-)이므로 전자 수는 18이고, ㉡은 나트륨 이온(Na^+)이므로 전자 수는 10이다. 따라서 ㉠과 ㉡의 전자 수 차는 8이다.

ㄷ. 고체 염화 나트륨은 이온이 이동할 수 없으므로 전기 전도성이 없다.

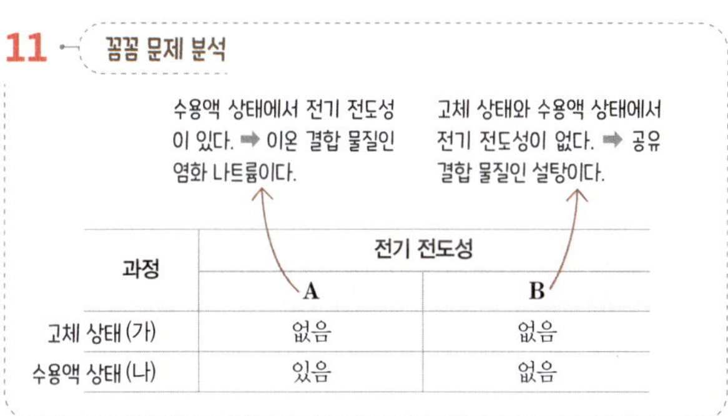

과정	전기 전도성	
	A	B
고체 상태 (가)	없음	없음
수용액 상태 (나)	있음	없음

ㄱ, ㄴ. A는 이온 결합 물질인 염화 나트륨이고, B는 공유 결합 물질인 설탕이다.

ㄷ. A는 수용액 상태에서 전기 전도성이 있으므로 수용액에 이온이 존재한다.

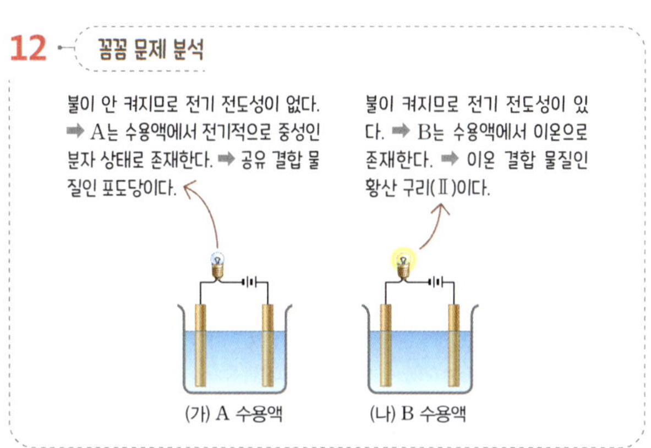

ㄱ. A 수용액은 전기 전도성이 없으므로 A는 공유 결합 물질인 포도당이다.

ㄴ. B 수용액에 전원을 연결하면 양이온은 (−)극으로, 음이온은 (＋)극으로 이동하여 전류가 흐른다.

(바로알기) ㄷ. 이온 결합 물질과 공유 결합 물질은 모두 고체 상태에서 전기 전도성이 없다.

채점 기준	배점
화학 결합의 종류와 그 까닭을 옳게 서술한 경우	100 %
화학 결합의 종류만 옳게 쓴 경우	50 %

13 (가)는 염화 칼슘($CaCl_2$), (나)는 뷰테인(C_4H_{10}), (다)는 질소(N_2), (라)는 탄산 칼슘($CaCO_3$)이다. (가)와 (라)는 금속 원소와 비금속 원소로 이루어진 이온 결합 물질이고, (나)와 (다)는 비금속 원소로 이루어진 공유 결합 물질이다.

14 ┌ 꼼꼼 문제 분석

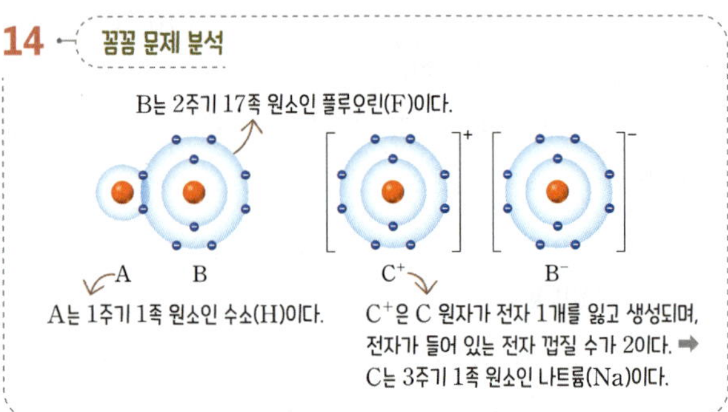

(1) AB는 A와 B가 전자쌍을 공유하여 결합한 공유 결합 물질이고, CB는 C^+과 B^-이 결합한 이온 결합 물질이다.

(모범 답안) (1) AB: 공유 결합, CB: 이온 결합
(2) CB는 이온 결합 물질이며 수용액 상태에서 이온이 자유롭게 이동할 수 있으므로 전기 전도성이 있다.

채점 기준		배점
(1)	화학 결합의 종류를 옳게 쓴 경우	50 %
(2)	전기 전도성 유무와 까닭을 옳게 서술한 경우	50 %
	전기 전도성 유무만 옳게 쓴 경우	20 %

15 ┌ 꼼꼼 문제 분석

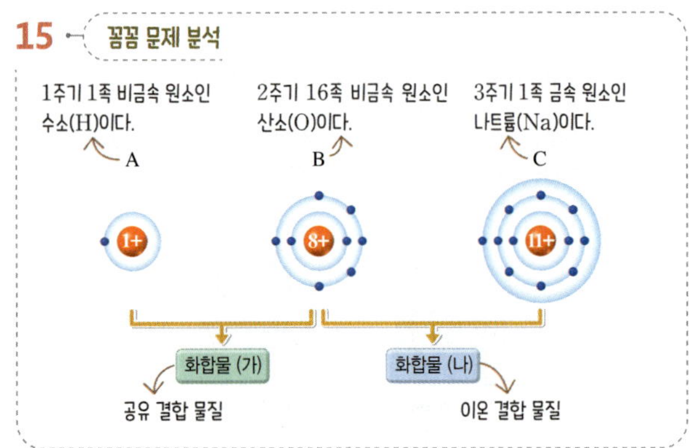

(모범 답안) (가)는 비금속 원소로 이루어지므로 공유 결합으로 생성되고, (나)는 금속 원소와 비금속 원소로 이루어지므로 이온 결합으로 생성된다.

01 ③   **02** ⑤   **03** ⑤   **04** ③

01 ┌ 꼼꼼 문제 분석

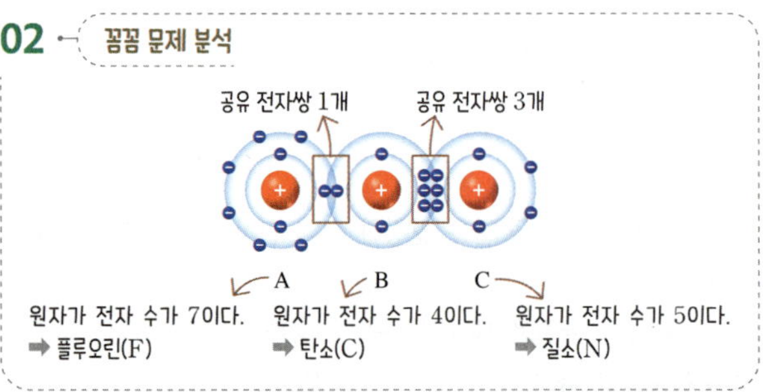

ㄱ. CD_2에서 D^- 2개와 C^{n+} 1개가 결합하여 전기적으로 중성이 되어야 하므로 $n=2$이다.

ㄷ. B는 비금속 원소이고, 원자가 전자 수는 6이다. C는 금속 원소이고, $n=2$이므로 원자가 전자 수는 2이다. 따라서 안정한 이온이 될 때 B^{2-}, C^{2+}이 되므로 B와 C는 1 : 1로 결합하여 안정한 화합물을 형성한다.

(바로알기) ㄴ. A는 1주기 1족, B는 2주기 16족, C는 3주기 2족, D는 3주기 17족 원소이다. 따라서 2주기 원소는 B 한 가지이다.

02 ┌ 꼼꼼 문제 분석

ㄱ. ABC는 각 원자가 모두 전자쌍을 공유하므로 공유 결합 물질이다.

ㄴ. A와 B는 전자쌍 1개를 공유하고, B와 C는 전자쌍 3개를 공유하므로 원자가 전자 수는 A가 7, B가 4, C가 5이다. 따라서 원자가 전자 수는 A > C > B이다.

ㄷ. A의 원자가 전자 수는 7이므로 $A_2(F_2)$의 공유 전자쌍 수는 1이고, C의 원자가 전자 수는 5이므로 $C_2(N_2)$의 공유 전자쌍 수는 3이다. 따라서 공유 전자쌍 수는 $C_2 > A_2$이다.

03 ← 꼼꼼 문제 분석

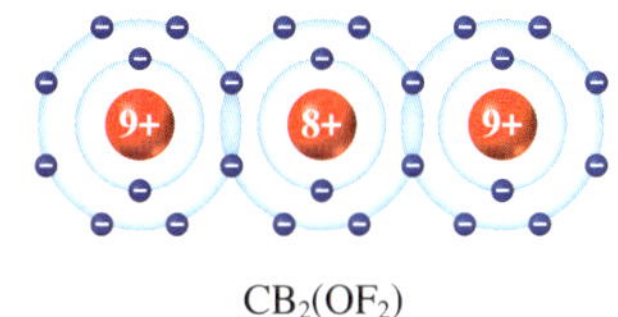

- A는 3주기 2족 원소인 마그네슘(Mg)이고, 원자가 전자 수가 2이다.
- B는 2주기 17족 원소인 플루오린(F)이고, 원자가 전자 수가 7이다.
- C는 2주기 16족 원소인 산소(O)이고, 원자가 전자 수가 6이다.

ㄴ. A는 금속 원소이고 B는 비금속 원소이므로 $AB_2(MgF_2)$는 이온 결합 물질이다.

ㄷ. 원자가 전자 수는 B와 C가 각각 7, 6이므로 CB_2에서 C 원자 1개와 B 원자 2개가 총 2개의 전자쌍을 공유한다.

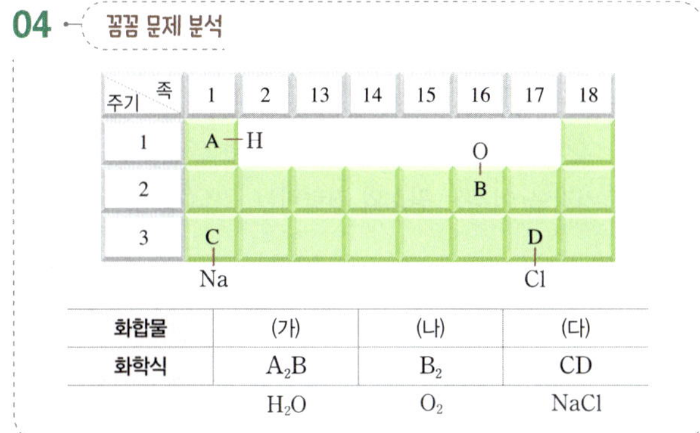

$CB_2(OF_2)$

(바로알기) ㄱ. 원자가 전자 수는 A와 C가 각각 2, 6이므로 C가 A의 3배이다.

04 ← 꼼꼼 문제 분석

주기 \ 족	1	2	13	14	15	16	17	18
1	A—H							
2						O B		
3	C Na						D Cl	

화합물	(가)	(나)	(다)
화학식	A_2B	B_2	CD
	H_2O	O_2	NaCl

ㄱ. (가)~(다)는 각각 물(H_2O), 산소(O_2), 염화 나트륨(NaCl)이므로 모두 인류의 생존에 필수적인 물질이다.

ㄴ. 염화 나트륨((다))을 물((가))에 녹여 수용액 상태가 되면 전기 전도성이 있다.

(바로알기) ㄷ. AD는 비금속 원소로 이루어진 공유 결합 물질이고, C_2B는 금속 원소와 비금속 원소로 이루어진 이온 결합 물질이다.

---

03 / 지각과 생명체 구성 물질의 규칙성 (1)

개념 확인 문제　　　　　　　　　　90쪽

❶ 규소　　❷ 탄소　　❸ 기본 단위체(단위체)　　❹ 규산염
❺ 규산염 사면체　　❻ 판상　　❼ 망상

1 (1) × (2) ○ (3) ○　　**2** A: 산소, B: 규소　　**3** (1) × (2) ○
(3) × (4) ×　　**4** ④　　**5** (1) ○ (2) × (3) ×　　**6** (가) 감람석,
(나) 휘석, (다) 흑운모

1 (1) 지각에는 산소와 규소가 많고, 생명체에는 산소와 탄소가 많다.
(2) 지각을 구성하는 암석은 광물로 이루어져 있으며, 광물의 대부분은 산소와 규소가 결합한 규산염 광물이다.
(3) 규산염 광물을 구성하는 기본 단위체는 규산염 사면체이고, 생명체를 구성하는 단백질의 기본 단위체는 아미노산이며, 핵산의 기본 단위체는 뉴클레오타이드이다.

2 규산염 사면체에서 중심부에는 규소 원자 1개가 위치하고, 사면체의 각 꼭지점에는 산소 원자 4개가 위치한다.

3 (1) 지각을 이루는 광물 중 약 90 %는 규산염 사면체를 기본 단위체로 하여 만들어진 규산염 광물이고, 나머지는 비규산염 광물이다.
(2) 규산염 사면체는 중심부에 1개의 규소 원자가 위치하고, 각 꼭지점에 4개의 산소 원자가 위치한다.
(3) 규산염 사면체는 이웃한 규산염 사면체와 산소를 공유하여 단사슬 구조, 복사슬 구조, 판상 구조, 망상 구조를 형성한다.
(4) 규산염 사면체는 전기적으로 음전하(SiO_4^{4-})를 띠고 있다.

4 ④ 지각을 구성하는 암석은 대부분 규산염 사면체를 기본 단위체로 하여 만들어진 규산염 광물로 이루어져 있다.

5 (1) 규산염($Si-O$) 사면체는 다양하게 결합하여 규산염 광물을 만든다.
(2) 규산염 사면체 간 공유하는 산소의 수가 가장 많은 결합 구조는 망상 구조이다. 독립형 구조는 규산염 사면체 사이에 공유하는 산소가 없다.
(3) 규산염 광물은 규산염 사면체 간 공유하는 산소의 수가 많아 결합 구조가 복잡할수록 풍화에 강하다.

6 (가)는 규산염 사면체가 독립적으로 양이온과 결합한 형태를 갖고 있는 독립형 구조로, 대표적인 광물은 감람석이다. (나)는 규산염 사면체가 양쪽의 산소를 공유하면서 길게 한 줄로 이어진

형태로 결합한 단사슬 구조로, 대표적인 광물은 휘석이다. (다)는
규산염 사면체의 산소 3개를 다른 규산염 사면체와 공유하여 판
모양으로 결합한 판상 구조로, 대표적인 광물은 흑운모이다.

01 ─ 꼼꼼 문제 분석

③ 사람을 구성하는 원소 중 두 번째로 많은 원소(B)는 탄소이
다. 탄소는 규소와 마찬가지로 최외각 전자 수가 4개인 14족 원
소이다.

바로알기 ① A는 생명체인 사람을 구성하는 원소 중 가장 많은
질량비를 차지하는 산소이다.

② 탄소(B)가 지각에서 차지하는 질량비는 매우 작다.

④ 산소(A)와 탄소(B)는 모두 별의 진화 과정 중 별의 내부에서
핵융합 반응으로 생성된 원소이다. 빅뱅 이후 우주 초기에 생성
된 원소는 수소, 헬륨이다.

⑤ 생명체를 구성하는 물질인 단백질의 기본 단위체는 아미노산
이고, 핵산의 기본 단위체는 뉴클레오타이드이다.

02 ㄱ. 탄소가 두 번째로 많이 존재하는 (가)는 생명체인 사람
이므로 ㉠은 산소이다. (나)는 지각이며, 지각에서 두 번째로 많
은 원소 ㉡은 규소이다. 원자가 전자 수는 산소(㉠)가 6개이고,
규소(㉡)가 4개이다.

ㄴ. 규소(㉡)는 반도체의 주요 원료이며 유리, 세라믹, 합금 등의
재료로 많이 이용된다.

ㄷ. 사람과 지각을 구성하는 물질 중 규산염 광물과 핵산은 각각
규산염 사면체, 뉴클레오타이드와 같은 기본 단위체가 반복적으
로 결합하여 형성되었다.

03 ㄱ. 지각에는 산소 > 규소 > 알루미늄 순으로 많고, 생명체
에는 산소 > 탄소 > 수소 > 질소 순으로 많다. 따라서 지각과 생명

체에 공통으로 가장 많은 원소는 산소이다.

바로알기 ㄴ. 지각을 구성하는 원소들은 대부분 별의 진화 과정
중 별의 내부에서 핵융합 반응으로 생성되었다.

ㄷ. 생명체를 구성하는 원소 중 수소는 빅뱅 이후 우주 초기에 생
성되었고 산소, 탄소, 질소는 별의 내부에서 핵융합 반응으로 생
성되었다.

04 ㄴ. 지각을 이루는 암석은 약 90 % 이상이 규산염 광물로
이루어져 있다.

바로알기 ㄱ. 지각은 암석으로 이루어져 있고, 암석은 광물로 이
루어져 있다.

ㄷ. 지각을 구성하는 물질은 대부분 규소와 산소로 이루어진 규
산염 사면체를 기본 단위체로 하여 만들어진 규산염 광물이다.

05 지각과 생명체를 구성하는 물질은 구성 원소의 종류나 비
율이 다르지만, 일정한 구조를 가진 기본 단위체(단위체)가 반복
적으로 결합하여 다양한 물질을 이루고 있다.

06 ㄴ. 규산염 광물의 기본 단위체는 산소와 규소로 이루어진
규산염 사면체이다.

바로알기 ㄱ. 지각을 구성하는 암석은 대부분 규소와 산소로 이
루어진 규산염 광물이다.

ㄷ. 규산염 사면체는 음전하를 띠기 때문에 양이온(주로 금속 이
온)과 결합하거나 이웃하는 다른 규산염 사면체와 산소를 공유하
면서 결합하여 규산염 광물이 만들어진다.

07 ① 규산염 사면체는 중심부에 규소(A) 원자 1개와 사면체
의 꼭지점에 산소(B) 원자 4개가 공유 결합하여 만들어진 Si−O
사면체이다.

08 ㄷ. 지각을 이루는 원소의 질량비는 규소(A)가 산소(B)보
다 작다.

ㄹ. 규산염 사면체는 전기적으로 음전하를 띠고 있어 양전하를
띠고 있는 금속 이온과 결합할 수 있다.

바로알기 ㄱ. 규소(A)는 14족 원소이므로 주기율표에서 3번째
줄에 위치하기 때문에 3주기 원소이다.

ㄴ. 산소(B)는 원자가 전자 수가 6개이므로 16족 원소이다.

09 그림은 단사슬 2개가 서로 연결되어 두 줄로 길게 이어진
형태로 결합한 복사슬 구조이다.

⑤ 복사슬 구조인 규산염 광물은 쪼개짐이 발달한다.

바로알기 ① 규산염 사면체가 주변의 규산염 사면체와 산소를 공
유하여 판 모양으로 결합하는 것은 판상 구조이다.

②, ③ 복사슬 구조의 대표적인 광물은 각섬석이고, 각섬석은 긴 기둥 모양의 결정형이 나타난다.

④ 규산염 사면체가 주변의 규산염 사면체와 산소 4개를 공유하여 결합하는 것은 망상 구조이다.

10 규산염 사면체가 산소 3개를 공유하면서 얇은 판 모양으로 쪼개지며, 어두운색을 띠는 규산염 광물은 흑운모이다.

11 ① 석영은 규산염 사면체를 이루는 산소 4개가 모두 주변의 규산염 사면체와 공유하여 결합한 3차원 망상 구조를 갖고 있으며, 방향성 없이 깨지는 성질이 있다.

(바로알기) ② 규산염 광물 중 흑운모는 판상 구조를 갖고 있으며, 얇은 판 모양으로 쪼개지는 성질이 있다.

③ 각섬석은 단사슬 2개가 서로 연결되어 두 줄로 길게 이어진 복사슬 구조를 갖고 있으며, 특정한 방향으로 쪼개지는 성질이 있다.

④ 감람석은 규산염 사면체 1개가 독립적으로 양이온과 결합한 구조를 갖고 있으며, 방향성 없이 깨지는 성질이 있다.

⑤ 휘석은 규산염 사면체가 양쪽의 산소를 이웃하는 다른 규산염 사면체와 공유하면서 길게 한 줄로 이어진 단사슬 구조를 갖고 있으며, 특정한 방향으로 쪼개지는 성질이 있다.

12 지각에는 산소와 규소가 많고, 생명체에는 산소와 탄소가 많다. 공통으로 가장 많은 원소는 산소로, 별의 진화 과정에서 별 내부의 핵융합 반응으로 생성되었다.

(모범 답안) 공통적으로 산소가 가장 많다. 산소는 별의 진화 과정에서 별 내부의 핵융합 반응으로 생성되었다.

채점 기준	배점
산소를 옳게 쓰고, 산소의 생성 과정을 옳게 서술한 경우	100 %
산소만 옳게 쓴 경우	50 %
산소의 생성 과정만 옳게 서술한 경우	50 %

13 지각은 암석으로 이루어져 있으며, 암석은 광물로 이루어져 있다. 광물은 고유의 화학 조성과 결정 구조가 있어 서로 다른 특징을 가지는데, 대부분의 암석은 규산염 사면체를 기본 단위체로 하여 만들어진 규산염 광물(예 감람석, 휘석, 각섬석, 흑운모, 장석, 석영 등)로 이루어져 있다.

(모범 답안) **지각에 풍부한 원소는** 산소와 규소이며, 이들이 결합하여 만든 **규산염 사면체를 기본 단위체로** 하여 서로 다른 결합 방식을 가진 다양한 규산염 광물들이 존재할 수 있다.

채점 기준	배점
제시한 요소 두 가지를 모두 고려하여 옳게 서술한 경우	100 %
제시한 요소 두 가지 중 한 가지만 고려하여 옳게 서술한 경우	50 %

14 광물을 구성하는 원자들이 단단하게 결합하고 있을수록 풍화에 강하다. 따라서 망상 구조를 갖고 있는 석영이 독립형 구조를 갖고 있는 감람석보다 풍화에 강하다.

(모범 답안) 석영이다. 감람석은 독립형 구조이지만, 석영은 망상 구조로 규산염 사면체 사이에 공유하는 산소 수가 많아 결합 구조가 복잡하기 때문에 석영이 감람석보다 풍화에 강하다.

채점 기준	배점
풍화에 더 강한 광물의 이름을 옳게 쓰고, 그 까닭을 결합 구조와 관련지어 옳게 서술한 경우	100 %
풍화에 더 강한 광물의 이름만 옳게 쓴 경우	40 %

01 ①　　**02** ⑤　　**03** ②　　**04** ②

01 

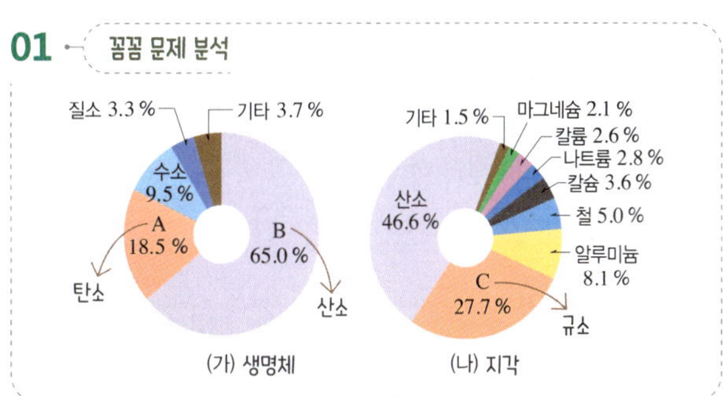

ㄱ. (가)에는 수소와 질소가 포함되어 있고, (나)에는 알루미늄이 포함되어 있으므로 (가)는 생명체를 구성하는 원소에 해당하고, (나)는 지각을 구성하는 원소에 해당한다.

(바로알기) ㄴ. A는 탄소이고, B는 산소이며, C는 규소이다. 대기 중 가장 많은 원소는 질소이다.

ㄷ. 질량이 태양보다 10배 이상인 별의 내부에서는 핵융합 반응을 통해 헬륨, 탄소, 산소, 황, 규소, 철 등의 원소를 생성할 수 있지만, 질량이 태양과 비슷한 별의 내부에서는 핵융합 반응을 통해 헬륨, 탄소, 산소를 생성할 수 있다.

02 ㄱ. (가)는 규산염 광물의 기본 단위체로, A는 산소, B는 규소이다.

ㄷ. 산소(A)는 비금속 원소이다.

ㄹ. (나)는 전자 껍질이 3개이므로 3주기 원소이고, 최외각 전자 수가 4개이므로 14족 원소이다. 따라서 (나)는 규소(B)의 전자 배치이다.

(바로알기) ㄴ. (가)는 -4가의 음전하를 띠고 있으므로, Mg^{2+} 이온 2개와 결합하여 Mg_2SiO_4(감람석)를 형성할 수 있다.

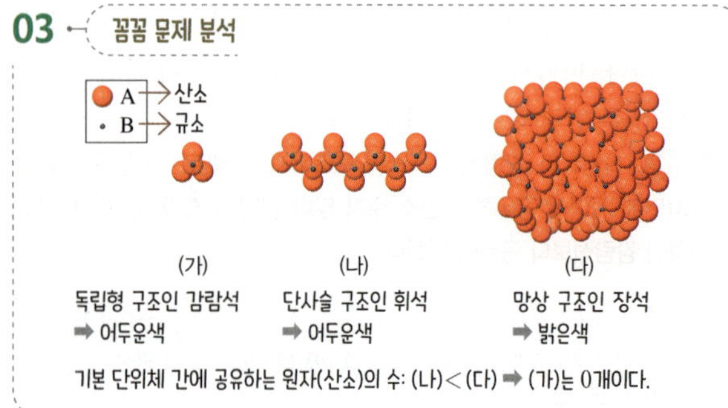

ㄷ. (가)는 독립형 구조인 감람석이고, (나)는 단사슬 구조인 휘석이며, (다)는 망상 구조인 장석이다. (가)~(다) 중 철과 마그네슘을 많이 포함하여 어두운색을 띠는 것은 (가)와 (나)이고, 철과 마그네슘을 적게 포함하여 밝은색을 띠는 것은 (다)이다.

(바로알기) ㄱ. (가)에서 A는 규산염 사면체의 꼭지점에 위치한 산소이고, B는 규산염 사면체의 중심부에 위치한 규소이다. 규산염 사면체에서 산소와 규소는 공유 결합을 한다.

ㄴ. (나)에서는 규산염 사면체가 양쪽의 산소를 다른 규산염 사면체와 공유하여 단사슬 구조를 형성하고, (다)에서는 규산염 사면체를 이루는 4개의 산소가 모두 주변의 규산염 사면체와 공유하여 망상 구조를 형성한다. 따라서 기본 단위체 간에 공유하는 원자의 수는 (다)가 (나)보다 많다.

04 꼼꼼 문제 분석

광물	A	B
모습		
특징	규산염 사면체 1개가 독립적으로 금속 양이온과 결합	규산염 사면체 사이에서 산소를 모두 공유하여 결합
	독립형 구조인 감람석 ➡ 깨짐	망상 구조인 석영 ➡ 깨짐

풍화에 강한 정도(풍화에 대한 안정도): 망상 구조 > 독립형 구조 ➡ 규산염 사면체 간에 공유하는 산소의 수가 많아 결합 구조가 복잡할수록 풍화에 강하기 때문

ㄷ. A는 독립형 구조이고, B는 규산염 사면체 사이에서 산소를 모두 다른 규산염 사면체와 공유하여 입체적으로 결합하는 망상 구조이다. 풍화에 대한 안정도는 규산염 사면체 사이에 공유하는 산소 수가 많아 결합 구조가 복잡한 B가 A보다 강하다.

(바로알기) ㄱ. A는 규산염 사면체가 독립적으로 금속 양이온과 결합하여 만들어진 규산염 광물이므로 결합 구조가 독립형 구조이다.

ㄴ. A(감람석)와 B(석영)는 모두 강한 충격을 받았을 때, 모든 방향으로 결합력이 동일하여 방향성 없이 깨지는 특성이 있다.

04 / 지각과 생명체 구성 물질의 규칙성 (2)

개념확인문제 96쪽

❶ 탄소 화합물 ❷ 기본 단위체 ❸ 아미노산 ❹ 폴리펩타이드
❺ 단백질 ❻ 펩타이드 ❼ 아미노산

1 ㄴ, ㄷ, ㄹ **2** (1) × (2) ○ (3) × **3** (1) ○ (2) × (3) ○
4 단백질 **5** ㉠ 물(H₂O), (가) 펩타이드결합 **6** ㉠ 배열 순서,
㉡ 입체 구조 **7** (1) ○ (2) ○ (3) × (4) ○

1 생명체를 구성하는 물질 중 단백질, 핵산(DNA, RNA), 지질, 탄수화물 등의 물질은 탄소 화합물이며, 물은 수소와 산소로만 이루어진 물질이다.

2 (1) 생명체를 구성하는 원소 중 질량비가 가장 높은 것은 산소이다.
(2) 탄소는 원자가 전자가 4개여서 최대 4개의 원자와 공유 결합할 수 있다.
(3) 탄소 화합물은 탄소 원자 사이의 공유 결합에 의해 긴 사슬 모양, 고리 모양 등 다양한 구조를 이룰 수 있다.

3 (1) 탄수화물과 지질의 공통적인 구성 원소는 탄소(C), 수소(H), 산소(O)이다.
(2) 단백질과 핵산의 공통적인 구성 원소는 탄소(C), 수소(H), 산소(O), 질소(N)이다.
(3) 단백질과 핵산은 기본 단위체가 결합하여 형성된다. 단백질의 기본 단위체는 아미노산이고, 핵산의 기본 단위체는 뉴클레오타이드이다.

4 탄소에 아미노기($-NH_2$), 카복실기($-COOH$), 수소(H), 곁사슬(R)이 결합한 구조는 아미노산이다. 아미노산은 단백질의 기본 단위체이다.

5 아미노산과 아미노산은 물(㉠)이 한 분자 빠져나오면서 펩타이드결합(가)으로 연결된다.

6 단백질은 아미노산의 종류와 수 및 배열 순서에 따라 입체 구조가 결정되며, 그에 따라 단백질의 종류와 기능이 결정된다.

7 (1) 단백질은 아밀레이스와 같은 효소의 주성분이다.
(2) 단백질은 인슐린과 같은 호르몬의 성분이다.
(3) 유전정보의 저장 및 전달은 핵산의 기능이다.
(4) 단백질은 머리카락, 근육, 뼈, 혈액, 수정체 등 몸을 구성하는 주요 물질이다.

❶ 뉴클레오타이드   ❷ 디옥시라이보스   ❸ T   ❹ 라이보스
❺ U   ❻ 공유   ❼ 수소   ❽ T   ❾ C   ❿ 상보

1 뉴클레오타이드, ㉠ 당, ㉡ 염기   **2** (1) × (2) × (3) ○
3 (1) ㄱ, ㄹ (2) ㄷ, ㅁ, ㅇ (3) ㄴ, ㅂ, ㅅ   **4** (1) DNA (2) 인산 (3)
사이토신(C)   **5** CATGGTACGTA   **6** (1) ○ (2) ○ (3) ×

1 핵산의 기본 단위체는 뉴클레오타이드이며, 뉴클레오타이드
는 인산 : 당 : 염기가 1 : 1 : 1로 결합되어 있다. 인산과 연결되
어 있는 ㉠은 당이고, ㉡은 염기이다.

2 (1) 핵산의 기본 단위체는 뉴클레오타이드이고, DNA의 뉴
클레오타이드와 RNA의 뉴클레오타이드는 각각 4종류로, 핵산
의 기본 단위체는 총 8종류이다.
(2) 뉴클레오타이드는 인산, 당, 염기가 1 : 1 : 1로 결합되어 있
는 구조이다.
(3) 핵산 중 DNA는 유전정보를 저장하며, RNA는 유전정보를
전달하고 단백질합성에 관여한다.

3 (1) DNA와 RNA는 공통적으로 인산을 갖고, 염기로는 아
데닌(A), 구아닌(G), 사이토신(C)을 공통적으로 갖는다.
(2) DNA는 RNA와는 달리 이중나선구조이며, 염기로 타이민
(T)을, 당으로 디옥시라이보스를 갖는다.
(3) RNA는 DNA와는 달리 단일 가닥 구조이고, 염기로 유라
실(U)을, 당으로 라이보스를 갖는다.

4 (1) 이중나선구조이므로 DNA이다.
(2) DNA의 바깥쪽 골격은 당과 인산의 공유 결합으로 형성된다
(당－인산 골격).
(3) DNA를 구성하는 두 가닥의 폴리뉴클레오타이드는 염기와
염기의 수소결합으로 연결되는데, 이때 아데닌(A)은 타이민(T)
과, 구아닌(G)은 사이토신(C)과 상보적으로 결합한다.

5 이중나선 DNA에서 두 가닥의 염기는 상보적이므로 다른
쪽 가닥의 염기서열은 CATGGTACGTA이다.

6 (1) 단백질과 DNA가 갖는 공통적인 구성 원소는 탄소(C),
수소(H), 산소(O), 질소(N)이다.
(2) 단백질과 핵산은 기본 단위체가 결합하여 형성된 고분자 화
합물로, 생명체를 구성하는 주요 물질이다.
(3) 단백질은 아미노산 배열 순서에 따라 입체 구조가 달라져 다
양한 기능을 나타내지만, DNA는 뉴클레오타이드의 결합 순서
가 달라도 입체 구조는 이중나선으로 같다.

01 ③	**02** ①	**03** ②	**04** ③	**05** ②	**06** ①
07 ⑤	**08** ⑤	**09** ④	**10** ③	**11** ⑤	**12** ③
13 ③	**14** ③	**15** 해설 참조	**16** 해설 참조	**17** 해설

참조   **18** 해설 참조

01 ㄱ. A는 유전정보를 저장하고 전달하는 핵산이다. 핵산(A)
은 기본 단위체인 뉴클레오타이드가 결합하여 형성된다.
ㄴ. 포도당은 탄수화물에 해당하므로 B는 탄수화물이고, 나머지
C는 단백질이다. '탄소 화합물이다.'는 핵산(A), 탄수화물(B), 단
백질(C)에 모두 해당하는 특징이므로 ㉠에 해당한다.
（바로알기） ㄷ. '에너지원으로 사용된다.'는 탄수화물(B)과 단백질
(C)에만 해당하는 특징이다. 핵산(A)과 단백질(C)에는 해당하지
만 탄수화물(B)에는 해당하지 않는 특징 ㉡으로는 '구성 원소로
질소(N)가 있다.' 등이 있다.

02 ┌ 꼼꼼 문제 분석

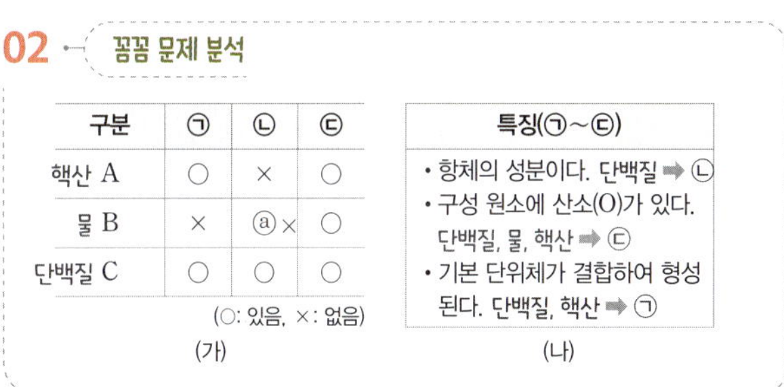

구분	㉠	㉡	㉢
핵산 A	○	×	○
물 B	×	ⓐ×	○
단백질 C	○	○	○

(○: 있음, ×: 없음)   (가)

특징(㉠~㉢)
- 항체의 성분이다. 단백질 ➡ ㉡
- 구성 원소에 산소(O)가 있다. 단백질, 물, 핵산 ➡ ㉢
- 기본 단위체가 결합하여 형성된다. 단백질, 핵산 ➡ ㉠

(나)

ㄱ. A는 세 가지 특징 중 두 가지를 가지므로 핵산이다.
（바로알기） ㄴ. ㉢은 단백질, 물, 핵산의 공통 특징이므로 '구성 원
소에 산소(O)가 있다.'이다. 물(B)은 ㉢ 이외에 다른 특징을 갖지
않으므로 ⓐ는 '×'이다.
ㄷ. '기본 단위체가 결합하여 형성된다.'는 단백질과 핵산에만 해
당하는 특징이므로 ㉠이다.

03 ① 단백질의 구성 원소는 탄소(C), 수소(H), 산소(O), 질소
(N)이며, 황(S)을 포함하기도 한다
③, ④ 단백질의 종류는 아미노산의 배열 순서에 의해 결정되며,
그에 따라 단백질의 입체 구조가 달라진다.
⑤ 단백질은 고유의 입체 구조에 의해 기능이 결정된다. 단백질
은 열과 산 등에 의해 입체 구조가 바뀔 수 있으며, 입체 구조가
변하면 고유의 기능을 잃는다.
（바로알기） ② 단백질을 구성하는 기본 단위체는 아미노산이며,
20종류가 있다. 20종류의 아미노산이 어떤 순서로 배열되느냐
에 따라 단백질의 종류가 결정되는데, 그 조합의 수가 무한대이
므로 단백질의 종류도 수만 가지 이상으로 매우 많다.

04 ㄱ. 곁사슬의 종류에 따라 아미노산(가)의 종류가 달라진다. 아미노산의 곁사슬의 종류는 20가지이다.

ㄷ. 두 아미노산 사이에 연결되는 결합 ㉡은 펩타이드결합이다.

(바로알기) ㄴ. 물질 ㉠은 아미노산 사이에 펩타이드결합이 형성될 때 빠져나오는 물(H_2O)이다. 물(H_2O)은 수소(H)와 산소(O)로만 이루어져 있다.

05 ㄴ. A와 B는 모두 아미노산이며, 탄소, 수소, 산소 등으로 이루어진 탄소 화합물이다.

(바로알기) ㄱ. 아미노산과 아미노산 사이의 펩타이드결합은 공유결합이다.

ㄷ. 폴리펩타이드 X는 10개의 아미노산으로 구성되어 있으므로, 펩타이드결합의 수는 9개이다. 펩타이드결합이 형성될 때마다 한 분자의 물이 빠져나오므로 X가 형성되는 과정에서 9분자의 물이 생성된다.

06 ─◀ 꼼꼼 문제 분석

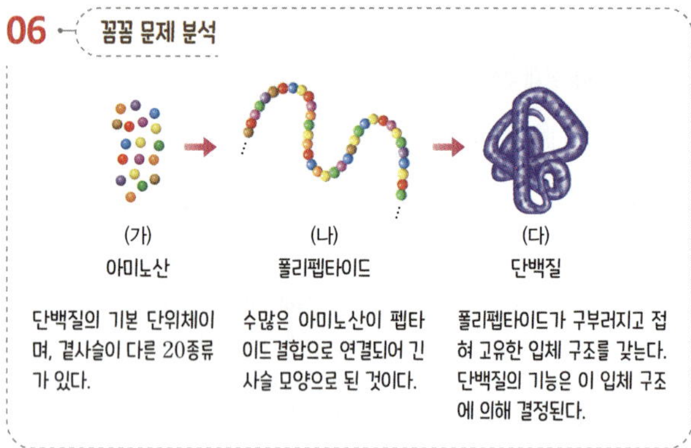

① (가)는 단백질의 기본 단위체인 아미노산이다.

(바로알기) ② 아미노산이 펩타이드결합으로 연결되어 긴 사슬 모양으로 된 (나)는 폴리펩타이드이다.

③ 두 아미노산 사이에 펩타이드결합이 형성될 때마다 물이 한 분자 빠져나오며, (가)에서 (나)로 될 때 빠져나오는 물 분자의 수는 '아미노산의 수−1'이다.

④ (나)에서 (다)로 될 때는 아미노산 배열 순서에 의해 구부러지고 접혀 입체 구조가 형성된다.

⑤ 단백질의 입체 구조는 아미노산 배열 순서에 의해 결정되며, 단백질의 종류에 따라 아미노산 배열 순서가 다르므로 (다)의 구조는 단백질의 종류에 따라 다르다.

07 ㄱ. (가)와 (나)는 모두 단백질이므로 기본 단위체인 아미노산이 펩타이드결합으로 연결되어 형성된다.

ㄴ, ㄷ. (가)는 피부를 구성하고, (나)는 근육을 구성하는 서로 다른 단백질이다. 따라서 아미노산의 배열 순서가 달라 입체 구조가 다르며, 서로 다른 기능을 나타낸다.

08 ㄱ. 단백질은 머리카락, 피부, 근육, 혈액 등 몸을 구성하는 데 반드시 필요한 물질이다.

ㄴ. 단백질은 혈당량 조절에 관여하는 인슐린, 글루카곤 등 여러 가지 호르몬의 성분이다. 호르몬은 항상성을 조절한다.

ㄷ. 단백질은 아밀레이스와 같은 효소의 주성분으로, 효소는 생명체에서 일어나는 수많은 화학 반응에 관여하여 생명활동이 원활하게 일어나도록 한다.

09 ① 핵산의 기본 단위체는 뉴클레오타이드이다.

② 뉴클레오타이드는 인산, 당, 염기가 1 : 1 : 1로 결합된 물질이다.

③ RNA를 구성하는 염기에는 아데닌(A), 구아닌(G), 사이토신(C), 유라실(U)의 4종류가 있다.

⑤ 핵산의 종류에는 DNA와 RNA가 있는데, DNA는 유전정보를 저장하며, RNA는 유전정보를 전달하고 단백질을 합성하는 데 관여한다.

(바로알기) ④ 한 뉴클레오타이드의 당과 다른 뉴클레오타이드의 인산 사이에 공유 결합으로 연결되는 것이 반복되어 폴리뉴클레오타이드가 형성된다. 염기 사이의 수소결합은 두 가닥의 폴리뉴클레오타이드가 연결되어 이중나선구조를 형성할 때 일어난다.

10 ─◀ 꼼꼼 문제 분석

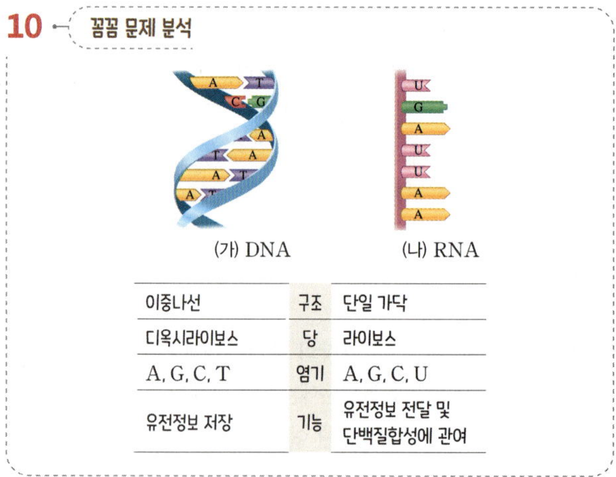

이중나선	구조	단일 가닥
디옥시라이보스	당	라이보스
A, G, C, T	염기	A, G, C, U
유전정보 저장	기능	유전정보 전달 및 단백질합성에 관여

ㄱ. DNA(가)와 RNA(나)는 많은 수의 뉴클레오타이드가 결합하여 형성된다.

ㄴ. DNA(가)의 당은 디옥시라이보스이고, RNA(나)의 당은 라이보스이다.

(바로알기) ㄷ. DNA(가)를 이루는 두 가닥의 폴리뉴클레오타이드는 염기가 상보결합하여 이중나선을 이룬다. 따라서 이중나선 DNA에서 상보결합하는 염기인 아데닌(A)과 타이민(T), 구아닌(G)과 사이토신(C)의 개수는 서로 같다. 그러나 RNA(나)는 단일 가닥이며 기본 단위체의 배열 순서는 RNA마다 다르므로 구아닌(G)과 사이토신(C)의 개수는 항상 같을 수 없다.

11 꼼꼼 문제 분석

⑤ DNA에서 상보결합하는 아데닌(A)과 타이민(T)의 개수는 같다.

（바로알기） ① (가)는 핵산의 기본 단위체인 뉴클레오타이드이다.
② DNA를 구성하는 당(㉠)은 디옥시라이보스이다. 라이보스는 RNA를 구성하는 당이다.
③ ㉡은 사이토신(C)이며, DNA와 RNA에 공통적으로 있다.
④ ㉢은 타이민(T)이며, RNA에는 없고 DNA에만 있다.

12 꼼꼼 문제 분석

ㄱ. (가)는 이중나선구조의 DNA이다.
ㄴ. DNA의 바깥쪽 골격 ⓐ는 한 뉴클레오타이드의 당과 다른 뉴클레오타이드의 인산이 공유 결합하여 형성된다.

（바로알기） ㄷ. 아데닌(A)과 상보결합하는 ㉠은 타이민(T)이고, 사이토신(C)과 상보결합하는 ㉡은 구아닌(G)이다.

13 이중나선 DNA에서 구아닌(G)의 비율이 30 %라면 상보결합하는 사이토신(C)의 비율도 30 %이다. 나머지 40 %는 아데닌(A)과 타이민(T)의 비율이고, 두 염기의 비율은 같으므로 아데닌(A)과 타이민(T)의 비율은 각각 20 %이다.

14 단백질과 핵산은 모두 탄소 화합물이며, 단백질에는 펩타이드결합이 있다. 따라서 B는 단백질이고, A는 핵산이다.
ㄷ. 핵산(A)과 단백질(B)은 구성 원소로 탄소(C), 수소(H), 산소(O), 질소(N)를 공통적으로 갖는다.

（바로알기） ㄱ. A는 핵산이다.
ㄴ. 유전정보를 저장하고 전달하는 것은 핵산(A)이다.

15 （모범 답안） 아미노산은 20종류이지만 아미노산의 종류와 수 및 배열 순서에 따라 입체 구조가 달라지며, 입체 구조에 따라 단백질의 기능이 결정되므로 다양한 종류의 단백질이 만들어진다.

채점 기준	배점
아미노산의 종류와 수 및 배열 순서에 따라 다양한 종류의 단백질이 만들어지기 때문이라고 서술한 경우	100 %
아미노산의 조합이 다양하기 때문이라고만 서술한 경우	50 %

16 이중나선을 이루는 DNA의 두 가닥의 폴리뉴클레오타이드에서 상보적으로 결합하는 아데닌(A)과 타이민(T), 구아닌(G)과 사이토신(C)의 개수는 각각 같다.
（모범 답안） A: 4개, T: 4개, G: 6개, C: 6개, 이중나선구조인 X는 DNA이고, DNA에서 아데닌(A)의 개수가 4개이므로 상보결합을 하는 타이민(T)의 개수도 4개이다. 나머지 12개의 염기 중에서 상보결합을 하는 구아닌(G)과 사이토신(C)의 개수는 각각 6개이다.

채점 기준	배점
염기 4종류의 개수를 각각 쓰고, 구하는 과정을 옳게 서술한 경우	100 %
염기 4종류의 개수만 각각 옳게 쓴 경우	50 %

17 （모범 답안） • DNA의 당은 디옥시라이보스이고, RNA의 당은 라이보스이다.
• DNA는 염기 A, G, C, T을 가지고, RNA는 염기 A, G, C, U을 가진다.
• DNA는 유전정보를 저장하고, RNA는 유전정보 전달 및 단백질합성에 관여한다.

채점 기준	배점
세 가지를 모두 옳게 비교하여 서술한 경우	100 %
두 가지만 옳게 비교하여 서술한 경우	60 %
한 가지만 옳게 비교하여 서술한 경우	30 %

18 (가)는 이중나선구조의 DNA이고, (나)는 고유한 입체 구조를 가지고 있는 단백질이다.
（모범 답안） (1) (가) 뉴클레오타이드, (나) 아미노산
(2) (가) 4종류, (나) 20종류
(3) DNA(가)에서 기본 단위체인 뉴클레오타이드가 결합하는 순서에 따라 염기서열이 다양한 DNA가 형성되며, DNA 염기서열에 따라 서로 다른 유전정보가 저장될 수 있다.

	채점 기준	배점
(1)	기본 단위체를 모두 옳게 쓴 경우	30 %
(2)	기본 단위체 종류의 수를 모두 옳게 쓴 경우	30 %
(3)	기본 단위체의 배열에 따른 염기서열에 다양한 유전정보가 저장된다고 서술한 경우	40 %
	DNA 염기서열에 유전정보가 저장된다고만 서술한 경우	20 %

01 ①　　02 ①, ④　03 ①　　04 ⑤

01 꼼꼼 문제 분석

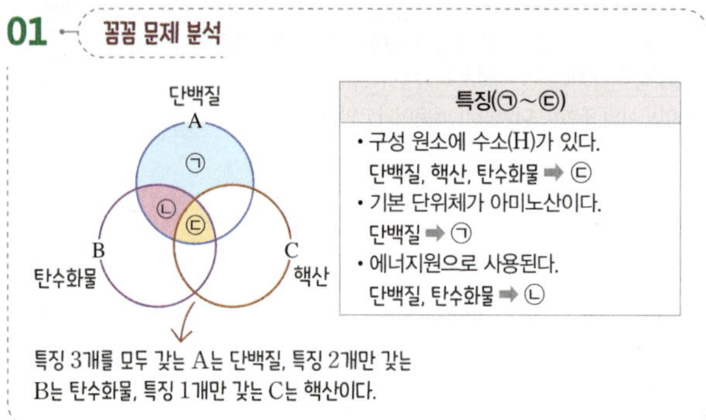

특징 3개를 모두 갖는 A는 단백질, 특징 2개만 갖는 B는 탄수화물, 특징 1개만 갖는 C는 핵산이다.

ㄱ. ㉡은 단백질(A)과 탄수화물(B)에 해당하는 특징이므로 '에너지원으로 사용된다.'이다.

(바로알기) ㄴ. 기본 단위체의 배열 순서에 따라 다양한 유전정보를 저장하는 것은 핵산(C)이다. 핵산(C)의 기본 단위체는 뉴클레오타이드이고, 어떤 염기를 가진 뉴클레오타이드가 결합되느냐에 따라 폴리뉴클레오타이드의 염기서열이 달라져 다양한 유전정보가 저장된다.

ㄷ. 핵산(C)의 종류에는 이중나선구조인 DNA와 단일 가닥 구조인 RNA가 있다.

02 꼼꼼 문제 분석

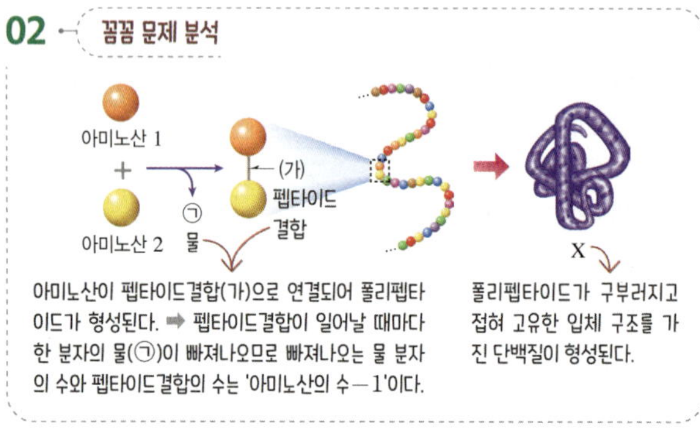

아미노산이 펩타이드결합(가)으로 연결되어 폴리펩타이드가 형성된다. ➡ 펩타이드결합이 일어날 때마다 한 분자의 물(㉠)이 빠져나오므로 빠져나오는 물 분자의 수와 펩타이드결합의 수는 '아미노산의 수 − 1'이다.

폴리펩타이드가 구부러지고 접혀 고유한 입체 구조를 가진 단백질이 형성된다.

① 두 아미노산 사이에 펩타이드결합이 형성될 때 빠져나오는 물(㉠)의 분자 수는 1이다.

④ 단백질(X)의 입체 구조는 기본 단위체인 아미노산의 배열 순서에 의해 결정된다.

(바로알기) ② 펩타이드결합(가)은 공유 결합의 일종으로, 한 아미노산의 카복실기의 탄소(C)와 다른 아미노산의 아미노기의 질소(N)가 연결되는 결합이다.

③ 2개의 아미노산이 연결될 때마다 펩타이드결합이 1개씩 형성되므로 180개의 아미노산이 연결된 X에서 펩타이드결합의 개수는 $180 - 1 = 179$개이다.

⑤ 단백질의 종류에 따라 고유한 입체 구조와 기능을 가지며, 단백질의 입체 구조는 아미노산의 종류와 수, 배열 순서에 의해 결정된다. 따라서 단백질의 종류에 따라 아미노산의 수는 다를 수 있다.

03 꼼꼼 문제 분석

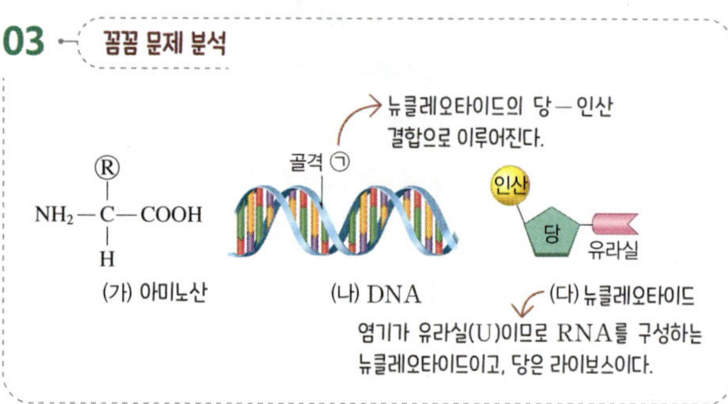

ㄱ. 효소의 주성분은 단백질이며, 단백질은 기본 단위체인 아미노산(가)의 결합으로 만들어진다.

(바로알기) ㄴ. ㉠은 DNA에서 당과 인산으로 이루어진 골격이며, 유전정보는 당 − 인산 골격이 아닌 DNA의 염기서열에 저장되어 있다.

ㄷ. (다)는 RNA에만 있는 염기인 유라실(U)을 갖는 뉴클레오타이드이므로 RNA를 구성하는 기본 단위체이다.

04 꼼꼼 문제 분석

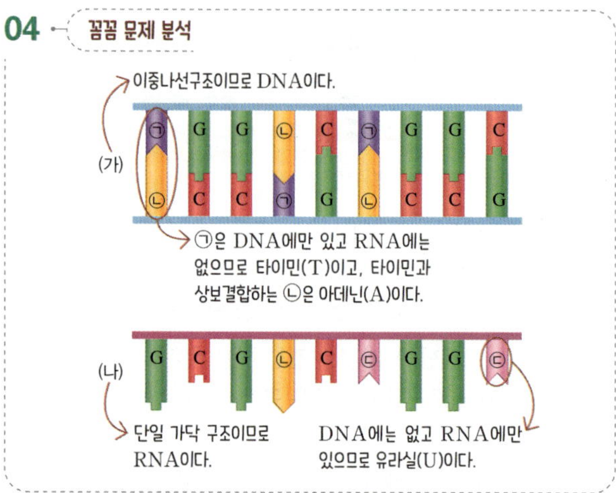

ㄱ. DNA(가)를 구성하는 당은 디옥시라이보스이다.

ㄴ. DNA(가)의 염기는 A, T, G, C의 4종류이고, 염기 ㉠과 ㉡은 각각 A과 T 중 하나이다. ㉠은 DNA(가)에만 있으므로 타이민(T)이고, 타이민(T)과 상보적으로 결합하는 ㉡은 아데닌(A)이다. DNA에서 상보적으로 결합하는 염기 A(㉡)과 T(㉠)의 개수는 같고, G과 C의 개수는 같으므로 $\dfrac{㉠+C}{㉡+G} = \dfrac{T+C}{A+G} = 1$이다.

ㄷ. ㉢은 DNA(가)에는 없고 RNA(나)에만 있으므로 유라실(U)이다.

개념 확인 문제
107쪽

❶ 전기력 ❷ 자유 전자 ❸ 순수 반도체 ❹ 공유 결합 ❺ 3
❻ n ❼ 다이오드 ❽ 발광 다이오드 ❾ 부도체 ❿ 반도체

---

1 (1) 도 (2) 반 (3) 부 **2** (1) ○ (2) × (3) × **3** (1) × (2) ○
(3) × **4** ㉠ 증폭, ㉡ 스위치 **5** (1) × (2) × (3) ○ **6** ㄷ, ㄹ

1 (1) 도체는 자유 전자가 많아 전류가 잘 흐른다.
(2) 반도체는 빛을 비추거나, 열을 가하거나, 특정 불순물을 첨가
하는 등 특정 조건에서 자유 전자가 생겨 전류가 흐른다.
(3) 부도체는 자유 전자가 거의 없어 전류가 잘 흐르지 않는다.

2 (1) 부도체는 전류가 잘 흐르지 않는 물질로, 전기 전도성이
낮다.
(2) 도체는 전류를 흐르게 하는 곳에 사용한다. 전류의 흐름을 차
단해야 하는 곳에는 부도체를 사용한다.
(3) 반도체의 예로는 규소(Si)나 저마늄(Ge)이 있다.

3 (1) 순수 반도체인 규소(Si)나 저마늄(Ge)은 원자가 전자가
4개이다.
(2) 순수 반도체에 특정 불순물을 첨가하면 전기적 성질이 변하
는데, 이를 도핑이라고 한다.
(3) n형 반도체에서 전류가 흐르는 원인은 음(−)전하를 띠는 자
유 전자의 이동에 의한 것이다.

4 트랜지스터는 회로에서 전류나 전압을 크게 하는 증폭 작용
과 전류를 흐르게 하거나 흐르지 않게 전류의 흐름을 조절하는
스위치 작용을 한다.

5 (1) 유기 발광 다이오드(OLED)는 전류가 흐르면 유기 물질
자체에서 빛이 방출되는 반도체 소자이다.
(2) 다이오드는 한 방향으로만 전류를 흐르게 하는 정류 작용을
하므로 교류를 직류로 바꾸는 데 사용된다.
(3) 매우 많은 트랜지스터나 다이오드 등을 하나의 칩으로 만든
것을 집적 회로라고 한다.

6 피뢰침(ㄱ), 스마트폰 터치 장갑(ㅁ)은 도체의 전기적 성질을
활용한 것이고, 절연 장갑(ㄴ), 반도체 기판의 코팅 물질(ㅂ)은 부
도체의 전기적 성질을 활용한 것이다. 반도체의 전기적 성질을
활용한 것은 태양 전지(ㄷ)와 집적 회로(ㄹ)이다.

내신 만점 문제
108쪽~110쪽

01 ② **02** ① **03** ③ **04** ⑤ **05** ④ **06** ①
07 ① **08** ② **09** ④ **10** ③ **11** ⑤ **12** ⑤
13 해설 참조 **14** 해설 참조

01 ㄴ. B가 원자에서 벗어나면 원자는 음(−)전하를 잃어 전
기적 성질이 변한다.
(바로알기) ㄱ. A는 원자핵으로 양(+)전하를 띤다.
ㄷ. B는 음(−)전하를 띠는 전자이므로 양(+)전하를 띠는 원자
핵(A)과 전기력이 작용한다.

02 구리, 금, 은, 알루미늄, 철은 도체이고, 유리, 고무, 나무,
플라스틱은 부도체이다. 규소(Si)와 저마늄(Ge)은 반도체이다.

03 ㄱ. A는 B, C보다 전기 전도성이 낮으므로 부도체이다.
ㄴ. B는 전기 전도성이 A와 C의 중간이므로 반도체이고, 예로
는 규소(Si)가 있다.
(바로알기) ㄷ. 전기 전도성이 낮을수록 전기 저항이 크다. 따라서
전기 저항은 A가 C보다 크다.

04 ㄱ. A는 원자에서 떨어져 있으므로 자유 전자이다.
ㄴ. 전류의 방향과 자유 전자의 이동 방향은 반대이므로 (가)에서
A는 ㉡ 방향으로 이동한다.
ㄷ. (나)는 전자가 원자에 속박되어 있으므로 부도체이며, 예로는
고무, 유리, 나무, 플라스틱 등이 있다.

05 ㄴ. (나)에서 회로에 B를 연결하였을 때 검류계에 전류가
흘렀으므로 B는 도체이다. 구리는 도체이므로 B와 전기적 성질
이 같다.
ㄷ. A는 부도체로, 도체인 B보다 전기 전도성이 낮다.
(바로알기) ㄱ. (가)에서 회로에 A를 연결하였을 때 검류계에 전류
가 흐르지 않았으므로 A는 부도체이다. 부도체는 전류가 잘 흐
르지 않으므로 A에 연결된 전원 장치의 극을 서로 바꾸어 연결
하여도 검류계에는 전류가 흐르지 않는다.

06 ㄱ. A는 불순물을 첨가하지 않은 순수 반도체이다. 순수
반도체는 전압을 걸어도 자유 전자가 거의 없어 전류가 잘 흐르
지 않는다.
(바로알기) ㄴ. B는 자유 전자가 존재하지 않고, 불순물이 첨가되
어 있으므로 p형 반도체이다. p형 반도체에 첨가된 불순물 원소
의 원자가 전자는 3개이다.
ㄷ. 불순물 반도체는 순수 반도체에 불순물을 첨가하여 전기 전도
성을 높인 반도체이다. 따라서 전기 전도성은 A가 C보다 낮다.

07 (가) 유기 발광 다이오드는 전류가 흐르면 유기 물질 자체에서 빛이 방출된다.
(나) 다이오드는 교류를 직류로 바꾸는 정류 작용을 한다.
(다) 트랜지스터는 회로에서 약한 신호를 큰 신호로 바꾸는 증폭 작용을 한다.

08 ㄴ. 집적 회로는 데이터를 처리하거나 저장하는 메모리에 사용된다.
(바로알기) ㄱ. 반도체 칩의 한 종류인 중앙 처리 장치는 순수 반도체의 전기적 성질을 변화시킨 불순물 반도체로 만든다.
ㄷ. 발광 다이오드는 첨가하는 원소에 따라 방출되는 빛의 색이 달라진다.

09 ⊣ 꼼꼼 문제 분석

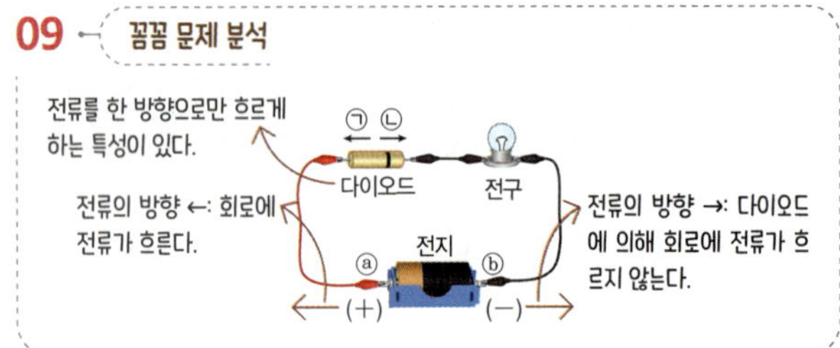

ㄱ. 다이오드는 회로에서 전류를 한 방향으로만 흐르게 하는 정류 작용을 한다.
ㄴ. (가)에서 ⓐ가 전지의 (+)극에 연결되어 있으므로 다이오드에는 ⓛ 방향으로 전류가 흐른다. 다이오드는 전류를 한 방향으로만 흐르게 하므로 다이오드에는 ⓛ 방향으로만 전류가 흐른다.
(바로알기) ㄷ. (나)에서 다이오드에 전지의 극을 바꾸어 연결하면 다이오드는 전류를 한 방향으로만 흐르게 하므로 다이오드에 의해 전류가 차단되어 회로에는 전류가 흐르지 않는다. 전지의 전압을 높여도 전류의 방향이 (가)와 같지 않으면 다이오드에 의해 회로에는 전류가 흐르지 않아 전구에 불이 켜지지 않는다.

10 ㄱ. A는 번개를 받아 땅으로 흘려보내야 하는 부분이므로 전류가 흘러야 하는 도체이다.
ㄴ. B는 전류가 밖으로 흐르는 것을 방지하기 위해 부도체를 사용한다. C는 전기 작업 중 작업자의 몸에 전류가 흐르는 것을 방지하기 위해 부도체를 사용한다. 따라서 B와 C의 전기적 성질은 부도체로 같다.
(바로알기) ㄷ. A는 도체로, 부도체인 C보다 전기 전도도가 높다.

11 ㄱ. (가)는 전류가 흐르므로 도체이고, (나)는 부도체이다. 단위 부피당 물질 내 자유 전자는 도체가 부도체보다 많다.
ㄴ. (나)는 반도체 소자를 보호하고, 불필요한 외부의 전기 신호를 차단하므로 부도체의 전기적 성질을 활용한다.

ㄷ. (다)는 외부 변화에 따라 전기 전도도가 변하는 반도체로, 반도체의 원료는 규산염 광물에서 얻을 수 있는 규소(Si)이다.

12 ㄴ. 태양 전지는 빛을 받으면 전압이 발생한다.
ㄷ. 스마트폰 터치 장갑의 끝 부분에는 전도성 실이 섞여 있어 장갑을 착용하여도 스마트폰을 조작할 수 있다. 전도성 실의 전기적 성질은 도체이다.
(바로알기) ㄱ. 디스플레이의 LED는 반도체의 전기적 성질을 활용하여 빛을 내는 소자이다.

13 (1) (가)는 공유 결합 후 전자 1개가 남으므로 n형 반도체이다.
(모범 답안) (1) n형 반도체
(2) n형 반도체는 불순물 원소의 원자가 전자 4개가 공유 결합을 하고 전자 1개가 남는 반도체로, 전압을 걸면 남은 전자는 자유 전자가 되어 전류가 흐르게 된다.
(3) 순수 반도체를 구성하는 원소의 원자가 전자는 모두 공유 결합을 하고 있어 자유 전자가 매우 적으므로 전압을 걸어도 전류가 잘 흐르지 않는다.

채점 기준		배점
(1)	n형 반도체라고 옳게 쓴 경우	20 %
(2)	공유 결합에 참여하지 못하고 남은 전자 1개가 자유 전자가 되어 전류가 흐른다고 옳게 서술한 경우	40 %
	자유 전자에 의해 전류가 흐른다고만 서술한 경우	20 %
(3)	원자가 전자가 모두 공유 결합을 하고 있어 자유 전자가 적기 때문이라고 옳게 서술한 경우	40 %
	자유 전자가 적기 때문이라고만 서술한 경우	20 %

14 (모범 답안) 부도체는 제품을 외부 충격으로부터 보호하고, 반도체는 손가락의 미세한 전류를 인지하거나 빛을 방출시킨다.

채점 기준	배점
부도체와 반도체의 역할을 모두 옳게 서술한 경우	100 %
부도체와 반도체의 역할 중 한 가지만 옳게 서술한 경우	50 %

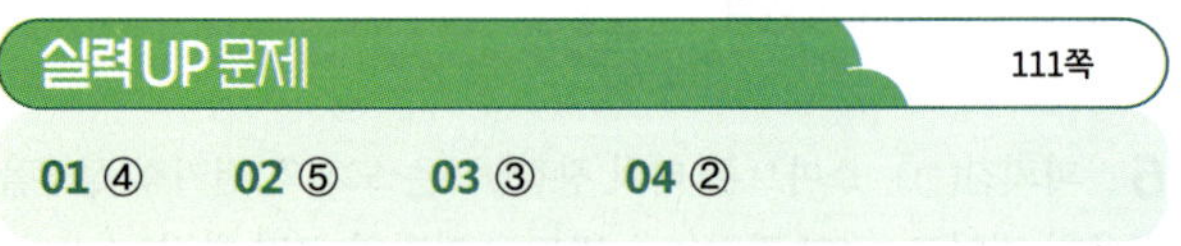

01 ㄱ. A는 도체, B는 부도체, C는 반도체이므로 전기 전도도는 A가 B보다 크다.

ㄷ. C에 이용된 원료는 반도체로, 불순물을 첨가하여 전기적 성질을 제어할 수 있다.

(바로알기) ㄴ. 자유 전자의 수가 많을수록 전기 전도도가 크다. 따라서 단위 부피당 물질 내 자유 전자의 수는 B가 A보다 적다.

02 꼼꼼 문제 분석

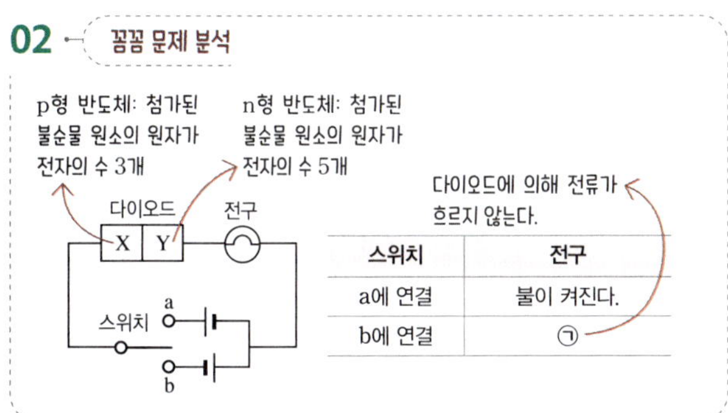

스위치	전구
a에 연결	불이 켜진다.
b에 연결	㉠

ㄱ. X는 원자가 전자가 3개인 원소를 첨가한 불순물 반도체이므로 p형 반도체이다.

ㄴ. 스위치를 a에 연결하였을 때 회로에 전류가 흘렀다. 이때 다이오드는 전류를 한 방향으로만 흐르게 하므로 스위치를 b에 연결하면 다이오드에 의해 전류가 차단되어 회로에는 전류가 흐르지 않는다. 따라서 ㉠은 '불이 켜지지 않는다.'이다.

ㄷ. 다이오드는 n형 반도체와 p형 반도체를 결합하여 만든다. X는 p형 반도체이므로 Y는 n형 반도체이다. n형 반도체는 규소(Si)에 원자가 전자가 5개인 불순물 원소를 첨가하여 만든다.

03 꼼꼼 문제 분석

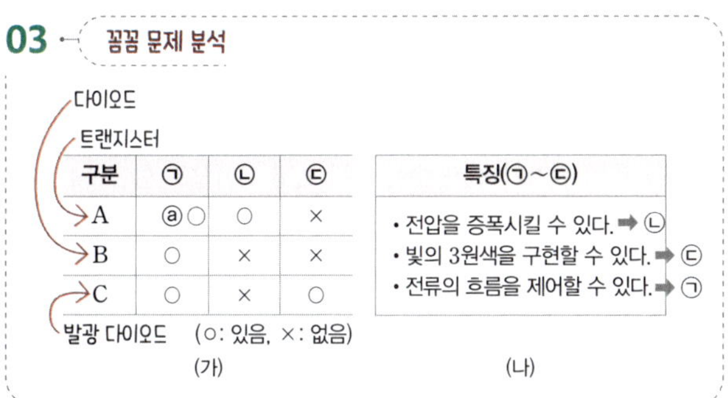

구분	㉠	㉡	㉢
A	ⓐ○	○	×
B	○	×	×
C	○	×	○

특징(㉠~㉢)
• 전압을 증폭시킬 수 있다. ➡ ㉡
• 빛의 3원색을 구현할 수 있다. ➡ ㉢
• 전류의 흐름을 제어할 수 있다. ➡ ㉠

빛의 3원색을 구현할 수 있는 소자는 발광 다이오드이고, 전압을 증폭시킬 수 있는 소자는 트랜지스터이다. 따라서 ㉡, ㉢은 '빛의 3원 색을 구현할 수 있다.'와 '전압을 증폭시킬 수 있다.' 중 하나이므로 ㉠은 회로에서 '전류의 흐름을 제어할 수 있다.'이다.

ㄱ. 전류의 흐름을 제어할 수 있는 소자는 다이오드, 트랜지스터, 발광 다이오드이므로 ⓐ는 '○'이다.

ㄴ. B는 전류의 흐름만 제어할 수 있으므로 다이오드로, 주기적으로 변하는 신호를 일정하게 해 주는 정류 작용을 한다.

(바로알기) ㄷ. C는 발광 다이오드이므로 ㉢은 '빛의 3원색을 구현할 수 있다.'이다.

04 꼼꼼 문제 분석

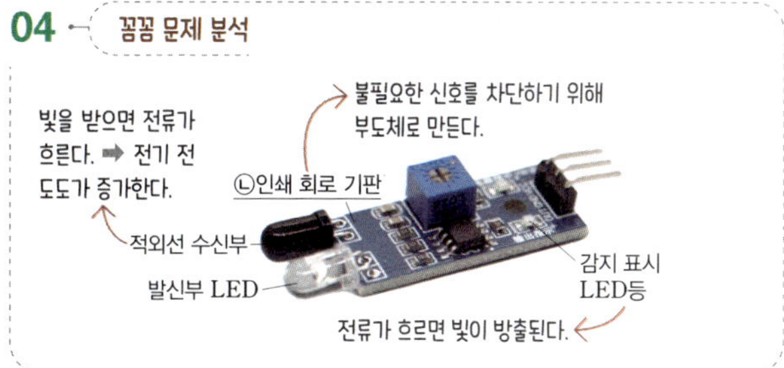

ㄷ. ㉢은 신호를 증폭시키므로 '트랜지스터'로 적절하다.

(바로알기) ㄱ. LED등에 전류가 흐르므로 적외선 수신부는 빛을 받으면 전류가 흐르는 반도체이다. 이때 반도체는 전류가 흐르므로 전기 전도도가 증가한다.

ㄴ. 인쇄 회로 기판은 반도체 소자를 보호하고, 불필요한 신호를 차단하기 위해 부도체를 이용한다.

원소	산소(O)	마그네슘(Mg)	염소(Cl)
원자 모형	8+	12+	17+
	A	B	C
주기	2	3	3
원자가 전자 수	6	2	7

ㄱ. 3주기 원소는 전자가 들어 있는 전자 껍질 수가 3이므로 B와 C 두 가지이다.

ㄷ. 원자가 전자 수는 A~C가 각각 6, 2, 7이므로 C>A>B이다.

(바로알기) ㄴ. B는 금속 원소이고, A와 C는 비금속 원소이다.

첫 번째 전자 껍질에 전자 2개가 채워져 있다. ➡ 1주기 18족 원소인 헬륨(He)

두 번째 전자 껍질에 전자 8개가 채워져 있다. ➡ 2주기 18족 원소인 네온(Ne)

원소	X	Y	Z
첫 번째 전자 껍질	2	2	2
두 번째 전자 껍질	0	8	8
세 번째 전자 껍질	0	0	7

세 번째 전자 껍질에 전자 7개가 채워져 있다. ➡ 3주기 17족 원소인 염소(Cl)

① Z는 3주기 17족 원소이므로 할로젠이다.

② X와 Y는 같은 족 원소이므로 화학적 성질이 비슷하다.

④ 18족 원소는 원자가 전자 수가 0이다. 원자가 전자 수는 Y와 Z가 각각 0, 7이므로 Z>Y이다.

⑤ 원자 번호 11인 나트륨(Na)이 전자 1개를 잃어 나트륨 이온(Na^+)이 되므로 Na^+의 전자 수는 10이고 전자 배치는 Y와 같다.

(바로알기) ③ X는 18족 원소이므로 다른 원자와 화학 결합을 형성하지 않는다.

03 ㄴ. 알칼리 금속을 물에 넣으면 수소 기체가 발생하면서 격렬하게 반응한다.

ㄷ. 알칼리 금속은 공기 중의 산소와 빠르게 반응하므로 광택이 사라지고, 표면에서는 이온 결합 물질(Li_2O, Na_2O 등)을 생성한다.

(바로알기) ㄱ. 알칼리 금속은 원자가 전자 수가 1인 금속 원소이다. 전자가 들어 있는 전자 껍질 수는 주기에 따라 다르다.

	1족	2족	13족	14족	15족	16족	17족
2주기	A — Li			B — C			C — F
3주기	D — Na					E — S	

같은 족 원소이므로 화학적 성질이 비슷하다.

ㄴ. C는 2주기 17족 원소이므로 전자 1개를 얻은 C^-의 전자 배치는 2주기 18족 원소인 네온(Ne)과 같다. D는 3주기 1족 원소이므로 전자 1개를 잃은 D^+의 전자 배치는 네온과 같다.

(바로알기) ㄱ. 원자가 전자 수는 17족 원소인 C가 가장 크다. A~E의 원자가 전자 수는 각각 1, 4, 7, 1, 6이다.

ㄷ. D와 E는 같은 주기 원소이다. 화학적 성질이 비슷한 원소는 같은 족 원소인 A와 D가 해당한다.

원자 번호＝양성자수＝전자 수
➡ 원자핵의 전하로부터 A~C의 원자 번호와 전자 수는 각각 3, 8, 9임을 알 수 있다.
➡ A는 리튬(Li), B는 산소(O), C는 플루오린(F)이다.

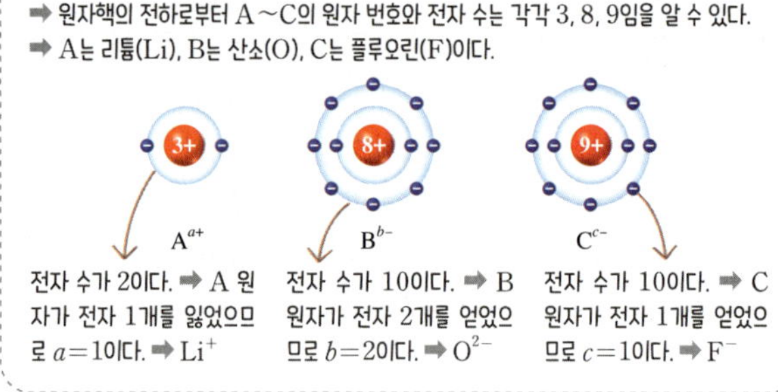

전자 수가 20이다. ➡ A 원자가 전자 1개를 잃었으므로 $a=1$이다. ➡ Li^+

전자 수가 10이다. ➡ B 원자가 전자 2개를 얻었으므로 $b=2$이다. ➡ O^{2-}

전자 수가 10이다. ➡ C 원자가 전자 1개를 얻었으므로 $c=1$이다. ➡ F^-

ㄱ. $a=1$, $b=2$, $c=1$이므로 $a+c=b$이다.

(바로알기) ㄴ. A는 리튬(Li), B는 산소(O), C는 플루오린(F)이며, 모두 2주기 원소이다.

ㄷ. A~C의 원자가 전자 수는 각각 1, 6, 7이므로 합은 14이다.

두 O 원자 사이에 전자쌍 2개를 공유한다.

O 원자가 2개의 H 원자와 각각 전자쌍 1개를 공유하므로 총 2개의 전자쌍을 공유한다.

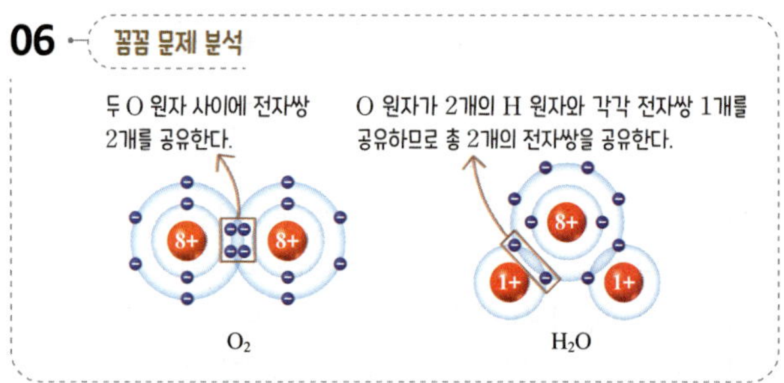

ㄱ. 산소(O_2)와 물(H_2O)은 모두 구성 원자가 비금속 원소인 공유 결합 물질이다.

ㄴ. 산소(O_2)와 물(H_2O)에서 공유 전자쌍 수는 모두 2이다.

(바로알기) ㄷ. 산소(O_2)와 물(H_2O)에서 산소(O)는 네온(Ne)과 같은 전자 배치를 이룬다. 물(H_2O)에서 수소(H)는 헬륨(He)과 같은 전자 배치를 이룬다.

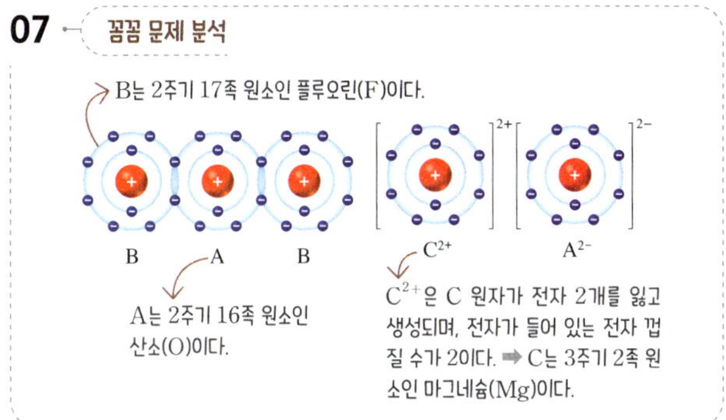

⑤ B와 C는 이온 결합을 형성하는데 B^-과 C^{2+}이 결합해야 하므로 B와 C는 2 : 1로 결합하여 안정한 화합물을 형성한다.

(바로알기) ① A와 B는 비금속 원소이고, C는 금속 원소이다.

② A와 B는 2주기 원소이고, C는 3주기 원소이다.

③ A~C 중 원자 번호는 3주기 원소인 C가 가장 크다.

④ AB_2에서 A 원자는 2개의 B 원자와 각각 전자쌍 1개를 공유하므로 총 2개의 전자쌍을 공유한다. 공유 전자쌍 수는 2이다.

08 원자가 전자 수는 수소(H)와 산소(O)가 각각 1, 6이므로 공유 결합을 형성하여 물(H_2O)이 되면 18족 원소와 같은 전자 배치를 이루어 안정해진다.

(모범 답안) 수소 원자와 산소 원자가 공유 결합을 하면 수소는 헬륨과 같은 전자 배치를 이루고, 산소는 네온과 같은 전자 배치를 이루므로 원자 상태에 비해 안정해진다.

채점 기준	배점
공유 결합을 하여 18족 원소와 같은 전자 배치를 이룬다는 내용을 포함하여 서술한 경우	100 %
안정한 전자 배치를 이룬다고만 서술한 경우	30 %

09 ㉠은 (＋)극 쪽으로 이동하므로 음이온인 염화 이온(Cl^-)이고, ㉡은 (－)극 쪽으로 이동하므로 양이온인 나트륨 이온(Na^+)이다.

ㄱ. 염화 나트륨(NaCl)을 물에 녹이면 양이온과 음이온으로 나누어지므로 염화 나트륨 수용액은 전기 전도성이 있다.

(바로알기) ㄴ. ㉠은 염화 이온(Cl^-)이다.

ㄷ. ㉠은 염화 이온(Cl^-)이며 아르곤(Ar)과 같은 전자 배치를 이룬다. ㉡은 나트륨 이온(Na^+)이며 네온(Ne)과 같은 전자 배치를 이룬다.

10 양성자수는 원자 번호와 같으므로 나트륨 이온(Na^+)과 염화 이온(Cl^-)의 양성자수는 각각 11, 17이고, 전자 수는 10, 18이다. $\dfrac{양성자수}{전자 수}$는 Na^+과 Cl^-이 각각 $\dfrac{11}{10}$, $\dfrac{17}{18}$이므로 Na^+ > Cl^-이다. 따라서 ㉠은 Cl^-이고, ㉡은 Na^+이다.

(모범 답안) ㉠은 Cl^-이고, ㉡은 Na^+이다. 수용액 상태에서 전류를 흘려주면 ㉠은 (＋)극 쪽으로, ㉡은 (－)극 쪽으로 이동한다.

채점 기준	배점
㉠과 ㉡을 결정하고, 이동 방향을 옳게 서술한 경우	100 %
㉠과 ㉡만 옳게 결정한 경우	50 %

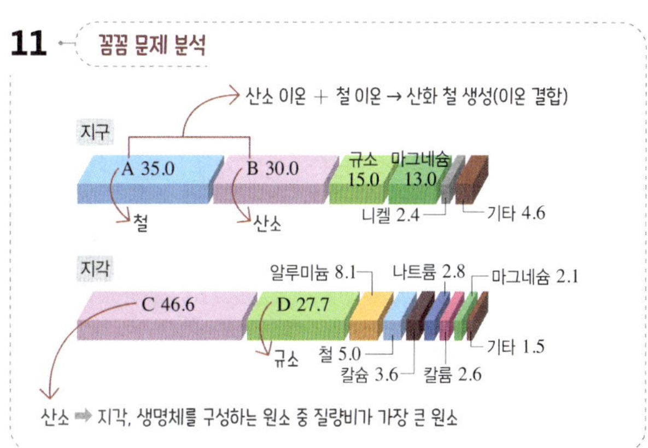

①, ② 지구는 철, 산소, 규소 순으로 많으므로 A는 철이고, B는 산소이다. 지각은 산소, 규소, 알루미늄 순으로 많으므로, C는 산소이고, D는 규소이다.

③ 철(A)의 양이온과 산소(B)의 음이온이 결합하여 이온 결합 물질인 산화 철을 형성한다.

⑤ 생명체를 구성하는 원소 중 질량비가 가장 큰 것은 산소(B, C)이다.

(바로알기) ④ 탄소 화합물은 탄소로 이루어진 기본 골격에 수소, 산소, 질소 등 여러 원소가 결합하여 만들어진 물질이므로 산소(C)와 규소(D)는 탄소 화합물을 만들 수 없다.

12 ㄴ. 이 기본 단위체는 규산염 사면체로, 전기적으로 −4가의 음전하를 띤다.

ㄹ. 규산염 광물은 규산염 사면체 간 공유하는 산소의 수가 많을수록 결합 구조가 복잡하여 결합을 끊는 데 필요한 에너지가 많아지기 때문에 풍화에 강하다.

(바로알기) ㄱ. 이 기본 단위체는 규소와 산소가 공유 결합하여 사면체 구조를 형성하고 있는 규산염 사면체이다. 규산염 사면체는 암석의 대부분을 이루는 규산염 광물의 기본 단위체이다.

ㄷ. 규산염 사면체 1개가 철이나 마그네슘 등의 양이온과 결합하면 독립형 구조의 감람석이 만들어진다.

13 ㄱ. 규산염 광물은 1개의 규소와 4개의 산소가 공유 결합한 규산염 사면체를 기본 단위체로 하여 만들어진다.

ㄴ. 이 광물은 규산염 사면체가 이웃한 다른 규산염 사면체와 산소 3개를 공유하여 판상 구조로 결합되어 있다.

 ㄷ. 규산염 사면체가 판상 구조로 결합된 대표적인 광물은 흑운모이다. 각섬석의 결합 구조는 복사슬 구조이다.

14 규산염 사면체의 결합 구조가 망상 구조이면서 규소와 산소로만 이루어진 규산염 광물은 석영이다. 석영은 규산염 사면체 간의 결합력이 모든 방향에서 비슷하기 때문에 깨지는 특성이 있다.

 석영이다. 규산염 사면체를 이루는 모든 산소가 다른 규산염 사면체와 공유하여 결합하고 있으므로 방향성 없이 깨지는 성질이 나타난다.

채점 기준	배점
광물의 이름을 옳게 쓰고, 깨짐이 나타난다고 옳게 서술한 경우	100 %
광물의 이름만 옳게 쓴 경우	50 %
깨짐이 나타난다고만 옳게 서술한 경우	50 %

15 ㄱ, ㄴ. (가)는 한 줄로 길게 이어진 단사슬 구조인 휘석이고, (나)는 두 줄로 길게 이어진 복사슬 구조인 각섬석이며, (다)는 망상 구조인 장석이다. 광물에 힘을 가했을 때 휘석인 (가), 각섬석인 (나), 장석인 (다)는 모두 쪼개짐이 나타난다.

 ㄷ. 규산염 사면체가 다른 규산염 사면체와 산소를 많이 공유할수록 규소에 대한 산소의 개수비가 작아진다. (다)는 (가)보다 규산염 사면체 간 공유하는 산소 수가 많으므로 규소에 대한 산소의 개수비가 작다.

16 •학생 A, B: 탄소는 원자가 전자가 4개여서 4개의 공유 결합이 가능하다. 탄소는 탄소뿐 아니라 수소, 질소, 산소 등의 여러 가지 원소와 공유 결합하여 다양한 탄소 화합물을 형성한다.

 •학생 C: 단백질, 탄수화물, 지질 등과 같은 탄소 화합물은 생명체를 구성하는 주요 물질이며, 에너지원으로도 사용된다.

17 꼼꼼 문제 분석

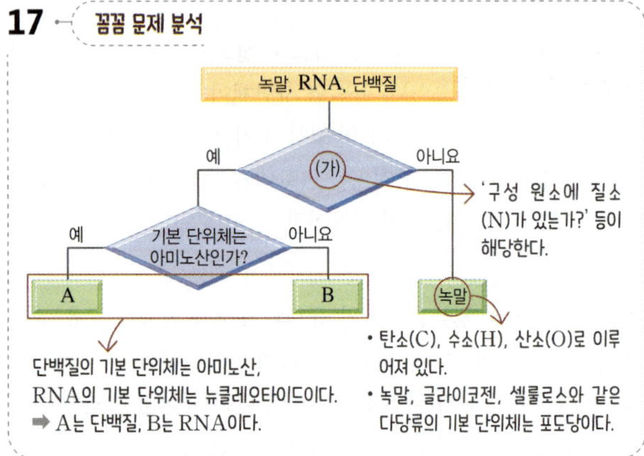

ㄴ. RNA(B)는 한 뉴클레오타이드의 당과 다른 뉴클레오타이드의 인산이 공유 결합으로 연결되어 폴리뉴클레오타이드를 형성한다.

ㄷ. 단백질(A)의 기본 단위체인 아미노산은 20종류이고, RNA(B)의 기본 단위체인 뉴클레오타이드는 염기가 다른 4종류이다.

 ㄱ. (가)는 단백질과 RNA에는 해당되지만 녹말에는 해당되지 않는 특징이므로 '구성 원소에 질소(N)가 있는가?' 등이 해당한다. '탄소 화합물인가?'는 녹말, RNA, 단백질의 공통 특징이므로 분류 기준 (가)에 해당하지 않는다.

18 ㄱ. X는 여러 기본 단위체가 펩타이드결합으로 연결된 생명체 구성 물질이므로 단백질이다. 단백질의 기본 단위체(㉠)는 아미노산이며, 아미노산은 탄소를 중심으로 아미노기, 카복실기, 수소 원자, 곁사슬로 이루어져 있으므로 구성 원소로 탄소(C), 수소(H), 산소(O), 질소(N)를 갖는다.

ㄴ. 단백질의 종류(㉡)는 아미노산의 종류와 수 및 배열 순서에 의해 결정되며, 그에 따라 고유의 입체 구조를 갖는다.

ㄷ. 단백질(X)은 근육, 뼈, 머리카락, 손톱, 피부, 수정체 등 몸을 구성하는 주요 물질이다.

19 ㄱ. RNA를 구성하는 뉴클레오타이드(가)의 당은 라이보스이다.

ㄷ. 피부를 구성하는 콜라젠과 머리카락을 구성하는 케라틴을 비롯하여 아밀레이스, 크리스탈린 등은 모두 서로 다른 단백질이지만 기본 단위체인 아미노산(나)으로 이루어져 있다는 공통점이 있다.

 ㄴ. RNA를 구성하는 뉴클레오타이드(가)는 염기가 A, G, C, U로 다른 4종류가 있다.

20 이중나선을 이루는 DNA의 두 가닥의 폴리뉴클레오타이드는 염기 사이의 수소결합으로 연결되는데, A은 T과, G은 C과 상보적으로 결합한다.

 (1) ATGCTTCG

(2) DNA를 구성하는 두 가닥의 폴리뉴클레오타이드는 염기 사이의 수소결합으로 연결된다. 이때 A은 T과, G은 C과 상보적으로 결합한다.

	채점 기준	배점
(1)	염기서열을 옳게 쓴 경우	40 %
(2)	상보적인 염기의 수소결합으로 연결된다고 옳게 서술한 경우	60 %
	염기 사이의 수소결합으로 연결된다고만 서술한 경우	30 %
	염기의 상보결합만 서술한 경우	30 %

21 꼼꼼 문제 분석

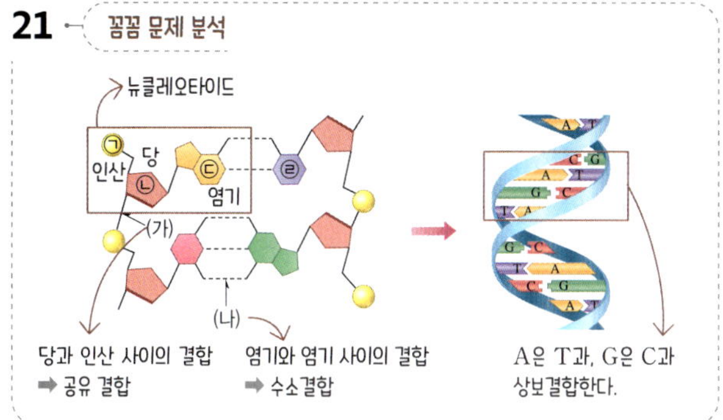

② DNA의 기본 단위체는 뉴클레오타이드이며, 인산(㉠), 당(㉡), 염기(㉢)가 1 : 1 : 1로 결합한 구조이다.
③ DNA를 구성하는 당(㉡)은 디옥시라이보스이다.
④ ㉢이 아데닌(A)이라면 상보적으로 결합하는 ㉣은 타이민(T)이다.
⑤ 이중나선 DNA에서 상보적으로 결합하는 염기 ㉢과 ㉣의 개수는 항상 같다.
(바로알기) ① (가)는 당과 인산 사이의 공유 결합이고, (나)는 염기와 염기 사이의 수소결합이다.

22 ㄱ. (가)에서 전구의 불이 켜졌으므로 A는 도체이다. 도체의 예로는 구리, 금, 은, 알루미늄 등이 있다.
ㄴ. A는 도체이므로 부도체인 B보다 전기 전도성이 높다.
ㄷ. 도체 물질 내에서 전자의 이동 방향은 전류의 방향과 반대이므로 p 지점을 지나는 전자의 이동 방향은 ㉠이다.

23 꼼꼼 문제 분석

특징(㉠~㉢)		구분	㉠	㉡	㉢
㉠ 트랜지스터를 구성한다.		순수 반도체 A	ⓐ ×	ⓑ ×	○
㉡ 불순물이 포함되어 있다.		p형 반도체 B	○	○	○
㉢ 원자가 전자가 4개 이하인 원소들로 이루어져 있다.		n형 반도체 C	○	○	×

(○: 해당됨, ×: 해당되지 않음)

(가) / (나)

B는 특징 ㉠~㉢을 모두 포함하므로 원자가 전자가 4개인 규소(Si)와 원자가 전자가 3개인 불순물 원소로 이루어진 p형 반도체이다. 순수 반도체는 '원자가 전자가 4개 이하인 원소들로 이루어져 있다.'만 포함하므로 A이다. 따라서 C는 n형 반도체이다.
ㄱ. A는 순수 반도체로, ㉢만 포함하므로 ⓐ와 ⓑ는 '×'로 같다.
(바로알기) ㄴ. 순수 반도체(A)는 불순물 반도체(B)보다 전기 전도성이 낮다.
ㄷ. 정류 작용을 하는 반도체 소자는 다이오드로, p형 반도체인 B와 n형 반도체인 C를 결합하여 만든다.

24 ㄴ. (나)에서 추출한 원소는 반도체인 규소(Si)로, 불순물을 첨가하여 전기적 성질을 조절할 수 있다.
ㄷ. 피뢰침에서 번개를 유도하는 소재는 도체이므로 (다)와 전기적 성질이 같다.
(바로알기) ㄱ. (가)는 부도체, (다)는 도체이므로 전기 저항은 (가)가 (다)보다 크다.

25 (모범 답안) 절연 장갑은 전기 작업 중 작업자의 몸에 전류가 흐르는 것을 방지하기 위해 전기 전도성이 낮은 부도체로 만들기 때문이다.

채점 기준	배점
전기 전도성이 낮은 부도체로 만들기 때문이라고 옳게 서술한 경우	100 %
부도체로 만들기 때문이라고만 서술한 경우	50 %

26 ㄱ. A는 전류가 통하는 곳이므로 도체이다. 스마트폰 터치 장갑의 끝 부분은 전도성 실로 되어 있어 장갑을 착용하여도 스마트폰을 조작할 수 있다. 따라서 전도성 실의 전기적 성질은 도체이므로 A와 전도성 실의 전기적 성질은 같다.
ㄴ. B는 전류가 외부로 흐르는 것을 방지하기 위해 전기 절연 소재인 부도체를 활용한다.
ㄷ. ㉠은 정류 작용을 하는 다이오드로, 반도체의 전기적 성질을 활용한 부품이다.

<table>
<tr><td>중단원 고난도 문제</td><td colspan="6">120쪽~121쪽</td></tr>
<tr><td>01 ②</td><td>02 ③</td><td>03 ①</td><td>04 ③</td><td>05 ⑤</td><td>06 ③</td></tr>
<tr><td>07 ②</td><td>08 ⑤</td><td></td><td></td><td></td><td></td></tr>
</table>

01 꼼꼼 문제 분석

• A와 B는 같은 족 원소이다.
↳ A와 B는 1족 원소 또는 17족 원소이다.
• 전자가 들어 있는 전자 껍질 수는 B=E>A이다.
↳ 전자 껍질 수: ㉣=㉤>㉠=㉡=㉢ ➡ B와 E는 3주기 원소이고 A, C, D는 2주기 원소이다.
• 원자 번호는 A가 D보다 크다.
↳ A가 1족 원소인 경우 제시된 원소 중 원자 번호가 가장 작으므로 조건에 부합하지 않는다. ➡ A는 2주기 17족 원소이고, B는 3주기 17족 원소이다. D는 ㉠ 또는 ㉡ 중 하나이다.
• 원자가 전자 수는 C가 D보다 크다.
↳ C는 2주기 16족 원소이고, D는 2주기 1족 원소이다.

주기 \ 족	1	2	13	14	15	16	17	18
2	㉠–D(Li)					C(O)–㉢	㉢–A(F)	
3	㉣–E(Na)						㉤–B(Cl)	

✕ ㄱ. A는 <u>알칼리 금속</u>이다. 할로젠

◯ ㄴ. D와 E는 화학적 성질이 비슷하다.

✕ ㄷ. B와 C로 이루어진 물질은 이온 결합 물질이다.
공유 결합 물질

전략적 풀이 ❶ 주기율표에서 같은 족에 속하는 A와 B는 1족 또는 17족 원소 중 하나임을 파악하고, A가 1족인 경우를 가정하여 제시된 자료를 적용해 본다.

ㄱ. 전자가 들어 있는 전자 껍질 수가 B=E>A이므로 A는 2주기 원소이다. A를 1족에 속하는 알칼리 금속이라고 가정하면 ㉠에 해당하여 A~E 중 원자 번호가 가장 작으므로 제시된 자료에 부합하지 않는다. 따라서 A는 1족 원소가 아니라 17족에 속하는 할로젠이다.

❷ 전자 껍질 수, 원자 번호, 원자가 전자 수를 비교하여 A~E를 ㉠~㉤에 배치해 본다.

ㄴ. A와 B는 각각 2주기 17족 원소인 ㉢ 플루오린(F), 3주기 17족 원소인 ㉤ 염소(Cl)이고, D와 E는 각각 2주기 1족 원소인 ㉠ 리튬(Li), 3주기 1족 원소인 ㉣ 나트륨(Na)이다. C는 2주기 16족 원소인 ㉡ 산소(O)이다. 따라서 D와 E는 1족에 속하는 알칼리 금속이므로 화학적 성질이 비슷하다.

ㄷ. B와 C는 모두 비금속 원소이므로 B와 C로 이루어진 물질은 공유 결합 물질이다.

02

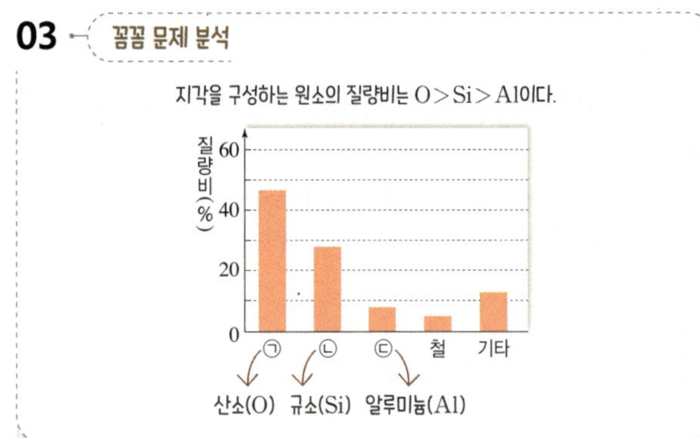

◯ ㄱ. A~C 중 2주기 원소는 한 가지이다.

✕ ㄴ. A₂B는 공유 결합 물질이다. 이온 결합 물질

◯ ㄷ. C₂B의 공유 전자쌍 수는 2이다.

전략적 풀이 ❶ 이온의 전자 배치를 통해 A~C가 각각 어떤 원소인지 판단하고, 금속 원소와 비금속 원소로 분류한다.

ㄱ. A는 나트륨(Na), B는 산소(O), C는 수소(H)이다. A는 3주기, B는 2주기, C는 1주기 원소이다.

ㄴ. $A_2B(Na_2O)$는 금속 원소와 비금속 원소로 이루어지므로 이온 결합 물질이다.

❷ B와 C의 원자가 전자 수를 비교하여 C_2B에서 각 원자가 어떻게 공유 결합하는지 파악한다.

ㄷ. B와 C의 원자가 전자 수는 각각 6, 1이므로 $C_2B(H_2O)$에서 B 원자 1개와 C 원자 2개가 총 2개의 전자쌍을 공유한다. 공유 전자쌍 수는 2이다.

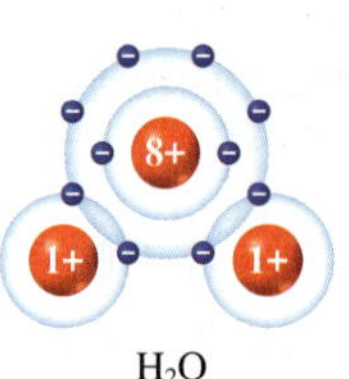

03

◯ ㄱ. ㉡의 원자가 전자 수는 4이다.

✕ ㄴ. ㉠과 ㉡이 이온 결합하여 규산염 광물의 기본 단위체가 된다. 공유 결합

✕ ㄷ. ㉠과 ㉢은 2 : 3으로 결합하여 안정한 화합물을 형성한다. 3 : 2

전략적 풀이 ❶ 지각을 구성하는 원소의 질량비가 O>Si>Al임을 이용하여 ㉠~㉢을 판단하고, ㉡의 원자가 전자 수를 파악한다.

ㄱ. ㉡은 Si이므로 3주기 14족 원소이다. 따라서 원자가 전자 수는 4이다.

❷ 규산염 광물의 기본 단위체가 규산염 사면체(Si-O 사면체)이며, 공유 결합을 형성한다는 것을 파악한다.

ㄴ. 규산염 광물의 기본 단위체는 규산염 사면체(Si-O 사면체)이다. 이때 Si와 O는 전자쌍을 공유하는 공유 결합을 형성한다.

❸ 이온 결합 물질에서 양(+)전하의 전체 양과 음(−)전하의 전체 양이 같도록 양이온과 음이온이 결합하는 것을 알고, 두 이온의 개수비를 파악한다.

ㄷ. O(㉠)와 Al(㉢)은 이온 결합을 형성하는데 O^{2-}과 Al^{3+}이 결합하므로 O와 Al은 3 : 2로 결합하여 안정한 화합물(Al_2O_3)을 형성한다.

규산염 사면체 간 산소를 공유하지 않는다.

광물	결합 구조	쪼개짐
(가) 감람석	독립형 구조	(㉠) 없음
(나) 흑운모	(㉡) 구조	있음
(다) (㉢)	단사슬 구조	있음

휘석 · · · 판상

- 규산염 사면체 간 공유하는 산소 수: (다) < (나) ➡ (가)는 0개이다.
- 풍화에 대한 안정도(강한 정도): (가) < (다) < (나) ➡ 규산염 사면체 간 결합 구조가 복잡할수록 결합을 끊는 데 필요한 에너지가 많기 때문

✕ ㉠은 '있음'에 해당한다. 없음

✕ ㉡은 복사슬이고, ㉢은 각섬석이다.
   판상 · · · 휘석

○ (가)~(다) 광물 중 풍화에 가장 약한 광물은 (가)이다.

전략적 풀이 ❶ 감람석의 결합 구조와 광물에 충격을 가할 때 나타나는 특성과의 관계를 관련 지어 생각한다.

ㄱ. (가) 감람석은 결합 구조가 독립형 구조이기 때문에 광물에 강한 충격을 가하면 깨짐이 나타난다. 따라서 ㉠은 '없음'에 해당한다.

❷ 규산염 광물의 결합 구조에 해당하는 광물의 예를 파악한다.

ㄴ. (나) 흑운모는 결합 구조가 판상 구조이기 때문에 얇은 판 모양으로 쪼개짐이 나타난다. 규산염 광물 중 결합 구조가 단사슬 구조인 것은 휘석이다. 따라서 ㉡은 판상, ㉢은 휘석이다.

❸ 규산염 사면체들이 서로 결합한 형태를 고려하여 풍화에 대한 안정도를 생각한다.

ㄷ. 규산염 사면체 간 결합 구조가 복잡할수록 결합을 끊는 데 필요한 에너지가 많아지기 때문에 망상 구조인 석영과 장석이 풍화에 강하다. (가)는 규산염 사면체 사이에 공유하는 산소가 없는 독립형 구조이므로 (가)~(다) 광물 중 풍화에 가장 약하다.

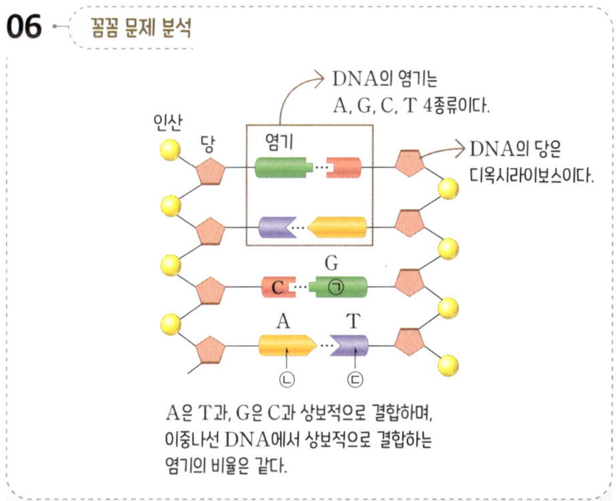

- 산소(㉡, A): 16족 원소 ➡ 원자가 전자 수 6개
- 규소(㉠, B): 14족 원소 ➡ 원자가 전자 수 4개
- 알루미늄(C): 13족 원소 ➡ 원자가 전자 수 3개

○ ㉠은 B이고, ㉡은 A이다.

✕ 원자가 전자 수는 B>A>C이다. A>B>C

○ (㉠의 원자 수)/(㉡의 원자 수) 는 흑운모가 휘석보다 크다.

전략적 풀이 ❶ 규소와 산소가 결합하여 만들어진 규산염 사면체의 구조를 파악한다.

ㄱ. 지각에는 산소, 규소 순으로 질량비가 크다. ㉠은 규산염 사면체의 중심부에 위치한 규소(B)이고, ㉡은 규산염 사면체의 꼭지점에 위치한 산소(A)이다.

❷ 원소의 전자 배치를 고려하여 원자가 전자 수를 파악한다.

ㄴ. A는 산소, B는 규소, C는 알루미늄이다. 산소는 16족 원소, 규소는 14족 원소, 알루미늄은 13족 원소이다. 따라서 원자가 전자 수는 A가 6개, B가 4개, C가 3개이므로 A>B>C이다.

❸ 광물의 결합 구조를 고려하여 규산염 사면체 사이에 산소를 공유하는 방식을 생각한다.

ㄷ. (규소(㉠)의 원자 수)/(산소(㉡)의 원자 수) 는 규산염 사면체 사이에 공유하는 산소의 수가 많을수록 크다. 따라서 (㉠의 원자 수)/(㉡의 원자 수) 는 판상 구조인 흑운모가 단사슬 구조인 휘석보다 크다.

A은 T과, G은 C과 상보적으로 결합하며, 이중나선 DNA에서 상보적으로 결합하는 염기의 비율은 같다.

○ ㉡은 아데닌(A)이다.

○ X에서 ㉢의 개수는 46개이다.

✕ X를 이루는 두 가닥 중 한쪽 가닥에서 C의 개수와 ㉠의 개수는 항상 같다.

전략적 풀이 ❶ DNA의 염기는 A, T, G, C의 4종류이며, 이중나선 DNA에서 A은 T과, G은 C과 상보적으로 결합한다는 것을 이해한다.

ㄱ. ⓒ은 RNA에는 없고 DNA에만 있는 염기이므로 타이민(T)이고, 타이민(T)과 상보적으로 결합하는 ⓛ은 아데닌(A)이다. ㉠은 사이토신(C)과 상보적으로 결합하는 구아닌(G)이다.

❷ 염기의 비율을 이용하여 X를 구성하는 각 염기의 개수를 계산한다.

ㄴ. X에서의 구아닌(㉠)의 비율이 27 %이므로 사이토신의 비율도 27 %이다. 따라서 아데닌(ⓛ)+타이민(ⓒ)의 비율은 100－(27＋27)＝46(%)이고, 상보결합하는 ⓛ과 ⓒ의 비율은 서로 같으므로 ⓒ의 비율은 23 %이다. X는 100개의 염기쌍 즉, 200개의 염기로 이루어져 있으므로 ⓒ의 개수는 200×0.23＝46개이다.

❸ 상보결합하는 A과 T, G과 C의 개수가 항상 같은 것은 DNA가 이중나선을 이루고 있을 때에만 성립한다는 사실을 고려한다.

ㄷ. G은 C과 상보적으로 결합하므로 이중나선인 X를 이루는 두 가닥에서 C의 개수와 G(㉠)의 개수는 항상 같지만, X를 이루는 한쪽 가닥에서는 염기의 배열이 규칙적이지 않으므로 C과 G(㉠)의 개수는 항상 같을 수 없다.

---

07 꼼꼼 문제 분석

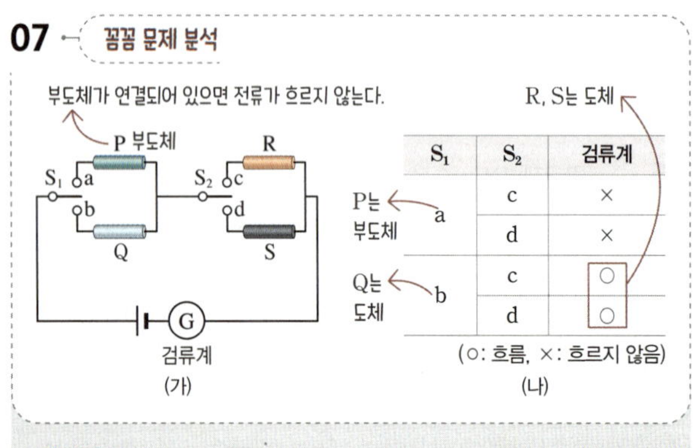

	S₁	S₂	검류계
P는 부도체 a		c	×
		d	×
Q는 도체 b		c	○
		d	○

(○: 흐름, ×: 흐르지 않음)

(나)

선택지 분석

✗ 고체 막대 P, Q, R, S 중 도체는 2개이다. 3개

○ 단위 부피당 물질 내 자유 전자의 수는 P가 가장 적다.

✗ R와 같은 전기적 성질은 <u>전선 피복</u>에 이용된다. 전선 내부

전략적 풀이 ❶ 부도체가 연결되어 있으면 전류가 흐르지 않는 것을 이용하여 P, Q, R, S 중 도체와 부도체를 파악한다.

ㄱ. 부도체가 연결되어 있으면 회로에는 전류가 흐르지 않는다. S₁을 b에 연결하고, S₂를 c, d에 연결하였을 때 검류계에 전류가 흘렀으므로 Q, R, S는 도체이다. S₁을 a에 연결하였을 때는 검류계에 전류가 흐르지 않으므로 P는 부도체이다. 따라서 고체 막대 P, Q, R, S 중 도체는 3개이다.

❷ 도체와 부도체에서 물질 내 자유 전자 수의 차이를 안다.

ㄴ. 단위 부피당 물질 내 자유 전자의 수는 부도체가 도체보다 적으므로 부도체인 P가 가장 적다.

❸ 물질의 전기적 성질 활용의 예를 안다.

ㄷ. R는 도체이고, 전선 피복은 부도체이다. R와 같은 전기적 성질은 전선 내부에서 전류를 흐르게 하는 역할을 한다.

---

08 꼼꼼 문제 분석

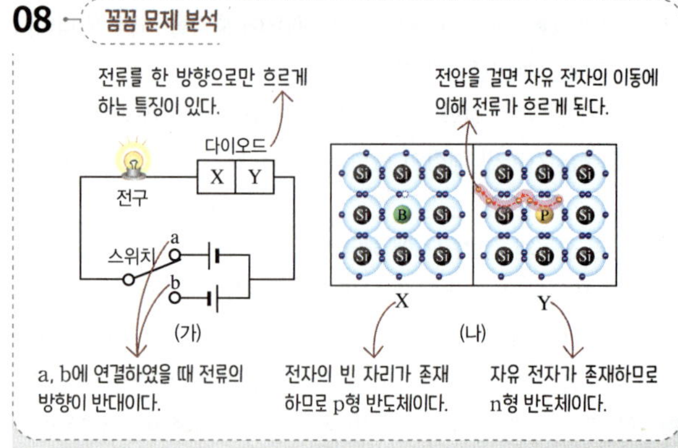

선택지 분석

㉠ X는 p형 반도체이다.

㉡ 스위치를 a에 연결하였을 때 Y에서 전류가 흐르는 원인은 전자의 이동 때문이다. <u>n형 반도체</u>

㉢ 스위치를 b에 연결하면 전구에서 빛이 방출되지 않는다. 다이오드에 의해 전류가 차단된다.

전략적 풀이 ❶ n형 반도체와 p형 반도체의 구조를 구분한다.

ㄱ. X는 전자의 빈 자리가 존재하므로 p형 반도체이다.

❷ n형 반도체에서 전류의 흐름은 자유 전자에 의한 것임을 안다.

ㄴ. 스위치를 a에 연결하였을 때 Y에서 전류가 흐르는 원인은 공유 결합 후 남은 자유 전자의 이동에 의한 것이다.

❸ 다이오드는 전류를 한 방향으로만 흐르게 하는 특징이 있음을 알고, 이 특징이 회로에서 어떻게 작용하는지 이해한다.

ㄷ. 다이오드는 전류를 한 방향으로만 흐르게 하는 특징이 있다. 스위치를 a에 연결하였을 때 전구에서 빛이 방출되었다면 스위치를 b에 연결하면 전류의 흐름이 반대가 되므로 다이오드에 의해 회로에는 전류가 흐르지 않는다. 따라서 스위치를 b에 연결하면 전구에서 빛이 방출되지 않는다.

1 지구시스템

01 / 지구시스템의 구성과 상호작용

개념 확인 문제
128쪽

❶ 지구시스템 ❷ 지각 ❸ 기온 ❹ 수온 약층
❺ 외권 ❻ 상호작용 ❼ 에너지

1 (가) ⓒ, (나) ㉠, (다) ㉡, (라) ㉣, (마) ㉢ **2** (1) × (2) ○
(3) ○ (4) × **3** (1) A: 대류권, B: 성층권, C: 중간권, D: 열권
(2) D **4** (1) ㉠ 혼합층, ㉡ 수온 약층, ㉢ 심해층 (2) ㉡ (3) ㉢
5 외권 **6** (가) ㉠, (나) ㉢, (다) ㉡, (라) ㉣, (마) ㉤

1 (가) 빙하는 고체 상태의 물이므로 수권에 속한다.
(다) 오존층은 성층권에 존재하므로 기권에 속한다.
(라) 태양풍은 태양에서 방출된 전자, 양성자 등의 흐름이므로 외권에 속한다.

2 (1) 지권은 구성 성분과 물질의 상태에 따라 지각, 맨틀, 외핵, 내핵으로 구분한다.
(3) 맨틀은 지구 전체 부피의 80 % 이상을 차지하고 있다.
(4) 외핵은 액체 상태, 내핵은 고체 상태이다.

3 (1) 기권은 높이에 따른 기온 분포를 기준으로 대류권(A), 성층권(B), 중간권(C), 열권(D)으로 구분한다.
(2) 열권(D)은 공기가 매우 희박하여 기온의 일교차가 가장 크게 나타난다.

4 (1) 수권은 깊이에 따른 수온 분포를 기준으로 혼합층(㉠), 수온 약층(㉡), 심해층(㉢)으로 구분한다.
(2) 수온 약층(㉡)은 수심이 깊어질수록 수온이 낮아져 밀도가 증가한다. 따라서 연직 운동이 거의 일어나지 않는 안정한 층이다.
(3) 해수에서 가장 많은 부피를 차지하는 층은 심해층(㉢)이다.

5 외권은 지상 1000 km 이상의 영역으로 지구를 둘러싸고 있는 우주 공간에 해당한다. 외권은 지구시스템의 다른 구성 요소에 비해 물질의 이동이 적다.

6 (가) 지진 해일은 주로 해저에서 발생한 지진으로 인해 거대한 해파가 발생하는 현상이다. 따라서 지권과 수권의 상호작용에 해당한다.
(라) 오로라는 외권에서 유입된 태양풍 입자가 극지방 상공의 대기 입자와 충돌하면서 빛을 내는 현상이다. 따라서 외권과 기권의 상호작용에 해당한다.

개념 확인 문제
131쪽

❶ 태양 ❷ 평형 ❸ 태양 ❹ 잠열 ❺ 평형
❻ 지권 ❼ 일정

1 (1) ○ (2) × (3) × **2** (가) ㉡, (나) ㉢, (다) ㉡, (라) ㉠,
(마) ㉠ **3** (1) × (2) × (3) ○ **4** ㄱ, ㄴ **5** (1) ○ (2) ○
(3) ○ (4) × **6** (가) ㉣, (나) ㉢, (다) ㉡, (라) ㉠

1 (2) 지구시스템의 에너지원은 근원 에너지이므로 서로 전환되지 않는다.
(3) 지구 내부 에너지는 원시 지구에서 축적된 열과 방사성 동위원소의 붕괴열로 형성되었다.

2 자연 현상을 일으키는 에너지원이 태양 에너지인 경우에는 기상 현상, 표층 해류 발생 등이 있고, 지구 내부 에너지인 경우에는 맨틀 대류, 화산 활동, 지진 등이 있으며, 조력 에너지인 경우에는 밀물과 썰물이 있다.

3 (1) 물의 순환을 일으키는 주요 에너지원은 태양 에너지이다.
(2) 지구 전체에서 총 증발량과 총 강수량은 같다.

4 ㄷ. 저기압 지역에서 상승 기류가 발달하여 수증기가 응결하면 구름이 만들어진다. 이때 물이 기체에서 액체로 상태가 변하면서 숨은열(잠열)을 방출한다.

5 (4) 탄소는 지구시스템의 각 권역 사이를 순환하며, 지구시스템에서 탄소의 전체량은 일정하게 유지된다.

6 지구시스템에서 탄소는 다양한 형태로 분포하는데, 특히 지권에 석회암 형태로 가장 많이 존재한다. 지권에서는 주로 탄산염 광물(석회암)과 화석 연료, 기권에서는 주로 이산화 탄소와 메테인, 수권에서는 주로 탄산수소 이온과 탄산 이온, 생물권에서는 주로 유기물 형태로 존재한다.

01 ②	**02** ④	**03** ㄴ	**04** ⑤	**05** ①	**06** ①
07 ⑤	**08** ③	**09** ①	**10** ②	**11** ④	**12** ①
13 (가) 태양 에너지, (나) 지구 내부 에너지				**14** ③	**15** ③
16 ㉠ 25, ㉡ 9		**17** (다)	**18** ③	**19** ⑤	
20 해설 참고	**21** 해설 참고	**22** 해설 참고			

01 ② (가) 기권의 성분은 질소와 산소가 90 % 이상을 차지하고 있으므로 (가)는 기권이다. (나) 태양계 행성 중에서 유일하게 지구에만 존재하는 권역은 생물권이다. (다) 지구상에 존재하는 물을 수권이라고 하며, 대부분 해수로 이루어져 있다. 다른 행성이나 위성에 물이 얼음 형태로 존재하기도 하므로 지구에만 수권이 존재하는 것은 아니다.

02 ④ 최초의 생물은 원시 바다에서 탄생하였으므로 지구시스템의 구성 요소 중에서 가장 늦게 형성된 권역은 생물권이다.

(바로알기) ① 지권은 고체와 액체(외핵) 상태로 존재하며, 가장 풍부한 두 원소는 철과 산소이다.
② 기권은 높이에 따른 기온 변화를 기준으로 4개의 층으로 구분된다.
③ 수권은 비열이 큰 물로 이루어져 있어 온도가 쉽게 변하지 않는다.
⑤ 기상 현상은 기권의 최하부층인 대류권에서 일어난다. 외권은 지상 1000 km 이상의 영역으로 기권의 바깥쪽 공간이다.

03 ㄴ. 외권에 분포하는 지구 자기장은 태양풍이 지표로 직접 유입되는 것을 막아 주는 역할을 한다.

(바로알기) ㄱ. 생명체가 호흡할 수 있게 산소를 공급해 주는 권역은 기권이다.
ㄷ. 물질 순환을 통해 지구의 평균 기온을 일정하게 해주는 역할을 하는 권역은 기권과 수권이다.

04   꼼꼼 문제 분석

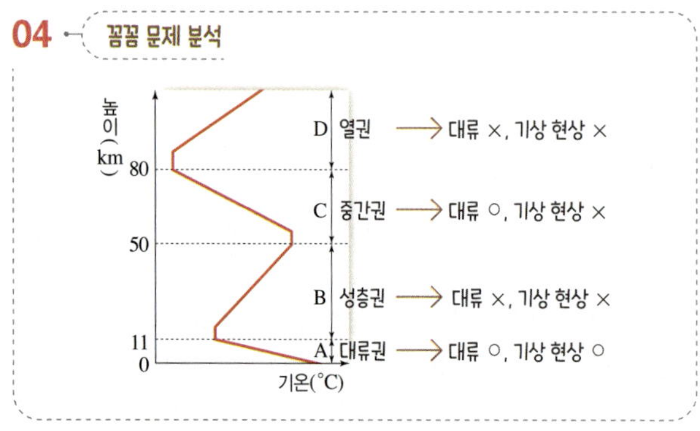

⑤ 공기의 평균 밀도는 지표 부근에서 가장 높고, 높이가 높아질수록 낮아진다.

(바로알기) ① 대류권(A)에서는 높이가 높아질수록 기온이 낮아진다.
② 오존의 평균 농도는 성층권(B)에서 가장 크게 나타난다.
③ 중간권(C)에서는 높이가 높아질수록 기온이 낮아지므로 대류 현상이 활발하지만, 수증기가 거의 없어서 기상 현상은 일어나지 않는다.
④ 열권(D)에서는 공기가 희박하여 낮과 밤의 기온 차가 매우 크다.

05 ㄱ. A는 지각, B는 맨틀이다. 지각(A)과 맨틀(B)의 경계면을 모호면이라고 하는데, 모호면은 해양보다 대륙에서 깊은 곳에 위치한다.

(바로알기) ㄴ. 맨틀(B)은 고체 상태이고, 외핵(C)은 액체 상태이다.
ㄷ. 외핵(C)과 내핵(D)은 구성 성분이 비슷하다. 지구 내부에서 구성 성분이 가장 급격하게 변하는 곳은 맨틀(B)과 외핵(C)의 경계이다.

06   꼼꼼 문제 분석

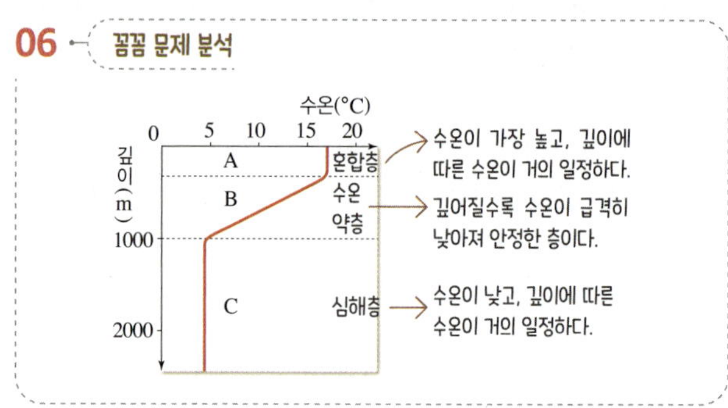

ㄱ. 태양 복사 에너지는 대부분 해수의 표층에 해당하는 혼합층(A)에서 흡수한다.

(바로알기) ㄴ. 해수의 연직 운동은 바람에 의한 혼합이 활발한 혼합층(A)에서 활발하다. 수온 약층(B)에서는 수심이 깊어짐에 따라 수온이 급격하게 낮아지므로 연직 운동이 거의 일어나지 않는다.
ㄷ. 깊이에 따른 밀도 변화는 수온 변화가 크게 나타나는 수온 약층(B)에서 가장 크다.

07 ㄴ. (나)는 수권이다. ㉠은 혼합층으로, 바람이 강할수록 두껍게 발달한다.
ㄷ. (다)는 기권이다. 기권에서 안정한 층은 높이가 높아질수록 기온이 상승하는 성층권(㉡)과 열권이다.

(바로알기) ㄱ. (가)는 지권이다. 지권은 구성 성분과 물질의 상태를 기준으로 지각, 맨틀, 외핵, 내핵으로 구분한다.

08 ③ 기권에 존재하는 오존(㉠)은 태양에서 오는 자외선을 흡수하면서 산소 분자와 산소 원자로 분해된다. 수권에 존재하는 액체 상태의 물(㉡)은 생명체에게 필수적인 물질이다. 외권에 분포하는 지구 자기장(㉢)은 태양풍과 우주선을 막아 주는 역할을 한다.

09 ㄱ. 지구시스템의 권역 사이에 상호작용이 일어날 때 물질과 에너지 이동이 함께 나타난다.

(바로알기) ㄴ. 어느 두 권역 사이에 일어나는 상호작용은 다른 권역에도 영향을 미칠 수 있다. 따라서 기권과 수권의 상호작용은 지권과 생물권의 상호작용에도 영향을 준다.

ㄷ. 최근 인간 활동이 활발해지면서 지구시스템의 상호작용에 미치는 영향이 점점 커지고 있다.

10 ② (가)의 태풍은 기권과 수권의 상호작용으로 발생하고, (나)의 황사는 기권과 지권의 상호작용으로 발생한다. 따라서 (가)와 (나)에서 공통으로 포함된 지구시스템의 구성 요소는 기권이다.

11 ④ 화산 가스 분출은 지권과 기권의 상호작용(A)에 해당한다. 엘니뇨는 무역풍이 약해지면서 동태평양 적도 부근 해역의 수온이 높아지는 현상이므로 기권과 수권의 상호작용(B)에 해당한다. 지진 해일은 해저에서 발생한 지진에 의해 해파가 일어나는 현상이므로 지권과 수권의 상호작용(C)에 해당한다.

12 ㄱ. 지구시스템의 에너지원을 크기 순으로 나열하면 태양 에너지＞지구 내부 에너지＞조력 에너지이다.

ㄷ. 조력 에너지는 태양과 달이 지구에 미치는 인력에 의해 생성된다.

(바로알기) ㄴ. 지구시스템의 에너지원은 상호 전환되지 않으므로 지구 내부 에너지가 조력 에너지로 전환될 수 없다.

ㄹ. 화산 활동이나 지진 등의 지각 변동을 일으키는 주요 에너지원은 지구 내부 에너지이다.

13 (가)는 집중 호우에 의한 산사태이므로 기상 현상에 의한 자연 재해이다. 따라서 에너지원은 태양 에너지이다. (나)는 지각 변동에 해당하는 지진에 의해 발생한 피해이므로 에너지원은 지구 내부 에너지이다.

14 ← 꼼꼼 문제 분석

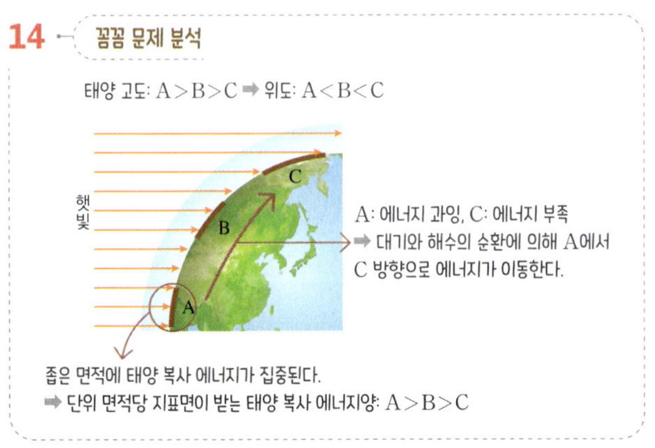

ㄷ. A는 태양 복사 에너지가 입사하는 각도가 큰 저위도 지역이고, C는 태양 복사 에너지가 입사하는 각도가 작은 고위도 지역이다. 대기에 의한 에너지 수송은 저위도 지역인 A에서 고위도 지역인 C로 일어난다.

(바로알기) ㄱ. 태양 복사 에너지가 입사하는 각도는 A＞B＞C이므로 위도는 A＜B＜C이다.

ㄴ. 단위 면적당 입사되는 에너지양은 햇빛이 수직에 가깝게 비출수록 많으므로 A에서 가장 많고 C에서 가장 적다.

15 ③ 물의 순환을 일으키는 주요 에너지원은 태양 에너지이다. 수권의 물이 증발할 때 태양 에너지를 흡수하면 수증기에 숨은열(잠열)로 에너지가 저장되고, 수증기가 응결할 때 숨은열이 방출된다. 물의 순환 과정 중 식물의 증산 작용을 통해 식물이 흡수한 물이 기권으로 이동한다.

16 ← 꼼꼼 문제 분석

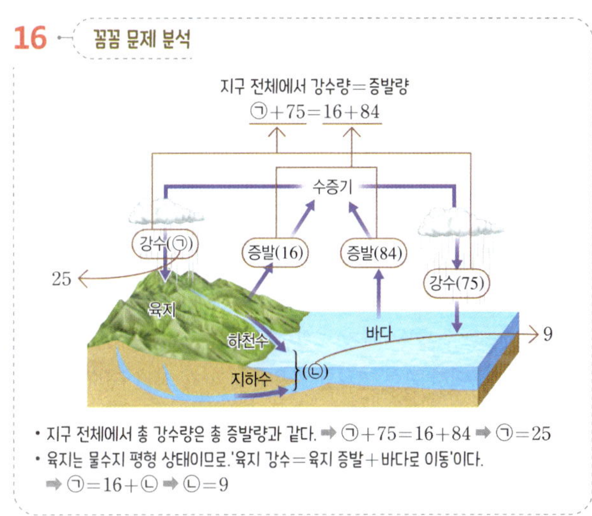

지구 전체에서 증발량과 강수량이 같으므로 ㉠＋75＝16＋84이다. 따라서 ㉠은 25이다. 한편, 육지에 내린 강수량은 다시 증발하거나 하천수와 지하수로 바다로 이동한다. 따라서 ㉠＝16＋㉡이고, ㉠이 25이므로 ㉡은 9이다.

17 (가)의 버섯바위는 사막 지역에서 바람에 의해 모래 알갱이가 이동하면서 바위의 아래쪽을 깎아 만들어진다. (나)의 습곡 산맥은 주로 지각 변동에 의해 지각이 서로 부딪칠 때 만들어진다. (다)의 V자곡은 경사가 비교적 큰 지역에서 물이 흘러갈 때 하천의 하부를 침식시켜 형성된다. 따라서 물의 순환 과정에서 형성된 지형은 (다)이다.

18 ㄱ. A에 존재하는 탄소의 주요 형태는 탄산 이온이다. 따라서 A는 수권이다.

ㄴ. 지구시스템의 각 권역에 존재하는 탄소량은 지권 > 수권 > 생물권 > 기권이다. 따라서 ㉠은 ㉡보다 크다.

(바로알기) ㄷ. 호흡 작용이 일어날 때, 유기물로 존재하는 생물권의 탄소가 이산화 탄소 형태로 기권으로 이동한다. 따라서 호흡은 생물권에서 기권(B)으로 이동하는 예이다.

19 ┌ 꼼꼼 문제 분석 ┐

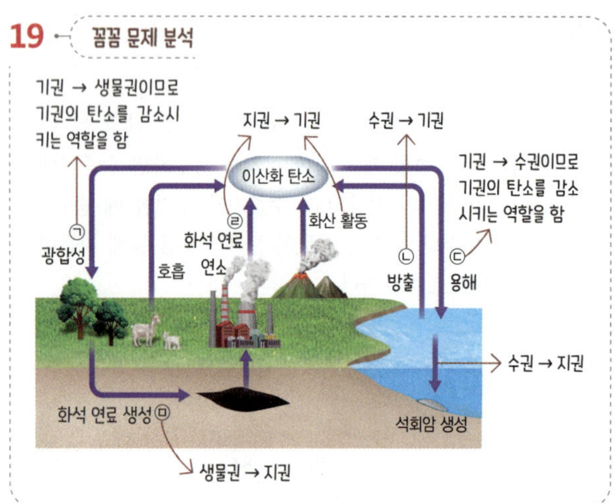

ㄱ. 광합성(㉠)에 의해 기권의 탄소가 생물권으로 이동하고, 용해(㉢) 과정에서 기권의 탄소가 수권으로 이동한다. 따라서 ㉠과 ㉢은 모두 기권의 탄소를 감소시키는 역할을 한다.

ㄴ. 해수의 온도가 높아지면 기체의 용해도가 감소하여 수권에서 기권으로 방출(㉡)되는 과정이 활발해진다.

ㄷ. 현재 지구에서 화석 연료를 사용함에 따라 지권 속 화석 연료의 양이 계속 감소하고 있다. 한편, 일부 지역에서는 화석 연료가 생성(㉣)되기도 하지만 화석 연료가 생성되려면 매우 오랜 시간이 필요하기 때문에 그 양은 극히 적다.

20 (1) 수권의 물은 대부분 해수로 이루어져 있고, 육수(육지의 물)는 빙하, 지하수, 하천과 호수 등으로 이루어져 있다. 따라서 A는 해수, B는 빙하이다.

(2) 액체 상태의 물은 생명체가 살아가기 위해 반드시 필요한 조건이다. 물은 비열이 커서 일정한 온도 유지에 유리하고, 다양한 물질을 용해시켜 생명체에게 필요한 성분을 제공해 줄 수 있다.

(모범 답안) (1) A: 해수, B: 빙하 (2) 지구가 일정한 온도를 유지하는 데 기여한다. 물에는 생명체에게 필수적인 성분들이 녹아 있어 이를 제공해 주는 역할을 한다.

채점 기준	배점
(1), (2)를 모두 옳게 서술한 경우	100 %
(2)만 옳게 서술한 경우	60 %
(1)만 옳게 서술한 경우	40 %

21 황사의 발생(㉠)은 기권과 지권의 상호작용이고, 혼합층 형성(㉡)은 수권과 기권의 상호작용이다. 따라서 A는 기권, B는 지권, C는 수권이며, D는 생물권이다. ㉢은 기권과 생물권의 상호작용에 해당하는 예이다.

(모범 답안) A는 기권, B는 지권, C는 수권, D는 생물권이고, ㉢에 들어갈 적절한 예는 광합성(또는 호흡)이다.

채점 기준	배점
A~D와 ㉢의 예를 모두 옳게 서술한 경우	100 %
A~D만 옳게 서술한 경우	50 %
㉢만 옳게 서술한 경우	50 %

22 ┌ 꼼꼼 문제 분석 ┐

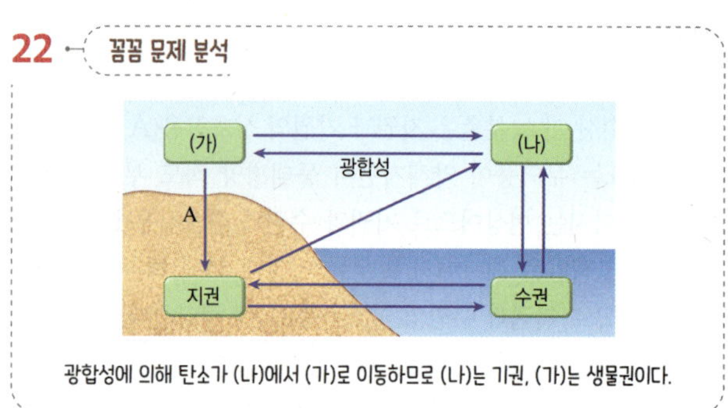

광합성에 의해 탄소가 (나)에서 (가)로 이동하므로 (나)는 기권, (가)는 생물권이다.

(모범 답안) (1) (가) 생물권, (나) 기권 (2) A는 생물권(가)에서 지권으로 탄소가 이동하는 예이므로 화석 연료 생성(또는 석회암 생성)이다.

채점 기준	배점
(1), (2)를 모두 옳게 서술한 경우	100 %
(2)만 옳게 서술한 경우	60 %
(1)만 옳게 서술한 경우	40 %

실력 UP 문제 136쪽~137쪽

01 ④　　02 ①　　03 ①　　04 ⑤　　05 ③　　06 ④
07 ②　　08 ④

01

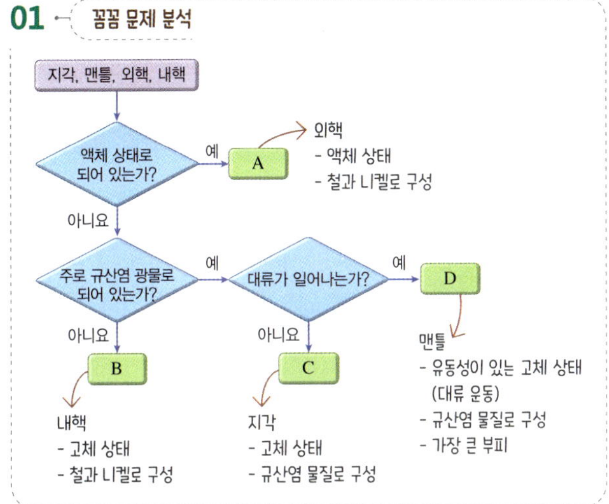

A는 액체 상태인 외핵이고, B는 주로 철로 이루어져 있는 내핵이다. C는 단단한 암석으로 이루어진 지각이고, D는 대류가 일어나는 맨틀이다.

ㄴ. 지권에서 가장 많은 부피를 차지하는 영역은 맨틀(D)이다.

ㄷ. 지구 내부로 갈수록 밀도가 증가하므로 평균 밀도는 내핵(B) > 외핵(A) > 맨틀(D) > 지각(C)이다.

(바로알기) ㄱ. 외핵(A)의 구성 성분은 철과 니켈로, 내핵(B)과 비슷하다.

02

ㄱ. (가)에서 A ~D 중 수증기는 대부분 대류권(A)에 분포한다. 이로 인해 기상 현상도 대류권(A)에서 일어난다.

(바로알기) ㄴ. ㉠은 기권에서 오존이 가장 많이 분포하는 오존층이다. 이 영역에서는 태양의 자외선을 막아 주는 역할을 한다. 태양풍 입자를 차단하는 역할을 하는 것은 외권의 지구 자기장이다.

ㄷ. 기권을 4개의 층상 구조로 구분하는 기준은 높이에 따른 온도 분포이다. (나)의 오존 농도를 기준으로 기권의 층상 구조를 구분할 수 없다.

03

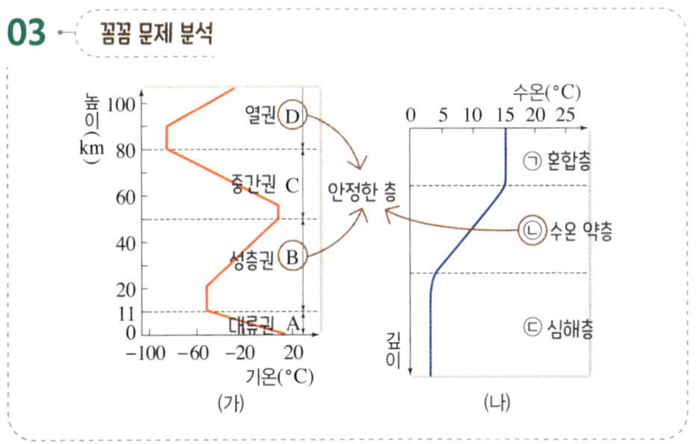

04

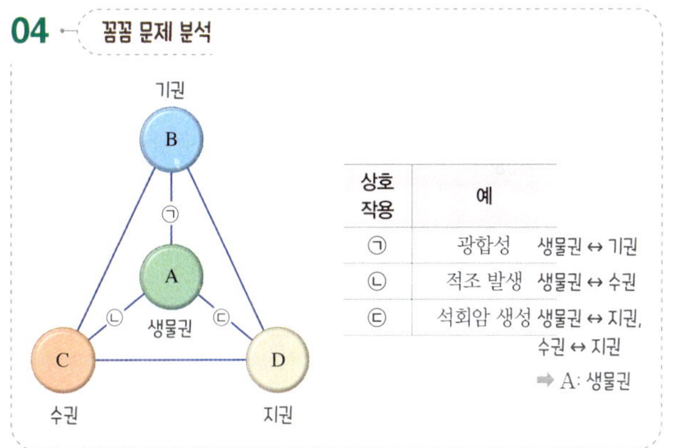

상호 작용	예	
㉠	광합성	생물권 ↔ 기권
㉡	적조 발생	생물권 ↔ 수권
㉢	석회암 생성	생물권 ↔ 지권, 수권 ↔ 지권

➡ A: 생물권

ㄱ. 광합성(㉠)은 생물권과 기권의 상호작용, 적조 발생(㉡)은 수권과 생물권의 상호작용, 석회암 생성(㉢)은 생물권과 지권 또는 수권과 지권의 상호작용이다. 따라서 A는 생물권이다.

ㄷ. A가 생물권이므로 B는 기권, C는 수권, D는 지권이다. 원시 지구에서 원시 지각이 생성된 이후에 원시 바다가 생성되었으므로 C가 D보다 나중에 형성되었다.

(바로알기) ㄴ. B는 기권이며, 기권의 구성 물질은 기체 상태로 존재한다.

---

② 낮과 밤의 온도 차는 열권(D)에서 가장 크게 나타난다.

③ 심해층(㉢)은 태양 복사 에너지가 거의 도달하지 않아 계절이나 깊이에 따른 수온 변화가 거의 없다.

④ 성층권(B)은 높이 올라갈수록 기온이 높아지고, 수온 약층(㉡)은 수심이 깊어질수록 수온이 낮아지므로 두 층 모두 아래쪽의 온도가 낮아 안정한 층이다.

⑤ 혼합층(㉠)은 바람의 세기에 따라 두께가 달라진다. 기권 중 바람이 불며 혼합층과 맞닿아 있는 층은 대류권(A)이다.

(바로알기) ① 중간권(C)에서는 대류가 일어나지만 수증기가 거의 없어 기상 현상이 나타나지 않는다. 기상 현상이 나타나는 층은 대류권(A)이다.

05

(가) U자곡은 빙하가 이동하는 과정에서 침식 작용이 일어나 형성되고, (나) 석회 동굴은 지하수에 의해 석회암이 용해되면서 형성된다.

ㄷ. (가)와 (나)는 각각 빙하와 지하수에 의해 지표 부근의 환경 변화로 형성되므로 지권과 수권의 상호작용에 해당한다.

(바로알기) ㄱ. (가) U자곡을 형성한 빙하는 극지방에서 눈이 쌓여 형성되었으므로 물의 순환과 관계 있다. 따라서 (가)를 형성한 주요 에너지원은 태양 에너지이다.

ㄴ. (나) 석회 동굴은 석회암이 지하수에 용해되면서 형성되므로 지권의 탄소가 수권으로 이동하여 지권의 탄소량은 감소한다.

해양에서의 증발량 − 강수량
320 − 284 = 36

육지에서의 강수량 − 증발량
= 강수 − 60 = 36에서
강수량 = 96

증발한 물의 총량

증발(320)
강수(284)
강수
증발(60)

해양

육지에서 해양으로
이동(A)

지하로의 침투

(단위: × 10^3 km^3/년)

36이므로 육지에서의 강수량 96의 약 38 %이다.

ㄴ. 물의 순환에서 물이 태양 에너지를 흡수하여 증발이 일어나면, 태양 에너지가 수증기의 잠열로 전환된다.

ㄷ. 해양과 육지에서 총 증발량과 총 강수량이 같으므로 해양에서 (증발량 − 강수량) 값은 육지에서 (강수량 − 증발량) 값과 같아야 한다.

바로알기 ㄱ. 육지에서 해양으로 이동하는 물의 양 A는 해양에서 증발량과 강수량의 차이와 같다. 따라서 A는 36이며, 육지 증발량이 60이므로 육지 강수량은 96이다. 따라서 A는 육지 강수량의 약 38 %이다.

07 지구시스템의 에너지원은 태양 에너지, 지구 내부 에너지, 조력 에너지이다.

ㄴ. 화산 활동의 에너지원 A는 지구 내부 에너지이고, 대기 대순환의 에너지원 B는 태양 에너지이며, C는 조력 에너지이다. 에너지원의 크기는 태양 에너지(B) > 지구 내부 에너지(A) > 조력 에너지(C)이다.

바로알기 ㄱ. 지구 내부 에너지(A)는 원시 지구에서 축적된 열과 방사성 동위 원소의 붕괴열로 생성된 에너지원이다.

ㄷ. 지열 발전의 근원 에너지는 지구 내부 에너지(A)이다.

08 석회암 생성은 탄소가 수권에서 지권 또는 생물권에서 지권으로 이동하는 예이고, 호흡은 탄소가 생물권에서 기권으로 이동하는 예이다. 따라서 (가)는 생물권, (나)는 지권, (다)는 기권이다.

ㄴ. 화산 기체 분출은 지권에서 기권으로 탄소가 이동하는 예이다. (나)는 지권, (다)는 기권이므로 화산 기체 분출은 ㉠의 예가 될 수 있다.

ㄷ. 산업 혁명 이후 화석 연료 사용량 증가로 지권(나)에 분포하는 탄소량이 계속 감소하는 추세이다.

바로알기 ㄱ. 호흡을 통해 탄소가 (가)에서 (다)로 이동하므로 (가)는 생물권이다.

02 / 지권의 변화와 영향

개념 확인 문제
140쪽

❶ 변동대 ❷ 판 구조론 ❸ 암석권 ❹ 연약권 ❺ 판
❻ 작 ❼ 경계 ❽ 맨틀 ❾ 지구 내부

1 (1) ○ (2) ○ (3) × (4) × **2** ㉠ 대륙, ㉡ 해양, ㉢ 암석권,
㉣ 연약권 **3** (1) ○ (2) × (3) × (4) ○ **4** (1) 암석권 (2) 경계
(3) 맨틀 대류 **5** ㄱ, ㄴ **6** (1) ○ (2) ×

1 (3) 화산 활동이 일어나면 마그마가 분출하는 과정에서 지반의 진동이 동반되므로 지진이 발생하지만, 지진이 발생하는 곳에서 반드시 화산 활동이 일어나는 것은 아니다. 지진이 활발하더라도 화산 활동이 거의 일어나지 않는 지역이 있다.(예 판의 보존형 경계)

(4) 지구상에서 화산 활동과 지진이 가장 활발한 곳은 태평양 가장자리로, 전 세계 화산 활동의 약 80 %가 발생하고 있어서 불의 고리라고도 한다.

2 ㉠과 ㉡은 지구의 가장 겉부분을 이루는 지각이다. 대륙 지각인 ㉠이 해양 지각인 ㉡보다 평균 두께가 두껍다. ㉢은 지각과 맨틀 최상부로 이루어진 암석권이고, ㉣은 암석권 아래에 존재하는 연약권이다.

3 (2) 모호면은 지각과 맨틀의 경계면이다.

(3) 연약권은 부분 용융되어 있어 유동성이 있으며, 맨틀 대류가 일어나는 것으로 알려져 있다.

4 (1) 판은 암석권의 조각으로, 지구의 겉부분은 10여 개의 주요 판으로 이루어져 있다.

(2) 화산 활동과 지진이 활발한 지역은 판의 경계와 거의 일치한다.

5 ㄴ. 대륙판은 해양판보다 평균 두께가 두껍지만, 평균 밀도는 작다.

ㄷ. 대륙 지각이 해양 지각보다 평균 밀도가 작기 때문에 대륙 지각을 포함하는 대륙판이 해양 지각을 포함하는 해양판보다 평균 밀도가 작다.

6 (2) 판의 이동 속력은 약 1 cm/년 ~ 10 cm/년이다.

❶ 발산형   ❷ 수렴형   ❸ 보존형   ❹ 해령   ❺ 해구
❻ 변환 단층   ❼ 광합성   ❽ 지진

1 (가) ㄷ, (나) ㄱ, (다) ㄴ   **2** (1) ○ (2) × (3) ×   **3** ㉠ 큰,
㉡ 작은, ㉢ 해구, ㉣ 깊어   **4** (가) ㉡, (나) ㉠, (다) ㉢   **5** (1)
○ (2) ×

1 (가)는 두 해양판이 서로 멀어지는 발산형 경계(ㄷ)로 해령이
발달한다.
(나)는 해령과 해령 사이를 수직하게 가로지르는 영역으로 두 판
이 서로 어긋나는 보존형 경계(ㄱ)이다. 변환 단층이 발달한다.
(다)는 해양판과 대륙판이 서로 가까워지는 수렴형 경계(ㄴ)로 해
양판이 대륙판 아래로 섭입하면서 해구가 발달한다.

2 (2) 보존형 경계에서는 천발 지진이 활발하지만, 화산 활동
은 거의 일어나지 않는다.
(3) 발산형 경계에 발달하는 해령과 열곡대에서는 진원의 깊이가
얕은 천발 지진만 일어난다.

3 대륙판과 해양판이 서로 가까워지면 해양판이 밀도가 더 크
므로 해양판이 대륙판 아래로 섭입한다. 이때 해구가 형성되고,
해구에서 대륙 쪽으로 갈수록 진원의 깊이가 점점 깊어진다.

4 (가) 화산 가스가 기권으로 대량 분출되면 기권의 성분 변화
를 일으킬 수 있다. (나) 화산재가 상층 대기로 유입되면 햇빛을
차단시켜 생물권의 광합성을 방해하는 역할을 한다. (다) 용암이
분출되면 굳어져 새로운 지각이 형성된다.

5 (2) 지진의 발생 시점을 정확하게 예측하는 것은 불가능하
다. 따라서 평소에 지진 발생에 따른 피해를 줄이기 위한 노력과
대책이 중요하다.

Q1 ⑤, ⑥. 판이 섭입한다.   **Q2** ⑥

Q1 밀도가 큰 해양판이 섭입하는 섭입형 수렴형 경계에서 심
발 지진이 발생한다. ⑤ 쿠릴 해구는 밀도가 큰 해양판이 상대적
으로 밀도가 작은 해양판 아래로 섭입하는 곳이고, ⑥ 페루-칠
레 해구는 밀도가 큰 해양판이 밀도가 작은 대륙판 아래로 섭입
하는 곳이다.

Q2 두 판의 밀도 차가 가장 큰 곳은 해양판과 대륙판이 만나 밀
도가 큰 해양판이 대륙판 아래로 섭입하는 판의 경계인 ⑥이다.

01 ①   **02** ③   **03** ②   **04** ㄱ   **05** ②   **06** ④
07 ⑤   **08** ④   **09** ⑤   **10** ④   **11** ㄴ
12 ㄱ, ㄴ   **13** ③   **14** ④   **15** ③   **16** ㄴ
17 ㄴ, ㄷ   **18** ④   **19** ①   **20** ③   **21** 해설 참고
22 해설 참고   **23** 해설 참고

01 ㄱ. 변동대는 화산 활동, 지진, 조산 운동 등의 지각 변동이
활발하게 일어나는 지역이다.
(바로알기) ㄴ. 변동대는 대륙의 중앙부보다 대륙의 가장자리에서
잘 발달한다.
ㄷ. 대서양 가장자리는 지각 변동이 거의 일어나지 않기 때문에
변동대에 해당하지 않는다.

02 꼼꼼 문제 분석

ㄱ. 지진대와 화산대는 판의 경계와 거의 일치하기 때문에 좁은
띠 모양으로 분포한다.
ㄷ. 화산 활동은 태평양 가장자리에서 가장 활발하며, 이 지역을
'불의 고리'라고도 한다.
(바로알기) ㄴ. 그림에서 화산 활동이 활발한 곳에서는 지진도 활발
하지만, 지진이 활발한 곳에서 모두 화산 활동이 일어나는 것은 아
니다.

03 ㄴ. 판의 경계에서는 두 판이 서로 멀어지거나 가까워지거나 서로 어긋나면서 지각 변동이 활발하게 일어난다.

(바로알기) ㄱ. 지구의 겉부분을 이루는 암석권은 크고 작은 여러 개의 조각으로 나누어져 있는데, 이러한 암석권의 조각을 판이라고 한다.

ㄷ. 판의 운동이나 맨틀 대류의 에너지원은 지구 내부 에너지이다.

04 ┌ 꼼꼼 문제 분석

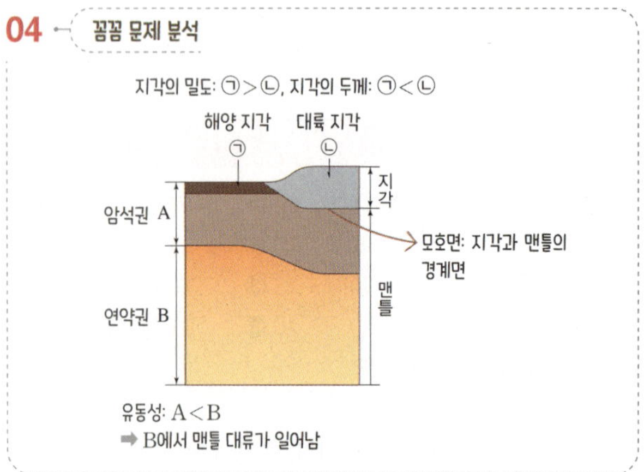

ㄱ. 지각의 밀도는 해양 지각(㉠)이 대륙 지각(㉡)보다 크다.

(바로알기) ㄴ. A는 암석권, B는 연약권이다. 모호면은 지각과 맨틀의 경계면이다.

ㄷ. A는 단단한 강체의 성질을 갖고 있지만, B는 부분 용융되어 있어 유동성이 있다.

05 판을 움직이는 주요 원동력 중 하나는 맨틀 대류이고, 맨틀 대류를 일으키는 근원 에너지는 지구 내부 에너지이다.

06 이 모형실험에서 가장 겉부분에 있는 ㉡ 코코아 가루층은 암석권에 해당하며, 대류가 일어나는 ㉠ 우유층은 연약권에 해당한다. 또한 우유층에서 일어나는 대류에 의해 코코아 가루층이 갈라져 여러 조각으로 이동하는 것은 판의 운동에 해당한다.

07 ㄴ. (나)에서 두 판은 서로 멀어지고 있다. 따라서 판의 경계 하부에서는 맨틀 대류의 상승이 나타난다.

ㄷ. (다)에서는 밀도가 큰 판이 다른 판 아래로 들어가고 있으므로 섭입대가 발달한다.

(바로알기) ㄱ. (가)에서는 두 판이 서로 평행하게 어긋나고 있다. 따라서 두 판의 경계는 보존형 경계에 해당하며 판이 생성되거나 소멸되지 않는다.

08 해령(㉠)은 두 해양판이 서로 멀어지는 발산형 경계에서 발달하고, 열곡대(ㄷ)는 주로 두 대륙판이 서로 멀어지는 발산형 경계에서 발달한다. 한편, 해구(ㄴ)와 습곡 산맥(ㄹ), 호상 열도(ㅂ)

는 두 판이 수렴하는 경계에서 만들어지고, 변환 단층(ㅁ)은 두 판이 서로 어긋나는 보존형 경계에서 만들어진다.

09 ⑤ 발산형 경계의 중심부에는 두 판이 멀어지면서 폭이 좁고 깊은 V자 모양의 계곡이 만들어지는데 이를 열곡이라고 한다. 열곡이 길게 띠 모양으로 이어져 나타나면 열곡대라고 한다.

(바로알기) ① 발산형 경계에서는 새로운 해양 지각이 생성되며, 오래된 해양 지각이 소멸하는 곳은 수렴형 경계이다.

②, ③ 발산형 경계는 맨틀 대류의 상승부에서 형성되며, 두 판이 서로 멀어지는 경계이다.

④ 발산형 경계에서는 천발 지진이 활발하고, 새로운 해양 지각이 만들어지므로 화산 활동도 활발하다.

10 (가)는 대륙판이 갈라지면서 좁고 깊은 협곡이 형성된 동아프리카 열곡대의 모습이고, (나)는 대륙판의 발산이 일어나는 모습을 나타낸 것이다.

④ 열곡대에서는 화산 활동이 활발하며, 천발 지진이 자주 발생한다.

(바로알기) ①, ② 습곡 산맥은 판의 수렴형 경계에서 발달하고, 열곡대는 판의 발산형 경계에서 발달한다.

③, ⑤ 이 지역에서는 대륙판이 서로 멀어지고 있다.

11 ㄴ. 판의 평균 밀도는 섭입하는 판 A가 섭입하지 않는 판 B보다 크다.

(바로알기) ㄱ. ㉠에는 해양판이 섭입하면서 만들어진 해구가 발달한다.

ㄷ. 섭입하지 않는 판 B에서는 판의 경계와 나란하게 부채꼴 모양의 호상 열도가 형성된다.

12 ┌ 꼼꼼 문제 분석

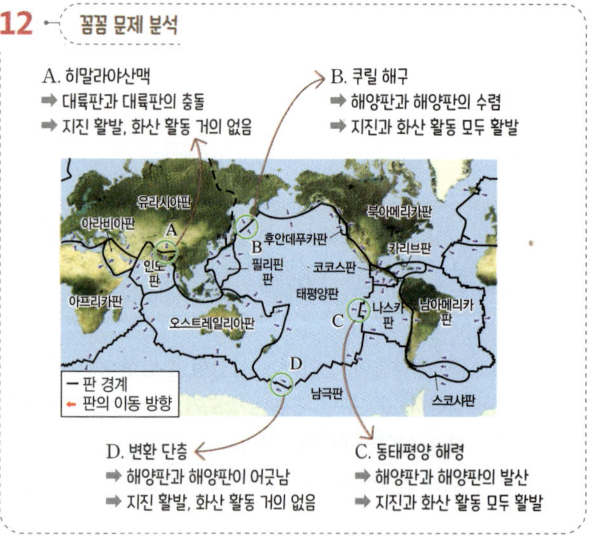

ㄱ. A에서는 두 대륙판이 서로 충돌하면서 습곡 산맥이 형성된다.

ㄴ. 해양 지각의 나이는 오래된 해양 지각이 섭입하는 B가 새로운 해양 지각이 생성되는 C보다 많다.

(바로알기) ㄷ. B와 C에서는 화산 활동이 활발하지만, 보존형 경계인 D에서는 화산 활동이 거의 일어나지 않는다.

13 ㄷ. 이 해역에는 발산형 경계와 보존형 경계가 존재하므로, 발생하는 지진은 모두 천발 지진이다.

(바로알기) ㄱ. 구간 B는 두 판이 서로 어긋나고 있는 판의 보존형 경계에 해당하지만, 구간 A와 C는 판 내부에 존재하는 균열이므로 판의 경계에 해당하지 않는다.

ㄴ. B는 보존형 경계이므로 해양 지각이 생성되거나 소멸하지 않는다.

14 ┌ 꼼꼼 문제 분석

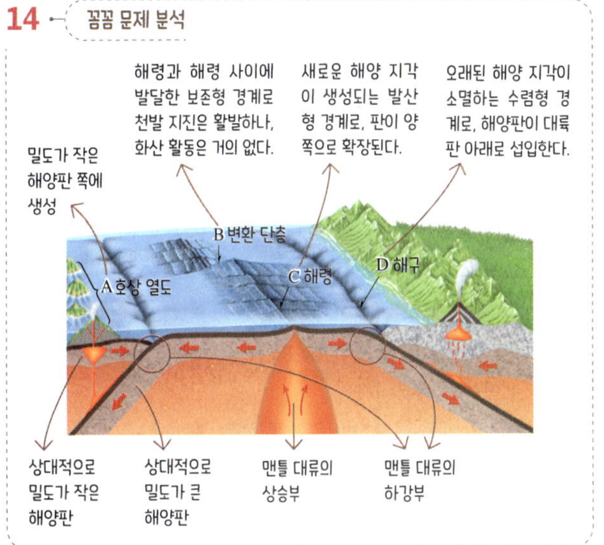

ㄱ. A는 해구와 나란하게 발달해 있는 호상 열도이다. 호상 열도는 섭입하지 않는 해양판에 형성된다.

ㄷ. 해령(C)에서 생성된 해양 지각은 판이 확장됨에 따라 해구(D) 쪽으로 이동한다. 따라서 C에서 D로 갈수록 해양 지각의 나이가 점점 많아진다.

ㄹ. 발산형 경계는 맨틀 대류의 상승부에 위치하므로 A∼D 중 C가 맨틀 대류의 상승부에 위치한다.

(바로알기) ㄴ. B는 해령과 해령 사이에 발달한 보존형 경계이므로 화산 활동이 거의 일어나지 않는다. 화산 활동은 C에서 활발하다.

15 ④ 화산 쇄설물은 입자의 크기에 따라 구분하는데, 입자의 크기는 화산진 < 화산재 < 화산력 < 화산암괴 순이다.

⑤ 다량의 용암이 분출되면 도로를 파괴하거나, 주택 화재 등으로 피해가 발생한다.

(바로알기) ③ 화산 가스에 가장 많이 포함된 기체는 수증기이며, 이산화 탄소는 두 번째로 많은 성분이다.

16 ㄴ. 지진이 자주 발생하는 지역을 지진대라고 하며, 지진대는 판의 경계와 거의 일치한다.

(바로알기) ㄱ, ㄷ. 지진은 암석에 축적된 에너지에 의해 암석이 변형되다가 한계를 넘어서는 순간 파괴되면서 짧은 시간 동안 에너지가 한꺼번에 분출되는 현상이다. 이때 암석에 쌓인 에너지원은 지구 내부 에너지이다. 지진은 아주 짧은 시간에 급격하게 지권의 변화를 일으킬 수 있다.

17 ㄴ. 용암류(나)는 화산 분출이 일어나는 지역 부근에 직접적인 피해를 주므로 우리나라에 피해를 줄 가능성이 작다. 하지만 지진 해일(가)은 매우 먼 거리까지 피해를 줄 수 있으므로 우리나라에 피해를 줄 가능성이 용암류(나)보다 크다.

ㄷ. (가)와 (나)는 모두 생태 환경에 직접적인 피해를 줄 수 있으며, 해당 지역에 경제적 피해뿐만 아니라 기근, 실업, 질병 등의 사회적 피해도 일으킬 수 있다.

(바로알기) ㄱ. 지구의 위도별 에너지 불균형의 원인은 위도에 따른 태양 에너지 차이 때문이다. 지진 해일(가)에 의해 방출되는 에너지는 지구 내부 에너지이며, 이 현상은 위도별 에너지 불균형과는 관련이 없다.

18 ㄱ. 화산 가스에 포함된 이산화 황, 질소 산화물 등은 산성비를 내리게 하는 원인 물질이다.

ㄷ. 많은 양의 용암이 분출되면 새로운 지각이 형성되는 등 지권 변화의 원인이 된다.

ㄹ. 해저 화산 활동을 통해 분출된 물질은 해수에 염류를 제공해 주는 역할을 한다.

(바로알기) ㄴ. 화산재는 햇빛을 차단시키는 역할을 하므로 식물의 광합성을 억제하는 역할을 한다.

19 (가) 탐보라 화산 폭발은 인류 역사상 가장 강력한 화산 폭발로 알려져 있다. 1815년에 일어난 폭발로 많은 양의 화산재가 성층권까지 이동하여 햇빛을 차단시켜 지구 전체의 평균 기온을 하강시켰다.

(나) 하와이에 위치한 킬라우에아 화산은 많은 양의 용암 분출로 유명하다. 방출된 다량의 용암은 산사면을 따라 천천히 이동하면서 주택, 도로, 농경지 등에 큰 피해를 일으켰다.

20 (바로알기) ㄷ. 지진은 화산 활동에 비해 전조 현상이 적기 때문에 지진의 발생을 미리 예측하는 것이 매우 어렵다. 따라서 지진 발생 전에 사람들을 대피시키는 것은 현실적인 방법이 될 수 없다.

21 지구의 겉부분을 이루는 암석권은 여러 조각으로 나누어져 있고 이를 판이라고 한다. 각각의 판은 서로 다른 방향과 속력으로 이동하기 때문에 판의 경계에서 서로 멀어지고, 어긋나고, 가까워지면서 지각 변동이 일어난다.

모범 답안 지각 변동은 대부분 판의 경계에서 일어나므로 화산 활동이나 지진 등이 일어나는 변동대는 판의 경계를 따라 좁은 띠 모양으로 분포한다.

채점 기준	배점
변동대와 판의 경계의 관계를 옳게 서술한 경우	100 %
변동대와 판의 경계와의 관계를 언급하지 않은 경우	0 %

22 판의 경계에서 나타나는 두 판의 상대적 이동 방향을 기준으로 발산형 경계, 수렴형 경계, 보존형 경계로 나눈다. (가)는 수렴형(충돌형) 경계이고, (나)는 발산형 경계이다. (다)는 보존형 경계이다.

모범 답안 (가)에서는 대륙판이 서로 수렴하므로 습곡 산맥이 발달한다. (나)에서는 해양판이 서로 멀어지므로 해령(또는 열곡)이 발달한다. (다)에서는 두 판이 서로 어긋나므로 변환 단층이 발달한다.

채점 기준	배점
(가), (나), (다)를 모두 옳게 서술한 경우	100 %
(가), (나), (다) 중 두 개만 옳게 서술한 경우	60 %
(가), (나), (다) 중 한 개만 옳게 서술한 경우	30 %

23 (1) 우리나라는 편서풍대에 속하여 대기 대순환에 의한 바람이 서쪽에서 동쪽 방향으로 분다. 따라서 백두산 화산 폭발로 분출한 화산재는 주로 동쪽으로 이동하여 쌓인다.
(2) 많은 양의 화산재가 대기 상층으로 분출되면 햇빛을 차단시켜 기온 하강, 광합성 억제 등을 일으킨다.

모범 답안 (1) 화산재
(2) 기권: 많은 양의 화산재가 대기 상공으로 분출하여 지구의 평균 기온을 하강시켰을 것이다. 생물권: 화산재가 지표로 들어오는 햇빛을 감소시켜 식물의 광합성이 어려워졌을 것이다.

채점 기준	배점
(1), (2)를 모두 옳게 서술한 경우	100 %
(2)만 옳게 서술한 경우	60 %
(1)만 옳게 서술한 경우	40 %

01 ④　　**02** ③　　**03** ②　　**04** ①

---

01 A는 두 대륙판이 충돌하면서 형성된 습곡 산맥(히말라야산맥)이고, B는 해양판이 수렴하면서 만들어진 해구이다. C는 해양판이 대륙판 아래로 섭입하는 과정에서 형성된 습곡 산맥(안데스산맥)이다.
세 지역 모두 지각 변동이 활발한 변동대에 해당하며, 판의 경계에 위치한다. 또한 세 지역은 모두 수렴형 경계에 위치하므로 맨틀 대류의 하강이 나타난다.

바로알기 ㄷ. A에서는 화산 활동이 거의 일어나지 않지만, B와 C에서는 화산 활동이 활발하다.

02 ━ 꼼꼼 문제 분석

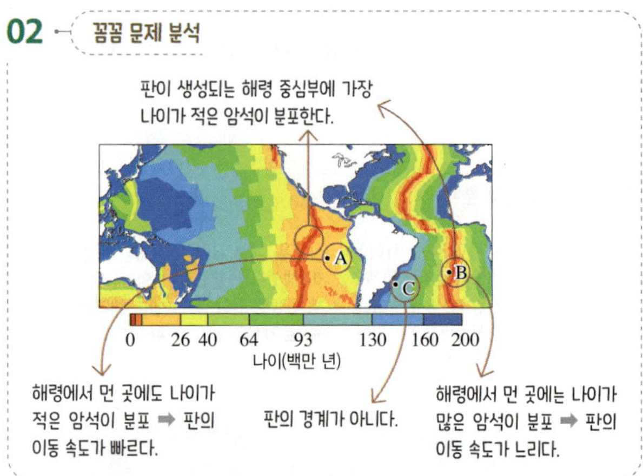

ㄱ. 해양 지각 중 나이가 2억 년 이상인 것은 거의 존재하지 않는다. 그 까닭은 2억 년 이상인 해양 지각은 대부분 해구 아래로 섭입하여 소멸했기 때문이다.

ㄴ. 판의 평균 이동 속도가 빠를수록 해령 중심에서 먼 곳에 나이가 적은 지각이 분포한다. 따라서 A가 속한 판이 B가 속한 판보다 이동 속도가 빠르다.

바로알기 ㄷ. 대서양 가장자리에 위치한 C에는 판의 경계가 존재하지 않으므로 맨틀 대류의 하강이 일어나지 않는다.

03 ━ 꼼꼼 문제 분석

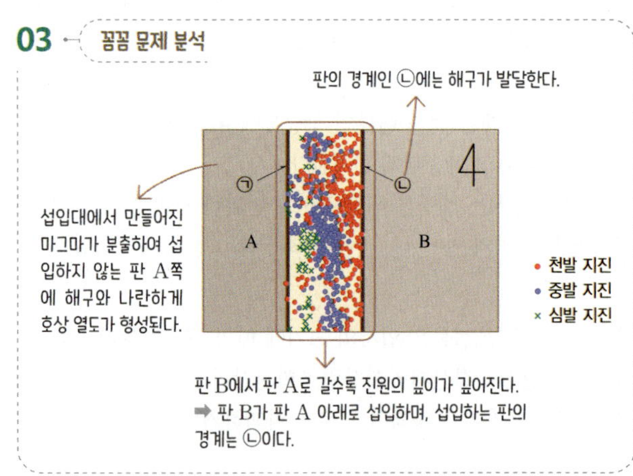

해양판이 다른 판 아래로 섭입하면, 섭입대를 따라 지진이 발생하는 깊이가 점점 깊어지기 때문에 천발 지진 → 중발 지진 → 심발 지진이 발생한다. 자료에서 ㉡에서 ㉠으로 갈수록 진원의 깊이가 대체로 깊어지므로 B가 A 아래로 섭입하고 있다.

ㄴ. 섭입하는 판이 섭입하지 않는 판보다 평균 밀도가 크다. 따라서 판의 평균 밀도는 A보다 B가 크다.

(바로알기) ㄱ. 판의 경계는 천발 지진만 발생하는 ㉡이다.

ㄷ. 화산 활동은 섭입하지 않는 판에서 일어나므로 A에서 활발하다.

04 ── 꼼꼼 문제 분석

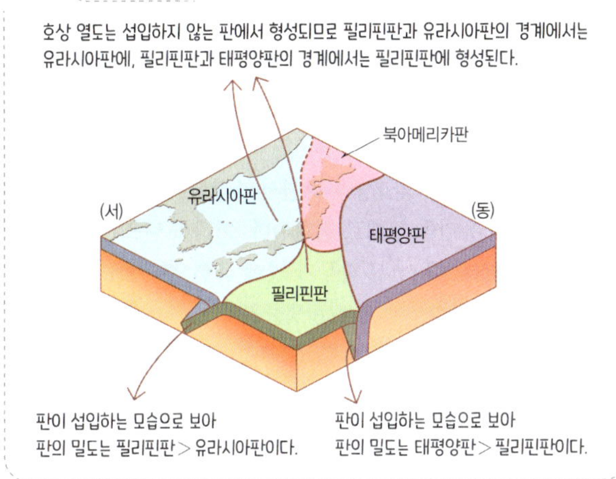

ㄱ. 섭입하는 판이 섭입하지 않는 판보다 평균 밀도가 크므로, 판의 평균 밀도는 태평양판이 필리핀판보다 크고, 필리핀판은 유라시아판보다 크다.

(바로알기) ㄴ. 호상 열도는 섭입하지 않는 판에서 형성되므로 태평양판과 필리핀판의 경계에서는 필리핀판에 호상 열도가 형성된다.

ㄷ. 우리나라는 판의 경계에서 벗어나 있다. 따라서 우리나라는 판의 섭입대 위쪽에 위치하지 않기 때문에 심발 지진이 발생하지 않는다. 우리나라에서 발생하는 지진은 주로 단층에 의한 천발 지진이다.

---

❶ 맨틀   ❷ 기온   ❸ 대류권   ❹ 수권   ❺ 수온 약층
❻ 태양   ❼ 평형   ❽ 이산화 탄소   ❾ 판의 경계   ❿ 판
⓫ 연약권   ⓬ 맨틀   ⓭ 발산형   ⓮ 천발 지진   ⓯ 습곡 산맥   ⓰ 화산재

---

01 ②   **02** ④   **03** ⑤   **04** A: 조력 에너지, B: 지구 내부 에너지, C: 태양 에너지   **05** ①   **06** ⑤
07 ㄱ, ㄴ, ㄷ   **08** ④   **09** ③   **10** ②
11 해설 참고   **12** ④   **13** ③   **14** 해설 참고
15 ⑤   **16** ㉠ 상승, ㉡ 변환 단층, ㉢ 섭입형   **17** ③
18 ④   **19** ②   **20** ①   **21** ㉠ 용암, ㉡ 화산재   **22** ④
23 ㄱ, ㄴ, ㄷ

---

01 ㄴ. B는 생물권으로, 지구시스템의 구성 요소 중 가장 늦게 형성되었다.

ㅁ. E는 외권이다. 태양 복사 에너지는 외권으로부터 지표로 유입되며, 지표 환경에 공급되는 에너지 중 대부분을 차지한다.

(바로알기) ㄱ. A는 지권이다. 지구 내부에는 액체 상태의 외핵도 존재한다.

ㄷ. C는 기권이다. 기권을 구성하는 주요 성분은 질소와 산소이다.

ㄹ. D는 수권이다. 수권은 대부분 해수로 이루어져 있으나, 일부는 고체 상태인 빙하로 존재하기도 한다.

02 ── 꼼꼼 문제 분석

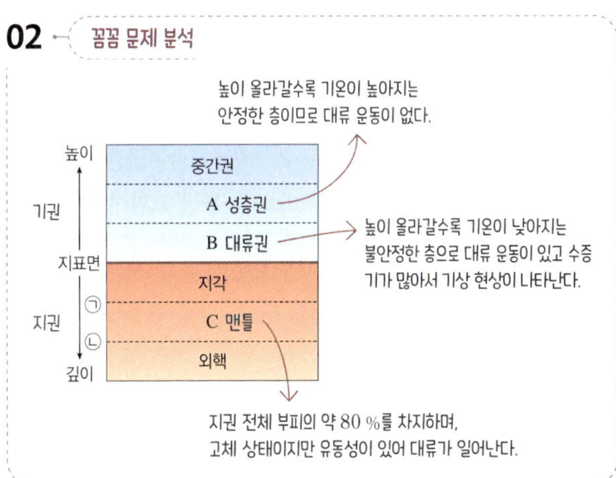

ㄴ. B는 대류권, C는 맨틀이다. B에서는 대류가 활발하고 기상 현상이 나타난다. C는 맨틀 대류가 일어나 판을 이동시키는 역할을 한다.

ㄷ. 지각과 맨틀은 모두 규산염 물질로 이루어져 있고, 외핵과 내핵은 철로 이루어져 있다. 따라서 지각과 맨틀의 경계인 ㉠보다 맨틀과 외핵의 경계인 ㉡에서 구성 물질의 성분 변화가 훨씬 크다.

(바로알기) ㄱ. A는 높이가 높아질수록 기온이 상승하는 성층권이다.

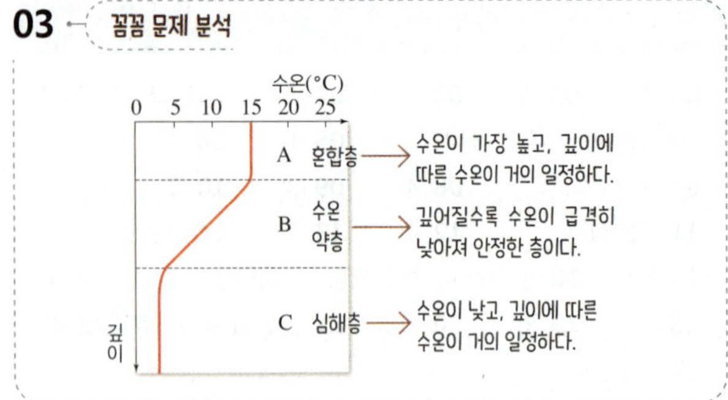

⑤ 수심이 깊어질수록 태양 에너지가 도달하는 양이 적어진다. 심해층(C)은 태양 에너지가 거의 도달하지 못하여 수온이 매우 낮고 거의 일정하다.

바로알기 ① A는 태양 복사 에너지를 흡수하여 수온이 높고, 바람의 혼합 작용으로 깊이에 따른 수온이 거의 일정한 혼합층이다.
② 수온 약층(B)은 수심이 깊어질수록 수온이 급격히 낮아져 안정한 층이다. 바람에 의해 해수의 혼합 작용이 일어나는 층은 혼합층(A)이다.
③ 수온 약층(B)은 수심이 깊어질수록 수온이 낮아지므로 안정하여 해수의 연직 운동이 일어나기 어렵다.
④ 수온 약층(B)은 해수의 연직 운동이 일어나기 어려우므로 혼합층(A)과 심해층(C) 사이에서 물질 교환과 에너지 이동을 차단한다.

04 A는 밀물과 썰물 현상을 일으키는 조력 에너지이다. B는 지각 변동의 근원 에너지인 지구 내부 에너지이고, C는 기상 현상과 대기 및 해수 순환의 주요 에너지원인 태양 에너지이다.

05 ㄱ. 지구시스템은 지권, 기권, 수권, 생물권, 외권으로 이루어져 있으므로, ㉠은 지권이다.
바로알기 ㄴ. 지구시스템의 구성 요소 중 물질 교환이 가장 적은 영역은 외권이다. 따라서 A~D 중 물질 교환이 가장 적게 일어나는 상호작용은 A이다.
ㄷ. 오로라 발생은 외권과 기권의 상호작용에 해당하므로 A이다.

06 ㄱ. 태풍은 열대 해역에서 발생하여 대체로 북쪽으로 이동하여 우리나라에 영향을 미치기도 한다. 따라서 A는 태풍이며, 태풍은 기권과 수권의 상호작용으로 발생한다.
ㄴ, ㄷ. B는 봄철에 특히 많이 발생하는 황사이다. 황사는 건조한 토양에서 발생한 모래 먼지가 서풍 계열의 바람을 타고 동쪽으로 이동하여 우리나라에 영향을 미치는 현상이므로 기권과 지권의 상호작용으로 발생한다.

07 ㄱ. 지구시스템에서 상호작용이 일어날 때, 물질과 에너지의 이동이 함께 나타난다.

ㄴ. 대기와 해양의 순환 과정에서 물의 순환과 에너지 이동이 함께 일어나며, 이 과정에서 저위도의 과잉 에너지를 고위도로 이동시켜 지구의 에너지 평형에 기여한다.
ㄷ. 화산 활동이 일어날 때 다양한 화산 가스, 화산 쇄설물, 용암 등의 화산 분출물이 배출되며, 이 과정에서 지구 내부 에너지도 함께 방출된다.

08 ㄱ. 육지에서 강수량은 96이고, 증발량은 A, 바다로 흘러가는 양은 36이다. 따라서 96＝A＋36이며, A는 60이다.
ㄴ. B는 바다에서 해수가 증발하여 대기로 이동하는 과정이다. 이 과정에서 해수는 태양 에너지를 흡수하여 수증기가 되며, 태양 에너지는 숨은열(잠열)로 저장된다.
바로알기 ㄷ. 바다에서는 물의 유출량과 유입량이 같은 물수지 평형 상태를 유지한다.

09 ③ (가) 나무가 광합성을 하면서 생장할 때, 기권의 이산화 탄소가 나무에 유기물 형태로 전환된다. 따라서 탄소는 기권에서 생물권으로 이동한다. (나) 나무가 땅에 묻힌 후 열과 압력을 받아 화석 연료가 되는 과정에서는 생물권의 유기물이 지권의 화석 연료로 저장된다. (다) 산업 활동에서 화석 연료를 사용하면 기권으로 이산화 탄소를 방출한다.

10 ㄷ. 석회암은 수권에 녹아 있던 탄산 이온이 해저에 침전되어 형성되거나, 석회질 생명체의 껍데기가 해저에 퇴적되어 생성된다. A 과정은 수권에서 지권으로 탄소가 이동하는 예이므로 석회암의 생성은 A에 해당한다.
바로알기 ㄱ, ㄴ. 지구의 탄소는 대부분 지권에 석회암과 화석 연료 형태로 존재한다. 화산 활동은 탄소가 지권에서 기권으로 이동하는 과정이므로 (가)는 지권, (나)는 기권이다. 따라서 지구의 탄소는 대부분 지권(가)에 분포한다.

11 인간 활동에 의한 화석 연료 사용량 증가로 지권, 기권, 수권의 탄소량 변화가 나타나며 이로 인해 지구 환경의 변화가 나타나고 있다. 특히 기권의 탄소량 증가로 인한 지구 온난화 현상, 수권의 탄소량 증가로 인한 해양 산성화 현상은 지구 환경 변화의 대표적인 현상이다.

모범 답안 지권의 탄소가 기권으로 이동하므로 지권의 탄소량은 감소하고 기권의 탄소량은 증가한다. 또한 증가한 기권의 탄소 중 일부가 수권에 녹아들어 수권의 탄소량도 증가한다.

채점 기준	배점
지권, 기권, 수권을 모두 옳게 서술한 경우	100 %
지권, 기권, 수권 중 두 곳만 옳게 서술한 경우	60 %
지권의 탄소량 감소만 옳게 서술한 경우	30 %

12 꼼꼼 문제 분석

환태평양 화산대(지진대): 전 세계 화산의 80 % 이상이 이 지역에 분포하여, 불의 고리라고도 한다.

①, ③ 화산 활동과 지진이 활발한 지역은 대체로 띠 모양으로 분포하는데, 이들 지역은 변동대에 해당한다.
② 화산 활동이 일어나는 지역에서는 지진도 활발하다. 하지만 지진이 활발한 지역에서 모두 화산 활동이 활발한 것은 아니다.
⑤ 화산 활동은 태평양 가장자리(환태평양 화산대·지진대)에서 가장 활발하다.
바로알기 ④ 지진은 대륙의 가장자리에서 많이 발생한다. 이는 대륙의 중앙부에는 판의 경계가 상대적으로 매우 적기 때문이다.

13 ㄷ. D는 연약권이다. 연약권은 부분 용융 상태이므로 맨틀 대류가 일어난다.
바로알기 ㄱ. A는 대륙 지각, B는 해양 지각이다. 지각의 평균 밀도는 해양 지각(B)이 대륙 지각(A)보다 크다
ㄴ. C는 지각과 맨틀 최상부층으로 이루어진 암석권이다.

14 꼼꼼 문제 분석

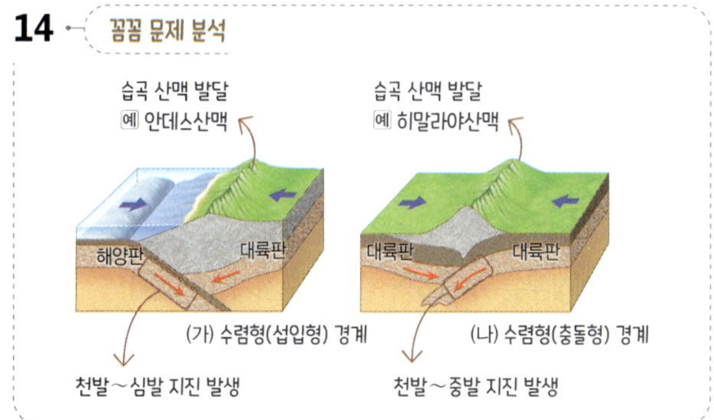

(가)는 해양판이 대륙판 아래로 섭입하는 수렴형 경계이고, (나)는 두 대륙판이 서로 충돌하는 수렴형 경계이다. (나)에서는 판의 섭입이 일어나지 않기 때문에 마그마가 생성되기 어려워 화산 활동이 거의 일어나지 않는다.
모범 답안 공통점: 지진이 활발하다. 차이점: (가)에서는 화산 활동이 활발하지만, (나)에서는 화산 활동이 거의 일어나지 않는다.

채점 기준	배점
공통점과 차이점을 모두 옳게 서술한 경우	100 %
공통점과 차이점 중 한 가지만 옳게 서술한 경우	50 %

15 ㄱ. A는 판의 생성이나 소멸이 없어야 하므로 보존형 경계이다.
ㄴ. 판의 수렴형 경계와 발산형 경계 중 천발 지진과 심발 지진이 모두 발생할 수 있는 곳은 수렴형 경계이다. 따라서 B는 발산형 경계이며, 이곳에서 발달하는 지형은 해령 또는 열곡대이다.
ㄷ. C는 심발 지진이 발생하는 수렴형 경계이므로 화산 활동이 활발하다.

16 발산형 경계에서는 맨틀 대류의 상승(㉠)이 일어나며, 보존형 경계에서 발달하는 대표적인 지형은 변환 단층(㉡)이다. 한편, 판의 섭입(㉢)이 일어나는 경계에서는 해구와 호상 열도가 발달한다.

17 꼼꼼 문제 분석

ㄷ. C에서는 두 대륙판이 충돌하고 있으므로 C의 하부에서는 맨틀 대류의 하강이 나타난다.
바로알기 ㄱ. A는 두 판이 서로 어긋나고 있는 보존형 경계이다. 따라서 이곳에서는 천발 지진이 자주 일어나며, 화산 활동은 거의 없다.
ㄴ. B는 두 대륙판이 멀어지는 발산형 경계(홍해)이다. 호상 열도는 수렴형 경계 부근에서 생성된다.

18 ㄱ. A는 호상 열도이다. A에서는 화산 활동과 함께 지진이 매우 활발하다.
ㄷ. C는 새로운 해양 지각이 생성되는 해령이다. 이곳은 발산형 경계로 맨틀 대류의 상승부이다. D는 오래된 해양 지각이 소멸하는 해구이다. 이곳은 수렴형 경계로 맨틀 대류의 하강부이다.
바로알기 ㄴ. C는 해양 지각이 생성되는 곳이므로 해양 지각의 평균 나이가 가장 적다.

19 꼼꼼 문제 분석

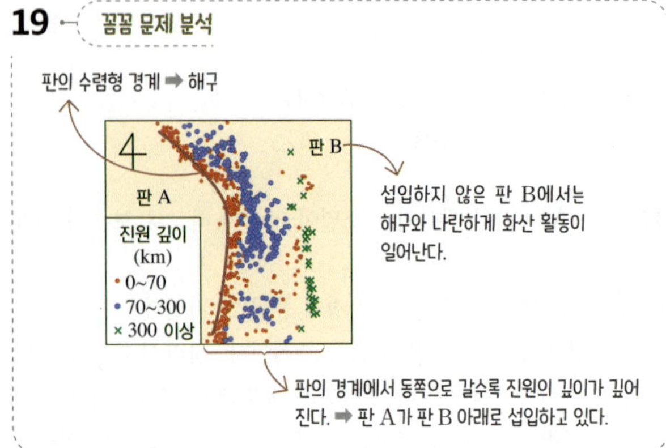

ㄴ. 이 지역에서는 서쪽에서 동쪽으로 갈수록 진원의 깊이가 대체로 깊어진다. 따라서 A가 B 아래로 섭입하고 있다. 화산 활동은 주로 섭입하지 않는 판에서 일어나므로 B에서 일어난다.

바로알기 ㄱ. A는 섭입하는 판이므로 밀도가 더 큰 해양판이다. 대륙판은 상대적으로 밀도가 작아 지구 내부로 섭입할 수 없다.

ㄷ. 이 지역에는 판의 수렴형 경계가 발달한다.

20 ㄱ. A에서는 해양판이 대륙판 아래로 소멸한다.

바로알기 ㄴ. 맨틀 대류의 하강부인 A에서는 수심이 매우 깊은 해저 골짜기인 해구가 발달하고, 맨틀 대류의 상승부인 B에서는 주변보다 수심이 얕은 해저 산맥인 해령이 발달한다. 따라서 수심은 A보다 B에서 얕다.

ㄷ. B(해령)에서 생성된 해양 지각이 이동하다가 A(해구)에서 소멸하므로 B에서 A로 갈수록 해양 지각의 나이는 증가한다.

21 화산 분출물 중 이동 속도가 상대적으로 느리고, 주택 화재 등의 피해를 일으키는 것은 용암(㉠)이다. 화산 분출물 중 햇빛을 차단시켜 지구의 평균 기온을 낮추는 역할을 하는 것은 화산재(㉡)이다.

22 ㄴ. 지진이 일어날 때 에너지는 지진파의 형태로 사방으로 방출된다. 이때 지진파의 에너지원은 지구 내부 에너지이다.

ㄷ. 지진파가 사방으로 퍼져가는 과정에서 지각의 융기 또는 침강, 산사태 등 여러 가지 지권의 변화가 나타날 수 있다.

바로알기 ㄱ. B는 지진이 발생한 진원, A는 진원의 연직 위쪽에 위치한 지표 상의 지점인 진앙이다.

23 ㄱ. 화산재에는 여러 가지 무기물이 포함되어 있어, 화산재가 쌓인 지역에서는 오랜 시간이 지난 후 비옥한 토양이 만들어질 수 있다.

ㄴ. 화산 지대에서는 지하의 열에 의해 가열된 물이 풍부하므로 온천이나 지역 난방 등에 이용할 수 있다.

ㄷ. 지진파가 전파될 때, 지구 내부를 통과해 진행하므로 이를 이용하여 지구 내부의 성층 구조를 알아낼 수 있다.

바로알기 ㄹ. 지진에 의한 에너지는 매우 짧은 시간에 급격한 진동 형태로 방출되기 때문에 이를 전력 생산에 활용하기는 어렵다.

01 ② **02** ③ **03** ② **04** ④

01 꼼꼼 문제 분석

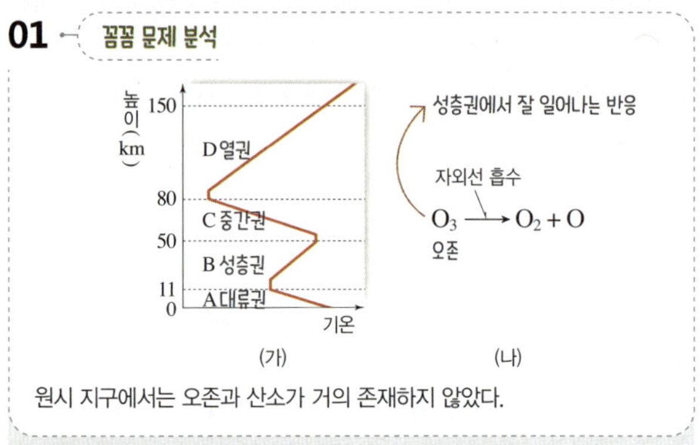

원시 지구에서는 오존과 산소가 거의 존재하지 않았다.

선택지 분석

✗ 태풍의 구름은 B와 C의 경계 부근까지 발달한다. A와 B
◯ (나)의 반응이 가장 활발한 층은 B이다.
✗ (나)의 반응은 현재 지구보다 원시 지구에서 활발하였다.
　　　　　　원시 지구보다 현재 지구에서

전략적 풀이 ❶ 기권의 층상 구조에서 기상 현상이 일어나는 영역을 판단한다.

ㄱ. 기상 현상은 대류권(A)에서 나타난다. 따라서 태풍에서 발달한 구름의 최상부는 A와 B의 경계 부근까지 발달한다.

❷ 기권의 오존층에서 자외선이 흡수된다는 점을 기억한다.

ㄴ. (나)의 반응은 오존이 태양 자외선을 흡수하면서 산소 분자와 산소 원자로 분해되는 반응이다. 이 반응은 성층권(B)에서 가장 활발하다.

❸ 오존층이 존재하려면 대기 중에 산소가 충분히 있어야 한다는 점을 기억한다.

ㄷ. (나)의 반응은 오존이 분해되는 반응이다. 원시 지구에서는 산소와 오존이 거의 존재하지 않았기 때문에 (나)의 반응이 거의 없었다.

 꼼꼼 문제 분석

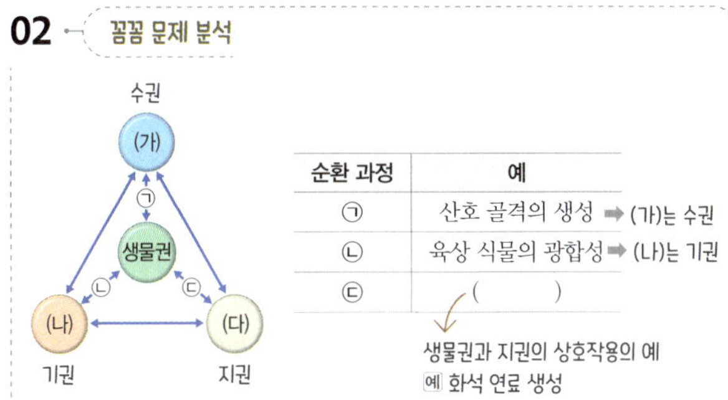

순환 과정	예
㉠	산호 골격의 생성 ➡ (가)는 수권
㉡	육상 식물의 광합성 ➡ (나)는 기권
㉢	( )

생물권과 지권의 상호작용의 예
예 화석 연료 생성

선택지 분석

㉠ (가)는 수권이다.

㉡ (나)에서 탄소는 주로 기체 상태로 존재한다.

㉢ '석회 동굴의 생성'은 ㉢의 예로 적절하다. 적절하지 않다.

전략적 풀이 ❶ 산호 골격의 형성 과정을 파악한다.

ㄱ. 산호 골격은 바다 속에 녹아 있던 탄산 칼슘이 생물체에 흡수되어 생성된다. 따라서 (가)는 수권이다.

❷ 광합성에 의해 물질의 이동이 나타나는 두 권역을 파악한다.

ㄴ. 광합성에 의해 탄소는 기권에서 생물권으로 이동하므로 (나)는 기권이며, (나)에서 탄소는 주로 기체 상태로 존재한다.

❸ 석회 동굴은 지권과 수권의 상호작용으로 생성된다는 점을 기억한다.

ㄷ. 석회암이 지하수에 녹아 석회 동굴이 생성되므로, 탄소는 지권에서 수권으로 이동한다. 따라서 '석회 동굴의 생성'은 ㉢의 예로 적절하지 않다.

03 **꼼꼼 문제 분석**

선택지 분석

(가)는 해양판과 해양판이 수렴할 때 잘 형성된다.
대륙판과 대륙판(또는 대륙판과 해양판)

(나)는 환태평양 지진대에서 잘 발달한다. 동아프리카 열곡대

㉢ (다)에서는 판의 경계를 따라 천발 지진이 발생한다.

전략적 풀이 ❶ 습곡 산맥이 형성될 수 있는 판의 종류를 파악한다.

ㄱ. 습곡 산맥(가)은 해양판과 대륙판이 수렴하거나, 대륙판과 대

륙판이 수렴할 때 잘 만들어진다. 해양판과 해양판이 수렴할 경우에는 해구가 발달하며 습곡 산맥은 형성되지 않는다.

❷ 열곡대가 발달하는 판 경계의 종류를 파악하고, 환태평양 지진대에 주로 발달하는 판 경계의 종류를 기억한다.

ㄴ. 열곡대(나)는 대륙판이 갈라지면서 서로 멀어질 때 형성된다. 환태평양 지진대에서는 주로 해양판이 섭입하는 해구가 잘 나타난다.

❸ 보존형 경계에서 주로 발생하는 지각 변동의 종류를 기억한다.

ㄷ. 변환 단층은 보존형 경계에서 형성되며, 주로 천발 지진이 발생한다.

04 **꼼꼼 문제 분석**

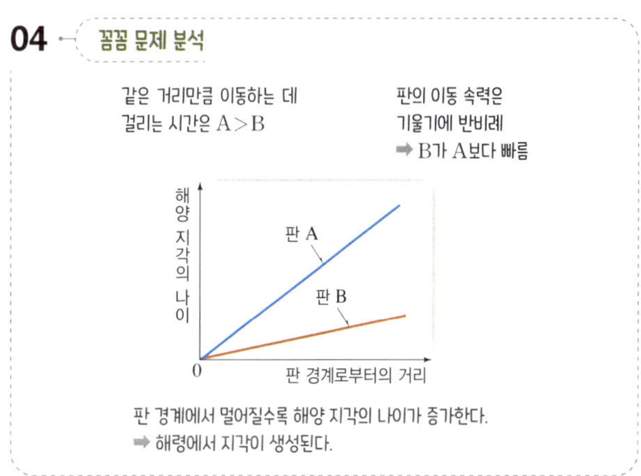

판 경계에서 멀어질수록 해양 지각의 나이가 증가한다.
➡ 해령에서 지각이 생성된다.

선택지 분석

㉠ A와 B는 모두 해양판이다.

판의 이동 속력은 A가 B보다 빠르다. 느리다

㉢ A와 B는 모두 판 경계에서 V자 모양의 계곡이 나타난다.

전략적 풀이 ❶ 판의 경계로부터의 거리와 나이 관계로부터 판의 종류를 파악한다.

ㄱ. 해령에서는 새로운 해양 지각이 생성되고, 기존에 있던 해양 지각은 해령으로부터 멀어진다. 따라서 해양판에서는 해양 지각의 나이가 해령에서 멀어짐에 따라 점점 많아진다. 자료에서 A와 B에서 모두 해양 지각의 나이가 판의 경계에서 멀어질수록 점점 증가하고 있으므로 두 판은 모두 해양판이다.

❷ 그래프의 기울기와 판의 이동 속력과의 관계를 파악한다.

ㄴ. 판의 이동 속력이 빠를수록 해령에서 먼 곳에 연령이 적은 암석이 분포한다. 즉, 판의 이동 속력이 빠를수록 해령으로부터 같은 거리만큼 멀어지는 데 시간이 조금 걸린다. 자료에서 해령에서 같은 거리에 위치한 지각의 나이를 비교하면 A가 B보다 많으므로 판의 이동 속력은 A가 B보다 느리다.

❸ 판 경계의 종류와 주로 발달하는 지형을 기억한다.

ㄷ. A와 B는 모두 판 경계에서 해양 지각의 나이가 0이므로 이곳에 V자 모양의 계곡인 열곡이 나타난다.

01 / 중력을 받는 물체의 운동

완자쌤 비법 특강 162쪽

Q1 이동 거리: 14 m, 변위의 크기: 2 m
Q2 평균 속력: 7 m/s, 평균 속도의 크기: 3 m/s
Q3 20 cm/s^2

Q1 물체가 동쪽으로 8 m를 이동한 후 서쪽으로 6 m를 되돌아왔으므로 물체의 이동 거리는 8 m+6 m=14 m이고, 변위의 크기는 8 m−6 m=2 m이다.

Q2 물체가 동쪽으로 200 m를 이동한 후 서쪽으로 80 m를 되돌아왔으므로 물체의 이동 거리는 200 m+80 m=280 m이고, 변위의 크기는 200 m−80 m=120 m이다. 이때 물체가 이동하는 데 걸린 시간이 40초이므로 평균 속력=$\dfrac{\text{이동 거리}}{\text{걸린 시간}}$=$\dfrac{280 \text{ m}}{40 \text{ s}}$=7 m/s이고, 평균 속도의 크기=$\dfrac{\text{변위의 크기}}{\text{걸린 시간}}$=$\dfrac{120 \text{ m}}{40 \text{ s}}$=3 m/s이다.

Q3 가속도=$\dfrac{\text{속도 변화량}}{\text{걸린 시간}}$=$\dfrac{20 \text{ cm/s}}{1 \text{ s}}$=20 cm/s^{2}이다.

완자쌤 비법 특강 163쪽

Q1 기울기
Q2 ㉠ 증가, ㉡ 기울기
Q3 ㄱ, ㄹ
Q4 ㄴ, ㄷ, ㅁ

Q1 위치−시간 그래프에서 기울기는 $\dfrac{\text{이동 거리}}{\text{걸린 시간}}$이므로 속도를 나타낸다. 수평 방향으로 던진 물체는 수평 방향으로는 물체에 힘이 작용하지 않아 등속 직선 운동을 한다. 즉, 속도가 일정한 운동을 하므로 위치−시간 그래프에서 기울기가 일정하다.

Q2 속도−시간 그래프에서 기울기는 $\dfrac{\text{속도 변화량}}{\text{걸린 시간}}$이므로 가속도를 나타낸다. 수평 방향으로 던진 물체의 연직 방향과 자유 낙하 하는 물체는 중력만을 받아 가속도가 일정한 운동을 한다. 가속도가 일정하면 속도 변화량이 일정하고, 이때 가속도와 물체의 운동 방향이 같으므로 물체는 속도가 일정하게 증가(㉠)하는

운동을 한다. 즉, 속도−시간 그래프에서 기울기(㉡)가 일정하다.

Q3 등속 직선 운동은 속도가 일정한 운동이므로 위치−시간 그래프에서 기울기가 일정하거나 속도−시간 그래프에서 시간축과 나란한 직선 모양 또는 가속도가 0인 그래프이다. 따라서 등속 직선 운동 그래프는 ㄱ, ㄹ이다.

Q4 등가속도 운동은 가속도가 일정한 운동이므로 위치−시간 그래프에서 기울기가 증가하거나 속도−시간 그래프에서 기울기가 일정한 모양 또는 가속도−시간 그래프에서 시간축과 나란한 직선 모양인 그래프이다. 따라서 등가속도 운동 그래프는 ㄴ, ㄷ, ㅁ이다.

개념확인문제 165쪽

❶ 중력 ❷ 클수록 ❸ 자유 낙하 ❹ 증가 ❺ 등속 직선
❻ 등가속도 ❼ 중심

1 ㄱ, ㄷ **2** (1) ○ (2) ○ (3) × **3** ㉠ 중력, ㉡ 일정하게 증가,
㉢ 등속 직선 운동 **4** (1) × (2) ○ (3) ○ **5** C **6** ㄱ, ㄷ

1 ㄱ. 중력은 질량이 클수록, 물체 사이의 거리가 가까울수록 크다. 따라서 물체 사이의 거리가 멀수록 중력의 크기는 작아진다.
ㄴ. 중력은 물체가 멀리 떨어져 있어도 작용한다.
ㄷ. 두 물체 사이에 작용하는 중력은 크기가 같고, 방향이 반대이다. 따라서 사과가 지구를 당기는 힘의 크기는 지구가 사과를 당기는 힘의 크기와 같다.

2 (1) 자유 낙하 운동은 물체가 중력만을 받으며 낙하하는 운동이다.
(2) 지표면 근처에서 자유 낙하 하는 물체의 가속도는 중력 가속도로 일정하다.
(3) 같은 높이에서 동시에 자유 낙하 하는 물체는 질량에 관계없이 가속도가 같으므로 동시에 바닥에 도달한다.

3 ㉠ 자유 낙하 하는 물체와 수평 방향으로 던진 물체에 연직 방향으로 작용하는 힘은 중력이다.
㉡ B에 연직 방향으로 작용하는 힘은 중력이므로 연직 방향의 가속도가 일정하여 속도는 일정하게 증가한다.
㉢ B는 연직 방향으로만 힘을 받고, 수평 방향으로는 힘을 받지 않으므로 수평 방향으로는 등속 직선 운동을 한다.

4 (1) 같은 높이에서 동시에 A는 자유 낙하 운동을 하고, B는 연직 방향으로는 자유 낙하 운동을 하므로 두 물체의 가속도가 같아 바닥에는 A, B가 동시에 도달한다.

(2) A, B의 연직 방향의 속도는 중력만을 받아 일정하게 증가한다. 즉 A, B의 연직 방향의 속도 변화량이 같으므로 같은 높이에서 동시에 운동한 A, B는 바닥에 도달하기 직전 연직 방향의 속력이 같다.

(3) A, B에 작용하는 힘은 중력으로, 방향은 연직 방향으로 같다.

5 수평 방향으로 발사한 속력이 빠를수록 물체는 같은 시간 동안 수평 방향으로 더 멀리 나아가므로 수평 방향으로 발사한 속력이 가장 빠른 물체는 C이다.

6 ㄱ. 달은 지구로부터 지구 중심 방향으로 중력을 받으므로 지구 중심 방향의 가속도 운동을 한다.

ㄴ. 두 물체 사이에 작용하는 중력은 크기가 같고, 방향이 반대이다. 따라서 지구가 달을 당기는 중력의 크기는 달이 지구를 당기는 중력의 크기와 같다.

ㄷ. 달은 지구의 중력에 의해 지구 주위를 공전하는 원운동을 한다.

내신 만점 문제

166쪽~168쪽

01 ①	**02** ②	**03** ⑤	**04** ③	**05** ③	**06** ④
07 ②	**08** ①	**09** ⑤	**10** ⑤	**11** ②	**12** ④
13 ②	**14** ②	**15** ③	**16** 해설 참조	**17** 해설 참조	

01 ㄱ. 두 물체 사이에 작용하는 중력은 크기가 같고, 방향이 반대이다. 즉, F_1은 F_2와 같다.

(바로알기) ㄴ. r가 커지면 물체 사이의 거리가 멀어지므로 두 물체 사이에 작용하는 중력의 크기 F_1은 작아진다.

ㄷ. 중력은 질량이 클수록, 물체 사이의 거리가 가까울수록 크다. 따라서 m_1이 작아지면 F_1이 작아지므로 F_2도 작아진다.

02 ㄴ. B는 중력에 의해 운동 방향으로 가속도 운동을 하므로 낙하하는 동안 속력이 증가한다.

(바로알기) ㄱ. 질량을 가진 모든 물체에는 중력이 작용한다.

ㄷ. 지표면 근처에서 운동하는 B에 작용하는 중력의 크기는 일정하다.

03 ① 비는 중력을 받아 아래로 내린다.

②, ④ 중력은 지구와 물체 사이에 상호작용 하는 힘으로 지구 중심 방향으로 작용한다.

③ 달이나 인공위성은 중력에 의해 지구 주위를 공전한다.

(바로알기) ⑤ 지표면에서 멀리 떨어져 있어도 중력은 작용한다.

04 ①, ②, ⑤ 자유 낙하 하는 물체는 지구에 의한 중력만을 받으며 운동하므로 등가속도 운동을 한다. 즉, 가속도의 방향은 지구 중심 방향이고, 운동 방향은 연직 아래 방향으로 일정하다. 이때 중력의 방향과 운동 방향이 같으므로 속력이 증가한다.

④ 정지한 물체에도 중력은 작용한다.

(바로알기) ③ 자유 낙하 하는 물체의 단위 시간당 속도 변화량은 중력 가속도로 질량과 관계없이 같다.

05 ◦ 꼼꼼 문제 분석

자유 낙하 운동을 하는 물체의 단위 시간당 속도 증가량(속도 변화량)은 일정하다.

시간(s)	속도(m/s)	
0	0	
1	9.8	속도 증가량 9.8 m/s
2	㉠	속도 증가량 9.8 m/s
3	29.4	속도 증가량 9.8 m/s

➡ ㉠=9.8+9.8=19.6

1초에 속도 증가량이 9.8 m/s로 일정하므로 가속도의 크기는 9.8 m/s²이다.
➡ 물체의 속도는 일정하게 증가하므로 가속도가 일정한 등가속도 운동을 한다.

ㄱ, ㄷ. 자유 낙하 하는 물체는 1초에 속도 증가량이 9.8 m/s이므로 ㉠=9.8+9.8=19.6이고, 가속도의 크기는 9.8 m/s²이다.

(바로알기) ㄴ. 물체는 속도가 일정하게 증가하므로 가속도가 일정한 등가속도 운동을 한다.

06 ㄱ. 중력=질량×중력 가속도이므로 A에 작용하는 중력의 크기는 5 kg×9.8 m/s²=49 N이다.

ㄴ. A, B는 자유 낙하 하므로 두 물체의 가속도가 같다. 따라서 같은 높이에서 동시에 운동하는 A, B는 수평면에 동시에 도달한다.

(바로알기) ㄷ. A, B는 같은 높이에서 자유 낙하 운동을 하므로 가속도, 즉 단위 시간당 속도 변화량이 같아 수평면에 도달하는 순간 물체의 속력은 A, B가 같다.

07 ◦ 꼼꼼 문제 분석

• 수평 방향: 힘이 작용하지 않는다. ➡ 등속 직선 운동을 하므로 수평 방향의 속력은 p에서와 q에서가 같다.

• 연직 방향: 지구에 의한 중력이 작용한다. ➡ 속력이 일정하게 증가하는 등가속도 운동을 하므로 연직 방향의 속력은 p에서 q에서보다 작다.

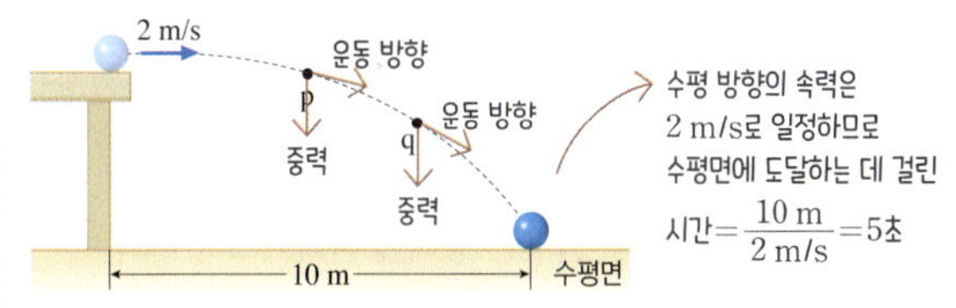

ㄷ. 물체는 수평 방향으로 2 m/s의 속력으로 운동을 하고, 수평 방향으로 이동한 거리는 10 m이므로 물체가 수평 방향으로 던져진 순간부터 수평면에 도달할 때까지 걸린 시간$=\dfrac{10\ \text{m}}{2\ \text{m/s}}=5$초이다.

(바로알기) ㄱ. 물체는 중력에 의해 연직 방향으로 가속도 운동을 하고, 가속도의 방향은 연직 방향의 운동 방향과 같으므로 운동하는 동안 연직 방향의 속력은 증가한다. 따라서 물체의 연직 방향의 속력은 p에서가 q에서보다 작다.

ㄴ. 물체에 작용하는 중력의 방향은 연직 방향이고, 운동 방향은 포물선 경로를 따라 운동하는 방향이므로 물체에 작용하는 중력의 방향과 운동 방향은 같지 않다.

08 꼼꼼 문제 분석

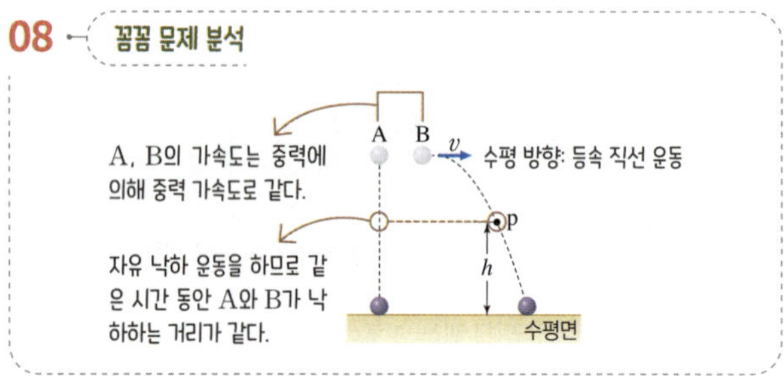

ㄱ. B의 수평 방향으로는 힘이 작용하지 않으므로 등속 직선 운동을 한다. 따라서 p에서 B의 수평 방향의 속력은 v이다.

(바로알기) ㄴ. A, B에 작용하는 힘은 중력이므로 A, B의 가속도는 중력 가속도로 같다.

ㄷ. A와 B는 연직 방향으로 자유 낙하 운동을 하므로 같은 시간 동안 낙하하는 거리가 같다. A, B가 같은 높이에서 출발하였으므로 B가 p를 지나는 순간, A의 높이는 h이다.

[09~10] 꼼꼼 문제 분석

A는 자유 낙하 운동을 하고, B는 연직 방향으로는 자유 낙하 운동을 하므로 같은 높이에서 동시에 운동하는 A, B는 동시에 바닥에 도달한다.

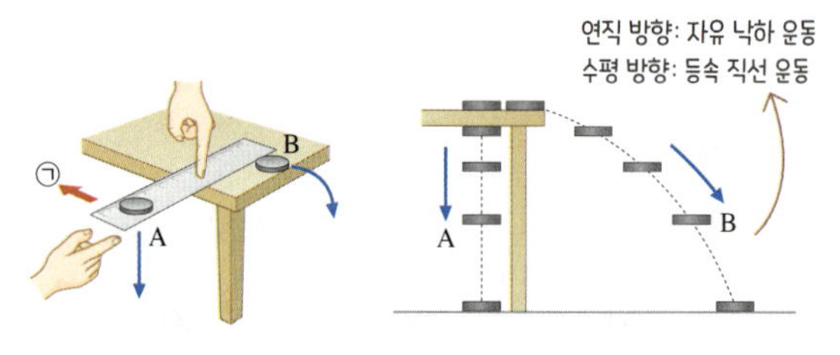

09 ㄱ. A는 자유 낙하 운동을 하므로 낙하하는 동안 등가속도 운동을 하여 속력이 일정하게 증가한다.

ㄴ. A와 B는 연직 방향으로 자유 낙하 운동을 하므로 같은 높이에서 동시에 운동하는 두 물체는 동시에 바닥에 도달한다.

ㄷ. A, B에 작용하는 중력의 방향은 연직 아래 방향으로 같다.

10 ① A는 자유 낙하 하므로 등가속도 운동을 한다.

② B는 수평 방향으로는 등속 직선 운동을 하고, 연직 방향으로는 등가속도 운동을 한다.

③ A, B의 가속도는 중력에 의한 것이므로 방향은 연직 아래 방향으로 같다.

④ 단위 시간당 속도 변화량은 가속도이다. A, B의 가속도가 같으므로 연직 방향의 단위 시간당 속도 변화량은 A, B가 같다.

(바로알기) ⑤ 연직 방향으로는 중력에 의해 자유 낙하 운동을 하므로 수평 방향의 속력과 관계없이 단위 시간당 속도 변화량이 일정하다. 따라서 B의 수평 방향의 속력이 커져도 지면에는 A와 B가 동시에 도달한다.

11 꼼꼼 문제 분석

수평 방향으로 던진 지점의 높이는 A가 B보다 높다. ➡ 수평 방향으로 던진 순간부터 수평면에 도달할 때까지 걸린 시간은 A가 B보다 크다.

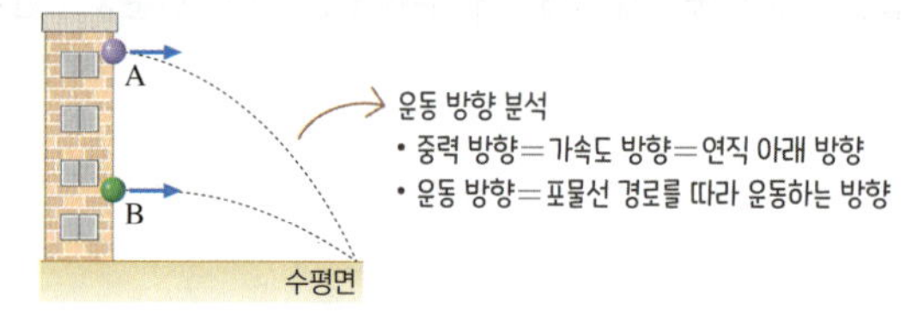

ㄴ. A가 B보다 높은 곳에서 낙하하므로 수평면에 도달할 때까지 걸린 시간은 A가 B보다 크다. 따라서 수평면의 같은 지점에 동시에 떨어지기 위해서는 A를 B보다 먼저 던져야 한다.

(바로알기) ㄱ. 운동하는 동안 A에 작용하는 힘은 중력으로, 가속도의 방향은 연직 아래 방향이고, 운동 방향은 포물선 경로를 따라 운동하는 방향이다. 따라서 운동하는 동안 A의 가속도의 방향과 운동 방향은 같지 않다.

ㄷ. 중력의 크기는 질량에 비례한다. A, B의 질량이 같으므로 물체에 작용하는 중력의 크기는 A, B가 같다.

12 ㄴ. 수평 방향으로 던진 속력이 빠를수록 멀리 나아간다. 따라서 같은 시간 동안 수평 방향으로 이동한 거리는 B가 C보다 작으므로 수평 방향의 속력은 B가 C보다 작다.

ㄷ. 물체에 작용하는 힘은 중력이므로 물체에 작용하는 힘의 방향은 연직 아래 방향으로 A와 C가 같다.

(바로알기) ㄱ. A, B, C의 가속도는 중력 가속도로 같으므로 연직 방향의 가속도의 크기는 A와 B가 같다.

13 ① 물체에 작용하는 힘의 방향과 가속도의 방향이 같으므로 A, B, C의 가속도의 방향은 연직 아래 방향으로 모두 같다.

③ 중력의 크기는 질량이 클수록 크다. 따라서 물체에 작용하는 중력의 크기는 질량이 가장 작은 C가 가장 작다.

④, ⑤ A, B, C 모두 연직 아래 방향으로는 중력에 의한 등가속

도 운동을 하므로 가속도가 모두 같다. 따라서 단위 시간당 속도 변화량은 A, B, C가 같으므로 같은 높이에서 동시에 던져진 A, B, C는 수평면에 도달하기 직전 연직 방향의 속력이 같다.

(바로알기) ② 물체의 운동 방향은 포물선 경로를 따라 운동하는 방향이므로 A와 B가 같지 않다.

14 ㄷ. 물체를 수평 방향으로 발사하면 물체가 수평 방향으로 이동하는 동안 물체는 지구로 떨어진다. 물체를 충분히 빠른 속력으로 던지면 지구는 둥글기 때문에 지구와 물체 사이의 거리가 일정하게 유지되면서 물체는 지구 주위를 공전하게 된다. 달도 이러한 원리로 지구 주위를 공전한다. 즉, C의 운동은 달이 지구 주위를 공전하는 것과 같은 원리로 설명할 수 있다.

(바로알기) ㄱ. 수평 방향으로 발사한 속력이 클수록 바닥에 도달할 때까지 수평 방향으로 진행하는 거리가 커진다. 따라서 수평 방향으로 발사한 속력은 A가 B보다 작다.

ㄴ. 물체에 작용하는 중력의 크기는 질량이 클수록, 물체 사이의 거리가 가까울수록 크다. B, C의 질량이 같으므로 물체에 작용하는 중력의 크기는 B와 C가 같다.

15 꼼꼼 문제 분석

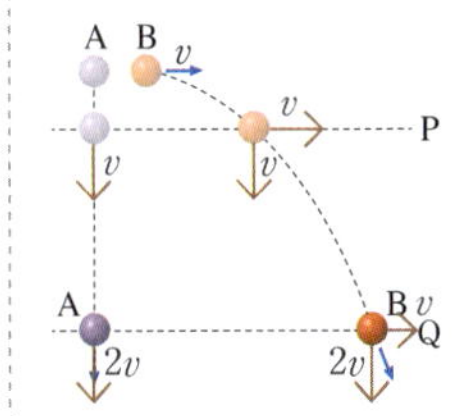

ㄱ. 달과 지구 사이에는 중력이 작용하여 서로 끌어당기는 힘이 작용한다. 이때 중력은 크기가 같고, 방향이 반대이다. 따라서 달과 지구는 서로 같은 크기의 힘으로 당긴다.

ㄴ. 달은 중력에 의해 지구 중심 방향의 가속도 운동을 한다.

(바로알기) ㄷ. 달은 원운동을 하므로 달에 작용하는 중력의 방향은 달의 운동 방향과 수직이다.

16 모범 답안 c. A, B의 가속도가 같으므로 A, B는 같은 시간 동안 낙하하는 거리가 같다. 따라서 A가 p를 지날 때 B의 위치는 b, c, d 중 하나이다. 또 B는 수평 방향으로는 등속 직선 운동을 하므로 수평 방향으로는 1칸씩 이동한다. 즉, B는 던져진 위치로부터 수평 방향으로 3칸 이동하므로 A가 p를 지나는 순간, B의 위치로 가장 적절한 것은 c이다.

채점 기준	배점
B의 위치 c를 쓰고, B의 연직 방향과 수평 방향의 운동을 모두 옳게 서술한 경우	100 %
B의 위치 c를 쓰고, B의 연직 방향의 운동만 서술한 경우	70 %
B의 위치 c를 쓰고, B의 수평 방향의 운동만 서술한 경우	
B의 위치 c만 쓴 경우	30 %

17 모범 답안 지구 주위를 도는 인공위성은 지구 중력에 의해 지구 중심 방향의 가속도 운동을 한다. 즉, 인공위성이 수평 방향으로 이동하는 동안 인공위성은 지구로 떨어진다. 이때 지구는 둥글기 때문에 인공위성과 지구 중심 사이의 거리는 일정하게 유지되어 인공위성은 지구로 떨어지지 않고 지구 주위를 공전할 수 있게 된다.

채점 기준	배점
인공위성은 중력에 의해 지구 중심 방향의 가속도 운동을 하지만 지구가 둥글기 때문에 인공위성과 지구 중심 사이의 거리가 일정하게 유지된다고 옳게 서술한 경우	100 %
인공위성은 중력에 의해 지구 중심 방향의 가속도 운동을 한다고만 서술한 경우	70 %
중력 때문이라고만 서술한 경우	20 %

01 ④   **02** ⑤   **03** ①   **04** ①

01 ㄴ. 물체 사이에 작용하는 중력의 크기는 질량이 클수록, 물체 사이의 거리가 가까울수록 크다. P, Q는 지구 중심으로부터 같은 거리에 있고, 질량은 P가 Q보다 크므로 물체에 작용하는 중력의 크기는 P가 Q보다 크다. 따라서 지구가 물체를 당기는 힘의 크기는 P가 Q보다 크다.

ㄷ. P, Q의 가속도는 중력 가속도로 같다. 따라서 같은 높이에서 떨어뜨리면 단위 시간당 물체의 속도 변화량이 같으므로 지표면에 도달하는 순간, 물체의 속력이 같다.

(바로알기) ㄱ. 물체는 중력에 의해 지구 중심 방향으로 힘을 받으므로 Q는 ㉠ 방향으로 운동한다.

02 꼼꼼 문제 분석

ㄱ. A, B에 작용하는 중력의 방향은 연직 아래 방향으로 같다.

ㄴ. A, B는 같은 높이에서 동시에 운동을 시작하고, A, B의 가속도가 같으므로 같은 높이에서 A, B의 연직 방향의 속력은 같다. P에서 B의 연직 방향의 속력이 v이므로 P에서 A의 속력도 v이다. 이때 A의 속력은 Q에서가 P에서의 2배이므로 Q에서 A의 속력은 $2v$이다.

ㄷ. A, B는 같은 높이에서 동시에 운동하므로 A, B가 Q에 도달하는 데 걸린 시간은 t로 같다. B는 수평 방향으로는 등속 직선 운동을 하므로 B가 Q에 도달하였을 때 출발 지점으로부터 수평 방향으로 이동한 거리는 이동 거리=속력×시간에서 vt이다.

03 · 꼼꼼 문제 분석

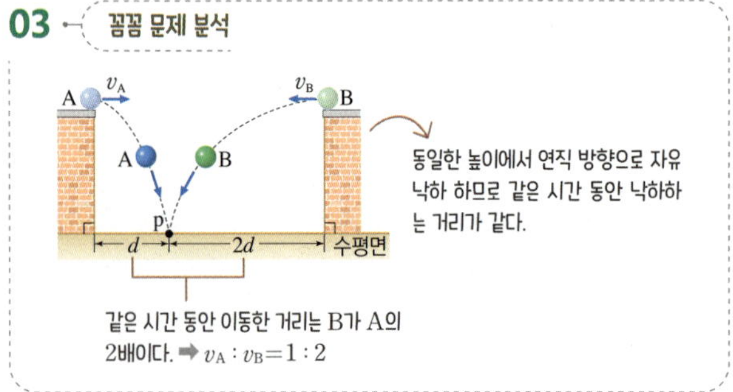

ㄴ. 등속 직선 운동하는 물체의 이동 거리=속력×시간이다. 같은 시간 동안 수평 방향으로 이동한 거리가 B가 A의 2배이므로 수평 방향으로 던져진 물체의 속력은 B가 A의 2배이다. 따라서 $v_A : v_B = 1 : 2$이다.

(바로알기) ㄱ. A, B의 가속도는 중력 가속도로 같다.

ㄷ. 중력=질량×중력 가속도이다. A, B의 가속도의 크기가 같으므로 물체에 작용하는 중력의 크기는 물체의 질량에 비례한다. 따라서 질량은 A가 B보다 크므로 물체에 작용하는 중력의 크기는 A가 B보다 크다.

04 · 꼼꼼 문제 분석

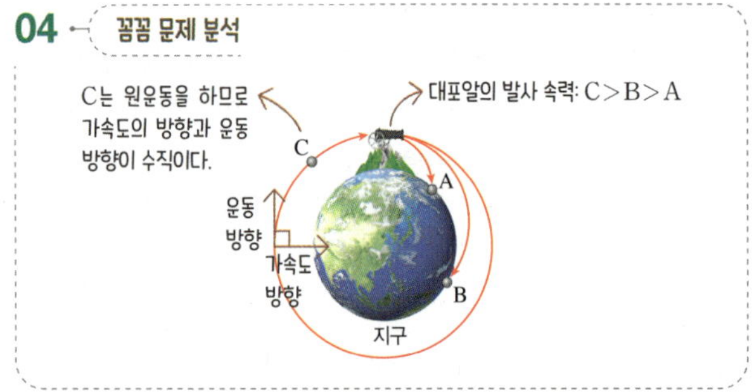

ㄱ. 세 대포알은 중력에 의한 가속도 운동을 하므로 A, B의 가속도의 크기는 같다.

(바로알기) ㄴ. 대포알의 질량은 B와 C가 같으므로 대포알을 발사하는 순간, 대포알에 작용하는 중력의 크기는 B와 C가 같다.

ㄷ. C는 원운동을 하므로 C의 가속도의 방향과 운동 방향은 수직이다.

02 · 운동과 충돌

❶ 관성 ❷ 질량 ❸ 운동량 ❹ 충격량 ❺ 충격량
❻ 운동량 ❼ 반비례 ❽ 길게

1 ㄴ, ㄹ   **2** 4.5 kg·m/s   **3** (1) ○ (2) ○ (3) ○ (4) ×
4 15 kg·m/s   **5** (1) 같다 (2) 같다 (3) 같다 (4) 크다   **6** ㄱ, ㄴ, ㄹ, ㅁ

1 ㄱ, ㄴ. 관성은 운동 상태를 유지하려는 성질이므로 정지한 물체와 운동하는 물체 모두 관성이 있다.

ㄷ. 관성의 크기는 물체의 질량이 클수록 크다.

ㄹ. 물체에 작용하는 알짜힘이 0이면 관성에 의해 정지해 있던 물체는 계속 정지해 있으려고 하고, 운동하던 물체는 계속 등속 직선 운동을 하려고 한다.

2 $108 \ \text{km/h} = \dfrac{108 \ \text{km}}{1 \ \text{h}} = \dfrac{108 \times 10^3 \ \text{m}}{3600 \ \text{s}} = 30 \ \text{m/s}$이고, 운동량=질량×속도이다. 따라서 질량이 150 g이고, 속력이 108 km/h인 야구공의 운동량의 크기는 $0.15 \ \text{kg} \times 30 \ \text{m/s} = 4.5 \ \text{kg·m/s}$이다.

3 (1) 물체가 받은 충격량만큼 물체의 운동량이 변하므로 물체가 받은 충격량은 운동량의 변화량과 같다.

(2) 물체에 작용하는 힘의 크기가 커지면 물체가 받은 충격량이 커지므로 물체의 운동량의 변화량이 커진다. 이때 물체의 질량은 변화가 없으므로 물체의 속도 변화량이 커진다.

(3) 물체에 큰 힘을 오랫동안 작용하면 충격량이 커져 물체의 속도 변화량이 커진다.

(4) 대포의 포신이 길수록 포탄이 힘을 받는 시간이 길어져 포탄이 받는 충격량의 크기가 커진다.

4 나중 운동량의 크기=처음 운동량의 크기+충격량의 크기 $= 2 \ \text{kg} \times 5 \ \text{m/s} + 5 \ \text{kg·m/s} = 15 \ \text{kg·m/s}$이다.

5 (1) 동일한 달걀 A, B를 같은 높이에서 떨어뜨렸으므로 바닥과 방석에 닿기 직전의 속력은 A, B가 같다. 따라서 달걀의 질량과 충돌 직전 속력이 같으므로 시멘트 바닥과 푹신한 방석에 닿기 직전 달걀의 운동량의 크기는 A, B가 같다.

(2), (3) 두 달걀의 충돌 직전 운동량의 크기가 같고, 나중 운동량도 0으로 같으므로 충돌 과정에서 두 달걀의 운동량의 변화량의 크기가 같다. 힘-시간 그래프에서 그래프 아랫부분의 넓이는 충

격량과 같고, 충격량은 운동량의 변화량과 같으므로 $S_A=S_B$이다.
(4) 충돌 과정에서 두 달걀이 받은 충격량의 크기는 같고, 힘을
받은 시간은 A가 B보다 작으므로 달걀이 받는 평균 힘의 크기는

평균 힘의 크기 $=\dfrac{\text{충격량의 크기}}{\text{충돌 시간}}$ 에서 A가 B보다 크다.

6 헬멧, 에어백, 푹신한 매트, 자동차의 범퍼는 모두 충돌 시간
을 길게 하여 평균 힘의 크기를 줄이는 장치이다. 병따개는 지레
의 원리에 따라 작은 힘을 작용하여 큰 힘을 내는 도구이다. 대포
의 긴 포신은 힘이 작용하는 시간을 길게 하여 충격량을 크게 하
므로 운동량이 커진 포탄은 더 멀리 날아간다.

내신 만점 문제

174쪽~176쪽

01 ①	02 ⑤	03 ③	04 ⑤	05 ④	06 ④
07 ②	08 ③	09 ④	10 ⑤	11 ①	12 ①
13 ②	14 해설 참조	15 해설 참조			

01 정지한 버스가 갑자기 앞으로 출발하면 승객은 정지한 상
태를 유지하려는 관성에 의해 뒤로 넘어지려고 한다.
ㄴ. 휴지를 빠르게 잡아당기면 휴지는 정지한 상태를 유지하려는
관성에 의해 풀어지지 않고 중간이 끊어진다.
(바로알기) ㄱ, ㄷ. 관성은 물체가 현재의 운동 상태를 유지하려는
성질이다. 물 로켓이나 수영 선수가 앞으로 나아가는 것은 알짜
힘에 의한 운동 상태의 변화에 의한 현상이다.

02 ⑤ 깔개를 털면 깔개는 움직이는데 먼지는 계속 제자리에
있으려 하는 관성에 의해 깔개에서 분리된다.
(바로알기) ① 물체의 질량이 클수록 관성이 크다.
② 관성은 물체의 운동 상태를 유지하려는 성질이다.
③ 질량이 있는 물체는 운동 상태에 관계없이 관성이 있다.
④ 관성이 큰 물체는 질량이 크므로 물체의 운동 상태를 변화시
키기 어렵다.

03 ㄷ. C는 마찰이 없는 수평면에서 일정한 속력으로 운동하므
로 등속 직선 운동을 한다. 따라서 C에 작용하는 알짜힘은 0이다.
(바로알기) ㄱ. 질량이 있는 물체는 운동 상태에 관계없이 관성이
있다. 즉, 정지해 있는 물체도 관성이 있기 때문에 계속 정지 상
태를 유지한다.
ㄴ. 물체의 질량이 클수록 관성이 크므로 관성은 질량이 가장 큰
C가 가장 크다.

04 운동량＝질량×속도이므로 C의 운동량의 크기는 0.05 kg
×60 m/s＝3 kg·m/s이다. 세 물체 A, B, C의 운동량의 크기
가 모두 같으므로 A의 운동량의 크기는 ㉠ kg×5 m/s＝3 kg·m/s
에서 ㉠＝0.6이고, B의 운동량의 크기는 0.3 kg ×㉡ m/s＝
3 kg·m/s에서 ㉡＝10이다. 따라서 ㉠ : ㉡＝0.6 : 10＝
3 : 50이다.

05 ① 운동량＝질량×속도이므로 질량이 클수록, 속력이 빠
를수록 크다.
② 물체가 힘을 받으면 속도가 변하므로 운동량이 변한다. 이때
물체가 받은 힘으로부터 받은 충격의 정도를 충격량이라고 하고,
충격량의 크기만큼 운동량이 변한다.
③, ⑤ 충격량＝평균 힘×충돌 시간(힘을 받은 시간)이므로 힘
이 클수록, 힘을 받은 시간이 길수록 크다. 이때 물체가 받은 충
격량이 일정하면 평균 힘과 충돌 시간은 반비례하므로 충돌 시간
이 길수록 평균 힘의 크기가 작아진다.
(바로알기) ④ 두 물체의 충돌에서 두 물체가 받은 충격량은 크기
가 같고, 방향이 반대이다.

06 ← 꼼꼼 문제 분석

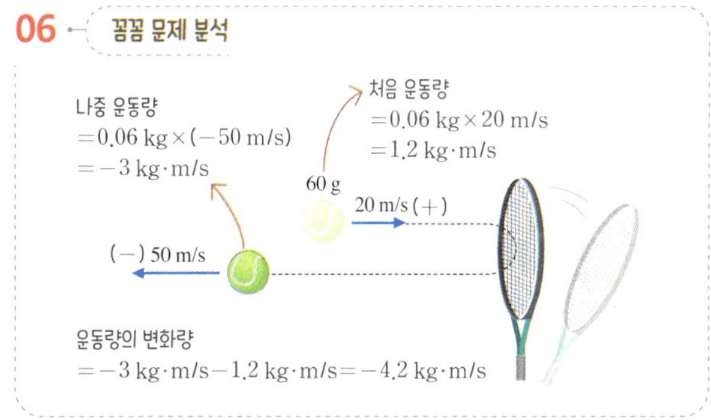

충격량은 운동량의 변화량과 같다. 오른쪽 방향을 (＋)라고 하면
운동량의 변화량＝나중 운동량－처음 운동량＝0.06 kg×
(−50 m/s)−0.06 kg×(20 m/s)＝−4.2 kg·m/s＝
−4.2 N·s이므로 공이 받은 충격량의 크기는 4.2 N·s이다.

07 ← 꼼꼼 문제 분석

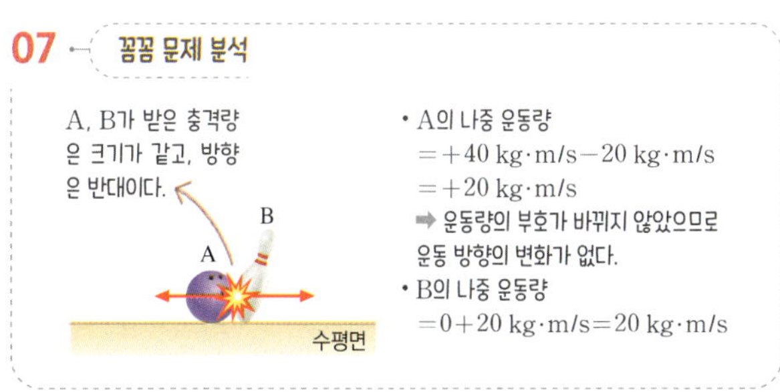

ㄴ. 충돌 전 B는 정지해 있었고, B가 받은 충격량의 크기는 20
N·s이므로 충돌 직후 B의 운동량의 크기는 20 kg·m/s이다.

따라서 충돌 직후 B의 속력$=\dfrac{20\ \text{kg·m/s}}{2\ \text{kg}}=10\ \text{m/s}$이다.

(바로알기) ㄱ. 충돌 전 A의 질량은 4 kg이고, 속력은 10 m/s이므로 운동량의 크기는 $4\ \text{kg}\times10\ \text{m/s}=40\ \text{kg·m/s}$이다.

ㄷ. A가 받은 충격량은 A의 운동 방향과 반대 방향으로 20 N·s이므로 충돌 직후 A의 운동량은 $40\ \text{kg·m/s}-20\ \text{kg·m/s}=20\ \text{kg·m/s}$이다. 즉, 부호의 변화가 없다. 따라서 A의 운동 방향은 변화 없이 오른쪽이다. B는 오른쪽으로 충격량을 받았으므로 충돌 직후 B의 운동 방향은 오른쪽이다. 따라서 충돌 직후 A, B의 운동 방향은 오른쪽으로 같다.

08 ꞏ 꼼꼼 문제 분석

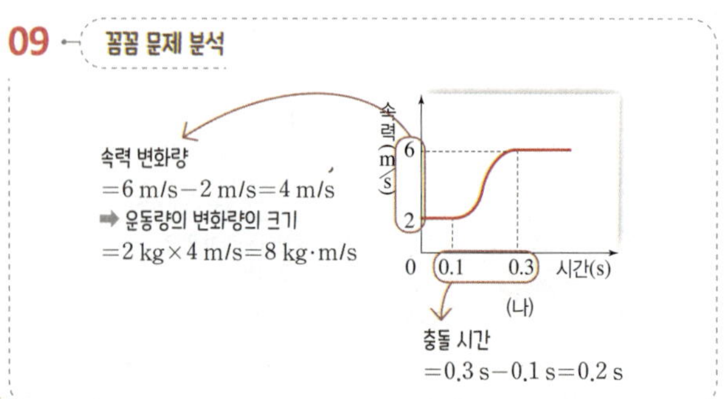

구분	야구공이 받은 충격량의 크기	충돌 시간	
A	S	t	평균 힘의 크기$=\dfrac{S}{t}$
B	$3S$	$2t$	평균 힘의 크기$=\dfrac{3S}{2t}$

ㄱ. 운동량의 변화량은 충격량과 같다. 따라서 충돌하는 동안 운동량의 변화량의 크기는 A는 S, B는 $3S$이므로 A가 B보다 작다.

ㄴ. A, B의 나중 속도가 0이므로 나중 운동량이 0이다. 따라서 처음 운동량의 크기는 A는 S, B는 $3S$이다. A, B의 질량이 같으므로 m이라고 하면 운동량$=$질량$\times$속도에서 충돌 직전 A의 속력은 $\dfrac{S}{m}$이고, B의 속력은 $\dfrac{3S}{m}$이다. 따라서 충돌 직전 야구공의 속력은 B가 A의 3배이다.

(바로알기) ㄷ. 평균 힘$=\dfrac{\text{충격량}}{\text{충돌 시간}}$이므로 충돌하는 동안 A가 받은 평균 힘의 크기는 $\dfrac{S}{t}$이고, B가 받은 평균 힘의 크기는 $\dfrac{3S}{2t}$이다. 따라서 충돌하는 동안 야구공이 받은 평균 힘의 크기는 A가 B보다 작다.

09 ꞏ 꼼꼼 문제 분석

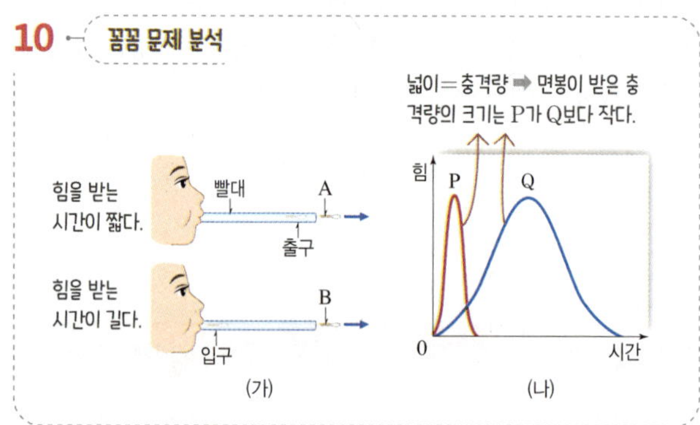

운동량$=$질량$\times$속도이므로 운동량의 변화량의 크기$=$질량$\times$속

력 변화량이다. 0.1초부터 0.3초까지 속력 변화량은 $6\ \text{m/s}-2\ \text{m/s}=4\ \text{m/s}$이므로 운동량의 변화량의 크기는 $2\ \text{kg}\times4\ \text{m/s}=8\ \text{kg·m/s}$이다. 충격량은 운동량의 변화량과 같으므로 충돌 시간 $0.3\ \text{s}-0.1\ \text{s}=0.2\ \text{s}$ 동안 공이 받은 충격량의 크기는 8 N·s이다. 따라서 공이 받은 평균 힘의 크기$=\dfrac{\text{충격량의 크기}}{\text{충돌 시간}}=\dfrac{8\ \text{N·s}}{0.2\ \text{s}}=40\ \text{N}$이다.

10 ꞏ 꼼꼼 문제 분석

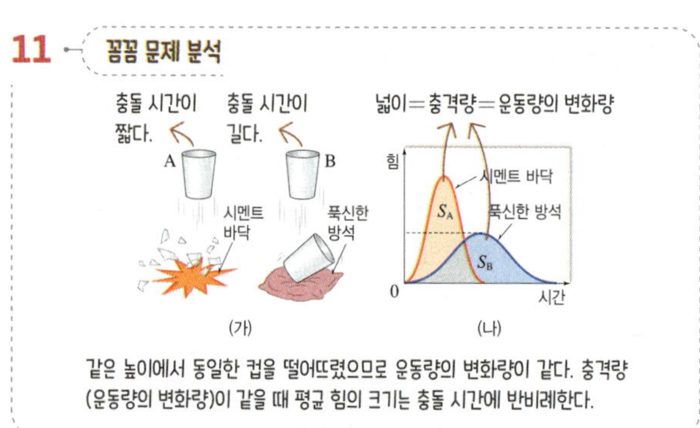

ㄱ. 면봉이 처음 위치에서 빨대를 빠져나가기까지 이동한 거리는 A가 B보다 짧다. 따라서 면봉이 힘을 받은 시간이 짧은 P가 A의 그래프이다.

ㄴ. 힘－시간 그래프에서 그래프 아랫부분의 넓이는 충격량을 나타낸다. 그래프 아랫부분의 넓이는 P가 Q보다 작으므로 빨대 속에서 받은 충격량의 크기는 A가 B보다 작다.

ㄷ. 운동량의 변화량은 충격량과 같다. 면봉이 받은 충격량의 크기는 B가 A보다 크고, 두 면봉의 처음 운동량이 0이므로 빨대를 빠져나오는 순간, 면봉의 운동량의 크기는 A가 B보다 작다. 따라서 빨대를 빠져나오는 순간, 면봉의 속력은 A가 B보다 작다.

11 ꞏ 꼼꼼 문제 분석

ㄱ. 유리컵이 같은 높이에서 떨어졌으므로 시멘트 바닥과 푹신한 방석에 충돌 직전 속도는 같다. 또한 두 유리컵이 충돌 직후 정지하였으므로 충돌 직후 속도도 같아 두 유리컵의 운동량의 변화량이 같다. 힘－시간 그래프에서 그래프 아랫부분의 넓이는 충격량과 같고, 충격량은 운동량의 변화량과 같으므로 S_A와 S_B는 같다.

 ㄴ. A, B는 힘 – 시간 그래프 아랫부분의 넓이가 같으므로 유리컵이 받은 충격량의 크기도 A, B가 같다.

ㄷ. 평균 힘$=\dfrac{\text{충격량}}{\text{충돌 시간}}$이다. A, B가 받은 충격량은 같고, 충돌 시간은 A가 B보다 짧으므로 유리컵이 받은 평균 힘의 크기는 A가 B보다 크다.

12 ㄱ. 자동차의 범퍼는 충돌하는 동안 충돌 시간(충격을 받는 시간)을 길게 하여 자동차가 받는 평균 힘의 크기를 감소시킨다.

 ㄴ. 충돌이 일어날 때 범퍼는 자동차가 충격을 받는 시간을 길게 한다.

ㄷ. 충돌 시 운동량의 변화량은 물체의 질량과 충돌 전후의 속도에 의해 결정되므로 에어백은 탑승자의 운동량의 변화량을 감소시키지 않는다. 이때 탑승자가 받은 충격량은 운동량의 변화량과 같으므로 탑승자가 받는 충격량도 감소시키지 않는다.

13 포수가 야구공을 받을 때 두꺼운 글러브를 착용하는 까닭은 운동량을 가진 물체가 멈추는 데 걸리는 시간을 길게 하여 힘의 크기를 작게 함으로써 충격을 완화시키는 원리를 이용한 것이다.

 ② 자동차를 탈 때 안전띠를 착용하는 것은 충돌할 때 사람이 관성에 의해 튀어 나가는 것을 방지하기 위한 것이다.

14 꼼꼼 문제 분석

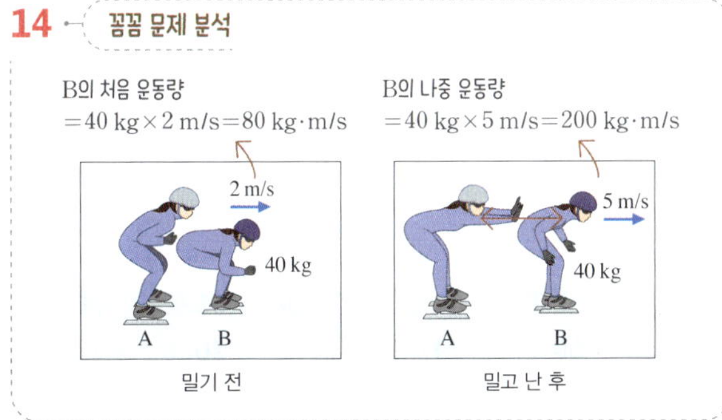

(1) A가 B를 밀기 전 B의 운동량의 크기는 40 kg×2 m/s=80 kg·m/s이고, 밀고 난 후 B의 운동량의 크기는 40 kg×5 m/s=200 kg·m/s이다. 방향이 같으므로 B의 운동량의 변화량의 크기는 200 kg·m/s−80 kg·m/s=120 kg·m/s이다.

 (1) 120 kg·m/s

(2) 운동량의 변화량은 충격량과 같다. B가 받은 충격량의 크기는 120 N·s이므로 B가 받은 평균 힘의 크기$=\dfrac{\text{충격량의 크기}}{\text{충돌 시간}}=\dfrac{120\ \text{N·s}}{2\ \text{s}}=60\ \text{N}$이다.

	채점 기준	배점
(1)	120 kg·m/s라고 옳게 쓴 경우	40 %
(2)	60 N을 계산 과정과 함께 옳게 서술한 경우	60 %
	60 N이라고만 쓴 경우	40 %

15 꼼꼼 문제 분석

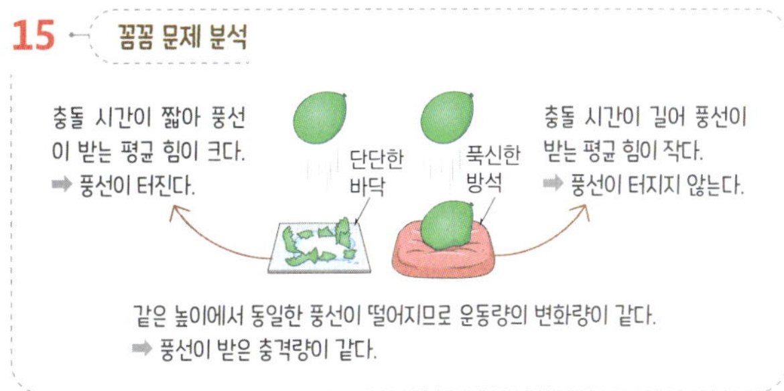

 충격량은 평균 힘과 충돌 시간의 곱이므로 충격량이 같을 때 충돌 시간이 더 짧은 단단한 바닥에 떨어진 풍선이 더 큰 힘을 받기 때문이다.

채점 기준	배점
충격량을 구하는 방법을 언급하고, 충격량이 같을 때 충돌 시간이 짧은 단단한 바닥에서 풍선이 더 큰 힘을 받기 때문이라고 옳게 서술한 경우	100 %
충격량이 같을 때 충돌 시간이 짧은 단단한 바닥에서 풍선이 더 큰 힘을 받기 때문이라고만 서술한 경우	70 %

실력 UP 문제   177쪽

01 ②   **02** ①   **03** ⑤   **04** ③

01 ㄷ. B에서는 물체가 등속 직선 운동을 하므로 B를 지나는 물체에 작용하는 알짜힘은 0이다.

 ㄱ. 마찰이 없는 경사면에서 물체의 크기와 공기 저항을 무시하면 경사면에서 운동하는 물체는 처음 높이까지 올라가므로 기준선 P의 점 O에서 가만히 놓은 물체는 반대쪽 경사면을 따라 처음 높이인 기준선 P의 점 O와 같은 높이까지 올라간다. 즉, A를 지나는 물체는 기준선 P에 도달한다.

ㄴ. B를 지나는 물체에 작용하는 알짜힘이 0이므로 물체는 계속 등속 직선 운동을 한다.

02 꼼꼼 문제 분석

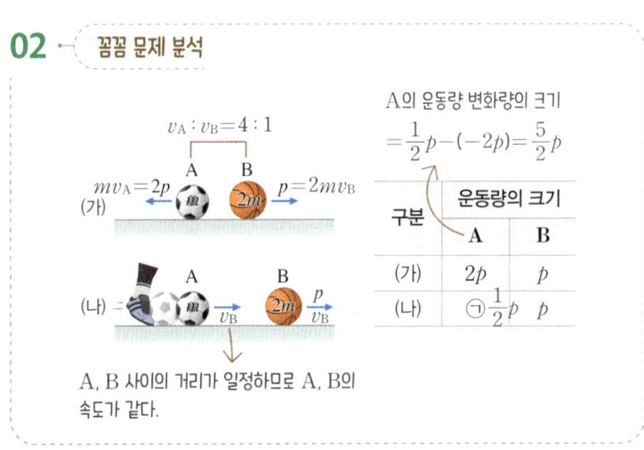

<table>
<tr><td rowspan="2">구분</td><td colspan="2">운동량의 크기</td></tr>
<tr><td>A</td><td>B</td></tr>
<tr><td>(가)</td><td>2p</td><td>p</td></tr>
<tr><td>(나)</td><td>㉠ $\dfrac{1}{2}p$</td><td>p</td></tr>
</table>

ㄱ. (가)에서 A, B의 속력을 각각 v_A, v_B라고 하면 $2p=mv_A$, $p=2mv_B$이다. 이를 정리하면 $v_A=4v_B$이므로 (가)에서 공의 속력은 A가 B의 4배이다.

바로알기 ㄴ. (나)에서 A, B 사이의 거리가 일정하게 유지되며, 운동하고 있으므로 A, B의 속도가 같다. (나)에서 B의 속력이 v_B이므로 A의 속력도 v_B이다. $p=2mv_B$이므로 (나)에서 A의 운동량의 크기는 $mv_B=\dfrac{1}{2}p$이다. 따라서 ㉠은 $\dfrac{1}{2}p$이다.

ㄷ. A의 운동 방향은 (가)에서와 (나)에서가 반대이므로 A가 발로부터 받은 충격량의 크기는 $\dfrac{1}{2}p-(-2p)=\dfrac{5}{2}p$이다.

03 꼼꼼 문제 분석

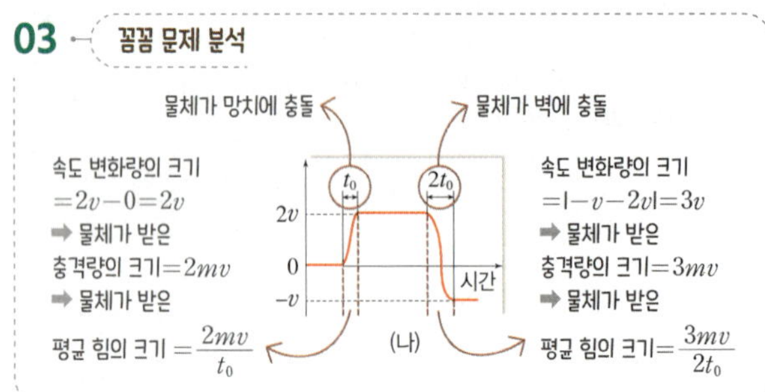

물체의 질량을 m이라고 하면 물체가 망치에 충돌하기 직전 운동량은 0이고, 충돌 후 운동량은 $2mv$이므로 물체의 운동량의 변화량은 $2mv-0=2mv$이다. 이때 충격량은 운동량의 변화량과 같으므로 물체가 망치로부터 받은 충격량의 크기는 $2mv$이다. 따라서 물체가 망치로부터 받은 평균 힘의 크기 $F_1=\dfrac{충격량의 크기}{충돌 시간}$ $=\dfrac{2mv}{t_0}$이다. 또 물체가 벽과 충돌하기 직전 운동량은 $2mv$이고, 충돌 후 운동량은 $-mv$이므로 물체의 운동량의 변화량은 $-mv-2mv=-3mv$이다. 따라서 물체가 벽으로부터 받은 충격량의 크기는 $3mv$이므로 $F_2=\dfrac{3mv}{2t_0}$이다. 즉, $F_1 : F_2$ $=\dfrac{2mv}{t_0} : \dfrac{3mv}{2t_0}=4 : 3$이다.

04 꼼꼼 문제 분석

충돌 시간은 (가)에서가 (나)에서보다 짧으므로 ㉠은 (가), ㉡은 (나)의 측정 결과이다.

과정	수레가 벽과 충돌한 후 정지할 때까지 걸린 시간
(가)	t
(나)	$2t$

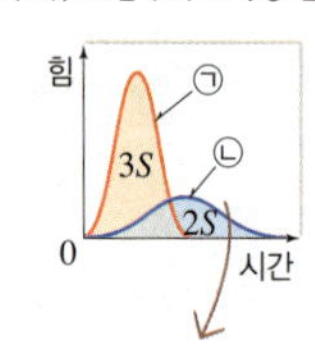

수레가 받은 평균 힘의 크기:
(가)$=\dfrac{3S}{t}$, (나)$=\dfrac{S}{t}$

수레가 받은 충격량의 크기:
㉠$=3S$, ㉡$=2S$

ㄷ. 충돌하는 동안 수레가 받은 충격량과 충돌 시간은 각각 (가)에서는 $3S$, t이고, (나)에서는 $2S$, $2t$이므로 수레가 받은 평균 힘의 크기는 (가)에서는 $\dfrac{3S}{t}$이고, (나)에서는 $\dfrac{2S}{2t}=\dfrac{S}{t}$이다. 따라서 충돌하는 동안 수레가 받은 평균 힘의 크기는 (가)에서가 (나)에서보다 크다.

바로알기 ㄱ. 충돌 시간은 (가)에서가 (나)에서보다 짧으므로 힘 – 시간 그래프에서 시간이 짧은 ㉠은 (가)의 측정 결과이다.

ㄴ. 힘 – 시간 그래프에서 그래프 아랫부분의 넓이는 충격량이고, 충격량은 운동량의 변화량과 같다. 이때 충돌 후 수레의 운동량은 0이므로, 즉 나중 운동량이 0이므로 충돌 직전 수레의 운동량의 크기는 (가)에서는 $3S$, (나)에서는 $2S$이다. 수레의 질량을 m이라고 하면 (가)에서와 (나)에서의 수레의 질량이 같으므로 충돌 직전 수레의 속력은 (가)에서는 $\dfrac{3S}{m}$이고, (나)에서는 $\dfrac{2S}{m}$이다. 따라서 충돌 직전 수레의 속력은 (가)에서가 (나)에서보다 크다.

중단원 핵심 정리 178쪽

❶ 클수록 ❷ 지구 중심 ❸ 증가 ❹ 등가속도 ❺ 일정
❻ 등가속도 운동 ❼ 가속도 ❽ 등속 직선 운동 ❾ 속도
❿ 변화량 ⓫ 충격량 ⓬ 반비례 ⓭ = ⓮ 길게

중단원 마무리 문제 179쪽~182쪽

01 ①	02 ⑤	03 ⑤	04 ③	05 ④	06 ④
07 ②	08 ②	09 해설 참조		10 ①	11 ⑤
12 해설 참조		13 ④	14 ①	15 해설 참조	
16 ②	17 ④	18 해설 참조		19 ③	

01 ㄱ. 두 물체 사이에 작용하는 중력은 크기가 같고, 방향이 반대이다. 따라서 A, B에 작용하는 중력의 크기는 같다.

바로알기 ㄴ. A, B에 작용하는 중력의 방향은 서로 반대이다.

ㄷ. 중력은 질량이 클수록, 물체 사이의 거리가 가까울수록 크다. 따라서 두 행성 사이의 거리가 가까워지면 A, B 사이에 작용하는 중력의 크기는 커진다.

02 ㄱ. 질량이 있는 물체 사이에 작용하며, 지구 중심 방향으로 작용하는 힘은 중력이다.

ㄴ. 중력은 물체를 지구 중심 방향으로 끌어당기는 힘이므로 물체가 지구 중심 방향으로 가속된다.

ㄷ. 중력에 의해 물이 높은 곳에서 낮은 곳, 즉 지면인 지구 중심 방향으로 물이 흐른다.

03 ㄱ. A, B의 가속도는 중력 가속도로 같으므로 단위 시간당 속도 변화량이 같다. 따라서 A, B를 같은 높이에서 동시에 떨어뜨리면 두 물체가 같은 시간 동안 낙하하는 거리가 같으므로 수평면에는 A, B가 동시에 도달한다.

ㄴ. 물체에 작용하는 중력의 크기는 질량이 클수록 크므로 질량이 작은 A가 B보다 작다.

ㄷ. A, B의 속도 변화량이 같으므로 수평면에 도달하기 직전 물체의 속력은 A, B가 같다.

04 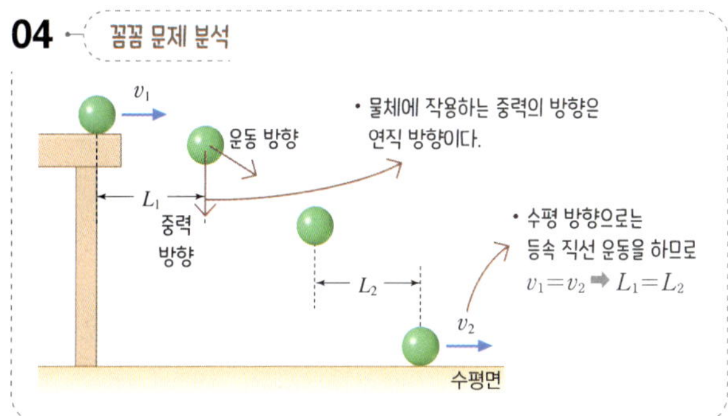

ㄱ, ㄷ. 수평 방향으로 던져진 물체는 수평 방향으로는 등속 직선 운동을 하므로 $v_1=v_2$이다. 이때 물체 사이의 시간 간격이 같으므로 $L_1=L_2$이다.

바로알기 ㄴ. 물체에 작용하는 중력의 방향은 연직 방향이고, 물체의 운동 방향은 포물선 경로를 따라 운동하는 방향이다.

05 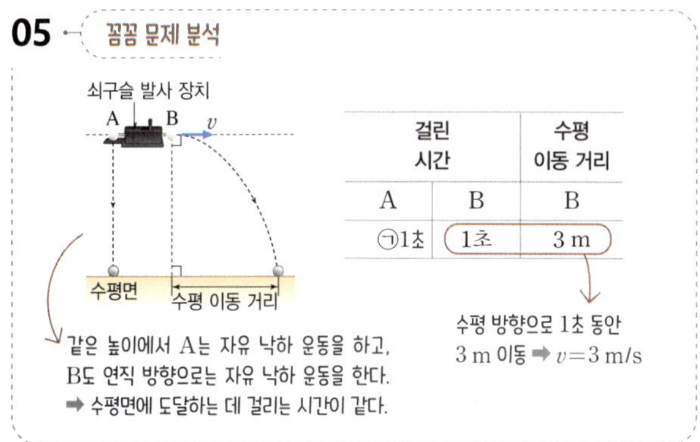

ㄴ. B는 수평 방향으로는 등속 직선 운동을 한다. 1초 동안 수평 방향으로 3 m 이동하였으므로 $v=3$ m/s이다.

ㄷ. A는 등가속도 운동을 하므로 속력이 일정하게 증가한다.

바로알기 ㄱ. A는 자유 낙하 운동을 하고, B는 연직 방향으로는 자유 낙하 운동을 한다. A, B가 같은 높이에서 자유 낙하 하므로 수평면에 도달하는 데 걸리는 시간이 같다. 따라서 ㉠은 1초이다.

06 ㄴ. $L_B>L_A$이므로 같은 시간 동안 물체가 이동한 거리는 B가 A보다 크다. 따라서 $v_B>v_A$이다.

ㄷ. A, B는 수평 방향으로 등속 직선 운동을 한다. A, B가 수평면에 도달하는 데 걸린 시간을 t라고 하면 A는 t초 동안 v_A의 속력으로 L_A만큼, B는 t초 동안 v_B의 속력으로 L_B만큼 이동하므로 $t=\dfrac{L_A}{v_A}=\dfrac{L_B}{v_B}$에서 $\dfrac{v_A}{v_B}=\dfrac{L_A}{L_B}$이다.

바로알기 ㄱ. A, B의 질량이 달라 A, B에 작용하는 중력의 크기는 다르지만 중력 가속도는 같으므로 동일한 높이에서 연직 방향으로 동시에 자유 낙하 하는 A, B는 수평면에 동시에 도달한다.

07 ㄴ. 지표면 근처에 있는 물체는 지구에 의한 중력에 의해 지구 중심 방향의 가속도 운동을 한다.

바로알기 ㄱ. 포탄이 멀리 나아가 지면에 떨어질수록 발사 속도가 빠르므로 포탄을 발사한 속력은 C가 가장 크다.

ㄷ. C는 지표면 근처에서 운동하는 물체이므로 지구에 의한 중력이 작용한다.

08 ㄷ. 원 궤도의 반지름이 r보다 커지면 인공위성과 지구 중심 사이의 거리가 멀어지므로 인공위성에 작용하는 중력의 크기는 작아진다.

바로알기 ㄱ. 인공위성이 원 궤도를 따라 운동하면 지구 중심으로부터 거리가 일정하게 유지되므로 인공위성에 작용하는 중력의 크기는 일정하다.

ㄴ. 인공위성은 지구에 의한 중력에 의해 지구 중심 방향으로 힘을 받는다. 따라서 인공위성에 작용하는 힘의 방향은 계속해서 바뀐다.

09 모범 답안 휴지를 빠르게 잡아당기면 휴지는 정지해 있으려는 관성 때문에 휴지가 풀어지지 않고 끊어진다.

채점 기준	배점
휴지는 정지해 있으려는 관성 때문이라고 옳게 서술한 경우	100 %
관성 때문이라고만 서술한 경우	50 %

10 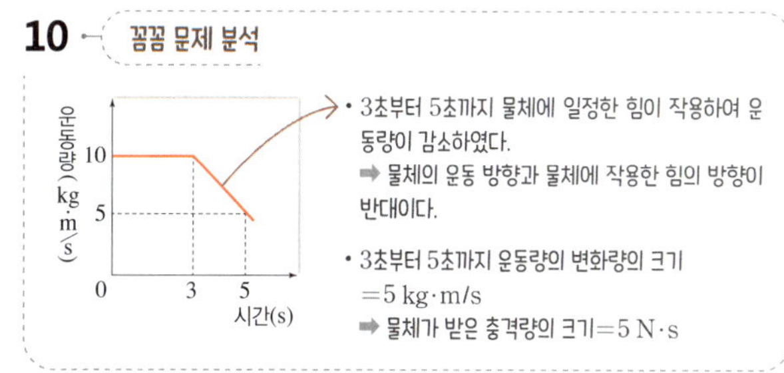

ㄱ. 3초일 때 물체의 운동량의 크기는 10 kg·m/s이므로 이때 물체의 속력은 $\dfrac{10\ \text{kg·m/s}}{2\ \text{kg}}=5$ m/s이다. 5초일 때 물체의 운동량

의 크기는 5 kg·m/s이므로 이때 물체의 속력은 $\frac{5\ \text{kg·m/s}}{2\ \text{kg}}=\frac{5}{2}$ m/s이다. 따라서 물체의 속력은 3초일 때가 5초일 때의 2배이다.

(바로알기) ㄴ. 물체가 받은 충격량은 물체의 운동량의 변화량과 같다. 3초부터 5초까지 물체의 운동량의 변화량의 크기는 10 kg·m/s−5 kg·m/s=5 kg·m/s이므로 물체가 받은 충격량의 크기는 5 N·s이다.

ㄷ. 3초부터 5초까지 운동량의 크기가 감소하므로 물체의 속력이 감소한다. 따라서 4초일 때 물체에 작용하는 힘의 방향은 물체의 운동 방향과 반대이다.

11 ─ 꼼꼼 문제 분석

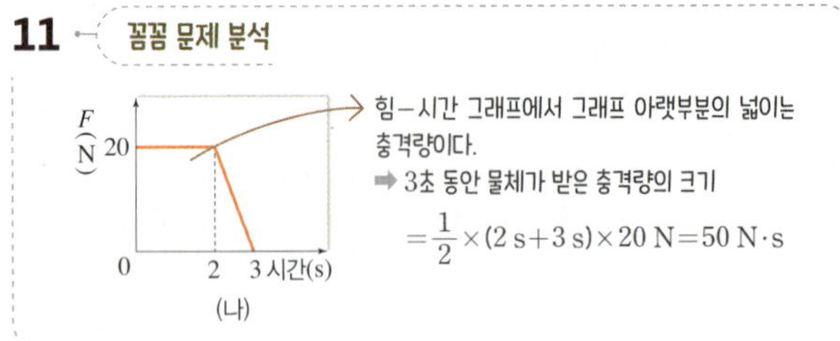

힘−시간 그래프에서 그래프 아랫부분의 넓이는 충격량이므로 3초 동안 물체가 받은 충격량의 크기는 $\frac{1}{2}$ ×(2 s+3 s)×20 N =50 N·s이다. 이때 처음 운동량의 크기는 5 kg×10 m/s =50 kg·m/s이고, 힘은 물체의 운동 방향과 같은 방향으로 작용하므로 3초일 때 물체의 운동량의 크기는 50 kg·m/s+ 50 kg·m/s=100 kg·m/s이다. 따라서 3초일 때 물체의 속력은 $\frac{100\ \text{kg·m/s}}{5\ \text{kg}}=20$ m/s이다.

12 (모범 답안) 대포의 포신이 길면 포탄이 힘을 받는 시간이 길어져 포탄이 받는 충격량이 커지므로 포탄의 운동량의 변화량이 커지기 때문이다.

채점 기준	배점
충격량과 운동량의 관계를 포함하여 옳게 서술한 경우	100 %
힘을 받는 시간과 충격량의 관계를 포함하여 서술한 경우	50 %
포탄이 힘을 받는 시간이 길어지기 때문이라고만 서술한 경우	30 %

13 ㄴ. 충격량은 운동량의 변화량과 같다. 공이 방망이와 충돌하기 직전 방향을 (+)라고 하면 방망이와 충돌 직후 방향은 (−)이므로 공의 운동량의 변화량은 $-2mv-mv=-3mv$이다. 따라서 공이 방망이로부터 받은 충격량의 크기는 $3mv$이다.

ㄷ. 공이 방망이로부터 힘을 받은 시간(충돌 시간)을 T라고 하면 평균 힘의 크기= $\frac{\text{충격량의 크기}}{\text{충돌 시간}}$ 이므로 $\frac{mv}{t}=\frac{3mv}{T}$에서 $T= 3t$이다.

(바로알기) ㄱ. 운동량=질량×속도이다. 공은 방망이와 충돌 직후 속력이 증가하므로 운동량의 크기는 증가한다.

14 ─ 꼼꼼 문제 분석

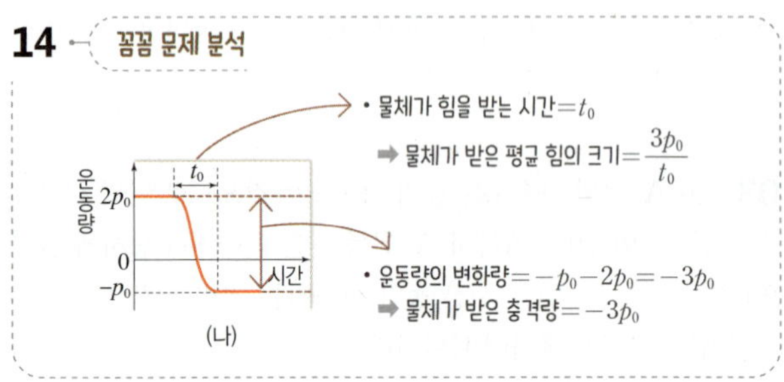

ㄴ. 물체가 벽으로부터 받은 충격량은 물체의 운동량의 변화량과 같으므로 A가 벽으로부터 받은 충격량의 크기는 $|-p_0-2p_0|$ $=3p_0$이다.

(바로알기) ㄱ. 운동량=질량×속도이다. 물체는 벽과 충돌 후 운동량의 크기가 감소하므로 속력이 감소한다. 따라서 물체의 속력은 벽에 충돌하기 전이 충돌한 후보다 크다.

ㄷ. 물체가 벽으로부터 받은 충격량의 크기가 $3p_0$이고, 물체가 벽으로부터 힘을 받은 시간(충돌 시간)이 t_0이므로 A가 벽으로부터 받은 평균 힘의 크기는 $\frac{\text{충격량의 크기}}{\text{충돌 시간}}=\frac{3p_0}{t_0}$이다.

15 (1) 힘−시간 그래프에서 그래프 아랫부분의 넓이는 충격량과 같다. (나)에서 그래프 아랫부분의 넓이는 B가 A보다 크므로 빨대를 통과하는 동안 면봉이 받은 충격량의 크기는 B가 A보다 크다.

(모범 답안) (1) B

(2) B, 힘−시간 그래프에서 그래프 아랫부분의 넓이는 충격량과 같다. 충격량은 운동량의 변화량과 같으므로 B가 A보다 운동량의 변화량의 크기가 크다. 처음 두 면봉은 정지 상태이므로 처음 운동량은 0으로 같다. 따라서 운동량의 변화량의 크기는 나중 운동량의 크기와 같으므로 면봉이 빨대를 빠져나오는 순간, 운동량의 크기는 B가 A보다 크다. 운동량=질량 ×속도이다. 이때 두 면봉의 질량이 같으므로 면봉이 빨대를 빠져나오는 순간, 속력은 B가 A보다 크다.

	채점 기준	배점
(1)	B라고 옳게 쓴 경우	30 %
(2)	B를 쓰고, 충격량과 운동량의 관계를 포함하여 옳게 서술한 경우	70 %
	B를 쓰고, 충격량만 관련지어 서술한 경우	50 %
	B라고만 쓴 경우	30 %

16 ─ 꼼꼼 문제 분석

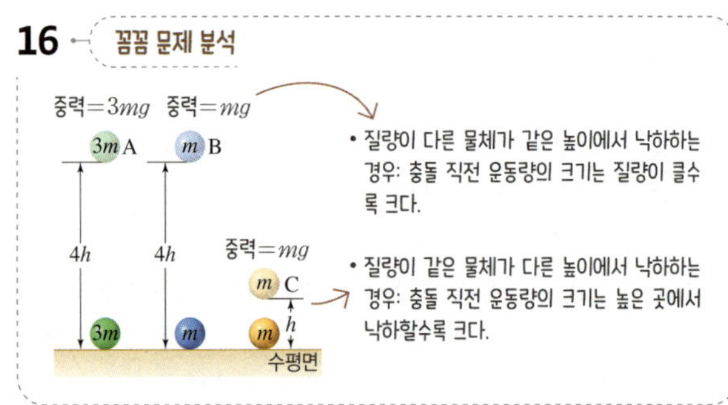

ㄷ. 수평면에 도달하기 직전 속력은 더 높은 곳에서 낙하하는 물체가 더 크므로 수평면에 도달하기 직전 속력은 B가 C보다 크다. 질량은 B, C가 같으므로 운동량＝질량×속도에서 수평면에 도달하기 직전 운동량의 크기는 B가 C보다 크다. 이때 B, C의 나중 운동량은 0으로 같고, 충격량은 운동량의 변화량과 같으므로 수평면으로부터 받은 충격량의 크기는 B가 C보다 크다.

(바로알기) ㄱ. 물체에 작용하는 중력＝질량×중력 가속도이다. 이때 질량은 A가 B보다 크므로 물체에 작용하는 중력의 크기는 A가 B보다 크다.

ㄴ. 같은 높이에서 자유 낙하 하는 두 물체는 질량에 관계없이 가속도가 같으므로 수평면에 도달하기 직전 속력이 같다. 운동량＝질량×속도이므로 수평면에 도달하기 직전 운동량의 크기는 질량이 큰 A가 B보다 크다.

17 ① 같은 높이에서 동일한 두 달걀을 가만히 떨어뜨렸으므로 두 달걀이 충돌하기 직전 속력이 같고, 충돌 직후 정지하여 속력이 0으로 같으므로 두 달걀의 운동량의 변화량의 크기가 같다. 충격량은 운동량의 변화량과 같으므로 두 달걀이 받은 충격량의 크기는 같다.

② 그래프에서 방석에 떨어진 달걀의 충돌 시간이 더 길다.

③ 두 달걀이 충돌하기 직전 속력이 같고, 질량이 같으므로 바닥과 방석에 충돌하기 직전 두 달걀의 운동량의 크기는 같다.

⑤ 두 달걀이 받은 충격량의 크기는 같고, 충돌 시간은 A가 B보다 짧으므로 평균 힘＝$\dfrac{충격량}{충돌\ 시간}$에서 달걀이 받은 평균 힘의 크기는 단단한 바닥에 떨어진 달걀이 방석에 떨어진 달걀보다 크다.

(바로알기) ④ 같은 높이에서 동일한 두 달걀을 가만히 떨어뜨렸으므로 두 달걀은 충돌하기 직전 운동량의 크기가 같고, 충돌 직후 정지하여 운동량이 0으로 같으므로 두 달걀의 운동량 변화량의 크기는 같다.

18 (모범 답안) 두 달걀이 받은 충격량이 같으므로 달걀이 받은 평균 힘의 크기는 충돌 시간에 반비례한다. 단단한 바닥에 떨어진 달걀은 푹신한 방석에 떨어진 달걀보다 충돌 시간이 짧으므로 더 큰 힘을 받아 깨진다.

채점 기준	배점
두 달걀이 받은 충격량이 같으므로 달걀이 받은 평균 힘의 크기는 충돌 시간에 반비례하고, 단단한 바닥에 떨어진 달걀의 충돌 시간이 짧아 더 큰 힘을 받는다고 옳게 서술한 경우	100 %
단단한 바닥에 떨어진 달걀의 충돌 시간이 짧기 때문이라고만 서술한 경우	50 %

19 ㄷ. 에어 매트는 떨어지는 사람의 충돌 시간을 길게 하여 사람이 받는 평균 힘의 크기를 감소시킨다.

(바로알기) ㄱ. 뽁뽁이의 공기층은 충돌이 일어날 때 물건이 받는 충돌 시간을 길게 하여 물건이 받는 평균 힘의 크기를 감소시킨다.

ㄴ. 안전띠는 관성에 의해 탑승자가 튀어 나가는 것을 방지하기 위한 안전장치로, 충격량의 크기는 변하지 않는다.

01 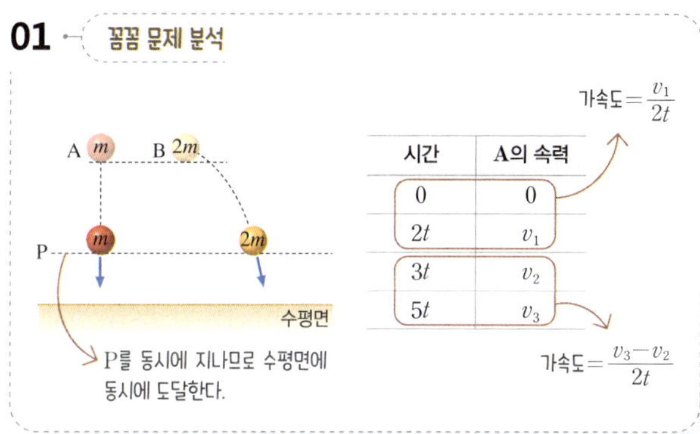

선택지 분석

㉠ P에서 A에 작용하는 힘의 방향과 운동 방향은 같다.

㋨ A는 B보다 수평면에 먼저 도달한다. 동시에

㉢ $v_3=v_1+v_2$이다.

전략적 풀이 ❶ 자유 낙하 하는 물체의 운동을 분석한다.

ㄱ. 자유 낙하 하는 물체에 작용하는 힘의 방향과 운동 방향은 연직 아래 방향으로 같다.

❷ 수평 방향으로 던진 물체의 수평 방향과 연직 방향의 운동 상태를 구분하여 분석한다.

ㄴ. A와 B는 연직 방향으로 자유 낙하 운동을 한다. 따라서 P를 동시에 지나는 A, B는 동시에 수평면에 도달한다.

❸ 중력에 의한 가속도의 크기는 일정하다는 것을 안다.

ㄷ. 물체의 가속도는 중력에 의한 중력 가속도로 크기가 일정하다. 0초부터 $2t$까지 물체의 가속도의 크기는 $\dfrac{v_1-0}{2t-0}=\dfrac{v_1}{2t}$이고, $3t$부터 $5t$까지 물체의 가속도의 크기는 $\dfrac{v_3-v_2}{5t-3t}=\dfrac{v_3-v_2}{2t}$이다.

두 식이 같으므로 $\dfrac{v_1}{2t}=\dfrac{v_3-v_2}{2t}$에서 $v_3=v_1+v_2$이다.

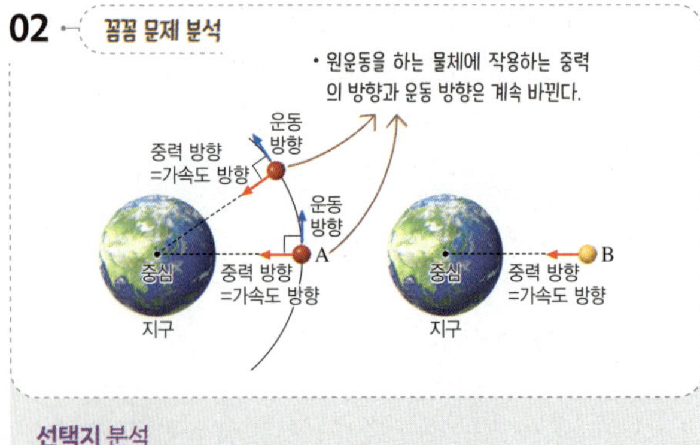

선택지 분석

✗ ㄱ. 공전하는 동안 A의 속도는 일정하다. 계속 바뀐다

ㄴ. 공전하는 동안 A에 작용하는 중력의 방향과 A의 운동 방향은 수직이다.

ㄷ. P에서 A와 B의 가속도의 방향은 같다.

전략적 풀이 ❶ 원운동의 특징을 안다.

ㄱ. A는 지구 주위를 공전하는 원운동을 하므로 운동 방향이 계속 바뀐다. 즉 속도가 계속 바뀌는 운동을 한다.

❷ 원운동을 하는 물체에 작용하는 힘의 방향과 운동 방향을 안다.

ㄴ. 원운동을 하는 물체에 작용하는 힘의 방향은 원의 중심 방향이고, 운동 방향은 원 궤도의 접선 방향이다. 즉, 지구 주위를 공전하는 A에 작용하는 중력의 방향은 운동 방향과 수직이다.

❸ 물체에 작용하는 중력의 방향은 항상 지구 중심 방향임을 안다.

ㄷ. P에서 A, B는 같은 위치에 있으므로 두 물체에 작용하는 중력의 방향은 지구 중심 방향으로 같다. 물체는 중력에 의해 가속되므로 P에서 A, B의 가속도의 방향은 지구 중심 방향으로 같다.

03 ←| **꼼꼼 문제 분석**

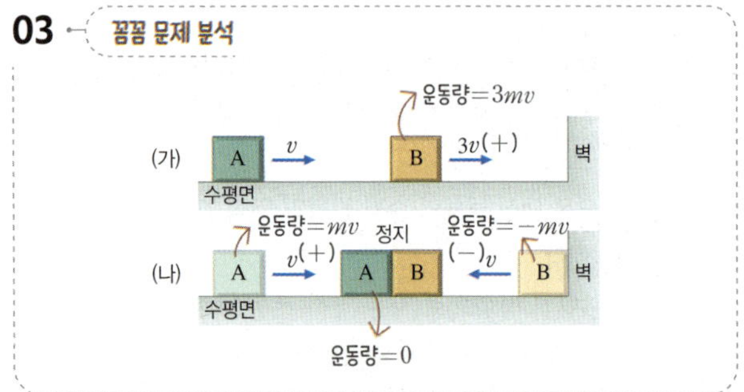

전략적 풀이 ❶ B가 벽으로부터 받은 충격량을 구한다.

물체 A, B의 질량을 m이라고 하자. B의 처음 운동 방향을 $(+)$라고 하면 B의 처음 운동량은 $+3mv$이고, 벽과 충돌 후 운동량은 $-mv$이다. 이때 B가 벽으로부터 받은 충격량은 운동량의 변화량과 같으므로 $-mv-(3mv)=-4mv$이다. 따라서 B가 벽으로부터 받은 충격량의 크기 $I_1=4mv$이다.

❷ A가 B로부터 받은 충격량을 구한다.

A의 처음 운동량은 $+mv$이고, A가 B와 충돌 후 정지하므로 나중 운동량은 0이다. 따라서 A가 B로부터 받은 충격량의 크기 $I_2=|0-(mv)|=mv$이므로 $I_1:I_2=4mv:mv=4:1$이다.

04 ←| **꼼꼼 문제 분석**

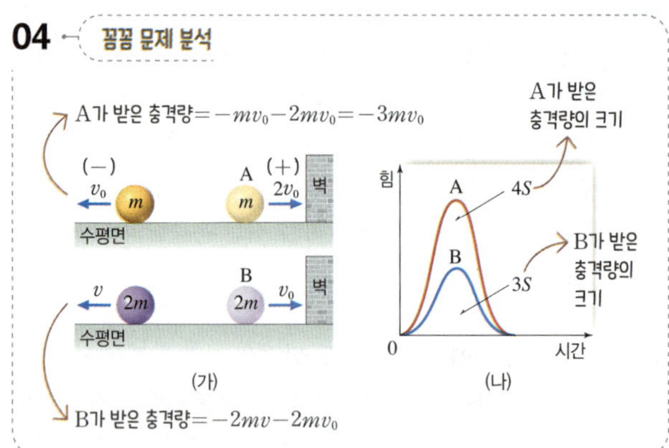

전략적 풀이 ❶ 충격량은 운동량의 변화량과 같음을 안다.

A의 운동량의 변화량은 $-mv_0-2mv_0=-3mv_0$이므로 A가 벽으로부터 받은 충격량의 크기는 $3mv_0$이고, B의 운동량의 변화량은 $-2mv-2mv_0$이므로 B가 벽으로부터 받은 충격량의 크기는 $2mv+2mv_0$이다.

❷ 힘-시간 그래프에서 그래프 아랫부분의 넓이는 충격량임을 안다.

A, B가 벽으로부터 받은 충격량의 크기는 각각 $4S$, $3S$이므로 $3mv_0=4S$이고, $2mv+2mv_0=3S$이다. 두 식을 연립하여 풀면 $\dfrac{3mv_0}{4}=\dfrac{2mv+2mv_0}{3}$에서 $9mv_0=8mv+8mv_0$이다. 따라서 $mv_0=8mv$이므로 $v=\dfrac{1}{8}v_0$이다.

3 생명 시스템

01 / 생명 시스템의 기본 단위

개념 확인 문제 188쪽

❶ 생명 시스템 ❷ 기관 ❸ 핵 ❹ 라이보솜 ❺ 골지체
❻ 엽록체 ❼ 마이토콘드리아 ❽ 세포막 ❾ 세포벽

1 (1) ◯ (2) ◯ (3) × (4) ◯ **2** (1) × (2) ◯ (3) × **3** 엽록체, 세포벽 **4** A: 엽록체, B: 핵, C: 라이보솜, D: 마이토콘드리아, E: 세포막 **5** C **6** (가) A (나) D **7** ㉠ 핵, ㉡ 라이보솜, ㉢ 소포체, ㉣ 골지체

1 (1) 지구상의 모든 생명체는 지구시스템의 생물권에 속한다.
(2) 생명체는 몸을 구성하는 여러 요소가 있고, 이들이 상호작용하여 생명 현상을 나타내는 생명 시스템이다.
(3) 세포는 생명체를 구성하는 기본 단위이며, 세포 또한 여러 세포소기관의 상호작용으로 생명 현상을 나타내는 하나의 생명 시스템이다.
(4) 세포막은 세포를 둘러싸 세포 내부를 외부와 효과적으로 분리하여 물질의 출입을 조절한다.

2 (1) 조직(㉠)은 모양과 기능이 비슷한 세포들로 구성된다.
(2) 기관(㉡)은 여러 조직으로 구성되며, 일정한 형태를 가지고 특정 기능을 수행한다.
(3) 기관(㉡)은 식물과 동물에 공통적으로 있는 구성 단계이다. 식물에만 있는 구성 단계는 조직계, 동물에만 있는 구성 단계는 기관계이다.

3 엽록체와 세포벽은 동물 세포에는 없고 식물 세포에만 있는 세포소기관이다.

4 A는 광합성 장소인 엽록체, B는 유전물질이 있는 핵, C는 단백질합성 장소인 라이보솜, D는 세포호흡으로 생명활동에 필요한 에너지를 생산하는 마이토콘드리아, E는 세포막이다.

5 엽록체(A), 핵(B), 마이토콘드리아(D)는 막으로 둘러싸여 있지만, 라이보솜(C)은 막으로 둘러싸여 있지 않다.

6 엽록체(A)에서는 광합성으로 포도당을 합성하고, 마이토콘드리아(D)는 세포호흡으로 유기물을 분해하여 생명활동에 필요한 에너지를 생산한다.

7 핵(㉠) 속에 있는 DNA의 유전정보에 따라 라이보솜(㉡)에서 단백질을 합성한다. 합성된 단백질은 소포체(㉢)를 거쳐 골지체(㉣)로 운반된 후 세포 밖으로 분비된다.

개념 확인 문제 191쪽

❶ 인지질 ❷ 선택적 투과성 ❸ 확산 ❹ 인지질 2중층
❺ 막단백질 ❻ 삼투 ❼ 많아 ❽ 커 ❾ 적어 ❿ 작아

1 A: (막)단백질, B: 인지질 **2** (1) ◯ (2) ◯ (3) × **3** 확산
4 A: 산소, 이산화 탄소, 지방산 등, B: Na^+, 포도당, 아미노산 등
5 (1) 많다 (2) ㉠ 낮아지고, ㉡ 높아진다 **6** (1) ◯ (2) × (3) ◯

1 인지질 2중층을 관통하고 있는 A는 (막)단백질이고, 2중층을 형성하고 있는 B는 인지질이다.

2 (1) 인지질의 머리 부분 ㉠은 친수성이고, 꼬리 부분 ㉡은 소수성이다.
(2) 인지질의 머리 부분은 물이 풍부한 세포 안쪽과 바깥쪽으로 접하고 있고, 꼬리 부분은 서로 마주 보며 배열하여 2중층을 이룬다.
(3) 인지질은 유동성이 있어 세포막의 특정한 위치에 고정되어 있지 않다.

3 물질이 농도가 높은 쪽에서 낮은 쪽으로 이동하는 현상을 확산이라고 한다.

4 (가)에서와 같이 인지질 2중층을 직접 통과하는 물질의 예로는 산소, 이산화 탄소와 같은 기체 분자와 지방산과 같은 지용성 물질이 있다. (나)와 같이 막단백질을 통해 이동하는 물질의 예로는 포도당, 아미노산과 같은 수용성 물질과 Na^+, K^+과 같은 전하를 띠는 이온 등이 있다.

5 (1) 물 분자는 막을 통과할 수 있지만 설탕 분자는 막을 통과할 수 없으므로 삼투가 일어난다. 따라서 막을 경계로 설탕 용액의 농도가 낮은 A 쪽에서 농도가 높은 B 쪽으로 이동하는 물의 양이 B 쪽에서 A 쪽으로 이동하는 물의 양보다 많다.
(2) 삼투에 의해 A 쪽에서 B 쪽으로 이동하는 물의 양이 많으므로 일정 시간 후 A 쪽 용액의 수면은 낮아지고, B 쪽 용액의 수면은 높아진다.

6 (1) 적혈구를 용액 X에 넣었을 때 적혈구의 부피 변화가 나타난 것은 삼투에 의해 물이 이동하였기 때문이다.

(2) 적혈구를 용액 X에 넣었을 때 삼투에 의해 물이 적혈구 안으로 많이 들어와 부피가 증가하였다. 삼투에 의한 물의 이동은 용액의 농도가 낮은 쪽에서 높은 쪽으로 일어나므로 용액 X는 적혈구 안보다 농도가 낮다.

(3) 물은 적혈구 안팎으로 이동하지만 적혈구의 부피가 증가한 것은 적혈구 안으로 들어온 물의 양이 적혈구 밖으로 나간 물의 양보다 많기 때문이다.

01 ④	02 ①	03 ③	04 ③, ⑤	05 ⑤	06 ④
07 골지체	08 ④	09 ⑤	10 ⑤	11 ⑤	12 ③
13 ㄴ	14 ②, ④	15 ①	16 ㄷ	17 해설 참조	
18 해설 참조	19 해설 참조				

01 ① 세포는 여러 세포소기관으로 구성되어 있고, 이들 세포소기관이 상호작용하여 생명 현상을 나타내는 하나의 생명 시스템이다.

② 세포는 생명체를 구성하는 구조적·기능적 단위이다.

③ 생명체는 환경요인과 끊임없이 상호작용하여 생명 현상을 나타내는 생명 시스템이다.

⑤ 단세포생물은 세포가 곧 개체이므로 하나의 세포로 생명활동을 유지한다.

바로알기　④ 세포도 하나의 생명 시스템으로, 외부 환경요인과 끊임없이 상호작용하여 생명 현상을 나타낸다.

02 ㄱ. 생명체를 구성하는 세포(A)는 모양, 크기, 기능이 다양하다.

바로알기　ㄴ. 기관(B)은 여러 조직으로 구성되며, 일정한 형태를 가지고 특정한 기능을 수행한다.

ㄷ. C는 개체이고, 생명 시스템을 구성하는 구조적·기능적 단위는 세포(A)이다.

03 ㄱ. A는 조직이다. 조직은 모양과 기능이 비슷한 세포들의 모임이다.

ㄴ. B는 일정한 형태를 가지고 특정한 기능을 수행하는 기관이다. 동물의 기관에는 심장, 간, 폐 등이 있다.

바로알기　ㄷ. C는 기관계이다. 기관계는 여러 기관이 모여 공통 기능을 하는 것으로, 식물에는 없고 동물에만 있는 구성 단계이다.

04　꼼꼼 문제 분석

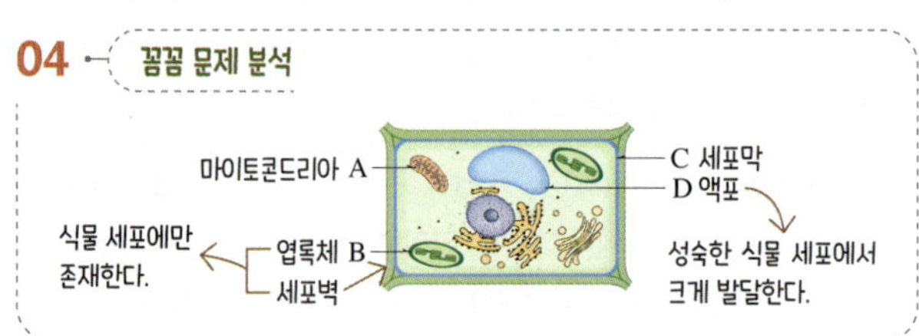

③ 엽록체(B)에서는 빛에너지를 흡수하여 이산화 탄소와 물을 원료로 포도당을 합성하는 광합성이 일어난다.

⑤ 액포(D)는 물, 색소, 노폐물 등을 저장하며, 성숙한 식물 세포일수록 액포가 크게 발달해 있다.

바로알기　①, ② 마이토콘드리아(A)에서는 세포호흡이 일어나고, 엽록체(B)에서는 광합성이 일어난다.

④ 세포막(C)은 인지질 2중층에 단백질이 박혀 있는 구조로, 유동성을 가진 막이다. 식물 세포의 세포막 바깥에 있는 세포벽은 단단하여 세포의 형태를 유지하고 지지하는 역할을 한다.

05 ㄱ. 골지체(A)는 소포체를 거쳐 운반되어 온 단백질을 막으로 싸서 세포 밖으로 분비한다.

ㄴ. 라이보솜(B)은 아미노산을 펩타이드결합으로 연결하여 단백질을 합성한다.

ㄷ. 핵(C) 속에는 유전정보를 저장하고 있는 유전물질인 DNA가 있다.

06　꼼꼼 문제 분석

구분	엽록체 (식물 세포에는 있고 동물 세포에는 없다.)	마이토콘드리아 (동물 세포와 식물 세포에 공통적으로 있다.)
사람의 간세포 (가)	없음	있음
무궁화의 잎을 이루는 세포 (나)	있음	㉠ 있음

ㄴ. (가)는 엽록체가 없고 마이토콘드리아는 있으므로 사람의 간세포이다.

ㄷ. (나)는 엽록체가 있으므로 무궁화의 잎을 이루는 세포이고, 식물 세포에는 세포막 바깥에 세포벽이 있다.

바로알기　ㄱ. 마이토콘드리아는 사람의 간세포와 무궁화의 잎을 이루는 세포에 공통적으로 있는 세포소기관이므로 ㉠은 '있음'이다.

07 막 구조를 갖고, 납작한 주머니가 포개진 모양으로 물질의 분비에 관여하는 세포소기관은 골지체이다.

08

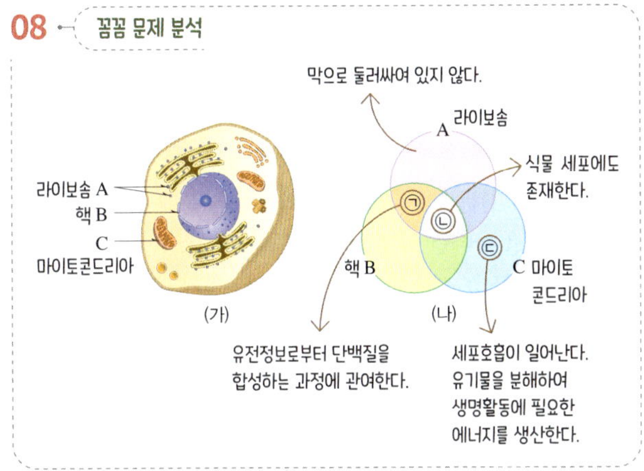

ㄴ. ⓒ은 라이보솜(A), 마이토콘드리아(C), 핵(B)의 공통적인 특징으로, '식물 세포에도 존재한다.'는 ⓒ에 해당한다.

ㄷ. 세포호흡은 마이토콘드리아(C)에만 해당하는 특징이다.

바로알기 ㄱ. '펩타이드결합이 일어난다.'는 라이보솜(A)에는 해당하지만 핵(B)에는 해당하지 않는 특징이므로 ㉠에 해당하지 않는다.

09

특징	세포소기관	특징의 개수
• 세포호흡이 일어난다. ➡ 마이토콘드리아	A 라이보솜	1
• 동물 세포에 존재한다. ➡ 라이보솜, 마이토콘드리아, 소포체	B 소포체	2
• 막으로 둘러싸여 있다. ➡ 소포체, 마이토콘드리아	C 마이토콘드리아	3
(가)	(나)	

ㄱ. A가 갖는 특징의 개수는 1개이므로 A는 라이보솜이다.

ㄴ. 라이보솜(A)에서 합성된 단백질은 소포체(B)를 거쳐 골지체로 이동한다. 따라서 소포체(B)는 세포 내 물질 이동에 관여한다.

ㄷ. 마이토콘드리아(C)는 유기물의 화학 에너지를 생명활동에 사용하는 형태의 화학 에너지(ATP)로 전환한다.

10 ㄱ. 세포막의 주성분은 인지질과 단백질이다.

ㄴ, ㄷ. 세포막은 물질의 종류, 크기 등에 따라 투과도가 다른 선택적 투과성이 있어 세포 안팎으로의 물질 출입을 조절한다.

11 A는 인지질이고, B는 단백질이다. ㉠은 인지질의 소수성 꼬리 부분이고, ㉡은 인지질의 친수성 머리 부분이다.

① 단백질(B)은 라이보솜에서 합성된다.

② 막을 관통하고 있는 단백질(B) 중에는 수용성 물질이나 전하를 띠는 물질의 이동에 관여하는 것이 있다.

③ 세포막에서 인지질은 유동성이 있으므로 단백질(B)도 위치가 고정되어 있지 않고 바뀔 수 있다.

④ 인지질의 ㉠은 소수성이어서 안쪽으로 마주 보며 배열하고, ㉡은 친수성이어서 바깥쪽으로 향한다.

바로알기 ⑤ 수용성 물질은 인지질 2중층의 소수성 부분을 투과하기 어려워 막단백질을 통해 세포막을 투과한다.

12

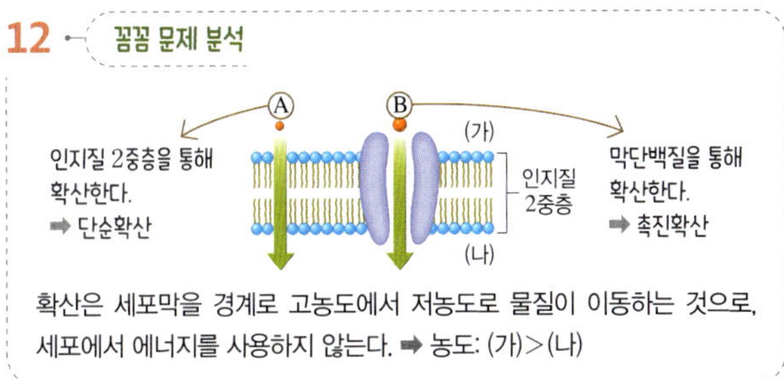

ㄱ. 확산은 농도가 높은 쪽에서 낮은 쪽으로 물질이 이동하는 현상이므로 A의 농도는 (가)에서가 (나)에서보다 높다.

ㄴ. 인지질 2중층을 통해 이동하는 물질 A의 예로는 산소, 이산화 탄소 등이 있다. 막단백질을 통해 확산하는 B의 예로는 포도당, 아미노산, 전하를 띠는 이온인 Na^+ 등이 있다.

바로알기 ㄷ. 포도당, 아미노산과 같은 비교적 분자 크기가 작은 수용성 물질은 막단백질을 통해 이동하지만, 단백질과 같은 고분자 물질은 세포막을 통해 확산하지 못하고 막으로 싸여 이동한다.

13 (가)는 막단백질을 이용하므로 막단백질을 통한 촉진확산이고, (나)는 인지질 2중층을 통한 단순확산이다.

ㄴ. 확산이 일어날 때에는 세포에서 에너지를 사용하지 않는다.

바로알기 ㄱ. 확산은 물질이 용액의 농도가 높은 쪽에서 낮은 쪽으로 이동하는 현상이므로 ㉠은 '고농도 → 저농도'이다.

ㄷ. 산소, 이산화 탄소와 같은 기체 분자가 세포막을 통해 이동할 때에는 세포막의 인지질 2중층을 통해 확산한다.

14

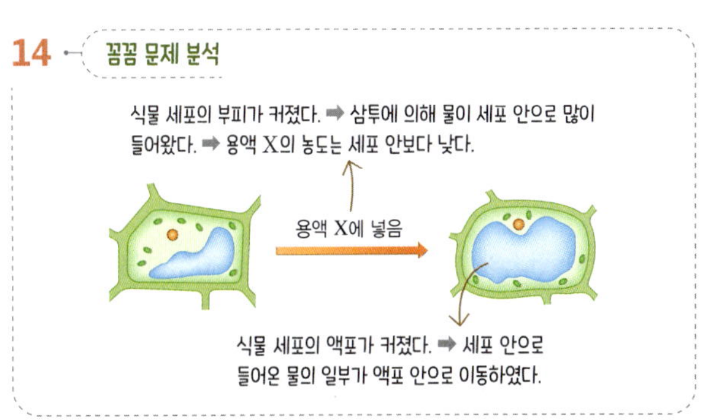

② 세포의 부피는 (나)에서가 (가)에서보다 큰 것으로 보아 물이 세포 안으로 많이 들어왔음을 알 수 있다. 따라서 세포의 질량은 (나)에서가 (가)에서보다 크다.
④ 물이 세포 안으로 많이 들어와 세포액의 농도가 낮아지면 세포질로부터 액포로 이동하는 물의 양이 증가하여 세포액의 농도가 지나치게 낮아지지 않게 한다. 따라서 액포의 부피는 (나)에서가 (가)에서보다 크다.

(바로알기) ① 식물 세포를 용액 X에 넣었을 때 세포의 부피가 증가하였으므로 X의 농도는 (가)의 세포 안보다 낮다.
③ 세포 안으로 물이 많이 들어오면 세포액의 농도는 낮아진다. 따라서 세포액의 농도는 (나)에서가 (가)에서보다 낮다.
⑤ 식물 세포를 X에 넣으면 물은 세포 안팎으로 이동하지만, 세포 안으로 이동하는 물의 양이 세포 밖으로 이동하는 물의 양보다 많아 세포의 부피가 증가한다.

15 ─ 꼼꼼 문제 분석

적혈구   적혈구   적혈구
(가) 등장액   (나) 고장액   (다) 저장액

• (가) 소금물의 농도＝적혈구 안의 농도 ➡ 적혈구의 부피가 변하지 않았다.
• (나) 소금물의 농도＞적혈구 안의 농도 ➡ 적혈구에서 물이 많이 빠져나가 적혈구가 쭈그러들었다.
• (다) 소금물의 농도＜적혈구 안의 농도 ➡ 적혈구 안으로 물이 많이 들어와 적혈구가 부풀었다.

ㄱ. 소금물의 농도는 적혈구의 부피가 증가한 (다)가 가장 낮고, 부피가 감소한 (나)가 가장 높으므로 (다)＜(가)＜(나)이다.
(바로알기) ㄴ. (가)의 적혈구에서 부피가 변하지 않은 것은 적혈구의 세포막을 통한 물의 이동이 없기 때문이 아니라 적혈구 안팎으로 이동하는 물의 양이 같기 때문이다.
ㄷ. 적혈구를 (다)에 넣었을 때 물이 세포 안으로 많이 들어와 적혈구의 부피가 증가하였으므로 적혈구의 세포액 농도는 (다)에 넣기 전보다 낮아진다.

16 ㄱ, ㄴ, ㄹ. 삼투가 일어나 물이 이동하여 나타나는 현상이다.
(바로알기) ㄷ. 작은창자에서는 수용성 물질인 아미노산이 세포막의 막단백질을 통해 확산한다.

17 이산화 탄소와 물을 원료로 포도당을 합성하는 광합성은 엽록체에서 일어난다. 포도당과 같은 수용성 물질은 세포막의 막단백질을 통해 확산하고, 산소나 이산화 탄소와 같은 기체 분자는 세포막의 인지질 2중층을 통해 확산한다.

(모범 답안) (1) 엽록체
(2) 이산화 탄소와 산소는 세포막의 인지질 2중층을 통해 용액의 농도가 높은 쪽에서 낮은 쪽으로 확산한다.

채점 기준		배점
(1)	엽록체를 옳게 쓴 경우	40 %
(2)	이산화 탄소와 산소의 이동 방식을 옳게 서술한 경우	60 %
	이산화 탄소와 산소가 확산한다고만 서술한 경우	30 %

18 (가)와 (나)는 모두 물질의 농도가 높은 쪽에서 낮은 쪽으로 확산하는 것을 나타낸 것이다. 확산은 분자가 스스로 운동하여 이동하는 현상이므로 세포에서 에너지를 사용하지 않고 일어난다.

(모범 답안) 세포막을 경계로 물질이 농도가 높은 쪽에서 낮은 쪽으로 이동한다. 물질이 이동하는 데 세포에서 에너지를 사용하지 않는다.

채점 기준	배점
공통점 두 가지를 모두 옳게 서술한 경우	100 %
공통점 한 가지만 옳게 서술한 경우	50 %

19 양파 표피세포의 모습이 변한 것은 삼투에 의해 물이 이동했기 때문이다. 삼투는 용액의 농도가 낮은 쪽에서 높은 쪽으로 물이 이동하는 것이므로 (가)는 (나)보다 설탕의 농도가 더 높다. (가)는 세포액보다 농도가 높아서 (가)에 넣어 둔 양파 표피세포는 물이 많이 빠져나가 세포질의 부피가 줄어들면서 세포막이 세포벽에서 분리되었다.

(모범 답안) (1) (가), (가)에 넣어 둔 것이 (나)에 넣어 둔 것보다 양파 표피세포의 세포질이 많이 줄어들었기 때문이다.
(2) (가)는 양파 표피세포 안보다 농도가 높아 삼투에 의해 세포에서 물이 많이 빠져나가면서 세포막이 세포벽에서 분리되었다.

채점 기준		배점
(1)	(가)라고 쓰고, 근거를 들어 옳게 서술한 경우	40 %
	(가)라고만 쓴 경우	20 %
(2)	삼투에 의한 물의 이동 방향 및 세포의 모양 변화를 옳게 서술한 경우	60 %
	삼투에 의해 물이 이동하였기 때문이라고만 서술한 경우	40 %
	세포막이 세포벽에서 분리(원형질분리)되었다고만 서술한 경우	20 %

01 ⑤   **02** ②   **03** ①   **04** ③

조직 또는 기관

구분	A 기관계	B	C
(가) 장미	㉠ 없음	㉡ 있음	? 있음
(나) 개	? 있음	? 있음	㉡ 있음

개는 조직, 기관, 기관계가 모두 '있음'이고, 장미는 조직, 기관은 '있음'이지만 기관계는 '없음'이다.
➡ 개는 ㉠이나 ㉡ 중 한 가지만 있어야 하지만, 장미는 ㉠과 ㉡이 모두 있을 수 있다.
➡ ㉠과 ㉡이 모두 있는 (가)는 장미이고, (나)는 개이다. 개에 있는 ㉡이 '있음'이고 ㉠은 '없음'이며, 장미에 없는 A는 기관계이다.

ㄱ. '있음'과 '없음'이 모두 있는 (가)는 장미이고, (나)는 개이다. (가)와 (나)에 모두 ㉡이 있으므로 ㉡은 '있음'이고 ㉠은 '없음'이다. 장미(가)에 없는 A는 기관계이다.

ㄴ. 장미(가)는 식물이므로 구성 단계는 세포 → 조직 → 조직계 → 기관 → 개체이고, 구성 단계 중 조직계가 있다.

ㄷ. 기관계(A)는 여러 기관이 모여 공통 기능을 하는 것이므로 여러 기관으로 구성된다.

구분	㉠	㉡	㉢	특징(㉠~㉢)
소포체	×	?○	ⓐ○	• 포도당을 합성한다. 엽록체 ➡ ㉠
라이보솜 A	×	ⓑ○	?×	• 식물 세포에 존재한다. 소포체, 엽록체, 라이보솜 ➡ ㉡
엽록체 B	ⓒ○	?○	×	• 합성된 단백질을 세포의 다른 곳으로 운반한다. 소포체 ➡ ㉢

(○: 있음, ×: 없음)

(가)   (나)

ㄴ. '식물 세포에 존재한다.'와 '합성된 단백질을 세포의 다른 곳으로 운반한다.'는 모두 소포체에 해당하는 특징이므로 ⓐ는 '○'이다. '합성된 단백질을 세포의 다른 곳으로 운반한다.'는 소포체에만 해당하는 특징이므로 ㉢이고, '식물 세포에 존재한다.'는 ㉡이다. ㉡은 소포체, 엽록체, 라이보솜에 모두 해당하는 특징이므로 ⓑ는 '○'이다. '포도당을 합성한다.'는 ㉠이고, ㉠은 엽록체에만 해당하는 특징이므로 B가 엽록체, A가 라이보솜이며, ⓒ는 '○'이다.

바로알기 ㄱ. 라이보솜(A)은 유전정보에 따라 아미노산을 펩타이드결합으로 연결하여 단백질을 합성하는 장소이다. 단백질합성이 일어날 때에는 세포질에 존재하는 아미노산을 이용하는 것이지 라이보솜에서 아미노산이 합성되는 것은 아니다.

ㄷ. 엽록체(B)는 광합성이 일어나는 장소로, 이 과정에서 이산화 탄소를 흡수하고, 산소를 방출한다.

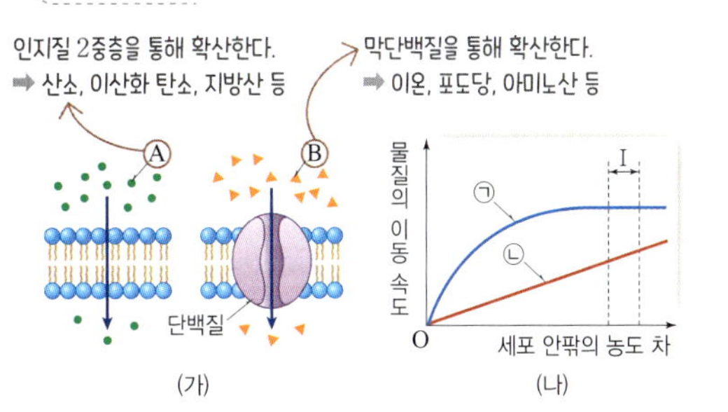

• ㉡: 세포 안팎의 농도 차가 클수록 물질의 이동 속도가 계속 증가한다. ➡ A의 이동 속도
• ㉠: 세포 안팎의 농도 차가 클수록 물질의 이동 속도가 계속 증가하다가 어느 정도 이상에서는 더 이상 증가하지 않는다. ➡ B의 이동 속도

ㄱ. 산소, 이산화 탄소와 같은 기체 분자는 인지질 2중층을 직접 통과하여 확산한다. 따라서 모세혈관에서 허파꽈리(폐포)로 이산화 탄소가 이동할 때는 A와 같은 방식으로 이동한다.

바로알기 ㄴ. ㉡은 세포 안팎의 농도 차에 비례하여 물질 이동 속도가 계속 증가하므로 인지질 2중층을 통해 확산하는 A의 이동 속도를 나타낸 것이다.

ㄷ. 포도당, 아미노산과 같은 수용성 물질과 Na^+, K^+과 같은 전하를 띠는 물질은 막단백질을 통해 확산한다. ㉠은 막단백질을 통해 이동하는 B의 이동 속도를 나타낸 것이다. ㉠의 구간 Ⅰ에서는 B의 이동에 관여하는 막단백질이 모두 B를 이동시키고 있어 세포 안팎의 농도 차가 증가하여도 이동 속도가 더 이상 증가하지 않는다.

(가)   X에 넣었을 때   Y에 넣었을 때

세포막이 세포벽으로부터 분리되었다(원형질분리).
➡ X는 세포액보다 고장액이다.

세포의 부피가 커졌다.
➡ Y는 세포액보다 저장액이다.

ㄱ. 용액의 설탕 농도는 X가 세포액보다 높고, Y는 세포액보다 낮으므로 용액의 설탕 농도는 X가 Y보다 높다.

ㄴ. (가)를 X에 넣었을 때 삼투에 의해 물이 세포 밖으로 많이 빠져나가 세포질의 부피가 감소하여 세포막이 세포벽으로부터 분리되는 원형질분리가 일어났다.

바로알기 ㄷ. 물 분자는 세포막을 통과하지만, 설탕 분자는 세포막을 통과하지 않는다. (가)를 X에 넣었을 때보다 Y에 넣었을 때 액포의 부피가 커진 것은 액포 안으로 이동하는 물의 양이 많기 때문이다.

개념확인문제 198쪽

❶ 물질대사　❷ 효소　❸ 동화　❹ 이화　❺ 흡수
❻ 방출　❼ 활성화에너지　❽ 기질특이성　❾ 재사용

1 (1) ○ (2) ○ (3) ×　**2** (1) ㄴ, ㄷ, ㅂ (2) ㄱ, ㄹ, ㅁ　**3** (1) ×
(2) ○ (3) ○　　　　　**4** A: 반응물, B: 효소, C: 생성물, D: 생성물
5 기질특이성　**6** (1) × (2) ○ (3) × (4) ×

1 (1) 물질대사는 생명체에서 일어나는 모든 화학 반응이다.
(2) 물질대사가 일어날 때는 반드시 에너지가 흡수되거나 방출된다.
(3) 물질대사에는 생체촉매인 효소가 관여한다.

2 (1) 동화작용은 작고 간단한 분자로 크고 복잡한 분자를 합
성하는 반응으로, 에너지를 흡수하며, 그 예로는 단백질합성이
있다.
(2) 이화작용은 크고 복잡한 분자를 작고 간단한 분자로 분해하
는 반응으로, 에너지를 방출하며, 그 예로는 세포호흡이 있다.

3 (1) 효소는 활성화에너지를 낮추어 주므로 ㉠과 ㉡ 중 효소
가 있을 때의 반응 경로는 활성화에너지가 작은 ㉡이다.
(2) 효소가 있을 때의 활성화에너지는 B이고, 효소가 없을 때의
활성화에너지는 A이다.
(3) C는 반응물과 생성물의 에너지 차이인 반응열로, 반응열은
효소의 유무에 관계없이 일정하다.

4 B는 반응 전후에 변화가 없으므로 효소이고, 효소와 결합하
는 A는 반응물이며, C와 D는 A가 분해되어 형성된 생성물이다.

5 효소가 구조가 맞는 특정 반응물에만 작용하는 특성을 기질
특이성이라고 한다.

6 (1) 효소는 생명체 밖에서도 작용하여 식품, 생활용품, 의약
품 등 다양한 분야에 활용된다.
(2) 효소는 반응물과 결합하여 효소기질복합체를 형성하여 활성
화에너지를 낮춘다.
(3) 효소는 촉매로서 반응 전후에 구조와 성질이 변하지 않는다.
(4) 식혜를 만들 때에는 엿기름 속에 들어 있는 녹말분해효소인
아밀레이스가 활용된다.

완자쌤 비법 특강 199쪽

Q1 반응물을 더 넣어 준다.　　**Q2** 효소를 더 넣어 준다.
Q3 S_1일 때와 S_2일 때 활성화에너지는 같다.　**Q4** 2a일 때가 a
일 때의 2배이다.　　**Q5** a일 때와 2a일 때 모두 0으로 같다.
Q6 a일 때와 2a일 때 활성화에너지는 같다.

Q1 반응물의 농도가 S_1일 때에는 일부 효소만 반응물과 결합
한 상태이므로 반응물을 더 넣어 주면 초기 반응 속도를 증가시
킬 수 있다.

Q2 반응물의 농도가 S_2일 때는 모든 효소가 반응물과 결합한
상태이므로 반응물의 농도를 높여도 초기 반응 속도가 더 이상
증가하지 않는다. 이와 같이 반응물의 양이 충분할 때에는 효소
의 농도를 높이면 초기 반응 속도를 증가시킬 수 있다.

Q3 동일한 효소의 반응에서는 반응물의 농도에 관계없이 반응
의 활성화에너지가 같다.

Q4 반응물의 농도가 S_1일 때 초기 반응 속도는 효소의 농도가
2a일 때가 a일 때의 2배이므로 단위 시간당 생성되는 효소기질
복합체의 양도 2a일 때가 a일 때의 2배이다.

Q5 반응물의 농도가 S_2일 때는 모든 효소가 반응물과 결합한
상태이다. 반응물과 결합한 효소의 양은 효소의 농도가 2a일 때
가 a일 때보다 많지만, 반응물과 결합하지 않은 효소의 양은 효
소의 농도가 a일 때와 2a일 때 모두 0이다.

Q6 동일한 효소의 반응에서는 효소의 농도에 관계없이 반응의
활성화에너지가 같다.

내신 만점 문제 200쪽~202쪽

01 ㄱ, ㄴ, ㄷ　　**02** ㄱ, ㄴ　**03** ⑤　　**04** ②, ④　**05** ⑤
06 ③　　**07** ⑤　　**08** ①　　**09** ②　　**10** ⑤　　**11** ①
12 ③　　**13** ④　　**14** ②　　**15** ④　　**16** 해설 참조
17 해설 참조　　**18** 해설 참조

01 ㄱ. 물질대사는 생명체에서 일어나는 모든 화학 반응으로, 물질을 합성하는 동화작용과 물질을 분해하는 이화작용으로 구분한다.

ㄴ. 물질대사는 화학 반응이므로 반드시 에너지가 흡수되거나 방출되는 에너지의 출입이 일어난다.

ㄷ. 생명체는 효소에 의해 물질대사가 원활하게 일어남으로써 생명 시스템을 유지한다.

02 (가)는 반응이 한 번에 일어나므로 연소이고, (나)는 반응이 단계적으로 일어나므로 세포호흡이다.

ㄱ. 생명체 내에서 일어나는 물질대사에는 효소가 관여한다. 따라서 효소가 관여하는 반응은 (나)이다.

ㄴ. 연소(가)는 400 ℃ 이상의 고온에서 일어나고 세포호흡(가)은 체온 범위에서 일어난다.

(바로알기) ㄷ. 포도당 한 분자가 가진 에너지양은 같고, 생성물도 같으므로 방출되는 에너지의 총량은 연소(가)에서와 세포호흡(나)에서가 같다.

03 ㄱ. X는 작고 간단한 분자인 아미노산으로 크고 복잡한 폴리펩타이드를 합성하는 반응이므로 동화작용에 속한다.

ㄴ. 동화작용이 일어날 때에는 에너지가 흡수된다.

ㄷ. X는 아미노산 사이에 펩타이드결합이 일어나 폴리펩타이드가 되는 단백질합성 과정이다. 단백질합성은 라이보솜에서 일어난다.

04 ┌ **꼼꼼 문제 분석**

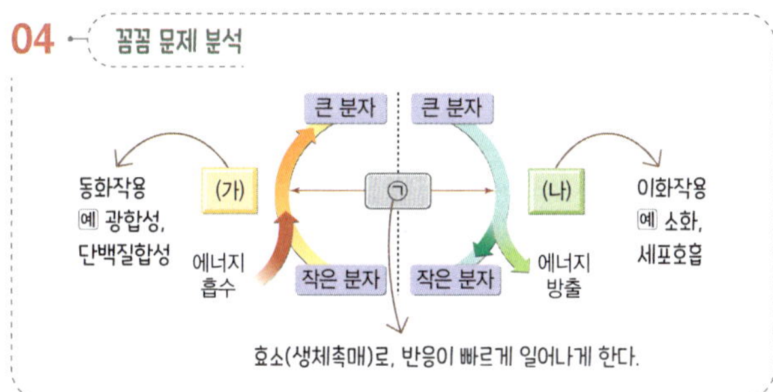

② (나)는 큰 분자를 작은 분자로 분해하는 이화작용이며, 예로는 소화와 세포호흡 등이 있다.

④ ㉠은 생체촉매인 효소로, 활성화에너지를 낮추어 반응이 빠르게 일어나게 한다.

(바로알기) ① (가)는 작은 분자로 큰 분자를 합성하는 동화작용이다.
③ 동화작용(가)에서는 반응물의 에너지가 생성물의 에너지보다 작아서 에너지가 흡수된다.
⑤ 화학 반응은 생명체 밖에서도 일어나지만, 동화작용과 이화작용 같은 물질대사는 생명체 내에서 일어나는 화학 반응만을 일컫는다.

05 ㄱ, ㄴ. 반응물의 에너지가 생성물의 에너지보다 크다. 따라서 반응이 진행되면 에너지가 방출되므로, 이 반응은 이화작용에 해당한다.

ㄷ. 세포호흡은 유기물을 이산화 탄소와 물로 분해하는 반응으로 이화작용에 속하고, 그림과 같은 에너지 변화가 일어난다.

06 ㄱ. (가)는 광합성이고, (나)는 세포호흡이다. (가)와 (나)에는 모두 효소가 관여한다.

ㄴ. 광합성(가)은 빛에너지를 흡수하는 반응이고, 세포호흡(나)은 포도당에 저장된 에너지가 방출되는 반응이다.

(바로알기) ㄷ. 광합성(가)은 엽록체에서, 세포호흡(나)은 주로 마이토콘드리아에서 일어난다.

07 ① 효소의 주성분은 단백질이다.
②, ③ 효소는 그 구조에 맞는 반응물과 결합하여 반응의 활성화에너지를 낮추어 반응 속도를 빠르게 한다.
④ 효소의 주성분인 단백질은 종류에 따라 고유의 입체 구조를 가진다.
(바로알기) ⑤ 효소의 반응 속도는 어느 정도까지는 반응물의 농도가 높아질수록 증가하다가 모든 효소가 반응물과 결합하는 수준 이상에서는 반응 속도가 더 이상 증가하지 않고 일정해진다.

08 효소가 있을 때가 없을 때보다 활성화에너지가 작으므로 ⓐ가 있을 때의 반응 경로는 ㉡이고, ⓐ가 없을 때의 반응 경로는 ㉠이다.

ㄱ. 카탈레이스는 과산화 수소의 분해를 촉진하는 효소 ⓐ에 해당한다.

(바로알기) ㄴ. A는 ⓐ가 없을 때의 활성화에너지이고, B는 ⓐ가 있을 때의 활성화에너지이다. 따라서 'A−B'는 효소에 의해 감소한 활성화에너지의 크기이다.

ㄷ. 과산화 수소는 물, 산소보다 반응열(C)만큼 에너지가 크므로 과산화 수소의 에너지 크기는 물, 산소의 에너지에 반응열(C)을 더한 값과 같다.

09 ┌ **꼼꼼 문제 분석**

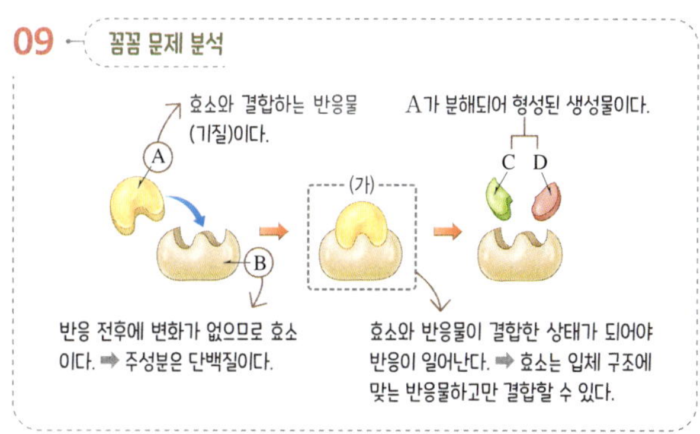

ㄴ. (가)는 효소와 반응물이 결합한 것으로 효소기질복합체이다. 효소는 (가) 상태에서 활성화에너지를 낮추어 반응을 촉진한다.

(바로알기) ㄱ. B는 효소이다.

ㄷ. 반응이 진행됨에 따라 반응물(A)의 양은 감소하고, 생성물(C와 D)의 양은 증가한다. 그러나 촉매 역할을 하는 효소(B)의 양은 반응 전후에 변하지 않고 일정하다.

10 ㄱ. 과산화 수소가 분해되면 산소 기체가 발생한다. (나)에서 감자즙을 넣은 시험관에서는 기포가 발생하였으므로 감자즙에는 과산화 수소 분해를 촉진하는 물질이 있다.

ㄴ. (나)의 A에서 발생한 기포의 성분은 과산화 수소가 분해되어 생성된 산소이다.

ㄷ. (나)의 반응이 끝난 후에도 A에는 감자즙의 효소가 남아 있으므로 (다)에서 과산화 수소수를 더 넣으면 기포가 발생한다. 따라서 ㉠은 '기포가 발생함'이다.

11 ┌ 꼼꼼 문제 분석

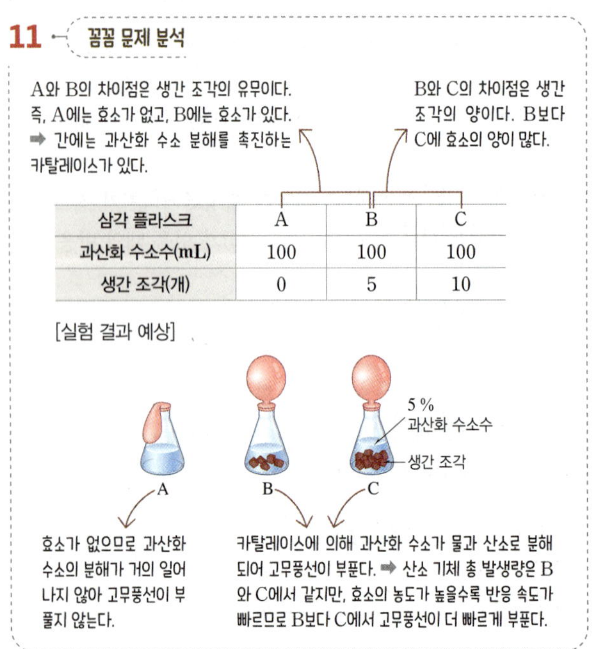

ㄱ. A에는 생간 조각을 넣지 않고, B에는 생간 조각을 넣었다. 간에는 과산화 수소의 분해를 촉진하는 효소가 있으므로 A보다 B에서 과산화 수소의 분해가 촉진되어 일정 시간 동안 발생한 산소 기체의 양이 많고, 그에 따라 고무풍선은 A보다 B에서 많이 부풀 것이다.

(바로알기) ㄴ. 생간 조각을 B에는 5개 넣고, C에는 10개 넣었으므로 산소 발생 속도는 B보다 C에서 빠르다. 생성물의 총량은 반응물의 총량에 의해 결정되며, B와 C에 넣어 준 과산화 수소수의 농도와 양은 같으므로 발생한 기체의 총량은 B와 C에서 같다.

ㄷ. 삶은 간 속 카탈레이스는 변성되어 촉매 기능을 잃는다. 따라서 생간 대신 삶은 간으로 같은 실험을 하면 고무풍선이 부풀지 않으므로 A의 결과와 같을 것이다.

12 ┌ 꼼꼼 문제 분석

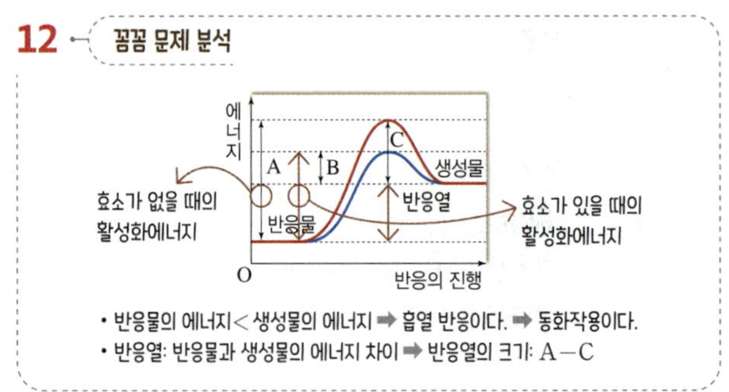

ㄱ. 반응물보다 생성물의 에너지가 크므로 이 반응은 물질의 합성 반응이고, 반응물보다 생성물이 크고 복잡한 분자이다.

ㄷ. 반응열은 반응물과 생성물의 에너지 차이로, 'A−C'이다.

(바로알기) ㄴ. 효소가 있을 때의 활성화에너지는 'A−C+B'로 나타낼 수 있다.

13 ┌ 꼼꼼 문제 분석

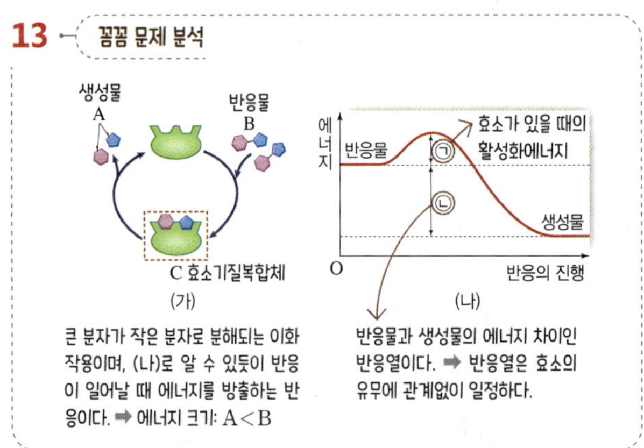

ㄱ. 이 반응은 B가 A로 되는 반응이므로 A는 생성물이고, B는 반응물이다.

ㄷ. ㉡은 반응물과 생성물의 에너지 차이인 반응열이다. 효소의 유무에 관계없이 반응열은 일정하다.

(바로알기) ㄴ. 효소는 활성화에너지를 낮추므로 효소가 없으면 ㉠의 크기는 커진다.

14 ① 혈액 응고, ③ 영양소의 소화, ④ 광합성, ⑤ 암모니아를 요소로 전환하는 반응은 모두 물질대사로, 효소가 관여한다.

(바로알기) ② 모세혈관에서 조직세포로 산소가 이동하는 것은 확산으로 분자 운동에 의해 일어나며, 효소는 관여하지 않는다.

15 ① 미생물의 효소를 이용하여 김치와 된장과 같은 발효식품을 만든다.
② 식혜를 만들 때는 엿기름의 아밀레이스가 밥 속의 녹말을 엿당으로 분해하는 반응을 이용한 것이다.
③ 키위즙에는 단백질분해효소가 있어 고기를 연하게 만든다.
⑤ 혈당 측정기에는 포도당 산화효소가 있어 혈액 속의 포도당양을 측정한다.
(바로알기) ④ 감자를 삶을 때 작게 자르면 부피에 대한 표면적 비가 커져서 빨리 익는다.

16 이 효소는 A와 B가 결합하여 C가 되는 반응을 촉진한다. 작은 분자인 반응물이 결합하여 큰 분자인 생성물이 되는 동화작용이다.

(모범 답안) 동화작용, 동화작용은 작은 분자로 큰 분자를 합성하는 반응으로, 반응물(A와 B)의 에너지는 생성물(C)의 에너지보다 작다. 따라서 이 반응이 일어날 때에는 에너지가 흡수된다.

채점 기준	배점
동화작용이라고 쓰고, 에너지 출입을 반응물과 생성물의 에너지와 관련지어 옳게 서술한 경우	100 %
동화작용이라고 쓰고, 에너지가 흡수된다라고만 서술한 경우	60 %
동화작용이라고만 쓴 경우	30 %

17 (1), (2) 효소는 반응물과 결합하여 반응의 활성화에너지를 낮추어 반응 속도를 빠르게 하며, 구조가 맞는 반응물에만 작용하는 기질특이성이 있다. 효소의 주성분은 단백질이므로 고온에서는 구조가 변하여 반응물과 결합할 수 없게 된다. 따라서 삶은 감자 조각을 넣은 시험관에서는 기포가 발생하지 않는다.
(3) 효소는 반응 전후에 변하지 않아 재사용되는데, 이것은 반응이 끝난 시험관에 반응물을 추가했을 때 다시 반응이 진행되는 것으로 확인할 수 있다.

(모범 답안) (1) A에서는 반응이 느리게 일어나 기포가 발생하지 않으며, B에서는 효소가 활성화에너지를 낮추어 반응을 촉진하므로 기포가 발생한다.
(2) 효소의 주성분인 단백질은 고온에서 입체 구조가 변한다. 따라서 삶은 감자 조각 속 카탈레이스는 변성되어 반응물과 결합하지 못하므로 C에서는 기포가 발생하지 않는다.
(3) 기포 발생이 끝난 시험관 B에 과산화 수소수를 더 넣고 기포가 다시 발생하는지 관찰한다.

	채점 기준	배점
(1)	효소는 활성화에너지를 낮추어 반응을 촉진한다는 것을 옳게 쓴 경우	30 %
	효소는 반응을 촉진한다고만 쓴 경우	10 %
(2)	효소의 단백질이 고온에서 변성된다는 것을 옳게 서술한 경우	40 %
	효소의 성분이 열에 약하기 때문이라고만 서술한 경우	20 %
(3)	실험 방법을 타당하게 서술한 경우	30 %

18 (모범 답안) 물질대사는 단계적으로 일어나고 단계마다 반응물이 달라지는데, 효소는 기질특이성이 있으므로 물질대사의 단계마다 작용하는 효소가 각기 다르기 때문이다.

채점 기준	배점
물질대사가 단계적으로 일어난다는 것과 효소는 기질특이성이 있어 단계마다 작용하는 효소가 각기 다르다는 것을 옳게 서술한 경우	100 %
물질대사가 단계적으로 일어나 다양한 종류의 효소가 필요하다라고만 서술한 경우	50 %
효소는 기질특이성이 있어 많은 종류의 효소가 필요하다라고만 서술한 경우	50 %

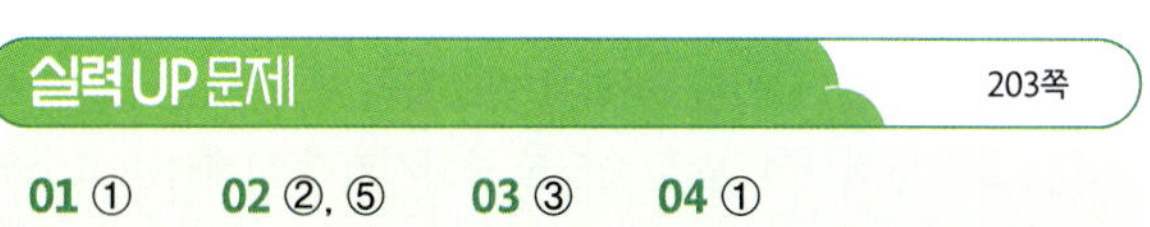

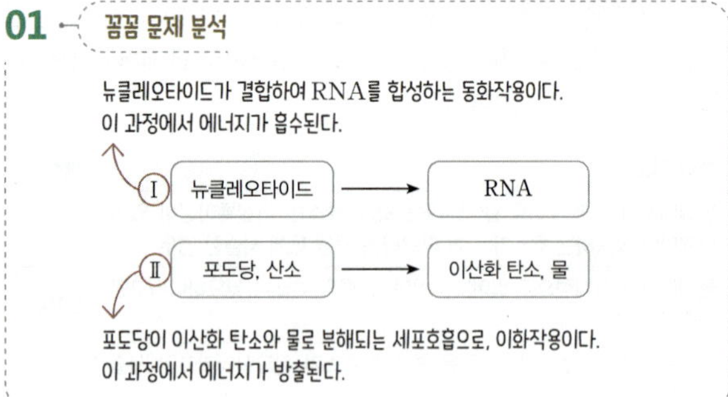

ㄱ. Ⅰ은 기본 단위체인 뉴클레오타이드가 여러 개 결합하여 RNA를 합성하는 과정이므로 동화작용이다.

(바로알기) ㄴ. 라이보솜에서는 아미노산을 펩타이드결합으로 연결하여 단백질을 합성하는 작용이 일어난다. DNA가 있는 핵에서 RNA가 합성되는 전사가 일어난다.

ㄷ. Ⅱ는 세포호흡으로, 단계적으로 일어나며, 단계마다 반응물이 다르므로 여러 종류의 효소가 관여한다.

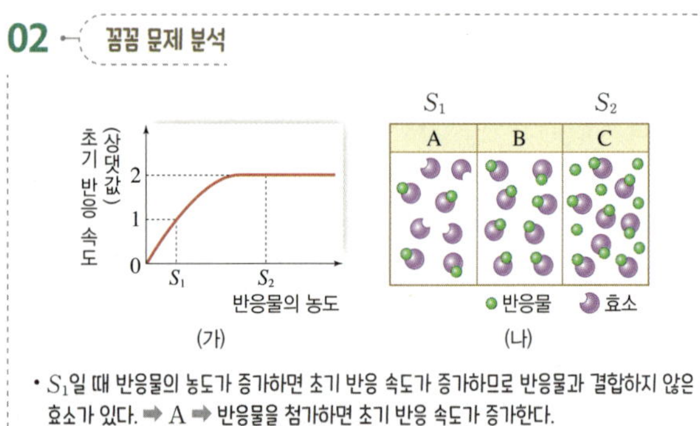

② 초기 반응 속도는 효소기질복합체의 형성 속도에 의해 결정되며, 초기 반응 속도가 빠를수록 생성물의 생성 속도가 빠르다. 따라서 생성물의 생성 속도는 S_2일 때가 S_1일 때보다 빠르다.

⑤ S_2일 때는 모든 효소가 반응물과 결합하고 있지만 S_1일 때는 일부 효소만 반응물과 결합하고 있다. 따라서 반응물과 결합하고 있는 효소의 비율은 S_2일 때가 S_1일 때보다 높다.

(바로알기) ① S_1일 때에는 반응물의 농도가 증가하면 초기 반응 속도가 증가하므로 반응물과 결합하지 않은 효소가 있는 상태이다. 따라서 효소와 반응물의 결합 정도는 A이다.

③ 같은 효소가 관여하는 반응에서는 효소의 농도나 반응물의 농도에 관계없이 반응의 활성화에너지가 같다.

④ S_2일 때의 효소와 반응물의 결합 정도는 효소와 결합하지 않은 반응물이 있는 C이다. 따라서 반응물의 농도를 높여도 반응 속도는 2로 일정하며, 반응 속도를 증가시키기 위해서는 효소의 농도를 높여야 한다.

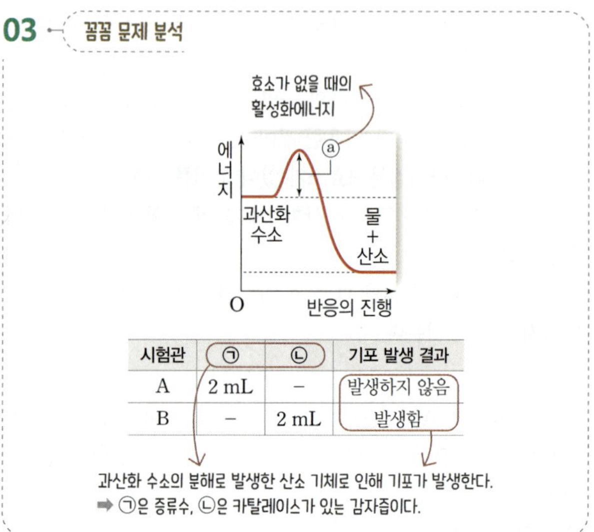

시험관	㉠	㉡	기포 발생 결과
A	2 mL	–	발생하지 않음
B	–	2 mL	발생함

과산화 수소의 분해로 발생한 산소 기체로 인해 기포가 발생한다.
➡ ㉠은 증류수, ㉡은 카탈레이스가 있는 감자즙이다.

ㄱ. 과산화 수소가 분해되면 산소 기체가 발생한다. ㉠을 넣은 시험관 A에서는 기포가 발생하지 않고, ㉡을 넣은 시험관 B에서는 기포가 발생하였으므로 B에서 과산화 수소가 분해되었다. 이는 ㉡에 과산화 수소의 분해를 촉진하는 물질(카탈레이스)이 들어 있기 때문이므로 ㉠은 증류수, ㉡은 감자즙이다.

ㄴ. 감자즙(㉡)에 들어 있는 카탈레이스는 반응의 활성화에너지(ⓐ)를 낮추어 반응이 빠르게 일어나게 한다.

(바로알기) ㄷ. 과산화 수소의 분해로 발생한 기포의 성분은 산소이므로 꺼져 가는 향불을 가까이 대면 다시 타오른다.

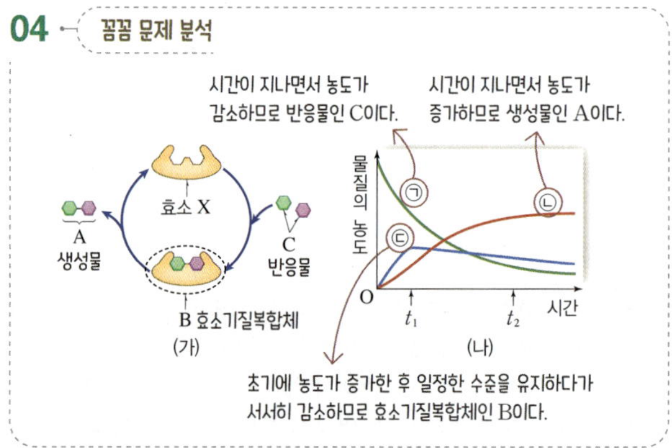

ㄱ. 생성물(A)은 반응이 진행되면서 농도가 증가하는 ㉡이다.

(바로알기) ㄴ. t_1에서 ㉢의 농도가 최대이다. ㉢은 효소와 반응물이 결합한 상태인 B이며, B의 농도가 최대인 것은 모든 효소가 반응물과 결합한 상태라는 것을 의미한다. 따라서 t_1일 때 반응물(C)을 더 첨가하더라도 ㉢의 농도는 더 이상 증가하지 않는다.

ㄷ. t_1일 때는 ㉢의 농도가 최대이므로 모든 효소가 반응물(C)과 결합한 상태이고, t_2일 때는 일부 효소가 반응물(C)과 결합하지 않은 상태이다. 따라서 반응물(C)과 결합하지 않은 X의 농도는 t_1일 때가 t_2일 때보다 낮다.

개념 확인 문제
208쪽

❶ DNA ❷ 유전자 ❸ 형질 ❹ 3염기조합 ❺ 전사
❻ 코돈 ❼ 번역 ❽ 라이보솜 ❾ 유전부호 ❿ 단백질

1 (1) ○ (2) × (3) ○ **2** 단백질 **3** ㉠ RNA, (가) 번역
4 (1) × (2) ○ (3) ○ **5** (1) ㉠ 핵, ㉡ 세포질의 라이보솜
(2) 4개 (3) UAU **6** (1) ○ (2) × (3) ×

1 (1) 유전자는 DNA의 특정 부위에 염기서열 형태로 존재한다.
(2) 한 분자의 DNA에는 수많은 유전자가 있으므로 염색체에는 유전자 여러 개가 있다.
(3) 유전정보가 저장된 DNA의 특정 부위를 유전자라고 하며, 유전자마다 DNA의 고유한 위치에 자리하고 있다.

2 유전자에 저장된 유전정보에 따라 단백질이 합성되고, 단백질이 작용함으로써 형질이 나타난다.

3 DNA의 유전정보는 RNA(㉠)로 전사되고, RNA의 유전정보에 따라 단백질이 합성되는 번역(가)이 일어난다.

4 (1) DNA의 유전부호를 3염기조합이라고 한다.
(2) RNA의 유전부호는 코돈이며, 총 64종류가 있다.
(3) 생명체의 유전부호 체계는 공통성이 있어서 대장균과 사람에서 같은 유전부호는 같은 아미노산을 지정한다.

5 (1) 사람의 세포 내에서 전사(㉠)는 핵 속에서, 번역(㉡)은 세포질에 있는 라이보솜에서 일어난다.
(2) RNA 가닥의 염기 수는 12개이고, 이로부터 합성된 단백질의 아미노산은 4개이다. 3개의 염기로 이루어진 코돈 하나가 아미노산 하나를 지정하므로 RNA 가닥에서 코돈의 개수는 4개이다.
(3) 아미노산 3을 지정하는 코돈은 UAU이다.

6 (1) 유전자 이상은 유전자를 구성하는 DNA 염기서열에 이상이 생기는 것이다.
(2) 유전자에 이상이 생기면 전사된 RNA의 코돈이 달라지고, 그에 따라 아미노산 배열 순서가 달라진 비정상 단백질이 만들어진다. 단백질은 아미노산 배열 순서에 따라 고유의 입체 구조를 가지므로 비정상 단백질은 정상 단백질과 입체 구조가 달라 제 기능을 할 수 없다.

(3) 낫모양적혈구빈혈증은 헤모글로빈 유전자의 염기 1개가 바뀌어 RNA의 코돈 1개도 바뀌고 이로 인해 헤모글로빈의 아미노산 1개가 바뀌게 된 것이다. DNA의 염기서열이 바뀌었지만 전사와 번역 과정이 일어나 비정상 헤모글로빈이 만들어진다.

완자쌤 비법 특강
209쪽

Q1 ㉠ CGTGGTTATTGG, ㉡ CGUGGUUAUUGG, ㉢ 아르지닌 – 글라이신 – 타이로신 – 트립토판
Q2 ㉠ CCU, ㉡ CGA, ㉢ 프롤린, ㉣ 아르지닌, ㉤ 아미노산 배열 순서가 바뀌어 이상 형질이 나타날 수 있다. ㉥ 아미노산 배열 순서가 바뀌지 않아 정상 형질이 나타난다.
Q3 ㉠ A, ㉡ CGUUGGUUAUUGG, ㉢ 아르지닌 – 트립토판 – 류신 – 류신

Q1 전사에 이용되지 않은 DNA 가닥 I과 RNA는 T 대신 U이 있는 것을 제외하고 염기서열이 같다. RNA에서 3개의 염기가 하나의 아미노산을 지정하는 코돈이 되므로 왼쪽 첫 번째 염기부터 염기 3개 조합에 해당하는 아미노산을 구한다.

Q2 정상 유전자의 염기서열에서 염기 1개가 바뀌었을 때 바뀐 코돈이 다른 아미노산을 지정하면 아미노산 배열 순서가 바뀌어 이상 형질이 나타날 수 있고, 바뀐 코돈이 같은 아미노산을 지정하면 아미노산 배열 순서이 바뀌지 않아 정상 형질이 나타난다.

Q3 DNA 염기서열 중간에 염기 1개가 끼어 들어간 경우, 끼어 들어간 위치부터 염기가 1개씩 밀려 번역틀이 바뀐다. 바뀐 번역틀에서도 왼쪽 첫 번째 염기부터 염기 3개 조합에 해당하는 아미노산을 찾는다.

01 ㄱ, ㄷ	**02** ⑤	**03** ④	**04** ②	**05** ③	**06** ②
07 ①	**08** ①	**09** ④	**10** ⑤	**11** ㄴ, ㄷ	
12 ㄱ, ㄴ	**13** ④	**14** 해설 참조		**15** 해설 참조	
16 해설 참조					

01 ㄱ. 유전자는 유전정보가 저장된 DNA의 특정 부위이다.
ㄷ. 단백질을 이루는 아미노산의 배열 순서에 대한 정보는 유전자에 저장되어 있다.

(바로알기) ㄴ. 한 분자의 DNA에는 수많은 유전자가 존재한다.

02 꼼꼼 문제 분석

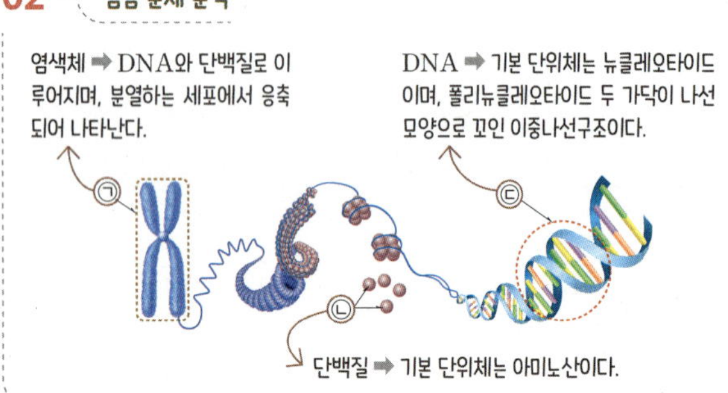

ㄱ. 염색체(㉠)는 DNA와 단백질로 구성된다.
ㄴ. 단백질(㉡)은 아미노산이 펩타이드결합으로 연결되어 형성된다.
ㄷ. DNA(㉢)의 기본 단위체인 뉴클레오타이드는 인산, 당, 염기가 결합한 물질이다.

03 ㄴ. 유전자에는 단백질을 이루는 아미노산 배열 순서에 대한 정보가 염기서열 형태로 저장되어 있고, 단백질 A와 B는 입체 구조가 서로 다른 단백질이므로 유전자 A와 B의 염기서열도 다르다.
ㄷ. 유전자 B의 염기서열에 이상이 생겨 아미노산 배열 순서가 바뀌면 정상 단백질 B가 합성되지 않을 수 있다.

(바로알기) ㄱ. DNA(㉠)는 아데닌(A), 구아닌(G), 사이토신(C), 타이민(T)의 4종류 염기로 구성되며, 유라실(U)은 없다.

04 ㄴ. 당나귀의 털색은 멜라닌 합성량이 많으면 갈색을 띠고, 합성량이 적으면 흰색을 띤다.

(바로알기) ㄱ. 유전자 A에는 멜라닌 합성 반응을 촉진하는 멜라닌합성효소에 대한 유전정보가 저장되어 있다.
ㄷ. 유전자 A와 유전자 B에서 합성되는 효소는 종류는 같으나 그 양이 다르다.

05 동물 세포에서는 핵(A) 속에 DNA(B)가 들어 있어 핵 속에서 RNA로 유전정보가 전사(C)된다. RNA는 세포질로 빠져나가 단백질합성 과정인 번역(D)에 사용되는데, 번역은 세포질의 라이보솜(E)에서 일어난다.

(바로알기) ③ 복제는 DNA로부터 유전정보가 똑같은 새로운 DNA를 합성하는 과정이다.

06 ㄴ. DNA의 유전정보가 RNA로 전달되는 과정 (가)는 전사이고, RNA의 유전정보에 따라 단백질이 합성되는 과정 (나)는 번역이다.

(바로알기) ㄱ. ㉠은 DNA로부터 전사된 RNA이다. RNA에는 당으로 라이보스가 있으며, 디옥시라이보스는 DNA에 있는 당이다.
ㄷ. RNA(㉠)에서는 3개의 염기조합이 하나의 아미노산을 지정하는 유전부호가 되므로, RNA를 구성하는 염기의 개수는 단백질을 구성하는 아미노산의 개수보다 최소 3배 이상 많다.

07 ㄱ. 코돈은 RNA의 3개 염기로 이루어지며, RNA의 염기는 A, G, C, U의 4종류가 있다. 따라서 코돈은 4^3＝64종류이다.

(바로알기) ㄴ. 코돈은 RNA의 연속된 3개의 염기로 이루어진다.
ㄷ. 코돈은 64종류이고, 아미노산은 20종류이다. 따라서 각 코돈은 하나의 아미노산을 지정하지만, 한 종류의 아미노산을 지정하는 코돈은 여러 개가 있을 수 있다.

08 꼼꼼 문제 분석

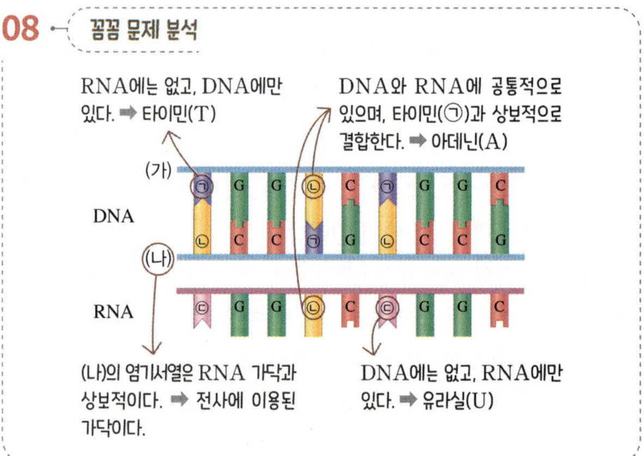

ㄱ. ㉠은 DNA에만 있고 RNA에는 없는 염기이므로 타이민(T)이다.

(바로알기) ㄴ. 전사에 이용된 DNA 가닥은 염기서열이 RNA와 상보적이므로 (나)이다.
ㄷ. 전사에 이용된 DNA 가닥 (나)의 아데닌(A) 개수와 이에 상보적인 RNA의 유라실(U) 개수가 같고, (가)의 아데닌(A) 개수와 RNA의 아데닌(A) 개수가 같다.

09 꼼꼼 문제 분석

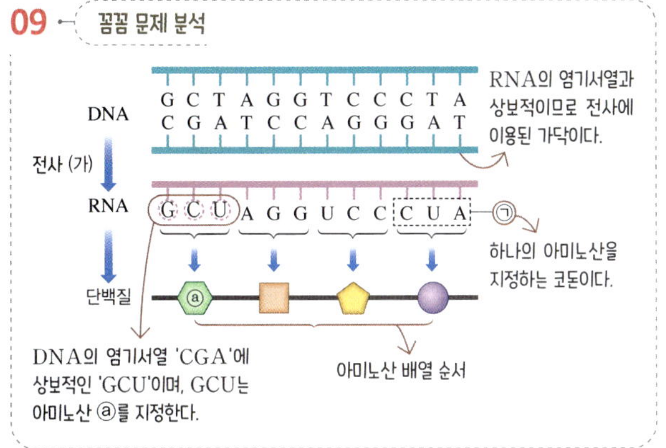

ㄴ. RNA에서 3개의 염기 조합인 ㉠은 코돈이다.

ㄷ. 아미노산 ⓐ를 지정하는 코돈은 전사에 이용된 가닥의 염기 CGA에 상보적인 GCU이다.

바로알기 ㄱ. DNA의 유전정보가 RNA로 전달되는 과정 (가)는 전사이다.

10 꼼꼼 문제 분석

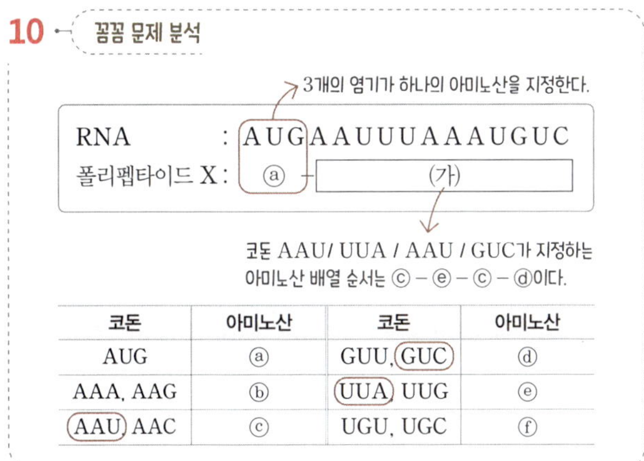

코돈	아미노산	코돈	아미노산
AUG	ⓐ	GUU, GUC	ⓓ
AAA, AAG	ⓑ	UUA, UUG	ⓔ
AAU, AAC	ⓒ	UGU, UGC	ⓕ

ㄱ, ㄷ. (가) 부분의 아미노산 배열 순서는 ⓒ - ⓔ - ⓒ - ⓓ이다. 따라서 X는 ⓐ - ⓒ - ⓔ - ⓒ - ⓓ로, 4종류의 아미노산 5개로 구성된다.

ㄴ. X는 ⓐ와 (가) 부분의 4개의 아미노산이 연결되어 5개의 아미노산이 있으므로 아미노산 사이의 펩타이드결합은 4개이다.

11 ㄴ, ㄷ. 모든 생물은 전사와 번역 과정을 거쳐 유전정보를 해석하며, 모든 생물의 유전부호 체계는 공통적이므로 코돈이 같으면 모든 생물에서 같은 아미노산을 지정한다.

바로알기 ㄱ. 생물종에 관계없이 지구상의 모든 생명체는 같은 유전부호 체계를 사용한다.

12 ㄱ. (가)는 페닐케톤뇨증으로, 유전자 이상으로 발생한다.

ㄴ. 페닐케톤뇨증은 페닐알라닌을 분해하는 효소가 정상적으로 합성되지 않아 이 효소가 관여하는 물질대사가 정상적으로 일어나

지 않는 유전병으로, 지능 장애, 옅은 갈색 피부 등의 증상이 나타난다.

바로알기 ㄷ. 유전자 A에는 페닐알라닌의 합성에 대한 유전정보가 아니라 페닐알라닌분해효소에 대한 유전정보가 저장되어 있다.

13 꼼꼼 문제 분석

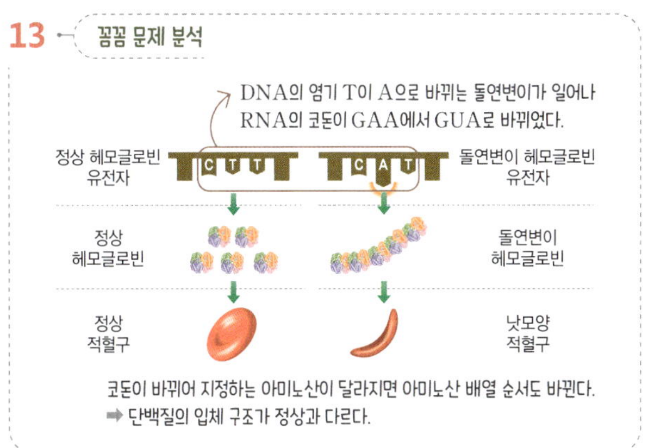

ㄱ. 정상 헤모글로빈과 돌연변이 헤모글로빈은 전체 아미노산 배열 순서에서 글루탐산이 발린으로 1개만 바뀐 것이다. 단백질의 입체 구조는 아미노산의 종류에 의해 결정되므로 아미노산 배열 순서가 1개만 바뀌어도 단백질의 입체 구조가 달라진다. 돌연변이 헤모글로빈을 갖는 적혈구는 낫 모양을 나타낸다.

ㄷ. 돌연변이 헤모글로빈은 정상 헤모글로빈의 유전자에서 염기 1개만 바뀐 것이다. 이와 같이 DNA에서 염기 1개만 바뀌어도 비정상 단백질이 만들어져 낫모양적혈구빈혈증과 같은 유전병이 나타날 수 있다.

바로알기 ㄴ. 돌연변이 헤모글로빈은 DNA에서 염기 1개만 바뀐 후 단백질이 합성된 것이므로, 아미노산 개수는 정상 헤모글로빈과 같다.

14 유전자는 DNA의 특정 부위로, 단백질에 대한 정보가 염기서열의 형태로 저장되어 있다. DNA에 있는 유전자의 유전정보는 RNA로 전사되고, RNA의 유전정보가 번역되어 단백질이 합성된다. 유전자 A가 전사와 번역 과정을 거쳐 만들어진 붉은 색소 합성효소에 의해 붉은 색소가 합성되면 꽃 색깔이 붉은색으로 나타난다.

모범 답안 DNA의 염기서열에 저장된 유전자 A의 유전정보는 RNA로 전사되고, 번역 과정을 통해 RNA의 유전정보로부터 단백질인 붉은 색소 합성효소가 합성된다. 이 효소의 작용으로 붉은 색소가 합성되어 꽃 색깔이 붉은색으로 나타난다.

채점 기준	배점
DNA와 유전자의 관계 및 전사와 번역을 포함하여 형질이 나타나는 과정을 옳게 서술한 경우	100 %
DNA와 유전자의 관계 및 전사와 번역을 포함하지 않고 형질이 나타나는 과정을 효소와 붉은 색소의 합성으로만 서술한 경우	40 %

15 (가)는 아미노산으로 이루어진 단백질이고, (나)는 염기 유라실(U)이 있으므로 RNA이며, (다)는 DNA이다. 유전정보는 DNA에 저장되어 있고, RNA로 전사된 후 단백질로 번역된다. RNA의 염기서열은 전사에 이용된 DNA 가닥과 상보적인 염기서열을 가지므로 (다)에서 전사에 이용된 DNA 가닥은 Ⅲ이다. 따라서 RNA의 ㉠ 부분의 염기서열은 AGA에 상보적인 UCU이다. RNA의 코돈 UGG/AAA/UCU/GGC가 지정하는 아미노산은 트립토판 – 라이신 – 세린 – 글라이신이다.

모범 답안 (1) UCU

(2) (나)는 유라실(U)이 있고 단일 가닥 구조인 RNA이고, (다)는 타이민(T)이 있고 이중나선구조인 DNA이다. RNA는 DNA의 가닥 Ⅲ과 상보적인 염기서열을 가지므로 전사에 이용된 DNA 가닥은 Ⅲ이다.

(3) 트립토판 – 라이신 – 세린 – 글라이신

	채점 기준	배점
(1)	염기서열을 옳게 쓴 경우	30 %
(2)	전사에 이용된 가닥이 Ⅲ이라는 것을 근거를 들어 옳게 서술한 경우	40 %
	Ⅲ이라고만 쓴 경우	20 %
(3)	아미노산 배열 순서를 옳게 쓴 경우	30 %

16 유전형질은 유전자가 전사와 번역 과정을 거쳐 합성된 단백질이 작용함으로써 나타난다. 유전자 이상이 유전병으로 나타나게 되는 것은 결과적으로 정상 단백질이 합성되지 않았기 때문이다.

모범 답안 유전자 이상으로 염기서열이 바뀌면 이로부터 전사된 RNA의 코돈이 바뀌어 지정하는 아미노산이 달라지고, 그에 따라 정상적인 기능을 하는 단백질이 합성되지 않아 유전병이 나타난다.

채점 기준	배점
유전병의 원리를 유전자 이상, RNA 코돈 이상, 단백질의 아미노산 배열 순서 변화와 관련지어 옳게 서술한 경우	100 %
유전자 이상으로 비정상 단백질이 합성되어 유전병이 나타난다고만 서술한 경우	50 %

01 ⑤   02 ②   03 ④   04 ④

01   꼼꼼 문제 분석

ㄱ. 전사 과정에서는 DNA의 전사에 이용된 DNA 가닥에 상보적인 염기를 가진 뉴클레오타이드가 결합하여 RNA(물질 X)가 합성된다.

ㄴ. DNA에는 폴리펩타이드(물질 Y)를 구성하는 기본 단위체인 아미노산의 배열 순서에 대한 정보가 저장되어 있다.

ㄷ. 라이보솜(가)은 세포질에 있다. 핵 속에 있는 DNA는 직접 단백질합성에 이용되지 않고, 유전정보가 RNA로 전사된 후 RNA가 핵을 빠져나와 라이보솜과 결합하여 단백질합성이 일어난다.

02   꼼꼼 문제 분석

구분	염기 조성(%)					
	아데닌 (A)	구아닌 (G)	사이토신 (C)	타이민 (T)	유라실 (U)	계
(가)X_2	28	33	22	17	0	100
(나)X_1	㉠17	22	㉡33	㉢28	0	100
(다)Y	㉣17	22	33	0	㉤28	100

1. (가)와 (나)는 유라실(U)이 0 %이다. ➡ 각각 X_1과 X_2 중 하나이고, (다)는 Y이다.

2. DNA를 이루는 두 가닥은 염기가 상보결합을 하므로
- (가)의 타이민(T)과 (나)의 아데닌(A)의 비율이 같다. ➡ ㉠=17
- (가)의 구아닌(G)과 (나)의 사이토신(C)의 비율이 같다. ➡ ㉡=33
- (가)의 아데닌(A)과 (나)의 타이민(T)의 비율이 같다. ➡ ㉢=28

3. RNA의 염기와 전사에 이용된 DNA 가닥의 염기는 상보적이다. (다)(Y)에서 구아닌(G)의 비율이 22 %이고, (가)의 사이토신(C)의 비율이 22 %이다. ➡ (가)는 전사에 이용된 가닥 X_2이다.

4. Y는 전사에 이용된 가닥 X_2와 상보적인 염기의 비율이 같다. ➡ ㉣=17, ㉤=28

ㄴ. 위의 분석에 따라 구한 ㉠ ~ ㉤의 값을 이용하면,
$$\frac{㉠+㉤}{㉢+㉣}=\frac{17+28}{28+17}=1$$이다.

바로알기 ㄱ. (가)와 (나)는 타이민(T)이 있는 DNA 가닥이고, (다)는 타이민(T)이 없는 RNA 가닥이다. (가)와 (다)의 상보적인 염기의 비율이 같으므로 (가)는 전사에 이용된 가닥인 X_2, (나)는 X_1, (다)는 Y이다.

ㄷ. ㉡은 33이다.

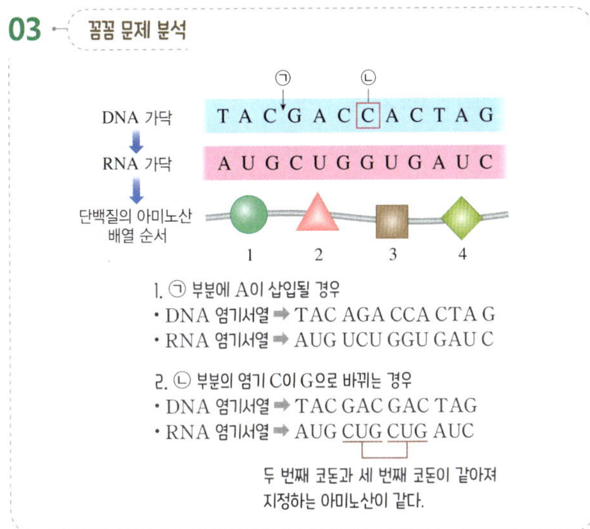

ㄴ. ㉠ 부분에 염기 A이 삽입되면 뒤로 염기가 1개씩 밀려 번역 틀이 바뀌면서 두 번째 코돈이 UCU, 세 번째 코돈이 GGU, 네 번째 코돈이 GAU로 바뀐다.

ㄷ. ㉡ 부분의 염기 C이 G으로 바뀌면 두 번째와 세 번째 코돈이 CUG로 같아지므로 지정하는 아미노산도 같아진다.

바로알기 ㄱ. 코돈은 RNA의 염기 3개의 조합이므로 아미노산 4를 지정하는 코돈은 AUC이다.

정상 유전자	RNA ：–CCU GAA GAG– 아미노산: – 프롤린 – 글루탐산 – 글루탐산 –
(가)	RNA ：–CCU GUA GAG– 아미노산: – 프롤린 – 발린 – 글루탐산 –
(나)	RNA ：–CCU GAG GAG– 아미노산: – 프롤린 – 글루탐산 – 글루탐산 –

• 정상 유전자에서 코돈 GAA와 GAG는 모두 글루탐산을 지정한다.
• (가)에서 GUA는 발린을 지정하므로 정상 단백질과 아미노산 배열 순서가 다른 단백질이 합성된다. ➡ 낫모양적혈구빈혈증
• (나)에서 GAG는 글루탐산을 지정하므로 정상 단백질과 아미노산 배열 순서가 같다. ➡ 정상 형질

ㄱ. (가)에서 합성되는 단백질은 글루탐산이 발린으로만 바뀐 것을 제외하고는 아미노산 배열 순서가 같으므로 아미노산 개수는 정상 단백질과 같다.

ㄷ. 코돈 GAA와 GAG는 모두 글루탐산을 지정하므로, 글루탐산을 지정하는 코돈은 2개 이상이다.

바로알기 ㄴ. (나)는 정상 단백질과 아미노산 배열 순서가 같으므로 정상 형질이 나타난다. 낫모양적혈구빈혈증을 일으키는 것은 정상 단백질과 아미노산 배열 순서가 다른 (가)이다.

❶ 라이보솜 ❷ 마이토콘드리아 ❸ 엽록체 ❹ 인지질
❺ 선택적 ❻ 확산 ❼ 삼투 ❽ 세포벽 ❾ 효소
❿ 동화작용 ⓫ 활성화에너지 ⓬ 기질특이성 ⓭ 코돈
⓮ 전사 ⓯ 번역 ⓰ 유전자 이상

01 ①	02 ①	03 해설 참조	04 ⑤	05 ③
06 해설 참조	07 ①	08 ③	09 ①	10 ⑤
11 ③	12 ③	13 해설 참조	14 ①	
15 해설 참조	16 ①	17 ⑤	18 ①	
19 해설 참조	20 해설 참조		21 ①	22 ②
23 ②	24 ⑤			

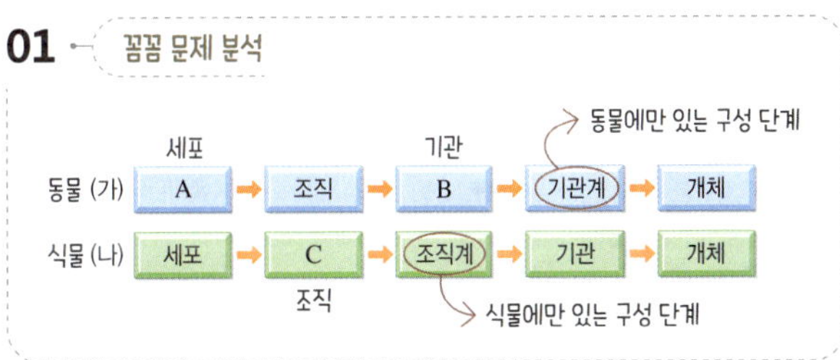

ㄱ. 세포(A)는 세포막으로 둘러싸여 있으며, 생명체의 구조적 · 기능적 단위이다.

바로알기 ㄴ. 동물의 구성 단계(가) 중 기관(B)의 예에는 심장, 폐 등이 있다. 잎, 뿌리, 줄기는 식물의 구성 단계(나) 중 기관의 예이다.

ㄷ. 조직(C)은 모양과 기능이 비슷한 세포로 이루어진다.

02 A는 핵, B는 액포, C는 마이토콘드리아, D는 엽록체, E는 세포벽이다.

② 액포(B)는 막으로 둘러싸여 있는 주머니로, 물, 색소, 노폐물 등이 저장되어 있다.

③ 마이토콘드리아(C)에서는 유기물을 분해하여 세포의 생명활동에 필요한 에너지를 생산한다.

④ 엽록체(D)에서는 빛에너지를 흡수하여 이산화 탄소와 물을 원료로 포도당을 합성하는 광합성이 일어난다. 광합성 과정에서 빛에너지는 포도당의 화학 에너지로 전환된다.

⑤ 세포벽(E)은 식물 세포의 세포막 바깥에 있는 단단한 벽으로, 주성분은 셀룰로스이다.

(바로알기) ① 핵(A)에는 DNA가 들어 있어 유전정보의 전사가 일어나 RNA가 합성된다. RNA의 유전정보에 따라 단백질이 합성되는 번역은 세포질의 라이보솜에서 일어난다.

03 동물 세포와는 달리 식물 세포에는 엽록체와 세포벽이 있다.

(모범 답안) 식물 세포, 엽록체(D)와 세포벽(E)은 동물 세포에는 없고 식물 세포에만 있기 때문이다.

채점 기준	배점
두 가지 세포소기관의 이름을 포함하여 식물 세포라는 것을 옳게 서술한 경우	100 %
한 가지 세포소기관의 이름을 포함하여 식물 세포라는 것을 옳게 서술한 경우	70 %
식물 세포라고만 쓴 경우	50 %

04 ─ 꼼꼼 문제 분석

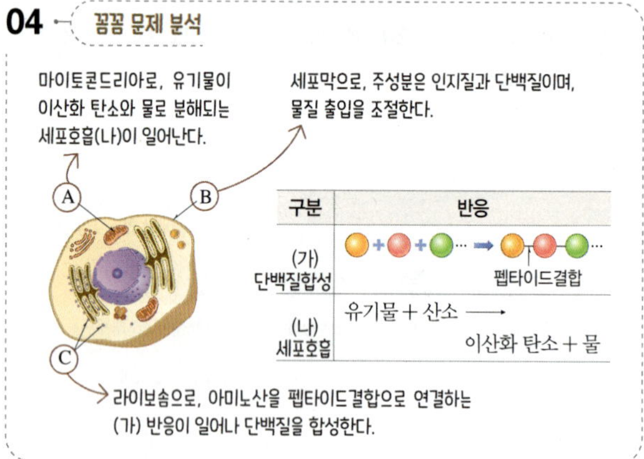

ㄱ. (가)는 아미노산이 펩타이드결합으로 연결되는 반응으로, 단백질합성 장소인 라이보솜(C)에서 일어난다.

ㄴ. (나)는 세포호흡으로 유기물이 분해되는 반응이며, 마이토콘드리아(A)에서 세포호흡을 통해 에너지를 생산한다.

ㄷ. 세포호흡(나) 과정에서 생성된 이산화 탄소는 세포막(B)의 인지질 2중층을 통해 확산한다.

05 ㄱ. A는 인지질 2중층으로, 세포막을 구성하는 인지질은 유동성이 있다.

ㄷ. B는 세포막 곳곳에 파묻혀 있거나 관통하고 있는 단백질이며, 단백질은 아미노산이 펩타이드결합으로 연결되어 형성된다.

(바로알기) ㄴ. 인지질은 친수성 머리 부분과 소수성 꼬리 부분으로 되어 있는데, 친수성 부분은 물이 풍부한 세포 안쪽과 바깥쪽을 향하고, 소수성 부분은 세포막의 안쪽으로 모여 있다.

06 사람의 적혈구를 개구리의 혈장에 넣었을 때 적혈구 안으로 물이 많이 들어와 적혈구가 부풀었으므로 사람 적혈구 안이 개구리 혈장보다 농도가 높다. 또 사람의 적혈구를 갈치의 혈장에 넣었을 때는 적혈구 밖으로 물이 많이 빠져나가서 적혈구가 쭈그러들었으므로 사람 적혈구 안보다 갈치 혈장이 농도가 높다. 따라서 각 동물의 혈장(적혈구) 농도를 비교하면 갈치 > 사람 > 개구리이다.

(모범 답안) 갈치의 혈장은 개구리의 혈장보다 농도가 높으므로 갈치의 적혈구를 개구리의 혈장에 넣으면 삼투에 의해 갈치의 적혈구 안으로 물이 많이 들어와 적혈구가 부푼다.

채점 기준	배점
갈치와 개구리의 혈장 농도를 비교하고, 삼투에 의해 물이 적혈구 안으로 들어와 적혈구가 부푼다고 옳게 서술한 경우	100 %
갈치와 개구리의 혈장 농도 비교 없이 삼투에 의한 물의 이동으로 적혈구가 부푼다고만 서술한 경우	70 %
적혈구가 부푼다고만 서술한 경우	50 %

07 ㄱ. (가)는 포도당에는 해당하고, 산소와 이산화 탄소에는 해당하지 않는 특징이므로 '막단백질을 통해 이동한다.' 등이 해당한다.

(바로알기) ㄴ. 산소와 이산화 탄소는 인지질 2중층을 통해 농도가 높은 쪽에서 낮은 쪽으로 이동하는데 세포막을 경계로 안이나 밖으로 방향이 정해져 있는 것은 아니다. 따라서 '항상 세포 안에서 밖으로 이동한다.'는 (나)에 해당하지 않는다.

ㄷ. 산소와 이산화 탄소가 세포막을 통해 이동하는 방식은 확산이므로 세포에서 에너지를 사용하지 않는다.

08 ─ 꼼꼼 문제 분석

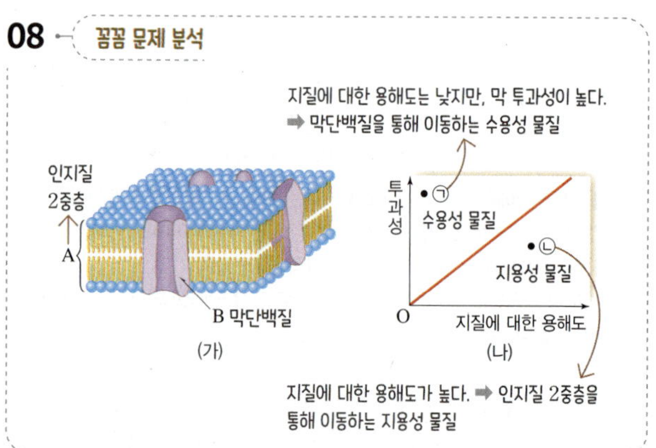

ㄱ. 단백질(B)의 기본 단위체는 아미노산이다.

ㄴ. ㉠은 수용성 물질이고, ㉡은 지용성 물질이다. ㉠은 지질에 대한 용해도가 ㉡보다 낮아서 인지질 2중층(A)을 통해 이동하기 어렵다.

(바로알기) ㄷ. ㉡은 지질에 대한 용해도가 높으므로 지용성 물질이고, 인지질 2중층(A)을 직접 통과하여 확산한다.

09 ㄱ. 세포막을 통한 산소의 이동은 인지질 2중층을 통해 일어나므로 Ⅰ은 A이다.

(바로알기) ㄴ. 포도당(㉠)은 지질과 잘 섞이지 않는 수용성 물질로, 인지질 2중층을 통과할 수 없고 막단백질을 통해 이동하므로 Ⅱ는 B이다.

ㄷ. 막단백질을 통한 확산(Ⅱ)에서 물질 이동 속도는 세포막 안팎의 농도 차에 따라 증가하지만, 물질 이동에 관여하는 막단백질의 수가 정해져 있어서 일정 수준 이상으로 증가하지 않는다.

10 ─ 꼼꼼 문제 분석

비커	A	B	C	D
감자 조각의 질량 변화(g)	+0.21	+0.18	0	−0.42

(+: 증가, −: 감소)

• 감자 세포액보다 설탕 용액의 농도가 낮으면 삼투에 의해 물이 세포 안으로 많이 들어와 감자 조각의 질량이 증가한다.
• 세포막을 경계로 용액의 농도 차가 클수록 이동하는 물의 양이 많아 감자 조각의 질량 변화가 크다.

• 감자 세포액보다 설탕 용액의 농도가 높으면 삼투에 의해 물이 세포 밖으로 많이 빠져나가 감자 조각의 질량이 감소한다.

➡ 설탕 용액의 농도는 D>C>B>A이다.

ㄱ. A에 넣은 감자 조각의 질량이 증가하였으므로 삼투에 의해 물이 감자 세포 안으로 많이 이동하였다. 따라서 A에 넣은 설탕 용액은 감자 세포액보다 농도가 낮다.

ㄴ. C에서 감자 조각의 질량 변화가 없는 것은 설탕 용액의 농도가 감자 세포액과 비슷하여 세포막 안팎으로 이동하는 물의 양이 같기 때문이다.

ㄷ. A~D 중 D에 넣은 감자 조각만 질량이 감소하였다. 이를 통해 D에 넣은 설탕 용액만 감자 세포액보다 농도가 높다는 것을 알 수 있다. 따라서 A~D 중 D에 넣은 설탕 용액의 농도가 가장 높다.

11 ─ 꼼꼼 문제 분석

달걀은 하나의 세포이며, 달걀의 속껍질은 선택적 투과성이 있다. 달걀의 속껍질 안팎의 농도 차에 따라 삼투가 일어난다.

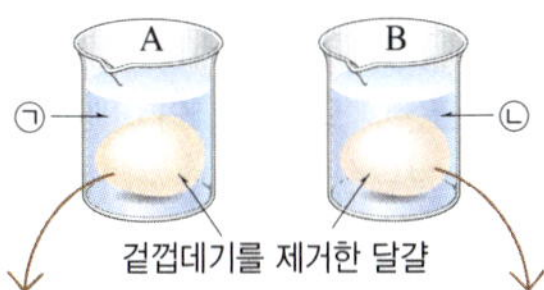

ㄱ. A의 달걀은 질량이 증가하였고, B의 달걀은 질량이 감소하였으므로 ㉠은 증류수이고, ㉡은 10 % 소금물이다.

ㄴ. 달걀 속껍질을 경계로 달걀 안과 바깥 용액의 농도 차가 있으면 삼투에 의해 농도가 낮은 용액에서 농도가 높은 용액 쪽으로 물 분자가 이동한다. 증류수(㉠)에 담가 둔 달걀은 밖에서 안으로 물이 많이 들어와 달걀의 질량이 증가하였으며, 10 % 소금물(㉡)에 담가 둔 달걀은 안에서 밖으로 물이 많이 빠져나가 달걀의 질량이 감소하였다. 즉, 달걀의 질량 변화는 농도 차에 따른 물 분자의 이동으로 나타난다.

(바로알기) ㄷ. 10 % 소금물(㉡)에 넣은 달걀에서는 달걀 밖으로 이동한 물의 양이 달걀 안으로 이동한 물의 양보다 많아서 달걀의 질량이 감소하였다.

12 A는 이산화 탄소(CO_2)와 물(H_2O)을 원료로 포도당을 합성하는 광합성이고, B는 포도당을 이산화 탄소와 물로 분해하는 세포호흡이다.

ㄱ. 세포호흡(B)은 물질을 분해하는 과정이므로 이화작용의 예이다. 광합성(A)은 동화작용의 예이다.

ㄴ. 물질대사에는 모두 생체촉매인 효소가 관여한다.

(바로알기) ㄷ. (나)는 에너지가 방출되는 발열 반응이며, 광합성(A)이 일어날 때에는 에너지가 흡수되는 흡열 반응이 일어난다.

13 A는 라이보솜, B는 마이토콘드리아이다. 라이보솜에서는 아미노산을 펩타이드결합으로 연결하여 단백질을 합성한다. 마이토콘드리아에서는 유기물을 분해하여 에너지를 생산한다.

(모범 답안) A에서는 단백질합성이 일어나며, 이때 에너지가 흡수된다. B에서는 세포호흡이 일어나며, 이때 에너지가 방출된다.

채점 기준	배점
A와 B에서 일어나는 물질대사와 에너지 출입을 모두 옳게 서술한 경우	100 %
A와 B 중 하나에서 일어나는 물질대사와 에너지 출입을 옳게 서술한 경우	50 %

14 ㄱ. ㉠과 ㉡은 반응물이고, ㉣은 반응의 결과로 형성된 생성물이며, 반응 전후에 변화가 없는 ㉢은 효소이다.

(바로알기) ㄴ. 이 반응은 ㉠과 ㉡이 ㉣로 합성되는 반응이므로 동화작용이고, 에너지가 흡수되는 흡열 반응이다.

ㄷ. 반응이 진행됨에 따라 반응물(㉠과 ㉡)의 양은 감소하고 생성물(㉣)의 양은 증가하며, 효소(㉢)의 양은 반응 전후에 변화가 없다.

15 엿기름물에는 아밀레이스가 들어 있으며, 아밀레이스는 녹말을 엿당으로 분해하는 반응을 촉진한다. 효소에 의해 녹말이 계속 엿당으로 분해되면 맛이나 향이 변하는데, 끓여서 효소를 변성시키면 효소의 작용이 멈춘다.

(모범 답안) 식혜는 엿기름물(㉠)에 들어 있는 아밀레이스를 이용하여 밥 속의 녹말을 엿당으로 분해하여 만드는데, 녹말이 어느 정도 분해되면 끓여서(㉡) 효소를 변성시켜 더 이상 반응이 진행되지 않도록 한다.

채점 기준	배점
아밀레이스의 작용과 효소의 변성을 모두 옳게 서술한 경우	100 %
아밀레이스와 작용과 효소의 변성 중 한 가지만 옳게 서술한 경우	60 %
아밀레이스만 옳게 쓴 경우	30 %

16 ─ 꼼꼼 문제 분석

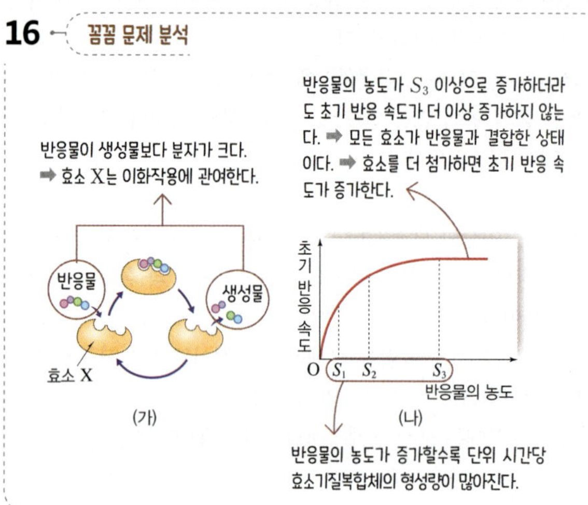

ㄱ. X가 관여하는 반응에서 반응물이 생성물보다 크고 복잡한 물질이다. 따라서 X는 물질을 분해하는 이화작용에 관여한다.

바로알기 ㄴ. 동일한 효소가 관여하는 반응의 활성화에너지는 반응물의 농도에 관계없이 일정하다.

ㄷ. S_3일 때는 초기 반응 속도가 최대인 상태로, 모든 효소가 반응물과 결합한 상태이다. 반응이 끝나면 X는 새로운 반응물과 다시 결합한다.

17 ─ 꼼꼼 문제 분석

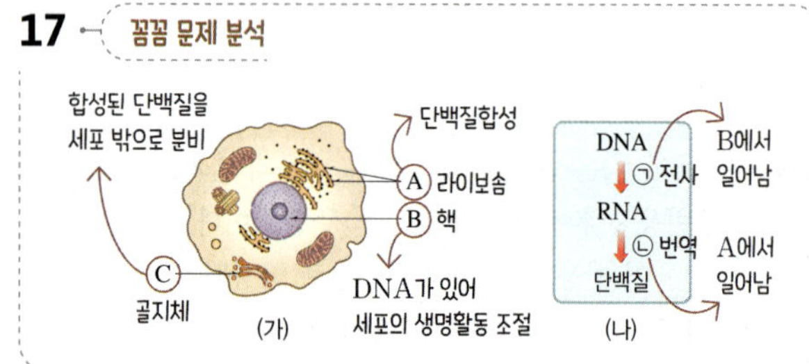

ㄱ. 라이보솜(A)에서는 RNA의 유전정보에 따라 단백질이 합성되는 번역(ⓒ) 과정이 일어난다.

ㄴ. DNA가 있는 핵(B) 속에서 전사(⑤)가 일어나며, 이중나선 DNA 중 한 가닥을 이용하여 RNA가 합성된다. RNA의 기본 단위체는 뉴클레오타이드이고, 뉴클레오타이드가 차례로 결합하여 폴리뉴클레오타이드인 RNA가 형성된다.

ㄷ. 골지체(C)는 단백질의 이동과 분비에 관여하는 세포소기관으로, 전사와 번역을 거쳐 합성된 단백질을 막으로 싸서 세포 밖으로 분비한다.

18 ─ 꼼꼼 문제 분석

ㄱ. A는 단백질을 구성하는 기본 단위체인 아미노산으로, 20종류가 있다.

바로알기 ㄴ. RNA의 코돈 1개는 3개의 염기로 구성되며, 코돈 1개당 아미노산 하나를 지정한다. 폴리펩타이드 ⑤은 8개의 아미노산으로 구성되어 있으므로 RNA(B)의 코돈 8개가 번역된 것이다.

ㄷ. 라이보솜(C)은 세포질에 있다.

19 모든 생명체는 공통조상으로부터 진화해왔으므로 같은 유전부호 체계를 사용한다. 즉, 서로 다른 생물이라도 코돈이 같으면 지정하는 아미노산이 같으므로 사람의 유전자를 대장균에 주입하였을 때 합성되는 단백질은 사람에서 합성되는 단백질과 같다.

모범 답안 모든 생명체는 같은 유전부호 체계를 사용하기 때문에 생물종에 관계없이 같은 코돈은 같은 아미노산을 지정한다. 따라서 사람의 인슐린 유전자를 대장균에 주입하면 대장균 내에서 전사와 번역 과정을 거쳐 사람의 인슐린 단백질이 합성된다.

채점 기준	배점
모든 생명체는 같은 유전부호 체계를 사용한다는 것을 포함하여 옳게 서술한 경우	100 %
사람의 유전자가 대장균 내에서 전사, 번역되었다고만 서술한 경우	50 %

20 전사에 이용된 가닥 (가)의 염기서열은 RNA의 염기서열과 상보적이며 U 대신 T을 갖는다. 또한 RNA에서 아미노산을 지정하는 코돈은 연속된 3개의 염기로 이루어지므로 개시코돈과 종결코돈을 고려하지 않는다면 최대 RNA의 염기의 수를 3으로 나눈 수만큼 아미노산이 지정될 수 있다.

모범 답안 (1) GCCTTGATACGGAGG

(2) RNA의 염기 3개가 코돈이 되어 하나의 아미노산을 지정하므로 15개의 염기로 이루어진 RNA로부터 만들어진 폴리펩타이드는 최대 5개의 아미노산으로 구성된다.

	채점 기준	배점
(1)	(가)의 염기서열을 모두 옳게 쓴 경우	40 %
(2)	폴리펩타이드를 이루는 아미노산의 수를 구하는 과정을 근거를 들어 옳게 서술한 경우	60 %
	아미노산의 수만 옳게 쓴 경우	30 %

21 꼼꼼 문제 분석

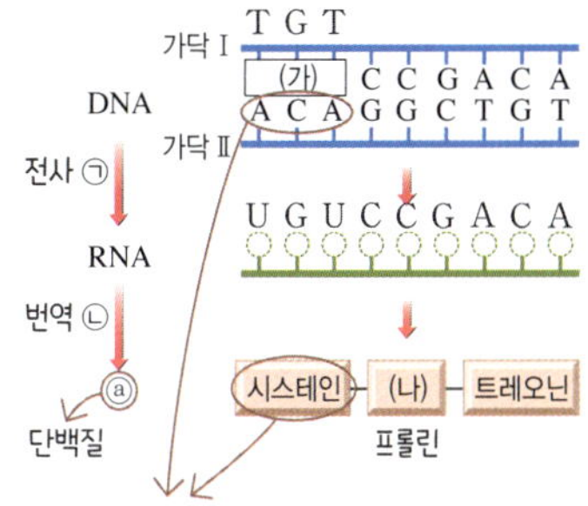

코돈	아미노산
ACA	트레오닌
CCG	프롤린
GGC	글라이신
UGU	시스테인

시스테인을 지정하는 코돈은 UGU이므로 전사에 이용된 DNA 가닥의 염기서열은 UGU에 상보적인 ACA이다. ➡ 전사에 이용된 가닥은 Ⅱ이다.

㉠은 DNA의 유전정보가 RNA로 전달되는 전사, ㉡은 RNA의 유전정보에 따라 단백질(ⓐ)이 합성되는 번역이다.

① 아미노산이 연결되어 합성되는 단백질은 ⓐ에 해당한다.

바로알기 ② (가)에 들어갈 염기서열은 ACA에 상보적인 TGT이다.

③ RNA의 염기서열은 시스테인을 지정하는 코돈 UGU, 트레오닌을 지정하는 코돈 ACA를 포함하므로 이와 상보적인 염기서열을 갖는 DNA 가닥 Ⅱ로부터 RNA가 전사되었다. 따라서 RNA의 염기서열은 UGUCCGACA이다.

④ 동물 세포에서 전사(㉠)는 DNA가 있는 핵 속에서 일어나고, 번역(㉡)은 라이보솜이 있는 세포질에서 일어난다.

⑤ (나)에 들어갈 아미노산은 코돈 CCG가 지정하는 프롤린이다.

22 꼼꼼 문제 분석

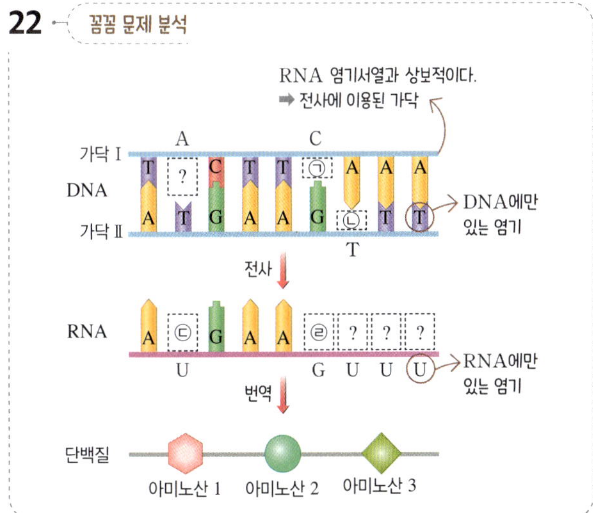

ㄴ. ㉡은 DNA에서 아데닌(A)과 상보결합하는 염기로 타이민(T)이고, ㉢은 RNA에만 있는 유라실(U)이다.

바로알기 ㄱ. 전사에 이용된 DNA 가닥은 Ⅰ이고, Ⅰ과 RNA의 염기서열은 상보적이다. 따라서 ㉠은 사이토신(C)이고, ㉣은 구아닌(G)이다.

ㄷ. 아미노산 3을 지정하는 코돈은 UUU이다.

23 ㄴ. 유전자 이상은 DNA 염기서열에 이상이 생기는 것이며, ㉡은 ㉠의 이상으로 나타나므로 ㉠과 ㉡의 염기서열은 다르다.

바로알기 ㄱ. ㉠에는 멜라닌합성효소에 대한 유전정보가 저장되어 있다. 멜라닌은 멜라닌합성효소에 의해 생성되는 것이지, 멜라닌합성효소 유전자에 저장된 유전정보로부터 직접 만들어지는 것은 아니다.

ㄷ. 백색증 토끼는 멜라닌합성효소를 만들지 못하여 멜라닌이 생성되지 못한다. 따라서 백색증 토끼에서 멜라닌합성효소의 생성량은 정상 토끼에서와 같지 않다.

24 꼼꼼 문제 분석

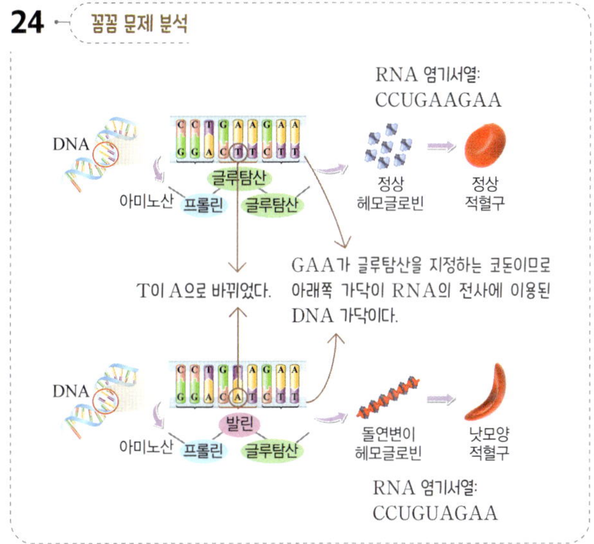

ㄱ. GAA는 글루탐산을 지정하는 코돈이므로 DNA 중 아래쪽에 있는 가닥이 전사에 이용되었다. 돌연변이 헤모글로빈의 발린을 지정하는 RNA의 코돈은 GUA이다.

ㄴ. 유전자를 이루는 DNA의 염기가 바뀌어 염기서열이 달라지면 코돈이 바뀌어 지정하는 아미노산이 달라지고, 이에 따라 아미노산의 배열 순서가 바뀐다.

ㄷ. 아미노산의 배열 순서가 글루탐산에서 발린으로 바뀐 결과 정상 적혈구가 아닌 낫모양적혈구가 만들어졌다. 이처럼 단백질의 종류와 특성은 아미노산의 배열 순서에 따라 결정된다.

중단원 고난도 문제 221쪽

01 ③ **02** ①, ③ **03** ㄱ, ㄷ **04** ㄱ, ㄴ

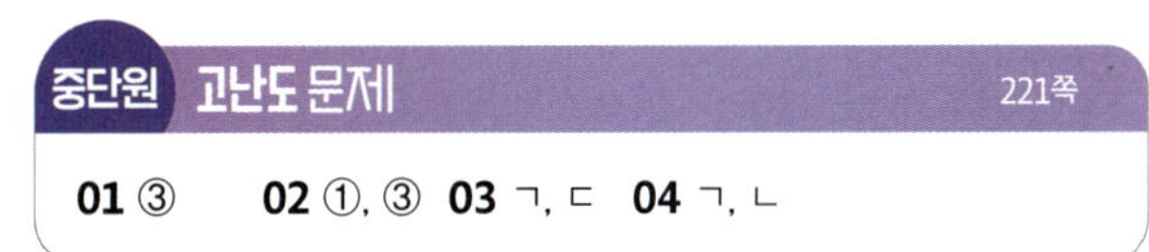

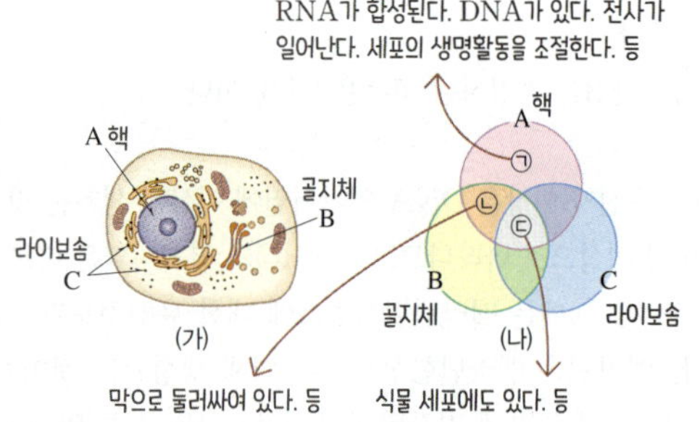

선택지 분석

㉠ 'RNA가 합성된다.'는 ㉠에 해당한다.
✗ '단백질의 합성에 관여한다.'는 ㉡에 해당한다.
㉢ '식물 세포에도 존재한다.'는 ㉢에 해당한다.

전략적 풀이 ❶ 세포소기관의 모양을 보고 A~C를 알아낸다.
A는 핵, B는 골지체, C는 라이보솜이다.
❷ A~C의 특징을 고려하여 이들의 공통점과 차이점을 구분한다.
ㄱ. ㉠은 핵(A)에는 있지만 골지체(B)와 라이보솜(C)에는 없는
특징이다. 따라서 'RNA가 합성된다.'는 ㉠에 해당한다.
ㄴ. 핵(A)에서는 DNA로부터 단백질의 아미노산 배열 순서에
대한 정보가 RNA로 전사되며, 라이보솜(B)에서는 RNA의 유
전정보에 따라 단백질을 합성한다. 따라서 '단백질의 합성에 관여
한다.'는 핵(A)과 라이보솜(C)의 공통 특징에 해당한다.
ㄷ. 핵(A), 골지체(B), 라이보솜(C)은 동물 세포와 식물 세포에
모두 있으므로 '식물 세포에도 존재한다.'는 ㉢에 해당한다.

선택지 분석
① (나)에서 B 쪽 수면의 높이 변화는 삼투에 의한 물의 이
동으로 나타난다.
✗ 용액의 설탕 농도는 A>B이다. A<B
③ A 쪽 용액의 설탕 농도는 t_2일 때가 t_1일 때보다 높다.
✗ B 쪽의 설탕의 양은 t_2일 때가 t_1일 때보다 많다. 같다
✗ t_1일 때 A 쪽과 B 쪽의 용액의 설탕 농도는 같다.

전략적 풀이 ❶ U자관에서 양쪽의 수면 높이가 달라지는 것은 삼투
에 의한 물 분자의 이동 때문임을 파악하고, B 쪽 수면 변화를 토대로
물 분자의 이동 방향을 파악하여 양쪽 용액의 농도를 비교한다.
① U자관 사이의 선택적 투과가 가능한 막은 물 분자는 통과시
키지만 설탕 분자는 통과시키지 않는다. 따라서 (나)에서 B 쪽
수면이 높아진 것은 삼투에 의해 A 쪽에서 B 쪽으로 물이 많이
이동하여 나타난 현상이다.
② 삼투에 의한 물의 이동이 A 쪽에서 B 쪽으로 많이 일어나 B
쪽의 수면이 높아졌으므로 용액의 설탕 농도는 A<B이다.
④ 설탕 분자는 막을 통해 통과할 수 없으므로 A 쪽과 B 쪽에 들
어 있는 설탕의 양은 t_1일 때와 t_2일 때도 처음에 용액을 넣었을
때와 같게 유지된다.
❷ 물이 A 쪽 → B 쪽으로 많이 이동함에 따라 각 용액의 농도는 어
떻게 변하는지 파악하고, 양쪽 용액의 농도 차가 있을 때 한 쪽의 수면
이 높아진다는 것을 이해한다.
③ t_2일 때가 t_1일 때보다 A 쪽에서 B 쪽으로 이동한 물의 양이
많아서 B 쪽의 수면이 더 높다. 따라서 A 쪽 용액의 설탕 농도는
t_2일 때가 t_1일 때보다 높다.
⑤ t_1 이후에도 B 쪽의 수면이 높아지므로 용액의 설탕 농도는
B 쪽이 A 쪽보다 높다.

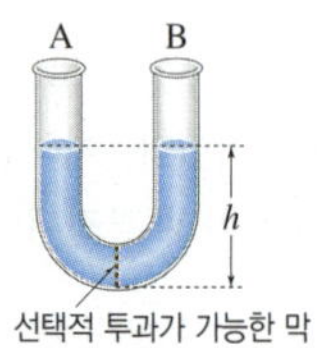

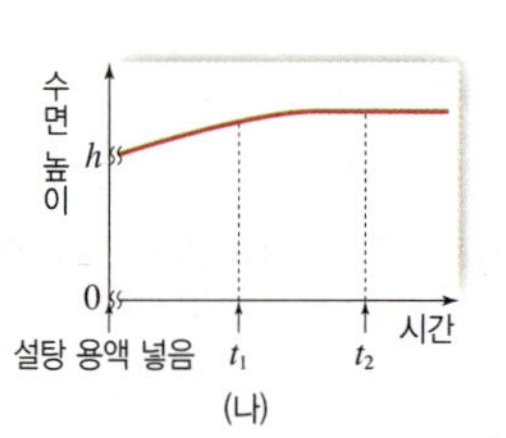

선택적 투과가 가능한 막을
경계로 농도가 서로 다른 용액
이 있으므로 삼투로 인한 물의
이동이 일어난다.

시간이 지나면서 B 쪽의 수면이 높아졌다.
➡ A 쪽에서 B 쪽으로 이동한 물의 양이
많다. ➡ (가)에서 넣어 준 용액의 설탕 농
도는 B 쪽이 A 쪽보다 높다.

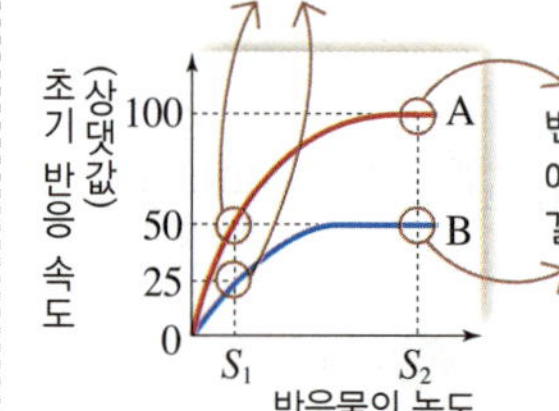

S_1일 때와 S_2일 때 각각 초기 반응 속도는 A가 B의 2배이다. ➡ 반응물
과 결합한 효소의 양이 많을수록 초기 반응 속도가 빠르므로 A는 E의 농
도가 더 높은 Ⅱ의 결과이고, B는 E의 농도가 낮은 Ⅰ의 결과이다.

ㄱ. A는 Ⅱ의 결과이다.

ㄴ. S_1일 때 반응물과 결합한 E의 양은 A와 B에서 같다.

ㄷ. Ⅰ의 결과에서 $\dfrac{\text{반응물과 결합하지 않은 E의 양}}{\text{전체 E의 양}}$ 은 S_2일 때가 S_1일 때보다 작다.

전략적 풀이 ❶ 반응물의 농도가 같을 때, 효소의 농도가 높을수록 초기 반응 속도는 어떻게 되는지 생각한다.

ㄱ. 반응물의 농도가 S_1이나 S_2로 같을 때 초기 반응 속도는 A가 B의 2배이다. 초기 반응 속도가 빠를수록 반응물과 결합한 효소의 양이 많다는 것을 의미하므로 A는 효소의 농도가 높은 Ⅱ의 결과이고, B는 Ⅰ의 결과이다.

❷ 효소의 농도가 다를 때 효소기질복합체의 형성량은 어떠한지 비교한다.

ㄴ. S_1일 때 초기 반응 속도는 A에서가 B에서보다 빠르므로, 효소기질복합체의 형성량도 많다. 따라서 반응물과 결합한 E의 양은 A에서가 B에서보다 많다.

❸ 효소의 농도가 같을 때, 각 시점에서 효소기질복합체의 형성량은 어떻게 다른지 파악한다.

ㄷ. S_2일 때는 반응물의 농도가 높아져도 초기 반응 속도가 증가하지 않으므로 모든 효소가 반응물과 결합하여 효소기질복합체를 형성한 상태(반응물과 결합하지 않은 E의 양=0)이고, S_1일 때는 반응물의 농도가 높아지면 초기 반응 속도가 증가하므로 효소 중에 반응물과 결합하지 않은 것이 있다(반응물과 결합하지 않은 E의 양≠0). 따라서 $\dfrac{\text{반응물과 결합하지 않은 E의 양}}{\text{전체 E의 양}}$ 은 S_1일 때는 0보다 크고, S_2일 때는 0이므로 S_2일 때가 S_1일 때보다 작다.

04 꼼꼼 문제 분석

x의 전사에 이용된 가닥	GGA	CAT	CTC	GCT	GCG ㉠
RNA의 염기서열	CCU	GUA	GAG	CGA	CGC
X의 아미노산 배열 순서	프롤린	발린	글루탐산	아르지닌	아르지닌

x가 전사와 번역을 거쳐 합성된 X는 4종류의 아미노산으로 구성되며, 5개의 아미노산 중 1개는 프롤린이고, 2개는 아르지닌이다. y가 전사와 번역을 거쳐 합성된 Y는 4종류의 아미노산으로 구성되며, 5개의 아미노산 중 2개는 프롤린이다.

➡ X에 2개가 있는 아르지닌을 지정하는 코돈 중 하나가 프롤린을 지정하는 코돈으로 바뀌었으며, y는 x에서 염기 1개가 바뀐 것이고, 프롤린을 지정하는 코돈은 CCU, CCC이므로 5번째 코돈인 CGC가 CCC로 바뀌었다.

➡ y에서 전사에 이용된 가닥에서 프롤린을 지정하는 염기는 GGG이고, 이것은 x에서 C(㉠)이 G(㉡)으로 바뀐 것이다.

y의 전사에 이용된 가닥	GGA	CAT	CTC	GCT	GGG ㉡
RNA의 염기서열	CCU	GUA	GAG	CGA	CCC
Y의 아미노산 배열 순서	프롤린	발린	글루탐산	아르지닌	프롤린

ㄱ. X의 3번째 아미노산은 글루탐산이다.

ㄴ. ㉠은 C이고, ㉡은 G이다.

ㄷ. ⓐ를 지정하는 코돈은 서로 같다.

전략적 풀이 ❶ RNA의 연속된 염기 3개가 하나의 코돈이 되어 하나의 아미노산을 지정한다는 것을 이해한다.

ㄱ. X의 3번째 아미노산은 코돈 GAG가 지정하는 글루탐산이다.

❷ DNA에서 염기가 다른 염기로 바뀌는 돌연변이가 발생하면 이상이 생긴 상태로 RNA로 전사되고, 그에 따라 코돈이 바뀌어 지정하는 아미노산이 달라질 수 있다는 것을 생각한다.

ㄴ. X는 아르지닌 2개를 포함하는 4종류의 아미노산으로 구성되고, Y는 프롤린 2개를 포함하는 4종류의 아미노산으로 구성되므로 아르지닌을 지정하는 코돈이 프롤린을 지정하는 코돈으로 바뀌는 돌연변이가 일어났다. 따라서 y는 x의 전사에 이용된 가닥에서 14번째 염기 C이 G으로 바뀐 것이므로 ㉠은 C, ㉡은 G이다.

ㄷ. Y를 구성하는 프롤린 2개를 지정하는 코돈은 CCU와 CCC로 서로 다르다.

Memo

Memo

Memo

개념
루트

고등 수학 개념의 다각화로 필수 개념 완성!

- 친절하고 자세한 개념 설명으로 **개념 완벽 이해**
- '개념 키워드+예제' 문제 구성으로 **개념의 다각도 적용**
- 다양하고 풍부한 수준별 문제로 **수학 실력 향상**
- 개념루트와 유형만렙의 **연계**를 통한 **학습 효율 극대화**

공통수학1, 공통수학2, 대수, 미적분Ⅰ, 확률과 통계